饮料酒风味及其分析技术

范文来　徐　岩　主编

中国轻工业出版社

图书在版编目（CIP）数据

饮料酒风味及其分析技术／范文来，徐岩主编. —北京：中国轻工业出版社，2024. 1
ISBN 978-7-5184-4484-7

Ⅰ. ①饮… Ⅱ. ①范… ②徐… Ⅲ. ①酒—食品风味—研究 Ⅳ. ①TS972. 19

中国国家版本馆 CIP 数据核字（2023）第 129042 号

责任编辑：江　娟　　责任终审：李建华
文字编辑：狄宇航　　版式设计：砚祥志远　　封面设计：锋尚设计
策划编辑：江　娟　　责任校对：吴大朋　　责任监印：张　可

出版发行：中国轻工业出版社（北京鲁谷东街 5 号，邮编：100040）
印　　刷：北京君升印刷有限公司
经　　销：各地新华书店
版　　次：2024 年 1 月第 1 版第 1 次印刷
开　　本：787×1092　1/16　印张：33. 5
字　　数：800 千字
书　　号：ISBN 978-7-5184-4484-7　定价：120. 00 元
邮购电话：010-85119873
发行电话：010-85119832　010-85119912
网　　址：http：//www. chlip. com. cn
Email：club@ chlip. com. cn
如发现图书残缺请与我社邮购联系调换
201484K1X101ZBW

前　言

现代风味分析技术自应用于我国白酒研究后，也已经在我国其他酒种以及发酵食品中得到广泛应用。由此形成的“风味导向技术”已经应用到白酒、黄酒、葡萄酒、啤酒、果酒以及它们的生产原料如葡萄等水果的风味研究中，发现了一批原先认识不清晰的风味物质，如药香型白酒的萜烯类化合物；发现了萜烯类化合物对清香型白酒的重要作用；发现了反-2-烯醛类化合物对豉香型白酒关键香气与特征香气的贡献等。这些研究对我国饮料酒的生产技术与品质提升起到了巨大的推动作用。为使研究人员系统地了解风味分析技术，熟悉饮料酒重要风味物质，以便于研究、指导酿酒生产，作者在 2014 年出版的《酒类风味化学》基础上，将 15 年来饮料酒风味研究新技术与饮料酒风味研究成果进行全面回顾，意在对正在研究风味物质的科学工作者提供参考。

本书撰写过程中，笔者引用了一些研究成果，这些成果来源于国家“十一五”和“十二五”科技支撑计划、国家“863”计划项目（2013—2017 年）、“十三五”国家重点研发项目（2016—2021 年）、国家自然科学基金面上项目和重点项目（2016—2020 年）、贵州省重大白酒专项（2009—2013 年），以及“中国白酒‘169’计划”（2007—2012 年）等项目。

在此，笔者要特别感谢贵州茅台酒股份有限公司、宜宾五粮液股份有限公司、江苏洋河酒厂股份有限公司、山西杏花村汾杏酒厂股份有限公司、四川剑南春股份有限公司、陕西西凤酒股份有限公司、四川郎酒集团有限责任公司、江苏今世缘酒业股份有限公司、河北衡水老白干酒业股份有限公司、北京顺鑫农业股份有限公司牛栏山酒厂、劲牌有限公司、贵州珍酒酿酒有限公司、江西李渡酒业有限公司、安徽金种子酒业股份有限公司、山东景芝白酒有限公司、烟台张裕葡萄酿酒股份有限公司等企业，在考察、调研、资料收集等过程中给予的大力支持。

感谢历届学生们的辛勤工作，我们共同的研究成果构成了本书的基本骨架。

编者

2023 年 10 月 30 日

于江苏无锡江南大学

目　录

1　样品及其预处理

饮料酒品质是消费者十分关注的问题，而品质与微量风味成分密切相关，各类食品中已经发现的香气化合物大约有 10000[1]或 12000 种[2]。在饮料酒中已经检测到的香气化合物有 800~1000 种[3]，这些成分来源于原料、发酵过程以及贮存老熟等过程。为了增强正向特征风味（positive characteristic aromas），即好的风味，以及消减负向风味（negative aromas），即不良风味，（unfavorable flavor），常常使用风味导向技术（flavor-oriented technology）[4-6]。风味导向技术是从饮料酒风味研究着手，在上千种微量成分中，发现风味贡献大的物质，通过风味重构等技术，明晰这些物质对饮料酒风味的整体贡献；发现并确认关键风味和异嗅（味）物质的化学本质；研究关键风味和异嗅（味）物质的形成途径、产生机理与调控技术；通过风味重组技术、风味导向微生物选育技术与发酵调控技术指导饮料酒糖化发酵剂（如曲和麦芽）制作和酿造、蒸馏接酒（蒸馏酒独有的）、贮存老熟、基酒组合与专家调味全过程，以确保饮料酒风味协调、个性突出、批次稳定、饮后舒适。

虽然很多分析技术已经非常成熟，但饮料酒中风味化合物的分析对科研人员来讲仍然是一个挑战。一是在饮料酒中，大部分风味化合物存在于较高酒精浓度和复杂基质中，且浓度宽泛，从每升几克到几纳克，甚至更低。二是这些风味化合物的物理和化学性质差异极大，如不同的极性、溶解性、挥发性，热、氧和 pH 稳定性。三是基质复杂，如高酒精浓度（如蒸馏酒）或低酒精浓度（发酵酒），大量的色素、蛋白质和糖（如葡萄酒、果酒、啤酒、黄酒、露酒中的），会干扰目标化合物的分离与提取。因此，不存在一个统一的、简单的方法用来提取、分离与鉴定风味化合物。

换言之，在分析之前，我们应该清楚：要分析什么化合物，即目标化合物是什么？这些化合物是用一种分析方法，还是几种分析手段联合使用。典型分析方法包括获得样品完整的香味轮廓（profile），寻找一些特征风味化合物或几个样品的比较。

早期的化学家主要用萃取与分离技术来分离纯的化合物，并鉴定它们。随着色谱，特别是气相色谱（GC）、气相色谱-质谱（GC-MS）、高效液相色谱（HPLC）和液相色谱-质谱（LC-MS）等技术的发展，使得从复杂基质中鉴定化合物成为可能。然而，GC、GC-MS、HPLC 和 LC-MS 技术的可靠性及可适用性，依赖于样品处理方法。

对于固体原料，在与溶剂混合前应小心地进行预处理，如均质化（homogenizing）、磨碎（grinding）、制粉（milling）、脱气（degassing）、使酶钝化（enzyme deactivation）等。在处理新鲜水果时，使用新鲜的、饱和的氯化钙溶液或甲醇可以很容易使酶钝化[7]。

1.1　选择样品分离方法准则

1.1.1　选择分离方法需考虑的因素

假如水溶液样品目标化合物浓度太低，或风味化合物存在于复杂基质中，那么，就需要使用样品分离技术。对基质情况了解越多，对分析越为有利。如果风味化合物浓度很高，就很容易发现它们（如浓香型白酒主体香己酸乙酯）。然而，较高浓度化合物对风味通常是没有什么贡献的（浓香型白酒中己酸乙酯是一个特例，清香型白酒中呈糠味的土味素即是极低浓度化合物[8]）。经常出现的情况是，重要成分仅仅是痕量的，这就使得分离和鉴定具有很大的挑战性。一旦我们了解了问题所在，我们就能选择一个最合适的提取和分离方法，这种方法应该能使我们获得最真实的提取物，即最小的提取损失、最少的原始风味的失真和尽可能少的人工产物的出现。以下是选择分离方法需考虑的因素[9]。

（1）气味化合物的挥发性和沸点；

（2）气味化合物的极性；

（3）气味化合物的高温稳定性、氧的影响；

（4）气味化合物在产品中的浓度以及由此决定的要处理的样品量；

（5）分析的目的：定性或定量；

（6）挥发性物质在整个样品中的分布；

（7）产品的自然状态和总的组成。

1.1.2　提取和分离目的化合物较理想的方法

提取和分离目的化合物较理想的方法是：

（1）极性和非极性化合物应该同时提取，如极性的乙酸能够与非极性的碳氢类化合物同时萃取[7]。

（2）不会引起风味化合物的热降解、氧化和还原，如饮料酒中的甲硫醇极易氧化为二甲基二硫和二甲基三硫[10]。

（3）不会引起 pH 变化。如呋喃扭尔在 pH 4~5 时，没有互变异构现象，但超出这个 pH 范围时，会发生互变异构现象[11]。

（4）不会产生高挥发性化合物的损失，如饮料酒中的乙醛沸点 20.2℃，甲硫醇沸点仅有 6℃，而硫化氢沸点则更低，仅-60.28℃。另外，假如我们已经知道我们将要提取的样品中含有大分子质量或不挥发性物质（如葡萄酒中色素、黄酒中糖等），那么就应该选择一个方法，在提取物中减少这些物质，以降低这些物质对色谱进样口和色谱柱的污染。

粮食、大曲、小曲、酒醅等原料是固态基质，在进行固态基质分析前，一般要将固态基质中的成分转移到液态基质中，以便于分析。通常情况下，使用水、酒精-水溶液、酒精等作为液态基质，在样品浸泡时，通常会使用声波加速浸提[12-13]。

1.2 样品采集应考虑的因素

样品采集前，应该考虑以下因素[14]：一是样品中可能存在的物质组成是什么？它们的浓度水平如何？二是样品中的主要成分是什么？三是采集样品的地点和现场条件如何？要确定样品的最佳采集时间；确定样品采样的位置和采样装置；采样过程可以保证多长的有效时间；以及确定采集样品间隔时间。四是应用非破坏性采样方法还是破坏性采样方法？五是采样完成后会得到哪些色谱分离的结果？

样品采集与预处理时应该注意以下工作：一是样品必须具有代表性，如酒醅取样时，如果不是研究分层，则需要将上、中、下、边和中间酒醅进行混合；大曲取样时，应该在曲房空间中取5个点的样品；固体样品粉碎后，如检测用量小于样本量，则需要用“四分法”缩分，缩分至样本量略大于检测量；二是样品制备过程中应尽可能防止和避免欲测定组分可能发生的化学变化或者丢失；三是在样品预处理过程中，如果将欲测定组分进行化学反应（如衍生化反应），那么这种化学反应必须是已知的和定量的；四是在样品预处理过程中，要防止和避免欲测定组分的污染，在预处理过程中尽可能不要引入人工产物；五是样品预处理的方法要简单易行。

液体和固体样品均可以使用玻璃瓶作容器，但要关注玻璃瓶的洗涤，特别是用于风味分析时。

玻璃瓶洗涤时必须使用无气味洗涤剂浸泡，然后洗涤；必要时，需要超声波洗涤30min以上。洗净后，用自来水冲洗，再用纯净水冲洗，最后用加热（5~10min）冷却后的纯净水冲洗，高温烘干。

1.3 样品预处理方法

1.3.1 葡萄皮与肉分离技术

从来源于不同地区的葡萄中随机取1kg葡萄。取400颗果实用水洗净，控干，称重。每一个果实用手术刀去除梗和种籽。将果皮与果肉分离，然后用液氮冷冻。每一份冷冻的果皮或果肉在液氮中用球形磨粉碎1min，−80℃贮存待分析[15]。

1.3.2 大小曲及酒醅样品风味物质萃取预处理方法

假如样品是固体的，它可以直接萃取或溶解于水后成为水溶液，再进行液液萃取（LLE），如固体大曲、酒醅等。样品浸泡在溶剂中一段时间，然后倾出溶剂，过滤，浓缩浸出物。

① 大曲、小曲风味物质浸出：称取10g经粉碎机粉碎的曲粉（过100目筛网），加入20mL煮沸并冷却至室温的超纯水，再添加1%无水氯化钙（用于灭酶）拌匀后，在4℃条件下浸泡过夜，第二天在低温（加冰块维持低温）条件下超声30min后，将样品放入高

速离心机，在温度4℃转速10000r/min条件下离心10min后，用干净的移液管分别吸取上清液，备用。

② 酒醅风味物质浸提：称取15g新鲜、发酵良好的酒醅，加入15mL的超纯水浸泡，其他处理与“大曲小曲风味物质浸出”方法一致。

1.3.3 酒醅样品糖及糖醇提取预处理方法

取5.0g酒醅于50mL离心管中，加入25mL超纯水，振荡均匀后，置于4℃冰箱中过夜，超声波冰浴15min，取上清液，经0.22μm微孔滤膜过滤，收集在25mL容量瓶中，最后用超纯水定容至25mL，置于-20℃冰箱中备用[16]。

1.3.4 药材样品预处理

酿酒原料中药材如大茴香、小茴香、肉桂等，用中药粉碎机将中药材粉碎成中药粉（过100目筛网），采用10%（体积分数）酒精-水溶液浸泡中药粉，浸泡量为5g/L，浸泡时间为1周。浸泡液过滤或离心后备用。

固体样品因其具有不均匀性，故采集时应注意其代表性。当分析测试样品量远小于取样的样品数量时，采用“四分法”进行缩分[14]。

1.4 样品组分分离与除杂技术

大部分情况下，萃取或样品富集后，目标分析物仍然存在于一个复杂组分中，化合物可能多达成百上千个。因此，为便于目标物分析，需要进行样品组分分离和除杂（clean-up）处理。超滤、柱色谱、高效液相色谱等技术是常用的样品除杂技术[17-18]。

1.4.1 超滤

超滤（ultrafiltration，UF），也称为分子质量截留（molecular weight cut - off，MWCO），是一种膜过滤技术，利用压力或浓度梯度差使用半渗透膜（semi-permeable membrane）进行化合物分离。它既可以用于样品除杂，也可以用于样品组分分离。

超滤时，悬浮的固体颗粒和高分子质量溶质被截留，称为滞留物（retentate），而水和低分子质量溶质在渗透过程中，能透过膜。此技术通常在工业生产和科学研究中用于浓缩和纯化巨大分子（macromolecular，10^3~10^6u）溶液，特别是蛋白质溶液。

超滤与微滤（microfiltration）本质上没有什么不同，均是基于体积排阻（size exclusion）或粒子捕获（particle capture）；超滤是基于吸附量的不同，以及扩散速度不同。

在研究饮料酒时，常用此技术来分离大分子与小分子化合物[18-20]。

1.4.2 低压和中压柱液相色谱

液相色谱（liquid chromatography，LC）是最古老的分离技术，仍然被广泛应用于现代分析中。目前应用最多的领域是复杂样品定性和定量前的除杂，定性和定量时一般采用高效液相色谱和高分辨率气相色谱（high resolution gas chromatography，HRGC）[17]。

通过溶剂萃取后获得的萃取物，特别是从天然产品中获得的萃取物，往往非常复杂，在气相色谱分析时会产生大量共流出物，这就使得单个化合物鉴定变得十分困难。一个解决方法就是对萃取物进行分馏（fractionation）。该法有利于共流出峰进入不同馏分中，从而可以更好地鉴定化合物。这一点对气相色谱-嗅味计（GC-O）分析十分重要。在这种情况下，分析的目的是尽可能分离共流出峰，以使得被大峰掩盖的感官重要风味化合物能被鉴定出来。

萃取物分馏技术有几种实现形式。萃取物可以用稀酸或用稀碱洗涤[21-22]。偏亚硫酸氢钠或2,4-二硝基苯肼（2,4-DNPH）也能被分别用来减少萃取物中的酸、碱或羰基化合物。假如洗出液再用溶剂萃取的话，则该馏分仅含有酸、碱或羰基化合物。

1.4.3 高压液相色谱技术

高压与中压并没有严格的区分界限。高压液相色谱与低压液相色谱主要区别是分离能力（separation power），用柱效（column efficiency）或塔板数（plate number）表示。另外一个区别是微型化[17]。

肽的高效液相色谱分馏技术，通常使用Sephadex LH 20获得肽组分，需要通过高效液相色谱进一步分离。

50μL样品进样，使用多孔石墨化碳（porous graphitic carbon）柱，100mm×4.6mm（内径），25nm孔径，5μm粒径，恒温30℃。洗脱液A是0.1%三氟乙酸（TFA）水溶液，洗脱液B是0.1%TFA乙腈溶液。洗脱梯度：0~5min，0%B；5~20min，1%~10%B；20~25min，10%B；25~40min，10%~30%B；40~45min，30%~50%B；45~55min，50%~100%B。流速0.8mL/min，使用200~400nm波长连续监测（图1-1）。运行7次，收集分离后的肽样品，冻干，用200μL Milli-Q复溶[23]。

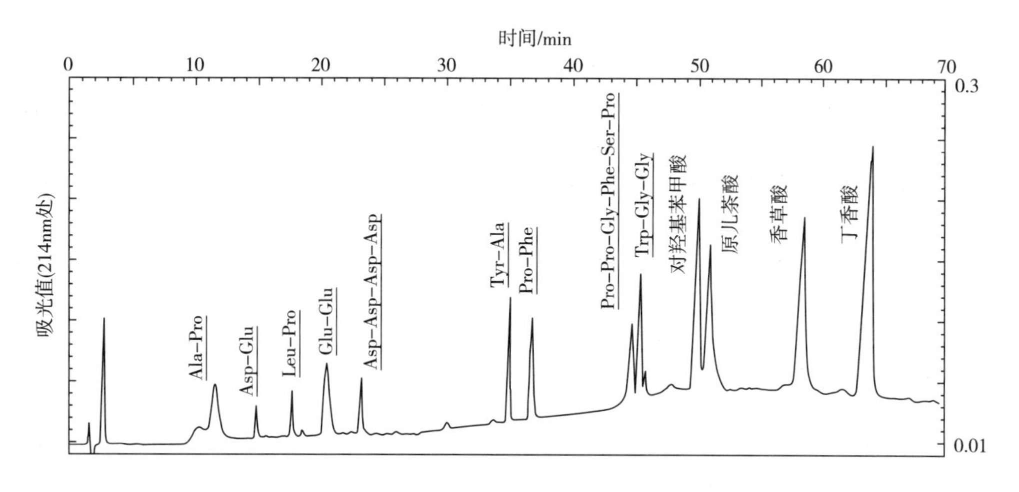

图1-1 214nm处肽等标准溶液高效液相色谱图谱[23]

Ala—丙氨酸；Pro—脯氨酸；Asp—天冬氨酸；Glu—谷氨酸；Leu—亮氨酸；Gly—甘氨酸；Phe—苯丙氨酸；Ser—丝氨酸；Tyr—酪氨酸；Trp—色氨酸。

1.4.4 高温液相色谱

当温度在374℃，压力在2.21×10^5Pa时，水成为超临界水，具有良好性能，如介电常数、表面张力、黏度和解离常数等具有特殊性质。当水温度升高后，水可以作为弱极性有机溶剂，因此，在反相色谱（reverse phase liquid chromatography，RPLC）中，超临界水可以作为流动相代替高效液相色谱中有毒有机溶剂，这类色谱称为亚临界水色谱（sub-critical water chromatography，SBWC）[24]或高温液相色谱（high temperature liquid chromatography，HTLC）[25]。

1.4.5 多维液相色谱

将两根或更多的色谱柱连接在一起，可以改进分离能力。当两根柱子相连后，第一根柱子通常起除杂或选择器的作用，而第二根柱子用于分析分离[17]。

1.4.6 其他除杂技术

其他除杂技术也是选择性萃取技术，如液液萃取、固相萃取（SPE）、固相微萃取（SPME）、超临界流体萃取（SFE）等，这些技术将在后面章节详细介绍。

参考文献

[1] Dunkel A, Steinhaus M, Kotthoff M, et al. Nature's chemical signatures in human olfaction: a food-borne perspective for future biotechnology [J]. Angew Chem Int Edit, 2014, 53 (28): 7124-7143.

[2] Schieberle P, Hofmann T. Mapping the combinatorial code of food flavors by means of molecular sensory science approach. In Food Flavors [M]. New York: CRC Press, 2011: 413-438.

[3] Robinson A L, Boss P K, Heymann H, et al. Development of a sensitive non-targeted method for characterizing the wine volatile profile using headspace solid-phase microextraction comprehensive two-dimensional gas chromatography time-of-flight mass spectrometry [J]. J Chromatogr A, 2011, 1218 (3): 504-517.

[4] 徐岩，范文来，王海燕，等．风味分析定向中国白酒技术研究的进展 [J]．酿酒科技，2010，197 (11)：73-78.

[5] 徐岩，范文来，吴群，等．风味技术导向白酒酿造基础研究的进展 [J]．酿酒科技，2012，211 (1)：17-23.

[6] 徐岩，范文来，陈双，等．风味技术导向中国白酒微生物代谢调控研究 [C] //徐岩，等．2015国际酒文化学术研讨会论文集．北京：中国轻工业出版社，2015.

[7] 范文来，徐岩．酒类风味化学 [M]．北京：中国轻工业出版社，2014.

[8] Du H, Fan W, Xu Y. Characterization of geosmin as source of earthy odor in different aroma type Chinese liquors [J]. J Agri Food Chem, 2011, 59: 8331-8337.

[9] 马斯 H，贝耳兹 R．芳香物质研究手册 [M]．北京：中国轻工业出版社，1989.

[10] Belitz H D, Grosch W, Schieberle P. Food chemistry [M]. Berlin: Springer, 2009.

[11] Raab T, Hauck T, Knecht A, et al. Tautomerism of 4-hydroxy-2,5-dimethyl-3 (2*H*) -furanone: Evidence for its enantioselective biosynthesis [J]. Chirality, 2003, 15: 573-578.

[12] Mo X, Fan W, Xu Y. Changes in volatile compounds of Chinese rice wine wheat qu during fermenta-

tion and storage [J]. J Inst Brew, 2009, 115 (4): 300-307.

[13] 姜文广，范文来，徐岩，等．溶剂辅助蒸馏-气相色谱-串联质谱法分析酿酒葡萄中的游离态萜烯类化合物 [J]. 色谱，2007，25 (6)：881-886.

[14] 王立，汪正范，牟世芬，等．色谱分析样品处理 [M]. 北京，化学工业出版社，2001.

[15] Roland A, Schneider R, Charrier F, et al. Distribution of varietal thiol precursors in the skin and the pulp of Melon b. and Sauvignon blanc grapes [J]. Food Chem, 2010, 125 (1): 139-144.

[16] 江流，范文来，徐岩．芝麻香型机械化和手工工艺酒醅发酵过程中的糖与糖苷 [J]. 食品与发酵工业，2017，43 (9)：184-188.

[17] Frank O, Zehentbauer G, Hofmann T. Bioresponse-guided decomposition of roast coffee beverage and identification of key bitter taste compounds [J]. Eur Food Res Technol, 2006, 222 (5): 492-508.

[18] Hillmann H, Mattes J, Brockhoff A, et al. Sensomics analysis of taste compounds in balsamic vinegar and discovery of 5-acetoxymethyl-2-furaldehyde as a novel sweet taste modulator [J]. J Agri Food Chem, 2012, 60 (40): 9974-9990.

[19] Lanças F M. The role of the separation sciences in the 21th century [J]. J Brazil Chem Soc, 2003, 14 (2): 183-197.

[20] Meyer S, Dunkel A, Hofmann T. Sensomics-assisted elucidation of the tastant code of cooked crustaceans and taste reconstruction experiments [J]. J Agri Food Chem, 2016, 64 (5): 1164-1175.

[21] Fan W, Qian M C. Identification of aroma compounds in Chinese "Yanghe Daqu" liquor by normal phase chromatography fractionation followed by gas chromatography/olfactometry [J]. Flav Fragr J, 2006, 21 (2): 333-342.

[22] Fan W, Qian M C. Characterization of aroma compounds of Chinese "Wuliangye" and "Jiannanchun" liquors by aroma extraction dilution analysis [J]. J Agri Food Chem, 2006, 54 (7): 2695-2704.

[23] Desportes C, Charpentier M, Duteurtre B, et al. Liquid chromatographic fractionation of small peptides from wine [J]. J Chromatogr A, 2000, 893 (2): 281-291.

[24] Yang Y. Subcritical water chromatography: A green approach to high-temperature liquid chromatography [J]. J Sep Sci, 2007, 30 (8): 1131-1140.

[25] Reichelt K V, Peter R, Paetz S, et al. Characterization of flavor modulating effects in complex mixtures via high temperature liquid chromatography [J]. J Agri Food Chem, 2010, 58 (1): 458-464.

2 萃取、分馏与柱色谱技术

为了获得最完美的风味轮廓，分析人员经常使用不止一种提取技术。例如，顶空技术只能获得高挥发性化合物风味轮廓，这些高挥发性化合物在液液萃取时是看不到的，或者是因为挥发性太高，而捕获不到；或者是因为它的峰被溶剂峰所掩盖。

因为溶剂可能含有杂质，会产生一些误导。芳香族碳氢化合物（aromatic hydrocarbons）和邻苯二甲酸盐或酯①（phthalates），因其作为塑料添加剂较难避免，特别是当样品接触过塑料容器（plastic container）[1]时。硅（silicon）也是普遍存在的，通常来源于油或油脂（grease），而油或油脂则来自萃取设备、消泡剂（anti-foaming agent）或气相色谱（GC）柱流失（column bleed）。

目前，已经有多种风味物质分离技术，并仍然在开发一些新的技术。基于风味物质的分离原理，用于GC样品的制作方法可以分为：溶剂萃取法、蒸馏法、顶空技术、吸附技术和精馏技术等，在各章节分别论述。

2.1 溶剂萃取

2.1.1 萃取原理

溶剂萃取技术已经获得广泛的应用。将溶剂与液体或固体样品混合、搅拌，然后分层，收集有机相，从而获得萃取液。这一过程既可以手工完成，也可以自动完成；既可以是间歇的，也可以是连续的[2-4]。萃取是利用有机化合物在两种互不相溶（或微溶）溶剂中溶解度或分配比不同而得到分离。如可用与水互不相溶的有机溶剂从水溶液中萃取有机化合物。

在一定温度下，有机化合物在有机相和在水相中的浓度比为一常数，称为分配系数（partition coefficient，K_{ow}）。若 P_o 表示有机化合物在有机相中的质量浓度（g/mL），P_w 表示有机物在水相中的质量浓度（g/mL）。温度一定时，$K_{ow}=P_o/P_w$。它可以近似地认为是有机物在两个溶剂中的溶解度之比。因为有机物在有机相中的溶解度大，因此，可以用有机溶剂将有机物从水中萃取出来。

---

① 邻苯二甲酸酯类，俗称塑化剂，是一大类的化合物，常包括邻苯二甲酸二乙酯、邻苯二甲酸二丁酯等。目前在食品以及我国饮料酒中这类化合物已经制定了限量标准。从饮料酒的生产过程看，这些化合物属于外源性污染或迁移而产生的。

在萃取时，用分液漏斗进行分批萃取，其萃取方程见式（2-1）。

$$C_x = \frac{V_w^n}{K_{ow}V_o + V_w} \tag{2-1}$$

式中 C_x——残留溶质浓度，g/L

V_w——水相体积，L

V_o——萃取用溶剂体积，L

n——萃取次数

该式表明，同样体积的萃取溶剂，萃取次数越多，残留溶质越少。因此，在萃取时，总是采取少量溶剂多次萃取的方式进行。

2.1.2 不同有机化合物分配系数

绝大部分有机化合物是脂溶性的。不同的有机化合物在油-水体系中的分配系数 K_{ow} 是不一样的，如表 2-1 所示。lg K 是油-水相分配系数的对数，常表示为辛醇与水相的分配系数的对数。

表 2-1　一些典型香气化合物的分配系数[5]

化合物	lg P	K_{ow}	化合物	lg P	K_{ow}
2,3-丁二酮	-1.34	0.046	1-甲基吡咯	1.43	26.9
乙醇	-0.14	0.72	苯酚	1.51	43.4
糠醇	0.45	2.81	己醛	1.80	63.1
2-乙酰基吡啶	0.49	3.09	二甲基三硫醚	1.87	74.1
丙酸	0.58	3.80	苯噻唑	2.17	148
2-戊酮	0.75	5.62	1-辛烯-3-酮	2.37	234
2-乙酰基呋喃	0.80	6.30	4-乙基愈创木酚	2.38	240
糠醛	0.83	6.76	1-戊硫醇	2.67	468
乙酸乙酯	0.86	7.24	丁子香酚	2.73	537
甲基硫醚	0.92	8.31	2,4-癸二烯醛	3.33	2138
2,6-二甲基吡嗪	1.03	10.7	茴香脑	3.39	2455
丁酸	1.07	11.7	癸酸乙酯	4.79	6465
乙硫醇	1.27	18.6	柠檬烯	4.83	6761

注：这里的 K_{ow} 是指化合物在辛醇与水中的分配系数，基于 lg K 计算而得。

2.1.3 萃取剂选择

在溶剂的萃取操作中萃取剂的选择十分重要，其应具有如下特点：第一，低沸点，这样可以很容易从萃取液中去掉溶剂而样品中的挥发性化合物没有明显损失；第二，它不应该在 GC 分析时遮盖其他化合物，即与待分析化合物共流出；第三，它应该能够萃取极性的和非极性的化合物。表 2-2 列出了一些萃取剂的物理性质，供选用时参考。

表 2-2　　常见萃取剂物理性质

溶剂	分子式	沸点/℃	熔点/℃	密度/(g/mL)	水中溶解度/(g/100g)	相对极性	闪点/℃
乙酸	$C_2H_4O_2$	118	16.6	1.049	M[a]	0.648	39
丙酮	C_3H_6O	56.2	-94.3	0.786	M	0.355	-18
乙腈	C_2H_3N	81.6	-46	0.786	M	0.460	6
苯	C_6H_6	80.1	5.5	0.879	0.18	0.111	-11
1-丁醇	$C_4H_{10}O$	117.6	-89.5	0.81	7.7	0.602	35
2-丁酮	C_4H_8O	79.6	-86.3	0.805	25.6	0.327	-7
叔丁醇	$C_4H_{10}O$	82.2	25.5	0.786	M	0.389	11
四氯化碳	CCl_4	76.7	-22.4	1.594	0.05	0.052	—
氯仿	$CHCl_3$	61.2	-63.5	1.498	0.8	0.259	—
环己烷	C_6H_{12}	80.7	6.6	0.779	<0.1	0.006	-20
二甘醇	$C_4H_{10}O_3$	245	-10	1.118	M	0.713	143
二甘醇二甲醚	$C_6H_{14}O_3$	162	-64	0.945	M	0.244	57
二甲氧基乙烷	$C_4H_{10}O_2$	85	-58	0.868	M	0.231	-6
二甲基甲酰胺	C_3H_7NO	153	-61	0.944	M	0.404	58
二甲基亚砜	C_2H_6OS	189	18.4	1.092	M	0.444	89
二氧杂环乙烷	$C_4H_8O_2$	101.1	11.8	1.033	M	0.164	12
酒精	C_2H_6O	78.5	-114.1	0.789	M	0.654	13
乙醚	$C_4H_{10}O$	34.6	-116.3	0.713	7.5	0.117	-45
乙酸乙酯	$C_4H_8O_2$	77	-83.6	0.894	8.7	0.228	-4
乙二醇	$C_2H_6O_2$	197	-13	1.115	M	0.790	111
丙三醇	$C_3H_8O_3$	290	17.8	1.261	M	0.812	160
庚烷	C_7H_{16}	98	-90.6	0.684	0.01	0.012	-4
己烷	C_6H_{14}	69	-95	0.655	0.014	0.009	-23
甲醇	CH_4O	64.6	-98	0.791	M	0.762	12
甲基叔丁基醚	$C_5H_{12}O$	55.2	-109	0.741	4.8	0.148	-28

续表

溶剂	分子式	沸点/℃	熔点/℃	密度/(g/mL)	水中溶解度/(g/100g)	相对极性	闪点/℃
二氯甲烷	CH_2Cl_2	39.8	-96.7	1.326	1.32	0.309	—
戊烷	C_5H_{12}	36.1	-129.7	0.626	0.04	0.009	-49
1-丙醇	C_3H_8O	97	-126	0.803	M	0.617	15
2-丙醇	C_3H_8O	82.4	-88.5	0.785	M	0.546	12
四氢呋喃	C_4H_8O	66	-108.4	0.886	30	0.207	-21
甲苯	C_7H_8	110.6	-93	0.867	0.05	0.099	4
水	H_2O	100.00	0.00	0.998	M	1.000	—
重水	D_2O	101.3	4	1.107	M	0.991	—
对二甲苯	C_8H_{10}	138.3	13.3	0.861	I	0.074	27

注：a：M，易混合的。

不同待分析物在使用不同萃取剂萃取时，其回收率是不一样的。如使用不同溶剂萃取梅鹿辄葡萄酒中β-紫罗兰酮时，萃取回收率相差较大，二氯甲烷萃取回收率91%，乙醚回收率93%，戊烷：二氯甲烷（1∶2，体积比）回收率73%，乙醚：己烷（1∶1，体积比）的回收率86%[6]。表2-3列出了一些萃取溶剂对一些特定化合物在酒精-水溶液中的萃取回收率。因此，在溶剂选择时，应该考虑这些问题。

表2-3　一些化合物在酒精-水溶液（12%）中不同溶剂萃取回收率[5]

被萃取化合物	回收率[a]/%			
	氟利昂11	二氯甲烷	乙醚	异戊烷
丁酸乙酯	66	43	—	16
2-甲基丙醇	34	55	22	32
3-甲基-1-丁醇	63	66	50	48
1-己醇	85	67	23	38
苯甲醛	83	54	18	20
乙酰苯	53	41	34	20
甲酸苯甲酯	75	56	21	25
丁酸-2-苯乙酯	46	48	25	17
邻氨基苯甲酸甲酯	62	59	57	27

注：a：在757mL的模拟葡萄酒溶液中，6×50mL间歇萃取。

另外，有一个萃取性能优良，但由于环境污染问题而禁止使用的萃取剂——氟利昂11（Freon 11、CFC-11、R-11），国际纯粹与应用化学联合会（IUPAC）名三氯氟甲烷（trichlorofluoromethane），CAS 号 75-69-4。它是一种相对广谱的萃取剂，分子式 CCl_3F，近乎无色，密度 1.494g/mL，熔点-110.48℃，沸点 23.77℃，lg$P$ 2.53，水中溶解度 1.1g/L（20℃）。氟利昂 11 与乙醇以及小于 4 个碳醇的亲和性最小（low affinity），沸点低，在萃取过程中产生最少的人工产物（artifact）[3,7]，特别是在连续萃取中需要低温加热促进溶剂回流时。在接下来溶剂挥发和浓缩时，由于氟利昂 11 的低沸点特性，使得目标物的损失也最小[3]，因而目标物回收率会高（表 2-3）[8]。类似萃取剂还有氟利昂 113（Freon 113、CFC-113），IUPAC 名 1,1,2-三氯-1,2,2-三氟乙烷（1,1,2-trichloro-1,2,2-trifluoroethane），CAS 号 76-13-1，分子式 $C_2Cl_3F_3$，熔点-35℃，沸点 47.7℃，非常不活泼，已经用于葡萄酒中风味化合物液液微萃取（LLME）检测[9]。

目前，一种新的萃取剂已经被用于风味化合物的萃取，这就是超临界液体（supercritical fluid），如二氧化碳和氮[10]。

2.1.4 液液萃取

对液体样品来讲，溶剂萃取称为液液萃取（liquid-liquid extraction，LLE），是一个受欢迎的萃取技术。LLE 很容易在一个分液漏斗（separatory funnel）或商品化萃取器（extractor）中进行。

影响 LLE 的因素除了萃取剂以外，还有搅动（agitation）、盐析（salting out）、pH、温度等。

（1）搅动　萃取需要二相密切地接触，因此需要搅动，常见的搅动方式有摇晃（shaking）、搅拌（stirring）、涡旋混合（vortex mixing）。搅动速度越快，达到平衡的时间越短，较长的搅拌时间是为了确保达到萃取平衡。

（2）盐析　添加高浓度的盐，如氯化钠，能增强萃取的有机化合物回收率（recovery），即更多的化合物会从水相进入有机相。增加离子强度（ionic strength）通常会降低有机物在水中溶解度，增加 K_{ow}。

（3）pH　许多常见的待分析物（analytes）和干扰物是有机酸和碱性化合物。溶液的 pH 对这些化合物在水中的溶解度有着巨大影响，它们的 pK_a 以及溶液 pH 影响着其萃取。酸性化合物的水溶液会增加碱性化合物的溶解度；反过来，碱性溶液会增强酸性化合物的溶解。在这两种情况下，均会降低 K_{ow}，因此使得萃取回收率下降。为了改进有机酸的萃取回收率，水相的 pH 应该调整为低 pH，通常调整到 pH 2 或低于目标萃取物的 pK_a。类似地，萃取碱性化合物时，应将 pH 调高。假如存在多离子化的待分析物（multiple ionizible analytes）和/或干扰物，此时需要使用缓冲溶液调整 pH，以使得 pH 的控制可以重现。

（4）温度　所有化学反应的平衡均受到温度影响。通常情况下，为确保萃取的重现性，温度应该根据萃取的实践进行仔细地控制。最简单的是在实验室温度下达到萃取平衡，复杂情况下，需要在烘箱（oven）或加热模块中进行。增加温度会降低 K_{ow}，因此，会降低萃取物的量。然而，提高温度，动力学过程会更快，将增加萃取速度。通常调节萃取温度是在较低的回收率与更快的萃取之间取得一个平衡（trade-off）。

水相与有机相的分离有时是复杂的，如它们会形成乳状液。在液液萃取时，很多情况下会出现乳化现象，可能是由于基质中含有大量的蛋白质、糖、脂肪等化合物。消除乳化现象的方法主要有：

（1）加盐，用饱和的盐溶液（氯化钠）代替纯的蒸馏水来稀释样品[3]；

（2）超声波处理；

（3）高速冷冻离心[11]；

（4）溶剂辅助风味蒸发（SAFE）技术[12]；

（5）通过玻璃棉过滤乳化液样品；

（6）通过相过滤法过滤样品；

（7）加入少量的不同极性有机溶剂；

（8）固相萃取（SPE）和固相盘萃取（solid phase disc extraction，SPDE）能阻止乳化的形成，并且还有利于样品的预浓缩和去除样品中的不挥发性物质；

（9）在样品萃取前，加入硫酸铵可以去除脂肪[13]。

对于复杂样品可以采用多级萃取技术进行分馏[14]。

LLE 已经广泛应用于饮料酒，如白酒[15-19]、黄酒[20]、葡萄酒[2, 21]风味研究中，也可以用于味觉和口感类化合物研究，如咖啡中苦味物质研究。

2.1.4.1 白酒香气物质 LLE 与分馏技术

用煮沸并冷至室温的去离子水将 50mL 酒样稀释至 10%vol 酒精度①，加氯化钠饱和，再用 90mL 重蒸后的乙醚：戊烷（1：1，体积比）分 3 次进行萃取。合并 3 次萃取的有机相约 90mL，记为“萃取物 1”。将“萃取物 1”倒入分液漏斗并加入 50mL 的超纯水，用 100g/L 的碳酸氢钠溶液调 pH 为 10。静置分层后，从分液漏斗的下部放出水相，记为“萃取物 2”。剩下的有机相从分液漏斗的上口倒入干净的烧杯待用，记为“萃取物 3”。“萃取物 3”倒入干净的分液漏斗后用 10mL 重蒸后的超纯水水洗 1 次。水洗分层后得到的有机相，氮吹浓缩到 2mL，即为中性/碱性组分（N/B），放在-20℃冰箱备用。在分液漏斗中合并水洗后剩下的 10mL 水相和“萃取物 2”，约 60mL，用 2mol/L 的硫酸溶液调 pH 为 2，再加 20mL 的乙醚分 2 次萃取，萃取后的有机相，氮吹浓缩至 200μL 即为酸性/水溶性组分（A/W）。欲去除有机相中的杂醇油，可以使用 1,2-丙基乙二醇。

2.1.4.2 大曲香气 LLE

取粉碎后的大曲 30g，加入 1% 的氯化钙混合均匀，用 90mL 50% 酒精浸泡过夜，10000r/min 离心 20min 取上清。将上清液稀释至酒精度 10%vol，加氯化钠饱和后，用 90mL 乙醚/戊烷（1：1）萃取三次，乳化层离心破乳。将三次萃取得到的有机相混合，用 10mL 去离子水水洗一次。得到的有机相加无水硫酸钠过夜后，氮吹至 250μL，取 1μL 进行气相色谱-嗅味计（GC-O）分析[24-25]。清茬曲、红心曲、后火曲均采用此方法进行分析。

---

① 本书中所有酒精度（包括酒精水溶液的百分数），除非特别指明，均为酒精（乙醇）的体积分数。

2.1.4.3 黄酒香气成分萃取

200mL 黄酒用煮沸去离子水按照 1∶1（体积比）比例稀释后，添加氯化钠至饱和，用重蒸的乙醚和戊烷（1∶1，体积比）200mL 在 1L 的分液漏斗中分三次萃取，合并所得有机相。最后，把所得有机相，氮吹浓缩至 100mL 后放 4℃冰箱保存待用，标记为“萃取物 1”。

为了便于 GC-O 和气相色谱-质谱（GC-MS）分析，将浓缩后的有机相分成酸性/水溶性组分、中性组分和碱性组分两部分。“萃取物 1”中加入煮沸去离子水 50mL，用加有氢氧化钠的 100g/L 碳酸氢钠溶液（pH 11）调整水相的 pH 至 10，再加氯化钠至饱和，在分液漏斗中分离出有机相和水相。有机相用 10mL 饱和氯化钠溶液分三次水洗，将水洗后的冲洗液与原水相合并，有机相标记为“萃取物 2”，水相标记为“萃取物 3”，用于进一步处理。“萃取物 2”中加入饱和氯化钠溶液 30mL，用 1mol/L 硫酸调整 pH 至 1.7，用氯化钠饱和，分离有机相和水相。所得有机相加入无水硫酸钠置于冰箱中干燥过夜，最后氮吹浓缩至 250μL，得到的浓缩物记为“N/B 组分”。所得水相再用加有氢氧化钠的 100g/L 碳酸氢钠溶液（pH 11）调整水相的 pH 至 10，用氯化钠饱和，加入 15mL 重馏的乙醚分三次萃取，萃取物中加入无水硫酸钠置于冰箱中干燥过夜，最后氮吹浓缩至 250μL，得到的浓缩物记为“碱性组分”。“萃取物 3”进一步用 1mol/L 硫酸调整 pH 至 1.7，用氯化钠饱和，加入 30mL 重蒸的乙醚和戊烷（1∶1，体积）分三次萃取，萃取物中加入无水硫酸钠置于冰箱中干燥过夜，最后氮吹浓缩至 500μL，得到的浓缩物记为“A/W 组分”[26-27]。

2.1.4.4 葡萄酒香气化合物萃取与分馏

取 1L 葡萄酒样品，加入 200mL 重蒸过的乙醚和戊烷（1∶1，体积比），用氯化钠饱和后，振荡摇匀萃取，用分液漏斗分离水相和有机相，并收集有机相。用相同体积的乙醚和戊烷重复萃取 2 次，合并有机相。将得到的萃取物转入 SAFE 装置，在 50℃抽真空条件下蒸馏出挥发性成分，蒸馏完成后，整套 SAFE 装置用 10mL 重蒸过的乙醚冲洗，收集最终得到的馏出物，并加入一定量无水硫酸钠，置冰箱中干燥过夜。将除水后的馏出物氮吹浓缩至 50mL[28]。

为了便于 GC-O 和 GC-MS 分析，将萃取浓缩后的样品分为酸性/水溶性和中性/碱性组分。向萃取浓缩物中加入等体积的重蒸水，用 1mol/L 氢氧化钠溶液调水相 pH 至 11，用分液漏斗分离收集有机相。得到的有机相进一步用 10mL pH 11 的碳酸氢钠溶液分三次冲洗，将冲洗液与原水相合并，作进一步处理。有机相中加入无水硫酸钠置冰箱中干燥过夜后，氮吹浓缩至 250μL，作为 N/B 组分。水相进一步用 1mol/L 硫酸调 pH 至 1，用氯化钠饱和，加入 20mL 重蒸乙醚和戊烷（1∶1，体积比）分三次萃取，收集有机相，加入无水硫酸钠置冰箱中干燥过夜后，氮吹浓缩至 500μL，作为 A/W 组分[28]。

2.1.4.5 橡木片挥发性气味物萃取技术

将 2g 橡木片样品浸泡在 100mL 酒精-水溶液中（12%vol 酒精度，0.7g/L 酒石酸，1.11g/L 酒石酸氢钾）。在室温、黑暗条件下浸提 15 d，每天定时摇瓶 1 次。过滤，滤液中添加内标无水氯化钠饱和，用 45mL 二氯甲烷 LLE 操作 3 次，每次 15mL。合并有机相，用无水硫酸钠干燥过夜，氮吹浓缩至 250μL，做 GC-MS 分析[29]。

2.1.4.6 葡萄酒中苦味与涩味物质 LLE

100mL 红葡萄酒在 10 kPa 下，真空去除乙醇，然后用 300mL 的戊烷室温萃取 5 次，真空去除溶剂，用水溶解，获得戊烷萃取相 A。然后，残留的水相用 300mL 乙酸乙酯室温萃取 5 次，合并有机相，真空去除溶剂，加入 30mL 的水，获得乙酸乙酯萃取相 B，将萃取相 B 冻干。残留的水相冻干，获得水溶性组分 C。这些组分在-26℃冰箱保存备用[30]。

2.1.4.7 植物源材料口感类化合物萃取技术

植物来源的材料如芦笋（asparagus）萃取时，先将芦笋杆切成 2cm 长，再进行粉碎（实验室粉碎机，3500r/min，60s）。在约 1kg 粉碎后的糊中，加入 2.0L 甲醇，在氩气（argon）中室温剧烈搅拌 60min，接着过滤，收集滤液。滤渣再用甲醇-水溶液（2.0L，70∶30，体积比）萃取 3 次，并用 1%甲酸水溶液调 pH 至 5.9，过滤，合并滤液。38℃真空去除甲醇，然后冻干。冻干物溶于 1.0L 水中，依次用戊烷（4×0.5L）、二氯甲烷（4×0.5L）、乙酸乙酯（4×0.5L）分别萃取。合并相应的萃取物，分别在 38℃真空去除溶剂，再分别冻干，其冻干后的组分分别记为组分Ⅰ（戊烷萃取物）、组分Ⅱ（二氯甲烷萃取物）、组分Ⅲ（乙酸乙酯萃取物）、组分Ⅳ（水溶性萃取物）[31]。

2.1.4.8 咖啡中苦味化合物多次萃取技术

咖啡液体（250mL）顺序使用戊烷（3×100mL）、乙酸乙酯（6×100mL）、氯仿（3×100mL）分别萃取。每个有机相分别采用真空蒸馏去除溶剂，得到组分 F1、F2、F3。F1、F2、F3 和水相 F4 再用高真空去除微量溶剂，三次冻干处理。称重，获得得率；在水溶液中（250mL，pH 5.0）进行感官评价[14]。

2.1.5 液液微萃取

相对于大体积的 LLE，微萃取技术（micro extraction）即液液微萃取（liquid-liquid microextraction，LLME）技术只需要较少的样品（通常 10mL 左右），只需要少量的溶剂，如 1~2mL。另外，随着自动进样技术的发展，在自动进样小瓶中直接进行萃取可以节省萃取时间、减少试验误差、省略样品转移步骤、节约大量溶剂。该萃取技术已经在白酒、葡萄酒等方面得到应用[32-34]。

与其他萃取技术相比，LLME 技术是具有优势的。如图 2-1 所示，LLME 技术是等体积的溶剂与样品在自动进样小瓶中进行的萃取。正常的 LLE 萃取 1L 样品，每次 60mL 溶剂，萃取 3 次；另一个 LLE 萃取是 5mL 样品，用 1mL 萃取剂，萃取 3 次。结果清楚地表明，LLME 技术可以与 LLE 技术有竞争趋势，特别是使用气相色谱大体积进样时[35]。

图 2-2 是某酱香型白酒 LLME 的 GC-MS 图，从图中可以看出，一次性可以鉴定出 97 种化合物。

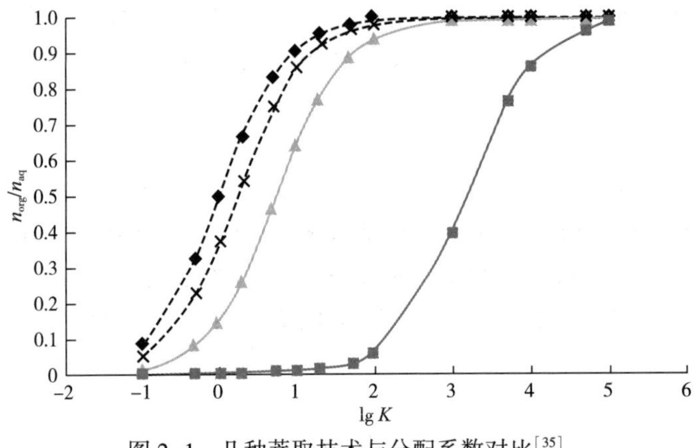

图 2-1　几种萃取技术与分配系数对比[35]

LLME　SPME　High　Low

注：org 指有机相，aq 指水相，n_{org}/n_{aq} 的值为 1 表明是完全萃取；LLME：1mL 样品，1mL 溶剂；SPME（固相微萃取）；High，1L 样品，3×60mL 溶剂；Low：5mL 样品，3×1mL 溶剂。

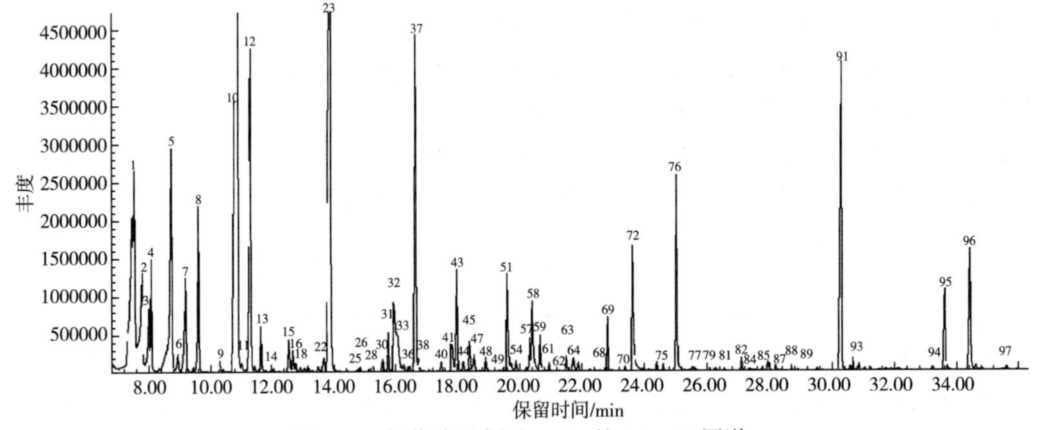

图 2-2　某酱香型白酒 LLME 的 GC-MS 图谱

1—丁酸乙酯；2—1-丙醇；3—3-甲基丁酸乙酯；4—1,1-二乙氧基-3-甲基丁烷；5—2-甲基丙醇；6—乙酸-3-甲基丁酯；7—戊酸乙酯；8—1-丁醇；9—2-庚酮；10—3-甲基丁醇；11—2-己醇；12—己酸乙酯；13—1-戊醇；14—丁酸-3-甲基丁酯；15—未知 1（*m/z* 81、126 等）；16—3-羟基-2-丁酮；17—未知 2（*m/z* 103、73、45、75 等）；18—1,1,3-三乙氧基丙烷；19—4-甲基-1-戊醇；20—2-庚醇；21—己酸丙酯；22—庚酸乙酯；23—2-羟基丙酸乙酯（乳酸乙酯）；24—2-辛醇；25—3-辛醇；26—2-乙基-6-甲基吡嗪；27—2-羟基丁酸乙酯；28—2,3,5-三甲基吡嗪；29—未知 3；30—2-羟基-3-甲基丁酸乙酯；31—辛酸乙酯；32—乙酸；33—1-庚醇；34—2,2-二乙氧基乙醇；35—2-糠基二乙基缩醛；36—2,3-二甲基-5-乙基吡嗪；37—糠醛；38—2,3,5,6-四甲基吡嗪；39—未知 4；40—2-乙酰基呋喃；41—丙酸；42—2,3-丁二醇；43—2-羟基己酸乙酯；44—1-辛醇；45—2-甲基丙酸；46—未知 5；47—乳酸-3-甲基丁酯；48—5-甲基糠醛；49—己酸己酯；50—4-氧-戊酸乙酯；51—丁酸；52—2-乙酰基-5-甲基呋喃；53—2-糠酸乙酯；54—癸酸乙酯；55—2-(1,2-二乙氧基乙基) 呋喃（临时鉴定）；56—1-壬醇；57—2-糠醇；58—3-甲基丁酸；59—丁二酸二乙酯；60—苯甲酸乙酯；61—1,1,3,3-四甲基丙烷（临时鉴定）；62—2,5-二甲基-3-戊基吡嗪；63—1, 1-二乙氧基-2-苯乙烷；64—戊酸；65—未知 6（*m/z* 139、97、184、125 等）；66—萘；67—1,1-二乙氧基辛烷；68—1-(5-甲基-2-糠基)-2-丙酮；69—2-苯乙酸乙酯；70—乙酯-2-苯乙酯；71—*α*-甲基苯乙醇；72—己酸；73—未知 7；74—苯甲醇；75—3-苯丙酸乙酯；76—2-苯乙醇；77—2-苯-2-丁烯醛；78—庚酸；79—2-乙酰基吡咯；80—*α*-乙基苯乙醇；81—苯酚；82—十四酸乙酯；83—*γ*-壬内酯；84—辛酸；85—4-甲基苯酚；86—未知 8；87—2-甲酰基-1-甲基吡咯；88—十五酸乙酯；89—4-乙基苯酚；90—4-乙氧基苯甲酸乙酯；91—十六酸乙酯；92—9-十六烯酸乙酯；93—2-羟基-3-苯丙酸乙酯；94—十八酸乙酯；95—油酸乙酯；96—亚油酸乙酯；97—亚麻酸乙酯。

注：图谱中由于峰太密集，且部分峰太小，有部分峰无法在图上标示出来，余同。

2.1.5.1 白酒 LLME 技术

将白酒酒样用煮沸并冷却至室温的超纯水稀释至酒精度 10%vol 后，吸取 18mL 稀释后酒样于样品瓶里，加 7 g 氯化钠，加 6μL 内标叔戊酸（质量浓度 10219.28μg/L），添加 1mL 重蒸乙醚，盖紧瓶盖，用振荡机振荡 3min，静置分层后，吸 1μL 有机相进行 GC-MS 分析。

另外一种 LLME 技术带有浓缩性质，准确吸取 3.5mL 酒样于 20mL 样品瓶中，加入煮沸冷却的超纯水，稀释至酒精度 10%vol，加入内标己酸甲酯（终浓度 1.02mg/L），用氯化钠饱和，加入 1mL 重蒸馏的无水乙醚，充分振荡，静置分层吸取上层有机相，并浓缩至 200μL，吸 1μL 有机相进行 GC-MS 分析[36-37]。

2.1.5.2 葡萄酒中有机酸和部分酚类物质 LLME

尽管顶空固相微萃取技术在风味分析上有广泛的应用，但萃取头对强极性的挥发酸等物质响应较差，定量效果不是很理想。Ferreira 最早采用 LLME 技术定量分析葡萄酒中的风味成分[38]。取 10mL 葡萄酒样品，用 20mL 煮沸过的去离子水稀释，加氯化钠饱和后，用 1mL 重蒸过的乙醚和二氯甲烷（1∶1，体积比）萃取，萃取完成后，取上清液进行 GC-MS 分析。直接进样，进样量为 1μL；程序升温为：80℃保持 2min，以 10℃/min 升温至 230℃，并保持 10min[39]。内标化合物为丙烯酸，其 GC-MS 图谱见图 2-3 所示[28]。

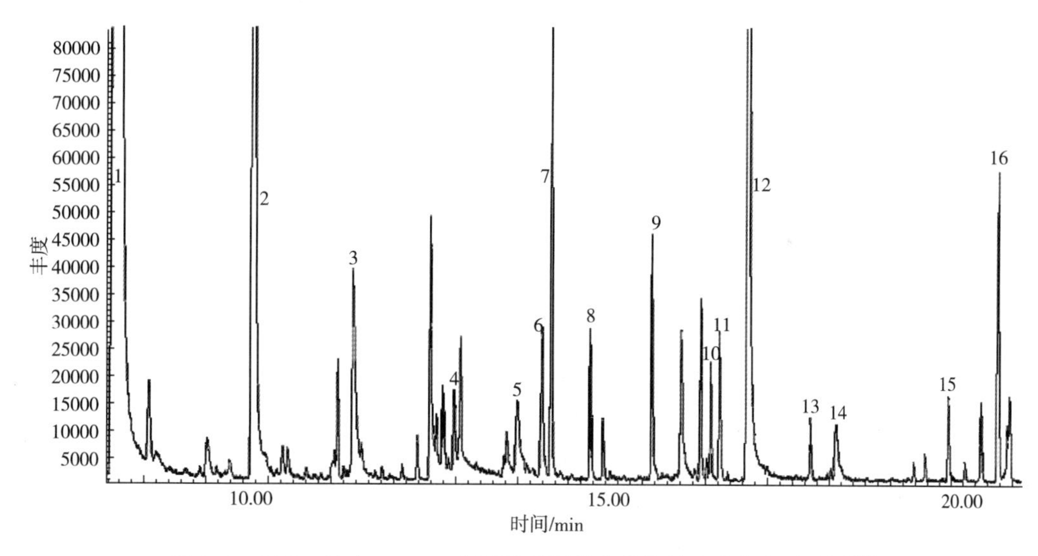

图 2-3 LLME 结合 GC-MS 定量葡萄酒部分挥发性成分总离子流图[28]

1—3-甲基丁醇；2—乳酸乙酯；3—乙酸；4—2-甲基丙酸；5—丁酸；6—丁内酯；7—琥珀酸二乙酯；8—3-甲硫基-1-丙醇；9—己酸；10—愈创木酚；11—苯甲醇；12—2-苯乙醇；13—苯酚；14—辛酸；15—4-乙烯基愈创木酚；16—2,6-二甲氧基苯酚。

2.1.5.3 葡萄酒中甘油缩醛类化合物 LLME

葡萄酒中的甘油缩醛类化合物是指甘油与乙醛反应的产物，该化合物可以使用 LLME

技术萃取。取 2~10mL 葡萄酒，加入 1~2mL 萃取剂乙酸乙酯，葡萄酒与萃取剂的体积比是 2∶1，即 2mL 葡萄酒加入 1mL 乙酸乙酯，涡旋振荡 10min，萃取 2 次。此时，甘油缩醛类化合物的回收率最高[34]。

2.1.6 单滴微萃取技术

单滴微萃取（SDME）技术于 1996 年出现[40-42]，简单地讲，该技术是一滴有机溶剂悬浮在进样针上，并进入水相中，搅拌水相，以便有机物进入液滴（图 2-4）。然后有机物滴（organic drop）用进样针转移进入 GC。水相中的有机物与溶剂的萃取平衡与 LLE 类似。

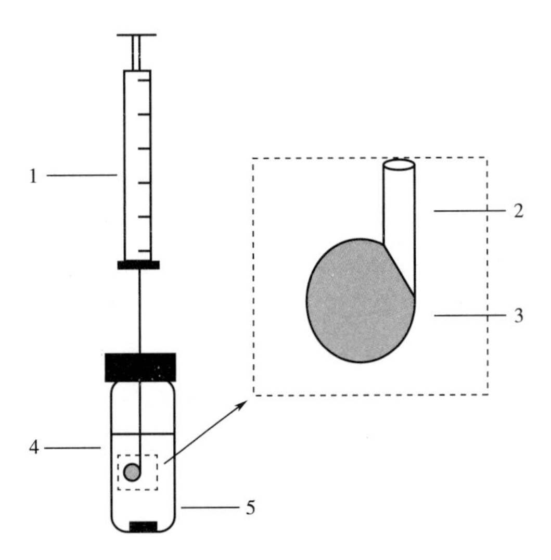

图 2-4 使用 GC 进样针 SDME 技术[35]

1—GC 微进样针；2—进样针头；3—有机物滴；4—水相样品；5—搅拌子。

2.1.7 液液萃取优点与缺点

LLE 优点[43-44]：一是风味化合物具有良好回收率；二是在所有方法中，定量效果最好；三是相对容易操作。

LLE 缺点[43-44]：一是萃取缺乏特异性；二是操作繁琐，且无法实现自动化；三是去除溶剂时可能会导致易挥发化合物损失；四是溶剂可能是有毒性的或易燃的，因而会造成污染；五是为了获得目的产物，需要大量的萃取剂；六是获得的萃取物可能含有高沸点和不挥发的物质和色素，这些物质会对下一步的分析或 GC 分析产生影响；七是在色谱分析时，溶剂峰会掩盖较早流出的化合物峰。

2.1.8 连续液液萃取

连续液液萃取（liquid-liquid continuous extraction，LLCE）是将一定量的溶剂与一定的溶液混合进行连续 10~20h 萃取。LLCE 时待萃取液使用量大，且溶剂使用量小，萃取回收率高，其装置见图 2-5 所示。

图 2-5（1）主要用于大体积、含有微量化合物的样品（如水等）萃取。将 300mL 二

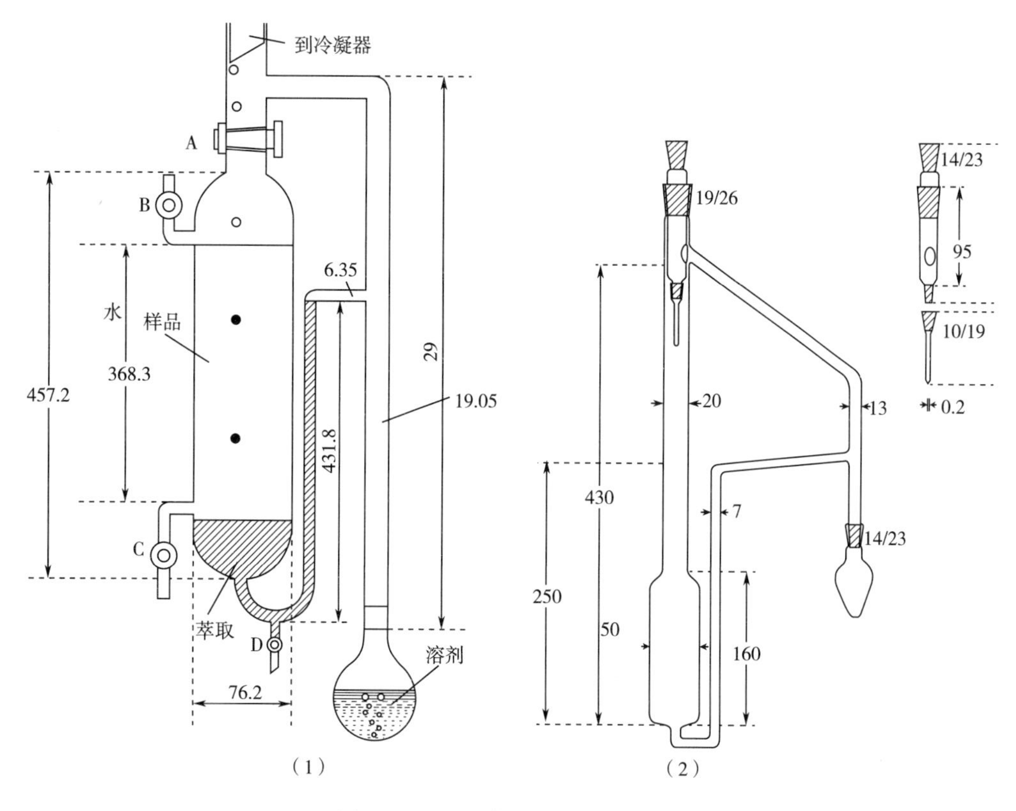

图 2-5 LLCE 装置（单位：mm）

（1）(Umano，1996)[45]　（2）(Marais，1986)[7]

氯甲烷倒入长颈烧瓶中，2L 水样品被放置在提取器中。溶剂向上回流被冷凝滴入萃取器中萃取。冷凝器温度用恒温水循环装置保持在 10℃。溶剂携带所提取的物质回流到长颈烧瓶。样品不断地得到萃取溶剂萃取。经过一定时间，关闭旋塞 A 和旋塞 D，打开旋塞 C 排掉萃余水；关闭旋塞 C，打开 B 流入新鲜水样；旋塞 B 闭合，旋塞 A 和旋塞 D 被打开。一次萃取 24h，可萃取 20L 自来水。通过标准品加入萃取验证，萃取回收率达 90%以上[45]。

图 2-5（2）可用于葡萄汁及葡萄酒萃取。250mL 葡萄汁及葡萄酒放置于萃取室内，样品置于冰浴中冷却至接近 0℃，以降低萃取时氟利昂-水界面的乳化程度。20mL 氟利昂 11 从上口倒入萃取器中，再倒入样品。25mL 梨形接收瓶加入 20mL 氟利昂 11，浸入在 35℃ 水浴中，室温萃取 20h[7]。

LLCE 可以增加目标物回收率。如 LLCE 萃取水中对硫磷（parathion，100ng/L）时，萃取 1h 回收率仅 10.1%；6h 时，16.3%；12h 时，76.8%；24h 时，93.5%；48h 时，94.7%[45]。20L 水中不同化合物进行 LLCE 时萃取回收率见表 2-4。

表 2-4　　20L 水中 10ng/L 化学物的二氯甲烷 LLCE 回收率[45]

化学物	回收率/%	化学物	回收率/%
三氯苯酚	62.5 ± 4.3	七氯（heptachlor）	76.1 ± 7.7
四氯苯酚	69.4 ± 5.7	草达灭（molinate）	63.4 ± 7.2

续表

化学物	回收率/%	化学物	回收率/%
五氯苯酚	74.0 ± 3.6	对硫磷（parathion）	92.2 ± 7.3
2,4-二氯苯氧基乙酸酯	42.3 ± 7.7	邻苯二甲酸二甲酯	75.5 ± 3.4
艾氏剂（aldrin）	80.0 ± 6.9	邻苯二甲酸二乙酯	80.3 ± 5.5
莠去津（atrazine）	80.9 ± 3.7	邻苯二甲酸二正丁酯	98.2 ± 12.4
西维因（carbaryl）	87.7 ± 3.5	邻苯二甲酸二苯酯	77.9 ± 6.3
二嗪农（diazinon）	50.0 ± 5.3	1,2-二氯丙烷	0
敌草隆（diuron）	50.0 ± 5.7	三氯乙烯	0
乙硫磷（ethion）	42.7 ± 10.1	二溴乙烯	0
谷硫磷（azinphos-methyl）	19.8 ± 8.2		

2.1.9 加压溶剂萃取

加压溶剂萃取（pressurized solvent extraction，PSE）与后文将介绍的加速溶剂萃取（accelerated solvent extraction，ASE）等类似[43]。首先将液态基质中的目标物均质化吸附在固体材料，如硅藻土（diatomaceous earth）、二氧化硅、硅酸镁载体（florisil）、活性炭和类似的材料上，然后再用溶剂洗脱。这一过程比较繁琐，使用较少。

2.1.10 索氏萃取

索氏萃取（Soxhlet）是一种连续溶剂萃取方法，常被用于固体、半固体或黏稠液体样品处理中。试验时，将样品放入多孔的管中，连续萃取几个小时（图 2-6）。新的索氏萃取设备可以使萃取与浓缩在一步完成。半固体或黏稠液体样品需要与固体支撑物如硅藻土和/或硫酸钠或硫酸镁混合以吸附水分使得样品成为固体。

萃取时，将样品磨成粉状，放在一个多孔的纤维素支架上。该支架被放入萃取小室中。萃取小室位于圆底烧瓶（装萃取溶剂）的上方，冷凝管的下方。圆底烧瓶被加热，溶剂形成蒸气，进入萃取小室，并逐渐上移到冷凝管。气化的有机溶剂经冷凝后变为液体，并滴流到萃取小室中。在萃取小室中，溶剂是可以循环的，并可以再次回到圆底烧瓶中。萃取结束后，含有萃取物的溶剂的烧瓶被移走。有的装置中，还有一个分液漏斗，该装置主要用来回收溶剂，即在萃取将要结束时，关闭分液漏斗的旋塞，圆底烧瓶中的溶剂蒸发，部分高沸点的萃取物会残留在圆底烧瓶中。

索氏萃取缺点：（1）萃取液中含有不挥发物质，如脂肪等；（2）使用大量有机溶剂且萃取时间长，通常保持溶剂沸点连续萃取超过 24h；（3）长时间保持一个较高沸点会造成一些热不稳定性化合物分解[43]。

固体样品的其他萃取技术还有加速溶剂萃取和超临界液体萃取（supercritical fluid extraction，SFE）技术等。

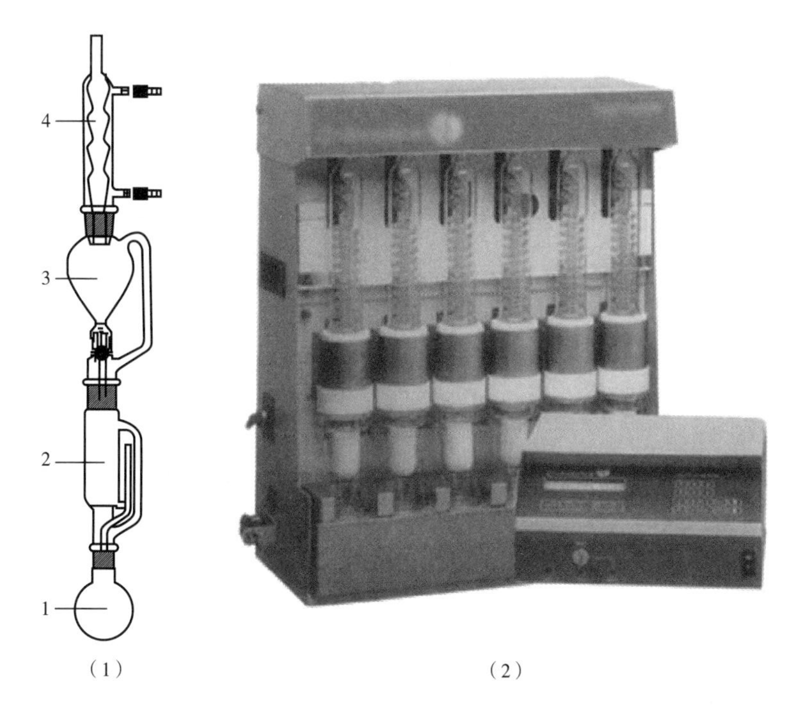

图 2-6 索氏萃取装置示意图

（1）索氏萃取装置 （2）自动索氏萃取装置

1—圆底烧瓶；2—萃取小室；3—分液漏斗；4—冷凝管。

2.1.11 微波辅助萃取

微波（microwave）是波长为 0.1～100cm，频率为 30MHz～3000GHz 的一种电磁波。人们对微波的利用是在通信技术中作为一种运载信息工具或者它本身被作为一种信息，而微波辅助萃取是把微波作为一种与物质相互作用的能源来使用。微波作为能源，还可用于食物烹饪、物料烘干、促进化学反应。波谱图见图 2-7。

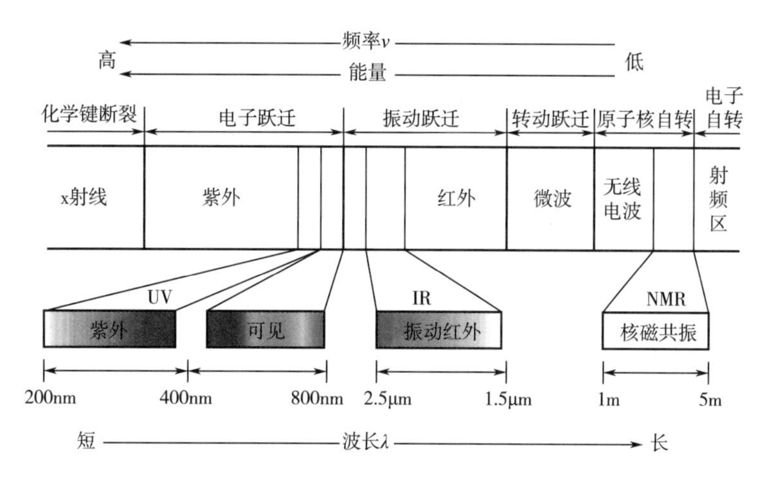

图 2-7 波谱图

微波萃取（microwave extraction），也称为微波辐射（microwave irradiation），常用于固体物料萃取。其萃取原理是在微波场中，吸收微波能力的差异使得基体物质的某些区域或萃取体系中的某些组分被选择性加热，从而使得被萃取物质从基体或体系中分离，进入介电常数较小、微波吸收能力相对差的萃取剂中。微波辐射过程中，高频电磁波能穿透萃取介质到达物料内部的微管束和腺胞系统。由于吸收了微波能，细胞内部的温度将迅速上升，从而使细胞内部的压力超过细胞壁膨胀所能承受的能力，结果细胞破裂，其内的有效成分自由流出，并在较低的温度下溶解于萃取介质中。通过进一步的过滤和分离，即可获得所需的萃取物。

微波萃取时应注意萃取温度选择、萃取溶剂影响等萃取工艺参数对萃取效果的影响[46]。

与传统萃取方法比，因减少了萃取时间，从而解决了热不稳定性化合物的热降解问题；但不能降低有机溶剂因高温造成的有害影响。微波萃取操作过程非常简单，将固体样品混合于烧瓶中，采用微波振荡即可。该技术已经应用于植物叶挥发性与非挥发性化合物的萃取，可以从实验室级做到中试规模。但有研究认为萃取效率不太理想[43]。

2.1.12 超声波辅助萃取

超声波是一种频率高于 20000Hz 的声波，它的方向性好，穿透能力强，易于获得较集中的声能，在水中传播距离远，可用于测距、测速、清洗、焊接、碎石、杀菌消毒等。

超声波萃取技术（sonication technique）通常用于固态物料萃取，与微波萃取相比，它能提供较好的回收率[43]。该技术已经用于大曲风味研究[48]。

2.1.13 加速溶剂萃取技术

加速溶剂萃取技术（accelerated solvent extraction，ASE）是一种类似于超临界液体萃取（SFE）的加热溶剂技术[43]。最近已经被用来萃取固体和半固体样品[49]。该方法是将样品置于一个气密单元中，加满溶剂，经历升温和升压。然后用氮气来吹萃取单元，将吹出物用一个小瓶收集（图 2-8）。

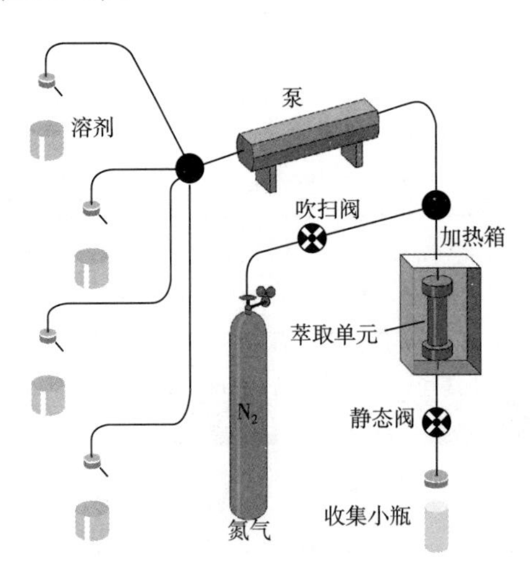

图 2-8　ASE 萃取流程示意图[35]

ASE 使用的典型萃取剂是甲醇、甲苯、丙酮、异丙醇、己烷和水[43-44]。ASE 主要用于半固体（semi-solid）样品，如泥浆、沉淀物以及类似样品的萃取[43]，已经在橡木研究中得到应用。

ASE 的优点是溶剂用量少；萃取时间可以被缩短到 15min。缺点是当升温萃取时，易挥发化合物将会有损失。同时，从气密单元转移到收集小瓶时，样品可能会有沉淀，会堵塞连接管等。

2.1.14 超临界液体萃取

纯净物根据温度和压力不同，呈现出液体、气体、固体等状态变化，如果提高温度和压力，来观察状态变化，那么当达到某一特定温度（T_c）、压力（p_c）时，会出现液体与气体界面消失的现象，该点被称为临界点（图 2-9）。在临界点附近，会出现流体的密度、黏度、溶解度、热容量、介电常数等所有流体物性发生急剧变化的现象——超临界现象。温度及压力均处于临界点以上的液体为超临界流体（supercritical fluid，SCF）。例如当水温度和压强升高到临界点（T=374.3℃，p=22.05MPa）以上时，就处于一种既不同于气态，也不同于液态和固态的新的流体态——超临界态，该状态的水即称之为超临界水。

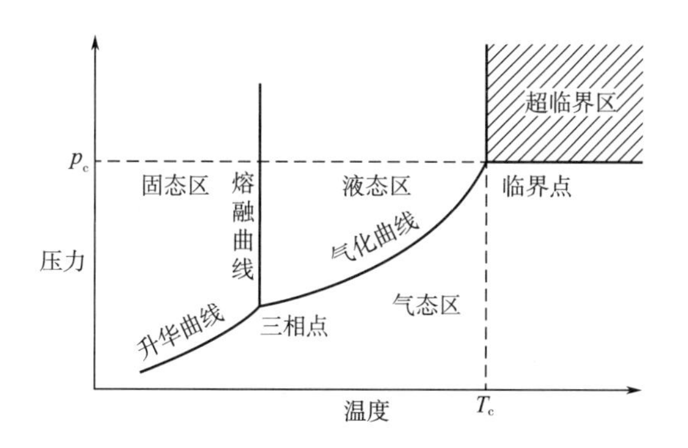

图 2-9 超临界液体与温度和压力的关系[46]

超临界液体萃取（supercritical fluid extraction，SFE）是一种重要的溶剂萃取方法，该法的萃取溶剂是超临界萃取溶剂，如二氧化碳[43, 51]。目前几乎全部选择二氧化碳作为萃取溶剂，主要因其价格低，易于处理，非常低的毒性，易纯化，随时可用，相对低的临界条件（critical condition，T_c = 43℃；p_c = 73 × 10^5Pa）[8]。在葡萄酒木塞的 TCA（2,4,6-三氯茴香醚，2,4,6-trichloroanisole）分析时，传统方法是使用 LLE，通常需要几个小时或几天（如采用连续 LLE）。使用 SFE 方法，TCA 回收率可达 90%。SFE 方法还可以用于结合态风味化合物检测，其萃取时间可以缩短 25%[8]。

图 2-10 是 SFE 萃取装置示意图。萃取时，通过改变压力，超临界液体的萃取能力会改变。因此，可以定制萃取物[44]。该方法对干的固体物料或黏性的液体特别有效。事实上，SFE 已经显示出特别的作用，如从含有高沸点产品中萃取香味物（如洗发香波和护发素）。待萃取的液体与固体支持物混合，放入萃取单元中，萃取单元被加压，然后用 SFE 技术，在小瓶中收集萃取物[10, 52]。

超临界液体萃取优点[44]：一是使用了无毒性溶剂；二是目标萃取物的可选择性；三

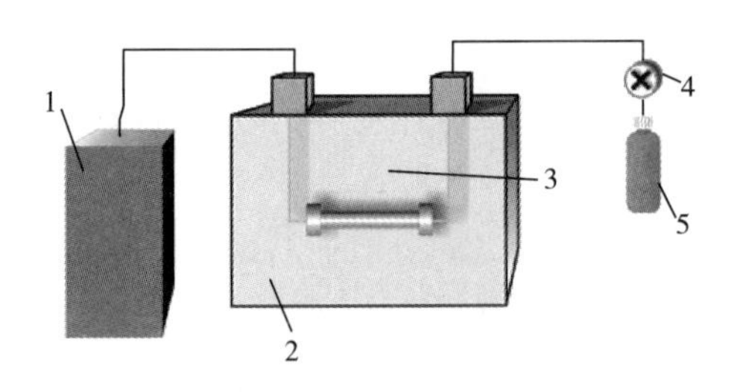

图 2-10 SFE 装置示意图

1—超临界液体；2—柱温箱；3—萃取单元；4—限流器（restrictor）；5—收集器（collector）。

是较短萃取时间；四是热不稳定性和氧敏感性化合物反应较少。

主要缺点[43-44]：(1) 由于二氧化碳极性低，中极性与高极性化合物萃取困难，甚至需要高压。解决办法是在二氧化碳溶剂中添加修饰剂或共溶剂，通常是甲醛、丙酮或甲苯；(2) 设备转接线易堵塞；(3) 超临界溶剂会对极性化合物产生歧视效应，可以通过使用甲醇和酒精等修饰剂来解决；(4) 每一个样品的平衡温度、压力和流速确定比较困难，使得方法的开发特别费时；(5) 样品量受到限制。

超临界二氧化碳萃取还可以用于以葡萄酒为原料生产功能性饮料，如从葡萄酒中去除酒精等。

几种常见萃取技术比较见表 2-5。

表 2-5　几种常见萃取技术比较[46]

技术	样品量/g	溶剂体积/mL	溶剂/样品	平均提取时间/h
索氏提取	1~100	300~500	16~30	4~48
超声提取	30	300~400	10~13	0.5~1
微波提取	5	30	6	0.5~1
自动索氏	10	50	5	1~4
ASE	1~100	15~45	1.5	12~20min

2.1.15 亚临界水萃取技术

亚临界水萃取技术（subcritical water extraction，SWE）是一种类似于 SFE 和 ASE 的加压溶剂技术，使用类似的装置和化学原理[43]。水是一种常见溶剂，广泛应用于不同基质中极性化合物的萃取。选择水作为极性化合物的溶剂，主要是基于水的一些性能，如介电常数（dielectric constant）。在常温和常压下，水的介电常数高于其他的溶剂。升高温度，增加压力，可以避免水变成汽态，此时水的介电常数会从 80（25℃）下降到 27（250℃）[43]。选择不同的温度与压力，水可以从“极性”溶剂变成“非极性”溶剂。因为试验条件均在水的临界温度和临界压力以下（T_c = 374.3℃；p_c = 22.05MPa），因此这一技术称为 SWE。考虑到水环境友好、无毒性、易于获得、价格低廉，这一技术已经成为常用技术，常用于环境分析、固体和半固体样品分析。

2.2 萃取物浓缩技术

萃取物典型地使用无水硫酸钠或硫酸镁干燥，以除去水分，然后过滤。此时，萃取物中挥发性组分浓度仍然很低，不能立即进行分析，因此，绝大部分溶剂需要除去。可以使用维格勒（Vigreaux）柱蒸馏、旋转蒸发或使用康德尔纳-戴立喜（Kuderna-Danish）浓缩器（KD 浓缩器）浓缩到 10~15mL。接着使用氮吹仪浓缩到 1~2mL。自动操作溶剂蒸发系统已经商业化，它可以定时浓缩或定量浓缩（如浓缩到 1mL），如 Zymark™ 系统。要注意的是萃取物浓缩时应十分小心。几个小时的浓缩可能在几秒钟内毁于一旦，主要原因可能是溶剂挥发过快，造成重要化合物损失。

对于非挥发性的组分主要采用真空旋转蒸发[53]或冻干的方法进行浓缩[54]。冻干适合于对温度敏感的化合物。

2.3 溶剂辅助风味蒸发技术

为了解决溶剂萃取的一些缺点，溶剂萃取之后接着使用溶剂辅助风味蒸发技术（solvent-assisted flavor evaporation，SAFE）[2,55-57]。SAFE 技术于 1999 年由恩格尔（Engel）等人开发[12]，可以用于液体食品单独萃取，如牛乳或果肉或含有较多油的材料。该技术可以在低温和高压的情况下分离溶剂萃取物和食品基质。萃取物于液氮低温下收集于烧瓶中。这种萃取物具有代表性，没有经过“煮沸”（即高温处理）。图 2-11 是该装置图示。目前 SAFE 技术已经应用到葡萄[58]、葡萄酒[2]等样品预处理中。

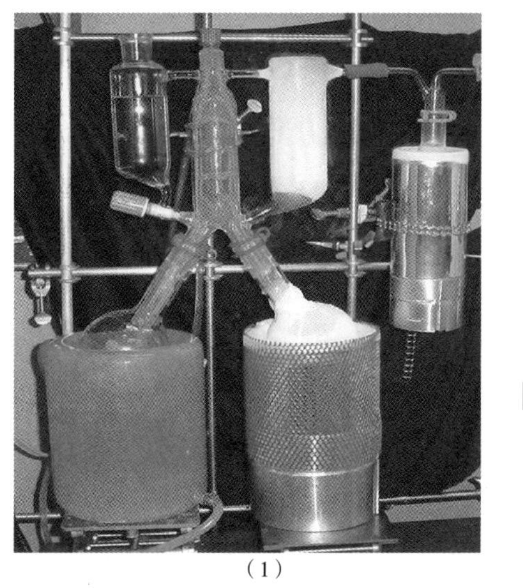

（1）

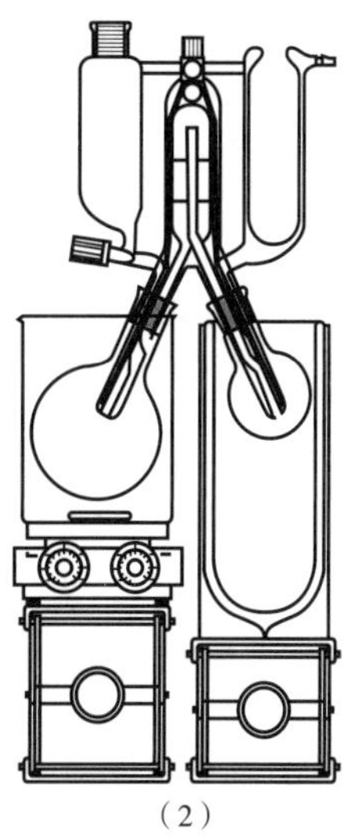

（2）

图 2-11 SAFE 装置图[12]

（1）实物图 （2）示意图

图 2-11（1）左上部分是盛粗萃取液的滴液漏斗（dropping funnel），左下为加热样品的烧瓶，中间部分是浓缩装置，右边是超低温的冷阱（colding trap）。注意，右边的冷阱连接到一个抽真空设备。

该装置结构如图 2-12 所示，盛装粗萃取液的滴液漏斗出口直通左侧支管的底部，右上部分为冷阱，中间部分包括蒸馏头和两个支管，支管上均有磨口连接（ground joint），可以用来连接不同容积的蒸馏瓶。

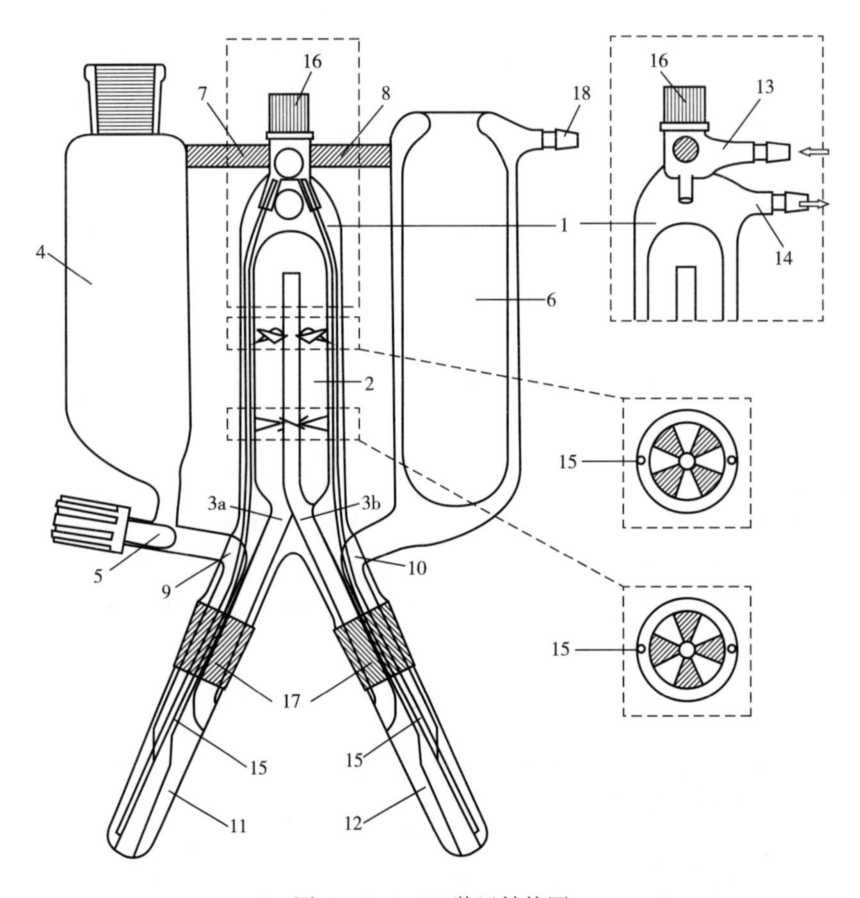

图 2-12　SAFE 装置结构图

1—上部的肩；2—蒸馏头；3—管道；4—滴液漏斗；5—进样口；6—冷阱；7，8—固定臂；9—左侧管道；10—右侧管道；11—左侧支管；12—右侧支管；13—进水口；14—出水口；15—聚乙烯管；16—螺帽；17—磨口连接；18—冷阱出口。

为了保持蒸馏时温度恒定，以及避免挥发性组分的冷凝，开始蒸馏前需要通入水来确保蒸馏头和两个支管恒温，水由进水口被通入后会沿着装置内部的聚乙烯管到达两个支管的底部，这样便可实现有效控温。之后通过恒温循环水浴对蒸馏烧瓶进行加热，循环水的温度在 20~30℃。右上侧的冷阱出口需要连接到一个抽真空的设备，真空度需达到 10^{-3}Pa，然后将液氮倒入冷阱中，此后将粗萃取液经滴液漏斗缓慢滴入蒸馏烧瓶内，通过旋转滴液漏斗的旋塞将流速控制在 10mL/min。溶剂和易挥发组分迅速气化，形成的气体由管道 3a 进入蒸馏头内，再由管道 3b 进入液氮制冷的接收烧瓶内，并在瓶壁得到浓缩。

SAFE 技术的缺点是其复杂的装置以及费时的清洗。

与高真空转移技术（high vacuum transfer，HVT）相比，SAFE 技术具有自己的优势（表 2-6）。当然，在溶剂中，化合物转移得率（yield）要高于油相中（表 2-7）。

表 2-6　　HVT 和 SAFE（35℃）技术得率比较[12]

化合物	得率/%		沸点/℃
	HVT	SAFE	
正癸烷	100	100	174
正十二烷	100	100	215
正十四烷	48	100	252
正十六烷	14	59	284
正十八烷	2	12	—
正二十烷	0.17	1.80	345
正二十二烷	0.03	0.42	—
正二十四烷	0.03	0.24	—
正二十六烷	0.03	0.11	—

表 2-7　　七种香气化合物在溶剂和油相中 HVT 与 SAFE 处理结果比较[12]

化合物	溶剂中得率/%		油相中得率/%		沸点/℃
	HVT	SAFE	HVT	SAFE	
3-甲基丁酸	73	91	31	37	173
苯乙醛	75	84	21	26	193
3-羟基-4,5-二甲基-2(5*H*)-呋喃酮	84	100	3.3	4.3	—
2-苯乙醇	94	100	10.7	12.8	216
(*E*,*E*)-2,4-癸二醛	100	100	3.4	4.3	—
(*E*)-β-大马酮	100	100	2.8	4.2	—
香兰素	71	100	0.4	0.5	—

影响 SAFE 提取效率的因素主要有样品流速、循环水浴温度、真空度等[59]。

2.3.1 葡萄中萜烯类化合物分离与预处理技术

取 2kg 葡萄样品，室温放置稍软后对葡萄除梗处理；在破碎机中破碎（葡萄籽不被破碎），破碎前加入 200g 氯化钠和 20g 氯化钙；破碎后转入 2L 的锥形烧瓶中并加入 1mL 十五烷烃（0.3mg/mL 酒精溶液）作为内标和 200mL 重蒸乙醚与戊烷（1：1，体积比）

溶剂，封口，振荡浸提，分液漏斗分离水相和有机相，萃取三次，合并有机相，加无水硫酸钠干燥过夜；通过 SAFE 处理样品，除去其中不挥发性成分；氮吹浓缩至 500μL 待 GC-MS-MS 分析[58,60]。

葡萄液液萃取后，进行 SAFE 处理时，真空度一般要求是在高真空度（10^{-3}Pa）条件下，样品流速 5mL/min，循环水浴温度为 50℃[58]。SAFE 后样品中萜烯类化合物 GC-MS 总离子流图见图 2-13 所示。

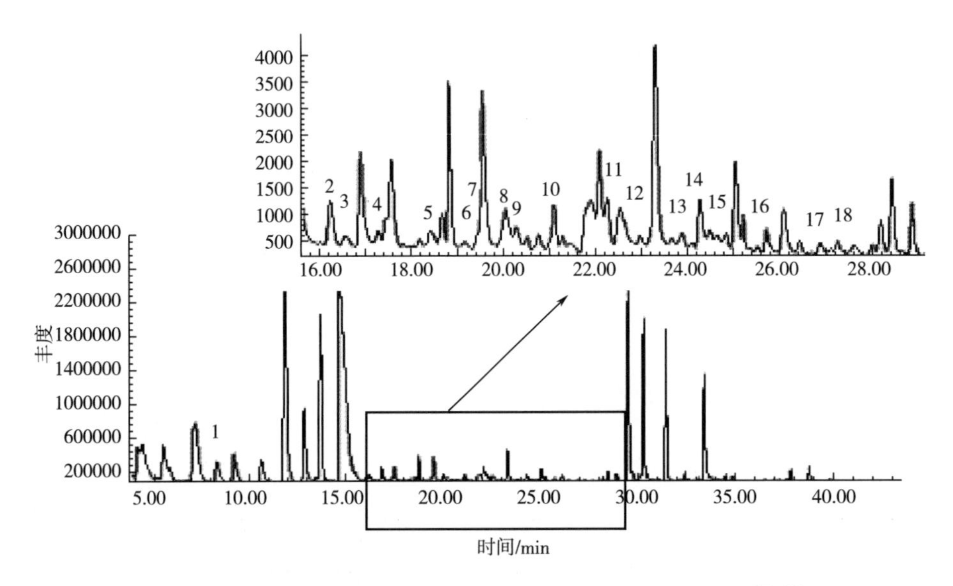

图 2-13　蛇龙珠葡萄中挥发性成分 GC-MS-MS 总离子流图[58,60]

1—柠檬油精（limonene）；2—α-衣兰烯（α-ylangene）；3—β-波旁烯（β-bourbonene）；4—β-库毕烯（β-cubebene）；5—桧烯（junipene）；6—β-石竹烯（β-caryophyllene）；7—(-)-异喇叭烯［(-)-isoledene］；8—(+)-桉树烯（aromadendrene）；9—α-蛇麻烯（α-humulene）；10—α-紫穗槐烯（α-amorphene）；11—大香叶烯 D（germacrene D）；12—衣品烯（epizonarene）；13—瓦伦烯（valencene）；14—2-异丙基-5-甲基-9-甲烯基-环［4.4.0］-1-癸烯（isopropyl-5-methyl-9-methylene-bicyclo［4.4.0］dec-1-ene）；15—α-金合欢烯（α-farnesene）；16—γ-依兰油烯（γ-muurolene）；17—δ-杜松烯（δ-cadinene）；18—γ-杜松烯（γ-cadinene）。

2.3.2　菜籽油香气化合物分离预处理技术

菜籽油（rapeseed oil）是比较黏稠液体，通常香气难以萃取。取 200g 菜籽油，加入 150mL 二氯甲烷稀释，通过 SAFE 技术将脂肪与有机相分开。为了避免 GC 分析时出现过载峰（overlapping peaks），SAFE 收集的有机相用碳酸氢钠饱和（总体积 150mL）以去除酸性组分，获得中性/碱性组分。酸性组分再用盐酸调节 pH 到 2，用二氯甲烷萃取（总体积 150mL）。将中性/碱性组分和酸性组分分别用盐水洗涤，再用无水硫酸钠干燥，过滤，浓缩到 150μL 备用[61]。

2.4 复杂样品分馏技术

通常情况下，萃取物成分十分复杂，不能直接用 GC-MS 等技术对化合物定性，为此，需要对萃取物进行分馏（fractionation）。例如将白酒萃取液进一步分馏为酸性组分、碱性组分、水溶性组分和中性组分（图 2-14）；对不是十分复杂的样品，可以将酸性组分与水溶性组分一起分馏，而将中性与碱性组分合并在一起。

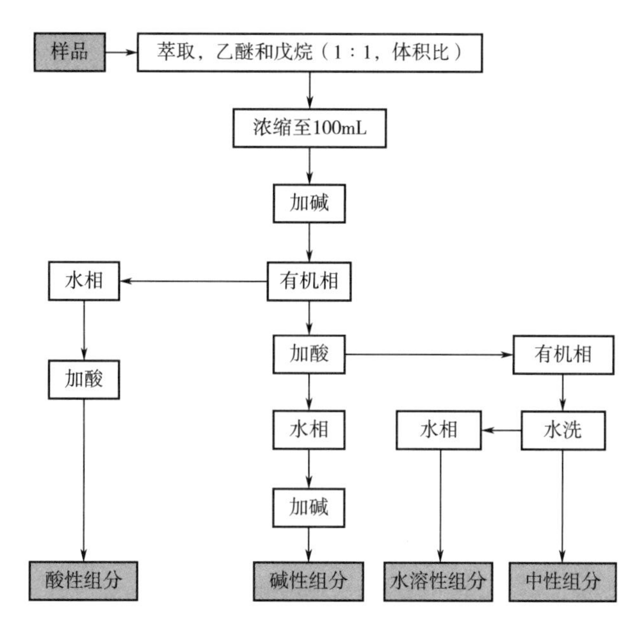

图 2-14 白酒萃取液分馏示意图

2.4.1 酸性组分分馏技术

酱香型白酒因风味十分复杂，需要采用分馏技术将其分为酸性组分、碱性组分、水溶性组分和中性组分，然后进行 GC-O 分析。在萃取液中加入稀的碱性溶液如碳酸氢钠、焦亚硫酸氢钠，与酸进行反应，可以去除萃取液中酸性组分，如有机酸、酚类等。如果在反应后的水溶液中再加入稀盐酸，则可以将酸性组分游离出来，再使用乙醚或二氯甲烷等进行萃取，可以获得酸性组分[3]。图 2-15 是某酱香型白酒酸性组分 GC-O 图。

2.4.2 碱性组分分馏技术

在萃取液中加入稀盐酸或稀硫酸，可以中和萃取液中的碱性组分。在中和后的水溶液中加入氢氧化钠，则可以使得碱性组分（如吡嗪类化合物等）游离出来，使用有机溶剂萃取，可以获得碱性组分[3]。图 2-16 是某酱香型白酒碱性组分 GC-MS 图。

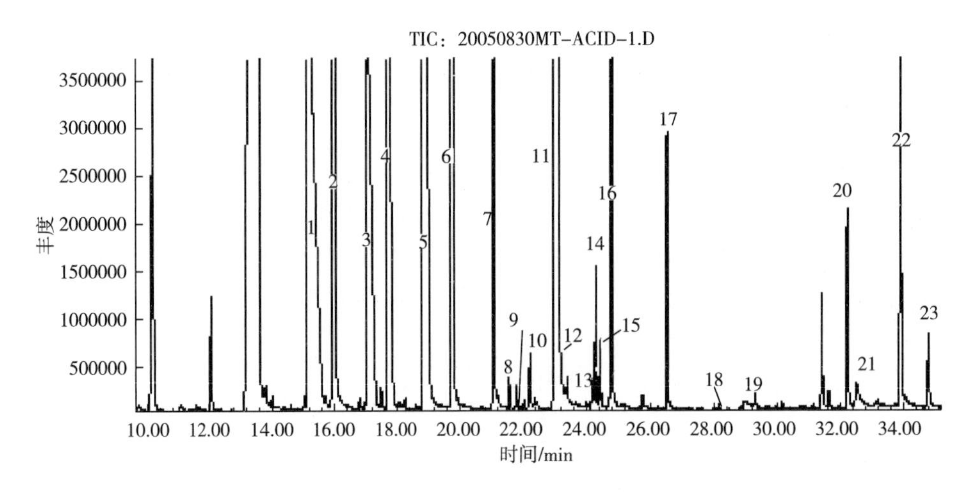

图 2-15　某酱香型白酒酸性组分 GC-O 图

1—乙酸；2—糠醛；3—丙酸；4—2-甲基丙酸；5—丁酸；6—3-甲基丁酸；7—戊酸；8—2-甲基戊酸；9—2-丁烯酸；10—4-甲基戊酸；11—己酸；12—2-甲基己酸；13—5-甲基己酸；14—2-甲基-2-戊烯酸；15—2,4-二甲基-2-戊烯酸；16—庚酸；17—辛酸；18—壬酸；19—癸酸；20—苯甲酸；21—2-糠酸；22—2-苯乙酸；23—3-苯丙酸。

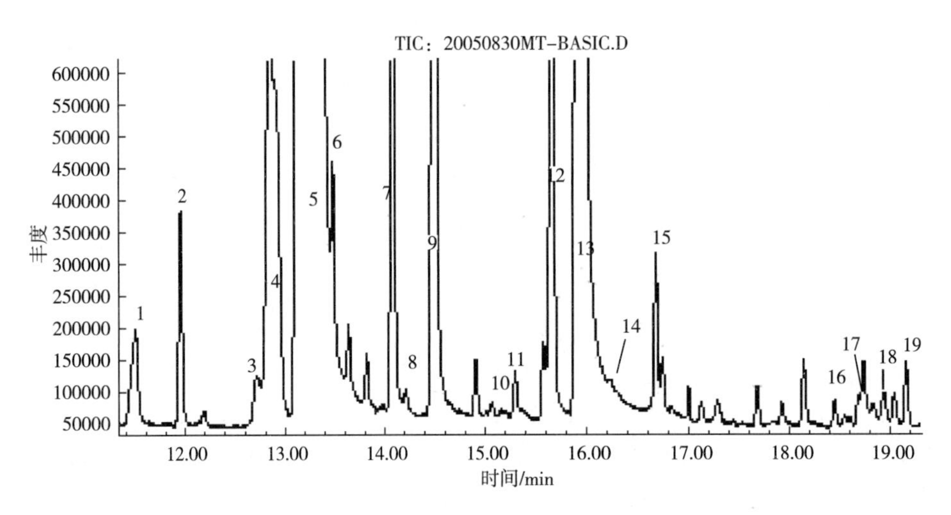

图 2-16　某酱香型白酒碱性组分 GC-MS 图

1—2-甲基吡嗪；2—3-羟基-2-丁酮；3—2,5-二甲基吡嗪；4—2,6-二甲基吡嗪；5—2-羟基丙酸乙酯；6—2,3-二甲基吡嗪；7—2-乙基-6-甲基吡嗪；8—2-乙基-5-甲基吡嗪；9—2,4,5-三甲基吡嗪；10—2,6-二乙基吡嗪；11—2,5-二甲基-3-乙基吡嗪；12—2,3-二甲基-5-乙基吡嗪；13—糠醛；14—2,3,5,6-四甲基吡嗪；15—2,3,5-三甲基-6-乙基吡嗪；16—2-丁基-3,5-二甲基吡嗪；17—2-乙酰基吡啶；18—2-乙酰基-5-甲基呋喃；19—2-乙酰基-6-甲基吡啶。

2.4.3　水溶性组分分馏技术

使用超纯水洗涤萃取液，可以分离水溶性组分。洗涤后水溶液使用有机溶剂萃取，可以获得水溶性组分[3]。图 2-17 是某酱香型白酒水溶性组分 GC-MS 图。

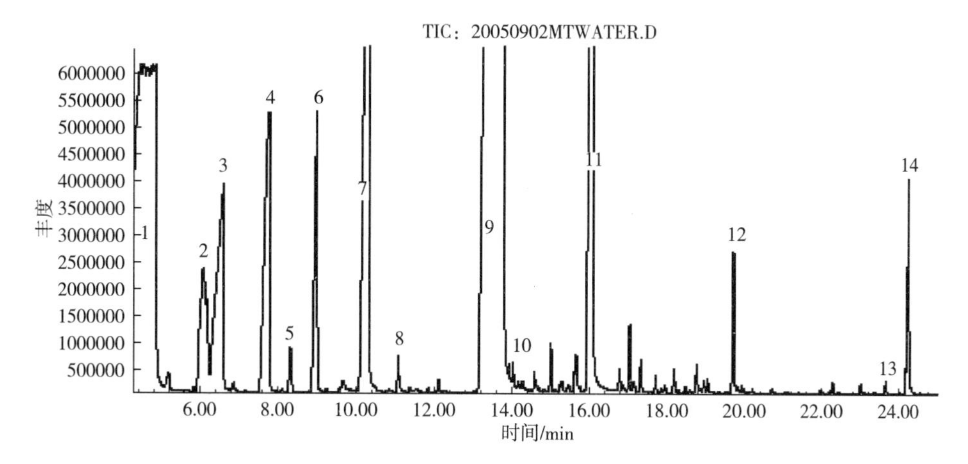

图 2-17 某酱香型白酒水溶性组分 GC-MS 图

1—酒精；2—2-丁醇；3—1-丙醇；4—2-甲基丙醇；5—2-戊烯醇；6—1-丁醇；7—3-甲基丁醇；8—1-戊醇；9—2-羟基丙酸乙酯（乳酸乙酯）；10—3-乙氧基-1-丙醇；11—糠醛；12—2-糠醇；13—苯甲醇；14—2-苯乙醇。

2.4.4 中性组分分馏技术

除去酸性组分、碱性组分以及水溶性组分的萃取液称为中性组分（图 2-18）。

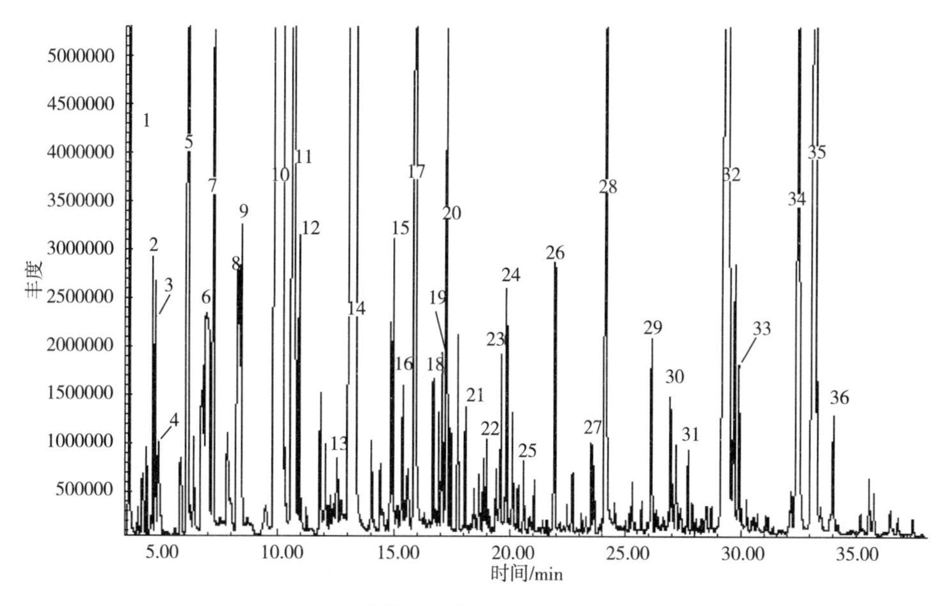

图 2-18 某酱香型白酒中性组分 GC-MS 图

1—1,1-二乙氧基乙烷；2—丙酸乙酯；3—2-甲基丙酸乙酯；4—1,1-二乙氧基-2-甲基丙烷；5—丁酸乙酯；6—1,1-二乙氧基-3-甲基丁烷；7—2-甲基丙醇；8—戊酸乙酯；9—1-丁醇；10—3-甲基丁醇；11—己酸乙酯；12—1-戊醇；13—庚酸乙酯；14—2-羟基丙酸乙酯；15—辛酸乙酯；16—1-庚醇；17—糠醛；18—2-乙酰基呋喃；19—苯甲醛；20—2-羟基己酸乙酯；21—5-甲基-2-糠醛；22—癸酸乙酯；23—2-糠醇；24—丁二酸二乙酯；25—1,1-二乙氧基-2-苯乙烷；26—2-苯乙酸乙酯；27—苯甲醇；28—2-苯乙醇；29—十四酸乙酯；30—4-甲基苯酚；31—十一酸乙酯；32—十六酸乙酯；33—2-羟基-3-苯丙酸乙酯；34—(*Z*)-9-十八烯酸乙酯；35—(*Z*,*Z*)-9,12-十八碳二烯酸乙酯；36—(*Z*,*Z*,*Z*)-9,12,15-十八碳三烯酸乙酯。

中性组分还比较复杂时，可以再去除如羰基化合物的干扰，或直接按组分的极性进行柱色谱分析（图 2-19）[3]。

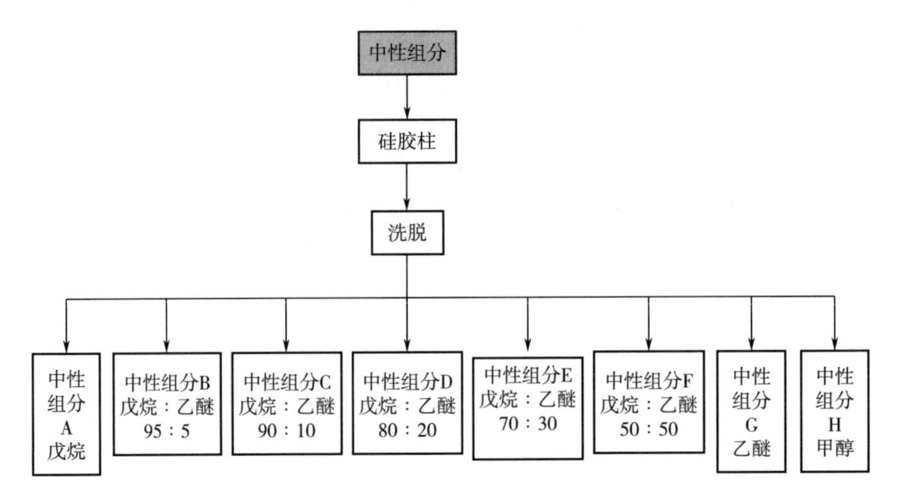

图 2-19　白酒中性组分分馏示意图

去除萃取液中羰基化合物：2，4-二硝基苯肼（2，4-DNPH）、丹磺酰肼（dansylhydrazine）、*O*-(2,3,4,5,6)-五氟苯）羟胺［*O*-(2,3,4,5,6-pentafluorobenzyl) hydroxylamine，PFBHA］常被用来减少萃取物中羰基化合物干扰。

2.5　柱色谱技术

风味物质提取中比上述技术更经常使用的一种分馏技术是柱色谱技术。柱色谱技术分为“干法”色谱和“湿法”色谱两种。在风味化学研究中常用的是湿法色谱技术。该法是将吸附剂如硅胶装入色谱柱中，靠洗脱剂将要分离的各个组分逐个洗脱下来，因此也称为洗脱色谱。欲分离的混合物中各个组分分配在吸附剂与洗脱剂之间，化合物被吸附剂吸附越强，该化合物溶解在洗脱剂中越少，沿洗脱剂移动距离则越小。近年来，不少人将柱色谱技术用于制备上，故其又称为制备色谱。图 2-20 为实验室常用色谱柱，其分离过程见图 2-21 所示。

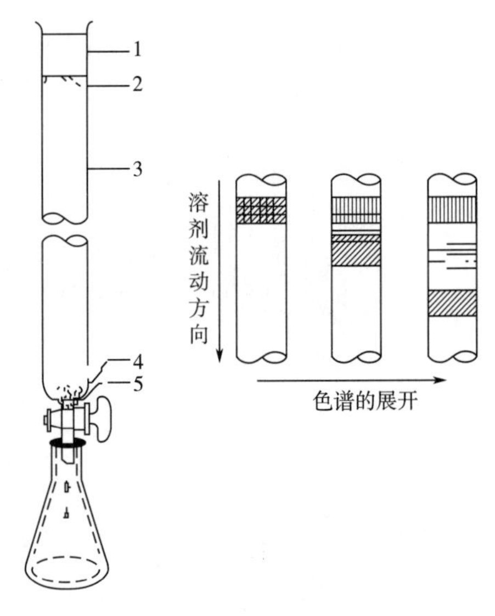

图 2-20　常用色谱柱[62]

1—溶剂；2，4-沙子；3—氧化铝；5—棉花。

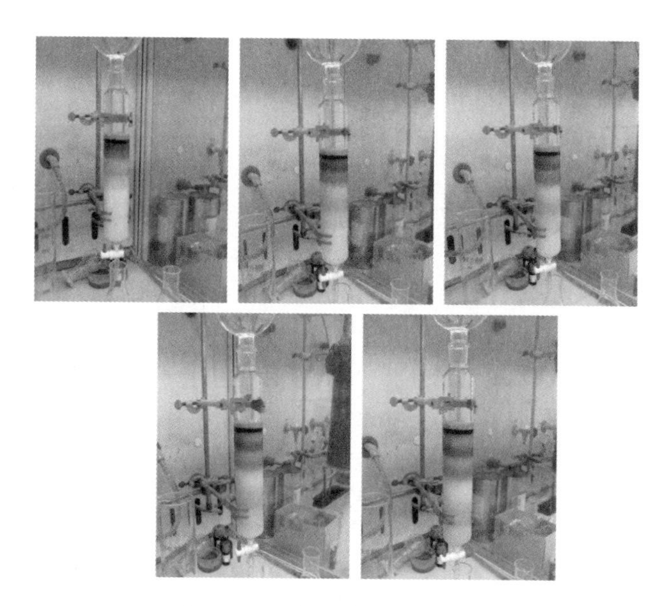

图 2-21　混合物分离过程示意图

2.5.1　常见挥发性化合物柱色谱分离

在酒类风味化学分析中，挥发性呈香化合物常用的吸附剂是硅胶。在使用前，硅胶一般经纯化和活性处理。吸附剂颗粒越小，表面积越大，吸附能力就越高，但溶剂流速慢。对酸、碱敏感的化合物通常会在酸性或碱性吸附剂上发生分解及催化反应，例如酯水解、烯烃异构化、醛酮缩合反应等。因此，对于这些化合物的分离，应该在中性吸附剂上进行。

洗脱溶剂选择：首先选用极性最小的溶剂，使最容易洗脱的组分分离。然后，加入不同比例的极性溶剂配成洗脱液，将极性较大的化合物自色谱柱中洗脱下来。常用的洗脱液极性见表 2-2 所示。

极性溶剂对于洗脱极性化合物是有效的，非极性溶剂对于洗脱非极性化合物是有效的。若欲分离的混合物组成复杂，单一的溶剂往往不能达到有效分离，通常选用混合溶剂。

色谱柱装柱技术：色谱柱大小，取决于分离物的量和吸附剂性质。一般的规格是柱直径为其长度的 1/10~1/4，实验室常用色谱柱直径在 0.5~10cm。

吸附剂应均匀地装在一个柱内，无气泡，无裂缝，否则将影响洗脱和分离。通常用糊状填料法，即把柱子竖直固定好，关闭下端活塞，底部用少量玻璃棉轻轻塞紧，加入约 0.5cm 厚的洗净干燥的石英沙层，然后加入溶剂到柱体积的 1/4。打开柱下端活塞，让溶剂一滴一滴地滴入烧杯或三角瓶中，将用甲醇浸泡过夜的硅胶快速倒入柱中，进行均匀填料。柱填好后，在上面覆盖 0.5cm 厚沙层。注意，从始至终不要使柱内液面高度降到吸附剂高度以下，否则会出现气泡或裂缝。柱顶部 1/4 处一般不填充吸附剂，以便使吸附剂上面保持一液层。

图 2-22 给出了分馏技术的一个实例。

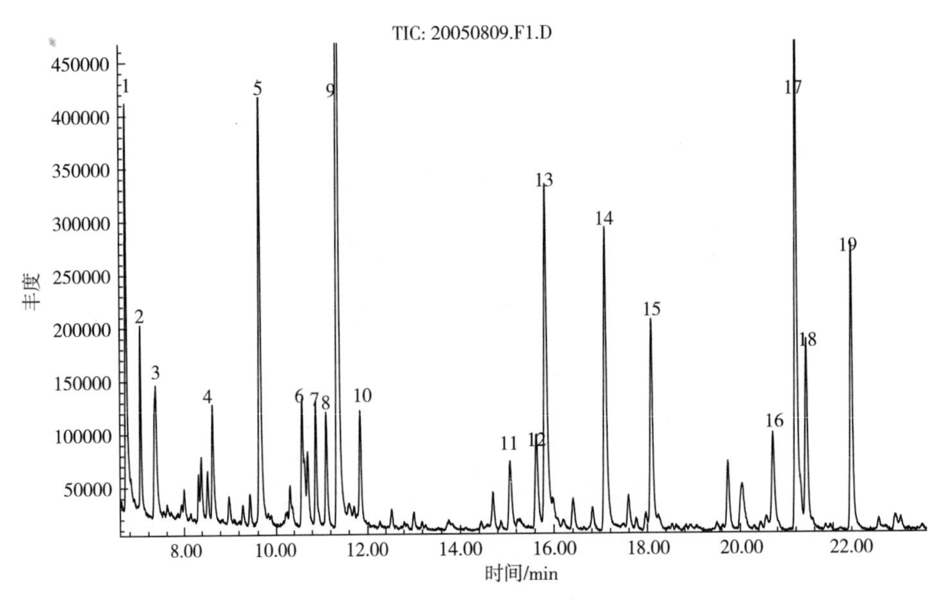

（1）黑莓萃取物中性组分Ⅰ（正相色谱戊烷组分）GC-MS总离子流图

1—α-蒎烯（α-pipene）；2—甲基苯；3—莰烯（camphene）；4—对-二甲苯（*p*-xylene）；5—柠檬烯（limonene）；6—γ-萜品烯（γ-terpinene）；7—乙烯基苯；8—1-甲基-3-异丙基-苯；9—α-萜品油烯（α-terpinolene）；10—1-氯-2-甲基苯；11—α-橙椒烯（α-cubebene）；12—α-依兰烯（α-ylangene）；13—α-胡椒烯（α-copaene）；14—(-)-异喇叭烯［(-)-isoledene］；15—β-石竹烯（β-caryophyllene）；16—α-榄香烯（α-elemene）；17—(*E*,*E*)-α-法呢烯［(*E*,*E*)-α-farnesene］；18—δ-杜松烯（δ-cadinene）；19—(*E*,*E*)-4,8,12-三甲基-1,3,7,11-十三四烯［(*E*, *E*)-4,8,12-trimethyl-1,3,7,11-tridecatetraene］。

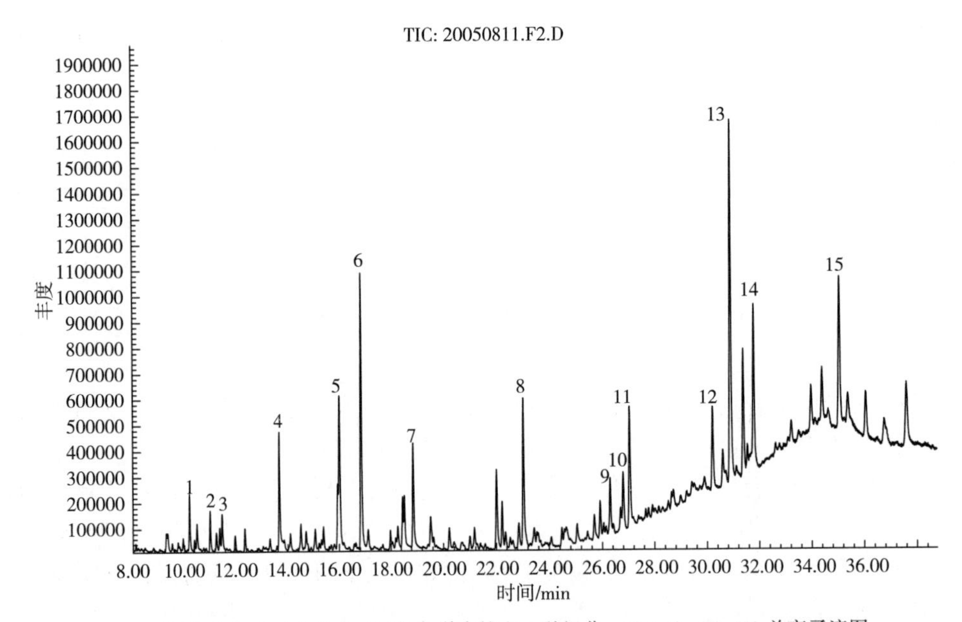

（2）黑莓萃取物中性组分Ⅱ（正相色谱戊烷和乙醚组分，95∶5）GC-MS总离子流图

1—己酸乙酯；2—乙酸己酯；3—3-甲基丁酸戊酯；4—壬醛；5—茶螺烷B（theaspirane B）；6—茶螺烷A（theaspirane A）；7—癸酸乙酯；8—十二烷酸乙酯；9—十四烷酸甲酯；10—十四烷酸异丙酯；11—十四烷酸乙酯；12—棕榈酸甲酯；13—棕榈酸乙酯；14—9-十六烯酸乙酯；15—(*Z*)-9-十八烯酸乙酯。

图2-22　黑莓（Marionberry）水果分馏馏分GC-MS图

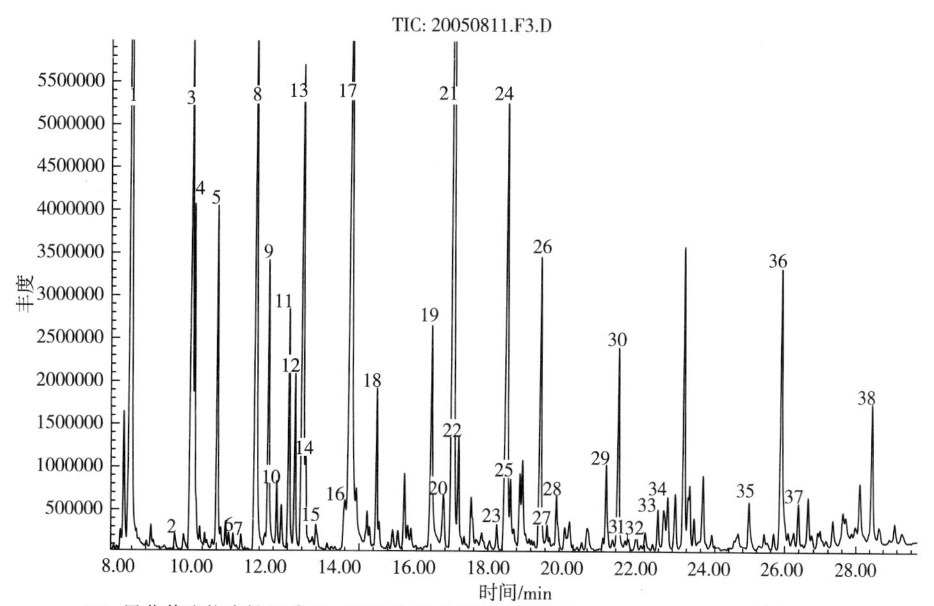

（3）黑莓萃取物中性组分Ⅲ（正相色谱戊烷和乙醚组分，90∶10）GC-MS 总离子流图

1—己醛；2—2-甲基-2-戊烯醛；3—2-庚酮；4—庚醛；5—(*E*)-2-己烯醛；6—6-甲基-2-庚酮；7—(*Z*)-4-庚烯醛；8—乙酸己酯；9—辛醛；10—1-辛烯-3-酮；11—乙酸-(*Z*)-3-己烯酯；12—(*E*)-2-庚烯醛；13—乙酸-(*E*)-2-己烯酯；14—6-甲基-5-庚烯-2-酮；15—(*E*)-玫瑰氧化物；16—2-壬酮；17—壬醛；18—(*E*)-2-壬烯醛；19—癸醛；20—樟脑（camphor）；21—苯甲醛；22—(*Z*)-2-壬烯醛；23—(*E*,*Z*)-2,6-壬二烯醛；24—2-十一烷酮；25—十一烷醛；26—(*E*)-2-癸烯醛；27—乙酰苯（acetophenone）；28—2-丁基-2-辛烯醛；29—L-香芹酮（L-carvone）；30—2-十一烯醛；31—(*E*,*Z*)-2,4-癸二烯醛；32—甲基乙酰苯（methylacetophenone）；33—2-十三酮；34—*β*-大马酮（*β*-damascenone）；35—*β*-紫罗兰酮（*β*-ionone）；36—石竹烯氧化物（caryophyllene oxide）；37—鼠尾草-4[14]-烯-1-酮（salvial-4[14]-en-1-one）；38—6,10,14-三甲基-2-十五烷酮。

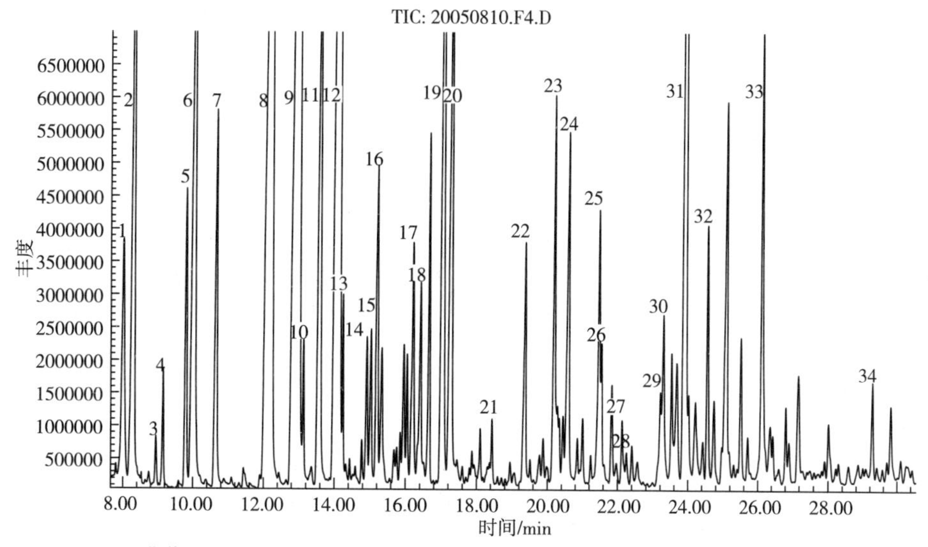

（4）黑莓萃取物中性组分Ⅳ（正相色谱戊烷和乙醚组分，50∶50）GC-MS 总离子流图

1—3-戊醇；2—2-戊醇；3—1-戊烯-3-醇；4—3-戊烯-2-醇；5—2-甲基丁醇；6—(*E*)-2-己烯醛；7—1-戊醇；8—2-庚醇；9—1-己醇；10—(*E*)-3-己烯-1-醇；11—(*Z*)-3-己烯-1-醇；12—(*E*)-2-己烯-1-醇；13—(*Z*)-2-己烯-1-醇；14—1-辛烯-3-醇；15—1-庚醇；16—6-甲基-5-庚烯-2-醇；17—(*S*)-3-乙基-4-甲基戊醇；18—2-壬醇；19—里哪醇（linalool）；20—1-辛醇；21—(*Z*)-5-辛烯-1-醇；22—1-壬醇；23—*α*-萜品醇（*α*-terpineol）；24—2-十一烷醇；25—1-癸醇；26—香茅醇（citronellol）；27—桃金娘烯醇（myrtenol）；28—橙花醇（nerol）；29—香叶醇（geraniol）；30—*p*-伞花-8-醇（*p*-cymen-8-ol）；31—苯甲醇；32—苯乙醇；33—4-苯基-2-丁醇；34—*γ*-穆罗莱醇（murolol）。

图 2-22　黑莓水果分馏馏分 GC-MS 图（续图）

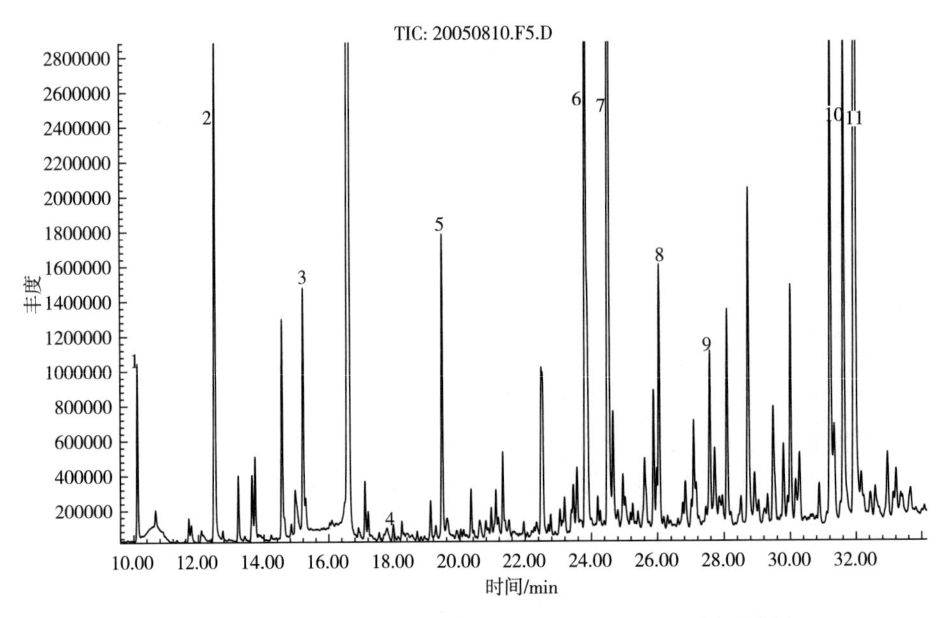

（5）黑莓萃取物中性组分Ⅴ（正相色谱乙醚组分）GC-MS 总离子流图

1—1-戊醇；2—1-己醇；3—(*Z*)-里哪醇的氧化物［(*Z*)-linalool oxide］；4—4-甲氧基-2,5-二甲基-3(2H)-呋喃酮；5—2,3-环氧己醇（2,3-epoxyhexanol）；6—苯甲醇；7—苯乙醇；8—4-苯-2-丁醇；9—苯丙醇；10—3-苯-2-丙烯-1-醇；11—草本氧化物第二异构体（herboxide second isomer）。

图 2-22　黑莓水果分馏馏分 GC-MS 图（续图）

柱色谱或 SPE 也能用于分馏[3-4, 63]。柱色谱分馏包括水相或有机相的萃取物进入硅胶柱中，用极性或非极性溶剂洗脱，该法还可以去除色素和高沸点物质。典型的溶剂系统是戊烷-乙醚混合液。假如萃取物体积很小，可以使用商品化 SPE 小柱。

分馏技术是十分费时的；同时，由于操作复杂，会引起易挥发化合物损失。

2.5.1.1　静态硅胶吸附色谱技术

胡椒籽（peppercorns）250g，粉碎，溶于丙酮中一周（25℃）。过滤，溶剂在 30℃ 真空挥发，获得胡椒粗萃取物（约 6.5%）。过夜，形成结晶，去除结晶，获得约 3.5% 粗浸出物[64]。

8.8g 粗浸出物溶解于 250mL 戊烷中，加入硅胶 60（70～230 目，90g），涡旋，去除戊烷。再用 250mL 戊烷、250mL 戊烷/乙酸乙酯溶剂［比例（体积比）分别为 95∶5、80∶20/50∶50］洗涤硅胶。发现胡椒气味在 80∶20 组分。氮吹浓缩至 1mL，再浓缩获得约 0.43g 粗胡椒萃取液（最初胡椒质量的 0.17%）[64]。

2.5.1.2　白酒液液萃取液正向柱色谱技术

称取 20g 硅胶于干净烧杯中，用甲醇浸泡过夜，第二天在 4℃ 左右层析柜中将泡好的硅胶装入层析柱，装柱过程中保证硅胶层没有气泡，之后依次用 50mL 甲醇、50mL 重蒸乙醚和 50mL 重蒸戊烷进行洗柱，洗柱过程中控制洗脱流速为 1.5mL/min 左右。将贮存在冰箱中的 N/B 组分加入硅胶柱中，依次用 50mL 重蒸戊烷洗柱并收集馏分为 F1，100mL

重蒸戊烷：乙醚（95：5，体积比）洗柱收集馏分为F2，50mL重蒸戊烷：乙醚（体积比分别为90：10，F3；80：20，F4；70：30，F5；50：50，F6），最后用50mL甲醇洗柱并收集馏分得到F7。收集各组分，无水硫酸钠干燥过夜，氮吹浓缩至200μL，待GC-MS分析[65]。

2.5.1.3　白酒中萜烯类化合物LLE与正相色谱分离

液液萃取实验参照Fan等人[65]的实验方法。将50mL药香型酒样用超纯水稀释至酒精度10%vol，加氯化钠至饱和，再用90mL重蒸后的戊烷：乙醚（1：1，体积比）分3次进行萃取。在分液漏斗中合并3次萃取的有机相共90mL。加入50mL的超纯水，用100g/L的碳酸氢钠溶液调pH为10。静置，有机相用10mL的超纯水水洗。水洗后剩下的有机相即为中性/碱性成分，氮吹浓缩到2mL[22]。

由于中性/碱性组分复杂，采用硅胶柱进一步分离。参照Fan等人[65]的方法，称取20g硅胶，用甲醇溶液浸泡过夜，湿法装柱后，依次用50mL甲醇、50mL重蒸乙醚和50mL重蒸戊烷进行洗柱。将氮吹浓缩至2mL的中性/碱性组分加入柱中，依次用50mL的重蒸戊烷（F1），100mL重蒸戊烷：乙醚（95：5，体积比，F2），50mL的重蒸戊烷：乙醚（体积比分别为90：10，F3；80：20，F4；70：30，F5；50：50，F6）和50mL甲醇（F7）洗脱得到7个组分（控制洗脱流速在1mL/min左右）。收集各组分，无水硫酸钠干燥过夜，氮吹浓缩至200μL，后进行GC-MS分析。分离后的组分经GC-MS检测的图谱如图2-23所示。

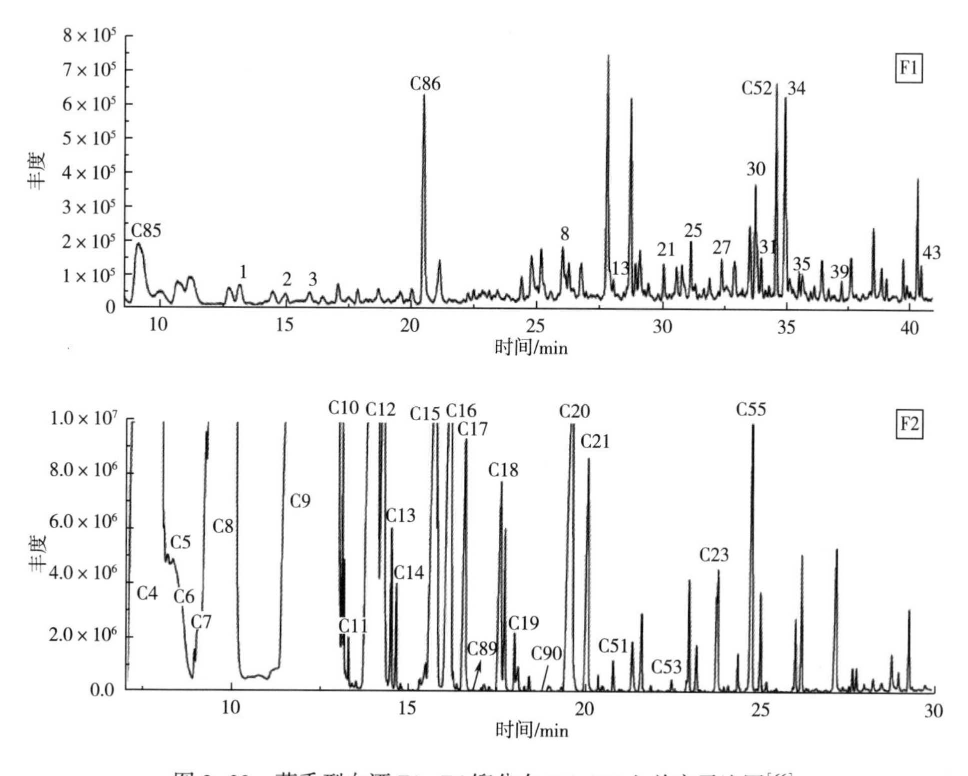

图2-23　药香型白酒F1～F6馏分在GC-MS上总离子流图[66]

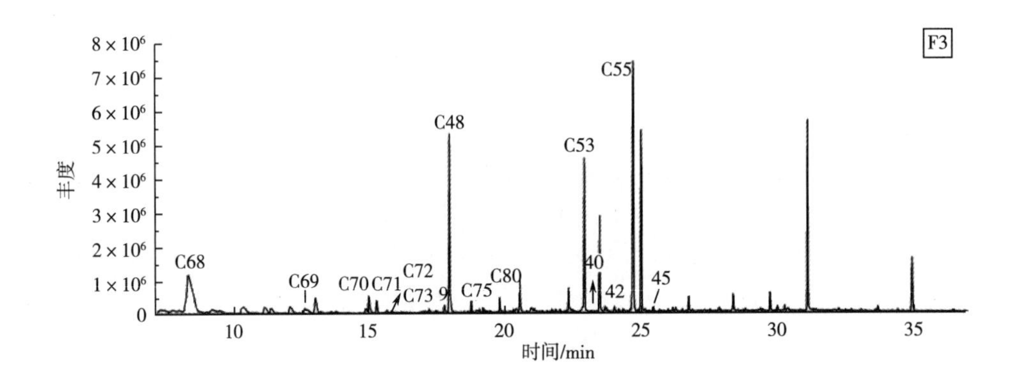

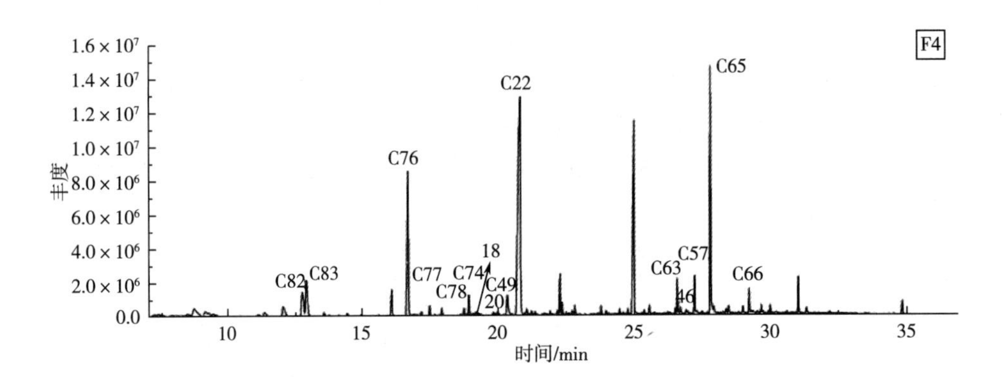

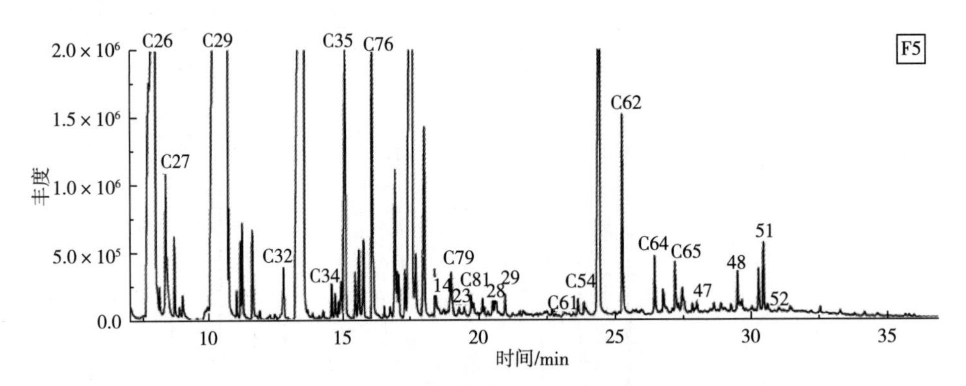

图 2-23　药香型白酒 F1~F6 馏分在 GC-MS 上总离子流图（续图）[66]

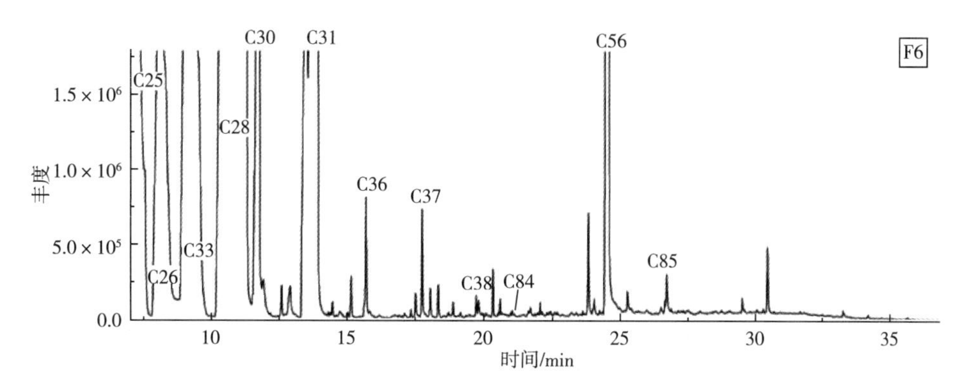

图 2-23 药香型白酒 F1~F6 馏分在 GC-MS 上总离子流图（续图）[66]

1—*d*-柠檬油精（d-limonene）；2—中药烃 A（Tcd-hydrocarbon A）；3—*p*-伞花烃（*p*-cymene）；4—α-长叶蒎烯（α-longipinene）；5—β-绿叶烯（β-patchoulene）；6—(-)-丁子香烯[(-)-clovene]；7—长叶松环烯（longicyclene）；8—α-古芸烯（α-gurjunene）；9—*d*-樟脑（d-camphor）；10—香附烯（cyperene）；11—α-雪松烯（α-cedrene）；12—长叶松烯（longifolene）；13—β-石竹烯（β-caryophyllene）；14—小茴香醇（fenchol）；15—β-榄香烯（β-elemene）；16—α-香柑油烯（α-bergamotene）；17—白菖油萜（calarene）；18—4-萜品醇（4-terpinenol）；19—(+)-桉树烯[(+)-aromadendrene]；20—异佛乐酮（isophorone）；21—β-愈创木烯（β-guaiene）；22—γ-绿叶烯（γ-patchoulene）；23—薄荷醇（menthol）；24—(-)-别香树烯[(-)-alloaromadendrene]；25—γ-古芸烯（γ-gurjunene）；26—γ-蛇床烯（γ-selinene）；27—γ-依兰油烯（γ-muurolene）；28—α-萜品醇（α-terpineol）；29—(-)-龙脑[(-)-borneol]；30—α-蛇床烯（α-selinene）；31—α-依兰油烯（α-muurolene）；32—β-没药烯（β-bisabolene）；33—β-花柏烯（β-chamigrene）；34—δ-杜松烯（δ-cadinene）；35—γ-杜松烯（γ-cadinene）；36—(+)-*epi*-二环倍半水芹烯[(+)-*epi*-bicyclosesquiphellandrene]；37—α-姜黄烯（α-curcumene）；38—α-杜松烯（α-cadinene）；39—(+)-花侧柏烯[(+)-cuparene]；40—β-大马酮（β-damascenone）；41—卡拉烯（calamenene）；42—香叶基丙酮（geranylacetone）；43—α-白菖考烯（α-calacorene）；44—喇叭茶醇（palustrol）；45—β-紫罗兰酮（β-ionone）；46—(*E*)-橙花叔醇[(*E*)-nerolidol]；47—雪松醇（cedrol）；48—γ-桉叶油醇（γ-eudesmol）；49—γ-柰醇（γ-muurolol）；50—α-杜松醇（α-cadinol）；51—β-桉叶油醇（β-eudesmol）；52—法呢醇（farnesol）。

C1—乙酸乙酯；C2—丙酸乙酯；C3—2-甲基丙酸乙酯；C4—丁酸乙酯；C5—2-甲基丁酸乙酯；C6—3-甲基丁酸乙酯；C7—丁酸丙酯；C8—戊酸乙酯；C9—己酸乙酯；C10—丁酸-3-甲基丁酯；C11—乙酸己酯；C12—己酸丙酯；C13—庚酸乙酯；C14—己酸-2-甲基丙酯；C15—己酸丁酯；C16—辛酸乙酯；C17—己酸异戊酯；C18—己酸戊酯；C19—壬酸乙酯；C20—己酸己酯；C21—癸酸乙酯；C22—丁二酸二乙酯；C24—2-丁醇；C25—1-丙醇；C26—2-甲基-1-丙醇；C27—2-戊醇；C28—3-甲基-1-丁醇；C29—2-甲基-1-丁醇；C30—1-戊醇；C31—2-庚醇；C33—1-己醇；C34—3-辛醇；C35—2-辛醇；C36—1-庚醇；C37—1-辛醇；C38—1-壬醇；C48—苯甲醛；C49—苯乙醛；C50—苯乙酮；C51—苯甲酸乙酯；C52—萘；C53—2-苯乙酸乙酯；C54—茴香脑；C55—3-苯丙酸乙酯；C56—2-苯乙醇；C57—*p*-茴香醛；C61—愈创木酚；C62—4-甲基愈创木酚；C63—苯酚；C64—4-乙基愈创木酚；C65—4-甲基苯酚；C66—4-乙基苯酚；C68—己醛；C69—2-辛酮；C70—2-壬酮；C71—壬醛；C72—(*E*)-2-辛烯醛；C73—癸醛；C74—(*E*,*Z*)-2,6-壬二烯醛；C76—糠醛；C77—2-乙酰呋喃；C78—5-甲基-2-糠醛；C79—2-乙酰基-5-甲基呋喃；C80—2-糠醇；C82—1,1,3,3-四乙氧基丙烷；C83—1,1,3-三乙氧基丙烷；C84—γ-己内酯；C85—γ-壬内酯；C86—二甲基三硫；C88—2,3,5,6-四甲基吡嗪；C89—未知化合物 1；C90—未知化合物 2。

2.5.1.4 葡聚糖凝胶色谱填料性能

葡聚糖凝胶（sephadex）是交联葡聚糖凝胶（cross-linked dextran gel）的商品名，用于凝胶过滤（gel filtration），于 1959 年开发出来，通常呈珠子形（bead form）。通过改变交联度，可以改变其过滤性能[67]。

高度专业化的凝胶过滤和色谱级介质是肉眼可见的珠子，是由多糖葡聚糖凝胶合成的，具有三维网状结构，具有功能离子的基团通过醚键（ether linkage）连接到多糖的葡萄糖单元上。存在阳离子与阴离子交换型，以及凝胶过滤树脂型，主要不同在于其多孔性（porosity），以及珠子大小（20~300μm）。

葡聚糖凝胶通常用于低与高分子质量分子的分离，如快速透析（dialysis）、脱盐（desalting）、缓冲液交换（buffer exchange），以及去除小分子。

凝胶过滤时，不同类型葡聚糖凝胶通过的分子质量不一样。Sephadex G-10 通常用于富集相对分子质量≤ 700 的成分；Sephadex G-15 富集相对分子质量≤ 1500 的成分；Sephadex G-25 富集相对分子质量 1000~5000 的成分；Sephadex G-50 富集相对分子质量 1500~30000 的成分；Sephadex G-75 富集相对分子质量 3000~80000 的成分；Sephadex G-100 富集相对分子质量 4000~150000 的成分；Sephadex G-150 富集相对分子质量 5000~300000 的成分；Sephadex G-200 富集相对分子质量 5000~600000 的成分。

2.5.1.5 葡聚糖凝胶色谱用于非挥发性组分分离

凝胶吸附色谱（gel adsorption chromatography）可以用于多种产物的分离，通常使用葡聚糖凝胶分离如橡木乙醇提取物[68]、食醋低分子质量化合物等[69]。

如 5g EOW（橡木乙醇萃取物，ethanolic oak wood）萃取物溶解于甲醇-水溶液中（40∶60，体积比），上柱。柱填料为 Sephadex LH 20。柱先用 pH 4.5（用 0.1%甲酸调）甲醇-水溶液（40∶60，体积比）洗涤。柱使用 pH 4.5 的 40∶60（体积比）甲醇-水溶液（2L）、pH 4.5 的 60∶40（体积比）甲醇-水溶液（2L）、pH 4.5 的 80∶20（体积比）甲醇-水溶液（2L）和甲醇洗脱溶剂分别洗脱。流速 3mL/min。使用 UV 仪在 272 nm 监测洗脱物。共收集 8 个组分，分别真空去除溶剂，冻干两次[68]。

2.5.1.6 葡聚糖凝胶色谱用于大分子化合物分离

450mL 葡萄酒真空浓缩至 25mL。取 20mL 用于 Sephadex LH 20 柱分离，390mm×25mm（内径）。室温洗脱，洗脱溶剂是 0.3mol/L 乙酸铵缓冲液（pH 4），流速 0.4mL/min，280nm 波长检测。洗脱物浓缩至 20mL[70]。

20mL Sephadex LH 20 柱分离获得组分进行反相 LC 分离，Cosmosil 140 C_{18}-OPN 柱，300mm×10mm（内径），柱子先用蒸馏水平衡。导入样品，流速 2mL/min。氨基酸和比较极性的肽用水洗脱（F1），10%酒精溶液用来洗脱极性不强的氨基酸（F2），280nm 监测。洗脱液浓缩至 25mL[70]。

2.5.1.7 葡萄酒中肽和蛋白质组分分离

200mL 葡萄酒，5000*g* 离心 15min，真空浓缩到 10mL，然后在酸性介质中用 5 倍体积的 95%酒精沉淀。10000*g* 离心 30min，获得两个组分，上清液（酒精可溶解的组分，主要是肽）和沉淀（酒精不溶解的组分，主要是蛋白质）[71-72]。

上清液减压蒸馏至 5mL。使用 Sephadex G-10 柱［92cm×2.5cm（内径）］分馏，用 3%乙酸洗脱，流速 2.5mL/min，在 218 nm 监测。用 2.5mL 馏分收集器收集。空隙体积（void valume）使用葡聚糖蓝（dextran blue）计算。Sephadex G-10 排阻限度（exclusion limit）大约是 700u。获得两个组分，一个是分子质量>700u 的，一个是分子质量<700u 的[71]。Sephadex LH 20 排阻限度大约是 4000u[73]。分离获得的组分冻干，并溶于 0.1%三氟乙酸溶液中。

多肽的 HPLC 分离使用 Nova－Pak C_{18} 柱［150mm×3.9mm（内径），6nm，4μm 柱］，在线光电二极管检测器和 OPA 衍生化用于测定肽。洗脱液 A 是溶于水中的 0.1%三氟乙酸，洗脱液 B 是溶于乙腈溶液中的 0.1%三氟乙酸。梯度洗脱是洗脱液 B 在 70min 内从 0 增加到 40%[72]。

单个肽组分的获得：对亚组分进一步分离，运行 5 个重复，以获得足够的肽量。收集流出物，冻干。进一步纯化，获得单个肽，冻干，然后水解，并进行氨基酸分析[74]。

2.5.2 挥发性组分气相色谱分离与收集

气相色谱的峰组分是可以单个进行收集的[75]，收集后的组分可以再次进行气相色谱分析，或进行 IR 或 NMR 鉴定。气相色谱柱可以是不锈钢填充柱，也可以是毛细管柱，收集器是玻璃制作的。收集器置于一个可旋转的圆形铝制作的平台上，并可以进行冷却。收集器形状似玻璃试管。每个组分大约收集 0.1mg。要达到该要求，需要进行多次重复进样，收集组分。如图 2-24 是热处理氧化甘油三亚油酸酯（oxidized trilinolein）挥发性酸性组分甲酯化后的气相色谱图以及收集峰的时间段。

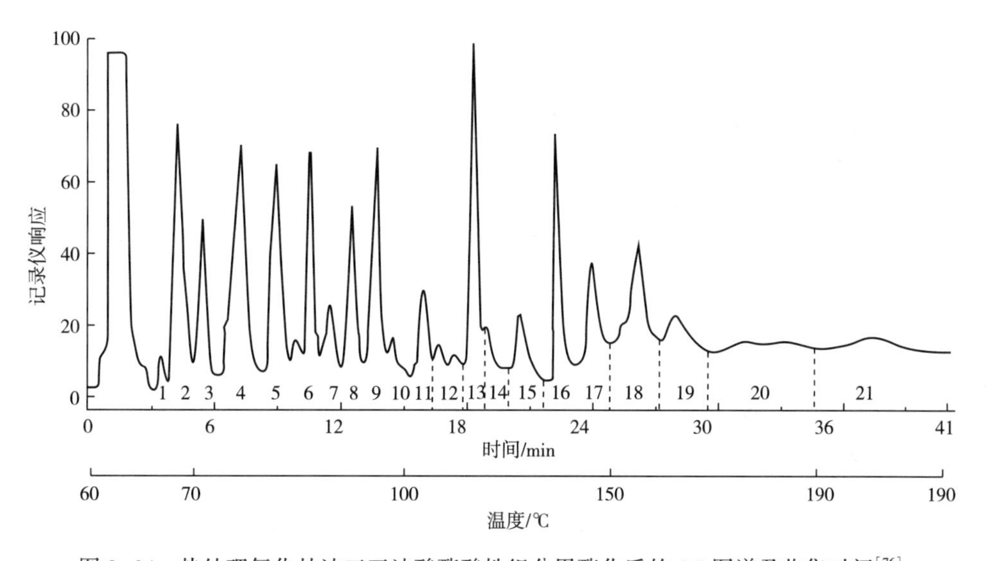

图 2-24 热处理氧化甘油三亚油酸酯酸性组分甲酯化后的 GC 图谱及收集时间[76]

以食品组分为例，如马铃薯片香气 GC 分离，重复进样 17 次，收集 22 个组分[75]。使用 245kg 的焙烤土豆，采用惰性气体吹扫－捕集挥发性成分，采用 GC 分离，获得 420 个组分，鉴定出 228 个化合物[76]。热处理的氧化甘油三亚油酸酯香气组分的 GC 分离，酸性组分甲酯化后收集 21 个组分，收集的 21 个酸性组分再次进行 GC 分离；非酸性组分则 GC 分离成 19 个组分，此法共鉴定出 133 个化合物[76]。

2.5.3 不挥发性化合物柱色谱分离

柱色谱技术也可以用于不挥发性化合物的分离。如采用凝胶渗透色谱（gel permeation chromatography，GPC）分离葡萄糖与 L－脯氨酸加热后溶剂萃取的化合物（图 2-25）[77]。

柱色谱中常用的另外一种是离子色谱柱，如 Dowex 1 柱，其制作方法如下[78]：离子

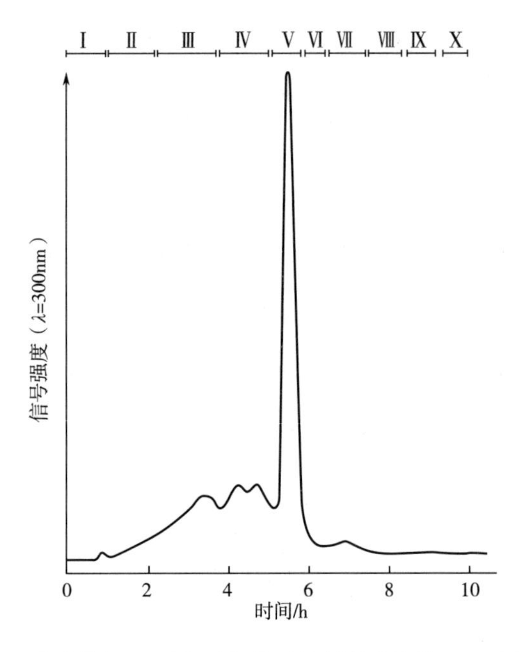

图 2-25 葡萄糖与 L-脯氨酸加热后溶剂萃取物的 GPC 色谱图[77]

交换树脂（Dowex 1）先用 0.1mol/L 盐酸溶液活化，然后用超纯水洗涤至 pH 5~6。树脂悬浮于水中（约 70%），装入玻璃柱，填实，排出过量的水，再用 50mL 超纯水洗涤。

常见的分离流程如图 2-26 所示。如果酒样分离后发现 F-Ⅲ组分味觉贡献大，则再对 F-Ⅲ组分进行进一步的分离，如果发现 F-Ⅲ-H 组分味觉贡献大，在可以鉴定时，进行化合物鉴定。如果不能鉴定，再进行下一步分离，直至能够鉴定为止。

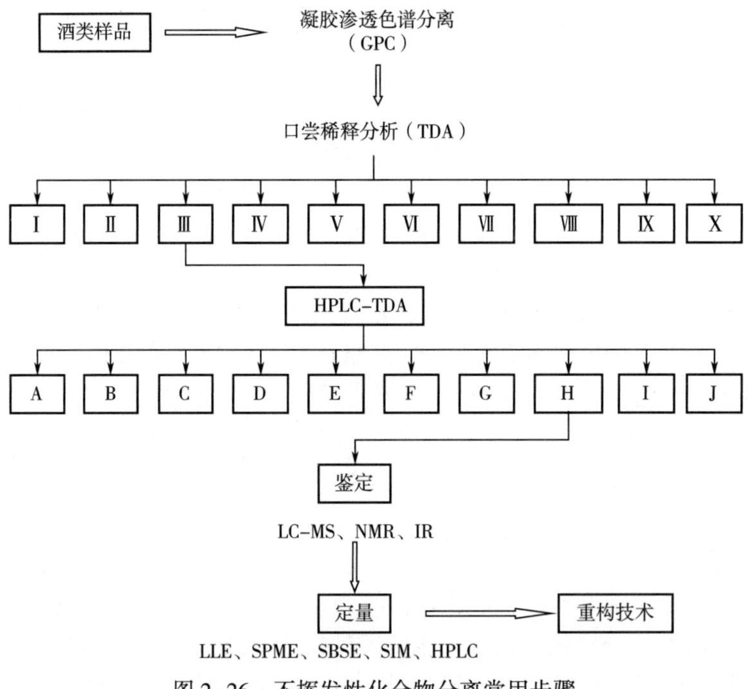

图 2-26 不挥发性化合物分离常用步骤

2.5.4 半制备与制备液相色谱成分分离与收集

半制备与制备液相色谱可以用于挥发性与不挥发性样品组分的分馏，其原理与柱色谱类似。

葡萄酒挥发性成分半制备分离。500mL 葡萄酒分别用 20、10、10mL 二氯甲烷萃取，每次萃取时磁力搅拌（500r/min）5min，分液漏斗分离，合并有机相，气吹浓缩至 0.5mL。

半制备分离使用 C_{18}-ether 柱，250mm×4.6mm×3μm（内径），室温，流速 1mL/min，进样体积 250μL，洗脱液 A 为水，洗脱液 B 为酒精，在 50min 内，从 0%B 上升到 100%B。接着洗涤柱子。每 1min 接收 1mL，共接 50 个组分。对所有组分的气味进行评价。不愉快气味的组分重新萃取，并进行 GC-O 分析[79]。

参考文献

[1] van Wezel A P, van Vlaardingen P, Posthumus R, et al. Environmental risk limits for two phthalates, with special emphasis on endocrine disruptive properties [J]. Ecotox Environ Safe, 2000, 46 (3): 305-321.

[2] Fang Y, Qian M. Aroma compounds in Oregon Pinot noir wine determined by aroma extract dilution analysis (AEDA) [J]. Flav Fragr J, 2005, 20 (1): 22-29.

[3] Fan W, Qian M C. Identification of aroma compounds in Chinese "Yanghe Daqu" liquor by normal phase chromatography fractionation followed by gas chromatography/olfactometry [J]. Flav Fragr J, 2006, 21 (2): 333-342.

[4] Fan W, Qian M C. Characterization of aroma compounds of Chinese "Wuliangye" and "Jiannanchun" liquors by aroma extraction dilution analysis [J]. J Agri Food Chem, 2006, 54 (7): 2695-2704.

[5] Reineccius G. Flavor chemistry and technology [M]. 2th ed. London: Taylor & Francis Group, 2006.

[6] Etievant P X, Callement G, Langlois D, et al. Odor intensity evalution in gas chromatography-olfactometry by finger span method [J]. J Agri Food Chem, 1999, 47: 1673-1680.

[7] Marais J. A reproducible capillary gas chromatographic technique for the determination of specific terpenes in grape juice and wine [J]. S Afr J Enol Vitic, 1986, 7 (1): 21-25.

[8] Ebeler S E. Analytical chemistry: unlocking the secrets of wine flavor [J]. Food Rev Int, 2001, 17 (1): 45-64.

[9] Ferreira V, Rapp A, Cacho J F, et al. Fast and quantitative determination of wine flavor compounds using microextraction with Freon 113 [J]. J Agri Food Chem, 1993, 41: 1413-1420.

[10] Medina I, Martínez J L. Dealcoholisation of cider by supercritical extraction with carbon dioxide [J]. J Chem Technol Biotechnol, 1997, 68: 14-18.

[11] Tominaga T, Furrer A, Henry R, et al. Identification of new volatile thiols in the aroma of *Vitis vinifera* L. var. Sauvignon blanc wines [J]. Flav Fragr J, 1998, 13: 159-162.

[12] Engel W, Bahr W, Schieberle P. Solvent assisted flavour evaporation—a new and versatile technique for the careful and direct isolation of aroma compounds from complex food matrices [J]. Eur Food Res Technol, 1999, 209: 237-241.

[13] D'Agostina A, Boschin G, Bacchini F, et al. Investigations on the high molecular weight foaming fractions of espresso coffee [J]. J Agri Food Chem, 2010, 52 (23): 7118-7125.

[14] Frank O, Zehentbauer G, Hofmann T. Bioresponse-guided decomposition of roast coffee beverage and identification of key bitter taste compounds [J]. Eur Food Res Technol, 2006, 222 (5): 492-508.

[15] Fan W, Xu Y, Qian M C. Identification of aroma compounds in Chinese "Moutai" and "Langjiu" liquors by normal phase liquid chromatography fractionation followed by gas chromatography/olfactometry. In Flavor Chemistry of Wine and Other Alcoholic Beverages [M]. Washington DC: American Chemical Society, 2012.

[16] 范文来, 徐岩. 应用液液萃取结合正相色谱技术鉴定汾酒与郎酒挥发性成分(上)[J]. 酿酒科技, 2013, 224 (2): 17-26.

[17] 范文来, 徐岩. 应用液液萃取结合正相色谱技术鉴定汾酒与郎酒挥发性成分(下)[J]. 酿酒科技, 2013, 225 (3): 17-27.

[18] 范文来, 徐岩, 杨廷栋, 等. 应用液液萃取与分馏技术定性绵柔型蓝色经典微量挥发性成分 [J]. 酿酒, 2012, 39 (1): 21-29.

[19] 范文来, 胡光源, 徐岩. 顶空固相微萃取-气相色谱-质谱法测定药香型白酒中萜烯类化合物 [J]. 食品科学, 2012, 33 (14): 110-116.

[20] Fan W, Xu Y. Characteristic aroma compounds of Chinese dry rice wine by gas chromatography-olfactometry and gas chromatography-mass spectrometry. In Flavor Chemistry of Wine and Other Alcoholic Beverages [M]. Washington DC: American Chemical Society, 2012.

[21] 范文来, 徐岩, 李记明, 等. 应用 GC-O 和 GC-MS 研究蛇龙珠葡萄酒游离挥发性香气成分 [J]. 食品与发酵工业, 2011, 37 (11): 183-188.

[22] 胡光源, 范文来, 徐岩, 等. 董酒中萜烯类物质的研究 [J]. 酿酒科技, 2011, 205 (7): 29-33.

[23] Escudero A, Cacho J, Ferreira V. Isolation and identification of odorants generated in wine during its oxidation: A gas chromatography-olfactometric study [J]. Eur Food Res Technol, 2000, 211: 105-110.

[24] 郭俊花. 大曲清香型宝丰查次酒及其大曲香气物质 [D]. 无锡: 江南大学, 2010.

[25] 汪玲玲. 酱香型白酒微量成分及大曲香气物质研究 [D]. 无锡: 江南大学, 2013.

[26] 罗涛. 清爽型黄酒特征香气及麦曲对其香气的影响 [D]. 无锡: 江南大学, 2010.

[27] 罗涛, 范文来, 徐岩, 赵光鳌. 我国江浙沪黄酒中特征挥发性物质香气活力研究 [J]. 中国酿造, 2009, 203 (2): 14-19.

[28] 尹建邦. 烟台产蛇龙珠葡萄酒中挥发性香气成分的研究 [D]. 无锡: 江南大学, 2010.

[29] 周双, 徐岩, 范文来, 等. 应用液液萃取分析中度烘烤橡木片中挥发性化合物 [J]. 食品与发酵工业, 2012, 38 (9): 125-131.

[30] Hufnagel J C, Hofmann T. Orosensory-directed identification of astringent mouthfeel and bitter-tasting compounds in red wine [J]. J Agri Food Chem, 2008, 56 (4): 1376-1386.

[31] Dawid C, Hofmann T. Structural and sensory characterization of bitter tasting steroidal saponins from asparagus spears (*Asparagus officinalis* L.) [J]. J Agri Food Chem, 2012, 60 (48): 11889-11900.

[32] Almeida C, Fernandes J O, Cunha S C. A novel dispersive liquid-liquid microextraction (DLLME) gas chromatography-mass spectrometry (GC-MS) method for the determination of eighteen biogenic amines in beer [J]. Food Control, 2012, 25 (1): 380-388.

[33] Fan H, Fan W, Xu Y. Liquid-liquid micro-extraction combine gas chromatography-mass spectrometrum analyse trace flavor compounds of chixiang aroma style liquor. In 2013 International Alcoholic Beverage Culture & Technology Symposium [M]. Beijing: China Light Industry Press, 2013.

[34] Peterson A L, Gambuti A, Waterhouse A L. Rapid analysis of heterocyclic acetals in wine by stable i-

sotope dilution gas chromatography-mass spectrometry [J]. Tetrahedron, 2015, 71 (20): 3032-3038.

[35] McNair H M, Miller J M. Basic Gas Chromatography [M]. New York: John Wiley & Sons, Inc., 2009.

[36] 汪玲玲, 范文来, 徐岩. 酱香型白酒液液微萃取-毛细管色谱骨架成分与香气重组 [J]. 食品工业科技, 2012, 33 (19): 304-308.

[37] 龚舒蓓, 范文来, 徐岩. 芝麻香型传统手工原酒与机械化原酒成分差异研究 [J]. 食品与发酵工业, 2018, 44 (8): 239-245.

[38] Ferreira V, Rapp A, Cacho J, et al. Fast and quantitative determination of wine flavor compounds using microextraction with Freon 113 [J]. J Agric Food Chem, 1993, 41 (9): 1413-1420.

[39] 尹建邦, 范文来, 徐岩. 蛇龙珠葡萄酒中挥发性有机酸风味的研究 [J]. 食品工业科技, 2009, 30 (12): 142-148.

[40] Jeannot M A, Cantwell F F. Mass transfer characteristics of solvent extraction into a single drop at the tip of a syringe needle [J]. Anal Chem, 1997, 69 (2): 235-239.

[41] Liu H, Dasgupta P K. Analytical chemistry in a drop [J]. TrAC Trends Anal Chem, 1996, 15 (9): 468-475.

[42] Jeannot M A, Cantwell F F. Solvent microextraction into a single drop [J]. Anal Chem, 1996, 68 (13): 2236-2240.

[43] Lanças F M. The role of the separation sciences in the 21th century [J]. J Brazil Chem Soc, 2003, 14 (2): 183-197.

[44] Rowe D J. Chemistry and technology of flavors and fragrances [M]. Oxford: Blackwell Publishing Ltd., 2005.

[45] Umano K, Reece A C, Shibamoto T. Recovery of trace organic chemicals from a large mass of water using a newly developed liquid-liquid continuous extractor [J]. Bull Environ Contam Toxicol, 1996, 56 (4): 558-565.

[46] 王立, 汪正范, 牟世芬, 等. 色谱分析样品处理 [M]. 北京: 化学工业出版社, 2001.

[47] Petigny L c, Périno S, Minuti M, et al. Simultaneous microwave extraction and separation of volatile and non-volatile organic compounds of boldo leaves. From lab to industrial scale [J]. Inter J Mole Sci, 2014, 15: 7183-7198.

[48] Mo X, Xu Y, Fan W. Characterization of aroma compounds in Chinese rice wine qu by solvent-assisted flavor evaporation and headspace solid-phase microextraction [J]. J Agri Food Chem, 2010, 58: 2462-2469.

[49] Richter B E, Jones B A, Ezzel J L, et al. Accelerated solvent extraction: a technique for sample preparation [J]. Anal Chem, 1996, 68: 1033-1039.

[50] Natali N, Chinnici F, Riponi C. Characterization of volatiles in extracts from oak chips obtained by accelerated solvent extraction (ASE) [J]. J Agri Food Chem, 2006, 54 (21): 8190-8198.

[51] Ruiz-Rodríguez A, Fornari T, Jaime L, et al. Supercritical CO_2 extraction applied toward the production of a functional beverage from wine [J]. The Journal of Supercritical Fluids, 2012, 61 (0): 92-100.

[52] Chung H Y, Fung P K, Kim J S. Aroma impact components in commercial plain sufu [J]. J Agri Food Chem, 2005, 53 (5): 1684-1691.

[53] Hofmann T. Identification of novel colored compounds containing pyrrole and pyrrolinone structures formed by Maillard reactions of pentoses and primary amino acids [J]. J Agri Food Chem, 1998, 46 (10): 3902-3911.

[54] Hofmann T, Bareth A, Ottinger H. Activity-guided screening and identification of natural "cooling"

compounds formed from carbohydrates and L-proline in beer malt. In Nutraceutical Beverages [M]. Washington DC: American Chemical Society, 2003.

[55] Klesk K, Qian M. Aroma extraction dilution analysis of cv. Marion (*Rubus* spp. *hyb*) and cv. Evergreen (*R. laciniatus* L.) blackberries [J]. J Agri Food Chem, 2003, 51 (11): 3436-3441.

[56] Klesk K, Qian M. Preliminary aroma comparison of Marion (*Rubus* spp. *hyb*) and Evergreen (*R. laciniatus* L.) blackberries by dynamic headspace/Osme technique [J]. J Food Sci, 2003, 68 (2): 679-700.

[57] Klesk K, Qian M, Martin R R. Aroma extract dilution analysis of cv. Meeker (*Rubus idaeus* L.) red raspberries from Oregon and Washington [J]. J Agri Food Chem, 2004, 52 (16): 5155-5161.

[58] 姜文广，范文来，徐岩，等. 溶剂辅助蒸馏-气相色谱-串联质谱法分析酿酒葡萄中的游离态萜烯类化合物 [J]. 色谱, 2007, 25 (6): 881-886.

[59] Rosillo L, Salinas M R, Garijo J, et al. Study of volatiles in grapes by dynamic headspace analysis application to the differentiation of some *Vitis vinifera* varieties [J]. J Chromatogr A, 1999, 847 (1-2): 155-159.

[60] 姜文广. 烟台产区蛇龙珠葡萄游离态香气物质的研究 [D]. 无锡: 江南大学, 2008.

[61] Pollner G, Schieberle P. Characterization of the key odorants in commercial cold-pressed oils from unpeeled and peeled rapeseeds by the sensomics approach [J]. J Agri Food Chem, 2016, 64 (3): 627-636.

[62] 关烨第，李翠娟，葛树丰. 有机化学实验 [M]. 2版. 北京: 北京大学出版社, 2002.

[63] Guth H. Identification of character impact odorants of different white wine varieties [J]. J Agri Food Chem, 1997, 45 (8): 3022-3026.

[64] Wood C, Siebert T E, Parker M, et al. From wine to pepper: Rotundone, an obscure sesquiterpene, is a potent spicy aroma compound [J]. J Agri Food Chem, 2008, 56 (10): 3738-3744.

[65] Fan W L, Qian M C. Identification of aroma compounds in Chinese "Yanghe Daqu" liquor by normal phase chromatography fractionation followed by gas chromatography olfactometry [J]. Flav Fragr J, 2006, 21 (2): 333-342.

[66] 胡光源. 药香型董酒香气物质研究 [D]. 无锡: 江南大学, 2013.

[67] Porath J, Flodin P. Gel filtration: A method for desalting and group separation [J]. Nature, 1959, 183 (4676): 1657-1659.

[68] Glabasnia A, Hofmann T. Sensory-directed identification of taste-active ellagitannins in American (*Quercus alba* L.) and European oak wood (*Quercus robur* L.) and quantitative analysis in Bourbon whiskey and oak-matured red wines [J]. J Agri Food Chem, 2006, 54: 3380-3390.

[69] Hillmann H, Mattes J, Brockhoff A, et al. Sensomics analysis of taste compounds in balsamic vinegar and discovery of 5-acetoxymethyl-2-furaldehyde as a novel sweet taste modulator [J]. J Agri Food Chem, 2012, 60 (40): 9974-9990.

[70] Alcaide-Hidalgo J M, Moreno-Arribas M V, Polo M C, et al. Partial characterization of peptides from red wines. Changes during malolactic fermentation and ageing with lees [J]. Food Chem, 2008, 107 (2): 622-630.

[71] Moreno-Arribas V, Pueyo E, Polo M C, et al. Changes in the amino acid composition of the different nitrogenous fractions during the aging of wine with yeasts [J]. J Agri Food Chem, 1998, 46 (10): 4042-4051.

[72] Moreno-Arribas V, Pueyo E, Polo M C. Peptides in musts and wines. Changes during them of cavas (sparkling wines) [J]. J Agri Food Chem, 1996, 44 (12): 3783-3788.

[73] Desportes C, Charpentier M, Duteurtre B, et al. Liquid chromatographic fractionation of small peptides from wine [J]. J Chromatogr A, 2000, 893 (2): 281-291.

[74] Moreno-Arribas M V, Bartolomé B, Pueyo E, et al. Isolation and characterization of individual pep-

tides from wine [J]. J Agri Food Chem, 1998, 46 (9): 3422-3425.

[75] Deck R E, Thompson J A, Chang S S. A multiple trap carousel micro fraction collector for gas chromatography [J]. J Chromatogr Sci, 1965, 3 (11): 392-393.

[76] Thompson J A, May W A, Paulose M M, et al. Chemical reactions involved in the deep-fat frying of foods. VII. Identification of volatile decomposition products of trilinolein1 [J]. Journal of the American Oil Chemists' Society, 1978, 55 (12): 897-901.

[77] Ottinger H, Bareth A, Hofmann T. Characterization of natural "cooling" compounds formed from glucose and L-proline in dark malt by application of taste dilution analysis [J]. J Agri Food Chem, 2001, 49: 1336-1344.

[78] Tominaga T, Dubourdieu D. A novel method for quantification of 2-methyl-3-furanthiol and 2-furanmethanethiol in wines made from *Vitis vinifera* grape varieties [J]. J Agri Food Chem, 2006, 54: 29-33.

[79] Nikolantonaki M, Darriet P. Identification of ethyl 2-sulfanylacetate as an important off-odor compound in white wines [J]. J Agri Food Chem, 2011, 59 (18): 10191-10199.

3 固相微萃取技术

固相微萃取（solid-phase microextraction，SPME）技术是1989年由加拿大教授Pawliszyn开发的一项技术[1]，已经被广泛用于食品风味物质，如极性、非极性，以及挥发性与半挥发性化合物研究[2]。该技术用聚合物膜包裹熔融硅纤维（长1~2cm）来收集样品中挥发性组分。极性的、非极性的，以及混合型的纤维涂层均已经商品化。纤维头被设计在一个针头中（图3-1），针再放入SPME活塞杆中（图3-2）。样品被放入SPME小瓶中，用带有隔膜的盖子密封。纤维头被伸出到样品上方的顶空中或浸入液体样品中（图3-3），然后进行吸附。挥发性化合物被纤维头吸附，吸附完成后，纤维头被收起，直接在GC或GC-MS中解吸附。要花费一些时间进行纤维头选择、样品处理时间和温度等最佳方案研究。一旦最佳条件选择完成，可以获得良好的重现性效果[3-6]。

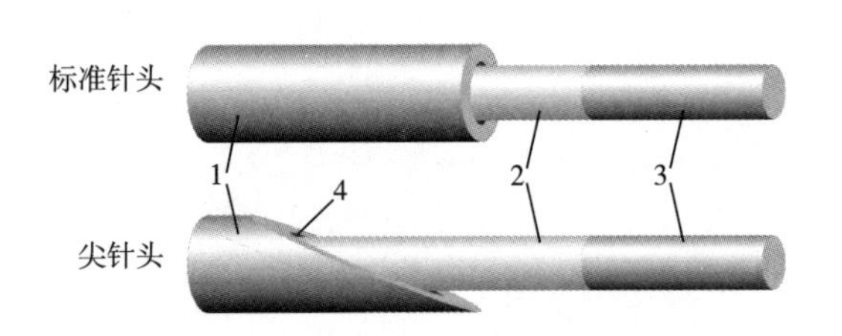

图3-1 SPME针头示意图

1—用于隔垫穿孔的针房；2—膜连接的金属管；3—覆盖熔融硅的纤维；4—针内边缘的铰孔。

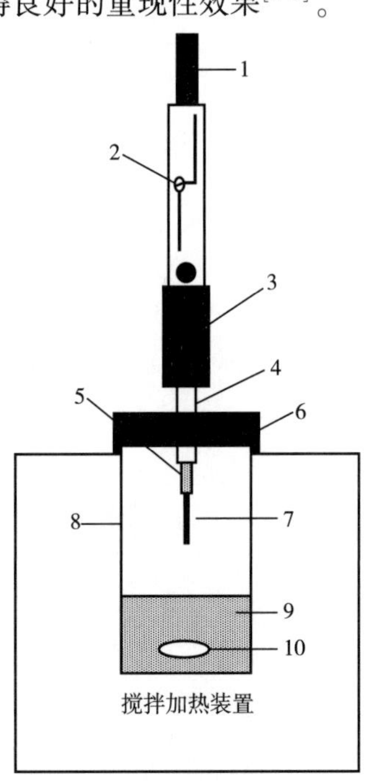

图3-2 样品处理的顶空-固相微萃取技术（HS-SPME）示意图

1—活塞杆；2—活塞杆固定螺丝；3—针头调节套筒；4—隔膜穿刺针；5—纤维头附件针；6—隔膜；7—纤维头；8—小瓶；9—样品；10—搅拌子。

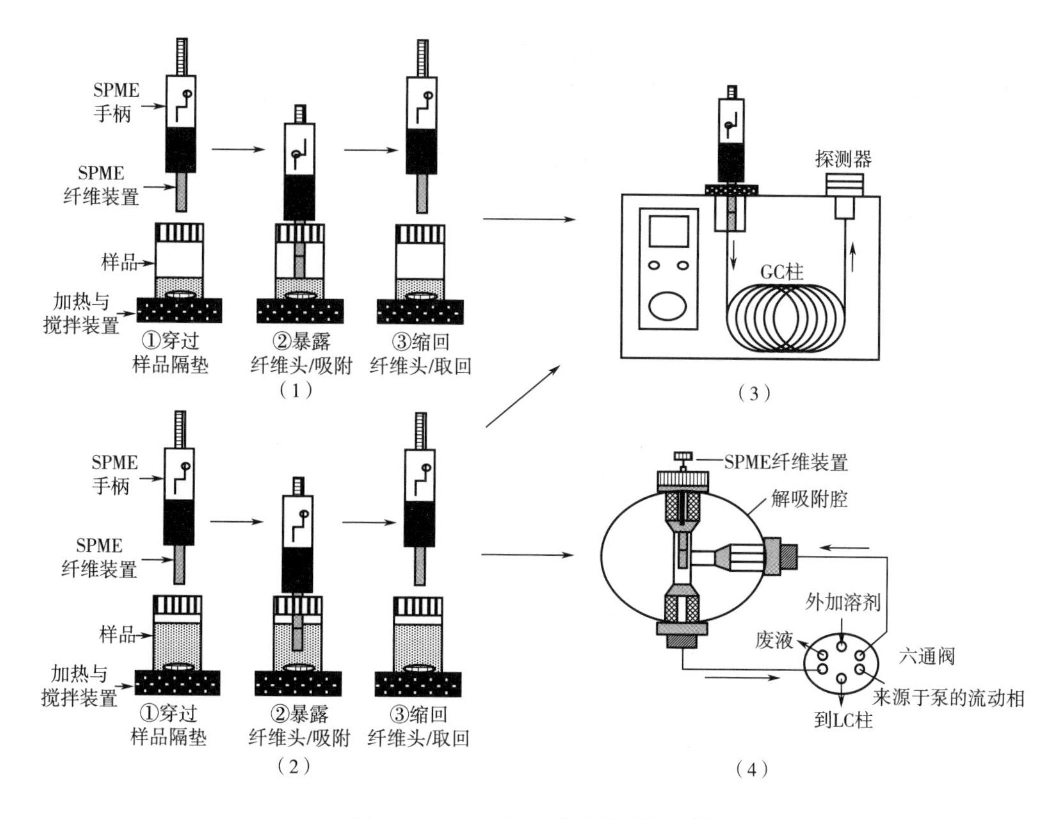

图 3-3　SPME 萃取头的吸附模式[6]

(1) HS-SPME 萃取步骤；(2) 浸入式固相微萃取 (DI-SPME) 萃取步骤；

(3) 在 GC 进样口热解析；(4) 使用 SPME 界面的溶剂角吸附

3.1　SPME 吸附原理

SPME 吸附原理可以用式 (3-1) 表示：

$$n_f = \frac{K_{fh} V_f V_s C_0}{K_{fh} V_f + K_{hs} V_h + V_s} \tag{3-1}$$

式中　n_f——固相纤维头上化合物量

K_{fh} 和 K_{hs}——分配系数

K_{fh}——$\frac{\text{化合物在涂层中浓度}}{\text{化合物在顶空中浓度}}$

V_f——固相体积，L

V_s——溶液体积，L

V_h——顶空体积，L

C_0——溶液中化合物的最初浓度，mol/L

K_{hs}——$\frac{\text{化合物在顶空中浓度}}{\text{化合物在溶液中浓度}}$

不同材质纤维头，由于材质本身吸附性能差异，对同一化合物吸附性能并不相同。如采用不同萃取头萃取豆油中已烯醛时，其响应是CW/DVB吸附性能最好（表3-1）。

表3-1　　不同萃取头吸附豆油中己烯醛性能

类型	平均峰面积	*CV*/%[a]
CAR/PDMS	499	4.2
PA	739	7.2
PDMS	966	3.2
CW/DVB	1520	2.9

a：*CV*，5次测定的变异系数（%），显著性差异 $p<0.05$。

3.2 SPME吸附方式

SPME技术又可以分为两种，一种是顶空-固相微萃取技术（HS-SPME），即将萃取头插入萃取小瓶中不与液面接触，保持在液面的上部［图3-3（1）］。这一技术通常与GC-MS结合使用。该法可以萃取挥发性化合物与一部分不易挥发化合物，已经在白酒[3,7-9]、苹果酒[10-11]、模拟葡萄酒[12]等饮料酒，以及原料如葡萄[13-14]、发酵过程中[15-16]得到广泛应用，图3-4是应用HS-SPME技术萃取白酒大曲中微量成分的一个实例[17]。

另外一种萃取方法是浸入式-固相微萃取（DI-SPME）技术［图3-3(2)］。该法是将萃取头浸入液体中，直接检测液体中微量挥发性成分[18-19]。与GC-MS结合使用，该技术也已经应用于葡萄酒[19]和白酒[18, 20]风味研究中，也可以用于白酒中异嗅化合物检测[21]。SPME还可以与高效液相色谱（HPLC）结合使用［图3-3（4）］，用以检测不挥发性化合物[22]。

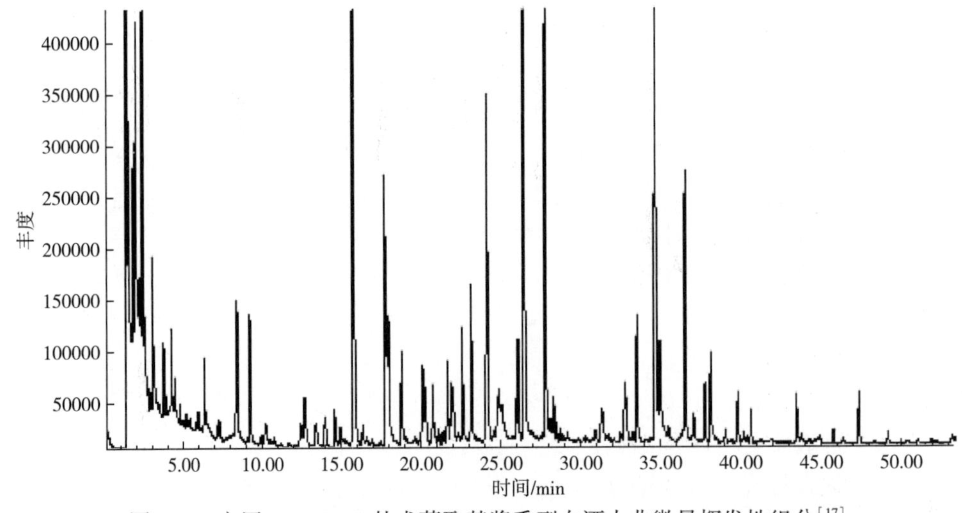

图3-4　应用HS-SPME技术萃取某酱香型白酒大曲微量挥发性组分[17]

SPME 技术还可以用于待测物的在线衍生化测定[23-24]。

3.3 纤维头类型及吸附特性

目前，商品化的纤维头有 6 种，具体性能如下[25]：

PA：聚丙烯酸酯（polyacrylate）。是目前极性最强的萃取头，主要用来萃取极性的、半挥发性的化合物，如脂肪酸和还原性硫化物。一般是 85μm 规格。

PDMS：聚二甲基硅氧烷（polydimethylsiloxane）。纯 PDMS 是强烈憎水的，最初被设计用来萃取来自水溶液的污染物。PDMS 又分为三种：100μm PDMS，主要用于萃取非极性香味成分。30μm PDMS，主要用于萃取非极性、半挥发性组分。7μm PDMS，主要用于萃取非极性、高分子质量组分。

CAR/PDMS：碳分子筛/聚二甲基硅氧烷（carboxen/PDMS），主要规格是 75μm。碳分子筛有大孔、中孔和微孔三种规格。由于较大分子不能进入微孔，因此通常与 PDMS 联合使用，以改善对小分子的吸附性能。此纤维头用于极性和非极性、挥发性化合物萃取。

PDMS/DVB：聚二甲基硅氧烷/二乙烯基苯（polydimethylsiloxane/divinylbenzene）。DVB 固体聚合物孔径比 CAR 要大，因此能吸附更大的分子，如苯胺衍生物（aniline derivatives）。主要规格是 65μm。用于极性和非极性挥发性化合物萃取。

CAR/DVB/PDMS：此纤维头提供了一个更大的、更全面的吸附能力。第一层是 PDMS/CAR，覆盖在其上的是第二层，由 PDMS/DVB 构成。小分子有一个更高的扩散系数，可以更快到达里层，被吸附在 CAR 上。较大的分子被保留在外层 DVB 涂层上。主要规格是 50μm/30μm，有 1cm 和 2cm 两种型号。用于半挥发性化合物萃取。

CW/DVB：聚乙二醇/二乙烯基苯（Carbowax/Divinylbenzene），主要规格 70μm，用于极性化合物如醇类萃取。

3.4 影响萃取头吸附的因素

影响萃取头吸附的因素很多，主要有以下几种。

3.4.1 萃取方式与检测器类型

针对待测物类型，如挥发或不挥发，极性还是非极性，来选择是使用 HS-SPME 还是 DI-SPME 的萃取方式；是选用 GC 进行检测，还是 LC 进行检测。

3.4.2 萃取头类型

不同极性的萃取头吸附萃取的物质是不同的，在吸附萃取同一样品时，其结果相差很大，因此，应该针对待测物类型选择合适的萃取头。图 3-5 是 CAR/DVB/PDMS 与 PDMS/DVB 两个萃取头顶空吸附葡萄酒挥发性化合物对比。

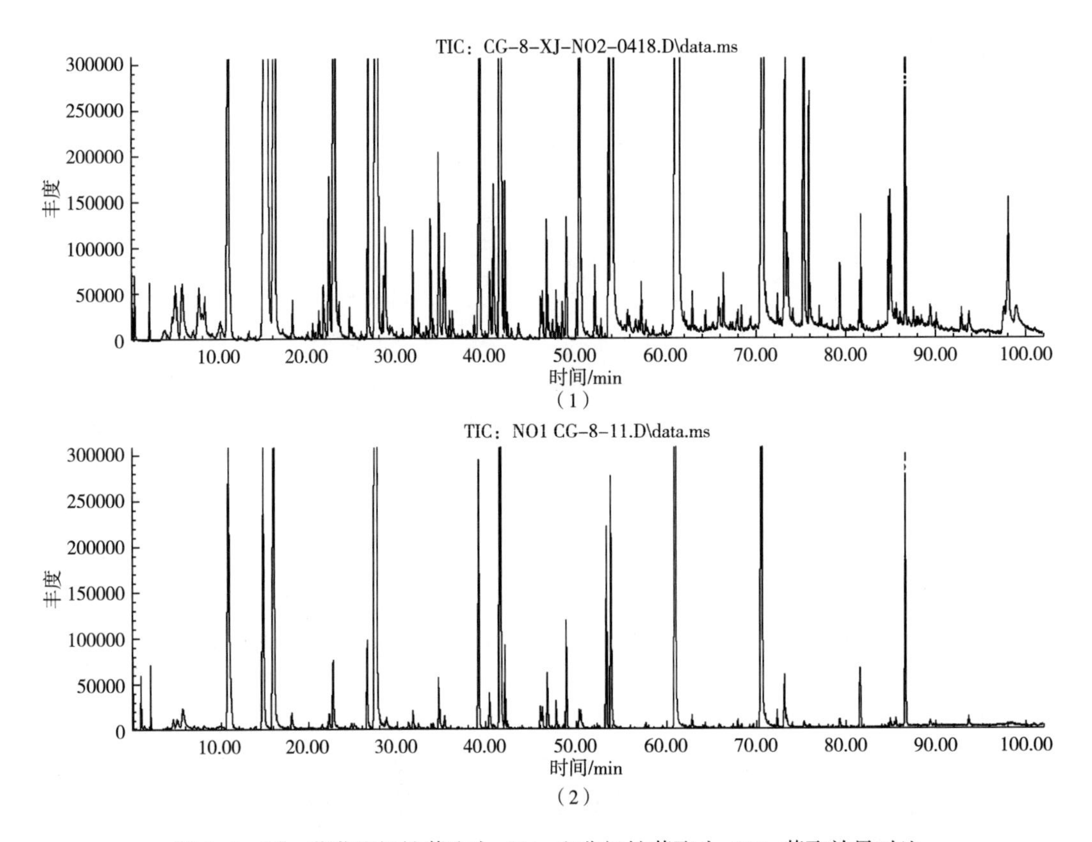

图 3-5　同一葡萄酒极性萃取头（1）和非极性萃取头（2）萃取效果对比

3.4.3　萃取头吸附容量

萃取头吸附容量越大，其吸附的化合物浓度越高；即萃取头同样长度时，膜越厚，吸附的化合物量越多（图 3-6）。

3.4.4　分配系数

分配系数 K 越大，萃取头吸附的化合物越多，如图 3-7 所示。

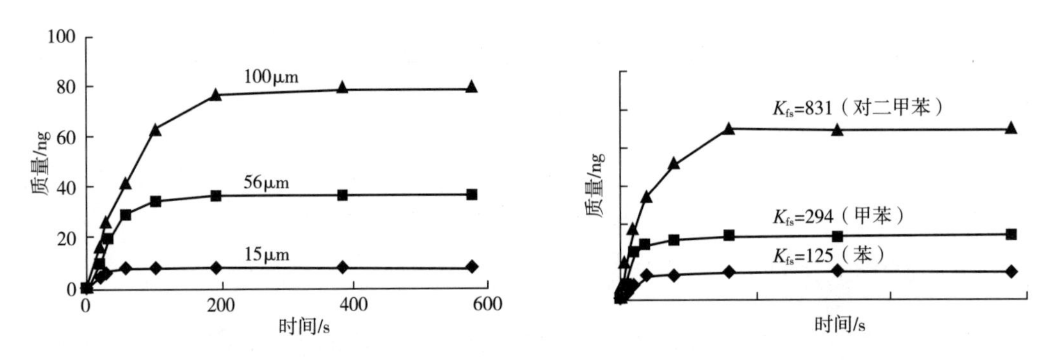

图 3-6　不同厚度膜对 0.1μg/L 苯的吸附比较　　图 3-7　不同分配系数对 0.1μg/L 待测物的吸附影响

3.4.5 吸附时间

吸附时间越长，沸点相对较高的化合物吸附得越多（图 3-8）。升高吸附温度有利于萃取头吸附，但水加热与微波加热效果并不相同。

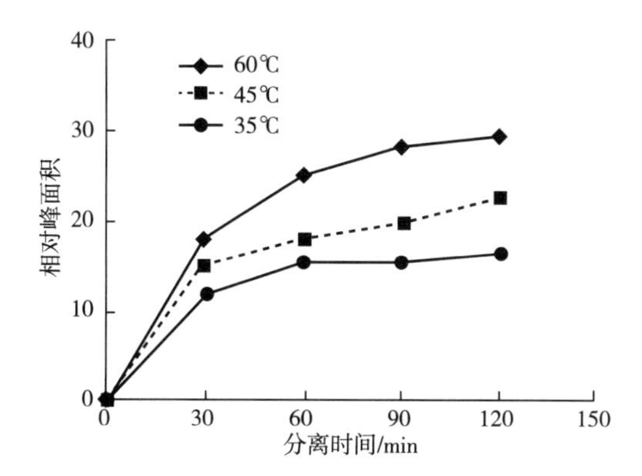

图 3-8 吸附温度与吸附时间对吸附性能的影响

3.4.6 吸附温度

提高吸附温度有时并不增加吸附量（图 3-9），且有时会产生化学反应。因此，针对不同性质的样品，应该进行温度探索。通常情况下，蒸馏酒可以采用相对高的吸附温度，但发酵酒并不建议，最好使用常温。

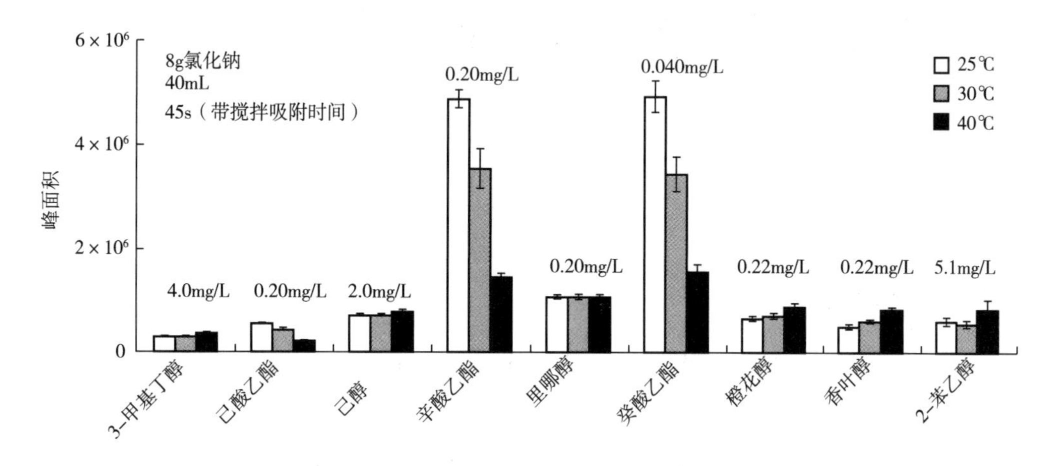

图 3-9 吸附温度对吸附性能的影响

3.4.7 搅拌方式

搅拌可以缩短达到吸附平衡的时间（图 3-10）。不同的搅拌方式，达到吸附平衡的时间并不相同，并且影响着萃取头的吸附量（图 3-11）。

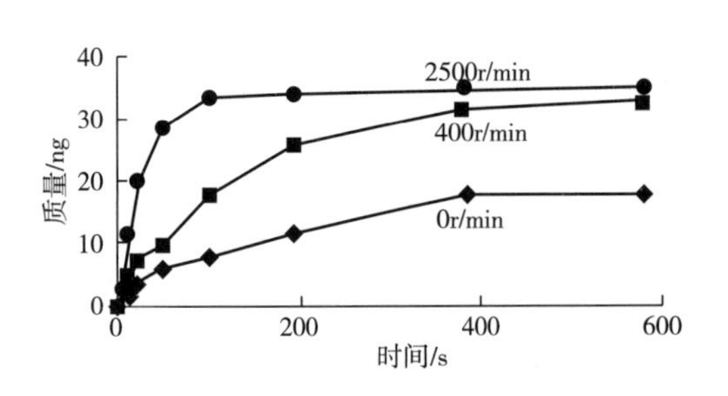

图 3-10 搅拌对水中 1μg/L 苯吸附效果的影响

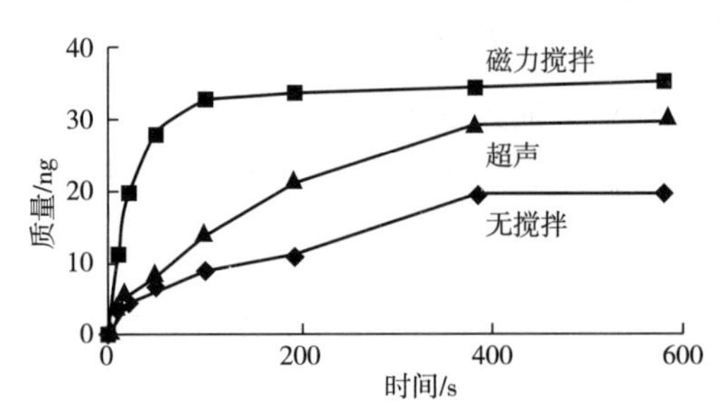

图 3-11 不同搅拌方式对水中 1μg/L 苯吸附效果的影响

3.4.8 样品体积

样品体积越大，吸附效果越好（图 3-12），但目前自动化的样品瓶体积均为 20mL。

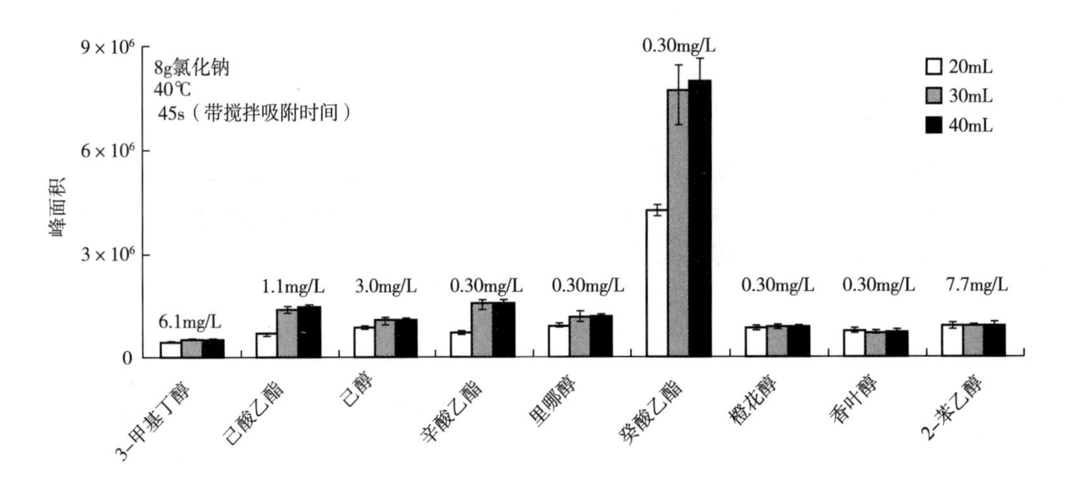

图 3-12 不同样品体积对吸附效果的影响[26]

3.4.9 介质影响

不同溶质浓度影响着达到吸附平衡的时间以及吸附量（图 3-13）。

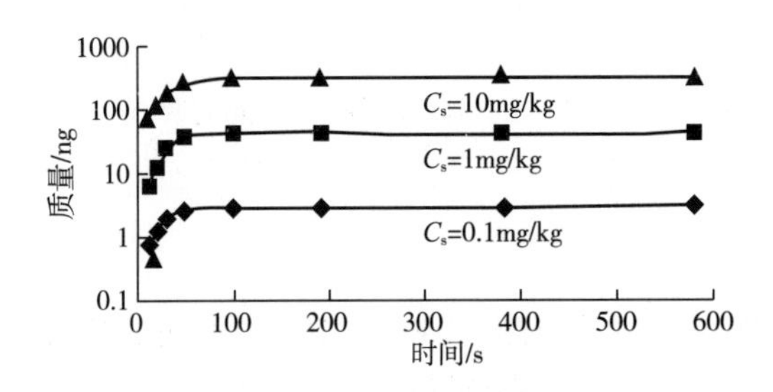

图 3-13 不同溶质浓度对吸附效果的影响

3.4.10 盐析

溶液中加入氯化钠（即盐析）会增加萃取头对一些化合物的吸附，但对另外一些化合物可能影响不大（图 3-14）。

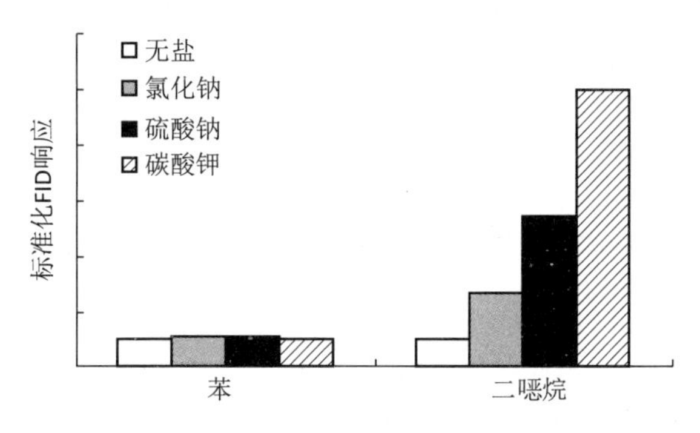

图 3-14 盐析对吸附效果的影响

3.4.11 酒精干扰

溶液中存在酒精时，会抑制萃取头对待测物的吸附，加盐可以适度改善这一现象（图 3-15）。

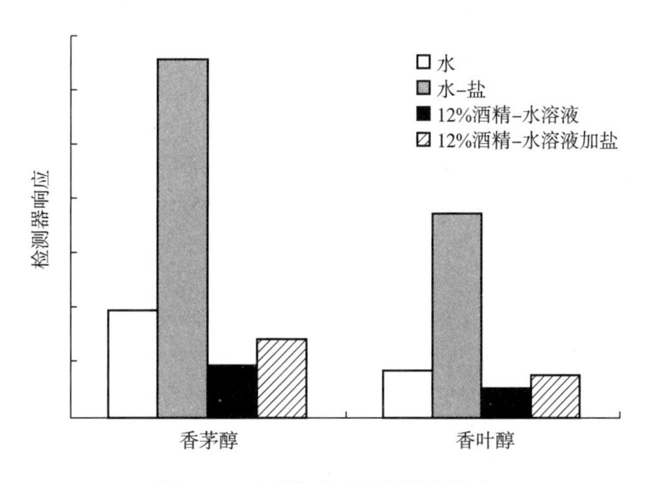

图 3-15 酒精对吸附效果的影响

3.5 SPME 方法优缺点

SPME 方法优点[22, 27]：快速，易于使用；无溶剂；非常适合于快速样品比较或者样品异味/异嗅鉴别。

SPME 方法缺点[22, 27]：收集到的挥发性化合物香味轮廓依赖于纤维头类型、厚度和长度，以及样品处理时间和温度；易对极性化合物产生歧视效应（discrimination），但是混合型纤维头已经极大地解决了这一问题；为了获得最佳效果，应该使用同一根纤维头来测定所有样品；由于需要加热，不适用于热不稳定化合物分析。DI-SPME 技术与 HPLC 结合使用时，目标物可能需要进一步浓缩[22]。

另外一个缺点是分析高糖化合物样品时，如果采用浸入式或萃取头直接插入样品中，则在下一次吸附前，必须对萃取头进行清洗，否则，会在进样口高温下发生美拉德反应，产生人工产物[28]。

3.6 HS-SPME 检测白酒挥发性成分

将白酒样品用超纯水稀释降度至酒精度 10%vol，取 8mL 置于 20mL 顶空瓶中，加入 3g 氯化钠饱和。再加入 10μL 混合内标（丙酸辛酯，终浓度为 60.44μg/L；L-薄荷醇，终浓度为 125.41μg/L），密封后进行 HS-SPME 结合 GC-MS 分析[9, 29]。

HS-SPME 条件：三相萃取头（DVB/CAR/PDMS，50/30μm），50℃预热 5min，吸附萃取 45min，GC 解吸 5min。GC 升温程序为：50℃保持 2min，4℃/min 升温至 230℃，保持 15min。保留时间在丙酸辛酯之前的物质以丙酸辛酯为内标，保留时间在丙酸辛酯之后的物质以 L-薄荷醇为内标。待测物峰面积采用 SIM 模式进行积分（图 3-16）。积分结果带入标准曲线计算，并经过酒精度的换算，得到化合物最终浓度[9, 29]。

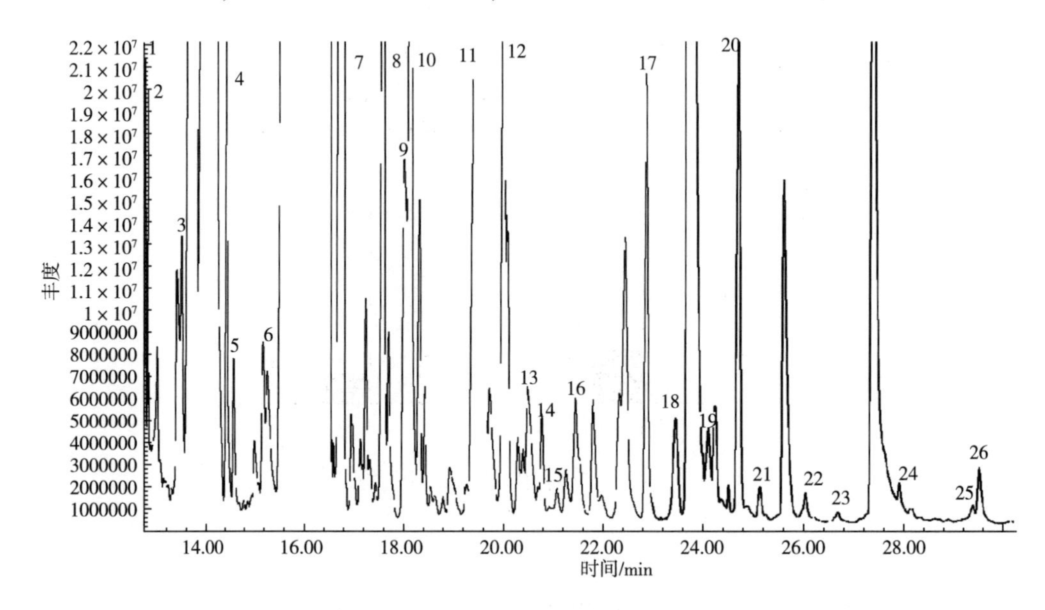

图 3-16 某浓香型白酒样品 HS-SPME 的 GC-MS 图谱

1—丁酸-3-甲基丁酯；2—乙酸己酯；3—己酸丙酯；4—己酸-2-甲基丙酯；5—戊酸-3-甲基丁酯；6—己酸丁酯；7—己酸-3-甲基丁酯；8—己酸戊酯；9—壬酸乙酯；10—2-羟基己酸乙酯；11—己酸己酯；12—癸酸乙酯；13—辛酸-3-甲基丁酯；14—丁二酸二乙酯；15—苯甲酸乙酯；16—1,1-二乙氧基-2-苯乙烷；17—2-苯乙酸乙酯；18—乙酸-2-苯乙酯；19—十二酸乙酯；20—3-苯丙酸乙酯；21—2-苯乙醇；22—丁酸-2-苯乙酯；23—苯酚；24—4-甲基苯酚；25—4-乙基苯酚；26—己酸-2-苯乙酯。

3.7 HS-SPME 检测黄酒挥发性微量成分

用 50μm/30μm DVB/CAR/PDMS 萃取头对黄酒挥发性和半挥发性成分进行萃取。在 20mL 顶空瓶中加入 8mL 稀释后酒样（酒精度 6%vol），3g 氯化钠，5μL 内标溶液（2-辛醇终浓度为 89.65μg/L，乙酸香叶酯终浓度为 52.14μg/L），插入萃取头，50℃ 预热 15min，萃取吸附 45min，GC 解吸 5min（250℃），用于 GC-MS 分析[30-31]，黄酒的 HS-SPME 图谱见图 3-17 所示。

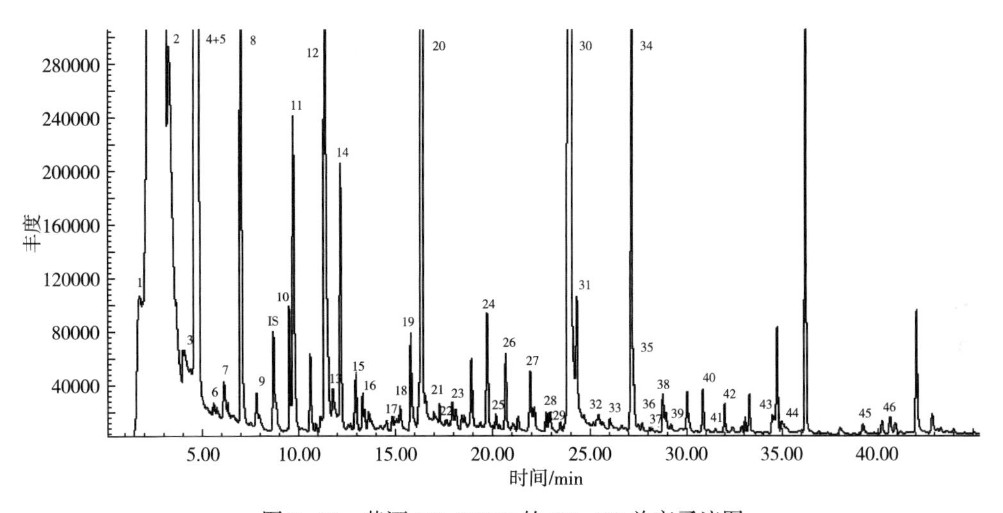

图 3-17　黄酒 HS-SPME 的 GC-MS 总离子流图

1—乙酸乙酯；2—异丁醇；3—乙酸异戊酯；4—2-甲基丁醇；5—3-甲基丁醇；6—3-羟基-2-丁酮；7—1-己醇；8—乳酸乙酯；9—3-乙氧基-1-丙醇；10—乙酸；11—糠醛；12—苯甲醛；13—1-辛醇 1；14—2,3-丁二醇；15—乙酸异戊酯；16—2,3-丁二醇异构体；17—丁酸；18—乙酰苯；19—苯甲酸乙酯；20—丁二酸二乙酯；21—1-苯-1-丙酮；22—1,2-二甲氧基苯；23—萘；24—2-苯乙酸乙酯；25—丁二酸二乙酯异构体；26—异烟酸 2-苯乙酯（2-phenylethyl isonicotinate）；27—己酸；28—苯甲醇；29—3-苯丙酸乙酯；30—2-苯乙醇；31—(2*Z*)-2-苯-2-丁烯醛；32—4-甲基愈创木酚；33—苯酚；34—2-甲基丁二酸双（叔丁酯）[di-(*sec*-butyl) 2-methylbutanedioate]；35—γ-癸内酯；36—4-乙基愈创木酚；37—*N*-丙基苯甲酰胺（*N*-propylbenzamide）；38—辛酸；39—4-甲基苯酚；40—己二酸双（2-甲基丙酯）；41—2-羟基-γ-丁内酯；42—4-乙基苯酚；43—棕榈酸乙酯；44—琥珀酸单乙酯（ethyl hydrogen succinate）；45—苯甲酸；46—5-羟甲基糠醛；IS—内标（2-辛醇）。

3.8 HS-SPME 检测大曲挥发性成分

取大曲粉 0.2g，放入 15mL 顶空专用瓶中（手动 HS-SPME），同时加入 5mL 去离子水，用氯化钠饱和，旋紧瓶盖，50℃超声萃取 30min。将顶空瓶置于 50℃水浴中恒温，插入三相萃取头（CAR/DVB/PDMS）萃取 40min，萃取完毕后将萃取头取出，插入 GC 进样口热解吸 3min，热解吸温度 250℃[17]。

大曲微量成分定量时，取10g粉碎后的曲，加入1%的氯化钙混合均匀，用25mL纯水浸泡过夜，超声30min后离心取上清。顶空瓶中加3g氯化钠，8mL上清液，进行HS-SPME分析。大曲香气物质定量分析采用L-薄荷醇为内标[32]。

3.9 HS-SPME检测酒醅挥发性成分

取酒醅25g，加入1%的氯化钙，用50mL超纯水混匀后，于4℃浸泡过夜。冰水浴超声30min后将浸泡液在4℃下以10000r/min离心20min。

取8mL上清液进行HS-SPME分析，方法同大曲分析方法。由于酒醅采用超纯水浸泡，故标准曲线的制作以超纯水为溶剂[29]。

3.10 HS-SPME检测窖泥挥发性成分

取2g窖泥放入20mL顶空瓶（专用）中，同时加入10mL去离子水，用氯化钠饱和，旋紧瓶盖，超声萃取一定时间。采用HS-SPME萃取酒醅中挥发性成分。挥发性成分萃取用50μm/30μm DVB/CAR/PDMS萃取头（Supelco公司，Bellefonte，PA）。仪器为Gerstel®公司MPS 2自动SPME装置。萃取完毕后将萃取头取出，插入GC进样口热解吸3min，热解吸温度250℃[16]。

3.11 DI-SPME检测白酒中游离挥发酚和异嗅化合物

在顶空瓶中加入17mL稀释后酒样，并加入5g氯化钠饱和。两者分别加入内标溶液（3,4-二甲基苯酚，最终浓度29.68μg/L），然后插入50μm/30μm DVB/CAR/PDMS萃取头（Supelco公司），50℃预热5min，萃取吸附45min，然后250℃下解吸5min，用于GC-MS分析[20-21]。该方法可以测定土味素、不饱和烯醇以及愈创木酚类化合物（图3-18）。

3.12 HS-SPME检测葡萄挥发性成分

葡萄样品取回后用液氮速冻，于-40℃保藏。

实验时称取冷冻储藏的葡萄样品50g，室温解冻3h，去梗放入塑封袋中，称重，加入葡萄1%质量的无水氯化钙，破碎榨汁（籽不破坏），去籽后将果汁和果皮移入50mL小烧杯中冰水浴（0℃）超声浸取20min，4℃下5000r/min离心10min。量取8mL葡萄汁加入顶空瓶中，加2.4g氯化钠和4μL 2-辛醇内标（浓度为10.76mg/L），盖上顶空瓶盖，用于GC-MS检测[33-34]。

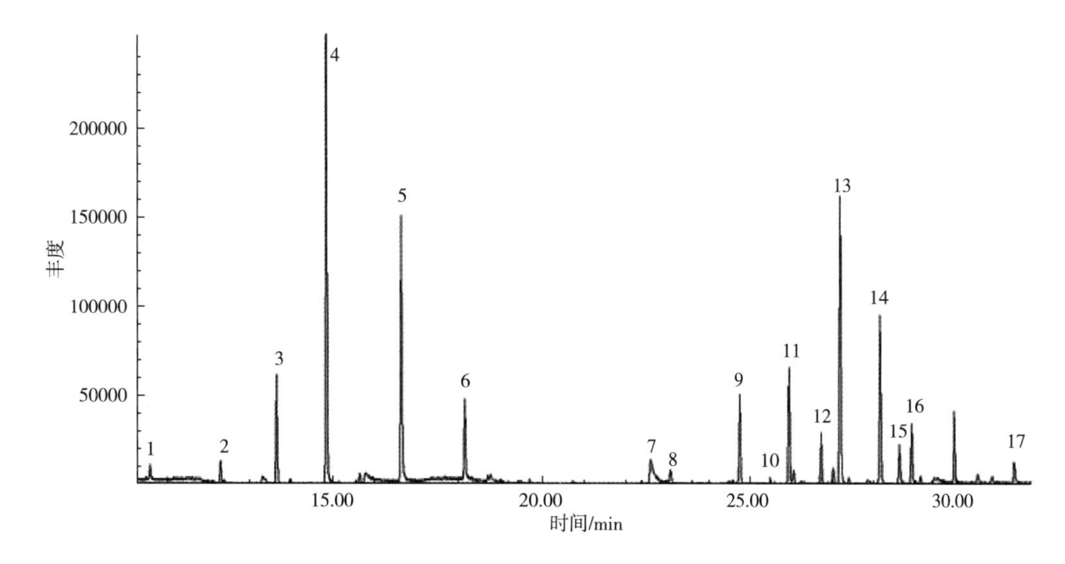

图 3-18　DI-SPME 萃取模拟酒中异嗅物质的总离子流色谱图（TIC）

1—1-辛烯-3-酮；2—2-庚醇；3—3-辛醇；4—1-辛烯-3-醇；5—反式-2-壬烯醛；6—反式-2-辛烯-1-醇；7—土味素；8—愈创木酚；9—4-甲基愈创木酚；10—苯酚；11—4-乙基愈创木酚；12—4-甲基苯酚；13—4-丙基愈创木酚；14—4-乙基苯酚；15—4-乙烯基愈创木酚；16—3,4-二甲基苯酚（内标）；17—4-乙烯基苯酚。

3.13　HS-SPME 检测葡萄酒挥发性成分

方法参照范文来等[35] HS-SPME 分析不同蛇龙珠葡萄酒样品中的挥发性香气成分。萃取条件如下：三相萃取头（50μm/30μm DVB/CAR/PDMS）；20mL 顶空瓶中，加入 8mL 葡萄酒样品，3.0g 氯化钠，在 45℃条件下预热 5min，萃取 60min；萃取完成后，将萃取头插入进样口，解吸附 5min，进行 GC-MS 分析。气相色谱、质谱参数与 GC-O 分析相同。定量结果通过标准曲线计算，目标化合物峰面积积分采用选择离子模式（SIM），以异己酸乙酯和 2-辛醇为内标[36]。

使用 HS-SPME 技术检测葡萄酒挥发性成分的 GC-MS 图谱如图 3-19 所示。

3.14　衍生化 HS-SPME 技术定量白酒中甲醛和丙烯醛

取 8mL 稀释至酒精度 10%vol 的酒样于 20mL 顶空瓶中，用 3g 氯化钠饱和，加入 10μL 内标 d_{16}-辛醛溶液（1.06mg/L），再加入 300μL 衍生剂 PFBHA（五氟苄羟胺）溶液（20g/L）[37]，进行 HS-SPME 结合 GC-MS 分析（图 3-20），具体条件按照参考文献[38]的方法进行设置。

标准曲线：用 10%酒精-水溶液将甲醛和丙烯醛溶液稀释成一系列浓度的标准溶液，按照与酒样相同的处理方法进行 GC-MS 分析。采用 SIM 模式，特征离子 m/z 225、 *m/z* 251 和 *m/z* 243 分别用于甲醛衍生物、丙烯醛衍生物及内标衍生物的定量。以甲醛衍生物或丙烯醛衍生物峰面积与内标衍生物峰面积之比为横坐标，质量浓度之比为纵坐标，分别绘制标准曲线[37]。

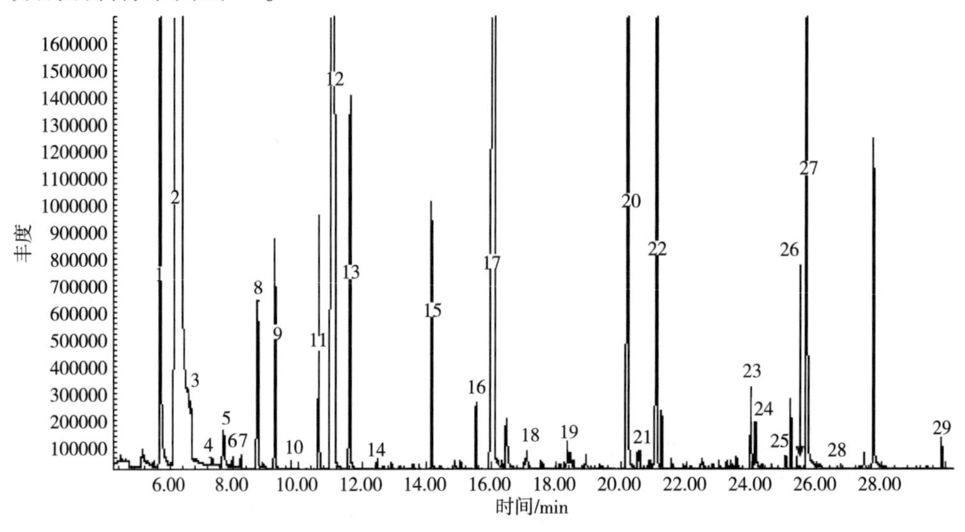

图 3-19 HS-SPME 检测某国产品牌葡萄酒的挥发性成分

1—乙酸乙酯；2—酒精；3—丙酸乙酯，2-甲基丙酸乙酯；4—乙酸异丁酯；5—1-丙醇，丁酸乙酯；6—2-甲基丁酸乙酯；7—3-甲基丁酸乙酯；8—2-甲基丙醇；9—乙酸异戊酯；10—1-丁醇；11—异己酸乙酯（内标）；12—3-甲基丁醇；13—己酸乙酯；14—乙酸己酯；15—乳酸乙酯，1-己醇；16—2-辛醇（内标）；17—辛酸乙酯；18—2-乙基-1-己醇，糠醛；19—壬酸乙酯，里哪醇，1-辛醇，苯甲醛；20—癸酸乙酯；21—1-壬醇；22—琥珀酸二乙酯；23—乙酸-2-苯乙酯；24—β-大马酮；25—苯甲醇；26—顺-威士忌内酯；27—β-苯乙醇；28—反-威士忌内酯；29—4-乙基苯酚。

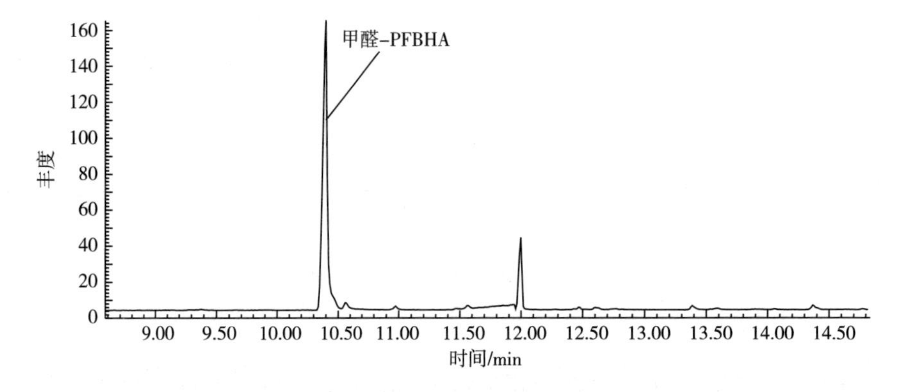

图 3-20 白酒中甲醛 GC-MS 色谱图（选择离子模式，*m/z* 225）[37]

3.15 HS-SPME 同时萃取衍生化定量白酒中反-2-烯醛和二烯醛类化合物

反-2-烯醛和二烯醛类化合物是白酒中重要风味化合物，广泛存在于饮料酒中。利用

PFBHA 衍生，HS-SPME 同时萃取衍生，GC-MS 定量检测了我国白酒中 14 种反-2-烯醛和二烯醛类，包括反-2-戊烯醛、反-2-己烯醛、反-2-庚烯醛、反-2-辛烯醛、反-2-壬烯醛、反-2-癸烯醛、反-2-十一烯醛、反-2-十二烯醛、反,反-2,4-已二烯醛、反,反-2,4-庚二烯醛、反，顺-2,6-壬二烯醛、反,反-2,4-辛二烯醛、反,反-2,4-壬二烯醛、反,反-2,4-癸二烯醛[39]。

该方法选择性强，有较好的线性（$R^2 \geqslant 0.9924$），检测限范围为 0.014～0.186μg/L，相对标准偏差均小于 10.99%，加标回收率为 84.47%～116%[39]。

用煮沸后冷却至室温的超纯水将酒样稀释至酒精度 10%vol，准确吸取 8mL 置于 20mL 顶空瓶中，加入 8μL 内标对氟苯甲醛溶液（最终浓度为 1.0724μg/L）和 300μL 的衍生化试剂 PFBHA 溶液，旋紧瓶盖，待分析。

HS-SPME 同时萃取衍生化的条件是酒样稀释到酒精度 10%vol，样品中加入 3g 氯化钠，萃取衍生化温度 65℃，萃取衍生化时间 45min，其 GC-MS 图谱见图 3-21 所示。

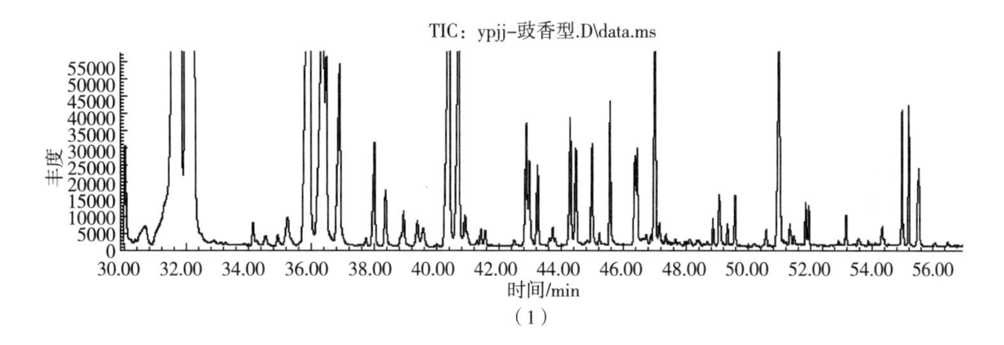

（1）

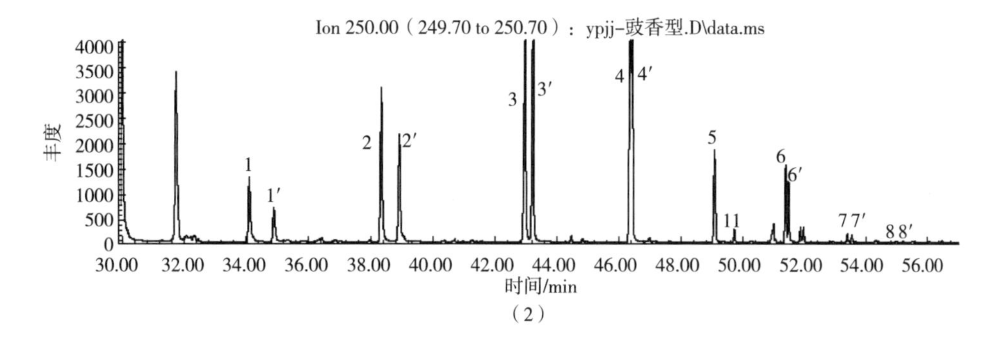

（2）

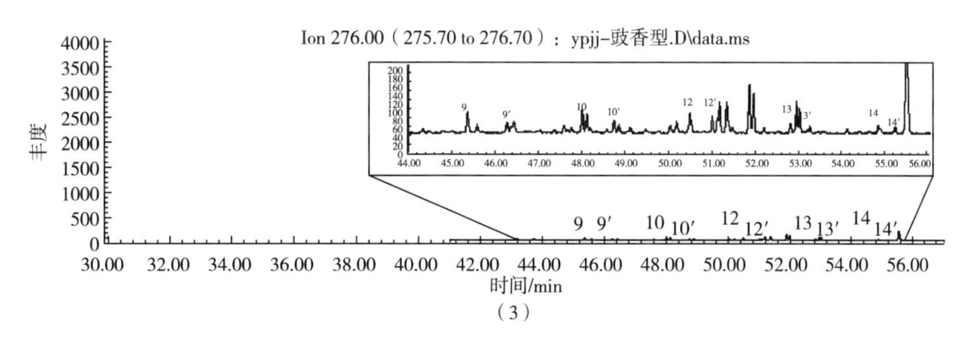

（3）

图 3-21 豉香型白酒样品与 PFBHA 反应的反-2-烯醛和二烯醛类衍生物的 GC-MS 图谱[39]

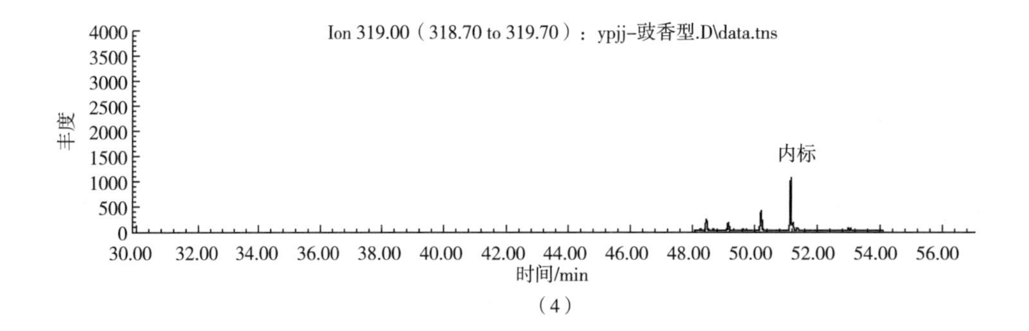

（4）

图 3-21 豉香型白酒样品与 PFBHA 反应的反-2-烯醛和二烯醛类衍生物的 GC—MS 图谱（续图）[39]

（1）豉香型白酒样品经 PFBHA 反应后的总离子流图；（2）~（4）豉香型白酒样品经 PFBHA 反应后的提取离子色谱图（其中衍生物 1~8 和 11 所选特征离子为 *m/z* 250，衍生物 9、10 和 12~14 所选特征离子为 *m/z* 276，内标衍生物特征离子为 *m/z* 319）

1 和 1′—反-2-戊烯醛衍生物；2 和 2′—反-2-己烯醛衍生物；3 和 3′—反-2-庚烯醛衍生物；4 和 4′—反-2-辛烯醛衍生物；5—反-2-壬烯醛衍生物；6 和 6′—反-2-癸烯醛衍生物；7 和 7′—反-2-十一烯醛衍生物；8 和 8′—反-2-十二烯醛衍生物；11—反，顺-2,6-壬二烯醛衍生物；9 和 9′—反,反-2,4-己二烯醛衍生物；10 和 10′—反,反-2,4-庚二烯醛衍生物；12 和 12′—反,反-2,4-辛二烯醛衍生物；13 和 13′—反,反-2,4-壬二烯醛衍生物；14 和 14′—反,反-2,4-癸二烯醛衍生物；内标—对氟苯甲醛衍生物。

3.16 白酒中吡嗪定性与定量技术

采用 50μm/30μm DVB/CAR/ PDMS 三相萃取头（2cm，Supelco 公司，Bellefonte，PA）用于吡嗪类化合物的萃取。萃取前，先老化萃取头。酒样用刚蒸馏冷却的去离子水稀释到酒精度 12%vol，取 5mL 稀释后酒样加入 15mL 顶空小瓶中，加入 2-乙酰基吡嗪作内标（IS）。稀释酒样中加入氯化钠饱和，再加入小转子。使用手动 SPME。样品于 50℃水浴中加热 15min，插入萃取头后萃取 30min。萃取结束后，取出 SPME，进行气相色谱-氮磷检测器（GC-NPD）分析，250℃解析 5min[7, 40]。

此法在白酒中检测到 26 种吡嗪，包括吡嗪、2-甲基吡嗪、2,3-二甲基吡嗪、2,5-二甲基吡嗪、2,6-二甲基吡嗪、三甲基吡嗪、四甲基吡嗪、2-乙基吡嗪、2-乙基-3-甲基吡嗪、2-乙基-5-甲基吡嗪、2-乙基-6-甲基吡嗪、2,6-二乙基吡嗪、2,5-二甲基-3-乙基吡嗪、2,3-二甲基-5-乙基吡嗪、3,5-二甲基-2-乙基吡嗪、3,5-二乙基-2-甲基吡嗪、2,3,5-三甲基-6-乙基吡嗪、2,5-二甲基-3-异丁基吡嗪、2-丁基-3,5-二甲基吡嗪、2,5-二甲基-3-戊基吡嗪、2-乙酰基-3-甲基吡嗪、2-乙酰基-6-甲基吡嗪、2-乙酰基-3,5-二甲基吡嗪、2,3-二甲基-5-(顺-1-丙烯基)-吡嗪、2-甲基-6-乙烯基吡嗪、2-甲基-6-(顺-1-丙烯基)-吡嗪。

不同香型白酒 GC-NPD 图谱见图 3-22 所示。几种香型白酒中吡嗪类化合物含量比较见图 3-23 所示。

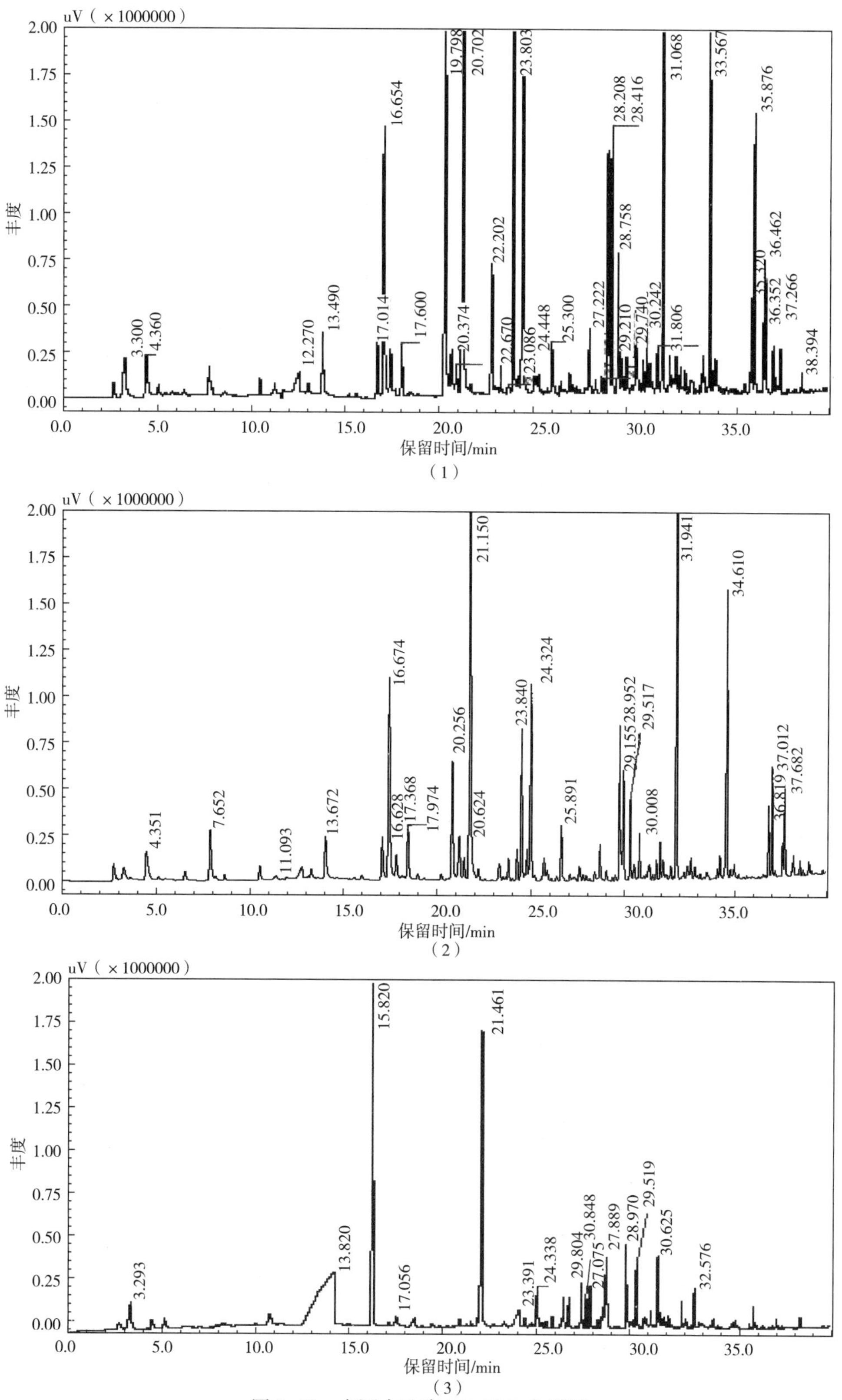

图 3-22　白酒中吡嗪 GC-NPD 色谱图

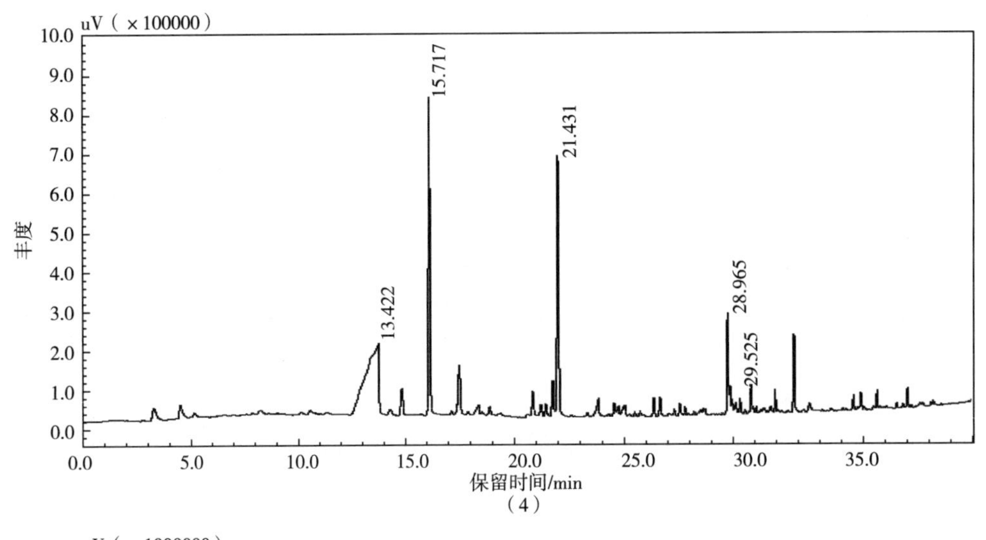

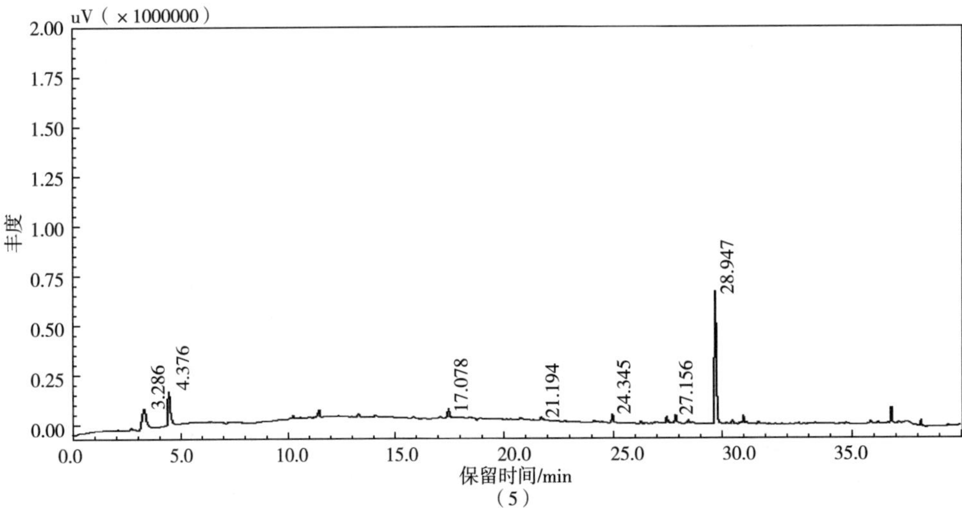

图 3-22　白酒中吡嗪 GC-NPD 色谱图（续图）

（1）茅台酒；（2）郎酒；（3）五粮液酒；（4）洋河大曲；（5）汾酒。

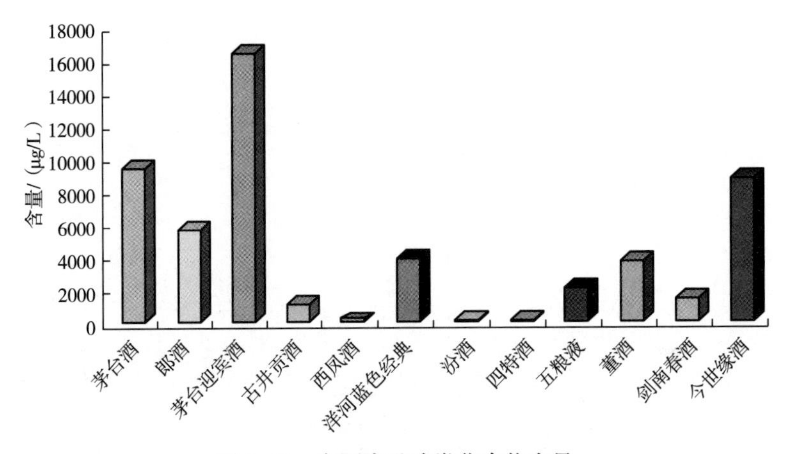

图 3-23　白酒中吡嗪类化合物含量

3.17　白酒及其酒醅、大曲中土味素定性与定量技术

白酒中土味素定量方法：用 50/30μm DVB/CAR/PDMS 萃取头（Supelco 公司，Bellefonte，PA）对挥发性和半挥发性成分进行萃取。在 20mL 顶空瓶中加入 8mL 稀释后酒样（5% vol 酒精度），3g 氯化钠，10μL 内标溶液［L-(-)-薄荷醇，浓度为 4μg/L］，插入萃取头，60℃预热 15min，萃取吸附 45min，GC 解吸 5min（250℃），用于 GC-MS 分析。

酒醅和大曲中土味素定量方法：用水作为浸提剂。准确称取 10g 大曲粉（过 8 目筛）或酒醅放入 50mL 离心管，第一次加入 20mL 煮沸过的超纯水，然后在振荡器上振荡均匀。利用超声清洗器在 20℃，功率为 360W 条件下，将离心管中的酒醅悬浊液超声 30min。然后在 4000r/min，4℃条件下将超声萃取物离心 10min，取上清液。然后重复两次以上过程，两次浸提剂用量分别为 10mL、5mL。混合三次的上清液，准确称量上清液。利用 HS-SPME 和 GC-MS 进行分析。白酒中添加与未添加土味素的 GC-MS 图见图 3-24 所示。

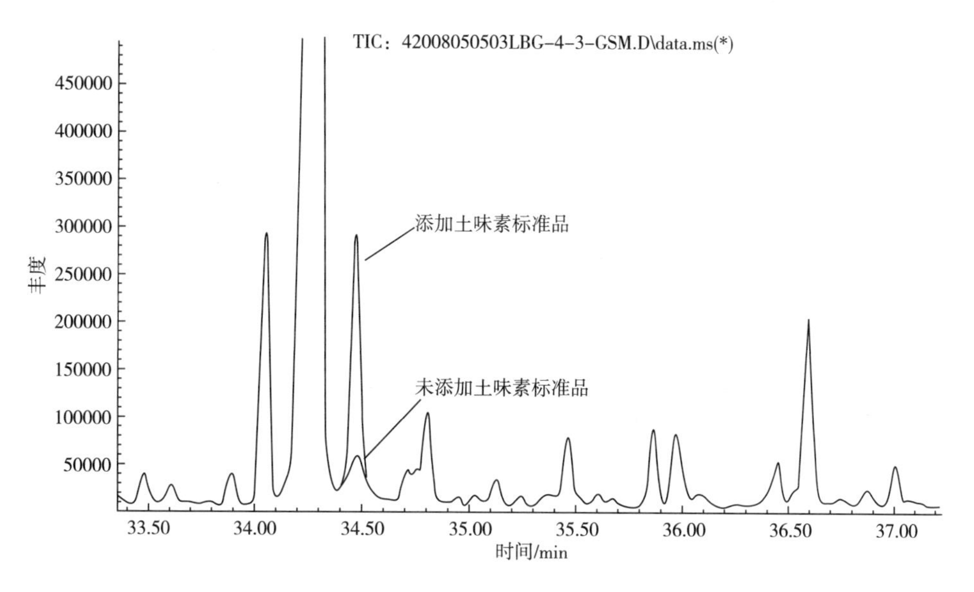

图 3-24　白酒中添加与未添加土味素 GC-MS 图

选取土味素和内标 L-(-)-薄荷醇各自主要特征离子峰 m/z 112 和 81 作为定量离子。以 m/z 112 与 81 的峰面积之比作为横坐标，土味素与内标 L-(-)-薄荷醇的浓度之比作为纵坐标作出标准曲线[41]。

3.18 HS-SPME 定性葡萄中甲氧基吡嗪

3.18.1 样品制备

3.18.1.1 整个果实

取-20℃保藏的葡萄 100g，室温下放置稍软后除梗，加 1g 氯化钙和少许液氮进行破碎，破碎后 4℃下 5000r/min 离心 10min，然后取 8mL 葡萄汁加入 15mL 棕色顶空瓶中，加 2.4g 氯化钠、5μL 2-乙酰基吡啶（内标）和转子，盖上顶空瓶盖（手动 HS-SPME）[42]。

3.18.1.2 葡萄果皮

取-20℃储藏的样品 100g，在冷冻状态下用手剥去葡萄皮，用去离子水轻轻冲去果皮上附着的果肉和果汁，用滤纸吸干葡萄皮上水分。称取 2g 葡萄皮装入 50mL 的磨口三角瓶中，再加入 10mL 模拟葡萄汁（煮沸去离子水中用酒石酸调 pH = 3.5），超声波浸取，然后取 8mL 葡萄汁加入 15mL 的棕色顶空瓶中，加 2.4 g 氯化钠、5μL 2-乙酰基吡啶（内标）和转子，盖上顶空瓶盖[42]。

3.18.1.3 葡萄果肉

取-20℃储藏的样品 100g，在冷冻状态下用手剥去葡萄皮，果肉中加 1g 氯化钙和少许液氮进行破碎，破碎后 4℃下 5000r/min 离心 10min，然后取 8mL 葡萄汁加入 15mL 的棕色顶空瓶中，加 2.4g 氯化钠、5μL 2-乙酰基吡啶（内标）和转子，盖上顶空瓶盖[42]。

3.18.2 HS-SPME 萃取条件

采用 CAR/DVB/PDMS 萃取头，预热 5min，30℃下萃取 3h（整个实验过程尽可能在晚上避光操作），进行 GC-NPD 检测。

3.18.3 气相色谱条件

DB-Wax 柱上 50℃保持 0min，8℃/min 升至 85℃，再以 5℃/min 升至 230℃，保持 10min。

3.18.4 结果

葡萄果实中的 3-烷基-2-甲氧基吡嗪主要是通过植物组织内氨基酸代谢产生的。亮氨酸在转氨酶作用下生成亮氨基酰胺，再在酶作用下与二羰基化合物乙二醛缩合，重排生成 3-异丁基-2-甲氧基吡嗪[43]。

3-异丙基-2-甲氧基吡嗪（3-isopropyl-2-methoxypyrazine，IPMP）、3-乙基-2-甲氧基吡嗪（3-ethyl-2-methoxypyrazin，ETMP）、3-仲丁基-2-甲氧基吡嗪（3-*sec*-butyl-2-methoxypyrazine，SEMP）和 3-异丁基-2-甲氧基吡嗪（3-siobutyl-2-

methoxypyrazine，IBMP）在赤霞珠和梅鹿辄中曾有过报道[44-45]，2-甲氧基吡嗪（2-methoxypyrazine，MOMP）和3-甲基-2-甲氧基吡嗪（3-methyl-2-methoxypyrazine，MEMP）在马铃薯、青椒等蔬菜中被发现[46-47]。以我国蛇龙珠葡萄为研究对象，通过添加2-甲氧基吡嗪（MOMP）、3-甲基-2-甲氧基吡嗪（MEMP）、3-异丙基-2-甲氧基吡嗪（IPMP）、3-乙基-2-甲氧基吡嗪（ETMP）、3-仲丁基-甲氧基吡嗪（SEMP）和3-异丁基-2-甲氧基吡嗪（IBMP）标准品的方法来检测蛇龙珠中含有的甲氧基吡嗪种类，在蛇龙珠葡萄中可以找出所有6种甲氧基吡嗪（图3-25）。选取2-乙酰基吡啶为内标。

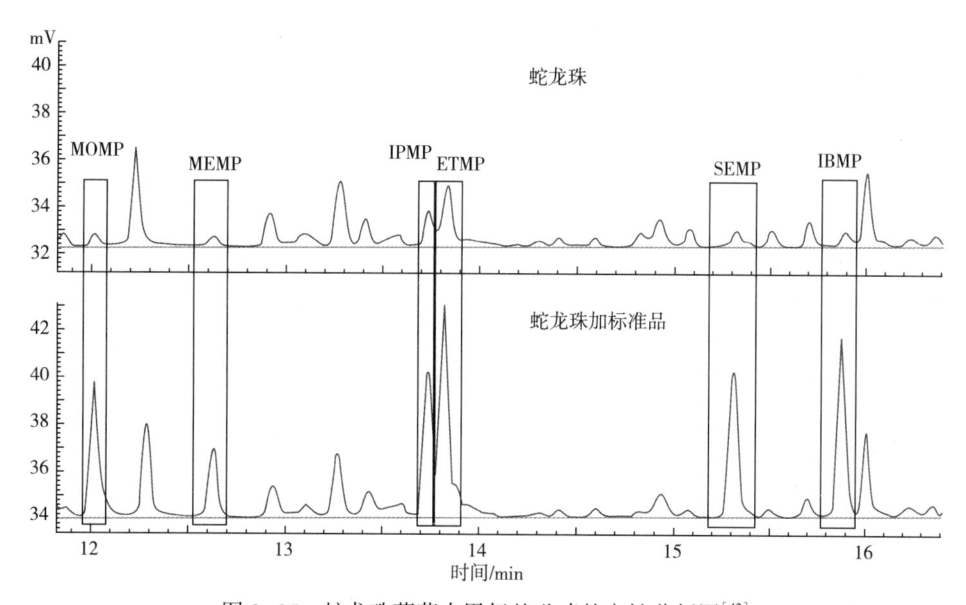

图3-25 蛇龙珠葡萄中甲氧基吡嗪的定性分析图[42]

参考文献

[1] Belardi R, Pawliszyn J. The application of chemically modified fused silica fibers in extraction of organics from water matrix samples, and their rapid transfer to capillary column [J]. Water Pollut Res J Can, 1989, 24 (1): 179-191.

[2] Ebeler S E. Analytical chemistry: unlocking the secrets of wine flavor [J]. Food Rev Int, 2001, 17 (1): 45-64.

[3] Fan W, Qian M C. Headspace solid phase microextraction (HS-SPME) and gas chromatography-olfactometry dilution analysis of young and aged Chinese "Yanghe Daqu" liquors [J]. J Agric. Food Chem, 2005, 53 (20): 7931-7938.

[4] Deibler K D, Acree T E, Lavin E H. Solid phase microextraction application in gas chromatography/olfactometry dilution analysis [J]. J Agri Food Chem, 1999, 47: 1616-1618.

[5] Watts V A, Butzke C E, Boulton R B. Study of aged Cognac using solid-phase microextraction and partial least-squares regression [J]. J Agri Food Chem, 2003, 51: 7738-7742.

[6] Kataoka H, Lordb H L, Pawliszyn J. Applications of solid-phase microextraction in food analysis [J].

J Chromatogr A, 2000, 880 (1-2): 35-62.

[7] Fan W, Xu Y, Zhang Y. Characterization of pyrazines in some Chinese liquors and their approximate concentrations [J]. J Agri Food Chem, 2007, 55 (24): 9956-9962.

[8] Wang X, Fan W, Xu Y. Comparison on aroma compounds in Chinese soy sauce and strong aroma type liquors by gas chromatography-olfactometry, chemical quantitative and odor activity values analysis [J]. Eur Food Res Technol, 2014, 239 (5): 813-825.

[9] Gao W, Fan W, Xu Y. Characterization of the key odorants in light aroma type Chinese liquor by gas chromatography-olfactometry, quantitative measurements, aroma recombination, and omission studies [J]. J Agri Food Chem, 2014, 62 (25): 5796-5804.

[10] Fan W, Xu Y, Yu A. Influence of oak chips geographical origin, toast level, dosage and aging time on volatile compounds of apple cider [J]. J Inst Brew, 2006, 112 (3): 255-263.

[11] Abrodo P A, Llorente D D, Corujedo S J, et al. Characterisation of Asturian cider apples on the basis of their aromatic profile by high-speed gas chromatography and solid-phase microextraction [J]. Food Chem, 2010, 121: 1312-1318.

[12] Ferreira V, Ortega L, Escudero A, et al. A comparative study of the ability of different solvents and adsorbents to extract aroma compounds from alcoholic beverages [J]. J Chromatogr Sci, 2000, 38 (11): 469-476.

[13] Fan W, Xu Y, Jiang W, et al. Identification and quantification of impact aroma compounds in 4 non-floral *Vitis vinifera* varieties grapes [J]. J Food Sci, 2010, 75 (1): S81-S88.

[14] 范文来, 徐岩, 李记明, 等. 应用 HS-SPME 技术分析葡萄果皮与果肉挥发性香气物质 [J]. 食品与发酵工业, 2011, 37 (12): 113-118.

[15] 范文来, 徐岩. 应用 HS-SPME 技术测定固态发酵浓香型酒醅微量成分 [J]. 酿酒, 2008, 35 (5): 94-98.

[16] 范文来, 徐岩. 白酒窖泥挥发性成分研究 [J]. 酿酒, 2010, 37 (3): 24-31.

[17] 范文来, 张艳红, 徐岩. 应用 HS-SPME 和 GC-MS 分析白酒大曲中微量挥发性成分 [J]. 酿酒科技, 2007, 162 (12): 74-78.

[18] 范文来, 徐岩. 应用浸入式固相微萃取 (DI-SPME) 方法检测中国白酒的香味成分 [J]. 酿酒, 2007, 34 (1): 18-21.

[19] Fan W, Tsai I M, Qian M C. Analysis of 2-aminoacetophenone by direct-immersion solid-phase microextraction and gas chromatography-mass spectrometry and its sensory impact in Chardonnay and Pinot gris wines [J]. Food Chem, 2007, 105: 1144-1150.

[20] 朱燕, 范文来, 徐岩. 应用 DI-SPME 和 GC-MS 分析白酒中游离挥发性酚类化合物 [J]. 食品与发酵工业, 2010, 36 (10): 138-143.

[21] 张灿, 徐岩, 范文来. 不同吸附剂对白酒异嗅物质的去除的研究 [J]. 食品工业科技, 2012, 33 (23): 60-65.

[22] Lanças F M. The role of the separation sciences in the 21th century [J]. J Brazil Chem Soc, 2003, 14 (2): 183-197.

[23] Shao Y, Marriott P, Hügel H. Solid-phase microextraction-on-fibre derivatization with comprehensive two dimensional gas chromatography analysis of *trans*-resveratrol in wine [J]. Chromatographia, 2003, 57: S-349-S353.

[24] Carlton W K, Gump B, Fugelsang K, et al. Monitoring acetaldehyde concentrations during micro-oxygenation of red wine by headspace solid-phase microextraction with on-fiber derivatization [J]. J Agri Food Chem, 2007, 55 (14): 5620-5625.

[25] L Pillonel, J O B, Tabacchi R. Rapid preconcentration and enrichment techniques for the analysis of food volatile. A review [J]. Lebensm Wiss u Technol, 2002, 35: 1-14.

[26] Rocha S, Ramalheira V, Barros A, et al. Headspace solid phase microextraction (SPME) analysis of flavor compounds in wines. Effect of the matrix volatile composition in the relative response factors in a wine model [J]. J Agri Food Chem, 2001, 49: 5142-5151.

[27] Rowe D J. Chemistry and technology of flavors and fragrances [M]. Oxford: Blackwell Publishing Ltd., 2005.

[28] Verhoeven H, Beuerle T, Schwab W. Solid-phase microextraction: Artefact formation and its avoidance [J]. Chromatographia, 1997, 46 (1/2): 63-66.

[29] 高文俊. 青稞酒重要风味成分及其酒醅中香气物质研究 [D]. 无锡: 江南大学, 2014.

[30] Luo T, Fan W, Xu Y. Characterization of volatile and semi-volatile compounds in Chinese rice wines by headspace solid phase microextraction followed by gas chromatography - mass spectrometry [J]. J Inst Brew, 2008, 114 (2): 172-179.

[31] 罗涛, 范文来, 郭翔, 等. 顶空固相微萃取 (HS-SPME) 和气相色谱-质谱 (GC-MS) 联用分析黄酒中挥发性和半挥发性微量成分 [J]. 酿酒科技, 2007, 156 (6): 121-124.

[32] 郭俊花. 大曲清香型宝丰糙次酒及其大曲香气物质 [D]. 无锡: 江南大学, 2010.

[33] 孙莎莎, 范文来, 徐岩, 等. 3种酿酒白葡萄果实的挥发性香气成分比较 [J]. 食品与发酵工业, 2014, 40 (5): 193-198.

[34] 孙莎莎. 我国主要酿酒葡萄挥发性成分及产地判别初步研究 [D]. 无锡: 江南大学, 2014.

[35] 沈海月, 范文来, 徐岩, 等. 应用顶空固相微萃取分析四种红葡萄酒挥发性成分 [J]. 酿酒, 2008, 35 (2): 71-74.

[36] 尹建邦. 烟台产蛇龙珠葡萄酒中挥发性香气成分的研究 [D]. 无锡: 江南大学, 2010.

[37] 朱梦旭. 白酒中易挥发的有毒有害小分子醛及其结合态化合物研究 [D]. 无锡: 江南大学, 2016.

[38] 高文俊, 范文来, 徐岩. 西北高原青稞酒重要挥发性香气成分 [J]. 食品工业科技, 2013, 34 (22): 49-53.

[39] 曹长江, 范文来, 聂尧, 等. HS-SPME 同时萃取衍生化定量白酒中反-2-烯醛和二烯醛类化合物 [J]. 食品工业科技, 2014, 35 (21): 286-290.

[40] 张艳红, 范文来, 徐岩, 等. 顶空固相微萃取与气相色谱-火焰离子检测器联用测定白酒中吡嗪类化合物 [J]. 分析试验室, 2008, 27 (6): 39-41.

[41] 杜海. 中国白酒中一种土霉味物质的发现及其成因研究 [D]. 无锡: 江南大学, 2009.

[42] 姜文广. 烟台产区蛇龙珠葡萄游离态香气物质的研究 [D]. 无锡: 江南大学, 2008.

[43] 庄名扬. 中国白酒香味物质形成机理及酿酒工艺的调控 [J]. 酿酒, 2007, 34 (2): 109-113.

[44] Sala C, Mestres M, Marti M P, et al. Headspace solid-phase microextraction method for determining 3-alkyl-2-methoxypyrazines in musts by means of polydimethylsiloxane-divinylbenzene fibres [J]. J Chromatogr A, 2000, 880 (1-2): 93-99.

[45] Sala C, Busto O, Guasch J, et al. Contents of 3-alkyl-2-meithoxypyrazines in musts and wines from Vitis vinifera variety Cabernet Sauvignon: influence of irrigation and plantation density [J]. Journal of the Science of Food and Agriculture, 2005, 85 (7): 1131-1136.

[46] Duckham S C, Dodson A T, Bakker J, et al. Effect of cultivar and storage time on the volatile flavor components of baked potato [J]. J Agri Food Chem, 2002, 50 (20): 5640-5648.

[47] Murray K E, Whitfield F B. Occurrence of 3-Alkyl-2-Methoxypyrazines in Raw Vegetables [J]. J Sci Food Agri, 1975, 26 (7): 973-986.

4 搅拌子吸附萃取技术

搅拌子吸附萃取技术（stir bar sorptive extraction，SBSE）和搅拌子顶空吸附萃取技术（headspace sorptive extraction，HSSE）是近二十年发展起来的两个样品制备和分析技术[1-6]。SBSE 技术由比利时色谱研究所（Research Institute of Chromatography）Sandra 等人于 1999 年成功开发[7-8]；而 HSSE 技术则首先由 Bicchi 等人首先应用[9-10]。两个方法均用一种带玻璃夹套的搅拌子（图 4-1），在搅拌子外面包裹一层用于吸附的聚合物薄膜（PDMS）。该搅拌子已经由 Twister™ 公司商品化生产，有 1cm 长和 2cm 长两种。

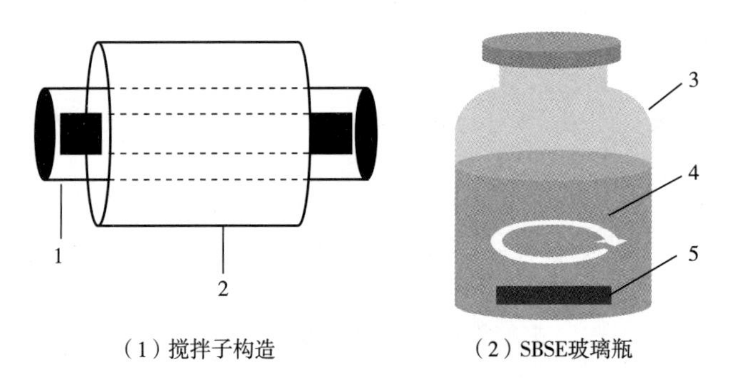

图 4-1　SBSE 装置示意

1—玻璃套管与转子；2—PDMS 涂层；3—玻璃瓶；4—样品；5—搅拌子。

4.1　SBSE 技术原理

虽然 SBSE 萃取机理和 SPME 相似，但因搅拌子上 PDMS 用量为 24～219μL，远高于 SPME 中萃取头上 0.5μL，更多的萃取相带来了更高的灵敏度、更低的检测限、更佳的回收率和更优的重现性[11]。

SBSE 这种吸着萃取技术在本质上是一种平衡技术，溶质从水相萃取到吸附相的过程是由溶质 PDMS 相-水相分配常数 $K_{PDMS/W}$ 控制的。这一分配常数和该物质的辛醇-水分配系数大约成正比，尽管不是十分准确，但使用 K_{ow} 可以预测某一给定溶质的萃取效果。$K_{PDMS/W}$ 等于达到平衡时溶质在 PDMS 相中的浓度 C_{PDMS} 与水相中的浓度 C_W 之比，这一比值等于溶质在 PDMS 相中质量 m_{PDMS} 与水相中质量 m_w 之比再乘以相比 β，β 等于 V_W/V_{PDMS}[12]，具体关系见式（4-1）。

$$K_{ow} = K_{PDMS/W} = \frac{C_{PDMS}}{C_W} = \frac{m_{PDMS}}{m_W} \times \frac{V_W}{V_{PDMS}} \tag{4-1}$$

将溶质在水相中的初始量记为 m_0（$m_0 = m_W + m_{PDMS}$），式（4-1）化简为式（4-2）。

$$\frac{K_{ow}}{\beta} = \frac{m_{PMDS}}{m_W} = \frac{m_{PDMS}}{m_0 - m_{PDMS}} \tag{4-2}$$

理论回收率即为 PDMS 萃取到溶质的量 m_{PDMS} 与溶质在水相中初始量 m_0 之比，使用式（4-3）可以计算出已知分配系数和给定 β 值的溶质理论回收率。

$$\frac{m_{PDMS}}{m_0} = \frac{\left(\frac{K_{ow}}{\beta}\right)}{1 + \left(\frac{K_{ow}}{\beta}\right)} \tag{4-3}$$

分析方程可以得知，决定被分析物回收率的重要参数是 K_{ow} 和 β。回收率随着 K_{ow} 增加而增加；当 β 值较大时，回收率降低，平衡时间延长；当 β 值较低时，回收率增大，平衡时间缩短。因此，在 SBSE 中应当尽量增大 PDMS 用量。图 4-2 描述了 K_{ow}/β 和回收率之间的关系，在 $K_{ow}/\beta = 1$ 时，回收率为 50%，在低 K_{ow}/β 时回收率和 K_{ow}/β 大约成正比，但在 K_{ow}/β 超过 5 时萃取基本上达到完全。

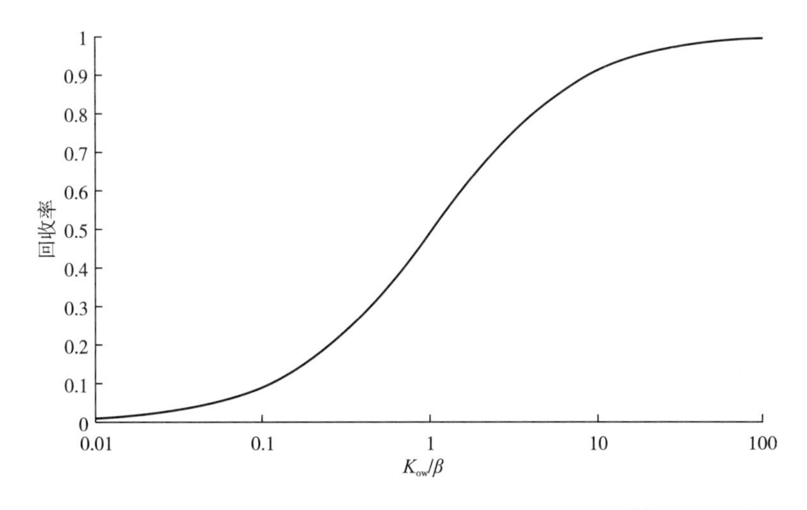

图 4-2 SBSE 的回收率对 K_{ow} 和 β 之比函数图[7]

为了使亲水性的化合物 SBSE 时回收率提高，可以在样品中加入盐，通常使得溶液中氯化钠质量浓度达 200~300g/L。但盐的加入会降低疏水性化合物的回收率[13]。因此，使用 PDMS 型搅拌子同时萃取极性范围较宽的多种化合物时，仅加入盐得到的效果不是很好，这种情况下只能对各种化合物采取折中的分析条件。

4.2 SBSE 搅拌子类型对化合物吸附的影响

早期搅拌子的材料是 PDMS，即非极性的（nonpolar bar）；后来，出现了改进型的，即涂敷有聚乙二醇（PEG）修饰的硅聚合物（EG Silicon），EG Silicon 涂层搅拌子对于极性（亲水性）化合物回收率更高，尤其是在加盐作用下效果更加明显[14-15]。在同样条件下，两个不同极性的搅拌子检测到的化合物差异较大（图 4-3 和图 4-4）。

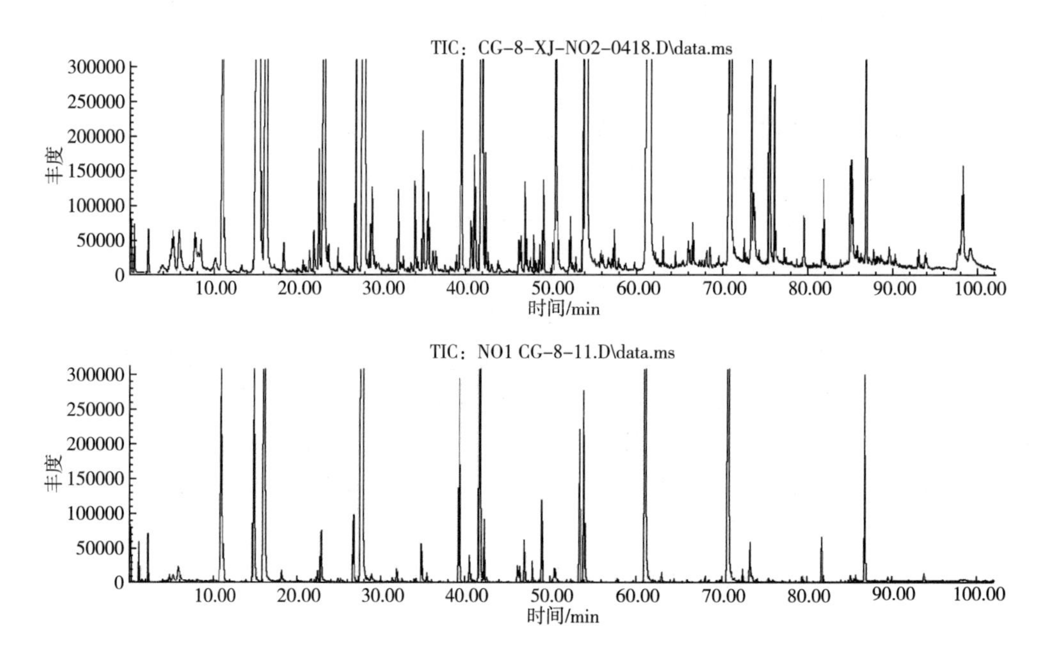

图 4-3　极性（上图）与非极性（下图）搅拌子萃取蛇龙珠（*Cabernet gernischt*）葡萄酒 GC-MS 图谱

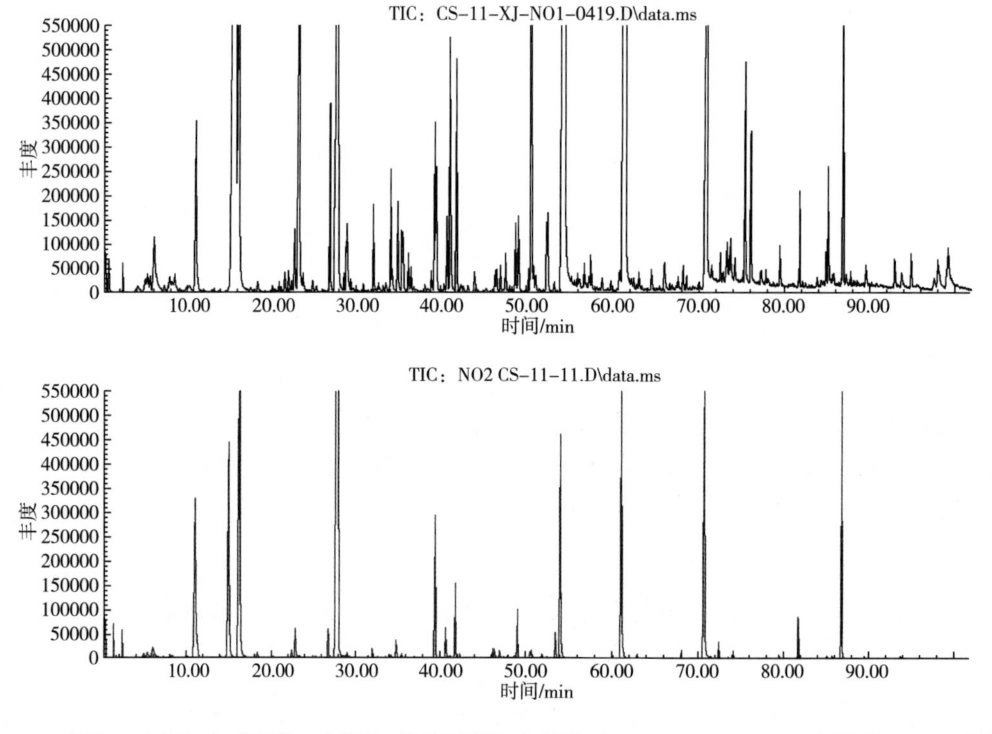

图 4-4　极性（上图）与非极性（下图）搅拌子萃取赤霞珠（*Cabernet sauvignon*）葡萄酒 GC-MS 图谱

在 PDMS 非极性搅拌子上，疏水性的化合物 K_{ow} 高，回收率高；亲水性的化合物 K_{ow} 低，回收率低[7]。而在极性搅拌子上，则相反。图 4-3 和图 4-4 结果表明，葡萄酒中极性化合物较多。

4.3 SBSE 技术与 SPME 技术比较

在 SPME 中，涂在萃取头上的 PDMS 最大量约为 0.5μL（膜厚 100μm），以常用的样品量 10mL 为例，其比值等于 2×10^4，这意味着只有溶质 K_{ow} 超过 10^5 时才能达到萃取完全。事实是，仅有少数物质具有如此高的 K_{ow} 值，因此，在 SPME 中不会达到完全萃取。但在 SBSE 中情况就不同了，一个表面涂有 100μL PDMS 的搅拌子萃取 10mL 样品就能使 β 达到 100，这意味着 K_{ow} 超过 500 的溶质都能完全萃取到涂有 PDMS 的搅拌子中。这不但实现了直接定量，还显著提高了对 K_{ow} 值小于 10^5 物质的灵敏度。图 4-5 显示了 SPME 和 SBSE 对 10mL 样品中溶质萃取回收率比较[16]。

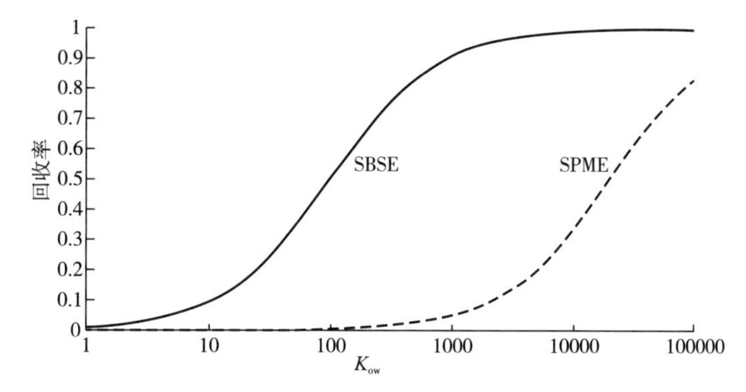

图 4-5 10mL 样品用 SBSE 和 SPME 萃取的回收率对 K_{ow} 的函数图[16]

注：SPME 萃取头含 PDMS 0.5μL，SBSE 搅拌子含 PDMS 100μL。

在葡萄酒的样品分析中，可以清楚地看出，SBSE 的吸附能力远大于 HS-SPME（图 4-6）。

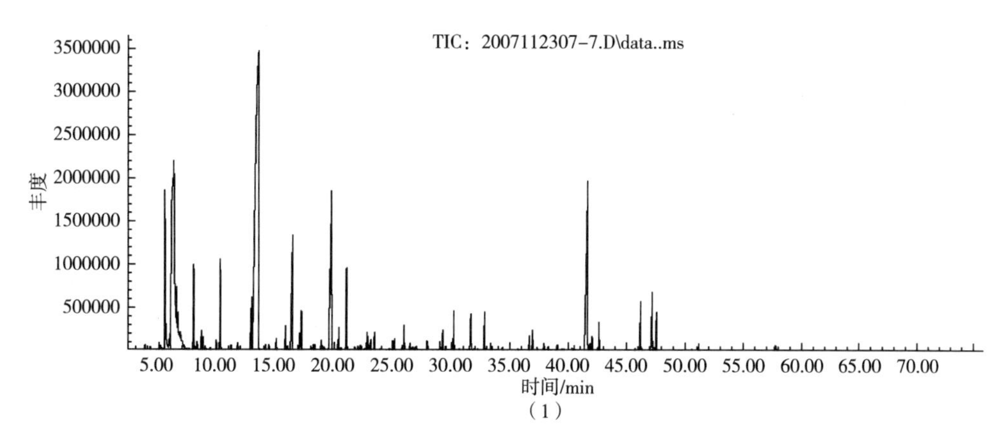

图 4-6 某葡萄酒样品 SBSE（2）和 SPME（1）萃取后 GC-MS 图

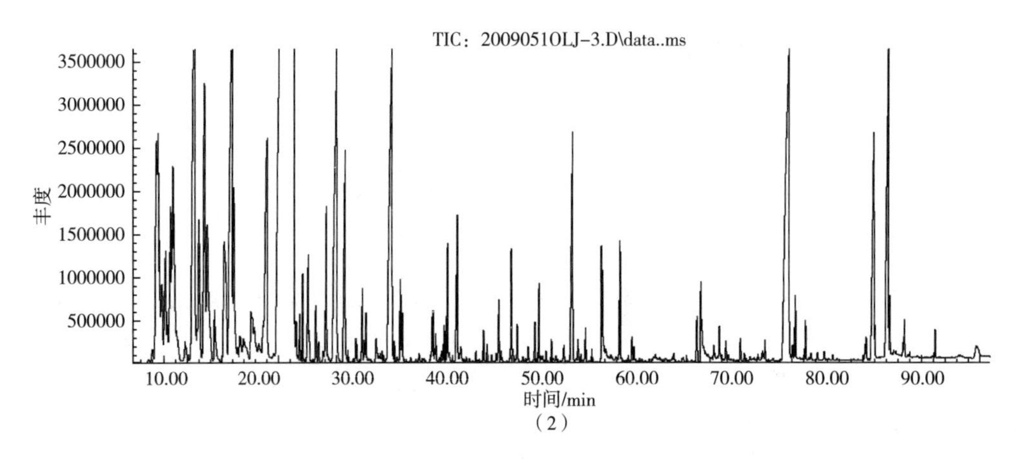

图 4-6　某葡萄酒样品 SBSE（2）和 SPME（1）萃取后 GC-MS 图（续图）

4.4　SBSE 吸附方式

SBSE 吸附方式通常有四种：

第一种为搅拌子顶空吸附萃取技术（HSSE）技术，是将样品倒入一个小瓶中，将搅拌子悬挂在样品上方进行吸附[9-10]。图 4-7 是应用 PDMS 材料的 HSSE 方法和应用 PDMS 纤维头的 HS-SPME 检测同一咖啡的 GC-MS 图。对比可以看出，HSSE 能够检测出更多的化合物。

第二种仍称为 SBSE 技术，将搅拌子浸入液体样品中，在吸附样品成分的同时，使用磁力搅拌器使磁性搅拌子转动[7-8]。在吸附完成后，搅拌子被仔细地从样品中取出。如果搅拌子是浸入在液体中的，那么搅拌子应使用蒸馏水清洗，再用无气味纸吸干。图 4-8 是应用浸入式 SBSE 技术检测我国某著名酱香型白酒的 GC-MS 图。

SBSE 技术已经广泛应用于白兰地[18]、威士忌[1]、白酒[19]、苹果酒[20]、葡萄酒[21-22]、啤酒[23]及啤酒花[24]等饮料酒及其原料中挥发性和半挥发性成分［包括风味成分、挥发性成分、2,4,6-三氯苯甲醚（2,4,6-TCA）、农药（agrochemicals）等］、口腔中结合态风味化合物[25]的检测。

第三种是衍生化 SBSE 技术。该技术已经用于啤酒中醛类化合物的检测[3]。

第四种是口腔气味筛选系统（buccal odor screening system，BOSS），俗称口腔 SBSE 方法（SBSE in mouth），由 Buettner 等人于 2004 年开发[26-27]，该法是将 SBSE 黏附在一个薄的压舌板（spatula）上，置于口腔中，并通过压舌板旋转搅拌子，在口腔中保留一段时间，如 5min，嘴唇和软腭（velum）保持密闭，然后将压舌板从口腔中小心移出，浸入水中，再移出，并用无气味纸吸干水分[25]。被吸附在搅拌子上的挥发性化合物或者用有机溶剂萃取出来，或者更通用的是放入 GC 中解吸附。搅拌子通过高温加热 1h 可以被再生。

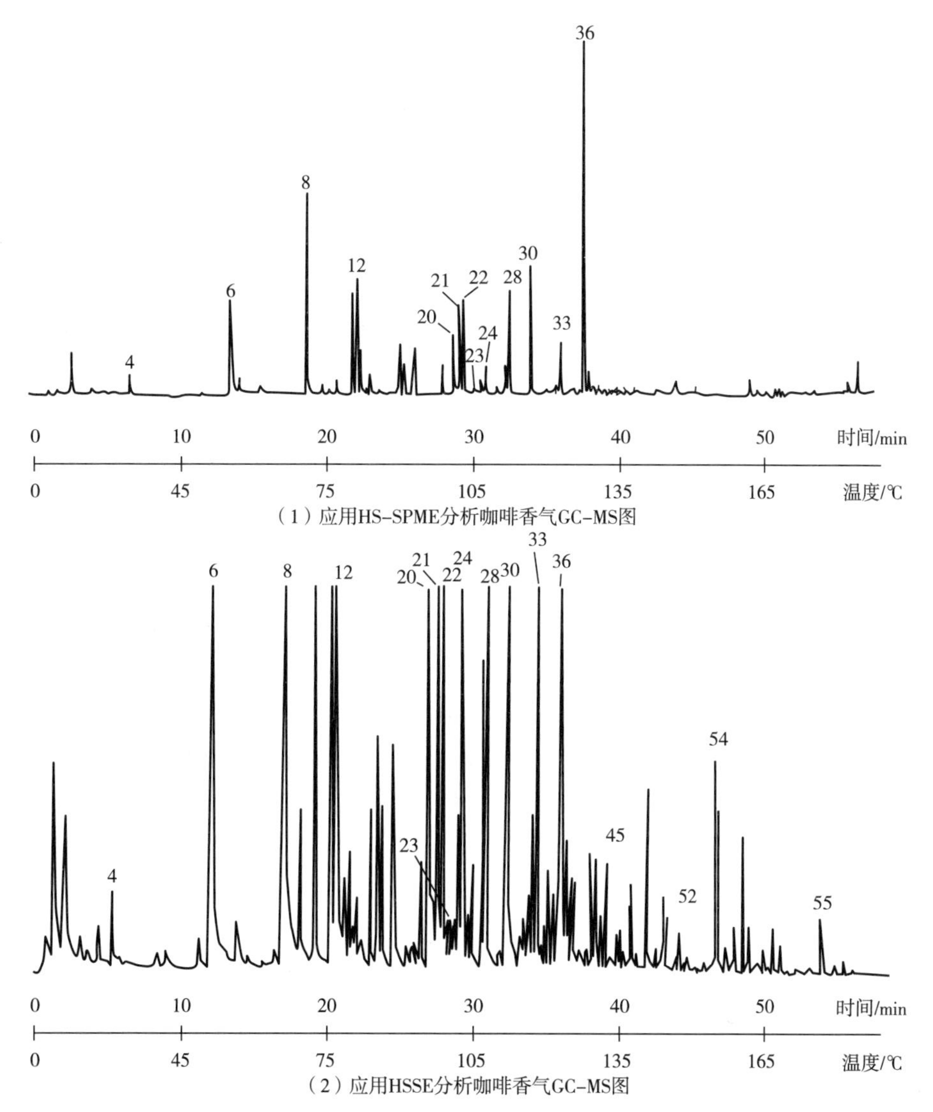

图 4-7 应用 HS-SPME（1）和 HSSE（2）分析咖啡香气 GC-MS 图[17]

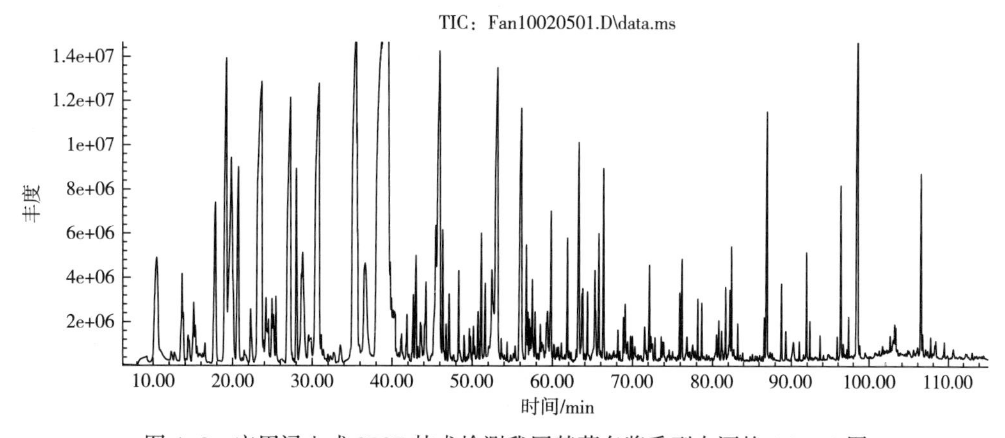

图 4-8 应用浸入式 SBSE 技术检测我国某著名酱香型白酒的 GC-MS 图

4.5 SBSE 技术优缺点

SBSE 技术优点：快速，易使用；无溶剂；分析时只需要较少样品量；特别适合于酒精饮料分析，因为醇类峰较少，不会掩盖较早出现的其他物质峰，假如这些物质有香味的话，就很容易被检测出来。

SBSE 技术缺点：由于使用了非极性 PDMS 材料，会对极性化合物产生歧视效应；需要解吸附时间较长，易造成被吸附挥发性化合物的潜在损失。

4.6 顺序 SBSE 方法

顺序 SBSE（sequential stir bar sorptive extraction）方法于 2008 年由 Ochiai 等人首先开发[28]，利用两个搅拌子进行两次萃取，对于同时分析样品中的极性范围宽的有机物有很好的效果。第一个搅拌子萃取时，样品中不加任何物质，主要萃取 K_{ow} 高的化合物（lg K_{ow}>4.0）；第二个搅拌子萃取时，添加氯化钠，使得溶液中氯化钠浓度达 300g/L，主要萃取中、低 K_{ow} 的化合物（lg K_{ow}<4.0）；萃取完成后，两个搅拌子放入同一个吸附管中解吸（图 4-9）。该技术解决了同时测定疏水性和亲水性化合物的问题，应用于水分析（图 4-10），能大大提高水中 80 种农残（lg K_{ow} 为 1.70~8.35）的回收率，回收率达 82%~113%（仅有 5 种亲水性化合物回收率<80%）[28]。

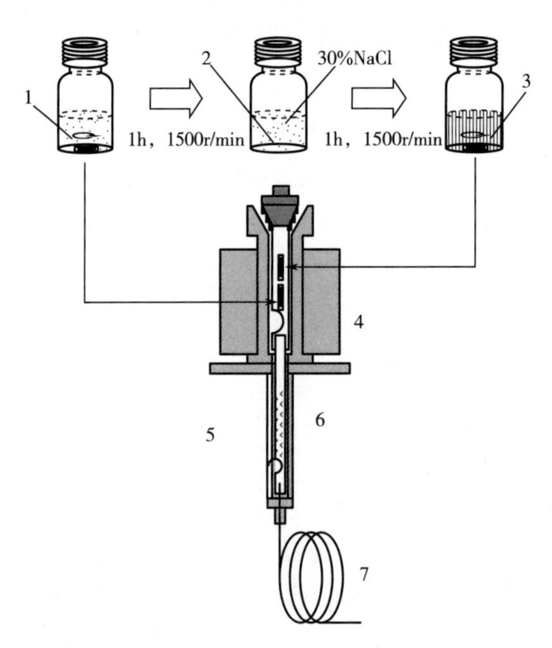

图 4-9 顺序 SBSE 吸附流程和进样口装置图[28]

1,2,3—PDMS 搅拌子；4—热脱附单元 TDU；5—衬管（内填石英丝）；6—PTV 进样口；7—分析柱。

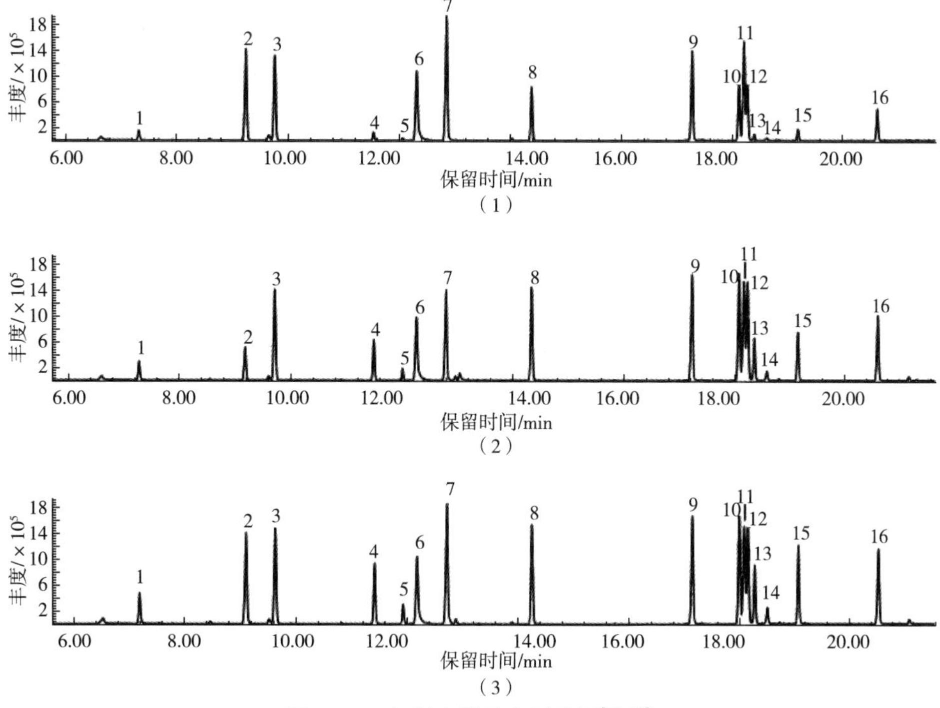

图 4-10 加标水样总离子流图[14-15]

(1) 无改进剂传统 SBSE (2) 加盐传统 SBSE(30%氯化钠) (3) 顺序 SBSE

1—己醛；2—柠檬油精；3—己酸乙酯；4—己醇；5—3-己醇；6—壬醛；7—辛酸乙酯；8—里哪醇；9—香茅醇；10—乙酸-2-苯乙酯；11—β-大马酮；12—香叶醇；13—p-伞花-8-醇；14—愈创木酚；15—2-苯乙醇；16—γ-壬内酯。

顺序 SBSE 技术能提高化合物的回收率。从表 4-1 不同极性化合物回收率三种方法（PDMS-SBSE 法、PDMS 加盐 SBSE 法和顺序 SBSE）对比看，顺序 SBSE 的回收率最高。

表 4-1 水中模式气味化合物 100ng/mL SBSE 回收率比较[14-15]

化合物	$\lg K_{ow}$[b]	回收率/%			
		理论[c]	PDMS[d]	PDMS-盐[e]	顺序 SBSE[f]
愈创木酚	1.34	9.5	1.5	5.6	9.3
2-苯乙醇[a]	1.57	15	0.9	4.2	7.6
3-己醇	1.61	16	1.2	6.7	12
己醛	1.80	23	15	43	59
己醇	1.82	24	3.3	19	32
γ-壬内酯	2.08	37	28	62	85
p-伞花-8-醇	2.49	60	4.6	34	49

续表

化合物	lgK_{ow}[b]	回收率/%			
		理论[c]	PDMS[d]	PDMS-盐[e]	顺序 SBSE[f]
乙酸-2-苯乙酯	2.57	64	40	85	99
己酸乙酯	2.83	76	77	86	97
壬醛	3.27	90	89	80	94
里哪醇	3.38	92	41	80	94
香叶醇	3.47	93	42	82	94
香茅醇	3.56	95	73	89	101
辛酸乙酯	3.81	97	103	67	103
β-大马酮	4.21	99	102	85	90
柠檬油精	4.83	100	94	28	96

注：a：浓度：1000ng/mL。

b：lg K_{ow} 值使用 SRC-KOWWIN 软件包计算。

c：理论 SBSE 回收率使用 5mL 样品和 24μL 容量的 PDMS。

d：不加改进剂传统 SBSE。

e：加盐传统 SBSE（30%氯化钠）。

f：顺序 SBSE，第一次萃取不加改进剂，第二次萃取加盐（30%氯化钠）。

2009 年，顺序 SBSE 用于分析酪蛋白粉末中的“湿狗（wet dog）”异嗅组分，超过 60 种气味组分包括异嗅化合物（如三卤茴香醚即三卤苯甲醚）被检出，定量了 31 种化合物如三卤茴香醚、土味素、蛋氨醛（methional）、愈创木酚、吲哚、粪臭素、(*E*)-2-壬烯醛。该方法线性范围宽 20～6000ng/g（$r^2>0.9905$），重现性好（相对标准偏差 RSD<6.5%）[14-15]。

另外一种顺序 SBSE 是使用 PDMS-SBSE 搅拌子和 EG Silicon 搅拌子相结合的方式，这一组合方式与传统 PDMS-SBSE 搅拌子结合检测威士忌酒的对比见图 4-11 所示。研究结果表明几个 lg K_{ow}<2.5 的亲水性化合物，尤其是酚类化合物，如香草醛、愈创木酚、苯酚、甲基苯酚、香兰酸乙酯和 4-乙基愈创木酚，在图 4-11（1）的响应明显高于（2）中响应。这些酚类化合物是泥炭麦芽威士忌独有的香味物质。

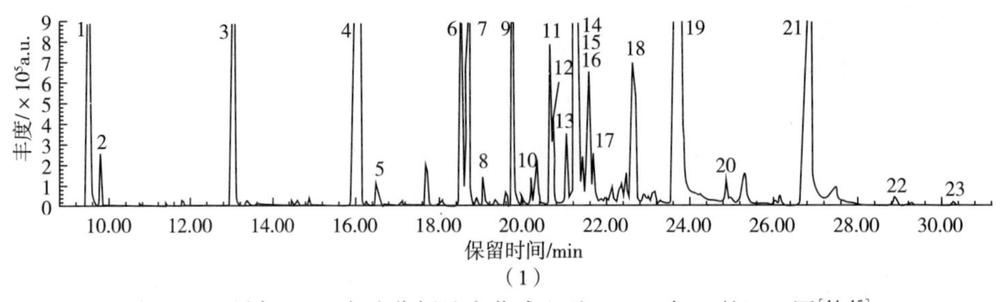

图 4-11 顺序 SBSE 方法分析纯麦芽威士忌“L 10 年”的 TIC 图[14-15]

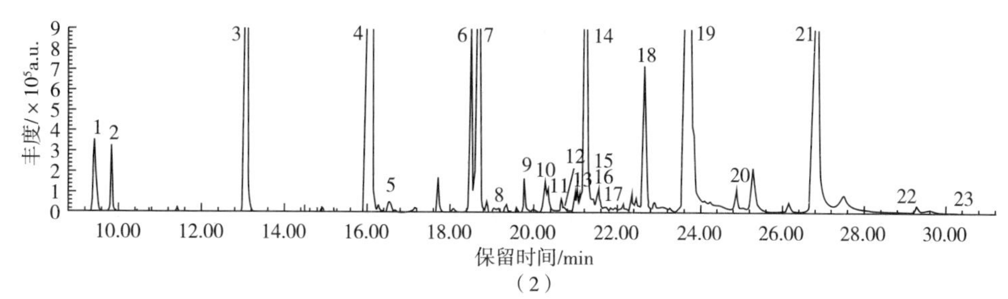

图 4-11 顺序 SBSE 方法分析纯麦芽威士忌“L 10 年”的 TIC 图（续图）[14-15]

（1）PDMS-EG Silicon 结合 （2）PDMS-PDMS 结合

1—异戊醇；2—己酸乙酯；3—辛酸乙酯；4—癸酸乙酯；5—丁二酸二乙酯；6—乙酸-2-苯乙酯；7—己酸；8—愈创木酚；9—2-苯乙醇；10—2-甲氧基-4-甲基苯酚；11—邻甲基苯酚；12—苯酚；13—4-乙基愈创木酚；14—辛酸；15—p-甲基苯酚；16—2,4-二甲基苯酚；17—间甲基苯酚；18—2-乙基苯酚；19—癸酸；20—法尼醇；21—月桂酸；22—香草醛；23—香草酸乙酯。

4.7 SBSE 测定白酒挥发性成分

SBSE 可以进行白酒中挥发性成分检测[19]。

搅拌子老化：利用 GC 进样口高温去除搅拌子外层包裹的聚合物薄膜（如 PDMS）上的杂质。

挥发性成分萃取：将搅拌子放入稀释到酒精度 10%vol 酒样中，磁力搅拌器使磁性搅拌子转动进行酒样中香气物质吸附，吸附 90min。

在吸附完成后，搅拌子从样品中取出，用蒸馏水清洗后再用无气味纸吸干，采用手动或自动进样方式进行 GC-MS 检测（图 4-8）。

搅拌子解析单元（TDU）条件：初始温度 35℃，700℃/min 升到 270℃，保留 5min。热脱附时采用不分流模式。

冷进样系统（CIS）条件：采用溶剂排空模式，排空流速 60mL/min，时间 4.7 min，排空压力 80 kPa，液氮制冷，最初温度-60℃，平衡 0.2min，然后以 10℃ /s 上升到 250℃保留 3min。

GC 条件：色谱柱为 DB-Wax（60m×0.32mm×0.25μm，J&W Scientific）；程序升温 50℃保持 2min，以 2℃/min 速率升温至 210℃，保持 1min，再以 10℃/min 速率升温至 230℃并保持 15min。载气氦气，流速 24mL/min。

MS 条件：EI 电离源，电子能量 70eV，离子源温度 230℃，扫描范围 35~350u。

4.8 SBSE 定量苹果酒挥发性成分

手动搅拌子吸附萃取苹果酒风味，可以采用以下方法[20, 29]：SBSE 采用搅拌子长 10mm，PDMS 涂层厚 0.5mm，含量为 25μL（Gerstel 公司，德国）。使用前，在热脱附装置 TurboMatrix TD（Perkin Elmer 公司）中老化 60min。取酒样 10mL，置于 15mL 棕色顶空瓶中，加入 3g 氯化钠，10μL 内标混合溶液［异己酸乙酯最终浓度 1148μg/L，2-辛醇 107.6μg/L，4-(4-甲氧苯基)-2-丁酮 25.92μg/L］，放入搅拌子，于 55℃，1100r/min 搅拌吸附 60min。吸附结束后，将搅拌子取出，用去离子水冲洗，残留的水用无气味纸吸干，转移至热脱附装置（TDU）中进行热脱附。热脱附装置的冷阱 -30℃，转换阀 150℃，转移通道 140℃，氦气压力 111.7kPa，于 250℃ 解吸 4min，进入 GC-MS 分析（图 4-12）。

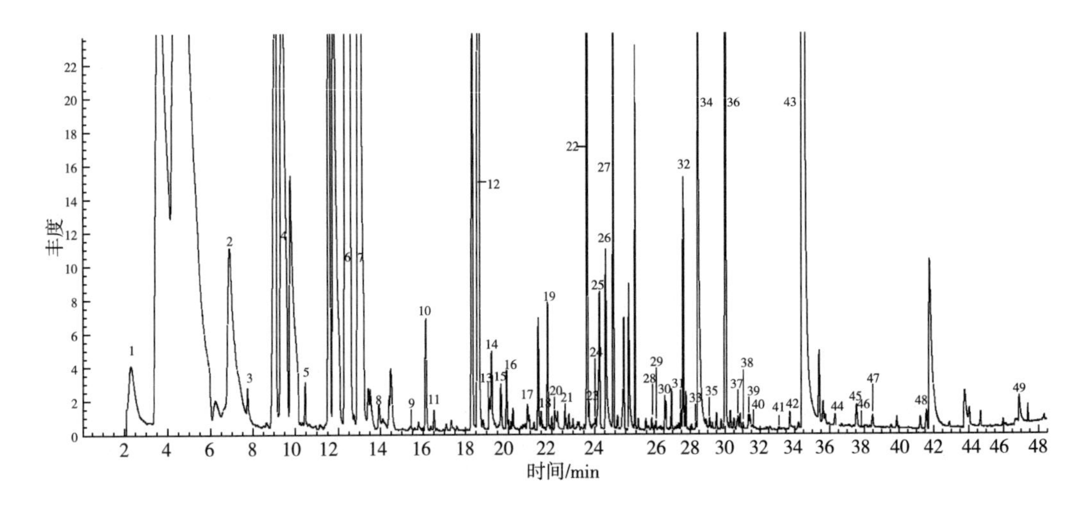

图 4-12　应用 SBSE 检测苹果酒 GC-MS 图

1—乙酸乙酯；2—丁酸乙酯；3—乙酸丁酯；4—乙酸异戊酯；5—正丁醇；6—3-甲基丁醇；7—己酸乙酯；8—乙酸己酯；9—乙酸顺-3-己烯酯；10—乳酸乙酯；11—1-己醇；12—辛酸乙酯；13—乙酸；14—1-庚醇；15—乙酸辛酯；16—2-乙基己醇；17—苯甲醛；18—正辛醇；19—3-甲硫基丙酸乙酯；20—异丁酸；21—癸酸甲酯；22—癸酸乙酯；23—苯乙酮；24—辛酸异戊酯；25—苯甲酸乙酯；26—琥珀酸二乙酯；27—异戊酸；28—乙酸橙花酯；29—乙酸香叶酯；30—正癸醇；31—月桂酸甲酯；32—乙酸苯乙酯；33—月桂酸乙酯；34—己酸；35—苯甲醇；36—2-苯乙醇；37—乙酸-3-苯丙酯；38—苯并噻唑；39—丁酸苯乙酯；40—庚酸；41—γ-壬内酯；42—橙花叔醇；43—辛酸；44—肉桂酸乙酯；45—丁香酚；46—对乙基苯酚；47—2-甲氧基-4-乙烯基苯酚；48—癸酸；49—月桂酸。

参考文献

［1］ Demyttenaere J C R, Martinez J I S, Verhe R, et al. Analysis of volatiles of malt whiskey by solid-phase microextraction and stir bar sorptive extraction［J］. J Chromatogr A, 2003, 985（1-2）: 221-232.

［2］ Díeza J, Domínguezb C, Guillén D A, et al. Optimisation of stir bar sorptive extraction for the analysis of volatile phenols in wines［J］. J Chromatogr A, 2004, 1025（2）: 263-267.

［3］ Ochiai N, Sasamoto K, Daishima S, et al. Determination of stale-flavor carbonyl compounds in beer by stir bar sorptive extraction with in-situ derivatization and thermal desorption-gas chromatography-mass spectrometry［J］. J Chromatogr A, 2003, 986（1）: 101-110.

［4］ Salinas R, Zalacain A, Pardo F, et al. Stir bar sorptive extraction applied to volatile constituents evolution during *Vitis vinifera* ripening［J］. J Agri Food Chem, 2004, 52（15）: 4821-4827.

[5] Pillonel L, Bosset J O, Tabacchi R. Rapid preconcentration and enrichment techniques for the analysis of food volatile. A review [J]. LWT-Food Science and Technology, 2002, 35: 1-14.

[6] Wijaya C H, Ulrich D, Lestari R, et al. Identification of potent odorants in different cultivars of snake fruit [*Salacca zalacca* (Gaert.) Voss] using gas chromatography-olfactometry [J]. J Agri Food Chem, 2005, 53 (5): 1637-1741.

[7] Baltussen E, Sandra P, David F, et al. Stir bar sorptive extraction (SBSE), a novel extraction technique for aqueous samples: Theory and principles [J]. J Microcolumn Sep, 1999, 11 (10): 737-747.

[8] Baltussen E, David F, Sandra P, et al. Automated sorptive extraction thermal desorption gas chromatography mass spectrometry analysis: Determination of phenols in water samples [J]. J Microcolumn Sep, 1999, 11 (6): 471-474.

[9] Bicchi C, Cordero C, Iori C, et al. Headspace sorptive extraction (HSSE) in the headspace analysis of aromatic and medicinal plants [J]. J Sep Sci, 2000, 23 (9): 539-546.

[10] Tienpont B, David F, Bicchi C, et al. High capacity headspace sorptive extraction [J]. J Microcolumn Sep, 2000, 12 (11): 577-584.

[11] Leon V M, Llorca-Porcel J, Alvarez B, et al. Analysis of 35 priority semivolatile compounds in water by stir bar sorptive extraction-thermal desorption-gas chromatography-mass spectrometry Part II: Method validation [J]. Analytica Chimica Acta, 2006, 558 (1-2): 261-266.

[12] Kawaguchi M, Ito R, Saito K, et al. Novel stir bar sorptive extraction methods for environmental and biomedical analysis [J]. Journal of Pharmaceutical and Biomedical Analysis, 2006, 40 (3): 500-508.

[13] León V M, Alvarez B, Cobollo M A, et al. Analysis of 35 priority semivolatile compounds in water by stir bar sorptive extraction-thermal desorption-gas chromatography-mass spectrometry. I: Method optimisation [J]. J Chromatogr A, 2003, 999 (1-2): 91-101.

[14] 范文来，徐岩主译．风味，香气和气味分析 [M]. 北京：中国轻工业出版社，2013.

[15] Ochiai N. Sequential stir bar sorptive extraction. In Flavor, Fragrance, and Odor Analysis [M]. New York: Marcel Dekker Inc., 2002.

[16] Baltussen E, Sandra P, David F, et al. Stir Bar Sorptive Extraction (SBSE), a Novel Extraction Technique for Aqueous Samples: Theory and Principles [J]. Journal of Microcolumn Separations, 1999, 11 (10): 737-747.

[17] Bicchi C, Iori C, Rubiolo P, et al. Headspace sorptive extraction (HSSE), stir bar sorptive extraction (SBSE), and solid-phase microextraction (SPME) applied to the analysis of roasted arabica coffee and coffee brew [J]. J Agri Food Chem, 2002, 50: 449-459.

[18] Delgado R, Durán E, Castro R, et al. Development of a stir bar sorptive extraction method coupled to gas chromatography-mass spectrometry for the analysis of volatile compounds in Sherry brandy [J]. Anal Chim Acta, 2010, 672: 130-136.

[19] Fan W, Shen H, Xu Y. Quantification of volatile compounds in Chinese soy sauce aroma type liquor by stir bar sorptive extraction (SBSE) and gas chromatography-mass spectrometry (GC-MS) [J]. J Sci Food Agric, 2011, 91 (7): 1187-1198.

[20] Fan W, Xu Y, Han Y. Quantification of volatile compounds in Chinese ciders by stir bar sorptive extraction (SBSE) and gas chromatography-mass spectrometry (GC-MS) [J]. J Inst Brew, 2011, 117 (1): 61-66.

[21] Hayasaka Y, MacNamara K, Baldock G A, et al. Application of stir bar sorptive extraction for wine analysis [J]. Anal Bioanal Chem, 2003, 375: 948-955.

[22] Fang Y, Qian M C. Quantification of selected aroma-active compounds in Pinot noir wines from differ-

ent grape maturities [J]. J Agri Food Chem, 2006, 54 (22): 8567-8573.

[23] Horák T, Kellner V, Jiří Č, et al. Determination of some beer flavours by stir bar sorptive extraction and solvent back extraction [J]. J Inst Brew, 2007, 113 (2): 154-158.

[24] Kishimoto T, Wanikawa A, Kagami N, et al. Analysis of hop-derived terpenoids in beer and evaluation of their behavior using the stir bar-sorptive extraction method with GC-MS [J]. J Agri Food Chem, 2005, 53 (12): 4701-4707.

[25] Mayr C M, Parker M, Baldock G A, et al. Determination of the importance of in-mouth release of volatile phenol glycoconjugates to the flavor of smoke-tainted wines [J]. J Agri Food Chem, 2014, 62 (11): 2327-2336.

[26] Buettner A. Investigation of potent ordorants and afterordor development in to Chardonnay wines using the Buccal Odor Screening System (BOSS) [J]. J Agri Food Chem, 2004, 52: 2339-2346.

[27] Buettner A, Otto S, Beer A, et al. Dynamics of retronasal aroma perception during consumption: Cross-linking on-line breath analysis with medico-analytical tools to elucidate a complex process [J]. Food Chem, 2008, 108 (4): 1234-1246.

[28] Ochiai N, Sasamoto K, Kanda H, et al. Sequential stir bar sorptive extraction for uniform enrichment of trace amounts of organic pollutants in water samples [J]. J Chromatogr A, 2008, 1200 (1): 72-79.

[29] 韩业慧. 苹果酒中挥发性香气物质的研究 [D]. 无锡: 江南大学, 2007.

5 固相萃取技术

固相萃取（solid phase extraction，SPE）被公认为是一种非常有效的样品预处理技术。通常用于样品预处理，萃取、富集样品中半挥发和不挥发性化合物，或是除去样品中对目标化合物分离分析造成干扰的杂质，也可以用来处理能预先溶解在溶剂中的固体样品。其原理是将一种多孔颗粒状吸附介质装入一个小柱中，样品从已经预处理过的小柱上端加入，目标物自流出小柱，或通过柱顶部温和的加压或柱下部减压以增加流速。典型固相萃取小柱中装入 50~60μm 多孔颗粒状材料。目前，也已经出现了自动 SPE 技术[1]。

SPE 技术已经广泛应用于饮料酒成分分析中，如白酒[2]、葡萄酒、威士忌、白兰地[3]，以及结合态风味化合物[4-5]研究中。SPE 还可以和顶空固相微萃取（HS-SPME）联用形成 SPE-SPME-GC-MS 技术检测葡萄酒中萜烯类化合物[6]。

与液液萃取法（LLE）相比，SPE 最大优点是有机溶剂消耗少，易于自动化等[7]。

5.1 SPE 技术分类

SPE 技术本质上与液相色谱（LC）类似，可分为正相 SPE（吸附剂极性大于洗脱溶剂极性）、反相 SPE（吸附剂极性小于洗脱溶剂极性）和离子交换 SPE 等。

正相 SPE 所用吸附剂均是极性的，用来萃取极性化合物，吸附性能取决于目标化合物的极性官能团与吸附剂表面的极性官能团之间的相互作用，包括氢键①、π-π 键相互作用、偶极-偶极相互作用和偶极-诱导偶极相互作用②，以及极性-极性作用。

反相 SPE 所用吸附剂通常是非极性的或弱极性的，萃取目标物是中等极性到非极性化合物。目标物与吸附剂之间相互作用是疏水性相互作用，主要是非极性-非极性相互作用，是范德华力或色散力③。

---

① 氢键力，也称为范德华力，是指 H 原子与电负性强的原子形成氢键，叫氢键力。假如固定液分子中含—OH，—COOH，$—NH_2$ 官能团，分析组分中含 F、O、N 化合物时，常有显著氢键作用，使保留值增大。氢键强弱顺序为：F-H…F>O-H…O>O-H…N>N-H…N>N≡CH…N。

② 此相互作用力称为“诱导力”，即极性分子的永久偶极使非极性分子极化而产生诱导偶极，二分子间相互吸引而产生诱导力。例如苯与环己烷的分离：苯的沸点为 80.10℃，环己烷的沸点为 80.81℃，两组分都是非极性分子，无永久偶极，若用非极性固定液很难分开。但苯比环己烷易极化，若用强极性的 β,β'-氧二丙腈固定液，使苯产生诱导偶极矩，很易分离。

③ 色散力：非极性分子间没有静电力与诱导力，由于分子电中心瞬间位移产生瞬间偶极矩，能使周围分子极化，被极化的分子又反过来加剧瞬间偶极矩变化幅度产生所谓色散力。

离子交换 SPE 所用吸附剂是带有电荷的离子交换树脂，萃取目标物是带有电荷的化合物，目标物与吸附剂之间是相互作用的静电力①。

5.2 SPE 萃取流程

固相萃取样品处理共有四个步骤。第一步，用溶剂清洗吸附剂，主要目的是改进分析物保留时间的重现性，减少流出物中杂质干扰。第二步，清洗溶剂要替换成样品溶剂。第三步，样品通过小柱后，用一个较弱溶剂洗涤小柱，以除去不需要的干扰化合物而留下目标化合物。最后，目标化合物被洗脱。

5.3 影响目标物吸附的因素

影响目标物吸附的因素很多，但主要是吸附剂。吸附剂的选择要考虑目标化合物和样品基质，即样品溶剂性质。选择的原则是目标化合物的极性与吸附剂的极性非常相似，二者极性越相似，保留越好，即吸附越好。如萃取非极性的碳氢类化合物时，需要采用反相 SPE[8]。吸附剂粒径一般较粗，在 40μm 左右。

常用吸附剂按吸附剂类型分为四类：键合硅胶型、高分子聚合物型、吸附剂型和混合与专用柱型。按保留机制分为：正相吸附剂［如 Silica（未键合硅胶）、CN（氰基）、Florisil（硅酸镁）、Alumina（氧化铝）等］、反相吸附剂［如 C_{18}、C_8、CN、PEP（极性强的改性聚苯乙烯）、PS（未改性的聚苯乙烯）等］、离子交换型［如 SCX（苯磺酸）、SAX（季铵盐）等］、混合型（如混合型阳离子交换柱 PCX、混合型阴离子交换柱 PAX 等）。常用型号是 C_{18}、XAD-2 树脂［如安伯来特（Amberlite）XAD-2 树脂］、LiChrolut EN 聚合物树脂[5]等，常见吸附剂性能如表 5-1 所示。

表 5-1 常见吸附剂性能比较

吸附剂	结构	表面积/(m^2/g)	酒精[a]	苯[a]
活性炭 Charcoal（PCB）	椰子活性炭（Coconut carbon）	1150~1250	7.9	24.7
Porapak P	苯乙烯-乙基乙烯基-苯-二乙烯基（Styrene-ethylvinyl-benzene-divinyl）	50~100	NA[b]	0.28
Porapak Q	乙基乙烯基-二乙烯基苯（Ethylvinyl benzene-divinyl benzene）	550~650	0.18	NA
Tenax GC	二苯基-苯撑氧化物（Diphenyl-phenylene oxide）	18.6	NR[c]	0.53

① 静电力，也称为定向力，是由极性分子永久偶极矩使分子间产生静电作用引起。被分离组分极性越大，与固定液间静电作用力也越强，该组分滞留时间就越长。

续表

吸附剂	结构	表面积/(m^2/g)	酒精[a]	苯[a]
Slicia Gel	氧化硅-苯乙烯-二乙烯基苯（SiO-Styrene-divinyl benzene）	13	1	NR
XAD-1	苯乙烯-二乙烯基苯（Styrene-divinyl benzene）	100	NA	0.36
XAD-2	苯乙烯-二乙烯基苯（Styrene-divinyl benzene）	300	0.023	1.8
XAD-4	苯乙烯-二乙烯基苯（Styrene-divinyl benzene）	849	0.40	2.9
XAD-7	丙烯酸酯（Acrylic ester）	445	0.90	1.8
XAD-8	丙烯酸酯（Acrylic ester）	212	0.50	1.0
XAD-9	亚砜（Sulfoxide）	70	0.70	0.82
XAD-12	极性氮氧基团（Polar N O group）	20	NR	0.28

注：a：吸附能力（absorption capacity）；

b：NA=无数据（not available）；

c：NR=不能保留（not retained）。

硅胶或键合硅胶树脂，是SPE中最常用的吸附剂，即在硅胶表面的硅醇基团上键合不同官能团，其适用pH范围2~8，常见的如C_{18}、C_8、CN、SAX、SCX、Silica、Diol（二醇基）等。平均粒度45μm，平均孔径6nm，孔体积0.8cm^3/g，比表面积480m^2/g。

Silica，主要起吸附作用，适用于醇、醛、胺、酮、含氮化合物、有机酸、苯酚、类固醇等。

C_{18}树脂，是硅胶上接有十八烷基（octadecylsilica），常用于反相萃取，适合于吸附极性不太强即非极性到中等极性化合物（less polar compounds）[9]，如抗生素、咖啡因、农药、碳水化合物、苯酚、邻苯二甲酸酯、茶碱、维生素、杀真菌剂等[8]，常用于葡萄酒中萜烯类化合物[10]、结合态前驱物[11]、游离态和结合态风味化合物[5, 12-13]的分离。

SAX离子交换树脂，硅胶上接有卤化季铵盐，强阴离子交换萃取，适合于萃取阴离子，如有机酸、核酸、核苷酸和表面活性剂等。

SCX离子交换树脂，硅胶上接有磺酸钠盐，强阳离子，适合于萃取带阳离子物质，抗生素、药物、有机碱、氨基酸、核酸碱、核苷等。

WCX离子交换树脂，硅胶上接碳酸钠盐，弱阳离子交换萃取，适合于萃取带阳离子物质，如胺、抗生素、有机碱、氨基酸、核苷等。

高分子聚合物型树脂，该类树脂主要是PEP、PAX、PCX、PS、HXN（极性介于PS和PEP之间），该吸附剂是以乙烯吡咯烷酮和二乙烯苯共聚（divinylbenzene copolymer）得到的高分子化合物。由于引入了极性官能团吡咯烷酮，因此，对极性、非极性化合物均具有吸附作用，克服了C_{18}柱的一些缺点。

XAD-2/4/7/16树脂是一种大孔吸附树脂，以苯乙烯和丙酸酯为单体，加入乙烯苯为交联剂，甲苯、二甲苯为致孔剂相互交联形成的多孔聚合物，广泛用于疏水性化合物的萃取，如用于萃取白葡萄酒中高级醇、酯、中链脂肪酸等[14]，葡萄酒中萜烯[6]，饮料酒风味化合物[15-16]，萃取葡萄酒中结合态前驱物[5, 17]，饮料酒中农药[18]等。该树脂对游离态和结合态的风味化合物保留性能优于基于硅胶的树脂[5]。

LiChrolut EN、Bond Elut-ENV 和 ENV+树脂是苯乙烯-二乙烯基苯共聚合物树脂（styrene-divinylbenzene copolymer），适用于水中杀虫剂、酚类、苯胺、稠环芳烃、多氯联苯、芳香胺、氯代苯酚等物质分离。该树脂具有良好的吸附性能[5]，研究发现，LiChrolut EN 的吸附性能比 XAD-2 和 C_{18} 的吸附性能高 2~6 倍[9]。这类小柱已经广泛应用于葡萄酒[19-21]、黄酒[22]风味化合物分离，葡萄酒中异嗅化合物分离[23]，葡萄酒中结合态化合物分离[5]，饮料酒中索陀酮、麦芽酚、呋喃扭尔等化合物的检测[24-26]，食品（如蜂蜜、早餐谷物、橙汁、饼干、果酱）中 5-羟甲基糠醛检测[27]，饮料和饮用水中 *N*-硝基胺检测[28-29]，水中碳酸分离[30]，还可以用于柱上衍生化检测风味化合物[31]。

PEP（polar-enhanced polymer）表面具有亲水和憎水基团，对极性和非极性化合物均有良好吸附，且 pH 使用范围 1~14，适用于强亲水性化合物的萃取吸附，吸附能力和样品容量远高于 C_{18} 键合硅胶柱（3~10 倍）。

PAX 集强阴离子交换、水浸润型聚合物的混合机理。pH 使用范围 1~14，相当于 MAX 型。类似地，PCX 型也是混合型，即离子交换与反相吸附，以聚苯乙烯/二苯乙烯为基质，pH 使用范围 1~14。

吸附剂型填料主要包括硅酸镁、石墨化碳（PestiCarb）、氧化铝（Alumina-A 酸性、Alumina-B 碱性、Alumina-N 中性），为极性化合物吸附剂，主要通过表面吸附作用达到萃取目的。

石墨碳型的主要是 ENVI 吸附剂，属于吸附型，适用于极性和非极性化合物萃取。而 ENVI P 型则是树脂填料型，适用于极性芳香化合物的萃取，如从水中萃取苯酚等。

混合型及专用型，主要是指专门用于吸附某一类化合物的，如 DNPH-Silica 专门用于空气中醛酮化合物检测专用。

吸附剂的选择还受到样品溶剂强度（即洗脱强度）影响[8]。样品溶剂强度相对吸附剂应该是比较弱的，弱溶剂会增加目标化合物在吸附剂上的保留。样品溶剂从弱到强顺序是：正己烷、异辛烷、四卤化碳、三卤化碳、二卤化碳、四氢呋喃、乙醚、乙酸乙酯、丙酮、乙腈、异丙醇、甲醇、水、乙酸。当样品溶剂为正己烷时，常用正相萃取；当样品溶剂是水时，常使用反相萃取。

5.4 影响 SPE 目标物回收率的因素

影响 SPE 目标物回收率的因素主要有以下几点。

一是首次清洗用溶剂。典型的是用 3~5 个保留体积，主要是确保保留时间和流速的重现，减少因吸附剂不纯而引起的污染，用标准的溶剂系统替代清洗用溶剂。

二是流速。典型的是 0.2~1.5mm/s，使用小柱时的流量大于使用圆盘的流量；当样品体积大于临界体积时，因为理论塔板数太少，而形成错流。

三是样品性质。稀释黏稠的液体用一种弱的低黏度溶剂可以减少样品处理时间；通过过滤或离心除去颗粒状物质，以保证样品流速恒定；添加少量有机溶剂（1%~3%，体积分数）到大量水溶性样品中，能保证吸附剂处于溶剂化状态并保证恒定流速；调整 pH 减少弱酸或弱碱离子，有利于样品反向处理；当使用反向样品条件时，保持大致恒定的离子强度。离子强度对离子交换萃取是十分重要的参数，应去除生物液中蛋白质，用沉淀法去除无机酸（通常用氢氧化钡等）。

四是吹干时间。通常 1~5min，但有时会更长，此步骤可有效地去除吸附在吸附剂毛细孔中的所有溶剂，但过度的吹干会导致易挥发物质较低的回收率。

五是洗脱溶剂。少量的中等强度的溶剂可以洗出干扰成分，而被分析物仍会保留在吸附剂上；生物液、植物浸出物和土壤浸出物需要多步洗涤。

六是流出溶剂。理想的是 2~3 个滞留体积，但经常会多一点；少量的强的溶剂可以从吸附剂上除去几乎所有的目的物；通常应该是挥发性的且与样品溶剂互溶。

5.5 SPE 方法开发指南

SPE 中，样品处理方法开发总的指南见图 5-1 所示。该流程图仅提供一个总体思路，具体的样品处理方法等参见有关专业书籍和文献[1, 32-34]。

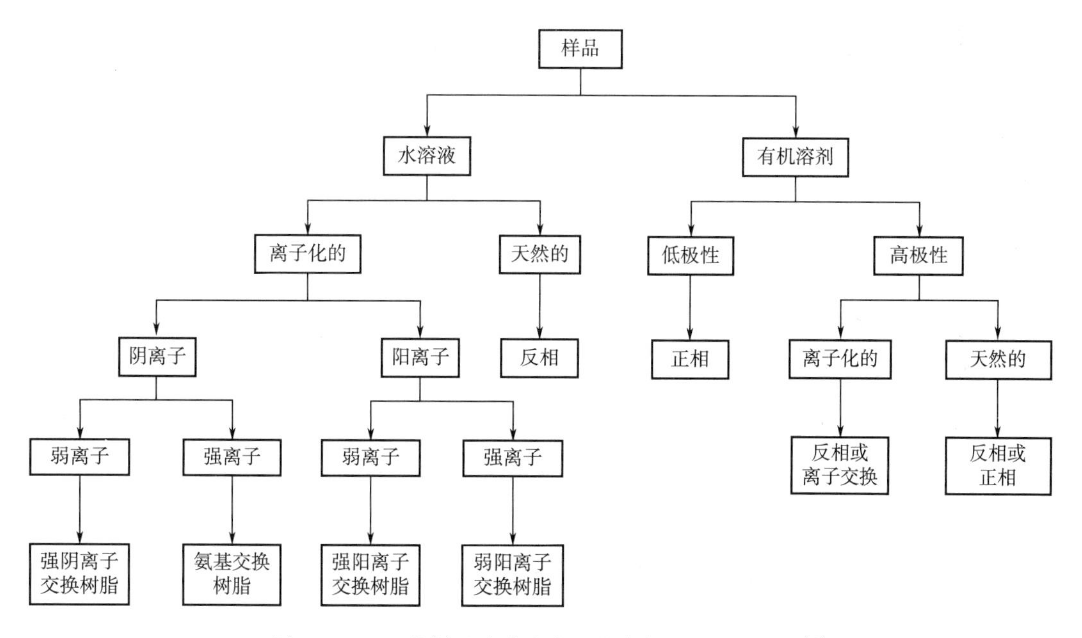

图 5-1　SPE 从样品中分离有机化合物方法选择指南[1]

通常情况下，非极性到温和极性化合物，如抗生素、巴比妥类药物（barbiturate）、药物、染料、精油、维生素、多环芳烃、脂肪酸甲酯、类固醇等，使用反向 SPE，常见填充材料是 C_{18}、C_8、C_4 或苯基等介质。

温和极性到极性化合物，如黄曲霉毒素类、抗生素、染料、杀虫剂、苯酚类、类固醇类等，使用正向 SPE，常见填料为氰丙基（cyanopropyl）、二醇、氨基介质等。

阴离子、阳离子、有机酸和有机碱类，采用离子交换色谱，如强阴离子交换、强阳离子交换和弱阳离子交换介质。

高极性化合物使用吸附色谱，如硅胶、氧化铝介质。

5.6 植物源材料口感类化合物分离

植物来源的材料如芦笋萃取后的组分Ⅲ的再分离使用SPE方法[35]。来源于芦笋的600mg冻干样品，溶解于甲醇-水溶液中（10mL，30∶70，体积比），使用C_{18}-E柱分离。先用甲醇60mL，再用甲醇-水溶液（100mL，50∶50，体积比），最后用100mL水洗涤C_{18}-E柱小柱。上样后，依次采用100mL不同比例的甲醇-水溶液洗脱小柱，获得组分Ⅲ-A（100%水）、组分Ⅲ-B（甲醇∶水，30∶70，体积比）、组分Ⅲ-C（甲醇：水，70∶30，体积比）和组分Ⅲ-D（100%甲醇）。分别收集这些组分，真空去除溶剂，冻干。冻干物再溶于水中，再次冻干。-20℃保存待用。

5.7 白酒SPE分馏

用SPE小柱吸附白酒中香气成分，再用不同极性溶剂分别洗脱香气成分，然后进行闻香鉴别[2]。

SPE萃取小柱的前处理：1.6g Lichrolut-EN填料填柱，10mL二氯甲烷、甲醇及10%酒精-水溶液分别洗脱处理。

酒样过柱：将酒样稀释至酒精度10%vol，借助真空泵使得酒样以较缓慢的速度通过萃取小柱。

溶剂洗脱：分别使用不同极性溶剂进行洗脱，具体为：40mL戊烷（100∶0，组分1），戊烷和乙醚（95∶5，组分2），戊烷和乙醚（90∶10，组分3）以及戊烷和乙醚（80∶20，组分4），溶剂以1~2mL/min流速洗脱萃取小柱，收集各组分。

各组分处理：将收集的各个组分用无水硫酸钠脱水，氮吹至500μL后进行GC-MS分析和GC-O闻香。

5.8 SPE定量白酒中内酯

取酒样100mL，经40℃真空旋转蒸发除去其中的酒精，用超纯水洗涤旋蒸瓶，将酒样定容至100mL待用；分别用2mL甲醇及4mL超纯水对固相萃取小柱进行前处理；将上述处理后的酒样匀速（1~2mL/min）流经固相萃取小柱；分别用5mL超纯水及40mL添加1%的碳酸氢钠（0.4 g）的甲醇-水（甲醇∶水=40∶60）混合液淋洗小柱；将小柱通气干燥30min后用2mL重蒸二氯甲烷洗脱目的物；洗脱液加无水硫酸钠于-20℃下干燥过夜后转移定容至2mL。准确添加10μL内标（L-薄荷醇：57.24mg/L），在47℃水浴下浓缩至150μL，取1μL进样经GC-MS分析（图5-2）[2]。

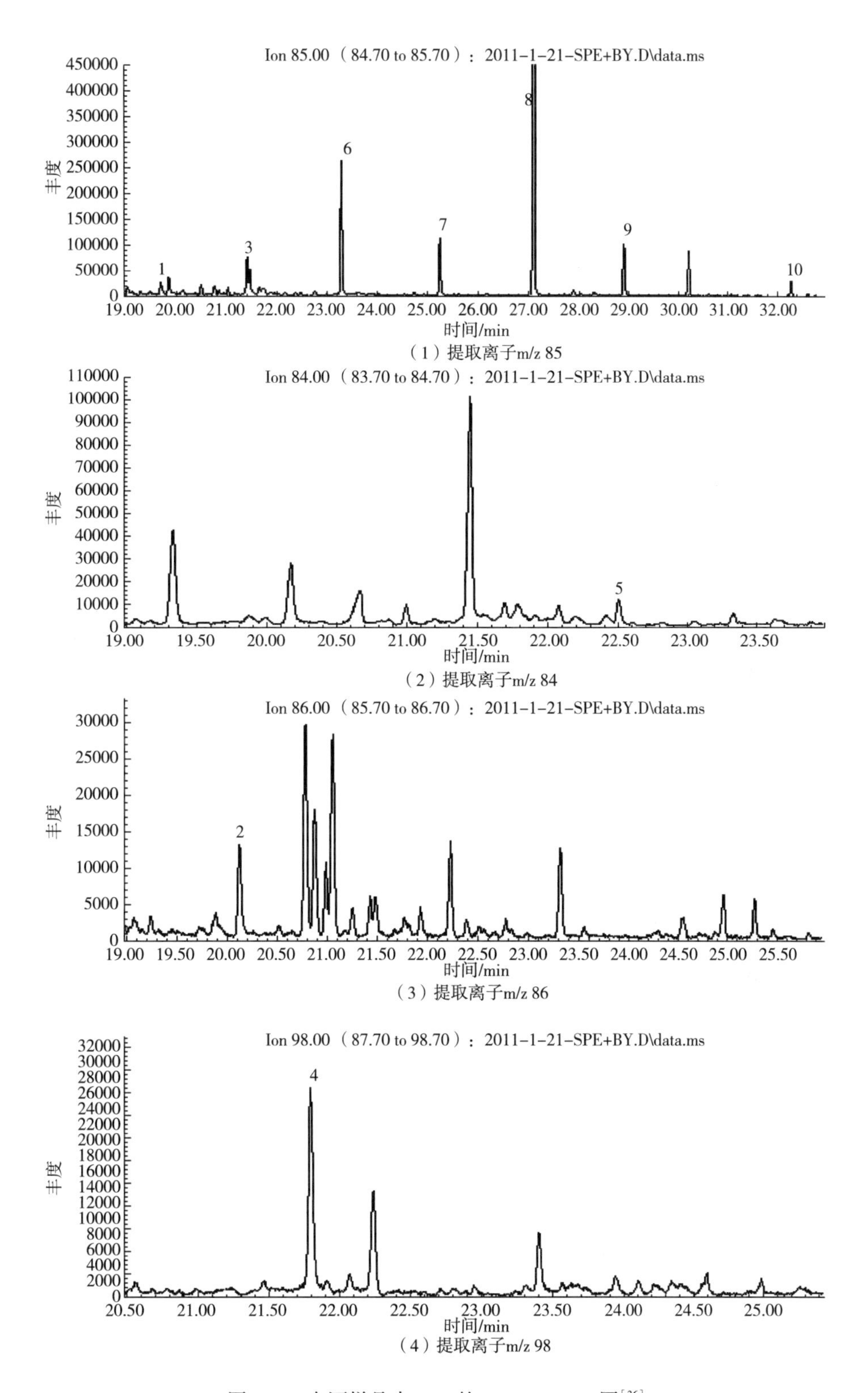

图 5-2 白酒样品中 SPE 的 GC-MS-SIM 图[36]

1—γ-戊内酯；2—γ-丁内酯；3—γ-己内酯；4—α-甲基-γ-巴豆酰内酯；5—γ-巴豆酰内酯；6—γ-庚内酯；7—γ-辛内酯；8—γ-壬内酯；9—γ-癸内酯；10—γ-十二内酯。

5.9 SPE 萃取结合态风味化合物

选择合适的固相萃取剂吸附游离的与结合态的风味化合物。先用水等清洗吸附剂（如 XAD-2 等），再进行样品吸附。吸附后，用水清洗去除游离糖和其他极性化合物，极性糖苷会保留下来。然后，用有机溶剂（如甲醇）洗脱糖苷组分[37]。使用 C_{18} 玻璃小柱分离葡萄汁或去醇葡萄酒（de-alcoholised wine）中结合态化合物时，先用水洗涤去除游离态的糖等化合物，再用 20%乙酸-水溶液洗脱游离态化合物，后用 30%乙酸-水溶液和甲醇分别洗脱结合态化合物[38]。改进后的方法是用 1g C_{18} 吸附剂吸附，亲水化合物用水洗脱，游离萜烯用二氯甲烷洗脱，而结合态化合物用甲醇洗脱[39]。用 XAD-2 作为吸附剂，其性能更加优良。使用戊烷洗脱游离态化合物，使用乙酸乙酯洗脱结合态化合物[17]。改变戊烷与二氯甲烷的比例可以改进萃取性能[39]。研究发现，不同的固相萃取吸附剂并不是等效的，没有一个小柱可以有效萃取所有糖苷[4]。

装有吸附剂 LiChrolut-EN 或 LiChrolut-RP-18 或 PrepSep C_{18} 或 XAD-2 的小柱，先用溶剂清洗。第一次使用 100%甲醇，接着使用 MilliQ 水清洗，然后倒入样品溶液。装样结束后，用水洗 3 次，再用戊烷和二氯甲烷（2∶1，体积比）洗脱，然后，用 10mL 甲醇洗脱结合态化合物。甲醇洗脱物真空蒸发至干，然后加入柠檬酸-磷酸缓冲液（pH 5）。结合态风味化合物可以使用酶法进行水解，然后用 GC-MS 测定[4]。

葡萄中风味前驱物的具体萃取分离方法见文献[40]、葡萄酒中 β-大马酮前驱物的萃取分离见参考文献[41]。

5.10 SPE-SPME 萃取葡萄中结合态风味化合物

SPE 结合 SPME 法可以同时测定样品中游离态和结合态的挥发性化合物[6]。

游离态挥发性化合物测定方法：100mL 白葡萄酒，加入溶解于酒精中的内标 $^{2}[H]_{7}$-香叶醇，磁力搅拌混合 5min，倒入 500mg 的反相 C_{18} 小柱。SPE 小柱先用 25mL 甲醇和水洗涤。样品装柱后，用 150mL 水洗涤。非极性组分用 25mL 的戊烷-二氯甲烷（2∶1，体积比）洗脱，极性组分用 25mL 甲醇洗脱。非极性组分在 30℃下加热氮吹浓缩到 500μL，GC-MS 进样 1μL 测定。

酸水解法测定结合态挥发性化合物方法：极性组分氮吹蒸发至干。加入 10mL 水解液（0.2mol/L pH 2.5 柠檬酸缓冲液）。在 100℃水浴中保温水解 1h，然后冷却，加入内标 $^{2}[H]_{7}$-香叶醇，并搅拌均匀。水解物上 SPE 小柱（预先用 25mL 水和 25mL 甲醇洗涤），游离态的化合物用 25mL 戊烷-二氯甲烷（2∶1，体积比）洗脱，流速 3mL/min。氮吹浓缩到 500μL，GC-MS 进样 1μL 测定。

SPE-SPME 酸水解法测定结合态挥发性化合物：极性组分用氮吹蒸发至干。按前述方法进行酸水解。酸水解 1h 后，冷却；通过 SPME 小瓶在密封状态下用进样针加入内标 $^{2}[H]_{7}$-香叶醇。混合均匀，立即用 SPME 在室温萃取 20min，并进行 GC-MS 分析。

5.11 SPE萃取葡萄酒中极性化合物羟基酸类

使用LiChrolut 200g吸附小柱，分别用4mL二氯甲烷、4mL甲醇和4mL酒精-水溶液（12%）洗涤。高酒精度样品进样前应该进行稀释，将酒精度稀释到12%vol。在10mL样品中加入内标2-羟基-3-甲基丙酸（最终浓度3.4mg/L）和2-羟基-3,3-二甲基丁酸（最终浓度2.7mg/L），在葡萄酒自然pH下真空吸附进样，真空吹干，用1mL含有2%三乙基胺的二氯甲烷洗脱，用2mL的小瓶收集。添加20μL的衍生化试剂五氟苄基溴（pentafluorobenzyl bromide，PFBBr）和500μL氯化四丁胺（tetrabutylamonium chloride）到萃取液中，接着室温搅拌30min，添加37%的盐酸终止反应。去除水相，有机相用酸化的milli-Q水洗涤，并用无水硫酸钠干燥。进一步的纯化使用含有200mg硅胶60的1mL小柱。依次使用1.5mL戊烷洗涤，再用1mL己烷-60%乙醚洗脱[42]。

5.12 脱香葡萄酒制备

脱香红葡萄酒（dearomatized red wine，DRW）制备方法一[43]：将红葡萄酒在20℃水浴中旋转蒸发至体积为起始体积的2/3，然后与酒精混合，并加入微滤水（microfiltered water）以降低酒精度，恢复到起始红葡萄酒的体积与酒精度。在DRW中加入5g/L的LiChrolut EN树脂（40~120μm），搅拌12h。此最终的葡萄酒并不留有任何痕量的香气化合物，具有非常低的天然香气。

脱香红葡萄酒制备方法二[44]：红葡萄酒在20℃水浴下真空旋转蒸发至干。残留的黏稠物中加入25mL甲醇，再次蒸发至干。此操作重复两次。最后，加入酒精-水溶液（12：88，体积比）使葡萄酒恢复到原体积。

脱香红葡萄酒制备方法三[44]：1.5L红葡萄酒真空旋转蒸发掉2/3的体积，残留相中加入180mL无水乙醇，再加入Milli-Q水恢复到原体积1.5L。此时，葡萄酒中β-大马酮已经全部去除。

脱香白葡萄酒制备方法如下[44]：1g活性炭添加到1L白葡萄酒（如霞多丽）中，在密闭窗口中吸附48h，过滤去除活性炭；在滤液中再添加1g活性炭密闭吸附24h；重复第二步，直到基本没有香气为止或至需要去除的化合物低到目标浓度为止。整个过程中，应在氮环境下操作，以防止白葡萄酒的氧化。

5.13 不同类型吸附剂对白酒中异嗅类化合物的吸附

白酒异嗅，也称异常气味（off-odor），是相对于白酒香味而言的不良气味（unpleasant odour）[45]，它不同于异常风味（off-flavor）[46]。白酒异嗅是酿造、蒸馏、勾兑过程产生的偏离其固有香气的一种不良风味，而外来化合物产生的（如包装过程）通常称为玷污（taint）[45-46]。通常情况下人们讲异味或异杂味，并没有严格地区分异嗅和异味。在饮料酒中，一些化合物如挥发性酚类、不饱和醇、醛酮类等物质具有马厩、药物、蘑菇、真菌等气味，这些物质不能明确地归结为香味或者异嗅，有些单体成分原本起呈香作用，但由于浓度过高，使组分间失去香气平衡，呈香味物质就变成了异嗅，如4-乙基愈创木酚和4-乙基苯酚浓度过高时会使酒产生药物或者动物臭[47]。饮料酒中共有16种主要异嗅物质，包括苯酚（phenol）、4-甲基苯酚（4-methylphenol）、4-乙基苯酚（4-ehtylphenol）、4-乙烯基苯酚（4-vinylphenol）、愈创木酚（guaiacol）、4-甲基愈创木酚（4-methylguaiacol）、4-乙基愈创木酚（4-ethylguaiacol）、4-丙基愈创木酚（4-propylguaiacol）、4-乙烯基愈创木酚（4-vinylguaiacol）、3-辛醇（3-octanol）、1-辛烯-3-醇（1-octen-3-ol）、2-庚醇（2-heptanol）、反-2-辛烯-1-醇［(*E*)-2-octen-1-ol］、反-2-壬烯醛［(*E*)-2-nonenal］、1-辛烯-3-酮（1-octen-3-one）和土味素等。

不同吸附剂对白酒中不同异嗅物质的吸附效果并不一致，在表5-2中以去除率表示。总体矾、树脂的去除效果优于凹凸棒土、硅藻土、皂土和酒用活性炭，其中大孔阴离子交换树脂D730、D202和SD333对异嗅物质的总体去除效果最好[45]。

表5-2　不同类型的树脂对异嗅物质的静态去除率[45]　单位:%

树脂型号	4-甲基苯酚	4-乙基苯酚	苯酚	4-乙基愈创木酚	4-丙基愈创木酚	2-庚醇	3-辛醇	1-辛烯-3-醇	反-2-辛烯-1-醇	反-2-壬烯醛
D301-G[a]	36.1	27.1	29.5	70.0	100	39.2	42.3	40.2	89.3	100
D314[a]	26.7	25.5	33.5	100	100	67.3	37.5	23.0	100	100
D311[a]	26.2	26.9	29.5	67.4	46.6	40.0	18.4	—	65.0	16.5
D630S[a]	23.7	1.2	—	74.8	49.7	20.9	37.2	100	51.5	16.9
330[b]	18.5	13.4	—	22.0	100	10.1	36.0	—	69.4	14.4
C151[c]	5.4	3.4	1.0	—	100	—	1.2	11.7	100	18.1
D730[d]	54.7	38.5	41.3	100	100	57.4	32.3	39.8	100	100
D750[d]	43.4	41.7	17.1	100	72.8	26.8	49.4	18.5	100	100
SD333[d]	53.3	33.3	33.2	100	100	50.9	48.4	42.9	100	100
D201[d]	35.1	17.9	24.7	100	100	31.0	11.8	45.9	100	31.4
D202[d]	37.2	47.3	52.9	100	100	19.9	22.8	60.8	100	47.4
201×4[e]	24.3	14.3	21.1	59.8	100	21.1	10.9	39.0	67	11.8
201×7[e]	14.8	6.6	1.8	99.8	100	13.2	17.4	47.2	27.7	7.7
213[e]	20.1	15.2	19.8	63.0	68.0	17.8	23.0	44.4	100	20.4
202[e]	14.4	17.8	—	100	100	8.3	29.4	38.9	100	—
CAD45[f]	32.3	23.6	15.3	100	100	13.4	14.1	—	100	28.6

续表

树脂型号	4-甲基苯酚	4-乙基苯酚	苯酚	4-乙基愈创木酚	4-丙基愈创木酚	2-庚醇	3-辛醇	1-辛烯-3-醇	反-2-辛烯-1-醇	反-2-壬烯醛
DM130[f]	26.9	3.2	8.5	100	100	4.9	22.5	—	100	100

注：a：大孔弱碱性树脂；
b：凝胶弱碱性树脂；
c：大孔强酸性树脂；
d：大孔强碱性树脂；
e：凝胶强碱性树脂；
f：大孔弱极性树脂。

参考文献

[1] Poole C F, Gunatilleka A D, Sethuraman R. Contributions of theory to method development in solid-phase extraction [J]. J Chromatogr A, 2000, 885: 17-39.

[2] 聂庆庆, 徐岩, 范文来. 固相萃取结合气相色谱-质谱技术定量白酒中的γ-内酯 [J]. 食品与发酵工业, 2012, 38 (4): 159-164.

[3] Campo E, Cacho J, Ferreira V. Solid phase extraction, multidimensional gas chromatography mass spectrometry determination of four novel aroma powerful ethyl esters. Assessment of their occurrence and importance in wine and other alcoholic beverages [J]. J Chromatogr A, 2007, 1140 (1-2): 180-188.

[4] Hampel D, Robinson A L, Johnson A J, et al. Direct hydrolysis and analysis of glycosidically bound aroma compounds in grapes and wines: comparison of hydrolysis conditions and sample preparation methods [J]. Aust J Grape Wine Res, 2014, 20 (3): 361-377.

[5] Metafa M, Economou A. Comparison of solid-phase extraction sorbents for the fractionation and determination of important free and glycosidically - bound varietal aroma compounds in wines by gas chromatography-mass spectrometry [J]. Cen Eur J Chem, 2013, 11 (2): 228-247.

[6] Dziadas M, Jeleń H H. Analysis of terpenes in white wines using SPE-SPME-GC/MS approach [J]. Anal Chim Acta, 2010, 677 (1): 43-49.

[7] Lancas F M. The role of the separation sciences in the 21th century [J]. J Brazil Chem Soc, 2003, 14 (2): 183-197.

[8] 王立, 汪正范, 牟世芬, 等. 色谱分析样品处理 [M]. 北京: 化学工业出版社, 2001.

[9] Ibarz M J, Ferreira V, Hernández P, et al. Optimization and evaluation of a procedure for the gas chromatographic-mass spectrometric analysis of the aromas generated by fast acid hydrolysis of flavor precursors extracted from grapes [J]. J Chromatogr A, 2006, 1116: 217-229.

[10] Radeka S, Herjavec S, et al. Effect of different maceration treatments on free and bound varietal aroma compounds in wine of *Vitis vinifera* L. cv. Malvazija istarska bijela [J]. Food Tech Biot, 2008, 46 (1): 86-92.

[11] Nasi A, Ferranti P, Amato S, et al. Identification of free and bound volatile compounds as typicalness and authenticity markers of non-aromatic grapes and wines through a combined used of mass spectrometric techniques [J]. Food Chem, 2008, 110: 762-768.

[12] Vilanova M, Sieiro C. Determination of free and bound terpene compounds in Albariño wine [J]. J

Food Compos Anal, 2006, 19: 694-697.

[13] Cabrita M J, Freitas A M C, Laureano O, et al. Glycosidic aroma compounds of some Portuguese grape cultivars [J]. J Sci Food Agric, 2006, 86 (6): 922-931.

[14] Edwards C G, Beelman R B. Extraction and analysis of volatile compounds in white wines using amberlite XAD-2 resin and capillary gas chromatography [J]. J Agri Food Chem, 1990, 38 (1): 216-220.

[15] Zhou Y, Riesen R, Gilpin C S. Comparison of amberlite XAD-2/freon 11 extraction with liquid/liquid extraction for the determination of wine flavor components [J]. J Agri Food Chem, 1996, 44 (3): 818-822.

[16] Selli S, Cabaroglu T, Canbas A. Flavor components of orange wine made from a Turkish cv. Kozan [J]. Inter J Food Tech, 2003, 38: 587-593.

[17] Gunata Y Z, Bayonove C L, Baumes R L, et al. The aroma of grapes. I. Extraction and determination of free and glycosidically bound fractions of some grape aroma compounds [J]. J Chromatogr, 1985, 331: 83-90.

[18] Raeppel C, Fabritius M, Nief M, et al. Coupling ASE, sylilation and SPME GC/MS for the analysis of current-used pesticides in atmosphere [J]. Talanta, 2014, 121: 24-29.

[19] Culleré L, Aznar M, Cacho J, et al. Fast fractionation of complex organic extracts by normal-phase chromatography on a solid-phase extraction polymeric sorbent. Optimization of a method to fractionate wine flavor extracts [J]. J Chromatogr A, 2003, 1017 (1-2): 17-26.

[20] Ferreira V, Ortín N, Cacho J F. Optimization of a procedure for the selective isolation of some powerful aroma thiols: Development and validation of a quantitative method for their determination in wine [J]. J Chromatogr A, 2007, 1143 (1-2): 190-198.

[21] Mateo-Vivaracho L, Cacho J, Ferreira V. Improved solid-phase extraction procedure for the isolation and in-sorbent pentafluorobenzyl alkylation of polyfunctional mercaptans. Optimized procedure and analytical applications [J]. J Chromatogr A, 2008, 1185: 9-18.

[22] Chen S, Xu Y, Qian M C. Aroma characterization of Chinese rice wine by gas chromatography-olfactometry, chemical quantitative analysis, and aroma reconstitution [J]. J Agri Food Chem, 2013, 61 (47): 11295-11302.

[23] Insa S, Anticó E, Ferreira V. Highly selective solid-phase extraction and large volume injection for the robust gas chromatography-mass spectrometric analysis of TCA and TBA in wines [J]. J Chromatogr A, 2005, 1089 (1-2): 235-242.

[24] Ferreira V, Jarauta I, López R, et al. Quantitative determination of sotolon, maltol and free furaneol in wine by solid-phase extraction and gas chromatography-ion-trap mass spectrometry [J]. J Chromatogr A, 2003, 1010 (1): 95-103.

[25] Du X, Qian M. Quantification of 2,5-dimethyl-4-hydroxy-3 (2H) -furanone using solid-phase extraction and direct microvial insert thermal desorption gas chromatography- mass spectrometry [J]. J Chromatogr A, 2008, 1208: 197-201.

[26] Chen S, Wang D, Xu Y. Characterization of odor-active compounds in sweet-type Chinese rice wine by aroma extract dilution analysis with special emphasis on sotolon [J]. J Agri Food Chem, 2013, 61 (40): 9712-9718.

[27] Teixidó E, Santos F J, Puignou L, et al. Analysis of 5-hydroxymethylfurfural in foods by gas chromatography-mass spectrometry [J]. J Chromatogr A, 2006, 1135 (1): 85-90.

[28] Charrois J W A, Arend M W, Froese K L, et al. Detecting *N*-nitrosamines in drinking water at nanogram per liter levels using ammonia positive chemical ionization [J]. Envir Sci Tech, 2004, 38: 4835-4841.

[29] Jurado-Sánchez B, Ballesteros E, Gallrgo M. Gas chromatographic determination of *N*-nitrosamines in beverages following automatic solid-phase extraction [J]. J Agri Food Chem, 2007, 55 (24): 9758-9763.

[30] Jurado-Sánchez B, Ballesteros E, Gallego M. Determination of carboxylic acids in water by gas chromatography-mass spectrometry after continuous extraction and derivatisation [J]. Talanta, 2012, 93: 224-232.

[31] Ferreira V, Cullere L, Lopez R, et al. Determination of important odor-active aldehydes of wine through gas chromatography-mass spectrometry of their *O*-(2,3,4,5,6-pentafluorobenzyl) oximes formed directly in the solid phase extraction cartridge used for selective isolation [J]. J Chromatogr A, 2004, 1028 (2): 339-345.

[32] Mangas J J, González M P, Rodriguez R, et al. Solid-phase extraction and determination of trace aroma and flavour components in cider by GC-MS [J]. Chromatographia, 1996, 42 (1-2): 101-105.

[33] Gelencsér A, Kiss G, Krivácsy Z, et al. The role of capacity factor in method development for solid-phase extraction of phenolic compounds. II [J]. J Chromatogr A, 1995, 693: 227-233.

[34] Rodríguez I, Llompart M P, Cela R. Solid-phase extraction of phenols [J]. J Chromatogr A, 2000, 885: 291-304.

[35] Dawid C, Hofmann T. Structural and sensory characterization of bitter tasting steroidal saponins from asparagus spears (*Asparagus officinalis* L.) [J]. J Agri Food Chem, 2012, 60 (48): 11889-11900.

[36] 聂庆庆. 洋河绵柔型白酒风味研究 [D]. 无锡: 江南大学, 2012.

[37] Voirin S P, Baumes R, Bayonove C, et al. Synthesis and n. m. r. spectral properties of grape monoterpenyl glycosides [J]. Carbohydr Res, 1990, 207 (1): 39-56.

[38] Williams P J, Strauss C R, Wilson B, et al. Studies on the hydrolysis of Vitis vinifera monoterpene precursor compounds and model monoterpene β-D-glucosides rationalizing the monoterpene composition of grapes [J]. J Agri Food Chem, 1982, 30 (6): 1219-1223.

[39] Maicas S, Mateo J J. Hydrolysis of terpenyl glycosides in grape juice and other fruit juices: a review [J]. Appl Microbiol Biotechnol, 2005, 67 (3): 322-335.

[40] Loscos N, Hernandez-Orte P, Cacho J, et al. Release and formation of varietal aroma compounds during alcoholic fermentation from nonfloral grape odorless flavor precursors fractions [J]. J Agri Food Chem, 2007, 55 (16): 6674-6684.

[41] Pineau B, Barbe J-C, Leeuwen C V, et al. Which impact for β-damascenone on red wines aroma? [J]. J Agri Food Chem, 2007, 55 (10): 4103-4108.

[42] Gracia-Moreno E, Lopez R, Ferreira V. Quantitative determination of five hydroxy acids, precursors of relevant wine aroma compounds in wine and other alcoholic beverages [J]. Anal Bioanal Chem, 2015, 407 (26): 7925-7934.

[43] Cameleyre M, Lytra G, Tempere S, et al. Olfactory impact of higher alcohols on red wine fruity ester aroma expression in model solution [J]. J Agri Food Chem, 2015, 63 (44): 9777-9788.

[44] Escudero A, Campo E, Fariña L, et al. Analysis characterization of the aroma of five premium red wines. Insight into the role of odor families and the concept of fruitiness of wines [J]. J Agri Food Chem, 2007, 55 (11): 4501-4510.

[45] 张灿, 徐岩, 范文来. 不同吸附剂对白酒异嗅物质的去除的研究 [J]. 食品工业科技, 2012, 33 (23): 60-65.

[46] 感官分析方法术语. GB/T 10221, 中华人民共和国国家标准, 1998.

[47] Franc C, David F, de Revel G. Multi-residue off-flavour profiling in wine using stir bar sorptive extraction-thermal desorption-gas chromatography-mass spectrometry [J]. J Chromatogr A, 2009, 1216 (15): 3318-3327.

6 顶空与蒸馏技术

6.1 顶空进样技术

气味化合物从液态基质如饮料酒中挥发到气相空间受到基质影响，挥发性化合物在气相与液相的分配是由每一个化合物的气液平衡（vapour-liquid equilibrium）决定的。与化合物在两个液相中的分配类似，挥发性化合物在气相与液相中的分配称为空气-水（或液体）分配系数（air-water partition coefficient），用常数 K_{aw} 表示。当样品达到平衡时，K_{aw} 计算见式（6-1）[1]。

$$K_{aw} = \frac{C_g}{C_w} = \gamma_j \times \frac{p_{j(T)}}{p_T} \tag{6-1}$$

其中 C_g——挥发性化合物在气相中浓度，mol/cm^3

C_w——挥发性化合物在液相中浓度，mol/cm^3

γ_j——活度系数（activity coefficient）

$p_{j(T)}$——纯化合物 j 在特定温度 T 时的蒸气压（vapour pressure），Pa

p_T——总的蒸气压，Pa

挥发性化合物在气相中的浓度可以使用 GC 测定，测定方法参见相关文献[2]。

在食品和饮料酒中挥发性化合物浓度通常低于 10^{-4}mol/L，因此可以近似看作是无限稀释溶液，因此其活度系数可以被看作是恒定的，记为 γ_j^{∞} [1]。

顶空技术是一项气体样品萃取技术[3]，可能是捕获和检测香味化合物最容易的方法。该法既简单又方便，因而被应用于各种各样的基质中，特别适用于能释放香味的基质，如花和水果中。如果基质放香不足，可以温和地加热以帮助挥发性物质的释放。由于顶空技术可以检测高挥发性的化合物，将有助于液体样品中隐藏在溶剂峰后的香味化合物的检测。它与液液萃取技术有着良好的互补性。

顶空技术已经广泛应用于饮料酒的主要挥发性成分，如酯、醇、酸以及酵母发酵的产物等检测，萜烯也已经使用该技术检测到[4]。

样品顶空技术包括静态顶空和动态顶空技术。

6.1.1 静态顶空进样技术

在静态顶空（static headspace，SHS）技术中，样品被放入一个密封的顶空瓶（sealed vial）中，加热一定的时间，让其达到气液平衡。样品上方的空气用一气密注射器

(gas-tight syringe) 抽出 (通常0.1~2.0mL), 然后注入 GC 进样口[5-6]。该技术很容易自动化, 可以非常方便地用于香气物质扫描分析, 可进行啤酒酒花挥发性成分检测[7]等。顶空进样技术装置见图 6-1。

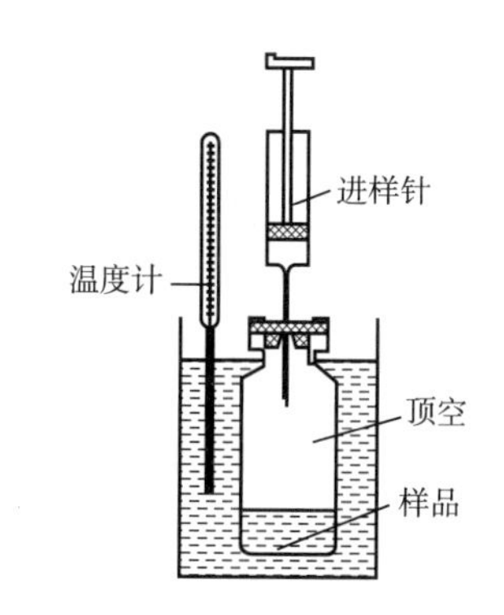

图 6-1　顶空进样技术[8-9]

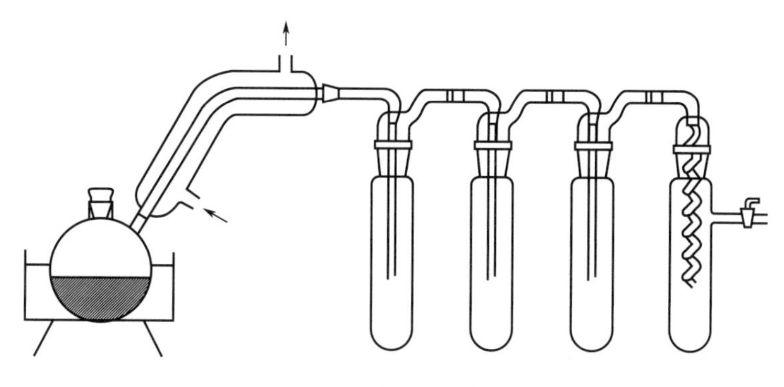

图 6-2　真空吸附技术

该法最大缺点是易造成歧视效应, 主要原因在于物质具有不同的挥发性, 易挥发化合物将充满样品上面空间。香味轮廓将依赖于样品处理温度、处理时间、样品瓶体积以及化合物在样品中溶解度。由于样品上方体积受到限制, 从而限制了香气化合物从样品中逃逸, 因而该技术不是很灵敏。样品加热和/或搅拌将有利于挥发性化合物释放。另外一个不足是痕量化合物的差的灵敏度[4], 通常该方法的检测限较高, 一般要求质量浓度大于 10^{-5}g/L[10]。

6.1.2　动态顶空进样技术

在动态顶空 (dynamic headspace, DHS) 技术中, 样品瓶上方挥发性化合物被惰性载气如氮气或氦气吹出, 进入一个捕集阱 (trap)。捕集阱是玻璃或不锈钢管, 内装多孔聚合物, 如 Tenax™ 或 Porapak Q, 或冷冻捕集于有机溶剂中[4]。Tenax™ 常用于葡萄酒分析中, 由于其与酒精和水的低亲和性, 使用真空泵, 将样品上方空气吸入捕集阱中。来自大气中的空气在进入样品前要先通过一个活性炭过滤器。吸附结束后, 含有挥发性化合物的捕集阱或者用溶剂洗脱或者用热脱附装置解吸附到 GC 中[11-14]。

在动态顶空技术中，样品瓶体积并不影响检测结果，因为远远大于样品瓶体积的样品被吹入捕集阱中。因此，在捕集阱中收集到的挥发性化合物将被浓缩，从而改善了检测灵敏度。为了增加样品中香味物质释放，可以加热或搅拌样品。如果捕集阱能力出现过载，那么易挥发性化合物将会有损失。

当这一技术被用于处理液体样品时，载气被导入样品中，将样品中挥发性化合物吹出（purge）到顶空中，再到捕集阱。因此，对液体样品而言，此技术又称“吹扫-捕集（purge-and-trap，P&T）”，用来代替“动态顶空”一词。

P&T 技术已经广泛应用于食品与饮料分析中[11-15]，也可以与闻香技术结合进行香气化合物研究[16]。

6.1.3 顶空技术优缺点

优点：简单快速；无溶剂技术；只需要少量样品；不形成人工产物，假如使用得当的话，也没有污染产生。

缺点：顶空中成分相对浓度并不能反映样品中浓度，因为香味物质挥发性不一样（为了解决这个问题，结果可以用蒸汽压来调整计算或由实验测定）；香味轮廓依赖于样品处理温度。

6.1.4 易挥发化合物静态顶空技术

为了鉴定易挥发性化合物，可以使用静态顶空（SHS）GC-MS 技术。该技术装置中含有色谱包（Chropack）吹扫-捕集（P&G）进样系统（PTI/TCT）。样品进样使用气密进样针（gastight syringe）。气体进样后，挥发性成分在冷阱（cryo trap）收集，冷阱温度-150℃。然后，快速升温至 250℃，化合物被转移到色谱柱中[17]。

6.2 蒸馏技术

蒸馏技术包括简单蒸汽蒸馏技术，该技术产生一个水溶液萃取物，然后再用溶剂萃取。常压蒸馏装置如图 6-2 所示。另外一个蒸馏技术是同时蒸馏萃取技术（simultaneous distillation-extraction，SDE）[18-20]。第三种蒸馏技术是减压蒸馏或真空蒸馏，通常用于不挥发性化合物分离。该方法的最终产品是溶剂萃取物。蒸汽蒸馏技术的最大优点是产物中不含有非挥发性化合物。

6.2.1 简单蒸馏技术

简单蒸馏时，样品分散在水中，放入圆底烧瓶，直接或间接蒸汽加热，水蒸气冷凝（图 6-3），收集，再用有机溶剂萃取。该方法可以用于葡萄酒中挥发性化合物与可溶解性固体（dissolved solid）的分离，通常用于葡萄酒中酒精和杂醇油测定，AOAC 描述了一种官方蒸馏过程[4]。

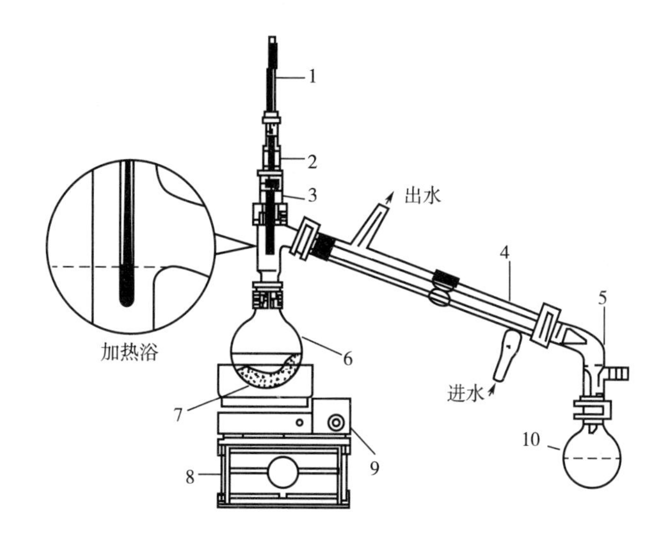

图 6-3 常压蒸馏装置

1—温度计；2—温度计套管；3—蒸馏头；4—冷凝管；5—接引管；6—蒸馏瓶；7—磁子；8—升降台；9—电磁搅拌器；10—接收瓶。

6.2.2 同时蒸馏萃取技术

SDE 也称列克-尼克森（Likens-Nickerson）蒸汽蒸馏。该技术于 1964 年由 Nickerson 和 Likens 开发[21]。典型装置如图 6-4 所示（右为局部放大）。样品被加入蒸馏水中，并

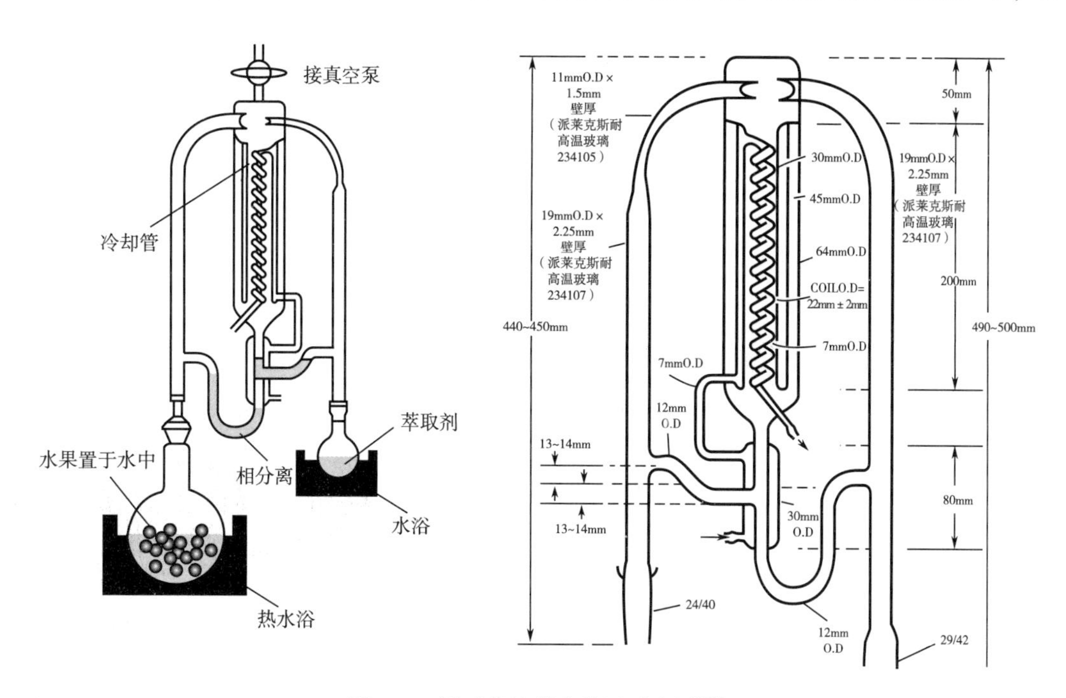

图 6-4 同时蒸馏萃取装置示意图[22]

置于一个大圆底烧瓶中，在蒸馏过程中，不断搅拌以避免爆沸（bumping）。小烧瓶中装入溶剂（如二氯甲烷或氟利昂）。两个烧瓶被同时加热。样品被加热到100℃，溶剂被加热到沸点，如二氯甲烷沸点是45℃。蒸汽从每个翼中上升，在中心部位混合，挥发性化合物在冷凝液之间转移。冷却后的水和溶液各自回到它们相应的烧瓶中，这是一种连续萃取的过程。根据基质变化，萃取时间通常是2~4h。SDE方法萃取回收率如表6-1所示。

表6-1　标准品混合物SDE萃取回收率[22]　单位:%

项目	SDE时间									
	1h	1h	1h	1h	1h	1h	4h	4h	4h	4h
压力	AP[a]	AP	AP	AP	AP	AP	AP	100mmHg[b]	100mmHg	100mmHg
溶剂体积/mL	125	125	125	125	125	125	10	125	125	125
溶剂	己烷	己烷	己烷	己烷	戊烷	乙醚	己烷	己烷	己烷	己烷
pH	3.4	5.0	6.5	7.8	5.0	5.0	5.0	5.0	5.0	5.0
乙酸乙酯	0	0	0	0	0	59	89	19	0	0
丁酸乙酯	98	99	99	91	99	101	97	84	100	98
己酸乙酯	100	101	101	95	101	102	99	97	103	99
辛酸乙酯	99	99	100	95	100	102	100	99	100	99
3-羟基己酸乙酯	41	41	41	19	42	44	49	30	6	90
酒精	0	0	0	0	0	0	58	0	0	0
1-己醇	101	101	103	98	100	102	100	96	98	100
里哪醇	73	99	100	96	99	99	97	97	99	98
辛醛	102	102	103	98	102	103	101	99	103	101
香茅醛	59	78	98	94	81	81	79	77	95	80
香芹酮	98	97	98	95	98	99	97	97	92	99

注：a：AP，大气压。
b：1mmHg=133.3Pa。

SDE通常比常规LLE技术能萃取出更多挥发性化合物，已经被用于多种食品饮料[23]、烟草[24]、酒类成分检测。如应用二氯甲烷萃取现泡茶（brewed tea），获得50个组分，如2-苯乙醇、2-甲氧基-2-丁烯基-4-内酯（2-methoxy-2-buten-4-olide）、愈创木酚、二氢猕猴桃内酯（dihydroactinidiolide）、4-丁内酯（4-butanolide）、甲基乙基马来酰亚胺（methylethyl maleimide）和己酸等。而采用SDE技术可以萃取到123种化合物，如愈创木酚、乙酸、2-苯乙醇、香叶基丙酮（geranylacetone）、β-大马酮、己酸、3-甲基丁酸、6,10,14-三甲基十五酮等[23]。

同时蒸馏萃取优点：萃取产品不含有任何高沸点组分或非挥发性成分，因此不会污染GC进样口和柱子；能浓缩样品，使得微量和痕量成分检测成为可能。

同时蒸馏萃取缺点[25]：一是高极性或亲水化合物如酸类和醇类萃取太少，甚至不会出现在最终萃取物中，如高度极性和水溶性化合物4-羟基-2,5-二甲基-3(2*H*)-呋喃酮；二是不适用于水果和蔬菜等物质风味物质提取，会产生煮沸后的新化合物；三是由于样品组分加热降解，会产生新的人工产物，特别是富含糖和氨基酸样品；四是很少用于定量分析，效果不及LLE，且回收率变化大；五是易形成泡沫，需要使用消泡剂，会导致硅化合物污染。

为了减少萃取过程中样品热降解，SDE可以使用减压蒸馏方法，因而可以接近室温条件下操作。这个装置也会产生少量人工产物，也会引起一些化合物分解。

6.2.3 减压蒸馏

减压蒸馏或真空旋转蒸发技术主要用来分离不挥发性成分。

减压蒸馏时，化合物沸点与真空度相关，可以采用图6-5进行估算。图6-5中，A线为减压后沸点，B线是常压下沸点，C线是真空度（表压）。其计算方法是用直线连接C线上真空度与A线上相应沸点，与B线交叉的点，即为该化合物在常压下的大致沸点。此法适用于非黏性液体。

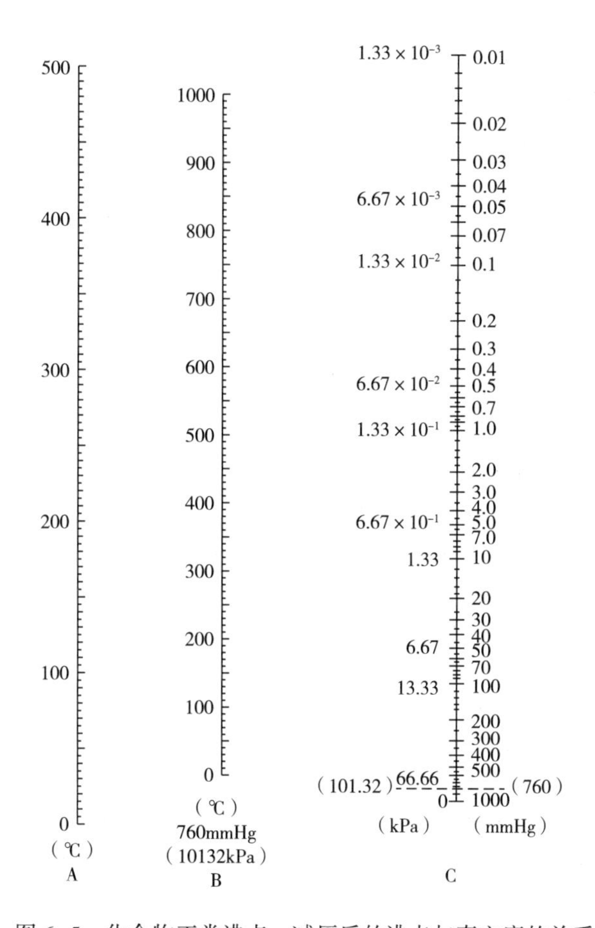

图6-5 化合物正常沸点、减压后的沸点与真空度的关系

6.2.4 几种方法萃取荞麦成分比较

研究人员比较了几种常用萃取方法包括 LLE、SPME、DHS。发现，使用甲醇作萃取剂时，LLE 会萃取出更多极性化合物和不易挥发性化合物，相信适合风味活性化合物研究；三相头（DVB/CAR/PDMS）SPME 技术适用于分离高挥发性但极性比较广泛的化合物；DHS 技术萃取化合物量最少，但仍然可以与 SDE 技术比；SDE 技术适合于蒸煮后荞麦（cooked buckwheat）[26]。

6.3 直接热脱附技术

直接热脱附（direct thermal desorption，DTD）技术，也称作短路径热脱附技术，可能是最受欢迎的一个技术，既简单又快速[13, 27]。DTD 技术不需要复杂的、费时的样品处理，也不使用溶剂。在该技术中，固体样品（如调味品）被直接放入热脱附管中(与动态顶空中使用的玻璃管或不锈钢管相同)，两端塞上玻璃棉。管被放入热脱附单元中，并与 GC 相连接。在热脱附装置中，被加热的惰性气体以一定流速流过样品，从而使得挥发性组分进入管中，并被导入 GC 中进行分析。此法一步完成。样品需要进行处理，包括样品破碎或磨成粉；在装入管子前，与多孔材料如 Chromosirb™ 混合（主要是防止管堵塞)。为了定量方便，多孔聚合物（如 Tenax™）应事先放入管中以便于加入内标物。

参考文献

[1] Pozo-Bayón M Á, Reineccius G. Interactions between wine matrix macro-components and aroma compounds. In Wine Chemistry and Biochemistry [M]. New York: Springer, 2008: 416-435.

[2] King B M, Solms J. Interactions of volatile flavor compounds with propyl gallate and other phenols as compared with caffeine [J]. J Agri Food Chem, 1982, 30 (5): 838-840.

[3] Lanças F M. The role of the separation sciences in the 21th century [J]. J Brazil Chem Soc, 2003, 14 (2): 183-197.

[4] Ebeler S E. Analytical chemistry: unlocking the secrets of wine flavor [J]. Food Rev Int, 2001, 17 (1): 45-64.

[5] Sanz C, Ansorena D, Bello J, et al. Optimizing headspace temperature and time sampling for identification of volatile compounds in ground roasted arabica coffee [J]. J Agri Food Chem, 2001, 49 (3): 1364-1369.

[6] Mestres M, Busto O, Guasch J. Chromatographic analysis of volatile sulphur compounds in wines using the static headspace technique with flame photometric detection [J]. J Chromatogr A, 1997, 773 (1-2): 261-269.

[7] Aberl A, Coelhan M. Determination of volatile compounds in different hop varieties by headspace-trap GC/MS—In comparison with conventional hop essential oil analysis [J]. J Agri Food Chem, 2012, 60:

2785-2792.

[8] Rowe D J. Chemistry and technology of flavors and fragrances [M]. Oxford: Blackwell Publishing Ltd. , 2005.

[9] Sen A, Laskawy G, Schieberle P, et al. Quantitative determination of β-damascenone in foods using a stable isotope dilution assay [J]. J Agri Food Chem, 1991, 39 (4): 757-759.

[10] Friedrich J E, Acree T E. Gas chromatography olfactometry (GC/O) of dairy products [J]. Int Dairy J, 1998, 8 (3): 235-241.

[11] Qian M, Reineccius G. Potent aroma compounds in Parmigiano Reggiano cheese studied using a dynamic headspace (purge-trap) method [J]. Flav Fragr J, 2003, 18: 252-259.

[12] Klesk K, Qian M. Preliminary aroma comparison of Marion (*Rubus* spp. *hyb*) and Evergreen (*R. laciniatus* L.) blackberries by dynamic headspace/Osme technique [J]. J Food Sci, 2003, 68 (2): 679-700.

[13] Pillonel L, Bosset J O, Tabacchi R. Rapid preconcentration and enrichment techniques for the analysis of food volatile. A review [J]. LWT-Food Sci Technol, 2002, 35: 1-14.

[14] Helsper J P F G, Bücking M, Muresan S, et al. Identification of the volatile component(s) causing the characteristic foxy odor in various cultivars of *Fritillaria imperialis* L. (Liliaceae) [J]. J Agric Food Chem, 2006, 54 (14): 5087-5091.

[15] Rodríguez-Bencomo J J, Kelebek H, Sonmezdag A S, et al. Characterization of the aroma-active, phenolic, and lipid profiles of the pistachio (*Pistacia vera* L.) nut as affected by the single and double roasting process [J]. J Agri Food Chem, 2015, 63 (35): 7830-7839.

[16] Wang A, Song H, Ren C, et al. Key aroma compounds in Shanxi aged tartary buckwheat vinegar and changes during its thermal processing [J]. Flav Fragr J, 2012, 27 (1): 47-53.

[17] Pollner G, Schieberle P. Characterization of the key odorants in commercial cold-pressed oils from unpeeled and peeled rapeseeds by the sensomics approach [J]. J Agri Food Chem, 2016, 64 (3): 627-636.

[18] Blanch G P, Tabera J, Sanz J, et al. Volatile composition of vinegars. Simultaneous distillation-extraction and gas chromatographic-mass spectrometric analysis [J]. J Agri Food Chem, 1992, 40: 1046-1049.

[19] Zheng C H, Kim T H, Kim K H, et al. Characterization of potent aroma compounds in *Chrysanthemum coronarium* L. (Garland) using aroma extract dilution analysis [J]. Flav Fragr J, 2004, 19 (5): 401-405.

[20] Varlet V, Knockaert C, Prost C, et al. Comparison of odor-active volatile compounds of fresh and smoked salmon [J]. J Agri Food Chem, 2006, 54 (9): 3391-3401.

[21] Nickerson, G. B. , Likens, S. T. Gas chromatographic evidence for the occurrence of hop oil components in beer [J]. J. Chromatogr, 1966, 21 (1): 1-5.

[22] Schultz T H, Flath R A, Mon T R, et al. Isolation of volatile components from a model system [J]. J Agri Food Chem, 1977, 25 (3): 446-449.

[23] Kawakami M, Kobayashi A, Kator K. Volatile constituents of Rooibos tea (*Aspalathus linearis*) as affected by extraction process [J]. J Agri Food Chem, 1993, 41 (4): 633-636.

[24] Cai J, Liu B, Ling P, et al. Analysis of free and bound volatiles by gas chromatography and gas chromatography-mass spectrometry in uncased and cased tobaccos [J]. J Chromatogr A, 2002, 947: 267-275.

[25] Engel W, Bahr W, Schieberle P. Solvent assisted flavour evaporation—a new and versatile technique for the careful and direct isolation of aroma compounds from complex food matrices [J]. Eur Food Res Technol, 1999, 209: 237-241.

[26] Prosen H, Kokalj M, Janeš D, et al. Comparison of isolation methods for the determination of buckwheat volatile compounds [J]. Food Chem, 2010, 121 (1): 298-306.

[27] Pérez-Coello M S, Sanzb J, Cabezudo M D. Analysis of volatile components of oak wood by solvent extraction and direct thermal desorption-gas chromatography-mass spectrometry [J]. J Chromatogr A, 1997, 778 (1-2): 427-434.

7 嗅觉闻香与味觉及化学觉感官检测技术

按照严格定义，感官刺激感觉（organoleptic）是指某一物质对人的触觉（touch）、味觉（taste）和嗅觉（smell）器官或所有器官的刺激而产生的效果（effect）或表达（expression）。一些化学物质能影响味觉，作用于味觉纤维，刺激三叉神经（trigeminal）或其他在口腔（oropharyngeal cavity）内的感觉受体（receptor）。也就是说，这些感觉受体影响着味觉或产生化学刺激，但并不具备嗅觉（olfaction）功能（不能唤起嗅觉）。这些化合物可以分为两大类：一类是味觉分子，指甜味剂（sweetener）、苦味剂（bitter agents）、酸味剂（sour compounds）、咸味剂（salt）、风味增强剂（flavor enhances）和鲜味剂（umami compounds）[1]；一类是感觉类分子（sensory molecules），指麻刺感（tingle）、凉爽感（cooling）、热感（warming）和收敛性（astringent）物质。

风味是嗅觉与味觉的综合反应。不少学者认为，在我们尝到的“味”中，有80%~90%其实是香气，而不是“味”。事实上，嗅觉比味觉要灵敏。比如，蔗糖味阈值是12~30mmol/L，番木鳖碱（strychnine）是一种非常强烈的呈味剂，该物质在10^{-6}mol/L就能被感觉到。在呈香物质中，硫醇在7×10^{-13}mol/L时，就能被嗅到。考虑到用于嗅觉或味觉测量时溶液的体积，嗅觉大约要比味觉灵敏10000倍。

7.1 气味物质分类

气味物质，也称为嗅感物质或香气物质，初步估计约有40万种[2]。自古以来，人们一直在尝试对香气物质进行分类，但嗅觉与触觉和视觉不同，触觉可以用物理参照点（reference point）硬度（hardness）来衡量，视觉用光波长来衡量，但香气并不能用尺子来测量，其表现也很不明确，没有原嗅（primary odor），也没有物理参照点。由于香气物质千差万别，加上人们不同年龄、性别、生活环境等差异，因而分类是十分困难的。目前，比较倾向于以下几种分类方法。虽然这些分类是研究香气的有用工具，但在本质上是没有科学意义的[3]。

7.1.1 哈珀分类法

哈珀（Harper）等人将气味详细分成44类，如水果香、肥皂味、醚臭、樟脑臭、芳香、香料香、薄荷香、柠檬香、杏仁香、花香、甜香、麝香、蒜臭、鱼腥臭、焦煳气味、苯酚气味、汗臭、青草香、粪臭、树脂香、油臭、腐败臭等。

如草莓醋香气可以分为水果（fruity）、甜香（sweet）、青草（grassy）、辛香（spicy）、黄油-乳酸-干酪（butter-lactic-cheesy）、化学品（chemical）、烧焦（empyreumatic）和其他香气，共八类[4]。

7.1.2 舒茨分类法

舒茨（Schutz）分类法也称心理学分类法。舒茨使用一种不用语言为媒介的轮廓法，分析归纳出9种香味因子，即A因子为辛香气味、B因子为香气、C因子为醚臭、D因子为甜香、E因子为油脂臭、F因子为焦臭、G因子为烧硫黄臭、H因子为树脂香、I因子为金属味等。而莱特（Wright）等人认为有8个因子，分别为对三叉神经产生刺激的因子A、香料样因子B、树脂样因子C、药味样因子D、苯并噻唑样因子E、乙酸己酯样因子F、不快感因子G和柠檬样因子H等。

7.1.3 嗅盲分类法

并不是所有的人对所有的香气都有相同感觉，一部分人对某一种香气的感觉可能十分不敏感，这一现象称为嗅盲，也称特异嗅觉缺失症（specific anosmia）。它是指人对某种气味没有感受能力，而对其他气味和普通人有同样的感觉。研究发现，测试62种香气化合物，其中40种化合物至少有4%的人没有感觉出来，如异丁醛、香叶醛、戊二醛（glutaraldehyde）、二甲苯麝香（musk xylol）、3,4,5,6,6-五甲基-庚-3-烯-2-酮等。当30%的人对某一气味没有感觉时，可称之为特异嗅觉缺失症。嗅盲人口约占人群的1%[5]。

阿穆尔（Amoore）发现了8种“原嗅”（表7-1），他认为有可能找到20~30种“原嗅”。在这些化合物中，最著名的是5-α-雄甾-16-烯-3-酮（5-α-androst-16-en-3-one），即雄甾烯酮（androstenone）。当时测定时有11%~75%人被认为是特异嗅觉缺失症，后来再被测定时发现只有接近5%的人，主要原因是该化合物嗅觉阈值浓度具有双峰分布特征（bimodal distribution）[5]。

表7-1　按特异嗅觉缺失发生率测出的8种原嗅物质[6]

原嗅物质	原始嗅感	正常阈值		嗅盲发生率/%
		在空气中/(mg/kg)	在水中/(mg/kg)	
异戊酸	汗臭味	0.0010	0.12	3
1-二氢吡咯	精液臭	0.0018	0.020	16
三甲胺	腥臭	0.0010	0.00047	6
异丁醛	麦芽气味	0.0050	0.0018	36
L-香芹酮	薄荷气味	0.0056	0.041	8
5-α-雄甾-16-烯-3-酮	尿臭	0.00019	0.00018	47
ω-十五烷内酯	麝香气味	0.018	0.0018	12
L-1,8-桉树脑	樟脑气味	0.011	0.020	33

阿穆尔（Amoore）通过对600多种气味的描述、分析、归纳，发现有8种词汇使用最多，分别为：樟脑臭、刺激臭、醚臭、花香、薄荷香、麝香、恶臭（腐败臭）和甜香（图7-1）[7-8]，并认为这几种气味是“原嗅”的可能性较大。对于不属于以上8种的气味，他认为是由几种分子同时刺激受体膜后而产生的复合气味。

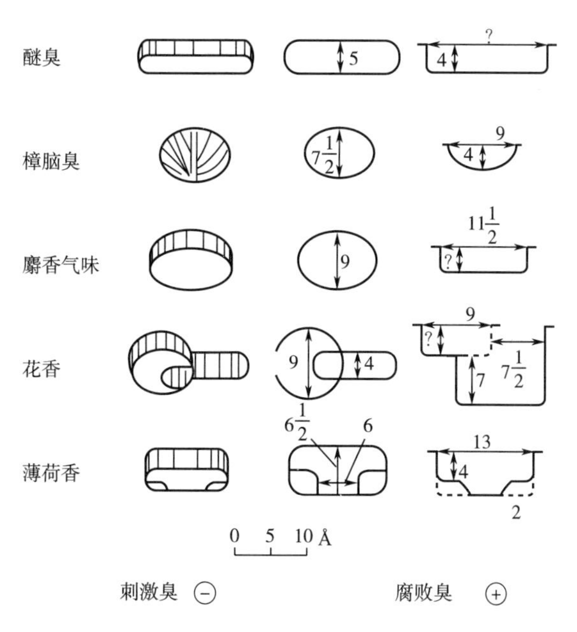

图7-1 阿穆尔学说气味的感受器部位及各种“键孔”的形状和大小[7-8]

7.1.4 瑞美尔分类法

1865年，瑞美尔（Rimmel）根据各种天然香料的香气特征，将香气归纳为18种。这种分类法接近于客观实际，容易被人们所接受。

一是玫瑰香，如玫瑰、香叶和香茅。二是茉莉香，如茉莉、铃兰和依兰。三是橙花香，如橙花、金合欢和山梅花。四是晚香玉香，如晚香玉、百合、水仙、黄水仙、洋水仙和风信子。五是紫罗兰香，如紫罗兰、鸢尾根和木樨草。六是树脂膏香，如香兰、香脂类、安息香、苏合香、香豆和洋茉莉。七是辛香，如玉桂、桂皮、肉豆蔻、肉豆蔻衣和众香子。八是丁香香，如丁香、丁香石竹和康乃馨。九是樟脑香，如樟脑、广藿香和迷迭香。十是檀香香，如檀香、岩兰草、柏木和雪松木。十一是柠檬香，如柠檬、香柠檬、白柠檬和甜橙。十二是薰衣草香，如薰衣草、穗薰衣草、百里香、花薄荷、甘牛至。十三是薄荷香，如薄荷、绿薄荷、芸香、丹参和鼠尾草。十四是茴香香，如大茴香、葛缕子、莳萝、胡荽子和小茴香。十五是杏仁香，如杏仁、月桂树。十六是麝香香，如麝香、灵猫香。十七是龙涎香，如龙涎、橡苔。十八是水果香，如生梨、苹果和菠萝。

7.1.5 罗伯茨分类法

罗伯茨（Roberts）分类法也将香气分成18种，分别为：

醛香：指C_6~C_{12}醛。

水果香：苹果、菠萝、桃、杨梅、香蕉、柑橘、橙、柠檬等。
清凉香：樟脑、薄荷脑、百里香酚、茴香脑和松节油等。
芳樟醇香：青柠檬油、薰衣草油、芫荽油等。
橙花香：晚香玉油、金合欢花油、长寿花油、野豌豆花油、橙花油等。
茉莉花香：依兰油、金银花油、α-戊基桂醛、吲哚、茉莉油等。
水仙花香：桂醛、水仙花油、铃兰油、紫丁香油、苏合香油、吐鲁香脂、苯乙醛等。
辛香：丁香油、肉豆蔻油、肉桂油、月桂油等。
蜜香：苯乙酸及其酯类。
玫瑰香：香叶油、香叶醇、橙花醇、月桂油等。
鸢尾根香：紫罗兰油、桂花油、含羞草油、甲基紫罗兰酮、鸢尾根油等。
岩兰草香：白檀油、柏木油、愈创木脂油、茶油、乙酸岩兰草酯等。
胡椒辛香：胡椒油、广藿香油。
苔藓烟熏香：橡苔脂膏、皮革、桦焦油、葛缕子油等。
草香：黑香豆、金花菜油、烟草、芹子油、大茴香醛、香豆素等。
香兰素香：安息香、秘鲁香脂、香兰素等。
龙涎香：赖百当浸膏、香紫苏油、乳香油、扁柏木油等。
动物性香：海狸香、灵猫香、麝香、吲哚、β-甲基吲哚等。

7.1.6 克拉克分类法

1949 年，克拉克（Crokor）和狄龙发表香名册，将“香”分为芳香（fragrant）、酸臭（acid）、焦臭（burnt）和脂臭（caprylic）四个基本类型。认为每种香气都具有这四种基本“香”。香气强度以数字表示，1 表示最弱，8 表示最强。这种方法称之为克拉克四位号码法。其表示方法如下：

千位	百位	十位	个位
芳香度	酸臭度	焦臭度	脂臭度

如岩蔷薇为 8674，指芳香度为 8，花香很强；酸臭度为 6，因具有深透性的酸味；焦臭度为 7，熏香味很浓；脂臭度为 4，略带动物脂臭。

再如β-萘乙醚为 6123，芳香度为 6，花香较强；酸臭度为 1，无酸臭气味；焦臭度为 2，几乎无焦臭；脂臭度为 3，略带动物脂臭。因此，呈现较强的花香。

其他如苯甲酸芳樟酯 3111，乙酸苄酯 8445，乙酸对甲酚酯 4376，苯甲酸苯乙酯 5222，柠檬醛 6645 等。

7.1.7 杰利内克分类法

1949 年，杰利内克（Jellinek）在他的《现代日用调香术》一书中，根据人们对气息效应的心理反应，将香气归纳为动情性效应香气、抗动情性效应香气、麻醉性效应香气及兴奋性效应香气四大类。

动情性效应香气：包括动物臭、脂蜡臭、汗臭、酸败臭、干酪气、腐烂臭、尿臭、粪便臭、氨臭等，总括起来可以用“碱气（alkaline）”“呆钝（blunt）”来描述。

抗动情性效应香气：包括薄荷香、樟脑香、树脂香、青香、清淡气息等，总的可以用“酸气（acidic）”“尖锐（sharp）”来描述。

麻醉性效应香气：包括玫瑰香、紫罗兰香、紫丁香等各种花香和膏香，总的可以用“甜香（sweet）”“圆润（mellow）”来描述。

兴奋性效应香气：包括除了鲜花以外的植物性香料的香气，如辛香、木香、苔香、草香、焦香等，总的可以用“苦气（bitter，dry）”“坚实（firm）”来描述。

7.1.8 三角形分类法

三角形分类法如图 7-2 所示。这种分类法有如下特点：

（1）将香气分为动物性香气、植物性香气和化学性香气三大类。每一大类位于三角形的一个顶点。

（2）在三角形同一边上的香气性质相近，相邻的香气更具有相似性。如花香与果香具有类似香气，皮革气与乳香相似等。

（3）在三角形不同边上的香气性质相反。如皮革气与木香是不相类似的香气，乳香与花香具有相反的香气等。

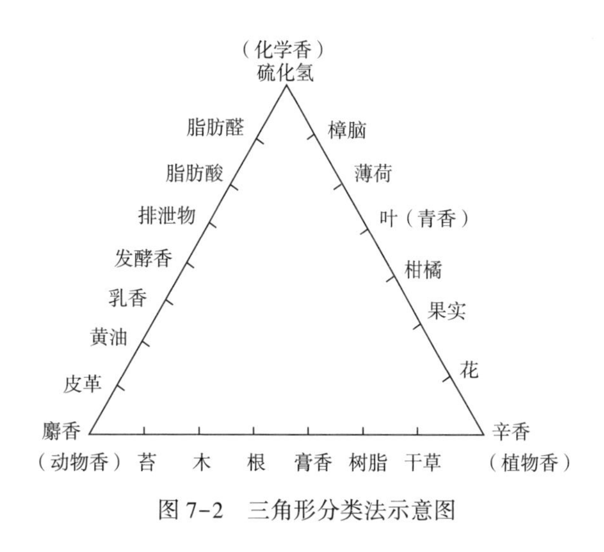

图 7-2 三角形分类法示意图

7.1.9 葡萄酒香分类法

在葡萄酒感官香气研究时，通常会将其香气分组分类[9]，具体分为如下几组。

7.1.9.1 花香的（floral）

与植物的花香气相关，葡萄酒中常用名称如玫瑰、天竺葵（geraniums）、紫罗兰等；这些香气通常与萜烯类的里哪醇（玫瑰花香）、α-萜品醇（百合）等相关，与芳香醇类相关，与复杂的酮如β-紫罗兰酮（紫罗兰香）、β-大马酮、十一酮等相关。

7.1.9.2 木香的（woody）

与硬蔬菜（hard vegetable）相关，该术语更广泛地使用于咖啡工业中，通常用于青/焙烤咖啡的描述，仅仅偶尔用于葡萄酒中；通常与高不饱和醛如（E）-2-壬烯醛相关。

7.1.9.3 树木的（rustic）/蔬菜的（vegetal）

与软蔬菜（soft vegetable）相关，葡萄酒中常用名称，“新鲜的（fresh）”指草本的（herbaceous），马铃薯、豌豆、灯笼青椒、桉树类（eucalyptus）；“青草（grassy）”通常相关于草本的，常指缺陷香气；“罐装的（canned）/煮的（cooked）”通常指甘蓝、芦笋等；“干的（dried）”通常指干草、烟草、茶和皮革马鞍（leather saddle）；“腐烂的（rotten）”通常与硫化物气味相关，通常与烷基醛和醇如1-己醛和1-己醇、(*E*)-2-己烯醛（青草气味）相关，与甲氧基吡嗪特别是3-异丙基-2-甲氧基吡嗪相关（马铃薯、豌豆、灯笼青椒气味），与某些硫化物（煮蔬菜气味）、复杂的酮如橡木内酯（椰子香气）等相关。

7.1.9.4 膏香的（balsamic）

与树脂质（resinous）物质相关，葡萄酒中通常是树脂的代名词，如与*o*-甲酚（药香的）类烷基碳氢类化合物相关。

7.1.9.5 水果香的（fruity）

与植物压碎后的水果相关，葡萄酒中常用“柑橘的（citrus）”指（黄果）柠檬、酸橙（limes）、葡萄柚、橙子；“浆果的（berry）”是指“似葡萄的（grapey）”、草莓、黑醋栗、鹅莓（gooseberry）、樱桃等；“树水果（tree fruit）”是指杏、李等；“热带水果（tropical fruit）”是猕猴桃（kiwi）、荔枝、西番莲果（passion fruit，百香果）、香蕉等；“干的（dried）和其他水果”是指无花果（fig）、李子干（prune）、葡萄干等。这种香与特定的水果如树和灌木水果（tree and bush fruit）香相关，与烷基醚、C_4～C_8羧基烷基酯、苯甲酸酯相关，与烷基高级醇乙酯相关，与巯基酮（thio-ketone）如4-甲基-4-巯基戊-2-酮（热带水果香、猕猴桃香）相关。

7.1.9.6 动物的（animal）

与动物气味相关，葡萄酒中通常与动物气味相关的有山羊的（goaty）等，与丁酸（山羊气味）相关。

7.1.9.7 焦煳的（empyreumatic）

与加热或焙烤过程有关，葡萄酒中常用“吐司的（toasted）”通常指老熟在内壁烧焦的橡木桶（charred barrel）中；“焦糖的（caramel）”通常是“烟熏的（smoky）”。

7.1.9.8 化学的（chemical）

与合成化学制品相关，对于葡萄酒通常指与石油工业相关的，如杂酚油（creosote）和苯酚类，与苯酚类如2-乙基苯酚和2-乙基愈创木酚（烟臭/苯酚的）、*p*-甲酚（煤焦油/烟臭）、愈创木酚（烟臭/木香）等有关。

7.1.9.9 辛香的（spicy）

与芳香香辛料与草药相关的，葡萄酒中通常指丁香、胡椒、甘草等，与异丁子香酚（丁香）、索陀酮或3-羟基-4,5-二甲基-(2*H*) -呋喃-2-酮（香辛的）有关。

7.1.9.10 醚气味的（etherish）

与醚类物质（轻微不健康的）相关，葡萄酒中通常指黄油的（buttery）、有点甜的（sweetish）、似焦糖的、似糕点的、香兰素的，与双乙酰或丁-1,2-二酮（黄油的）、香兰素（甜香、奶油和香子兰香）、4-羟基-2,5-二甲基-3（2*H*）-呋喃酮（甜香、焦糖香）相关。

7.1.10 产品香分类法

根据香气的相似程度，进行香气分类，主要有以下几类。

7.1.10.1 水果香（fruit flavors）

水果香包括柑橘型（citrus-type）香气（萜烯类）和浆果型（berry-type）香气（非萜烯类），柑橘型香气代表性的样品是葡萄柚（grapefruit）和橙子（orange），浆果型香气代表性的样品是苹果、木莓（raspberry）、香蕉。

7.1.10.2 蔬菜香（vegetable flavors）

蔬菜香代表性的样品是莴苣（lettuce）和芹菜（celery）。

7.1.10.3 辛香（spice flavors）

辛香包括芳香的、流泪的（lachrymogenic）和辣的，其代表性的产品分别是肉桂（cinnamon）和薄荷，洋葱和大蒜，胡椒和姜。

7.1.10.4 饮料香（beverage flavors）

饮料香包括非发酵香、发酵香和化合物香，非发酵香代表性样品是果汁和牛乳，发酵香代表性的样品是葡萄酒、啤酒和茶，化合物香代表性的样品是软饮料。

7.1.10.5 肉香（meat flavors）

肉香包括哺乳动物香（mammal flavors）和海产品香（sea food flavors），前者的代表性样品是瘦牛肉（lean beef），后者的代表性样品是鱼和蛤类。

7.1.10.6 脂肪香（fat flavors）

脂肪香代表性的样品是橄榄油、椰子脂（coconut fat）、猪肉脂肪和乳脂（butter fat）。

7.1.10.7 煮熟香（cooked flavors）

煮熟香包括肉汤香、煮蔬菜香和煮水果香，前者的代表性样品是清炖牛肉汤（beef

bouillon)，中间的代表性样品是煮豆类（legume）和马铃薯，后者的代表性样品是橘子或柠檬等水果制成的果酱（marmalade）。

7.1.10.8 加工香（processed flavors）

加工香包括三类，一类是烟熏香，代表性样品是火腿；第二类是烧烤（broiled）和油炸的香气，代表性样品是加工后的肉类产品；第三类是焙炒（roasted）、焙烤（toasted）、烘焙（baked）的香气，代表性样品是咖啡、休闲食品（snack food）、加工化合物。

7.1.10.9 恶臭（stench flavors）

恶臭代表性样品是干酪。

7.1.11 香韵

最初的香韵（note）是指香水（perfume）的香韵。香水的香韵（notes in perfumery）是指香水使用后能感觉到的香气（scents）的描述符（descriptors）。

香韵分为三类，头香（top/head notes）、体香（middle/heart/body notes）和基香（base/basic notes）。这一香气组的描述与香水使用后的时间有关，是基于挥发过程（evaporation process）的知识而精心创建的，并可以预期香水的应用。一种香韵的存在可能会产生另外一种感觉，如当头香十分强烈时，某些基香或体香会改变感觉到的香气；同样的，在干涸（dry-down）状态下的基香依赖于体香的香气。

头香通常是小分子的化合物快速挥发产生的，形成人们对香水的最初印象，因此十分重要。该类香气通常描述为“清新的（fresh）”“浓郁的（assertive）”“尖锐的（sharp）”；贡献头香的化合物通常是极易挥发的和快速蒸发的。体香与基香对头香有较大的贡献，即使它们并没有被突出地感觉到。柑橘类和姜类香气是香水常见的头香。

当头香消失时，体香出现。体香是香水的主体香气，在香水散发香气的中间过程出现。它们通常可以掩盖基香中最初出现的不愉快的感觉，并随着时间的延长而逐渐产生愉快的感觉。体香通常是“柔和的（mellow）”“圆润的（rounded）”。该类香气通常在香水使用后的20min~1h出现。薰衣草和玫瑰香气是典型的体香。

体香待尽时，基香出现。基香与体香是香水的主旋律（main theme）。基香给香水带来深度（depth）与坚固（solidity）。产生该类香气的化合物通常称为固定剂（fixatives），用来保持和提高头香和体香的强度。它们由一类大分子组成，挥发慢，通常在香水使用后30min或干涸期才能被感觉到，香气“丰满（rich）”且“深沉（deep）”。有些基香在香水使用超过24h仍然能感觉到，特别是使用动物的香韵（如麝香）时。

7.2　嗅觉标准物与参照物

7.2.1　闻香用嗅觉标准物

嗅觉标准物的配制可以使用常见植物，也可以使用单个化学品配制。

单个化学品通常分为化学纯（chemical purity，CR）、分析纯（analytical purity，AR）、色谱纯（chromatographically purity）等不同等级。通常情况下，可以采用 GC 级色谱纯配制，其纯度一般在 95%以上。但色谱纯并不是“感官纯（organoleptic purity）”[3]，因此使用感官纯级试剂是判别气味的关键。

感官纯是指该化合物纯品与其本质气味完全匹配的化合物。比如，通常情况下，醇类化合物（2）（图 7-3）是从 4-*tert*-戊基环己酮［4-*tert*-amylcyclohexanone，化合物（3）］化学合成的，但产物中会混杂一些异构体化合物。闻香发现合成产物呈铃兰香气（muguet odor）。但 GC-O 检测结果发现，这个气味是由产物中的 2-(4-*tert*-戊基环己-1-基)乙醛［2-(4-*tert*-amylcyclohex-1-yl) acetaldehyde,化合物（1）］引起的[3]。

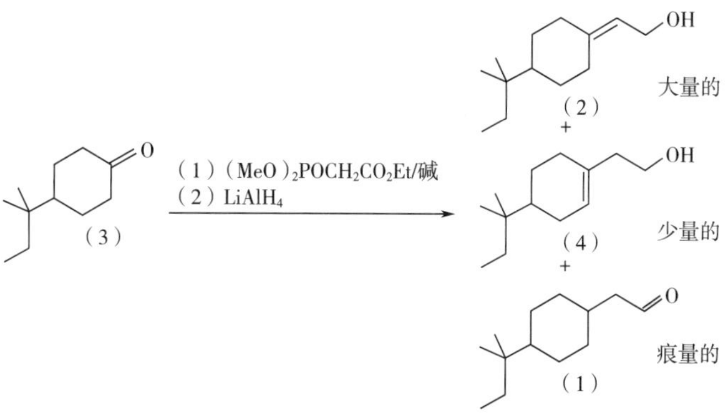

图 7-3　2-(4-tert-戊基环己-1-基）乙醛的产生[3]

7.2.2　葡萄酒中常用嗅觉标准参照物

葡萄酒闻香时，一般用于闻香员训练的香气不会太多，在没有标准物情况下，通常采用以下的植物等原料作为闻香标准参照物，包括但不限于以下几类。

7.2.2.1　水果香

a. 柑橘类水果香

葡萄柚香（grapefruit）：50mL 模拟葡萄酒中添加 5g 葡萄柚片[10]；5mL 葡萄柚汁和小片新鲜葡萄柚皮。

柠檬酸（citric）：1cm×1cm 葡萄柚皮（grapefruit peel）加 6 滴柠檬汁，呈柠檬、橘子和葡萄柚气味[12]。

柠檬（lemon）：5mL 柠檬汁和小片新鲜柠檬皮[11]。

b. 浆果类水果香

红水果香（red fruit）：3 个新鲜覆盆子（raspberry）[13]；商业性红莓水果酱（red berry fruit jam）（草莓、红樱桃和覆盆子）40g 溶解于 100mL 水中[14]。

黑水果香（black fruit）：1 个新鲜蓝莓（blueberry），2 个新鲜黑莓（blackberry）[13]。

黑莓：1~2 粒压碎的新鲜的或冷冻的黑莓果实[11]。

覆盆子：1~2 粒压碎的新鲜的或冷冻的覆盆子果实[11]。

草莓：1~2 粒压碎的新鲜的或冷冻的草莓果实[11]。

黑醋栗（blackcurrant）：40g 商业性黑醋栗酱用 100mL 水/葡萄酒浸泡 1min[13]；10mL 罐装黑醋栗液体和 5mL 黑醋栗浓缩液或 10mL 卡西斯黑醋栗（cassis）[11]。

麝香葡萄香（muscat）：0.5mg 里哪醇，呈花香和里哪醇香[12]。

c. 树水果香

树水果香（tree fruit）：5mL 苹果汁加 10mL 杏梅露（apricot nectar），苹果香和杏香[12]。

黑樱桃（black cherry）：40g 商业性黑樱桃酱用 100mL 水/葡萄酒浸泡 1min[14]。

樱桃：10mL 罐装樱桃水[11]。

杏子：15~20mL 杏梅露（apricot nectar）[11]。

桃子：15~20mL 桃子露（peach nectar）或罐装桃子糖浆[11]。

苹果：新鲜苹果片，5mL 苹果汁[11]。

d. 热带水果香

菠萝：2~4mL 新鲜开口的罐装菠萝汁[11]。

甜瓜：一片新鲜的成熟的哈密瓜（canteloupe），20mm 见方[11]。

香蕉：一片 10mm 的新鲜香蕉片[11]。

青番石榴香（guava green）：50mL 模拟葡萄酒中添加 2g 未成熟的番石榴片[10]。

熟番石榴香（guava ripe）：50mL 模拟葡萄酒中添加 2g 成熟的番石榴片[10]。

西番莲果香（passionfruit）：50mL 模拟葡萄酒中添加 1cm^2 成熟的西番莲果片[10]。

e. 干果香

草莓酱：一茶匙草莓酱[11]。

葡萄干（raisin）：5~8 颗刚刚压碎的葡萄干[11, 15]。

梅子干（prune）：1~2mL 梅子汁[11]。

无花果（fig）：半个无花果或 5~10mL 无花果水[11]。

f. 其他

人造水果香：7~8 颗热带梅子制备的饮料或热带水果调香的果汁[11]。

7.2.2.2 花香

花香：菊花茶（chrysanthemum tea）[15]；或压碎的玫瑰花瓣，呈玫瑰花香，花香[12]。

百花香（potpourri）：干玫瑰花瓣（dried rose petals）[10]。

月桂香：水/葡萄酒体系中加入 50mg 粉碎月桂树叶（bay leaf）浸泡 2min[14]。

天竺葵（geranium）：3cm×3cm 天竺葵叶片[13]；或 1cm×1cm 竺葵叶片[11]。

橙子花香（orange blossom）：压碎的橙子花[11]。

里哪醇香：1mg 或 1 滴里哪醇溶解于 100mL 白葡萄酒中[11]。

玫瑰花香：1mg 2-苯乙醇溶解于 150mL 白葡萄酒或压碎的玫瑰花花瓣[11]。

紫罗兰：10 支压碎的紫罗兰花瓣[11]。

7.2.2.3　辛香

辛香（spices）：等份八角、肉桂、丁香混合，取 1/5 茶匙[13]；商业性混合的红、黑、青胡椒籽（pepper corns）粉碎，500mg 加入 100mL 水中[14]。

丁香：将丁香花浸泡在白葡萄酒或红葡萄酒中 10~20min，然后移除[11]。

胡椒（pepper）：1/5 茶匙新鲜磨碎的黑胡椒[13]；2~3 粒磨碎的黑胡椒。

青胡椒（green pepper）：1cm^2 新鲜青胡椒[10]。

欧亚甘草（licorice）：一颗欧亚甘草糖（licorice candy）溶解于 100mL 水中[14]。

芳香草香（aromatic herbs）：1 滴茴芹浸出物（anise extract），呈欧亚甘草（licorice）、茴芹气味[12]。

欧亚甘草-茄芹：1 滴茴芹浸出物加入 50mL 葡萄酒中[11]。

7.2.2.4　草本的或植物香气

a. 草本的（herbaceous）　6 片新鲜的和干的草，呈蔬菜、清新和青香[12]。

b. 新鲜的

果梗味（stemmy）：4 个压碎的葡萄梗[11]。

青香（green）：4 cm×1cm 刚刚切割的松木，10cm×1cm 刚切割的草坪[13]。

青草（grass）：3g 新鲜的刚割的青草（cut grass）[10]或 20mm 片状青草[11]。

青椒香：吡嗪溶解于水中，浓度 100μg/L[14]；12mm×10mm 的柿子椒片或此青椒片在葡萄酒中浸泡 30min 后取出[11]。

桉树香（eucalyptus）：1,8-桉树脑水溶液，浓度 100μg/L[13]；一片粉碎的桉树叶[11]。

薄荷（mint）：一片粉碎的薄荷叶或 1 滴薄荷浓缩液[11]。

c. 罐装的或煮熟的

青豆：3~5mL 罐装青豆水[11]。

煮青豆（cooked green bean）：50mL 模拟葡萄酒中添加 5mL 罐装煮青豆水[10]。

煮蔬菜（cooked vegetable）：1/2 茶匙罐头青豆水[13]。

煮马铃薯（cooked potato）：50mL 模拟葡萄酒中添加 2g 蒸熟的马铃薯片[10]。

芦笋（asparagus）：2~3mL 罐装芦笋水[11]。

青橄榄（green olive）：4~6mL 罐装青橄榄水[11]。

黑橄榄（black olive）：4~6mL 罐装黑橄榄水[11]。

朝鲜蓟（artichoke）：2~5mL 罐装朝鲜蓟水[11]。

d. 干的

干草（hay/straw）：500mg 商业性干草用 100mL 水/葡萄酒浸泡 2min，再 1∶3 稀释[14]；几片干草或切碎[11]。

茶：3~4 薄片状红茶[11]。

烟草：3~4 薄片状烟草[11]。

7.2.2.5 坚果香

胡桃（walnut）：1~2 个胡桃，压碎[11]。

榛子（hazelnut）：1~2 个榛子，压碎[11]。

杏仁（almond）：1~2 滴杏仁浓缩汁溶解于 100mL 葡萄酒中，或 1~2 个压碎的杏仁[11]。

7.2.2.6 焦糖香

蜂蜜香（honey）：二匙野花蜂蜜（wild flower honey）溶解于 50mL 模拟葡萄酒中[10]；5~8mL 蜂蜜[11]。

奶油糖果（butterscotch）：一颗奶油糖果[11]。

黄油（buttery）或双乙酰：黄油[15]；或 1 滴黄油风味浓缩物加入 100mL 葡萄酒中[11]。

酱香气（soy sauce）：酱[11, 15]。

巧克力香：黑巧克力，70%可可巧克力[13]；或巧克力奶[15]。

糖浆：1~3mL 糖浆[11]。

焦糖香（carameliaed sugar）：平底锅中加热糖，直至熔化并轻微褐变，然后用水稀释[16]。

7.2.2.7 木香

a. 酚类的

苯酚：1mg 乙基愈创木酚[11]。

香兰素或香草香：1~2 滴香兰素浸出物[11]；香子兰香精[15]。

b. 树脂的

雪松香（cedar）：1 滴雪松油或新鲜的雪松木材切片[11]。

橡木香：1 茶匙法国橡木木屑[13]；或 2~3mL 橡木香精[11]。

c. 烧焦的

烟熏（smoking）/咸肉（becon）香：5 滴烟熏山核桃木香精[13]；山核桃木烟熏炸肉酱（hickory smoke barbecue sauce）[15]。

焦烤的（burnt toast/charred）：一小片烘的橡木浸泡于 200mL 葡萄酒中[11]。

咖啡香：速溶咖啡粉（instant coffee powder）溶解于热水中[15]。

7.2.2.8 土腥气味

a. 土腥的

蘑菇：一个小蘑菇，切片，溶解于 10mL 葡萄酒中[11]。

b. 霉腐的

霉腐（musty）：一片发霉的布[11]。

霉木塞（moldy cork）：几片发霉的橡木塞[11]。

7.2.2.9 化学的

a. 汽油

沥青（tar）：1 滴沥青，置于葡萄酒中过夜[11]。

塑料（plastic）：切割的塑料管[11]。

煤油（kerosene）：1滴煤油溶解于150mL葡萄酒中[11]。

柴油（diesel）：1滴柴油溶解于150mL葡萄酒中[11]。

b. 硫臭的

橡胶：一片10mm×5mm切割好的橡胶管[11]。

硫化氢：1μg/L硫化氢的葡萄酒[11]。

甲硫醇：5μg/L甲硫醇的葡萄酒，或少量含有乙硫醇的天然气[11]。

大蒜：一片5mm×5mm新鲜切开的大蒜片溶解于150mL葡萄酒中；或浸泡在葡萄酒中1min，然后去除[11]。

甘蓝：2~3mL煮熟的甘蓝叶的汁[11]。

燃烧的火柴（burn match）：燃烧一个木质的火柴杆，熄灭后冷却，加入150mL葡萄酒中[11]。

二氧化硫：含250mg/L二氧化硫的葡萄酒[14]。

湿羊毛/湿狗气味：小片燃烧后的羊毛[14]。

c. 纸板

过滤板（filter pad）：将20mm×20mm的滤板浸泡在100mL葡萄酒中过夜[11]。

湿纸板（wet cardboard）：将20mm×20mm的纸板浸泡在100mL葡萄酒中过夜[11]。

d. 刺激性

乙酸乙酯：1滴乙酸乙酯溶解于50mL葡萄酒中[11]。

乙酸：2~5mL醋溶解于50mL葡萄酒中或2滴冰乙酸溶解于50mL葡萄酒中[11]。

乙醇：10~15mL乙醇溶解于50mL葡萄酒中[11]。

二氧化硫：含250mg/L二氧化硫的葡萄酒[11]。

e. 其他

鱼腥味（fishy）：1滴三甲胺溶解于50mL葡萄酒或二粒离子交换树脂溶解于氢氧化物溶液中[11]。

肥皂（soapy）：几片香皂[11]。

山梨酸盐（sorbate）：50mg山梨酸钾[11]。

杂醇油：300mg/L 2-甲基丁醇或3-甲基丁醇[11]。

7.2.2.10 刺激性

酒精：40%酒精水溶液[11]。

7.2.2.11 氧化的

乙醛：40mg/L乙醛或5mL雪利酒溶解于25mL葡萄酒中[11]。

7.2.2.12 微生物的

a. 乳酸的

德国酸泡菜（sauerkraut）：2~5mL罐装德国酸泡菜水[11]。

丁酸：1滴正丁酸溶解于100mL葡萄酒中[11]。

汗臭：1 滴异戊酸溶解于 100mL 葡萄酒中[11]。

b. 其他

马厩臭（horsey）：1mg 4-甲基苯酚溶解于 100mg/L 葡萄酒中[11]。

老鼠臭（mousey）：0.5~1mL 2-乙基-3,4,5,6-四氢吡啶溶解于 100mg/L 葡萄酒中[11]。

7.2.3 威士忌风味轮用标准物

威士忌风味轮中风味可以使用标准品配制，以便于训练品评人员。认识每个风味术语，这些风味与标准品的对照见表 7-2 所示。

表 7-2 威士忌描述词与标准物[17-18]

编码	贡献风味	标准物	浓度/(mg/L)
N. 1	刺激感（pungent）	甲酸[a]	10×10^3
A. 1, 2	焦煳（burnt）/烟熏（smoky）	愈创木酚[b]	27
A. 3	药（medicinal）	*o*-甲苯酚[d]	1.75
B. 2	麦芽香（malt）	大麦芽[a]， 2-甲基和 3-甲基丁醛[d]， 4-羟基-2(或 5)-乙基-2(或 5) 甲基-3(2*H*)-呋喃酮[d]， 4-羟基-2,5-二甲基-2(2*H*)-呋喃酮[d]	— 0.6（2-甲基丁醛）[e]，1.25(3-甲基丁醛)[e]
C. 1	青草（grassy）	己醛[b]， 顺-3-己烯-1-醇[a]	5， 1.00×10^3
D. 1	溶剂（solvent）	乙酸乙酯[d]， 2-甲基-1-丙醇[a]	1.12×10^3， 1.00×10^3
D. 2	水果（苹果）	己酸乙酯[b]	2
D. 3	水果［香蕉，梨形糖果（pear-drop）］	乙酸异戊酯[b]	7
D. 5	浆果（berry），猫臭（catty）	甲硫酮（thiomethone）[d]， 甲硫酮（thiomethone）[d]， 硫化钠+异丙叉丙酮（sodium sulphide+mesityl oxide）[a]	3×10^3， 1.26×10^3， 各 100
E. 1	花香（天然的——玫瑰-紫罗兰）	苯乙醇[b] α-紫罗兰酮，β-紫罗兰酮[d]	1.52×10^3， $>3\times10^{-3}$
	花香［人工的——香水（scented）；芳香（perfumed）］	香叶醇[b]	19
G. 5	坚果（nutty）［椰子（coconut）］	威士忌内酯[b]	266
	杏仁蛋白软糖（marzipan）	糠醛[b]	839

续表

编码	贡献风味	标准物	浓度/(mg/L)
G. 6	香草（vanilla）	香兰素[b]	43
G. 7	辛香（spicy）	4-乙烯基愈创木酚[b]	71
	辛香［丁香（clove）］	丁香酚（eugenol）[a，b]	1~55
G. 8	焦糖（caramel）［棉花糖（candy floss）］	麦芽酚[b]	1. 14×10^3
G. 10	卫生球（mothball）	萘	>8×10^3
G. 11	霉味（mouldy）	2,4,6-三氯茴香醚[a]	10
	土腥臭（earthy），霉腐（musty）	土味素，2-甲基异龙脑[d]	—
G. 12	酸味的（vinegary）	乙酸[b]	5. 32×10^3
I. 1	纸板（cardboard）	2-壬烯醛[d]	0. 08
J. 1，6	污浊（stagnant），橡皮（rubbery）	二甲基三硫[c]	3
J. 2	酵母（yeast） 臭鸡蛋（rotten egg） 肉味（meaty）	硫化氢[c] 硫化氢[c] 甲基（2-甲基-3-糠基）二硫醚[d]	—
J. 3	植物（vegetable）（甜玉米，煮熟的甘蓝）	二甲基硫[c]	>0. 6
J. 5	青草（grassy）	乙硫醇[c] 3-甲基-2-丁烯-1-硫醇[c]	>7. 2×10^{-4}
K. 1	腐败（rancid）	丁酸/丁酸乙酯[d]	>2
	汗臭（sweaty）	异戊酸[b]	2
L.	油脂（oily）	1-庚醇[a]	1
L. 1	肥皂（soapy）	十二酸乙酯[b] 1-癸醇[a]	100
L. 2	黄油（buttery）	双乙酰[b]	0. 1

注：a：23%的酒精-水溶液中；
　　b：23%化合物威士忌中；
　　c：淡味啤酒（lager）中；
　　d：大于阈值；
　　e：啤酒中的阈值。

7. 2. 4　饮料酒或食品中常见风味标准品

番茄叶/藤气味（tomato leaf/stalk）：连着长藤的新鲜樱桃番茄（cherry tomato）[10]。

甜香（sweet）：1mL 李子脯汁（prune juice）和 5mL 罐装无花果卤水（brine），呈焦糖、干果香[12]。

清新的（fresh）：甲醇溶解于水，浓度 100μg/L[14]。

湿草气味（forest floor）：森林腐殖质（forest humus）和橡木树叶（oak leaves）混合，3g 用水浸泡 10min[14]。

胡芦巴（fenugreek）：胡芦巴溶解于水中，1.5g/20mL[16]。

肉豆蔻（nutmeg）：粉碎后的肉豆蔻溶解于水中，0.1g/20mL[16]。

豆腥（beany）：豆奶[15]。

麦芽香：带有麦芽香的豆奶[15]。

煮洋葱（onion boiled）：切碎洋葱，水煮 10min，40g/20mL[16]。

烤洋葱（onion roasted）：切碎的洋葱在干平底锅中不加油干烤[16]。

烤谷物香（roasted grain）：小火烤全燕麦仁，直到轻微褐变[16]。

肉香（meaty）：商业性酸水解液和商业性酵母膏[15]。

骨头汤（bones boiled）：牛和/或猪的骨头和软骨（gristle）汤气味，水煮洗净不带肉的牛和/或猪的带软骨的骨头 2h，取清汤[16]。

牛肉清汤（bouillon）：牛肉风味块状浓缩汤溶解在热水中[15]。

煮牛肉（beef boiled）：瘦牛肉切成小片，淡水煮 15min[16]。

烤牛肉（beef roasted）：瘦牛肉切成小片，在干的平底锅中烤，直到褐变[16]。

牛肉脂肪（beef fat）：牛肉脂肪水煮 1h，冷却后分离[16]。

似血的气味（serumy）：血或肉的萃取物（2%肉用水萃取）[16]。

鸡汤香：浓缩鸡汤（concentrated chicken stock）[15]。

鸡肉香（chicken boiled）：煮鸡肉香气[16]。

烤鸡肉香（chicken roasted）：烤鸡肉香气，新鲜鸡肉切成小片，干平底锅中烤到褐变[16]。

鸡脂肪气味（chicken fat）：新鲜鸡煮两次，每次 2h，撇取脂肪[16]。

对虾香（prawn）：对虾香精[15]。

海鲜香（seafood）：海鲜香精[15]。

氧化气味（oxidized）：10mL 雪利酒，呈乙醛和氧化气味[12]。

塑料（plastic）：塑料或脱水的气味，4μg/L 的 2,6-二氯苯酚[13]。

指甲油（nail polish）去除剂气味：150μg/L 的乙酸乙酯[13]。

金属气味（metallic）：水中的金属回形针[16]。

7.3 味觉分类及其味觉训练标准物

味觉（gustation）是化学刺激物对口腔中“味觉受体细胞（taste receptor cells）”刺激而引起的反应[1]。与嗅觉反应类似，味觉接受的信号通道也依赖于 G-蛋白偶联受体[19]。

传统观点认为，味觉有四种（基本味觉是酸、甜、苦、咸），如图 7-4 为舌头的感觉部位。1909 年 Ikeda 第一次描述了鲜味原理[20-21]；2002 年，鲜味（一种在肉类和肉汤中发现的物质）正式成为第五种基本味觉①[22-24]。

在中国国家标准中[25]，将味觉（taste）定义为：（1）在某可溶物质刺激时，味觉器官感知到的感觉；（2）味觉的官能；（3）引起味道感觉的产品特性。该术语不用于以“风味”表示的味感、嗅感和三叉神经感的复合感觉。如果该术语被非正式地用于这种含义，它总是与某种修饰词连用。例如发霉味道、覆盆子味道、软木塞味道等。

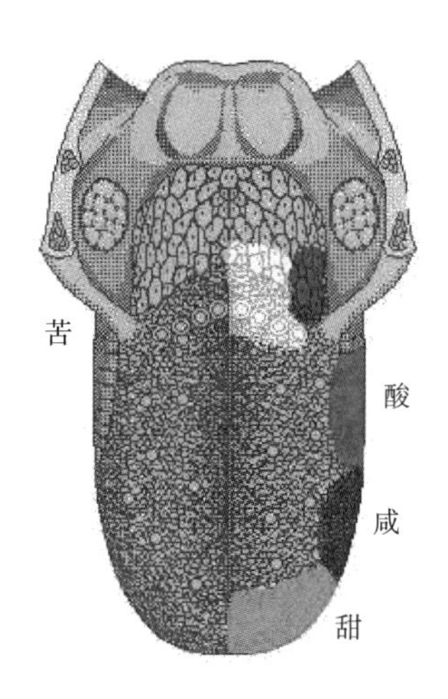

图 7-4　舌头对酸、甜、苦、咸的感觉部位示意图[2]

日常生活中讲的“味道（taste）”并不是味的本质特征（taste quality），即不是“味觉”而仅仅是一种感觉（sensation），如辣（hot）、凉爽（cool）、针刺感（prickling）和刺激性（pungent）；或口感（mouthfeel），如砂砾感（gritty）、油腻感（greasy）和涩感（astringent）；或嗅觉（olfaction），如水果香、花香、青香或汗臭味。因此，经常讲的风味（flavor）是味觉、嗅觉和化学觉（chemical sense，chemesthesis）的总体感觉。风味严格的定义是口腔（oral）化学感应［chemoreception，即“味道”——分为味觉和化学刺激（即化学觉）］和鼻腔（nasal）化学感应，即“嗅”——分为嗅觉和化学刺激。

7.3.1　酸味

酸味（sour）是由酸性物质引起的味觉，许多动物对酸味非常敏感。

影响酸味的因素较多，主要有以下几个方面：（1）氢离子浓度或 pH：所有有机酸类都能解离出氢离子。当溶液中氢离子浓度太低即 pH 较高时，人们感觉不到酸味；当氢离子浓度过高即 pH 很低时，酸味使人们感觉到不舒服，也就是说，酸味主要与 pH 相关。（2）总酸度和缓冲作用：总酸度包括离解的和未离解的分子浓度。pH 相同时，总酸度较大的，其酸味也强，即不能电离的有机酸能增加酸味，但 pH 基本不变。（3）酸根负离子的性质：在相同或相近 pH 时，有机酸比无机酸酸味强度大。（4）当其他物质如醇类、糖、单宁等物质存在时，会修饰酸味。（5）葡萄酒等酒通常是缓冲溶液，被稀释后，pH 基本没有变化，但感觉到酸味下降[26]。

① 1908 年，东京帝国大学（Tokyo Imperial University）的 K. Ikeda 发现 L-谷氨酸盐具有鲜味，但直到 2002 年才获得认可，并将鲜味列为第五种味觉。

在葡萄酒中总酸、pH 与酸味之间有如下关系：（1）总酸度（以酒石酸计）在 10~18g/L 时，pH 2.7，非常酸；（2）总酸在 6~12g/L 时，pH 3.1，酸的；（3）总酸度在 4~9g/L 时，pH 3.5，酸味一般；（4）总酸在 3.5~6g/L 时，pH 3.8，不太酸；（5）总酸在 0.25~0.4 时，pH 4.1，不酸[26]。

对有机酸而言，一元酸随碳链增长，酸度增加；但从丁酸以后，酸味又下降。癸酸以上的酸基本无酸味。二元酸酸味强度随着碳链增长而增长，但二元酸的酸味比相应的一元酸弱。若在负离子结构上增加不饱和键，则酸味比同碳链的酸增强；若增加的是羟基，则酸味减弱。

评价酸味强弱可以使用主观等价值。主观等价值是指感受到相同酸味时，该酸味剂的浓度。一般说来，主观等价值越小，说明该酸在相同条件下的酸味越强。某些食用酸的主观等价值及其性质见表 7-3。

表 7-3　某些食用酸的主观等价值及其性质[6]

名称	K_{a1}	主观等价值/%	pH	相当于柠檬酸量	酸味特征
柠檬酸	8.4×10^{-4}	0.1050	2.80	100	温和、爽快、有新鲜感
酒石酸	1.04×10^{-3}	0.0728	2.80	68~71	稍有涩感、酸味强烈
富马酸	9.5×10^{-4}	0.0575	2.79	54~56	爽快、浓度高时有涩感
苹果酸	3.76×10^{-4}	0.0792	2.91	73~78	爽快、稍苦
琥珀酸	8.71×10^{-5}	0.0919	3.20	86~89	有鲜味
乳酸	1.26×10^{-4}	0.1125	2.87	104~110	稍有涩感、尖利
抗坏血酸	7.94×10^{-5}	0.2231	3.11	208~217	温和、爽快
乙酸	1.75×10^{-5}	0.0827	3.35	72~87	带刺激性
葡萄糖酸	—	0.3255	2.82	282~341	温和、爽快、圆润、柔和

酒类品尝特别是葡萄酒品尝时，酸味描述词通常有：乙酸的（acetic，用来表述不愉快酸味的品尝术语）、酸的（acidic，用于形容葡萄酒总酸度过高以至于尝起来具有辛辣或酸腐味且在口腔中具有锋利的边角感）、凌厉的（aggressive，通常指葡萄酒含有高的或过量酸度或单宁。新葡萄酒的凌厉会随着陈酿而改良）。

7.3.2　甜味

甜味（sweet）是最重要的味觉现象，它可能帮助了人类祖先鉴别富含淀粉的食物从而保证了他们的能量摄入[23]。数十年来，出于健康原因，人们控制了热量摄入，如糖与糖尿病特别是 2 型糖尿病、与牙齿健康如龋齿（dental caries）、与心脑血管病症（cardiovascular diseases）等有关[23]。因此，这就驱使人们去研究人工合成甜味剂或其他天然甜味剂来代替日常膳食中的有营养的糖[2,23]。

甜味剂可以分成三类：一是有营养型的甜味剂；二是无营养的甜味剂；三是高甜度

的甜味剂。营养型甜味剂包括碳水化合物，如木糖（xylose）、蔗糖（sucrose）、右旋糖（dextrose）、蜂蜜、麦芽糖、乳糖、果糖、左旋糖（levulose）和半乳糖（galactose）。部分无营养甜味剂与高甜度甜味剂可能是人工合成的，主要包括糖精（saccharin）、阿斯巴甜（aspartame）、安赛蜜（acesulfame K）、三氯蔗糖（sucralose）和纽甜（neotame）等，详见表 7-4 所示。

表 7-4　常见主要甜味剂[2,23]

甜味剂	分类	相对于蔗糖甜度	评价
蔗糖	糖	1.00	
果糖	糖	约 1.2	饮料工业中使用液态的玉米高果糖浆
右旋糖（结晶葡萄糖）	糖	0.7	
糖蜜（molasses）	糖	0.8	
木糖醇（xylitol）	玉米转化糖	1.0	同时有凉爽的感觉
山梨糖醇（sorbitol）	玉米转化糖	0.6	同时有凉爽的感觉
甘露糖醇（mannitol）	玉米转化糖	0.5	同时有凉爽的感觉
高果玉米糖浆（55%）	玉米转化糖	1.10	
糖精（saccharin）和糖精钠	高甜	300~500	
阿斯巴甜（aspartame）	高甜	180~200	超过 100 个国家授权使用
蔗糖素（sucralose）	高甜	约 600	FDA 授权在碳酸饮料中使用
安赛蜜（acesulfame K）	高甜	约 200	超过 30 个国家授权使用
环铵酸（cyclamic acid）及其盐	高甜	约 30	在美国禁用
纽甜（neotame）	高甜	7000~13000	
阿力甜（alitame）	高甜	约 2000	在许多国家授权使用
新橘皮苷二氢查耳酮（neohesperidin dihydrochalcone）	高甜	约 665	FEMA 号 3811。列入欧洲风味物质管制目录
铵化甘草甜味剂（glycyrrhizin ammoniated）		NS[a]	FEMA 号 2528。甜味增强剂，可以掩盖苦味和酸味，有欧亚甘草的口感
甘草亭（glycyrrhizin）	高甜	约 50	欧亚甘草提取物
奇异果甜（thaumatin）	高甜	约 1600	FEMA 号 3732。在日本、加拿大、英国和美国等国家已经授权使用
紫苏亭（perillartine）	高甜	370	属于单萜类，半合成甜味剂
(+)-莲叶桐亭（(+)-hernandulcin）	高甜	1000~1500	属于倍半萜烯类

续表

甜味剂	分类	相对于蔗糖甜度	评价
(+)-4β-羟基莲叶桐亭 ((+)-4β-hydroxy-hernandulcin)		NS[a]	属于倍半萜烯类
杜尔可苷 A（dulcoside A）	高甜	30	二萜，对应贝壳杉烯苷类(ent-kaurene glycosides)
莱苞迪苷 A（rebaudioside A）	高甜	242	二萜，对应贝壳杉烯苷类
莱苞迪苷 B（rebaudioside B）	高甜	150	二萜，对应贝壳杉烯苷类
莱苞迪苷 C（rebaudioside C）	高甜	30	二萜，对应贝壳杉烯苷类
莱苞迪苷 D（rebaudioside D）	高甜	221	二萜，对应贝壳杉烯苷类
莱苞迪苷 E（rebaudioside E）	高甜	174	二萜，对应贝壳杉烯苷类
莱苞迪苷 F（rebaudioside F）		NS[a]	二萜，对应贝壳杉烯苷类
甜茶苷（rubusoside）	高甜	115	二萜，对应贝壳杉烯苷类
甜菊双糖苷（steviolbioside）	高甜	90	二萜，对应贝壳杉烯苷类
甜叶菊苷（stevioside）	高甜	210	二萜，对应贝壳杉烯苷类
白元参苷（baiyunoside）	高甜	500	二萜，半日花烷苷类（labdane glycosides）
糙苏苷 I（phlomisoside I）		NS[a]	二萜，半日花烷苷类
罗汉果苷 IV（mogroside IV）	高甜	233~392	三萜，葫芦烷苷类（cucurbitane glycosides）
罗汉果苷 V（mogroside V）	高甜	250~425	三萜，葫芦烷苷类
龙牙苷 I（siamensoside I）	高甜	563	三萜，葫芦烷苷类
甜茶树苷 A（cyclocarioside A）	高甜	200	三萜，达玛烷苷类（dammarane glycosides）
甜茶树苷 I（cyclocarioside I）	高甜	250	三萜，达玛烷苷类
合欢亭 A（albiziasaponin A）		5	三萜，齐墩果烷苷类（oleanane glycosides）
合欢亭 B（albiziasaponin B）	高甜	600	三萜，齐墩果烷苷类
甘草亭（glycyrrhizin）	高甜	93~170	三萜，齐墩果烷苷类
欧亚水龙骨甜素（osladin）	高甜	500	固醇皂苷类（steroidal saponins）
多足苷 A	高甜	600	固醇皂苷类
多足苷 B		NS[a]	固醇皂苷类

续表

甜味剂	分类	相对于蔗糖甜度	评价
根皮酚苷（glycyphyllin）		NS[a]	酚类化合物
柚皮苷二氢查耳酮（naringin dihydrochalcone）	高甜	300	酚类化合物，半合成甜味剂
新橙皮苷二氢查耳酮（neohesperidin dihydrochalcone）	高甜	1000	酚类化合物，半合成甜味剂
叶甘素（phyllodulcin）	高甜	400	酚类化合物
布拉齐因（brazzein）	高甜	2000	蛋白质类
潘塔亭（pentadin）	高甜	500	蛋白质类
莫内林（monellin）	高甜	3000	蛋白质类
马宾灵（mabinlin）	高甜	375	蛋白质类
库克灵（curculin）	高甜	550	蛋白质类

注：NS[a]：文献未给出甜味。

甜味的强度可用甜度（sweetness intensity）来表示。通常以在水中较稳定的非还原糖蔗糖为基准物（如以20g/L或50g/L或100g/L蔗糖水溶液在20℃时甜度为1），用以比较其他甜味剂在相同温度和相同浓度下的甜度。该甜度并不能用物理或化学方法进行测定，只能凭人的味觉来判断。

甜度的另外一个表示方法是比甜度（sweetness potency），是指不断稀释待测样品，直到其感官甜度等于20g/L蔗糖水溶液的感官甜度[2]。如一个化合物比甜度是100，则说明该化合物稀释100倍后，其甜度与蔗糖相同[23]。

7.3.3 咸味

咸味通常是由无机盐产生。

7.3.4 苦味

在饮料酒中，通常认为啤酒是苦的，苦味物质是酒花带来的。饮料酒中苦味物质分布广泛、结构各异，如咖啡因（caffeine）、水杨苷（salicin）、游离不饱和脂肪酸如亚油酸、苯甲酸苄铵酰胺（denatonium benzoate）、苦杏苷（amarogentin）等。

苦味也可以用类似于香气强度方法表示，如可以用6点刻度表示：（1）不苦（not bitter），强度为0；（2）轻微苦（slightly），苦味强度为1；（3）苦味明显（distinctly），苦味强度为2；（4）温和的苦味（moderately），苦味强度为3；（5）非常苦（very），苦味强度为4；（6）十分苦（extremely），苦味强度为5。这些苦味强度是线性变化的，分别对应于盐酸喹啉（quinine hydroch loride）浓度1.6×10^{-5}、2.4×10^{-5}、3.2×10^{-5}、4.0×10^{-5}、4.8×10^{-5}和5.6×10^{-5}mol/L[27]。

7.3.5 鲜味

鲜味来源于日语“umami”或“旨味”，其意思是鲜美的；英语中表达为“savory”“savoury”“broth-like”“delicious”和“meaty”。鲜味首次于1908年由日本化学家Ikeda进行了描述[28-29]；1985年，“umami”在首届鲜味国际学术研讨会（1st Umami International Symposium，夏威夷）上被作为科学术语而接受[30]，2002年，鲜味作为第五味觉而添加到传统的已经被接受的四种味觉（酸、甜、苦、咸）中[20, 31]。

鲜味通常是用来描述食品中独特的、总体的、丰满的口感，有鲜美的、令人垂涎的（mouthwatering）感觉，愉快的“似肉汤味”或“肉味”的持续感，舌头表面的覆盖感，相当于L-谷氨酸和5′-核苷酸如鸟苷单磷酸（GMP）和肌苷单磷酸（IMP）的协同味觉[29]。

鲜味的味觉受体通常响应谷氨酸盐。鲜味有自身的味觉受体，而不是传统认识到的味觉受体的复合作用。谷氨酸盐广泛存在于肉汤和发酵产品中，在食品或食物中添加的通常是谷氨酸单钠（monosodium glutamate，MSG）[32]。

鲜味具有协同增强效应（taste-enhancing synergism），即两个鲜味化合物如L-谷氨酸和5′-核苷酸，并延长后味（aftertaste），这是鲜味的一个重要特征[29, 33]。

7.3.6 味觉属性

味觉具有五种属性[1]：

一是味觉质量或味觉属性（quality），它是指味觉的形态感觉，即酸、甜、苦、咸、鲜。

二是味觉具有强度（intensity）属性，即味觉也服从斯蒂文斯法则（Stevens’law）。

三是时间动态（temporal dynamics），即时间强度（time intersity，如图7-5所示），这是味觉的一个重要特征，有些味觉在口腔中持续时间短（short-lived），而人们会关注到一些持续时间长（long-lived）的味觉，这通常称为“余味（aftertaste）”，如某些甜味强烈的甜味剂（如奇异果甜）和某些苦味化合物（如苯钾地那铵，denatonium）是著名的持续时间长的化合物。

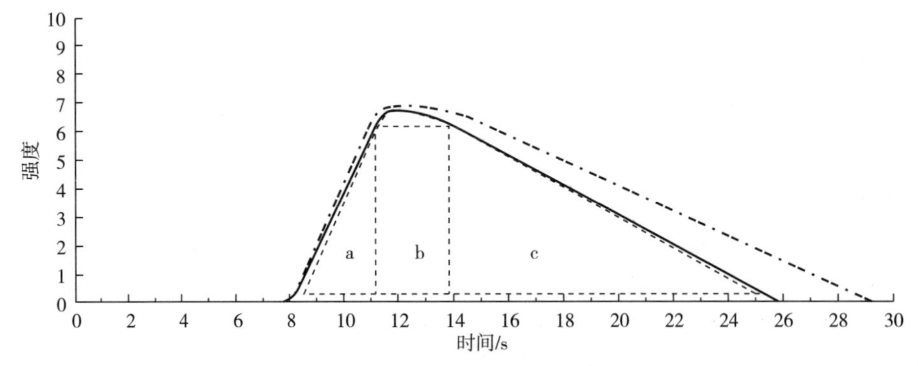

图7-5 味觉平均时间强度曲线[34]

—— 40g/L蔗糖溶液 -·-· 40g/L蔗糖+5-乙酰氧甲基-2-糠醛（1.0 mmol/L）溶液

a—增长期；b—稳定期；c—下降期。

四是空间位置（spatial topography），它是指味觉受体领域分布的不均匀性和味觉感觉的可局限性，即来源于口腔的味觉出现的位置不同。

五是快感（hedonics）[1]。

时间强度分析法方法如下（以糖的甜味为例）：4%蔗糖标准溶液置于杯中。品尝人员开始品尝时，先静息 10 s，一次性将 10mL 溶液喝入嘴中，并用舌头在口腔中使溶液打转（swirling），同时立即开始记录甜味强度。在嘴巴中感觉 5s 后，品尝人员吞咽下该糖液，继续感觉糖液的甜度，直到感觉不到甜味。然后，品尝人员用 20mL 水漱口，等到 1min 后，再进行第二次品尝[34]。

7.3.7 味觉训练标准物

蔗糖（50mmol/L）和 L-丙氨酸（15mmol/L）[35] 调 pH 6.8[36]，用于甜味（sweet taste）训练；乳酸（20mmol/L）[35-36]或酒石酸（水溶液中酸味阈值 0.0094mg/L）[29]用于酸味（sour taste）训练；氯化钠（12mmol/L[35]或 20mmol/L[36]）用于咸味（salty taste）训练；咖啡因（1mmol/L）[35-36]或盐酸喹啉（0.05mmol/L）[35]或硫酸喹啉（quinine sulfate，水溶液中苦味阈值 0.00049mg/L）[29]分别用于苦味（bitter taste）训练；谷氨酸钠（8mmol/L，pH5.7[35]或 3mmol/L，pH6.8[36]）用于鲜味（umami taste）训练；单宁（0.05%）用于涩味训练[35]；特定肉汤中加入 5.0mmol/L 的谷胱甘肽用于厚味（kokumi）训练[36]；0.5%明胶水溶液（gelatin solution）用于黏度感觉（viscosity perception）训练[36]。

7.4 化学觉及其分类

在人的感觉系统中，有一类感觉不属于味觉，但这类感觉是由化学物质刺激口腔黏膜引起的，这类现象称之为触觉，或三叉神经的响应，或称之为“化学觉（chemesthesis）”，主要包括麻刺感、凉爽感、热感和收敛感。事实上，化学物质感觉的响应在“吃”时被带到大脑中，不仅被三叉神经（存在于前口腔、舌头、鼻腔、脸、部分头皮）感觉，而且被舌咽神经（glossopharyngeal）（存在于后舌和咽）和迷走神经（vagus，存在于鼻和咽）感觉。

对化学觉响应最有发言权的是嘴唇（lip）、舌（tongue）、上腭（palate）、软腭（soft palate）和喉上部［咽（pharynx）和咽喉（laryngopharynx）］[37]。在口腔中，这些神经并不在组织表面，而是埋藏在表皮下面。因此，对刺激的响应在开始时比较慢，但持续时间长。当你吃很辣的东西时，你就会痛苦地感觉到“它”。最初，辣并没有表现出来，但首先是嘴唇变得红肿，接着是舌头。正如你感觉到辣比较慢一样，它的消失也慢。当然，能产生辣的物质是有限的，如辣椒（capsicums）、姜（gingers）、萝卜（radish）和芥末（mustards）。研究发现，唇对 32℃的感觉是冷，34℃以上感觉是温暖的，而 43℃以上有疼痛感[37]。

在舌头上，感受化学觉的神经存在于味觉乳突上，被包裹在味蕾周围。菌状乳突拥有化学觉神经。那些神经利用味蕾结构形成一个通道到舌头表面。据报道，这些神经数量比味觉感受器多 1~3 倍。化学觉神经与味觉感受器类似，存在化学物质特殊感受位点，不同的是，它们有一套另外的独特的感受器。这些感受器包括对触觉响应（tactile response）的机械性刺激感受器（mechanoreceptor）、检测温度变化的热感受器（thermoreceptor）、检测动感（motion）的本体感受器（proprioceptor）和缓解痛苦的痛觉感受器（nociceptor）[38]。

疼痛和温度感觉对人们的饮食非常重要。产生痛觉的刺激分为三种类型：机械的（mechanical）、热的（thermal）和化学的（chemical）。唇和嘴巴对痛觉的感觉受体是游离神经末梢，称为痛觉感受器。痛觉感受器上感觉传导属于阳离子通道瞬时受体电位（transient receptor potential，TRP）家族[37]。对温度独特响应的称为热型 TRPs（thermoTRPs），包括亚族的辣椒素 TRPV（vanilloid TRPV，TRPV1、TRPV2、TRPV3 和 TRPV4）、野牡丹他汀 TRPM（TRPM8）和锚跨膜蛋白 TRPA（ankyrin transmembrane proteins，TRPA1）。TRPV1 和 TRPV2 调控有害热（noxious heat）响应，TRPV3 和 TRPV4 调控无害的、温和的热（innocuous warm temperature）响应；TRPM8 调控无害的冷响应，而 TRPA1 调控有害的冷响应。这些痛觉感受器存在于三叉神经节（trigeminal ganglia）中，而 TRPM8 发现在味觉乳突状突起（taste papillae）中。

化学物质的刺激产生痛觉一般比较缓慢，且疼痛持续时间长。与人体中其他绝大多数的感觉受体相反，疼痛受体适应性很小，有时几乎没有适应性。痛觉与组织的细胞变化相关，与缓激肽（bradykinin）释放相关[37]。

物理刺激时，温度超过 45℃时一般会感觉到疼痛，这也是细胞组织开始破坏时的温度。负责冷感的温度感受器激活的温度范围也比较宽，通常会达到-10℃以下。物理温度也会影响味觉。一些研究表明，基本味觉如蔗糖、氯化钠、奎宁、谷氨酸单钠（MSG）的敏感温度是 25~35℃。高浓度时，温度敏感性可以忽略[37]。

7.4.1 麻刺感

麻刺感（tingle）类化合物能在人口腔中产生麻醉的或麻刺的感觉，相当于 9 V 电池在舌头上产生的感觉，也像用别针、缝衣针刺的感觉。这是一种刺痛感觉，不同于薄荷醇的凉爽感，也不同于辣椒素（capsaicin）的热辣感，它通常产生于舌头和上下唇，但有时齿龈、牙齿、面颊和口腔上部也能感觉到。

具有麻刺感的化合物大量存在于天然植物中[38]，主要有五类：双子叶植物的（dicotyledonous）胡椒科（Piperaceae）、马兜铃科（Aristolochiaceae）、芜菁甘蓝科（Rutaceae）和菊科（Asteraceae），单子叶植物的（monocotyledonous）禾本科（Poaceae）。这些化合物又主要存在于以下类和属中：蓍属（*Achillea*）、金纽扣属（*Acmella*）、*Ctemium*、松果菊属（*Echinacea*）、赛菊芋属（*Heliopsis*）、胡椒属（*Piper*）、千日菊属（*Spilanthes*）和花椒属（*Zanthoxylum*）。麻刺感类化合物可以分成两大类：烯属烷基胺（olefinic alkamindes）和炔属烷基胺（acetylenic alkamides）。

7.4.2 凉爽感

天然的凉爽型化合物如薄荷醇（menthol）、薄荷酮（menthone）、乙酸薄荷酯（menthyl acetate）和薄荷油（peppermint）已经被广泛使用。这些化合物既能提供薄荷的口味，也能使鼻子产生凉爽感觉，故多在浴液和洗发香波中使用。

皮肤上冷感觉受体位于表皮细胞下面 0.1~0.2mm 处，其直径约 1mm。当温度下降到大约 32℃ 时，电流开始产生（变得有感觉）；当温度进一步下降时，这种感觉在增强。当达到 13℃时，就能被感觉到。与外层皮肤相比，嘴对冷的感觉更灵敏。薄荷醇凉爽感被认为是由还原型钙离子电导所引起的。

一些多元醇特别是木糖醇有强烈凉爽感，俗称冷感效应（cooling effect）。产生凉爽感的机理是：多元醇溶液是负热（negative heat）溶液，能量需要溶解在多元醇晶格中，因此它们需要从周围环境中吸收能量，于是导致环境温度下降从而产生凉爽感觉[39]。最简单的验证是将多元醇干粉放入口腔中，会感觉到凉爽。当化合物溶解热（solution heat）≥-79kJ/kg 时，有轻微的或几乎检测不到的冷感效应；当溶解热<-153 kJ/kg 时，会产生强烈的冷感效应[39]。

7.4.3　热感或辣感

世界上有成百上千万的人喜爱辣味。尽管辣味调料得到广泛应用，但仅有极少数单体化合物能产生辣味（warming 或 hot）并应用于香精和香料工业中。或许，这是由于调味料缺乏，或者是没有廉价合成材料，或者是缺少廉价天然提取物。

与凉爽型化合物类似，环境温度和分子协同作用对辣味有着重要影响。热能够加强辣椒素（capsaicin）作用效果，但冷却可以产生抑制作用。

可食用的有辣味的物质有：胡椒、红辣椒（chili pepper）、姜（ginger）、四川辣椒（Szechuan pepper）、芥末（mustard）、白芥末、山葵（horseradish）、日本山葵（Wasabe）、丁香（cloves）和洋葱。

不同辣味食物其产生辣味的化合物是不一样的。红辣椒辣味特征化合物是辣椒素（capsaicin）、二氢辣椒素（dihydrocapsaicin）和高辣椒碱（homocapsaicin）。黑胡椒辣味特征化合物是胡椒碱（piperine）、胡椒新碱（piperanine）、胡椒酰（piperyl）。生姜辣味特征化合物是姜烯（zingiberene）、β-倍半水芹烯（β-sesquiphellandrene）。山葵辣味特征化合物是异硫氰酸烯丙酯（allyl isothiocynate）、黑芥子苷（sinigrin）、白芥子苷（sinalbin）。洋葱辣味特征化合物是丙基二硫噻唑（propyl disulfide thiophene）。大蒜辣味特征化合物是二烯丙基二硫（diallyl disulfide）[38]。

辣味通常用史高维尔辣度单位（Scoville Heat Units，SHU）表示，它是 1912 年由药剂师韦伯・史高维尔（Wilbur L. Scoville）首先提出来的，即以水稀释辣椒，直到舌尖感受不到辣味，稀释倍数即为史高维尔辣度。需要愈多的水稀释，代表它越辣。

辣度级别与 SHU：一级 0~500；二级 500~1000；三级 1000~1500；四级 1500~2500；五级 2500 ~ 5000；六级 5000 ~ 15000；七级 15000 ~ 30000；八级 30000 ~ 50000；九级 50000~100000；十级 > 100000。

辣椒素 SHU=16000000；二氢辣椒素 SHU=15000000；降二氢辣椒素 SHU=9100000；类二氢辣椒素 SHU=8600000；类辣椒素 SHU=8600000；香草壬酰胺 SHU=9200000。

7.4.4　涩味

涩味一词来源于拉丁语 *stringere*，意即“结合的”，也就是说涩味物质可以结合和沉淀蛋白质，增加口腔黏膜的摩擦力（friction）[40]。涩味通常是一种不好的感觉，当然，在某些产品中，涩味是非常重要的，如葡萄酒、咖啡和茶中。

涩味早已被人们所认识，是食品和饮料中重要的感官指标。在早期分类中，涩味被认为是一种主要的和基本的味觉，其重要性并不亚于甜、酸、苦、咸。现在通常认为涩味（astringency）并不是一种味觉，它是一种化学感觉，是由触觉受体受刺激而产生的[40-41]。单宁（tannins）、多酚（polyphenols）、铝盐［aluminium salt，如明矾（alum）］和酸都可以产生涩味[42]。产生涩味的酸既有有机酸如没食子酸（gallic acid）、单宁酸（tannic acid）[43]，也有无机酸[44-45]，如硫酸、盐酸、磷酸等。当酸浓度达800mg/L或体积分数0.08%时，无机酸中盐酸和磷酸的涩味超过酸味[44]；酒石酸呈强烈苦味，而富马酸（fumaric acid）、苹果酸以及富马酸-苹果酸、柠檬酸-苹果酸和柠檬酸-富马酸的混合物呈酸味，但己二酸（adipic acid）和喹啉酸（quinic acid）感觉非常微弱[44]。另一项研究表明，无机酸中的盐酸和磷酸呈强烈涩味和最弱的酸味，但有机酸如乳酸、柠檬酸、乙酸、富马酸和苹果酸并不呈现涩味，只呈酸味[45]。

涩味可以分成两类，即真涩味（true astringents）和假涩味（pseudo astringents）。真涩味是指可以和表皮蛋白反应的那一类；呈假涩味化合物并不和蛋白质反应，但能被感觉到有涩味。假涩味包括肾上腺素（epinephrine）、糊精（dextrins）和冷水[46]。

一些研究将涩味分成四大类，即柔和型涩味（velvety astringency）、颗粒型涩味（grainy astringency）、干燥型涩味（drying astringency）和皱褶型涩味（puckering astringency）[47-48]。柔和型涩味通常是指涩感（astringent sensation）的质地类型（textured kind）是柔和的（silky）和细微的（finely）不平；而皱褶型涩味是面颊表面（cheek surfaces）被拉到一起的反应性行为（reflexive action），并企图润滑口腔表面的现象[49]。无机酸盐酸和磷酸通常呈干燥和粗糙（roughing）涩味[45]。

涩味增加了口腔黏膜间的摩擦力，故描述为口腔中上皮细胞产生的干燥感、收缩感、拉伸感，口腔中产生的粗糙感觉和对面颊拉伸的感觉。饮料酒中酸和单宁是产生涩味的主要物质。单宁与唾液蛋白（salivary protein）结合，而使口腔失去润滑感。

单宁与蛋白质结合有多种方式：一是通过多个氢键作用，即单宁中邻二羟基苯基基团（orthodihydroxylphenyl groups）与蛋白质多肽中的羰基基团形成氢键[50-51]；二是多酚化合物芳香环与蛋白质憎水区（hydrophobic regions）产生憎水相互作用（hydrophobic interactions），且在pH 9.0以上时形成共价相互作用（covalent interactions）[52]；三是在一定pH和蛋白质等电点时，蛋白质分子上阳离子位点与酚盐（phenolate）阴离子会形成离子键（ionic bounds）。但前两者在人体生理条件下是主要的作用方式[40]。脯氨酸合成的富含脯氨酸的肽与多酚的核磁共振研究已经证明，是表面的憎水位点与芳香环相互作用[53]。

酸类化合物对涩味的贡献或者是直接贡献了氢离子；或者是羟基阴离子或未电离酸的氢键结合能力[42]。无羟基的酸类化合物可能是其他机理产生的，如使得唾液中蛋白质变性或直接攻击黏液层（mucous layer）和口腔上皮（oral epithelium）[45]。

7.5 嗅觉闻香技术

7.5.1 简介

天然产物的香味非常复杂，含有的化合物数量成百上千。这些化合物中每一个物质对香味贡献千差万别，微量或痕量化合物对香气的贡献可能要大于那些浓度较高的化合物。在一个特定样品中，如何检测哪一个化合物对香气贡献最大呢？通常认为是 GC-O 技术（图 7-6），这一技术于 1964 年由 Fuller 等人发明[54]。在这一技术中，GC 有一个氢火焰离子化检测器（FID）或 MS 检测器，再安装一个嗅觉闻香部分。样品在进样后，经过色谱柱，被分成二个部分，一部分流出到 FID 或 MS 检测器，另一部分流出到闻香器（olfactometry port）。闻香器通常装有一个形状似漏斗的玻璃组件，用来闻香。一个加湿系统用来增加空气湿度。训练有素的闻香师或香味研究工作者坐在 GC 前闻香，也有的使用昆虫作为气味感受的接收体[55-59]，此技术称为电触角检测器（electroantennographic detection，EAD），此法获得的图谱称为电触角图或触角电图（electroantennogram）[60]。当闻香师闻香时，从 GC 中流出的每一个化合物香气被记录下来，并建立“香气图（aromagram）”。假如“香气图”与 GC-FID 和 GC-MS 图是相匹配的，那么鉴定最重要的或最感兴趣的香气化合物就有了可能。GC-O 技术可以使人们的工作集中到部分香味化合物中来，这些化合物是人们最感兴趣的化合物。接着再用 GC-MS 或制备 GC 来分离、鉴定它们，必要时应使用核磁共振技术（nuclear magnetic resonance，NMR）或红外光谱技术（infra-red spectrum，IR）来阐明那些未知化合物。

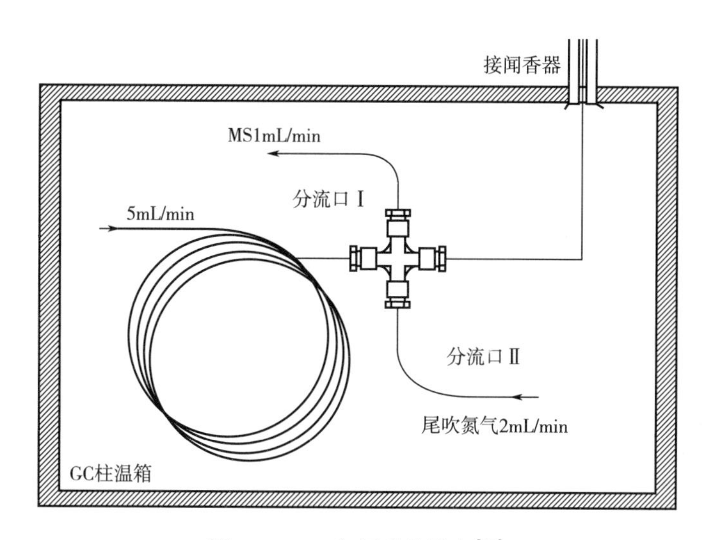

图 7-6 GC 与闻香的设备[61]

GC-O 技术的样品前处理技术通常是 LLE 技术[62-65]，但有时会使用 SPME 技术[66-69]。

7.5.2 风味化合物研究方法

到目前为止，各类食品中已经发现的香气化合物大约有 10000[70]或 12000 种[71]。在葡萄酒中已经检测到的香气化合物有 800~1000 种[72]。是否所有的化合物在食品中均贡献出香味，其回答是否定的。如 Buttery 发现土豆中含有 400 个挥发性成分，但仅有 16 个成分呈现出香味[73]，于是人们就提出了“香味活力值（OAV）”的概念。它是挥发性化合物浓度与该物质香味阈值（threshold）之比。当然对一个天然物质进行香气分析，应该采用表 7-5 中程序。

表 7-5　香气物质分析基本程序

步骤	内　容
第一步	含有挥发性组分的样品用高性能 GC 将挥发性化合物分离，用 CharmAnalysis 技术或 AEDA 技术定性
第二步	用静态顶空技术检测高挥发性化合物
第三步	富集和分离重要的香味物质
第四步	重要香味物质的定量及 OAVs 的计算
第五步	在第四步定量的基础上，用组合的方法再现重要的香味物质（即香气组合），并比较组合后的香气物质与原始的样品的差异
第六步	比较组合的香气模型与缺失一个或多个化合物的香气模型

自从 1984 年 Acree 发明了 CharmAnalysis 技术后（图 7-7），到目前为止，有如下几个方法用于香味化合物的分析。

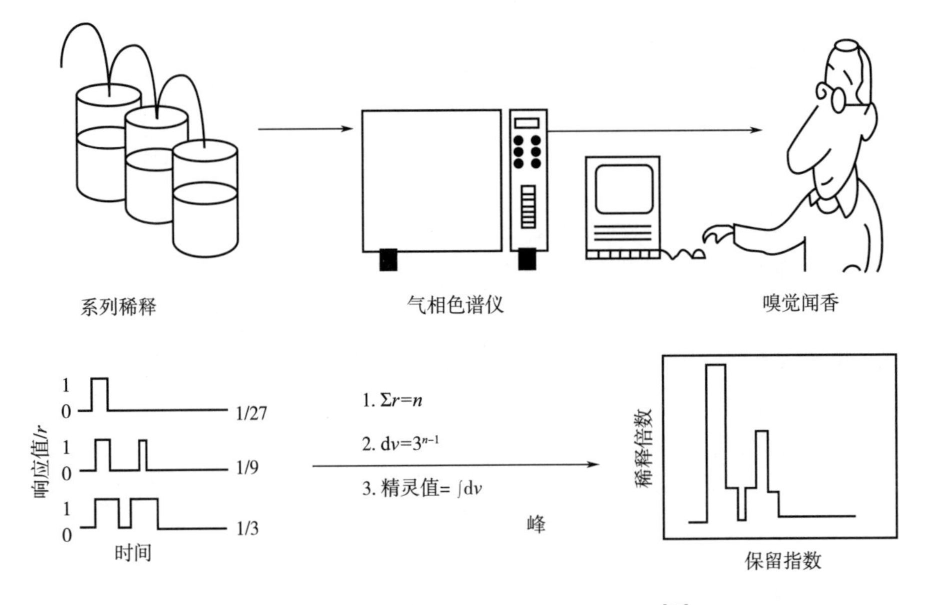

图 7-7　GC-O 系统示意图（精灵分析法）[74]

7.5.2.1 精灵分析

精灵分析（CharmAnalysis）方法，也称香气响应测量分析，由 Acree ①等人于 1984 年发明。该方法是将样品萃取后获得的组分，用逐步稀释方法，如按 1∶1 或 1∶2 比例稀释。每一个稀释用 GC-O 分析[74]。CharmAnalysis 法能形成一个类似色谱图的峰，其峰面积与化合物量成比例，主要测量化合物在流出整个时间内的稀释值。

7.5.2.2 香气萃取稀释分析法

香气萃取稀释分析法（aroma extract dilution analysis，AEDA）：该方法由 Grosch 于 1993 年发明[75-76]。萃取浓缩后的样品按 1∶1 或 1∶2 比例稀释，每一个稀释用 GC-O 方法分析[77]。其结果用香气稀释因子（flavor dilution factor，FD 值）表示（图 7-8 和图 7-9）。FD 值是指最初萃取物中呈香物质浓度与该香味物质最稀时（GC-O 仍能检测到）浓度比。因此，FD 值是一个相对测量值，是化合物在空气中的 OAV 值。AEDA 法已经在风味研究领域得到广泛应用[77]，我国白酒风味研究也已经应用此法[64]。

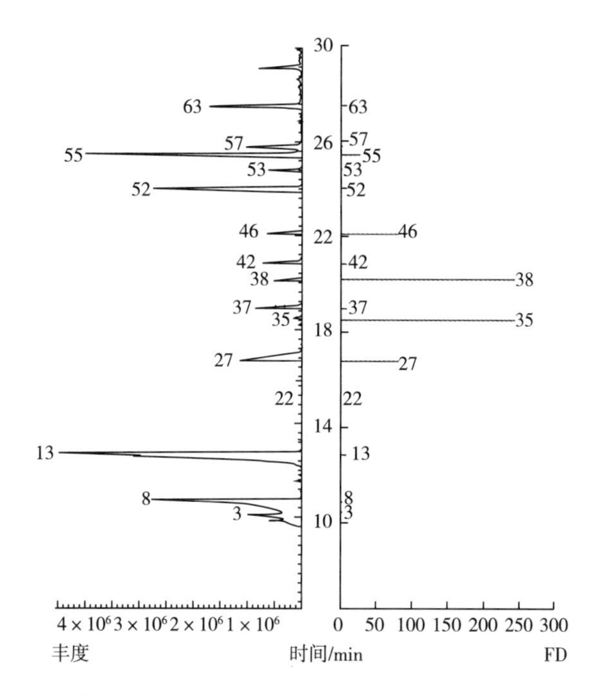

图 7-8 豉香型成品酒 A/W 组分总离子流图（左）及化合物 FD 值（右）[78]

① 全名特里·爱德华·阿克里（Terry Edward Acree），美国康奈尔大学（Cornell University）教授，精灵分析技术创始人。

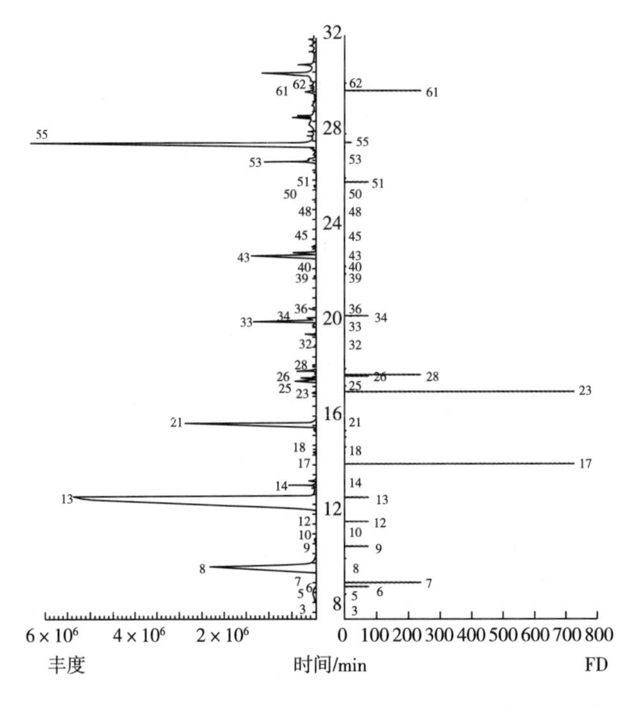

图 7-9　豉香型成品酒 N/B 组分总离子流图（左）及化合物 FD 值（右）[78]

7.5.2.3　Osme 技术

Osme 一词来源于希腊语，意思为“闻香（smell）”。Osme 技术由 McDaniel 等人开发[79]。该方法是萃取获得的样品，不经稀释，直接进行 GC-O 分析（图 7-10），记录香气强度（图 7-11 右）。将几个感官品尝人员记录到的香气强度进行平均，即为香气强度值，此法又称为 GC-香气强度法（GC-intensity）。Osme 技术考虑了斯蒂文斯法则（Stevens' Law），它测量的是香气物质的时间-强度值（time-intensity）[65]。

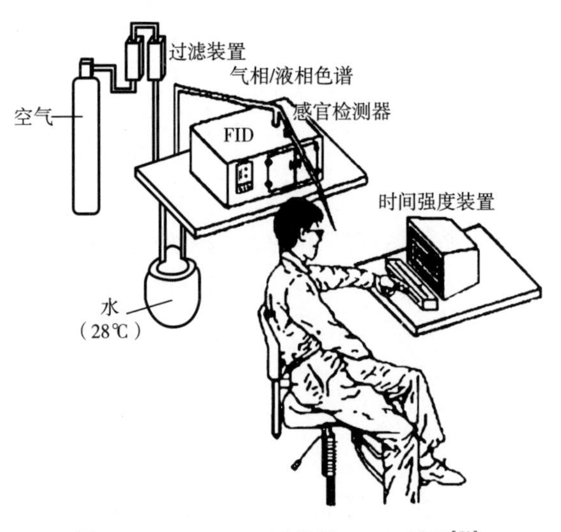

图 7-10　McDaniel 开发的 Osme 系统[79]

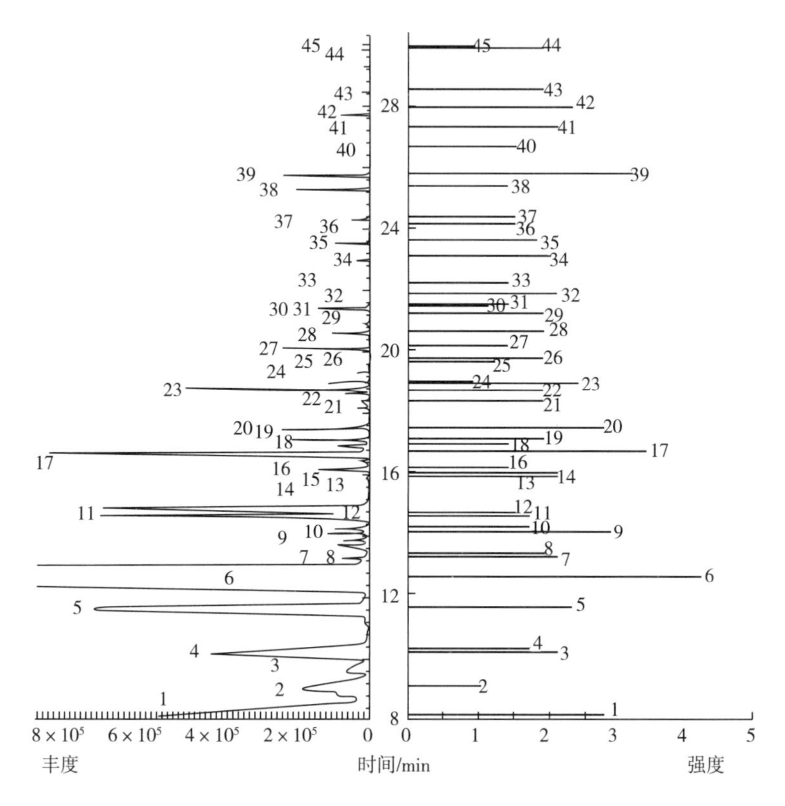

图 7-11 景芝酒中性组分风味物质总离子流图（左）及对应香气强度值（右）[80]

1—丁酸乙酯；2—2-甲基丙醇；3—1-丁醇；4—戊酸乙酯；5—3-甲基丁醇；6—己酸乙酯；7—丁酸-3-甲基丁酯；8—乙酸己酯；9—2-庚醇；10—己酸丙酯；11—庚酸乙酯；12—乳酸乙酯；13—壬醛；14—二甲基三硫；15—3-辛醇；16—己酸丁酯；17—辛酸乙酯；18—1-庚醇；19—己酸异戊酯；20—糠醛；21—丙酸辛酯；22—壬酸乙酯；23—苯甲醛；24—1-辛醇；25—α-雪松烯；26—5-甲基-2-糠醛；27—己酸己酯；28—癸酸乙酯；29—苯乙醛；30—丁二酸二乙酯；31—苯甲酸乙酯；32—α-萜品醇；33—3-甲硫基丙醇；34—萘；35—2-苯乙酸乙酯；36—乙酸-2-苯乙酯；37—月桂酸乙酯；38—3-苯丙酸乙酯；39—2-苯乙醇；40—丁酸-2-苯乙酯；41—苯酚；42—γ-壬内酯；43—4-甲基苯酚；44—己酸-2-苯乙酯；45—4-乙基苯酚。

研究者用配有嗅觉探测器（ODP）的 GC-MS 或 GC-FID 完成 GC-O 分析，柱流量的一半进入质谱检测器，而另一半则进入嗅觉探测器。选 2 名或多名闻香员进行 GC-O 闻香，每一成员均熟悉饮料酒香气，并且培训时间超过 1 个月。对香气的响应用 6 个级别来表示强弱程度，范围从 0 到 5，“0”表示没有香气，“1”表示香气极弱，“3”表示中等强度香气，“5”表示极强香气[65, 81]；或使用 16 个级别表示香气强弱程度，“0”表示没有香气，“7”表示中等强度香气，“15”表示极强香气[63]。每次闻香记录保留时间、强度值和香气描述。每个组分每人重复 3 次，如 2 名闻香员，则共计 6 次闻香，取平均值作为最终的香气强度值。

7.5.2.4 香气萃取浓缩分析法

香气萃取浓缩分析法（aroma extract concentration analysis，AECA）：该方法 1996 年由 Grosch 等人开发[82]。它与 AEDA 法正好相反。先对处理后的样品闻香，然后对该样品逐步浓缩，全部样品用 GC-O 分析。该法避免了那些在 AEDA 中可能分解的化合物 FD 值的低估。

7.5.2.5 香气全面分析法

香气全面分析法（odor global analysis，OGA）：该方法也称嗅觉影响频次法（nasal impact frequency，NIF）或表面嗅觉影响频次法（surface of nasal impact frequency，SNIF），由 Pollien 等人 1997 年开发[83]。该法类似于 Osme 技术，但香气图上每一个峰并不是挥发性化合物的香气强度，而是它的检测频次。

7.5.2.6 静态顶空闻香法

静态顶空闻香法（static headspace olfactometry，SHO）[84]：将样品置于顶空瓶中，如 15mL 果汁置于 100mL 顶空瓶中，密封。室温平衡 30min。在样品平衡后，使用气密针（gas-tight syringe）取样，冷聚焦到熔融硅捕集器上，最后进入色谱柱中，再闻香。稀释分析时，不断减少顶空样品体积（如 10mL 直到 0.32mL）嗅觉闻香。

7.6 味觉和化学觉判别技术

呈味或化学觉类化合物一般是沸点较高，难以挥发的化合物。对于这类化合物，通常采用以下方式进行分离[34, 85]。

（1）直接真空旋转蒸发浓缩或冻干，或先用有机溶剂（如乙酸乙酯）萃取后，再真空旋转蒸发浓缩或冻干。

（2）浓缩后用水溶解，并进行人工品尝，判断味觉或化学觉物质的提取、分离情况。

（3）采用柱色谱或 HPLC 技术进行多组分分离（图 7-12）。将浓缩后的样品，分离成 n 个组分，人工品尝目标呈味或化学觉物质所有组分，并进行鉴定。

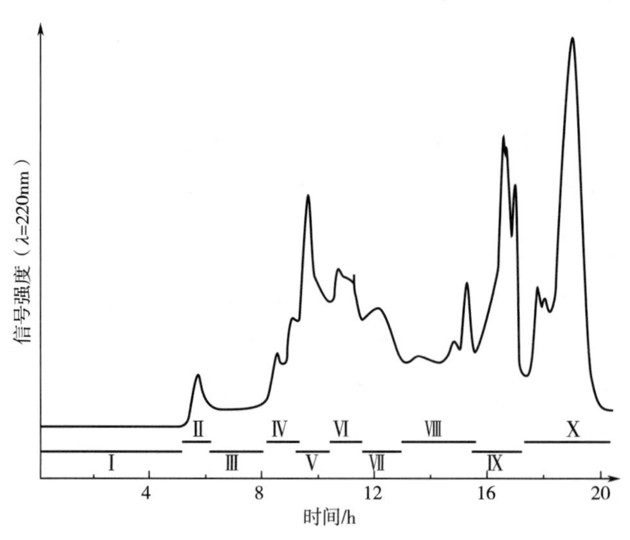

图 7-12 低分子质量化合物凝胶吸附色谱图（$\lambda=220$nm）[33]

注：图中Ⅰ-Ⅹ是指分离成 10 个组分。

（4）如目标所在组分仍然复杂，则再次进行柱色谱或 HPLC 分离，鉴定。

（5）味觉稀释分析技术（taste dilution analysis，TDA）：该技术是 Hofmann 于 2001 年首先报道[34]，采用溶剂按 1∶1 比例对目标组分进行逐步稀释（图 7-13），并同时进行品尝鉴定，品尝采用三角试验法。

（6）化合物鉴定：需要进一步进行结构鉴定时，需要使用 MS、红外光谱（IR）和 NMR 技术。

（7）重构确认。

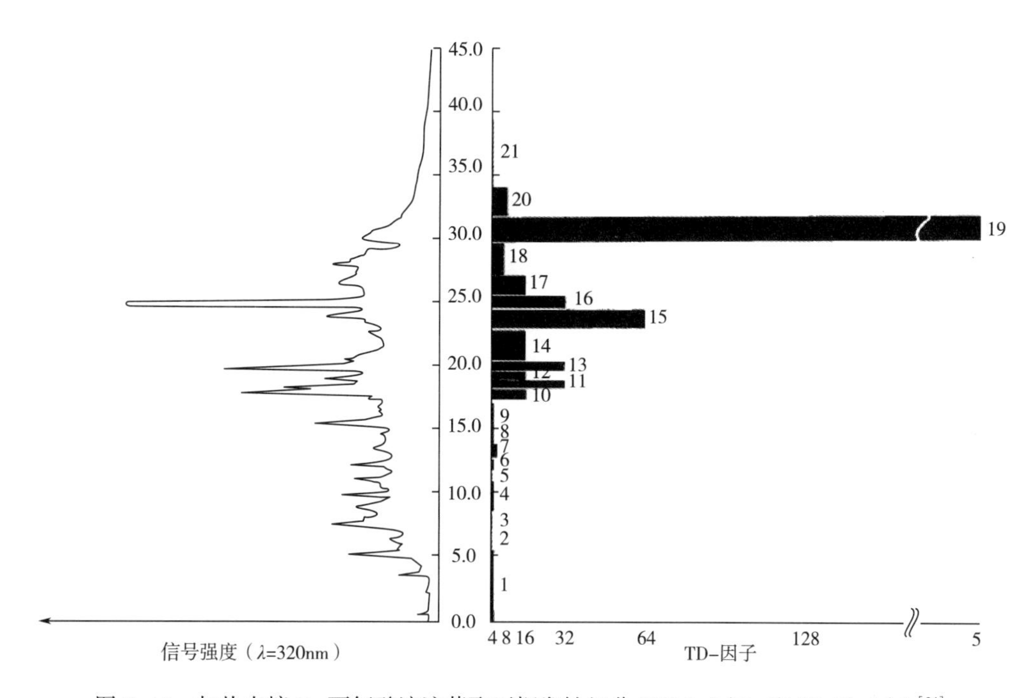

图 7-13 加热木糖/L-丙氨酸溶液萃取不挥发性组分 HPLC（左）和 TD 图（右）[34]

TDA 技术已经在袋泡红茶[86-87]、可可粉[88-89]、焙烤咖啡[90-91]、威士忌和橡木[92]、红醋栗果汁[93]、红葡萄酒[48]、奶酪[94]、啤酒花和啤酒[95-96]、黑胡椒[97]和芦笋[98]味觉成分研究中得到广泛应用。

应用该技术，还检测到了一批味觉调节剂（modulator），如厚味增强剂（kokumi-enhancing），干酪[99]和豆子[100]中 γ-谷氨酰基肽（γ-glutamyl peptide）、煎牛排中 N-(1-甲基-4-氧-咪唑啶-2-亚基)-α-氨基酸［N-(1-methyl-4-oxo-imidazolidin-2-ylidene)-α-amino acid］[101]；鲜味增强剂，羊肚菌（morel mushroom）中（S)-莫雷德［(S)-morelid］[102]、酵母浸膏中 N, N-(1-羧乙基）鸟苷 5′-单磷酸［N^2-(1-carboxyethyl) guanosine 5′-monophosphate］及其同系物[24, 103]；甜味调节剂，传统香醋中 5-乙酰氧基甲基-2-糠醛（5-acetoxymethyl-2-furfural)[34]等。

7.7 相关阅读材料

7.7.1 颜色稀释分析技术

嗅觉化合物研究使用 AEDA 技术，味觉化合物研究采用 TDA 技术，颜色研究则可以使用颜色稀释分析技术（color dilution analysis，CDA）[104-106]。

7.7.2 类黑精分离与提取

新粉碎咖啡粉 50g 溶解于温度 80~90℃热水中，多次萃取直到没有颜色出现，热水总体积大约 1L。水溶液用二氯甲烷萃取，以去除脂肪。萃余液冻干，获得约 12.5g 残留物。残留物溶解于 20mL 蒸馏水中。

方法一是使用超滤（ultrafiltration）法，后冻干，获得 0.44 g 类黑精。方法二是使用凝胶渗透色谱（GPC），用 Sephadex G-25（柱 75cm×5cm 内径）。20mL 复溶物从柱子顶端倒入，用水以 4mL/min 洗脱，产生 4 个组分：组分Ⅰ（重 258mg，13000~6000u）；组分Ⅱ（221mg，8000~12000u）；组分Ⅲ（570mg，3000~6000u）；组分Ⅳ（141mg，1500~3000u）。流出物使用吉尔松光度计（Gilson photometer）在 405nm 处监测。分子质量范围使用聚苯乙烯磺酸盐（polystyrene sulfonate）作为校正标准品[107-108]。

类黑精分离与提取还有酒精法等[109]。

7.7.3 美拉德反应产生色素类化合物提取与鉴定

大部分美拉德反应会产生色素。如糠醛与 L-脯氨酸在 pH 7.0 水溶液中加热反应，会产生黄色化合物，该黄色化合物经一维和二维 NMR、MS、UV 和 IR 鉴定为（5*S*)-(2-羧基-1-吡咯烷基)-2-羟基-(*E*,*E*)-2,4-戊二烯-(*S*)-(2-羧基吡咯烷）亚胺［(5*S*)-(2-carboxy-1-pyrrolidinyl)-2-hydroxy-(*E*,*E*)-2,4-pentadienal-(*S*)-(2-carboxypyrrolidine) imine］（图 7-14），进一步加热此化合物，会产生一个闭环反应，形成（*E*)-4-双

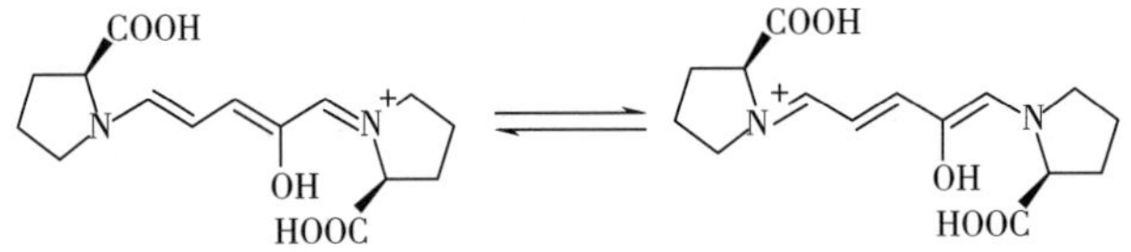

图 7-14　(5*S*)-(2-羧基-1-吡咯烷基)-2-羟基-(*E*,*E*)-2,4-戊二烯-(*S*)-(2-羧基吡咯烷）亚胺（右）

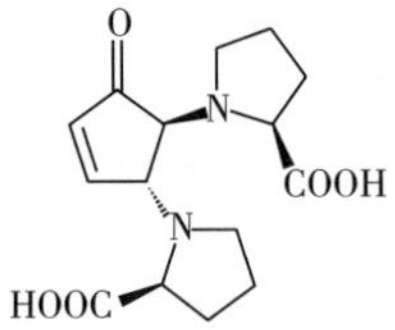

(*E*)-4-双［(*S*)-2-羧基-1-*p*-吡咯烷基］-2-环戊烯-1-酮

［(*S*)-2-羧基-1-*p*-吡咯烷基］-2-环戊烯-1-酮｛(*E*)-4-bis［(*S*)-2-carboxy-1-pyrrolidinyl］-2-cyclopenten-1-one｝[110]。

糠醛与L-脯氨酸反应体系中（5*S*)-(2-羧基-1-吡咯烷基)-2-羟基-(*E*,*E*)-2,4-戊二烯-(*S*)-(2-羧基吡咯烷）亚胺分离[110]：50mmol L-脯氨酸和50mmol糠醛溶解于15mL水中，50℃加热15min，未反应的糠醛用乙醚萃取（5×15mL）去除，水相冻干。残留物溶解于3mL甲醇中，然后用硅胶色谱柱（40cm×2cm）分馏，进样量1mL，硅胶浸泡在乙醚溶液中。先用乙酸乙酯（200mL）洗脱，再用不同比例乙酸乙酯和甲醇洗脱（80：20，60：40，50：50，体积比），每次用量100mL。使用40：60（体积比）乙酸乙酯和甲醇（300mL）溶剂洗脱出来的黄色最深。真空去除溶剂，溶解于3mL 0.1%三氟乙酸水溶液中。色素化合物使用RP-18固定相柱急骤层析（flash chromatography），以进一步纯化。色谱柱（20×1.6cm）先用0.1%三氟乙酸洗涤，上样，用200mL同样溶剂洗脱，色素类化合物被混合液甲醇和0.1%三氟乙酸水溶液（30：70，体积比，200mL）洗脱。真空去除溶剂，冻干，获得黄色固体。进一步获得高纯度化合物需要制备RP-HPLC，在446nm处获得。开始时使用15：85（体积比）乙腈与0.1%三氟乙酸混合溶剂，在50min内，乙腈含量增加到100%。色素化合物在10.5~11.5min收集，冻干，进行NMR等相关鉴定[110]。

参考文献

［1］Breslin P A S. Human gustation and flavour［J］. Flav Fragr J, 2001, 16（6）: 439-456.

［2］Rowe D J. Chemistry and Technology of Flavors and Fragrances［M］. Oxford: Blackwell Publishing Ltd., 2005.

［3］Sell C S, Begley T P. Olfaction, chemical biology of. In Wiley Encyclopedia of Chemical Biology［M］. New York: John Wiley & Sons Inc., 2007.

［4］Ubeda C, Callejón R M, Troncoso A M, et al. Characterization of odour active compounds in strawberry vinegars［J］. Flav Fragr J, 2012, 27（4）: 313-321.

［5］Plotto A, Barnes K W, Goodner K L. Specific anosmia observed for β-ionone, but not for α-ionone: Significance for flavor research［J］. J Food Sci, 2006, 71（5）: S401-S406.

［6］丁耐克. 食品风味化学［M］. 北京：中国轻工业出版社，1996.

［7］Amoore, E. 匂い-その分子構造［M］. 東京：恒星社厚生閣，1988.

［8］Amoore J E, Venstrom D, Davis A R. Measurement of specific anosmia［J］. Perceptual and Motor Skills, 1968, 26: 143-164.

［9］Clarke R J, Bakker J. Wine flavour chemistry［M］. Oxford: Blackwell Publishing Ltd., 2004.

［10］Coetzee C, Brand J, Emerton G, et al. Sensory interaction between 3-mercaptohexan-1-ol, 3-isobutyl-2-methoxypyrazine and oxidation-related compounds［J］. Aust J Grape Wine Res, 2015, 21（2）: 179-188.

［11］Noble A C, Arnold R A, Buechsenstein J, et al. Modification of a standardized system of wine aroma terminology［J］. Am J Enol Vitic, 1987, 38（2）: 143-146.

［12］Campo E, Ferreira V, Escudero A, et al. Prediction of the wine sensory properties related to grape variety from dynamic-headspace gas chromatography-olfactometry data［J］. J Agri Food Chem, 2005, 53（14）: 5682-5690.

[13] Mayr C M, Geue J P, Holt H E, et al. Characterization of the key aroma compounds in Shiraz wine by quantitation, aroma reconstitution, and omission studies [J]. J Agri Food Chem, 2014, 62 (20): 4528–4536.

[14] Antalick G, Tempère S, Šuklje K, et al. Investigation and sensory characterization of 1,4–cineole: A potential aromatic marker of Australian Cabernet sauvignon wine [J]. J Agri Food Chem, 2015, 63 (41): 9103–9111.

[15] Wong K H, Abdul Aziz S, Mohamed S. Sensory aroma from Maillard reaction of individual and combinations of amino acids with glucose in acidic conditions [J]. Int J Food Sci Technol, 2008, 43 (9): 1512–1519.

[16] Batenburg M, van der Velden R. Saltiness enhancement by savory aroma compounds [J]. J Food Sci, 2011, 76 (5): S280–S288.

[17] Aylott R. Whisky analysis. In Whisky: Technology, Production and Marketing [M]. London: Elsevier Ltd. 2003.

[18] Lee K Y M, Paterson A, Piggott J R, et al. Origins of flavour in whiskies and a revised flavour wheel: a review [J]. J Inst Brew, 2001, 107 (5): 287–313.

[19] Meyerhof W, Behrens M, Brockhoff A, et al. Human bitter taste perception [J]. Chem Senses, 2005, 30 (suppl 1): i14–i15.

[20] de Rijke E, Ruisch B, Bakker J, et al. LC–MS study to reduce ion suppression and to identify *N*–lactoylguanosine 5′–monophosphate in bonito: A new umami molecule? [J]. J Agri Food Chem, 2007, 55 (16): 6417–6423.

[21] Ikeda K. New seasonings [J]. Chem Senses, 2002, 27 (9): 847.

[22] Nelson G, Chandrashekar J, Hoon M A, et al. An amino – acid taste receptor [J]. Nature, 2002, 416 (6877): 199–202.

[23] Behrens M, Meyerhof W, Hellfritsch C, et al. Sweet and umami taste: Natural products, their chemosensory targets, and beyond [J]. Angew Chem Int Edit, 2011, 50 (10): 2220–2242.

[24] Festring D, Hofmann T. Systematic studies on the chemical structure and umami enhancing activity of Maillard–modified guanosine 5′–monophosphates [J]. J Agri Food Chem, 2011, 59 (2): 665–676.

[25] 中国标准化研究院. 感官分析方法术语: GB/T 10221 [S]. 北京: 中国轻工业出版社, 1998.

[26] Amerine M A. Composition of wines. I. organic constituents. In Advances in Food Research [M]. New York: Academic Press, 1954; Vol. 5: 353–510.

[27] Kim M – R, Yukio K, Kim K M, et al. Tastes and structures of bitter peptide, asparagine – alanine–leucine – proline – glutamate, and its synthetic analogues [J]. J Agri Food Chem, 2008, 56 (14): 5852–5858.

[28] Lindemann B, Ogiwara Y, Ninomiya Y. The discovery of umami [J]. Chem Senses, 2002, 27 (9): 843–844.

[29] Yamaguchi S, Ninomiya K. Umami and food palatability [J]. J Nut, 2000, 130 (4S Suppl): 921S–926S.

[30] Kurihara, K. Umami the fifth basic taste: history of studies on receptor mechanisms and role as a food flavor [J]. BioMed Res. Int, 2015, 6 (7): 189–202.

[31] van Wassenaar P D, van den Oord A H A, Schaaper W M M. Taste of "delicious" beefy meaty peptide. Revised [J]. J Agri Food Chem, 1995, 43 (11): 2828–2832.

[32] Reilly C E. L–glutamate receptor identified as taste receptor of umami [J]. J Neurol, 2000, 247 (5): 402–403.

[33] Glendinning J I, Chaudhari N, Kinnamon S C. Taste transduction and molecular biology. In The Neu-

robiology of Taste and Smell [M]. 2nd ed. New York: Wiley-Liss Inc., USA, 2000.

[34] Hillmann H, Mattes J, Brockhoff A, et al. Sensomics analysis of taste compounds in balsamic vinegar and discovery of 5-acetoxymethyl-2-furaldehyde as a novel sweet taste modulator [J]. J Agri Food Chem, 2012, 60 (40): 9974-9990.

[35] Frank O, Ottinger H, Hofmann T. Characterization of an intense bitter-tasting 1*H*, 4*H*-quinolizinium-7-olate by application of the taste dilution analysis, a novel bioassay for the screening and identification of taste-active compounds in foods [J]. J Agri Food Chem, 2001, 49: 231-238.

[36] Meyer S, Dunkel A, Hofmann T. Sensomics-assisted elucidation of the tastant code of cooked crustaceans and taste reconstruction experiments [J]. J Agri Food Chem, 2016, 64 (5): 1164-1175.

[37] Bredie W L P, Møller P 1. Overview of sensory perception. In Alcoholic Beverages [M]. Piggott J, ed. Cambridge: Woodhead Publishing, 2012.

[38] Reineccius G. Flavor Chemistry and Technology [M]. 2th ed, Oxford: Taylor & Francis Group, 2006.

[39] Embuscado M E, Patil S K. Erythritol. In Alternative Sweeteners [M], 3th ed. New York: Marcel Dekker, Inc., 2001; 235-254.

[40] Kallithraka S, Bakker J, Clifford M N. Red wine and model wine astringency as affected by malic and lactic acid [J]. J Food Sci, 1997, 62 (2): 416-420.

[41] Kallithraka S, Bakker J, Clifford M N. Effect of pH on astringency in model solutions and wines [J]. J Agri Food Chem, 1997, 45 (6): 2211-2216.

[42] Lawless H T, Corrigan C J, Lee C B. Interactions of astringent substances [J]. Chem Senses, 1994, 19 (2): 141-154.

[43] Lee C B, Lawless H T. Time-course of astringent sensations [J]. Chem Senses, 1991, 16 (3): 225-238.

[44] Rubico S M, McDaniel M R. Sensory evaluation of acids by free-choice profiling [J]. Chem Senses, 1992, 17 (3): 273-289.

[45] Thomas C J, Lawless H T. Astringent subqualities in acids [J]. Chem Senses, 1995, 20 (6): 593-600.

[46] Lawless H T. Descriptive analysis of complex odors: reality, model or illusion? [J]. Food Qual Pref, 1999, 10: 325-332.

[47] Gawel R, Iland P G, Francis I L. Characterizing the astringency of red wine: a case study [J]. Food Qual Pref, 2001, 12 (1): 83-94.

[48] Hufnagel J C, Hofmann T. Orosensory-directed identification of astringent mouthfeel and bitter-tasting compounds in red wine [J]. J Agri Food Chem, 2008, 56 (4): 1376-1386.

[49] Hufnagel J C, Hofmann T. Quantitative reconstruction of the nonvolatile sensometabolome of a red wine [J]. J Agri Food Chem, 2008, 56 (19): 9190-9199.

[50] Haslam, E. Polyphenol-protein interactions [J]. Biochem J, 1974, 139 (1): 285-288.

[51] Guinard J X, Pangborn R M, Lewis M J. Preliminary studies on acidity-astringency interactions in model solutions and wines [J]. J Sci Food Agri, 1986, 37 (8): 811-817.

[52] Hagerman A E, Butler L G. The specificity of proanthocyanidin-protein interactions [J]. J Biol Chem, 1981, 256 (9): 4494-4497.

[53] Murray N J, Williamson M P. Conformational study of a salivary proline-rich protein repeat sequence [J]. Eur J Biochem, 1994, 219 (3): 915-921.

[54] Fuller G H, Steltenkamp R, Tisserand G A. The gas chromatography with human sensor: Perfumer

model [J]. Ann NY Acad Sci, 1964, 116 (2): 711-724.

[55] Moorhouse J E, Yeadon R, Beevor P S, et al. Method for use in studies of insect chemical communication [J]. Nature, 1969, 223 (5211): 1174-1175.

[56] Henning J A, Teuber L R. Cornbined gas chromatography-electroantennogram characterization of alfalfa floral volatiles recognized by honey bees (Hymenoptera: Apidae) [J]. J Eco Entomol, 1992, 85 (1): 226-232.

[57] Thiery D, Bluet J M, Pham-Delegue M-H, et al. Sunflower aroma detection by the honeybee. Study by coupling gas chromatography and electroantennography [J]. J Chem Ecol, 1990, 16 (3): 701-711.

[58] Blight M, Métayer M, Delègue M-H, et al. Identification of floral volatiles involved in recognition of oilseed rape flowers, *Brassica napus* by honeybees, *Apis mellifera* [J]. J Chem Ecol, 1997, 23 (7): 1715-1727.

[59] Twidle A M, Mas F, Harper A R, et al. Kiwifruit flower odor perception and recognition by honey bees, *Apis mellifera* [J]. J Agri Food Chem, 2015, 63 (23): 5597-5602.

[60] Schiestl F P, Roubik D W. Odor compound detection in male euglossine bees [J]. J Chem Ecol, 2003, 29 (1): 253-257.

[61] Debonneville C, Orsier B, Flament I, et al. Improved hardware and software for quick gas chromatography-olfactometry using CHARM and GC-"SNIF" analysis [J]. Anal Chem, 2002, 74: 2345-2351.

[62] Fan H, Fan W, Xu Y. Characterization of key odorants in Chinese chixiang aroma-type liquor by gas chromatography-olfactometry, quantitative measurements, aroma recombination, and omission studies [J]. J Agri Food Chem, 2015, 63 (14): 3660-3668.

[63] Fan W, Qian M C. Identification of aroma compounds in Chinese 'Yanghe Daqu' liquor by normal phase chromatography fractionation followed by gas chromatography/olfactometry [J]. Flav Fragr J, 2006, 21 (2): 333-342.

[64] Fan W, Qian M C. Characterization of aroma compounds of Chinese "Wuliangye" and "Jiannanchun" liquors by aroma extraction dilution analysis [J]. J Agri Food Chem, 2006, 54 (7): 2695-2704.

[65] Gao W, Fan W, Xu Y. Characterization of the key odorants in light aroma type Chinese liquor by gas chromatography-olfactometry, quantitative measurements, aroma recombination, and omission studies [J]. J Agri Food Chem, 2014, 62 (25): 5796-5804.

[66] Fan W, Qian M C. Headspace solid phase microextraction (HS-SPME) and gas chromatography-olfactometry dilution analysis of young and aged Chinese "Yanghe Daqu" liquors [J]. J Agri Food Chem, 2005, 53 (20): 7931-7938.

[67] Fuchsmann P, Stern M T, Brügger Y-A, et al. Olfactometry profiles and quantitation of volatile sulfur compounds of Swiss Tilsit cheeses [J]. J Agri Food Chem, 2015, 63 (34): 7511-7521.

[68] Cramer A-C J, Mattinson D S, Fellman J K, et al. Analysis of volatile compounds from various types of barley cultivars [J]. J Agri Food Chem, 2005, 53: 7526-7531.

[69] Aceña L, Vera L, Guasch J, et al. Chemical characterization of commercial Sherry vinegar aroma by headspace solid-phase microextraction and gas chromatography-olfactometry [J]. J Agri Food Chem, 2011, 59: 4062-4070.

[70] Dunkel A, Steinhaus M, Kotthoff M, et al. Nature's chemical signatures in human olfaction: a foodborne perspective for future biotechnology [J]. Angew Chem Int Edit, 2014, 53 (28): 7124-7143.

[71] Schieberle P, Hofmann T. Mapping the combinatorial code of food flavors by means of molecular sensory science approach. In Food Flavors [M]. New York: CRC Press, 2011.

[72] Robinson A L, Boss P K, Heymann H, et al. Development of a sensitive non-targeted method for

characterizing the wine volatile profile using headspace solid-phase microextraction comprehensive two-dimensional gas chromatography time-of-flight mass spectrometry [J]. J Chromatogr A, 2011, 1218 (3): 504-517.

[73] Buttery R G. Quantitative and sensory aspects of flavor of tomato and other vegetables and fruits. In Flavor Science. Sensible Principles and Techniques [M]. Washington DC : American Chemical Society, 1993.

[74] Acree T E. Bioassys for flavor. In Flavor Science. Sensible Principles and Techniques [M]. Washington DC: American Chemical Society, 1993.

[75] Grosch W. Evaluation of the key odorants of foods by dilution experiments, aroma models and omission [J]. Chem Senses, 2001, 26 (5): 533-545.

[76] Schieberle P, Grosch W. Evaluation of the flavour of wheat and rye bread crusts by aroma extract dilution analysis [J]. Z Lebensm Unters Forsch, 1987, 185 (2): 111-113.

[77] Grosch W. Detection of potent odorants in foods by aroma extract dilution analysis [J]. Trends Food Sci Technol, 1993, 4 (3): 68-73.

[78] 范海燕. 豉香型成品白酒及其斋酒的香气物质 [D]. 无锡: 江南大学, 2015.

[79] McDaniel M R, Miranda-Lopez R, Waston B T, et al. Pinot noir aroma: A sensory/gas chromatographic approach. In Flavors Off-Flavors'89 [M]. Amsterdam: Elsevier Publ, 1990: 23.

[80] 周庆云. 芝麻香型白酒风味物质研究 [D]. 无锡: 江南大学, 2015.

[81] 罗涛. 清爽型黄酒特征香气及麦曲对其香气的影响 [D]. 无锡: 江南大学, 2010.

[82] Kerscher R, Grosch W. Comparative evaluation of potent odorants of boiled beef by aroma extract dilution and concentration analysis [J]. Z Lebensm Unters Forsch A, 1997, 204 (1): 3-6.

[83] Pollien P, Ott A, Montigon F, et al. Hyphenated headspace-gas chromatography-sniffing technique: Screening of impact odorants and quantitative aromagram comparisons [J]. J Agri Food Chem, 1997, 45 (7): 2630-2637.

[84] Hinterholzer A, Schieberle P. Identification of the most odour-active volatiles in fresh, hand-extracted juice of Valencia late oranges by odour dilution techniques [J]. Flav Fragr J, 1998, 13: 49-55.

[85] Ottinger H, Bareth A, Hofmann T. Characterization of natural "cooling" compounds formed from glucose and L-proline in dark malt by application of taste dilution analysis [J]. J Agri Food Chem, 2001, 49: 1336-1344.

[86] Scharbert S, Holzmann N, Hofmann T. Identification of the astringent taste compounds in black tea infusions by combining instrumental analysis and human bioresponse [J]. J Agri Food Chem, 2004, 52: 3498-3508.

[87] Scharbert S, Hofmann T. Molecular definition of black tea taste by means of quantitative studies, taste reconstitution, and omission experiments [J]. J Agri Food Chem, 2005, 53 (13): 5377-5384.

[88] Stark T, Hofmann T. Isolation, structure determination, synthesis, and sensory activity of *N*-phenylpropenoyl-L-amino acids from cocoa (*Theobroma cacao*) [J]. J Agri Food Chem, 2005, 53 (13): 5419-5428.

[89] Stark T, Bareuther S, Hofmann T. Sensory-guided decomposition of roasted cocoa nibs (*Theobroma cacao*) and structure determination of taste-active polyphenols [J]. J Agri Food Chem, 2005, 53 (13): 5407-5418.

[90] Frank O, Zehentbauer G, Hofmann T. Bioresponse-guided decomposition of roast coffee beverage and identification of key bitter taste compounds [J]. Eur Food Res Technol, 2006, 222 (5): 492-508.

[91] Frank O, Blumberg S, Kunert C, et al. Structure determination and sensory analysis of bitter-tasting 4-vinylcatechol oligomers and their identification in roasted coffee by means of LC-MS/MS [J]. J Agri Food Chem, 2007, 55 (5): 1945-1954.

[92] Glabasnia A, Hofmann T. Sensory-directed identification of taste-active ellagitannins in American (*Quercus alba* L.) and European oak wood (*Quercus robur* L.) and quantitative analysis in Bourbon whiskey and oak-matured red wines [J]. J Agri Food Chem, 2006, 54: 3380-3390.

[93] Schwarz B, Hofmann T. Sensory-guided decomposition of red currant juice (*Ribes rubrum*) and structure determination of key astringent compounds [J]. J Agri Food Chem, 2007, 55 (4): 1394-1404.

[94] Toelstede S, Hofmann T. Sensomics mapping and identification of the key bitter metabolites in Gouda cheese [J]. J Agri Food Chem, 2008, 56 (8): 2795-2804.

[95] Intelmann D, Kummerlöwe G, Haseleu G, et al. Structures of storage-induced transformation products of the beer's bitter principles, revealed by sophisticated NMR spectroscopic and LC-MS techniques [J]. Chemistry, 2009, 15 (47): 13047-13058.

[96] Haseleu G, Intelmann D, Hofmann T. Structure determination and sensory evaluation of novel bitter compounds formed from β-acids of hop (*Humulus lupulus* L.) upon wort boiling [J]. Food Chem, 2009, 116 (1): 71-81.

[97] Dawid C, Henze A, Frank O, et al. Structural and sensory characterization of key pungent and tingling compounds from black pepper (*Piper nigrum* L.) [J]. J Agri Food Chem, 2012, 60: 2884-2895.

[98] Dawid C, Hofmann T. Identification of sensory-active phytochemicals in asparagus (*Asparagus officinalis* L.) [J]. J Agri Food Chem, 2012, 60 (48): 11877-11888.

[99] Toelstede S, Dunkel A, Hofmann T. A Series of kokumi peptides impart the long-lasting mouthfulness of matured Gouda cheese [J]. J Agri Food Chem, 2009, 57 (4): 1440-1448.

[100] Dunkel A, Köster J, Hofmann T. Molecular and sensory characterization of γ-glutamyl peptides as key contributors to the kokumi taste of edible beans (*Phaseolus vulgaris* L.) [J]. J Agri Food Chem, 2007, 55 (16): 6712-6719.

[101] Sonntag T, Kunert C, Dunkel A, et al. Sensory-guided identification of *N*-(1-methyl-4-oxoimidazolidin-2-ylidene) -α-amino acids as contributors to the thick-sour and mouth-drying orosensation of stewed beef juice [J]. J Agri Food Chem, 2010, 58 (10): 6341-6350.

[102] Rotzoll N, Dunkel A, Hofmann T. Activity-guided identification of (*S*)-malic acid 1-*O*-D-glucopyranoside (morelid) and γ-aminobutyric acid as contributors to umami taste and mouth-drying oral sensation of morel mushrooms (*Morchella deliciosa* Fr.) [J]. J Agri Food Chem, 2005, 53 (10): 4149-4156.

[103] Festring D, Hofmann T. Discovery of N^2-(1-carboxyethyl) guanosine 5'-monophosphate as an umami-enhancing Maillard-modified nucleotide in yeast extracts [J]. J Agri Food Chem, 2010, 58 (19): 10614-10622.

[104] Hofmann T. Characterization of the most intense coloured compounds from Maillard reactions of pentoses by application of colour dilution analysis [J]. Carbohydr Res, 1998, 313 (3-4): 203-213.

[105] Hofmann T. Acetylformoin-A chemical switch in the formation of colored Maillard reaction products from hexoses and primary and secondary amino acids [J]. J Agri Food Chem, 1998, 46 (10): 3918-3928.

[106] Frank O, Jezussek M, Hofmann T. Characterisation of novel 1*H*,4*H*-quinolizinium-7-olate chromophores by application of colour dilution analysis and high-speed countercurrent chromatography on thermally browned pentose/L-alanine solutions [J]. Eur Food Res Technol, 2001, 213 (1): 1-7.

[107] Hofmann T, Czerny M, Calligaris S, et al. Model studies on the influence of coffee melanoidins on flavor volatiles of coffee beverages [J]. J Agri Food Chem, 2001, 49 (5): 2382-2386.

[108] Hofmann T, Schieberle P. Chemical interactions between odor-active thiols and melanoidins involved in the aroma staling of coffee beverages [J]. J Agri Food Chem, 2002, 50 (2): 319-326.

[109] Bekedam E K, Schols H A, van Boekel M A et al. High molecular weight melanoidins from coffee

brew [J]. J Agri Food Chem, 2006, 54 (20): 7658-7666.

[110] Hofmann T. Characterization of the chemical structure of novel colored Maillard reaction products from furan-2-carboxaldehyde and amino acids [J]. J Agri Food Chem, 1998, 46 (3): 932-940.

8 风味化合物鉴定之气相色谱及其联用技术

本章主要介绍风味化合物鉴定的气相色谱（GC）法，包括气相色谱-质谱法（GC-MS）、二维及多维气相色谱法。

8.1 气相色谱简介

8.1.1 色谱法分离原理与类型

色谱法是基于混合组分通过互不相溶的两相而达到分离的。由于各组分在物理化学性质和分子结构上的差异，与固定相发生相互作用力的强弱也有差异，因此在同一推动力的作用下，不同组分在两相间经过反复多次的分配平衡，使得各组分在固定相中滞留的时间产生差异，从而按先后不同的次序从固定相中流出，实现混合物中各组分的分离。

根据分离原理，色谱可分为吸附色谱、分配色谱、离子交换色谱、凝胶色谱（也称体积排阻色谱）、亲和色谱等[1]。

按照两相物理状态分类，色谱可分为：（1）流动相为气体、固定相为固体的，称为气固色谱；（2）流动相为气体、固定相为液体的，称为气液色谱；（3）流动相为液体、固定相为固体的，称为液固色谱；（4）流动相为液体、固定相为液体的，称为液液色谱或液相色谱；（5）流动相为超临界流体的，称为超临界流体色谱。

8.1.2 气相色谱进样系统

气相色谱仪主要包括五部分：载气系统、进样系统、分离系统、温控系统和检测系统[2]。

进样系统作用是将液体试样在进入色谱柱之前瞬间气化，然后快速定量地转入色谱柱中。进样的大小、进样时间的长短、试样的气化速度等都会影响色谱的分离效果和分析结果的准确性和重现性。典型的分流进样器如图 8-1 所示。

GC 进样系统相对于液相色谱分析仪的进样系统来说要重要得多，因为 GC 仪进样系统承担着将样品进行气化的任务，气化后样品才可由载体气体携带。随着近年来气相色谱分析仪的发展和功能的进步，它的进样系统也发生了很大的变化，由手动进样变为现在的自动进样。进样系统还包括气化室。为了使样品在气化室中瞬间气化而不分解，要求气化室热容量大，无催化效应。为了尽量减少柱前谱峰变宽，气化室的死体积应尽可

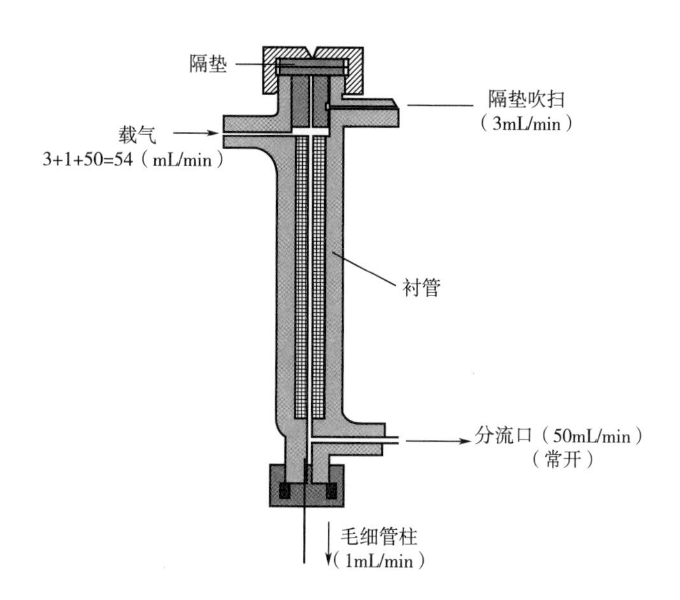

图 8-1 气相色谱分流进样口示意图[1]

能小。

进样方式有直接进样(direct injection)、在柱进样(on-column)和冷在柱进样(cold on-column)。直接进样是将样品(通常是 1μL 或更少)直接进入玻璃衬管中，样品在此衬管内气化，被载气带入色谱柱中。在柱进样是进样针恰好插入色谱柱中(通常是 0.53mm 内径的柱子)，将样品直接注入色谱柱。此进样方式需要色谱柱膜要厚，内径要大，且载气流速要超过常规流速，达 10mL/min[1]。即使如此，其分离度仍然不会好于分流与不分流进样。优点是可以定量更痕量的化合物。冷在柱进样具有良好的分离度与定量优势。液体样品直接进入冷进样口或冷柱头，冷进样口快速升温，样品气化，由载气带入色谱柱中。此进样方式具有最少的样品分解，是热不稳定性化合物(thermolabile compound)最好的进样方式。但此进样技术需要昂贵的配件，通常并不使用。如程序升温进样口(programmed temperature vaporizer，PTV)，它是一个能够快速加热的、按程序加热的进样口[1]。

8.1.3 气相色谱分离系统

气相色谱分析仪色谱分离系统主要是指色谱柱(column)，通常有填充柱(packed column)和毛细管柱(capillary column)两大类。本书中未特别说明时，色谱柱是指毛细管色谱柱。

填充柱由不锈钢或玻璃材料制成，内装固定相，一般内径为 2~4mm，长 1~3m。填充柱的形状有 U 形和螺旋形两种。

毛细管柱是 1959 年发明的，直到 1980 年才广泛使用，现在已经占所有应用柱的 90% 以上[2]。毛细管柱是一种开管柱(open tubular column，OTC)，不装填任何填料(packing material)，因此又称空心柱，代替填料的是液相涂层(liquid phase coats)，即固定液(liquid stationary phase)。与填充柱比，毛细管柱有更多的理论塔板数和塔板数。如填充柱理论塔板数 2000N/m，若总长度 2m，则总塔板数 4000N；毛细管柱的理论塔板数是 3000~5000N/m，若毛细管柱长 60m，则总塔板数达 180000~300000N[1]。

毛细管柱通常分为涂壁开管柱（wall-coated open tubular column，WCOT 柱）、担体涂渍开管柱（support-coated open tubular column，SCOT 柱）和多孔层开管柱（porous-layer open tubular column，PLOT 柱）。WCOT 柱是所有气相柱中分离效果最好的。按柱的内径不同，商业性的柱子可分为 0.10、0.20、0.25、0.32 和 0.53mm，长度通常 10~60m，虽然偶尔使用 100m 的柱子，但长柱子需要更长的分析时间。固定液膜厚（film coating thickness）0.1~5.0μm。薄的膜提供了更高的分离性能以及更快的分析速度，但样品容量（sample capacity）低。较厚膜能增加样品容量，但分离度下降。SCOT 柱含有非常小的固体支撑的、涂有固定液的吸附层。SCOT 柱比早期薄膜 WCOT 柱含有更高的样品容量。随着交联技术（cross-linking technique）的出现，稳定的厚膜 WCOT 柱出现，SCOT 柱就逐渐消失了。PLOT 柱含有多孔层的固体吸附剂，如氧化铝（alumina）、分子筛或聚苯乙烯型色谱固定相（Porapak），适用于分析轻的永久性气体（light fixed gases）和其他的挥发性化合物，如使用分子筛 PLOT 柱分析氪气（krypton）、氖气（neon）、氩气（argon）、氧气、氮气、氙气（xenon）[1]。

毛细管柱对样品进样有着非常严格的要求，需要快速进样，即短时间进样；进样量很小，小于 1μg[1]。典型的 25 m 长的毛细管柱大约含有 10mg 的固定液；而 1.83m 长的填充柱则含有 2~3g 固定液。

常见 GC 毛细管柱通常按极性分类，共三类，非极性柱、中等极性柱和极性柱。

常见的非极性 GC 毛细管柱有：007-1、AC1、AT-1、AT-1ms、BP-1、CP-SIL 5CB、DB-1、DB-1ms、EC-1、HP-1、HP-1ms、HP-101、OV-1、OV-101、P-1、PE-1、Rtx-1、Rtx-1ms、SE-30、SPB-1、SPB-sulfur、SP2100、Ultra-1、ZB-1 等，其固定液为 100%二甲基聚硅氧烷（dimethyl polysiloxane），这类色谱柱通常适用于香气/口感类化合物、硫化物、碳氢类化合物、生物胺、农药、多氯联苯（PCBs）和苯酚类化合物的检测。

常见的弱极性 GC 毛细管柱有：007-2、AC-5、AT-5、AT-5ms、BP-5、CP-Sil 8 CB、DB-5、DB-5ht、DB-5ms、EC-5、HP-5、HP-5ms、HP-5 trace、OV-5、PAS-5、PE-2、PTE-5、PTE-5QTM、Rtx-5、SAC-5、SE-52、SE-54、SPB-5、Ultra-2、ZB-5 等，固定液为 5%苯和 95%二甲基聚硅氧烷或 5%苯、1%乙烯基二甲基聚硅氧烷（vinyl dimethyl polysiloxane）和 94%的二甲基聚硅氧烷，适用于脂肪酸甲酯、溶剂、农药、除草剂以及香气/口感类化合物分析。

常见的中等极性气相色谱柱有：007-624、007-1301、AT-624、AT-1301、BP-624、CP-624、CP-1301、DB-624、DB-1301、HP-624、HP-1301、Rtx-624、Rtx-1301、SPB-624、SPB-1301、ZB-624 等，其固定液为 6%氰丙基苯和 94%二甲基聚硅氧烷，适用于醇类、农药、挥发性有机化合物等检测；007-11、AT-35、AT-35ms、BPX-35、DB-35、DB-35ms、HP-35、HP-35ms、MDN-35、OV-11、PE-35、Rtx-35、SPB-35、SPB-608、SUP-Herb、ZB-35 等，其固定液为 35%苯和 65%二甲基聚硅氧烷或 35%苯和 65%二甲基亚芳香基聚硅氧烷，适用于氯化农药检测；007-1701、AC-10、AC-1701、BP-10、CP-Sil 19 CB、DB-1701、HP-1701、OV-1701、PAS-1701、PE-1701、Rtx-

1701、SPB－1701、ZB－1701 等，其固定液为 14%氰丙基苯基聚硅氧烷（cyanopropyl phenyl polysiloxane，其中 7%氰丙基 7%苯基）和 86%二甲基聚硅氧烷，通常用于农药、除草剂、三甲基硅烷化糖等的检测；007－50、AT－50、BPX－50、CO－Sil 24 CB、CP－TAB－CB、DB－17、DB－17ht、DB－17ms、HP－17、HP－50、HP－1301、OV－17、PE－17、Rtx－50、Rtx－65TG、SPB－50、SP－2250、SPB－17、SPB－50、SP－50、SP－2250、ZB－50 等，固定液为 50%苯和 50%二甲基聚硅氧烷或 50%苯和 50%二甲基亚芳香基聚硅氧烷，适用于农药和甘油类的检测。

常见的极性或强极性气相色谱柱有：007－225、AC－225、AT－225、AT－Waxms、BP－225、CP－Sil 43 CB、DB－225、HP－225、OV－225、PE－225、Rtx－225 等，其固定液为 50%氰丙基苯基（其中 25%氰丙基和 25%苯基）和 50%二甲基聚硅氧烷，常用于脂肪酸甲酯类的检测；007－CW、AC－20、AT－Wax、AT－Aquawax、BP－20、Carbowax－20M、CP－Wax 52 CB、DB－Wax、DB－Waxetr、EC－Wax、HP－INNOWAX、HP－20 M、HP－FFAP、HP－Wax、Omegawax、PE－CW、PEG 20M、Rtx－Wax、Supelcowax－10、ZB－Wax 等，其固定液为聚乙二醇（polyethylene glycol），通常用于精油、香气/口感类化合物、醇类、溶剂、游离脂肪酸检测等。其中 FFAP 柱是聚乙二醇与 2－硝基对苯二甲酸反应的产物作固定液的柱子。

手性化合物分离时，一般使用手性柱，通常是环糊精柱。如 BGB 柱，BGB－174 型是 50%的 2,3－二乙酰基－6－叔丁基二甲基氯硅烷－β－环糊精溶解于 BGB－1701（14%氰丙基苯基，86%甲基聚硅氧烷）中，通常用于内酯和醇的检测；BGB－176 型是 20%的 2,3－二乙酰基－6－叔丁基二甲基氯硅烷－β－环糊精溶解于 BGB－15（15%苯基，85%甲基聚硅氧烷）中，通常用于内酯、醇、酯和萜烯的检测[3]。

8.1.4 气相色谱检测器

本质上讲，GC 起分离化合物的作用，而要检测化合物，则 GC 需要与检测器联用。

气相色谱分析仪的检测系统一般指的就是检测器（detector），气相色谱分析仪的检测器一般都连接色谱柱的出口。当气体样品通过色谱柱，样品中的所有组分分离后，各自流入检测器中进行检测。

检测器是整个气相色谱分析仪的心脏部位，它的功能就是把随载气流出色谱柱的各种组分进行电量转换，将组分转变为电信号，便于记录测量和处理。

根据检测原理的差别，气相色谱检测器可分为浓度型和质量型两大类：浓度型检测器测量的是载气中组分浓度的瞬间变化，即检测器的响应值正比于组分的浓度。如热导检测器（thermal conductivity detector，TCD）、电子捕获检测器（electron capture detector，ECD）；质量型检测器测量的是载气中所携带的样品进入检测器的速度变化，即检测器的响应信号正比于单位时间内组分进入检测器的质量。如氢火焰离子化检测器（flame ionization detector，FID）和火焰光度检测器（flame photometric detector，FPD）。

饮料酒风味分析常用检测器主要有热导检测器（TCD）、氢火焰离子化检测器（FID）、电子捕获检测器（ECD）、氮磷检测器（NPD）、火焰光度检测器（FPD）、质谱检测器（mass spectrometry detector，MS）、光电离化检测器（photoionization detector，PID）、电解电导检测器（electrolytic conductivity detector，ELCD）、原子发射光谱检测器

(atomic emission detector, AED) 以及感应耦合等离子体-原子发射光谱检测器 (inductively coupled plasma atomic emission spectrometry, ICP-AES) 等。

8.1.4.1 氢火焰离子化检测器

FID 中，在氢氧焰的高温作用下，许多分子均将分裂为碎片，并有自由基和激态分子产生，从而在氢焰中形成这些高能粒子所组成的高能区。当有机分子进入此高能区时，就会被电离，从而在外电路中输出离子电流信号（图 8-2）。

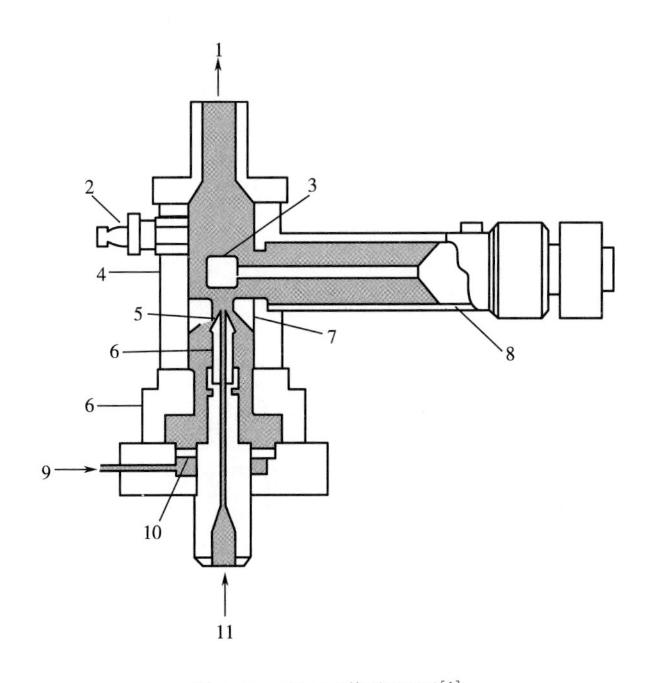

图 8-2 FID 工作流程图[1]

1—排空口；2—点火器；3—圆柱形集电极；4—检测器机身；5—喷口；6—绝缘体；7—喷嘴；8—特氟龙；9—空气；10—扩散板；11—柱流出物和氢气。

FID 灵敏度高，死体积小，应答时间快，线性范围宽，稳定性好，很少受到流量与温度的影响，载气可以是氮气，也可以是氦气。FID 仅能检测有机化合物，对永久性气体和水无应答。这些永久性气体包括：氦气、氩气、氪气、氖气、氙气、氧气、氮气、二硫化碳、硫化碳、硫化氢、二氧化硫、一氧化氮、一氧化二氮、二氧化氮、氨气、一氧化碳、二氧化碳、水、四氯化硅、三氯硅烷、四氟化硅[1]。

气相色谱-氢火焰离子化检测器（GC-FID）是最常用的联用技术，主要用于常见有机化合物的检测，如醇类、酯类等。我国国家标准中乙酸乙酯与己酸乙酯均采用此方法检测。白酒直接进样时可以获得如图 8-3 所示的 GC 图谱。

8.1.4.2 热导检测器

在热导检测器（TCD）中，气流中样品浓度发生变化，则从热敏元件上所带走的热量也就不同，而改变热敏元件的电阻值，由于热敏元件为组成惠斯顿电桥（Wheatstone

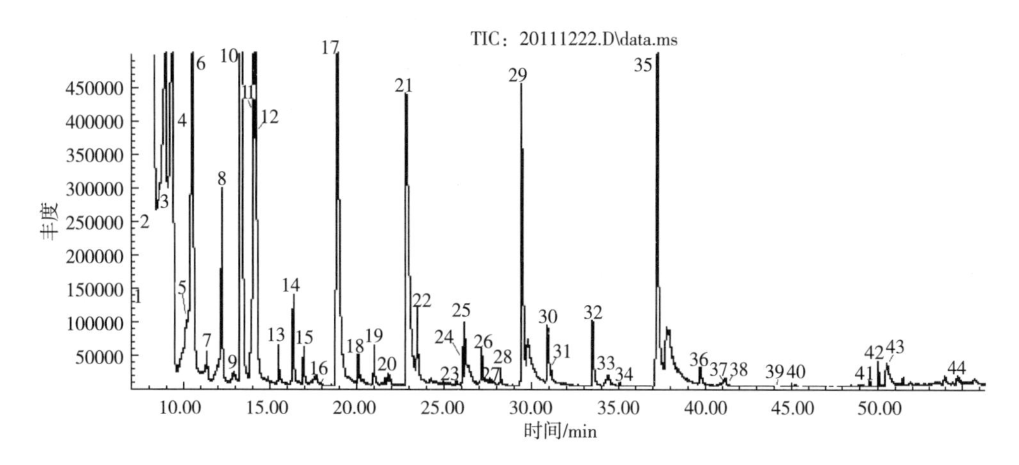

图 8-3　某香型白酒 GC-FID 直接进样图谱

1—酒精；2—丁酸乙酯；3—2-丁醇；4—正丙醇；5—2-甲基丙酮；6—戊酸乙酯；7—2-丙烯-1-醇；8—丁醇；9—戊酸丙酯；10—己酸乙酯；11—2-甲基丁醇；12—3-甲基丁醇；13—戊醇；14—己酸丙酯；15—庚酸乙酯；16—1-甲氧基-2-甲基丙烷；17—乳酸乙酯；18—己酸丁酯；19—辛酸乙酯；20—3-羟基-2-丁酮；21—乙酸；22—糠醛；23—苯甲醛；24—2-羟基己酸乙酯；25—丙酸；26—2-甲基丙酸；27—2,3-丁二醇；28—己酸己酯；29—丁酸；30—3-甲基丁酸；31—丁二酸二乙酯；32—戊酸；33—4-甲基戊酸；34—2-苯乙酸乙酯；35—己酸；36—2-苯乙醇；37—4-甲基愈创木酚；38—庚酸；39—辛酸；40—4-乙基吡啶；41—十六酸乙酯；42—2,6-二甲基苯酚；43—十八酸乙酯；44—香兰素。

bridge）之臂，只要桥路中任何一臂电阻发生变化，则整个线路就立即有信号输出。热敏元件一般为铼钨丝组成，温度系数为正，具有普遍适用的特点。

8.1.4.3　电子捕获检测器

在电子捕获检测器（ECD）中，β-射线与载气分子作用产生慢电子，具有亲电基团的试样分子能捕获慢电子而变成负离子，这种负离子与载气受到放射粒子所产生的正离子复合，从而改变检测器的基流，使之减少，输出信号。ECD 只对具有亲电基团的样品分子才有应答，其对水敏感，易受污染，载气必须充分干燥，脱氧，对卤素、硝基等负电性化合物选择性极好。

8.1.4.4　氮磷检测器

氮磷检测器（NPD）于 1964 年被 Karmen 和 Giuffrida 发明[1]，也称为碱火焰离子化检测器（alkali flame ionization detector，AFID）、热离子离子化检测器（thermionic ionization detector，TID）、火焰热离子化检测器（flame thermionic detector，FTD）、热离子化专用检测器（thermionic specific detector，TSD），它的结构与 FID 类似，只是增加了一个碱土金属盐（alkali metal salt）的珠子。

8.1.4.5　火焰光度检测器

火焰光度检测器（FPD）是在 FID 的基础上于 1966 年发明的[1]。在 FPD 中，燃烧着的氢焰中，当有样品进入时，则氢焰的谱线和发光强度均发生变化，然后由光电倍增管将光度变化转变为电信号。FPD 对磷（在 526nm）、硫（在 394nm）化合物有很高的选择性，适当选择光电倍增管前的滤光片将有助于提高选择性，排除干扰，主要用于含磷、硫的有机化合物分析。目前已经发展成脉冲火焰溶解度检测器（pulse flame photometric detector，PFPD）。

这些检测器的性能比较见表 8-1 所示，工作范围比较见图 8-4 所示。

表 8-1　常见检测器性能比较[4]

检测器	选择性	最小检测浓度	线性范围
氢火焰离子化检测器（FID）	绝大多数有机化合物	<1.8pg C/s（十三烷）	10^{7}（±10%）
质谱检测器（MS）	广谱（全扫描模式）	0.1~1ng	10^{4}~10^{5}
	特异性（SIM 模式）	0.1~10pg	
热导检测器（TCD）	广谱	400pg/mL （十三烷，载气氦）	10^{5}（±5%）
火焰光度检测器（FPD）	硫、磷	<60fgP/s <3.6pgS/s	10^{3}（S） 10^{4}（P）
脉冲火焰光度检测器（PFPD）	硫、磷	<100fgP/s <1pgS/s	
硫化学发光检测器（SCD）	硫	<0.5pgS/s	10^{4}
电子捕获检测器（ECD）	卤素、硝酸盐、亚硝酸盐、过氧化物、酸酐、金属有机化合物	<6fg/mL	5×10^{4}
氮磷检测器（NPD）	氮、磷	<0.4pgN/s 0.06~0.2pgP/s	$>10^{5}$
氮化学发光检测器（NCD）	氮	<3pgN/s	$>10^{4}$
原子发射光谱检测器（AED）	碳、硫、氮、氢、氯、磷、氧	1pgC/s（*t*-丁基二硫醚） 2pgS/s（*t*-丁基二硫醚） 30pgN/s（硝基苯） 4pgH/s（*t*-丁基二硫醚） 30pgCl/s（1,2,4-三氯苯） 2pgP/s（三乙基磷酸盐） 150pgO/s（硝基苯）	10^{4} 10^{4} 2×10^{4} 5×10^{3} 10^{4} 10^{3} 5×10^{3}
闻香器（GC-O）	香气化合物	使用者的特异性	使用者的特异性

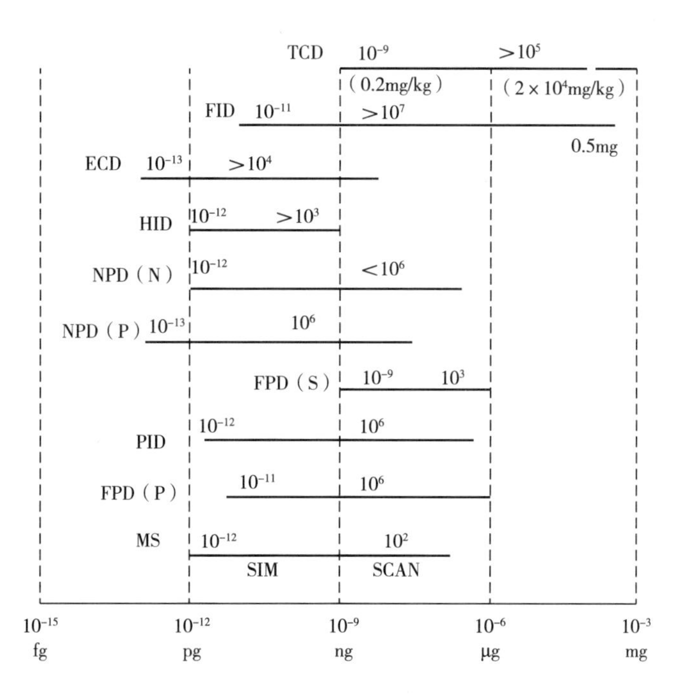

图 8-4 GC 检测器工作范围比较[1]

注：HID：氦离子化检测器（helium ionization detector）；SIM：选择离子监测（selected ion monitoring）；SCAN，全扫描模式。

8.1.5 气相色谱常见峰形

色谱峰形直接关系到色谱定量准确性，常见色谱峰形如图 8-5 所示。理想（ideal）峰也称高斯峰（Gaussian），是正常峰型，该类峰形的判断标准见文献[1]。

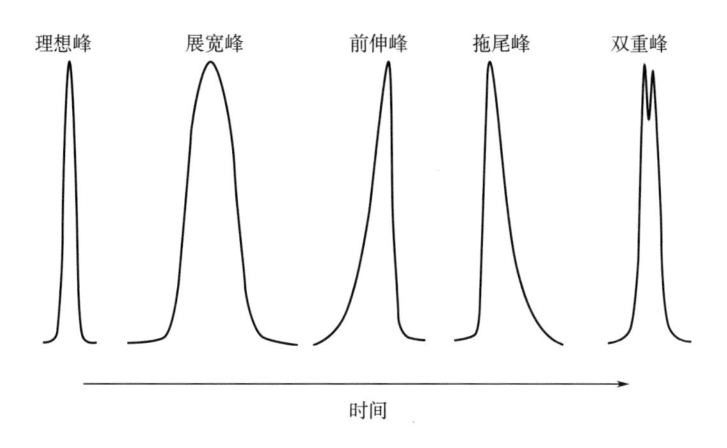

图 8-5 常见色谱峰形[1]

非对称峰（nonsymmetrical peak，asymmetric peak）通常反映出色谱过程中一些不良的相互作用（undesirable interaction）。非对称峰展宽峰（broad peak）常常发生于填充柱中，表明物质转移动力学过程太慢。在一些 GSC 填充柱中，这种现象几乎无法解决。但色谱分离目的是需要窄峰，这样才能实现最佳分离。

非对称峰还有拖尾峰（tailing peak）与前伸峰（fronting peak），可以使用拖尾因子（tailing factor，TF）表示，相关计算等请参阅文献[1]。

双重峰（doublet peak）是指溶质没有充分地分离。但这个峰需要仔细辨认，也可能是由不好的进样习惯、样品进样量太大或柱子退化等因素造成的[1]。

8.1.6 色谱柱预柱、柱老化、柱流失和鬼峰

一种可能减少 GC 柱污染的方法是用保护柱（guard column），这是一种去活熔融硅管（deactivated fused silica tubing）；或用保留阱（retention gap），一种较短的、常规的柱子连接色谱柱和进样口。这种保护柱或保留阱一旦脏了可以被换掉。

色谱柱预柱（per-column）：为了保护色谱柱，防止其受到污染，以及性能退化，一个 1~2cm 毛细管（空柱）会插入毛细管柱与进样口之间，用于连接进样口与毛细管柱，此柱也称为保留间隙。该柱为去活的（deactivated）熔融硅柱，内壁没有涂层，待分析物没有保留，不会引起区带展宽（zone broadening），对待分析物进入色谱柱有聚焦作用，特别对大溶剂进样有益[1]。

色谱柱老化（column conditioning）：早期毛细管柱在使用前需要高温老化，通常是过夜老化。现在的色谱柱已经在出厂前老化了，但还需要最小程度老化。其方法是：先通载气数分钟，确保柱子中没有空气。然后，以 3~5℃/min 缓慢程序升温，到稍微高于操作温度。但绝对不能高于制造厂商规定的最高温度。观察基线稳定程度，当基线稳定后，就可以开始使用[1]。

柱流失（column bleed）：柱流失是温度依赖型的基线上升，其本质是固定液（liquid stationary phase）蒸气压（vapor pressure）上升。在程序升温（temperature programming）模式下，柱温度上升，液体固定相（即固定液）蒸气压以指数规律上升，符合克劳修斯-克拉贝隆方程（Clausius-Clapeyron equation），结果造成色谱基线呈指数上升。对绝大部分色谱柱，在 25℃左右什么事也不会发生；但 Wax 柱在 25℃左右柱流失，在 28℃或以上时，柱会损坏；对如 DB-1 或 DB-5 类柱子，直到 30℃也不会流失，专为 MS 使用的柱子，直到 34℃也不会出现柱流失。程序升温时，其最高温度达到柱子最大可操作温度且维持数分钟是没有问题的，但长时间运行在接近柱最大温度将会在短时间内损坏柱子。

为了减少柱流失，一是尽量使用较低的柱温度；二是使用较短的柱子；三是使用液膜更薄的柱子；四是使用更小内径的柱子；五是使用温度稳定的固定液柱子。

鬼峰（ghost peaks）：鬼峰是 GC 中十分常见现象。主要原因可能是：一是不纯的溶剂；二是不洁净的进样针（dirty syring）；三是污染的进样口与衬管（dirty inlet liner）。

8.1.7 GC 常见问题及解决办法

GC 运行中会出现许多问题，以下是常见问题及其解决办法[1]。

问题 1：无峰［图 8-6（1）］。

主要原因：（1）主机未开或保险（fuse）丝烧断；（2）检测器未开；（3）无载气流量；（4）积分仪（integrater）/数据系统不适当的连接；未打开；（5）进样口温度太

低，样品没有气化；（6）进样针泄漏（leaking）或堵塞（plugged up）；（7）进样口隔垫（septum）漏气；（8）色谱柱连接松动；（9）FID 没有火焰；（10）检测器上电池没有电（所有的离子化检测器）；（11）柱子温度太低，样品冷凝在柱子中。

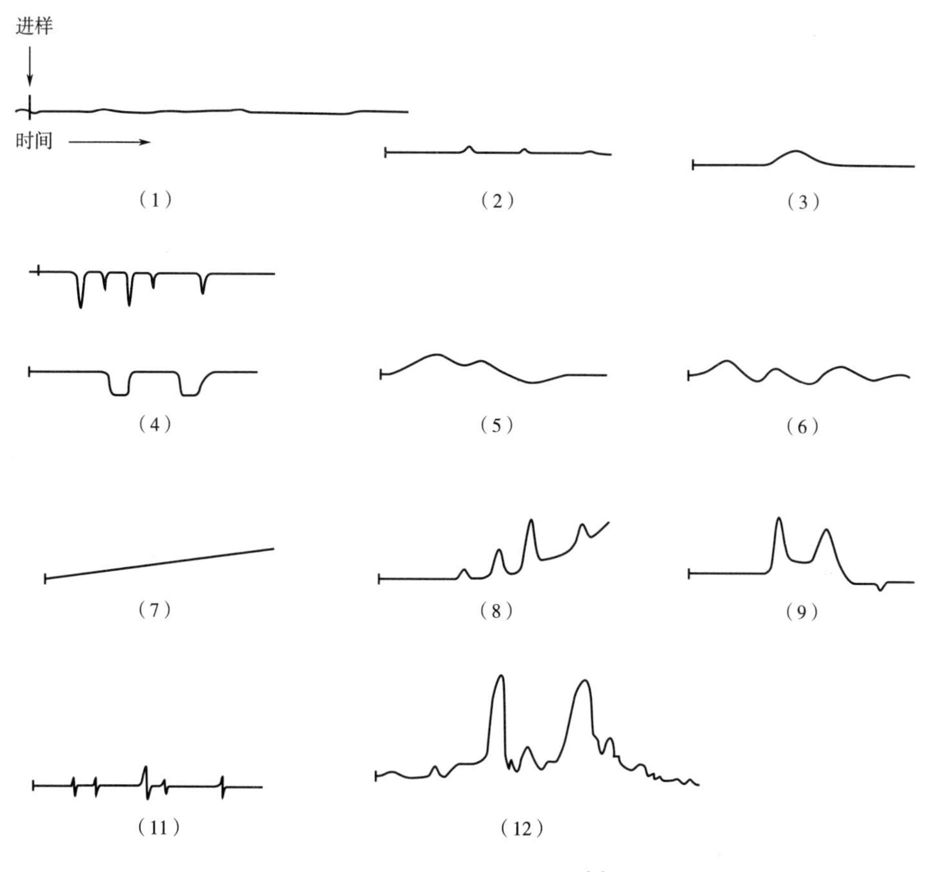

图 8-6　GC 常见问题图谱[2]

解决措施：（1）检查主机电源；检查保险丝；（2）打开检测器开关，并调整到需要的灵敏度；（3）打开载气流量阀至“开（on）”，调整到合适的流量；假如载气通路阻塞，去除阻塞；如果载气瓶空了，更换载气瓶；（4）按手册描述连接系统；移除任何的跳线连接（jumper lines），或者是系统输出接地或接外壳；（5）升高进样口温度；用挥发性气体如空气或丙酮检查；（6）用进样针喷射丙酮到纸上；假如没有液体喷出，更换进样针；（7）更换隔垫；（8）使用检漏仪（leak detector）检查泄漏，旋紧柱连接处；（9）检查 FID 的火焰，没有火焰时点火；（10）将电池电压开关打到“开（on）”，同时检查检测器上所有的坏电缆；按仪器说明书用电压表（voltmeter）测量电压；（11）用空气或丙酮进样，检查柱子温度，提高柱温。

问题 2：保留时间正常时，响应太小，即峰太小［图 8-6（2）］。

主要原因：（1）衰减（attenuation）太高；（2）无效的样品体积，即进校量太少；（3）过差的进样技术；（4）进样时进样针或隔垫泄漏；（5）载气泄漏；（6）热导响应太低；（7）FID 响应低。

解决措施：（1）降低衰减；（2）增加进样量，检查进样针；（3）学习训练进样技术；（4）更换进样针和隔垫；（5）发现并解决泄漏，但此时通常保留时间会发生变化；（6）使用高的灯丝电流（filament current）；使用氢气或氦气作载气；（7）优化空气和氢气流速，使用氮气尾吹。

问题 3：可怜的灵敏度，且保留时间延长［图 8-6（3）］。

主要原因：（1）载气流速太低；（2）进样口下游流速下降，通常是在柱进口处；（3）进样隔垫连续泄漏。

解决措施：（1）增加载气流速；假如载气管线堵塞，定位（locate），清除堵塞；（2）定位气流泄漏处，并修理；（3）更换进样口系统。

问题 4：负峰，即向下的峰［图 8-6（4）］。

主要原因：（1）积分仪/数据系统不适当的连接；导致反向输出；（2）样品进到不正确的柱子中；（3）“模式（model）”开关位置错误（离子化检测器）；（4）“极性（polarity）”开关位置错误（热导检测器）。

解决措施：（1）按手册正确连接系统；（2）样品进到合适的柱子中，此情况仅仅存在于双柱系统中；（3）确认“mode”开关在正确的位置；并与相应的分析柱对应；（4）改变“极性（polarity）”开关位置。

问题 5：当采用恒温操作时，出现不规则的基线漂移（baseline drift）［图 8-6（5）］。

主要原因：（1）仪器位置问题；（2）仪器不适当的接地（ground）；（3）柱子填充材料流失；（4）载气泄漏；（5）检测器模块（block）污染；（6）检测器基座（base）污染（离子化检测器）；（7）载气调节不得力；（8）氢气和空气调节失衡（仅 FID）；（9）检测器灯丝缺陷（仅 TCD 检测器）；（10）静电计（electrometer）缺陷（离子化检测器）。

解决措施：（1）移动仪器到不同的位置，仪器应该远离加热器（heater）或空调吹风口，以及任何会引起环境温度剧烈变化的地方；（2）确保仪器和数据系统良好的接地；（3）按手册稳定柱子，一些柱子在需要的操作条件下，不可能具有良好的稳定性，这些柱子会产生一些基线漂移，特别是在高灵敏度操作条件下；（4）定位泄漏点，并改正；（5）清理检测器模块，升高温度，烘烤检测器过夜；（6）清理检测器基座，按说明书操作；（7）检查载气调节器（regulator）和流速控制器，确保操作适当；确保气瓶中气压正常；（8）检查氢气和空气，确保其流速合适，调节器正常；（9）更换 TC 检测器部件或灯丝；（10）参见说明书中静电计缺陷部分内容。

问题 6：似正弦曲线的基线漂移［图 8-6（6）］。

主要原因：（1）检测器炉温温度控制失常；（2）柱温箱温度失常；（3）主控面板上“柱温箱温度（oven temp）”控制设置温度太低；（4）载气调节器失常；（5）载气钢瓶内压力太低以至于调节器不能合适地调节。

解决措施：（1）更换检测器炉温温度控制器，和/或温度感应探头；（2）更换柱温箱温度控制模块，和/或温度感应探头；（3）设置“柱温箱温度（oven temp）”控制到一个较高的温度，必须高于柱温箱需要的操作温度；（4）更换载气调节器，有时较高的压力或许更易于控制；（5）更换载气钢瓶。

问题 7：当恒温操作时，基线总是往一个方向恒定地漂移（如一直向上漂移）［图 8-6（7）］。

主要原因：（1）检测器温度上升或下降；（2）柱子流出末端的下游气流泄漏（仅TCD检测器）；（3）检测器灯丝缺陷（仅TCD）。

解决措施：（1）留出足够的时间来稳定检测器，并改变不同的温度，特别是TCD；检查检测器模块的隔热（或保温情况）情况；（2）非常小的扩散泄漏将造成少量的空气以一个恒定的速度进入检测器；依次地，受到影响的元素将以恒定的速度被氧化，从而缓慢地影响电阻；定位泄漏点，并改正，这些是经常出现的非常轻微的泄漏，难以发现；使用高的载气压力［60~70 psig（1psig=6.895kPa）］有助于发现；（3）更换检测器灯丝。

问题8：使用程序升温时，基线上升［图8-6（8）］。

主要原因：（1）当温度上升时，柱流失增加；（2）柱子受到污染。

解决措施：（1）使用较少固定液的柱子，使用较低温度，假如可能的话，使用高温时比较稳定的固定液；（2）烘烤柱子过夜；在柱子进样口端切割去除10cm。

问题9：程序升温进样时，不规则的基线漂移［图8-6（9）］。

主要原因：（1）老化良好的柱子出现过多的柱流失；（2）柱子没有老化好；（3）柱子受到污染。

解决措施：（1）使用较少固定液的柱子；低温；使用不同的柱子；（2）按说明书重新老化柱子；（3）参见问题8。

问题10：基线不能归零。

主要原因：（1）数据系统设置不当；（2）检测器灯丝失衡（TCD）；（3）柱流失产生过量的信号（特别是FID）；（4）检测器受到污染（FID和ECD）；（5）数据系统不合适的连接。

解决措施：（1）重新归零，参见操作手册；（2）更换检测器；（3）使用不同的柱流失较小的柱子；使用较低的柱温；（4）清理检测器基座和头部的配件；（5）按说明书重新连接系统；移除任何的跳线连接，或者是系统输出接地或接外壳。

问题11：不规则的、间隙出现的“针”状峰［图8-6（11）］。

主要原因：（1）快速出现的大气压力变化，如开关门窗、吹风口等；（2）灰尘颗粒或其他外来物在火焰上燃烧（仅FID）；（3）绝缘体脏和/或检测器脏（离子化检测器）；（4）高线电压（line voltage）波动。

解决措施：（1）仪器定位时使得问题最小化，远离加热器、空调吹风口等；（2）保持检测器的腔远离玻璃丝、空晶石（maranite）、分子筛（来源于空气过滤）、灰尘颗粒等，吹或真空吸附检测器灰尘；（3）用无残留的溶剂清理绝缘体和检测器，清理后，不得用裸露的手指触摸；（4）使用独立的电子输出；使用稳定的传输线。

问题12：高背影信号、噪声［图8-6（12）］。

主要原因：（1）柱子受到污染或过多的柱流失；（2）载气受到污染；（3）载气流速太高；（4）载气流泄漏；（5）连接部分松动；（6）接地出现问题；（7）连接头或开关脏了，接触不良；（8）进样口不干净；（9）从柱到检测器的交接模块脏了；（10）检测器受到污染（TCD）；（11）检测器灯丝缺陷（TCD）；（12）氢气流速太高或太低（FID）；（13）空气流速太高或太低（FID）。

解决措施：（1）重新老化柱子（参见问题8）；（2）替换或再生载气过滤材料，过滤材料的再生是加热到175~200℃，使用氮气吹扫过夜；（3）降低载气流速；（4）定位泄漏点，并修理；（5）确保所有的内部连接插头、螺丝连接紧密，确认插头插入了合适的插座；（6）确保所有的接地连接紧密，并正确连接；（7）定位不清洁的连接部位，喷接触式清洁剂（contact cleaner），或旋转插头几次；（8）清理进样口裤管，更换隔垫；（9）清理交接模块；（10）清理检测器模块；（11）更换检测器配件；（12）调节氢气流速到合适的水平；（13）调节空气流速到合适的水平 。

8.2 保留时间法和保留指数定性法

从 GC 获得的数据也能够被用来鉴定香味化合物，主要是利用保留时间法。但保留时间会随着柱子类型、GC 条件（如升温程序）等的变化而变化。因此，使用此法时，色谱标准物进样条件应该与待测物的进样条件完全一致。

为了便于未知物与标准物比较，人们经常使用 Kovats 指数（RI），即保留指数对化合物进行定性[1]。所用标准物是正构烷烃（图 8-7），其 RI 定义为碳原子数×100。任意化合物保留指数计算见式（8-1）。

$$RI = 100 \times \frac{\lg(t'_R)_x - \lg(t'_R)_Z}{\lg(t'_R)_{(Z+1)} - \lg(t'_R)_Z} + 100Z \tag{8-1}$$

式中　$(t'_R)_x$——待测组分校正保留时间，min

$(t'_R)_Z$ 和 $(t'_R)_{(Z+1)}$——碳原子数为 Z 和 $Z+1$ 的两个正构烷烃的保留时间，min

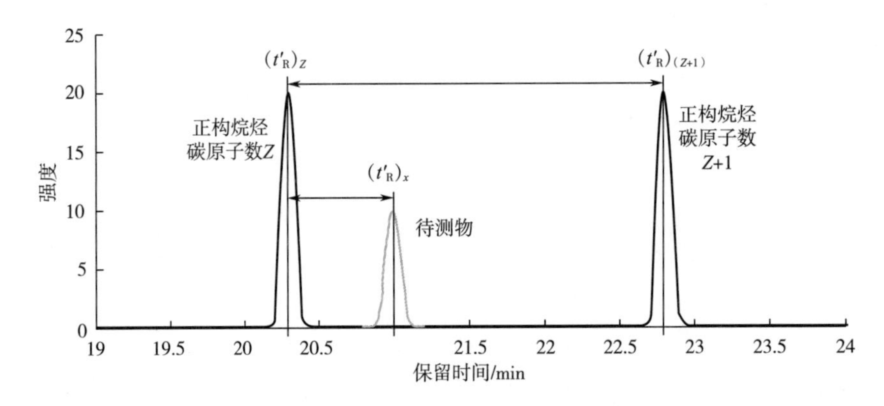

图 8-7　保留指数计算时的色谱图

在测定混合物中某一组分 RI 时，要选择这一未知组分峰前后出现的两个紧邻正构烷烃作参考，最好直接把它们加入样品中。但某些情况下，正构烷烃 RI 重复性不太好，特别是在极性柱情况下[5]。

对于线性升温程序气相色谱（PTGC），RI 计算见式（8-2）[5]：

$$RI = 100 \times \frac{(t'_R)_x - (t'_R)_Z}{(t'_R)_{(Z+1)} - (t'_R)_Z} + 100Z \tag{8-2}$$

表 8-2 至表 8-15 列出了白酒中极性柱与非极性柱上已经检测到的化合物，以及出现

的组分与香型[6]。

用 RI 定性，其根据是测定或计算这些指数并在相同条件下将这些指数与已知化合物进行比较，具体包括 RI 比较和至少在两根柱子上（一根极性柱，一根非极性柱）RI 比较。从 GC 上获得的数据对鉴定化合物非常有价值。除了检测器 FID 以外，特殊检测器如火焰光度检测器（FPD）、原子发射光谱检测器（AED）和化学发光检测器（chemiluminescence detector）能检测硫和磷。因为含硫化合物和含氮化合物是目前已知香气化合物中最重要的两类化合物，它们在样品中浓度十分低。当然，只用保留指数法而无进一步的分析数据进行鉴定不能得到肯定的结果[5, 7]。

表 8-2　　白酒中酯类化合物 RI [8]

序号	RIp	RILp	文献	挥发性化合物	分馏馏分	化合物鉴定	清香	酱香	浓香
1	1178	1204	[9]	己酸甲酯（methyl hexanoate）	F2	RI		√	√
2	1257			庚酸甲酯（methyl heptanoate）	F2	T		√	
3	1382	1386	[10]	辛酸甲酯（methyl octanoate）	F2	RI		√	
4	1586	1586	[10]	癸酸甲酯（methyl decanoate）	F2	RI	√	√	
5	1789	1800	[10]	二十烷酸甲酯（methyl dodecanoate）	F2	RI	√	√	
6	1985	2006	[10]	十四烷酸甲酯（methyl tetradecanoate）	F2	RI	√		
7	2206	2213	[10]	十六烷酸甲酯（methyl hexadecanoate）	F2	RI	√	√	√
8	807			甲酸甲酯（ethyl formate）	F5	T	√	√	
9	892	885	[11]	乙酸乙酯（ethyl acetate）	A，W，F2	RI	√	√	√
10	953	950	[11]	丙酸乙酯（ethyl propanoate）	F2	RI	√	√	√
11	1038	1036	[12]	丁酸乙酯（ethyl butanoate）	F2	RI	√	√	√
12	1128	1147	[12]	戊酸乙酯（ethyl pentanoate）	F2	RI	√	√	√
13	1235	1244	[12]	己酸乙酯（ethyl hexanoate）	F2，F3	RI	√	√	√
14	1310	1328	[10]	庚酸乙酯（ethyl heptanoate）	F2	RI	√	√	√
15	1427	1427	[11]	辛酸乙酯（ethyl octanoate）	F2	RI	√	√	√
16	1499	1530	[10]	壬酸乙酯（ethyl nonanoate）	F2	RI	√	√	√
17	1610	1630	[11]	癸酸乙酯（ethyl decanoate）	F2	RI	√	√	√
18	1734	1737	[10]	十一烷酸乙酯（ethyl undecanoate）	F2	RI	√	√	√
19	1788			二十烷酸乙酯异构体（ethyl dodecanoate isomer）	F2	T		√	
20	1828	1840	[10]	二十烷酸乙酯（ethyl dodecanoate）	F2	RI	√	√	√

续表

序号	RIp	RILp	文献	挥发性化合物	分馏馏分	化合物鉴定	清香	酱香	浓香
21	1876			十三烷酸乙酯异构体 1（ethyl tridecanoate isomer 1）	F2	T	√		
22	1896			十三烷酸乙酯异构体 2（ethyl tridecanoate isomer 2）	F2	T		√	
23	1920	1943	[10]	十三烷酸乙酯（ethyl tridecanoate）	F2	RI	√	√	√
24	1969			十四烷酸乙酯异构体（ethyl tetradecanoate isomer）	F2	T	√	√	
25	2040	2046	[10]	十四烷酸乙酯（ethyl tetradecanoate）	F2	RI	√	√	√
26	2094			十五烷酸乙酯异构体 1（ethyl pentadecanoate isomer 1）	F2	T	√	√	
27	2097			十五烷酸乙酯异构体 2（ethyl pentadecanoate isomer 2）	F2	T		√	
28	2152	2148	[10]	十五烷酸乙酯（ethyl pentadecanoate）	F2	RI	√	√	√
29	2196			十六烷酸乙酯异构体（ethyl hexadecanoate isomer）	F2	T		√	
30	2246	2252	[10]	十六烷酸乙酯（ethyl hexadecanoate）	F2	RI	√	√	√
31	2328	2355	[10]	十七烷酸乙酯（ethyl heptadecanoate）	F2	RI	√	√	√
32	2420	2458	[10]	十八烷酸乙酯（ethyl octadecanoate）	F2	RIL	√	√	√
33	2519			十九烷酸乙酯（ethyl nonadecanoate）	F2	T		√	
34	1684			柠檬酸乙酯（ethyl citrate）	F5	T	√		
35	966	982	[9]	乙酸丙酯（propyl acetate）	F2	RI		√	√
36	1030			丙酸丙酯（propyl propanoate）	F3	T		√	
37	1208			戊酸丙酯（propyl pentanoate）	F2	T		√	
38	1293	1324	[13]	己酸丙酯（propyl hexanoate）	F2	RI	√	√	√
39	1685	1720	[10]	癸酸丙酯（propyl decanoate）	F2	RI	√		
40	2124			十三烷酸丙酯（propyl tridecanoate）	F2	T		√	
41	2322	2335	[10]	十六烷酸丙酯（propyl hexadecanoate）	F2	RI		√	
42	1131	1135	[10]	丙酸丁酯（butyl propanoate）	F2	RI		√	
43	1205	1213	[10]	丁酸丁酯（butyl butanoate）	F2	RI		√	
44	1289	1306	[13]	戊酸丁酯（butyl pentanoate）	F2	RI		√	√
45	1384	1402	[14]	己酸丁酯（butyl hexanoate）	F2	RI		√	√

续表

序号	RIp	RILp	文献	挥发性化合物	分馏馏分	化合物鉴定	清香	酱香	浓香
46	1578	1610	[10]	辛酸丁酯（butyl octanoate）	F2	RI		√	√
47	1734			癸酸丁酯（butyl decanoate）	F2	T	√		
48	1186	1169	[10]	乙酸戊酯（pentyl acetate）	F2	RI	√	√	√
49	1290	1304	[13]	丁酸戊酯（pentyl butanoate）	F2	RI		√	√
50	1482	1493	[14]	己酸戊酯（pentyl hexanoate）	F2	RI		√	√
51	1261	1265	[10]	乙酸己酯（hexyl acetate）	F2	RI	√	√	√
52	1322	1312	[10]	丙酸己酯（hexyl propanoate）	F2	RI		√	√
53	1388	1412	[14]	丁酸己酯（hexyl butanoate）	F2	RI		√	√
54	1484			戊酸己酯（hexyl pentanoate）	F2	RI		√	√
55	1577	1600	[14]	己酸己酯（hexyl hexanoate）	F2	RI		√	√
56	1796	1804	[10]	辛酸己酯（hexyl octanoate）	F2	RI		√	√
57	1351	1366	[15]	乙酸庚酯（heptyl acetate）	F3	RI	√	√	√
58	1483	1502	[13]	丁酸庚酯（heptyl butanoate）	F2	RI		√	
59	1681			己酸庚酯（heptyl hexanoate）	F2	T		√	√
60	1463	1469	[15]	乙酸辛酯（octyl acetate）	F2	RI	√	√	√
61	1797			己酸辛酯（octyl hexanoate）	F2	RI		√	√
62	1990			辛酸辛酯（octyl octanoate）	F2	RI		√	
63	1549	1570	[15]	乙酸壬酯（nonyl acetate）	F2	RI	√		√
64	999	1007	[16]	2-甲基丁酸甲酯（methyl 2-methylbutanoate）	F2	RI		√	
65	961	965	[12]	2-甲基丙酸乙酯（ethyl 2-methylpropanoate）	F2	RI		√	√
66	1045	1056	[12]	2-甲基丁酸乙酯（ethyl 2-methylbutanoate）	F2	RI	√	√	√
67	1060	1070	[12]	3-甲基丁酸乙酯（ethyl 3-methylbutanoate）	F2	RI		√	√
68	1172	1181	[17]	4-甲基戊酸乙酯（ethyl 4-methylpentanoate）	F2	RI		√	
69	1269			5-甲基戊酸乙酯（ethyl 5-methylhexanoate）	F2	T		√	

续表

序号	RIp	RILp	文献	挥发性化合物	分馏馏分	化合物鉴定	清香	酱香	浓香
70	1281			4D 甲基己酸乙酯 (4D-methylhexanoic acid ethyl ester)	F2	T		√	
71	1404	1414	[16]	环己羰基酸乙酯 (ethyl cyclohexanecarboxylate)	F2	RIL		√	
72	1133			3-甲基丁酸丙酯 (propyl 3-methylbutanoate)	F2	T		√	
73	1130			2-甲基丙酸丁酯 (butyl 2-methylpropanoate)	F2	T		√	
74	1260	1232	[18]	丁酸丁酯 (butyl 2-methylbutanoate)	F2	RI		√	
75	1324	1345	[13]	2-甲基丙酸己酯 (hexyl 2-methylpropanoate)	F2	RI		√	√
76	988	977	[12]	2-甲基乙酸丙酯 (2-methylpropyl acetate)	F3	RI	√	√	√
77	1071	1065	[10]	2-甲基丙酸丙酯 (2-methylpropyl propanoate)	F2	RI		√	
78	1245			3-甲基丁酸-2-甲基丙酯 (2-methylpropyl 3-methylbutanoate)	F2	T		√	
79	1134			丁酸-2-甲基丙酯 (2-methylpropyl butanoate)	F2	RI		√	
80	1326	1347	[10]	己酸-2-甲基丙酯 (2-methylpropyl hexanoate)	F2	RI	√	√	√
81	1451			庚酸 2-甲基丙酯 (2-methylpropyl heptanoate)	F2	RI		√	
82	1518	1550	[10]	辛酸-2-甲基丙酯 (2-methylpropyl octanoate)	F2	RI	√	√	√
83	2338	2367	[10]	十六酸-2-甲基丙酯 (2-methylpropyl hexadecanoate)	F2	RI		√	
84	1108	1116	[10]	乙酸-2-甲基丁酯 (2-methylbutyl acetate)	F2	RI		√	√
85	1102	1118	[11]	乙酸-3-甲基丁酯 (3-methylbutyl acetate)	F2	RI	√	√	√
86	1209	1183	[10]	丙酸-3-甲基丁酯 (3-methylbutyl propanoate)	F2	RI	√		√

续表

序号	RIp	RILp	文献	挥发性化合物	分馏馏分	化合物鉴定	清香	酱香	浓香
87	1255	1259	[10]	丁酸-3-甲基丁酯 (3-methylbutyl butanoate)	F2	RI	√	√	√
88	1265	1274	[10]	2-甲基丁酸-3-甲基丁酯 (3-methylbutyl 2-methylbutanoate)	F2	RI	√		
89	1293	1292	[15]	3-甲基丁酸-3-甲基丁酯 (3-methylbutyl 3-methylbutanoate)	F2	RI	√		√
90	1331	1288	[19]	戊酸-3-甲基丁酯 (3-methylbutyl pentanoate)	F2	RI	√	√	√
91	1454	1452	[10]	己酸-3-甲基丁酯 (3-methylbutyl hexanoate)	F2	RI	√	√	√
92	1532	1552	[15]	庚酸-3-甲基丁酯 (3-methylbutyl heptanoate)	F2	RI		√	√
93	1623	1658	[10]	辛酸-3-甲基丁酯 (3-methylbutyl octanoate)	F2	RI	√	√	√
94	1826	1858	[10]	癸酸-3-甲基丁酯 (3-methylbutyl decanoate)	F2	RI	√	√	√
95	1299	1309	[10]	2-羟基丙酸甲酯 (methyl 2-hydroxypropanoate)	F7	RI	√		
96	1334	1342	[10]	2-羟基丙酸乙酯（乳酸乙酯） (ethyl 2-hydroxypropanoate)	A, B, W, F5, F6, F7, F8	RI	√	√	√
97		1396	[10]	2-羟基丁酸乙酯 (ethyl 2-hydroxybutanoate)	F5	RI	√	√	
98	1481	1495	[10]	2-羟基戊酸乙酯 (ethyl 2-hydroxypentanoate)	F5	RI	√		
99	1527	1544	[10]	2-羟基己酸乙酯 (ethyl 2-hydroxyhexanoate)	A, W, F5	RIL	√	√	√
100	1501	1518	[10]	3-羧基丁酸乙酯 (ethyl 3-hydroxybutanoate)	F7	RIL	√		√
101	1661	1651	[20]	3-羟基己酸乙酯 (ethyl 3-hydroxyhexanoate)	F6	RIL	√		√
102	1870			3-羧基辛酸乙酯 (ethyl 3-hydroxyoctanoate)	F4	T	√		
103	1794			4-羧基丁酸乙酯 (ethyl 4-hydroxybutanoate)	F4	T		√	

续表

序号	RIp	RILp	文献	挥发性化合物	分馏馏分	化合物鉴定	清香	酱香	浓香
104	1690			2-羧基丙酸己酯 (hexyl 2-hydroxypropanoate)	F5	T	√		√
105	1359			2-羧基-2-甲基丙酸乙酯 (ethyl 2-hydroxy-2-methylpropanoate)	F7	T	√		
106	1432	1422	[10]	2-羟基-3-甲基丁酸乙酯 (ethyl 2-hydroxy-3-methylbutanoate)	W, F5	RIL	√	√	√
107	1506			2-羟基-4-甲基戊酸乙酯 (ethyl 2-hydorxy-4-methylpentanoate)	F5	T	√		√
108	1450	1455	[10]	2-羧基丙酸-2-甲基丙酯 (2-methylpropyl 2-hydroxypropanoate)	F5	RIL	√		√
109	1547			2-羟基丙醛-3-甲基丁酯 (3-methylbutyl 2-hydorxypropanoate)	F5	T		√	√
110	1391			4-甲基-2-酮-戊酸甲酯 (methyl 4-methyl-2-oxo-pentanoate)	F5	T	√		
111	1267			2-酮丙酸乙酯 (ethyl 2-oxo-propanoate)	F5	T	√		√
112	1596			4-酮戊酸乙酯 (ethyl 4-oxo-pentanoate)	F6	T	√	√	√
113	2092			9-酮壬酸乙酯 (ethyl 9-oxo-nonanoate)	F5	T	√	√	
114	1312	1332	[10]	3-乙氧基丙酸乙酯 (ethyl 3-ethoxypropanoate)	F4	RIL	√		
115	1314			二乙氧基乙酸乙酯 (ethyl diethoxyacetate)	F3	T	√		
116	1399			2,2-二乙氧基丙酸乙酯 (ethyl 2,2-diethoxypropanoate)	F4	T	√		
117	1546			甲氧基乙酸-3-甲基丁酯 (3-methylbutyl methoxyacetate)	F5	T	√		
118	1694			癸二烯酸甲酯 (methyl decadienoate)	F2	T		√	
119	2158			亚麻酸甲酯 (methyl linolenate)	F2	RI		√	
120	2366			顺，顺-9,12-十八二烯酸甲酯 (methyl *cis*, *cis*-9,12-octadecadienoate)	F2	RI		√	
121	1136	1165	[9]	(*E*)-2-丁烯酸乙酯 [ethyl (*E*)-2-butenoate]	F3	RI	√	√	
122	1258			反-2-戊烯酸乙酯 (ethyl *trans*-2-pentenoate)	F2	T		√	

续表

序号	RIp	RILp	文献	挥发性化合物	分馏馏分	化合物鉴定	清香	酱香	浓香
123	1326	1336	[10]	反-2-己烯酸乙酯 (ethyl *trans*-2-hexenoate)	F2	RI		√	
124	1270	1291	[10]	顺-3-己烯酸乙酯 (ethyl *cis*-3-hexenoate)	F2	RI		√	
125	1273			3-乙烯酸乙酯 (ethyl 3-hexenoate)	F2	T	√	√	√
126	1444			(*E*)-2-庚烯酸乙酯 [ethyl(*E*)-2-heptenoate]	F3	T	√		
127	1379			(*E*)-3-庚烯酸乙酯 [ethyl(*E*)-3-heptenoate]	F2	T	√	√	
128	1329	1374	[10]	反-4-庚烯酸乙酯 (ethyl *trans*-4-heptenoate)	F2	RIL		√	
129	1520			(*E*)-2-辛烯乙酯 [ethyl(*E*)-2-octenoate]	F2	T	√	√	
130	1464	1483	[19]	(*Z*)-3-辛烯酸乙酯 [ethyl(*Z*)-3-octenoate]	F2	RIL	√	√	
131	1474			3-辛烯酸乙酯 (ethyl 3-octenoate)	F2	T	√		
132	1452			顺-4-辛烯酸乙酯 (ethyl *cis*-4-octenoate)	F2	T		√	
133	1452	1470	[10]	4-辛烯酸乙酯 (ethyl 4-octenoate)	F2	RIL	√		
134	1468			(*Z*) 4-辛烯酸乙酯 [ethyl(*Z*) 4-octenoate]	F2	T	√	√	
135	1549			反-3-壬烯酸乙酯 (ethyl *trans*-3-nonenoate)	F2	T		√	
136	1558			3-壬烯酸乙酯 (ethyl 3-nonenoate)	F2	T	√	√	
137	1561			8-壬烯酸乙酯 (ethyl 8-nonenoate)	F2	T	√		
138	1640			2-癸烯酸乙酯 (ethyl 2-decenoate)	F2	T	√		
139	1630			(*Z*)-4-癸烯酸乙酯 [ethyl(*Z*)-4-decenoate]	F2	T	√	√	
140	1659	1682	[15]	4-癸烯酸乙酯 (ethyl 4-decenoate)	F2	RIL	√		
141	1660			(*E*)-4-癸烯酸乙酯 [ethyl(*E*)-4-decenoate]	F2	T	√	√	

续表

序号	RIp	RILp	文献	挥发性化合物	分馏馏分	化合物鉴定	清香	酱香	浓香
142	1666	1689	[10]	9-癸烯酸乙酯（ethyl 9-decenoate）	F2	RI		√	√
143	1743			(*E*)-2-癸烯酸乙酯 [ethyl(*E*)-2-decenoate]	F2	T	√		
144	2068			10-十一烯酸乙酯（ethyl 10-undecenoate）	F2	T		√	
145	2304	2277	[10]	9-十六烯酸乙酯（ethyl 9-hexadecanoate）	F2	RI	√	√	√
146	1300	1300	[13]	乙酸反-3-己烯酯 (*trans*-3-hexenyl acetate)	F2	RI		√	
147	1308	1338	[9]	乙酸顺-3-乙烯酯 (*cis*-3-hexenyl acetate)	F2	RI		√	
148	1495	1510	[21]	(*E*,*E*)-2,4-己二烯酸乙酯 [ethyl(*E*,*E*)-2,4-hexadienoate]	F3	RI	√		
149	2434	2484	[10]	油酸乙酯（ethyl oleate）	F2	RI	√	√	√
150	2515	2524	[10]	亚油酸乙酯（ethyl linoleate）	F2	RI	√	√	√
151	2553	2591	[10]	亚麻酸乙酯（ethyl linolenate）	F2	RI	√		√
152	1553	1580	[10]	丙二酸二乙酯（diethyl propanedioate）	F4	RIL	√		√
153	1655	1677	[10]	丁二酸二乙酯（diethyl butanedioate）	A，B，W，F4	RI	√	√	√
154	1744			丁二酸二乙酯异构体 (diethyl butanedioate isomer)	F4	T	√		
155	1756	1780	[10]	戊二酸二乙酯（diethyl pentanedioate）	F4	RIL	√		√
156	1877	1897	[10]	己二酸二乙酯（diethyl hexanedioate）	F4	RIL	√		√
157	1989			庚二酸二乙酯（diethyl heptadioate）	F4	T		√	
158	2096			辛二酸二乙酯（diethyl octanedioate）	F4	T	√	√	
159	2316			癸二酸二乙酯（diethyl decanedioate）	F4	T	√	√	
160	2224			壬二酸二乙酯（diethyl azeleate）	F4	T	√	√	
161	1990			戊二酸二丁酯（dibutyl pentanedioate）	F4	T	√		
162	1764			丁二酸二异丁酯（di-isobutyl succinate）	F4	T	√		
163	1617			丁二酸乙基甲基酯 (ethyl methyl butanedioate)	F4	T	√		

续表

序号	RIp	RILp	文献	挥发性化合物	分馏馏分	化合物鉴定	清香	酱香	浓香
164	1881	1901	[10]	丁二醇乙基-3-甲基丁酯 (ethyl 3-methylbutyl butanedioate)	F4	RIL	√	√	√
165	2368			丁二酸单乙酯 (ethyl hydrogen succinate)	F3	T		√	
166	1867			6-氯二十酸氯甲酯 (chloromethyl 6-chlorododecanoate)	F6	T		√	

注：a：Fract.，分馏馏分。

b：Iden.，化合物鉴定。

RI：化合物用质谱（MS）、标准品保留指数（RIs）鉴定和文献记载的保留指数（RILs）鉴定。RIp：化合物用极性柱鉴定；RILp：文献记载的化合物在极性柱中的保留指数。T：化合物仅用质谱（MS）鉴定，属于临时性鉴定。F2，中性组分在硅胶柱中洗脱的第二个组分；F3，中性组分在硅胶柱中洗脱的第三个组分，其他以此类推；A：酸性组分；B：碱性组分；W：水溶性组分。（表 3-3～表 3-15 与此相同）

表 8-3　白酒中醇类化合物 RI [8]

序号	RIp	RILp	文献	挥发性化合物	分馏馏分	化合物鉴定	清香	酱香	浓香
1	1035	1038	[11]	正丙醇（1-propanol）	A，B，W，F7	RI	√	√	√
2	1137	1138	[11]	正丁醇（1-butanol）	A，W，F7	RI	√	√	√
3	1256	1249	[10]	正戊醇（1-pentanol）	F6	RI	√	√	√
4	1354	1352	[10]	正己醇（1-hexanol）	F5	RI	√	√	√
5	1442	1454	[10]	正庚醇（1-heptanol）	F6	RI	√	√	√
6	1539	1576	[9]	正辛醇（1-octanol）	F6	RI	√	√	√
7	1622	1658	[10]	正壬醇（1-nonanol）	F6	RI	√	√	√
8	1755	1764	[10]	正癸醇（1-decanol）	F6	RI	√	√	√
9	1850	1872	[22]	正十一醇（1-undecanol）	F6	RI	√		√
10	1957	1956	[23]	正二十醇（1-dodecanol）	F6	RI			√
11	2075	2078	[22]	正十三醇（1-tridecanol）	F6	RI			√
12	2130	2128	[20]	正十四醇（1-tetradecanol）	F6	RI	√		√
13	2243			正十五醇（1-pentadecanol）	F6	T			√
14	2354	2382	[10]	正十六醇（1-hexadecanol）	F6	RIL			√
15	1087	1085	[11]	2-甲基丙醇（2-methylpropanol）	A，B，W，F6	RI	√	√	√

续表

序号	RIp	RILp	文献	挥发性化合物	分馏馏分	化合物鉴定	清香	酱香	浓香
16	1230	1206	[11]	2-甲基丁醇（2-methylbutanol）	F5	RI	√	√	√
17	1232	1230	[12]	3-甲基丁醇（3-methylbutanol）	A，W，F6，F7	RI	√	√	√
18	1276			2-甲基-1-戊醇（2-methyl-1-pentanol）	F5	T	√		√
19	1299	1312	[10]	4-甲基-1-戊醇（4-methyl-1-pentanol）	F6	RIL	√		√
20	1319	1323	[10]	3-甲基-1-戊醇（3-methyl-1-pentanol）	F6	RIL	√		√
21	1317			5-甲基-2-己醇（5-methyl-2-hexanol）	F4	T	√		
22	1474	1487	[11]	2-乙基-1-己醇（2-ethyl-1-hexanol）	F4	RI		√	√
23	1020	1019	[10]	2-丁醇（2-butanol）	B，F6	RI	√	√	√
24	1114	1116	[11]	2-戊醇（2-pentanol）	F5	RI	√	√	√
25	1225	1216	[10]	2-己醇（2-hexanol）	F5	RI		√	√
26	1306	1318	[10]	2-庚醇（2-heptanol）	F6	RI	√	√	√
27	1398	1415	[10]	2-辛醇（2-octanol）	F6	RI	√	√	√
28	1490	1508	[15]	2-壬醇（2-nonanol）	F6	RI	√	√	√
29	1595	1606	[15]	2-癸醇（2-decanol）	F5	RI			√
30	1682	1710	[24]	2-十一醇（2-undecanol）	F6	RIL		√	√
31	1092	1111	[10]	3-戊醇（3-pentanol）	F5	RIL	√		
32	1375	1392	[10]	3-辛醇（3-octanol）	F5	RIL	√	√	√
33	1672			6-十一醇（6-undecanol）	F6	T	√		
34	1158	1157	[10]	1-戊烯-3-醇（1-penten-3-ol）	F5	RIL	√		√
35	1260	1264	[25]	3-甲基-3-丁烯-1-醇（3-methyl-3-buten-1-ol）	F6	RI	√		√
36	1295	1316	[10]	3-甲基-2-丁烯-1-醇（3-methyl-2-buten-1-ol）	F7	RI	√		√
37	1340			反-2-甲基环己醇（*trans*-2-methylcyclohexenol）	F5	T	√		
38	1352	1379	[11]	反-3-己烯-1-醇（*trans*-3-hexen-1-ol）	F5	RI		√	√
39	1379	1380	[16]	顺-3-己烯-1-醇（*cis*-3-hexen-1-ol）	F6	RI	√	√	√

续表

序号	RIp	RILp	文献	挥发性化合物	分馏馏分	化合物鉴定	清香	酱香	浓香
40	1386	1384	[20]	(*E*)-2-己烯-1-醇 [(*E*)-2-hexen-1-ol]	F4	RI	√		
41	1386			5-己烯-2-醇（5-hexen-2-ol）	F5	T	√		
42	1446	1464	[10]	6-甲基-5-庚烯-2-醇 (6-methyl-5-hepten-2-ol)	F6	RIL	√		√
43	1449	1466	[26]	1-辛烯-3-醇（1-octen-3-ol）	F5	RI	√	√	√
44	1481	1502	[10]	4-庚烯-1-醇（4-hepten-1-ol）	F6	RIL	√		
45	1561			反-(2-乙基环戊基）甲醇 [反-(2-ethylcyclopentyl) methanol]	F6	T	√		
46	1583	1586	[20]	(*E*)-2-辛烯-1-醇 [(*E*)-2-octen-1-ol]	F6	RI	√		
47	1586			(*Z*)-2-辛烯-1-醇 [(*Z*)-2-octen-1-ol]	F6	RI	√		
48	1598			(*R*)-3-环己烯-1-甲醇 [(*R*)-3-cyclohexene-1-methanol]	F7	T	√		
49	1658			(*Z*)-3-壬烯-1-醇 [(*Z*)-3-nonen-1-ol]	F6	RI	√		√
50	1680			(*E*)-6-壬烯-1-醇 [(*E*)-6-nonen-1-ol]	F6	T	√		
51	1690			1-壬烯-2-醇（1-nonen-2-ol）	F6	T	√		
52	1757	1783	[13]	(*Z*)-3-癸烯-1-醇 [(*Z*)-3-decen-1-ol]	F6	RIL	√		√
53	1761			9-癸烯-1-醇（9-decen-1-ol）	F6	T	√		
54	1770			1-溴-2-辛醇（1-bromo-2-octanol）	F5	T	√		
55	1848			1-丁基-2-环己烯-1-醇 (1-butyl-2-cyclohexen-1-ol)	F5	T	√		
56	2430			(*Z*)-9-十六烯-1-醇 [(*Z*)-9-hexadecen-1-ol]	F7	T		√	
57	1273	1300	[27]	环戊醇（cyclopentanol）	F7	RIL	√		√
58	1390	1403	[27]	环己醇（cyclohexanol）	F7	RIL	√		√

续表

序号	RIp	RILp	文献	挥发性化合物	分馏馏分	化合物鉴定	清香	酱香	浓香
59	1397			2-甲基环己醇（2-methylcyclohexanol）	F5	T	√		
60	1445			3-甲基环己醇（3-methylcyclohexanol）	F7	T	√		
61	1268			3-甲氧基-1-丁醇（3-methoxy-1-butanol）	A	T	√		
62	1282			3,3-二乙氧基-1-丙醇（3,3-diethoxy-1-propanol）	F7	T		√	
63	1390	1370	[10]	3-乙氧基-1-丙醇（3-ethoxy-1-propanol）	F8	RIL	√	√	
64	1587			2-(2-乙氧基乙氧基）乙醇［2-(2-ethoxyethoxy） ethanol］	F6	T		√	
65	1449			2,3-丁二醇异构体（2,3-butanediol isomer）	F6	T	√		
66	1537	1542	[11]	2,3-丁二醇（2,3-butanediol）	F7	RI		√	√
67	1673			1,2-庚二醇（1,2-heptanediol）	F5	T	√		√

表 8-4　白酒中醛类化合物 RI [8]

序号	RIp	RILp	文献	挥发性化合物	分馏馏分	化合物鉴定	清香	酱香	浓香
1	655	645	[25]	乙醛（acetaldehyde）	F3	RI		√	√
2	725	712	[25]	丙醛（propanal）	F3	RI		√	√
3	814	839	[25]	丁醛（butanal）	F3	RI	√	√	√
4	935	953	[28]	戊醛（pentanal）	F3	RI			√
5	1071	1084	[25]	己醛（hexanal）	F3	RI	√	√	√
6	1199	1195	[28]	庚醛（heptanal）	F3	RI			√
7	1280	1270	[20]	辛醛（octanal）	F3	RI	√		√
8	1369	1388	[29]	壬醛（nonanal）	F3	RI	√	√	√
9	1484	1472	[20]	癸醛（decanal）	F3	RI	√	√	√
10	1584			十一醛（undecanal）	F3	RI	√	√	√
11	1678			十二醛（dodecanal）	F3	RI	√		√
12	1798			十三醛（tridecanal）	F3	RI	√		√
13	1899	1400	[29]	十四醛（tetradecanal）	F3	RI	√		√

续表

序号	RIp	RILp	文献	挥发性化合物	分馏馏分	化合物鉴定	清香	酱香	浓香
14	2008			十五醛（pentadecanal）	F3	T	√	√	√
15	2142			十六醛（hexadecanal）	F3	T		√	√
16	2325			十七醛（heptadecanal）	F3	T		√	
17	2487			十八醛（octadecanal）	F3	T	√		
18	749	747	[25]	2-甲基丙醛（2-methylpropanal）	F3	RI		√	√
19	911	926	[30]	2-甲基丁醛（2-methylbutanal）	F3	RI	√	√	√
20	915	932	[30]	3-甲基丁醛（3-methylbutanal）	F3	RI	√	√	√
21	1077			三聚乙醛（paraldehyde）	F3	T	√		
22	1412			顺-2-辛烯醛（*cis*-2-octenal）	F3	RI		√	
23	1437	1421	[31]	(*E*)-2-辛烯醛[(*E*)-2-octenal]	F3	RI	√		√
24	1516	1545	[12]	(*E*)-2-壬烯醛[(*E*)-2-nonenal]	F3	RI	√	√	√
25	1603	1636	[13]	反-2-癸烯醛（*trans*-2-decenal）	F3	RI		√	
26	1655			2-丁基-2-辛烯醛（2-butyl-2-octenal）	F3	T	√		
27	1744	1715	[20]	2-十一烯醛（2-undecenal）	F3	RI	√		
28	1408	1392	[32]	反,反-2,4-己二烯醛（*trans*,*trans*-2,4-hexadienal）	F4	RI		√	√
29	1492	1474	[33]	(*E*,*E*)-2,4-庚二烯醛[(*E*,*E*)-2,4-heptadienal]	F4	RI	√		
30	1583	1600	[34]	(*E*,*E*)-2,4-辛二烯醛[(*E*,*E*)-2,4-octadienal]	F4	RI	√		
31	1683	1681	[35]	(*E*,*E*)-2,4-壬二烯醛[(*E*,*E*)-2,4-nonadienal]	F4	RI	√	√	√
32	1754	1750	[16]	(*E*, *Z*)-2,4-癸二烯醛[(*E*, *Z*)-2,4-decadienal]	F4	RI	√		
33	1822	1808	[16]	(*E*,*E*)-2,4-癸二烯醛[(*E*,*E*)-2,4-decadienal]	F4	RI	√	√	√

表 8-5　白酒中酮类化合物 RI [8]

序号	RIp	RILp	文献	挥发性化合物	分馏馏分	化合物鉴定	清香	酱香	浓香
1	797	753	[25]	丙酮（acetone）	F4	RI		√	

续表

序号	RIp	RILp	文献	挥发性化合物	分馏馏分	化合物鉴定	清香	酱香	浓香
2	972	960	[11]	2-戊酮（2-pentanone）	F4	RI	√	√	√
3	1176	1173	[10]	2-戊酮（2-heptanone）	F3，F4	RI	√	√	√
4	1275	1313	[30]	2-辛酮（2-octanone）	F3	RI	√	√	√
5	1366	1382	[10]	2-壬酮（2-nonanone）	F3	RI	√	√	√
6	1479	1519	[30]	2-癸酮（2-decanone）	F3	RI	√	√	√
7	1560	1593	[10]	2-十一酮（2-undecanone）	F3	RI	√	√	√
8	1650			2-十二酮（2-dodecanone）	F3	RI	√	√	√
9	1798	1803	[13]	2-十三酮（2-tridecanone）	F3	RI	√	√	√
10	1870			2-十六酮（2-hexadecanone）	F3	RI	√	√	√
11	1995	2019	[10]	2-十五酮（2-pentadecanone）	F3	RI	√	√	√
12	2240	2220	[10]	2-十七酮（2-heptadecanone）	F3	RIL		√	√
13	1359			1-环己乙酮（1-cyclohexylethanone）	F4	T	√		
14	1455			3,3-二甲基-2-戊酮（3,3-dimethyl-2-pentanone）	F5	T	√		
15	2118			6,10,14-三甲基-2-十五酮（6,10,14-trimethyl-2-pentadecanone）	F3	T	√	√	√
16	2223			1-环戊基-3-乙氧基-2-丙酮（1-cyclopentyl-3-ethoxy-2-propanone）	F5	T	√		
17	1250	1280	[30]	3-辛酮（3-octanone）	F3	RI	√	√	√
18	1068			4-庚酮（4-heptanone）	F4	T	√		
19	1232			2-甲基环戊酮（2-methylcyclopentanone）	F4	T	√		√
20	1540	1501	[17]	2,3-二甲基-2-环戊烯-1-酮（2,3-dimethyl-2-cyclopenten-1-one）	F6	RIL	√		
21	1747			2-戊基-2-环戊烯-1-酮（2-pentyl-2-cyclopenten-1-one）	F5	T	√		
22	1552			4,4,6-三甲基-2-环己烯-1-酮（4,4,6-trimethyl-2-cyclohexen-1-one）	F3	T	√	√	
23	1607	1579	[13]	3-甲基-2-环己烯-1-酮（3-methyl-2-cyclohexen-1-one）	F5	RIL	√		

续表

序号	RIp	RILp	文献	挥发性化合物	分馏馏分	化合物鉴定	清香	酱香	浓香
24	1868			3,4,4-三甲基-2-环己烯-1-酮 (3,4,4-trimethyl-2-cyclohexen-1-one)	F3	T		√	
25	1854			4,4-二甲基-2-环己烯-1-酮 (4,4-dimethyl-2-cyclohexen-1-one)	F4	T	√		
26	1863			2,5-二羟基-4-异丙基-2,4,6-环庚三烯-1-酮 (2,5-dihydroxy-4-isopropyl-2,4,6-cycloheptatrien-1-one)	F5	T	√		
27	1573			3-环己烯甲基酮 (3-cyclohexenyl methyl ketone)	F6	T	√		
28	1742			4-乙基-4-甲基环戊-2-烯酮 (4-ethyl-4-methylcyclopent-2-enone)	F5	T	√		
29	1130	1114	[10]	4-戊烯-2-酮(3-penten-2-one)	F5	RIL	√		
30	1321	1327	[10]	6-甲基-5-庚烯-2-酮 (6-methyl-5-hepten-2-one)	F3	RIL	√	√	
31	1399	1381	[20]	3-辛烯-2-酮(3-octen-2-one)	F4	RI	√	√	
32	1456			5-乙基-6-甲基-(*E*)-3-庚烯-2-酮 [5-ethyl-6-methyl-(*E*)-3-hepten-2-one]	F3	T		√	
33	1575			6-甲基-3,5-庚二烯-2-酮 (6-methyl-3,5-heptadien-2-one)	F4	T	√		
34	1605			10-甲基-酮-环癸烯-2-酮 (10-methyloxacyclodecan-2-one)	F4	T		√	
35	1561	1536	[36]	3,5-辛二烯-2-酮(3,5-octadien-2-one)	F4	RIL	√		
36	1305	1324	[30]	1-辛烯-3-酮(1-octen-3-one)	F3	RI	√	√	√
37	1472			2-壬烯-4-酮(2-nonen-4-one)	F3	T	√		
38	1304	1312	[9]	3-羧基-2-丁酮(3-hydroxy-2-butanone)	A	RI	√	√	√
39	1315	1323	[25]	1-羟基-2-丙酮(1-hydroxy-2-propanone)	F5	RIL		√	
40	1378	1366	[37]	2-羟基-3-戊酮(2-hydroxy-3-pentanone)	F6	RIL		√	
41	1450			4-羟基-5-甲基-2-己酮 (4-hydroxy-5-methyl-2-hexanone)	F4	T	√	√	√
42	1257			4-乙氧基-2-丁酮 (4-ethoxy-2-butanone)	F5	T	√	√	√

续表

序号	RIp	RILp	文献	挥发性化合物	分馏馏分	化合物鉴定	清香	酱香	浓香
43	1302			环庚酮（cycloheptanone）	F4	T	√		
44	1336			3-乙基环戊酮（3-ethylcyclopentanone）	F4	T	√		
45	1553			3-丁基环戊酮（3-butylcyclopentanone）	F4	T	√		
46	1295			5,6-癸二烯酮（5,6-decanedione）	F4	T		√	
47	1775			2,2,6-三甲基-1,4-环己二酮（2,2,6-trimethyl-1,4-cyclohexanedione）	F6	T	√		

表 8-6　白酒中缩醛类化合物 RI[8]

序号	RIp	RILp	文献	挥发性化合物	分馏馏分	化合物鉴定	清香	酱香	浓香
1	835			二乙氧基甲烷（diethoxymethane）	F2	T		√	
2	893	900	[11]	1,1-二乙氧基乙烷（1,1-diethoxyethane）	F2, F3	RI	√	√	√
3	950	1135	[10]	1,1-二乙氧基丙烷（1,1-diethoxypropane）	F2	RIL	√	√	√
4	1036	1031	[10]	1,1-二乙氧基丁烷（1,1-diethoxybutane）	F2	T	√	√	√
5	1112			1,1-二乙氧基戊烷（1,1-diethoxypentane）	F2	T		√	√
6	1220	1235	[10]	1,1-二乙氧基己烷（1,1-diethoxyhexane）	F2	RIL	√	√	√
7	1324	1332	[10]	1,1-二乙氧基庚烷（1,1-diethoxyheptane）	F2	RIL	√	√	√
8	1438			1,1-二乙氧基辛烷（1,1-diethoxyoctane）	F2	T	√	√	√
9	1528	1522	[23]	1,1-二乙氧基壬烷（1,1-diethoxynonane）	F2	RIL		√	√
10	1633			1,1-二乙氧基癸烷（1,1-diethoxydecane）	F2	T		√	√
11	1727			1,1-二乙氧基十一烷（1,1-diethoxyundecane）	F2	T		√	√
12	1832			1,1-二乙氧基十二烷（1,1-diethoxydodecane）	F2	T		√	
13	969			1,1-二乙氧基-2-甲基丙烷（1,1-diethoxy-2-methylpropane）	F2	T		√	√
14	1063	1067	[10]	1,1-二乙氧基-2-甲基丁烷（1,1-diethoxy-2-methylbutane）	F2	RIL		√	√
15	1068	1062	[10]	1,1-二乙氧基-3-甲基丁烷（1,1-diethoxy-3-methylbutane）	F2	RIL	√	√	√
16	1081	1104	[24]	1-(1-乙氧基乙氧基）戊烷[1-(1-ethoxyethoxy）pentane]	F2	RIL		√	√

续表

序号	RIp	RILp	文献	挥发性化合物	分馏馏分	化合物鉴定	清香	酱香	浓香
17	1271	1299	[10]	1,1,3-三乙氧基丙烷（1,1,3-triethoxypropane）	F4	RIL	√	√	√
18	1340			1-乙氧基-1-顺-己烯-3-氧乙烷（1-ethoxy-1-*cis*-hexene-3-oxy ethane）	A	T	√		

表 8-7　　白酒中脂肪酸类化合物 RI [8]

序号	RIp	RILp	文献	挥发性化合物	分馏馏分	化合物鉴定	清香	酱香	浓香
1	1459	1452	[12]	乙酸（acetic acid）	A	RI	√	√	√
2	1530	1523	[11]	丙酸（propanoic acid）	A	RI	√	√	√
3	1602	1614	[11]	丁酸（butanoic acid）	A	RI	√	√	√
4	1727	1730	[11]	戊酸（pentanoic acid）	A	RI	√	√	√
5	1825	1840	[11]	己酸（hexanoic acid）	A	RI	√	√	√
6	1955	1952	[32]	庚酸（heptanoic acid）	A	RI	√	√	√
7	2060	2058	[11]	辛酸（octanoic acid）	A	RI	√	√	√
8	2168	2165	[38]	壬酸（nonanoic acid）	A	RI	√	√	√
9	2282	2296	[12]	癸酸（decanoic acid）	A	RI	√	√	√
10	2355	2346	[19]	十一烷酸（undecanoic acid）	A	RI	√		√
11	2436	2485	[10]	十二烷酸（dodecanoic acid）	A，F8	RI	√	√	√
12	2564			十三烷酸（tridecanoic acid）	F8	RI	√	√	√
13	2634	>2600	[10]	十四烷酸（tetradecanoic acid）	F8	RI	√	√	√
14	2645			十五烷酸异构体（pentadecanoic acid isomer）	F8	T	√	√	√
15	2752			十五烷酸（pentadecanoic acid）	F8	RI	√	√	√
16	2860	2862	[19]	十六烷酸（hexadecanoic acid）	F8	RI		√	√
17	2944			十七烷酸（heptadecanoic acid）	F8	T		√	√
18	3035			十八烷酸（octadecanoic acid）	F8	T		√	√
19	1555	1572	[10]	2-甲基丙酸（2-methylpropanoic acid）	A	RI	√	√	√
20	1634	1660	[11]	2/3-甲基丁酸（2/3-methylbutanoic acid）	A	RI	√	√	√

续表

序号	RIp	RILp	文献	挥发性化合物	分馏馏分	化合物鉴定	清香	酱香	浓香
21	1733	1755	[23]	2-甲基戊酸（2-methylpentanoic acid）	A	RI	√	√	√
22	1762			3-甲基戊酸（3-methylpentanoic acid）	A	T	√		√
23	1820			4-甲基戊酸（4-methylpentanoic acid）	A	T		√	√
24	1914			5-甲基戊酸（5-methylhexanoic acid）	A	T		√	√
25	1756			巴豆酸（crotonic acid）（2-丁烯酸，2-butenoic acid）	A	RI	√		√
26	1772	1839	[36]	3-甲基-2-丁烯酸（3-methyl-2-butenoic acid）	A	RI	√		√
27	1939	1407	[32]	(*E*)-3-己烯酸[(*E*)-3-hexenoic acid]	A	RI	√		√
28	1967	1962	[11]	(*E*)-2-己烯酸[(*E*)-2-hexenoic acid]	A	RI	√	√	√
29	2066			2-庚烯酸（2-heptenoic acid）	A	T	√		√
30	2183			2-辛烯酸（2-octenoic acid）	A	T	√		√
31	2335	2348	[35]	9-癸烯酸（9-decenoic acid）	F5	RIL		√	√
32	2930			9-十六烯酸（9-hexadecenoic acid）	F8	T		√	√
33	2935	2933	[19]	油酸（oleic acid）	F8	RIL		√	√
34	2983			亚油酸（linoleic acid）	F8	T	√	√	√

表 8-8　白酒中萜烯类化合物 RI [39]

序号	RIp	RILp	文献	挥发性化合物	分馏馏分	化合物鉴定	清香	酱香	药香	浓香
1	993	1010	[40]	α-蒎烯（α-pinene）	F1	RI		√		
2	1235	1219	[9]	柠檬油精（Limonene）	F1	RI		√	√	
3	1264	1271	[32]	*p*-伞花烃（*p*-cymene）	F1	RI		√		√
4	1420			para-伞花烃（para cymenyl）	F1	T		√		
5	1469	1467	[19]	α-依兰烯（α-ylangene）	F1	RI		√		
6	1476	1492	[32]	α-胡椒烯（α-copaene）	F1	RI		√		
7	1478	1516	[19]	α-古芸烯（α-gurjunene）	F1	RI	√	√	√	
8	1501	1510	[10]	葡萄螺烷（vitispirane）	F1	RIL	√			

续表

序号	RIp	RILp	文献	挥发性化合物	分馏馏分	化合物鉴定	清香	酱香	药香	浓香
9	1510	1518	[42]	β-波旁烯（β-bourbonene）	F1	RI		√		
10	1514	1540	[42]	β-橙椒烯（β-cubebene）	F1	RI		√		
11	1545	1600	[43]	α-雪松烯（α-cedrene）	F1	RI		√	√	
12	1565	1590	[44]	刺柏烯（junipene）	F1	RI	√	√		√
13	1574	1592	[32]	β-石竹烯（β-caryophyllene）	F1	RI		√	√	
14	1576			异喇叭烯［(-)-isoledene］	F1	RI		√		
15	1568			*m*-孟-1-烯（*m*-menth-1-ene）	F4	T	√			
16	1590	1610	[32]	桉树烯［(+)-aromadendrene］	F1	RI		√	√	
17	1651	1665	[32]	α-蛇麻烯（α-humulene）	F1	RI		√		
18	1658			α-姜烯（α-zingiberene）	F1	T		√		
19	1670			α-紫穗槐烯（α-amorphene）	F1	T		√		
20	1687	1703	[32]	香叶烯 D（germacrene D）	F1	RI		√		
21	1692			依品烯（epizonarene）	F1	T		√		
22	1693	1680	[20]	α-依兰油烯（α-muurolene）	F1	RIL		√	√	
23	1694	1685	[20]	β-没药烯（β-bisabolene）	F1	RIL		√	√	
24	1698	1726	[45]	巴伦西亚橘烯（valencene）	F1	RI		√		
25	1725	1744	[10]	α-法呢烯（α-farnesene）	F1	RIL		√		
26	1728			己内酰胺（caprolactam）	F1	T		√		
27	1731	1687	[42]	γ-依兰油烯（γ-muurolene）	F1	RI		√	√	
28	1738	1755	[18]	δ-杜松烯（δ-cadinene）	F1	RIL		√	√	
29	1756			α-花柏烯（α-chamigrene）	F1	T		√		
30	1768			植烷（phytane，2,6,10,14-tetramethyl-hexadecane）	F1	T		√		
31	1772	1757	[42]	γ-杜松烯（γ-cadinene）	F1	RIL		√	√	
32	1780			反-*p*-孟-8-烯（*trans*-*p*-menth-8-ene）	F1	T		√		
33	1741			反-长叶蒎烷［(*E*)-longipinane］	F1	T	√			
34	2062			1,3,7,7-四甲基-9-酮基-2-氧双环［4.4.0］癸烷（1,3,7,7-tetramethyl-9-oxo-2-oxabicyclo［4.4.0］decane）	F5	T	√	√		

续表

序号	RIp	RILp	文献	挥发性化合物	分馏馏分	化合物鉴定	清香	酱香	药香	浓香
35	1426	1463	[10]	顺-里哪醇氧化物（*cis*-linalool oxide）	F5	RIL		√		
36	1457	1453	[42]	反-里哪醇氧化物（*trans*-linalool oxide）	F5	RIL	√	√		
37	1730			里哪醇-顺-吡喃型氧化物［linalool（*Z*）-pyranic oxide］	F7	T	√	√		
38	1552	1565	[12]	里哪醇（linalool）	F6	RI		√		
39	1601	1599	[32]	4-萜品醇（4-terpineol）	F6	RI		√	√	√
40	1678	1687	[11]	α-萜品醇（α-terpineol）	F6	RI	√	√	√	
41	1767	1786	[12]	β-香茅醇（β-citronellol）	F6	RI	√	√		
42	1769	1798	[10]	橙花醇（nerol）	F6	RI	√			
43	1824	1869	[46]	土味素（geosmin）	F6	RI	√	√		
44	1849	1869	[9]	香叶醇（geraniol）	F6	RI		√		
45	2009	2039	[10]	反-橙花二醇（trans-nerolidol）	F4	RI	√	√		
46	2230	2224	[32]	α-没药醇（α-bisabolol）	F6	RI		√		
47	2324	2376	[10]	法呢醇（farnesol）	F6	RI		√		
48	2596			法呢醇异构体 A（farnesol isomer A）	A	T	√			
49	1618	1606	[10]	β-环橙花醛（β-cyclocitral）	F3	RIL	√	√		
50	1650	1648	[47]	藏花醛（safranal，2,6,6-trimethyl-1,3-cyclohexadiene-1-carbox-aldehyde）	F3	RIL	√			
51	1734	1727	[32]	香叶醛（geranial）	F4	RI	√			
52	1543			莰尼酮（camphenilone）	F1	T	√			
53	1687			茶香酮（ketoisophorone）	F5	T	√			
54	1732	1729	[18]	香芹酮（carvone）	F3	RI		√		
55	1821			1-双环［4.1.0］庚-7-烷-1-丁酮（1-bicyclo［4.1.0］hept-7-yl-1-butanone）	F5	T	√			
56	1760			双环［3.3.1］壬-3,7-二烯-2,9-二酮（biocyclo［3.3.1］nona-3,7-diene-2,9-dione）	F3	T	√			

续表

序号	RIp	RILp	文献	挥发性化合物	分馏馏分	化合物鉴定	清香	酱香	药香	浓香
57	1823	1832	[12]	反-β-大马酮 (*trans*-β-damascenone)	F3	RI	√	√		
58	1835			反-1-萘烷酮 (*trans*-decalone-1)	F4	T	√			
59	1848			二氢-β-紫罗兰酮 (dihydro-β-ionone)	F3	T	√			
60	1852	1852	[33]	香叶基丙酮 {geranylacetone, [(*E*)-6,10-dimethyl5,9-undecadien-2-one]}	F3	RI	√	√	√	√
61	1938	1986	[30]	β-紫罗兰酮 (β-ionone)	F4	RI	√			
62	2340			法呢基丙酮 (farnesyl acetone)	F4	T		√		
63	1745	1722	[32]	薄荷酮 (piperitone)	F5	RIL		√		
64	1912			喇叭茶醇 [palustrol, 1,1,4,7-Tetramethyl decahydro-4ah-cyclopropa(e)-azulen-4a-ol]	F6	T		√		
65	2552			香叶酸 (geranic acid)	A	T		√		
66	1524	1553	[32]	乙酸芳樟酯 (linalyl acetate)	F3	RI		√		
67	1550			异戊酸异龙脑酯 (isobornyl isovalerate)	F6	T		√		
68	1556			乙酸薄荷酯 (menthyl acetate)	F6	T		√		
69	1753	1769	[42]	乙酸香叶酯 (geranyl acetate)	F3	RI		√		

表 8-9　　白酒中芳香族化合物 RI[39]

序号	RIp	RILp	文献	挥发性化合物	分馏馏分	化合物鉴定	清香	酱香	浓香
1	1040	1041	[32]	甲苯 (methylbenzene)	F4	RI	√	√	√
2	1110	1107	[17]	乙基苯 (ethylbenzene)	F1	RI		√	√
3	1234	1188	[17]	丙基苯 (propylbenzene)	F5	RI	√		
4	1272	1276	[18]	1,2,4-三甲基苯 (1,2,4-trimethylbenzene)	F1	RIL		√	
5	1337	1290	[36]	1,3,5-三甲基苯 (1,3,5-trimethylbenzene)	F1	RIL	√		√
6	1480			1,2,3,4,5-五甲基苯 (1,2,3,4,5-pentamethylbenzene)	F1	T		√	
7	1144	1136	[15]	1,2-二甲基苯 [1,2-dimethylbenzene (*o*-xylene)]	F1	RI	√	√	

续表

序号	RIp	RILp	文献	挥发性化合物	分馏馏分	化合物鉴定	清香	酱香	浓香
8	1352	1298	[18]	1-甲基-2-(1-甲基乙基)苯 [1-methyl-2-(1-methylethyl) benzene]	F1	RIL	√		
9	1359			1-甲基-3-(1-甲基乙基)苯 [1-methyl-3-(1-methylethyl) benzene]	F1	T	√		
10	1371	1321	[18]	1-乙基-3,5-二甲基苯 (1-ethyl-3,5-dimethylbenzene)	F1	RIL	√		
11	1390	1390	[18]	1-乙基-2,3-二甲基苯 (1-ethyl-2,3-dimethylbenzene)	F1	RIL	√		
12	2194			(1-戊基己基)苯 [(1-pentylhexyl)benzene]	F1	T		√	
13	1975			二联苯 (biphenyl)	F1	T	√	√	
14	2128			3-甲基二联苯 (3-methylbiphenyl)	F1	T	√		
15	2154			苊 (acenaphthene)	F1	T	√	√	
16	2156			9-氨基菲 (9-aminophenanthrene)	F4	T	√		
17	2382			9*H*-芴 (9*H*-fluorene)	F1	T	√	√	
18	2650			菲 (phenanthrene)	F1	T		√	
19	1255	1230	[17]	乙烯基苯 [styrene (vinylbenzene)]	F1	RI	√	√	√
20	1442			1-苯-2-甲基丁烷 (1-phenyl-2-methylbutane)	F5	T	√		
21	1456			1-苯-3-甲基戊烷 (1-phenyl-3-methylpentane)	F5	T	√		
22	1374			2-苯-1-丁烯 (2-phenyl-1-butene)	F1	T	√		
23	1494			(1-甲基-1-丁烯)苯 [(1-methyl-1-butenyl)benzene]	F3	T	√		
24	1502			3-苯丁-1-烯 (3-phenylbut-1-ene)	F1	T	√		
25	1481			*o*-烯丙基甲苯 (*o*-allyltoluene)	F1	T		√	
26	1563			(2-丙烯氧基)苯 [(2-propenyloxy)benzene]	F5	T		√	
27	1558			3,5-二羟基甲苯 (3,5-dihydroxytoluene)	F5	T	√		
28	1451			1,3-二氯-苯 (1,3-dichloro-benzene)	F1	T	√		
29	1486			2,4-二氯-1-甲基苯 (2,4-dichoro-1-methylbenzene)	F6	T		√	

续表

序号	RIp	RILp	文献	挥发性化合物	分馏馏分	化合物鉴定	清香	酱香	浓香
30	1555			1-溴-4-氯苯 (1-bromo-4-chloro-benzene)	F7	T	√		
31	2087			苯乙酰胺 (benzeneacetamide)	F5	T	√		
32	1858	1898	[9]	苯甲醇 (benzyl alcohol)	F6	RI	√	√	√
33	1906	1910	[11]	2-苯乙醇 (2-phenylethanol)	A, B, W, F6, F7	RI	√	√	√
34	1807			1-苯乙醇 (1-phenylethanol)	F6	T	√		√
35	1982			β-乙基苯乙醇 (β-ethylphenylethanol)	F5	T	√		√
36	1968			2,3,5-三甲基-1,4-苯二醇 (2,3,5-trimethyl-1,4-benzenediol)	F5	T	√		
37	2428			5-戊基-1,3-苯二醇 (5-pentyl-1,3-benzenediol)	F6	T		√	
38	1505	1539	[26]	苯甲醛 (benzaldehyde)	F3	RI	√	√	√
39	1620	1689	[30]	苯乙醛 (phenylacetaldehyde)	F3	RI	√	√	√
40	1634			2-甲基苯甲醛 (2-methylbenzaldehyde)	F3	T	√		√
41	1728	1747	[32]	4-乙基苯甲醛 (4-ethylbenzaldehyde)	F4	RIL	√		
42	2305			2,4-二羟基-6-甲基苯甲醛 (2,4-dihydroxy-6-methylbenzaldehyde)	F5	T	√		
43	1750			2,5-二甲基苯甲醛 (2,5-dimethylbenzaldehyde)	F3	T	√		√
44	1941	1913	[17]	2-苯-2-丁烯醛 (2-phenyl-2-butenal)	F4	RIL	√	√	√
45	2058			5-甲基-2-苯-2-己烯醛 (5-methyl-2-phenyl-2-hexenal)	F4	T		√	
46	2518			4-羟基-2-甲氧基肉桂醛 (4-hydroxy-2-methoxycinnamaldehyde)	F3	T		√	
47	1690	1711	[10]	1,1-二乙氧基-2-苯乙烷 (1,1-diethoxy-2-phenylethane)	F2, F3	RI	√	√	√
48	1625	1624	[10]	乙酰苯 (acetophenone)	F3	RI	√	√	√
49	1758	1730	[13]	3-甲基乙酰苯 (3-methylacetophenone)	F3	RIL	√		√
50	1781	1765	[13]	4-甲基乙酰苯 (4-methylacetophenone)	F4	RIL	√		√
51	2070			2,4-二甲氧基乙酰苯 (2,4-dimethoxy-acetophenone)	F5	T	√		

续表

序号	RIp	RILp	文献	挥发性化合物	分馏馏分	化合物鉴定	清香	酱香	浓香
52	1738			苯基甲基酮（benzyl methyl ketone）	F4	T		√	√
53	1737			1-苯-1-丙酮（1-phenyl-1-propanone）	F3	T	√	√	√
54	1803			1-苯-1-丁酮（1-phenyl-1-butanone）	F3	T	√	√	
55	3010	3000		覆盆子酮｛raspberry ketone [4-(p-hydroxy-phenyl)-2-butanone]｝	F5	RI		√	
56	2415	2389	[20]	苯甲酸（benzoic acid）	A，F8	RI	√	√	√
57	2540	2571	[12]	2-苯乙酸（2-phenylacetic acid）	A	RIL	√	√	√
58	2603			3-苯丙酸（3-phenylpropanoic acid）	A	T	√	√	√
59	1623	1635	[12]	苯甲酸甲酯（methyl benzoate）	F3	RIL	√		
60	1640	1658	[10]	苯甲酸乙酯（ethyl benzoate）	F2	RI	√	√	√
61	2291			2-氨基苯甲酸甲酯（methyl 2-aminobenzoate）	F4	T	√		
62	1782			苯甲酸-2-甲基丙酯（2-methylpropyl benzoate）	F2	T	√		
63	1905			苯甲酸-3-甲基丁酯（3-methylbutyl benzoate）	F2	T	√		
64	1754			苯甲酸-5-氯戊酯（5-chloropentyl benzoate）	F2	T	√		
65	1786	1783	[10]	2-苯乙酸乙酯（ethyl 2-phenylacetate）	F3	RI	√	√	√
66	1865			2-苯乙酸丙酯（propyl 2-phenylacetate）	F2	T		√	
67	1872	1900	[48]	3-苯丙酸乙酯（ethyl 3-phenylpropanoate）	F3	RI	√	√	√
68	2166	2149	[12]	3-苯-2-丙烯酸乙酯（ethyl 3-phenyl-2-propenoate）（肉桂酸乙酯，ethyl cinnamate）	F3	RI	√	√	
69	2236			(4-乙烯基苯)乙酸乙酯 [ethyl(4-vinylphenyl)acetate]	F3	T		√	
70	1855			4-羟基苯甲酸甲酯（methyl 4-hydroxybenzoate）	F5	T		√	
71	1778	1786	[13]	2-羟基苯甲酸乙酯（ethyl 2-hydroxybenzoate）	F5	RIL		√	

续表

序号	RIp	RILp	文献	挥发性化合物	分馏馏分	化合物鉴定	清香	酱香	浓香
72	2315	2315	[10]	2-羟基-3-苯丙酸乙酯 (ethyl 2-hydroxy-3-phenyl-propanoate)	F5	RIL	√	√	√
73	1706			β-(4-羟基-3-甲氧基苯) 丙酸乙酯 [ethyl β-(4-hydroxy-3-methoxy-phenyl)-propanoate]	F2	T	√		
74	2190			4-羟基苯甲酸乙酯 (ethyl 4-ethoxybenzoate)	F6	T	√		
75	1733	1740	[49]	乙酸苄酯 (benzyl acetate)	F3	RIL	√	√	√
76	1801	1809	[11]	乙酸-2-苯乙酯 (2-phenylethyl acetate)	F3	RI	√	√	√
77	1870	1890	[15]	丙酸-2-苯乙酯 (2-phenylethyl propanoate)	F3	RI		√	
78	1958	1968	[10]	丁酸-2-苯乙酯 (2-phenylethyl butanoate)	F3	RI	√	√	
79	1965	1961	[15]	3-甲基丁酸-2-苯乙酯 (2-phenylethyl 3-methylbutanoate)	F3	RIL		√	√
80	2072			戊酸-2-苯乙酯 (2-phenylethyl pentanoate)	F3	T		√	
81	2178	2164	[10]	己酸-2-苯乙酯 (2-phenylethyl hexanoate)	F3	RIL	√	√	
82	2350			辛酸-2-苯乙酯 (2-phenylethyl octanoate)	F2	T		√	
83	1623			丁酸-2-甲基苄酯 (2-methylphenyl butanoate)	F3	T		√	
84	1609			2-甲基丙酸-4-甲基苄酯 (4-methylphenyl 2-methyl-propanoate)	F3	T	√		
85	1840			丁酸-4-甲氧基苄酯 (4-methoxyphenyl butanoate)	F5	T	√		
86	1671	1670	[10]	4-乙烯基茴香醚 [4-vinylanisole(4-vinyl-1-methoxy-benzene)]	F5	RIL	√		
87	1762			1-乙烯基-4-甲氧基苯 (1-ethenyl-4-methoxybenzene)	F3	T	√		
88	1735	1780	[36]	1,2-二甲氧基苯 (藜芦醚) (1,2-dimethoxybenzene, veratrol)	F4	RIL	√	√	√
89	1754	1730	[24]	1,3-二甲氧基苯 (1,3-dimethoxybenzene)	F3	RIL	√	√	√
90	1959			1,4-二甲氧基苯 (1,4-dimethoxybenzene)	F4	T	√		√
91	1798	1806	[10]	2,3-二甲氧基甲苯 [2,3-dimethoxytoluene (1,2-dimethoxy-3-methylbenzene)]	F4	RIL	√		√

续表

序号	RIp	RILp	文献	挥发性化合物	分馏馏分	化合物鉴定	清香	酱香	浓香
92	1988			2-(3,5-二甲氧基苯)-2-甲基丙醛 [2-(3,5-dimethoxyphenyl)-2-methyl-propanal]	F5	T	√		
93	1993			1,2-二甲氧基-3-氯苯 (1,2-dimethoxy-3-chlorobenzene)	F4	T	√		
94	2178			3-(2,4-二甲氧基苯)丁-2-酮 [3-(2,4-dimethoxyphenyl) butan-2-one]	F5	T	√		
95	2241			4-(4-甲氧基苯)-2-丁酮 [4-(4-methoxyphenyl)-2-butanone]	F4	T	√		
96	1793			1-乙氧基-2-甲氧基-4-甲基苯 (1-ethoxy-2-methoxy-4-methyl-benzene)	A, F4	T	√		
97	2298			3,4-二亚甲基二氧苯丙酮 (3,4-dimethylenedioxyphenyl acetone)	F4	T	√		
98	2676	2676	[12]	香草酸乙酯 (ethyl vanillate)	A	RI	√	√	
99	1742	1709	[15]	萘 (naphthalene)	F1	RI	√	√	√
100	1864	1844	[23]	1-甲基萘 (1-methylnaphthalene)	F1	RIL	√	√	
101	1893	1809	[23]	2-甲基萘 (2-methylnaphthalene)	F1	RIL	√	√	
102	1964	2038	[34]	2,6-二甲基萘 (2,6-dimethylnaphthalene)	F1	RIL		√	
103	1966			1-乙基萘 (1-ethylnaphthalene)	F1	T	√		
104	1990			2, 7-二甲基萘 (2,7-dimethylnaphthalene)	F1	T	√		
105	2138			1,3,6-三甲基萘 (1,3,6-trimethylnaphthalene)	F1	T		√	
106	2192			1,6,7-三甲基萘 (1,6,7-trimethylnaphthalene)	F1	T		√	
107	2154			3-乙基-1-甲基萘 (3-ethyl-1-methylnaphthalene)	F1	T	√		
108	1869			6-甲氧基-1-乙酰萘酮 (6-methoxy-1-acetonaphthone)	F5	T		√	
109	2110			6-氟萘 (6-fluoro-naphthalene)	F5	T		√	
110	1676			1,2,3,4-四氢-1,1-二甲基萘 (1,2,3,4-tetrahydro-1,1-dimethyl-naphthalene)	F1	T	√		
111	1740	1714	[10]	1,2-二氢-1,1,6-三甲基萘 (1,2-dihydro-1,1,6-trimethyl-naphthalene, TDN)	F1	RI	√	√	√
112	1795			5,6-二甲基吐纳麝香 (5,6-dimethyltetralin)	F1	T	√		

表 8-10　　白酒中酚类化合物 RI [39]

序号	RIp	RILp	文献	挥发性化合物	分馏馏分	化合物鉴定	清香	酱香	浓香
1	1862	1875	[12]	愈创木酚（guaiacol）	F5	RI	√		√
2	1959	1960	[10]	4-甲基愈创木酚（4-methylguaiacol）	F5	RI	√	√	√
3	2010	2048	[12]	4-乙基愈创木酚（4-ethylguaiacol）	F5	RI	√	√	√
4	2200	2200	[11]	4-乙烯基愈创木酚（4-vinylguaiacol）	F4	RI		√	√
5	2273	2296	[12]	2,6-二甲氧基苯酚（2,6-dimethoxyphenol）	F5	RI		√	
6	2171	2186	[12]	丁香酚［4-(2-propenyl)-2-methoxyphenol，eugenol］	F5	RI		√	
7	2394	2365	[12]	异丁香酚（isoeugenol）	F6	RI		√	
8	2007	2004	[38]	苯酚（phenol）	A，F5	RI	√	√	√
9	1997	1980	[50]	2-甲基苯酚（2-methylphenol）	F4	RI	√		
10	2075			3-甲基苯酚（3-methylphenol）	F4	RI	√		
11	2080	2077	[51]	4-甲基苯酚（4-methylphenol）	A，F5	RI	√	√	√
12	2146			2-乙基苯酚（2-ethylphenol）	F4	RI	√		√
13	2185	2195	[12]	4-乙基苯酚（4-ethylphenol）	F4	RI	√	√	√
14	2198	2172	[13]	麝香草酚（5-methyl-2-isopropyl-phenol，thymol）	F6	RIL		√	√
15	2215			2,5-二乙基苯酚（2,5-diethylphenol）	F5	T	√		
16	2243			4-(1-苯乙基)苯酚［4-(1-phenylethyl) phenol］	F4	T		√	
17	2406	2415	[12]	4-乙烯基苯酚（4-vinylphenol）	F6	RI		√	√
18	2346	2320	[13]	佳味酚［4-(2-propenyl) phenol，chavicol］	F6	RI		√	
19	2081			阿魏酸（ferulic acid）	A	T	√		
20	2260			香榧醇（torreyol）	F6	T	√		
21	2589			1-(2-羟基-6-甲氧基苯) 乙酮［1-(2-hydroxy-6-methoxyphenyl)-ethanone］	A	T	√		
22	2351			乙基香草基醚（ethyl vanillyl ether）	F6	T	√		
23	2559	2585	[12]	香兰素（4-hydroxy-3-methoxybenzaldehyde，vanillin）	A	RI	√	√	√
24	2306			2,4-二叔丁基苯酚（2,4-di-*tert*-butylphenol）	F4	T		√	√

续表

序号	RIp	RILp	文献	挥发性化合物	分馏馏分	化合物鉴定	清香	酱香	浓香
25	2491			4-溴-2-甲氧基-5-甲基苯酚（4-bromo-2-methoxy-5-methylphenol）	A	T	√		
26	1552			2,5-二叔戊烷基苯醌（2,5-di-*tert*-amylquinone）	F6	T		√	

表 8-11　白酒中硫化物 RI [39]

序号	RIp	RILp	文献	挥发性化合物	分馏馏分	化合物鉴定	清香	酱香	浓香
1	1070	1077	[25]	二甲基二硫醚（dimethyl disulfide）	F1	RI		√	√
2	1268			甲基仲丁基二硫醚（methyl*sec*-butyl disulfide）	F1	T		√	
3	1360	1377	[52]	二甲基三硫醚（dimethyl trisulfide）	F1	RI	√		√
4	1614	1610	[53]	异丙基苯基硫醚（isopropyl phenyl sulfide）	F1	RIL		√	
5	1682			二乙基硫醚（diethyl sulfide）	F8	RI	√		
6	640	635	[25]	甲硫醇（methanethiol）	F5	RI		√	
7	1134			2-甲基-3-(甲硫基)-1-丙烯[2-methyl-3-(methylthio)-1-propene]	F1	T		√	
8	1540			4-甲硫基苯酚[4-(methylthio)phenol]	F5	T		√	
9	1695	1714	[11]	蛋氨醇［3-(methylthio)-1-propanol，methionol]）	F5	RI		√	
10	1762	1754	[10]	4-甲基苯甲硫醇（4-methylbenzenemethanethiol）	F5	RIL	√		
11	2183			1-甲基-3-[(2-甲基丙基)硫醇]-苯{1-methyl-3-[(2-methylpropyl)thio]-benzene}	F4	T	√		
12	1562	1562	[10]	3-甲硫基丙酸乙酯[ethyl 3-(methylthio) propanoate]	F2	RI		√	
13	1568			噻吩甲酸乙酯（ethyl thiophene-2-carboxylate）	F3	T	√		
14	1684	1684	[10]	2-噻唑甲醛（2-thiophenecarboxaldehyde）	F4	RIL	√	√	√
15	1848			3-甲基-2-噻吩甲醛（3-methyl-2-thiophenecarboxaldehyde）	F4	T	√		

续表

序号	RIp	RILp	文献	挥发性化合物	分馏馏分	化合物鉴定	清香	酱香	浓香
16	2150			3-苯噻吩（3-phenylthiophene）	F3	T		√	
17	2255			3-噻吩乙酸乙酯（ethyl 3-thiopheneacetate）	F6	T	√		
18	1630			2-乙酰氨基-5-甲基-1,3,4-噻重氮（2-acetamido-5-methyl-1,3,4-thiadiazole）	F5	T	√		
19	1942	1984	[36]	苯噻唑（benzothiazole）	F5	RI	√	√	√
20	1846			硫茚（thianaphthen）	F1	T	√		
21	2310			亚硫酸异己基 2-甲基-4-甲基酯（sulfurous acid isohexyl 2-methyl-4-methyl）	F2	T		√	

表 8-12　　白酒中呋喃类化合物 RI [39]

序号	RIp	RILp	文献	挥发性化合物	分馏馏分	化合物鉴定	清香	酱香	浓香
1	1072	1075	[25]	2-乙烯基呋喃（2-vinylfuran）	F6	T		√	
2	1213	1275	[10]	2-戊基呋喃（2-pentylfuran）	F6	RI	√	√	√
3	1489	1500	[11]	2-乙酰基呋喃（2-acetylfuran）	F5	RI	√	√	√
4	1579	1563	[17]	2-甲基苯并呋喃（2-methylbenzofuran）	F6	T		√	
5	1593	1595	[17]	2-乙酰基-5-甲基呋喃（2-acetyl-5-methylfuran）	F4	T	√	√	√
6	1856	1880	[36]	3-苯基呋喃（3-phenylfuran）	F4	T		√	
7	1852			四氢-2-(甲氧基甲基)呋喃[tetrahydro-2-(methoxymethyl)furan]	F7	T	√		
8	1485			苯并呋喃（benzofuran，coumarone）	F6	T		√	√
9	2323			二苯并呋喃（dibenzofuran）	F1	T	√		
10	2330			4-甲基二苯并呋喃（4-methyldibenzofuran）	F1	T		√	
11	2400			1(3*H*)-异苯并呋喃[1(3*H*)-isobenzofuranone]	F6	T	√		
12	1727			6-(5-甲基呋喃-2-基)-己-2-酮[6-(5-methyl-furan-2-yl)-hexan-2-one]	F3	T	√		
13	1647	1686	[25]	2-呋喃甲醇（2-furanmethanol）	F6	RI	√	√	√
14	1754			2-呋喃基酰基酮（2-furyl butyl ketone）	F4	T		√	

续表

序号	RIp	RILp	文献	挥发性化合物	分馏馏分	化合物鉴定	清香	酱香	浓香
15	1865			2-呋喃基戊基酮（2-furyl pentyl ketone）	F4	T		√	
16	2410			2-呋喃甲酸（2-furancarboxylic acid）	F6	T		√	
17	1466	1474	[12]	糠醛（furfural）	A，F5	RI	√	√	√
18	1641	1622	[17]	5-乙基-2-糠醛（5-ethyl-2-furfural）	F4	RI	√	√	
19	1559	1556	[17]	5-甲基-2-糠醛（5-methyl-2-furfural）	F5	RI	√	√	√
20	2512	2512	[11]	5-羟甲基糠醛［5-(hydroxymethyl)furfural］	F5	RI		√	
21	1277	1297	[26]	2-糠基乙基醚（2-furfuryl ethyl ether）	F3	RIL	√	√	
22	1459	1456	[10]	2-呋喃甲醛二乙基缩醛（2-furaldehyde diethyl acetal）	F3	RIL	√	√	
23	1570	1557	[17]	2-呋喃基乙基酮［2-furyl ethyl ketone，1-(2-furanyl)-1-propanone］	F4	RIL	√	√	√
24	1591	1621	[10]	2-糠酸乙酯（ethyl 2-furoate）	F4	RI	√	√	√
25	1515	1559	[25]	乙酸糠酯（furfuryl acetate）	F4	RIL	√	√	
26	1649			丁酸糠酯（furfuryl butanoate）	F3	RI		√	√
27	1759			戊酸糠酯（furfuryl pentanoate）	F3	RI		√	
28	1857			己酸糠酯（furfuryl hexanoate）	F2	T		√	√
29	2238			壬酸糠酯（furfuryl nonanoate）	F3	T		√	
30	1726			*R*-5,6,7,7a-四氢-4,4,7-三甲基-2(4*H*)-苯并呋喃酮［*R*-5,6,7,7a-tetrahydro-4,4,7-trimethyl-2(4*H*)-benzofuanone］	F3	T	√		
31	1761			3-甲基-2(3*H*)-苯并呋喃酮［3-methyl-2(3*H*)-benzofuranone］	F8	T		√	
32	1739	1732	[17]	2(5*H*)-苯并呋喃酮［2(5*H*)-furanone］	F8	RIL	√		
33	1747			3,4-二甲基-2,5-呋喃二酮（3,4-dimethyl-2,5-furandione）	A	T	√		
34	1751			3-乙基-4-甲基-2,5-呋喃二酮（3-ethyl-4-methyl-2,5-furandione）	A	T	√		
35	1862			糠基丙烯醛（furfuryl acrolein）	F4	T		√	√

表 8-13 白酒中吡嗪类化合物 RI[39]

序号	RIp	RILp	文献	挥发性化合物	分馏馏分	化合物鉴定	清香	酱香	浓香
1	1215	1232	[36]	吡嗪（pyrazine）	B	RI		√	√
2	1255	1288	[25]	2-甲基吡嗪（2-methylpyrazine）	B	RI		√	√
3	1314	1347	[25]	2,5-二甲基吡嗪（2,5-dimethylpyrazine）	B	RI	√	√	√
4	1321	1353	[25]	2,6-二甲基吡嗪（2,6-dimethylpyrazine）	B	RI	√	√	√
5	1342	1372	[25]	2,3-二甲基吡嗪（2,3-dimethylpyrazine）	B	RI	√	√	√
6	1334	1359	[25]	2-乙基吡嗪（2-ethylpyrazine）	B	RI		√	√
7	1375	1411	[25]	2-乙基-6-甲基吡嗪（2-ethyl-6-methylpyrazine）	B	RIL	√	√	√
8	1377	1419	[25]	2-乙基-5-甲基吡嗪（2-ethyl-5-methylpyrazine）	B	RIL		√	√
9	1392	1432	[25]	2-乙基-3-甲基吡嗪（2-ethyl-3-methylpyrazine）	B	RIL		√	√
10	1397	1394	[17]	2,3,5-三甲基吡嗪（2,3,5-trimethylpyrazine）	B	RI	√	√	√
11	1453	1445	[54]	2,6-二乙基吡嗪（2,6-diethylpyrazine）	B	RIL		√	√
12	1455	1434	[31]	3-乙基-2,5-二甲基吡嗪（3-ethyl-2,5-dimethylpyrazine）	B	RIL	√	√	√
13	1457	1470	[52]	2,3-二甲基-5-乙基吡嗪（2,3-dimethyl-5-ethylpyrazine）	B	RIL	√	√	√
14	1459	1447	[55]	3,5-二甲基-2-乙基吡嗪（3,5-dimethyl-2-ethylpyrazine）	B	RIL		√	√
15	1460	1484	[52]	2,3,5,6-四甲基吡嗪（2,3,5,6-tetramethylpyrazine）	B	RI	√	√	√
16	1469	1509	[36]	3,5-二乙基-2-甲基吡嗪（3,5-diethyl-2-methylpyrazine）	B	RIL		√	√
17	1491	1521	[52]	2,3,5-三甲基-6-乙基吡嗪（2,3,5-trimethyl-6-ethylpyrazine）	B	RIL	√	√	√
18	1506			2,5-二甲基-3-异丁基吡嗪（2,5-dimethyl-3-isobutylpyrazine）	B	T		√	
19	1512	1521	[25]	2-甲基-6-乙烯基吡嗪（2-methyl-6-vinylpyrazine）	B	RIL		√	
20	1560			三甲基丙基吡嗪（trimethylpropylpyrazine）	B	T	√	√	

续表

序号	RIp	RILp	文献	挥发性化合物	分馏馏分	化合物鉴定	清香	酱香	浓香
21	1567	1567	[56]	2-乙酰基-3-甲基吡嗪 (2-acetyl-3-methylpyrazine)	B	T		√	
22	1583			2-丁基-3,5-二甲基吡嗪 (2-butyl-3,5-dimethylpyrazine)	B	T		√	√
23	1718			正戊基吡嗪（*n*-pentylpyrazine）	B	T	√	√	
24	1618	1618	[56]	2-乙酰基-6-甲基吡嗪 (2-acetyl-6-methylpyrazine)	B	RIL		√	
25	1628			2-甲基-6-[(*Z*)-1-丙烯基]吡嗪 {2-methyl-6-[(*Z*)-1-propenyl]pyrazine}	B	T		√	√
26	1654			2-乙酰基-3,5-二甲基吡嗪 (2-acetyl-3,5-dimethylpyrazine)	B	T		√	
27	1680			2,5-二甲基-3-戊基吡嗪 (2,5-dimethyl-3-pentylpyrazine)	B	T		√	
28	1702			2,3-二甲基-5-[(*Z*)-1-丙烯基]吡嗪 {2,3-dimethyl-5-[(*Z*)-1-propenyl]pyrazine}	B	T		√	√
29	1799			2,5-二甲基-3-己基吡嗪 (2,5-dimethyl-3-hexylpyrazine)	B	T		√	
30	1899			2,5-二甲基-3-庚基吡嗪 (2,5-dimethyl-3-heptylpyrazine)	B	T		√	

表 8-14　　白酒中杂环类化合物 RI[39]

序号	RIp	RILp	文献	挥发性化合物	分馏馏分	化合物鉴定	清香	酱香	浓香
1	1604	1590	[31]	2-乙酰基吡啶（2-acetylpyridine）	B	RI	√		
2	1603			2-乙酰基-6-甲基吡啶 (2-acetyl-6-methylpyridine)	B	T		√	
3	1972	1973	[38]	2-乙酰基吡咯（2-acetylpyrrole）	F5	RI	√	√	√
4	1682			3,5-二乙酰基-2,6-二甲基-(4*H*)-吡喃-4-酮［3,5-diacetyl-2,6-dimethyl-(4*H*)-pyran-4-one］	B	T	√		
5	2470			2,5-二吡啶二酮（2,5-pyrrolidinedione）	F8	T	√		
6	1842			烟酸乙酯（ethyl 3-pyridinecarboxylate, ethyl nicotinate）	F7	T	√		
7	2207			(4-哒嗪基亚甲基)-丙二酸二甲酯 [dimethyl(4-pyridazinylmethylene)-malonate)]	F5	T	√		

续表

序号	RIp	RILp	文献	挥发性化合物	分馏馏分	化合物鉴定	清香	酱香	浓香
8	1933			4-氨基-2,6-二羟基嘧啶 (4-amino-2,6-dihydroxypyrimidine)	F3	T	√		
9	2454			吲哚嗪 {indolizine(pyrrolo [1,2-a] pyridine)}	F4	T	√		
10	2580			2-氨基苯甲酰胺 (2-aminobenzamide)	F5	T		√	
11	1584			1,3,4-三甲基-5-乙氧基吡咯 (1,3,4-trimethyl-5-ethoxypyrazole)	F4	T	√	√	

表 8-15　　白酒中内酯类化合物 RI[39]

序号	RIp	RILp	文献	挥发性化合物	分馏馏分	化合物鉴定	清香	酱香	浓香
1	1600	1635	[11]	γ-丁内酯 (γ-butyrolactone)	F6	RI		√	√
2	1623	1569	[20]	γ-戊内酯 (γ-pentalactone)	F7	RI	√		
3	1729	1751	[9]	γ-己内酯 (γ-hexalactone)	F7	RI	√		√
4	1833	1763	[20]	γ-庚内酯 (γ-heptalactone)	F6	RI	√		√
5	1854			γ-辛内酯异构体 (γ-octalactone isomer)	F6			√	√
6	1886	1881	[52]	γ-辛内酯 (γ-octalactone)	F5	RI	√	√	√
7	2018	2024	[12]	γ-壬内酯 (γ-nonalactone)	F6	RI	√	√	√
8	2160	2165	[12]	γ-癸内酯 (γ-decalactone)	F6	RI	√	√	√
9	2365	2327	[20]	γ-十二内酯 (γ-dodecalactone)	F6	RI		√	√
10	2391			二氢猕猴桃内酯 (dihydroactinidiolide)	F6	T	√		
11	2405			γ-4-羟基-6-十二酸内酯 (γ-4-hydroxy-6-dodecenoic acid lactone)	F6	T	√		

8.3　GC 定量分析方法

在此介绍 5 种 GC 定量分析方法（8.3.1~8.3.5）。

8.3.1　峰面积归一化法

峰面积归一化法（area normalization）将待测物 x 浓度 C_x 表示为待测物 x 峰面积 A_x 与所有峰面积和的百分比式（8-3）。

$$C_x(\%) = \frac{A_x}{\sum A_i} \times 100 \tag{8-3}$$

使用峰面积归一化法必须满足以下条件：一是所有待测物均必须流出；二是所有待测物都必须检测到；三是所有待测物均必须是同样灵敏的[1]。在实际操作中，这三个条件很少能够满足。但该定量方法十分简单，通常用于半定量分析（semiquantitative analysis），或某些不能鉴定化合物，或没有标准品的化合物。

8.3.2 带有相对校正因子的归一化法

使用带有相对校正因子的归一化法（area normalization with response factors）时，假如存在标准品，则可以获得相对校正因子f（relative response factors）。将标准品（样品中某个待测物S）和其他待测物（如x）分别称重后（m_s，m_x）混合，进GC分析，获得两个峰，A_s和A_x分别是标准品和待测物的峰面积，则相对校正因子f可以用式（8-4）计算。

$$f = f_s \times \frac{A_s}{A_x} \times \frac{m_x}{m_s} \tag{8-4}$$

其中f_s可以强制规定为1.00，也可以参考相关文献[1]查阅其值或自行测定。

当未知样品在GC上运行后，未知物浓度C_x可以用式（8-5）计算。

$$C_x(\%) = \frac{A_x f_x}{\sum (A_i f_i)} \times 100 \tag{8-5}$$

8.3.3 外标法（external standard）

已知数量的待测物运行GC分析，得到峰面积，浓度-峰面积绘制标准曲线（calibration curve）。通常手动进样结果不太满意，自动进样效果较好，进样量至少1μL。绝对校正因子等于每平方峰面积含有的克数。

然后运行未知样品，用待测物峰面积乘以绝对校正因子即获得待测物浓度。此为一点校正（one-point calibration）。但在通常检测中，使用多级（通常是5点）校正。

8.3.4 内标法

内标法（internal standard）是一种特别有用的定量方法。该方法不需要精确的、恒定的样品体积，可以手动操作。所有化合物的峰不能过载。一个已知量的标准品添加到每一个样品中，此标准品称为内标（internal standard，IS）。

内标IS选择应该遵循以下原则：（1）内标必须是样品中不存在的化合物；（2）化学性质与样品相似，如溶解度与其他化学性质[57]；（3）与样品有相同的或类似的浓度范围；（4）不会与样品发生化学反应；（5）内标物峰要靠近被测峰；（6）可得到分离良好的、干净利落的峰；（7）内标物色谱性质稳定；（8）要有内标纯样，且可迅速容易得到，称样要准；（9）内标与样品基质能互溶；（10）当样品中待测组分较多时，应该使用三内标或更多内标。目前，国际上比较流行的是使用待测物的同位素作内标，进行化合物定量，此法称为稳定同位素稀释分析法（stable isotope dilution assay，SIDA）[58]。

将已知数量（通常是体积）内标添加到待测物标准品（纯品）每一个校准混合物中，获得所有峰面积（A_i）和内标峰面积（A_s）。以待测物浓度C_i/内标浓度C_s为纵坐标，待测物峰面积 A_i/内标峰面积 A_s 为横坐标，做标准曲线［式（8-6），a 和 b 为常数］，由此获得每一个待测物标准曲线。微量定量时，标准曲线通常不过原点。

$$\frac{C_i}{C_s} = a \times \frac{A_i}{A_s} + b \tag{8-6}$$

将相同数量内标添加到未知样品中，运行未知样品，获得未知样品中待测物峰面积 A_x 与内标峰面积比值，通过标准曲线计算获得未知样品中待测物浓度。

8.3.5 标准添加法

标准添加法（standard addition）为将待测物标准品添加到未知样品中，此时由于额外添加了待测物，则获得一个增加的或递增的响应，这种增加的响应与额外添加的待测物浓度是成恒定比例的。此比例即可用来测定待测物的浓度。如图 8-8 所示，未添加待测物标准品时，是有峰面积的，此即待测物的原始浓度。通过此直线方程计算待测物的浓度。

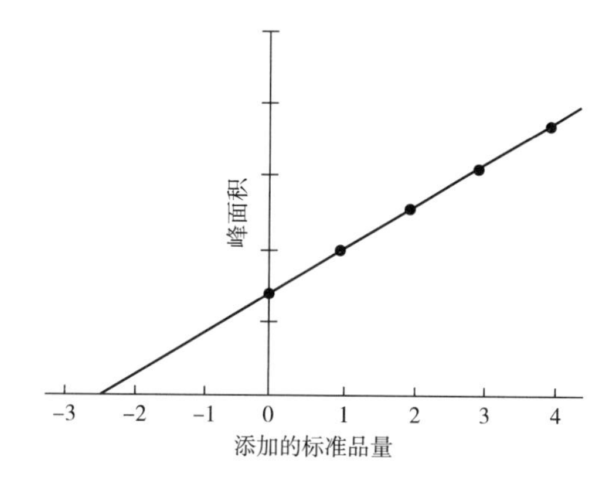

图 8-8 标准添加法的校准曲线[2]

8.3.6 白酒直接进样定量技术

参考国家标准 GB/T 10345—2022《白酒分析方法》，色谱柱为 DB-Wax 毛细管柱（30m×0.25mm×0.25μm），由于白酒酒样酒精度不同，所以统一稀释到 40%后直接进样。内标为 2%（体积分数）乙酸正戊酯。进样口温度 25℃，载气为高纯氮，流速 1mL/min，分流比 37：1，尾吹 20mL/min；氢气流速 40mL/min，空气流速 400mL/min，检测器温度 25℃。色谱柱升温程序：6℃保持 3min，以 5℃/min 升到 15℃，再以 1℃/min 升到 230℃，保持 5min。

待测化合物相对校正因子按式（8-7）计算。

$$f = \frac{A_i}{A} \times \frac{d}{d_i} \tag{8-7}$$

式中 f——待测化合物相对校正因子

A_i——测 f 值时内标峰面积

A——测 f 值时待测化合物峰面积

d——待测化合物质量浓度，g/mL

d_i——内标质量浓度，g/mL

计算出每种待测化合物相对校正因子后，再测酒样中待测化合物质量浓度，按式（8-8）计算。

$$C_x = \frac{f \times A \times I}{A_i} \tag{8-8}$$

式中 C_x——待测化合物质量浓度，mg/L

f——待测化合物校正因子

A——测酒样时待测化合物峰面积

A_i——测酒样时内标峰面积

I——添加在酒样中内标的质量浓度，mg/L

8.3.7 GC-FID 定量白酒中甲醇、乙醛和乙缩醛

白酒中甲醇、乙醛和乙缩醛含量高，可以直接用 GC-FID 检测[59]。

参考国家标准 GB/T 10345—2022《白酒分析方法》[60]，用 60%vol 酒精水溶液配制体积分数为 0.02% 乙醛（或甲醇、乙缩醛）的溶液和内标辛醛-d_{16}，待色谱仪基线稳定后，进样 1μL。分别记录甲醇、乙醛、乙缩醛和内标峰保留时间及峰面积，用其比值计算出甲醇、乙醛和乙缩醛相对校正因子。

酒样（酒精度≤60%vol 原酒不稀释、酒精度>60%vol 原酒稀释至 60%vol）中加入内标辛醛-d_{16}（体积分数 0.02%），混匀后取 1μL 进行 GC-FID 分析。

色谱柱：CP-Wax 57 CB（50m×0.25mm×0.2μm）；进样口和检测器温度均为 250℃；载气为高纯氮，流速 1mL/min，分流比为 37∶1，尾吹 20mL/min；氢气流速 40mL/min，空气流速 400mL/min；升温程序：60℃保持 3min，以 5℃/min 升温至 118℃，再以 15℃/min 升温至 210℃并保持 5min。白酒样品中甲醇、乙醛和乙缩醛 GC-FID 色谱图如图 8-9 所示。

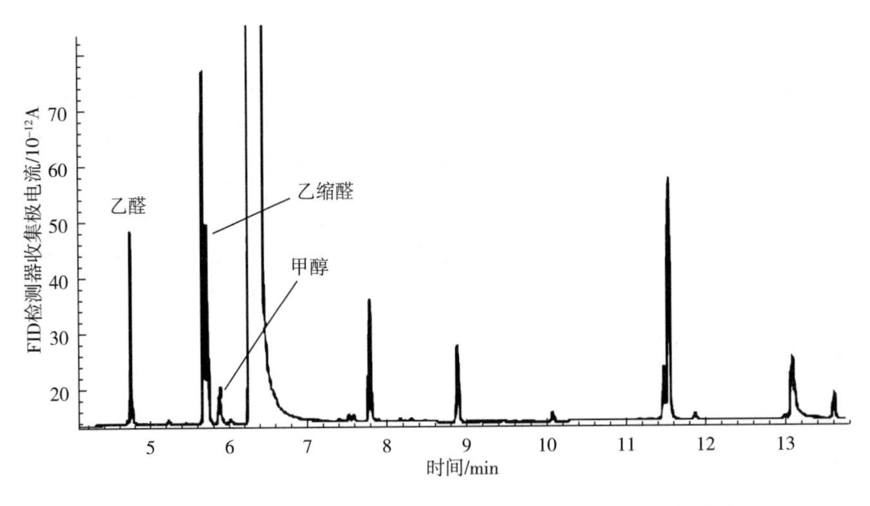

图 8-9 白酒样品中甲醇、乙醛和乙缩醛 GC-FID 色谱图[59]

根据待测化合物保留时间和校正因子计算浓度，见式（8-9）与式（8-10）。

$$f=\frac{A_1}{A_2}\times\frac{d_2}{d_1} \tag{8-9}$$

$$X=f\times\frac{A_3}{A_4}\times I \tag{8-10}$$

式中　f——甲醇（或乙醛或乙缩醛）相对校正因子

A_1——标样 f 值测定时内标峰面积

A_2——标样 f 值测定时甲醇（或乙醛或乙缩醛）峰面积

d_2——甲醇（或乙醛或乙缩醛）相对密度

d_1——内标辛醛-d_{16} 相对密度

x——样品中甲醇（或乙醛或乙缩醛）质量浓度，mg/L

A_3——样品中甲醇（或乙醛或乙缩醛）峰面积

A_4——添加于酒样中内标峰面积

I——内标物质量浓度（添加在酒样中），mg/L

8.4 快速气相色谱技术

快速气相色谱技术是一种不同于常规 GC 的技术，它具有比较快的检测速度，使用更短的色谱柱、更快的载气速度和更高的柱温箱温度[1]。该技术已经应用于饮料酒特别是烈性酒主要成分检测[61]（图 8-10）以及食品分析中[62]。

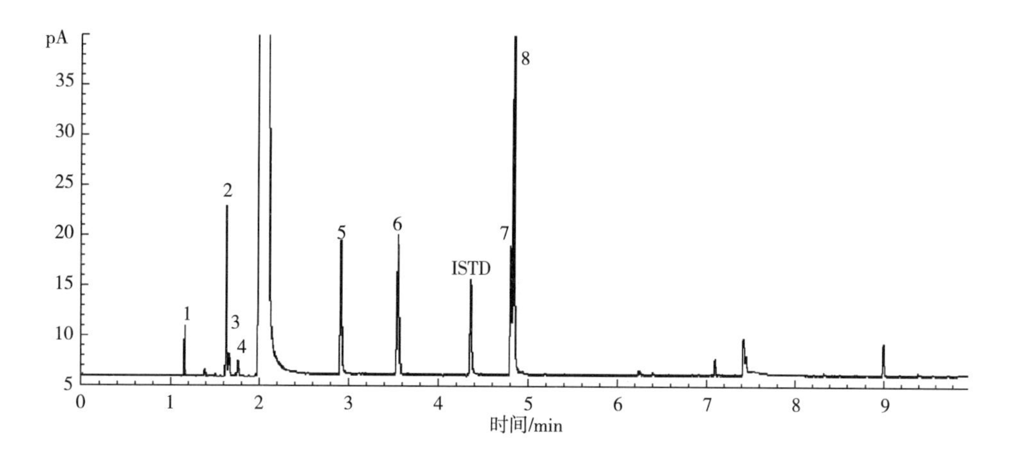

图 8-10　麦芽威士忌快速 GC 检测图谱[61]

1—乙醛；2—乙酸乙酯；3—二乙醇缩醛（diethyl acetal）；4—甲醇；5—1-丙醇；6—2-甲基-1-丙醇；7—2-甲基-1-丁醇；8—3-甲基-1-丁醇；ISTD—内标。

8.5 气相色谱-质谱技术

广泛应用的食品分析技术是气相色谱-质谱（GC-MS）技术。GC 提供复杂化合物分离与定量技术，MS 主要被用来鉴定单个化合物。

1913 年为了分离同位素而开发出质谱仪，后逐渐发展并用于鉴定未知化合物[1]。第一台示范性 GC-MS 出现于 1956 年；1968 年菲尼根仪器公司（Finnigan Instruments）开发了第一台四极杆 GC-MS；20 世纪 70 年代，对四极杆 MS 灵敏度和分辨率进行了持续改进；1971 年美国惠普公司（Hewlett - Packard）进入带有四极杆的“十二级杆（dodecapole）”质量分析器市场；接着在 1976 年，开发了一款小体积商用桌面型系统；到 1980 年，四极杆质量分析器 GC-MS 开展商用，美国环境保护署（EPA）的推荐使用非常重要[1]。

8.5.1 质谱技术简介

MS 是一种能够收集更多信息的检测器。它仅仅需要几微克级样品量，就能提供以下信息：一是未知物定性鉴定，包括结构、元素组成和分子质量；二是定量。MS 可以很容易地与 GC 连接。MS 通常使用单平台四极杆（quadrupole）、离子阱（ion trap）或飞行时间质谱（time of fligh MS，TOF-MS）分析器，四极杆约占整个桌面型 GC-MS 系统的 80%。双聚焦扇形磁质谱（double focusing magnetic sector MS）比较昂贵，且未开发桌面型。

MS 可以导入各种各样来源的少量样品。MS 需要一个真空系统（10^{-5} ~ 10^{-4}mmHg，1mmHg = 133.322Pa），而 GC 不需要，因此相互连接需要一个减压过程。

MS 核心部件是离子源（ionization sources）。待测物分子首先在磁场或电场中被轰击而离子化。离子化技术很多，如电子离子化（electron ionization），也称为电子轰击离子化（electron impact，EI），是最老的、最常用的、最简单的技术。离子源在真空中被加热，大部分样品很容易被气化同时被电离，通常需要 70eV 电离能量。

典型离子源如图 8-11 所示。来源于色谱柱中的流出物通入低真空加热的离子源。电子在集电极（collector）70eV 下从钨丝（tungsten filament）上被拖拽出来。高能电子轰击中性待测物分子，引起离子化（ionization），通常是丢失电子和碎片化（fragmentation）。

$$M + e^- \rightarrow M^+ + 2e^-$$

另外一些离子化方法包括化学电离（chemical ionization，CI）、负化学电离（negative chemical inoization，NCI）和快速原子轰击离子源（fast atom bombardment，FAB）。在 CI 源中，一种气体如甲烷被加入离子腔中，并被电离，产生一个正离子，然后，再经历进一步反应，产生二级离子（secondary ion）。

$$CH_4 + e^- \rightarrow CH_4^+ + 2e^-$$

$$CH_4^+ + CH_4 \rightarrow CH_5^+ + CH_3$$

二级离子（如 CH_5^+）温和地离子化样品。使用这一技术可以产生较少碎片和更简单的 MS 图谱。主要 MS 峰通常是（$m+1$）、m、（$m-1$）和（$m+29$），此处 m 是指待测物质量。

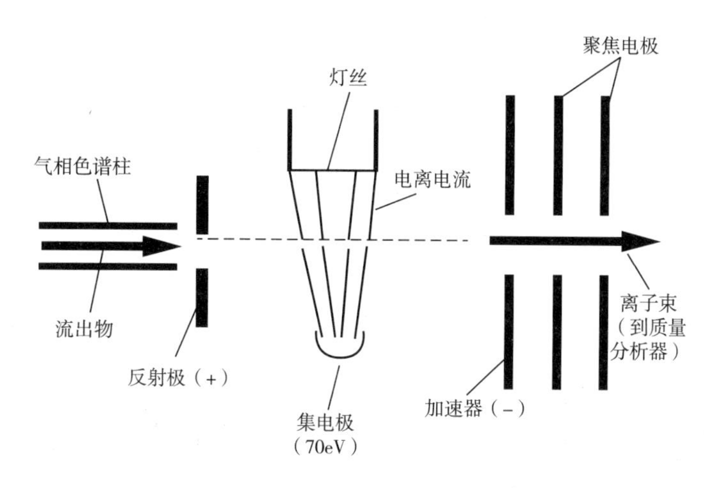

图 8-11　电子轰击离子源（EI）[1]

离子化后，带电粒子（离子）被带电荷棱镜（charged lenses）排斥（repelled）和吸引（attracted）进入质量分析器。在电场或磁场作用下，通过不同质荷比（mass-to-charge ration，m/z）将不同种类电子分离。典型 GC-MS 的质量分析器是四极杆、离子阱或飞行时间质谱。其他分析器还有单聚焦扇形磁场（single-focusing magnetic sector）和双聚焦扇形磁场（高分辨率，十分昂贵）。

四极杆质量分析器由 4 个双曲线杆（hyperbolic rod）组成，互成直角（图 8-12）。DC（直流电，direct current potential）电压加在所有杆上，相邻杆有着相反电荷，且电信号快速反转。待测物离子快速被吸引（约几个纳秒），然后排斥。射电频率（radio frequency，RF）也加于 4 个杆子上。依靠射电频率（RF）和直流电（DC）互相作用，仅仅一个质荷比（m/z）离子通过四极杆到达检测器。其他离子或者撞上四极杆湮灭（annihilated），或者被真空吸走。RF/DC 比率快速地坡度变化（ramped），因此 m/z 系列范围内的离子均可以通过这个质量过滤器，撞击检测器表面，并产生质谱图。这个坡度变化必须足够快，以便于某一范围内所有 m/z 值（如 40～400）都能够被扫描至少 10 次/s，如此才能满足精确地捕获快速流出峰的要求。

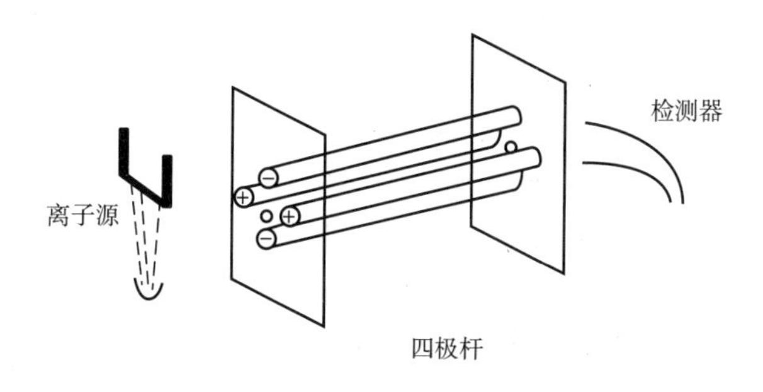

图 8-12　四极杆质量分析器[1]

四极杆分析器具有以下优点：简单、体积小、价格较低、扫描快速，因此是理想的 GC-MS 分析器。缺点是分析物质量<2000u，与双聚焦质量仪比分辨率低[1]。离子阱在设

计上也比较简单，价格较低，扫描快速。

飞行时间（TOF）分析器（图 8-13）可以精确测量等动能（kinetic energy，KE）离子在固定距离的旅行时间。3kV 电子束被用来电离 GC 流出物。反射极电压（repeller voltage）并不是恒定的，取而代之的是在一个精确时间内，所有离子被反射极反射出，且带有相同动能 KE。因为所有离子带有相同动能（$KE = mv^2$），所以更小的离子飞行得更快，而较大的离子飞行得慢。每一个离子飞行时间很容易与它质量相联系。

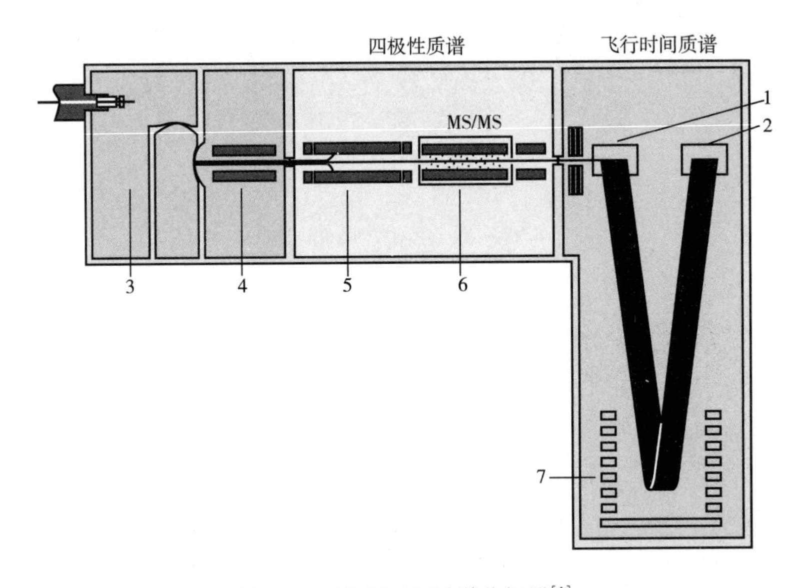

图 8-13 飞行时间质谱分析器[1]

1—推进器；2—检测器；3—Z 喷嘴™ 离子源；4—六级杆离子桥；5—四极杆（解析）；6—六极杆碰撞室；7—反射器。

最初飞行管是长的，约 1.0m，因而仪器笨重，需放地板上。最近的 TOF 飞行管变短，利于更快的电子时间和反射器（reflectron）设计，与四极杆设计比较，更快，更灵敏。虽然体积更小了，但仍然是地板型，而不是桌面型。

在离子被分离后就进入检测器，它通常是一个电子倍增器（electron multiplier，图 8-14）连续打拿极（dynode）型式，用来计数离子并产生一个质谱图。来自质量分析器的离子撞击半导体表面，释放电子级联（cascade）。由于半导体表面其他部分电势不同，这些离子被加速，导致产生更大的电子级联。此过程被重复几次，直到最初微弱的输出被放大至 100 万倍。

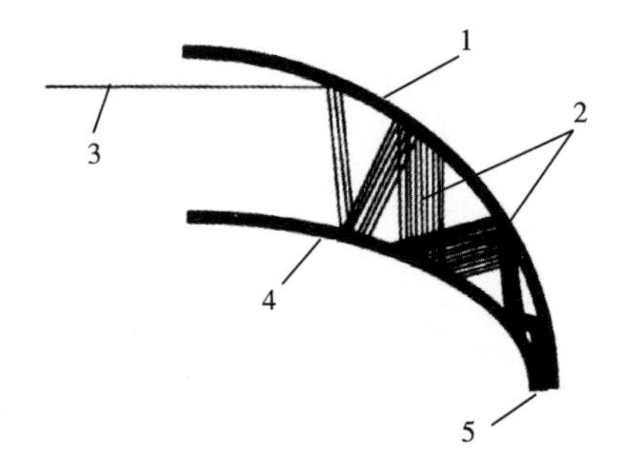

图 8-14 电子倍增器[1]

1，4—半导体表面；2—离子级联；3—单个离子；5—检测器。

8.5.2 未知化合物鉴定

为了确认一个未知香气化合物，它的 MS 图以及 RI 值必须与已知标准物进行比较，而且要使用两根柱子，即一根非极性柱和一根极性柱[63-65]。在风味分析时，通常使用标准品 RI、标准品气味特征与未知物 RI 以及气味特征进行比对，在全部相符情况下，完成未知化合物鉴定。

然而，假如要区别异构体或样品中含有一个未知化合物，但没有标准物或参考数据（没有 MS 标准图谱，也没有保留指数），那么就要使用其他分析技术，如红外光谱技术（infrared spectroscopy，IR）和核磁共振技术（NMR）[66-68]。因为质谱能够提供分子质量和未知物碎片图，IR 图能给出官能团和异构体信息，而 NMR 将告诉我们分子中碳原子以及氢原子数量和位置[69]。目前，GC 可以直接与飞行时间质谱（TOF-MS）联用，更加准确地定量化合物分子质量。

收集足够未知物的信息是一项费时的工作。如果在一开始时就能获得高浓度未知物，那将是一个好兆头。目前，制备 GC 技术已经被用来分离香味组分。为达到这个目的，大量的萃取物被注射入装有填充柱或大孔柱的 GC 中，然后在冷冻状态下用玻璃毛细管收集目标产物。自动馏分收集器能够按程序在一定时间间隔内将来自 GC 的馏分收集在玻璃管或聚合物捕集阱中，这种捕集阱已经有市售。考虑到通常需要 100~1000 次进样才能获得足够多未知化合物，一台自动馏分收集器是最好的选择。

8.5.3 GC-MS 及其联用技术

GC-MS 技术已经广泛应用于饮料酒中挥发性化合物、风味化合物检测[70,72]，还可以通过与衍生化技术结合，测定一些非挥发性化合物，如饮料酒中手性氨基酸[73]、无机离子如氟、氯、溴、碘以及氰化物、氰酸盐、硫氰酸酯、氨、三氧化氮和二氧化氮[74]化合物等。

GC-MS 检测时，会出现一些柱流失峰，常见柱流失碎片质量为：（1）OV-101 固定相常见的是 *m/z* 73、207、281、355；（2）OV-17 固定相常见的是 *m/z* 135、198、315、394、452；（3）UCC-W-982 固定相常见的是 *m/z* 73、147、193、207、209、267、281、327、341、345、355、429；（4）隔垫常见的是 *m/z* 73、147、221、281、355、429、503。

GC-MS 可以与 HS-SPME、SBSE 等技术结合，进行化合物定量分析，通常情况下选用内标法。定量分析时，选择离子监测（selected ion monitoring，SIM）技术已经成为一项常用技术。

8.5.4 白酒中不挥发性有机酸和多羟基化合物衍生化 GC-MS 定量

8.5.4.1 样品预处理

按照文献[9]改进预处理方法，取 20mL 酒样，40℃ 真空旋转蒸发至 1mL，取浓缩 20 倍的样品 100μL 于 2mL 小瓶中，加入 100μL 内标水杨苷（10mg/L，溶于甲醇中），室温下温和氮气吹干，待衍生化[75]。

2-羟基-4-甲基戊酸、羟基乙酸、苯甲酸因其浓度较高，不需要真空旋转蒸发，直接取100μL酒样于2mL小瓶中，加100μL内标水杨苷（5mg/L，溶于甲醇中），室温下温和的氮气吹干，待衍生化[75]。

8.5.4.2 BSTFA衍生化

参照文献[9]改进后方法，氮气吹干后的样品，依次加入50μL吡啶和100μL BSTFA［*N*,*O*-双（三甲基硅烷）三氟乙酰胺，*N*,*O*-bis（trimethylsilyl）trifluoroacetamide，含0.1% TMCS（三甲基氯硅烷，trimethylchlorosilane）］，摇匀，70℃反应3h，24h之内完成检测[75]。

8.5.4.3 GC-MS色谱条件

TG-5（30m×0.25mm×0.25μm）色谱柱（Thermo Scientific）；电子电离源；离子源温度：300℃；传输线温度280℃；电子能量：70eV；发射电流：25μA；扫描范围：50～750u；进样口温度280℃；载气：氦气（1mL/min）；进样量：1μL；升温程序：65℃维持2min，6℃/min上升至280℃，维持5min；分流比5：1[75]。

未知化合物的质谱与NIST08.L进行比对，已有标准品的成分通过与标准品的质谱和保留指数比对来定性。无标准品的物质，通过质谱进行临时性鉴定。

8.5.4.4 GC-MS定量方法

用46%酒精水溶液配制成初始浓度200mg/L的各种有机酸标准储备液，并根据白酒中各物质浓度配制成合适浓度的有机酸标准品混合溶液，梯度稀释，各梯度标准液前处理方法和衍生化方法与样品一致。以有机酸与内标物的峰面积比为横坐标，质量浓度为纵坐标，建立标准曲线。检测限（LOD）为3倍信噪比时物质的质量浓度；定量限（LOQ）为10倍信噪比时物质的质量浓度[75]。

8.5.4.5 白酒中有机酸与多羟基化合物

本方法可一次性检测26种不挥发性有机酸（图8-15），包括羟基乙酸（glycolic acid），2-羟基丁酸（2-hydroxybutyric acid），2-糠酸（2-furoic acid），3-羟基丙酸（3-hydroxypropinic acid），3-羟基丁酸（3-hydroxybutyric acid），2-羟基-3-甲基丁酸（2-hydroxy-3-methylbutyric acid），4-羟基丁酸（4-hydroxybutyric acid，临时性鉴定），2-羟基-4-甲基戊酸（2-hydroxy-4-methylpentanoic acid），2,3-二羟基丙酸（2,3-dihydroxypropanoic acid），苯甲酸（benzoic acid），2-苯乙酸（2-phenylacetic acid），3-苯丙酸（3-phenylpropionic acid），马来酸（maleic acid），琥珀酸（succinic acid），富马酸（fumaric acid），苹果酸（malic acid），柠檬酸（citric acid），DL-3-苯基乳酸（DL-3-phenyllactic acid），酒石酸（tartaric acid），壬二酸（azelaic acid），十二酸（dodecanoic acid），十四酸（myristic acid），棕榈油酸（palmitoleic acid），十六酸（palmitic acid），亚油酸（linoleic acid）和油酸（oleic acid）[75]。

多羟基化合物包括：D-(+)-葡萄糖，D-(+)-木糖，赤藓糖醇，D-(+)-海藻糖，蔗糖，D-(+)-果糖，D-(+)-半乳糖，L-(+)-阿拉伯糖，D-阿拉伯糖醇，肌醇，木糖醇，核糖醇，D-甘露糖醇，D-山梨糖醇和甘油[76]。

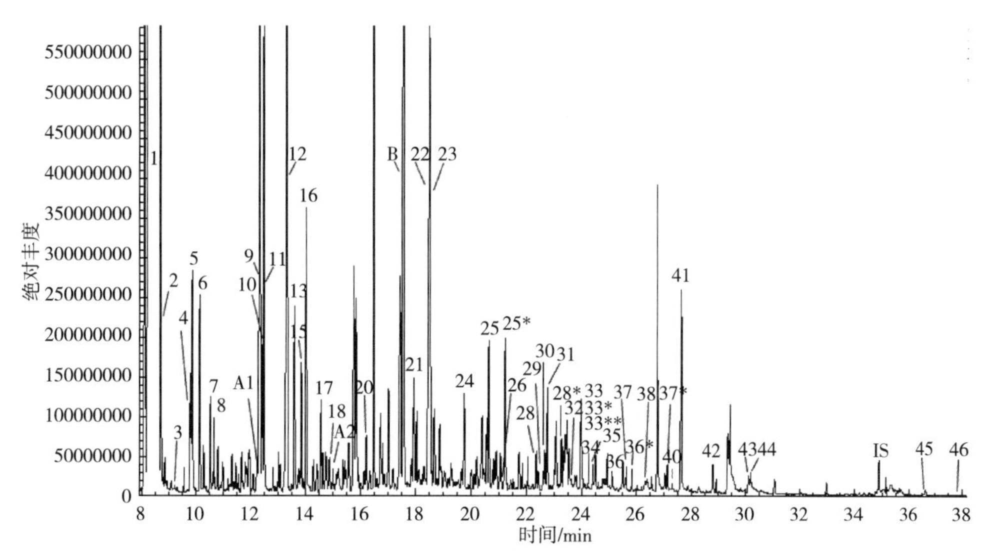

图 8-15 白酒中不挥发有机酸、多羟基化合物及其他化合物经 BSTFA 衍生化后的 GC-MS 总离子流图[76]
1—乳酸-2TMS；2—羟基乙酸-2TMS；3—L-丙氨酸-2TMS；4—2-羟基丁酸-2TMS；5—2-糠酸-1TMS；6—3-羟基丙酸-2TMS；7—3-羟基丁酸-2TMS；8—2-羟基-3-甲基丁酸-2TMS；9—2-羟基-4-甲基戊酸-2TMS；10—苯甲酸-1TMS；11—丁二酸单乙酯-1TMS；12—甘油-3TMS；13—2-苯乙酸-1TMS；14—L-脯氨酸-2TMS；15—马来酸-2TMS；16—丁二酸-2TMS；17—2,3-二羟基丙酸-3TMS；18—富马酸-2TMS；19—DL-丝氨酸-3TMS；20—3-苯丙酸-1TMS；21—苹果酸-3TMS；22—赤藓糖醇-4TMS；23—L-焦谷氨酸-2TMS；24—DL-3-苯基乳酸-2TMS；25—L-(+)-阿拉伯糖-4TMS；25*—L-(+)-阿拉伯糖-4TMS；26—L-(+)-酒石酸-4TMS；27—十二酸-1TMS；28—D-(+)-木糖-4TMS；28*—D-(+)-木糖-4TMS；29—木糖醇-5TMS；30—D-阿拉伯糖醇-5TMS；31—核糖醇-5TMS；32—壬二酸-2TMS；33—D-(+)-果糖-5TMS；33*—D-(+)-果糖-5TMS；33**—D-(+)-果糖-5TMS；34—柠檬酸-4TMS；35—十四酸-1TMS；36—D-(+)-半乳糖-5TMS；36*—D-(+)-半乳糖-5TMS；37—D-(+)-葡萄糖-5TMS；37*—D-(+)-葡萄糖-5TMS；38—D-甘露糖醇-6TMS；39—D-山梨糖醇-6TMS；40—棕榈油酸-1TMS；41—十六酸-1TMS；42—肌醇-6TMS；43—亚油酸-1TMS；44—油酸-1TMS；45—蔗糖-8TMS；46—D-(+)-海藻糖-8TMS；IS—D-水杨苷（内标）；A1—4-羟基丁酸-2TMS（临时性鉴定）；A2—2,3-二羟基丁酸-3TMS（临时性鉴定）；B—柱流失。

8.5.5 白酒难挥发化合物 HMDS 衍生化定量

取 10mL 稀释至酒精度 60%vol 的酒样于 100mL 旋蒸瓶中，加入 6μL 浓度 256mg/L 内标苯基-β-D-葡萄糖苷，40℃真空旋转蒸发至 500μL，然后将其转移到 2mL 样品瓶中，缓慢氮吹至干。先往吹干样品中加入 70μL 吡啶（含 25g/L 的盐酸羟胺），摇匀，75℃反应 30min，再依次加入 70μL HMDS（六甲基二硅氮烷，hexamethyldisilazane）和 7μL TFA，摇匀，45℃反应 30min，最后 12000r/min 离心 3min，取 1μL 进行 GC-MS 分析[77]。

GC 条件：载气为高纯氦气，流速 1mL/min，5∶1 分流进样模式；色谱柱：TG-5MS（30m×0.25mm×0.25μm），进样口和检测器温度均为 250℃。升温程序：65℃保持 2min，再以 6℃/min 升至 280℃保持 8 min。MS 条件：电子电离源（EI），电子能量 70eV，离子源温度 300℃，SCAN 模式扫描范围：50~650u。

8.5.6 酒醅中糖及糖醇衍生化技术

取 100μL 酒醅萃取液（制作方法见 1.3.3）于 2mL 样品瓶中，加入 100μL 内标水杨苷（终浓度 220mg/L），轻轻振荡摇匀，缓慢氮气吹干。吹干后，加入 100μL 吡啶、100μL HMDS 和 10μL TFA，振荡摇匀后，于 45℃条件下反应 30min，反应后冷却至室温再进行 GC-MS 分析（图 8-16）[78]。

取反应后的样品进行 GC-MS 分析，进样量为 1μL。

GC 条件：色谱柱为 TG-5MS（30m×0.25mm，0.25μm），进样口温度为 280℃；载气为氦气，流速 1.3mL/min，分流比为 20∶1；升温程序为：65℃保持 2min，以 6℃/min 升温至 280℃，并保持 15min。

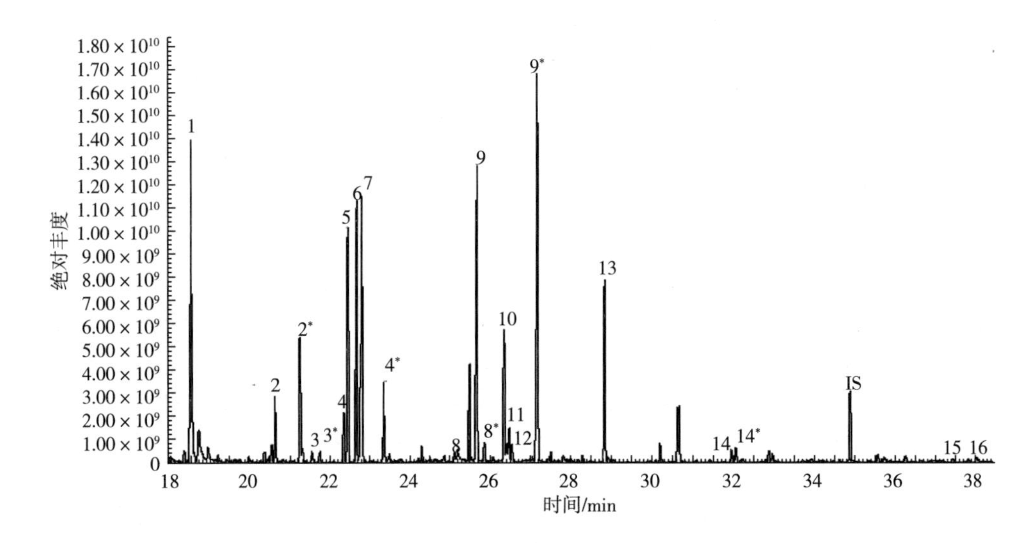

图 8-16 酒醅中糖类物质衍生化 GC-MS 总离子流图[78]

1—赤藓糖醇；2，2*—阿拉伯糖；3，3*—核糖；4，4*—木糖；5—木糖醇；6—阿拉伯糖醇；7—核糖醇；8，8*—甲基-α-吡喃葡萄糖苷；9，9*—葡萄糖；10—甘露糖醇；11—山梨糖醇；12—半乳糖醇；13—肌醇；14，14*—甘油葡萄糖苷；15—松二糖；16—海藻糖；IS—内标。

MS 条件：EI 电离源，电子能量 70eV，扫描范围：50~650u，离子源温度：300℃。

8.5.7 麸曲中糖和糖醇衍生化 GC-MS 定量

大曲与酒醅发酵过程中的糖与糖醇因其不挥发，通常使用 LC-MS 检测，但衍生化生成挥发性化合物后，可以使用 GC-MS 定性与定量[79]。

8.5.7.1 糖和糖醇提取

将样品粉碎，过 80 目筛并混合均匀，称取 5.00g 曲粉置于 50mL 烧杯中，加入 25mL 0.1mol/L 的盐酸水溶液过夜浸泡；冰水浴超声提取 1h，并于 4℃、10000r/min 下离心 30min，上清液再用 0.45μm 水系膜过滤；收集滤液，并向其中加入等体积乙腈沉淀蛋白，离心除蛋白后取上清液于 4℃储存[80]。

8.5.7.2 肟化-硅烷化衍生

参考 Ana 等人方法[81]采用两步衍生法，吸取 150μL 大曲浸提液置于 2mL 气相小瓶中，加入 150μL 浓度 882mg/L 的内标水杨苷，氮气吹干；然后向小瓶中加入 150μL 2.5%（体积分数）盐酸羟胺吡啶，于密闭环境下 75℃反应 30min，冷却至室温后再向小瓶中加入 95μL HMDS 及 10μL 三氟乙酸，45℃密闭反应 30min；反应结束后，待样品冷却至室温，将其移至 1.5mL 离心管中，于室温 12000r/min 离心 3min；样品在衍生反应后 24h 内进行 GC-MS 分析。

8.5.7.3 GC-MS 条件

色谱柱：TG-5（30m×0.25mm×0.25μm）；升温程序：65℃保持 2min，6℃/min 升温到 280℃，保持 10min；进样口温度 280℃，传输线温度 280℃，载气为氦气，流速 1mL/min，分流比 10∶1，进样量 1μL。EI 电离源，电子能量 70eV，发射电流 25μA，离子源温度 300℃，质量扫描范围 50~650amu[82]。

8.5.7.4 检测结果

小曲中还原糖先经甲肟化反应然后进行硅烷化衍生处理，形成顺式与反式同分异构体，同一化合物色谱图出现两个峰，鉴定时依据该化合物两个保留指数鉴定；将同一物质两个峰面积相加用于该物质定量分析。曲中还原糖如 L-阿拉伯糖（6 和 8 号峰）、D-葡萄糖（13 和 14 号峰）等单糖，及麦芽糖（20 和 21 号峰）、纤维二糖（18 和 19 号峰）、龙胆二糖（22 和 23 号峰）等二糖，均为两个色谱峰；非还原糖（如海藻糖）和糖醇均为单个色谱峰（图 8-17）[83]。

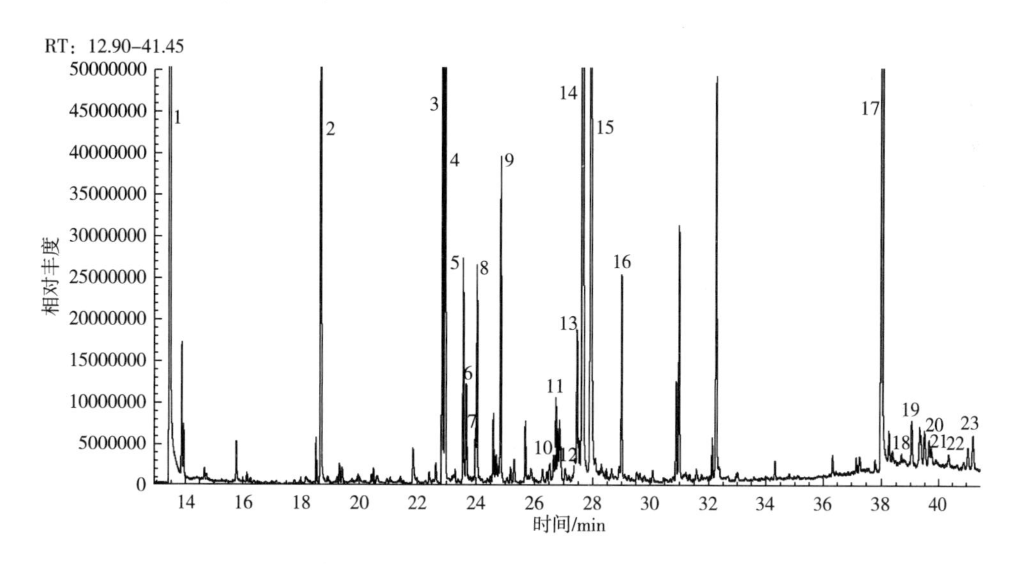

图 8-17 豉香型传统工艺饼曲中糖及糖醇衍生后 GC-MS 图

1—甘油；2—赤藓糖醇；3—L-阿拉伯糖醇；4—核糖醇；5 和 7—D-木糖；6 和 8—D-阿拉伯糖；9—D-松醇；10—D-甘露醇；11—D-半乳糖醇；12 和 15—半乳糖；13 和 14—D-葡萄糖；16—肌醇；17—海藻糖；18 和 19—D-纤维二糖；20 和 21—麦芽糖；22 和 23—龙胆二糖。

所有待测定化合物标准曲线 R^2 在 0.984～0.997；相对标准偏差（RSD）在 2%～11%；样品回收率在 81%～116%。

8.5.8 药香型白酒液液萃取-分馏结合 GC-MS 鉴定萜烯类化合物

药香型白酒在液液萃取后，使用硅胶分离成 7 个馏分，将 F1～F7 组分使用 GC-MS 定性，共分离鉴定了 52 种萜烯类化合物[41]。其 F1 馏分的 GC-MS 图如图 8-18 所示，此馏分中共鉴定出 44 种萜烯类化合物。

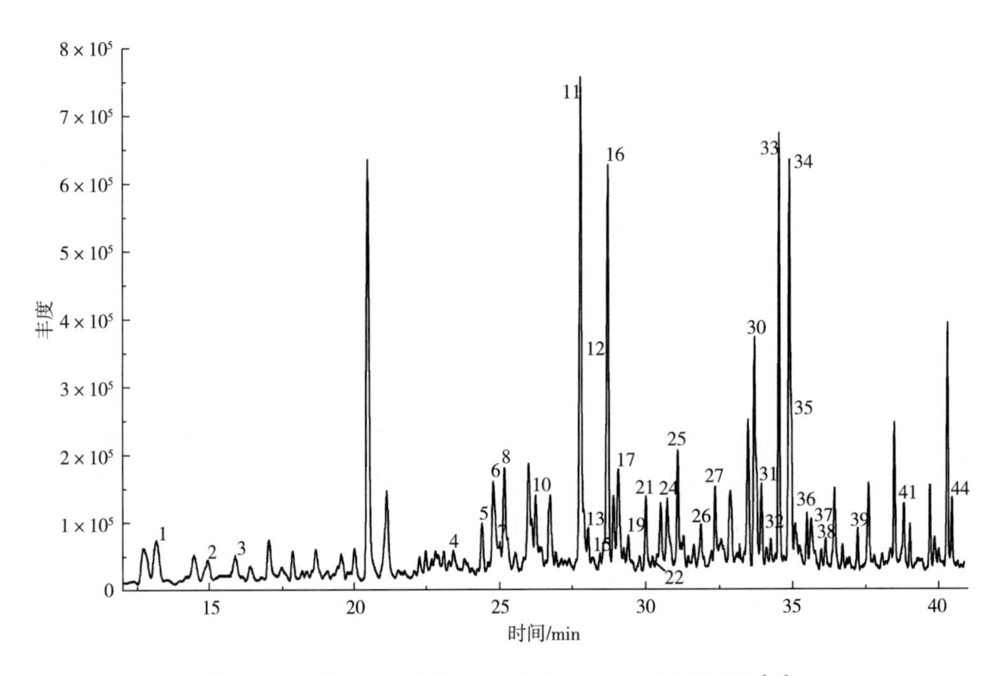

图 8-18 董酒经分离后 F1 组分的 GC-MS 总离子流图[41]

1—(+)-柠檬油精；2—中烃 A；3—*p*-伞花烃；4—α-长叶蒎烯；5—β-绿叶烯；6—(-)-丁子香烯；7—长叶松环烯；8—α-古芸烯；10—香附烯；11—α-雪松烯；12—长叶松烯；13—β-石竹烯；15—β-榄香烯；16—α-香柑油烯；17—白菖油萜；19—(+)-桉树烯；21—β-愈创木烯；22—γ-绿叶烯；24—(-)-别香树烯；25—γ-古芸烯；26—γ-蛇床烯；27—γ-依兰油烯；30—α-蛇床烯；31—α-衣兰油烯；32—β-没药烯；33—β-花柏烯；34—δ-杜松烯；35—γ-杜松烯；36—(+)-*epi*-二环倍半水芹烯；37—α-姜黄烯；38—α-杜松烯；39—(+)-花侧柏烯；41—卡拉烯；44—α-白菖考烯。

8.6 二维或多维色谱-质谱技术

对于成分复杂的样品，一维 GC-MS 只能提供有限的分辨率（resolution）和分离能力，因此对未知化合物的鉴定能力有限。鉴定未知化合物另外一个重要途径是使用多维气相色谱（multidimensional GC，MDGC）技术[84-86]，该技术可以避免一维 GC-MS 许多繁琐的样品前处理技术，增加峰容量（peak capacity）和峰分离能力[87]。

8.6.1　MDGC 基本概念

MDGC 使用二根色谱柱，或先使用 HPLC 分离接着使用 GC 分离技术，即第一级使用 GC 或 LC 分离，第二级使用 GC 分离。典型二维 GC-MS 三维图谱见图 8-19 所示，一维保留时间在 x 轴上，二维保留时间在 y 轴上，色谱峰丰度在 z 轴上。化合物峰通常用彩色显示，因此看上去非常直观，易于理解。

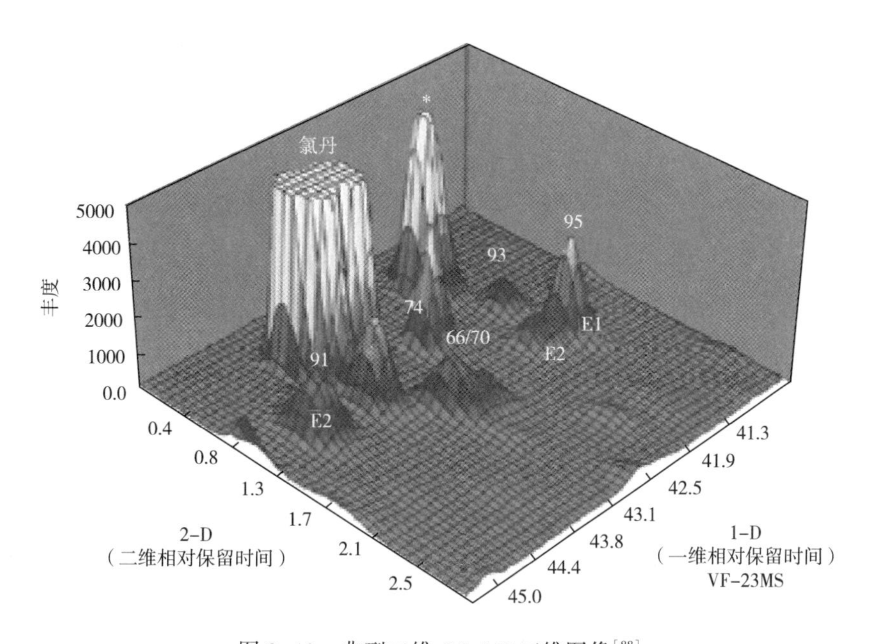

图 8-19　典型二维 GC-MS 三维图像[88]

与一维 GC 相比，二维 GC 具有明显优势。如图 8-20 所示，在一维 GC 中，化合物 1、2、3 是共流出峰，存在于一个色谱峰中，要想鉴定出这 3 个化合物十分困难。如果将此峰切割，进入第二个不同极性的色谱柱上，则此 3 个化合物会得到良好分离，并可以用可视化图像显示出来。

MDGC 具有更高的峰容量、高选择性以及改进的灵敏度（图 8-19、图 8-20）。其不足是需要快速检测、客户化数据系统以及更复杂的仪器[1]。

峰容量是指在一定色谱空间内色谱峰个数。如假设所有的峰宽是 30s，色谱时间是 30min，则在此色谱空间内色谱峰个数最多是 60 个。峰容量大是 MDGC 的最大优点。因 MDGC 使用两个色谱柱，单个色谱柱潜在的分离能力可达上千个色谱峰。理想状态下，两个色谱柱是正交的（orthogonal），通常情况下，它们的极性是不同的。实际上，MDGC 的总峰容量小于两个柱子峰容量之和。

高选择性是 MDGC 的第二个显著特点。增加的一根色谱柱可以调整待鉴定化合物的选择性。如第二根色谱柱是极性柱（此时一维色谱则使用非极性柱），这样可以在二维上实现极性化合物分离，特别是在一维中不能与非极性化合物分离的极性化合物，如醇类等。

MDGC 能改进检测灵敏度。与一维色谱柱相比，二维色谱柱要小，包括长度短、柱内

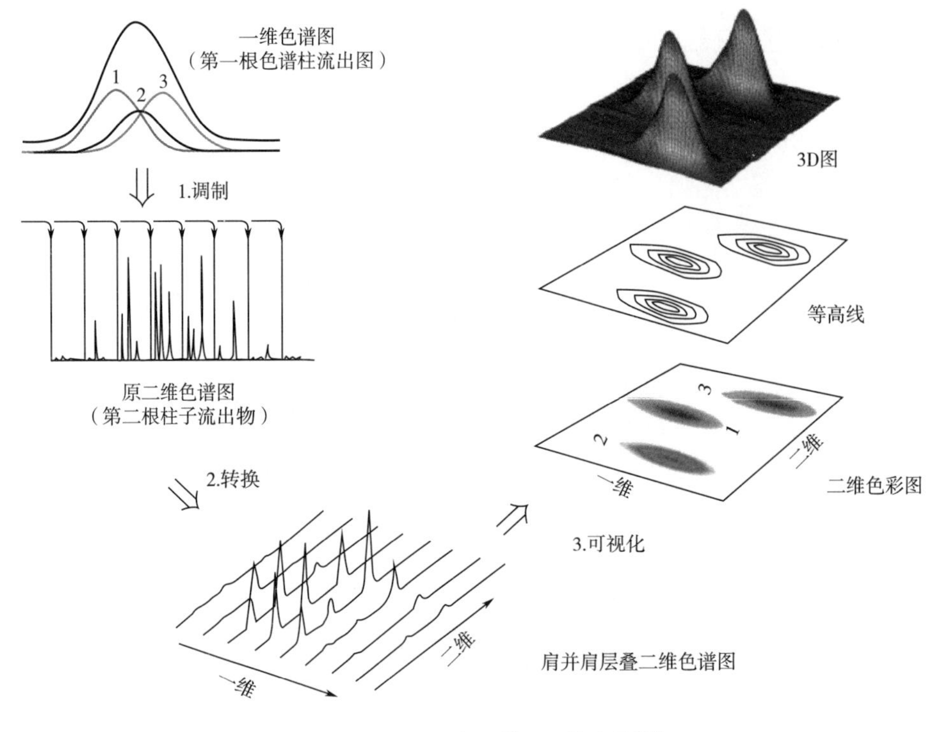

图 8-20　GC×GC 与一维 GC 的比较[89]

径小、颗粒直径小、固定液量少。一维色谱柱流出物将聚焦在二维色谱柱上。如此，二维色谱峰将更陡峭（sharp）、更窄（narrow，大约 100ms），峰也会更高，更易于检测[1]。

针对 MDGC 的特点，在检测器、数据系统等方面提出了更高要求。通常，为了能够有效地进行定量，检测器对每个峰收集的数据点至少 20 个，如峰宽是 100ms，这表明至少每 5 ms 要收集一个数据点，或 200 个数据点/s[1]。这是绝大部分 FID 系统检测器的最大收集速率，但高于绝大部分的其他选择性检测器，通常也认为高于传统四极杆检测器。对 GC×GC 而言，飞行时间质谱（TOF-MS）检测器完全可以获得 200 个数据点/s，因此，它是 MDGC 常用检测器。

8.6.2　MDGC 仪及其相关技术

多维 GC 中一维色谱柱与二维色谱柱连接方式有 5 种（图 8-21），分别为：(1) 中心切割技术（heart-cut）：一维色谱柱有两个出口，一个接检测器（D1），另一个接二维色谱柱；从一维色谱柱切割出来的峰经冷阱捕集后进入二维色谱柱，再进入检测器 2（D2）；(2) 多检测器技术（D1 和 D2）：从一维色谱柱出来的峰分别进入检测器 1（D1）和二维色谱柱，中间没有冷阱；二维色谱柱出来的峰进入检测器 2（D2）；(3) 多色谱柱技术：此技术中，第二维色谱柱在另外一个柱温箱，即一维色谱柱与二维色谱柱分别在两个柱温箱中；(4) 双柱温箱和冷阱技术（传统 MDGC）；(5) 典型多维 GC，调制器连接一维柱和二维柱，使用一个检测器。

目前使用较多的是中心切割（heart-cut，HC）-MDGC 和全二维 MDGC。

HC-MDGC 是指将第一个色谱柱（通常是长柱）上某一时间段的峰收集（俗称“切

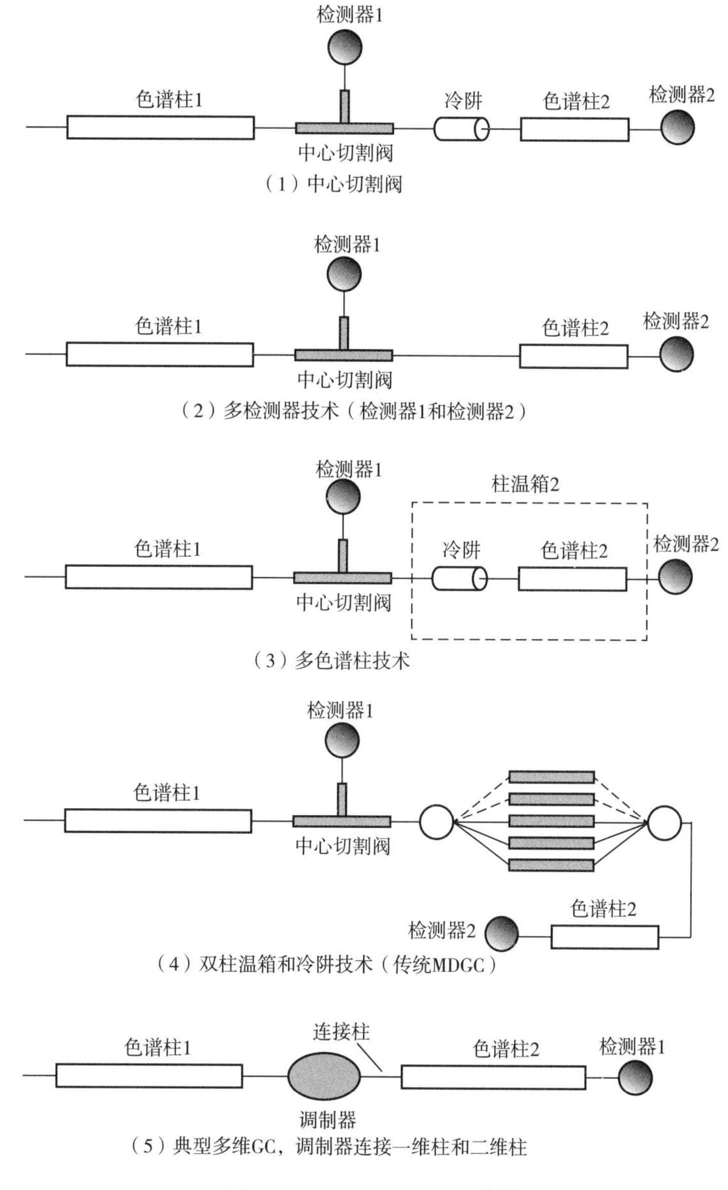

图 8-21　MDGC 不同设计[87]

割”）起来，再次进样到第二个色谱柱（通常用极性与第一个色谱柱不同的短柱）进行进一步分离。通常用于一些关键的或重要的色谱峰或一组在第一根色谱柱不能有效分离的色谱峰。为实现中心切割，通常使用一个快速转换阀或在两根柱子间增加冷聚焦。

在线中心切割二维 GC 示意图如图 8-22 所示，其调制器称为微流路板控制技术（deans switch），它是一个流量调制装置，允许气体流到第二根色谱柱（短柱）。此系统通常有两个检测器，其记录的色谱图如图 8-23 和图 8-24 所示。

图 8-23 是样品 GC-O 分离情况[90]，在一维色谱中［图 8-23（1）］，坚果香、霉腐气味和尘土气味不能分开，因此无法判断是一个还是几个化合物产生的气味；而在二维色谱中［图 8-23（2）］可以将这几个气味分离，同时还多出了豌豆、纸、汽油等气味。

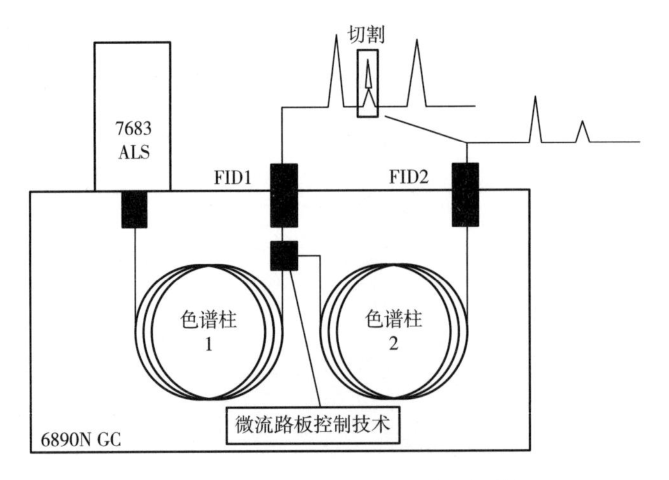

图 8-22 中心切割-MDGC 流程图[1]

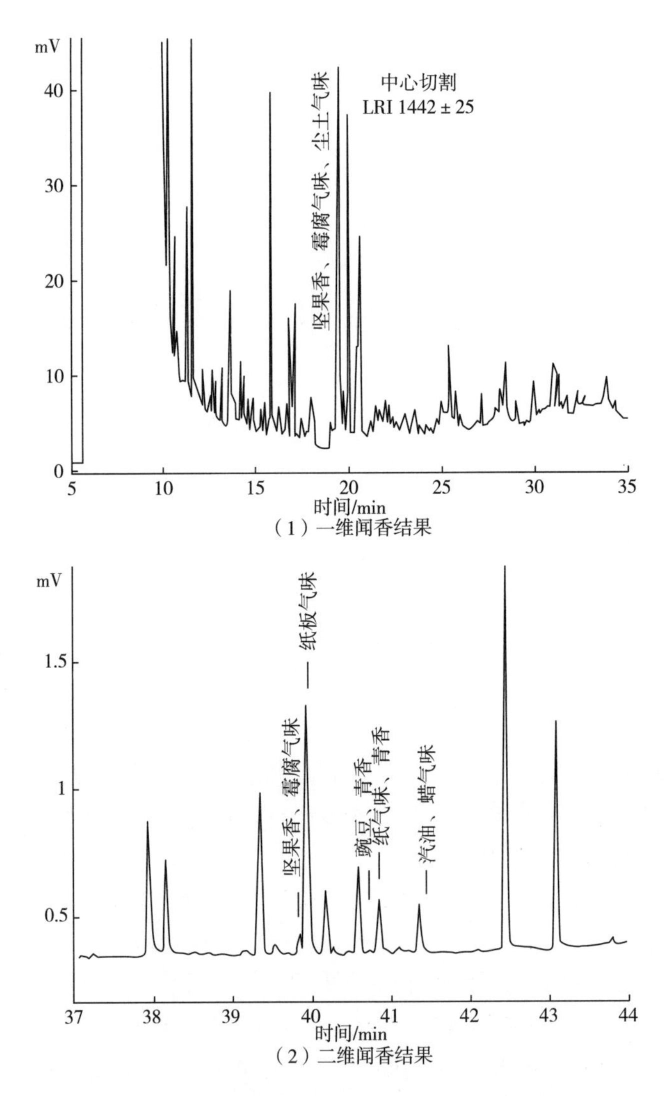

图 8-23 HC-MDGC-O-FID 检测软木塞气味色谱图

图 8-24 是山羊乳中 PCBs（polychlorinated biphenyls，多氯联苯类）检测结果[91]。这些化合物因响应较小，干扰较大，造成定量困难。使用二维 GC 后，15 个手性 PCBs 得到较好分离，定量结果更加准确。

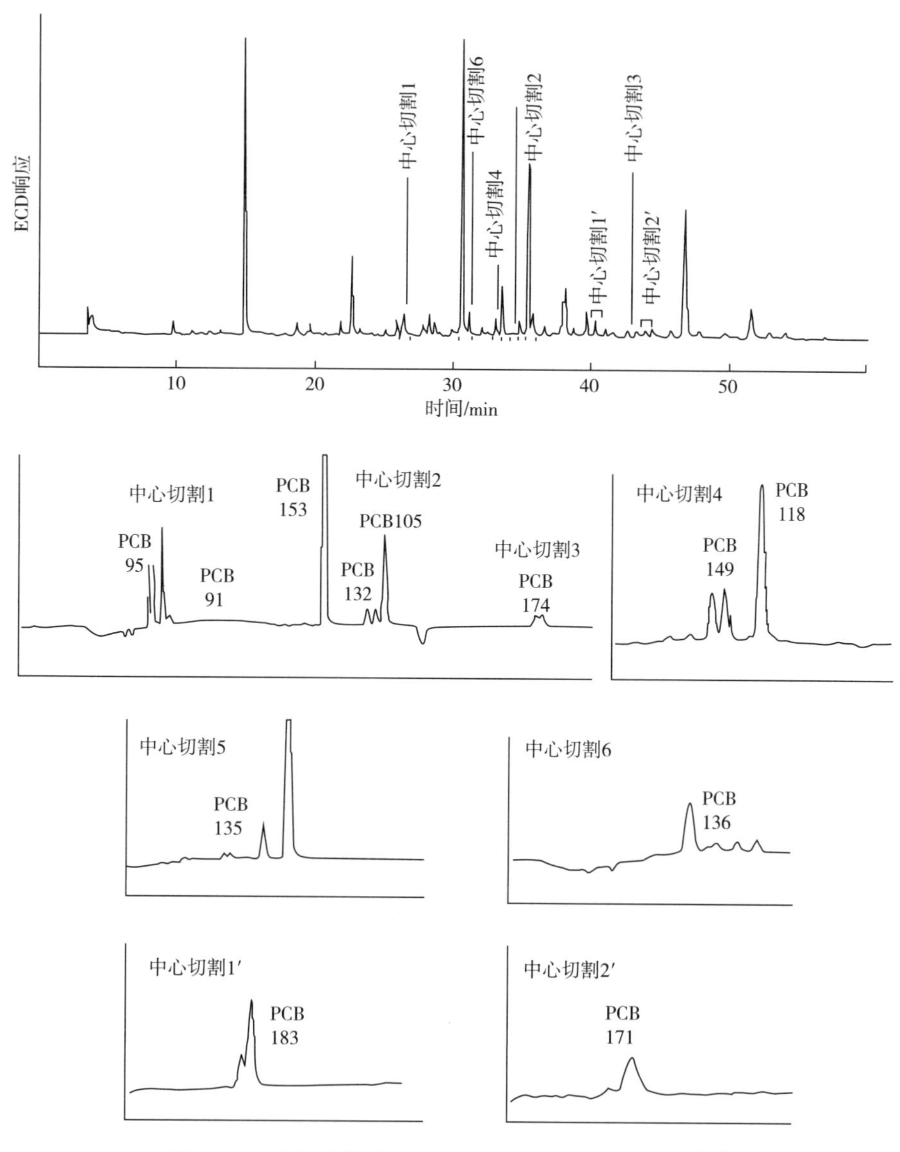

图 8-24　山羊乳样品 MDGC-ECD 检测 PCBs 色谱图[91]

HC-MDGC 已经应用于如葡萄酒软木塞气味[90]、红葡萄酒挥发性化合物（与 GC-O 联用）[92-96]、威士忌和麦芽威士忌气味物（与 GC-O 联用）[97]、白兰地香气、啤酒花气味物、干酪中萜烯类化合物、植物油和精油中单萜烯、精油中香气化合物和手性化合物、猕猴桃和西番莲果挥发性化合物研究[87]中。

该技术也可以与不同的前处理技术结合使用，如与 SPE 联用[90, 93-95]、与蒸馏萃取技术（SDE）联用[97]、与闻香技术（GC-O）结合使用[90, 92, 97]，甚至可以与浸入式 SPME

在线衍生化结合测定葡萄酒中白藜芦醇[96]。

全二维 GC（comprehensive two-dimensional gas chromatography，TDGC），简称二维 GC、GC×GC 或 2D-GC 技术（图 8-25），该技术于 1985 年由 Phillips 等人发明[98-99]。

TDGC 关键部件是两个毛细管柱连接和调制装置。两个毛细管柱连接时，使用压入连接器（press-fit connector），注意确保连接处不得漏气。热调制器（thermal modulation）由 4 个气动控制的喷嘴组成，连接到第二根色谱柱的头上。两个冷喷嘴使用液氮或液态二氧化碳降低温度；两个热喷嘴使用热氮气或空气加热第二根色谱柱的柱头。冷却（用于冷聚焦待测物）和加热（用于将待测物进样至第二根色谱柱）喷嘴的时间调节是 TDGC 关键参数之一。当然，也有不需要冷聚焦的调制器被开发，但使用受到限制。

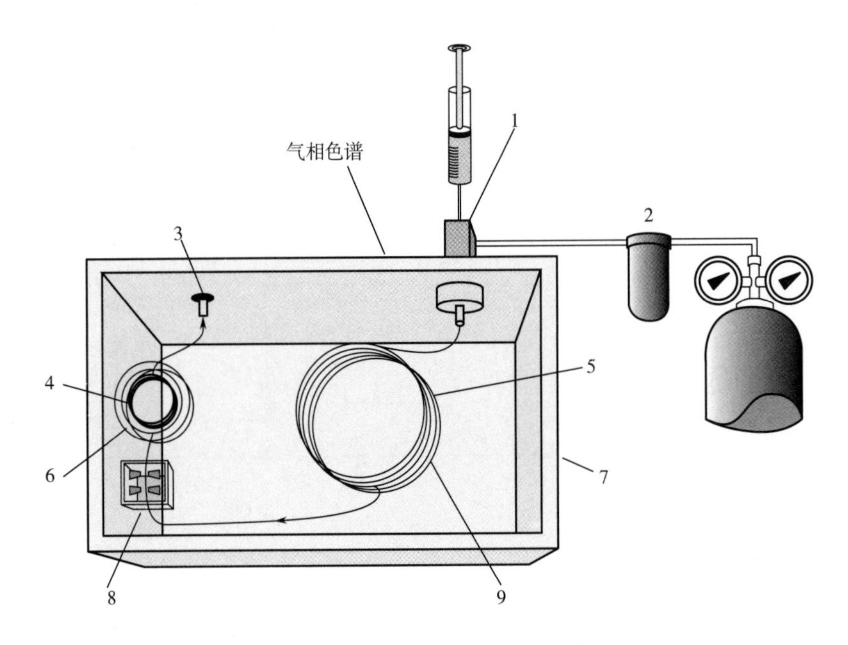

图 8-25　GC×GC 系统示意图[1]

1—进样口；2—载气流；3—检测器；4—二维色谱柱；5—毛细管柱；6—第二柱温箱；7—主柱温箱；8—热调制器；9— 一维色谱柱。

在 TDGC 中，一台 GC 装有二根柱子，第一根通常是填充柱或毛细管柱，第二根是高效毛细管柱。选择两根高效毛细管柱时，两根柱子极性不同。来自于第一根柱子的目标馏分直接进入第二根柱子。第二根柱子能对组分进行更好的分离。通常情况下，一维使用极性柱，二维使用非极性柱，会更有利于极性化合物的二维分离[100]。如果进行手性化合物分离，则第二根色谱柱可以使用手性柱[101]。假如使用多次进样和收集，痕量化合物将得到更好的富集，从而增加了 MS 鉴定的可能性。

通常 TDGC 第二根色谱柱较短，约 2m。由于第二根柱的高速分离，因此需要快速响应的检测器。FID、ECD、NCD、NPD 等可以作为检测器[87]。四极杆（quadrupole）和磁扇形（magnetic sector）高分辨率质谱仪也已经用于 TDGC 中，而 TOF-MS 是 TDGC 最佳选择检测器。该检测器具有高分辨率、质谱质量精确，以及良好的扫描速度；TOF-MS 的解卷积软件（deconvolution soft）能分辨共流出化合物[87]。

2D-GC 主要优势[2, 87]：（1）改进色谱分离性能（resolution）；（2）增加了峰容量；（3）由于在热调制器（thermal modulator）上使用冷聚焦（cryofocusing），改进了待测物可检测性（detectability）；（4）在等高线（contour plots）上的化学定序（chemical ordering）。

TDGC 可以与 MS 联用，但更多地是与 TOF-MS 或 Q-TOF-MS 联用[100, 102-103]。使用 TDGC-TOF-MS 检测白酒的图谱见图 8-26 所示。

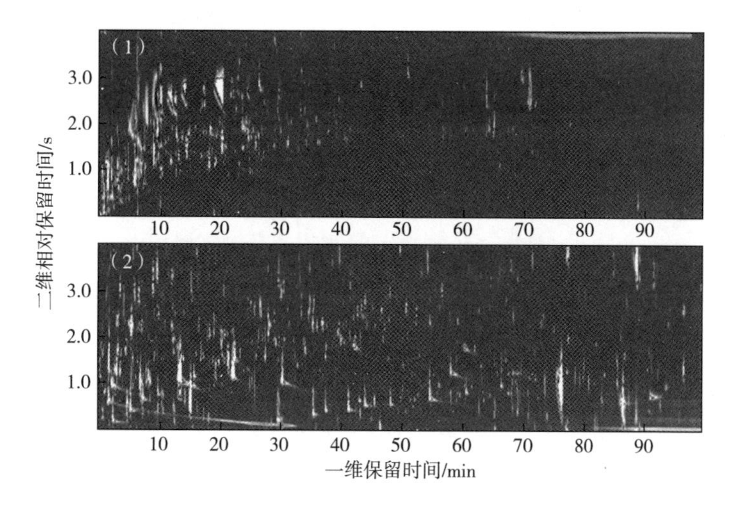

图 8-26　茅台酒二维 GC-TOF-MS 图谱[102]

TDGC 还可以与闻香技术（GC-O）结合使用，如图 8-27 所示。在待测物从一维色谱柱中流出后，分为两个接口，一个与闻香设备连接，一个与二维色谱柱连接。在一维柱与二维柱连接处，需要使用纵向调制冷聚焦系统（longitudinally modulated cryogenic system，LMCS），这一技术已经用于检测葡萄酒香气成分[104]。

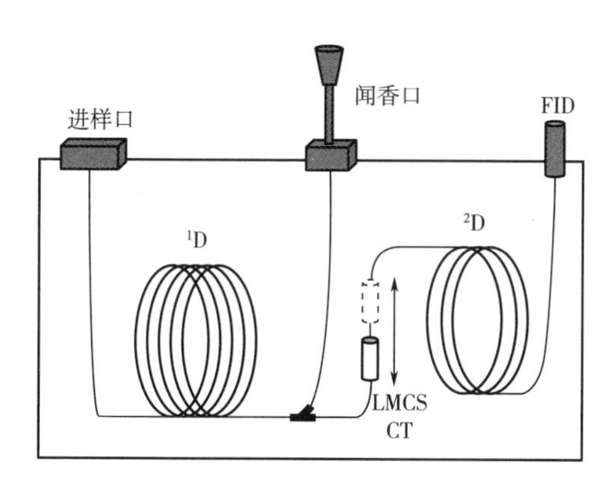

图 8-27　GC-O/GC×GC-FID 系统示意图[104]

TDGC 样品前处理技术可以通常为 LLE 技术，也可以与 SPME 技术[105-108]、SPE 技术[95, 109]、SBSE 技术[101]等在线样品前处理技术联合使用。

二维 GC 技术已经成功应用于饮料酒挥发性化合物的定性与定量[110]，如白酒中挥发性成分[102]、巴西甘蔗糖蜜酒挥发性成分[111]、葡萄酒中甲氧基吡嗪[107]、葡萄酒中乙酯[95]、葡萄酒中呋喃类、内酯类、挥发性酚类和缩醛[106]、葡萄酒挥发性成分[108-109, 112]、葡萄酒中无目标挥发性成分[113]、葡萄中单萜[105]、葡萄酒中氨基甲酸乙酯（EC）[114]。该技术还可以用于植物来源材料的代谢物剖面（metabolite profiling）研究[115]、草莓中手性化合物研究[101]、香子兰浸出物研究[111]、真假酸乳鉴别[103]，以及胡萝卜、茶、姜、草莓、葡萄柚、柠檬精油、啤酒花精油、胡椒精油、鱼油、橄榄油、牛乳、干酪、奶油、黄油、海产品、烤榛子、蜂蜜等产品风味、农药残留、代谢物分析等方面研究[87]。

葡萄酒中挥发性成分检测时，可以同时检测 334 种成分，其中酯类 94 种、醇类 80 种、酮 29 种、脂肪酸 29 种、醛 23 种、萜烯 23 种、内酯 16 种、呋喃类 14 种、含硫化合物 9 种、酚类 7 种、吡咯类 5 种、C13-降异戊二烯 3 种，以及吡喃 2 种[112]。

8.7 手性化合物鉴定技术

在香气化合物中经常遇到的是对映异构体（enantiomer）有不同气味。例如 L-香芹酮（L-carvone）闻起来像香菜（caraway），而 D-香芹酮（D-carvone）却呈荷兰薄荷（spearmint）香气。GC 也可以分离这些对映异构体，当然要使用手性柱（chiral column）来检测，也可以形成非对映异构体衍生物（diastereomeric derivative）用非手性柱子检测[116-119]。

如葡萄酒内酯（wine lactone），因在葡萄酒中发现而命名，该化合物为 3a,4,5,7a-四氢-3,6-二甲基-2(3*H*)-苯并呋喃（benzofuranone），有 8 个非对映异构体（图 8-28），包括（3*S*，3a*S*，7a*S*)-型、（3*R*，3a*R*，7a*R*)-型、（3*R*，3a*R*，7a*S*)-型、（3*R*，

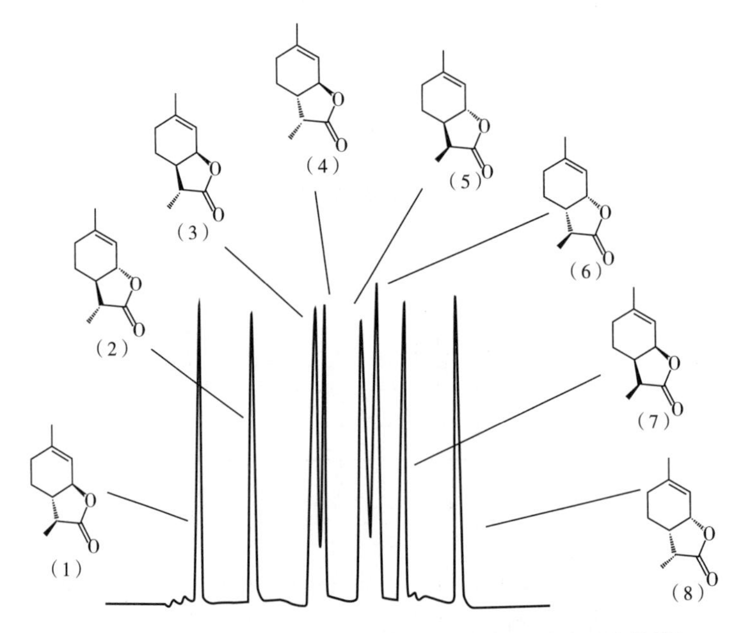

图 8-28 气相色谱手性柱测定的葡萄酒内酯非对映异构体[69]

3a*S*，7a*S*)-型、(3*S*，3a*R*，7a*R*)-型、(3*S*，3a*S*，7a*R*)-型、(3*S*，3a*R*，7a*S*)-型和(3*R*，3a*S*，7a*R*)-型，已经用手性气相色谱分离得到。其中(3*S*，3a*S*，7a*R*)-对映体(enantiomer)在8个非对映异构体中有最低的感官阈值。

对映体过量(enantiomeric excess，ee)是指对映异构体的比例。每一个化合物ee值是不同的。在大多数情况下化学合成的化合物与生物合成的化合物其ee值不同(表8-16)，因此测定ee值可以用来检测是否使用了合成手性香料。相对生物合成而言，化学合成的香料一般是外消旋体(racemete)。当然，饮料酒生产过程中化合物ee值可能会变化，如榛子焙烤时，榛酮含量下降[69]。

表8-16　某些食品中手性风味化合物ee值[69]

风味物质	食品中存在	ee/%
(*R*)-(+)-γ-癸内酯(decalactone)	桃、杏、芒果、草莓、菠萝、百香果(maracuya)	>80
(*R*)-(+)-β-癸内酯(decalactone)	乳脂(milk fat)	60
(*R*)-(+)-反-α-紫罗兰酮(ionone)	覆盆子(raspberry)、胡萝卜、香兰豆(vanilla bean)	92.4
(*S*)-(+)-反-5-甲基-2-庚烯-4-酮(榛酮)	生榛子	60~68
	焙烤的榛子	40~45
(*R*)-(-)-1-辛烯-3-醇	蘑菇、鸡油菌(chanterelle)	>90
(*R*)-索陀酮(sotolon)	樱桃	ca. 30

8.8 葡萄酒中土味素手性分析

葡萄酒中土味素萃取[120]：1L葡萄酒(如赤霞珠葡萄酒)置于2L烧瓶中，用重蒸戊烷萃取3次，分别为30mL、20mL、20mL。萃取时磁力搅拌10min。合并有机相，用无水亚硫酸钠脱水，氮吹(100mL/min)浓缩至500μL。萃取物用硅胶柱吸附柱色谱纯化。粗葡萄酒萃取物注入柱中，用40mL戊烷洗脱。土味素被洗脱在40mL戊烷-二氯甲烷(80：20，体积比)组分中。组分氮吹(100mL/min)浓缩至100μL。

对映(enantio)-MDGC分析[120]：GC仪器装备两个独立的温度控制单元，两个FID，和一个T-型开关。GC条件：一维柱为熔融硅毛细管柱，30m×0.25mm(内径)，内膜材料SE 52，膜厚0.25μm；载气：氢气，200 kPa；不分流进样；进样口温度23℃，两个检测器温度均为25℃，柱温箱温度：6℃，保持5min，然后以2℃/min升至23℃，保持40min。切割时间36.8~37.3min。主柱(二维柱)为熔融硅毛细管柱，30m×0.25mm(内径)，内膜材料为含30%七-(2,3-二-*O*-甲基-6-*O*-叔-丁二甲基硅基)-β-环糊精的SE 52，膜厚0.25μm；载气氢气，120kPa；柱温箱温度；6℃，保持35min，然后以1.5℃/min升至20℃。

MS条件：转移线温度25℃，离子源温度17℃，EI：70eV。

分离后的色谱图如图 8-29 所示。从（3）中可以看出，(+)-和（-)-土味素得到良好的分离。

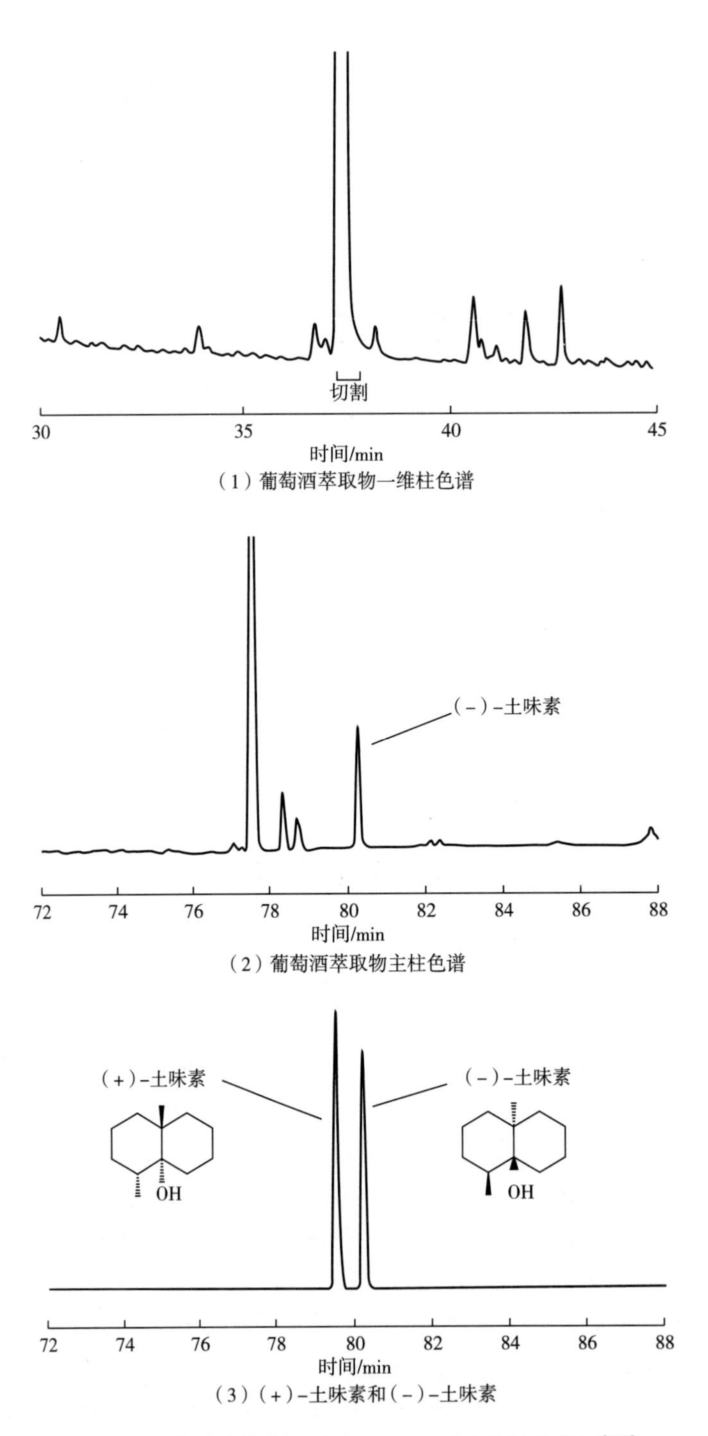

图 8-29 赤霞珠葡萄酒对映-MDGC 对映选择性分析[120]

参考文献

[1] McNair H M, Miller J M. Basic Gas Chromatography [M]. Chichester: John Wiley & Sons Inc., 2009.

[2] 武杰, 庞增义. 气相色谱仪器系统 [M]. 北京: 化学工业出版社, 2006.

[3] Matheis K, Granvogl M, Schieberle P. Quantitation and enantiomeric ratios of aroma compounds formed by an Ehrlich degradation of L-isoleucine in fermented foods [J]. J Agri Food Chem, 2016, 64 (3): 646-652.

[4] Buglass A J. Handbook of Alcoholic Beverages: Technical, Analytical and Nutritional Aspects [M]. Chichester: John Wiley & Sons Ltd., 2011.

[5] H·马斯, R·贝耳兹. 芳香物质研究手册 [M]. 北京: 中国轻工业出版社, 1989.

[6] 范文来, 徐岩, 杨廷栋, 等. 应用液液萃取与分馏技术定性绵柔型蓝色经典微量挥发性成分 [J]. 酿酒, 2012, 39 (1): 21-29.

[7] Rowe D J. Chemistry and Technology of Flavors and Fragrances [M]. Oxford: Blackwell Publishing Ltd., 2005.

[8] 范文来, 徐岩. 应用液液萃取结合正相色谱技术鉴定汾酒与郎酒挥发性成分 (上) [J]. 酿酒科技, 2013, 224 (2): 17-26.

[9] Klesk K, Qian M, Martin R R. Aroma extract dilution analysis of cv. Meeker (*Rubus idaeus* L.) red raspberries from Oregon and Washington [J]. J Agri Food Chem, 2004, 52 (16): 5155-5161.

[10] Ledauphin J, Saint-Clair J-F, Lablanquie O, et al. Identification of trace volatile compounds in freshly distilled Calvados and Cognac using preparative separations coupled with gas chromatography-mass spectrometry [J]. J Agri Food Chem, 2004, 52: 5124-5134.

[11] Lee S-J, Noble A C. Characterization of odor-active compounds in Californian Chardonnay wines using GC-olfactometry and GC-mass spectrometry [J]. J Agri Food Chem, 2003, 51: 8036-8044.

[12] Ferreira V, Aznar M, López R, et al. Quantitative gas chromatography-olfactometry carried out at different dilutions of an extract. Key differences in the odor profiles of four high-quality Spanish aged red wines [J]. J Agri Food Chem, 2001, 49 (10): 4818-4824.

[13] Werkhoof P, Güntert M, Krammer G, et al. Vacuum headspace method in aroma research: Flavor chemistry of yellow passion fruits [J]. J Agri Food Chem, 1998, 46: 1076-1093.

[14] Rowan D D, Allen J M, Fielder S, et al. Biosynthesis of straight-chain ester volatiles in red delicious and granny smith apples using deuterium-labeled precursors [J]. J Agri Food Chem, 1999, 47 (7): 2553-2562.

[15] Tressl R, Friese L, Fendesack F, et al. Gas chromatographic-mass spectrometric investigation of hop aroma constituents in beer [J]. J Agri Food Chem, 1978, 26 (6): 1422-1426.

[16] Reiners J, Grosch W. Odorants of virgin olive oils with different flavor profiles [J]. J Agri Food Chem, 1998, 46 (7): 2754-2763.

[17] Baltes W, Mevissen L. Model reactions on roasted aroma formation [J]. Z Lebensm Unters Forsch, 1988, 187: 209-214.

[18] Umano K, Hagi Y, Nakahara K, et al. Volatile chemicals identified in extracts from leaves of Japanse mugwort (*Artemisia princeps* Pamp.) [J]. J Agri Food Chem, 2000, 48: 3463-3469.

[19] Pino J A, Marbot R, Vázquez C. Characterization of volatiles in strawberry Guava (*Psidium cattleia-*

num Sabine) fruit [J]. J Agri Food Chem, 2001, 49: 5883-5887.

[20] Barron D, Etievant P X. The volatile constituents of strawberry jam [J]. Z Lebensm Unters Forsch, 1990, 191: 279-285.

[21] Pino J A, Queris O. Characterization of odor-active compounds in guava wine [J]. J Agri Food Chem, 2011, 59: 4885-4890.

[22] Boonbumrung S, Tamura H, Mookdasanit J, et al. T., Varanyanond, W. Characteritic aroma components of the volatile oil of yellow Keaw mango fruits determined by limited odor unit method [J]. Food Sci Technol Res, 2001, 7 (3): 200-206.

[23] Wu S. Volatile compounds generated by Basidiomycetes. Universität Hannover, Hannover, 2005.

[24] Ferrari G, Lablanquie O, Cantagrel R, et al. Determination of key odorant compounds in freshly distilled Cognac using GC-O, GC-MS, and sensory evaluation [J]. J Agri Food Chem, 2004, 52: 5670-5676.

[25] Maeztu L, Sanz C, Andueza S, et al. Characterization of Espresso coffee aroma by static headspace GC-MS and sensory flavor profile [J]. J Agri Food Chem, 2001, 49 (11): 5437-5444.

[26] Escudero A, Campo E, Fariña L, et al. Analysis characterization of the aroma of five premium red wines. Insight into the role of odor families and the concept of fruitiness of wines [J]. J Agri Food Chem, 2007, 55 (11): 4501-4510.

[27] Fu S-G, Yoon Y, Bazemore R. Aroma-active components in fermented bamboo shoots [J]. J Agri Food Chem, 2002, 50 (3): 549-554.

[28] Qian M, Reineccius G. Static headspace and aroma extract dilution analysis of Parmigiano Reggiano cheese [J]. J Food Sci, 2003, 68: 794-798.

[29] Sarrazin E, Frerot E, Bagnoud A, et al. Discovery of new lactones in sweet cream butter oil [J]. J Agri Food Chem, 2011, 59: 6657-6666.

[30] Rochat S, Chaintreau A. Carbonyl odorants contributing to the in-oven roasted beef top note [J]. J Agri Food Chem, 2005, 53: 9578-9585.

[31] Schieberle P, Grosch W. Identification of the volatile flavour compounds of wheat bread crust-comparison with rye bread crust [J]. Z Lebensm Unters Forsch, 1985, 180: 474-478.

[32] Jiang L, Kubota K. Differences in the volatile components and their odor characteristics of green and ripe fruits and dried pericarp of Japanese pepper (*Xanthoxylum piperitum* DC.) [J]. J Agri Food Chem, 2004, 52: 4197-4203.

[33] Cha Y J, Kim H, Cadwallader K R. Aroma-active compounds in Kimchi during fermentation [J]. J Agri Food Chem, 1998, 46 (5): 1944-1953.

[34] Guen S L, Prost C, Demaimay M. Characterization of odorant compounds of mussels (*Mytilus edulis*) according to their origin using gas chromatography-olfactometry and gas chromatography-mass spectrometry [J]. J Chromatogr A, 2000, 896 (1-2): 361-371.

[35] Mahajan S S, Goddik L, Qian M C. Aroma compounds in sweet whey powder [J]. J Dairy Sci, 2004, 87: 4057-4063.

[36] Nebesny E, Budryn G, Kula J, et al. The effect of roasting method on headspace composition of robusta coffee bean aroma [J]. Eur Food Res Technol, 2007, 225: 9-19.

[37] Sanz C, Ansorena D, Bello J, et al. Optimizing headspace temperature and time sampling for identification of volatile compounds in ground roasted arabica coffee [J]. J Agri Food Chem, 2001, 49 (3): 1364-1369.

[38] Sekiwa Y, Kubota K, Kobayashi A. Characteristic flavor components in the brew of cooked Clam (*Meretrix lusoria*) and the effect of storage on flavor formation [J]. J Agri Food Chem, 1997, 45: 826-830.

［39］ 范文来，徐岩．应用液液萃取结合正相色谱技术鉴定汾酒与郎酒挥发性成分（下）［J］．酿酒科技，2013，225（3）：17-27.

［40］ Jagella T，Grosch W. Flavour and off-flavour compounds of black and white pepper（*Piper nigrum* L.）. I. Evaluation of potent odorants of black pepper by dilution and concentration techniques［J］. Eur Food Res Technol，1999，209：16-21.

［41］ 胡光源，范文来，徐岩，等．董酒中萜烯类物质的研究［J］．酿酒科技，2011，205（7）：29-33.

［42］ Kurose K，Okamura D，Yatagai M. Composition of the essential oils from the leaves of nine *Pinus* species and the cones of three of *Pinus* species［J］. Flav Fragr J，2007，22：10-20.

［43］ Chanegriha N，Baaliouamer A，Rolando C. Polarity changes during capillary gas chromatographic and gas chromatographic-mass spectrometric analysis using serially coupled columns of different natures and temperature programming. Application to the identification of constituents of essential oils［J］. J Chromatogr A，1998，819：61-65.

［44］ Cho I H，Namgung H J，Choi H K，et al. Volatiles and key odorants in the pileus and stipe of pine-mushroom（*Tricholoma matsutake* Sing.）［J］. Food Chem，2008，106（1）：71-76.

［45］ Choi H-S. Character impact odorants of *Citrus* hallabong［（*C. unshiu* Marcov×*C. sinensis* Osbeck）× *C. reticulate* Blanco］cold-pressed peel oil［J］. J Agri Food Chem，2003，51：2687-2692.

［46］ Guerche S L，Dauphin B，Pons M，et al. Characterization of some mushroom and earthy off-odors microbially induced by the development of rot on grapes［J］. J Agri Food Chem，2006，54：9193-9200.

［47］ Jrgensen U，Hansen M，Christensen L P，et al. Olfactory and quantitative analysis of aroma compounds in elder flower（*Sambucus nigra* L.）drink processed from five cultivars［J］. J Agri Food Chem，2000，48（6）：2376-2383.

［48］ López R，Ferreira V，Hernández P，et al. Identification of impact odorants of young red wines made with Merlot，Cabernet sauvignon and Grenache grape varieties：a comparative study［J］. J Sci Food Agric，1999，79（11）：1461-1467.

［49］ Klesk K，Qian M. Preliminary aroma comparison of Marion（*Rubus* spp. *hyb*）and Evergreen（*R. laciniatus* L.）blackberries by dynamic headspace/Osme technique［J］. J Food Sci，2003，68（2）：679-700.

［50］ de Simón B F，Esteruelas E，Muñoz Á M，et al. Volatile compounds in acacia，chestbut，cherry，ash，and oak wood，with a view to their use in cooperage［J］. J Agri Food Chem，2009，57：3217-3227.

［51］ Christlbauer M，Schieberle P. Characterization of the key aroma compounds in beef and pork vegetable gravies á la chef by application of the aroma extraction dilution analysis［J］. J Agri Food Chem，2009，57：9114-9122.

［52］ Qian M，Reineccius G. Identification of aroma compounds in Parmigiano-Reggiano cheese by gas chromatography/olfactometry［J］. J Dairy Sci，2002，85：1362-1369.

［53］ Golovnya R V，Garbuzov V G，Aérov A F. Gas chromatographic characterization of sulfur-containing compounds. 5. Thiophene，furan，and benzene derivatives［M］. Moscow：Institute of Heteroorganic Compounds，Academy of Sciences of the USSR，1978.

［54］ Ishikawa M，Ito O，Ishizaki S，et al. Solid-phase aroma concentrate extraction（SPACE™）：A new headspace technique for more sensitive analysis of volatiles［J］. Flav Fragr J，2004，19（3）：183-187.

［55］ Schieberle P，Grosch W. Potent odorants of rye bread crust-differences from the crumb and from wheat bread crust［J］. Z Lebensm Unters Forsch，1994，198：292-296.

［56］ Mihara S，Masuda H. Structure-odor relationships for disubstituted pyrazines［J］. J Agri Food

Chem, 1988, 36: 1242-1247.

[57] Pollnitz A P, Pardon K H, Sykes M, et al. The effects of sample preparation and gas chromatograph injection techniques on the accuracy of measuring guaiacol, 4-methylguaiacol and other volatile oak compounds in oak extracts by stable isotope dilution analyses [J]. J Agri Food Chem, 2004, 52 (11): 3244-3252.

[58] Grosch W. Evaluation of the key odorants of foods by dilution experiments, aroma models and omission [J]. Chem Senses, 2001, 26 (5): 533-545.

[59] 朱梦旭. 白酒中易挥发的有毒有害小分子醛及其结合态化合物研究 [D]. 无锡: 江南大学, 2016.

[60] 国家标准化执行委员会. 白酒分析方法 GB/T 10345—2022 [S].

[61] Namara K M, Leardi R, Sabuneti A. Fast GC analysis of major volatile compounds in distilled alcoholic beverages. Optimisation of injection and chromatographic conditions [J]. Anal Chim Acta, 2005, 542: 260-267.

[62] Chavez-Servin J L, Castellote A I, Lopez-Sabater M C. Volatile compounds and fatty acid profiles in commercial milk-based infant formulae by static headspace gas chromatography: Evolution after opening the packet [J]. Food Chem, 2008, 107 (1): 558-569.

[63] Fan W, Qian M C. Headspace solid phase microextraction (HS-SPME) and gas chromatography-olfactometry dilution analysis of young and aged Chinese "Yanghe Daqu" liquors [J]. J Agri Food Chem, 2005, 53 (20): 7931-7938.

[64] Fan W, Qian M C. Identification of aroma compounds in Chinese 'Yanghe Daqu' liquor by normal phase chromatography fractionation followed by gas chromatography/olfactometry [J]. Flav Fragr J, 2006, 21 (2): 333-342.

[65] Fan W, Qian M C. Characterization of aroma compounds of Chinese "Wuliangye" and "Jiannanchun" liquors by aroma extraction dilution analysis [J]. J Agri Food Chem, 2006, 54 (7): 2695-2704.

[66] Remaud G S, Martin Y-L, Martin G G, et al. Detection of sophisticated adulterations of natural vanilla flavors and extracts: Application of the SNIF-NMR method to vanillin and *p*-hydroxybenzaldehyde [J]. J Agri Food Chem, 1997, 45 (3): 859-866.

[67] Kreck M, Mosandl A. Synthesis, structure elucidation, and olfactometric analysis of lilac aldehyde and lilac alcohol stereoisomers [J]. J Agri Food Chem, 2003, 51 (9): 2722-2726.

[68] Buettner A, Schieberle P. Aroma properties of a homologous series of 2, 3-epoxyalkanals and trans-4,5-epoxyalk-2-enals [J]. J Agri Food Chem, 2001, 49 (8): 3881-3884.

[69] Belitz H-D, Grosch W, Schieberle P. Food Chemistry [M]. Verlag Berlin Heidelberg: Springer, 2009.

[70] Gao W, Fan W, Xu Y. Characterization of the key odorants in light aroma type Chinese liquor by gas chromatography-olfactometry, quantitative measurements, aroma recombination, and omission studies [J]. J Agri Food Chem, 2014, 62 (25): 5796-5804.

[71] Fan H, Fan W, Xu Y. Characterization of key odorants in Chinese chixiang aroma-type liquor by gas chromatography-olfactometry, quantitative measurements, aroma recombination, and omission studies [J]. J Agri Food Chem, 2015, 63 (14): 3660-3668.

[72] Wang X. Comparison on aroma compounds of soy sauce and strong aroma type liquors [D]. WuXi: Jiangnan University, 2014.

[73] Ali H S M, Pätzold R, Brückner H. Gas chromatographic determination of amino acid enantiomers in bottled and aged wines [J]. Amino acids, 2010, 38 (3): 951-958.

[74] Sakayanagi M, Yamada Y, Sakabe C, et al. Identification of inorganic anions by gas chromatogra-

phy/mass spectrometry [J]. Forensic Sci Int, 2006, 157: 134-143.

[75] 杨会, 范文来, 徐岩. 基于 BSTFA 衍生化法白酒不挥发有机酸研究 [J]. 食品与发酵工业, 2017, 43 (5): 192-197.

[76] 杨会. 白酒中不挥发呈味有机酸和多羟基化合物研究 [D]. 无锡: 江南大学, 2017.

[77] 龚舒蓓, 范文来, 徐岩. 芝麻香型传统手工原酒与机械化原酒成分差异研究 [J]. 食品与发酵工业, 2018, 44 (8): 239-245.

[78] 江流, 范文来, 徐岩. 芝麻香型机械化和手工工艺酒醅发酵过程中的糖与糖苷 [J]. 食品与发酵工业, 2017, 43 (9): 184-188.

[79] 王晨晶, 范文来, 徐岩, 等. 豉香型传统工艺饼曲及机械化麸曲中的糖和糖醇 [J]. 食品与发酵工业, 2018, 44 (6): 235-239.

[80] 石亚林. 白酒大曲及其原料中游离态氨基酸、有机酸、糖类物质对大曲风味影响研究 [D]. 无锡: 江南大学, 2017.

[81] Ruiz-Matute A I, Sanz M L, Moreno-Arribas M V, et al. Identification of free disaccharides and other glycosides in wine [J]. J chromatogr. A, 2009, 1216 (43): 7296-7300.

[82] 石亚林, 范文来, 徐岩. 不同香型白酒大曲及其发酵过程中游离态糖和糖醇的研究 [J]. 食品与发酵工业, 2016, 42 (7): 188-192.

[83] Ruiz-Matute A I, Hernandez-Hernandez O, Rodriguez-Sanchez S, et al. Derivatization of carbohydrates for GC and GC-MS analyses [J]. J Chromatogr B, 2011, 879 (17-18): 1226-1240.

[84] Jordán M J, Margaría C A, Shaw P E, et al. Volatile components and aroma active compounds in aqueous essence and fresh pink Guava fruit Puree (*Psidium guajava* L.) by GC-MS and multidimensional GC/GC-O [J]. J Agri Food Chem, 2003, 51 (5): 1421-1426.

[85] Jordán M J, Margaria C A, Shaw P E, et al. Aroma active components in aqueous kiwi fruit essence and kiwi fruit puree by GC-MS and multidimensional GC/GC-O [J]. J Agri Food Chem, 2002, 50 (19): 5386-5390.

[86] Campo E, Ferreira V, López R, et al. Identification of three novel compounds in wine by means of a laboratory-constructed multidimensional gas chromatographic system [J]. J Chromatogr A, 2006, 1122: 202-208.

[87] Herrero M, Ibáñez E, Cifuentes A, et al. Multidimensional chromatography in food analysis [J]. J Chromatogr A, 2009, 1216 (43): 7110-7129.

[88] Adahchour M, Beens J, Vreuls R J J, et al. Recent developments in comprehensive two-dimensional gas chromatography (GC×GC): III. Applications for petrochemicals and organohalogens [J]. TrAC Trends Anal Chem, 2006, 25 (7): 726-741.

[89] Adahchour M, Beens J, Vreuls R J J, et al. Recent developments in comprehensive two-dimensional gas chromatography (GC×GC): I. Introduction and instrumental set-up. TrAC Trend Anal Chem [J]. TrAC Trends Anal Chem, 2006, 25 (5): 438-454.

[90] Slabizki P, Fischer C, Legrum C, et al. Characterization of atypical off-flavor compounds in natural cork stoppers by multidimensional gas chromatographic techniques [J]. J Agri Food Chem, 2015, 63 (35): 7840-7848.

[91] Bordajandi L R, Korytár P, De Boer J, et al. Enantiomeric separation of chiral polychlorinated biphenyls on β-cyclodextrin capillary columns by means of heart-cut multidimensional gas chromatography and comprehensive two-dimensional gas chromatography. Application to food samples [J]. J Sep Sci, 2005, 28 (2): 163-171.

[92] Pons A, Lavigne V, Eric F, et al. Identification of volatile compounds responsible for prune aroma in

prematurely aged red wines [J]. J Agri Food Chem, 2008, 56: 5285-5290.

[93] Campo E, Cacho J, Ferreira V. Multidimensional chromatographic approach applied to the identification of novel aroma compounds in wine-identification of ethyl cyclohexanoate, ethyl 2-hydroxy-3-methylbutyrate and ethyl 2-hydroxy-4-methylpentanoate [J]. J Chromatogr A, 2006, 1137 (2): 223-230.

[94] Culleré L, Escudero A, Pérez-Trujillo J P, et al. 2-Methyl-3-(methyldithio) furan: A new odorant identified in different monovarietal red wines from the Canary Islands and aromatic profile of these wines [J]. J Food Compos Anal, 2008, 21 (8): 708-715.

[95] Campo E, Cacho J, Ferreira V. Solid phase extraction, multidimensional gas chromatography mass spectrometry determination of four novel aroma powerful ethyl esters. Assessment of their occurrence and importance in wine and other alcoholic beverages [J]. J Chromatogr A, 2007, 1140 (1-2): 180-188.

[96] Cai L, Koziel J A, Dharmadhikari M, et al. Rapid determination of trans-resveratrol in red wine by solid-phase microextraction with on-fiber derivatization and multidimensional gas chromatography-mass spectrometry [J]. J Chromatogr A, 2009, 1216 (2): 281-287.

[97] Wanikawa A, Hosoi K, Kato T, et al. Identification of green note compounds in malt whisky using multidimensional gas chromatography [J]. Flav Fragr J, 2002, 17 (3): 207-211.

[98] Phillips J B, Luu D, Pawliszyn J B, et al. Multiplex gas chromatography by thermal modulation of a fused silica capillary column [J]. Anal Chem, 1985, 57 (14): 2779-2787.

[99] Phillips J B, Luu D, Lee R P. Thermal desorption modulation as a replacement for sample injection in very-small-diameter gas chromatography capillary columns [J]. J Chromatogr Sci, 1986, 24 (9): 396-399.

[100] Adahchour M, Beens J, Vreuls R J J, et al. Comprehensive two-dimensional gas chromatography of complx samples by using a 'reversed-type' column combination: Application to food analysis [J]. J Chromatogr A, 2004, 1054: 47-55.

[101] Kreck M, Scharrer A, Bolke S, et al. Stir bar sorptive extraction (SBSE)-enantio-MDGC-MS-a rapid method for the enantioselective analysis of chiral flavour compounds in strawberries [J]. Eur Food Res Technol, 2001, 213: 389-394.

[102] Zhu S, Lu X, Ji K, et al. Characterization of flavor compounds in Chinese liquor Moutai by comprehensive two - dimensional gas chromatography/time - of - flight mass spectrometry [J]. Anal Chim Acta, 2007, 597: 340-348.

[103] Adahchour M, Stee L L P v, Beens J, et al. Comprehensive two-dimensional gas chromatography with time-of-flight mass spectrometric detection for the trace analysis of flavour compounds in food [J]. J Chromatogr A, 2003, 1019: 157-172.

[104] Chin S-T, Eyres G T, Marriott P J. Identification of potent odourants in wine and brewed coffee using gas chromatography-olfactometry and comprehensive two-dimensional gas chromatography [J]. J Chromatogr A, 2011, 1218 (42): 7487-7498.

[105] Rocha S M, Coelho E, Zrostlikova J, et al. Comprehensive two-dimensional gas chromatography with time-of-flight mass spectrometry of monoterpenoids as a powerful tool for grape origin traceability [J]. J Chromatogr A, 2007, 1161: 292-299.

[106] Perestrelo R, Barros A S, Câmara J S, et al. In-depth search focused on furans, lactones, volatile phenols, and acetals as potential age markers of Madeira wines by comprehensive two-dimensional gas chromatography with time - of - flight mass spectrometry combined with solid phase microextraction [J]. J Agri Food Chem, 2011, 59 (7): 3186-3204.

[107] Ryan D, Watkins P, Smith J, et al. Analysis of methoxypyrazines in wine using headspace solid phase microextraction with isotope dilution and comprehensive two-dimensional gas chromatography [J]. J Sep

Sci, 2005, 28 (9-10): 1075-1082.

[108] Weldegergis B T, Villiers A d, McNeish C, et al. Characterisation of volatile components of Pinotage wines using comprehensive two-dimensional gas chromatography coupled to time-of-flight mass spectrometry (GC×GC-TOFMS) [J]. Food Chem, 2011, 129 (1): 188-199.

[109] Weldegergis B T, Crouch A M, Górecki T, et al. Solid phase extraction in combination with comprehensive two-dimensional gas chromatography coupled to time-of-flight mass spectrometry for the detailed investigation of volatiles in South African red wines [J]. Anal Chim Acta, 2011, 701 (1): 98-111.

[110] Adahchour M, Beens J, Brinkman U A T. Recent developments in the application of comprehensive two-dimensional gas chromatography [J]. J Chromatogr A, 2008, 1186: 67-108.

[111] Souza P P d, Cardeal Z d L, Augusti R, et al. Determination of volatile compounds in Brazilian distilled cachaça by using comprehensive two-dimensional gas chromatography and effects of production pathways [J]. J Chromatogr A, 2009, 1216: 2881-2890.

[112] Welke J E, Manfroi V, Zanus M, et al. Characterization of the volatile profile of Brazilian Merlot wines through comprehensive two dimensional gas chromatography time-of-flight mass spectrometric detection [J]. J Chromatogr A, 2012, 1226: 124-139.

[113] Robinson A L, Boss P K, Heymann H, et al. Development of a sensitive non-targeted method for characterizing the wine volatile profile using headspace solid-phase microextraction comprehensive two-dimensional gas chromatography time-of-flight mass spectrometry [J]. J Chromatogr A, 2011, 1218 (3): 504-517.

[114] Perestrelo R, Petronilho S, Câmara J S, et al. Comprehensive two-dimensional gas chromatography with time-of-flight mass spectrometry combined with solid phase microextraction as a powerful tool for quantification of ethyl carbamate in fortified wines. The case study of Madeira wine [J]. J Chromatogr A, 2010, 1217: 3441-3445.

[115] Mohn T, Plitzko I, Hamburger M. A comprehensive metabolite profiling of Isatis tinctoria leaf extracts [J]. Phytochemistry, 2009, 70 (7): 924-934.

[116] Mosandl A, Fischer K, Hener U, et al. Stereoisomeric flavor compounds. 48. Chirospecific analysis of natural flavors and essential oils using multidimensional gas chromatography [J]. J Agri Food Chem, 1991, 39: 1131-1134.

[117] Wanikawa A, Hosoi K, Shoji H, et al. Estimation of the distribution of enantiomers of γ-decalactone and γ-dodecalactone in malt whisky [J]. J Inst Brew, 2001, 107 (4): 253-259.

[118] Nishimura O. Enantiomer separation of the characteristic odorants in Japanese fresh rhizomes of *Zingiber officinale* Roscoe (ginger) using multidimensional GC system and confirmation of the odour character of each enantiomer by GC-olfactometry [J]. Flav Fragr J, 2001, 16: 13-18.

[119] Tabanca N, Kirimer N, Demirci B, et al. Composition and antimicrobial activity of the essential oils of *Micromeria cristata* subsp. *phrygia* and the enantiomeric distribution of borneol [J]. J Agric Food Chem, 2001, 49 (9): 4300-4303.

[120] Darriet P, Lamy S, Guerche S L, et al. Stereodifferentiation of geosmin in wine [J]. Eur Food Res Technol, 2001, 213 (2): 122-125.

9 风味化合物鉴定之液相色谱技术

酒类中一些非挥发性物质如糖类和有机酸等在整个香气感觉上也扮演着重要角色。同时，一些极性化合物如香兰素、呋喃扭尔和麦芽酚不能被非极性溶剂萃取出来，而仍旧留在极性相。这就使得很难用气相色谱（GC）方法来测定样品中这些痕量极性化合物。为了鉴定和定量非挥发性的和极性的化合物，液相色谱（LC）和液相色谱-质谱（LC-MS）已经被用于这类化合物检测。

9.1 液相色谱分离原理

LC 保留值、塔板数、塔板高度、分离度、选择性等与 GC 一致，塔板理论与速率方程也与 GC 基本一致。

高效液相色谱（HPLC）法按分离机制的不同分为液固吸附色谱法、液液分配色谱法（正相与反相）、离子交换色谱法、离子对色谱法及分子排阻色谱法。

液液分配色谱法按固定相和流动相的极性不同可分为正相色谱法（normal phase chromatography，NPC）和反相色谱法（reverse phase chromatography，RPC）。

9.2 高效液相色谱仪组成

以液体为流动相，采用高压输液泵、高效固定相和高灵敏度检测器等装置的液体色谱仪称为高效液相色谱仪。HPLC 是在经典色谱法基础上，引用了 GC 理论；在技术上，流动相改为高压输送；色谱柱是以特殊方法用小粒径填料填充而成，从而使柱效大大高于经典液相色谱（塔板数可达每米几万或几十万个）；同时柱后连有高灵敏度的检测器，可对流出物进行连续检测。

现代液相色谱仪的种类很多，根据其功能不同，可分为分析型、制备型和专用型。无论高效液相色谱仪在复杂程度以及各种部件的功能上有多大的区别，就其基本原理而言是相同的，一般由 5 部分组成，分别是输液系统、进样系统、分离系统、检测系统以及数据处理系统。

常见的 LC 是指 HPLC，目前已经逐渐被超高压液相色谱（ultra-high pressure liquid chromatography，UPLC）取代。

9.2.1 输液系统

HPLC 高压输液系统包括储液装置、高压输液泵、辅助设备、梯度洗脱装置等。储液装置一般为不锈钢、玻璃或聚四氟乙烯材料制作的容积为 0.5~2L 的容器，用于供给足够数量的符合要求的流动相。储液装置中的溶剂在使用前必须经过脱气处理，以除去其中溶解的氧气等气体，防止在洗脱过程中当流动相经由色谱柱进入检测器时，因压力降低而产生气泡，增加检测器基线噪声，降低检测灵敏度。高压输液泵是利用高压泵进行输送流动相的装置，为液相色谱仪的重要部件。液相色谱仪中高压输液系统中的辅助设备是为保证进入色谱柱的流动相稳定、无脉冲、流量准确而配备的，主要有管道过滤器和脉动阻尼器。梯度洗脱装置是在液相色谱分析过程中按照一定程序连续改变流动相中含有的两种或者两种以上的不同极性溶剂的浓度配比，进而实现改变分析样品的保留时间，以使色谱柱系统具有最好的选择性和最大的峰容量。

9.2.2 进样系统

进样系统是将样品引入色谱柱的装置，主要包括取样、进样两个部分。取样、进样分为手动和自动两种方式。手动进样系统又可以分为注射器进样与阀进样，注射器进样是用体积为 1~10mL 的微量进样器将样品注入撞门设计的与色谱柱相连的进样头中，这种进样方式可以获得比其他任何一种进样方式都要高的柱效，而且价格低廉、操作方便，但是操作压力不能过高。阀进样是直接用于高压进样的装置，进样过程不需要停止流动相，该进样方式重现性好、耐高压，主要分为定体积和不定体积两种。自动进样器是在程序控制器或电脑软件控制下，可以自动进行取样、进样、清洗等一系列操作的装置。自动进样器进样量可以连续调节，进样重复性好，适合在大量样品分析时使用。

9.2.3 分离系统

色谱柱是液相色谱仪中最重要的部件，主要由柱管及固定相填料组成。色谱柱柱管多用不锈钢制成，管内壁要求具有高的光洁度。色谱柱按照规格不同可以分为分析型与制备型两类，分析型色谱柱又可以分为常量分析柱、半微量分析柱、毛细管柱等，制备型色谱柱一般内径 20~40mm，柱长 10~30cm。为了更好地保护、延长色谱柱寿命，通常在分析色谱柱前面连接一根固定相与分析色谱柱系统相同的短色谱柱，该色谱柱称为保护柱。另外，色谱分析过程中，温度对样品的分离有很大影响，因此，为了保证样品分离的重复性，色谱柱需要进行恒温处理。常用的恒温装置有水浴式、电加热式和恒温箱式。

液相色谱的色谱柱一般用直形优质不锈钢管装填特定的固定相填料而制成。标准分析柱柱管内径一般为 2~5mm，150mm、200mm 或 250mm 三种规格长度较常用；填料粒度 5~10μm。半制备柱或制备柱的内径>5mm，其填料粒径一般≥10μm，长度一般为 150~250mm。窄径柱的内径一般为 2mm 左右，长度为 50~150mm，填料粒径为 3μm 左右。微柱 HPLC 通常分为三类：（1）微径 HPLC，柱内径 0.5~1.0mm；（2）毛细管 HPLC，柱内径 100~500μm；（3）纳升级 HPLC，柱内径 10~100μm。微柱的填料粒径一般为 1~2μm，柱长常为 5~15cm。

固定相填料通常分为正相色谱固定相（液固吸附色谱固定相和化学键合正相色谱固定相）、反相色谱固定相（均为化学键合相）和其他固定相。其他固定相主要包括凝胶色谱、离子交换色谱、手性拆分、亲和色谱等。

正相色谱常用的固定相通常是硅胶，即硅胶柱，典型的流动相是正己烷；反相色谱常用的色谱柱有 C_{18} 柱（或称 ODS 非极性键合相柱）、C_8 柱，代表性的流动相是甲醇和乙腈。

9.2.4 检测系统

高效液相色谱仪中的检测器与气相色谱仪中所用的检测器一样，主要用于检测色谱分离过程中各组分的浓度变化，要求具有灵敏度高、噪声低、线性范围宽、重复性好、分析化合物种类多等特点。目前，应用较多的 LC 常用的检测器是示差折光检测器［differential refraction detector，也称折光指数检测器（defractive index detector），RID］、紫外检测器（UV detector，UVD）或紫外可见光检测器（UV/Vis detector）[1]、荧光检测器（fluorescence detector，FLD）[2]、蒸发光散射检测器（evaporative light scattering detector，ELSD）、光电二极管阵列器（photodiode array detection，DAD 或 PAD）[3]、傅立叶变换近红外光谱检测器（Fourier transform near-infrared spectroscopy，NIR）[4]，以及质谱检测器（MS）等。

液相色谱可以用来检测葡萄酒白藜芦醇[5-7]、饮料酒糠醛类化合物[1, 8]、氨基甲酸乙酯[2, 9-10]，同时检测氨基甲酸乙酯和尿素[11]、邻苯二甲酸酯类[12]、生物胺[13]、白酒挥发性酚类[14]、不挥发性酚类化合物[15]、氨基酸[4, 16]、有机酸如酚酸类[8]以及葡萄酒不挥发性有机酸和酚类化合物[17]、挥发性化合物如（*E*）-2-壬烯醛[18]等。

9.2.4.1 示差折光检测器

示差折光检测器（RID）也称为光折射检测器、折光指数检测器，是基于连续测定色谱柱流出物光折射率的变化而实现测定样品浓度，原则上，凡是与流动相光折射系数有差别的样品都可以测定，因此 RID 属于通用性检测器。但是，由于 RID 对于流动相组成的任何变化都有明显的响应，不能用于梯度洗脱。另外，RID 灵敏度低，不适合痕量组分分析。

RID 主要用于糖类化合物检测，因糖类没有紫外吸收；它的通用性比紫外可见光检测器广，但灵敏度低（低两个数量级）。

9.2.4.2 紫外检测器

紫外检测器（UVD）是液相色谱分析中应用最早而且最广泛的检测器之一，主要用于对紫外线有吸收组分的检测。其特点是，使用面广（如蛋白质、核酸、氨基酸、核苷酸、多肽、激素等均可使用）、灵敏度高（检测下限为 0~10g/mL）、线性范围宽、对温度和流速变化不敏感、可检测梯度溶液洗脱的样品。

紫外可见光（UV/Vis）检测器通常用于检测带有紫外吸收的化合物，因不同化合物的紫外吸收波长不同，通常需要多波长检测。

9.2.4.3　荧光检测器

荧光检测器（FLD）是利用某些物质在紫外光激发后发射可见光的性质进行检测的一种检测器，主要用于能产生荧光或其衍生物能发生荧光物质的检测。该类型检测器灵敏度高，比紫外吸收检测器高100倍，是常用的检测器之一。这一检测器只适用于具有荧光的有机化合物（如多环芳烃、氨基酸、胺类、维生素和某些蛋白质等）的测定，其灵敏度很高（检测下限为10^{-14}～10^{-12}g/mL），痕量分析和梯度洗脱样品的检测均可采用。

9.2.4.4　蒸发光散射检测器

蒸发光散射检测器（ELSD）是一种通用型检测器，ELSD的响应不依赖于样品的光学特性，任何挥发性低于流动相的样品均能被检测到，不受其官能团的影响。但由于对紫外吸收组分检测灵敏度低，主要用于糖类、高分子化合物、高级脂肪酸、磷脂、维生素、氨基酸、甘油三酯、固醇类等化合物的检测。

9.2.5　数据处理系统

HPLC的工作流程是高压输液泵将流动相以稳定的流速（或压力）输送到分析体系，在色谱柱之前通过进样器将样品导入，流动相将样品带入色谱柱，在色谱柱中各组分因在固定相中的分配系数和吸附力大小的不同而被分离，并以此随流动相流到检测器，检测到的信号送至数据系统记录、处理或保存。

9.2.6　HPLC用于橡木呈口感化合物分离

500g橡木片（oak wood chips）使用3×1.5L酒精-水溶液（62.5%）2℃搅拌浸泡12h，减压去除酒精，萃取物冻干，命名为EOW（橡木乙醇萃取物，ethanolic oak wood，15g）。EOW在-2℃贮存待用[19]。

200mg EOW溶解于2mL水中，膜过滤。进样200μL，流出物分成22个组分，共运行20次。合并运行20次各个组分，真空蒸发去除溶剂，冻干。22个组分分别溶于10mL水中，并调pH至4.5，逐步稀释品尝。

9.2.7　HPLC用于植物源口感化合物分离

某植物分离时，获得组分III，因其成分复杂，经再分离，获得组分III-B，品尝发现组分III-B具有口感特征。但组分III-B成分仍然复杂，故需要进一步分离[20]。

将50mg组分III-B溶解于2mL乙腈-水溶液中（10∶90，体积比），膜过滤，进行LC分离，色谱柱C_{18}柱［250mm×2.1mm（内径），5μm］，流速18mL/min。溶剂A为0.1%（体积分数）的甲酸水溶液，溶剂B为0.1%（体积分数）的甲酸-乙腈溶液。梯度洗脱，0min，0% B；5min，0% B；10min，10% B；27 min，10% B；40min，100% B；50min，100%B；55min，0%B；68 min，0%B。洗脱液共19个组分，即从组分Ⅲ-B-1到组分Ⅲ-B-19。每个组分中加入10mL水，真空去除溶剂。每个组分再经C_{18} SPE小柱分离（6mL样品，1g）。小柱先用3×10mL的甲醇洗涤，再用3×10mL水洗涤。上样后，先用6mL水洗脱，再用10mL甲醇洗脱以获得目标产物，分别在38℃真空去除溶剂，并冻干。最后感官检验发现，组分Ⅲ-B-12和组分Ⅲ-B-14感官特征明显。

这两个组分再进一步使用RP-HPLC进行分离。使用ODS C_{18}柱，溶剂A为1%（体积分数）甲酸-水溶液，溶剂B为1%（体积分数）的甲酸-乙腈溶液。流速3mL/min，梯度洗脱，0min，0% B；5min，0% B；10min，10% B；15min，10% B；25min，100%B；30min，100%B；35min，0%B；40min，0%B。分别收集组分。再经SPE小柱去除缓冲液，以获得口感特征类组分。

9.2.8 HPLC用于橡木口感类化合物多次分离

在橡木组分分离后，发现组分Ⅴ～Ⅷ具有口感特征。将这些组分分别溶解，并冻干后，再溶解于20mL 0.3%（体积分数）甲酸-水溶液中，膜过滤。2mL样品进样，再行HPLC分离组分。色谱柱ODS反相C_{18}柱。272 nm监测流出物。色谱流动相是0.3%（体积分数）甲酸-水溶液和乙腈，柱流速18.0mL/min。0～5min使用0.3%（体积分数）甲酸水溶液；5～15min，将乙腈比例增加到5%；15～30min，乙腈比例增加到15%；30～43min，乙腈比例增加到60%。分别收集这些流出物，分别真空去除溶剂，冻干，品尝[19]。

9.2.9 UPLC测定白酒乳酸

使用超纯水将样品酒精度稀释至15%vol左右，取1mL过0.22μm滤膜，备用。

用15%酒精-水溶液配制成初始浓度10g/L的乳酸标准储备液，并进行梯度稀释（5000、2500、1250、625.0、312.5、156.3、78.12、36.06mg/L），各梯度标准溶液前处理方法与样品一致。

UPLC色谱条件：T3色谱柱（100mm×2.1mm，1.8μm，水）；流动相：磷酸二氢钠水溶液（用磷酸调节pH至2.7）；流速：0.25mL/min；波长：210nm；进样量1μL；柱温：40℃[21-22]。结果如图9-1所示。

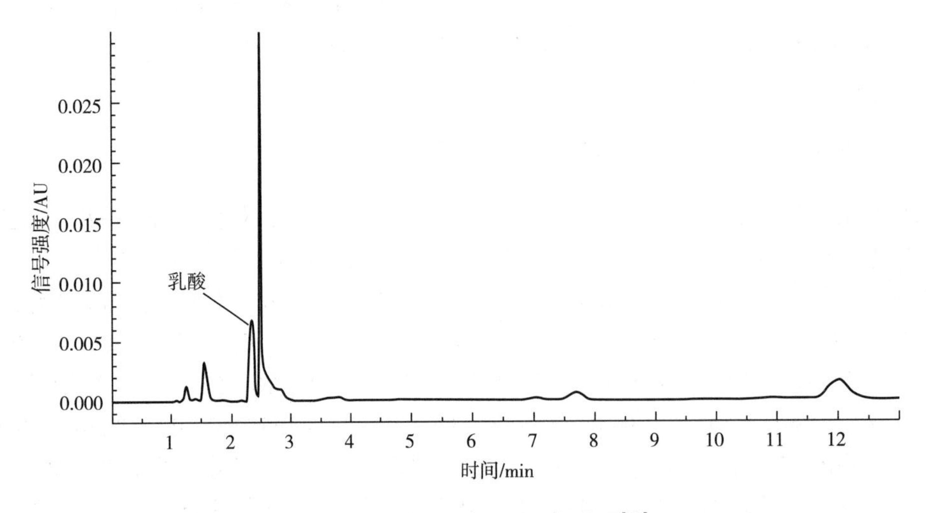

图9-1 原酒中乳酸UPLC色谱图[23]

9.3 快速蛋白质液相色谱

快速蛋白质液相色谱（fast protein liquid chromatography，FPLC）是专门设计用于生物分子分离的专用仪器，是一种非变性的技术（non-denaturing technique），适合于使用高分辨的分析与半制备柱[24]。高性能的 FPLC 包括离子交换、色谱聚集（chromatofocusing）、反相色谱、凝胶过滤色谱和亲和色谱。FPLC 技术已经用于葡萄酒蛋白质的研究[25-27]。

由于葡萄酒蛋白质主要是酸性的，区分它们更主要是靠等电点 pI，而不是分子质量，因而离子交换色谱可能是一个更合适的技术[28]，其分离图谱如图 9-2 所示。从霞多丽白葡萄汁中共获得 8 个主要峰和 7 个次要峰[29]。

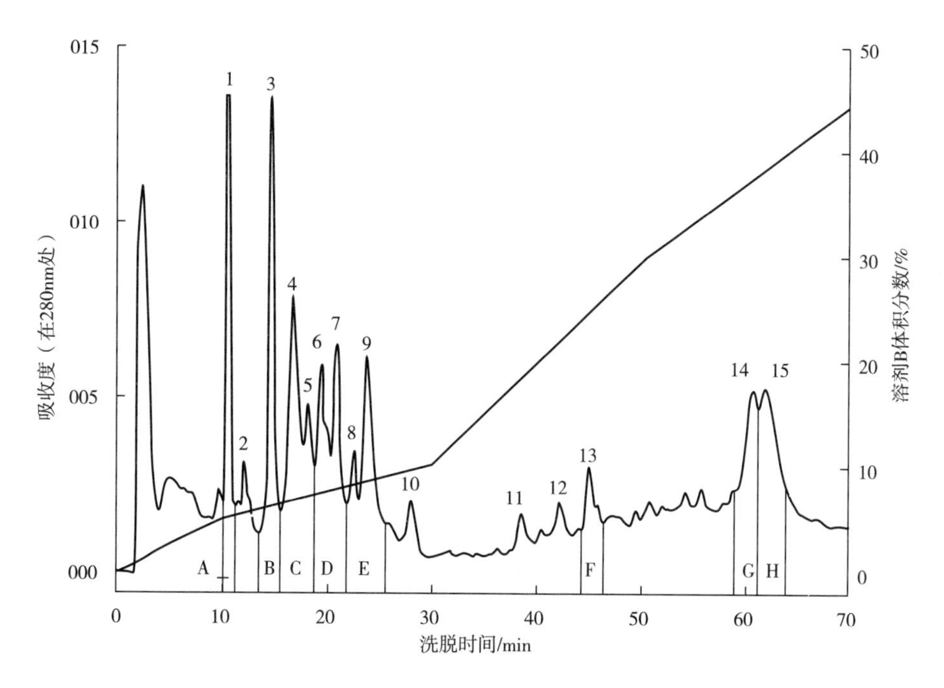

图 9-2 应用离子交换 FPLC 分离霞多丽白葡萄汁可溶性蛋白质[29]

注：A~H：液相色谱收集段。

9.4 液相色谱-质谱

液相色谱-质谱仪（LC-MS）主要由高效液相色谱仪、接口装置和质谱仪组成。此仪器中 HPLC 与一般的 HPLC 相同，其作用是分离混合物。接口装置是电离装置，主要作用是去除溶剂，并使样品离子化。

LC 与 MS 接口离子化技术早期使用 EI 电离源接口、传送带式接口（MB）、热喷雾接口（thermal spraying，TSP）、粒子束（PBI）以及改进型热束接口（TB）、动态快原子轰击接口（fast atom bombardment，FAB）、大气电离源接口（API），还包括电喷雾离子化（electrospray ionisation，ESI）及大气压电离源（atmospheric pressure chemical ionization，APCI）、基体辅助激光解吸离子化（matrix - assisted laser desorption ionisation，MALDI）等。

MB 是在 LC 柱后增加了一个移动速度可调整的流出物传送带，柱后流出物滴落在传送带上，经红外线加热除去大部分溶剂后进入真空室，传送带的调整依据流动相的组成进行，流量大含水多时，带的移动速度要相应慢一些。在真空中溶剂被进一步脱出，同时出现分析物分子挥发。离子化是以电子轰击电离（EI）或化学电离（CI）进行，有的仪器也曾使用快速原子轰击离子源。

TSP 是一个能够与液相色谱在线联机使用的 LC-TSP-MS“软”离子化接口。该接口的工作原理是：喷雾探针取代了直接进样杆的位置，流动相流经喷雾探针时会被加热到低于流动相完全蒸发点 5~10℃的温度，由于受热体积膨胀，将在探针处喷出许多由微小液滴、粒子以及蒸汽组成的雾状混合物。按照离子蒸发理论及气相分子离子反应理论的解释，被分析物分子在此条件下可以生成一定量的离子进入质谱系统以供检测。

PBI 接口是一种应用比较广泛的 LC - MS 接口，又称动量分离器（momentum separator）。PBI 接口研制成功后，很快由仪器厂商开发成为商品仪器并在很大程度上取代了 MB 技术。在 PBI 操作中，流动相及被分析物被喷雾成气溶胶，脱去溶剂后在动量分离器内产生动量分离，而后经一根加热的转移管进入质谱。

用加速的中性原子（快原子）撞击以甘油（底物）调和后涂在金属表面的有机化合物（靶面）而导致这些有机化合物电离的方法称为 FAB。FAB 是在最初用于无机化合物表面分析的快离子轰击（FIB）源的基础上发展起来的，是 20 世纪 80 年代发展的一种新型离子源，也是一种“软”离子化技术。

以电子轰击气压为 100Pa 的中性气体（氩或氦），产生的惰性气体离子经聚焦和加速后撞击靶面而导致分析物的离子化，就是离子轰击作用。在此基础上将氩离子还原为中性原子，再以加速的中性原子轰击靶面即为快原子轰击。分析物经中性原子的撞击获取足够的动能后可以离子或中性分子的形式由靶逸出，进入气相。产生的离子一般是准分子离子。

ESI 及 APCI 商品接口是一项很实用、高效的软离子化技术，被称为 LC-MS 技术乃至质谱技术的革命性突破。可用于药物及其在体内代谢成分分析检测、有机合成化学中间体分析鉴定、大分子多肽化合物相对分子质量检测、氨基酸测序及结构研究以及分子生物学等许多重要的研究和生产领域。

MALDI 首创于 1988 年，是在 1975 年首次应用的激光解吸电离接口技术上发展起来的，目前已经得到了广泛的接受和应用。目前开发出的 MALDI 接口仪可以测定高达上百万的相对分子质量，其精度可达 0.2%，所需样品一般为 50pmol~100fmol。其灵敏度可与反相 HPLC（UV 检测器）相比，甚至还要高于 HPLC。

MALDI 以激光照射靶面的方式提供离子化能量，样品底物中加入某些小分子有机酸，如肉桂酸、芥子酸等作为质子供体。一般 MALDI 的操作是将液体样品加入进样杆中，经加热抽气使之形成结晶。将进样杆推入接口，在激光的照射和数万伏高电压的作用下，肉桂酸可以将质子传递给样品分子使之离子化，经高电场的“抽取”和“排斥”作用直接进入真空。

20 世纪 90 年代初，MALDI 开始与飞行时间质谱连接使用，形成商品化的基质辅助激光解吸电离-飞行时间（MALDI-TOF）质谱仪。MALDI 技术所产生的离子在飞行管中由于所需飞行时间的差异而得到分离。MALDI-TOF 质谱仪具有很高的灵敏度，肽类和蛋白质的多电荷离子化可由 MALDI 产生并由 TOF 采集到多电荷峰，折算而得的相对分子质量测定范围可以高达百万。目前，MALDI-TOF 质谱仪已经成为生物大分子相对分子质量测定的有力工具，在生物和生化研究中发挥着重要的作用，在蛋白质相对分子质量测定、一级结构测定、生物多糖和糖化蛋白质研究等诸多方面有着广泛应用[30]。

常见的液相色谱-质谱仪是 LC-MS、LC-MS-MS，以及 LC-TOF-MS 等。MS 的串联方式有三重四级杆（TQ）、四极杆-离子阱（Q-trap）、四级杆-飞行时间（Q-TOF）和飞行时间-飞行时间（TOF-TOF）。质谱扫描方式有：母离子扫描、子离子扫描和多重反应监控（multiple reaction monitoring，MRM）等。

LC-MS、UPLC-MS、LC-MS-MS 等已经广泛应用于饮料酒成分分析，如游离态以及酯结合态没食子酸[31]、谷胱甘肽[32]、葡萄酒中肽[33]、邻苯二甲酸酯类迁移[34]、葡萄酒中多酚[35]、橡木多酚[15]、葡萄与葡萄酒中结合态风味化合物[36]、白酒中外添加甜味剂[37]、生物胺[38]、真菌毒素检测[39]等。

HPLC 或 UPLC 还可以与 TOF-MS 或四极杆质谱（Q-MS）或 Q-TOF-MS 联用用于不同来源酒原产地鉴别[40]以及非故意添加物（unintentionally added substances）如塑料迁移物 PP（聚丙烯）、EVOH（乙烯-乙烯醇共聚合物）、PET（聚对苯二甲酸乙二醇酯）检测[41]，植物苦味物质[42]、威士忌酒不挥发性化合物[43]、食品多酚[44]、葡萄酒白藜芦醇[6]、白葡萄酒中多肽指纹图谱检测[30]等。

9.4.1 HPLC-Q-TOF-MS 用于葡萄酒鉴别

使用 HPLC-Q-TOF-MS 技术对来源于不同产地（欧洲和美国）、不同品种葡萄［赤霞珠（Cabernet sauvignon）、梅鹿辄（Merlot）和黑皮诺（Pinot noir）］酿造的超市零售葡萄酒进行区分。研究发现，花青素-3-*O*-葡萄糖（cyanidin-3-*O*-glucoside）是分类这些葡萄酒的主要标记物（marker）[40]。

9.4.2 LC-MS-MS 定性与定量葡萄酒中肽

葡萄酒样品如霞多丽葡萄酒先行超滤，去除相对分子质量 1000 以上成分，真空浓缩至原体积 1/20，-2℃保存待用。

分析前，75μL 浓缩葡萄酒样品用 425μL 移动相稀释，移动相组成：2mmol 九氟戊酸（NFPA）水-乙腈溶液（90∶10），含 10mg/L Phe-Arg 内标。进样量 20μL[33]。

LC-ESI-MS-MS 在正离子模式下操作，SRM 模式。色谱柱：Supelcosil ABZ+Plus，150mm×4.6mm（内径），5μm。流速 1mL/min，柱温 3℃。图谱见图 9-3。

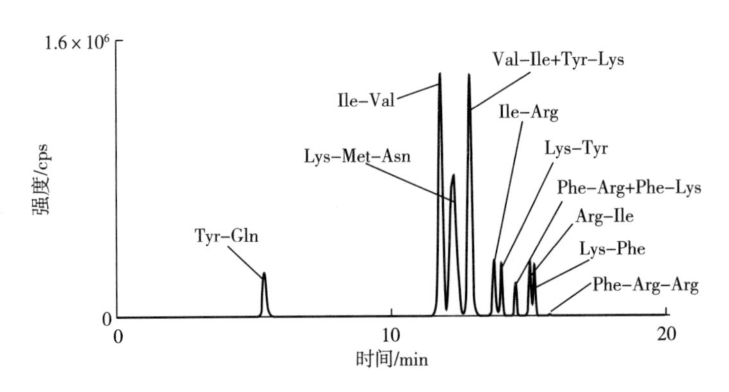

图 9-3　10 个低分子质量肽的 LC-ESI-MS-MS 图[33]

9.5　多维 LC-MS 技术

多种方法已经用于 LC 化合物分离，包括二维和多维 LC，方式有离线和在线二种。多维 LC（multidimensional LC，MDLC）技术可以分为三类：离线 MDLC、在线 MDLC 和全二维 LC，即 LC×LC。

离线 MDLC：该方法是最早开发的 MDLC 方法，获得了非常广泛的应用。从一维 LC 分离出的感兴趣组分手动收集，浓缩或旋转蒸发（假如必要的话），再进入二维 LC 分离。但该方法缺点十分明显，操作繁琐，费时；且从一维转移到二维时，感兴趣的组分可能会降解或损失；还可能会形成人工产物。通常情况下，食品中感兴趣的化合物是不稳定（unstable）的或易变化的（labile），会受到如光或氧等多因素影响。与其他所有的手动技术类似，再现性（reproducibility）比较差[45]。食品（主要是脂肪和食用油）分析中一个重要的应用是 PAHs（多环芳烃）的检测[46]。典型的是一维用硅胶柱从脂肪样品中分离出 PAHs 组分，进样量 0. 5mL；蒸发掉溶剂，再用反相色谱分离每一个单个的 PAH。还可以用于乳制品中蛋白质和多肽的检测[47-48]，如大豆球蛋白鉴定（图 9-4）[49]。该技术还可以与 ICP-MS 和 ESI-MS 联用[45]。

在线 MDLC：可以看作是离线 MDLC 的升级版，特殊接口（interface）用来连接两个不同性能的色谱柱。这样的系统能将一维色谱柱中感兴趣的组分自动转移到二维色谱柱中。最常见的接口是电控制的转换阀（switching values）。其缺点是：与离线 MDLC 类似，也是将感兴趣的某些组分进入二维色谱柱；再现性差；化合物可能会降解[45]。另外，因二个色谱柱分离机理不同，考虑到溶剂的不兼容性（incompatibility）和不混溶性（immiscibility），这一过程的实现确实不易，因此，常用的技术是中心切割 LC-MS（heart cutting LC-MS）[50]。这一技术也已经在食品分析中得到应用[51-52]。

全二维 LC 即 LC×LC 或 2D-LC，首次出现于 1978 年[53]，是将整个样品进入两个独立的分离系统中进行分离、分析的技术，其组成见图 9-5。在此系统中，接口［通常称为调制器（modulator）］用于联结两个维的色谱柱，自动地、连续地收集一维流出的组

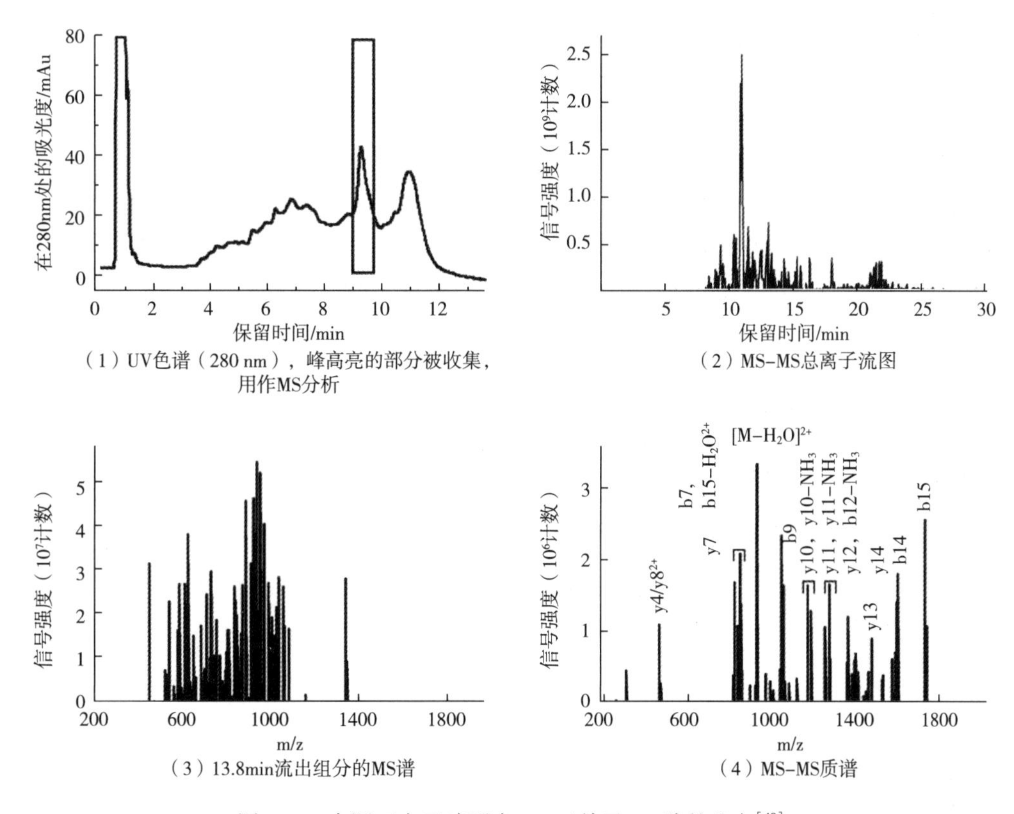

（1）UV色谱（280 nm），峰高亮的部分被收集，用作MS分析　（2）MS-MS总离子流图

（3）13.8min流出组分的MS谱　（4）MS-MS质谱

图 9-4　来源于大豆球蛋白 G4 亚单元 A4 肽的鉴定[49]

分，并依次进入二维色谱柱进行分离。接口通常是转换阀（switching valves），能连接多种 LC 的分离模式，如 SEC（体积排阻色谱）、正相色谱、反相色谱等[45]。

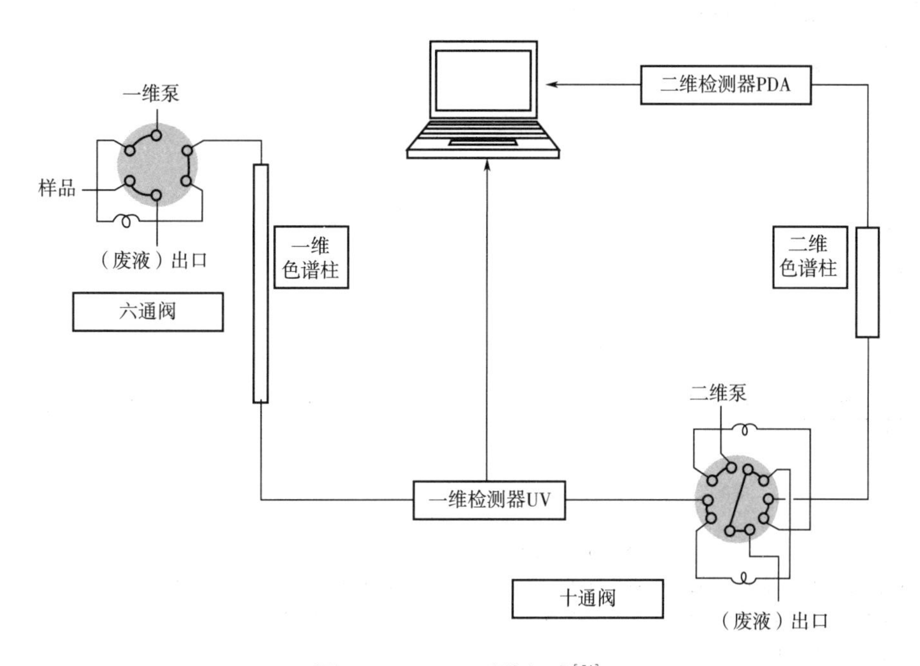

图 9-5　2D-LC 系统组成[54]

图 9-6 是全二维 LC 分离酚类抗氧化性化合物一个实例[55]。图（1）是一维色谱结果，（2）（3）（4）（5）（6）为二维色谱结果。图（1）色谱柱是 Discovery HS PEG，5cm 长，移动相：10mmol/L 乙酸铵（pH 3）-乙腈（99∶1），0.4mL/min，4℃，检测器 DAD，280nm。二维色谱柱是 Purospher STAR RP-18e，移动相 10mmol/L 乙酸铵（pH 3）-乙腈（99∶1），梯度在 10min 内乙腈从 1%到 15%，15%乙腈等梯度洗脱 6 min，在 1min 内乙腈从 15%再到 1%，用 1%乙腈平衡 2min，0.4mL/min，4℃，检测器 DAD，280nm。从图 9-6 可以看出，这些抗氧化物得到了良好分离。

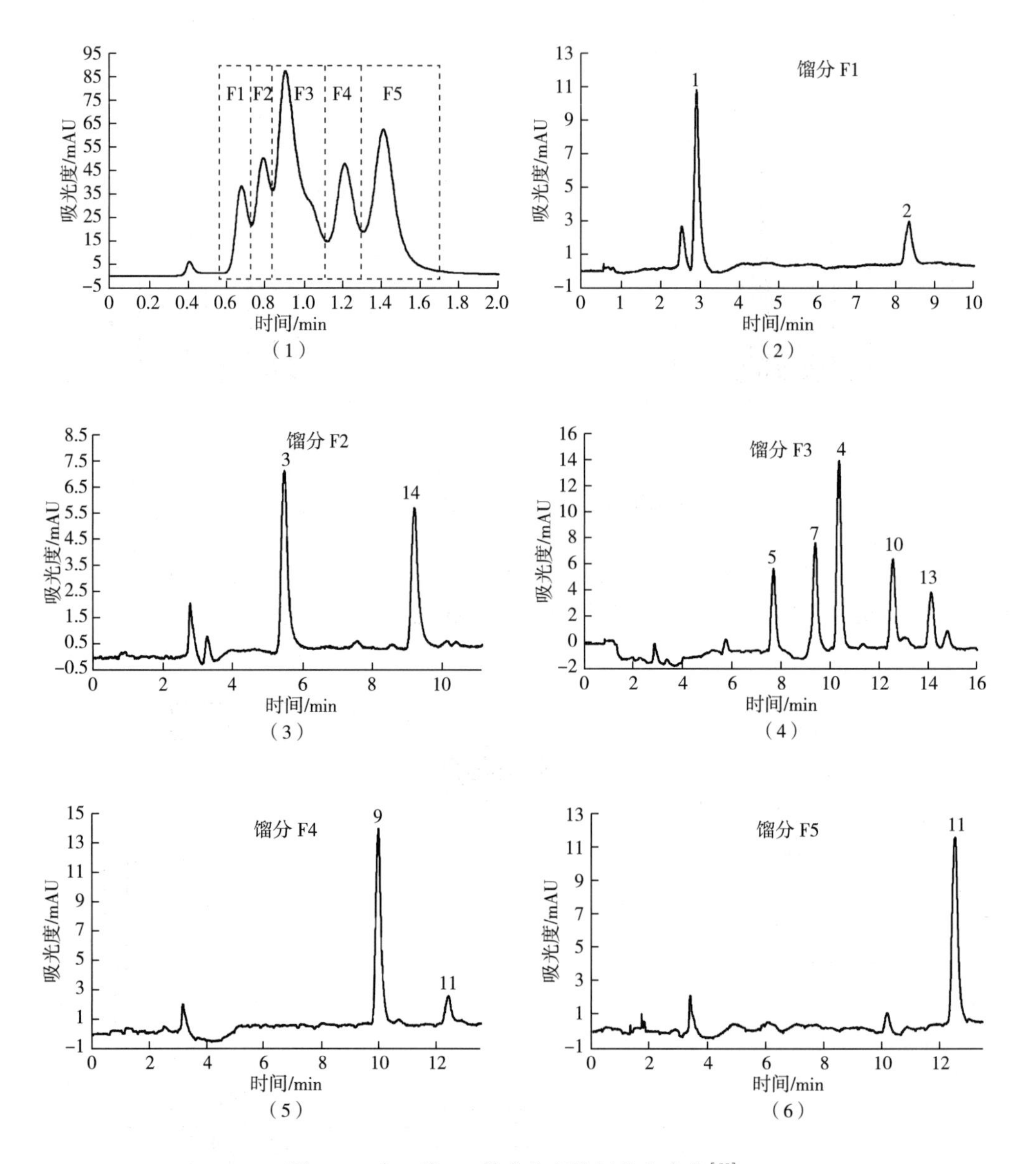

图 9-6　全二维 LC 技术分离抗氧化化合物[55]

1—没食子酸；2—4-羟基苯乙酸；3—原儿茶酸；4—丁香酸；5—4-羟基苯甲酸；6—水杨酸；7—香草酸；8—4-羟基香豆素；9—咖啡酸；10—阿魏酸；11—*p*-香豆酸；12—香兰素；13—芥子酸；14—绿原酸；15—七叶苷；16—(-)-表儿茶酚；17—柚皮苷。

全二维 LC 技术用于样品分析虽然具有巨大优势，但仍然存在一些问题，如溶剂不混溶性问题（二个色谱柱之间没有真空蒸发）；溶剂不兼容性问题（一维与二维溶剂）；二维检测时间问题（在后续组分进样前二维的分离与检测必须完成）；转移速率问题（转移速率必须足够快，以避免一维组分的损失）。最基本的需求是在一维分离的两个成分在二维还必须保持分离。因此，方法优化十分重要[56]。

二维 LC-MS 技术即 LC×LC-MS 技术现在已经应用于食品与饮料酒成分研究中[45, 57]，如啤酒与啤酒花浸出物多酚[55, 58-59]、葡萄酒多酚[58-60]、果汁多酚[60]、橙子精油中类胡萝卜素[61]、柠檬精油中香豆素[54]。检测葡萄酒以及果汁中抗氧化酚类化合物时[60]，可以同时检测没食子酸、原儿茶酸（protocatechuic acid）、龙胆酸（gentisic acid）、儿茶素（catechin）、香兰酸、咖啡酸、丁香酸、表儿茶素、p-香豆酸、阿魏酸、富马酸、芥子酸、芸香苷（即芦丁，rutin）、异槲皮苷（isoquercitrin）、杨梅素（myricetin）、槲皮素（quercetin）、山奈黄酮醇（kaempferol）等。

图 9-7 给出了橙子中类胡萝卜素（游离的和酯化的）二维 LC，即 NP-HPLC 和 RP-HPLC 的质谱图以及检测到的成分[61]。

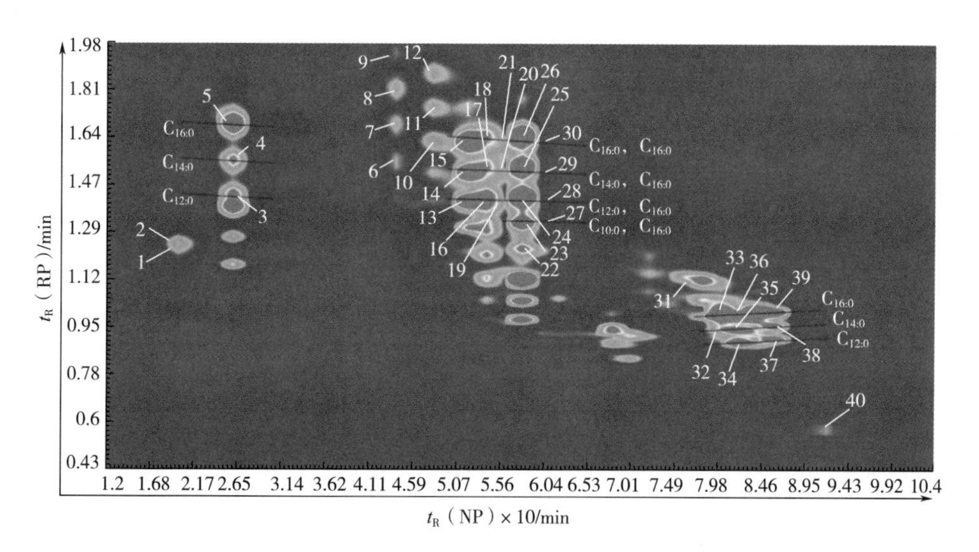

图 9-7　橙子类胡萝卜素（游离的与酯化的）二维 LC 质谱图[61]

1—ξ-胡萝卜素（ξ-carotene）；2—六氢番茄红素（phytofluene）；3—β-玉米黄质月桂酸酯（β-cryptoxanthin laurate，$C_{12:0}$）；4—β-玉米黄质肉桂酸酯（β-cryptoxanthin myristate，$C_{14:0}$）；5—β-玉米黄质棕榈酸酯（β-cryptoxanthin palmitate，$C_{16:0}$）；6—叶黄质月桂酸酯（lutein laureate，$C_{12:0}$）；7—叶黄质肉桂酸酯（lutein myristate，$C_{14:0}$）；8—叶黄质棕榈酸酯（lutein palmitate，$C_{16:0}$）；9—叶黄质硬脂酸酯（lutein stearate，$C_{18:0}$）；31—花黄素棕榈酸酯 b [antheraxanthin（b）palmitate，$C_{16:0}$]；32—黄体黄质肉桂酸酯 b [luteoxanthin（b）myristate，$C_{14:0}$]；33—黄体黄质棕榈酸酯 b [luteoxanthin（b）palmitate，$C_{16:0}$]；34—黄体黄质月桂酸酯 a [luteoxanthin（a）laureate，$C_{12:0}$]；35—黄体黄质肉桂酸酯 a [luteoxanthin（a）myristate，$C_{14:0}$]；36—黄体黄质棕榈酸酯 a [luteoxanthin（a）palmitate，$C_{16:0}$]；37—紫黄质月桂酸酯（violaxanthin laureate，$C_{12:0}$）；38—紫黄质肉桂酸酯（violaxanthin myristate，$C_{14:0}$）；39—叶黄质（lutein）。其他化合物见参考文献[61]。

9.6 液相色谱-气相色谱二维技术

液相色谱-气相色谱二维技术（LC×GC）出现于1980年[62]，而自动运行系统直到1987年才出现[63]。其工作模式也有离线与在线之分，即离线LC×GC和在线LC×GC两种[45]。

与TDGC类似，其也有两种技术，一种是中心切割LC×GC技术，一种是多维LC×GC技术。

中心切割LC×GC是从LC到GC最简单的也是最经典的多维技术。原理是从LC系统用小瓶收集需要组分，然后将它进样到GC中。通常组分收集器是由HPLC系统完成，在样品进入GC前，需从组分中去除缓冲液或其他不溶解成分。最为有效的办法是组分收集器、样品预处理和GC进样集成作为一个调制器，将它安装于一维LC柱和二维GC色谱柱之间。

1987年开发了一个在线LC×GC技术[63]，使用一个转换阀（switching valve）和一个在柱或PTV气相色谱进样口作为二个系统的接口（interface），其典型装置如图9-8所示。该技术主要解决了LC流出物进入GC前的样品蒸发问题[45]。正相色谱移动相溶剂通常与GC可以兼容（compatible），主要是这些溶剂易挥发；而反相色谱移动相溶剂因其大部分是水相的，因而难以挥发，需要特殊的技术。另外，LC组分通常是几百微升，而GC进样量通常是几微升，因此需要特殊设计的接口以强制进入GC。

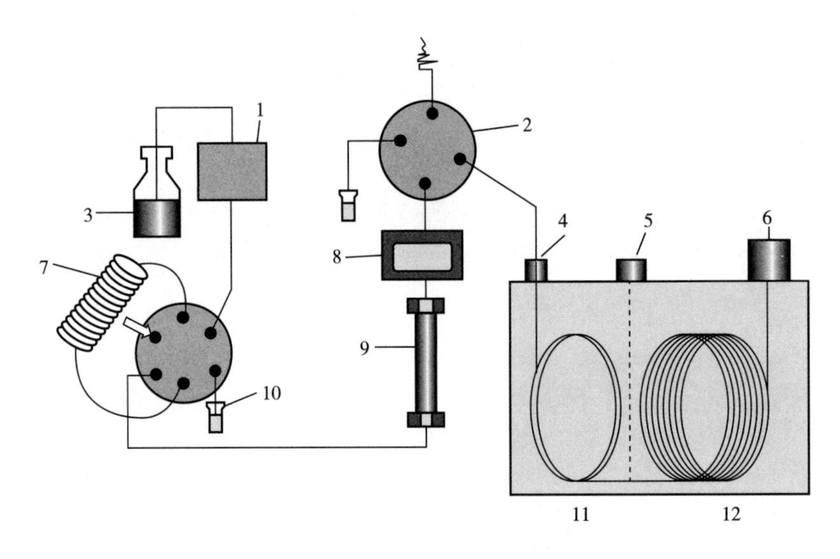

图9-8 LC×GC装置示意图[64]

1—泵；2—转换阀；3—洗脱液；4—接口；5—SVE；6—检测器；7—样品环；8—UV检测器；9—LC柱；10—进样阀；11—预柱；12—分析柱。

多维LC×GC技术中最简单的是收集LC所有组分，然后进入GC进行分析，但这十分费时。使用PTV进样口作为调制器可以实现在线LC×GC技术。HPLC流出物经过传统的UV检测器，然后通过大体积（最高达500μL）双侧臂进样针（dual side-arm syringe）进样。PTV 大体积进样去除溶剂，将样品进入 GC 毛细管柱（二维柱）[65]。由于 GC 运行需要几分钟时间，此时，HPLC 停止流动相流动。精确地控制时间十分重要。图 9-9 是未精炼亚麻籽矿物油中烃类 LC-SE-LC-UV 和 GC-FID 的检测结果图[66]。

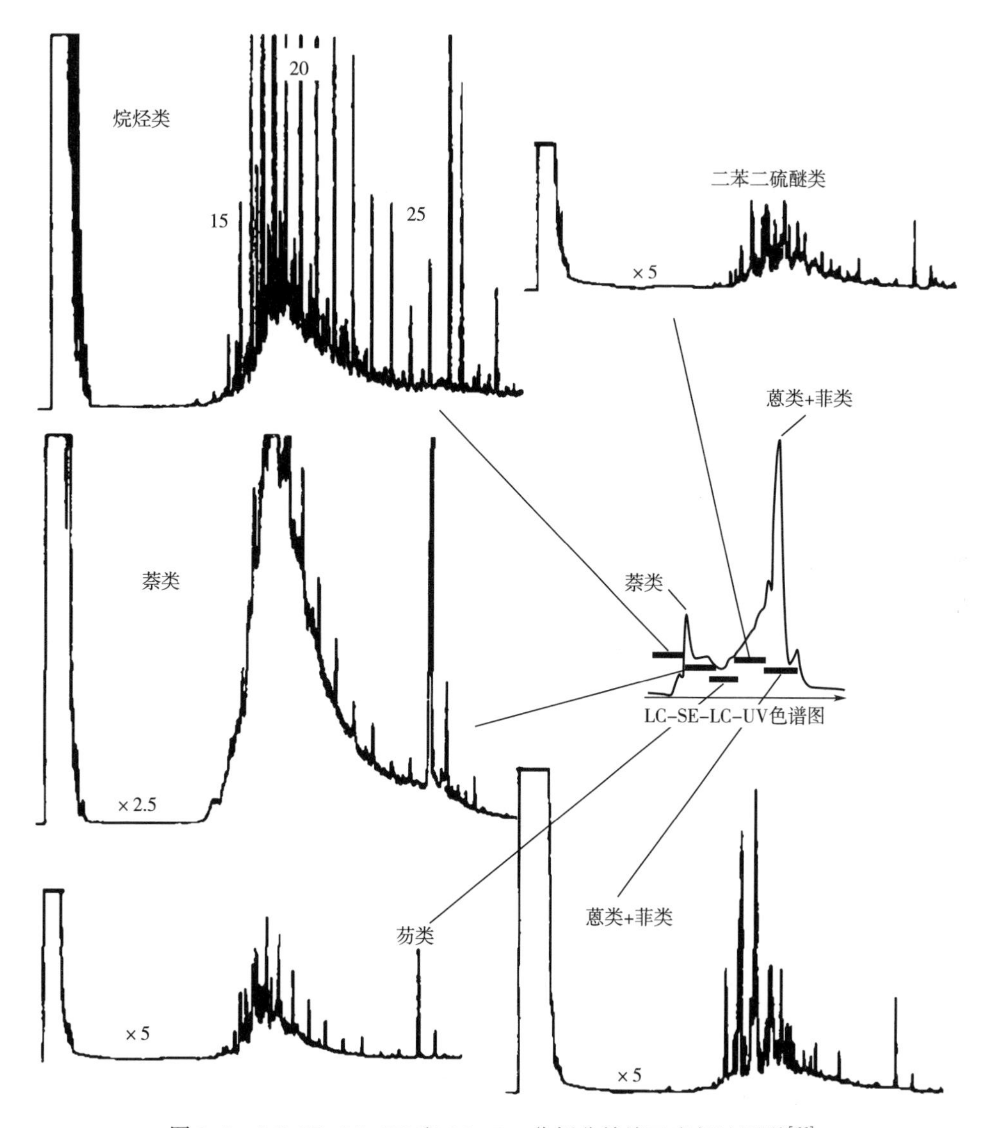

图 9-9　LC-SE-LC-UV 和 GC-FID 分析非精炼亚麻籽油图谱[66]

该技术已经应用于食用油和脂肪分析[67-68]，蔬菜类杀虫剂、橄榄油农药残留、可可、咖啡、巧克力、鸡、马铃薯、海产品、强化婴儿食品等烃类检测[45]。

参考文献

[1] Alcúzar A, Jurado J M, Pablos F, et al. HPLC determination of 2 - furaldehyde and 5 -

hydroxymethyl-2-furaldehyde in alcoholic beverages [J]. Microchem J, 2006, 82: 22-28.

[2] Li G, Zhong Q, Wang D, et al. Determination and formation of ethyl carbamate in Chinese spirits [J]. Food Control, 2015, 56: 169-176.

[3] Shi Y, Xie Z, Wang R, et al. Chromatographic fingerprint study on water-soluble extracts of *Radix isatidis*, *Folium isatidis*, and their preparations by HPLC-DAD technique [J]. J Liq Chrom Rel Techno, 2013, 36 (1): 80-93.

[4] Shen F, Niu X, Yang D, et al. Determination of amino acids in Chinese rice wine by Fourier transform near-infrared spectroscopy [J]. J Agri Food Chem, 2010, 58 (17): 9809-9816.

[5] Kolouchová-Hanzlíková M K, Filip V, Šmidrkal J. Rapid method for resveratrol determination by HPLC with electrochemical and UV detections in wines [J]. Food Chem, 2004, 87: 151-158.

[6] Domínguez C, Guillén D A, Barroso C G. Automated solid-phase extraction for sample preparation followed by high-performance liquid chromatography with diode array and mass spectrometric detection for the analysis of resveratrol derivatives in wine [J]. J Chromatogr A, 2001, 918 (2): 303-310.

[7] Mattivi F. Solid phase extraction oftrans-resveratrol from wines for HPLC analysis [J]. Z Lebensm Unters Forsch, 1993, 196 (6): 522-525.

[8] Canas S, Belchior A P, Spranger M I, et al. High-performance liquid chromatography method for analysis of phenolic acids, phenolic aldehydes, and furanic derivatives in brandies. Development and validation [J]. J Sep Sci, 2003, 26: 496-502.

[9] Ajtony Z, Szoboszlai N, Bencs L, et al. Determination of ethyl carbamate in wine by high performance liquid chromatography [J]. Food Chem, 2013, 141 (2): 1301-1305.

[10] Fu M-l, Liu J, Chen Q-h, et al. Determination of ethyl carbamate in Chinese yellow rice wine using high-performance liquid chromatoraphy with fluorescence detection [J]. Int J Food Sci Technol, 2010, 45 (6): 1297-1302.

[11] Wang R, Wu H, Zhou X, et al. Simultaneous detection of ethyl carbamate and urea in Chinese yellow rice wine by HPLC-FLD [J]. J Liq Chrom Rel Technol, 2014, 37 (1): 39-47.

[12] 彭俏容, 于淑新, 赵连海, 等. QuEChERS-HPLC 快速测定白酒中 13 种邻苯二甲酸酯 [J]. 酿酒科技, 2014, 235 (1): 89-92.

[13] 温永柱, 范文来, 徐岩, 等. 白酒中 5 种生物胺的 HPLC 定量分析 [J]. 食品工业科技, 2013, 34 (7): 305-308.

[14] Peng Q, Dong R, Xun S, et al. Determination of volatile phenols in Chinese liquors by high-performance liquid chromatography associated with β-cyclodextrin and a protective barrier layer [J]. Flav Fragr J, 2013, 28 (3): 137-143.

[15] Sanz M, Cadahía E, Esteruelas E, et al. Phenolic compounds in chestnut (*Castanea sativa* Mill.) heartwood. Effect of toasting at cooperage [J]. J Agri Food Chem, 2010, 58 (17): 9631-9640.

[16] Hernández-Orte P, Ibarz M J, Cacho J, et al. Amino acid determination in grape juices and wines by HPLC using a modification of the 6-aminoquinolyl-*N*-hydroxysuccinimidyl carbamate (AQC) method [J]. Chromatographia, 2003, 58: 29-35.

[17] Kerem Z, Bravdo B-a, Shoseyov O, et al. Rapid liquid chromatography-ultraviolet determination of organic acids and phenolic compounds in red wine and must [J]. J Chromatogr A, 2004, 1052 (1-2): 211-215.

[18] Santos J R, Carneiro J R, Guido L F, et al. Determination of *E*-2-nonenal by high-performance liquid chromatography with UV detection assay for the evalution of beer ageing [J]. J Chromatogr A, 2003, 985: 395-402.

[19] Glabasnia A, Hofmann T. Sensory-directed identification of taste-active ellagitannins in American (*Quercus alba* L.) and European oak wood (*Quercus robur* L.) and quantitative analysis in Bourbon whiskey and oak-matured red wines [J]. J Agri Food Chem, 2006, 54: 3380-3390.

[20] Dawid C, Hofmann T. Structural and sensory characterization of bitter tasting steroidal saponins from asparagus spears (*Asparagus officinalis* L.) [J]. J Agri Food Chem, 2012, 60 (48): 11889-11900.

[21] 杨会, 范文来, 徐岩. 基于BSTFA衍生化法白酒不挥发有机酸研究 [J]. 食品与发酵工业, 2017, 43 (5): 192-197.

[22] 龚舒蓓, 范文来, 徐岩. 芝麻香型传统手工原酒与机械化原酒成分差异研究 [J]. 食品与发酵工业, 2018, 44 (8): 239-245.

[23] 龚舒蓓. 老白干香型和芝麻香型手工原酒与机械原酒的成分差异 [D]. 无锡: 江南大学, 2018.

[24] Moreno-Arribas M V, Pueyo E, Polo M C. Analytical methods for the characterization of proteins and peptides in wines [J]. Anal Chim Acta, 2002, 458 (1): 63-75.

[25] Monteiro S, Piçarra-Pereira M A, Tanganho M C, et al. Preparation of polyclonal antibodies specific for wine proteins [J]. J Sci Food Agri, 1999, 79 (5): 772-778.

[26] Dorrestein E, Ferreira R B, Laureano O, et al. Electrophoretic and FPLC analysis of soluble proteins in four Portuguese wines [J]. Am J Enol Vitic, 1995, 46 (2): 235-242.

[27] Canals J M, Arola L, Zamora F. Protein fraction analysis of white wine by FPLC [J]. Am J Enol Vitic, 1998, 49 (4): 383-388.

[28] Lagace L S, Bisson L F. Survey of yeast acid proteases for effectiveness of wine haze reduction [J]. Am J Enol Vitic, 1990, 41 (2): 147-155.

[29] Luguera C, Morenoarribas V, Pueyo E, et al. Fractionation and partial characterization of protein fractions present at different stages of the production of sparkling wines [J]. Food Chem, 1999, 63 (4): 465-471.

[30] Chambery A, del Monaco G, Di Maro A, et al. Peptide fingerprint of high quality Campania white wines by MALDI-TOF mass spectrometry [J]. Food Chem, 2009, 113 (4): 1283-1289.

[31] Newsome A G, Li Y, van Breemen R B. Improved quantification of free and ester-bound gallic acid in foods and beverages by UHPLC-MS/MS [J]. J Agri Food Chem, 2016, 64 (6): 1326-1334.

[32] Vallverdú-Queralt A, Verbaere A, Meudec E, et al. Straightforward method To quantify GSH, GSSG, GRP, and hydroxycinnamic acids in wines by UPLC-MRM-MS [J]. J Agri Food Chem, 2015, 63 (1): 142-149.

[33] de Person M, Sevestre A, Chaimbault P, et al. Characterization of low-molecular weight peptides in champagne wine by liquid chromatography/tandem mass spectrometry [J]. Anal Chim Acta, 2004, 520 (1-2): 149-158.

[34] Sendon R, Sanches-Silva A, Bustos J, et al. Detection of migration of phthalates from agglomerated cork stoppers using HPLC-MS/MS [J]. J Sep Sci, 2012, 35 (10-11): 1319-1326.

[35] Sanz M, de Simón B F, Cadahía E, et al. Polyphenolic profile as a useful tool to identify the wood used in wine aging [J]. Anal Chim Acta, 2012, 732 (0): 33-45.

[36] Grant-Preece P A, Pardon K H, Capone D L, et al. Synthesis of wine thiol conjugates and labeled analogues: Fermentation of the glutathione conjugate of 3-mercaptohexan-1-ol yields the corresponding cysteine conjugate and free thiol [J]. J Agri Food Chem, 2010, 58: 1383-1389.

[37] 吴世嘉, 王洪新, 陶冠军. 超高压液相色谱-质谱同时测定白酒中6种微量甜味剂的方法研究 [J]. 食品与生物技术学报, 2010, 29 (5): 670-675.

[38] Garcia-Villar N, Hernández-Cassou S, Saurina J. Determination of biogenic amines in wines by pre-column derivatization and high-performance liquid chromatography coupled to mass spectrometry [J]. J Chromatogr A, 2009, 1216: 6387-6393.

[39] Shephard G S. Aflatoxin analysis at the beginning of the twenty-first century [J]. Anal Bioanal Chem, 2009, 395: 1215-1224.

[40] Vaclavik L, Lacina O, Hajslova J, et al. The use of high performance liquid chromatography-quadrupole time-of-flight mass spectrometry coupled to advanced data mining and chemometric tools for discrimination and classification of red wines according to their variety [J]. Anal Chim Acta, 2011, 685 (1): 45-51.

[41] Aznar M, Rodriguez-Lafuente A, Alfaro P, et al. UPLC-Q-TOF-MS analysis of non-volatile migrants from new active packaging materials [J]. Anal Bioanal Chem, 2012, 404: 1945-1957.

[42] Dawid C, Hofmann T. Quantitation and bitter taste contribution of saponins in fresh and cooked white asparagus (*Asparagus officinalis* L.) [J]. Food Chem, 2014, 145 (0): 427-436.

[43] Collins T S, Zweigenbaum J, Ebeler S E. Profiling of nonvolatiles in whiskeys using ultra high pressure liquid chromatography quadrupole time-of-flight mass spectrometry (UHPLC-QTOF MS) [J]. Food Chem, 2014, 163 (0): 186-196.

[44] Dinelli G, Segura-Carretero A, Di Silvestro R, et al. Profiles of phenolic compounds in modern and old common wheat varieties determined by liquid chromatography coupled with time-of-flight mass spectrometry [J]. J Chromatogr A, 2011, 1218 (42): 7670-7681.

[45] Herrero M, Ibáñez E, Cifuentes A, et al. Multidimensional chromatography in food analysis [J]. J Chromatogr A, 2009, 1216 (43): 7110-7129.

[46] Moret S, Conte L S. Polycyclic aromatic hydrocarbons in edible fats and oils: occurrence and analytical methods [J]. J Chromatogr A, 2000, 882 (1): 245-253.

[47] Rizzello C G, Losito I, Gobbetti M, et al. Antibacterial activities of peptides from the water-soluble extracts of Italian cheese varieties [J]. J Dairy Sci, 2005, 88 (7): 2348-2360.

[48] Gómez-Ruiz J Á, Ramos M, Recio I. Identification and formation of angiotensin-converting enzyme-inhibitory peptides in Manchego cheese by high-performance liquid chromatography-tandem mass spectrometry [J]. J Chromatogr A, 2004, 1054 (1): 269-277.

[49] Leitner A, Castrorubio F, Marina M L, et al. Identification of marker proteins for the adulteration of meat products with soybean proteins by multidimensional liquid chromatography-tandem mass spectrometry [J]. J Proteome Res, 2006, 5 (9): 2424.

[50] Ollanketo M, Riekkola M L. Column-switching technique for selective determination of flavonoids in Finnish berry wines by high-performance liquid chromatography with diode array detection [J]. J Liq Chrom Rel Technol, 2000, 23 (9): 1339-1351.

[51] Delahunty C, Yates Iii J R. Protein identification using 2D-LC-MS/MS [J]. Methods, 2005, 35 (3): 248-255.

[52] Lasaosa M, Delmotte N, Huber C G, et al. 2D reversed-phase×ion-pair reversed-phase HPLC-MALDI TOF/TOF-MS approach for shotgun proteome analysis [J]. Anal Bioanal Chem, 2009, 393 (4): 1245-1256.

[53] Erni F, Frei R W. Two-dimensional column liquid chromatographic technique for resolution of complex mixtures [J]. J Chromatogr A, 1978, 149: 561-569.

[54] Dugo P, Favoino O, Luppino R, et al. Comprehensive two-dimensional normal-phase (adsorption)-reversed-phase liquid chromatography [J]. Anal Chem, 2004, 76 (9): 2525-2530.

[55] Blahová E, Jandera P, Cacciola F, et al. Two-dimensional and serial column reversed-phase separa-

tion of phenolic antioxidants on octadecyl-, polyethyleneglycol-, and pentafluorophenylpropyl-silica columns [J]. J Sep Sci, 2006, 29 (4): 555-566.

[56] Davis J M, Stoll D R, Carr P W. Effect of first-dimension undersampling on effective peak capacity in comprehensive two-dimensional separations [J]. Anal Chem, 2008, 80 (2): 461-473.

[57] Tranchida P Q, Dugo P, Dugo G, et al. Comprehensive two-dimensional chromatography in food analysis [J]. J Chromatogr A, 2004, 1054 (1): 3-16.

[58] Cacciola F, Jandera P, Mondello L. Comparison of high-temperature gradient heart-cutting and comprehensive LC×LC systems for the separation of phenolic antioxidants [J]. Chromatographia, 2007, 66 (9): 661-667.

[59] Cacciola F, Jandera P, Hajdú Z, et al. Comprehensive two-dimensional liquid chromatography with parallel gradients for separation of phenolic and flavone antioxidants [J]. J Chromatogr A, 2007, 1149 (1): 73-87.

[60] Kivilompolo M, Obůrka V, Hyötyläinen T. Comprehensive two-dimensional liquid chromatography in the analysis of antioxidant phenolic compounds in wines and juices [J]. Anal Bioanal Chem, 2008, 391 (1): 373-380.

[61] Dugo P, Herrero M, Giuffrida D, et al. Application of comprehensive two-dimensional liquid chromatography to elucidate the native carotenoid composition in red orange essential oil [J]. J Agri Food Chem, 2008, 56 (10): 3478-3485.

[62] Majors R E. Multidimensional high performance liquid chromatography [J]. J Chromatogr Sci, 1980, 18 (10): 571-579.

[63] Ramsteiner K A. On-line liquid chromatography-gas chromatography in residue analysis [J]. J Chromatogr A, 1987, 393 (1): 123-131.

[64] McNair H M, Miller J M. Basic Gas Chromatography [M]. Chichester: John Wiley & Sons Inc., 2009.

[65] Kaal E R, Alkema G, Kurano M, et al. On-line size exclusion chromatography-pyrolysis-gas chromatography-mass spectrometry for copolymer characterization and additive analysis [J]. J Chromatogr A, 2007, 1143 (1-2): 182-189.

[66] Moret S, Grob K, Conte L S. On-line high-performance liquid chromatography-solvent evaporation-high-performance liquid chromatography-capillary gas chromatography-flame ionisation detection for the analysis of mineral oil polyaromatic hydrocarbons in fatty foods [J]. J Chromatogr A, 1996, 750 (1): 361-368.

[67] Janssen H-G, Boers W, Steenbergen H, et al. Comprehensive two-dimensional liquid chromatography×gas chromatography: evaluation of the applicability for the analysis of edible oils and fats [J]. J Chromatogr A, 2003, 1000 (1-2): 385-400.

[68] De Koning S, Janssen H G, Van Deursen M, et al. Automated on-line comprehensive two-dimensional LC × GC and LC × GC-ToF MS: instrument design and application to edible oil and fat analysis [J]. J Sep Sci, 2004, 27 (5-6): 397.

10 风味化合物鉴定之质谱与核磁共振技术

10.1 质谱法

直接质谱法是指不需要GC或LC分离，而直接将样品导入质谱的一种分析技术，如顶空-质谱法（HS-MS）等。

该方法理论基础是提取某一些定性离子，这些离子代表了一类化合物，通过这些离子进行多维统计分析，来进行原产地区分。与离子相关常见化合物如表10-1所示。

表10-1　与离子相关常见化合物

离子碎片 *m/z*	相关化合物
41	辛醛
43	乙酸丁酯，乙酸己酯，乙酸庚酯，2-甲基丙酸乙酯，乙酸-2-甲基丙酯，乙酸-3-甲基丁酯，辛醛，2-庚酮，2-十一酮，2-十五酮，乙酸，2-甲基丙酸，2-甲基丙醇
44	己醛
45	丙酸乙酯，2-羰基丙酸乙酯（乳酸乙酯），2-庚醇，2-辛醇，2-壬醇
54	乙酸戊酯
55	乙酸-3-甲基丁酯
56	乙酸-2-甲基丙酯，乙酸丁酯，乙酸己酯，己酸丁酯，1-丁醇，1-己醇，1-辛醇，1-壬醇，1-癸醇，己醛
57	丙酸乙酯，戊酸乙酯，2-甲基丁酸乙酯，1-辛烯-3-醇，壬醛
58	丙酮，2-辛酮，2-壬酮，2-癸酮，3-甲基丁醛
59	3-辛醇，α-萜品醇
60	乙酸，丁酸，戊酸，己酸，庚酸，辛酸，壬酸，3-甲基丁酸，丁酸乙酯，己酸乙酯
61	乙酸乙酯，乙酸丁酯，乙酸己酯
67	1,3,7-壬三烯，3-己烯-1-醇乙酯，α-胡椒烯（α-copaene），法呢烯，己醛，反-2-己烯醛，顺-2-己烯醇，反-β-罗勒烯（*trans*-β-ocimene）
69	1,3,7-壬三烯，法呢烯，β-大马酮，香叶基丙酮，（*E*）-橙花叔醇，法呢醇，壬醛，反-2-己烯醛，2-羟基-4-甲基戊酸乙酯

续表

离子碎片 m/z	相关化合物
70	顺-2-己烯醇，反-3-己烯醇，1-己醇，1-庚醇，3-甲基丁醇（异戊醇），庚醛，壬醛，反-2-己烯醛，反-3-己烯醛，乙酸乙酯，乙酸-3-甲基丁酯，己酸-3-甲基丁酯
71	丁酸乙酯，2-甲基丙酸乙酯，丁酸-3-甲基丁酯，3-羟基丁酸乙酯，4-萜品醇
72	己烯醛，壬醛，反-2-己烯醇，反-2-己烯醛，反-2-己烯醇
73	2-甲基丙酸，乙酸丁酯，乙酸-2-甲基丙酯
74	乙酸-3-己烯酯，顺-2-己烯醇，乙酸顺-3-己烯酯，乙酸己酯，2-甲基丁酸乙酯，丙酸
75	丙酸乙酯
76	α-胡椒烯，法呢烯，萘，反-2-己烯醛，反-β-罗勒烯
78	乙酸-2-苯乙酯
79	1,3,7-壬三烯，α-胡椒烯，法呢烯，反-2-己烯醛，反-β-罗勒烯，苯甲醇
80	小茴香醇
81	小茴香醇
84	乙酸己酯
85	γ-辛内酯，γ-壬内酯，2-甲基丁酸乙酯
87	3-羟基丁酸乙酯，2-羟基-4-甲基戊酸乙酯
88	乙酸乙酯，丙酸乙酯，丁酸乙酯，戊酸乙酯，己酸乙酯，庚酸乙酯，辛酸乙酯，壬酸乙酯，癸酸乙酯，十一酸乙酯，十二酸乙酯，十三酸乙酯，十四酸乙酯，十五酸乙酯，十六酸乙酯，2-甲基丙酸乙酯，3-甲基丁酸乙酯，3-羟基丁酸乙酯
90	乙酸-2-苯乙酯
91	2-苯乙醇，4-苯丁醇，2-苯乙酸乙酯，苯乙醛，(-)-香树烯
92	α-胡椒烯（α-copaene），2-苯乙醇，法呢烯，水杨酸甲酯，反-β-罗勒烯，甲苯
93	D-柠檬油精，里哪醇
94	苯酚
95	糠醛，2-乙酰基呋喃，2-糠酸乙酯，(-)-龙脑，α-雪松醇
96	糠醛
99	己酸乙酯，己酸丙酯
100	1-戊烯-3-醇，顺-3-己烯醇，庚烷，己醛，壬醛，反-2-己烯醛，反-2-己烯醇
101	丁酸乙酯，戊酸乙酯，己酸乙酯，庚酸乙酯，辛酸乙酯，壬酸乙酯，癸酸乙酯，十一酸乙酯，十二酸乙酯，十三酸乙酯，十四酸乙酯，十五酸乙酯，十六酸乙酯，丁二酸二乙酯
102	丙酸乙酯，2-甲基丁酸乙酯
103	1,1-二乙氧基乙烷，1,1-二乙氧基-3-甲基丁烷，1,3,3-三乙氧基丙烯
104	2-羟基-4-甲基戊酸乙酯，3-苯丙酸乙酯，乙酸-2-苯乙酯，己酸-2-苯乙酯，4-苯丁醇，苯乙烯

续表

离子碎片 m/z	相关化合物
105	苯甲酸乙酯，苯乙酮，(-)-香树烯
106	3-甲硫基丙醇，苯甲醛
107	4-甲基苯酚，4-甲基愈创木酚，4-乙基愈创木酚
108	2,5-二甲基吡嗪
109	2-乙酰基-5-甲基呋喃，愈创木酚
110	5-甲基糠醛
112	土味素
116	2-甲基丙酸乙酯，乙酸-2-甲基丙酯
117	己酸己酯，3-羟基丁酸乙酯
119	*p*-伞花烃，α-雪松烯
120	苯乙酮
121	β-大马酮
122	2-苯乙醇，苯甲酸乙酯，2,3,5-三甲基吡嗪
123	4-甲基愈创木酚
125	庚二酸二乙酯
126	二甲基三硫（醚）
127	辛酸乙酯
128	萘
129	丁二酸二乙酯
131	(*E*)-肉桂醛
133	β-石竹烯，(+)-香树烯
135	*p*-茴香醛
136	2,3,5,6-四甲基吡嗪
137	4-乙基愈创木酚
147	(+)-香树烯
148	茴香脑
152	D-樟脑
155	癸酸乙酯，油酸乙酯
157	十六酸乙酯
161	(-)-丁子香酚，瓦伦烯
177	β-紫罗兰酮
185	辛二酸二乙酯

续表

离子碎片 m/z	相关化合物
189	(−)-丁子香酚
199	壬二酸二乙酯
204	α-古芸烯，瓦伦烯

HS-MS 法可以快速地分析挥发性成分，是将样品直接导入 MS 而不需要进行 GC 分离。结合多维统计分析技术，可以提取样品的“光谱指纹（spectral fingerprints）”，不需要对每一个化合物进行定性和定量，该技术可以用于产品的原产地区分[1-2]。

10.2 实时直接分析-质谱技术

实时直接分析-质谱技术（direct analysis in real time mass spectrometry，DART-MS）是 2005 年由 Laramee 和 Cody 开发的一种技术[3-4]，使用大气压离子源，在开放的空间和室温条件下，能瞬间离子化气体、液体和固体。DART-MS 原理图如图 10-1 所示。

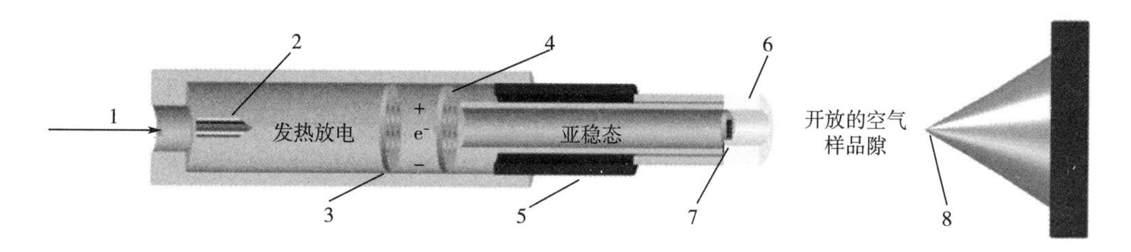

图 10-1 DART-MS 原理图[5]

1—气体入口；2—针电极；3——接地电极；4—电极 1；5—气体加热器；6—绝缘帽；7—电极 2；8—分光计入口。

DART-MS 是一种软电离方法，绝大部分样品均可以随时放在气流中，很容易获得结果。在正离子条件下（positive ion-DART-MS，PI-DART-MS），待测物 M 与质子化水簇（$[(H_2O)^n+H]^+$）碰撞，产生 $[M+H]^+$，它有一个更高的质子亲和力[3]。假如使用负离子条件（negative ion DART-MS，NI-DART-MS），则待测物通过与气体 $[O_2]^-$ 碰撞，形成 $[M-H]^-$[5]。

该技术最大优点是不需要样品预处理，所以液体与固体样品可以以它们的天然状态进行 MS 分析。分子离子化直接在样品表面产生，如药片、体液（血液、唾液和尿液）、玻璃、植物叶子、水果、蔬菜，甚至布料。液体分析时，通过滴一滴液体到玻璃棒上，然后进入 DART 离子源，气体直接导入 DART 气流中。

这一技术已经用于食品香气、药品成分分析中[6-11]。如大蒜挥发性成分分析（图 10-2）[7-8]，并未检测到多聚硫醚类化合物（如二甲基二硫、二甲基三硫等），其主要产物是大蒜素（allicin，All）与一个质子的和一个铵离子的加成产物，即 $[All_2S_2O+H]^+$（m/z 163）和 $[All_2S_2O+NH_4]^+$（m/z 180）；以及其二聚体 $[(All_2S_2O)_2+H]^+$（m/z

325）和 [$(All_2S_2O)_2$+ NH_4]$^+$（*m/z* 342）。其次要产物包括二烯丙基三硫醚 *S*-氧化物（diallyl trisulfane *S*-oxide，[$C_6H_{10}S_3O$ + H]$^+$，*m/z* 195）；烯丙基醇（allyl alcohol）（[C_3H_5OH + H]$^+$，*m/z* 59）；烯丙基甲基硫代亚磺酸酯异构体（isomeric allyl methyl thiosulfinates，[$AllMeS_2O$ + H]$^+$，*m/z* 137）；甲基（Me）甲烷硫代亚磺酸酯（methyl methanethiosulfinate，[Me_2S_2O + H]$^+$，*m/z* 111）；混合二聚体（mixed dimers，[$(All_2S_2O)(AllMeS_2O)$ + H]$^+$，*m/z* 299）；双锍化物（bis-sulfine，[O ═S ═CHCHMeCHMeCH ═S ═O + H]$^+$，*m/z* 179）和丙烯（[C_3H_6+ H]$^+$，*m/z* 43）。含甲基基团的产物以及双锍化物认为分别来源于量微的（*S*）-甲基半胱氨酸亚砜 [（*S*）-methyl cysteine sulfoxide，methiin] 和（*S*）-(1-丙烯基）半胱氨酸亚砜 [（*S*）-(1-propenyl) cysteine sulfoxide，isolalliin]，这两个化合物存在于大蒜中。

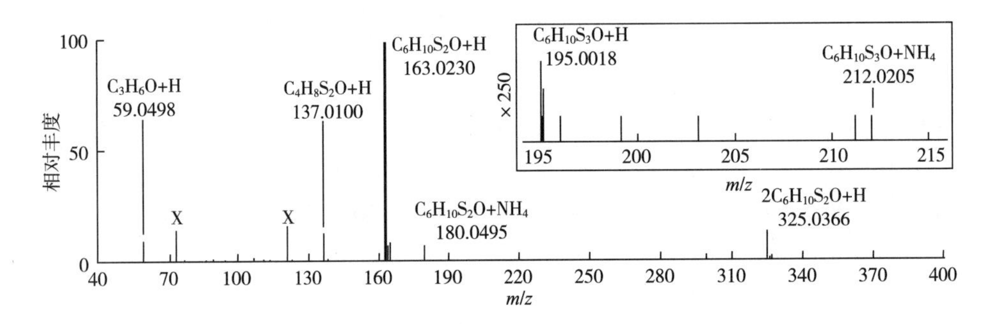

图 10-2 PI-DART-MS 分析压碎的大蒜[7]

DATA-TOF-MS 技术可以用于啤酒真假鉴别[12]。研究发现，一些潜在的标记物，如 2-呋喃甲醇（furan-2-ylmethanol）、(2*H*)-呋喃-5-酮 [(2*H*)-furan-5-one]、丙-1,2,3-三醇（propane-1,2,3-triol）、呋喃-2-甲醛（furan-2-carbaldehyde）、脯氨酸、麦芽酚、5-酮基脯氨酸（5-oxoproline）、麦芽噁嗪（maltoxazine）、腺苷（adenosine）、丙酸、乳酸（lactic acid）、马来酸、酮丁酸（ketobutyric acid）、无水己糖（anhydrohexose）和异蛇麻林酮（isohumulinone），是啤酒来源的识别物。

10.3 傅里叶变换离子回旋共振质谱

傅里叶变换离子回旋共振质谱（Fourier transform ion cyclotron resonance - mass spectrometry，FTICR - MS）是一种高分辨率质谱技术，可以用于分子式（molecular formula）鉴别。该技术目前已经用于葡萄酒橡木桶原产地的研究中[13-14]。

10.4 核磁共振

核磁共振（nuclear magnetic resonance，NMR）是磁矩不为零的原子核（nucleus），在外磁场（magnetic field）作用下自旋能级发生塞曼分裂，共振吸收某一定频率的电磁辐射

（electromagnetic radiation）的物理过程。核磁共振波谱学（nuclear magnetic resonance spectroscopy）是光谱学的一个分支，其共振频率在射频波段，相应的跃迁是核自旋在核塞曼能级上的跃迁。

1924年，Pauli假设特定的原子核具有自旋和磁矩，放入磁场中会产生能级分裂；1938年，Isidor Rabi描述了核磁共振现象，于1944年获得诺贝尔奖；1946年斯坦福大学的Felix Bloch和哈佛大学的Edward Mills Purcell独立证实了上述假设，并将该技术扩展到液体和固体研究领域，于1952年获诺贝尔奖；Russell H. Varian于1951年申请了一个专利，并于1952年开发出第一台NMR仪器NMR HR-30；1971年，Jeener首次提出二维核磁共振理论；1975—1976年R. Ernst从理论和实践两方面对2D NMR进行了深入的研究，获1991年诺贝尔奖；2002年Wüthrich发明了利用核磁共振技术测定溶液中生物大分子三维结构的方法，获2002年诺贝尔奖[5]。

最早出现的NMR仪是^{1}H NMR。由于^{13}C-^{1}H耦合，早期^{13}C谱的谱形复杂，不易解析。直到1965年，^{13}C NMR技术上的一大突破——质子宽带去偶技术的应用，才使^{13}C谱的研究得以蓬勃发展；而PFT NMR仪的出现，使实验效率大为提高，灵敏度大为改善；今天，^{13}C谱已经成为有机化学家的常规分析手段。

NMR仪由以下几部分构成：外加磁场、探头、高频电磁波发生器及接收器、数据处理与记录装置等。

从使用频率上看，目前常见的NMR仪器有300MHz、600MHz、900MHz。

从外加磁场方式看，NMR可分为：连续波（continuous-wave）NMR、傅里叶变换（Fourier-transform）NMR、多维（multi-dimensional）NMR和固态（solid-state）NMR[5]。

^{1}H-核磁共振或^{13}C-NMR技术可以用来鉴定化合物结构。例如用此技术鉴定焙烤榛子（roasted hazelnut）特征香气。从质谱分析可知，该化合物有一个不饱和羰基，相对分子质量为126，使用^{1}H-NMR进行结构成分分析，推测该化合物结构为5-甲基-反-2-庚烯-4-酮，又称为榛酮（fibertone）（图10-3）[15]。对于结合态化合物，也可使用^{1}H-NMR进行结构成分分析，如化合物没食子酸葡萄糖苷（theogallin）的鉴定（图10-4）[16]。

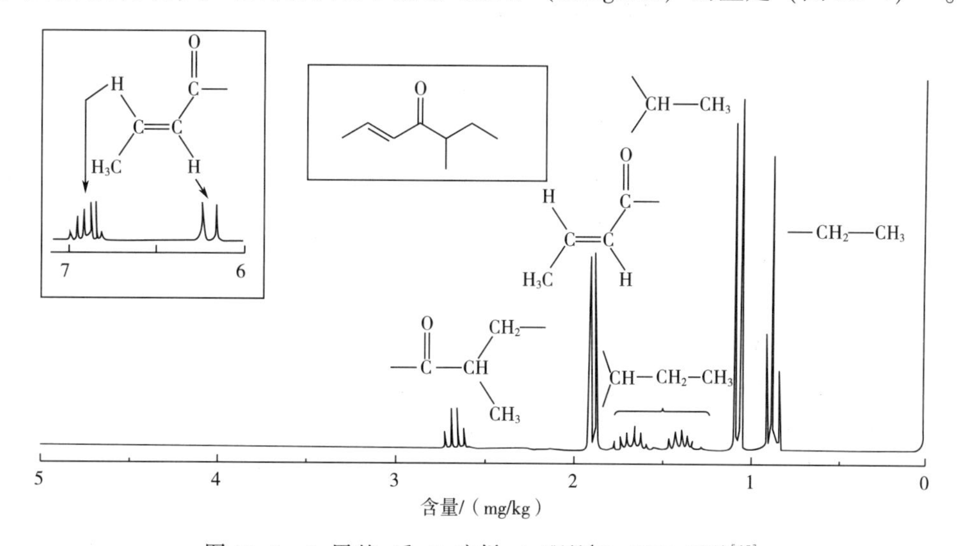

图10-3 5-甲基-反-2-庚烯-4-酮的^{1}H-NMR图谱[15]

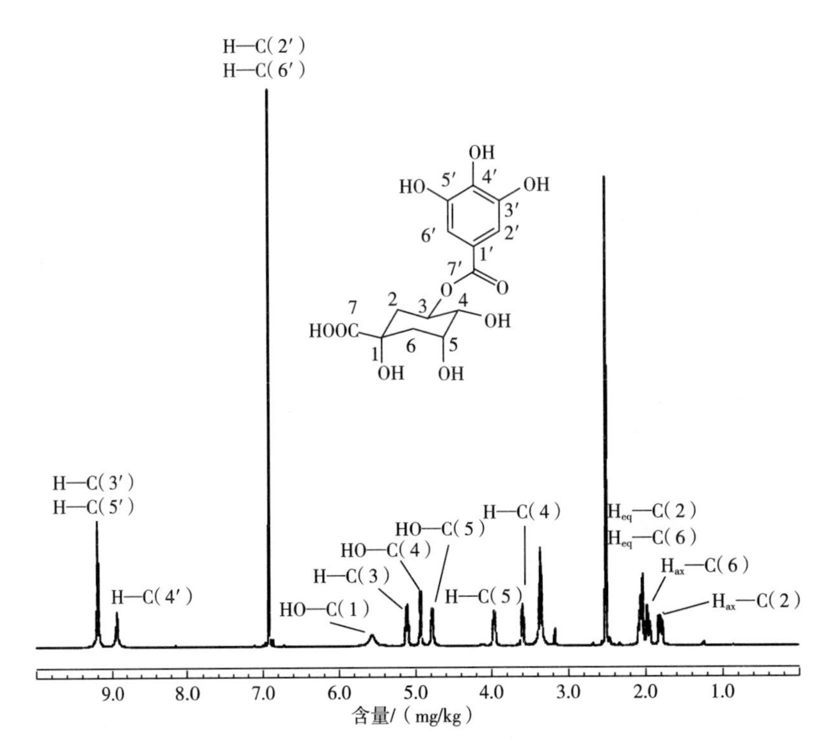

图 10-4 没食子酸葡萄糖苷¹H-NMR 图谱[16]

NMR 技术还可以用于样品多成分定量。但由于样品组分复杂，饮料酒中水和乙醇强度特别高，干扰大，而感兴趣化合物通常信号较弱。为解决这一问题，通常可以采用冻干或真空旋转蒸发除去部分水分和乙醇[17-18]，但此法可能会引起另外的一些问题，如化学位移、信号展宽等[19]。比较有效的办法是对不需要的 NMR 信号进行抑制[20-21]，但在饮料酒中因含有超过 1 个信号，此时抑制则十分困难，多频分化（multisite frequency differentiation）技术、不同激发或无效频（null frequency）单选择脉冲序列技术等能抑制水和乙醇干扰[22-23]。这些抑制技术已经在啤酒[24]和葡萄酒[19, 25]中得到应用。而高浓度酒精（80%）抑制技术则采用以上综合序列技术[19]。

NMR 技术已经广泛应用于食品与饮料酒分析检测，如饮料酒中乙醛[26]、水果成分[27]、葡萄酒成分[28-29]、大曲不挥发性成分[30]、醋成分分析[31]；葡萄酒酵母发酵代谢物剖面[32]；葡萄品种和产地[33]、葡萄酒原产地、假冒产品鉴别[34-37]、蒸馏酒原产地鉴别[34]、果汁和橄榄油真伪[38]；醋等级评价（按老熟年份）[25]；饮料酒中有毒有害物检测[39-40]以及产品的质量评价[41-42]等方面。

应用高分辨率 NMR 和高分辨率扩散排序光谱（diffusion－ordered spectroscopy，DOSY），以及传统 1D 和 2D NMR 方法，在波特葡萄酒中鉴定了 35 个化合物，包括中链醇、氨基酸和有机酸（图 10-5）[19]。目前，NMR 可以测定葡萄酒的成分主要包括甲酸、乙酸、乳酸、丙酮酸、酒石酸、苹果酸、柠檬酸、琥珀酸、肉桂酸、p-羟基苯甲酸、没食子酸、烟酸、脯氨酸、丙氨酸、精氨酸、酪氨酸、乙酸盐或酯、乙酸甲酯、乙酸乙酯、乳酸乙酯、甲醇、丙醇、异丁醇、异戊醇、2-甲基丁酮、2-苯乙醇、1,2-丁二醇、

2,3-丁二醇、甘油、3-羟基-2-丁酮、乙醛、乙醛水合物（acetaldehyde hydrate）、呋喃类化合物、聚多酚、D-蔗糖、果糖、β-D-葡萄糖[19, 28, 36, 43]。

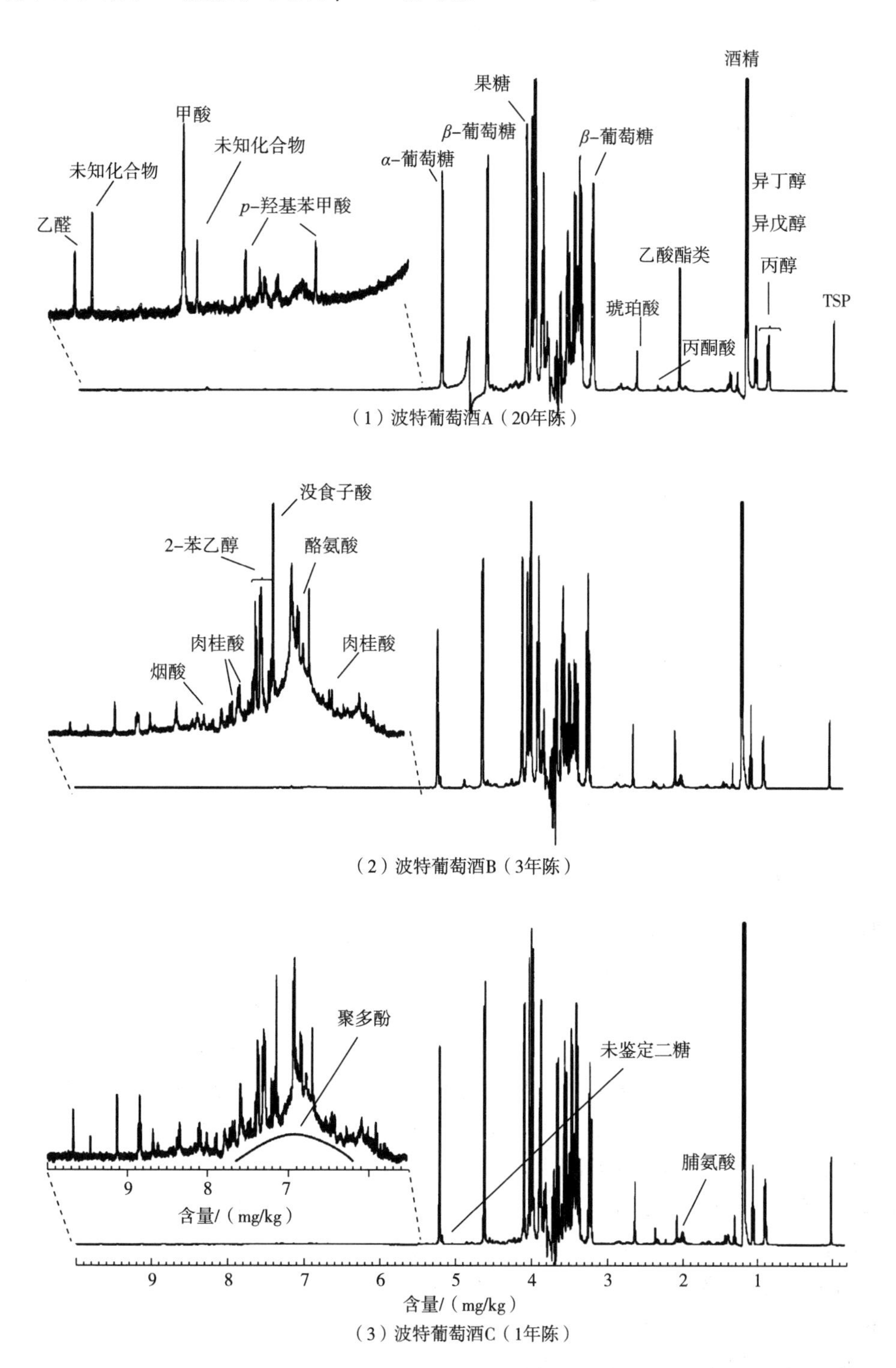

图 10-5 波特葡萄酒^{1}H NMR 图谱[19]

TSP-2,2,3,3-d_4-3-（三甲基硅烷）丙酸钠（内标）。

NMR用于样品定量分析具有如下优点[19, 44]：一是非结构破坏性测定，用于NMR测定的样品通常不需要前处理，如加热、加酸、加碱，因而不会形成新的人工产物，不会破坏样品的原有成分；二是选择性（selectivity）良好；三是不需要样品分离或复杂前处理，可同时测定复杂样品中多种成分。

10.4.1 ^{1}H NMR用于葡萄酒检测

^{1}H NMR可以用于葡萄酒微量成分检测，其样品预处理方法有3种：

10.4.1.1 直接进样法

方法一：0.4mL葡萄酒与0.1mL重水（用于域和频率锁定）混合，置于5mm NMR样品管中[28]。

方法二：200mL葡萄酒样品中加入200μL 99.9%重水，140μL草酸缓冲液（400mmol/L，pH 4.0）和60μL 2,2-二甲基-2-硅戊烷-5-磺酸钠（sodium 2,2-dimethyl-2-silapentane-5-sulfonate，DSS，5mmol/L，97%），涡旋混合60 s。溶液转入5mm NMR样品管中。重水和DSS提供了域频率锁定和化学位移参考[43]。

10.4.1.2 低温冷冻干燥法

4.0mL葡萄酒低温冷冻干燥（lyophilisation processes）28h至干，然后用0.4mL的重水溶解残留物，转移到5mm NMR样品管中[28]。

10.4.1.3 氮吹法

4.0mL葡萄酒在氮吹下浓缩2h，直到吹干。用0.4mL的重水溶解残留物，并转移到5mm NMR样品管中。氮吹速率为20mL/s[28]。

10.4.2 ^{1}H NMR大曲不挥发性成分检测

^{1}H NMR能够检测大曲的微量成分（图10-6），这些微量成分包括乙醛、酒精、异丙醇、丙二醇、甘油、甲酸、乙酸、丙酸、异丁酸、戊酸、异戊酸、辛酸、乳酸、2-羟基异己酸、4-氨酸丁酸、3-氨基异丁酸、延胡索酸、苹果酸、烟酸（nicotinate）、2-糠酸、甲基丙二酸、琥珀酸、己二酸（adipate）、苯甲酸、丙酮酸、肉桂酸、4-吡哆酸、喹啉酸（quinolinate）、尿刊酸（urocanate）、*N*-乙酰谷氨酸、丙氨酸、天冬酰胺、天冬氨酸、谷氨酸、谷氨酰胺、组氨酸、高胱氨酸、异亮氨酸、亮氨酸、蛋氨酸、甲基组氨酸、苯丙氨酸、焦谷氨酸、丝氨酸、苏氨酸、色氨酸、酪氨酸、缬氨酸、葡萄糖、果糖、麦芽糖、甘露糖醇、腺嘌呤（adenine）、羟嘌呤醇（oxypurinol）、尿嘧啶、二甲胺、组胺、三乙胺、三乙胺*N*-氧化物、尿囊素（allantoin）、甜菜碱（betaine）、肉毒碱（carnitine）、胆碱（choline）、*o*-磷酸胆碱（*o*-phosphocholine）、丙三氧基-3-磷酸胆碱（glycero-3-phosphocholine）、茶碱（theophylline）、葫芦巴碱（trigonelline）、胞嘧啶（cytosine）、2-脱氧腺苷（2-deoxyadenosine）、尿苷（uridine）和尿素[30]。

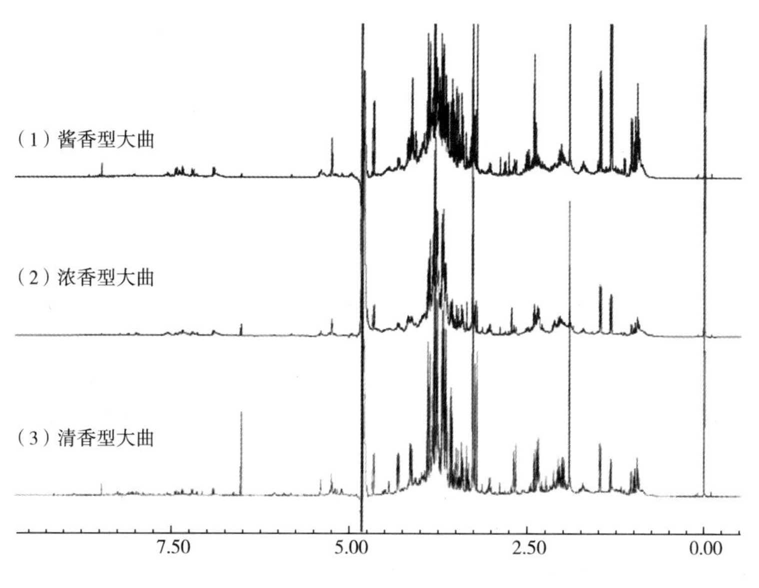

图 10-6 大曲水溶液浸出物^{1}H NMR 图谱[30]

10.4.3 ^{1}H NMR 用于葡萄酒品种、产地以及酒龄鉴别

葡萄酒是一种世界性消费的饮料酒。葡萄酒分类主要按照葡萄品种（variety）、地理区域（geographical origin）和/或酒龄（age）。^{1}H NMR 无目标代谢组学研究（untargeted metabolomic study）被用于检测不同产地（澳大利亚、法国、美国加利福尼亚州和韩国）、不同品种葡萄［坎贝尔（Campbell）、厄尔利（Early）、赤霞珠、西拉］生产的葡萄酒，通过 PCA（principal component analysis）和 PLS（partial least square）分析发现，2,3-丁二醇、乳酸（酯）、乙酸（酯）、脯氨酸、琥珀酸（酯）、苹果酸（酯）、甘油、酒石酸（酯）、葡萄糖和酚类化合物可以用来区分这些酒[45]。

10.4.4 极微量呈香未知化合物的富集与鉴定

3,4-二羟基-3-己烯-2,5-二酮（3,4-dihydroxy-3-hexen-2,5-dione，DHHD）是巯基乙胺与果糖美拉德反应产物[46]。在美拉德反应完成后，用乙醚洗脱，SAFE 后浓缩进行 GC-O 分析。

GC-O 闻香发现，在 RI_{FFAP} 1530 和 RI_{SE-54} 975 处，闻到似焦糖气味。采用二维 GC-MS 富集该呈香化合物，并确认其分子质量。

采用 NMR 技术确认该呈香化合物结构。但由于 DHHD 在水溶液中会发生互变异构现象，因此，NMR 得到的图谱并不是 DHHD 化合物的真实图谱。幸运的是，DHHD 呈现黄色，在水溶液中黄色会消失，指示了该化合物在水溶液中可能发生了互变异构现象。

参考文献

[1] Cerrato O C, Boggia R, Casale M, et al. Optimisation of a new headspace mass spectrometry instru-

ment: Discrimination of different geographical origin olive oils [J]. J Chromatogr A, 2005, 1076 (1-2): 7-15.

[2] Cocchi M, Durante C, Marchetti A, et al. Characterization and discrimination of different aged "Aceto Balsamico Tradizionale di Modena" products by head space mass spectrometry and chemometrics [J]. Anal Chim Acta, 2007, 589 (1): 96-104.

[3] Cody R B, Laramée J A, Durst H D. Versatile new ion source for the analysis of materials in open air under ambient conditions [J]. Anal Chem, 2005, 77 (8): 2297-2302.

[4] Cody R B. Observation of molecular ions and analysis of nonpolar compounds with the direct analysis in real time ion source [J]. Anal Chem, 2008, 81 (3): 1101-1107.

[5] Song L, Dykstra A, Yao H, et al. Ionization mechanism of negative ion-direct analysis in real time: A comparative study with negative ion-atmospheric pressure photoionization [J]. J Am Soc Mass Spectro, 2009, 20 (1): 42-50.

[6] Haefliger O P, Jeckelmann N. Direct mass spectrometric analysis of flavors and fragrances in real applications using DART [J]. Rapid Commun Mass Spectrom, 2007, 21 (8): 1361-1366.

[7] Block E, Dane A J, Thomas S, et al. Applications of direct analysis in real time mass spectrometry (DART-MS) in *Allium* chemistry. 2-Propenesulfenic and 2-propenesulfinic acids, diallyl trisulfane *S*-oxide, and other reactive sulfur compounds from crushed garlic and other alliums [J]. J Agri Food Chem, 2010, 58 (8): 4617-4625.

[8] Block E. Challenges and artifact concerns in analysis of volatile sulfur compounds [M]. In Volatile Sulfur Compounds in Food, Washington DC: American Chemical Society, 2011.

[9] Li Y. Confined direct analysis in real time ion source and its applications in analysis of volatile organic compounds of *Citrus limon* (lemon) and *Allium cepa* (onion) [J]. Rapid Commun Mass Spectrom, 2012, 26 (10): 1194-1202.

[10] Lojza J, Cajka T, Schulzova V, et al. Analysis of isoflavones in soybeans employing direct analysis in real-time ionization-high-resolution mass spectrometry [J]. J Sep Sci, 2012, 35 (3): 476-481.

[11] Zeng S, Wang L, Chen T, et al. Direct analysis in real time mass spectrometry and multivariate data analysis: A novel approach to rapid identification of analytical markers for quality control of traditional Chinese medicine preparation [J]. Anal Chim Acta, 2012, 733 (0): 38-47.

[12] Cajka T, Riddellova K, Tomaniova M, et al. Ambientmass spectrometry employing a DART ion source for metabolomic figerprinting/profiling: A powerful tool for beer origin recognition [J]. Metabolomics, 2011, 7: 500-508.

[13] Gougeon R D, Lucio M, De Boel A, et al. Expressing forest origins in the chemical composition of cooperage oak woods and corresponding wines by using FTICR-MS [J]. Chemistry-A European Journal, 2009, 15 (3): 600-611.

[14] Gougeon R D, Lucio M, Frommberger M, et al. The chemodiversity of wines can reveal a metabologeography expression of cooperage oak wood [J]. PNAS, 2009, 106 (23): 9174-9179.

[15] Belitz H-D, Grosch W, Schieberle P. Food Chemistry [M]. Heidelberg: Springer, 2009.

[16] Kaneko S, Kumazawa K, Masuda H, et al. Molecular and sensory studies on the umami taste of Japanese green tea [J]. J Agri Food Chem, 2006, 54: 2688-2694.

[17] Kosir I J, Kidric J. Identification of amino acids in wines by one-and two-dimensional nuclear magnetic resonance spectroscopy [J]. J Agri Food Chem, 2001, 49 (1): 50-56.

[18] Viggiani L. Characterization of wines by nuclear magnetic resonance: A work study on wines from the Basilicata region in Italy [J]. J Agri Food Chem, 2008, 56 (18): 8273-8279.

[19] Monakhova Y B, Schäfer H, Humpfer E, et al. Application of automated eightfold suppression of water and ethanol signals in ^{1}H NMR to provide sensitivity for analyzing alcoholic beverages [J]. Magn Reson Chem, 2011, 49 (11): 734-739.

[20] Zheng G, Price W S. Solvent signal suppression in NMR [J]. Prog Nucl Magn Reson Spectrosc, 2010, 56 (3): 267-288.

[21] Jiru F. Introduction to post-processing techniques [J]. Eur J Radiol, 2008, 67 (2): 202-217.

[22] Prost E, Sizun P, Piotto M, et al. A simple scheme for the design of solvent-suppression pulses [J]. J Magn Reson, 2002, 159 (1): 76-81.

[23] Parella T, Adell P, Sánchez - Ferrando F, et al. Effective multiple - solvent suppression scheme using the excitation sculpting principle [J]. Magn Reson Chem, 2015, 36 (4): 245-249.

[24] Lachenmeier D W, Frank W, Humpfer E, et al. Quality control of beer using high-resolution nuclear magnetic resonance spectroscopy and multivariate analysis [J]. Eur Food Res Technol, 2005, 220 (2): 215-221.

[25] Consonni R, Cagliani L R, Benevelli F, et al. NMR and chemometric methods: A powerful combination for characterization of Balsamic and traditional Balsamic vinegar of Modena [J]. Anal Chim Acta, 2008, 611 (1): 31-40.

[26] Peterson A L, Waterhouse A L. ^{1}H NMR: A novel approach to determining the thermodynamic properties of acetaldehyde condensation reactions with glycerol, (+)-catechin, and glutathione in model wine [J]. J Agri Food Chem, 2016, 64 (36): 6869-6878.

[27] Sobolev A P, Mannina L, Proietti N, et al. Untargeted NMR-based methodology in the study of fruit metabolites [J]. Molecules, 2015, 20: 4088-4108.

[28] Amaral F M, Caro M S B. Investigation of different pre-concentration methods for NMR analyses of Brazilian white wine [J]. Food Chem, 2005, 93: 507-510.

[29] Skogerson K, Runnebaum R, Wohlgemuth G, et al. Comparison of gas chromatography-coupled time-of-flight mass spectrometry and ^{1}H nuclear magnetic resonance spectroscopy metabolite identification in white wines from a sensory study investigating wine body [J]. J Agri Food Chem, 2009, 57 (15): 6899-6907.

[30] Wu X-H, Zheng X-W, Han B-Z, et al. Characterization of Chinese liquor starter, "*Daqu*", by flavor type with ^{1}H NMR-based nontargeted analysis [J]. J Agri Food Chem, 2009, 57 (23): 11354-11359.

[31] Caligiani A, Acquotti D, Palla G, et al. Identification and quantification of the main organic components of vinegars by high resolution ^{1}H NMR spectroscopy [J]. Anal Chim Acta, 2007, 585 (1): 110-119.

[32] Son H-S, Hwang G-S, Kim K M, et al. ^{1}H NMR-based metabolomic approach for understanding the fermentation behaviors of wine yeast strains [J]. Anal Chem, 2009, 81 (3): 1137-1145.

[33] Son H-S, Kim K M, van den Berg F, et al. ^{1}H Nuclear magnetic resonance-based metabolomic characterization of wines by grape varieties and production areas [J]. J Agri Food Chem, 2008, 56 (17): 8007-8016.

[34] Petrakis P, Touris I, Liouni M, et al. Authenticity of the traditional cypriot spirit "Zivania" on the basis of ^{1}H NMR spectroscopy diagnostic parameters and statistical analysis [J]. J Agri Food Chem, 2005, 53: 5293-5303.

[35] Brescia M A, Kosir I J, Caldarola V, et al. Chemometric classification of Apulian and Slovenian wines using ^{1}H NMR and ICP-OES together with HPICE data [J]. J Agri Food Chem, 2003, 51 (1): 21-26.

[36] Caruso M, Galgano F, Morelli M A C, et al. Chemical profile of white wines produced from "Greco bianco" grape variety in different Italian areas by nuclear magnetic resonance (NMR) and conventional physicochemical analyses [J]. J Agri Food Chem, 2012, 60: 7-15.

[37] Košira I J, Kocjančičb M, Ogrincc N, et al. Use of SNIF-NMR and IRMS in combination with chemometric methods for the determination of chaptalisation and geographical origin of wines (the example of Slovenian wines) [J]. Anal Chim Acta, 2001, 429 (2): 195-206.

[38] Ogrinc N, Košir I J, Spangenberg J E, et al. The application of NMR and MS methods for detection of adulteration of wine, fruit juices, and olive oil. A review [J]. Anal Bioanal Chem, 2003, 376: 424-430.

[39] Monakhova Y B, Kuballa T, Lachenmeier D W. Rapid quantification of ethyl carbamate in spirits using NMR spectroscopy and chemometrics [J]. ISRN Analysis Chemistry, 2012, 2012: 1-5.

[40] Monakhova Y B, Kuballa T, Lachenmeier D W. Nontargeted NMR analysis to rapidly detect hazardous substances in alcoholic beverages [J]. Applied Magnetic Resonance, 2012, 42 (3): 343-352.

[41] Tarachiwin L, Masako O, Fukusaki, E. Quality evaluation and prediction of *Citrullus lanatus* by ^{1}H NMR-based metabolomics and multivariate analysis [J]. J Agri Food Chem, 2008, 56 (14): 5827-5835.

[42] Consonni R, Cagliani L R. NMR relaxation data for quality characterization of Balsamic vinegar of Modena [J]. Talanta, 2007, 73(2): 332-339.

[43] Fotakis C, Christodouleas D, Kokkotou K, et al. NMR metabolite profiling of Greek grape marc spirits [J]. Food Chem, 2013, 138 (2-3): 1837-1846.

[44] Gall G L, Colquhoun I J. NMR spectroscopy in food authentication [M]. In Food Authenticity and Traceability, Cambridge: Woodhead Publishing Ltd. , 2003.

[45] Son H-S, Hwang G-S, Kim K M, et al. Metabolomic studies on geographical grapes and their wines using ^{1}H NMR analysis coupled with multivariate statistics [J]. J Agri Food Chem, 2009, 57 (4): 1481-1490.

[46] Engel W, Hofmann T, Schieberle P. Characterization of 3,4-dihydroxy-3-hexen-2,5-dione as the first open-chain caramel-like smelling flavor compound [J]. Eur Food Res Technol, 2001, 213: 104-106.

11 关键风味化合物及其相互作用

11.1 关键风味化合物确认技术

重要与关键风味化合物（key aroma and taste compounds）确认第一是通过 GC-O 技术（如 AEDA）或 TDA 技术发现重要的呈香、呈味及口感类化合物；第二，定量这些化合物浓度，包括可能开发出一些独特的、准确的、快速的、可靠的定量技术；第三，测定这些化合物在基质中阈值；第四，计算这些化合物的 OAV 值（香气化合物）或 DoT 值（呈味或口感类化合物），根据 OAV 值或 DoT 值大小，确定重要风味化合物；第五，选择一些 OAV 值或 DoT 值较高的化合物，进行香气和/或味道重组（recombination，recombinate）或香气重构（reconstitution），建立香气和/或味道模型，通过缺失试验（omission test），确定关键风味成分。这一技术已经在啤酒香气[1]、黄酒香气[2-3]、红葡萄酒香气[4-5]、玫瑰红葡萄酒香气[6]、红葡萄酒味觉与口感[7]、葡萄酒香气与口感[8]、白酒香气[9-10]、威士忌酒香气[11-12]、朗姆酒香气[13]等，以及干酪味觉与口感[14-15]、红茶香气[16]、红茶味觉与口感[17]、手工榨葡萄柚汁香气[18]、手工榨橙汁香气[19]、浓缩橙汁[20]、橙皮精油[21]、芒果香气重构[22]、油菜籽冷榨油[23]、蘑菇口感[24]、可乐饮料香气[25]、意大利面[26]、水煮甲壳纲动物味觉重构[27]等食品风味重构中得到广泛应用。

11.1.1 豉香型白酒香气重构

将豉香型白酒通过 LLE 处理，萃取出香气化合物。应用 AEDA 技术发现了 OAV 值=1 的 34 种香气成分，并进行定量、测定相应的阈值，通过计算 OAV 值发现了重要的香气化合物（表 11-1），并应用 OAV 值>1 的化合物在酒精-水溶液中进行香气重构，重构结果的感官闻香结果如图 11-1 所示。通过缺失试验发现反-2-壬烯醛是豉香型白酒的关键香气化合物，反-2-辛烯醛和β-苯乙醇是豉香型白酒的重要香气化合物（表 11-2）。而传统观念认为的 3-甲硫基-1-丙醇、庚二酸二乙酯、辛二酸二乙酯和壬二酸二乙酯对豉香型的香气没有影响[10]。

表 11-1　豉香型成品酒中 59 种化合物的 OAV 值[28]

编号	化合物	阈值/(μg/L)	OAV 值
2	2-甲基丙酸乙酯	57.5[29]	336

续表

编号	化合物	阈值/(μg/L)	OAV 值
25	辛酸乙酯	12.9[29]	157
7	己醛	25.5[29]	69
6	3-甲基丁酸乙酯	6.89[29]	50
4	丁酸乙酯	81.5[29]	45
40	反-2-癸烯醛	12.1[10]	31
14	己酸乙酯	55.3[29]	29
26	反-2-辛烯醛	15.1[10]	28
9	乙酸异戊酯	93.9[30]	27
38	丁酸	964[29]	20
17	辛醛	39.6[29]	19
1	乙酸乙酯	32600[29]	12
61	γ-壬内酯	90.7[29]	10
46	戊酸	389[29]	9
8	2-甲基丙醇	28300[29]	8
23	壬醛	122[29]	7
52	己酸	2520[29]	7
37	2-甲基丙酸	1580[29]	6
19	3-羟基-2-丁酮	259[10]	5
21	乳酸乙酯	128000[29]	5
51	反,反-2,4-癸二烯醛	7.71[10]	5
55	β-苯乙醇	28900[29]	4
63	辛酸	2700[31]	4
10	戊酸乙酯	26.8[29]	4
12	庚醛	410[29]	3
34	反-2-壬烯醛	50.5[32]	3
54	3-苯丙酸乙酯	125[29]	3
13	3-甲基丁醇	179000[29]	2
57	庚酸	13800[31]	2

续表

编号	化合物	阈值/(μg/L)	OAV 值
3	1-丙醇	54000[31]	2
27	乙酸	160000[29]	2
45	3-甲硫基-1-丙醇	2110[30]	1
43	苯甲酸乙酯	1430[29]	1
42	3-甲基丁酸	1050[29]	1
28	3-甲硫基-1-丙醛	7.12[10]	<1
35	丙酸	18100[31]	<1
32	2-癸酮	186[10]	<1
24	2-壬酮	483[31]	<1
22	1-己醇	5370[29]	<1
36	1-辛醇	1100[33]	<1
5	2-甲基丁酸乙酯	18.0[34]	<1
49	2-苯乙酸乙酯	407[29]	<1
33	壬酸乙酯	3150[29]	<1
20	庚酸乙酯	13200[29]	<1
48	反-2-十一烯醛	240[10]	<1
53	苯甲醇	40900[30]	<1
50	乙酸-2-苯乙酯	909[29]	<1
39	癸酸乙酯	1120[29]	<1
62	反-肉桂醛	4800[10]	<1
18	1,1,3-三乙氧基丙烷	3700[10]	<1
15	苯乙烯	1400[10]	<1
56	γ-辛内酯	2820[30]	<1
30	己酸异戊酯	1400[33]	<1
29	1-庚醇	26600[10]	<1
47	萘	159[30]	<1
44	丁二酸二乙酯	353000[29]	<1
65	庚二酸二乙酯	396000[10]	<1

续表

编号	化合物	阈值/(μg/L)	OAV 值
66	辛二酸二乙酯	641000[10]	<1
67	壬二酸二乙酯	1280000[10]	<1

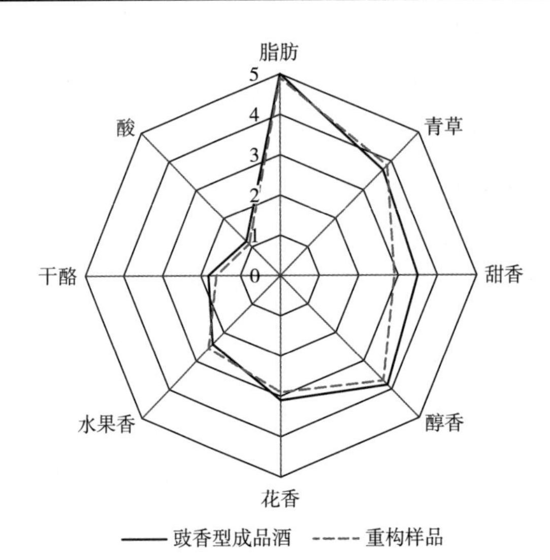

图 11-1　豉香型成品酒和其重构样品的蛛网图[28]

表 11-2　　豉香型成品酒缺失实验[28]

编号	缺失化合物	n^a	显著性[b]
1	反-2-辛烯醛、反-2-壬烯醛、反-2-癸烯醛、反,反-2,4-癸二烯醛、辛醛和壬醛	10	* * *
1-1	反-2-壬烯醛	9	* * *
1-2	反-2-辛烯醛	8	* *
1-3	反-2-癸烯醛	4	—
1-4	反,反-2,4-癸二烯醛	4	—
1-5	辛醛	5	—
1-6	壬醛	3	
2	β-苯乙醇、3-苯丙酸乙酯和苯甲酸乙酯	8	* *
2-1	β-苯乙醇	8	* *
2-2	3-苯丙酸乙酯	6	—
2-3	苯甲酸乙酯	4	
3	己醛、庚醛	7	*

续表

编号	缺失化合物	n^a	显著性[b]
3-1	己醛	7	*
3-2	庚醛	4	
4	所有酯类化合物	5	—
5	2-甲基丙醇、3-甲基丁醇和 1-丙醇	6	—
6	脂肪酸	5	—
7	γ-壬内酯	3	—
8	3-羟基-2-丁酮	5	—
9	3-甲硫基-1-丙醇	3	

注：a：二-三检验法中 10 位品评员中判断正确的人数。

b：显著性：*，显著（$\alpha \leqslant 0.05$）；**，很显著（$\alpha \leqslant 0.01$）；***，非常显著（$\alpha \leqslant 0.001$）。

11.1.2 朗姆酒香气重构

应用 LLE 和 AEDA 技术，共发现朗姆酒的 40 种活性香气物质，其中丁酸乙酯、1,1-二乙氧基乙烷、(S)-2-甲基丁酸乙酯和癸酸的 FD 值最高。通过 OAV 值计算表明，乙醇、香兰素、(S)-2-甲基丁酸乙酯、(E)-β-大马酮、2,3-丁二酮和丁酸乙酯在两种朗姆酒中具有最高的 OAV。绝大部分化合物在两种朗姆酒中有着类似的浓度，但香兰素、顺-威士忌内酯、4-烯丙基愈创木酚和 3-甲基丁醛、2,3-丁二酮以及丁酸乙酯在两种酒中具显著差异。最后，使用 OAV 值>1 的香气化合物重构于多次 LLE 萃取、冻干后的朗姆酒基质中，重现了朗姆酒的风味[13]。这些 OAV 值>1 的化合物包括酒精、香兰素、(S)-2-甲基丁酸乙酯、(E)-β-大马酮、3-甲基丁醛、2,3-丁二酮、丁酸乙酯、1,1-二乙氧基乙烷、顺-威士忌内酯、3-甲基丁酸乙酯、4-烯丙基愈创木酚、戊酸乙酯、己酸乙酯、愈创木酚；在另外一种朗姆酒中配方中，没有香兰素、顺-威士忌内酯、4-烯丙基愈创木酚、愈创木酚，但含有 2-甲基丁醛、4-丙基愈创木酚[13]。

11.1.3 红葡萄酒味觉与口感重构

通过 TDA 分析以及定量技术，并计算 DoT 值，使用 83 个化合物在 15%酒精-水溶液（pH 3.8）中重构红葡萄酒味觉与口感类化合物[7]。这些化合物包括：（1）18 种苦味涩味化合物，包括丁香亭-3-O-β-D-吡喃葡萄糖苷（syringetin-3-O-β-D-glucopyranoside）、异鼠李亭-3-O-β-D-吡喃葡萄糖苷（isorhamnetin-3-O-β-D-glucopyranoside）、二氢槲皮素-3-O-α-L-吡喃鼠李糖苷（dihydroquercetin-3-O-α-L-rhamnopyranoside）、槲皮素-3-O-β-D-吡喃半乳糖苷（quercetin-3-O-β-D-galactopyranoside）、二氢山柰黄酮醇-3-O-α-L-吡喃鼠李糖苷（dihydrokaempferol-3-O-α-L-rhamnopyranoside）、槲皮素-3-O-β-D-吡喃葡萄糖醛苷（quercetin-3-O-β-D-glucuropyranoside）(以上是呈涩味黄酮-3-醇类化合物)、(E)-咖啡奎尼酸［(E)-caftaric acid]、没食子酸、2-糠酸、咖啡酸、*p*-香豆酸、阿魏酸、原儿茶酸、丁香酸、香兰酸、*p*-羟基苯甲酸、没食子酸甲酯（以上是酚酸和呋喃酸类化合物）以及分子质量>5u 的复杂化合物（涩味阈值 22mg/L，浓度 5.45g/L）；（2）21 种苦味化合物，包括（+）-儿茶素［(+)-catechin］、(-)-表儿茶酚、原花青素 B_1（procyanidin B_1）、原花青素 B_2、原花青素 B_3、原花青素 C_1（以上是呈苦味和涩味的黄烷-3-醇类化合物）、没食子酸乙酯、*p*-香豆酸乙酯、丁香酸乙酯、香兰酸乙酯、咖啡酸乙酯、阿魏酸乙酯、原儿茶酸乙酯(protocatechuic acid ethyl ester)(以上是呈苦味和涩味的酚酸乙酯类)、L-组氨酸、L-缬氨酸、L-异亮氨酸、L-亮氨酸、L-赖氨酸、L-苯丙氨酸、L-酪氨酸和 L-精氨酸（以上是苦味氨基酸）；（3）20 个甜味化合物，包括果糖、葡萄糖、阿拉伯糖、半乳糖、木糖、鼠李糖（以上为醛糖和酮糖）、甘油、1,2-丙二醇、环己六醇、甘露糖醇、阿拉伯糖醇、赤藓糖醇、山梨糖醇、核糖醇（以上为糖醇）、L-脯氨酸、L-丙氨酸、苷氨酸、L-蛋氨酸、L-丝氨酸、L-苏氨酸（以上为氨基酸）；（4）13 种酸味化合物，包括酒石酸、半乳糖醛酸、乙酸、琥珀酸、苹果酸、乳酸、柠檬酸、戊二酸、甲酸、异柠檬酸、马来酸、(*E*)-乌头酸、(*Z*)-乌头酸；（5）7 种呈咸味的离子，包括钾、镁、铵、磷酸根、钙、钠和氯；（6）4 种鲜味氨基酸，包括 L-谷氨酸、L-谷氨酰胺、L-天冬氨酸和 L-天冬酰胺。

通过缺失试验发现红葡萄酒苦味主要是阈值浓度下的酚酸乙酯类化合物以及黄烷-3-醇类化合物（flavin-3-ols）；而柔和型涩味（velvety astringent）是三个黄酮醇葡萄糖苷(flavon-3-ol glucosides）和二氢黄酮-3-醇鼠李糖苷（dihydroflavon-3-ol rhamnosides）产生的；皱褶型涩味（puckering astringent）是由分子质量>5ku 复杂化合物产生的，并由有机酸放大。酸味是由 L-酒石酸、D-半乳糖醛酸、乙酸、琥珀酸、L-苹果酸和 L-乳酸产生的，并分别受到氯化钾、氯化镁和氯化铵的轻微抑制。D-果糖和甘油以及阈值下浓度的葡萄糖、1,2-丙二醇和 *myo*-环己六醇（*myo*-inositol）是主要的甜味物质，而红葡萄酒的丰满感和整个酒体与甘油、1,2-丙二醇和 *myo*-环己六醇有关。

11.1.4 红葡萄酒整体风味重构

通过 AEDA 技术研究了丹菲特红葡萄酒（Dornfelder red wine）香气成分，发现 31 个香气化合物，选择其中 FD 较高的 28 种活性香气成分定量，这些化合物包括（浓度从高到低顺序）：乙酸、3-甲基丁醇、2-苯乙醇、(*S*)-2-甲基-1-丁醇、乙醛、2,3-丁二酮、3-甲基丁酸、2-甲基丙酸、丁酸、(*S*)-2-甲基-丁酸、癸酸、2-甲基丙酸乙酯、己酸乙酯、丁酸乙酯、4-羟基-3-甲氧基苯甲醛、（4*S*，5*S*）-5-丁基-4-甲基二氢呋喃-2(3*H*)-酮、2-苯乙酸、3-甲基丁酸乙酯、乙酸-2-苯乙酯、(*S*)-2-甲基丁酸乙酯、4-乙基愈创木酚、愈创木酚、4-羟基-2,5-二甲基呋喃-2(3*H*)-酮、5-戊基二氢呋喃-2(3*H*)-酮、4-乙烯基愈创木酚、3-甲硫基丙醛、3-羟基-4,5-二甲基呋喃-2(3*H*)-酮、(*E*)-1-(2,6,6-三甲基环己-1-烯-1-基）丁-2-烯-1-酮等。另外，通过 TDA 技术检测到 36 种活性口感成分，并通过 HPLC-UV、HPLC-MS-MS 和 IC（离子色谱）定性与定量，这些化合物包括（浓度从高到低顺序）：甘油、高分子质量组分、乳酸、果糖、酒石酸、葡萄糖、钾、半乳糖醛酸（galacturonic acid）、L-脯氨酸、琥珀酸、乙酸、镁、钙、苹果酸、钠、(*E*)-咖啡奎尼酸［(*E*)-caftaric acid］、柠檬酸、没食子酸、丁香酸、咖啡酸、(+)-儿茶素［(+)-catechin］、氨、没食子酸乙酯、香草酸、*p*-香豆酸、(-)-表儿茶酚、原儿茶酸乙酯、2-糠酸、丁香亭-3-*O*-β-D-葡萄糖苷、*p*-香豆酸乙酯、(*Z*)-乌头酸［(*Z*)-aconitic acid］、槲皮素-3-*O*-β-D-半乳糖苷、栗木鞣花素（castalagin）、咖啡酸乙酯、(*E*)-乌头酸［(*E*)-aconitic acid］、异鼠李亭-3-*O*-β-D-葡萄糖苷。最后，应用这些确认的重要风味化合物进行风味重构[8]。

在对重构葡萄酒进行感官评价时，采用了如下指标：香气部分采用花香、麦芽、水果、煮苹果、丁香、汗臭、烟熏、香兰素、椰子、醋、黄油、煮马铃薯等指标；味觉与口感部分采用指标包括涩味、苦味、酸、甜、咸以及丰满等指标[8]。

在香气重组时发现，如果不加入味觉与口感类化合物，则葡萄酒香气与原标准品一致，但口感不相似；如果加入味觉与口感类化合物但其中高分子质量化合物不加入时，口感相似程度特别是涩味相似程度较差；加入全部上述列出的化合物，则模拟葡萄酒与原酒样几乎没有区别[8]。

11.1.5　干酪味觉与口感重构

通过TDA研究，发现以下化合物重构后具有干酪的味觉与口感。重构是在水溶液中进行的，对比样品也是干酪水溶液[14]。这些化合物包括：12种苦味肽YPFPGPIHNS、YPFPGPIPN、YPFPGPIHN、LPQE、DIKQM、VYPFPGPIPN、EIVPN、VRGPFP、GPVRGPFP、SLVYPFPGPIHNS、LVYPFPGPIHN、MI；11种苦味矿物质和氨基酸，钙、镁、L-亮氨酸、L-酪氨酸、L-异亮氨酸、L-色氨酸、L-赖氨酸、L-缬氨酸、L-苯丙氨酸、L-精氨酸、L-组氨酸；4种鲜味化合物，L-谷氨酸、L-天冬氨酸、L-谷氨酰胺、L-天冬酰胺；5种酸味和咸味化合物，钠、钾、氯、乳酸盐、磷酸盐、乙酸盐；6种甜味化合物，L-蛋氨酸、L-丙氨酸、L-丝氨酸、甘氨酸、L-脯氨酸、L-苏氨酸；9种脂肪酸，丁酸、己酸、辛酸、癸酸、月桂酸、十四酸、棕榈酸、硬脂酸和油酸。

11.1.6　红茶味觉与口感重构

红茶（black tea）经过TDA分析，计算DoT，推定51个重要味觉与口感类化合物，并使用这些化合物进行味觉与口感重构[17]，包括：（1）15种氨基酸，L-异亮氨酸、L-亮氨酸、L-苯丙氨酸、L-酪氨酸、L-缬氨酸（以上为苦味氨基酸）、L-丝氨酸、L-甘氨酸、丙氨酸、L-鸟氨酸、L-脯氨酸、L-苏氨酸（以上是甜味氨基酸）、谷氨酸、天冬氨酸（以上是鲜味氨基酸）、γ-氨基丁酸、5*N*-乙基-L-谷氨酰胺［茶氨酸（theanine）］（以上呈口干和涩味）；（2）14种黄酮醇糖苷（flavonol-glycosides），槲皮素-3-*O*-[α-L-吡喃鼠李糖基-(1→6)-β-D-吡喃葡萄糖苷]、山柰黄酮醇-3-*O*-[α-L-吡喃鼠李糖基-(1→6)-β-D-吡喃葡萄糖苷]、槲皮素-3-*O*-β-D-吡喃半乳糖苷、槲皮素-3-*O*-β-D-吡喃葡萄糖苷、山柰黄酮醇-3-*O*-β-D-吡喃葡萄糖苷、杨梅素-3-*O*-β-D-吡喃葡萄糖苷、槲皮素-3-*O*-[β-D-吡喃葡萄糖基-(1→3)-*O*-α-L-吡喃鼠李糖基-(1→6)-*O*-β-D-吡喃半乳糖苷]、杨梅素-3-*O*-β-D-吡喃半乳糖苷、山柰黄酮醇-3-*O*-β-D-吡喃半乳糖苷、山柰黄酮醇-3-*O*-[β-D-吡喃葡萄糖基-(1→3)-*O*-α-L-吡喃鼠李糖基-(1→6)-*O*-β-D-吡喃葡萄糖苷]、杨梅素-3-*O*-[β-D-吡喃葡萄糖基-(1→3)-*O*-α-L-吡喃鼠李糖基-(1→6)-*O*-β-D-吡喃葡萄糖苷]、芹黄素-8-*O*-[α-L-吡喃鼠李糖基-(1→2)-β-D-吡喃葡萄糖苷]、杨梅素-3-*O*-[α-L-吡喃鼠李糖基-(1→6)-β-

D-吡喃葡萄糖苷]、山奈黄酮醇-3-*O*-[*β*-D-吡喃葡萄糖基-(1→3)-*O*-*α*-L-吡喃鼠李糖基-(1→6)-*O*-*β*-D-吡喃半乳糖苷];(3)8种黄烷-3-醇类,即表倍儿茶酚-3-没食子酸酯、儿茶素、表儿茶酚-3-没食子酸酯、表倍儿茶酚、没食子儿茶素、表儿茶酚、儿茶素-3-没食子酸酯、没食子儿茶素-3-没食子酸酯;(4)5种茶黄素类化合物,即茶黄素(theaflavin)、茶黄素-3,3′-二没食子酸酯、茶黄素-3-没食子酸酯、茶黄素-3′-没食子酸酯、茶黄酸;(5)5种呈酸味有机酸,即琥珀酸、草酸、苹果酸、柠檬酸和抗坏血酸;(6)3种糖,即葡萄糖、蔗糖和果糖;(7)呈苦味咖啡因。

通过缺失试验发现,呈苦味咖啡因、9种呈柔和型涩味物黄酮醇-3-糖苷,以及呈皱褶型涩味物儿茶素和呈苦味的表倍儿茶酚-3-没食子酸酯共12种化合物是关键口感类化合物[17]。

11.1.7 热加工食品风味物

热加工食品(heated foods)种类繁多、风味各异,但通过应用GC-O技术,已经发现了它们的重要或关键香气成分。

咖啡中似焦糖香气成分是4-羟基-2,5-二甲基-3(2*H*)-呋喃酮即呋喃扭尔[35]。

阿拉比卡咖啡(Arabica coffee)AEDA研究发现,重要香气成分是2,3-丁二酮(黄油香)、2,3-戊二酮(黄油香)、3-甲基-2-丁硫醇[3-methyl-2-butenthiol,狐臭,似臭鼬臭(skunky)]、甲硫醇(似煮马铃薯气味)、2-糠硫醇(2-furfurylthiol,焙烤香)、甲酸3-巯基-3-甲基丁酯[3-mercapto-3-methylbutyl formate,猫臭(catty),焙烤香][36]。经香气重组与缺失试验研究发现,其关键香气成分是2-糠硫醇[35, 37-38]。

罗布斯塔咖啡(Robusta coffee)AEDA研究发现,其重要香气成分包括2,3-丁二酮、2,3-戊二酮、3-甲基-2-丁硫醇、甲硫醇、2-糠硫醇、甲酸3-巯基-3-甲基丁酯、2-甲基-3-呋喃硫醇(2-methyl-3-furanthiol,似煮肉气味)、2,3-二乙基-5-四甲基吡嗪(土腥气味,焙烤香)[36]。

印度大吉岭黑茶(Darjeeling black tea)AEDA、OAV和香气重组发现,最重要香气成分是(*E*,*E*,Z)-2,4,6-壬三烯醛[(*E*,*E*,Z)-2,4,6-nonatrienal]、里哪醇和香叶醇,其中,(*E*,*E*,Z)-2,4,6-壬三烯醛是其关键香气成分[16]。

可可粉(cocoa power)AEDA、OAV和香气重组研究发现,其关键香气成分是乙酸、3-甲基丁醛、3-甲基丁酸、苯乙醛、2-甲基丁醛、3-羟基-4,5-二甲基-2(5*H*)-呋喃酮和2-乙酰基-1-吡咯[39]。

焙烤阿月浑子坚果(Roasted pistachio nuts)AEDA研究发现,重要香气成分是2-甲基丁醛、3-甲基丁醛、双乙酰、2,3-戊二酮、2-甲基丁酸乙酯、己醛、辛醛、1-辛烯-3-醇、3-乙基-2,5-二甲基吡嗪、2-乙基-3,5(或6)-二甲基吡嗪、甲硫醇、异丁酸、丁酸、苯乙醛、2-乙酰基-2-噻唑啉(2-acetyl-2-thiazoline,焙烤香)、*β*-大马酮(*β*-damascenone)、愈创木酚、反-4,5-环氧-(*E*)-2-癸烯醛[*trans*-4,5-epoxy-(*E*)-2-decenal]、呋喃扭尔[40]。

研究发现,饼干关键香气成分是呋喃扭尔,白面包皮关键香气成分是2-乙酰基-1-吡咯啉[35]。

法式炸薯条(French fries)OAV研究结果表明,使用棕榈油炸的重要香气成分包括

2-乙基-3,5-二甲基吡嗪、3-乙基-2,5-二甲基吡嗪、2,3-二乙基-5-甲基吡嗪、3-异丁基-2-甲氧基吡嗪、(*E*,Z)-2,4-癸二烯醛、(*E*,*E*)-2,4-癸二烯醛、反-4,5-环氧-(*E*)-2-癸烯醛、呋喃扭尔、2-甲基丙醛、2-甲基丁醛、3-甲基丁醛、甲硫醇;使用椰子脂肪油炸的其重要香气成分是γ-辛内酯[41]。

水煮牛肉(boiled beef)香气重组与缺失试验表明,其重要香气成分包括2-糠硫醇、4-羟基-2,5-二甲基-3(2*H*)-呋喃酮、3-巯基-2-戊酮、甲硫醇、辛醛、2-甲基-3-呋喃硫醇、壬醛、(*E*,*E*)-2,4-癸二烯醛[38]。蔬菜肉汁(vegetable gravy)炖牛肉(stewed beef)香气AEDA研究结果表明,3-甲硫基丙醛(煮马铃薯气味)、3-巯基-2-甲基戊-1-醇(似肉汁香)、(*E*,*E*)-2,4-癸二烯醛、3-羟基-4,5-二甲基-2(5*H*)-呋喃酮[似独活草(lovage)气味]、香兰素、(*E*,*E*)-2,4-壬二烯醛、(*E*)-2-十一烯醛(金属气味)和12-甲基十三醛[油腻的(tallowy)][42];而肉汁炖牛肉重要香气成分是3-甲硫基丙醛、(*E*,*E*)-2,4-癸二烯醛、12-甲基十三醛和双(2-甲基-3-呋喃基)二硫醚(肉香)[42]。

蔬菜肉汁(vegetable gravy)炖猪肉(stewed pork)AEDA香气结果是:3-甲硫基丙醛、(*E*, *Z*)-2,4-癸二烯醛、(*E*,*E*)-2,4-癸二烯醛、3-巯基-2-甲基戊-1-醇、3-羟基-4,5-二甲基-2(5*H*)-呋喃酮和4-乙烯基愈创木酚[42]。

煮灰色鲻鱼(mullet)风味SDE结合AEDA研究结果表明,其重要香气成分是(*Z*)-4-庚烯醛(煮鱼香)、壬醛、辛醛、2-乙酰基-1-吡咯啉、(*E*)-2-辛烯醛(油脂和鱼腥气味)[43]。

11.2 风味物质相互作用

11.2.1 风味物质相互作用评价方式

风味化合物之间会有相互作用,其作用方式有如下几种[44]:一是混合物展示各自独立的风味特征,即混合物中至少一个化合物浓度大于等于其阈值,或没有气味感觉到;二是互相中和或抵消(counteract),即两个化合物将不再呈现感官风味;三是增强效应或称为加成效应(additive effect),即每个化合物浓度为50%阈值浓度,混合后具有感官特征;四是协同效应或增强效应。

风味物之间是否有相互作用可以通过阈值测定来进行评价。混合物阈值如气味阈值记为OT_{mix},单个化合物记为OT_{ind}。当两个化合物混合后,其气味被检测到,如混合物$OT_{mix}=OT_{ind}$时,则认为两个化合物之间无相互作用(independent effect);若$OT_{mix}>OT_{ind}$时,表明两个化合物具有拮抗效应;当$OT_{ind}>OT_{mix}>50\%OT_{ind}$时,说明两个化合物之间具有加成效应(additive effect);当$OT_{mix}<50\%OT_{ind}$时,则两个化合物具有协同效应[44]。

11.2.2 酒精对酒中风味物质挥发性影响

酒精是极性化合物,饮料酒中酒精度高低对挥发性香气化合物影响较大,通常认为影响气液分配系数$K_{j,a-w}$,准确地讲,增加酒精浓度能降低绝大部分香气化合物的分配系数,降低程度与香气化合物疏水性(hydrophobicity)有关[45],其本质是酒精增加了这类香气化合物溶解度[46]。酒精-水溶液（与水比）会降低威士忌内酯挥发性，但对乙酸异戊酯没有影响[47]；当酒精度从0增加到20%vol时，3-烷基甲氧基吡嗪萃取回收率逐渐下降[48]；类似地，当酒精度从11%vol增加到14%vol时，葡萄酒中典型挥发性化合物回收率在下降[49]。另外一项研究表明[45]，随着化合物 lg$P$ 值（描述化合物憎水性的指标）增加，其顶空中浓度下降，直到 lg$P$ = 3。然而，对于非常非极性的化合物（lg$P$>3），它们并没有这个趋势。

另外，酒精会影响饮料酒黏度，修饰香气释放，因此会影响香气感觉[50]。

在葡萄酒中，如果酒精度很低（2%～4%vol），它会增强酸味和甜味，但会掩盖某些香气成分的气味，如柠檬醛[51]。多酚涩味与苦味的感觉也受到酒精浓度影响[52]。

酒精-水溶液中，酯类浓度相同时，酒精度越高，酯类越不容易挥发，即顶空中酯类浓度越低[53]。如在去醇葡萄酒（dealcoholized wine，<1%vol 酒精度）中，酯类水果香气挥发性以及香气强度高于含醇高的葡萄酒（10%～11%vol 酒精度）[52]。

添加酒精，乙酰丁香酮（acetosyringone）、丁香醛（syringaldehyde）、乙酰香兰酮（acetovanillone）、香兰素、3,5-二甲氧基苯酚和4-乙基愈创木酚与锦葵色素苷（malvin）结合的现象被观察到。添加10%酒精，乙酰香兰酮和丁香醛与锦葵色素苷-配位体对（ligand couples）以及与二甲花翠素-3-*O*-葡萄糖苷的缔合常数（association constant）下降1/3[54]。

酒精浓度高低影响着酒中风味物的分布以及酒基质的结构。当酒精度在15%vol以下时（图11-2），乙醇以单分子分布在水中[55]；当酒精度在20%～57%vol时，乙醇分子连续聚集（progressive aggregation），形成了一个憎水区域（hydrophobic areas）或称乙醇簇（ethanol clusters）[45]，降低了烷基链憎水水合作用（hydrophobic hydration）。在10%模拟烈性酒溶液中，添加橡木浸提液能增加此效应，即降低活度系数[56]；当酒精度在57%vol

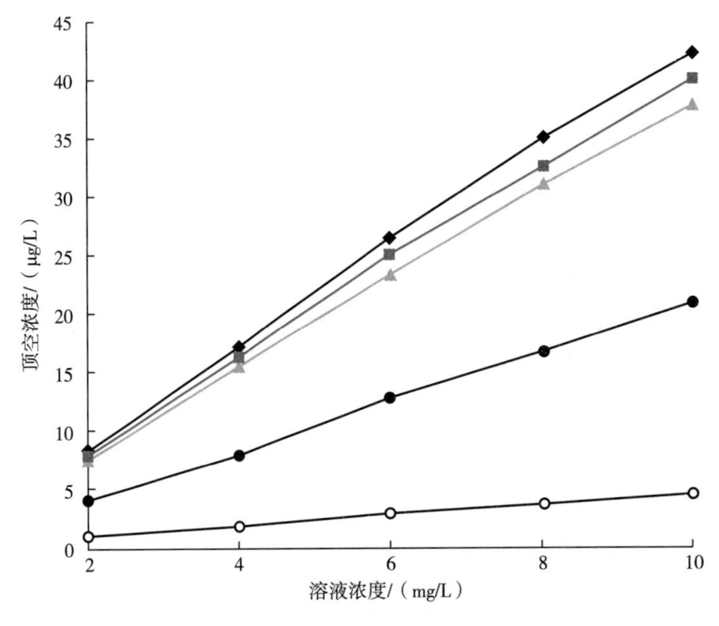

图11-2 溶液酒精度5%vol、10%vol、17%vol、23%vol和40%vol时顶空浓度与溶液中己酸乙酯浓度关系[55]

—◆— 5% —■— 10% —▲— 17% —●— 23% —○— 40%

以上时，溶液是醇溶性的，水氢键网络（hydrogen-bounded network）消失，水分子以单个状态分布在乙醇溶液中[55]。这表明，在低酒精度时，溶液本质上是水溶液，乙醇与乙酯以单个分子分布于水溶液中；当达到 20%vol 以上浓度时，乙醇自我联合（self associated）形成假胶束（pseudo-micelles）。当憎水酯增加时，它们会融入聚集物中，一直到水氢键网络完全消失，水以单个分子存在于溶液中，溶液成为本质上的乙醇溶液。也就是说，当溶液中酒精度从 20%vol 增加到 57%vol 时，在此区间内，酒精度变化对酯类顶空分配系数几乎没有影响[55]。

增加酒精度可以降低水相和乙酯的界面张力，降低香气化合物在顶空气相分压（partial pressure）[57]，提高其香气阈值，如降低瓶装酒酒精度（从 40%vol 降至 30%～35% vol）能增加顶空分配系数，降低香气化合物阈值[53]。

乙醇是一种表面活性剂，它会在溶液的气液界面有倾向性地聚集。当乙醇蒸发时，界面的某些区域乙醇被耗尽，在液气界面产生了一个表面张力梯度（surface tension gradient）。此时，乙醇会从大宗相中移动并补偿界面耗尽的部分，此时，会同时带出液面下的物质，如香气化合物，此现象称为马拉高尼效应（Marangoni effect）①[58]。

酒精-水溶液中添加尿素和盐会影响非离子型表面活性剂（non-ionic surfactant）的临界胶束浓度（critical micelles concentration）和胶束大小。尿素可以增加非电解质（non-electrolyte）的水溶解度，也可以增加正丙醇形成胶束聚集物的浓度，能间接影响乙酯类的活度系数[55]。

11.2.3 香气物质之间相互作用

两种香气化合物混合后，不仅仅会影响到香气的整体质量（quality），还会影响到整体香气强度（intensity）。如使用苯甲醛（苦杏仁气味）、丁香酚（丁香）、丙酸（醋气味）和（-）-香芹酮（香菜气味）以环境中浓度两两混合，其气味强度与原来同浓度单个化合物气味强度不同。除了香芹酮-丙酸这对外，当两个化合物气味强度区别不大时，两个化合物可以同时感受到。两个化合物混合后总香气强度小于两个化合物香气强度之和，但不会低于香气强度较弱的那个化合物香气强度[59]。进一步研究发现，假如两个香气化合物在未混合前香气强度相当，两个化合物在混合后均可以感觉到。其香气质量介于两个未混合化合物单个香气质量之间[60-61]。

两个化合物混合时的比例会影响到香气质量。研究发现，当（1-丙硫基丙基）甲基二硫［1-(propylthio) propyl methyl disulfide］与（1-甲硫基丙基）丙基二硫［1-

---

① 马拉高尼效应，俗称吉布斯-马拉高尼效应（Gibbs-Marangoni effect），是指两液面间因表面张力梯度而引起的质量传递（mass transfer）。在热依赖情况下，称为热毛细对流（thermo-capillary convection）或伯纳尔-马拉高尼对流（Bénard-Marangoni convection）。此现象最早由物理学家詹姆斯·汤姆逊（James Thomson，1822—1892 年）于 1855 年发现，并称为“葡萄酒之泪（tears of wine）”，俗称“挂杯”。1865 年意大利物理学家卡罗·马兰哥尼（Carlo Marangoni）发表了他研究该现象的博士论文。约西亚·威拉德·吉布斯（Josiah Willard Gibbs）在《多相物质平衡》（*On the Equilibrium of Heterogeneous Substances*）（1875—1878 年）书中完全从理论上阐述了这一现象。表面张力梯度是由浓度梯度或温度梯度引起的。由于酒精表面张力比水低，假如酒精与水是不均匀地混合，则低酒精度区域（更大的表面张力）将更强烈地推动周围的液体趋向高酒精度区域（更低的表面张力），结果，液体沿着表面张力梯度向高酒精度区域流动。另外一种描述是，薄膜（thin film）扩散行为，即水在薄膜上会扩散成一个平滑的区域，而酒精会在薄膜上形成一个液滴。

(methylthio) propyl methyl disulfide] 以 2.1∶1 混合时，呈洋葱、尘土、青草、似噻唑和辣鼻气味；当它们以 3.1∶1 混合时，呈洋葱、新鲜和甜香；当（1-丙硫基丙基）甲基二硫与（1-甲硫基丙基）甲基二硫和（1-甲硫基丙基）1-丙烯基二硫［1-(methylthio) propyl l-propenyl disulfide］以 1∶5.8∶1.28 混合时，呈青葱（scallion）和青香[62]。

再如啤酒老化类气味成分两两之间或三个成分相互作用是复杂的。（1）具有类似化学结构且类似气味特征的两个化合物混合后，其相互作用可能是协同、相加，也可能是拮抗[63]，如（*E*）-2-壬烯醛与（*E*,*E*）-2,4-癸二烯醛，具有类似气味特征，混合后呈纸板、纸和腐败脂肪气味，它们之间的作用是协同作用；2-甲基丙醛和 3-甲基丁醛具有类似气味特征，混合后呈花香、水果香、焦糖、焦煳和甜香，它们之间具有部分加成效应；2-乙酰基呋喃和 5-甲基糠醛具有类似气味特征，混合后呈玉米饼、杏仁和甜香，它们之间具有明显的拮抗效应；2-甲基丁酸乙酯和 3-甲基丁酸乙酯具有类似气味特征，混合后呈甜香、糖果和葡萄酒香，它们之间具有非常强烈的协同作用。（2）具有不同气味特征且化学结构各异的两个化合物混合后，主要表现出拮抗、协同作用[63]，如 2-甲基丁醛与蛋氨醛混合后呈煮马铃薯、甜香和焦糖香，两者基本没有相互作用；2-甲基丁醛与苯乙醛混合后呈糖果和花香，两者之间具有拮抗作用；蛋氨醛与苯乙醛混合后呈煮土豆、花香和蜂蜜香，两个化合物具有相加作用；2-甲基丁醛和 3-甲基丁酸乙酯混合后呈葡萄酒香、糖果、焦糖和水果香，两者之间具有强烈的协同作用。（3）三个化合物之间混合：2-甲基丁醛、蛋氨醛和苯乙醛混合后，呈麦芽、麦汁、煮马铃薯、巧克力、面包皮和土豆气味，它们之间具有部分相加作用[63]。(4) 研究发现，乙酸异戊酯对啤酒中单个 2-甲基丁醛、蛋氨醛和苯乙醛的气味具有掩盖作用（masking effect）[63]。

单个化合物对某类香气的影响是复杂的。（1）单个高级醇可能会增加混合酯类香气（如水果香）强度，但多个高级醇共同作用会抑制香气。使用红葡萄酒中常见 13 种乙酯和乙酸酯［丙酸乙酯 150μg/L、丁酸乙酯 200μg/L、己酸乙酯 200μg/L、辛酸乙酯 200μg/L、2-甲基丙酸乙酯 250μg/L、(*S*)-2-甲基丁酸乙酯 50μg/L、(*S*)-2-羟基-4-甲基戊酸乙酯和（*R*）-2-羟基-4-甲基戊酸乙酯（95∶5，质量比）400μg/L、乙酸丁酯 10μg/L、乙酸己酯 2μg/L、乙酸-2-甲基丙酯 50μg/L、乙酸-3-甲基丁酯 250μg/L、3-羟基丁酸乙酯 300μg/L、3-甲基丁酸乙酯 50μg/L］溶解于 12%酒精-水溶液（pH 3.5）或脱香红葡萄酒（DRW）中，混合重构水果香[64]。当添加单一 3-甲基丁醇或单一丁醇时，会显著降低重构水果香嗅觉阈值（olfactory threshold）；而混合醇（2-甲基丁醇 50μg/L、3-甲基丁醇 200μg/L、2-甲基丙醇 100μg/L、丙醇 30μg/L、丁醇 4μg/L）会增加其嗅觉阈值。在 12%酒精-水溶液（pH 3.5）和脱香红葡萄酒（DRW）中，混合醇对重构水果香中的清新（fresh）和水果酱（jammy-fruit note）气味具有掩盖作用。在 12%酒精-水溶液（pH 3.5）中重构水果香，添加 3-甲基丁醇能增强丁酸香气；而添加丁醇时，会增加其清新和似果酱香气[64]。(2) 在含有 12 个乙酯和乙酸酯重构香气中，添加少量二甲基硫醚（DMS）会显著降低水果香嗅觉阈值，增加总体香气强度，特别是增强黑浆果香气（black-berry fruit）[65]。(3) 使用 12 个酯（丙酸乙酯、2-甲基丙酸乙酯、丁酸乙酯、2-甲基丁酸乙酯、3-羟基丁酸乙酯、己酸乙酯、2-羟基-4-甲基戊酸乙酯、辛酸乙酯、乙酸-2-甲基丙酯、乙酸丁酯、乙酸-3-甲基丁酯、乙酸己酯）在 12%酒精-水溶液中（用酒石酸调整 pH 至 3.5）重构葡萄酒水果香气，缺失试验发现丙酸乙酯、3-羟基丁酸乙酯、乙酸丁酯和乙酸-2-甲基丙酯对水果香影响大；在不包括这以上 4 个酯的 8 个酯酒精-水溶液中，逐个添加这 4 个酯，发现 3-羟基丁酸乙酯和乙酸-2-甲基丙酯能导致水果香气阈值显著下降，表明这两个酯与其他化合物具有协同作用，能增加总体香气强度。除 3-羟基丁酸乙酯外，缺失试验的每一个化合物均对黑莓和新鲜水果香气强度具有显著消减效应（attenuating）。具有类似结构的化合物共同参与时，会增强模型溶液水果香，特别是黑莓和新鲜水果香气[66]。（4）β-大马酮并不能改变玫瑰红葡萄酒整体香气品质（qualitative character），但可以增强其香气强度[6]。在 12%酒精-水溶液中 β-大马酮降低了肉桂酸乙酯和己酸乙酯香气阈值，增加了 IBMP 感知阈值[67]。

多个香气化合物相互作用时，作用方式更加复杂。如一类香气增加，可能会造成另外一类香气下降，此为拮抗效应，协同效应也经常出现。如在葡萄酒研究中发现，当木香增加时，葡萄酒香气复杂程度增加，同时水果香气强度下降[68]。一项研究木香、水果香与酒精相互作用的文献表明[47]，在水溶液中，木香与水果香具有协同效应，但添加酒精后会消失；在水溶液和稀酒精-水溶液中，木香会被水果香掩盖；将木香与水果香混合后，可以掩盖酒精气味。

11.2.4 香气物质与不挥发性成分相互作用

饮料酒中香气物质与不挥发性香气相互作用比较复杂，目前更多推测与挥发性化合物疏水性有关[69-70]，研究较多的大分子成分（macro-components）有多酚、糖类、蛋白质、脂肪等。这些化合物在葡萄酒生产时，来源于葡萄皮、肉以及酵母细胞壁，通常分子质量在 10ku 以上，含量在 0.3~1g/L[46]，大部分大分子物质会在葡萄酒澄清和稳定处理时浓度下降。它们在饮料酒中会与香气化合物相互作用，影响饮料酒香气与口感。如 β-大马酮在酒精-水溶液（12∶88，体积比，4g/L 酒石酸、0.5mol/L NaOH 调 pH 至 3.5）中香气阈值为 50ng/L；而在模拟白葡萄酒（添加活性炭至 1L 霞多丽葡萄酒中吸附去除 β-大马酮）中阈值为 140ng/L；在模拟红葡萄酒 1（1.5L 梅鹿辄葡萄酒旋转蒸发，残留相用 12∶88 体积比酒精-水溶液稀释至原体积）中阈值为 2100ng/L；在模拟红葡萄酒 2（1.5L 梅鹿辄葡萄酒旋转蒸发至原体积 1/3，加入 180mL 无水酒精，再添加 Milli-Q 水至 1.5L）中阈值为 850ng/L；在红葡萄酒中阈值为 7000ng/L[67]。

使用酒石酸或果糖分别添加于水、酒精-水溶液和葡萄酒中研究酸甜相互作用，结果发现[51]，总体酸味强度在葡萄酒中的感觉低于在水和酒精-水溶液中的感觉；酒石酸对果糖甜味的抑制强于果糖甜味对酒石酸酸味的抑制。

香气物质与不挥发性物质的相关作用有以下几种方式[71-72]：一是不挥发性物质增强或减弱香气，这种香气包括前鼻香和后鼻香；二是香气成分增强或减弱不挥发性物质的味道（5 种基本味道）和/或口感；三是相互作用的复杂影响。

11.2.4.1 多酚对风味影响

葡萄酒中多酚会与香气化合物发生非共价（non-covalently）相互作用，这些相互作用会影响香气化合物释放。如通过过滤或澄清处理，以及葡萄酒老熟时增加多酚聚合度引起沉淀都会移去葡萄酒中多酚，将对葡萄酒香气平衡产生影响[46]。在水溶液中，由于憎水作用，香气化合物与多酚相互作用能增加香气化合物溶解度，降低它们的活度系数[73]。

单个挥发性酚类化合物能显著地与二甲花翠素-3,5-*O*-二葡萄糖苷（malvidin-3,5-*O*-diglucoside）相互作用。愈创木酚基类香气物质（guaiacyl-derived aroma substances）、酰基取代配位体（acyl-substituted ligands）与烷基取代的相比，前两者是更好的辅色素[54]。锦葵色素苷是花色素苷-3,5-二葡萄糖苷（anthocyanin-3,5-diglucoside）的半缩醛形式，它是葡萄酒中与香气化合物发生相互作用的主要成分，而不是花色素苷、二甲花翠素-3-葡萄糖苷。苯甲醛、糠醛和2-异丁基-3-甲氧基吡嗪对辅色素没有贡献，但所有苯酚基化合物如香兰素、丁香醛可以产生辅色素[54]。虽然增加花色素苷，颜色的视觉效应并没有观察到，但花色素苷与挥发性香气化合物作用将影响葡萄酒感官特征。另一项研究也发现，橡木萃取物［如鞣花单宁（ellagic tannins）］可能参与了与香气化合物的聚合作用[74]。

(+)-儿茶素能降低己酸乙酯和己醛挥发性10%~20%[75]、降低辛醛挥发性[76]，增加2-庚酮香气约15%[75]。在酒精-水溶液中，含低浓度儿茶素（0~5g/L）时，乙酸异戊酯、己酸乙酯和苯甲醛比柠檬烯有着更多的保留；单宁组分能诱导苯甲醛挥发性轻微下降和柠檬烯盐析，但对乙酸异戊酯和己酸乙酯并没有影响。应用^{1}H NMR在1∶1络合模型中络合常数（dissociation constant）研究表明，苯甲醛、乙酸异戊酯和己酸乙酯与儿茶素具有类似的、轻微的络合作用（complexation）；另外，儿茶素和表儿茶素与苯甲醛的亲和力比3,5-二甲基苯酚强[69]。

没食子酸与柚皮苷能降低2-甲基吡嗪、香兰素和苯甲酸乙酯的香气[77-78]；没食子酸丙酯和柚皮苷能增加茴香醚、2,3-二乙基吡嗪和苯甲酸乙酯在水溶液中溶解度[73]。咖啡因也有类似柚皮苷的效果，可能因为香气化合物与咖啡因形成了复杂分子[73]。通过^{1}H NMR热动力学参数和分子间核极化效应（nuclear overhauser effect）研究发现，没食子酸与香气相互作用比柚皮苷更强烈。超分子络合作用（supramolecular complexation）依赖于风味物的结构特性，2-甲基吡嗪和香兰素与没食子酸与柚皮苷的相互作用比苯甲酸乙酯强烈。相互作用主要是没食子酰基环（galloyl ring）与香气化合物芳香环的π-π叠加；第二位的是氢键作用，帮助稳定复杂性以及增强独特性[77]。另一项研究表明[78]，在1%酒精-水溶液中没食子酸能显著降低2-甲基吡嗪挥发性，而柚皮苷几乎没有影响。苯甲酸乙酯与多酚几乎没有相互作用。

橡木对某些香气化合物特别是乙酯类化合物具有吸附能力[79]。

11.2.4.2 甘油对风味影响

甘油是葡萄酒中最丰富的成分之一，在干葡萄酒中，它的浓度仅次于水和酒精。

葡萄酒中甘油对总体风味具有正向影响[80]。甘油的存在会增加葡萄酒感官黏度，但多糖存在时，会有一定程度下降[80]。甘油还可以抑制由高浓度酒精产生的辣感、粗糙感和苦味[80]。

在水溶液中，香气化合物释放并不受到甘油浓度（5~50g/L）影响；添加甘油，并不改变3-甲基丁醇、2-甲基丙醇、乙酸-3-甲基丁酯和己酸乙酯相对挥发性；感官分析结果表明，添加甘油并不能改变模拟葡萄酒和白葡萄酒的感官整体风味。因此，甘油对白葡萄酒挥发性香气没有影响[81]。

11.2.4.3 多糖和糖蛋白对风味影响

发酵酒中含有各种各样的多糖，如葡萄酒中多糖含量在500~1500mg/L[82]。发酵酒中多糖一部分来源于原料或原料中淀粉的分解产物，一部分来源于微生物的产物，如葡萄寄生霉菌（parasitic mould）灰葡萄孢菌。葡萄酒中多糖对总体香气具有轻微抑制作用[80]。在高酒精浓度，且缺乏多糖时，会产生不愉快的金属味[80]。

多糖（polysaccharides）能以多种方式结合挥发性化合物。一种方式是挥发性化合物的一些基团与糖形成氢键（hydrogen bonding）；一种方式是形成包合复合体（inclusion complexes），如淀粉具有三维结构，其憎水区（hydrophobic regions）能与各种憎水挥发性化合物形成包合复合体；环糊精能俘获（entrapping）挥发性化合物，且已经用于去除异味；环糊精在干燥条件下，能有效地保留（retaining）香味，而在水合环境下释放香味[83]。

模拟葡萄酒系统中，乙酸异戊酯和己酸乙酯不会受到多糖添加的影响（5~20g/L），这些多糖包括阿拉伯半乳聚糖-蛋白质（arabinogalactan-proteins，AGPs）、单聚鼠李半乳糖醛酸聚糖Ⅱ（monomeric rhamnogalacturonan Ⅱ，mRG-Ⅱ）、二聚鼠李半乳糖醛酸聚糖Ⅱ（dimeric rhamnogalacturonan Ⅱ，dRG-Ⅱ）、甘露糖蛋白（mannoproteins，MPs）。在高浓度富含蛋白质多糖MPO和AGPO存在时，乙酸异戊酯和己酸乙酯显著地保留在溶液中，而在富含糖醛酸（uronic acid）组分AGP4、mRG-II和dRG-II时，这两个酯具有微弱的盐析作用。1-己醇在AGPO、dRG-II、mRG-II和AGP4存在时，会保留在水溶液中，其强度顺序从强到弱，但在MPO存在时，具有强烈的盐析效果。双乙酰存在于水溶液中时，不会受到任何影响，而仅仅在AGP4存在时，会增加其活性[84]。研究发现柠檬烯不会受到新糖肽（neoglycopeptide）① 影响；但在微弱加热时，一些相互作用被观察到[70]。

酵母萃取物和自溶物（统称为“酵母衍生物”）对挥发性风味成分有着强烈影响。这种影响或者来源于影响了香气成分的挥发性，或者是加入了新的香气化合物，影响了原有香气剖面[85]。酵母粗MPs萃取物对乙酸异戊酯没有影响，对己酸乙酯和柠檬烯有轻微影响，即活度系数轻微下降[70]，1-己醇挥发性系数下降[86]；当MPs纯化后或用模拟糖肽（glycopeptide）时，没有观察到对柠檬烯挥发性的影响；当合成肽于50℃加热时，柠檬烯活度系数轻微下降[70]。当将酵母衍生物添加到具有强烈品种香的葡萄酒中时，会产生不好的香气，但非芳香白葡萄酒除外，如灰比诺，此时似酵母气味的影响是正向的[85]。

酵母细胞壁成分对挥发性香气有吸附作用[87]。使用酵母细胞壁与膨润土（bentonite）混合物澄清葡萄酒，β-紫罗兰酮与它们的结合比较强，大约30%，超过1-己醇、己酸乙酯和乙酸异戊酯这三个化合物。这些结合虽然与香气化合物类型以及它们的性质有关，但主要与其疏水性有关[88-89]。酵母泥（yeast lees）也有类似作用[90]，因此，可以使用酵母泥去除或消减葡萄酒感官缺陷。

酵母细胞也会影响葡萄酒风味，主要是与香气化合物形成结合态化合物，如糖共轭萜烯（glycoconjugated terpenes），这种结合会影响葡萄酒品种香[91]。

葡萄酒酒泥（lees）影响香气成分挥发性，特别是老熟时。将葡萄酒带酒泥在橡木桶

---

① 一种胰蛋白酶抑制剂（trypsin inhibitor）和糊精合成的共轭物，分子质量（66000 ± 2450）u。

中老熟，葡萄酒酒泥会与葡萄酒香气化合物以及橡木香气化合物相互作用[92]。当存在酒泥时，绝大部分橡木香气化合物香气下降，但发现与它们的疏水性以及浓度无关[93]。研究表明，当浓度达10g/L时，结合位点饱和，非疏水性相互作用发生。与酒泥亲和最好的化合物是丁香酚、4-丙基愈创木酚、4-甲基愈创木酚、糠醛和5-甲基糠醛。酒泥还可以与其他化合物结合，比较重要的是橡木内酯，但亲和度不高。并没有发现愈创木酚和γ-壬内酯与酒泥结合。因此，当红葡萄酒带酒泥老熟在橡木桶中时，来源于橡木的香气化合物对葡萄酒香气的影响将削弱。

葡萄酒的其他微生物如乳酸菌以及苹果酸-乳酸发酵（MLF）的产物也会与葡萄酒香气产生相互作用，会降低某些香气的挥发性[94]。

11.2.4.4 蛋白质对风味的影响

葡萄酒和蒸馏酒中含有较少的蛋白质，但黄酒和啤酒中含有较多蛋白质，如葡萄酒中蛋白质含量仅30~269mg/L[95]。葡萄汁和葡萄酒中蛋白质分子质量在25~35ku[96]，大部分以糖蛋白形式存在[97]。

蛋白质能降低水系统和干系统（dry systems）中挥发性化合物顶空浓度，如牛血清蛋白（bovine serum albumin）在水溶液中更容易结合γ-十二内酯，而在模拟葡萄酒（10%，pH 3.5）中相互作用要弱一些[98]；明胶（gelatin）和β-乳球蛋白（lactoglobulin）①能显著降低甲基酮（methyl ketones）[83, 99-100]、己酸乙酯、庚酸乙酯和己醛的挥发性[75]；大豆蛋白能降低醛的挥发性[84]；乳清蛋白（whey protein）和酪蛋白酸钠（sodium caseinate）造成香兰素[101]和苯甲醛香气轻微下降、D-柠檬烯香气下降[102]。这些影响局限于某些化合物，而不是所有挥发性化合物或结构类似的挥发性化合物，且对某些化合物的影响十分有限。如酪蛋白和乳清蛋白对柠檬醛和苯甲醛的香气没有显著影响[102]。

挥发性化合物与蛋白质相互作用依赖于这些分子的物理和化学性质[103]。如短链酸和甲基吡嗪并不能与β-乳球蛋白结合，而甲氧基吡嗪却可以与β-乳球蛋白发生相互作用。酯能与β-乳球蛋白之间发生憎水相互作用（hydrophobic interaction）；当两个憎水链中的一个链长增加时，其亲和能力增加。β-乳球蛋白与棕榈酸酯（或盐）共结晶（co-crystallization）表明结合位于中心腔（central cavity）。在丁香酚水溶液中添加β-乳球蛋白会降低其香气强度，而β-乳球蛋白对香兰素水溶液香气强度则没有显著影响，因香兰素与该蛋白的亲和力低[103]。

醛酮能与蛋白质中氨基或巯基反应，形成共价结合体，此现象也称为“风味结合（flavor binding）”。该反应将降低风味浓度和闻香强度[99]。醛-蛋白相互作用体系已经被广泛研究。当在醛溶液中添加蛋白质时，醛浓度下降[102]。香兰素与蚕豆蛋白、乳蛋白或阿斯巴甜（aspartame）结合，降低了香兰素顶空浓度；增加蛋白质浓度或加热时，香兰素香气下降[102]。这种结合可能是可逆的，也可能是不可逆的。可逆的结合如甲基酮与β-乳球蛋白可逆憎水相互作用（reversible hydrophobic interactions）强度受到气味物链长强烈影响，从2-庚酮到2-壬酮的亲和常数（affinity constant）显著增加[100, 103]。不可逆的结合，如羰基化合物中香兰素或苯甲醛与蛋白质结合，可能是通过席夫碱（Schiff base）与

① 通常作为模式蛋白用于研究风味与蛋白的相互作用。

赖氨酸侧链的ε-氨基形成的[101]，如香兰素与阿斯巴甜、L-酪氨酸乙酯与庚醛形成席夫碱[102]。

加热含有双-(2-呋喃基甲基）二硫醚和双-(2-甲基-3-呋喃基）二硫醚的鸡蛋蛋白（egg albumin）水溶液，导致二硫醚浓度下降超过原来的1%，二硫醚被大量还原为相应的硫醇。而在水或麦芽糊精（maltodextrin）溶液中并没有这一现象。推测可能是硫醇和二硫醚基团与蛋白质中的巯基和二硫醇基团发生了交换[104]。

葡萄酒中欧洲葡萄似奇异果甜蛋白（*Vitis vinifera* Thaumatin-Like protein，VVTL）或称为似奇异果甜蛋白（Thaumatin-Like Proteins，TLPs）与葡萄酒发酵过程产生的酯具有相互作用[105]。酯对VVTL 1的二级结构没有显著影响，但添加辛酸乙酯、癸酸乙酯、十二酸乙酯会增加VVTL 1的稳定性，添加己酸乙酯其稳定性下降。这表明它们之间存在相互作用。使用膨润土从葡萄酒中去除蛋白质后，导致间接地去除了这些酯[105]。

11.2.4.5 硫醇与类黑精相互作用

类黑精（melanoidins）是美拉德反应的产物。类黑精在美拉德反应过程中会与硫醇类化合物，如2-糠硫醇、2-甲基-3-糠硫醇、3-甲基-2-丁硫醇和甲酸3-巯基-3-甲基丁酯反应，大幅度降低硫醇类化合物浓度，其中2-糠硫醇下降幅度最大，下降到原来的1/16。此过程还会伴随着烧烤-硫化物香气（roasty-sulfury aroma）的下降。随着咖啡在瑟姆斯保温瓶（thermos flask）中保温时间延长，所有硫醇浓度下降[99]。

11.2.4.6 琼脂凝胶对风味影响

基质会影响到风味释放。如琼脂凝胶（agar gel）强度增加，相关风味（包括2-丁酮、2-戊酮、2-庚酮、2-辛酮、2-壬酮、丁酸乙酯和己酸乙酯）感觉贡献强度会下降，而挥发性风味释放则相反[106]。脂肪的添加会使口腔感觉下降，且与脂肪的脂溶性（solubility）和挥发性化合物的亲油性（lipophilicity）有关[106]。

11.2.4.7 无机盐对挥发性风味成分影响

在葡萄酒中添加氯化钙（0~9.2mol/L）、二氯化钴（0~1.0mol/L）、氯化铜（0~4.9mol/L）和氯化钠（0~4.4mol/L）等无机盐对挥发性化合物的挥发性是有影响的，主要是“盐析（salting out）”效应，即随着盐浓度增加，挥发性化合物在气相中浓度增大。当盐浓度在0.5~2mol/L时，会对乙醛、乙酸乙酯、甲醇和酒精产生盐析效应，而对丙醇、1-丁醇没有影响。当氯化钙浓度在2mol/L时，这些挥发性化合物的顶空浓度不再增加。另外，氯化铜可能具有催化作用，催化产生乙酸甲酯和乙酸乙酯，降低了乙醛浓度[107]。

模拟葡萄酒中添加酒石酸氢钾（potassium bitartrate）和酒石酸钾对己酸乙酯没有影响，但降低了辛醛的活度系数[76]。

11.2.4.8 无味觉的气味物对咸味影响

2011年有文献报道了气味诱导咸味增强（odour-induced saltiness enhancement）的现象，使用不同浓度无味气味物（tasteless odorant）与不同浓度盐混合在水溶液中，研究气味-味道的互动（odour-taste congruency），发现在低盐与中盐情况下，气味能显著增强咸味；但高盐情况下没有显著影响[72]。

11.2.4.9 香气化合物与饮料酒中大分子物质相互作用检测方法

香气化合物与食品或饮料中其他成分相互作用频繁使用的测量方法是基于测量大分子液态基质中气液平衡变化，测定有大分子和没有大分子溶液的气液分配。

不同方法可以用来检测气液分配系数，即稀溶液中的活度系数。最频繁使用的方法是动态和静态顶空方法。

动态顶空方法是在稀的二相溶液体系中通入惰性气体，采用指数稀释方法（exponential dilution method）测定活度系数 γ_i^{∞}，可用于测定葡萄酒多糖影响香气气液平衡[70]，研究多酚对葡萄酒香气影响[69]。该法需要将液体标准溶液进入 GC，采用外标曲线方法[73]。

静态顶空方法测定分配系数是通过 GC 定量样品上部挥发性化合物浓度。蒸气相校正方法（vapour phase calibration method，VPC）使用外标曲线方法。在进样前必须确认纯物质完全挥发，广泛使用的方法是液体校正静态顶空方法（liquid calibration static headspace，LC-SH）[87, 108]。在静态顶空中，不需要外标校正的方法是相比变化法（phase ratio variation method，PRV）[109]。研究发现[110]，PRV 比 VPC 和 LC-SH 方法更加简便，VPC 和 PRV 方法比 LC-SH 方法更加精确，其原因可能是避免了气密针气体泄漏和吸附。第四个方法是大气压化学离子化-质谱（APCI-MS）法，该法使用酒精作气体，作为质子转移试剂离子[45]，避免了样品中高浓度酒精对其他挥发性化合物的影响。

另外一个检测方法是 HS-SPME 方法，目前这一方法已经成为研究葡萄酒大分子与香气物质气液平衡的常用方法[48-49, 74-75, 78]。

还有一种不使用气相检测葡萄酒基质与香气化合物相互作用的方法，如平衡透析方法（equilibrium dialysis method）已经用于测定酵母大分子与某些香气化合物的相互作用[88]，如用于研究水溶液中香气化合物与儿茶素（catechin）的相互作用[75]。

11.2.5 不挥发性风味物质之间相互作用

不挥发性风味物质之间具有相互作用，这一点已经在食品与饮料酒风味研究的实践中发现。应用葡萄酒与模拟葡萄酒作为基质，研究乳酸与苹果酸分别对葡萄酒苦味、涩味和酸味的影响。随着酸浓度增加，即 pH 下降时，涩味强度与持续时间（duration）会增加，不同酸即乳酸与苹果酸对涩味的影响是类似的。pH 和酸的种类对苦味没有任何影响，但对酸味有影响，即随着 pH 下降，酸味会增加[111]。

葡萄酒经常被评价有涩味，主要原因是聚多酚类化合物和酒石酸的相互作用[111]。模拟葡萄酒（单宁酸和酒石酸溶解于 12%酒精-水溶液+5g/L 蔗糖）试验表明，增加酒石酸浓度，模拟葡萄酒涩味增加；增加柠檬酸的浓度，白葡萄酒的涩味增加。pH 在 3.75~2.59，pH 下降与涩味强度增加具有线性相关关系[112]。

参考文献

[1] Fritsch H T, Schieberle P. Identification based on quantitative measurements and aroma recombination

of the character impact odorants in a Bavarian Pilsner-type beer [J]. J Agri Food Chem, 2005, 53: 7544-7551.

[2] Chen S, Xu Y, Qian M C. Aroma characterization of Chinese rice wine by gas chromatography-olfactometry, chemical quantitative analysis, and aroma reconstitution [J]. J Agri Food Chem, 2013, 61 (47): 11295-11302.

[3] Chen S, Wang D, Xu Y. Characterization of odor-active compounds in sweet-type Chinese rice wine by aroma extract dilution analysis with special emphasis on sotolon [J]. J Agri Food Chem, 2013, 61 (40): 9712-9718.

[4] Mayr C M, Geue J P, Holt H E, et al. Characterization of the key aroma compounds in Shiraz wine by quantitation, aroma reconstitution, and omission studies [J]. J Agri Food Chem, 2014, 62 (20): 4528-4536.

[5] Guth H. Quantitation and sensory studies of character impact odorants of different white wine varieties [J]. J Agri Food Chem, 1997, 45 (8): 3027-3032.

[6] Ferreira V, Ortín N, Escudero A, et al. Chemical characterization of the aroma of Grenache rosé wines: Aroma extract dilution analysis, quantitative determination, and sensory reconstitution studies [J]. J Agri Food Chem, 2002, 50 (14): 4048-4054.

[7] Hufnagel J C, Hofmann T. Quantitative reconstruction of the nonvolatile sensometabolome of a red wine [J]. J Agri Food Chem, 2008, 56 (19): 9190-9199.

[8] Frank S, Wollmann N, Schieberle P, et al. Reconstitution of the flavor signature of Dornfelder red wine on the vasis of the natural concentrations of its key aroma and taste compounds [J]. J Agri Food Chem, 2011, 59 (16): 8866-8874.

[9] Gao W, Fan W, Xu Y. Characterization of the key odorants in light aroma type Chinese liquor by gas chromatography-olfactometry, quantitative measurements, aroma recombination, and omission studies [J]. J Agri Food Chem, 2014, 62 (25): 5796-5804.

[10] Fan H, Fan W, Xu Y. Characterization of key odorants in Chinese chixiang aroma-type liquor by gas chromatography-olfactometry, quantitative measurements, aroma recombination, and omission studies [J]. J Agri Food Chem, 2015, 63 (14): 3660-3668.

[11] Poisson L, Schieberle P. Characterization of the most odor-active compounds in an American Bourbon whisky by application of the aroma extract dilution analysis [J]. J Agri Food Chem, 2008, 56 (14): 5813-5819.

[12] Poisson L, Schieberle P. Characterization of the key aroma compounds in an American Bourbon whisky by quantitative measurements, aroma recombination, and omission studies [J]. J Agri Food Chem, 2008, 56 (14): 5820-5826.

[13] Franitza L, Granvogl M, Schieberle P. Characterization of the key aroma compounds in two commercial rums by means of the sensomics approach [J]. J Agri Food Chem, 2016, 64 (3): 637-645.

[14] Toelstede S, Hofmann T. Quantitative studies and taste re-engineering experiments toward the decoding of the nonvolatile sensometabolome of Gouda cheese [J]. J Agri Food Chem, 2008, 56 (13): 5299-5307.

[15] Preininger M, Warmke R, Grosch W. Identification of the character impact flavour compounds of Swiss cheese by sensory studies of models [J]. Z Lebensm Unters Forsch, 1996, 202: 30-34.

[16] Schuh C, Schieberle P. Characterization of the key aroma compounds in the beverage prepared from Darjeeling black tea: Quantitative differences between tea leaves and infusion [J]. J Agri Food Chem, 2006, 54 (3): 916-924.

[17] Scharbert S, Hofmann T. Molecular definition of black tea taste by means of quantitative studies, taste reconstitution, and omission experiments [J]. J Agri Food Chem, 2005, 53 (13): 5377-5384.

[18] Buettner A, Schieberle P. Evaluation of key aroma compounds in hand-squeezed grapefruit juice (*Citrus paradisi Macfayden*) by quantitation and flavor reconstitution experiments [J]. J Agri Food Chem, 2001, 49 (3): 1358-1363.

[19] Buettner A, Schieberle P. Evaluation of aroma differences between hand-squeezed juices from Valencia Late and Navel oranges by quantitation of key odorants and flavor reconstitution experiments [J]. J Agri Food Chem, 2001, 49 (5): 2387-2394.

[20] Averbeck M, Schieberle P H. Characterisation of the key aroma compounds in a freshly reconstituted organe juice from concentrate [J]. Eur Food Res Technol, 2009, 229: 611-622.

[21] Fischer A, Schieberle P. Characterisation of the key aroma compounds in the peel oil of Pontianak oranges (*Citru nobilis* Lour. var. *microcarpa* Hassk.) by aroma reconstitution experiments [J]. Eur Food Res Technol, 2009, 229: 319-328.

[22] Munafo J P, Didzbalis J, Schnell R J, et al. Insights into the key aroma compounds in Mango (*Mangifera indica* L. 'Haden') fruits by stable isotope dilution quantitation and aroma simulation experiments [J]. J Agri Food Chem, 2016, 64 (21): 4312-4318.

[23] Pollner G, Schieberle P. Characterization of the key odorants in commercial cold-pressed oils from unpeeled and peeled rapeseeds by the sensomics approach [J]. J Agri Food Chem, 2016, 64 (3): 627-636.

[24] Rotzoll N, Dunkel A, Hofmann T. Quantitative studies, taste reconstitution, and omission experiments on the key taste compounds in morel mushrooms (*Morchella deliciosa* Fr.) [J]. J Agri Food Chem, 2006, 54: 2705-2711.

[25] Lorjaroenphon Y, Cadwallader K R. Identification of character-impact odorants in a cola-flavored carbonated beverage by quantitative analysis and omission studies of aroma reconstitution models [J]. J Agri Food Chem, 2015, 63 (3): 776-786.

[26] Delcour J A, Vansteelandt J, Hythier M-C, et al. Fractionation and reconstitution experiments provide insight into the role of starch gelatinization and pasting properties in pasta quality [J]. J Agri Food Chem, 2000, 48: 3774-3778.

[27] Meyer S, Dunkel A, Hofmann T. Sensomics-assisted elucidation of the tastant code of cooked crustaceans and taste reconstruction experiments [J]. J Agri Food Chem, 2016, 64 (5): 1164-1175.

[28] 范海燕. 豉香型成品白酒及其斋酒的香气物质 [D]. 无锡: 江南大学, 2015.

[29] Gao W, Fan W, Xu Y. Characterization of the key odorants in light aroma type Chinese liquor by gas chromatography-olfactometry, quantitative measurements, aroma recombination, and omission studies [J]. J Agri Food Chem, 2014, 62 (25): 5796-5804.

[30] 范文来, 徐岩. 白酒 79 个风味化合物嗅觉阈值测定 [J]. 酿酒, 2011, 38 (4): 80-84.

[31] Wang X, Fan W, Xu Y. Comparison on aroma compounds in Chinese soy sauce and strong aroma type liquors by gas chromatography-olfactometry, chemical quantitative and odor activity values analysis [J]. Euro Food Res Tech 2014, 239 (5): 1-13.

[32] 张灿. 中国白酒中异嗅物质研究 [D]. 无锡: 江南大学, 2013.

[33] Salo P, Nykanen L, Suomalainen H. Odor thresholds and relative intensities of volatile aroma components in an artificial beverage imitating whisky [J]. Journal of Food Science, 1972, 37 (3): 394-398.

[34] 聂庆庆. 洋河绵柔型白酒风味研究 [D]. 无锡: 江南大学, 2012.

[35] Belitz H D, Grosch W, Schieberle P. Food chemistry [M]. Heidelberg: Springer, 2009.

[36] Semmelroch P, Grosch W. Analysis of roasted coffee powers and brews by gas chromatography-olfactometry of headspace samples [J]. Lebensmittel-Wissenschaft und-Technologie, 1995, 28: 310-313.

[37] Czerny M, Mayer F, Grosch W. Sensory study on the character impact odorants of roasted arabica cof-

fee [J]. J Agri Food Chem, 1999, 47: 695-699.

[38] Grosch W. Evaluation of the key odorants of foods by dilution experiments, aroma models and omission [J]. Chem Senses, 2001, 26 (5): 533-545.

[39] Frauendorfer F, Schieberle P. Identification of the key aroma compounds in cocoa powder based on molecular sensory correlations [J]. J Agri Food Chem, 2006, 54: 5521-5529.

[40] Aceña L, Vera L, Guasch J, et al. Determination of roasted pistachio (*Pistacia vera* L.) key odorants by headspace solid-phase microextraction and gas chromatography-olfactometry [J]. J Agri Food Chem, 2011, 59: 2518-2523.

[41] Wagner R K, Grosch W. Key odorants of french fries [J]. J Am Oil Chem Soc, 1998, 75 (10): 1385-1392.

[42] Christlbauer M, Schieberle P. Characterization of the key aroma compounds in beef and pork vegetable gravies ά la chef by application of the aroma extraction dilution analysis [J]. J Agri Food Chem, 2009, 57: 9114-9122.

[43] Cayhan G G, Selli S. Characterization of the key aroma compounds in cooked grey mullet (*Mugil cephalus*) by application of aroma extract dilution analysis [J]. J Agri Food Chem, 2011, 59: 654-659.

[44] Guadagni D G, Buttery R G, Okano S, et al. Additive effect of sub-threshold concentrations of some organic compounds associated with food aromas [J]. Nature, 1963, 200 (4913): 1288-1289.

[45] Aznar M, Tsachaki M, Linforth R S T, et al. Headspace analysis of volatile organic compounds from ethanolic systems by direct APCI-MS [J]. Int J Mass Spectrom, 2004, 239 (1): 17-25.

[46] Voilley A, Beghin V, Charpentier C, et al. Interactions between aroma substances and macromolecules in a model wine [J]. Lebensmittel-Wissenschaft Technologie, 1991, 24 (5): 469-472.

[47] Le Berre E, Atanasova B, Langlois D, et al. Impact of ethanol on the perception of wine odorant mixtures [J]. Food Qual Pref, 2007, 18 (6): 901-908.

[48] Hartmann P J, McNair H M, Zoecklein B W. Measurement of 3-alkyl-2-methoxypyrazines by headspace solid-phase microextraction in spiked model wines [J]. Am J Enol Vitic, 2002, 53 (4): 285-288.

[49] Whiton R S, Zoecklein B W. Optimization of headspace solid-phase microextraction for analysis of wine aroma compounds [J]. Am J Enol Vitic, 2000, 51 (4): 379-382.

[50] Nurgel C, Pickering G. Contribution of glycerol, ethanol and sugar to the perception of viscosity and density elicited by model white wines [J]. J Texture Stud, 2005, 36 (3): 303-323.

[51] Zamora M C, Goldner M C, Galmarini M V. Sourness-sweetness interactions in different media: White wine, ethanol and water [J]. J Sens Stud, 2006, 21 (6): 601-611.

[52] Ebeler S E. Analytical chemistry: unlocking the secrets of wine flavor [J]. Food Rev Int, 2001, 17 (1): 45-64.

[53] Conner J M, Birkmyre L, Paterson A, et al. Headspace concentrations of ethyl esters at different alcoholic strengths [J]. J Sci Food Agric, 1998, 77: 121-126.

[54] Dufour C, Sauvaitre I. Interactions between anthocyanins and aroma substances in a model system. Effect on the flavor of grape-derived beverages [J]. J Agri Food Chem, 2000, 48 (5): 1784-1788.

[55] Conner J M, Paterson A, Piggott J R. Interactions between ethyl esters and aroma compounds in model spirit solutions [J]. J Agri Food Chem, 1994, 42: 2231-2234.

[56] Conner J M, Paterson A, Piggott J R. Release of distillate flavor compounds in Scotch malt whiskey [J]. J Sci Food Agri, 1999, 79: 1015-1020.

[57] Pozo-Bayón M Á, Reineccius G. Interactions between wine matrix macro-components and aroma compounds [M]. In Wine Chemistry and Biochemistry, New York: Springer, 2008.

[58] Spedding P L, Grimshaw J, O'Hare K D. Abnormal evaporation rate of ethanol from low concentration aqueous solutions [J]. Langmuir, 1993, 9 (5): 1408-1413.

[59] Laing D G, Panhuber H, Willcox M E, et al. Quality and intensity of binary odor mixtures [J]. Physiol Behav, 1984, 33 (2): 309-319.

[60] Olsson M J. An integrated model of intensity and quality of odor mixtures [J]. Ann NY Acad Sci, 1998, 855 (1): 837-840.

[61] Olsson M J. An interaction model for odor quality and intensity [J]. Perception & Psychophysics, 1994, 55 (4): 363-372.

[62] Kuo M C, Ho C T. Volatile constituents of the distilled oils of Welsh onions (*Allium fistulosum* L. variety maichuon) and scallions (*Allium fistulosum* L. variety caespitosum) [J]. J Agri Food Chem, 1992, 40 (1): 111-117.

[63] Saison D, Schutter D P D, Uyttenhove B, et al. Contribution of staling compounds to the aged flavour of lager beer by studying their flavour thresholds [J]. Food Chem, 2009, 114 (4): 1206-1215.

[64] Cameleyre M, Lytra G, Tempere S, et al. Olfactory impact of higher alcohols on red wine fruity ester aroma expression in model solution [J]. J Agri Food Chem, 2015, 63 (44): 9777-9788.

[65] Lytra G, Tèmpere S, Zhang S, et al. Olfactory impact of dimethyl sulfide on red wine fruity esters aroma expression in model solution [J]. J Int Sci Vigne Vin, 2014, 48 (1): 75-85.

[66] Lytra G, Tempere S, Le Floch A, et al. Study of sensory interactions among red wine fruity esters in a model solution [J]. J Agri Food Chem, 2013, 61 (36): 8504-8513.

[67] Pineau B, Barbe J-C, Leeuwen C V, et al. Which impact for β-damascenone on red wines aroma? [J]. J Agri Food Chem, 2007, 55 (10): 4103-4108.

[68] Atanasova B, Thomas-Danguin T, Chabanet C, et al. Perceptual interactions in odour mixtures: Odour quality in binary mixtures of woody and fruity wine odorants [J]. Chem Senses, 2005, 30 (3): 209-217.

[69] Dufour C, Bayonove C L. Interactions between wine polyphenols and aroma substances. An insight at the molecular level [J]. J Agri Food Chem, 1999, 47 (2): 678-684.

[70] Langourieux S, Crouzet J C. Study of interactions between aroma compounds and glycopeptides by a model system [J]. J Agri Food Chem, 1997, 45 (5): 1873-1877.

[71] Lim J, Fujimaru T, Linscott T D. The role of congruency in taste-odor interactions [J]. Food Qual Pref, 2014, 34: 5-13.

[72] Nasri N, Beno N, Septier C, et al. Cross-modal interactions between taste and smell: Odour-induced saltiness enhancement depends on salt level [J]. Food Qual Pref, 2011, 22 (7): 678-682.

[73] King B M, Solms J. Interactions of volatile flavor compounds with propyl gallate and other phenols as compared with caffeine [J]. J Agri Food Chem, 1982, 30 (5): 838-840.

[74] Escalona H, Birkmyre L, Piggott J R, et al. Effect of maturation in small oak casks on the volatility of red wine aroma compounds [J]. Anal Chim Acta, 2002, 458 (1): 45-54.

[75] Jung D M, Ebeler S E. Headspace solid-phase microextraction method for the study of the volatility of selected flavor compounds [J]. J Agri Food Chem, 2003, 51 (1): 200-205.

[76] Escalona H, Homman-Ludiye M, Piggott J R, et al. Effect of potassium bitartrate, (+)-catechin and wood extracts on the volatility of ethyl hexanaote and octanal in ethanol/water solutions [J]. LWT-Food Sci Technol, 2001, 34 (2): 76-80.

[77] Jung D M, de Ropp J S, Ebeler S E. Study of interactions between food phenolics and aromatic flavors using one-and two-dimensional ^{1}H NMR spectroscopy [J]. J Agri Food Chem, 2000, 48 (2): 407-412.

[78] Aronson J, Ebeler S E. Effect of polyphenol compounds on the headspace volatility of flavors [J].

Am J Enol Vitic, 2004, 55 (1): 13-21.

[79] Ramirez-Ramirez G, Chassagne D, Feuillat M, et al. Effect of wine constituents on aroma compound sorption by oak wood in a model system [J]. Am J Enol Vitic, 2004, 55 (1): 22-26.

[80] Jones P R, Gawel R, Francis I L, et al. The influence of interactions between major white wine components on the aroma, flavour and texture of model white wine [J]. Food Qual Pref, 2008, 19 (6): 596-607.

[81] Lubbers S, Verret C, Voilley A. The effect of glycerol on the perceived aroma of a model wine and a white wine [J]. LWT-Food Sci Technol, 2001, 34 (4): 262-265.

[82] Will F, Dietrich H. Untersuchung der Zuckerbausteine von Polysacchariden des Weines (Analysis of the monomer composition of wine polysaccharides) [J]. Z Lebensm Unters Forsch, 1990, 191 (2): 123-128.

[83] Harrison M, Hills B P. Mathematical model of flavor release from liquids containing aroma-binding macromolecules [J]. J Agri Food Chem, 1997, 45 (5): 1883-1890.

[84] Dufour C, Bayonove C L. Influence of wine structurally different polysaccharides on the volatility of aroma substances in a model system [J]. J Agri Food Chem, 1999, 47 (2): 671-677.

[85] Comuzzo P, Tat L, Tonizzo A, et al. Yeast derivatives (extracts and autolysates) in winemaking: Release of volatile compounds and effects on wine aroma volatility [J]. Food Chem, 2006, 99: 217-230.

[86] Chalier P, Angot B, Delteil D, et al. Interactions between aroma compounds and whole mannoprotein isolated from*Saccharomyces cerevisiae* strains [J]. Food Chem, 2007, 100 (1): 22-30.

[87] Voilley A, Lamer C, Dubois P, et al. Influence of macromolecules and treatments on the behavior of aroma compounds in a model wine [J]. J Agri Food Chem, 1990, 38 (1): 248-251.

[88] Lubbers S, Charpentier C, Feuillat M, et al. Influence of yeast walls on the behavior of aroma compounds in a model wine [J]. Am J Enol Vitic, 1994, 45 (1): 29-33.

[89] Lubbers S, Voilley A, Feuillat M, et al. Influence of mannaproteins from yeast on the aroma intensity of a model wine [J]. LWT-Food Sci Technol, 1994, 27 (2): 108-114.

[90] Chassagne D, Guilloux-Benatier M, Alexandre H, et al. Sorption of wine volatile phenols by yeast lees [J]. Food Chem, 2005, 91 (1): 39-44.

[91] Moio L, Ugliano M, Gambuti A, et al. Influence of clarification treatment on concentrations of selected free varietal aroma compounds and glycoconjugates in Falanghina (*Vitis vinifera* L.) must and wine [J]. Am J Enol Vitic, 2004, 55 (1): 7-12.

[92] Ramirez-Ramirez G, Lubbers S, Charpentier C, et al. Aroma compound sorption by oak wood in a model wine [J]. J Agri Food Chem, 2001, 49 (8): 3893-3897.

[93] Jiménez M N, Ancín A C. Binding of oak volatile compounds by wine lees during simulation of wine ageing [J]. LWT-Food Sci Technol, 2007, 40 (4): 619-624.

[94] Boido E, Lloret A, Medina K, et al. Effect of β-glycosidase activity of *Oenococcus oeni* on the glycosylated flavor precursors of Tannat wine during malolactic fermentation [J]. J Agri Food Chem, 2002, 50 (8): 2344.

[95] Feuillat M. Yeast macromolecules: Origin, composition, and enological interest [J]. Am J Enol Vitic, 2003, 54 (3): 211-213.

[96] Pueyo E, Dizy M, Polo M C. Varietal differentiation of must and wines by means of protein fraction [J]. Am J Enol Vitic, 1993, 44 (3): 255-260.

[97] Yokotsuka K, Ebihara T, Sato T. Comparison of soluble proteins in juice and wine from Koshu grapes [J]. J Ferment Bioeng, 1991, 71 (4): 248-253.

[98] Druaux C, Lubbers S, Charpentier C, et al. Effects of physico-chemical parameters of a model wine on the binding of γ-decalactone on bovine serum albumin [J]. Food Chem, 1995, 53 (2): 203-207.

[99] Hofmann T, Czerny M, Calligaris S, et al. Model studies on the influence of coffee melanoidins on flavor volatiles of coffee beverages [J]. J Agri Food Chem, 2001, 49 (5): 2382-2386.

[100] O'Neill T E, Kinsella J E. Binding of alkanone flavors to β-lactoglobulin: effects of conformational and chemical modification [J]. J Agri Food Chem, 1987, 35 (5): 770-774.

[101] Hansen A P, Heinis J J. Decrease of vanillin flavor perception in the presence of casein and whey proteins [J]. J Dairy Sci, 1991, 74 (9): 2936-2940.

[102] Hansen A P, Heinis J J. Benzaldehyde, citral, and D-limonene flavor perception in the presence of casein and whey proteins [J]. J Dairy Sci, 1992, 75 (5): 1211-1215.

[103] Andriot I, Harrison M, Fournier N, et al. Interactions between methyl ketones and β-lactoglobulin: sensory analysis, headspace analysis, and mathematical modeling [J]. J Agri Food Chem, 2000, 48 (9): 4246-4251.

[104] Mottram D S, Szauman-Szumski C, Dodson A. Interaction of thiol and disulfide flavor compounds with food components [J]. J Agri Food Chem, 1996, 44: 2349-2351.

[105] Di Gaspero M, Ruzza P, Hussain R, et al. Spectroscopy reveals that ethyl esters interact with proteins in wine [J]. Food Chem, 2017, 217: 373-378.

[106] Frank D, Eyres G T, Piyasiri U, et al. Effects of agar gel strength and fat on oral breakdown, volatile release, and sensory perception using in Vivo and in Vitro systems [J]. J Agri Food Chem, 2015, 63 (41): 9093-9102.

[107] de la Ossa E M, Galan M A. Salt effect on the vapor/liquid equilibrium of wine [J]. Am J Enol Vitic, 1986, 37: 254-258.

[108] Nedjma M. Influence of complex media composition, Cognac's brandy, or Cognac, on the gas chromatography analysis of volatile sulfur compounds--preliminary results of the matrix effect [J]. Am J Enol Vitic, 1997, 48 (3): 333-338.

[109] Ettre L S, Welter C, Kolb B. Determination of gas-liquid partition coefficients by automatic equilibrium headspace-gas chromatography utilizing the phase ratio variation method [J]. Chromatographia, 1993, 35 (1): 73-84.

[110] Athès V, Lillo M P a y, Bernard C, et al. Comparison of experimental methods for measuring infinite dilution volatilities of aroma compounds in water/ethanol mixtures [J]. J Agri Food Chem, 2004, 52 (7): 2021-2027.

[111] Kallithraka S, Bakker J, Clifford M N. Red wine and model wine astringency as affected by malic and lactic acid [J]. J Food Sci, 1997, 62 (2): 416-420.

[112] Guinard J X, Pangborn R M, Lewis M J. Preliminary studies on acidity-astringency interactions in model soulutions and wines [J]. J Sci Food Agric, 1986, 37 (8): 811-817.

12 白酒风味与风味前体物质

12.1 白酒原料成分

白酒酿造的主要原料是高粱，制曲的主要原料是小麦，其他酿酒与制曲原料还有大米、糯米、玉米、豌豆等。

12.1.1 高粱

高粱（*Sorghum bicolor*）是在小麦、水稻、玉米和大麦之后产量排名第五的谷物，全世界的年总产量约 6000 万 t，种植面积约 4600hm^2[1-2]。超过 35%的高粱用于人类食用，其他主要用于动物饲料、酿酒或其他工业用途。美国是世界上最大的高粱生产国和出口国，约占世界产量的 20%和总出口量的 80%[2-3]，非洲高粱产量约占世界产量的 40%[2]。

高粱特别适合干旱地区种植，如热带、半干旱热带气候，降雨量 400~600mm。高粱的基因已经解析出来。

高粱含多种植物素（phytochemicals），包括酚类、植物固醇（plant sterols）和脂肪醇（policosanols）。含量最丰富的脂肪醇是二十八烷醇（octacosanol）和三十烷醇（tricontanol）[3]，高粱中不含缩合单宁[4]。

酚类广泛存在于植物中，以高粱含量最高［229~787mg/100g（按没食子酸计算）］[5]，某些品种含量高达 6%（质量分数）[1, 3]。酚类与其他天然化合物一起能消除游离自由基，具有抗氧化活性。高粱具有高抗氧化活性，且与是否发芽无关[2]。一些红高粱品种比其他来源（如越橘属）的天然抗氧化剂具有更高的抗氧化活性[2]。流行病学的研究结果表明，包括高粱在内的整粒谷物消费时，能降低心血管疾病的死亡率，这可能与它们的抗氧化活性有关[3]。

12.1.1.1 高粱酚类化合物

高粱中多酚含量依基因与环境的影响而多变。基于可浸出单宁的浓度，高粱可分为：Ⅰ型高粱［1%酸化甲醇几乎不能浸出单宁，如 TX2911 红果皮（pericarp）高粱］、Ⅱ型高粱［1%酸化甲醇可浸出单宁，但单独甲醇不能浸出，如早亨加力（Early Hegari）高粱］、Ⅲ型高粱［1%酸化甲醇和单独使用甲醇均可浸出单宁，如早漆树（Early Sumac）高粱］[3-4, 6]。单宁存在于高粱的色素化果皮中，如Ⅱ型和Ⅲ型高粱，这类高粱含显性

的 B_1、B_2 基因[6]。

根据高粱的外观与总浸出多酚，可分为以下几类：（1）白高粱（white sorghums），也称为食用型高粱，不含可浸出单宁或花青素，低的总可浸出酚类浓度；（2）红高粱（red sorghums），没有可浸出单宁，红果皮含大量的可浸出多酚；（3）黑高粱（black sorghums），黑色的果皮，非常高的花青素浓度；（4）棕色高粱（brown sorghums），色素外种皮（pigmented testa）含有大量单宁[3]。

高粱中的多酚主要包括：简单酚类、羟基苯甲酸类、羟基肉桂酸类、类黄酮类[flavonoids，包括黄烷醇类（flavonols）、黄酮类（flavones）、黄烷酮类（flavanones）、异黄酮类和花青素类（anthocyanins）、花色素类（anthocyanidins）]、查尔酮类（chalcones）、橙酮类（aurones 或 hispidol）、羟基香豆素类（hydroxycoumarins）、木酚素类（lignans）、羟基芪类（hydroxystilbenes）和聚黄烷类（polyflavans，包括原花青素和原脱氧花青素类）[1]。高粱中的黄烷醇类主要有山柰黄酮醇-3-芸香糖苷-7-葡萄糖酸苷（kaempferol-3-rutinoside-7-glucuronide）、紫杉叶素（taxifolin）、紫杉叶素-7-葡萄糖苷、芹菜醇（apiforol）、木樨草醇（luteoforol）、儿茶素、原花青素 B-1[7]；黄酮类化合物主要有芹黄素（apigenin）、木樨草素（luteolin）[7]；黄烷酮类主要有圣草酚（eriodictyol）、圣草酚-5-葡萄糖苷、柚皮素（naringenin）[7]；花青素类主要包括芹菜啶（apigeninidin）、芹菜啶-5-葡萄糖苷、木樨草啶（luteolinidin）、木樨草啶-5-葡萄糖苷、5-甲氧基芹菜啶、7-甲氧基芹菜啶、7-甲氧基芹菜啶-5-葡萄糖苷、5-甲氧基木樨草啶、5-甲氧基木樨草啶-7-葡萄糖苷、7-甲氧基木樨草啶[7]。高粱不含单宁酸和水解单宁[1]。有深色外种皮和紫红/红色果皮的高粱，其酚类化合物含量最高[1]。单宁高粱含单宁 10.0~68.0mg/g 干重，无单宁高粱的单宁含量为 0.5~3.8mg/g 干重[3]。高粱中原花色素的构成情况如图 12-1 所示，酚类化合物含量如表 12-1 所示。

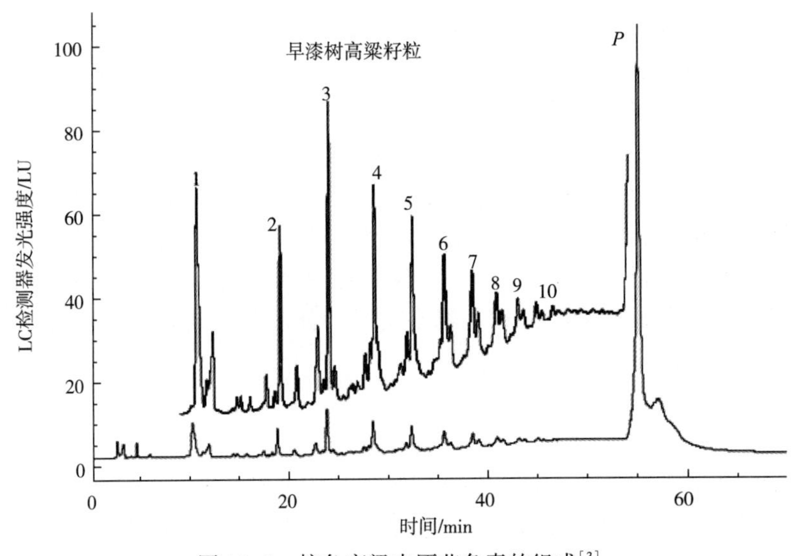

图 12-1 棕色高粱中原花色素的组成[3]

注：LU，LC 检测器的发光单位（luminescence units）。图中，峰上的数字是聚合度，P 是指聚合度>10。

表 12-1　　高粱中酚类化合物含量[1]

化合物	含量/(mg/g 干重)
羟基苯甲酸类	—
p-羟基苯甲酸	15~36
五倍子酸	26~46
原儿茶酸	24~141
香兰酸	8~50
羟基肉桂酸类	—
p-香豆酸	100~200
咖啡酸	25~52
阿魏酸	300~500
芥子酸	50~140
类黄酮类	—
花青素	0~2800
3-脱氧花青素	0~4000
黄烷-4-醇	0~1300
原花青素	0~68000

酿酒原料高粱中的单宁主要是缩合型的，它们主要由黄烷-3-醇类和/或黄烷-3，4-二醇类聚合而成。糖基化或非糖基化并带有取代基的黄烷-4-醇类化合物也已经在高粱中发现。单宁酸或水解单宁并没有在高粱中检测到[3]。

高粱发芽时，总多酚含量没有变化，但有些多酚化合物的含量下降，如原花青素、3-脱氧花青素类（3-deoxyanthocyanidins）、黄烷-4-醇等[2]。

高粱糠在加工成饼干和面包时，能显著降低原花青素的浓度，对高分子质量的聚合物影响更大。制作成饼干时，原花青素保留了 42%~84%，而制作成面包时仅保留了 13%~69%。挤压膨化（extrusion）时，造成 DP（聚合度）≤4 的原花青素浓度上升，DP≥6 的聚合物浓度下降，说明挤压膨化时会造成高分子质量的原花青素分解为小分子质量的原花青素。另外，加工过程中，不同分子质量的原花青素的比例会发生变化[8]。

12.1.1.2　高粱酚酸及酚醚类化合物

高粱中已经鉴定出的酚酸与酚醚类化合物主要是苯甲酸类与肉桂酸类。与其他谷物相比，高粱中的酚酸主要存在于皮壳中。酚酸大部分以结合态酯存在于高粱细胞壁中，其中以阿魏酸含量最高，其他鉴定出含量较多的酸还有丁香酸、原儿茶酸、咖啡酸、*p*-香豆酸和芥子酸[3]。因此，高粱糠层的阿魏酸、*p*-香豆酸和香草酸含量最高[4]。与不含色素的高粱相比，色素化内皮层越多，游离的酚酸与酚醚类物质含量越高[3]。谷物中主要酚酸及酚醚类含量如表 12-2 所示。

表 12-2　　谷物中主要的酚酸与酚醚类浓度[a][3]　　单位：μg/g 干重

谷物种类	阿魏酸	芥子酸	p-香豆酸
高粱	100~500	50~140	70~230
玉米	1740	—	—
黑麦	900~1170	70~140	40~70
小麦	640	—	—
燕麦	360	—	—
大米	300	—	—
大麦	225[b]	—	80[b]
高粱糠	1400~2170	100~630	0~970
小麦糠	5410	75	170
黑麦糠	2780	390	190

注：a：HPLC 法测定，包括游离态与结合态的。

b：仅为结合态的。

12.1.1.3　高粱的抗氧化活性

高粱具有抗氧化活性。有研究表明，单宁高粱（tannin sorghum）果实（grain）抗氧化活性（以生育酚计，下同）是 868μmol/g 干重，而单宁高粱糠（bran）是 3124μmol/g 干重[7]。说明高粱的抗氧化活性物质主要存在于糠中（即胚芽中）。黑高粱（black sorghum）、红高粱（red sorghum）和白高粱（white sorghum）具有类似的性质，如黑高粱果实抗氧化活性是 219μmol/g 干重，而糠中是 1008μmol/g 干重；红高粱果实是 140μmol/g 干重，糠 710μmol/g 干重；白高粱果实是 22μmol/g 干重，而糠是 64μmol/g 干重[7]。这一结果也表明，不同品种的高粱其抗氧化活性是不一样的，以单宁高粱最高，其次为红高粱、黑高粱，最后是白高粱。

进一步的对比还会发现，高粱的抗氧化活性通常高于我们日常吃的很多水果和蔬菜。如蓝莓的抗氧化活性是 842μmol/g 干重，草莓 402μmol/g 干重，李 495μmol/g 干重，西瓜 18μmol/g 干重，红苹果 295μmol/g 干重，橘子 137μmol/g 干重，花椰菜 173μmol/g 干重，胡萝卜 108μmol/g 干重，洋葱 93μmol/g 干重，甜椒 105μmol/g 干重，芥末 217μmol/g 干重，马铃薯 63μmol/g 干重[7]。

12.1.2　小麦

小麦蛋白中含有较多的酰胺（amide），这些蛋白通常称做面筋蛋白（gluten protein）或谷蛋白①，其含有非常多的谷氨酰胺（glutamine）。小麦氨基酸中的谷氨酰胺含量约占整个氨基酸含量的 30%[9]。

① 谷蛋白中会含有脂肪，去除脂肪的方法参见参考文献［9］。

应用 HPLC-ESI-TOF-MS 等技术对不同品种小麦中的多酚进行检测，已经发现的化合物主要有以下种类。

12.1.2.1 酚酸类化合物

酚酸类化合物主要包括丁香醛、丁香酸及其异构体、阿魏酸及其异构体、二氢阿魏酸及其异构体、香兰素、香兰酸、*p*-羟基苯甲醛、*p*-香豆酸、香豆素、芥子酸[10]。

12.1.2.2 花青素与原花青素类

花青素与原花青素类主要包括甲基花青素（peonidin）-3-葡萄糖苷、花葵素（pelargonidin）-3-葡萄糖苷［即翠菊色苷（callistephin）］、花青素（cyanidin）-3-葡萄糖苷［即刺柏素（kuromanin）］、原花青素 B-3 异构体、花色素［即氯化青靛（cyanidin chloride）］[10]、花青素-3-半乳糖苷（cyanidin 3-galactoside）、花青素 3-芸香糖苷（cyanidin 3-rutinoside）、花翠素-3-葡萄糖苷（delphinidin 3-glucoside）、花翠素-3-芸香糖苷（delphinidin 3-rutinoside）、甲基花青素-3-葡萄糖苷（peonidin 3-glucoside）、甲基花翠素-3-葡萄糖苷（petunidin 3-glucoside）、甲基花翠素-3-芸香糖苷（petunidin 3-rutinoside）[7]。

12.1.2.3 木酚素类（lignans）

木酚素类主要包括丁香树脂酚（syringaresinol）及其异构体、扁柏脂内酯素（hinokinin）、松脂酚（pinoresinol）[10]。

12.1.2.4 黄酮及黄酮苷类

黄酮及黄酮苷类主要包括芹黄素及其异构体、巢菜素-2（vicenin，即芹菜黄-6,8-二-*C*-葡萄糖苷）异构体、芹黄素-6-*C*-*β*-半乳糖基-8-*C*-*β*-葡萄糖基-*O*-吡喃葡萄糖内酯苷（apigenin-6-*C*-*β*-galactosyl-8-*C*-*β*-glucosyl-*O*-glucuronopyranoside）及其异构体、淡黄木樨草二葡糖苷（lucenin，即木樨草素-6/8-*C*-木糖苷-8/6-*C*-葡萄糖苷）异构体、芹黄素-6-*C*-阿拉伯糖苷-8-*C*-已糖苷［apigenin-6-*C*-arabinoside-8-*C*-hexoside，即夏佛塔苷（schaftoside）和异夏佛塔苷（isoschaftoside）］、牡荆素（vitexin）和异牡荆素（isovitexin）、异牡荆素-2″-*O*-鼠李糖苷、糖基化和乙酰基化的 3′,4′,5′-三羟基-3,7-二甲基黄酮及其异构体（*O*-葡萄糖苷）、荭草素（orientin）和异荭草素（isoorientin）、甲基异荭草素（methylisoorientin）-2″-*O*-鼠李糖苷及其异构体、5,7,4′-三羟基-3′,5′-二甲氧基黄酮［5,7,4′-trihydroxy-3′,5′-dimethoxy-flavone，即小麦黄素（tricin）］[10]、芹黄素葡萄糖苷类[7]。

12.1.2.5 异黄酮类

异黄酮类主要包括芒柄花黄素（formononetin，葡萄糖糖基化和甲基化）及其异构体。

12.1.2.6 芪素类

芪素类主要包括银松素（pinosylvin，双糖基化）及其异构体、糖基化银松素及其异构体。

12.1.3 其他原料

大麦中花色素类主要是花青素、花青素3-葡萄糖苷、花翠素、花葵素、花葵素糖苷类（pelargonidin glycosides）、甲基花翠素-3-葡萄糖苷[7]；黄烷醇类主要有金圣草黄素（chrysoeriol）、儿茶素、无花花青素（leucocyanidin）、无花花翠素（leucodelphinidin）、原花青素B-3、原花翠素B-3[7]。

玉米中的花色素类主要是花青素3-半乳糖苷、花青素3-葡萄糖苷、花青素3-芸香糖苷/花葵素-3-葡萄糖苷（pelargonidin 3-glucoside）、花葵素糖苷类、甲基花青素-3-葡萄糖苷[7]；黄烷醇类主要有山柰黄酮醇、槲皮素（quercetin）、无花花青素、无花花葵素（leucopelargonidin）[7]。

大米中的花色素类主要是花青素3-葡萄糖苷、花青素3-芸香糖苷、甲基花青素-3-葡萄糖苷[7]。

小米中的黄酮类化合物主要有芹黄素、葡萄糖基荭草素（glucosylorientin）、葡萄糖基牡荆素（glucosylvitexin）[7]；黄酮类化合物主要有木樨草素、小麦黄素、牡荆素[7]。

燕麦中的花色素类主要是花青素3-葡萄糖苷、花翠素-3-芸香糖苷、甲基花青素-3-葡萄糖苷[7]；黄酮类化合物主要有芹黄素、木樨草素、异牡荆素、小麦黄素、异牡荆素[7]；黄烷酮类主要有高圣草酚（homoeriodictyol）[7]；黄烷醇类主要有山柰黄酮醇、山柰黄酮醇-3-芸香糖苷、槲皮素、槲皮素-3-芸香糖苷[7]。

12.2 白酒微量成分

白酒微量成分十分丰富。根据化学属性不同，可以将酒中的微量成分分为醇类、醛类、酸类、酯类、酮类、内酯类化合物、硫化物、缩醛类化合物、吡嗪类化合物、呋喃类化合物、芳香族化合物，以及其他化合物。

酒中微量成分是决定白酒香气、口感和风格的关键[11-12]。在微量成分中，酸类赋予白酒丰满和酸刺激感，酯类使白酒具有水果香气。特别是浓香型大曲酒，其主要香气成分就是以己酸乙酯为主体香的一种复合香气[11, 13]。在白酒生产实践中，大家都能体会到，少量的调味酒对白酒的香气、口感和风格具有决定性的影响，但检测它们的色谱骨架成分，并没有发现有多大的不同，这就是所谓“量微香大”，即极微量香气成分在起重要作用。随着检测方法和手段的改进，分析仪器的不断革新，蒸馏酒中的绝大部分微量成分完全可以分析得非常清楚。

我国白酒微量成分检测始于20世纪60年代初期[11, 14]。1963年，轻工业部组织茅台试点时，建立了纸上色谱法和薄层层析色谱法[15]。1965年，内蒙古轻工业研究所开始应用纸层析和色谱柱。1967年，四川省食品研究所采用气相色谱仪定性、定量了白酒中的氨基酸、有机酸、酯类以及一些高沸点的化合物。其后，气相色谱分析技术在白酒企业得到了广泛应用。2005年SPME技术首次应用于白酒检测中[16]；而SBSE技术于2011年首次应用于白酒检测中[17]。

国内外研究结果表明，葡萄酒中共有600~800种各类挥发性化合物，总量在0.8~1.2g/L[18-19]；而在我国白酒中，酒精与水的数量占总量的97%~98%，微量成分含量为2%~3%[11,20]。截至目前，已经在我国白酒中检测并定性698种挥发性成分，其中酯类167种，醇类67种，醛类33种，酮类48种，缩醛类18种，有机酸34种，萜类69种，芳香族化合物111种，酚类26种，硫化物21种，呋喃类化合物35种，吡嗪类化合物31种，吡啶等杂环化合物11种，内酯类11种，烷烃与烯烃8种，其他化合物8种[21-22]。

12.3 白酒风味物质

我国白酒是蒸馏酒，微量成分在1500种以上是有可能的。然而，并不是所有的挥发性成分在酒中都有呈香或呈味作用。因此，深入研究白酒中的风味物质成分显得更为重要。

风味物质的研究方法主要有GC-O和GC-AEDA两种主要的方法，此两种方法已经被广泛应用于葡萄酒、威士忌、白兰地等酒的分析中[16,23-28]。GC-O和AEDA方法分别于2005年[16]和2006年[23]由本书作者首次应用于白酒风味研究中。

12.3.1 纯浓型浓香白酒风味物质

酸类在纯浓型浓香白酒的香气中起着很重要的作用。根据Osme值判断，己酸和丁酸可能是最重要的游离脂肪酸。己酸和丁酸呈干酪香气；另外，3-甲基丁酸和戊酸有相当高的Osme值，它们有汗臭、干酪气味；乙酸、2-甲基丙酸、辛酸、庚酸、丙酸和4-甲基戊酸均已经检测到[28]。

酯类中乙酯类和己酯类占主要地位。己酸乙酯有水果、花香和甜香，对纯浓型浓香白酒的香气是极重要的。己酸乙酯在我国浓香型白酒中是最重要的酯，其浓度达1.5~3.0g/L，它的感官阈值极低。丁酸乙酯、戊酸乙酯、辛酸乙酯和己酸-3-甲基丁酯有水果香、苹果香和青香，是浓香型白酒重要香气化合物[28]。

其他酯如庚酸乙酯、癸酸乙酯、己酸甲酯、己酸丙酯、己酸丁酯、己酸己酯、辛酸己酯、乙酸己酯、2-甲基丙酸乙酯、3-甲基丁酸乙酯和3-甲基辛酸丁酯有中等强度香气，它们呈甜香、水果香、苹果香和菠萝香，对纯浓型浓香白酒的香气很重要。

几种羟基脂肪酸酯在浓香型白酒中已经检测到。2-羟基己酸乙酯、2-羟基丙酸乙酯（乳酸乙酯）、2-羟基-3-甲基丁酸乙酯有花香、茉莉香和水果香。丁二酸二乙酯也已检测到，它呈水果香和甜香。在纯浓型浓香白酒中检测到几种芳香族酯，如安息香酸乙酯有花香，而苯乙酸乙酯有玫瑰香和蜂蜜香。

在极性色谱柱和非极性色谱柱上，正己醇和3-甲基丁醇是重要的醇。正己醇呈花香和青香，3-甲基丁醇具腐臭。正戊醇、2-戊醇、正庚醇、2-庚醇、正辛醇和2-辛醇有中等强度香气，也是很重要的香气物质。正庚醇赋予青香和水果香，正戊醇、2-戊醇和2-庚醇呈水果香，正辛醇和2-辛醇提供青香和花香。另外，苯乙醇有很低的Osme值，呈玫瑰香和花香。

在极性色谱柱上，鉴定出8种苯酚类化合物，而在非极性色谱柱上鉴定出了5种。在极性色谱柱上，愈创木酚（2-甲氧基苯酚）、4-甲基愈创木酚（4-甲基-2-甲氧基苯酚）和4-乙基愈创木酚（4-乙基-2-甲氧基苯酚）呈强烈的丁香、调味品和烟熏味。苯酚、*o*-甲酚（2-甲氧基苯酚）、*p*-甲酚（4-甲氧基苯酚）、4-乙基苯酚和4-乙烯基苯酚在纯浓型浓香白酒中也能检测到，它们呈草药气味和动物臭[28]。

在中性-碱性组分中鉴定了3种缩醛类化合物。1,1-二乙氧基乙烷（乙缩醛）有强烈的水果香，它伴随着乙酸乙酯在极性色谱柱上流出，但在非极性色谱柱上是可以分离的。1,1-二乙基-2-甲基丙烷和1,1-二乙基-3-甲基丁烷给予水果香，这些物质在蒸馏酒、威士忌和白兰地中也有报道。缩醛类化合物是由醇类和醛类在过量酒精存在下形成的。

在纯浓型浓香白酒中鉴定出了两种硫化物。二甲基二硫有煮熟的洋葱气味，而苯并噻唑呈烟熏味和橡胶味。二甲基二硫来自含硫氨基酸的降解。苯并噻唑在发酵过程中可能由真菌产生。在纯浓型浓香白酒中，苯并噻唑和苯酚类物质是产生烟熏气味和烤面包香的主要物质。

在纯浓型浓香白酒中，仅鉴定出少量的醛类和酮类。糠醛呈杏仁香和甜香；2-戊酮有水果香；3-辛基-2-酮呈泥土和蘑菇香；苯乙醛呈花香，它可能由酵母形成。

12.3.2 陈味浓香型白酒风味物质

12.3.2.1 五粮液白酒香气物质

用GC-O和GC-MS从五粮液白酒中共鉴定出126种香气化合物（碱性组分15种，中性组分77种和酸性-水溶性组分44种）。另外，有6种未知香气化合物能由GC-O检出，却不能由GC-MS鉴定[23]。

酸性-水溶性组分主要由脂肪酸、醇类和酚类物质组成（图12-2）。己酸在GC-O分析时香气强度为很强，故应是重要的香气物质；3-甲基丁醇在酸性-水溶性组分有很强的香气强度，但由于它浓度高和萃取不完全，因而在碱性-中性组分（分别为中等强和强）也能检测到；正戊醇、2-苯乙醇、丁酸、3-甲基丁酸、苯酚和糠醛为中等强度香气物质；

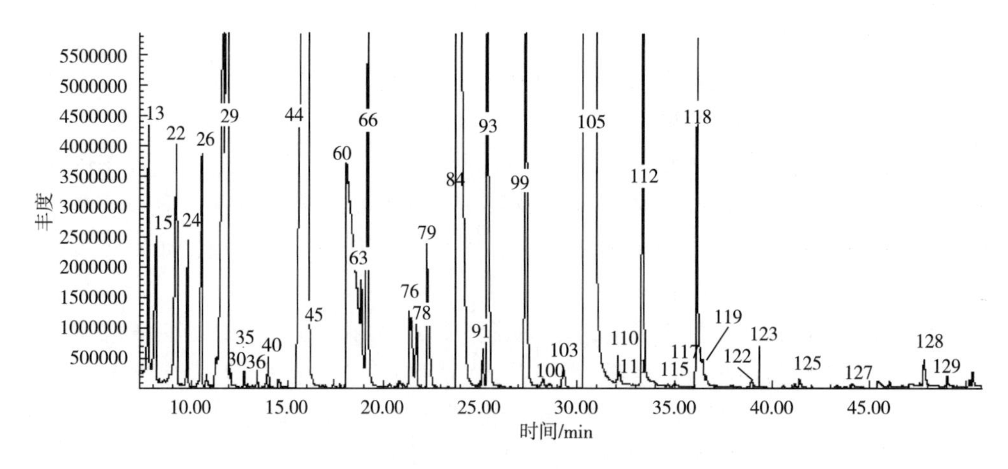

图12-2 五粮液酒中酸性-水溶性组分GC-MS图

几种醇类、酸类和酚酸类物质在酸性-水溶性组分的香气强度较弱，包括正丁醇和乙酸、丙酸、戊酸、4-甲基戊酸、己酸和壬酸（全部都香气弱），还有4-乙基愈创木酚、4-甲基苯酚、4-乙基苯酚、安息香酸、苯乙酸和苯丙酸（全部都香气很弱），苯酚和4-甲基苯酚在这一组分也能检出。

碱性组分主要由烷基吡嗪类物质组成（图12-3）。在这些组分中，仅有2-乙基-6-甲基吡嗪有中等香气强度，2,3,5-三甲基吡嗪有弱的香气强度，其余的吡嗪类化合物香气强度很弱，这些吡嗪包括2,6-二甲基吡嗪、2,6-二乙基吡嗪、2,5-二甲基-3-乙基吡嗪、2,3,5,6-四甲基吡嗪、2,3,5-三甲基-6-乙基吡嗪、5-乙基-2,3-二甲基吡嗪（临时性鉴定）、3,5-二甲基-2-丁基吡嗪（临时性鉴定）、3,5-二甲基-2-戊基吡嗪（临时性鉴定）。2-呋喃甲醇，尽管不是碱性化合物，但也能在这组溶液中检出，且有中等香气强度。

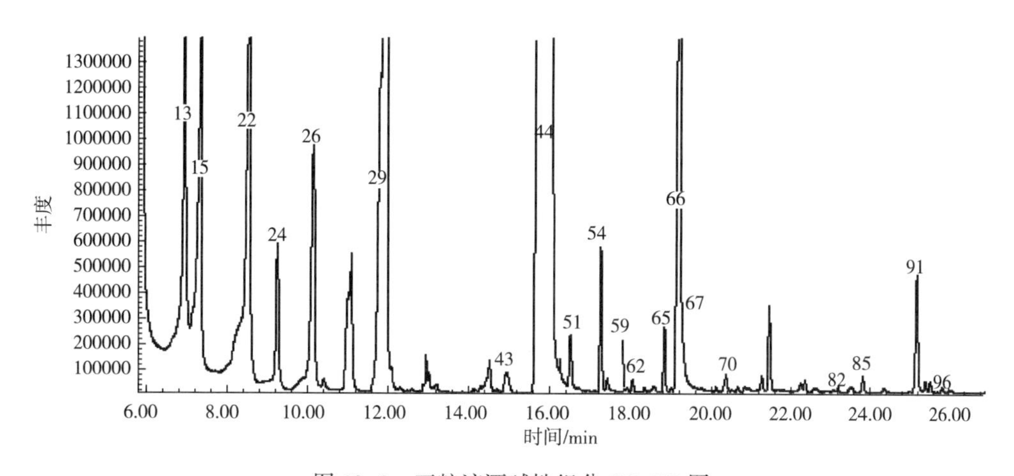

图12-3　五粮液酒碱性组分GC-MS图

13—2-丁醇；15—1-丙醇；22—2-甲基丙醇；24—2-戊醇；26—1-丁醇；29—3-甲基丁醇；43—2,6-甲基吡嗪；44—乳酸乙酯；51—2-乙基-6-甲基吡嗪；54—2,3,5-三甲基吡嗪；59—2,6-二乙基吡嗪；62—2,5-甲基-3-己基吡嗪；65—5-乙基-2，3-二甲基吡嗪；66—糠醛；67—2,3,5,6-四甲基吡嗪；70—2,3,5-三甲基-6-乙基吡嗪；82—3,5-二甲基-2-丁基吡嗪；85—2-乙酰基-6-甲基吡嗪；91—糠醇；96—3,5-二甲基-2-戊基吡嗪。

在这三组中，中性组分是最复杂的（图12-4）。它是由酯、乙缩醛、含硫化合物、内酯、吡咯衍生物、醛和酮类组成。在这组中，用GC-O分析，丁酸乙酯、戊酸乙酯、己酸乙酯和1,1-二乙氧基-3-甲基丁烷有很强的香气强度。其他几种香气物质有较强的香气强度，包括2-甲基丙酸乙酯、3-甲基丁酸乙酯、3-甲基丁醇和己酸丁酯。乙酸乙酯、庚酸乙酯、辛酸乙酯、环己烷酸乙酯、3-苯基丙酸乙酯、己酸甲酯、己酸己酯、乙酸-2-甲基丙酯、糠醛、2-呋喃甲醇、1,1-二乙氧基乙烷和1,1-二乙氧基-2-甲基丁烷有中等的香气强度；在这组中能检出三种香气强度弱的含硫化合物，它们是二甲基硫、二甲基二硫和二甲基三硫。在这组中，缩醛类也能检出，它们有弱或很弱的香气强度。γ-辛内酯、γ-壬内酯、γ-癸内酯、γ-十二内酯和2-乙基吡咯也能检出，它们有很弱的香气强度。

12.3.2.2　五粮液和剑南春白酒AEDA分析

醇类是最主要的挥发性物质，大多数醇类有很高的感官阈值，它们呈现水果香、花

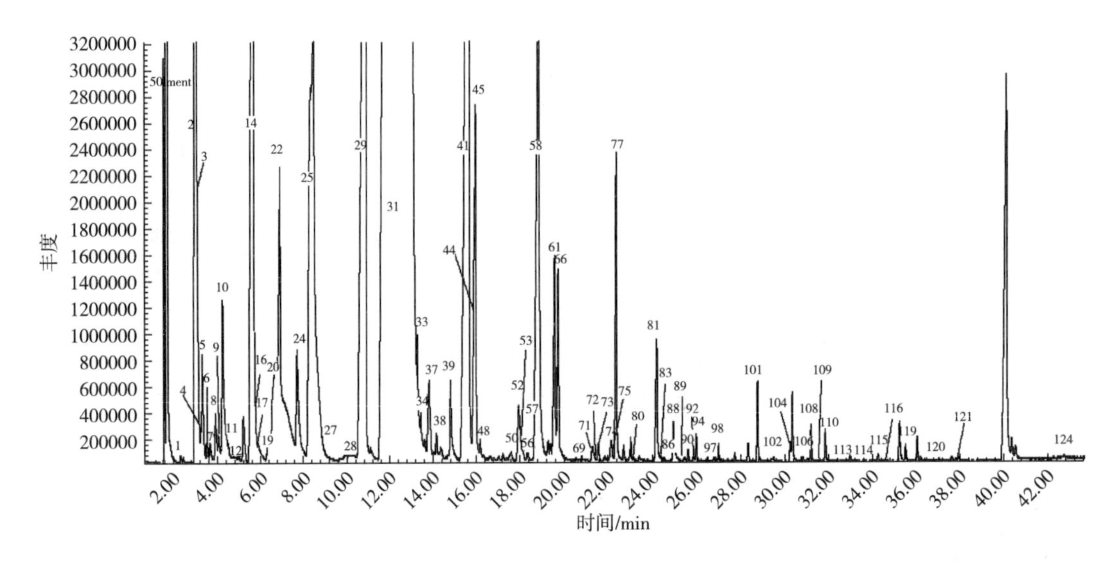

图 12-4 五粮液酒中性组分 GC-MS 图

1—2-甲基丙醇；2—乙酸乙酯；3—1,1-二乙氧基乙烷；4—2-甲基丁醛；5—3-甲基丁醛；6—二甲基硫；7—1,1-二乙氧基丙烷；8—丙酸乙酯；9—2-甲基丙酸乙酯；10—1,1-二乙氧基-2-甲基丙烷；11—2-戊酮；12—乙酸 2-甲基丙酯；14—丁酸乙酯；16—2-甲基丁酸乙酯；17—3-甲基丁酸乙酯；19—1,1-二乙氧基-2-甲基丁烷；20—1,1-二乙氧基-3-甲基丁烷；22—2-甲基丙醇；24—2-戊醇；25—戊酸乙酯；27—己酸甲酯；28—未知物；29—3-甲基丁醇；31—己酸乙酯；33—乙酯己酯；34—丁酸 3-甲基丁酯；37—未知物；38—1,1,3-三乙氧基丙烷；39—己酸丙酯；41—庚酸乙酯；44—乳酸乙酯；45—1-己醇；48—二甲基三硫；50—己酸 2-甲基丙酯；52—己酸丁酯；53—丁酸己酯；56—2-羟基丁酸乙酯；57—环己羧酸乙酯；58—辛酸乙酯；61—己酸 3-甲基丁酯；66—糠醛；69—2-乙酰基呋喃；71—己酸戊酯；72—1,1-二乙氧基壬烷；73—苯甲醛；74；壬酸乙酯；75—乙酸糠酯；80—5-甲基-2-糠醛；81—己酸己酯；83—2-乙酰基-5-甲基呋喃；86—2-糠酸乙酯；88—癸酸乙酯；89—苯乙醛；90—苯甲酸乙酯；92—丁酸糠酯；94—琥珀酸二乙酯；97—己酸庚酯；98—1,1-二乙氧基-2-苯乙烷；101—2-苯乙酸乙酯；102—乙酸 2-苯乙酯；104—十二酸异乙酯；106—糠酸己酯；108—3-苯丙酸乙酯；109—γ-辛内酯；110—2-苯乙醇；113—丁酸 2-苯乙酯；114—2-乙酰基吡咯；115—苯酚；116—γ-辛内酯；119—4-甲基苯酚；120—γ-十二内酯；121—己酸 2-苯乙酯；124—2-羟基-3-苯丙酸乙酯。

香和醇香。3-甲基丁醇有水果香和干酪香，在醇类中是最重要的。正丁醇、正戊醇、正己醇和 2-乙基-1-己醇对香气有重要贡献。2-乙基-1-己醇有玫瑰青香，在新蒸馏的苹果白兰地 Calvados 和 Cognac 中也能被检测到[23]。

在五粮液和剑南春白酒中，酯类是含量最丰富的香气物质，其中己酸乙酯占主要地位。依据 FD 值，丁酸乙酯、戊酸乙酯、己酸乙酯、辛酸乙酯、3-甲基丁酸乙酯和己酸丁酯，在两种白酒中都是极重要的香气物质（FD≥1024）。另外，乙酸乙酯、庚酸乙酯、2-甲基丙酸乙酯、己酸甲酯、己酸丙酯、己酸己酯和乙酸-2-甲基丙酯有很高的 FD 值（≥128），也很重要。丙酸乙酯、癸酸乙酯、2-甲基丁酸乙酯、乙酸己酯、丁酸-3-甲基丁酯、己酸-3-甲基丁酯和己酸-2-甲基丙酯对两种白酒的香气也都有贡献，但贡献度较低（FD≥16）[23]。

一些羟基脂肪酸酯对白酒香气有贡献。2-羟基丙酸乙酯、2-羟基己酸乙酯、2-羟基-3-甲基丁酸乙酯赋予水果香、花香和茉莉香。一种环状酯，环己酸乙酯在两种白酒中被检测到，呈水果香和花香。几种芳香族酯能被检测到，3-苯丙酸乙酯和 2-苯乙酸乙酯有很高的FD值（≥128），而安息香酸乙酯和乙酸-2-苯乙酯有中等的FD值（FD≥16），它们呈玫瑰、蜂蜜、花和水果香。一种二乙酸酯——丁二酸二乙酯在白酒中已检出，但其FD值（≤8）相当低，故可能对香气不重要[23]。

醛类有相当低的FD值，呈青香、青草和麦芽香气，主要检测到3-甲基丁醛、2-甲基丙醛、苯乙醛、安息香醛等。苯乙醛呈花香，而安息香醛呈水果和樱桃香气。

缩醛类化合物是重要香气化合物。1,1-二乙氧基-3-甲基丁烷是最重要的香气物质之一；1,1-二乙氧基乙烷、1,1-二乙氧基-2-甲基丙烷、1,1-二乙氧基-2-甲基丁烷、1,1-二乙氧基己烷（仅在DB-5色谱柱上检测到）、1,1,3-三乙氧基丙烷和1,1-二乙氧基-2-苯乙烷都呈现香气[23]。

吡嗪类化合物对五粮液和剑南春白酒很重要。2,5-二甲基-3-乙基吡嗪和2-乙基-6-甲基吡嗪有高FD值，2,6-二甲基吡嗪、2,3,5-三甲基吡嗪和3,5-二甲基-2-戊基吡嗪（临时性鉴定）有中等的FD值，这些烷基吡嗪给予坚果香、烘焙香和焙烤香气。五粮液比剑南春应有更多高浓度的吡嗪[23]。

和吡嗪相同，高温有利于通过非酶褐变反应形成呋喃。糠醛有很高的FD值，它有甜香和杏仁香。2-乙酰基呋喃（甜味、焦糖味）、2-乙酰基-5-甲基呋喃（青香、烧烤味）和2-呋喃甲醇（烧焦糖味）也很重要；5-甲基-2-糠醛（青香、烧烤味）、2-糠酸、2-糠酸乙酯也已经检测到。脂肪酸糠酯包括乙酸糠酯、丁酸糠酯和己酸糠酯等，都呈甜香、水果香和焦糖香，均已经检测到。

我国白酒中含有大量的内酯类化合物。γ-辛内酯有高FD值，而γ-壬内酯有较低的FD值。γ-癸内酯和γ-十二内酯用GC-MS能鉴定到，但它们的香气很弱或者没有[23]。γ-内酯类呈甜香、坚果香、椰子香和水果香。

含硫化合物通常有极低的感官阈值，检测和鉴定它们十分困难。二甲基三硫、二甲基二硫和二甲基硫对香气有贡献，呈煮熟的洋葱香、硫黄、新鲜白菜和腐烂白菜气味[23]。

在DB-Wax色谱柱上鉴定出了几种酚类化合物。其中，苯酚很重要。4-乙基愈创木酚（4-乙基-2-甲氧基苯酚）和4-甲基苯酚有中等FD值，4-乙基愈创木酚呈丁香和调味品气味，而4-甲基苯酚给予动物和医用绷带的气味，4-乙基苯酚有很低的FD值，呈烟熏味[23]。

12.3.3 清香型白酒风味物质

12.3.3.1 早先研究

在应用GC-O法研究清香型白酒风味之前，绝大部分的学者在研究清香型白酒风味成分时，均集中在乙酸乙酯、乳酸乙酯、乙酸、乳酸、异戊醇等风味成分研究上[11, 29-36]。

在微量成分的研究上，已经发现的有[11, 14, 29, 32, 37-47]：甲酸乙酯、乙酸乙酯、丁酸乙酯、戊酸乙酯、己酸乙酯、庚酸乙酯、辛酸乙酯、壬酸乙酯、癸酸乙酯、乳酸乙酯、乳酸异戊酯、乙酸异戊酯、乙酸特丁酯、丁二酸二乙酯、丁乙酸二乙酯、乙酸-2-苯乙酯、月桂酸乙酯（十二酸乙酯）、肉豆蔻酸乙酯（十四酸乙酯）、棕榈酸乙酯（十六酸乙酯）、油酸乙酯、亚油酸乙酯、亚麻酸乙酯；甲酸、乙酸、丙酸、丁酸、戊酸、己酸、庚酸、辛酸、异丁酸、异戊酸、乳酸、月桂酸（十二酸）、肉豆蔻酸（十四酸）、棕榈酸（十六酸）、十八酸、油酸、亚油酸；甲醇、正丙醇、正丁醇、戊醇、己醇、正辛醇、癸醇、肉桂醇（十四醇）、仲丁醇（2-丁醇）、异丁醇、异戊醇、2-甲基丁醇、第二戊醇、第三戊醇、2,3-丁二醇（内消旋、左旋）、2-苯乙醇、糠醇；乙醚；甲醛、乙醛、丙醛、异丁醛、异戊醛、糠醛、苯甲醛；乙缩醛（1,1-二乙氧基乙烷）、1,1-二乙氧基异戊烷、1,1-乙氧基丙氧基乙烷、1,1-乙氧基异丁氧基乙烷、1,1-乙氧基二甲基丁基乙烷、1,1-乙氧基异戊氧基乙烷；丙酮、丁酮、2-戊酮、2-已酮、3-羟基-2-丁酮、双乙酰（2,3-丁二酮）；苯酚、4-甲基苯酚（对甲酚）、3-甲基苯酚（间甲酚）、2-甲基苯酚（邻甲酚）、2,4-二甲基苯酚、4-乙基苯酚、愈创木酚、4-甲基愈创木酚、4-乙基愈创木酚；2-甲基吡嗪、2,5-二甲基吡嗪、2,3-二甲基吡嗪、三甲基吡嗪、四甲基吡嗪、2-异丁基-2,5-二甲基吡嗪等。

12.3.3.2 GC-O 技术研究

a. 概况　应用 GC-O 与 GC-MS 技术对清香型白酒进行了重点研究[48-54]，结果如下：

在汾酒中共检测到香气组分 101 种，包括醇类 16 种，酯类 23 种，酸类 13 种，醛类 2 种，芳香族化合物 14 种，酚类 7 种，萜烯类 2 种，呋喃类 3 种，吡嗪类 2 种，缩醛类 2 种，硫化物 2 种，内酯类化合物 2 种，其他化合物 1 种，未知化合物（不能鉴定的化合物）12 种（表 12-3）。

在老白干中检测到风味化合物 108 种，其中醇类 14 种，酯类 19 种，酸类 14 种，芳香族化合物 14 种，酚类 6 种，萜烯类化合物 2 种，呋喃类 9 种，吡嗪类 5 种，缩醛类化合物 2 种，硫化物 1 种，内酯类 3 种，其他化合物 2 种，未知化合物 17 种（表 12-3）。

在牛栏山二锅头酒中共检测到香气成分 129 种，其中醇类 14 种，酯类 26 种，有机酸 7 种，醛酮 6 种，芳香族 11 种，酚类 4 种，萜烯类 3 种，呋喃类 3 种，吡嗪类 4 种，缩醛类 1 种，硫化物 1 种，未知化合物 49 种（表 12-3）。

在宝丰酒中共发现香气物质 103 种，其中醇类 14 种，酯类 18 种，有机酸 13 种，醛酮 5 种，芳香族 14 种，酚类 7 种，萜烯类 3 种，呋喃类 6 种，吡嗪类 2 种，缩醛类 3 种，硫化物 3 种，内酯 2 种，未知化合物 13 种（表 12-3）。

在小曲清香型白酒中检测出风味化合物 65 种，其中醇类 10 种，酯类 16 种，酸类 10 种，醛酮类 2 种，芳香族 10 种，酚类 3 种，呋喃类 2 种，缩醛类 3 种，内酯 1 种，未知化合物 8 种（表 12-3）。

表 12-3　几种清香型原酒中的风味化合物汇总

序号	化合物	汾酒	老白干	二锅头	宝丰	小曲清香
1	醇类	16	14	14	14	10
2	酯类	23	19	26	18	16
3	酸类	13	14	7	13	10
4	醛酮类	2	0	6	5	2
5	芳香族	14	14	11	14	10

续表

序号	化合物	汾酒	老白干	二锅头	宝丰	小曲清香
6	酚类	7	6	4	7	3
7	萜烯类	2	2	3	3	0
8	呋喃类	3	9	3	6	2
9	吡嗪类	2	5	4	2	0
10	缩醛类	2	2	1	3	3
11	硫化物	2	1	1	3	0
12	内酯类	2	3	0	2	1
13	其他	1	2	0	0	0
14	未知化合物	12	17	49	13	8
	合计	101	108	129	103	65

b. 个性与共性风味化合物　以前的研究认为，乙酸乙酯与乳酸乙酯是清香型白酒重要的风味化合物，但应用新技术以后，发现了一些除乙酸乙酯和乳酸乙酯外更加重要的风味化合物。这些研究结果，丰富了清香型白酒的理论与实践，对指导清香型白酒的生产、质量控制、原产地鉴别等具有十分重要的作用与意义。

应用 OAV 技术，确定了几个清香型白酒的重要风味化合物（表 12-4）。

乙酸乙酯与乳酸乙酯的 OAV 值并不高。乙酸乙酯在清香型白酒中的阈值约在 100 左右，而乳酸乙酯只有较小的 10 左右（表 12-4）。但没有乙酸乙酯与乳酸乙酯，则勾兑不出清香型白酒。已经应用几十种成分，勾兑出清香型白酒，达到汾酒中上质量水平。勾兑的结果表明，没有乙酸乙酯与乳酸乙酯时，勾兑出的酒不具有清香型白酒的风味。

表 12-4　　几种清香型原酒风味化合物的 OAV 值

化合物名称	汾酒	二锅头	老白干	宝丰	小曲清香
3-甲基丁醛	1717	3672	1293	2620	1121
2-甲基丙酸乙酯	3	2291	1202	37	39
辛酸乙酯	148	709	602	472	609
乙缩醛	519	16	22	30	422
3-甲基丁酸乙酯	27	112	300	10	247
戊酸乙酯	8	63	286	17	55
二甲基三硫	155	159	0	109	4737
β-大马酮	114	172	101	237	0
2-甲基丁酸乙酯	13	59	171	4	40

续表

化合物名称	汾酒	二锅头	老白干	宝丰	小曲清香
己酸乙酯	27	158	138	80	55
土味素	4	132	26	9	0
乙酸-3-甲基丁酯	38	91	37	127	103
丁酸乙酯	33	96	97	46	112
乙酸乙酯	89	105	33	72	33
苯乙醛	1	62	7	10	26
肉桂酸乙酯	50	0	24	0	0
丁酸	4	<1	9	2	42
己醛	8	37	39	10	0
正丁醇	2	4	12	3	27
1-辛烯-3-醇	9	6	25	0	0
1-癸醇	0	17	<1	<1	0
正丙醇	3	8	7	7	17
癸酸乙酯	<1	5	3	7	17
癸醛	0	10	5	16	0
乳酸乙酯	14	13	15	4	8
γ-壬内酯	12	1	2	2	0

从某种程度上讲，离开了β-大马酮和二甲基三硫这两个化合物，仅使用乙酸乙酯和乳酸乙酯等化合物勾兑出的清香型白酒神韵不足。而土味素有人认为是清香型白酒的异嗅/异味化合物，缺少土味素就不能称其为老白干香型[55]。

12.3.3.3 青稞酒

应用 GC-O 技术对青稞酒中风味成分进行分析，确定了青稞酒中的 111 种呈香化合物，其中（Z)-4-癸烯酸乙酯、(E,Z-2，6)-壬二烯醛、异佛乐酮等 20 种香气成分在其他清香型酒中未见有闻香报道。香气强度较高的化合物有辛酸乙酯、2-苯乙醇、苯乙醛、3-甲基丁醇、β-大马酮、丁酸和 3-甲基丁酸[56]。

对香气化合物进行 OAV 分析，发现青稞酒原酒中对香气贡献度最高的物质为 3-甲基丁醛（OAV 值>10000），成品酒中对香气贡献度最高的物质为乙缩醛（OAV 值>5000），这两种化合物是青稞酒中最为重要的风味成分。丁酸乙酯、辛酸乙酯、戊酸乙酯、3-甲基丁酸乙酯、2-甲基丁酸乙酯、1-辛烯-3-醇、乙酸-3-甲基丁酯和 2-甲基丙醇的 OAV 值在 1000 以上，是青稞酒中十分重要的呈香化合物。2-甲基丙酸乙酯、己酸乙酯、二甲基三硫、3-苯丙酸乙酯、β-大马酮、乙酸、(E,Z)-2,6-壬二烯醛、丁酸-3-甲基丁酯和乙酸乙酯的OAV值在100~1000，是青稞酒中较为重要的风味成分[56]。

12.3.3.4 各种清香类型白酒主要微量成分及重要风味化合物分析

通过对153个白酒，91个成分的分析，可以初步判断出不同产地、不同等级原酒的微量成分的平均值以及浓度变化。

a. 酯类物质：酯类物质是白酒中所有化合物中含量最高的一类，达到克/升（g/L）级水平（表12-5），共检测了29个酯类。

表12-5　几种清香型白酒原酒酯类化合物含量[55]

酯类化合物	二锅头		汾酒		老白干		小曲清香		宝丰	
	AVE[a]	SD	AVE	SD	AVE	SD	AVE	SD	AVE	SD
乙酯类合计/(mg/L)	5328	2409	4701	2505	3111	1538	1172	202.6	2912	1709
乙酸酯合计/(mg/L)	32.70	40.70	4.13	3.08	10.08	5.77	10.97	1.82	15.88	10.90
其他酯合计/(μg/L)	66.20	57.73	11.08	3.10	46.63	17.99	0.00	0.00	144.6	35.33
酯总合计/(mg/L)	5361		4705		3121		2193		2928	—
乙酯/酯合计	0.99		1.00		1.00		0.99		0.99	—
乙酸酯/酯合计	0.01		0.00		0.00		0.01		0.01	—

注：a：AVE指平均值，SD指标准偏差（下同）。

乙酯类化合物是我国清香型白酒的主要酯类化合物，其在清香型白酒中含量约在1.0g/L以上，与酯类合计的比例占99%~100%（表12-5）。这一结果与原先报道的结论类似[38]。

乙酸酯类化合物在白酒中的含量在10~99mg/L级，其总量只有酯合计的1%以下；而其他酯类含量则只有10~100μg/L。

大曲清香型原酒的酯含量高于小曲清香型原酒；在研究的酒中，牛栏山二锅头原酒的酯总量最多，其次是汾酒、老白干酒和宝丰酒，小曲清香型原酒的酯含量最低（表12-5）。

乙酯类化合物中，以乙酸乙酯与乳酸乙酯含量最高，可以克/升（g/L）计，其他乙酯类含量以毫克每升（mg/L）计（表12-6），且大部分均在10~99mg/L。

表12-6　几种清香型白酒原酒乙酯类化合物含量[55]　单位：mg/L

乙酯类化合物	二锅头		汾酒		老白干		小曲清香		宝丰	
	AVE	SD	AVE	SD	AVE	SD	AVE	SD	AVE	SD
乙酸乙酯/(g/L)	3.42	1.49	2.89	0.84	1.08	0.36	1.07	0.17	2.33	1.38

续表

乙酯类化合物	二锅头		汾酒		老白干		小曲清香		宝丰	
	AVE	SD	AVE	SD	AVE	SD	AVE	SD	AVE	SD
乳酸乙酯/(g/L)	1.61	0.58	1.79	1.66	1.87	1.09	1.01	0.13	0.54	0.31
乙酸乙酯/酯合计	0.64	—	0.61	—	0.35	—	0.49	—	0.80	—
乳酸乙酯/酯合计	0.30	—	0.38	—	0.60	—	0.46	—	0.19	—
乙酸乙酯/乳酸乙酯	2.13	—	1.61	—	0.58	—	1.06	—	4.30	—
丙酸乙酯	5.68	2.37	0.36	0.14	7.55	2.21	23.18	6.35	2.73	2.36
丁酸乙酯	7.83	8.44	2.72	0.34	7.89	3.77	9.10	2.81	3.73	3.60
戊酸乙酯	1.69	1.05	0.21	0.09	7.66	2.48	1.46	0.83	0.45	0.43
己酸乙酯	8.74	5.09	1.49	0.45	7.66	2.48	3.02	1.38	4.44	1.81
庚酸乙酯	0.32	0.21	0.11	0.03	0.33	0.12	1.23	0.04	0.04	0.04
辛酸乙酯	9.13	4.27	1.90	0.73	7.74	1.79	7.84	1.84	6.07	1.00
壬酸乙酯	0.69	0.33	0.09	0.04	0.51	0.17	0.81	0.14	0.36	0.13
癸酸乙酯	5.97	6.31	0.55	0.29	3.70	1.73	18.82	10.56	7.33	0.83
十一酸乙酯	83.47	79.90	—	—	—	—	—	—	—	—
十二酸乙酯	3.35	3.09	0.26	0.11	0.71	0.34	14.98	7.61	0.72	0.16
2-羟基己酸乙酯	13.11	10.37	5.62	3.95	0.37	0.12	6.30	1.51	0.95	0.19
丁二酸二乙酯	31.35	25.63	4.08	1.34	44.93	24.21	9.98	2.12	9.10	6.19
2-甲基丙酸乙酯	131.7	186.9	0.19	0.09	69.07	46.27	2.22	0.30	2.14	2.57
2-甲基丁酸乙酯	0.59	0.27	0.13	0.05	1.71	1.38	0.40	0.05	0.04	0.07
3-甲基丁酸乙酯	0.77	0.29	0.19	0.09	2.07	1.90	1.70	0.01	0.07	0.15
4-甲基戊酸乙酯	0.15	0.05	—	—	—	—	—	—	—	—

乙酸乙酯与乳酸乙酯合计量占酯类总合计量的 94%以上，其中乙酸乙酯占酯类总合计量的 49%以上。老白干香型原酒是乳酸乙酯高于乙酸乙酯，其他清香类型白酒是乙酸乙酯高于乳酸乙酯，与前期报道类似[57]。

乙酸酯类化合物与除乙酸乙酯与乳酸乙酯外的乙酯类化合物类似，在清香型白酒中的浓度以 mg/L 计，但数量有所下降，在 1~99mg/L（表 12-7）。

含量比较高的化合物有乙酸丙酯、乙酯-3-甲基丁酯（乙酸异戊酯）。酯类中支链的酯具有较低的嗅觉阈值，含量虽然低，但可能其OAV（香气强度）会很高。

表 12-7　几种清香型白酒原酒乙酸酯类化合物含量[55]　单位：mg/L

乙酸酯类化合物	二锅头		汾酒		老白干		小曲清香		宝丰	
	AVE	SD	AVE	SD	AVE	SD	AVE	SD	AVE	SD
乙酸丙酯	17.94	35.02	—	—	—	—	—	—	—	—
乙酸-2-甲基丙酯	1.84	0.69	0.52	0.48	4.66	3.08	—	—	3.20	2.97
乙酸丁酯	—	—	—	—	—	—	0.56	0.26	—	—
乙酸-3-甲基丁酯	8.50	2.42	3.58	2.58	3.48	1.61	9.65	1.34	11.92	7.66
乙酸己酯	4.33	2.47	0.02	0.02	1.93	1.08	0.21	0.03	0.76	0.27
乙酸庚酯	0.01	0.00	—	—	0.00	0.00	—	—	—	—
乙酸辛酯	—	—	—	—	—	—	0.55	0.19	—	—
乙酸壬酯	0.09	0.09	—	—	—	—	—	—	—	—

b. 醇类物质：本次分析试验共测定13个醇类化合物，包括甲醇但不包括酒精（表12-8），醇类在白酒中的总浓度在1～2g/L。

含量最高的醇：异戊醇，其次是正丙醇、异丁醇和正丁醇。这几个醇的含量在100～999mg/L，其他醇的含量在10～19mg/L。

异戊醇、异丁醇和丁酸俗称“杂醇油”。杂醇油的含量占总醇含量的50%以上。

醇酯比：汾酒的醇酯比最低（表12-8），其他大曲清香型原酒各不相同，但均<1。小曲清香型原酒的醇酯比与大曲清香型原酒不同，醇酯比>1。这一结论与以前的研究结论类似[39]。

不同产地原酒的醇浓度：醇总量最多的是小曲原酒（表12-8），其次是宝丰酒、二锅头酒、老白干酒，汾酒含量最低。

表 12-8　几种清香型白酒原酒醇类化合物含量[55]　单位：mg/L

醇类化合物	二锅头		汾酒		老白干		小曲清香		宝丰	
	AVE	SD	AVE	SD	AVE	SD	AVE	SD	AVE	SD
正丙醇	424.2	652.0	153.8	10.20	380.2	—	908.3	—	350.8	—
异丁醇	181.6	52.05	170.4	24.51	201.4	68.70	325.8	—	342.8	172.8
2-丁醇	11.44	8.60	—	—	12.23	11.04	450.3	—	1.03	0.60
正丁醇	9.95	9.93	5.86	0.46	33.00	30.61	74.42	34.49	7.12	2.29
异戊醇	566.2	67.09	489.9	38.92	385.5	124.4	698.9	59.05	780.0	202.8
1-戊醇	0.97	0.60	0.47	0.37	1.01	0.34	3.08	1.93	0.07	0.08

续表

醇类化合物	二锅头		汾酒		老白干		小曲清香		宝丰	
	AVE	SD	AVE	SD	AVE	SD	AVE	SD	AVE	SD
1-己醇	1.93	0.81	3.71	0.51	2.95	1.13	5.04	1.21	1.30	0.27
1-庚醇	0.14	0.03	0.45	0.21	0.07	0.03	0.43	0.39	0.06	0.04
2-庚醇	0.04	0.04	—	—	0.03	0.02	—	—	0.01	0.01
1-辛烯-3-醇	0.03	0.01	0.05	0.01	0.15	0.06	—	—	—	—
1-辛醇	0.30	0.12	0.27	0.04	0.20	0.05	3.28	0.76	0.25	0.08
1-壬醇	0.16	0.08	0.19	0.04	0.16	0.05	0.14	0.03	0.28	0.07
1-癸醇	69.81	46.34	—	—	0.02	0.02	—	—	0.08	0.01
醇合计	1267	—	825.2	—	1017	—	2470	—	1484	—
杂醇油/醇合计	0.60	—	0.81	—	0.61	—	0.45	—	0.76	—
醇酯比	0.24	—	0.18	—	0.33	—	1.13	—	0.51	—

醇的 A/B 值：A/B 值是指异戊醇与异丁醇的比值，是威士忌分析时常用的指标，几类典型清香型原酒的 A/B 值见表 12-9 所示。

表 12-9　　几种清香型白酒原酒的 A/B 值[55]

项目	二锅头	汾酒	老白干	小曲酒	宝丰
A/B 值	3.12	2.29	1.91	1.81	2.28

从表 12-9 看出，汾酒与宝丰原酒的 A/B 值相似，二锅头原酒最高，小曲原酒最低，这一特点与它们的生产工艺是对应的。

c. 醛酮类物质：本次分析试验醛酮类化合物共检测了 8 个（表 12-10），其在清香类型白酒中的总浓度在 100~999mg/L。含量最高的是汾酒，其次为小曲酒、老白干原酒、二锅头原酒，宝丰最低。其中，含量最高的醛是乙醛，脂肪酮含量较低。

表 12-10　　几种清香型白酒原酒醛酮类化合物含量[55]　　单位：μg/L

醛酮类化合物	二锅头		汾酒		老白干		小曲清香		宝丰	
	AVE	SD	AVE	SD	AVE	SD	AVE	SD	AVE	SD
乙醛*	165.3	58.89	289.4	24.15	245.8	—	132.5	—	134.2	—
乙缩醛*	7.86	4.89	259.5	76.42	11.16	3.93	211.0	38.88	15.12	9.31
3-甲基丁醛*	60.62	28.60	28.35	—	21.34	—	18.50	—	43.25	—
己醛	945.5	319.9	203.8	75.31	986.3	359.4	—	—	259.2	135.9

续表

醛酮类化合物	二锅头		汾酒		老白干		小曲清香		宝丰	
	AVE	SD	AVE	SD	AVE	SD	AVE	SD	AVE	SD
壬醛	293.5	113.9	134.4	32.75	303.3	171.3	—	—	—	—
癸醛	173.2	80.74	—	—	81.23	36.02	—	—	267.8	29.96
2-壬酮	6.34	2.39	—	—	12.87	3.42	40.39	81.13	1.11	1.78
2-十一烷酮	—	—	—	—	24.65	5.93	—	—	31.85	9.00
醛酮合计*	235.2	—	577.7	—	279.7	—	362.1	—	193.1	—

*：化合物浓度为mg/L。

d. 挥发性酸类物质：挥发性有机酸在清香型白酒中含量并不高（表12-11），总浓度在100~999mg/L。

表12-11　几种清香型白酒原酒挥发性有机酸类含量[55]　单位：mg/L

挥发性有机酸	二锅头		汾酒		老白干		小曲清香		宝丰	
	AVE	SD	AVE	SD	AVE	SD	AVE	SD	AVE	SD
乙酸	181.4	95.39	691.6	169.8	377.3	—	602.6	114.7	403.3	89.65
丙酸	1.03	1.00	11.10	7.81	6.82	—	—	—	2.10	0.32
2-甲基丙酸	1.58	0.64	3.67	3.40	9.62	—	—	—	1.16	0.17
丁酸	0.61	0.48	4.30	4.19	9.06	—	40.86	15.58	2.30	0.43
3-甲基丁酸	1.09	0.49	—	—	6.03	—	—	—	0.96	0.29
己酸	—	—	—	—	17.86	—	4.48	7.28	1.01	1.88
挥发性有机酸合计	185.8	—	710.7	—	426.6	—	647.9	—	410.9	—

乙酸在清香型白酒中含量最高，居于其他各酸之首，丁酸与己酸含量较低，但小曲原酒的丁酸含量明显较高（表12-11）。

有机酸含量汾酒最高，其次为小曲原酒、老白干、宝丰和二锅头原酒。

乳酸没有测定，因该化合物对香气基本没有影响，主要影响口感。

e. 芳香族物质：本次分析试验中芳香族物质共检测了13个，总浓度在10~99mg/L，属于含量较低的一类化合物（表12-12）。

表12-12　几种清香型白酒原酒芳香族化合物含量[55]　单位：μg/L

芳香族化合物	二锅头		汾酒		老白干		小曲清香		宝丰	
	AVE	SD	AVE	SD	AVE	SD	AVE	SD	AVE	SD
萘	68.92	56.02	27.64	10.25	28.93	7.63	117.5	108.9	67.35	70.08

续表

芳香族化合物	二锅头		汾酒		老白干		小曲清香		宝丰	
	AVE	SD	AVE	SD	AVE	SD	AVE	SD	AVE	SD
苯甲醛	0.85	—	1.09	0.79	0.85	0.38	1.08	0.25	0.22	0.12
苯乙醛*	3.08	2.38	0.06	0.05	0.34	0.00	1.31	0.10	0.51	0.31
乙酰苯	—	—	13.23	23.58	60.43	32.55	198.9	105.2	29.93	12.79
苯甲醇*	2.35	—	7.09	0.98	0.09	0.02	0.13	—	0.31	0.34
2-苯乙醇*	12.57	10.34	20.74	11.04	7.30	1.55	17.27	3.68	22.23	14.06
苯甲酸乙酯	416.1	270.2	223.1	102.2	303.3	121.8	264.0	3.54	531.0	166.7
2-苯乙酸乙酯	721.6	457.0	333.9	135.6	290.8	98.34	229.2	101.9	222.7	107.2
乙酸-2-苯乙酯	582.8	479.5	897.4	580.1	257.3	—	2962	583.4	892.2	601.9
3-苯丙酸乙酯	76.76	56.73	194.7	45.26	53.26	—	523.7	139.9	94.20	30.10
丁酸苯乙酯	—	—	—	—	—	—	264.26	4.43	—	—
2-苯-2-丁烯醛	—	—	—	—	73.87	74.09	—	—	546.33	783.07
肉桂酸乙酯	—	—	35.20	5.65	16.70	8.86	—	—	—	—
芳香族合计*	8.16	—	9.99	—	2.37	—	7.11	—	3.45	—

*：化合物浓度为 mg/L。

在所有芳香族化合物中，β-苯乙醇含量最高，其次是苯甲醇和苯甲醛。苯甲醇并不是人为添加的产物，是发酵过程中自然产生的。苯甲醇还可以氧化为苯甲醛，再氧化为苯甲酸。苯甲酸在清香型白酒中含量极少，在酱香型和浓香型白酒中含量较高。

汾酒中芳香族化合物含量较高。

f. 酚类物质：本次分析试验共检测了 6 个酚类化合物。以汾酒含量最高，老白干其次，达（mg/L）级水平；含量较少的是牛栏山二锅头酒，最少的是小曲原酒，在 100~999μg/L 水平（表 12-13）。

酚类化合物也是白酒中含量较少的一类化合物。

清香型白酒中含量较高的酚有 4-甲基愈创木酚、4-乙基愈创木酚和 4-乙基苯酚。这 3 个酚类化合物浓度在 100μg/L 以上。

表 12-13　几种清香型白酒原酒酚类化合物含量[55]　单位：μg/L

项目	二锅头		汾酒		老白干		小曲清香		宝丰	
	AVE	SD	AVE	SD	AVE	SD	AVE	SD	AVE	SD
苯酚	—	—	20.44	0.00	150.4	77.34	—	—	287.0	264.3

续表

项目	二锅头		汾酒		老白干		小曲清香		宝丰	
	AVE	SD	AVE	SD	AVE	SD	AVE	SD	AVE	SD
4-甲基苯酚	76.18	53.08	1.72	0.00	56.76	5.87	119.7	37.60	23.00	56.34
4-乙基苯酚	20.56	27.46	292.2	126.9	302.5	51.65	245.8	57.16	100.9	33.54
愈创木酚	—	—	15.67	0.00	122.9	69.92	—	—	10.90	20.54
4-甲基愈创木酚	666.6	805.8	584.9	494.6	159.3	137.6	—	—	—	—
4-乙基愈创木酚	—	—	457.0	300.3	302.5	51.65	—	—	18.26	40.58
酚类合计	763.4	—	1371	—	1094.4	—	365.5	—	440.05	—

g. 萜烯类化合物：在清香型白酒中，共检测了 4 个萜烯类化合物，包括β-大马酮 、土味素、β-石竹烯和橙花叔醇（表 12-14），是所有清香型白酒所共有的香气化合物。橙花叔醇仅在汾酒中检测到较高含量。

表 12-14　　几种清香型白酒原酒萜烯类化合物含量[55]　　单位：μg/L

项目	二锅头		汾酒		老白干		小曲酒		宝丰	
	AVE	SD	AVE	SD	AVE	SD	AVE	SD	AVE	SD
β-石竹烯	282.0	316.3	tr.	—	tr.	—	tr.	—	tr.	—
β-大马酮	20.66	13.37	13.67	13.73	12.07	2.03	tr.	—	28.40	13.91
土味素	14.57	8.23	0.45	0.85	2.87	1.48	tr.	—	1.03	0.61
橙花叔醇	tr.	tr.	117.2	117.3	17.97	11.92	tr.	—	15.03	36.82
萜烯合计	317.26	—	131.35	—	32.91	—	—	—	44.46	—

tr.：痕量存在，未精确定量。

12.3.4 酱香型白酒风味物质

酱香型白酒是我国白酒中风味极其独特的一个酒种，具有“酱香突出、幽雅细腻、柔绵醇厚、回味悠长”[11, 14]的特点。茅台酒是我国酱香型白酒的典型代表，其工艺独特、科学合理。一年一个生产周期，“端午踩曲，重阳下沙投料”，同一批原料，历经八次摊晾、八次加曲入池发酵、七次取酒的复杂生产过程。新酒烤出后，品分香型，装坛入库，长期陈酿。从新酒入库到盘勾，至少要陈酿 3 年以上；至勾兑成品酒，有些基酒陈酿期，少则 5 年，多则几十年[58-60]。概括茅台酒工艺的特点为“三高三长”。“三高”是指茅台酒生产工艺的高温制曲、高温堆积发酵、高温馏酒。茅台酒大曲在发酵过程中温度高达 63℃，比其他任何名白酒的制曲发酵温度都高 10~15℃；在整个大曲发酵过程中可优选环境微生物种类，最后形成以耐高温产香的微生物为主的体系。

生产试验总结发现，酱香型白酒的一、二次酒偏清香，三、四、五、六次主要产醇甜和窖面酱香型酒。酱香型原酒分三种类型[59, 61]，第一种是上层酒醅产的酒，酱香突出，微带曲香，稍杂，风格好；第二种是中层酒醅产的酒，浓香中略带酱香，入口绵甜；第三种是下层酒醅产的酒，窖香浓郁，有明显的酱香。研究结果显示[59, 62-67]，酱香型白酒的微量成分具有如下特征：(1) 酸含量高。(2) 酯含量没有浓香型多，但品种齐全。丙酸乙酯、异戊酸乙酯、异丁酸乙酯时有出现。(3) 醛酮类含量高。(4) 含氮杂环化合物特别是吡嗪类化合物为各香型酒之最。(5) 经常出现正丙醇、庚醇和辛醇含量高。(6) 呋喃类化合物，特别是糠醛含量高。(7) 芳香族化合物含量高，如苯甲醛、4-乙基愈创木酚(4-EG)、酪醇等。

12.3.4.1 历史回顾

从20世纪60年代茅台试点开始，人们一直致力于发现酱香型的主体香或特征风味成分，从最初的4-乙基愈创木酚到后来的几种猜想。然而，到目前为止，酱香特征香气成分似乎仍然是个谜，即酱香风味的本质特征是什么？是一个化合物还是几个化合物构成了酱香的独特风味？为此特将研究结果回顾如下。

a. 高沸点酚类化合物猜想：4-乙基愈创木酚、4-乙基苯酚对酱油香味有极大影响。1953年，日本人横冢保[68]将酱油糟用水蒸气蒸馏，发现酱油中的4-乙基愈创木酚，并认为是酱油的重要香气。1958年该研究人员又与浅尾共同研究了其形成途径，认为是小麦麸皮经曲分解生成阿魏酸，再由后熟酵母而不是鲁氏酵母生成4-乙基愈创木酚。但后来发现75%的酱油测不到4-乙基愈创木酚。在酱油中，4-乙基愈创木酚是以小麦为原料，经霉菌与特定酵母发酵而产生的。小麦经加热处理后，酚类化合物直线上升，主要是香兰素、阿魏酸和香兰酸。在曲霉生长繁殖时，香兰素与阿魏酸转化为香兰酸、肉桂酸和*p*-羟基苯甲酸[68]。1973年，Tressl等人[69]研究了水果中的莽草酸途径，发现在莽草酸途径中，首先生成酪氨酸、L-苯丙氨酸和肉桂酸。L-苯丙氨酸可以转化为肉桂酸。酪氨酸及肉桂酸再转化为*p*-香豆酸，再进一步转化为咖啡酸、阿魏酸、5-羟基阿魏酸和丁香酸。在植物中，*p*-香豆酸与咖啡酸可以转化为类黄酮类化合物，阿魏酸与丁香酸转化为木质素类化合物。另外，阿魏酸还可以转化为丁香酚、丁香基甲基醚、3,4-二甲氧基苯酚。而丁香酸转化为5-甲氧基丁香酚和榄香素。在微生物的作用下，酵母、细菌和一些霉菌如荧光假单胞菌（*Pseudomonas fluorescens*）和德巴利汉逊酵母（*Debaryomyces hansenii*）均可以转化阿魏酸为4-乙烯基苯酚与香兰素[70-73]。

1964年茅台试点时，引用该观点[68]。当时，纸色谱检测到R_f 0.91的斑点，与标准图谱比较确定为4-乙基愈创木酚。由阿魏酸经酵母发酵而生成R_f 0.91物质，对照样不产生。浓度高时，不喷显色剂也出现黄褐色斑点，氯化铁显色剂证明它是酚类化合物。高浓度时，闻香呈臭豆酱气味；中等浓度时，似酱香的空杯留香。据此，确定该化合物为4-乙基愈创木酚，并提出它是酱香型白酒的重要香气。1982年茅台试点时，对纸色谱的R_f 0.91化合物用GC测定，发现可能是4个化合物没有分开，而聚集在一个点上[68]。添加试验发现，4-乙基愈创木酚在酒中浓度，应控制在0.5~1μg/L；在酒内添加4-乙基愈创木酚，在相同条件下，贮存3d与贮存30d，口味相差很大；4-乙基愈创木酚与HEMF

[4-羟基-2(5)-乙基-5（2)-甲基-3(2*H*)-呋喃酮，也称乙基呋喃扭尔（ethylfuraneol)、酱油酮（homofuraneol)］混合作用效果好；4-乙基愈创木酚加入酱香型白酒中比较协调，效果比投入普通白酒及酒精好。1976年，用气相色谱和感官品尝相结合进行研究[15,59]，发现4-乙基愈创木酚似北京“薰干”气味，它不是茅台酒的主体香。1982年，经相关单位反复验证[59,67,74]，认为4-乙基愈创木酚不是茅台酒的主体香。

b.吡嗪类化合物猜想：1981年有研究者提出吡嗪类化合物可能与酱香型白酒有关[75]，认为“在酱香型酒的制曲过程中，在高温阶段生成的酱味似与加热香气有关”“在堆积过程中，氨态氮下降总醛则相应地增加，经过堆积的酒醅香气明显增强，估计与所生成的加热香气也有关系”。但该文献中又称，“四甲基吡嗪能缓和苦味、涩味和酸味，使之变得更柔和”，同时，该文作者也发现，一些资料记载某些微生物也能产吡嗪类化合物。多年后[76]，有研究人员对四甲基吡嗪进行感官鉴定，发现其气味不明显，似泡豆子水气味，味甜，有浓厚感。

1992年，余晓等人[44]在白酒中检测出含氮化合物36种，其中吡嗪类化合物29种，精确定量了4种，对茅台酒、郎酒、迎春酒、五粮液、洋河大曲、双沟大曲、白云边、景芝白乾和汾酒进行了定量与半定量分析。但文章中并没有提到吡嗪类化合物是酱香型酒的关键香气成分，只是认为，酱香型白酒含有较多的吡嗪类化合物。

2006年，Fan等人[23]应用GC-O研究五粮液与剑南春酒。在这两种酒的中性/碱性组分中，发现2,5-二甲基3-乙基吡嗪、2-乙基-6-甲基吡嗪、2,6-二甲基吡嗪、2,3,5-三甲基吡嗪和3,5-二甲基-2-戊基吡嗪是重要的吡嗪类香气化合物。2007年，Fan等人[77]应用GC-MS鉴定了26种吡嗪类化合物，并应用GC-FTD技术，对其中的8种吡嗪类化合物进行了精确定量，定量限达200ng/L，对其他的吡嗪类化合物进行了半定量分析。定量的吡嗪类化合物有：吡嗪、2-甲基吡嗪、2,5-二甲基吡嗪、2,6-二甲基吡嗪、2,3-二甲基吡嗪、2-乙基吡嗪、2,3,5-三甲基吡嗪和2,3,5,6-四甲基吡嗪等，其吡嗪类化合物含量如表12-15所示。

吡嗪类化合物特别是四甲基吡嗪具有药理作用，但吡嗪类化合物是碱性化合物，在酸性的酒中对风味是否起作用，值得深入研究，此其一。其二，吡嗪类化合物的浓度较低，但其阈值相对较高（表12-16）[78]，也不呈现酱香。因此，我们认为其呈香作用有限。第三，添加试验证明，吡嗪特别是含量高的四甲基吡嗪的添加，并不能产生细微的酱香香气。本文作者将吡嗪类化合物添加到浓香型白酒中，并没有发现浓香型白酒具有酱香气味；同时，将吡嗪类化合物加入不典型的酱香型白酒中，也没有发现该酱香型白酒变得更加典型；在酱香型色谱骨架成分勾兑的白酒中，添加吡嗪并不能使得原本基本没有酱香气味的勾兑酒产生酱香[79]。第四，产酱香微生物同时产生高浓度吡嗪特别是四甲基吡嗪，并同时产生呋喃扭尔，易误认为吡嗪、呋喃扭尔与酱香有关。作者所在研究中心也发现了几株高产酱香微生物，该微生物在培养时产生浓烈的酱香，但同时也产生高浓度的四甲基吡嗪和呋喃扭尔[80]。因此，吡嗪类化合物不是酱香型白酒的关键香气成分或主体香，但吡嗪类化合物是酱香型白酒的特征成分，是白酒的功能因子。

表 12-15　不同香型白酒中吡嗪类化合物的浓度（μg/L）[77]

峰序号	吡嗪类化合物	MT[a]	LJ	MTYB	GJG	SF	YHLS	FJ	ST	WLY	DJ	JNC	JSY
1	吡嗪	34. 57	ND[b]	365. 9	ND	ND	ND	ND	ND	ND	ND	ND	ND
2	2-甲基吡嗪	125. 1	122. 4	150. 5	39. 19	ND	1012	ND	ND	247. 6	ND	179. 7	ND
3	2,5-二甲基吡嗪	56. 61	67. 72	53. 10	<0. 63	ND	ND	ND	ND	<0. 63	<0. 63	<0. 63	182. 2
4	2,6-二甲基吡嗪	395. 1	414. 7	1013	70. 74	21. 77	67. 33	20. 34	47. 53	143. 5	80. 62	179. 1	1057
5	2-乙基吡嗪	60. 31	40. 25	101. 70	23. 94	ND	ND	ND	ND	20. 56	19. 52	20. 58	ND
6	2,3-二甲基吡嗪	79. 47	108. 3	116. 8	<0. 47	ND	ND	ND	ND	79. 05	ND	<0. 47	ND
7	2-乙基-6-甲基吡嗪*	639. 9	ND	51. 94	ND	ND	ND	ND	ND	ND	ND	ND	220. 2
8	2-乙基-5-甲基吡嗪*	87. 25	225. 0	1836	ND	ND	ND	ND	ND	ND	ND	ND	ND
9	2-乙基-3-甲基吡嗪*	47. 21	96. 92	180. 2	54. 53	ND	ND	ND	ND	143. 36	ND	ND	897. 5
10	2,3,5-三甲基吡嗪	474. 9	539. 0	34. 53	0. 41	6. 12	ND	ND	ND	15. 31	ND	ND	2328
11	2,6-二乙基吡嗪*	ND	ND	1621	84. 05	ND	908. 0	ND	ND	274. 1	1179	286. 7	ND
12	2,5-二甲基-3-乙基吡嗪*	171. 7	ND	516. 4	ND	ND	ND	ND	ND	ND	20. 76	ND	ND
13	2,3-二甲基-5-乙基吡嗪*	12. 68	ND	37. 44	ND	ND	ND	ND	ND	38. 80	ND	ND	ND
14	3,5-二甲基-2-乙基吡嗪*	545. 6	41. 12	167. 4	ND	ND	114. 7	ND	ND	80. 89	ND	ND	ND
15	2,3,5,6-四甲基吡嗪	440. 0	178. 4	1658	ND	ND	ND	ND	ND	ND	<1. 56	ND	247. 6
16	3,5-二乙基-2-甲基吡嗪*	46. 15	80. 0	420. 4	96. 17	69. 80	114. 8	10. 49	ND	ND	9. 84	ND	ND
17	2,3,5-三甲基-6-乙基吡嗪*	50. 92	67. 49	35. 82	ND	ND	ND	ND	ND	41. 00	16. 30	ND	ND
18	2,5-二甲基-3-异丁基吡嗪*	ND	ND	92. 94	24. 86	ND	ND	ND	ND	29. 86	49. 71	ND	ND

19	2-甲基-6-乙烯基吡嗪*	ND	ND	ND	8.50	ND	92.03	ND	ND	ND	172.25	ND	ND
20	2-乙酰基-3-甲基吡嗪*	127.3	93.59	75.78	ND	27.41	137.8	ND	ND	ND	ND	46.80	ND
21	2-丁基-3,5-二甲基吡嗪*	66.56	53.92	ND	15.42	ND	ND	ND	ND	ND	101.9	ND	ND
22	2-乙酰基-6-甲基吡嗪*	906.8	ND	ND	ND	ND	ND	ND	ND	118.6	134.1	ND	ND
23	2-甲基-6-丙烯基吡嗪*#	41.86	450.8	349.5	ND	ND	57.04	ND	ND	ND	62.52	213.3	136.2
24	2-乙酰基-3,5-二甲基吡嗪*#	337.9	291.2	149.9	190.7	ND	ND	ND	ND	38.56	75.70	ND	ND
25	2,5-二甲基-3-戊基吡嗪*#	61.97	60.45	ND	ND	ND	ND	ND	ND	ND	ND	ND	ND
26	2,3-二甲基-5-丙烯基吡嗪*	217.8	15.23	ND	ND	ND	ND	ND	ND	ND	ND	ND	ND
	合计	5027	3146	9029	608.5	125.1	2503	30.83	47.53	1271	1922	926.1	5069

*：半定量化合物，其余为全定量化合物。#：为临时性鉴定的化合物。[a]：平均浓度。[b]：ND：未检测到。

表 12-16　吡嗪类化合物在 46%酒精-水溶液中嗅觉阈值及感官描述[78]

风味物质	阈值/(μg/L)	风味描述
2-甲基吡嗪	121900	烤面包香，烤杏仁香，炒花生香
2,3-二甲基吡嗪	10820	烤面包香，炒玉米香，烤馍香，烤花生香
2,5-二甲基吡嗪	3202	青草香，炒豆香
2,6-二甲基吡嗪	790.8	青椒香
2-乙基吡嗪	21810	炒芝麻香，炒花生香，炒面香
2,3,5-三甲基吡嗪	729.9	青椒香，咖啡香，烤面包香
2,3,5,6-四甲基吡嗪	80070	甜香，水果香，花香，水蜜桃香

c. 高沸点酸性物质与低沸点酯类物质组成的复合香气猜想：1982 年，贵州省轻工业科学研究所在贵阳召开“茅台酒主体香成分解剖及制曲酿酒主要微生物与香味关系的研究”成果鉴定[66-67, 74]，经反复验证，4-乙基愈创木酚不是茅台酒的主体香。认为茅台酒的主体香可能是高沸点的酸性物质与低沸点的酯类物质组成的复合香。前者是后香，后者为前香。所谓“前香”是开瓶后首先闻到的幽雅细腻的芳香。所谓“后香”是喝完后残留在杯中经久不散的“空杯香”，并认为与高沸点的酸性物质有关。然而，高沸点的酸性物质是一大类的化合物，其数量巨大。

1996 年，研究人员首次利用溶剂抽提-自然挥发-溶解法分离珍酒与茅台酒的空杯留香成分[81]。利用该法首次分离出空杯留香成分，认为空杯留香成分存在于中性组分中，由中性物质构成。空杯留香成分是沸点较高的化合物，分离出中性、酚类化合物、碱性含氮化合物、有机酸等四个组分，其中酚类化合物略似空杯留香。为了验证此设想，在此后的闻香试验中（早晨），将酚类化合物、中性组分分别点于滤纸条上，接着闻香，酚类化合物似空杯香，中性组分呈酯香。但到晚上时，发现点有中性组分的纸条具有典型的空杯香。反复试验表明，点样后，酯类物质气味较浓，后逐渐减弱，慢慢显出空杯香。从 2h 起，典型空杯香出现，随时间延长，空杯香也减弱，直至 28h 后仍然可以闻到空杯香，说明空杯香是一种高沸点的化合物。后来，在空杯香中鉴定出 13 种化合物，以十六酸乙酯、油酸乙酯、亚油酸乙酯、苯乙醇和 2-苯乙酸乙酯为主[82]。事实上，苯乙醇、2-苯乙酸乙酯是花香，更似玫瑰香气[16, 23, 28]，并不是空杯香。而十六酸乙酯、油酸乙酯和亚油酸乙酯，更不呈现空杯香，且这 3 个化合物阈值十分高，正常情况下，并不将这三个化合物列为呈香物质。在茅台酒的前香研究中，共鉴定出 12 种化合物，其中以酒精、乙酸乙酯、乙缩醛为主[83]。作者认为高沸点的酸或高沸点的脂肪酸乙酸并不是空杯香。

d. 呋喃类和吡喃类衍生物猜想：1983 年，研究推测酱香型白酒的主体香是呋喃类和吡喃类化合物[84]。认为酱香型白酒中香气主要是由酱香、焦香、酯香、醇香组成的一种复合香气，而决定酱香型白酒的重要成分是酱香和焦香，这两种物质来源于原料中的脂肪和氨基酸成分经酵母的代谢而产生的物质，在生产过程中，受到原料、酿造工艺、曲菌、水质、老熟时间的影响。这些呋喃类与吡喃类化合物可能包括 HEMF、HDMF［4-羟基-2,5-二甲基-3(2*H*)-呋喃酮，即呋喃扭尔］、3-羟基-4,5-二甲基-2(5*H*)-呋喃酮、4-乙基-3-羟基-5-甲基-2(5*H*)-呋喃酮、5-乙基-3-羟基-4-甲基-(5*H*)-呋喃酮、HMMF［4-羟基-5-甲基-3(2*H*)-呋喃酮］、4-甲羧基-2,5-二甲基-3(2*H*)-呋喃酮、麦芽酚、2-乙基-3-羟基吡喃酮、2-异丙基-3-羟基吡喃酮、2-正丙基-3-羟基吡喃酮、2-苯基-3-羟基吡喃酮、5-羟基麦芽酚、2-乙基-2-羟基-6-甲基-4(4*H*)-吡喃酮、2-甲基-3-甲氧基-(4*H*)-吡喃酮、2-羟基-3-甲基-2-环戊二烯酮、3-乙基-2-羟基-2-环戊二烯酮、2-羟基-3-丙基-2-环戊二烯酮、2-羟基-3,4-二甲基-2-环戊二烯酮、2-羟基-3,5-二甲基-2-环戊烯酮、4-乙基愈创木酚、乙偶姻。非常遗憾的是，研究人员只是推测这些化合物可能具有酱香，并没有在白酒中检测到这些化合物的直接证据，也没有进行部分化合物勾调试验的报道。

1996年，又有报道[85]在习酒高温大曲中分离到两株芽孢杆菌［环状芽孢杆菌（*Bacillus circulans*）和地衣芽孢杆菌（*Bacillus licheniformis*）］，经发酵产生2,3-二氢-3,5-二羟基-6-甲基-(4*H*)-吡喃-4-酮（5-羟基麦芽酚）。认为该物质在羰基化合物存在时，酱香更浓。用清香型和浓香型白酒与发酵物混合蒸馏，则两种酒均带有酱香。认为该化合物是习酒的特征组分，而2,3-丁二酮、乙偶姻（3-羟基-2-丁酮）及醛类物质为助香成分。1999年，再报道从习酒高温大曲中分离到三大类数十株细菌，B_3类细菌产酱香，认为该菌株是酱香型白酒——习酒高温大曲中的功能菌[86]。经鉴定，该菌有一个产物是5-羟基麦芽酚，该化合物在与二羰基或有共轭双键的化合物共存时，有酱香更为浓郁的特性。然而，非常遗憾的是，并没有给出该化合物在发酵液中的浓度。2003年，再次报道[87]了一株菌B_{3-1}能产生酱香，经鉴定为地衣芽孢杆菌。

HEMF又名酱油酮、甲基呋喃扭尔（methylfuraneol），具有棉花糖的香气[88]。1979年，Nunomura等人检测到HEMF是酱油香气中最重要的特征成分[89-91]，在酱油中含量高达50~100μg/L，且HEMF在水中阈值极低，为0.04ng/L[92]，因此，该化合物的OAV值达5000000。HEMF在10%的酒精水溶液中的阈值是500μg/L[93]。后来的研究发现该化合物可由乳酸菌[94]、酵母[92]等微生物产生。在酱油中，Nunomura等人还检测到HDMF和HMMF等呋喃酮类化合物[92]。HDMF在酱油中检测到约100μg/L。HDMF也称菠萝酮（pineapple ketone）、草莓呋喃酮（strawberry furanone）。该化合物存在于草莓、菠萝、芒果、覆盆子、生马铃薯，以及牛肉中[95]。HDMF具有甜香、焦糖香、菠萝香和油炸肉（fried meat）的香气。该化合物在空气中的阈值是1.0ng/L[96]，在水中的阈值是0.6~60μg/L[96]和0.04μg/kg[97]，而在10%酒精水溶液中的阈值是5~500μg/L[93, 98]。有文献报道，HDMF可以增强吡嗪的风味[99]。

1997年，胡国栋等人报道[100]，并未在酱香型白酒——茅台酒和习酒中检测到呋喃酮和吡喃酮类化合物。胡国栋在文章中引用国外文献指出，5-羟基麦芽酚只是麦芽酚生成的一个前驱物[101]。胡国栋等人还合成了5-羟基麦芽酚[100]，并进行了闻香、酒样添加试验，确认5-羟基麦芽酚不是酱香型白酒的特征组分。作者认为，从酱香型白酒中筛选了一些产酱香的菌种，其发酵液或发酵酒醅具有酱香是事实，但5-羟基麦芽酚等物质不是呈酱香的香气物质。

12.3.4.2 酱香型白酒GC-O研究

将酱香型酒分为酸性组分、碱性组分、水溶性组分和中性组分四个组分，然后用

GC-MS 分析。其 GC-MS 的总离子流图如图 2-15、图 2-16、图 2-17 和图 2-18 所示。

在酱香型白酒中总共检测出 261 种风味物质，其中已经鉴定出的风味化合物有 200 种，还有 61 种用 GC-MS 无法鉴定。酱香型白酒与陈味浓香型白酒相比，有如下几个特点：

（1）在酱香型白酒中含有较少的酯类，而浓香型白酒中含有大量的酯类化合物。这是由各自不同的生产特点决定的。

（2）酱香型白酒中含有大量吡嗪类化合物前驱物质，如酮类化合物等。

（3）酱香型大曲酒中含有种类更多的吡嗪类化合物、呋喃类化合物、芳香族化合物、内酯类化合物，这些化合物的浓度远远高于浓香型酒。如在浓香型白酒中未检测到的 4-羟基-3-甲氧基苯甲醛（香兰素）、2-氨基乙酰苯、(*Z*)-威士忌内酯等，这些风味物质有着更低的阈值和更高的沸点，属于难挥发性的化合物，但有着更持久的香气。

（4）已经在酱香型白酒中检测到呋喃酮类化合物，如 4-羟基-2,5-二甲基-3(2*H*)呋喃酮（furaneol，呋喃扭尔）和 3-羟基-4,5-二甲基-2(5*H*)-呋喃酮（sotolon，索陀酮），这些可能与高温曲或其微生物发酵有关。

12.3.5 药香型白酒风味物质

董酒以“酒液清澈透明，香气幽雅舒适，入口醇和浓郁，饮后甘爽味长”而著称。以董酒为代表的药香型白酒其特征性成分可概括为“五高一低加药香”。一高是丁酸乙酯含量高，达 316mg/L[102]。丁酸乙酯与己酸乙酯之比一般在（0.3~0.5）：1，为其他名酒的 3~4 倍。二高是高级醇含量高，主要是正丙醇（约 1.27g/L[102]）和仲丁醇（约 676mg/L[102]）含量较高，正丙醇高于其他白酒数倍，仲丁醇高于其他白酒 5~10 倍。三高是醇酯比高。董酒的醇酯比>1，即醇含量高于酯含量。四高是总酸含量高。总酸含量是其他名白酒的 2~3 倍。其中以丁酸含量高为其主要特征，达 1.02g/L[102]，为其他白酒的数倍至 10 倍。五高是酸酯比高，董酒的酸含量大于酯含量，其他白酒是酯含量大于酸。一低是乳酸乙酯含量低，为其他白酒的 1/2~1/3。药香是董酒的麦小曲、米小曲中都添加了中药材，使得酒呈现药香[103-105]。

2011 年，在我国药香型白酒中一次性检测到 52 种萜烯类化合物[106]，分别为：(+)-柠檬油精、中药烃 A（Tcd-hydrocarbon A）、*p*-伞花烃、α-长叶蒎烯（α-longipinene）、β-广藿香烯（β-patchoulene）、(-)-丁香烯 [(-)-clovene]、长叶松环烯（longicyclene）、α-古芸烯、樟脑、香附烯（cyperene）、α-雪松烯、长叶松烯（longifolene）、β-石竹烯、莳醇、β-榄香烯、α-香柑油烯（α-bergamotene）、白菖油萜（calarene）、4-萜品醇、(+)-香橙烯、异佛乐酮、β-愈创木烯（β-guaiene）、γ-绿叶烯（γ-patchoulene）、薄荷醇、(-)-别香树烯 [(-)-alloaromadendrene]、γ-古芸烯、γ-蛇床烯、γ-萘烯、α-萜品醇、(-)-龙脑、α-蛇床烯、α-萘烯、β-没药烯（β-bisabolene）、β-花柏烯（β-chamigrene）、δ-杜松烯、γ-杜松烯、(+)-表二环倍半水芹烯 [(+)-epi-bicyclosesquiphellandrene]、α-姜黄烯（α-curcumene）、α-杜松烯、(+)-花侧柏烯 [(+)-cuparene]、β-大马酮、卡拉烯（calamenene）、茴香脑（anethole）、香叶基丙酮、α-白菖考烯、长叶松醇（palustrol）、(*E*)-橙花叔醇、*p*-茴香醛（*p*-Anisaldehyde）、雪松醇（cedrol）、γ-桉叶油醇、γ-萘醇（γ-muurolol）、α-杜松醇、β-桉叶油醇。

进一步的研究共定量41种挥发萜烯类化合物[107]，结果发现大曲香醅原酒中的萜烯总含量要多于小曲酒醅原酒中萜烯总含量，D-樟脑、α-古云烯、小茴香醇、长叶松烯、白菖油萜、(+)-香树烯、(-)-别香树烯、γ-古芸烯、γ-蛇床烯、(-)-龙脑、γ-依兰油烯、瓦伦烯、α-依兰油烯、α-蛇床烯、α-杜松烯、α-雪松醇、α-杜松醇等17种萜烯只在大曲香醅原酒中检测到，而没有在小曲酒醅原酒中检测到，排除蒸馏时酸、热等带来的影响，推测这17种萜烯主要来源于大曲香醅；相反，卡拉烯只在小曲酒醅原酒中检测到，推测其来源于小曲酒醅。茴香脑、δ-杜松烯、γ-杜松烯、α-姜黄烯、α-白菖考烯、法呢醇主要来源于大曲香醅；β-桉叶油醇、橙花叔醇主要来源于小曲酒醅。

应用GC-O技术检测到药香型董酒中主要的香气物质是挥发性有机酸、酯类、萜烯类、醇类、芳香族类、酚类、醛酮类以及硫化合物等。香气强度较大的物质是丁酸、己酸乙酯、己酸、二甲基三硫、丁酸乙酯、2-苯乙醇、3-甲基丁酸、4-甲基苯酚、4-甲基愈创木酚、β-大马酮、戊酸乙酯、(E，Z)-2,6-壬二烯醛、(-)-龙脑、小茴香醇等物质，这些物质是药香型董酒的主要香气成分[108]。

12.3.6 芝麻香型白酒风味物质

12.3.6.1 历史回顾

白酒芝麻香也称焦香，顾名思义，所谓芝麻香型（roasted-sesame-like aroma and flavor type），就是说它与焙炒芝麻香气颇有些相似之处，但不可能完全相同[109]。芝麻香的提法始于20世纪60年代。当时，沈阳老龙口酒厂生产一批次酒，无法销售，长期存于酒库内，后偶然起封，发现有“芝麻香”，但无法复制生产[109-110]。进入80年代以后，在各大酒厂及有关研究单位的共同努力下，才使得芝麻香白酒的生产工艺与典型风格日趋稳定[111]。芝麻香型白酒的生产工艺要点为：清蒸续糙，泥底砖窖，大麸结合，多微共酵，三高一长（高氮配料、高温堆积、高温发酵、长期贮存），精心勾调[112]。

芝麻香型白酒的风味特征是：闻香以芝麻香的复合香气为主，入口后焦煳香味突出，细品有类似芝麻香气（近似焙炒芝麻的香气），后味有轻微的焦香，口味醇厚爽净[113]，其典型代表有景芝、扳倒井、梅兰春等。

芝麻香型其突出的风格特征是幽雅飘逸、细腻诱人，骨架成分含量低，微量复杂成分的种类多、复杂度高[114]。芝麻香型白酒是中华人民共和国成立后所创新的白酒香型，具有“芝麻香突出，诸味协调，丰满细腻，回味悠长”的风格特点[115]。同时，芝麻香型白酒的科学价值主要体现在以下两点：首先，芝麻香型白酒在科学传承中国白酒千百年传统酿造经验的基础上，针对白酒微生物群体固态发酵的特征，针对今后白酒发展的必然趋势为纯种发酵的创新思想，是中国白酒技术发展的方向，成为最早在国内外采用纯种微生物群体发酵技术的香型白酒之一；其次芝麻香型白酒集成了浓、清、酱三种香型白酒生产技术之精华，是对各香型白酒精华的集成创新[115]。

从20世纪60年代原轻工部组织的临沂试点开始提出对芝麻香的香气成分进行初步研究，人们一直致力于发现芝麻香型白酒的特征风味成分。

在芝麻香型白酒特级景芝白乾中共鉴定出164种化合物，其中酸类26种，酚类化合物11种，碱性化合物11种，中性化合物116种[116-119]。

（1）在26种有机酸中，乙酸、丁酸、己酸、乳酸含量较多。

（2）11种酚类化合物有：苯酚、愈创木酚、邻甲酚、间甲酚、对甲酚、4-乙基愈创木酚、4-甲基愈创木酚、2,4-二甲酚、4,5-二甲基-1,3-二羟基苯、4-乙基-1,3-二羟基苯、3-羟基苯甲醇，并对其中的7种进行了定量估计。愈创木酚、4-乙基愈创木酚和对甲苯酚的含量超过了阈值，含量分别为66、46和221μg/L。根据文献提供的阈值推论，酚类化合物可能对该酒的风味起一定的作用。

（3）鉴定出11种碱性化合物，全部为吡嗪类衍生物，分别为：四甲基吡嗪、三甲基吡嗪、2-乙基-5-甲基吡嗪、2-乙基-6-甲基吡嗪、2-甲基-5-异丙基吡嗪、2,6-二乙基吡嗪、2,5-二甲基-3-乙基吡嗪、3,5-二甲基-2-乙基吡嗪、2,3-二甲基吡嗪、2,5-二甲基吡嗪、2-甲基-3,5-二乙基吡嗪。其中：2-甲基-3,5-二乙基吡嗪和2-甲基-5-异丙基吡嗪，首次从白酒中发现。5种主要的吡嗪化合物的含量为57~157μg/L。

（4）中性组分共分离鉴定出116种，有醇34种、醛5种、缩醛8种、酮9种、酯51种、醚9种。

1965年，轻工业部组织临沂试点，当时，以纸上层析技术检出了丙酸乙酯，并做了量的估计[120]，当时认为丙酸乙酯可能与芝麻香有直接关系[121]。1982年，山东省第一轻厅科研所[121]采用先分馏找出芝麻香所在组分，处理后用气相色谱及毛细管色谱-质谱联用法进行定性定量，认为馏分4具有芝麻香的典型香气，该馏分定量了7种组分，包括丁二酸二乙酯、乳酸乙酯、β-苯乙醇、乙酸乙酯、丙酸乙酯、己酸乙酯、辛酸乙酯。进一步的实验表明只有馏分4中含量最高的丁二酸二乙酯、乳酸乙酯、β-苯乙醇三种组分按一定的量比混合可以构成芝麻香味，但这些混合物在酒中有适当范围，超量加入芝麻香也不能再提高，不同年代景芝白乾的上述成分相同，量比关系不同构成了质量上的差别。由于在酒中检出了四甲基吡嗪，又据文献介绍与芝麻香有关，故初步认为四甲基吡嗪对酒的芝麻香味起了一定的作用。但后来的鉴定变相否定了这一结论，认为勾调有丁酸二乙酯、乳酸乙酯、β-苯乙醇的酒样比原酒在香味方面有改进。吡嗪类化合物与芝麻香有关系的预测是一种新的见解，通过确定各组之间的量比关系，对芝麻香有一定的影响的做法也是可以肯定的[121]。

1991年，周恒刚先生对焙炒香的焦香做出一系列的推断[109]，认为吡嗪类、呋喃类、酚类是焙炒的主要香气，吡嗪类在生粒焙炒过程中大量增加与新生，炒芝麻所生成的香气成分，吡嗪类所占比重很大，其中有甲基吡嗪、2,5-二甲基吡嗪、2,6-二甲基吡嗪、2-乙基-5甲基吡嗪、三甲基吡嗪、2,5-二甲基-3-乙基吡嗪等；呋喃类主要是原料中五碳糖在加热过程中生成的，其中有糠醛、糠醇（酸）、5-甲基糠醛、异麦芽酚及其许多同族化合物，此外还有类似呋喃的间硫氮（杂）茂等，并认为糠醛和内酯与炒花生的甜味有关；酚类主要是由单宁、木质素组织内的酚类成分被分解而生成的，芝麻、花生、大麦、大豆等焙炒而生成的酚类有：酚、m-甲酚、p-甲氧基酚、m-甲氧基酚、焦性儿茶酚、间苯二酚、愈创木酚、乙烯基愈创木酚等，认为白酒原料高粱及大麦中含有较多的单宁及木质素，酒醅里积累了一定的糖分和蛋白质（氨基酸），这些物质经多次反复蒸烧与发酵导致酒内含有酚类化合物是完全可能的。

1992年，根据国外报道的芝麻油挥发性香味组分的系统研究结果推断[122]，吡嗪类化合物在芝麻香气中起着重要的作用[123]，认为这些吡嗪类的单体多数仅是焙烤香，有些具有爆玉米花香（如乙酰基吡嗪），其香气作用与俗称的“焦香”比较相似，只有当它们与呋喃类（甜香）、酚类（烟味）、噻唑（坚果香）、含硫化合物（葱香）等组分以适当的比例共存时才构成了炒芝麻特有的香气。文章还认为呋喃类是与芝麻香气相关的另一类杂环化合物[123]。

多年来，研究人员对芝麻香型白酒中的微量成分包括这些杂环化合物进行了准确定量[112, 124-125]，其各个杂环化合物浓度均≤720μg/L。但白酒中常见的吡嗪类和呋喃类化合物的嗅觉阈值均较高，在毫克每升（mg/L）级[126]，其呈香作用有限。另外，吡嗪类化合物是碱性化合物，在酸性的酒中对风味是否起作用，值得深入研究[127]。近年来，有研究人员[128]通过香气重组、添加与缺失实验证实了三甲基吡嗪与酱香白酒的典型香无关。吡嗪类和呋喃类化合物对于芝麻香型白酒的呈香贡献也可以通过这种方法进行进一步的验证。

20 世纪 90 年代胡国栋等人采用 GC-FPD 分析了白酒的中高沸点含硫化合物，鉴定出 3-甲硫基-1-丙醇[117]、3-甲硫基丙醛和 3-甲硫基丙酸乙酯在内的一系列化合物[129]。但在豉香型白酒中也发现含有较高量 3-甲硫基-1-丙醇[130]。根据酒类发酵机理推断，3-甲硫基丙醇是蛋氨酸经微生物（主要是意大利酵母和地衣酵母[131]）脱氨脱羧作用而生成的，3-甲硫基丙醛是其中间产物，酵母纯培养方法证明了这一点[132]。蛋氨酸则是由原料中的蛋白质分解产生，其还可以由半胱氨酸相互转化或以丝氨酸为底物合成[133]。通过往原料中添加这两种氨基酸（蛋氨酸和半胱氨酸）不仅不会让芝麻香特征香气更加突出[134]，反而对酒的品质造成巨大影响。因这两种含硫氨基酸在高温发酵过程中会生成硫黄气味。

1995 年 12 月，中华人民共和国轻工行业标准 QB/T 2187—1995《芝麻香型白酒》批准，其中 3-甲硫基丙醇第一次出现在白酒标准中，规定高于 40%vol 酒精度的酒 3-甲硫基-1-丙醇含量应≥0.5mg/L，40%以下酒≥0.4mg/L。其后，GB/T 20824—2007《芝麻香型白酒》颁布实施，将 3-甲硫基-1-丙醇列入芝麻香型白酒标准中。

2012 年，研究人员采用浸入式固相微萃取和液液萃取两种前处理方法，结合 GC-MS 对扳倒井芝麻香型白酒中含硫组分进行分析时，在四个芝麻香白酒酒样中，只有 1 号样品中检测出 3-甲硫基-1-丙醇[135]。目前，已有不少研究者[114, 136]认为，现阶段对于 3-甲硫基-1-丙醇作为芝麻香的特征成分是值得商榷的，因为它与芝麻香的典型风格及质量之间并不存在很好的相关性，如在生产中一味的追求其含量，可能会产生误导。

2015 年，进一步的研究发现 3-甲硫基-1-丙醇与芝麻香型白酒的芝麻香没有关系[137]。

12.3.6.2 重要香气成分

应用 GC-O 结合 GC-MS 技术对芝麻香型白酒原酒中的风味成分进行分析，检测到呈香化合物 62 种，准确鉴定 59 种，包括酯类 16 种、醇类 8 种、脂肪酸类 9 种、芳香族 10 种、呋喃类 3 种、吡嗪类 4 种、酚类 3 种、硫化物 2 种，萜烯类 2 种、醛类以及内酯类化合物各 1 种[137]。其中，两种萜烯类物质（α-雪松烯和 α-萜品醇）属于在该香型白酒中新发现的风味物质。香气强度较高的风味物质有己酸乙酯、辛酸乙酯、己酸、丁酸、乙酸、糠醛等（表 12-17）[137]。

结合香气活力值（OAV）分析，发现景芝酒中重要的香气成分为辛酸乙酯、己酸乙酯、丁酸乙酯、3-甲基丁醛、二甲基三硫、3-甲基丁酸乙酯、2-甲基丙酸乙酯和戊酸乙酯（OAV 值>1000）[138]。

根据景芝成品酒中各风味物质定量结果平均值，在46%vol的酒精-水溶液中准确加入已定量浓度的OAV值≥1的风味物质（表12-17），配制出模拟酒作为添加实验的基底。重组模拟酒感官品评结果表明，模拟酒的香气比较丰满，有比较突出的水果香、花香和甜香，但没有呈现典型的芝麻香。

表12-17　　重组模拟芝麻香型白酒化合物[137]　　单位：mg/L

化合物	浓度	化合物	浓度	化合物	浓度
己酸乙酯	689.1	月桂酸乙酯	0.62	2-甲基丙醛	1.34
辛酸乙酯	94.58	己酸丙酯	9.99	2-苯乙酸乙酯	5.70
丁酸乙酯	575.7	己酸己酯	1.02	3-苯丙酸乙酯	1.36
2-甲基丙酸乙酯	389.6	庚酸乙酯	7.11	乙酸-2-苯乙酯	6.85
3-甲基丁酸乙酯	9.63	1-丁醇	53.09	己酸-2-苯乙酯	0.56
戊酸乙酯	26.35	2-甲基丙醇	156.9	丁酸-2-苯乙酯	2.88
2-甲基丁酸乙酯	5.96	3-甲基丁醇	535.4	苯甲酸乙酯	3.48
乙酸-3-甲基丁酯	21.85	1-己醇	12.26	萘	0.35
乙酸乙酯	1865	1-丙醇	54.61	糠醛	126.7
丁酸-3-甲基丁酯	50.04	丁酸	43.41	2,6-二甲基吡嗪	0.53
反-4-癸烯酸乙酯	3.34	己酸	40.37	4-甲基苯酚	0.26
己酸丁酯	8.97	戊酸	5.27	4-乙烯基愈创木酚	0.21
乳酸乙酯	1692	2-甲基丙酸	10.25	二甲基三硫	0.59
己酸异戊酯	8.80	辛酸	8.99	二甲基二硫	1.43
癸酸乙酯	3.03	3-甲基丁酸	3.49	甲硫醇	0.32
壬酸乙酯	6.81	庚酸	21.97	γ-壬内酯	0.20
丙酸乙酯	25.43	乙酸	235.4	乙缩醛	382.5
己酸-2-甲基丙酯	5.19	3-甲基丁醛	51.12	—	—

3-甲硫基丙醇的添加实验品评结果表明（表12-18），加入了3-甲硫基丙醇的模拟酒整体香气变化不大，不能被品评人员明显感知出来（$n<7$）[139]，乘3倍增加或降低3-甲硫基丙醇的浓度品评结果无明显变化，且添加了目标物的样品均未出现芝麻香香气，该添加实验进一步验证了3-甲硫基丙醇与芝麻香型白酒的特征香无关。

表12-18　　3-甲硫基丙醇添加实验[137]

添加目标物的浓度/(μg/L)	n/N	是否呈现典型芝麻香
216.3	3/10	否

续表

添加目标物的浓度/(μg/L)	n/N	是否呈现典型芝麻香
648.8[a]	4/10	否
1946	3/10	否

注：a：定量平均浓度；

n/N：正确选出添加有目标物样品的人数/总人数。

12.3.7 兼香型白酒风味物质

兼香型成品酒口子窖检测出113种香气化合物，已经定性的呈香化合物有：有机酸13种，醇类16种，酯类29种，酚类6种，芳香族化合物15种，醛、酮类5种，缩醛类3种，内酯类1种，含氮化合物10种，呋喃类7种，未知化合物8种。

GC-O研究发现重要香气化合物有（Osme>3）：丁酸、己酸、3-甲基丁醇、2-甲基丙酸乙酯、丁酸乙酯、2/3-甲基丁酸乙酯、戊酸乙酯、己酸乙酯、4-乙基愈创木酚、4-乙烯基愈创木酚、香草醛、乙酸-2-苯乙酯等。

12.3.8 凤香型白酒风味物质

在酒精度55%vol凤香型白酒中共检测到香气化合物102种，其中醇类16种，酯类26种，酸类14种，醛类1种，酮类2种，芳香族14种，酚类6种，呋喃类4种，吡嗪类2种，缩醛类3种，硫化物1种，内酯类2种，其他化合物1种，未知化合物10种。

GC-O研究发现重要香气化合物有（Osme>3）：3-甲基丁醇、1-辛醇、乙酸乙酯、己酸乙酯、辛酸乙酯、乳酸乙酯、丁酸、己酸、辛酸、2-甲基丙酸、戊酸、乙酸、丙酸、3-甲基丁酸、2-苯乙酸、2-苯乙醇、3-苯丙酸乙酯、苯乙醛、苯甲醇、香草醛、4-甲基愈创木酚等。

12.3.9 豉香型白酒特征风味物质

以玉冰烧、双蒸酒为代表的豉香型白酒具有的特征性香味成分：一是酸酯含量低，总酯为0.34g/L，总酸为0.19g/L。二是2-苯乙醇含量高，为各白酒之冠，平均达66mg/L；而酱香型、浓香型、清香型、米香型和凤香型的2-苯乙醇分别为22.3、3.7、6.4、37.3和9.9mg/L[140]。三是确认了α-蒎烯、庚二酸和壬二酸及其二乙酯为豉香型白酒的特征性成分。四是高的3-甲硫基-1-丙醇浓度。在酱香型、浓香型和清香型白酒中没有检测到该化合物，米香型白酒的3-甲硫基-1-丙醇含量在0.3~0.5mg/L，平均0.4mg/L；芝麻香型白酒约在0.7mg/L；豉香型白酒3-甲硫基-1-丙醇含量在0.2~2mg/L，平均0.7mg/L[140]。

早期的研究曾经认为2-苯乙醇、3-甲硫基-1-丙醇、庚二酸二乙酯、壬二酸二乙酯和辛二酸二乙酯是豉香型白酒重要香气成分[141-144]。然而，这些化合物的嗅阈值相对较高，特别是后三者的浓度分别只有0.9mg/L（0.3~2.3mg/L，$n=56$），2.3mg/L（0.7~6.2mg/L，$n=56$），0.8mg/L（0.2~2.0mg/L，$n=56$）[141]，但具有较高的嗅觉阈值，在

46%酒精-水溶液中嗅阈值分别为 396，641 和 1280mg/L[145]，其 OAV 值均小于 1。

应用 AEDA 技术研究发现，(*E*)-2-辛烯醛、(*E*)-2-壬烯醛、(*E*)-2-癸烯醛、(*E*)-2-十一烷烯醛、己醛、庚醛、辛醛、壬醛、(*E*，*E*)-2,4-癸二烯醛、3-甲硫基-1-丙醇、3-甲基丁醇、2-苯乙醇、己酸乙酯、2-甲基丙酸乙酯、乙酸乙酯、3-甲基丁酸乙酯、乙酯-3-甲基丁酯、3-苯丙酸乙酯、γ-壬内酯、乙酸、丙酸、丁酸、戊酸是豉香型白酒重要香气成分[145-146]。缺失试验的进一步研究发现，(*E*)-2-壬烯醛是关键香气成分，而 (*E*)-2-辛烯醛和 2-苯乙醇是重要的香气成分[145]。

12.4 白酒中硫化物

酒中大部分硫化物是一类易挥发的化合物，在酒中的含量较低，为 1~99μg/L，但该类化合物有着极低的阈值［大部分在微克每升（μg/L）数量级甚至纳克每升（ng/L）级］。因此，硫化物的存在对酒质有着巨大的影响。大部分的硫化物本身呈现硫化氢的臭味、洋葱的气味等。在国外的葡萄酒中，一般情况下将硫化物视为异嗅。

初步的研究结果表明，我国白酒中的硫化物约在 20 种以上，含量较高的硫化物有：羰基硫（carbonyl sulfide）、硫化氢、二硫化碳（carbon disulfide）、甲硫醇（methanethiol）、乙硫醇（ethanethiol）、二甲基硫（dimethyl sulfide）、二乙基硫（diethyl sulfide）、二甲基二硫（dimethyl disulfide）、二甲基三硫（dimethyl trisulfide）、二甲基四硫（dimethyl tetrasulfide）、3-甲硫基丙醛［3-(methylthio) propanal］、3-甲硫基丙酸乙酯［ethyl 3-(methio) propanoate］和苯并噻唑（benzothiazole）等。

从图 12-5 中可以看出，硫化物在我国不同香型的白酒中有着十分巨大的区别，即使是同一香型的白酒，由于酿造工艺等的不同，差别也非常明显。因此，完全可以将酒中的硫化物作为判别白酒之间区别的指纹图谱。如果这一图谱与酒的吡嗪类化合物的图谱

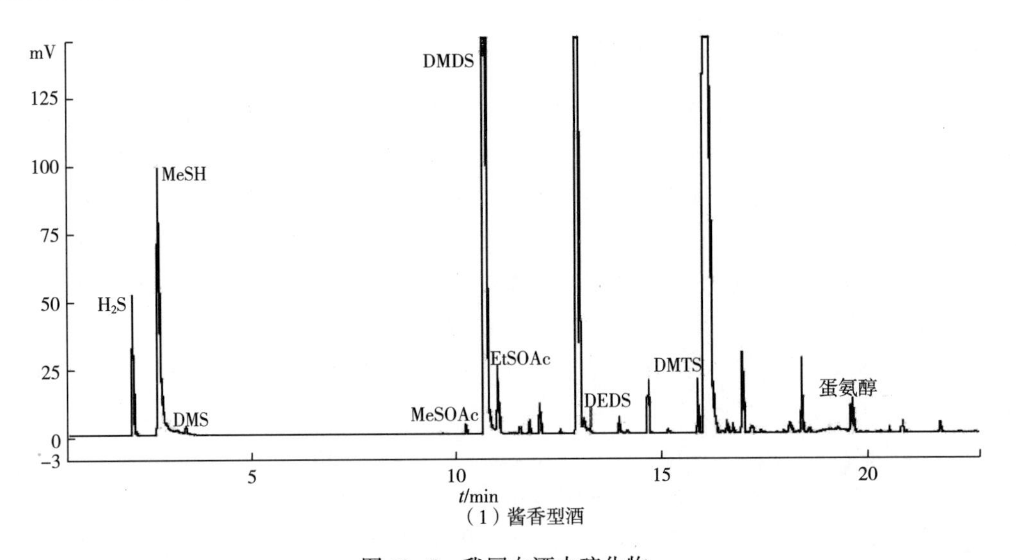

（1）酱香型酒

图 12-5 我国白酒中硫化物

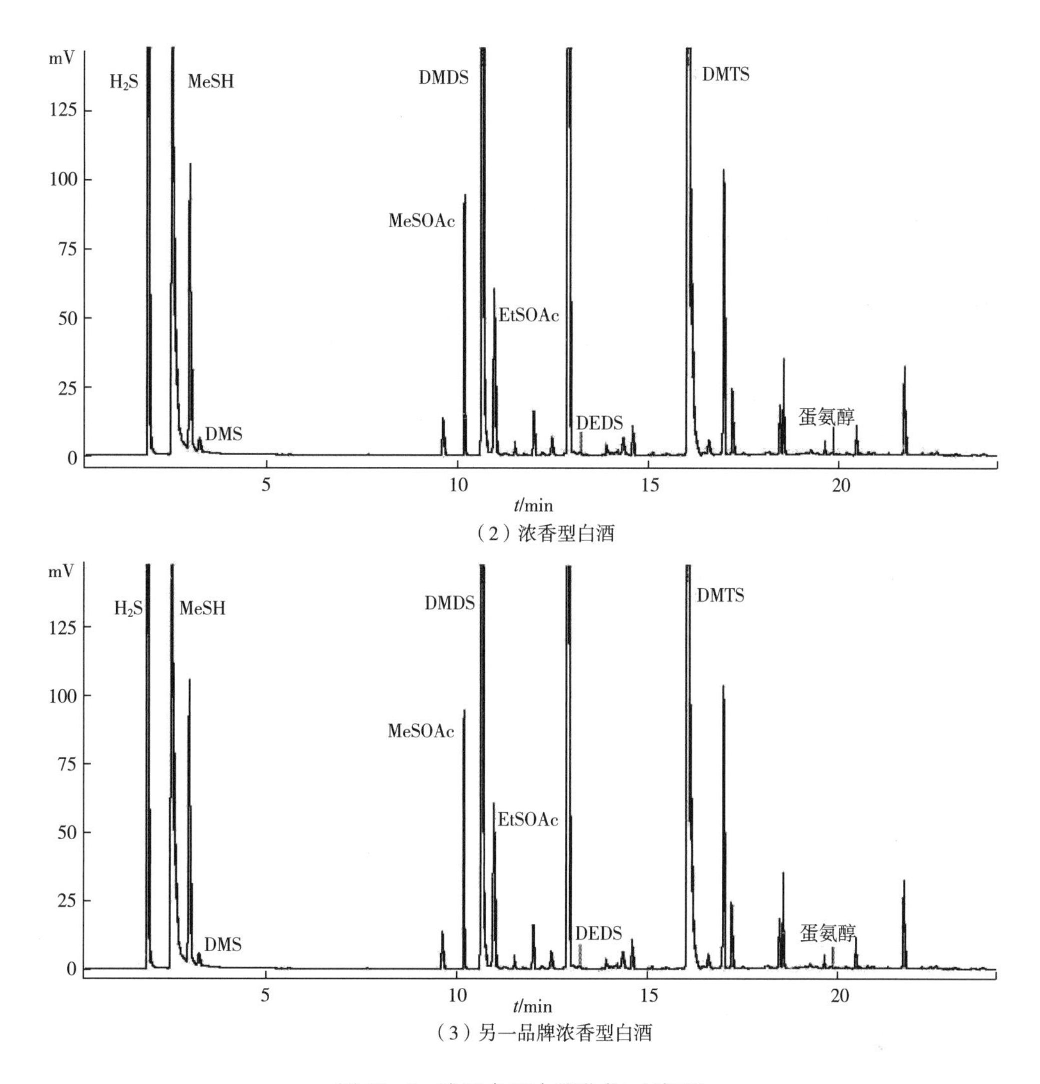

（2）浓香型白酒

（3）另一品牌浓香型白酒

图 12-5 我国白酒中硫化物（续图）

MeSH—甲硫醇；DMS—二甲基硫；DMDS—二甲基二硫；EtSOAc—硫代乙酸乙酯；MeSOAc—硫代乙酸甲酯；DEDS—二乙基二硫；DMTS—二甲基三硫。

相结合的话，不仅可以判别不同香型白酒的异同，而且完全可以用来判别固态发酵酒与固液勾兑酒，当然，也完全可以用来判别某酒是否是纯粮酿造。其原因主要是不同的酒有着不同的硫化物和吡嗪类化合物；其二，酒精勾兑白酒中无法添加一些目前只有天然界存在的，而化学工业上还没有合成或不能合成的化合物；其三，该两类化合物中有一些成分是易分解的，但在酒中是稳定存在的。因此，即使能合成这类化学物质，在使用时会造成其成本大幅度的上升，甚至超过固态白酒的成本。

12.5 异嗅化合物

12.5.1 饮料酒中异嗅物质

异嗅在食品尤其是酒类饮品中是普遍存在的，但由于制造原料以及生产工艺的不同，呈现的异嗅又各具特点。在饮料酒中，一些化合物如挥发性酚类、不饱和醇、醛酮类等物质具有马厩、药物、蘑菇、真菌等气味，这些物质不能明确的归结为香味或者异嗅，有些单体成分原本起呈香作用，但由于浓度过高，使组分间失去香气平衡，呈香味物质就变成了异嗅。表 12-19 列出了饮料酒中的异嗅化合物的呈味特征等。

表 12-19　饮料酒中异嗅物质及其嗅觉阈值

物质名称	气味（异嗅）	存在食品	嗅觉阈值/(μg/L)
4-甲基苯酚	排泄物、马厩[147]	干酪、竹笋[148]、胡椒粉[149]	10^{b}[147]
4-乙基苯酚	马厩、皮革[150]	葡萄酒[150]	21^{b}[147]，430^{a}[150]
4-乙烯基苯酚	药物、颜料[151]	苹果汁[152]、橘汁[153]、葡萄酒[151]、啤酒[154]	1500^{a}[151]
1-辛烯-3-醇	蘑菇[155]、真菌[151]	葡萄酒、腐烂葡萄[156]	3.0^{b}[156]，40^{a}[151]
1-辛烯-3-酮	蘑菇[156-157]、真菌[151]	葡萄酒、腐烂葡萄[156]	0.003^{b}[156]，0.07^{a}[151]
土味素	泥土、土霉味[156]	葡萄酒[150]、腐烂葡萄[156]	0.05^{a}[150]，0.11^{b}[156]
愈创木酚	烟熏味[151]	苹果汁[152]、橘汁[153]、葡萄酒[151]	50^{a}[151]，1.6^{b}[147]
4-甲基愈创木酚	烟熏味、丁香[147]	葡萄酒[158]	90^{a}[158]
4-乙基愈创木酚	辛辣、药[150]	葡萄酒[150]	33^{a}[150]
4-乙烯基愈创木酚	烟熏味、丁香[147]	苹果汁[152]、橘汁[153]、葡萄酒[151]、啤酒[154]	380^{a}[151]，19^{b}[147]
4-乙基儿茶酚	胶水[151]	葡萄酒[151]	50^{a}[151]
2-庚醇	蘑菇[148]、泥土[159]	葡萄酒和腐烂葡萄[156]、橄榄油[159]	100^{b}[156]
反式-2-辛烯-1-醇	蘑菇[156]	葡萄酒和腐烂葡萄[156]	50^{b}[156]
2,4,6-三氯苯甲醚	软木塞[160]	葡萄酒[160]	0.003^{a}[160]
2,3,4,6-四氯苯甲醚	尘土味[150]	葡萄酒[150]	0.035^{a}[150]
2,4,6-三溴苯甲醚[161]	霉味[150]	葡萄酒[150]	0.003^{a}[150]
五氯苯甲醚	尘土[150]	葡萄酒[150]	0.100^{a}[150]

续表

物质名称	气味（异嗅）	存在食品	嗅觉阈值/(μg/L)
2-甲基异冰片	泥土[151]	葡萄酒和腐烂葡萄[151]	0.055a[151]
2-甲氧基-3,5-二甲基吡嗪	软木塞味[151]	葡萄酒[151]	0.0021a[151]
2-异丙基-3-甲氧基吡嗪	泥土[151]	葡萄酒[151]	0.015a[151]
2-异丁基-3-甲氧基吡嗪	青椒[150]	葡萄酒[150]	0.015a[150]
小茴香酮	泥土[151]	葡萄酒和腐烂葡萄[151]	500b[151]
小茴香醇	泥土[151]	葡萄酒[151]	50b[151]
异戊二烯基乙醚	金属气味[162]	榛子[162]	—
顺-3-乙烯醇[163]	青草味[164]	可可浆[164]	—
糠酸烯丙酯	硫黄-橡胶味[164]	可可浆[164]	—
2-巯基丙酸	硫黄-毛皮味[164]	可可浆[164]	—
2,3,6-三氯苯甲醚	霉味[165]	葡萄酒[165]	0.002a[165]
2,3,4-三氯苯甲醚	霉味[165]	葡萄酒[165]	0.01a[165]
2,3,4,5,6-五氯苯甲醚	尘土味[150]	葡萄酒[150]	0.10a[150]
反-2-壬烯醛	脂肪、青草[147] 纸板味[166]	葡萄酒[147]、啤酒[166]	0.69b[147]，0.1c[166]
顺-3-壬烯醛	大豆油[167]	啤酒[167]	0.5c[167]
2,3-丁二酮	黄油[167]	啤酒[167]	100c[167]

注：a：表示葡萄酒中测得的嗅觉阈值；
b：表示水中测得的嗅觉阈值；
c：表示啤酒中测得的嗅觉阈值。

12.5.2 白酒中异嗅物质

目前，白酒中异嗅的研究还停留在异杂味这种笼统的概念上，对异味的描述通常为霉味、糠味、臭味、酸味、煳味、辣味、苦涩味等[168-171]。其中研究较多的异嗅有糠味、霉味和臭味。传统观念认为糠味是由于酿酒原料稻糠用量过大，稻壳清蒸不彻底等引入的；霉味则主要是来自原料或者辅料的霉变、窖池的“漏气”导致霉菌丛生造成的，但其代表性化合物仍没有明确[172-173]。白酒中常见的臭味还包括糠醛臭、窖泥臭和油臭，如丙烯醛具有强烈的臭味，是乳酸菌和酵母分解甘油的结果[169]，糠醛则是由辅料如谷壳中含有的多缩戊糖在高温和发酵时产生[173]；挥发性硫化物呈现的臭味，硫化氢为臭豆腐、臭鸡蛋的气味，是酵母或细菌分解胱氨酸而生成，半胱氨酸在蒸馏时受乙醛和有机酸的影响也会生成硫化氢；乙硫醚会产生焦臭味，乙硫醇呈现日光臭或者乳臭味，主要是细菌分解蛋白质的产物[169]；硫醇有韭菜、葱类、卷心菜的腐败臭等；油味多是因使用含脂肪较多的原料引起的，脂肪分解后的脂肪酸氧化则会产生油臭味[169, 173]。

参考文献

[1] Dicko M H, Gruppen H, Traoré A S, et al. Phenolic compounds and related enzymes as determinants of sorghum for food use [J]. Biotechnol Mol Biol Rev, 2006, 1 (1): 21-38.

[2] Dicko M H, Gruppen H, Traore A S, et al. Evaluation of the effect of germination on phenolic compounds and antioxidant activities in sorghum varieties [J]. J Agri Food Chem, 2005, 53 (7): 2581-2588.

[3] Awika J M, Rooney L W. Sorghum phytochemicals and their potential impact on human health [J]. Phytochemistry, 2004, 65 (9): 1199-1221.

[4] Afify A E-M M, El-Beltagi H S, El-Salam S M A, et al. Biochemical changes in phenols, flavonoids, tannins, vitamin E, β-carotene and antioxidant activity during soaking of three white sorghum varieties [J]. Asian Pac J Trop Biomed, 2012, 2 (3): 203-209.

[5] Mohamed S K, Ahmed A A A, Yagi S M, et al. Antioxidant and antibacterial activities of total polyphenols isolated from pigmented sorghum (*Sorghum bicolor*) lines [J]. J Genet Eng Biotechnol, 2009, 7 (1): 51-58.

[6] Hahn D H, Rooney L W. Effects of genotype on tannins and phenols of sorghum [J]. Cereal Chem, 1986, 63: 4-8.

[7] Dykes L, Rooney L W. Phenolic compounds in cereal grains and their health benefits [J]. Cereal Foods World, 2007, 52 (3): 105-111.

[8] Awika J M, Dykes L, Gu L, et al. Processing of sorghum (*Sorghum bicolor*) and sorghum products alters procyanidin oligomer and polymer distribution and content [J]. J Agri Food Chem, 2003, 51 (18): 5516-5521.

[9] Izzo H V, Ho C T. Effect of residual amide content on aroma generation and browning in heated gluten-glucose model systems [J]. J Agri Food Chem, 1993, 41 (12): 2364-2367.

[10] Dinelli G, Segura-Carretero A, Di Silvestro R, et al. Profiles of phenolic compounds in modern and old common wheat varieties determined by liquid chromatography coupled with time-of-flight mass spectrometry [J]. J Chromatogr A, 2011, 1218 (42): 7670-7681.

[11] 沈怡方. 白酒生产技术全书 [M]. 北京: 中国轻工业出版社, 1998.

[12] 沈怡方. 试论浓香型白酒的流派 [J]. 酿酒, 1992, (5): 10-13.

[13] 范文来, 徐岩. 从微量成分分析浓香型大曲酒的流派 [J]. 酿酒科技, 2000, 101 (5): 92-94.

[14] 李大和. 建国五十年来白酒生产技术的伟大成就 (六) [J]. 酿酒, 1999, (6): 19-31.

[15] 熊子书. 中国三大香型白酒的研究 (二) 酱香·茅台篇 [J]. 酿酒科技, 2005, 130 (4): 25-30.

[16] Fan W, Qian M C. Headspace solid phase microextraction (HS-SPME) and gas chromatography-olfactometry dilution analysis of young and aged Chinese " Yanghe Daqu" liquors [J]. J Agri Food Chem, 2005, 53 (20): 7931-7938.

[17] Fan W, Shen H, Xu Y. Quantification of volatile compounds in Chinese soy sauce aroma type liquor by stir bar sorptive extraction (SBSE) and gas chromatography-mass spectrometry (GC-MS) [J]. J Sci Food Agric, 2011, 91 (7): 1187-1198.

[18] Rapp A. Volatile flavor of wine: Correlation between instrumental analysis and sensory perception

［J］. Nahrung, 1998, 42（6）: 351-363.

［19］ Ferreira V, Ortín N, Escudero A, et al. Chemical characterization of the aroma of Grenache Rosé wines: Aroma extract dilution analysis, quantitative determination, and sensory reconstitution studies［J］. J Agri Food Chem, 2002, 50（14）: 4048-4054.

［20］ 章克昌. 酒精与蒸馏酒工艺学［M］. 北京: 中国轻工业出版社, 1995.

［21］ 范文来, 徐岩. 应用液液萃取结合正相色谱技术鉴定汾酒与郎酒挥发性成分（上）［J］. 酿酒科技, 2013, 224（2）: 17-26.

［22］ 范文来, 徐岩. 应用液液萃取结合正相色谱技术鉴定汾酒与郎酒挥发性成分（下）［J］. 酿酒科技, 2013, 225（3）: 17-27.

［23］ Fan W, Qian M C. Characterization of aroma compounds of Chinese "Wuliangye" and "Jiannanchun" liquors by aroma extraction dilution analysis［J］. J Agri Food Chem, 2006, 54（7）: 2695-2704.

［24］ Grosch W. Evaluation of the key odorants of foods by dilution experiments, aroma models and omission［J］. Chem Senses, 2001, 26（5）: 533-545.

［25］ Fang Y, Qian M. Aroma compounds in Oregon Pinot noir wine determined by aroma extract dilution analysis（AEDA）［J］. Flavour and Fragrance Journal, 2005, 20（1）: 22-29.

［26］ Demyttenaere J C R, Martinez J I S, Verhe R, et al. Analysis of volatiles of malt whiskey by solid-phase microextraction and stir bar sorptive extraction［J］. J Chromatogr A, 2003, 985（1-2）: 221-232.

［27］ Ebeler S E, Terrien M B, Butzke C E. Analysis of brandy aroma by solid-phase microextraction and liquid-liquid extraction［J］. J Sci Food Agric, 2000, 80（5）: 625-630.

［28］ Fan W, Qian M C. Identification of aroma compounds in Chinese 'Yanghe Daqu' liquor by normal phase chromatography fractionation followed by gas chromatography/olfactometry［J］. Flav Fragr J, 2006, 21（2）: 333-342.

［29］ 李大和. 建国五十年来白酒生产技术的伟大成就（三）［J］. 酿酒, 1999, 132（3）: 13-19.

［30］ 沈怡方. 中国白酒感官品质及品评技术历史与发展［J］. 酿酒, 2006, 33（4）: 3-4.

［31］ 沈怡方, 李大和. 低度白酒生产技术［M］. 北京: 中国轻工业出版社, 1996.

［32］ 沈怡方, 赵彤. 对于白酒香型的认识与学术探讨［J］. 酿酒, 2007, 34（1）: 3-4.

［33］ 熊子书. 试论白酒中香味成分与风味特征［J］. 酿酒科技, 1998, 87（3）: 82-85.

［34］ 熊子书. 中国三大香型白酒的研究（三）清香·杏花村篇［J］. 酿酒科技, 2005, 133（7）: 17.

［35］ 翟旭龙, 史静霞, 王普向, 等. 汾酒老熟阶段报告（一）［J］. 酿酒科技, 2001, 108（6）: 51-52.

［36］ 王月梅, 赵迎路. 清香型白酒发酵中的酯化研究［J］. 酿酒科技, 2003, 115（1）: 47-51.

［37］ 张志民. 衡水老白干香型的初步研究［J］. 酿酒, 1998, 125（2）: 14-17.

［38］ 王元太. 清香型白酒的主要微量成分及其量比关系对感官质量的影响［J］. 酿酒科技, 2004, 123（3）: 27-29.

［39］ 杨强, 王衍, 童国强. 清香型小曲酒的香味组分特点及风味特征［J］. 酿酒科技, 2001, 104（2）: 75-76.

［40］ 范文来, 徐岩. 中国白酒风味物质研究的现状与展望［J］. 酿酒, 2007, 34（4）: 31-37.

［41］ 胡志平, 杨强, 乐细选, 等. 小曲白酒蒸馏曲线的研究［J］. 酿酒科技, 2003, 115（1）: 55-56.

［42］ 李大和, 李国红. 川法小曲白酒生产技术（九）［J］. 酿酒科技, 2006, 147（9）: 114-118.

［43］ 王忠彦, 尹昌树. 白酒色谱骨架成分的含量及其比例关系对香型和质量的影响［J］. 酿酒科技, 2000, 102（6）: 93-96.

[44] 余晓，尹建军，胡国栋．白酒中含氮化合物的分析研究 [J]. 酿酒，1992，(1)：71-76.

[45] 杜小威，雷振河，翟旭龙，等．汾酒老熟研究阶段报告（二）[J]. 酿酒科技，2002，114（6）：38-41.

[46] 王元太．清香型白酒工艺的改进及其微量成分与勾兑 [J]. 酿酒，1994，104（5）：9-11.

[47] 王元太．清香型白酒质量品评与风格特点的初步研讨 [J]. 酿酒，1996，115（4）：3-6.

[48] 山西杏花村汾酒厂股份有限公司．“中国清香型汾酒风味物质剖析技术体系及其关键风味物质研究”鉴定材料 [R]. 无锡：江南大学，2009.

[49] 丁云连，范文来，徐岩，等．老白干香型白酒香气成分分析 [J]. 酿酒，2008，35（4）：109-113.

[50] 王勇，徐岩，范文来，等．应用 GC-O 技术分析牛栏山二锅头白酒中的香气化合物 [J]. 酿酒科技，2010，200（2）：74-75.

[51] 王勇，范文来，徐岩，等．液液萃取和顶空固相微萃取结合气相色谱-质谱联用技术分析牛栏山二锅头酒中的挥发性物质 [J]. 酿酒科技，2008，170（8）：99-103.

[52] 河北衡水老白干酿酒（集团）有限公司．“中国老白干香型白酒风味物质剖析技术及其关键风味物质微生物研究”鉴定材料 [R]. 无锡：江南大学，2010.

[53] 北京顺鑫农业股份有限公司牛栏山酒厂．“牛栏山二锅头酒特征风味物质及二种生产工艺对原酒品质影响”鉴定材料 [R]. 无锡：江南大学，2011.

[54] 劲牌公司．“小曲清香型白酒关键风味物质及质量评价方法研究与建立”鉴定材料 [R]. 无锡：江南大学，2009.

[55] 范文来，徐岩．清香类型原酒共性与个性成分 [J]. 酿酒，2012，39（2）：14-22.

[56] 高文俊．青稞酒重要风味成分及其酒醅中香气物质研究 [D]. 无锡：江南大学，2014.

[57] 栗永清，刘群，栗伟．全国白酒质量普查活动综述 [J]. 酿酒科技，2006，144（6）：20-24.

[58] http：//www. ming9. net/Article/jiu/shuxian/200702/13432. html.

[59] 熊子书．贵州茅台酒调查回眸 [J]. 酿酒科技，2000，100（4）：26-29.

[60] 季克良．茅台酒的风味及其工艺特点 [J]. 食品与机械，1988，(1)：12-14.

[61] 徐占成．酒体风味设计学 [M]. 北京：新华出版社，2003.

[62] 赖登燡．中国十种香型白酒工艺特点、香味特征及品评要点的研究 [J]. 酿酒，2005，32（6）：1-6.

[63] 崔利．形成酱香型酒风格质量的关键工艺是“四高两长，一大一多”[J]. 酿酒，2007，34（3）：24-35.

[64] 曾祖训．白酒香味成分的色谱分析 [J]. 酿酒，2006，33（2）：3-6.

[65] 傅金庚．酱香型白酒风格与工艺关系的研究 [J]. 酿酒科技，1991，(1)：8-11.

[66] 崔利，彭追远，杨大金．酱香型酒的主体香气成分是什么？——对酱香型酒主香成分的几种主要说法的浅见（三）[J]. 酿酒，1990，(3)：11-13.

[67] 曹述舜．酱香型酒风味成分的探讨 [J]. 酿酒科技，1991，(4)：47-48.

[68] 周恒刚．4-乙基愈创木酚 [J]. 酿酒，1989，(6)：7-9.

[69] Tressl R, Drawert F. Biogenesis of banana volatiles [J]. J Agri Food Chem, 1973, 21: 560.

[70] Martínez-Cuesta M d C, Payne J, Hanniffy S B, et al. Functional analysis of the vanillin pathway in *avdh*-negative mutant strain of *Pseudomonas fluorescens* AN103 [J]. Enzy Microb Technol, 2005, 37: 131-138.

[71] Mathew S, Abraham T E, Sudheesh S. Rapid conversion of ferulic acid to 4-vinyl guaiacol and vanillin metabolites by *Debaryomyces hansenii* [J]. Journal of Molecular Catalysis B: Enzymatic, 2007, 44: 48-52.

[72] Walton N J, Mayer M J, Narbad A. Vanillin [J]. Phytochemistry, 2003, 63: 505-515.

[73] Steinke R D, Paulson M C. Phenols from grain. The production of steam-volatile phenols during the

cooking and alcoholic fermentation of grain [J]. J Agri Food Chem, 1964, 12: 381-387.

[74] 季克良，郭坤亮．剖读茅台酒的微量成分 [J]. 酿酒科技, 2006, 148 (10): 98-100.

[75] 曹述舜，王民俊．吡嗪化合物与加热香气 [J]. 酿酒科技, 1981, (2): 21-25.

[76] 熊子书．酱香型白酒酿造 [M]. 北京：中国轻工业出版社, 1994.

[77] Fan W, Xu Y, Zhang Y. Characterization of pyrazines in some Chinese liquors and their approximate concentrations [J]. J Agric Food Chem, 2007, 55 (24): 9956-9962.

[78] 范文来，徐岩．白酒79个风味化合物嗅觉阈值测定 [J]. 酿酒, 2011, 38 (4): 80-84.

[79] 汪玲玲．酱香型白酒微量成分及大曲香气物质研究 [D]. 无锡：江南大学, 2013.

[80] 张荣，徐岩，范文来，等．酱香大曲中地衣芽孢杆菌及其风味代谢产物的分析研究 [J]. 工业微生物, 2010, 40 (1): 1-7.

[81] 程誌青，吴惠勤，张桂英，等．酱香型酒香气成分研究。1. 珍酒、茅台酒空杯香分离及官能色谱探索 [J]. 分析测试学报, 1996, 15 (4): 1-4.

[82] 吴惠勤，张桂英，何守明，等．酱香型酒香气成分研究。2. 珍酒、茅台酒空杯留香成分的GC/MS分析 [J]. 分析测试学报, 1996, 15 (4): 5-8.

[83] 程誌青，吴惠勤，何守明，等．酱香型酒香气成分研究。3. 珍酒、茅台酒前香成分的分离及气相色谱/质谱分析 [J]. 分析测试学报, 1996, 15 (5): 8-11.

[84] 周良彦．关于酱香型白酒中主香成分的探讨 [J]. 食品科学, 1983, (6): 20-23.

[85] 庄名扬，王仲文，孙达孟，等．酱香型习酒功能菌的选育及特征组分的研究 [J]. 酿酒科技, 1996, 75 (3): 13.

[86] 庄名扬，王仲文，孙达孟，等．美拉德反应与酱香型白酒 [J]. 酿酒, 1999, 133 (4): 42-47.

[87] 庄名扬，王仲文．酱香型高温大曲中功能菌 B_{3-1} 菌株的分离、选育及其分类学鉴定 [J]. 酿酒科技, 2003, 117 (3): 27-28.

[88] López R, Ortin N, Perez-Trujillo J P, et al. Impact odorants of different young white wines from the Canary islands [J]. J Agric Food Chem, 2003, 51: 3419-3425.

[89] Nunamura N, Sasaki M, Yokotsuka T. Shoyu (soy Sauce) flavor components: Acidic fractions and the characteristic flavor component [J]. Agric. Biol. Chem, 1980, 44 (2): 339-351.

[90] Nunomura N, Sasaki M, Asao Y, et al. Identification of volatile components in shoyu (soy sauce) by gas chromatography-mass spectrometry [J]. Agri Biol Chem, 1976, 40: 485-490.

[91] Nunomura N, Sasaki M, Asao Y, et al. Isolation and identification of 4-hydroxy-2 (or 5) -ethyl-5 (or 2) -methyl-3 (2H) -furanone [J]. Agri Biol Chem, 1976, 40: 491-495.

[92] Sasaki M, Numonura N, Matsuda T. Biosynthesis of 4-hydroxy-2 (or 5) -ethyl-5 (or 2) -methyl-3 (*2H*) -furanone by yeast [J]. J Agri Food Chem, 1991, 39: 934-938.

[93] Guth H. Quantitation and sensory studies of character impact odorants of different white wine varieties [J]. J Agri Food Chem, 1997, 45 (8): 3027-3032.

[94] Hayashida Y, Hatano M, Tamura Y, et al. 4-Hydroxy-2,5-dimethyl-3 (2H) -furanone (HDMF) production in simple media by lactic acid bacterium, *Lactococcus lactis* subsp, cremoris IFO 3427 [J]. J Biosci Bioeng, 2001, 91 (1): 97-99.

[95] Schwab W, Roscher R. 4-Hydroxy-3 (*2H*) -furanones: natural and Maillard products [J]. Rec Res Dev Cell Bio, 1997, 1: 643-673.

[96] Rychlik M, Schieberle P, Grosch W. Compilation of odor thresholds, odor qualities and retention indices of key food odorants [M]. Garching: Deutsche Forschungsanstalt für Lebensmittelchemie and Institut für Lebensmittelchemie der Technischen Universität München, 1998.

[97] Zabetakis I, Gramshaw J W, Robinson D. S. 2,5-Dimethyl-4-hydroxy-*2H*-furan-3-one and its

derivatives：Analysis，synthesis and biosynthesis—A review ［J］. Food Chem，1999，65：139-151.

［98］ Ferreira V，Jarauta I，López R，et al. Quantitative determination of sotolon，maltol and free furaneol in wine by solid-phase extraction and gas chromatography-ion-trap mass spectrometry ［J］. J Chromatogr A，2003，1010（1）：95-103.

［99］ Rowe D J. Aroma chemicals for savory flavors ［J］. Perfumer & Flavorist，1998，23：9-14.

［100］ 胡国栋，程劲松. 酱香型白酒呋喃酮和吡喃酮类化合物的分析研究 ［J］. 酿酒科技，1997，82（4）：31.

［101］ Scarpellino R，Soukup R J. Key flavors from heat reactions of food ingredients. In Flavor Science：sensible principles and techniques ［M］. Washington DC：American Chemical Society，1993：309-335.

［102］ Li D. Achievements of 50 years of production technology of liquor（2nd part）［J］. Liquor Making，1999，131（2）：22-28.

［103］ 吴三多. 五大香型白酒的相互关系与微量成分浅析 ［J］. 酿酒科技，2001，（4）：82-85.

［104］ 李大和. 建国五十年来白酒生产技术的伟大成就（二）［J］. 酿酒，1999，131（2）：22-29.

［105］ 冉晓鸿. 董酒香醅生产控制因素的探讨 ［J］. 酿酒科技，2008，（12）：62-64.

［106］ 胡光源，范文来，徐岩，等. 董酒中萜烯类物质的研究 ［J］. 酿酒科技，2011，205（7）：29-33.

［107］ 范文来，胡光源，徐岩. 顶空固相微萃取-气相色谱-质谱法测定药香型白酒中萜烯类化合物 ［J］. 食品科学，2012，33（14）：110-116.

［108］ 范文来，胡光源，徐岩，等. 药香型董酒的香气成分分析 ［J］. 食品与生物技术学报，2012，31（8）：810-819.

［109］ 周恒刚. 芝麻香型白酒小议 ［J］. 酿酒，1991，（01）：003.

［110］ 金佩璋. 优质白酒梅兰春香味成分初析 ［J］. 酿酒科技，1993，1（55）：1.

［111］ 王海平，李增平. 白酒“芝麻香”风味科研讨论会 ［J］. 酿酒，1986，（2）：005.

［112］ 周利祥，赵德义，来安贵，等. 景芝神酿酒生产工艺及风格特点 ［J］. 酿酒，2008，35（3）：27-29.

［113］ 王凤丽. 再议芝麻香型白酒的研究 ［J］. 中国酿造，2007，26（10）：60-61.

［114］ 高传强. 对芝麻香型白酒风格定位及相关技术的探讨 ［J］. 酿酒科技，2014，（004）：60-64.

［115］ 徐岩. 科学传承，集成创新走中国白酒技术持续发展的道路——对芝麻香酒的看法和认识 ［J］. 酿酒科技，2013，（04）：17-20.

［116］ 王海平，于振法. 景芝白乾酒的典型性——“芝麻香”研究工作的回顾与展望 ［J］. 酿酒，1992，（4）：61-70.

［117］ 胡国栋，陆久瑞，蔡心尧，等. 芝麻香型白酒特征组分的分析研究 ［J］. 酿酒科技，1994，64（4）：75-77.

［118］ 胡国栋，陆久瑞. 芝麻香型白酒含硫组分的分析研究（续）［J］. 酿酒科技，1995，72（6）：67-68.

［119］ 沈怡方. 关于芝麻香型优质白酒的生产技术 ［J］. 酿酒科技，1993，57（3）：43-46.

［120］ 来安贵，赵德义，曹建全. 芝麻香型白酒的发展历史、现状及发展趋势 ［J］. 酿酒，2009，36（01）：91-93.

［121］ 王海平，于振法. 景芝白乾酒的典型性——“芝麻香”研究工作的回顾与展望 ［J］. 酿酒，1992，17（04）：61-70.

［122］ Nakamura S，Nishimura O，Masuda H，et al. Identification of Volatile Flavor Components of the Oil from Roasted Sesame Seeds（Analytical Chemistry）［J］. Agri Bio Chem，1989，53（7）：1891-1899.

［123］ 胡国栋. 景芝白干特征香味组份的研究 ［J］. 酿酒，1992，（01）：83-88.

［124］朱双良，高传强，崔桂友．梅兰春芝麻香酒的微量成分剖析［J］．酿酒科技，2012，（6）：038.

［125］武金华，孙启栋，姜淑芬，等．对生力源芝麻香型白酒成分的分析及探讨［J］．酿酒科技，2009，（6）：65-66.

［126］范文来，徐岩．白酒 79 个风味化合物嗅觉阈值测定［J］．酿酒，2011，38（4）：80-84.

［127］范文来，徐岩．酱香型白酒中呈酱香物质研究的回顾与展望［J］．酿酒，2012，39（3）：8-16.

［128］汪玲玲，范文来，徐岩．酱香型白酒液液微萃取——毛细管色谱骨架成分与香气重组［J］．食品工业科技，2012，33（19）：304-308.

［129］胡国栋，陆久瑞．芝麻香型白酒含硫特征组分的分析研究（续）［J］．酿酒科技，1995，72（06）：67-68.

［130］冯志强，邱晓红．豉香型白酒香型研究［J］．酿酒，1995，（4）：75-84.

［131］张锋国．提高扳倒井芝麻香型白酒风味的关键环节［J］．酿酒，2007，34（4）：47-48.

［132］山东景芝酒厂．芝麻香型白酒特征组分 3-甲硫基-1-丙醇分析的研究［J］．酿酒，1994，（04）：16-21.

［133］徐岩，等．中国白酒健康安全与生态酿造技术研究：2014 第二届中国白酒学术研讨会论文集．北京：中国轻工业出版社，2014.

［134］曹维超．芝麻香型白酒生产中间产物分析与控制研究［D］．济南：山东轻工业学院，2012.

［135］张媛媛，孙金沅，张国锋，等．扳倒井芝麻香型白酒中含硫风味成分的分析［J］．中国食品学报，2012，12（12）：173-179.

［136］黄业立，张彬，武金华．试论芝麻香型白酒［J］．酿酒科技，2008，（10）．

［137］周庆云．芝麻香型白酒风味物质研究［D］．无锡：江南大学，2015.

［138］周庆云，范文来，徐岩．景芝芝麻香型白酒重要挥发性香气成分研究［J］．食品工业科技，2015，36（16）：62-67.

［139］Jellinek，G. Sensory evaluation of food. Theory and practice［M］. Chichester：Ellis Horwood Ltd.，1985.

［140］金佩璋．豉香型白酒中的 3-甲硫基丙醇［J］．酿酒，2004，31（5）：110-111.

［141］Feng Z，Qiu，X. Analysis of aroma compounds of Chinese chixiangxing aroma type liquor［J］. Niangjiu，1995，109（4）：75-82.

［142］Jin P，Ji J，Shen Y. Identification of binary acid ethyl esters as the flavor constituents of shaojiu［J］. Niangjiu，1990，104（1）：24-28.

［143］Jin P，Shen Y. Technology for manufacture of yubingshao，a traditional light baijiu［J］. Niangjiu，1989，103（6）：9-13.

［144］Jin P. 3-Methylthio-1-propanol of Chixiangxing baijiu［J］. Liquor Making，2004，31（5）：110-111.

［145］Fan H，Fan W，Xu Y. Characterization of key odorants in Chinese chixiang aroma-type liquor by gas chromatography-olfactometry，quantitative measurements，aroma recombination，and omission studies［J］. J Agri Food Chem，2015，63（14）：3660-3668.

［146］Fan H，Fan W，Xu Y. Characetrization of volatile aroma compounds in Chinese chixiang aroma type liquor by GC-O and GC-MS［J］. Food Ferment Ind，2015，41（4）：147-152.

［147］Czerny M，Christlbauer M，Fischer A，et al. Re-investigation on odour thresholds of key food aroma compounds and development of an aroma language based on odour qualities of defined aqueous odorant solutions［J］. Eur Food Res Technol，2008，228（2）：265-273.

[148] Fu S G, Yoon Y, Bazemore R. Aroma-active components in fermented bamboo shoots [J]. J Agri Food Chem, 2002, 50 (3): 549-554.

[149] Steinhaus M, Schieberle P. Characterization of odorants causing an atypical aroma in white pepper powder (Piper nigrum L.) based on quantitative measurements and orthonasal breakthrough thresholds [J]. J Agri Food Chem, 2005, 53 (15): 6049-6055.

[150] Franc C, David F, de Revel G. Multi-residue off-flavour profiling in wine using stir bar sorptive extraction-thermal desorption-gas chromatography-mass spectrometry [J]. Chromatogr A, 2009, 1216 (15): 3318-3327.

[151] Boutou S, Chatonnet P. Rapid headspace solid-phase microextraction/gas chromatographic/mass spectrometric assay for the quantitative determination of some of the main odorants causing off-flavours in wine [J]. J Chromatogr A, 2007, 1141 (1): 1-9.

[152] Donaghy J A, Kelly P F, McKay A. Conversion of ferulic acid to 4-vinyl guaiacol by yeasts isolated from unpasteurised apple juice [J]. J Sci Food Agri, 1999, 79 (3): 453-456.

[153] Fallico B, Lanza M C, Maccarone E, et al. Role of hydroxycinnamic acids and vinylphenols in the flavor alteration of blood orange juices [J]. J Agri Food Chem, 1996, 44 (9): 2654-2657.

[154] Vanbeneden N, Saison D, Delvaux F, et al. Decrease of 4-vinylguaiacol during beer aging and formation of apocynol and vanillin in beer [J]. J Agri Food Chem, 2008, 56 (24): 11983-11988.

[155] Combet E, Henderson J, Eastwood D C, et al. Eight-carbon volatiles in mushrooms and fungi: properties, analysis, and biosynthesis [J]. Mycoscience, 2006, 47 (6): 317-326.

[156] La Guerche S, Dauphin B, Pons M, et al. Characterization of some mushroom and earthy off-odors microbially induced by the development of rot on grapes [J]. J Agri Food Chem, 2006, 54 (24): 9193-9200.

[157] Cullere L, Escudero A, Cacho J, et al. Gas chromatography-olfactometry and chemical quantitative study of the aroma of six premium quality Spanish aged red wines [J]. J Agri Food Chem, 2004, 52 (6): 1653-1660.

[158] Cerdan T G, Ancin-Azpilicueta C. Effect of oak barrel type on the volatile composition of wine: Storage time optimization [J]. LWT-Food Sci Technol, 2006, 39 (3): 199-205.

[159] Morales M, Luna G, Aparicio R. Comparative study of virgin olive oil sensory defects [J]. Food Chem, 2005, 91 (2): 293-301.

[160] Ragazzo-Sanchez J A, Chalier P, Ghommidh C. Coupling gas chromatography and electronic nose for dehydration and desalcoholization of alcoholized beverages [J]. Sensor Actuat B: -Chem, 2005, 106 (1): 253-257.

[161] Franc C, David F, de Revel G. Multi-residue off-flavour profiling in wine using stir bar sorptive extraction-thermal desorption-gas chromatography-mass spectrometry [J]. J Chromatogr A, 2009, 1216 (15): 3318-3327.

[162] Amrein T M, Schwager H, Meier R, et al. Identification of Prenyl Ethyl Ether as a Source of Metallic, Solvent-like Off-Flavor in Hazelnut [J]. J Agri Food Chem, 2010, 58 (21): 11408-11412.

[163] Reed S. Sensory Analysis of Chocolate Liquor. [J]. The Manufacturing confectioner, 2010: 43-52.

[164] Stacy R. Sensory Analysis of Chocolate Liquor [J]. The Manufacturing confectioner., 2010: 43-45.

[165] Zhang L, Hu R, Yang Z. Simultaneous picogram determination of "earthy-musty" odorous compounds in water using solid-phase microextraction and gas chromatography-mass spectrometry coupled with initial cool programmable temperature vaporizer inlet [J]. J Chromatogr A, 2005, 1098 (1-2): 7-13.

[166] 赵海锋，陆健，陈坚．SPE-HPLC 法测定啤酒中的微量反 2-壬烯醛［J］．分析检测，2008，29（5）：270-273.

[167] Brothers H M G, Gary L. Matherly James, E.. Method of preventing of reducing off-flavor in a beverage using silane-treated silica filter media.［P］. 2009.

[168] 武敬松，刘恒兆．白酒不良口味的成因及解决措施［J］．酿酒科技，2006，02.

[169] 孙启栋，姜淑芬，陈清让．浓香型大曲酒中异杂味的产生与防止措施［J］．酿酒科技，2002，（2）：49-51.

[170] 封明振，王贤，张国杰．浓香型酒酸味、辣味、涩味浅析［J］．酿酒科技，2000，（1）：30-32.

[171] 吴再节．浓香型白酒中的苦味［J］．酿酒科技，2005，（8）：121-124.

[172] 王瑞明．白酒勾兑技术［M］．北京：化学工业出版社，2006.

[173] 赖登燡．加强酒类食品安全质量控制——剖析白酒中异杂味产生的原因及解决措施［J］．酿酒，2009，36（5）：3-5.

13　威士忌酒风味

苏格兰人和爱尔兰人都自称威士忌（爱尔兰和美国人常用 whiskey，而苏格兰人常用 whisky）是他们发明的，苏格兰人称它为 Visgebaugh，而爱尔兰人则称作 Visgebeatha，但意义相同，都是“生命之水（aqua vitae）”[1]。最古老的有执照的酒厂是 1775 年苏格兰的酒厂[2]。

威士忌是以大麦或其他谷物为原料，经过发芽、烘烤、粉碎、煮沸、糖化、发酵、蒸馏、贮存、调配而成的一种蒸馏酒[3]。威士忌通常需要在橡木桶中老熟，因此，威士忌的风味与其原料、酿造工艺和橡木贮存是密不可分的[3]。威士忌酒的主要产地是苏格兰、美国、加拿大和日本。

按照 2008 年欧盟定义，只有使用发芽谷物（可以添加天然酶制剂）添加或不添加整粒谷物使用酵母发酵后一次或多次蒸馏而获得的酒精度≤94.8%vol 的蒸馏酒才可以称为威士忌。而只用整粒谷物发酵后蒸馏而获得的蒸馏酒称为谷物蒸馏酒（grain spirit）。这两种酒中均不得添加酒精，不得进行调香，不得添加甜味剂，只能添加水和焦糖色素分别调整酒精度和颜色。如果谷物蒸馏酒蒸馏后的酒精度达到 95%vol 以上时，在销售时可以标注“谷物白兰地（grain brandy）”[4]。

典型的美国波旁威士忌（American Bourbon whiskey）具有如下特征[3]：一是使用谷物，且谷物比例>51%；二是高的酒精度，通常蒸馏后的酒精度最大可达 80%vol；三是新酒需要在烘烤的橡木桶中贮存。而典型的苏格兰威士忌（Scottish whiskey）则用全麦芽生产麦汁，然后发酵生产。醪可以用酵母单独发酵（甜麦汁）或酵母与乳酸菌混合发酵（酸麦汁）[3]。产品至少在桶内贮存 2 年以上的，称为纯波旁威士忌（straight Bourbon whisky）。波旁威士忌不仅仅在肯塔基地区生产，在其他地区也可以生产，但必须符合生产要求[3]。

13.1　威士忌酒挥发性化合物

微量挥发性化合物的组成及浓度决定了威士忌酒的风味和质量。从 1960 年代始，人们对威士忌酒的微量成分做了大量的研究[3]，已经鉴定出 300 多种化合物[3]，组成威士忌酒的微量成分有乙酯类、高级醇、脂肪酸、乙酸酯类、羰基化合物如醛和酮类、硫化物、呋喃类化合物、内酯类、酚类等[5-7]。1963 年，Nykaenen 和 Suomalainen 在波旁威士忌和英格兰威士忌中鉴定出如 2-甲基丙醇、3-甲基丁醇、2-苯乙醇、乙醛以及酸和酯类化合物[8]。1964 年，Steinke 和 Paulson 研究了加热谷物的各种酚类化合物，发现谷物中的 p-香豆酸和阿魏酸在蒸馏时会脱羰基分别形成 4-乙烯基苯酚和 4-乙烯基-2-甲氧基苯酚[9]。

后来，陆续在波旁威士忌中鉴定出来源于谷物中 α-胡萝卜素和 β-胡萝卜素降解产物降异戊二烯的 α-紫罗兰酮和 β-紫罗兰酮，以及（E）-β-大马酮[3]。2002 年，Fitzgerald 等人应用 SPME 技术，鉴定并定量了威士忌酒 17 个挥发性化合物[5]，主要包括酯类和醇类化合物。Demyttenaere 等人运用 SPME 和 SBSE 技术，在威士忌酒中共鉴定了 44 个化合物，这些化合物也主要是酯类和醇类化合物[10]。2007 年，Caldeira 等人应用液液萃取（图 13-1、表 13-1）和 HS-SPME 技术（图 13-2、表 13-1）研究了威士忌酒的挥发性成分，共检测到 84 种成分。其中醇类 14 种，酸类 8 种，醛类 1 种，酯类 24 种，芳香族化合物 19 种，呋喃类化合物 4 种，缩醛类化合物 1 种，酚类化合物 6 种，萜烯类化合物 7 种[6]。

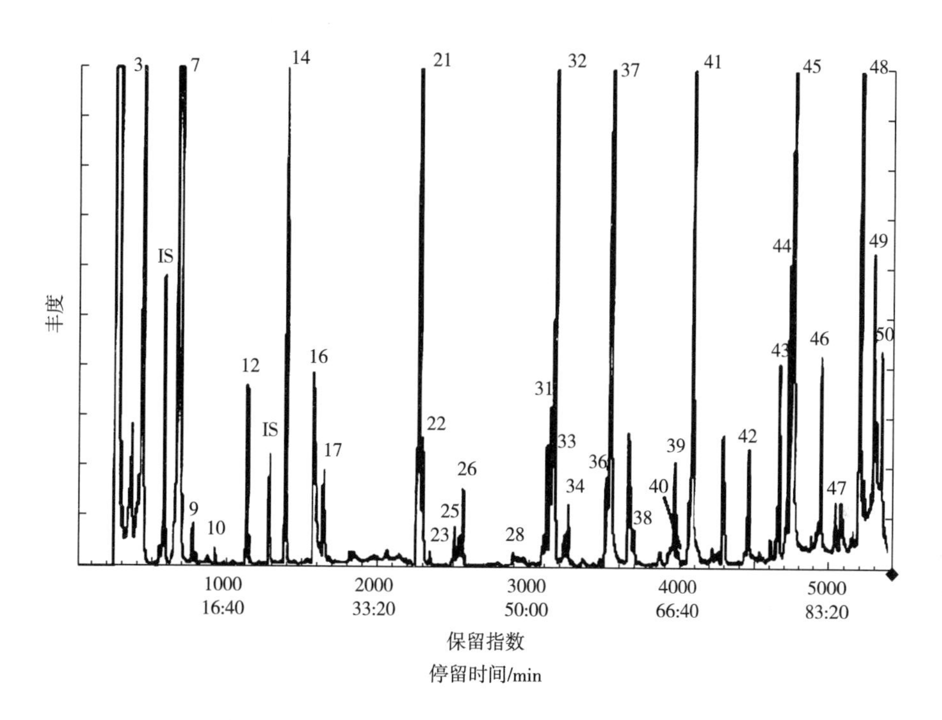

图 13-1　应用二氯甲烷萃取威士忌酒 GC-MS 图[6]

1—乙酸乙酯；2—酒精；3—2-甲基-1-丙醇；4—1-丁醇；5—乙酸异戊酯+内标；4-甲基-2-戊醇；6—己酸乙酯；7—3-甲基丁醇；8—苯乙烯；9—乙缩醛；10—乙酸己酯；11—庚酸乙酯+内标（3-辛醇）；12—乳酸乙酯；13—1-己醇；14—辛酸乙酯；15—里哪醇；16—乙酸；17—糠醛；18—葡萄螺烷（vitispirane，异构体Ⅰ+Ⅱ）；19—辛酸丙酯；20—辛酸丁酯；21—癸酸乙酯；22— 辛酸异戊酯；23—丁酸；24—反-2-癸烯酸乙酯；25—3-甲基丁酸；26—丁二酸二乙酯；27—甘菊环（azulene）；28—癸酸丁酯；29—1-十二醇；30—β-大马酮；31—乙酸-2-苯乙酯；32—十二酸乙酯；33—癸酸异戊酯；34—己酸；35—α-紫罗兰醇；36—苯乙醛；37—β-苯乙醇；38—顺-威士忌酮；39—十四酸乙酯；40—橙花叔醇；41—辛酸；42—1,12-十二烷基二醇；43—十六酸乙酯；44—9-十六碳烯酸乙酯；45—癸酸；46—环十二烷醇；47—琥珀酸单乙酯；48—十二酸；49—5-羟甲基糠醛；50—香兰素。

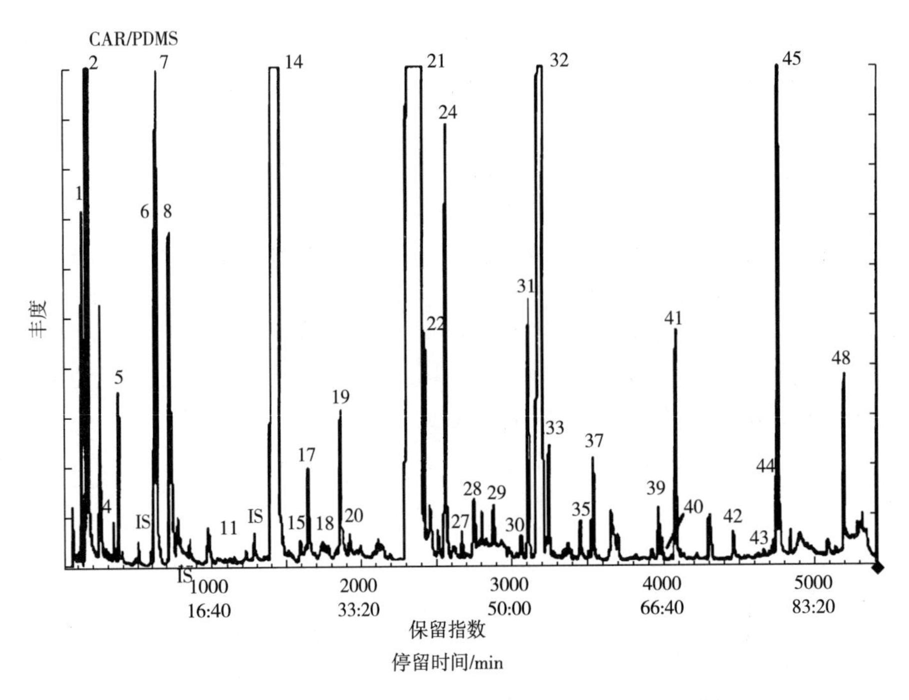

图 13-2　应用 HS-SPME 萃取威士忌酒 GC-MS 图[6]

表 13-1　　**液液萃取和 HS-SPME 检测到的威士忌酒微量成分** [6]　　单位：μg/L

RT/min	RI	化合物	液液萃取	$HS-SPME_{CAR/PDMS}$	$HS-SPME_{CW/DVB}$
2.09	907	乙酸乙酯	ND	0.14	0.56
2.96	984	乙醇	ND	16.44	1.58
4.13	1033	2-甲基-1-丙醇	3.71	ND	ND
5.52	1121	1-丁醇	0.061	0.26	ND
6.18	1144	乙酸异戊酯	0.056	0.13	0.36
6.44	1152	1,2-二甲基苯	ND	0.04	ND
8.17	1202	1,3 二甲基苯	ND	0.02	ND
9.48	1211	1,2-二氢-3,6,8-三甲基萘	ND	0.06	0.085
10.26	1255	3-甲基丁醇	46.39	2.57	4.85
10.37	1257	己酸乙酯	0.056	1.81	0.26
12.03	1292	苯乙烯	0.032	2.32	ND
12.48	1310	乙酸己酯	0.036	ND	ND
14.04	1333	2-甲基呋喃	ND	ND	0.022
15.32	1358	1,2,4-三甲基苯	ND	ND	0.046
17.27	1391	4-乙基-1,2-二甲基苯	ND	ND	0.0037

续表

RT/min	RI	化合物	液液萃取	$HS-SPME_{CAR/PDMS}$	$HS-SPME_{CW/DVB}$
18. 41	1413	1-己醇	ND	0. 02	0. 044
18. 52	1418	乳酸乙酯	1. 14	ND	ND
19. 13	1426	(*Z*)-3-己烯-1-醇	ND	0. 04	ND
20. 22	1447	2-甲基十一醛	ND	0. 09	ND
22. 34	1467	1,2,3,4-四氢-1,1,6-三甲基萘	ND	0. 0021	0. 0051
23. 07	1496	辛酸乙酯	3. 39	14. 16	13. 38
24. 58	1509	己酸异戊酯	ND	0. 03	0. 0092
24. 91	1520	1-辛烯-3-醇	0. 0091	0. 0057	0. 011
25. 16	1529	乙缩醛	0. 025	ND	ND
25. 21	1538	2-乙基己醇	ND	0. 03	0. 0096
26. 43	1556	乙酸	2. 09	ND	0. 086
27. 09	1567	4-乙基-*m*-二甲苯	ND	0. 0067	0. 021
27. 24	1570	糠醛	0. 53	0. 90	0. 034
28. 08	1584	1,10-癸二醇	0. 014	0. 04	ND
28. 33	1588	葡萄螺烷（Vitispyrane Ⅰ）	ND	0. 016	0. 007
28. 48	1590	葡萄螺烷（Vitispyrane Ⅱ）	ND	0. 015	0. 032
29. 25	1703	辛酸丙酯	ND	0. 07	0. 13
30. 26	1719	2-羟基-1-苯乙酮	0. 034	ND	0. 012
31. 34	1741	壬酸乙酯	0. 035	ND	ND
32. 04	1756	辛酸丁酯	ND	0. 036	0. 024
32. 12	1758	里哪醇	ND	ND	0. 013
33. 05	1773	丙酸	0. 067	ND	ND
34. 03	1789	2-甲基丙酸	0. 0064	ND	ND
34. 52	1800	十氢化萘	ND	0. 05	ND
35. 11	1812	癸酸甲酯	ND	0. 11	ND
35. 52	1848	5-甲基呋喃	0. 024	ND	ND
37. 57	1860	癸酸乙酯	6. 67	34. 06	1. 27
38. 41	1881	3-甲基丁酸	0. 20	ND	ND
40. 05	1906	辛酸异戊酯	ND	0. 89	0. 17
40. 50	1915	苯甲酸乙酯	ND	0. 59	0. 06

续表

RT/min	RI	化合物	液液萃取	$HS-SPME_{CAR/PDMS}$	$HS-SPME_{CW/DVB}$
41.39	1933	环己醇	ND	0.24	0.21
41.84	1941	丁二酸二乙酸	0.49	ND	ND
42.22	1949	9-癸烯酸乙酯	ND	3.45	0.77
44.46	2001	1,1,6-三甲基-1,2-二氢萘	ND	0.036	0.19
45.33	2009	癸酸丙酯	0.013	0.04	0.009
45.56	2022	甘菊环	0.11	0.28	0.034
46.36	2030	癸酸丁酯	ND	0.051	0.092
48.01	2062	1-十二醇	ND	0.40	0.13
51.26	2129	β-大马酮	ND	0.21	0.032
51.45	2128	乙酸苯乙酯	0.74	0.43	0.38
52.49	2156	十二酸乙酯	4.44	3.74	21.95
54.01	2189	癸酸异戊酯	0.012	0.70	0.46
54.10	2192	己酸	0.32	ND	ND
54.32	2197	1,4-二(1-甲基乙烯基)苯	ND	0.05	0.063
55.33	2218	(Z)-11-十六碳烯-1-醇	ND	0.07	0.039
56.10	2235	3-苯丙酸乙酯	ND	0.08	0.016
57.31	2257	苯乙醛	0.31	ND	ND
57.81	2272	α-紫罗兰醇	ND	0.35	0.087
58.50	2287	2-苯乙醇	5.52	1.00	0.24
61.11	2301	威士忌内酯	0.17	ND	ND
61.23	2314	1,8-二甲基萘	ND	ND	0.0067
61.35	2346	1,14-十四烷二醇	ND	0.31	0.19
62.31	2365	联苯	ND	0.01	0.012
65.19	2423	2-甲氧基苯酚	0.026	ND	ND
65.74	2431	2-甲基苯酚	0.026	0.023	0.033
66.02	2440	十四烷酸乙酯	0.604	0.41	0.97
66.69	2456	橙花叔醇	0.062	0.17	0.16
67.45	2468	辛酸	4.01	2.22	1.37
68.18	2495	3-羟基己酸乙酯	ND	0.0067	0.095
70.09	2512	4-甲基苯酚	0.085	ND	ND

续表

RT/min	RI	化合物	液液萃取	HS-SPME$_{CAR/PDMS}$	HS-SPME$_{CW/DVB}$
70.52	2523	2-乙基苯酚	0.014	ND	ND
74.04	2554	环十二醇	0.72	0.054	0.75
75.31	2591	4-乙基苯酚	0.045	ND	ND
77.32	2667	十六酸乙酯	1.06	0.05	0.34
78.10	2683	9-十六碳烯酸乙酯	1.20	0.03	0.74
79.14	2704	癸酸	9.01	4.08	4.53
82.29	2772	油醇	0.79	0.03	0.19
85.30	2828	苯甲酸	ND	0.04	ND
86.20	2846	十二酸	4.08	0.93	1.51
87.54	2865	5-羟甲基糠醛	0.53	ND	ND
88.51	2894	香兰素	0.46	ND	ND

13.2 威士忌酒中不挥发性化合物

Aquino 等人研究了威士忌酒中的氨基酸[11]，在威士忌酒中，共检测到 20 个氨基酸。按浓度从低到高排列，其顺序为丙氨酸（Ala）= 天冬酰胺（Asn）<色氨酸（Trp）<谷氨酰胺（Gln）= 组氨酸（His）= 蛋氨酸（Met）= 异亮氨酸（Ile）= 半胱氨酸（Cys）<苏氨酸（Thr）<天冬氨酸（Asp）= 亮氨酸（Leu）<苯丙氨酸（Phe）= 赖氨酸（Lys）<丝氨酸（Ser）= 甘氨酸（Gly）= 酪氨酸（Tyr）= 缬氨酸（Val）<谷氨酸（Glu）= 脯氨酸（Pro）<精氨酸（Arg）。表 13-2 列出了 12 种威士忌酒中的氨基酸。

表 13-2　　威士忌酒中氨基酸含量[11]　　单位：mg/L

样品号	1	2	3	4	5	6	7	8	9	10	11	12	平均
Asp	ND	2.03	0.741	0.509	0.663	0.842	ND	0.103	ND	ND	ND	0.336	0.22
Glu	0.032	0.66	0.311	0.181	0.221	0.211	0.077	0.084	0.124	ND	0.058	0.029	0.104
Asn	ND	ND	ND	ND	ND	0.119	ND	ND	ND	ND	ND	ND	ND
Ser	0.026	0.141	0.15	ND	0.149	2.94	0.034	0.029	1.93	0.493	ND	1.29	0.145
Gln	ND	0.061	ND	ND	0.145	ND	ND	0.024	ND	ND	0.044	ND	ND
His	ND	0.042	ND	ND	0.136	ND	ND	ND	0.171	ND	0.3	ND	ND
Gly	0.05	0.054	ND	0.139	ND	0.743	0.018	0.025	0.117	0.049	0.06	0.213	0.055

续表

样品号	1	2	3	4	5	6	7	8	9	10	11	12	平均
Thr	ND	ND	ND	1.72	1.5	ND	0.16	0.29	1.1	ND	0.393	ND	0.08
Ala	ND	ND	ND	2.77	ND	ND	ND	ND	ND	ND	ND	ND	ND
Arg	0.043	0.373	0.096	0.136	0.06	0.13	0.019	0.044	0.135	0.032	0.13	0.086	0.091
Tyr	0.25	0.21	0.334	ND	0.439	1.39	0.032	0.019	0.266	ND	0.363	0.324	0.258
Met	0.005	ND	0.021	ND	ND	0.653	0.005	ND	ND	ND	ND	ND	ND
Trp	ND	ND	ND	ND	ND	ND	ND	0.015	ND	ND	0.058	ND	ND
Val	0.01	0.17	0.05	0.05	0.047	0.265	0.013	0.017	0.074	ND	ND	0.029	0.038
Phe	0.026	0.011	0.14	0.024	0.027	0.168	0.011	ND	ND	ND	0.028	0.017	0.021
Ile	ND	0.3	ND	ND	ND	0.422	0.153	ND	ND	ND	0.319	ND	ND
Leu	0.062	0.6	ND	ND	ND	0.489	0.305	0.033	ND	ND	0.193	ND	0.017
Lys	0.091	0.066	ND	0.126	ND	1.79	0.026	0.037	0.226	0.058	0.133	ND	0.062
Cys	0.003	ND	ND	ND	0.005	0.004	ND	ND	ND	ND	0.003	ND	ND
Pro	0.012	0.06	0.007	0.011	0.037	0.27	0.039	ND	0.006	0.211	0.016	0.078	0.027

McPhail 等人研究了威士忌酒中含羟基的芳香族化合物[12]。该类化合物不仅在酒中呈现风味，而且具有良好的抗氧化性能[13]。在威士忌酒中，共检测到 10 个含羟基的芳香族化合物，其中鞣花酸（ellagic acid）和五倍子酸（gallic acid）具有强烈的抗氧化性能。四个主要酚类（鞣花酸、五倍子酸、5-羟甲基糠醛和丁香酸）的抗氧化性能占整个威士忌抗氧化性能的 31%~35%。威士忌中 10 个含羟基的芳香族化合物浓度见表 13-3。

表 13-3　　威士忌酒中含羟基的芳香族化合物[12]　　单位：mg/L

样品号	鞣花酸	五倍子酸	5-羟甲基糠醛	丁香酸	香兰素	丁香酸	香兰酸	松柏醛	芥子醛	东莨菪碱	合计
1	13.4	6.27	2.79	2.88	1.51	1.44	0.99	0.42	0.55	0.49	30.7
2	15.6	6.62	1.22	3.75	1.95	1.79	1.17	0.52	0.47	0.65	33.7
3	9.55	4.48	12.6	2.19	1.10	1.02	0.68	0.49	0.83	0.41	33.4
4	10.3	4.79	6.42	1.56	0.87	0.91	0.64	0.28	0.25	0.39	26.4
5	10.2	4.04	4.40	4.69	2.37	1.79	1.15	0.76	0.87	0.64	30.9
6	9.26	3.94	6.98	1.80	0.85	0.95	0.65	0.30	0.34	0.43	25.5
7	28.4	13.0	1.25	6.01	2.24	2.22	1.62	0.85	1.09	0.46	57.2
8	36.0	17.0	5.43	5.70	3.41	3.08	2.10	1.14	0.16	0.68	74.8
平均	16.6	7.53	5.15	3.57	1.79	1.65	1.12	0.59	0.57	0.52	39.1

Park 等人研究了威士忌酒中的不挥发性有机酸[14]，包括乳酸、羟基乙酸（glycolic acid）、草酸（oxalic acid）、丙二酸（malonic acid）、癸酸、琥珀酸（succinic acid）、月桂酸（十二烷酸）、肉豆蔻酸（十四烷酸）、苹果酸、棕榈酸、酒石酸和硬脂酸（十八烷酸，stearic acid）。含量最高的有机酸是乳酸，其次为草酸、癸酸、琥珀酸等。非常遗憾的是，Park 等人并没有同时检测酒中的挥发性酸，如乙酸、丙酸、丁酸等酸类。

13.3 威士忌酒风味物质

13.3.1 威士忌酒重要风味物质

Caldeira 等人在定量了威士忌酒中的 86 种成分后，将所测得的浓度与该化合物相应的阈值进行比较，计算了化合物在威士忌酒中的 OAV 值[6]。在 25 个化合物中，有 14 个化合物的 OAV 值>1，即这 14 个化合物在威士忌酒中的浓度大于它们相应的阈值。按照 OAV 值，Caldeira 等人认为，辛酸乙酯、乙酸异戊酯、异丁醇是最重要的风味化合物。异戊醇、己酸乙酯、己酸、辛酸、癸酸是重要的风味化合物。Caldeira 等人认为，虽然 β-苯乙醇和 1-丁醇的 OAV 值<1，由于协同作用，它们也是一类重要的风味化合物。非常遗憾的是，该文并没有检测到任何与橡木有关的成分，或许，使用的样品并没有经过橡木的贮存。8 种威士忌酒中重要风味化合物的 OAV 值见表 13-4。

表 13-4　8 种威士忌酒中重要风味化合物的 OAV 值*[6]

化合物	HC	FG	DW	RL	BL	GRA	JL	BAL
乙醛	6.02	7.75	9.44	7.59	12.49	4.09	6.04	8.17
1-丁醇	0.62	1.30	0.87	0.66	3.01	0.12	<0.1	0.45
异丁醇	55.53	64.10	66.42	57.76	75.26	65.32	60.46	57.65
乙酸异戊酯	150.35	125.43	121.35	92.72	100.21	190.51	128.27	127.61
异戊醇	3.25	3.81	3.89	3.90	5.57	4.49	2.60	3.81
己酸乙酯	<0.1	7.12	27.63	<0.1	22.42	21.13	<0.1	5.44
辛酸乙酯	423.47	787.35	915.87	603.01	1011.35	864.43	255.70	638.17
糠醛	0.27	1.08	0.66	0.72	2.66	0.79	0.06	0.71
癸酸乙酯	26.56	50.13	42.15	39.14	45.36	49.61	20.09	37.53
β-苯乙醇	0.19	0.16	0.14	0.18	0.20	0.32	<0.1	0.20
十二烷酸乙酯	3.47	6.73	2.97	4.86	4.71	4.37	3.39	4.69
己酸	4.83	5.31	6.60	6.12	7.40	6.42	4.21	6.17
辛酸	8.93	13.85	19.56	17.22	23.37	19.99	6.48	18.11
癸酸	11.74	6.30	12.78	17.55	7.57	8.85	9.62	11.77

注：*：HC、FG、DW、RL、BL、GRA、JL、BAL 为威士忌酒的名称缩写。

Campo 等人应用二维 GC-MS 测定了两种威士忌酒中的 2-甲基戊酸乙酯、3-甲基戊酸乙酯、4-甲基戊酸乙酯和环己酸乙酯的浓度[15]，结果如表 13-5 所示。从表中可以看出，2-甲基戊酸乙酯、3-甲基戊酸乙酯和 4-甲基戊酸乙酯是威士忌酒的重要风味物质。

表 13-5　　威士忌酒中 4 种酯类化合物 OAV 值和浓度　　单位：μg/L

样品	2-甲基戊酸乙酯		3-甲基戊酸乙酯		4-甲基戊酸乙酯		环己酸乙酯	
	浓度/(μg/L)	OAV 值	浓度/(μg/L)	OAV 值	浓度/(μg/L)	OAV 值	浓度/(μg/L)	OAV 值
威士忌 1	246	82	457	57	1336	134	21	21
威士忌 2	862	287	1035	129	2724	272	22	22

González-Arjona 等人曾专门研究威士忌酒中的高级醇（1-丙醇、异丁醇、异戊醇和 2-甲基丁醇）含量[16]。在分析了 58 种威士忌酒（其中爱尔兰威士忌 12 个，波旁威士忌 20 个，麦芽苏格兰威士忌 26 个）后发现，爱尔兰威士忌、波旁威士忌和苏格兰威士忌在高级醇含量上有着极大的不同（表 13-6）。苏格兰威士忌和爱尔兰威士忌含有较高的 1-丙醇，是波旁威士忌的 2 倍多；苏格兰威士忌与波旁威士忌含有高的异丁醇和 2-甲基丁醇，而波旁威士忌则含有极高的异戊醇，其异戊醇浓度是其他两种威士忌的 3~4 倍。据此，González-Arjona 等人应用威士忌酒中的高级醇成功地将三种不同类型的威士忌区分开来（图 13-3）。

表 13-6　　爱尔兰威士忌、波旁威士忌和苏格兰威士忌酒中的高级醇浓度[16]　　单位：mg/L

样品	1-丙醇	异丁醇	异戊醇	2-甲基丁醇
苏格兰威士忌	243 ± 38	441 ± 60	422 ± 64	244 ± 59
波旁威士忌	117 ± 23	461 ± 64	1430 ± 116	490 ± 56
爱尔兰威士忌	235 ± 17	156 ± 9	311 ± 21	86 ± 4

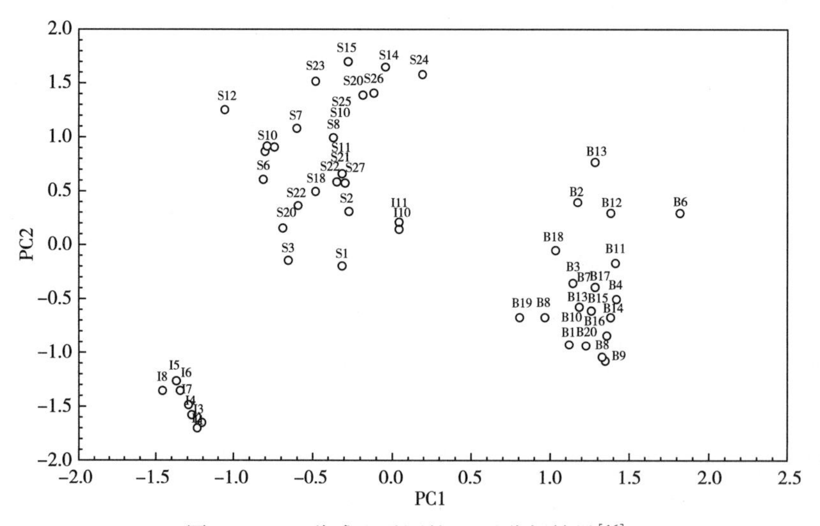

图 13-3　三种威士忌酒的 PCA 分析结果[16]

注：S—苏格兰威士忌；B—波本威士忌；I—爱尔兰威士忌。

13.3.2 威士忌酒关键风味物质

2008 年，研究人员将波旁威士忌液液萃取，然后采用 AEDA 技术对挥发性香气成分进行研究，从美国波旁威士忌中共检测到 FD 值 32～4096 的活性香气化合物 45 个，其中 (*E*)-*β*-大马酮和 *δ*-壬内酯的 FD 值最高，分别为 4096 和 2048。(3*S*，4*S*)-顺-威士忌内酯、*γ*-癸内酯、4-烯丙基-2-甲氧基苯酚（丁香酚）和 4-羟基-3-甲氧基苯甲醛（香兰素）的 FD 值均为 1024。运用顶空 AEDA 技术，检测到 23 种香气活性化合物，其中重要的香气化合物是 3-甲基丁醛、酒精和 2-甲基丁醛[3]。通过测定浓度与阈值，并计算 OAV 值，发现了 26 个 OAV 值>1 的化合物，包括酒精、(*S*)-2-甲基丁酸乙酯、3-甲基丁醛、4-羟基-3-甲氧基苯甲醛、(*E*)-*β*-大马酮、己酸乙酯、丁酸乙酯、辛酸乙酯、2-甲基丙醛、(3*S*,4*S*)-顺-威士忌内酯、(*E*,*E*)-2,4-癸二烯醛、4-烯丙基-2-甲氧基苯酚、3-甲基丁酸乙酯、2-甲基丙酸乙酯等。使用 26 个香气化合物在 40%酒精-水溶液中可以模仿出波旁威士忌的香气。缺失试验表明，4-羟基-3-甲氧基苯甲醛、(3*S*,4*S*)-顺-威士忌内酯、酒精以及全部的酯类化合物是其关键香气成分[17]。表 13-7 中为波旁威士忌中重要香气化合物浓度。

表 13-7　　波旁威士忌中重要香气化合物浓度[17]

化合物	40%酒精-水溶液中阈值/(μg/L)	浓度/(μg/L)[a]	
		1996 年	1998 年
辛酸乙酯	147	8340	10100
(3*S*,4*S*)-顺-威士忌内酯	67	2490	3880
4-羟基-3-甲氧基苯甲醛	22	2130	3060
己酸乙酯	30	1990	2390
丁酸乙酯	9.5	551	668
3-甲基丁醛	2.8	342	242
(3*S*,4*R*)-反-威士忌内酯	790	337	364
4-烯丙基-2-甲氧基苯酚	7.1	240	194
2-甲基丙醛	5.9	233	417
2-甲基丙酸乙酯	4.5	134	143
3-甲基丁酸乙酯	1.6	52	51
2,3-丁二酮	2.8	33	32
(*S*)-2-甲基丁酸乙酯	0.2	30	35
(*E*)-*β*-大马酮	0.1	9	12
(*E*)-2-壬烯醛	0.6	9	12

注：a：三次测定的平均值，误差不超过 10%。

13.3.3 异嗅物质

威士忌酒的异嗅偶尔会出现在瓶装酒中，通常是迁移（transporting）或贮存于不合适环境条件下产生的。如运输或贮存过程中接触到有气味的化学品，气味会进入瓶子中，当然如果使用滚槽式防盗盖（roll-on pilfer-proof closure）可能杜绝大部分气味的进入。

13.3.3.1 樟脑丸气味

樟脑丸气味（mothball smell）主要来源于萘的污染[18]。萘在威士忌酒中的气味阈值非常低，通常在微克/升（μg/L）水平。

13.3.3.2 霉腐气味

霉腐气味（musty-smelling）也是威士忌污染的气味，它主要来源于 TCAs 类化合物。2,4,6-TCA 的气味阈值通常在微克/升（μg/L）水平。该气味的产生与瓶装酒贮存于热的、潮湿的和湿度大的环境有关，此现象通常出现于南亚地区。三氯苯酚类化合物经微生物降解会形成 TCAs 类化合物，产生霉腐气味[18]。另外一个产生霉腐气味的化合物是土味素，是谷物储存时污染微生物产生，痕量的土味素被带入发酵、蒸馏和老熟过程中[18]。

13.3.3.3 青草气味

Wanikawa 等人应用 GC-O 技术，研究了麦芽威士忌酒中的似青草的异嗅。发现 (E,Z)-2,6-壬二烯醛、(E)-2-壬烯醛、1-辛烯-3-醇、4-庚烯-1-醇和 2-壬醇是产生青草气味的关键化合物[19]。这些化合物与脂肪的氧化与降解密切相关，其关键的酶是脂肪氧化酶。图 13-4 显示了几种麦芽威士忌酒中似青草异嗅化合物的含量。

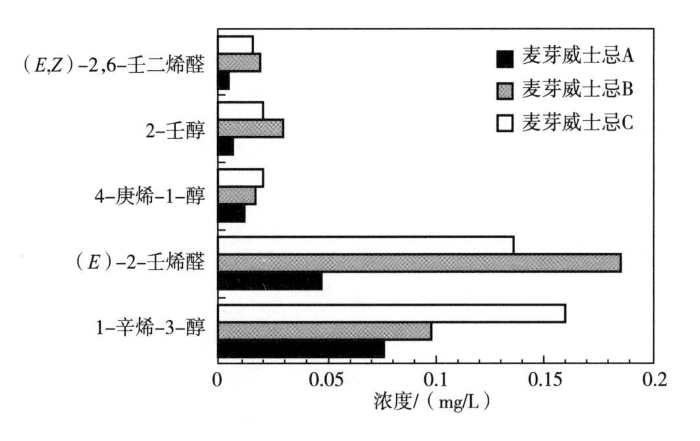

图 13-4 异嗅化合物在麦芽威士忌酒中的浓度[19]

13.4 威士忌酒中不挥发性化合物

研究发现，麦芽威士忌酒中的阿拉伯糖随着老熟时间的延长而增加；葡萄糖和甘露糖在贮存 5 年和 10 年的酒中没有变化。添加焦糖色素后或贮存在雪利酒桶中，这些糖的含量会很高。与麦芽威士忌相比，波旁威士忌含有更高的糖，特别是木糖和半乳糖的含量十分高。这些化合物来源于烘焙后的新桶，或许与老熟相关[20]。

参考文献

[1] Bathgate G N. History of the development of whiskey distillation. In Whisky: Technology, Production and Marketing [M]. London: Elsevier Ltd. 2003.

[2] Han J, Ma C, Wang B, et al. A hypothesis-free sensor array discriminates whiskies for brand, age, and taste [J]. Chem, 2017, 2 (6): 817-824.

[3] Poisson L, Schieberle P. Characterization of the most odor-active compounds in an American Bourbon whisky by application of the aroma extract dilution analysis [J]. J Agri Food Chem, 2008, 56 (14): 5813-5819.

[4] EU. Regulation (EC) No 110/2008 of the European parliament and of the council of 15 January 2008 on the definition, description, presentation, labelling and the protection of geographical indications of spirit drinks. In *Regulation* (EC) No 110/2008, Union E, Ed. Official Journal of the European Union, 2008; L39/16-L39/54.

[5] Fitzgerald G, James K J, MacNamara K, et al. Characterisation of whiskeys using solid-phase microextraction with gas chromatography-mass spectrometry [J]. J Chromatogr A, 2002, 896 (1-2): 351-359.

[6] Calderia M, Rodrigues F, Perestrelo R, et al. Comparison of two extraction methods for evaluation of volatile constituents patterns in commercial whiskeys. Elucidation of the main odour-active compounds [J]. Talanta, 2007, 74 (1): 78-90.

[7] Demyttenaere J C R, Martinez J I S, Tellez M J, et al. Analysis of volatile esters of malt whiskey using solid phase micro - extraction - capillary GC/MS. In Flavor Research at the Dawn of the Twenty - First Century, Proceedings of the Weurman Flavor Research Symposium, 10th [M]. Paris: Editions Tec & Doc, 2003.

[8] Nykaenen L, Suomalainen H. The aroma compounds of alcoholic beverages [J]. Teknillisen Kemian Aikakauslehti, 1963, 20: 789-795.

[9] Steinke R D, Paulson M C. Phenols from grain. The production of steam-volatile phenols during the cooking and alcoholic fermentation of grain [J]. J Agri Food Chem, 1964, 12: 381-387.

[10] Demyttenaere J C R, Martinez J I S, Verhe R, et al. Analysis of volatiles of malt whiskey by solid-phase microextraction and stir bar sorptive extraction [J]. J Chromatogr A, 2003, 985 (1-2): 221-232.

[11] Aquino F W B, Boso L M, Cardoso D R, et al. Amino acids profile of sugar cane spirit (cachaça), rum, and whisky [J]. Food Chem, 2008, 108: 784-793.

[12] McPhail D B, Gardner P T, Duthie G G, et al. Assessment of the antioxidant potential of Scotch whiskeys by electron spin resonance spectroscopy: Relationship to hydroxyl-containing aromatic components [J]. J Agri Food Chem, 1999, 47: 1937-1941.

[13] Duthie G G, Pedersen M W, Gardner P T, et al. The effect of whisky and wine consumption on total phenol content and antioxidant capacity of plasma from healthy [J]. European Journal of Clinical Nutrition, 1998, 52: 733-736.

[14] Park Y J, Kim K R, Kim J H. Gas chromatographic organic acid profiling analysis of brandies and

whiskeys for pattern recognition analysis [J]. J Agri Food Chem, 1999, 47: 2322-2326.

[15] Campo E, Cacho J, Ferreira V. Solid phase extraction, multidimensional gas chromatography mass spectrometry determination of four novel aroma powerful ethyl esters. Assessment of their occurrence and importance in wine and other alcoholic beverages [J]. J Chromatogr A, 2007, 1140: 180-188.

[16] González-Arjona D, González-Gallero V, Pablos F, et al. Authentication and differentiation of irish whiskeys by higher-alcohol congener analysis [J]. Anal Chim Acta, 1999, 381: 257-264.

[17] Poisson L, Schieberle P. Characterization of the key aroma compounds in an American Bourbon whisky by quantitative measurements, aroma recombination, and omission studies [J]. J Agri Food Chem, 2008, 56 (14): 5820-5826.

[18] Aylott R. Whisky analysis. In Whisky: Technology, Production and Marketing [M]. London: Elsevier Ltd. , 2003.

[19] Wanikawa A, Hosoi K, Kato T, et al. Identification of green note compounds in malt whisky using multidimensional gas chromatography [J]. Flav Fragr J, 2002, 17: 207-211.

[20] Martínez Montero C, Rodríguez Dodero M C, Guillén Sánchez D A, et al. Analysis of low molecular weight carbohydrates in food and beverages: A review [J]. Chromatographia, 2004, 59 (1-2): 15-30.

14 白兰地与水果蒸馏酒风味

14.1 白兰地简介

白兰地酒（brandy）系指以葡萄、苹果等为原料，经过发酵、蒸馏、贮存、调配而成的一种蒸馏酒。使用葡萄酒生产的副产物葡萄皮（grape skin）生产的蒸馏酒称为葡萄皮渣蒸馏酒（grape marc spirit），如格拉巴酒（grappa）。葡萄蒸馏酒至少在<1000L的橡木桶中贮存6个月或橡木容器（oak receptacle）中贮存12个月[1-2]。比较著名的白兰地有科涅克①（Cognac，也译为干邑）和阿尔马涅克（Armagnac，也译为雅邑、雅文邑）。

白兰地一词来源于荷兰语brandwijn，意为燃烧的葡萄酒[2]。16世纪，荷兰人开始蒸馏区域性的葡萄酒以便于贮存。他们来到科涅克地区找到了著名的葡萄酒用以生产香槟（Champagne），在边林区（Borderies）生产葡萄蒸馏酒，并命名为燃烧的葡萄酒（brandwijn），这是白兰地的最初叫法。双蒸（即二次蒸馏）出现在十七世纪初，是荷兰人首次在法国夏朗德省（Charente）建立的[3]。19世纪中叶，出现大量的贸易公司，并将葡萄蒸馏酒装瓶，而不是放于桶中。20世纪前五十年，制定了一些法规；1909年，界定了地理生产区域；1936年，科涅克获得原产地命名控制（Appellation d'origine contrôlée，AOC）认证；1938年，界定了区域性产区。

白兰地蒸馏通常采用连续蒸馏（continuous distillation）或间隙蒸馏（discontinuous distillation）。连续蒸馏使用柱式蒸馏器（column still），间隙蒸馏通常使用铜壶蒸馏器（copper potstill），但也可以使用柱式蒸馏。间隙蒸馏的白兰地比连续蒸馏的白兰地更加芳香。间隙蒸馏的酒精度可达85%vol，连续蒸馏时酒精度可达94.8%vol。北美白兰地绝大部分采用柱式蒸馏，而其他大多数国家则采用柱式和壶式蒸馏。南非法规规定，白兰地中至少含有30%的壶式蒸馏的白兰地[1]。

同样的蒸馏过程，在法国科涅克地区通常称作夏朗德壶式蒸馏法（Methode Charentaise）。葡萄基酒（base wine）使用铜壶（copper potstill）蒸馏两次。铜有良好的导热性能，不与沸腾的液体反应。另外，铜可以去除葡萄基酒中残余的含硫化合物，形

---

① 与阿尔马涅克一样，它是一种特殊的品牌，欧盟规定，此名称只用作法国指定区域生产的酒的标识。按照国家干邑管理署（Bureau National Interprofessionell du Cognac）的规定，干邑界定区域（Cognac Delimited Region）覆盖了法国夏朗德省（Charente）的大部分地区，包括滨海夏朗德（Charente-Maritime）的所有地区、多尔多涅河（Dordogne）和Deux-Sèvres的一些区。干邑必须按照AOC的规定生产。

成无色沉淀而附着于蒸馏壶的内壁。小的蒸馏壶效果比大的蒸馏壶好。第一次蒸馏后，酒精度为26%~30%vol，第二次蒸馏后，酒精度约在70%vol。

欧盟规定[1]，白兰地在橡木桶中至少老熟6个月。但有些国家规定更严，如南非规定老熟至少3年，西班牙的特级珍藏白兰地（Gran Reserva brandy）和保加利亚白兰地也是如此[4]。有些白兰地老熟达到20年以上。白兰地在橡木替代品中老熟在欧盟是允许的，但至少老熟1年[1]，通常使用的橡木桶是法国和美国的。大量的研究表明，老熟在葡萄牙橡木桶或栗木桶中老熟也是可以的[5-8]。在西班牙，索雷拉橡木桶老熟系统（solera ageing system）用于老熟白兰地酒[9]。

老熟后，白兰地可以与中性酒精（neutral spirits）进行勾兑，并添加授权的添加剂（approved additives）进行调整。餐后甜酒中可以添加天然甜味剂，如浓缩葡萄汁或蜂蜜。添加无味焦糖色素（flavourless caramel）使得酒呈现金色，但欧盟禁止白兰地使用添加剂[1,4]。

14.2 白兰地酒微量成分

14.2.1 白兰地酒中的微量挥发性成分

白兰地酒的风味与白兰地生产的原料——葡萄、白兰地的生产工艺和酒的贮存老熟有着密切的关系。如原料的质量与酒中的2-丙烯-1-醇有关[10-11]，糠醛的含量与壶式蒸馏相关，而酯化反应能在连续蒸馏的塔板上发生[12]。到目前为止，科学家们已经在白兰地酒中发现了超过1000种的化合物，包括醇类、脂肪酸、酯类、醚类、羰基化合物、烃类、内酯类（lactones）、酚类、萜烯、C_{13}-降异戊二烯类、含硫化合物和含氮化合物等。这些化合物含量范围广，从数百毫克每升（酯类和醇类）到数克每升（吡嗪类和内酯类）。

2004年，Ledauphin等人使用GC-MS，研究了一种刚刚蒸馏的苹果白兰地卡尔瓦多斯（Calvados）和科涅克白兰地的微量成分[13]。通过二氯甲烷萃取后，直接进样，共检测出169个挥发性的化合物。将萃取物通过制备气相色谱分离，同时应用硅胶柱分离。经这两种方法分离后，共可以检测到331个挥发性化合物（表14-1）。其中162个化合物被认为是痕量化合物，39个是两种酒共有的，30个为科涅克白兰地独有，93个为卡尔瓦多斯所独有，如不饱和的醇、酚类化合物和不饱和的醛。

表14-1　刚蒸馏的苹果白兰地卡尔瓦多斯和科涅克白兰地的微量成分[13]

序号	挥发性化合物	RI_{Wax}	存在的酒种
1	异丁酸乙酯（ethyl 2-methylpropanoate）	<1000	Cognac
2	2-甲基丁酸乙酯（methyl 2-methylbutanoate）	<1000	Calvados
3	乙酸异戊酯（2-methylpropyl acetate）	<1000	Cognac，Calvados

续表

序号	挥发性化合物	RI_{Wax}	存在的酒种
4	3,3-二乙氧基丙烷（3,3-diethoxypropene）	<1000	Calvados
5	1-（1-乙氧基乙氧基）-2-甲基丙烷［1-（1-ethoxyethoxy）-2-methylpropane］	<1000	Calvados
6	甲苯（toluene）	1014	Calvados
7	2-丁醇（butan-2-ol）	1019	Cognac，Calvados
8	丁酸乙酯（ethyl butanoate）	1023	Cognac，Calvados
9	1-丙醇（1-propanol）	1030	Cognac，Calvados
10	1,1-二乙氧基丁烷（1,1-diethoxybutane）	1031	Calvados
11	2-甲基丁酸乙酯（ethyl 2-methylbutanoate）	1036	Calvados
12	4-甲基-1,3-二氧乙烷（4-methyl-1,3-dioxane）	1041	Calvados
13	甲酸-3-甲基丁酯（3-methylbutyl formate）	1042	Cognac
14	2-甲基-1,3-二氧乙烷（2-methyl-1,3-dioxane）	1044	Calvados
15	1-(1-乙氧基乙氧基)-丁烷［1-(1-ethoxyethoxy)-butane］	1049	Calvados
16	二甲基二硫（dimethyl disulfide）	1050	Calvados
17	3-甲基丁酸乙酯（ethyl 3-methylbutanoate）	1053	Calvados
18	乙酸丁酯（butyl acetate）	1057	Cognac，Calvados
19	4-甲基-2-戊酮（4-methylpentan-2-one）	1059	Calvados
20	1,1-二乙氧基-3-甲基丁烷（1,1-diethoxy-3-methylbutane）	1062	Cognac，Calvados
21	己醛（hexanal）	1064	Cognac，Calvados
22	丙酸-2-甲基丙酯（2-methylpropyl propanoate）	1065	Calvados
23	1,1-二乙氧基-2-甲基丁烷（1,1-diethoxy-2-methylbutane）	1067	Cognac，Calvados
24	2-戊烯-1-醛（pent-2-enal）	1073	Calvados
25	2-甲基丙醇（2-methylpropanol）	1089	Cognac，Calvados
26	2-丁烯酸甲酯（methyl but-2-enoate）	1095	Calvados
27	2,6,6-三甲基-2-乙烯基四氢-(2*H*)-吡喃［2,6,6-trimethyl-2-ethenyltetrahydro-(2*H*)-pyran］	1096	Cognac
28	1-(1-乙氧基乙氧基)-3-甲基丁烷［1-(1-ethoxyethoxy)-3-methylbutane］	1107	Cognac，Calvados
29	3-戊醇（pentan-3-ol）	1111	Calvados
30	3-戊烯-2-酮（pent-3-en-2-one）	1114	Calvados
31	2-丙烯-1-醇（prop-2-en-1-ol）	1116	Calvados

续表

序号	挥发性化合物	RI_{Wax}	存在的酒种
32	乙酸-2-甲基丁酯（2-methylbutyl acetate）	1116	Cognac，Calvados
33	乙酸-3-甲基丁酯（3-methylbutyl acetate）	1117	Cognac，Calvados
34	4-甲基-3-戊烯-2-酮（4-methylpent-3-en-2-one）	1118	Cognac，Calvados
35	2-戊醇（pentan-2-ol）	1119	Calvados
36	戊酸乙酯（ethyl pentanoate）	1127	Calvados
37	丙酸丁酯（butyl propanoate）	1135	Calvados
38	1,1-二乙氧基戊烷（1,1-diethoxypentane）	1135	Cognac，Calvados
39	2-甲基丁酸丙酯（propyl 2-methylbutanoate）	1136	Calvados
40	3-庚酮（heptan-3-one）	1141	Calvados
41	1-丁醇（1-butanol）	1147	Cognac，Calvados
42	2-丁烯酸乙酯（ethyl but-2-enoate）	1156	Cognac，Calvados
43	1-戊烯-3-醇（pent-1-en-3-ol）	1157	Calvados
44	丙酸-2-丁烯酯（but-2-enyl propanoate）	1158	Calvados
45	乙酸戊酯（pentyl acetate）	1169	Cognac，Calvados
46	2-庚酮（heptan-2-one）	1173	Cognac，Calvados
47	2-甲基-2-丁烯酸甲酯（methyl 2-methylbut-2-enoate）	1175	Calvados
48	柠檬烯（limonene）	1175	Cognac，Calvados
49	己酸甲酯（methyl hexanoate）	1176	Cognac，Calvados
50	3-戊烯-2-醇（pent-3-en-2-ol）	1177	Calvados
51	桉树脑（eucalyptol）	1179	Calvados
52	丙酸-3-甲基丁酯（3-methylbutyl propanoate）	1183	Calvados
53	3-乙氧基丙醛（3-ethoxypropanal）	1185	Cognac，Calvados
54	3-甲基丁醇（3-methylbutanol）	1208	Cognac，Calvados
55	4-甲基 3-庚烯-2-酮（4-methylhept-3-en-2-one）	1210	Calvados
56	丁酸丁酯（butyl butanoate）	1213	Calvados
57	2-己醇（hexan-2-ol）	1216	Calvados
58	2-甲基-2-丁烯酸乙酯（ethyl 2-methylbut-2-enoate）	1223	Calvados
59	己酸乙酯（ethyl hexanoate）	1226	Cognac，Calvados
60	1,1-二乙氧基己烷（1,1-diethoxyhexane）	1235	Cognac，Calvados

续表

序号	挥发性化合物	RI_{Wax}	存在的酒种
61	3-辛酮（octan-3-one）	1239	Calvados
62	3-甲基-3-丁烯-1-醇（3-methylbut-3-en-1-ol）	1245	Cognac，Calvados
63	1-戊醇（1-pentanol）	1249	Cognac，Calvados
64	1-(1-乙氧基乙氧基)-己烷［1-(1-ethoxyethoxy)-hexane］	1258	Calvados
65	丁酸-3-甲基丁酯（3-methylbutyl butanoate）	1259	Cognac，Calvados
66	乙酸己酯（hexyl acetate）	1265	Cognac，Calvados
67	1,3-二乙氧基-1-丙醇（1,3-diethoxypropan-1-ol）	1268	Calvados
68	3-羟基-2-丁酮（3-hydroxybutan-2-one，乙偶姻，acetoin）	1269	Calvados
69	（*E*)-3-己烯酸乙酯［ethyl（*E*)-hex-3-enoate］	1270	Cognac，Calvados
70	2-甲基丁酸-2-甲基丁酯（2-methylbutyl 2-methylbutanoate）	1274	Calvados
71	2-甲基丁酸-3-甲基丁酯（3-methylbutyl 2-methylbutanoate）	1274	Calvados
72	2-戊基呋喃（2-pentylfuran）	1275	Cognac
73	辛醛（octanal）	1282	Cognac
74	2,2,6-三甲基环己酮（2,2,6-trimethylcyclohexanone）	1284	Cognac
75	1-辛烯-3-酮（oct-1-en-3-one）	1289	Cognac，Calvados
76	（*Z*）-3-己烯酸乙酯［ethyl（*Z*)-hex-3-enoate］	1291	Cognac，Calvados
77	4-甲基-2-戊醇（4-methylpentan-2-ol）	1292	Cognac，Calvados
78	4-戊烯-1-醇（pent-4-en-1-ol）	1295	Calvados
79	1,1,3-三乙氧基丙烷（1,1,3-triethoxypropane）	1299	Cognac，Calvados
80	乳酸甲酯（methyl 2-hydroxypropanoate）	1309	Calvados
81	4-甲基戊醇（4-methylpentanol）	1312	Cognac，Calvados
82	己酸丙酯（propyl hexanoate）	1312	Calvados
83	乙酸-3-己烯酯（hex-3-enyl acetate）	1314	Cognac
84	3-甲基-2-丁烯-1-醇（3-methylbut-2-en-1-ol）	1316	Calvados
85	2-庚醇（heptan-2-ol）	1318	Cognac，Calvados
86	3-甲基戊醇（3-methylpentanol）	1323	Cognac，Calvados
87	6-甲基-5-庚烯-2-酮（6-methylhept-5-en-2-one）	1327	Calvados
88	庚酸乙酯（ethyl heptanoate）	1328	Cognac，Calvados
89	3-乙氧基丙酸乙酯（ethyl 3-ethoxypropanoate）	1332	Calvados

续表

序号	挥发性化合物	RI_{Wax}	存在的酒种
90	1,1-二乙氧基庚烷（1,1-diethoxyheptane）	1332	Cognac, Calvados
91	乙酸-2-己烯酯（hex-2-enyl acetate）	1334	Cognac
92	2-己烯酸乙酯（ethyl hex-2-enoate）	1336	Cognac
93	玫瑰氧化物（rose oxide）	1338	Cognac
94	乳酸乙酯（ethyl 2-hydroxypropanoate）	1342	Cognac, Calvados
95	乙酰丙酮（diacetone）	1344	Calvados
96	己酸-2-甲基丙酯（2-methylpropyl hexanoate）	1347	Cognac
97	1-己醇（1-hexanol）	1352	Cognac, Calvados
98	(*E*)-3-己烯-1-醇[(*E*)-hex-3-en-1-ol]	1362	Cognac, Calvados
99	3-乙氧基-1-丙醇（3-ethoxy-1-propanol）	1370	Cognac
100	3-壬烯-5-酮（non-3-en-5-one）	1372	Calvados
101	4-庚烯酸乙酯（ethyl hept-4-enoate）	1374	Calvados
102	(*Z*)-3-己烯-1-醇[(*Z*)-hex-3-en-1-ol]	1381	Cognac, Calvados
103	3,5,5-三甲基环己-2-烯-1-酮（3,5,5-trimethylcyclohex-2-en-1-one，异佛乐酮，isophorone）	1381	Cognac
104	2-壬酮（nonan-2-one）	1382	Cognac
105	2-甲基丁酸丁酯（butyl 2-methylbutanoate）	1384	Calvados
106	4-甲基-3-戊烯-1-醇（4-methylpent-3-en-1-ol）	1385	Cognac, Calvados
107	壬醛（nonanal）	1385	Cognac
108	辛酸甲酯（methyl octanoate）	1386	Cognac
109	2-己烯-1-醇（hex-2-en-1-ol）	1390	Cognac, Calvados
110	2-丁氧基乙醇（2-butoxyethanol）	1391	Calvados
111	3-辛醇（octan-3-ol）	1392	Cognac, Calvados
112	2-羟基丁酸乙酯（ethyl 2-hydroxybutanoate）	1396	Calvados
113	2-辛烯醛（oct-2-enal）	1402	Calvados
114	4-己烯-1-醇（hex-4-en-1-ol）	1408	Cognac, Calvados
115	四氢里哪醇（tetrahydrolinalool）	1414	Calvados
116	2-辛醇（octan-2-ol）	1416	Calvados
117	2,3-丁二醇（2,3-butanediol）	1417	Calvados
118	丙酸-3-己烯酯（hex-3-enyl propanoate）	1418	Cognac

续表

序号	挥发性化合物	RI_{Wax}	存在的酒种
119	4-甲基-2-酮戊酸（4-methyl-2-oxopentanoic acid）	1421	Cognac，Calvados
120	2-羟基-3-甲基丁酸乙酯（ethyl 2-hydroxy-3-methylbutanoate）	1422	Cognac，Calvados
121	2-羟基丙酸丙酯（propyl 2-hydroxypropanoate）	1424	Calvados
122	戊二酸二甲酯（dimethyl pentanedioate）	1699	Calvados
123	(*E*)-里哪醇氧化物［(*E*)-linalool oxide（furanoid）］	1427	Cognac，Calvados
124	辛酸乙酯（ethyl octanoate）	1428	Cognac，Calvados
125	乙酸（acetic acid）	1434	Cognac，Calvados
126	甲硫基乙酸乙酯（ethyl methylthio acetate）	1436	Calvados
127	2-(1-乙氧基乙氧基）丙酸乙酯［ethyl 2-(1-ethoxyethoxy)propanoate］	1442	Calvados
128	3-甲硫基丙醛（3-methylthiopropanal，methional）	1443	Calvados
129	1-(1-乙氧基乙氧基)-辛烷［1-(1-ethoxyethoxy)octane］	1449	Calvados
130	1-辛烯-3-醇（oct-1-en-3-ol）	1450	Cognac，Calvados
131	己酸-2-甲基丁酯（2-methylbutyl hexanoate）	1451	Cognac
132	己酸-3-甲基丁酯（3-methylbutyl hexanoate）	1452	Cognac，Calvados
133	1-庚醇（1-heptanol）	1454	Calvados
134	2-羟基丙酸-2-甲基丙酯（2-methylpropyl 2-hydroxypropanoate）	1455	Cognac，Calvados
135	糠基二乙基缩醛（furfural diethyl acetal）	1456	Cognac，Calvados
136	糠醛（furfural）	1462	Cognac，Calvados
137	(*Z*)-里哪醇氧化物［(*Z*)-linalool oxide(furanoid)］	1463	Cognac，Calvados
138	6-甲基-5-庚烯-2-醇（6-methylhept-5-en-2-ol）	1464	Cognac，Calvados
139	4-辛烯酸乙酯（ethyl oct-4-enoate）	1470	Cognac，Calvados
140	6-酮壬酸乙酯（ethyl 6-oxononanoate）	1488	Calvados
141	2-羟基-3-甲基戊酸甲酯（methyl 2-hydroxy-3-methylpentanoate）	1489	Calvados
142	2-乙基己醇（2-ethylhexanol）	1491	Cognac，Calvados
143	樟脑（camphor）	1491	Calvados
144	2-羟基戊酸乙酯（ethyl 2-hydroxypentanoate）	1495	Calvados
145	2-乙酰基呋喃（2-acetylfurane）	1500	Cognac，Calvados
146	4-庚烯-1-醇（hept-4-en-1-ol）	1502	Calvados
147	3-乙基-4-甲基戊醇（3-ethyl-4-methylpentanol）	1507	Calvados

续表

序号	挥发性化合物	RI_{Wax}	存在的酒种
148	葡萄螺烷-1（vitispirane-1）	1507	Cognac，Calvados
149	葡萄螺烷-2（vitispirane-2）	1510	Cognac，Calvados
150	苯甲醛（benzaldehyde）	1513	Cognac，Calvados
151	辛酸丙酯（propyl octanoate）	1514	Cognac，Calvados
152	2-羟基-4-甲基戊酸乙酯（ethyl 2-hydroxy-4-methylpentanoate）	1515	Cognac，Calvados
153	二氢-2-甲基-3(2*H*)-噻吩酮［dihydro-2-methyl-3(2*H*)-thiophenone］	1518	Cognac，Calvados
154	5-乙烯基-4-甲基噻唑（5-ethenyl-4-methylthiazole）	1518	Cognac，Calvados
155	3-羟基丁酸乙酯（ethyl 3-hydroxybutanoate）	1518	Calvados
156	2-羟基丙酸丁酯（butyl 2-hydroxypropanoate）	1520	Calvados
157	2-壬醇（nonan-2-ol）	1521	Cognac
158	丙酸（propanoic acid）	1527	Cognac，Calvados
159	壬酸乙酯（ethyl nonanoate）	1530	Calvados
160	2-羟基己酸乙酯（ethyl 2-hydroxyhexanoate）	1544	Cognac，Calvados
161	里哪醇（linalool）	1550	Cognac，Calvados
162	糠基乙基丙基缩醛（furfural ethyl propyl acetal）	1550	Calvados
163	辛酸-2-甲基丙酯（2-methylpropyl octanoate）	1550	Cognac
164	1-辛醇（1-octanol）	1559	Cognac，Calvados
165	3-甲硫基丙酸乙酯［ethyl 3-(methylthio) propanoate］	1562	Cognac，Calvados
166	5-甲基糠醛（5-methylfurfural）	1566	Cognac
167	2-羟基丙酸-3-甲基丁酯（3-methylbutyl 2-hydroxypropanoate）	1570	Cognac，Calvados
168	3-萜品烯-1-醇（terpin-3-en-1-ol）	1571	Cognac
169	2-甲基丙酸（2-methylpropanoic acid）	1572	Cognac，Calvados
170	糠酸甲酯（methyl furoate）	1572	Cognac
171	甲硫基苯（methylthiobenzene）	1574	Cognac
172	丙二酸二乙酯（diethyl propanedioate）	1580	Cognac
173	癸酸甲酯（methyl decanoate）	1586	Cognac，Calvados
174	2-十一烷酮（undecan-2-one）	1593	Cognac
175	琥珀酸二甲酯（dimethyl succinate）	1595	Calvados
176	4-萜品醇（4-terpineol）	1595	Calvados

续表

序号	挥发性化合物	RI_{Wax}	存在的酒种
177	香茅酸甲酯（methyl citronellate）	1596	Calvados
178	β-环柠檬醛（β-cyclocitral）	1606	Cognac, Calvados
179	4-酮戊酸乙酯（ethyl 4-oxopentanoate）	1607	Calvados
180	辛酸丁酯（butyl octanoate）	1610	Calvados
181	3,3-二乙氧基丙醇（3,3-diethoxypropanol）	1611	Calvados
182	4-辛烯-1-醇（oct-4-en-1-ol）	1612	Calvados
183	苯甲酸甲酯（methyl benzoate）	1614	Calvados
184	5-辛烯-1-醇（oct-5-en-1-ol）	1616	Calvados
185	二氢月桂烯醇（myrcenol）	1618	Cognac
186	2-糠酸乙酯（ethyl 2-furoate）	1621	Cognac
187	丁酸-3-己烯酯（hex-3-enyl butanoate）	1621	Cognac
188	乙酰苯（acetophenone）	1624	Cognac
189	乙酸-3-甲硫基丙酯［3-(methylthio) propyl acetate］	1625	Cognac, Calvados
190	β-萜品醇（β-terpineol）	1625	Cognac
191	2-苯乙醛（2-phenylethanal）	1631	Cognac, Calvados
192	琥珀酸甲基乙基酯（methyl ethyl succinate）	1632	Calvados
193	癸酸乙酯（ethyl decanoate）	1634	Cognac, Calvados
194	丁酸（butanoic acid）	1637	Cognac, Calvados
195	糠基乙基异戊基缩醛（furfural ethyl isoamyl acetal）	1652	Cognac, Calvados
196	辛酸-2-甲基丁酯（2-methylbutyl octanoate）	1657	Cognac
197	1-壬醇（1-nonanol）	1658	Cognac, Calvados
198	苯甲酸乙酯（ethyl benzoate）	1658	Cognac, Calvados
199	辛酸-3-甲基丁酯（3-methylbutyl octanoate）	1658	Cognac, Calvados
200	2-羟基甲基呋喃（2-hydroxymethylfurane）	1662	Cognac, Calvados
201	呋喃缩醛（furfural acetal）	1663	Calvados
202	β-法呢烯（β-farnesene）	1664	Cognac
203	2,2,6-三甲基环己-2-烯-1,4-二酮（2,2,6-trimethylcyclohex-2-en-1,4-dione，4-酮异佛乐酮，4-oxo-isophorone）	1668	Cognac
204	4-乙烯基苯甲醚（4-vinylanisole）	1670	Calvados
205	2-和3-甲基丁酸（2-and 3-methylbutanoic acid）	1675	Cognac, Calvados

续表

序号	挥发性化合物	RI_{Wax}	存在的酒种
206	琥珀酸二乙酯（diethyl succinate）	1677	Cognac，Calvados
207	2-噻吩甲醛（2-thiophenecarboxaldehyde）	1684	Cognac，Calvados
208	9-癸烯酸乙酯（ethyl dec-9-enoate）	1689	Cognac，Calvados
209	γ-己内酯（γ-hexalactone）	1690	Calvados
210	α-萜品醇（α-terpineol）	1694	Cognac，Calvados
211	十一烷酸甲酯（methyl undecanoate）	1694	Calvados
212	γ-萜品醇（γ-terpineol）	1696	Cognac
213	3-羟基丁酸丁酯（butyl 3-hydroxybutanoate）	1707	Calvados
214	1,1-二乙氧基-2-苯乙烷（1,1-diethoxy-2-phenylethane）	1711	Cognac，Calvados
215	1,16-三甲基-1,2-二氢萘（1,1,6-trimethyl-1,2-dihydronaphthalene，TDN）	1714	Cognac
216	3-甲硫基-1-丙醇［3-(methylthio)-1-propanol，methionol］	1720	Cognac，Calvados
217	癸酸丙酯（propyl decanoate）	1720	Cognac
218	2-十一醇（undecan-2-ol）	1723	Cognac
219	乙酸苯甲酯（benzyl acetate）	1726	Calvados
220	1,1-二乙氧基十一烷（1,1-diethoxyundecane）	1726	Cognac，Calvados
221	十一烷酸乙酯（ethyl undecanoate）	1737	Cognac，Calvados
222	α-法呢烯（α-farnesene）	1744	Calvados
223	戊酸（pentanoic acid）	1746	Cognac，Calvados
224	癸酸-2-甲基丙酯（2-methylpropyl decanoate）	1751	Calvados
225	水杨酸甲酯（methyl salicylate）	1762	Cognac，Calvados
226	1-癸醇（1-decanol）	1764	Cognac，Calvados
227	5-甲基-2-噻吩甲醛（5-methyl-2-thiophenecarboxaldehyde）	1767	Cognac
228	琥珀酸乙基丙基酯（ethyl propyl succinate）	1767	Cognac
229	β-香茅醇（β-citronellol）	1768	Cognac，Calvados
230	戊二酸二乙酯（diethyl pentanedioate）	1780	Cognac
231	2-苯乙酸乙酯（ethyl 2-phenylacetate）	1783	Cognac，Calvados
232	琥珀酸酯（succinic ester）	1793	Cognac
233	橙花醇（nerol）	1798	Cognac，Calvados
234	水杨酸乙酯（ethyl salicylate）	1798	Calvados

续表

序号	挥发性化合物	RI_{Wax}	存在的酒种
235	十二烷酸甲酯（methyl dodecanoate）	1800	Cognac
236	辛酸己酯（hexyl octanoate）	1804	Cognac
237	2,3-二甲基甲苯（2,3-dimethoxytoluene）	1806	Calvados
238	乙酸-2-苯乙酯（2-phcnylcthyl acctatc）	1811	Cognac, Calvados
239	β-大马酮（β-damascenone）	1811	Cognac, Calvados
240	癸醇丁酯（butyl decanoate）	1812	Cognac, Calvados
241	4-癸烯-1-醇（dec-4-en-1-ol）	1816	Cognac
242	己二酸二甲酯（dimethyl hexanedioate）	1817	Calvados
243	十二烷酸乙酯（ethyl dodecanoate）	1840	Cognac, Calvados
244	香叶醇（geraniol）	1845	Calvados
245	琥珀酸酯（succinic ester）	1851	Calvados
246	愈创木酚（guaiacol）	1855	Calvados
247	癸酸-2-甲基丁酯（2-methylbutyl decanoate）	1858	Cognac, Calvados
248	癸酸-3-甲基丁酯（3-methylbutyl decanoate）	1859	Cognac, Calvados
249	己酸（hexanoic acid）	1862	Cognac, Calvados
250	2-十三烯醛（tridec-2-enal）	1868	Calvados
251	4-乙基-2-甲氧基苯甲醚（4-ethyl-2-methoxyanisole）	1875	Calvados
252	二氢肉桂酸乙酯（ethyl dihydrocinnamate）	1879	Cognac, Calvados
253	苯甲醇（benzyl alcohol）	1881	Cognac, Calvados
254	3-羟基辛酸乙酯（ethyl 3-hydroxyoctanoate）	1892	Cognac, Calvados
255	己二酸二乙酯（diethyl hexanedioate）	1897	Calvados
256	琥珀酸乙基-3-甲基丁基酯（ethyl 3-methylbutyl succinate）	1901	Cognac, Calvados
257	2-苯乙醇（2-phenylethanol）	1914	Cognac, Calvados
258	十二烷酸丙酯（propyl dodecanoate）	1927	Calvados
259	δ-壬内酯（δ-nonalactone）	1937	Cognac
260	十三烷酸乙酯（ethyl tridecanoate）	1943	Cognac, Calvados
261	4-甲基愈创木酚（4-methylguaiacol）	1960	Calvados
262	2-甲基丙酸-2-苯乙酯（2-phenylethyl 2-methylpropanoate）	1963	Calvados
263	十二烷酸-2-甲基丙酯（2-methylpropyl dodecanoate）	1964	Cognac, Calvados

续表

序号	挥发性化合物	RI_{Wax}	存在的酒种
264	丁酸-2-苯乙酯（2-phenylethyl butanoate）	1968	Calvados
265	1-十二醇（1-dodecanol）	1970	Calvados
266	十四烷酸甲酯（methyl tetradecanoate）	2006	Calvados
267	癸酸己酯（hexyl decanoate）	2011	Cognac
268	甲基丁子香酚（methyleugenol）	2014	Calvados
269	2-十五烷酮（pentadecan-2-one）	2019	Calvados
270	γ-壬内酯（γ-nonalactone）	2020	Cognac，Calvados
271	十二烷酸丁酯（butyl dodecanoate）	2024	Calvados
272	4-乙基愈创木酚（4-ethylguaiacol）	2034	Calvados
273	1,1-二乙氧基十四烷（1,1-diethoxytetradecane）	2035	Calvados
274	异丁香酚（isoeugenol）	2036	Calvados
275	橙花叔醇（nerolidiol）	2039	Cognac，Calvados
276	3,4-二甲氧基苯乙烯（3,4-dimethoxystyrene）	2040	Calvados
277	十四烷酸乙酯（ethyl tetradecanoate）	2046	Cognac，Calvados
278	十二烷酸-3-甲基丁酯（3-methylbutyl dodecanoate）	2064	Cognac，Calvados
279	辛酸（octanoic acid）	2069	Cognac，Calvados
280	3-羟基癸酸乙酯（ethyl 3-hydroxydecanoate）	2102	Cognac，Calvados
281	2-甲基十四酸乙酯（ethyl 2-methyltetradecanoate）	2119	Cognac，Calvados
282	肉桂酸乙酯（ethyl cinnamate）	2126	Calvados
283	1,1-二乙氧基十五烷（1,1-diethoxypentadecane）	2132	Cognac
284	十四烷酸丙酯（propyl tetradecanoate）	2134	Calvados
285	γ-癸内酯（γ-decalactone）	2138	Calvados
286	十五烷酸乙酯（ethyl pentadecanoate）	2148	Cognac，Calvados
287	十四烷酸-2-甲基丙酯（2-methylpropyl tetradecanoate）	2160	Cognac
288	己酸-2-苯乙酯（2-phenylethyl hexanoate）	2164	Calvados
289	丁香酚（eugenol）	2171	Calvados
290	1-十四醇（1-tetradecanol）	2188	Cognac，Calvados
291	4-乙基苯酚（4-ethylphenol）	2190	Calvados
292	4-乙烯基愈创木酚（4-vinylguaiacol）	2200	Calvados
293	水杨酸己酯（hexyl salicylate）	2203	Calvados

续表

序号	挥发性化合物	RI_{Wax}	存在的酒种
294	棕榈酸甲酯（methyl hexadecanoate）	2213	Cognac，Calvados
295	2-十七酮（heptadecan-2-one）	2220	Cognac
296	1,1-二乙氧基十六烷（1,1-diethoxyhexadecane）	2231	Calvados
297	9-十六烯酸甲酯（methyl hexadec-9-enoate）	2238	Calvados
298	棕榈酸乙酯（ethyl hexadecanoate）	2252	Cognac，Calvados
299	2,3-二氢法呢醇（2,3-dihydrofarnesol）	2262	Cognac，Calvados
300	癸酸（decanoic acid）	2270	Cognac，Calvados
301	9-十六烯酸乙酯（ethyl hexadec-9-enoate）	2277	Calvados
302	十四烷酸-3-甲基丁酯（3-methylbutyl tetradecanoate）	2279	Cognac
303	3-羟基十二酸乙酯（ethyl 3-hydroxydodecanoate）	2306	Calvados
304	十六烷酸丙酯（propyl hexadecanoate）	2335	Cognac
305	佳味酚（chavicol）	2339	Calvados
306	1,1-二乙氧基十七烷（1,1-diethoxyheptadecane）	2347	Calvados
307	法呢醇（farnesol）	2354	Cognac，Calvados
308	十七烷酸乙酯（ethyl heptadecanoate）	2355	Cognac
309	γ-十二内酯（γ-dodecalactone）	2367	Calvados
310	十六烷酸-2-甲基丙酯（2-methylpropyl hexadecanoate）	2367	Cognac
311	辛酸-2-苯乙酯（2-phenylethyl octanoate）	2376	Cognac，Calvados
312	1-十六醇（1-hexadecanol）	2382	Calvados
313	十八烷酸甲酯（methyl octadecanoate）	2417	Cognac
314	亚油酸甲酯（methyl linoleate）	2420	Cognac，Calvados
315	苯甲酮（benzophenone）	2427	Cognac
316	十八烷酸乙酯（ethyl octadecanoate）	2458	Cognac，Calvados
317	反-油酸乙酯（ethyl elaidate）	2476	Cognac，Calvados
318	十六烷酸-3-甲基丁酯（3-methylbutyl hexadecanoate）	2479	Cognac
319	油酸乙酯（ethyl oleate）	2484	Cognac，Calvados
320	十二酸（dodecanoic acid）	2485	Cognac，Calvados
321	亚油酸乙酯（ethyl linoleate）	2524	Cognac，Calvados
322	亚麻酸乙酯（ethyl linolenate）	2591	Cognac，Calvados
323	十四酸（tetradecanoic acid）	>2600	Cognac，Calvados

续表

序号	挥发性化合物	RI_{Wax}	存在的酒种
324	十二烷酸-2-苯乙酯（2-phenylethyl dodecanoate）	>2600	Cognac，Calvados
325	十四烷酸-2-苯乙酯（2-phenylethyl tetradecanoate）	>2600	Cognac，Calvados
326	十六烷酸-2-苯乙酯（2-phenylethyl hexadecanoate）	>2600	Cognac，Calvados
327	二十烷酸乙酯（ethyl eicosanoate）	>2600	Cognac
328	十八烷酸-3-甲基丁酯（3-methylbutyl octadecanoate）	>2600	Cognac
329	亚油酸-3-甲基丁酯（3-methylbutyl linoleate）	>2600	Cognac

14.2.2 白兰地酒中的非挥发性成分

Mangas 等人用 HPLC 的方法测定了苹果白兰地中的芳香族（aromatic compounds）和呋喃类化合物（furanic congeners）(图 14-1)，包括 3,4,5-三甲基苯甲酸、5-羟甲基-2-糠醛（5-hydroxymethyl-2-furancarboxaldehyde）、3,4-二羟基苯甲酸、糠醛、4-羟基苯甲醛、4-羟基-3-甲氧基苯甲酸、3-(3,4-二羟基苯)-2-丙烯酸、3,5-二甲氧基-4-羟基苯甲酸、4-羟基-3-甲氧基苯甲醛、3,5-二甲氧基-4-羟基苯甲醛、7-羟基-6-甲氧基-(2*H*)-1-苯并吡喃-2-酮［7-hydroxy-6-methoxy-(2*H*)-1-benzopyran-2-one］、3-(4-羟基-3-甲氧基苯)-2-丙烯酸、4-羟基-3-甲氧基肉桂醛，共 13 种化合物[14]。表 14-2 列出了苹果白兰地中这些化合物的含量。

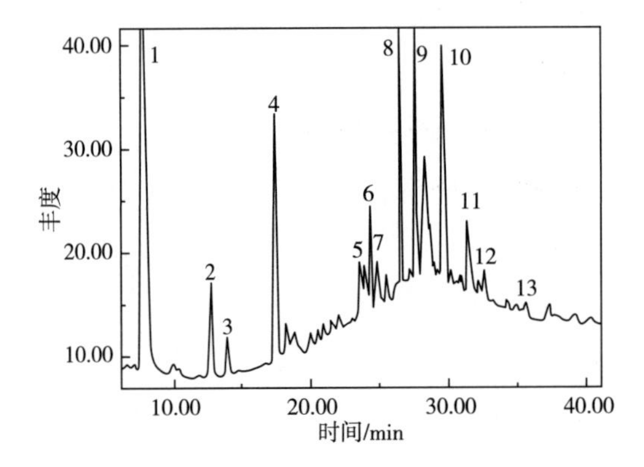

图 14-1 苹果白兰地的 HPLC 图[14]

1—3,4,5-三甲基苯甲酸；2—5-羟甲基-2-糠醛；3—3,4-二羟基苯甲酸；4—糠醛；5—4-羟基苯甲醛；6—4-羟基-3-甲氧基苯甲酸；7—3-(3,4-二羟基苯)-2-丙烯酸；8—3,5-二甲氧基-4-羟基苯甲酸；9—4-羟基-3-甲氧基苯甲醛；10—3,5-二甲氧基-4-羟基苯甲醛；11—7-羟基-6-甲氧基-(2*H*)-1-苯并吡喃-2-酮；12—3-(4-羟基-3-甲氧基苯)-2-丙烯酸；13—4-羟基-3-甲氧基肉桂醛。

表 14-2　苹果白兰地中芳香族及呋喃类化合物的含量[14]

化合物	含量±RSD/(mg/L)
3,4,5-三甲基苯甲酸	27.42 ± 1.12
5-羟甲基-2-糠醛	1.46 ± 3.18

续表

化合物	含量±RSD/(mg/L)
3,4-二羟基苯甲酸	3.07 ± 4.14
糠醛	13.89 ± 2.60
4-羟基苯甲醛	0.49 ± 2.53
4-羟基-3-甲氧基苯甲酸	3.70 ± 0.28
3-(3,4-二羟基苯)-2-丙烯酸	1.86 ± 4.29
3,5-二甲氧基-4-羟基苯甲酸	5.82 ± 4.33
4-羟基-3-甲氧基苯甲醛	5.06 ± 5.79
3,5-二甲氧基-4-羟基苯甲醛	13.42 ± 3.92
7-羟基-6-甲氧基-(2*H*)-1-苯并吡喃-2-酮	0.91 ± 5.28
3-(4-羟基-3-甲氧基苯)-2-丙烯酸	1.59 ± 0.66
4-羟基-3-甲氧基肉桂醛	0.82 ± 6.65

14.3 白兰地酒中的风味物质

14.3.1 白兰地酒中的香气物质

白兰地的风味成分十分复杂。Ebeler 等人比较了连续液液萃取方法与固相微萃取方法分析白兰地酒挥发性成分的异同[15]。研究结果表明，固相微萃取（PDMS 纤维头）的方法对酯类、酸类的测定比较灵敏，效果较好。Ledauphin 等人使用戊烷作萃取剂，分析了 8 个刚刚蒸馏的卡尔瓦多斯白兰地[16]。经气相色谱-质谱（GC-MS）分析，共检测出超过 120 种化合物，鉴定出呈香化合物 23 种。

研究发现，大量微量成分与产品质量的优劣密切相关。在苹果白兰地中，发现了 2 个化合物与其缺陷有关。一个是 3-甲基-2-丁烯-1-醇，产生一种类似于草药（herbaceous）的气味；另一种是 1,1,3-三乙氧基丙烷，该化合物释放出一种类似于丙烯醛（acrolein）的气味。Ferrari 等人在刚蒸馏的科涅克白兰地中检测到 150 种挥发性成分，随后应用 GC-O 技术检测到 34 种呈香化合物[17]，认为科涅克白兰地中的黄油香（butter）来源于双乙酰，干草（hay）气味来源于橙花叔醇，青草（grass）气味主要来源于（*Z*）-3-己烯-1-醇，梨和香蕉香来源于乙酸 2-甲基丁酯和乙酸 3-甲基丁酯，玫瑰花香来源于乙酸 2-苯乙酯，酸橙（lime tree）气味产自里哪醇[17]。

2015 年，Uselmann 等人[18]使用 LLE 结合 SAFE 技术提取与分离科涅克白兰地酒中的香气成分，并应用 AEDA 技术进行闻香，计算 OAV 值，然后进行香气重组。闻香发现，39 个香气成分对科涅克白兰地香气有贡献，其中（*E*）-β-大马酮的 FD 值最高，接着是 2-甲基丁醇和 3-甲基丁醇、（*S*）-2-甲基丁醇、乙缩醛、2-甲基丙酸乙酯、（*S*）-2-甲基丁酸乙酯、香兰素和 2-苯乙醇。39 个香气成分中，有 37 个其 OAV 值>1。（*E*）-β-大马酮、2-甲基丙醛、(*S*)-2-甲基丁酸乙酯、2-甲基丙酸乙酯和3-甲基丁酸乙酯以及乙醇是其关键香气成分。使用34个关键香气成分，可以重组出白兰地的香气。进一步的研究发现，使用（*E*）-β-大马酮与戊酸乙酯的比值可以区分德国、法国和西班牙白兰地。

14.3.2 白兰地酒风味物质主要来源

从白兰地的风味成分看，主要来源于四个部分：

第一部分来源于葡萄原料，包括六个碳的醇类，即己醇和己烯醇类；萜烯类，如里哪醇（linalool）及其衍生物、α-萜品醇；类胡萝卜素降解的产物，如葡萄螺烷（vitispiranes）、α-紫罗兰酮、β-大马酮和（*E*）-1-(2,3,6-三甲基苯）丁-1,3-二烯（TPB），以及醛类[3, 19-20]。

第二部分大量的挥发性香气成分来源于酵母的酒精发酵过程，如高级醇、酯类、醛类、脂肪酸类[3]。高级醇是酵母发酵的副产物，是白兰地挥发性成分的重要组成部分。白兰地中最丰富的高级醇是异戊醇。与其他的高级醇一样，纯的异戊醇的气味是不愉快的。但并没有直接的证据证明，白兰地的质量与异戊醇具有相关性[21]。低浓度的高级醇由于与其他香气化合物的协同作用会增加白兰地的复杂程度。高级醇在老熟过程中会由于酯化作用而增加愉快的香气，因此一定数量的高级醇在白兰地中存在是必要的，但不能过量。优质白兰地的生产需要优良的酵母菌种[21]。另外一部分来自于苹乳酸发酵（MLF）。MLF会增加乳酸乙酯和丁二酸二乙酯的浓度，降低乙酸异戊酯、乙酸乙酯、己酸乙酯和乙酸-2-苯乙酯的浓度。造成酒的果香下降，化学品气味上升[22]。

第三部分蒸馏过程也会产生一些新的化合物。一是酯和萜烯类化合物的分解；二是铜离子的催化；三是美拉德反应。新产生的产物主要是呋喃类、吡啶类和吡嗪类化合物，以及乙缩醛类化合物[3]。

乙酸乙酯和乳酸乙酯是白兰地蒸馏后最丰富的酯类。乙酸乙酯主要存在于酒头，乳酸乙酯主要存在于酒尾。乳酸乙酯对白兰地风味有负面影响，假如葡萄酒基酒经过MLF，蒸馏后乳酸乙酯的含量会增加。乳酸乙酯会与丁二酸二乙酯相伴而生，通常被认为是酸败化合物（spoilage compound），大部分会残留在酒尾中[2]。

较长链的乙酯对总体酯类浓度是有贡献的，这些酯通常呈水果香，对白兰地整体风味有贡献。几乎所有的酯沸点较低，通常在蒸馏过程的早期被蒸馏出[2]。

第四部分是来源于老熟过程。与对照相比，不同橡木桶中的白兰地老熟6个月后，其酯的含量增加，但没有导致水果香的增加[7]。

橡木桶老熟会影响白兰地的风味：直接将橡木成分浸出到酒中；醇与橡木成分反应形成新的化合物；浸出物在酒中的进一步转化，以及橡木中化合物对最初酒中化合物的修饰。影响白兰地风味的最重要的橡木化合物是橡木内酯（oak lactones）、酚醛（phenolic aldehydes）和呋喃醛（furanic aldehydes）。这些化合物与橡木种类、烘烤程度以及橡木替代品相关。

橡木种类的影响：橡木种类的影响主要表现在香兰素香、木香、焦糖香、焦煳味（burned）、吐司香（toasted）、青香（green）、酒尾和胶水气味的不同。老熟在葡萄牙栗木和葡萄牙橡木桶中的白兰地通常会有更高强度的香兰素香。葡萄牙橡木有较强的木香，但美国和法国橡木较低。香草醛与白兰地的香兰素香和木香相关，主要来源于橡木的浸出以及橡木中松柏醛（coniferaldehyde）的氧化反应[8]。木香与顺-β-甲基-γ-辛内酯和反-β-甲基-γ-辛内酯（即橡木内酯）有关。与美国和法国橡木比，西班牙栗木呈现更强的焦糖、咖啡和吐司香气。研究发现焦糖香与2,4-二羟基-2,5-二甲基-3-呋喃酮、2-羟基-2-环戊烯-1-酮、呋喃扭尔、5-甲基四氢-2-呋喃甲醇、5-羟甲基糠醛和羟基麦芽酚有关[23]。羟基麦芽酚也呈咖啡香气，而愈创木酚、4-甲基愈创木酚以及丁香酚与吐司香气相关。

橡木烘烤程度的影响：橡木烘烤程度增加，白兰地酒的香兰素香、木香、辛香、焦糖香、焦煳、吐司、干果和烟熏气味增强，水果香以及负向风味青香、酒尾和胶水（glue）气味下降[5]。与未烘烤的和轻烤的橡木相比，在中烤和重烤的橡木中老熟的白兰地中，来源于木头的化合物含量较多。这些化合物包括橡木内酯、呋喃醛类等。丁香酚通常认为呈辛香特别是丁香，但研究表明白兰地中的辛香与丁香酚仅有微弱的相关关系[8]。烟熏香气对白兰地有重要贡献，它与丁香酚和4-烯丙基丁香酚线性相关。其他化合物如己酸、愈创木酚、4-丙基愈创木酚、4-甲基丁香酚、乙酰基吡嗪、γ-巴豆酰内酯（γ-crotolactone）以及一些未知化合物与烟熏香相关[7,23]。

橡木替代品的影响：老熟在橡木片（wood tablets）中的白兰地会含有高浓度的愈创木酚、4-甲基愈创木酚和丁香酚，吐司的香气比桶贮的要强[7]。

14.4　白兰地酒贮存过程中的物质变化

白兰地的老熟与老熟过程中的反应密切相关，包括新酒的组成、酒中成分之间的相互作用以及酒与贮存木桶之间的作用[24]。如丁二酸二乙酯、5-甲基糠醛、β-谷固醇（β-sitosterol）和β-甲基-γ-辛内酯（β-橡木内酯）是来源于橡木的成分[25]；同样地，老熟过程也会产生一些糖，如阿拉伯糖、木糖、半乳糖和鼠李糖。这些成分影响着香气化合物的释放，因为它们能增加乙酯类的溶解性，从而降低这些化合物在顶空中的浓度[26]。另一方面，3,3-二乙氧基-2-丁酮和1,1,3-三乙氧基丙烷分别来源于双乙酰与酒精、丙烯醛与酒精的反应。在低pH时，有利于这两种化合物的形成[27]。酒精在贮存过程中被转化成乙醛、乙酸[28]和乙酸酯类化合物，如乙酸异戊酯、乙酸己酯和乙酸-2-苯乙酯等[12]。

Watts等人应用顶空固相微萃取结合GC-MS的方法鉴定并定量了科涅克白兰地的奇数碳甲基酮（odd-numbered methylketones），主要是2-庚酮、2-壬酮、2-十一酮和2-十三酮。这些酮主要来源于酵母代谢产生的长链脂肪酸的β-氧化和脱羧基化[29]。Watts等人分析的42个白兰地样品，大部分2-庚酮的含量较高。酮的平均浓度和形成速度与碳链长度成反比（表14-3），总的平均浓度在21~328μg/L。

表14-3　科涅克白兰地中酮的平均浓度

奇数酮类	平均浓度/(μg/L)		
	VO	VSOP	Older
2-庚酮	17.9	36.7	78.3

续表

奇数酮类	平均浓度/(μg/L)		
	VO	VSOP	Older
2-壬酮	13.6	35.2	63.9
2-十一烷酮	2.2	3.7	10.6
2-十三烷酮	0.5	0.7	1.4

注：VO，非常老的酒（very old，白兰地质量等级表达方式）；VSOP，高级白兰地（very superior old pale，白兰地质量等级表示方式）；Older，老酒。

同年，Watts 等人研究了贮存老熟与一些成分变化的关系[30]。运用 HS-SPME 与 GC-MS，共分析了 17 个商品科涅克白兰地，其中 9 个新酒，8 个老酒，酒龄 3～55 年，共使用 64 个成分作为基础分析数据。当使用 PLS 软件进行回归分析时，发现它们与贮存时间有着密切关系，其中 33 个成分有着更高的线性相关性，这些成分中并不包括降类异戊二烯类化合物、萜烯类化合物和乙酸酯类，它们与酒的老熟只有微弱的正的或负的相关关系（图 14-2）。

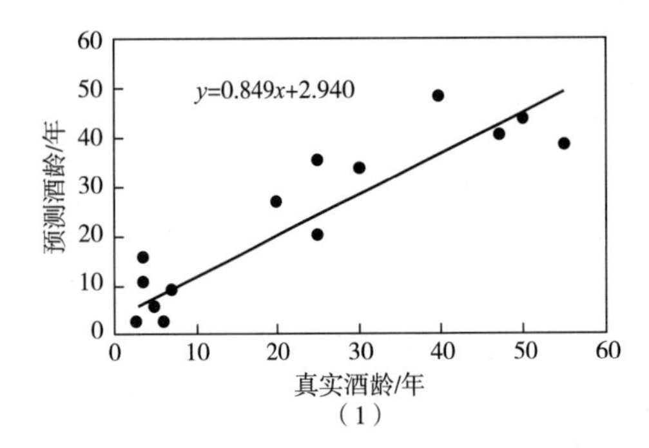

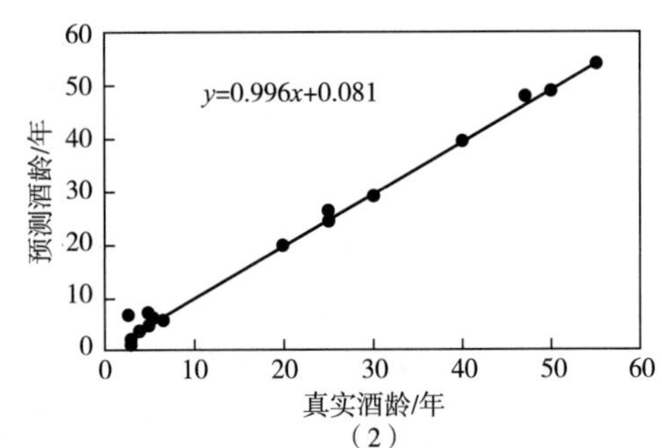

图 14-2 白兰地酒中的挥发性化合物与贮存时间的关系

注：（1）与（2）分别是使用 64 种与 33 种化合物预测的贮存时间与实际的老熟时间之间的关系。

Mangas 等人研究了苹果白兰地酒在美国橡木桶中贮存时微量成分的变化（表 14-4）[11]。3-甲基丁酯乙酯在所研究的酒中不超过 0.1mg/L，在刚生产出来的苹果白兰地中并没有检测到该化合物，随着贮存时间的延长 3-甲基丁酯乙酯的含量逐渐增加。己酸乙酯、辛酸乙酯和癸酸乙酯的浓度随贮存时间的延长而增加，十二烷酸乙酯仅有轻微的增加。长链的脂肪酸乙酯，如十四烷酸乙酯、十六烷酸乙酯和亚油酸乙酯中，仅仅十六烷酸乙酯和亚油酸乙酯随贮存时间的延长有一个明显的上升。

表 14-4　　苹果白兰地在贮存过程中的变化[11]　　单位：mg/L

化合物	老熟时间/月			
	0	3	6	9
3-甲基丁酸乙酯	0.00	0.06	0.07	0.09

续表

化合物	老熟时间/月			
	0	3	6	9
乙酸-3-甲基丁酯	6.92	5.75	5.15	4.38
己酸乙酯	1.01	1.08	1.60	1.66
2-甲基丁醇和3-甲基丁醇	828.0	737.6	747.7	793.1
乙酸己酯	1.00	0.81	0.71	0.59
1-己醇	49.86	48.83	49.60	51.30
辛酸乙酯	1.41	2.00	3.54	3.65
1-辛醇	0.11	0.14	0.17	0.16
癸酸乙酯	7.55	7.60	11.36	10.79
丁二酸二乙酯	0.41	0.47	0.52	0.52
乙酸-2-苯乙酯	21.45	17.60	14.37	12.62
十二烷酸乙酯	4.19	3.68	5.05	4.60
十四烷酸乙酯	1.92	2.09	2.21	2.60
辛酸	14.78	14.82	14.16	16.54
十六烷酸乙酯	1.24	1.76	5.38	3.36
癸酸	36.77	36.85	36.48	37.56
十二酸	10.66	10.63	10.55	7.89
亚油酸乙酯	8.81	11.03	15.93	19.42
十四酸	5.49	4.67	4.69	4.52

乙酸酯类化合物，如乙酸-2-苯乙酯、乙酸-3-甲基丁酯和乙酸己酯在整个贮存过程中是逐渐下降的。在这一过程中，乙醇作为一种亲核试剂，通过转酯化反应取代了其他醇的半族基团。

贮存过程中，丁二酸二乙酯含量明显增多，这与其来源于橡木的观点是一致的，存在于新酒中的丁二酸二乙酯是酵母与细菌代谢的产物[11]。

1-辛醇在贮存过程中并没有统计意义上的变化，而1-己醇、2-甲基丁醇和3-甲基丁醇却存在统计学上的变化。1-己醇的浓度随贮存时间的延长而增长，它可能与乙酸己酯的转酯化反应有关，但这一现象并未在五碳醇中观察到，或许蒸发-扩散过程对这些醇影响更大。

在脂肪酸中，辛酸和癸酸在贮存过程中并没有变化，而十二烷酸和十四烷酸在贮存过程中有明显的下降。

Madrera 等人研究了不同蒸馏方式和橡木类型的苹果白兰地在老熟时风味的变化[31]。

发现乙醛、乙缩醛受到蒸馏方式、橡木类型与老熟时间的影响（图 14-3）。

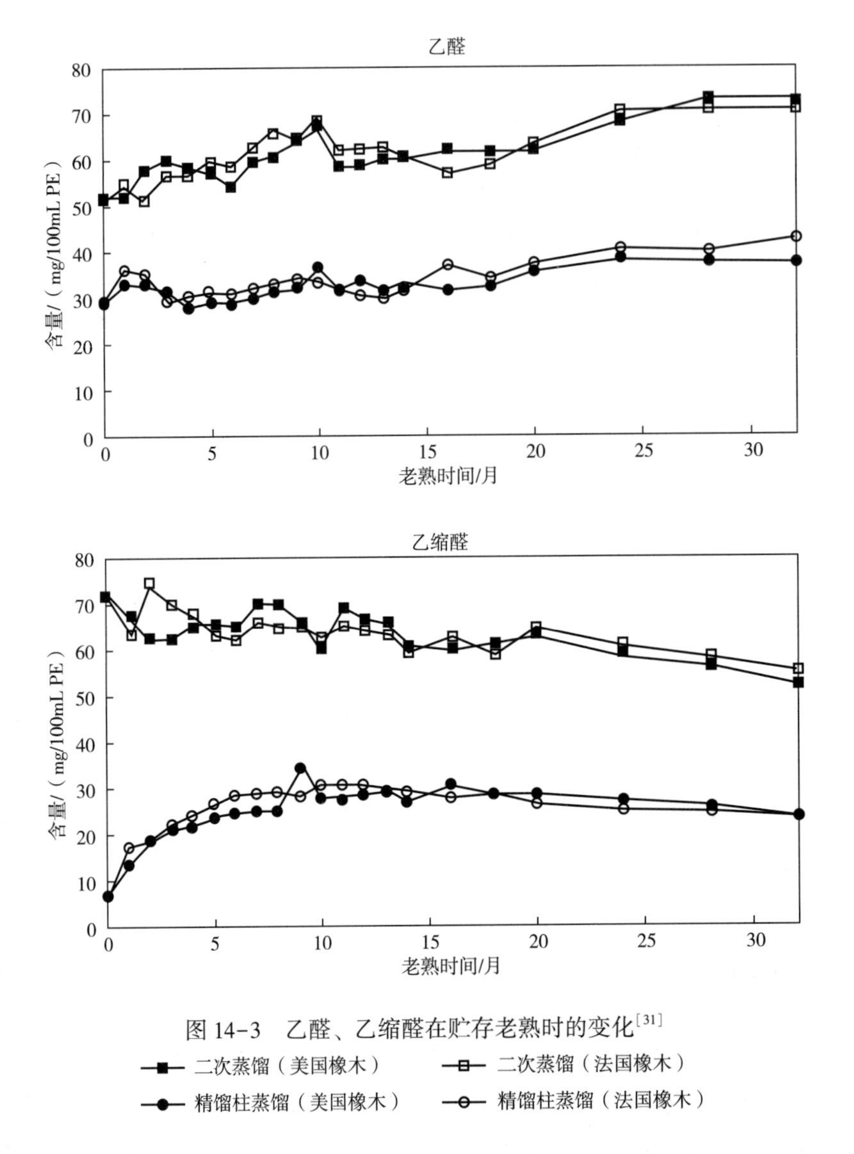

图 14-3 乙醛、乙缩醛在贮存老熟时的变化[31]

二次蒸馏（美国橡木） 二次蒸馏（法国橡木）
精馏柱蒸馏（美国橡木） 精馏柱蒸馏（法国橡木）

主要的酯——辛酸乙酯含量随老熟时间增长而增多，该酯的最高浓度存在于二次蒸馏的酒中（图 14-4）。同样地，辛酸异戊酯、乙酸乙酯和亚油酸乙酯随着贮存时间的延长，其浓度不断增加。乙酸乙酯的浓度在二次蒸馏的酒中有最高的含量，而亚油酸乙酯在精馏的工艺（rectification column）中含量最高，且用法国橡木贮存的酒中，亚油酸乙酯的含量高于用美国橡木贮存的酒。其主要原因是乙酸酯类的转酯化作用（transesterification），以及乙酸与醇的酯化反应[31]。相反地，乙酸-2-苯乙酯的浓度却随着贮存时间的延长而下降。丁二酸二乙酯的变化有点特殊，由于二次蒸馏的酒中含有较高数量，因此，在贮存过程中，丁二酸二乙酯呈下降的趋势。而在精馏柱中，丁二酸二乙酯却是随着贮存时间的延长而呈增长的趋势。

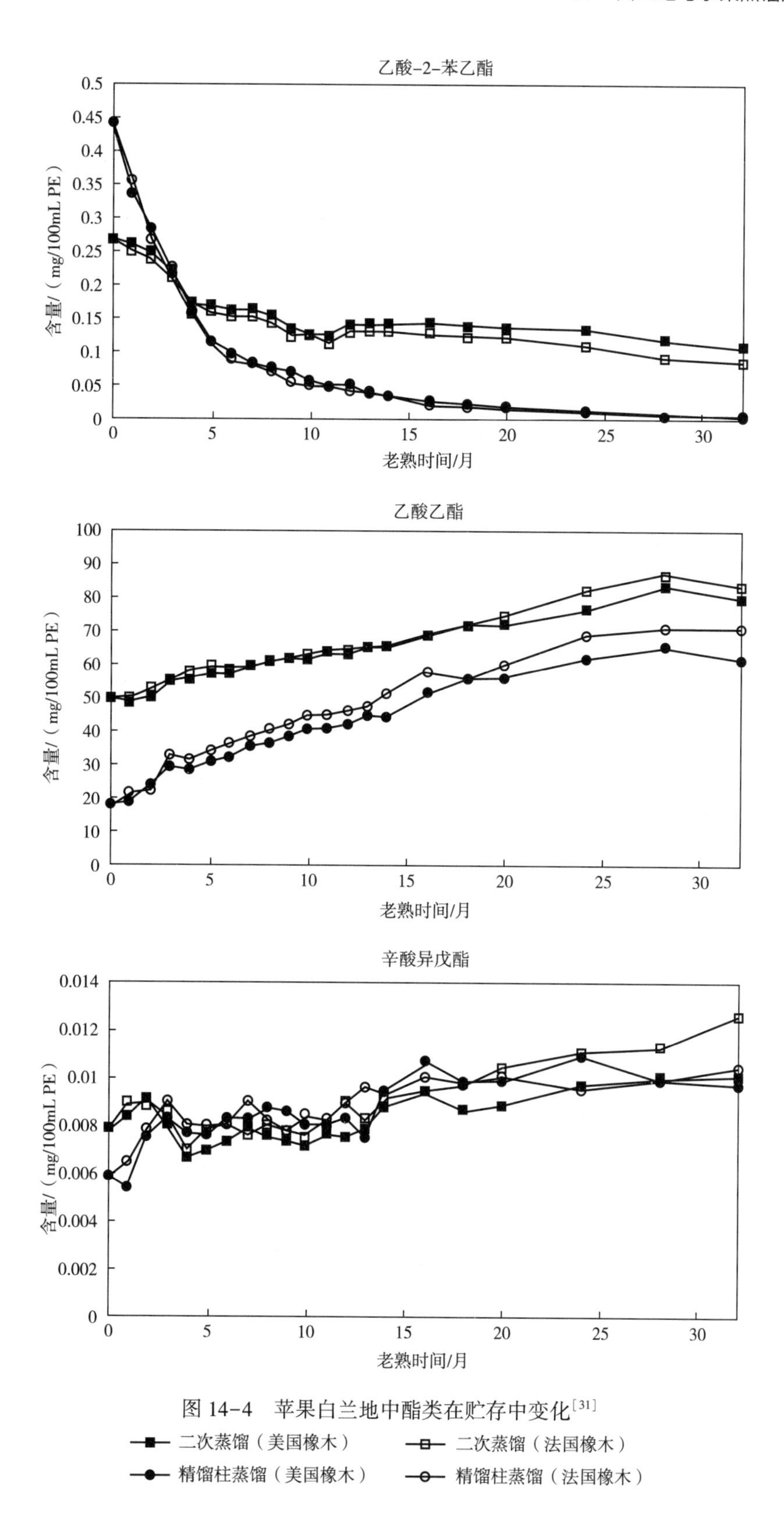

图 14-4 苹果白兰地中酯类在贮存中变化[31]

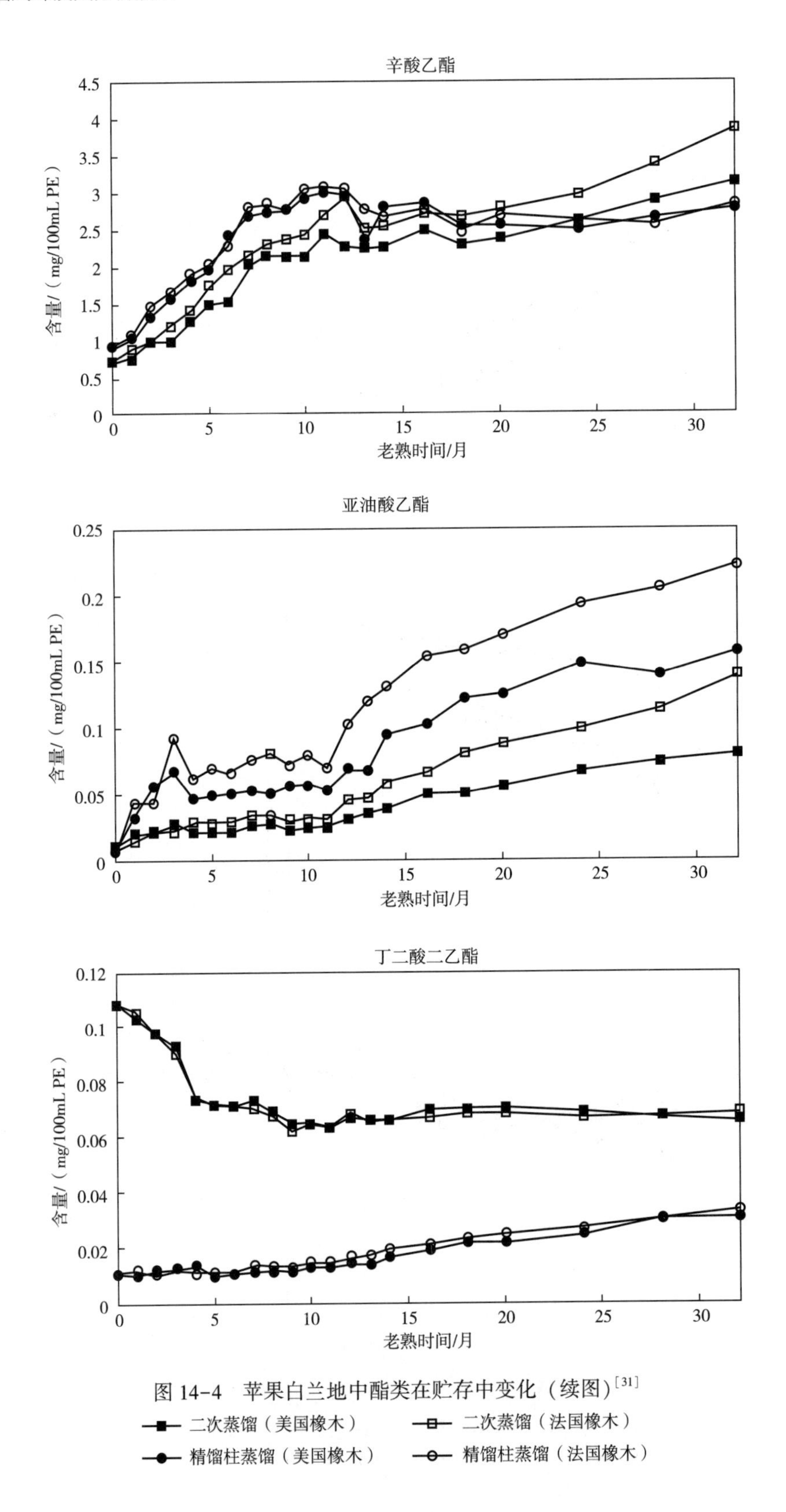

图 14-4 苹果白兰地中酯类在贮存中变化（续图）[31]

使用二次蒸馏方式的酒中含有较高浓度的有机酸。有机酸在贮存过程中含量下降(图 14-5)，这主要与贮存过程中有机酸与醇的反应生成酯有关。与使用精馏柱相比，二次蒸馏时，酒中含有更多的有机酸。

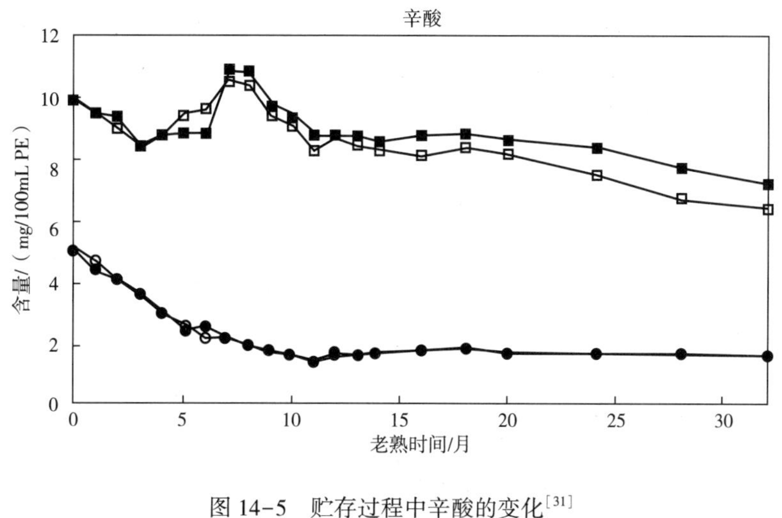

图 14-5　贮存过程中辛酸的变化[31]

二次蒸馏（美国橡木）　二次蒸馏（法国橡木）
精馏柱蒸馏（美国橡木）　精馏柱蒸馏（法国橡木）

另外一个可能是异嗅物质——1,1,3-三乙氧基丙烷的变化，总体上是随贮存时间的延长而呈上升的趋势（图 14-6）。在二次蒸馏的酒中含有较多的 1,1,3-三乙氧基丙烷，且在贮存的开始阶段即 5 个月前呈上升趋势。然后，其浓度下降，至 9 个月时，变化波动较大，以后浓度再上升，从 10 个月时始，浓度基本稳定。

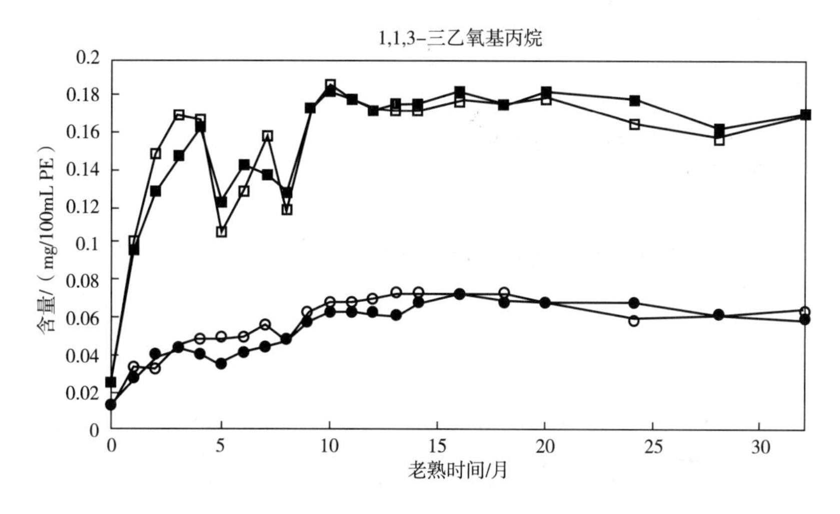

图 14-6　1,1,3-三乙氧基丙烷在贮存过程中的变化[31]

二次蒸馏（美国橡木）　二次蒸馏（法国橡木）
精馏柱蒸馏（美国橡木）　精馏柱蒸馏（法国橡木）

从图 14-7 中可以看出，橡木内酯（反式）在最初的三个月中有较大幅度的上升，而后略有下降，从 10 个月始，又开始上升。与二次蒸馏相比，精馏柱生产的酒液含有较多量的橡木内酯（反式）；法国橡木桶中贮存的酒比美国橡木桶贮存的酒中橡木内酯（反式）要高。橡木内酯（顺式）在贮存的最初 3 个月也有一个较大幅度的上升，而后下降，再从第 10 个月开始浓度上升。与橡木内酯（反式）不同，使用二次蒸馏时，酒含有较多量的橡木内酯（顺式）。且美国橡木桶贮存的酒中含有更多的橡木内酯（顺式），而法国橡木桶贮存的酒中橡木内酯（顺式）的浓度较低。

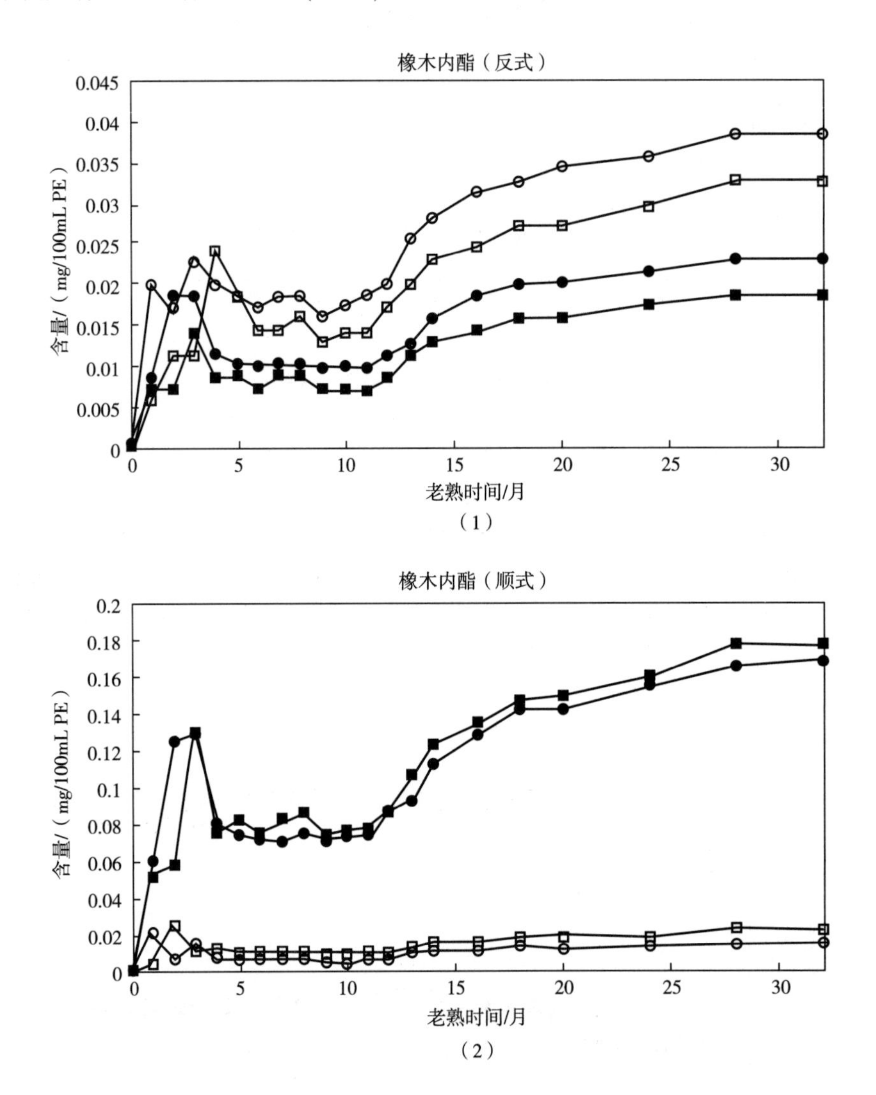

图 14-7　贮存过程中橡木内酯（反式）（1）的变化和橡木内酯（顺式）（2）的变化[31]

—■— 二次蒸馏（美国橡木）　—□— 二次蒸馏（法国橡木）
—●— 精馏柱蒸馏（美国橡木）　—○— 精馏柱蒸馏（法国橡木）

14.5 水果蒸馏酒

14.5.1 格拉巴酒

14.5.1.1 格拉巴酒简介

葡萄皮渣（grape marc）或称为葡萄皮渣蒸馏酒（grape marc spirit）在意大利被称作格拉巴酒（grappa）[32-33]。在地理标志（Geographical Indications）注册的葡萄皮渣蒸馏酒包括西班牙的奥鲁约（orujo）和皮渣白兰地（aguardente）、希腊的齐普罗（tsipouro）①和克里特岛（Crete）的齐库迪（tsikoudia）、法国的马克烧酒（eau-de-vie de marc）、葡萄牙的博加塞拉烧酒（aguardente bagaceira）、塞浦路斯的日瓦娜（zivania）、斯拉夫地区的拉基加（rakija）等[34]。欧盟于 2008 年制定了相关的法规[1]，认可了九个地理标志的格拉巴酒：巴罗诺格拉巴酒（Grappa di Barolo）、皮埃蒙特格拉巴酒（Grappa piemontese o del Piemonte）、伦巴蒂格拉巴酒（Grappa lombarda o di Lombardia）、特伦蒂诺格拉巴酒（Grappa trentina o del Trentino）、弗留利格拉巴酒（Grappa friulana o del Friuli）、威尼托格拉巴酒（Grappa veneta o del Veneto）、阿迪杰河格拉巴酒（Südtiroler Grappa o dell'Alto Adige）、西西里岛格拉巴酒（Grappa siciliana o di Sicilia）和马尔萨拉格拉巴酒（Grappa di Marsala）。2009 年，全球格拉巴酒产量约 11000kL（以纯酒精计），意大利的产量占 34%，约占整个意大利蒸馏酒和利口酒的 10%[32]。

按照格拉巴酒的老熟时间、生产工艺以及葡萄类型[32]，可以将其分为以下几类：（1）新或白格拉巴酒（young 或 white）：生产后不久即装瓶，不经木质容器贮存。这种格拉巴酒是无色的。（2）陈酿型（aged）：蒸馏后的酒在木质材料中老熟不超过 12 个月，然后装瓶。其颜色、香气和口感与木质容器的类型和容量相关。（3）老酒型（old）：蒸馏后的酒在木质容器中老熟 12~18 个月。（4）特别老的酒（very old 或 reserve）：蒸馏后的酒在木质容器中贮存超过 18 个月。（5）芳香型（aromatic）：用芳香或半芳香的葡萄生产的格拉巴酒，如白玫瑰（Muscat blanc）、琼瑶浆（Gewürztraminer）、莫瓦西亚（Malvasia）等。（6）单品种型：用单品种葡萄的皮渣生产的酒。（7）多品种型：使用许多品种的混合皮渣生产的酒。（8）调香型（aromatised）：格拉巴酒中添加一种或多种芳香植物。常见的芳香格拉巴酒是添加水果（如覆盆子、杏、黑莓、梨等）、蜂蜜、菊苣（radicchio）以及成药的芳香草药［如杜松子、芸香（rue）、甘草等］。欧盟现有法规规定，格拉巴酒不允许调香，但这不包括传统生产工艺使用的调香方法[1]。

葡萄皮渣是生产葡萄酒的副产物，未发酵的皮渣与发酵的皮渣（2%~4%）在蒸馏前一起贮存几个月。然后蒸馏，馏出液酒精度约 20%vol，接着再重蒸馏。葡萄皮渣贮存的

---

① 1988 年前，齐普罗（tsipouro）酒通常是比较贫穷的地区由种植葡萄的农场主生产，现在情况已经改变。家酿的齐普罗酒其酒精度一般在 50%vol，不稀释饮用。商业性的产品通常是 37.5%~50%vol。在希腊西北部的伊庇鲁斯（Epirus），生产的齐普罗酒中不加入芳香植物或草药，因此其香气来源于葡萄品种，传统蒸馏器由铜制成。

方式有多种：（1）正方形的混凝土池（concrete silos），贮存能力400~500t；（2）地下混凝土池，贮存能力50~100t；（3）圆柱形的塑料容器，似意大利腊肠（salami-like），贮存能力300t；（4）不锈钢容器，贮存能力200~300t；（5）箱（bins）状的塑料容器，贮存能力500~700kg[33, 35]。贮存方式会影响到后续蒸馏的酒中挥发性化合物浓度[33, 36]。贮存过程中，会自发产生厌氧发酵。一些酒厂会接种酵母来发酵未发酵的皮渣，但大部分酒厂采用自然发酵的方式[33]。贮存也可能产生异常发酵，导致细菌污染而产生异嗅。通过调整pH、控制温度和厌氧环境可以避免产生异嗅或有毒有害物。

格拉巴酒的蒸馏可以使用间隙蒸馏或连续蒸馏方式。通常情况下，两种蒸馏方式分在两步中使用。首先，皮渣进入铜壶蒸馏器（间隙蒸馏）或连续蒸馏器中进行蒸馏，此时蒸馏出的酒蒸汽精度为10%~20%[32-33, 35]。酒蒸气进入柱式蒸馏器［通常有一系列泡罩塔板（bubble-cap plate）］进一步浓缩与精馏。精馏时，要去除酒头和酒尾。目前，连续蒸馏的酒约占意大利酒产量的80%。100kg皮渣大约可以获得3.8L的纯酒精，约10瓶40%的格拉巴酒[32]。蒸馏接酒时，通常分为酒头（head）、酒身（heart）和酒尾（tail）三部分[34]。

新格拉巴酒通常在惰性材料如不锈钢容器中老熟5~6个月。一个月至少用泵循环一次，以促进氧化和缩醛的形成。缩醛的形成可以减少乙醛（刺激性气味）和丙烯醛（辛辣气味）的不良气味，而增加果香。

应消费者要求目前格拉巴酒老熟在木桶中，不仅使用经典的橡木桶，而且也使用轻木（light wood），如刺槐（acacia）、白蜡（ash）、桑树（mulberry）、扁桃树（almond）、苹果树、梨树和樱桃树生产的桶。刺柏（Juniper），非常香；栗树（chestnut），富含酚酸，均可以用于制桶。熟成后的酒是清亮、轻微黄色、非常圆润的。焦糖色素通常用于调整颜色。糖溶液（最大20g/L）有时用于减弱醇的灼烧感（burn）。

格拉巴酒通常要进行勾兑。首先加水降度。当使用去离子水（demineralised water）降低酒度到40%时，会出现雾状浑浊（cloudiness），可采用冷冻过滤（-15~0℃）去除，过滤温度的选择依据长链脂肪酸酯的量决定[32]。

14.5.1.2 格拉巴酒微量风味成分

格拉巴酒的微量成分约占1%，其来源主要有：一是来源于葡萄，如萜品醇、降异戊二烯类；二是来源于酵母和细菌的代谢产物，如醇类、有机酸、乙酯、乙酸酯等；三是来源于以上物质的可能的转化或反应，以及高温蒸馏过程的浓缩；四是来源于老熟时的木头成分。表14-5列出了来自意大利6个地区的43种非芳香葡萄生产的未经贮存老熟的格拉巴新酒的挥发性成分含量。

表14-5　51种非芳香葡萄酿制、未老熟格拉巴酒挥发性成分含量[32]

化合物	平均/(mL/L纯酒精)	SD	最大/(mL/L纯酒精)	最小/(mL/L纯酒精)
酒精	45.04%	3.699	60.00%	39.44%
甲醇	5.1	2.244	9.2	1.2
1-丙醇	500.2	223.0	1175	185.0
2-丁醇	302.2	529.2	2120	10.0

续表

化合物	平均/(mL/L 纯酒精)	SD	最大/(mL/L 纯酒精)	最小/(mL/L 纯酒精)
2-甲基-1-丙醇	699.8	186.6	1190	255.0
1-丁醇	25.50	13.00	75.00	9.00
2-甲基-1-丁醇	480.4	144.0	950.0	190.0
3-甲基-1-丁醇	1815	600.0	3770	650
乙醛	1149	1284	5400	20.00
乙酸乙酯	1630	1334	5290	45.00
乙酸异戊酯	25.40	19.42	92.00	3.900
乙酯己酯	2.000	1.693	7.200	0.100
乙酸-2-苯乙酯	1.800	1.613	6.900	0.100
己酸乙酯	18.50	9.449	41.40	1.000
辛酸乙酯	70.80	47.83	230.0	8.600
癸酸乙酯	119.7	92.32	429.0	13.50
十二酸乙酯	34.20	32.51	153.0	0.900
十四酸乙酯	3.000	4.972	24.00	0.100
十六酸乙酯	6.900	13.01	77.30	0.100
十八酸乙酯	6.900	13.01	77.30	0.100
油酸乙酯	0.800	2.130	13.30	0.100
亚油酸乙酯	3.500	7.130	37.00	0.100
亚麻酸乙酯	0.800	1.837	9.600	0.100
乳酸乙酯	321.6	77.99	980.0	0.100
乳酸异戊酯	3.000	3.276	12.40	0.100
丁二酸二乙酯	29.80	28.24	118.0	0.100
1-己醇	89.70	34.96	170.0	36.90
反-3-己烯-1-醇	1.800	1.223	4.400	0.100
顺-3-己烯-1-醇	3.800	2.325	12.10	0.600
反-2-己烯-1-醇	1.900	1.591	6.300	0.100
1-庚醇	1.400	0.951	4.500	0.100
1-辛醇	1.200	0.667	2.500	0.100
1-壬醇	1.200	0.817	3.700	0.100

续表

化合物	平均/(mL/L 纯酒精)	SD	最大/(mL/L 纯酒精)	最小/(mL/L 纯酒精)
苯甲醇	0. 700	0. 789	4. 000	0. 100
2-苯乙醇	23. 00	21. 70	72. 00	0. 100
3-乙氧基-1-丙醇	1. 200	2. 111	8. 800	0. 100
里哪醇	0. 700	0. 847	5. 200	0. 100
橙花醇	0. 600	2. 082	15. 00	0. 100
α-萜品醇	0. 800	1. 586	7. 000	0. 100
糠醛	4. 500	2. 944	12. 00	0. 100
苯甲醛	8. 100	8. 460	32. 80	0. 400
1-癸醇	1. 000	0. 586	2. 500	0. 100
辛酸异戊酯	1. 400	1. 872	1. 000	0. 100
癸酸异戊酯	1. 500	1. 629	8. 800	0. 100

a. 醇类：格拉巴酒的平均酒精度在 45%vol，欧盟规定其酒精度不得低于 37. 5% vol[1]。甲醇的浓度与所用的皮渣以及保藏环境条件有关。欧盟规定的甲醇浓度是 10g/L p. a. ①[32]。戊醇类化合物主要是 3-甲基丁醇和 2-甲基丁醇，是在发酵过程中分别由异亮氨酸和亮氨酸脱氨基、脱羧基后的产物，含量 0. 84~4. 72g/L p. a. （0. 3~2. 8g/L）。除了 2-丁醇外，其他的高级醇在皮渣贮存发酵过程中并没有增加。2-丁醇并不存在于新鲜皮渣中，它是乳酸菌在皮渣贮存阶段发酵产生的。含有 6 个或更多碳原子的一些脂肪族的长链醇在格拉巴酒中已经检测到。四个脂肪族的 C_6 醇，1-己醇、反-3-己烯-1-醇、顺-3-己烯-1-醇和反-2-己烯-1-醇，主要来源于葡萄破碎、除梗和浸渍发酵阶段。在格拉巴酒中，1-己醇含量 40~170mg/L p. a. （16~102mg/L），其浓度在 20mg/L 以下时，对风味的影响是正向的。高浓度时，呈似椰子、粗糙的和刺激性的气味，呈负面影响。格拉巴酒中 2-苯乙醇浓度 0~70mg/L p. a. （0~42mg/L），呈玫瑰花香、甜香和芳香，是正向风味物质。

b. 乙酸酯类：乙酸乙酯是蒸馏酒中最丰富的酯。高浓度的乙酸乙酯是好氧发酵的指示剂，也可能是第一次蒸馏时不正确的分馏（主要存在于酒头中）导致。格拉巴酒中乙酸乙酯平均浓度 1630mg/L p. a. （734mg/L）。当格拉巴酒中乙酸乙酯浓度超过 2. 5g/L p. a. 时，会产生胶水和溶剂等不愉快的气味，远高于其感觉阈值 1. 6mg/L。乙酸-2-苯乙酯和乙酸己酯呈现花香和水果香，在格拉巴酒中的平均浓度分别为 1. 8mg/L p. a. （0. 8mg/L）、2. 0mg/L p. a. （0. 9mg/L）。

c. 乙酯类：格拉巴酒中乙酯类平均浓度 590mg/L p. a. （260mg/L）。乳酸乙酯和丁二酸二乙酯主要来源于蒸馏皮渣的细菌破败，乳酸乙酯浓度低于 1500mg/L p. a. 时，能稳定格拉巴酒的风味，减少粗糙感。C_6 ~ C_{12} 单羧酸乙酯的平均浓度是 240mg/L p. a.

---

① p. a. —纯酒精。

(110mg/L)，这些化合物通常呈愉快的香气，如苹果香、梨香、香蕉香、热带水果香等。长链脂肪酸（C_{14}~C_{18}）的乙酯含量 0.5~160mg/L p.a.（0.2~96mg/L）。这些酯的沸点较高，但普遍偏离果香，有的像植物油香气，有的像硬脂酸气味。

d. 醛类：醛类的阈值通常较低，是格拉巴酒的香气成分。格拉巴酒的乙醛浓度平均在 1150mg/L p.a.（518mg/L）。乙醛浓度 1000~1500mg/L p.a. 时，呈辛辣的、刺激性气味。乙醛与乙醇反应产生乙缩醛，呈草药气味。反-2-辛醛、反，反-2,4-庚二烯醛、反-2-壬烯醛、反，反-2,4-壬二烯醛、反-2-十一烯醛、反，反-2,4-癸二烯醛已经在格拉巴酒中检测到[37]，这些化合物来源于葡萄籽油中多聚不饱和脂肪酸在葡萄皮渣堆积发酵时的氧化，是格拉巴酒中最著名的异嗅化合物。苯甲醛含量 0.15~20mg/L，糠醛浓度比较低，在 12mg/L p.a.（7.2mg/L）。糠醛形成于蒸馏过程中糖的热降解，可能产生苦杏仁和桂皮香气。

e. 萜烯类：萜烯对香气有贡献，主要产生花香。非芳香葡萄生产的格拉巴酒中萜烯含量 0.3~30mg/L p.a.（0~18mg/L）[32]。

14.5.2 皮斯科酒

14.5.2.1 皮斯科酒简介

按照智利法规，皮斯科酒（pisco）是一种在阿塔卡马（Atacama）和科金博（Coquimbo）地区生产并装瓶的白兰地酒，是用欧洲葡萄（*V. vinifera*）生产的葡萄蒸馏酒[38]，它是一种不经老熟或轻微老熟的白兰地。因皮斯科酒主要用麝香葡萄生产，因而其具有麝香葡萄的典型香气，而不同于其他蒸馏酒。皮斯科酒的主要生产与消费是在智利，秘鲁也有生产，类似的酒在玻利维亚称作辛加尼酒（Singani）。智利皮斯科酒的年产量约 600 万 kL[38]。

按酒精度的不同，皮斯科酒可以分为：传统型（traditional），30%~35%vol；特殊型（special），35%vol；收藏型（reserve），40%vol；格兰皮斯科酒（Gran Pisco），43%~46%vol[38]。

按照商业销售的类型可分为以下 5 种：(1) 手工生产型皮斯科酒（artisanal Pisco）：使用传统工艺小型化生产的皮斯科酒，酿造时带皮发酵，需要一定程度的老熟与陈酿。(2)白皮斯科酒(white Pisco)：刚蒸馏的、贮存<6 个月的皮斯科酒；通常不与木桶接触，使用单品种葡萄生产，酒尾三重蒸馏。(3) 老熟型皮斯科酒（mature Pisco）：使用橡木桶老熟 6~12 个月，酒带有果香和木香，有轻微颜色，通常使用混合葡萄品种酿造。(4) 陈酿型皮斯科酒（aged Pisco）：新酒在美国橡木桶中老熟超过 12 个月。呈琥珀色，带有来源于橡木桶的木香和来源于葡萄的果香的复合香。多品种酿造。

皮斯科酒严格限定在五个山谷（valley）生产：科皮亚波（Copiapó）、瓦斯科（Huasco）、艾尔基谷（Elqui）、利马里谷（Limarí）和乔帕（Choapa），分布于安第斯山脉（Andes）到太平洋地区中十分干旱、阳光充足的阿塔卡马沙漠（Atacama Desert）的南边，南纬 27°~32°。这些山谷地区十分干燥，处于亚沙漠状态，少云，无雨期长达 9~10 个月，日照十分充足。安第斯山脉融化的雪水提供了有限的水分供应植物生长，高温易于葡萄的成熟。

用于生产皮斯科酒的葡萄具有强烈的香气，主要是麝香型葡萄，白色、黄色、橙色和黑色麝香葡萄，有莎斯拉麝香葡萄（Chasselas Musque Vrai）、弗龙蒂尼昂麝香葡萄（Frontignan Muscat）、汉堡麝香葡萄（Hamburg Muscat）、卡内利麝香葡萄（Moscato de Canelli）、多伦托（Torontel）麝香葡萄、罗萨达麝香葡萄（Moscatel Rosada，粉红麝香葡萄，一个地方性的品种，带有强烈的萜烯芳香）[38]。

传统的酿造技术在一些小型企业仍然可以看到。现代化的设施主要在大型酿酒企业，如不锈钢罐、最新的设备和更高的酿酒技术，这些均提供了高质量的、芳香的白葡萄酒用于蒸馏。白葡萄酒现代典型的酿造工艺是低温发酵、低固形物葡萄汁，以减少氧气的作用。减少二氧化硫的使用是为了避免二氧化硫的蒸馏和高浓度乙醛的产生。蒸馏前的贮存期应该短。

一旦发酵结束，即开始蒸馏，使用铜制阿尔马涅克蒸馏器（copper alambics），类似于法国科涅克使用的蒸馏器，采用间隙蒸馏，酒头、酒身和酒尾分开。短精馏柱（rectification column）通常用于酒身后段的分馏，可以获得高达60%vol的酒精度。一些新的蒸馏装置已经使用，如双柱蒸馏，可以获得类似于伏特加的中性酒精。

皮斯科酒通常不需要老熟，只需在木桶中短期老熟即可装瓶。个别昂贵的产品需要长期老熟，但并不是所有高质量和高价位的产品均需要老熟过程。它们通常依赖于麝香葡萄的香气和质量。老熟后的产品通常加水调整到35%~50%，澄清、装瓶。通常是无色的或淡琥珀色，呈麝香葡萄的水果香，并拥有老熟香和橡木香。

14.5.2.2 皮斯科酒微量风味成分

在皮斯科酒中已经鉴定出的微量风味成分超过120种，但能被感觉到的风味成分不到30种，含量在纳克/升（ng/L）至毫克/升（mg/L）。皮斯科酒中重要风味化合物如表14-6所示。

表14-6　皮斯科酒中重要香气化合物浓度[38]

化合物	浓度/(μg/L)	气味阈值/(μg/L)	OAV值	气味描述
脂肪酸				
辛酸	2420~6833	8800[a]	0.3~0.8	脂肪酸[39]
癸酸	409~2155	1000[a]	0.4~2.2	干，金属[39]
异戊酸	74~411	33.4[c]	2.3~12.3	汗臭，酸，腐臭[40]
醇类				
1-己醇	1647~4785	8000[a]	0.2~0.6	吐司，青香，干[39]
异戊醇	58699~84203	30000[a]	2.0~2.8	威士忌，麦芽，焦煳[40]
异丁醇	5174~14320	7000[b]	0.7~2.1	甜香，化学品[41]
1-庚醇	75~240	3[b]	25.0~80.0	青香[42]
C_6化合物				

续表

化合物	浓度/(μg/L)	气味阈值/(μg/L)	OAV 值	气味描述
顺-3-己烯醇	68~112	400[a]	<0.5	青草[39]
萜烯醇				
里哪醇	672~2910	15[a]	45.0~194.0	花香，麝香[39]
香茅醇	9~264	100[a]	0.0~2.6	柑橘
α-萜品醇	446~1091	250[a]	1.8~4.4	茴香酒[39]
香叶醇	18~158	30[a]	0.6~5.3	水果香
橙花醇	34~177	300[b]	0.1~0.6	玫瑰
脱氢芳樟醇	513~1920	100[a]	5.1~19.2	甜香，蜂蜜[43]
法呢醇	8.0~27	20[b]	0.4~1.4	柠檬，茴香[39]
C_{13}-降异戊二烯				
β-大马酮	0.0~17.0	0.05[a]	0~340	焙烤苹果[39]
β-紫罗兰酮	4.0~38.0	0.09[a]	44 ~422	紫罗兰[39]
呋喃类				
5-羟甲基糠醛	1242~2914	15000[a]	0.3~6.5	醛，焦糖[44]
香兰素类				
香兰素	7~354	200[a]	0~1.8	香兰素
内酯				
γ-丁内酯	19~222	100[a]	0.2~1.2	甜香
顺-橡木内酯	13~171	35[a]	0.4~4.9	椰子，花香[40]
酚类衍生物				
4-乙烯基愈创木酚	12~29.0	40[a]	0.3~0.7	丁香，咖喱[40]
酯类				
乙酸异戊酯	538~3192	30[a]	18.0~106.0	香蕉[40]
己酸乙酯	669~16448	14[a]	48.0~1175.0	水果，茴香[39]
辛酸乙酯	1759~5241	2[a]	880.0~2620.0	水果，茴香[39]
癸酸乙酯	1416~6412	200[c]	7.0~32.0	葡萄[40]
乙酸异丁酯	39~140	30[a]	1.3~4.7	花香[39]
十六酸乙酯	5.0~2341	2000[b]	0.0~1.2	脂肪，腐臭，水果，甜香

续表

化合物	浓度/(μg/L)	气味阈值/(μg/L)	OAV 值	气味描述
庚酸乙酯	17~326	2.2[b]	7.7~148.0	香蕉，草莓
乙酸-顺-3-己烯酯	43~49	8[b]	5.4~6.1	香蕉

注：a：10%~15%酒精-水溶液；
b：水；
c：13%酒精-水溶液添加甘油，调 pH3~3.4。

皮斯科酒最重要的香气化合物是萜烯醇类的里哪醇和脱氢芳樟醇（hotrienol），C_{13} 降异戊二烯类的β-紫罗兰酮和β-大马酮，乙酯类中的己酸乙酯、庚酸乙酯和辛酸乙酯，乙酸酯类的乙酸异戊酯。其他的化合物能增加香气的复杂程度，如内酯和酚类衍生物、呋喃类、庚醇和异戊酸[38]。

参考文献

[1] EU. Regulation (EC) No 110/2008 of the European parliament and of the council of 15 January 2008 on the definition, description, presentation, labelling and the protection of geographical indications of spirit drinks. In *Regulation* (EC) No. 110/2008, Union E, Ed. Official Journal of the European Union, 2008; L39/16-L39/54.

[2] Louw L, Lambrechts M G. 13-Grape-based brandies: production, sensory properties and sensory evaluation. In Alcoholic Beverages [M]. Duxford: Woodhead Publishing, 2012.

[3] Lurton L, Ferrari G, Snakkers, G. 11-Cognac: production and aromatic characteristics. In Alcoholic Beverages [M]. Duxford Woodhead Publishing, 2012.

[4] Robinson J, Harding J. The Oxford Companion to Wine [M]. 4th ed. Oxford: Oxford University Press, 2015.

[5] Caldeica I, Climaco M C, Sousa R B, et al. Volatile composition of oak and chestnut woods used in brandy ageing: Modification induced by heat treatment [J]. J Food Eng, 2006, 76: 202-211.

[6] Caldeica I, Pereira R, Clímaco M C, et al. Improved method for extraction of aroma compounds in aged brandies and aqueous alcoholic wood extracts using ultrasound [J]. Anal Chim Acta, 2004, 513: 125-134.

[7] Caldeira I, Anjos O, Portal V, et al. Sensory and chemical modifications of wine-brandy aged with chestnut and oak wood fragments in comparison to wooden barrels [J]. Anal Chim Acta, 2010, 660: 43-52.

[8] Caldeira I, Sousa R B, Belchior A P, et al. A sensory and chemical approach to the aroma of wooden aged *Lourinha* wine brandy [J]. Ciência Téc Vitiv, 2008, 23 (2): 97-110.

[9] Guerrero E D, Bastante M J C, Mejías R C, et al. Characterization and differentitation of Sherry brandies using their aromatic profile [J]. J Agri Food Chem, 2011, 59: 2410-2415.

[10] De Smedt P, Liddle P. Identification in certain spirits of allyl alcohol (2-propen-1-ol) and compounds derived from it [J]. Ind Aliment Agric, 1976, 93: 41-43.

[11] Mangas J, Rodríguez R, Moreno J, et al. Volatiles in distillates of cider aged in American oak wood [J]. J Agri Food Chem, 1996, 44 (1): 268-273.

[12] Onishi M, Guymon J F, Crowell E A. Change in some volatile constituents of brandy during aging [J]. Am J Enol Vitic, 1977, 28: 152-158.

[13] Ledauphin J, Saint-Clair J-F, Lablanquie O, et al. Identification of trace volatile compounds in freshly distilled Calvados and Cognac using preparative separations coupled with gas chromatography-mass spectrometry [J]. J Agri Food Chem, 2004, 52: 5124-5134.

[14] Mangas J, Rodríguez R, Moreno J, et al. Evolution of aromatic and furanic congeners in the maturation of cider brandy: A contribution to its characterization [J]. J Agri Food Chem, 1996, 44: 3303-3307.

[15] Ebeler S E, Terrien M B, Butzke C E. Analysis of brandy aroma by solid-phase microextraction and liquid-liquid extraction [J]. J Sci Food Agric, 2000, 80 (5): 625-630.

[16] Ledauphin J, Guichard H, Saint-Clair J-F, et al. Chemical and sensorial aroma characterization of freshly distilled Calvados. 2. Identification of volatile compounds and key odorants [J]. J Agri Food Chem, 2003, 51 (2): 433-442.

[17] Ferrari G, Lablanquie O, Cantagrel R, et al. Determination of key odorant compounds in freshly distilled Cognac using GC-O, GC-MS, and sensory evaluation [J]. J Agri Food Chem, 2004, 52: 5670-5676.

[18] Uselmann V, Schieberle P. Decoding the combinatorial aroma code of a commercial Cognac by application of the sensomics concept and first insights into differences from a German brandy [J]. J Agri Food Chem, 2015, 63 (7): 1948-1956.

[19] Lurton L, Snakkers G, Roulland C, et al. Influence of the fermentation yeast strain on the composition of wine spirits [J]. J Sci Food Agric, 1995, 67 (4): 485-491.

[20] Janusz A, Capone D L, Puglisi C J, et al. (*E*) -1-(2,3,6-trimethylphenyl) buta-1,3-diene: a potent grape-derived odorant in wine [J]. J Agri Food Chem, 2003, 51 (26): 7759-7763.

[21] Steger C L C, Lambrechts M G. The selection of yeast strains for the production of premium quality South African brandy base products [J]. J Ind Microbiol Biotech, 2000, 24: 431-440.

[22] Du Plessis H W, Steger C L C, Du Toit M, et al. The occurrence of malolactic fermentation in brandy base wine and its influence on brandy quality [J]. J App Microbiol, 2002, 92 (5): 1005-1013.

[23] Janáčová A, Sádecká J, Kohajdová Z, et al. The identification of aroma-active compounds in Slovak brandies using GC-sniffing, GC-MS and sensory evaluation [J]. Chromatographia, 2008, 67 (1): 113-121.

[24] Reazin G H. Chemical mechanisms of whiskey maturation [J]. Am J Enol Vitic, 1981, 32 (4): 283-289.

[25] Guymon J F, Crowell E A. GC-separated brandy components derived from French and American oaks [J]. Am J Enol Vitic, 1972, 23: 114-120.

[26] Piggott J R, Conner J M, Clyne J, et al. The influence of non-volatile constituents on the extraction of ethyl esters from brandies [J]. J Sci Food Agri, 1992, 59: 477-482.

[27] Williams P J, Strauss C. 3,3-Diethoxybutan-2-one and 1,1,3-triethoxypropane: Acetals in spirits distilled from *Vitis vinifera* grape wines [J]. J Sci Food Agric, 1975, 26: 1127-1136.

[28] Reazin G, Baldwin S, Scales H, et al. Determination of the congeners produced from ethanol during whisky maturation [J]. J Asso Off Anal Chem, 1976, 59: 770-776.

[29] Watts V A, Butzke C E. Analysis of microvolatiles in brandy: Relationship between methylketone concentration and Cognac age [J]. J Sci Food Agri, 2003, 83 (11): 1143-1149.

[30] Watts V A, Butzke C E, Boulton R B. Study of aged Cognac using solid-phase microextraction and partial least-squares regression [J]. J Agri Food Chem, 2003, 51: 7738-7742.

[31] Madrera R R, Gomis D B, Alonso J J M. Influence of distillation system, oak wood type, and aging time on volatile compounds of cider brandy [J]. J Agri Food Chem, 2003, 51 (19): 5709-5714.

[32] Da Porto C. 14-Grappa: production, sensory properties and market development. In Alcoholic Beverages. Sensory evaluation and consumer research [M]. Duxford: Woodhead Publishing, 2012.

[33] Da Porto C. Volatile composition of "grappa low wines" using different methods and conditions of storage on an industrial scale [J]. Int J Food Sci Technol, 2002, 37 (4): 395-402.

[34] Apostolopoulou A A, Flouros A I, Demertzis P G, et al. Differences in concentration of principal volatile constituents in traditional Greek distillates [J]. Food Control, 2005, 16 (2): 157-164.

[35] Da Porto C. Grappa and grape-spirit production [J]. Crit Rev Biotechnol, 1998, 18 (1): 13-24.

[36] Da Porto C, Cortella G, Freschet G. Preliminary study on a cooling practice of grape pomace during storage on an industrial scale [J]. Ital J Food Sci, 2004, 16: 87-95.

[37] Williams P J, Strauss C R. Spirit recovered from heap-fermented grape marc: Nature, origin and removal of the off-odour [J]. J Sci Food Agri, 1978, 29 (6): 527-533.

[38] Bordeu E, Agosín E, Casaubon G. 16-Pisco: production, flavor chemistry, sensory analysis and product development. In Alcoholic Beverages [M]. Duxford: Woodhead Publishing, 2012.

[39] Culleré L, Escudero A, Cacho J F, et al. Gas chromatography-olfactometry and chemical quantitative study of the aroma of six premium quality Spanish aged red wines [J]. J Agri Food Chem, 2004, 52 (6): 1653-1660.

[40] Delfini C, Cocito C, Bonino M, et al. Definitive evidence for the actual contribution of yeast in the transformation of neutral precursors of grape aromas [J]. J Agri Food Chem, 2001, 49: 5397-5408.

[41] Benn S M, Peppard T L. Characterization of tequila flavor by instrumental and sensory analysis [J]. J Agri Food Chem, 1996, 44: 557-566.

[42] Curioni P M G, Bosset J O. Key odorants in various cheese types as determined by gas chromatography-olfactometry [J]. Int Dairy J, 2002, 12 (12): 959-984.

[43] Rocha S M, Coutinho P, Delgadillo I, et al. Effect of enzymatic aroma release on the volatile compounds of white wines presenting different aroma potentials [J]. J Sci Food Agri, 2005, 85: 199-205.

[44] Câmara J S, Herbert P, Marques J C, et al. Varietal flavour compounds of four grape varieties producing Madeira wines [J]. Anal Chim Acta, 2004, 513 (1): 203-207.

15 黄酒风味物质

黄酒是世界上最古老的酒类之一，源于中国，且唯中国有之，与啤酒、葡萄酒并称世界三大古酒。黄酒是我国酒类产业政策鼓励发展的品类，是有悠久历史和文化内涵的酒种，也是未来最有希望走向世界并占有一席之地的酒品。

随着人们生活水平不断提高，人们健康饮酒意识逐渐增强，广大消费者对酒类消费从嗜好性向公关娱乐、鉴赏性饮酒方式过渡。爱高度、嗜烈性、求刺激的不良饮酒观日益为人们所摒弃，崇尚低度健康、营养保健的全新饮酒价值理念正在形成。黄酒以其低度清爽、营养保健的天然属性迎合了当今社会新的消费价值趋向。但传统黄酒的口感醇厚略带酸味，南方消费者对黄酒那种特有的风味基本习惯，但其他地区消费者却不适应这种独特的风味。清爽型黄酒不仅继承了传统黄酒风味，而且在很大程度上改变了传统黄酒“辣口、口干、易上头”的缺点，开创了健康饮酒的新理念。

黄酒所独具的馥香，不是指某一种特别重的香气，而是一种复合香，是由酯类、醇类、醛类、酸类、羰基化合物和酚类等多种成分组成的。这些有香物质来自米、麦曲本身，以及发酵中多种微生物的代谢和贮存期中醇与酸的反应，它们结合起来就产生了馥香，而且往往随着时间的久远而更为浓烈。根据化学性质的不同，可以将黄酒中的风味成分分为醇类、醛类、酸类、酯类、酚类、氨基酸类，以及其他化合物。目前已知的黄酒中微量成分已经有 100 多种。

15.1 黄酒挥发性微量成分

黄酒挥发性微量成分研究起始于 20 世纪 80 年代初期。1980 年，采用顶空取样分析法，对黄酒进行气相色谱分析。1985 年、1987 年，苏婉英对黄酒中的含氮化合物进行了剖析。1986 年，沈国惠等采用“同时蒸馏萃取法”（simultaneous distillation-extraction，SDE）分离金坛封缸酒的挥发性风味成分，经 KD 浓缩器初步浓缩后，用旋转带式蒸馏器（Spinning band distillator）及 8cm 蒸馏柱进一步浓缩，最后用 GC-MS 分离，鉴定的成分包括烃类、醇类、醛类、酮类、酯类、缩醛类。1987 年，沈国惠等再次应用 SDE 方法测定了新、陈封缸酒挥发性风味成分，鉴别出了新、陈封缸酒中存在 38 种不同挥发性成分。其后，应用 GC 及其相关技术对黄酒中的挥发性微量成分的研究越来越多。

1990 年，李益圩[1]等人利用顶空取样、纯样对照和 GC-MS 定性，内标定量，通过 10%DNP + 3%司本-80/chromosorb W 80~100 目，2.6 m×3.2mm 玻璃柱，对黄酒中的低沸点香气成分进行定性定量分析；用10% PEG-20M Shimaita W 60~80目，1.6 m×3.2mm玻璃柱，对黄酒中的中、高沸点香气成分进行定性、定量分析，从绍兴黄酒中共检测出29种成分，构成中、高沸点香气成分主体的是异戊醇、乳酸乙酯、β-苯乙醇和丁二酸二乙酯，它们约占总量的77%。1990年，张笑麟[2]等在对黄酒酒脚的沉出过程对酒中风味物质——乙酸乙酯含量影响的研究中，用乙醚对样品进行液液萃取，内加法定量分析乙酸乙酯的含量，即在黄酒提取液的浓缩液中加入待测定物乙酸乙酯作内标定量，与邻近的、峰形较好的异丁醇峰面积作比较来定量；采用双柱（PEG 1500和DNP-Tween 80）保留时间定性的方法对黄酒中的物质进行定性分析，并且确定了黄酒风味物质分析的气相色谱条件。该方法测得一年酒龄到三年酒龄的绍兴黄酒中乙酸乙酯含量在7.2~2.9mg/L，方法的测定结果的标准偏差为0.09~0.24，变异系数为3.2%~8.4%。1999年，鲍忠定、许荣年[3]借鉴了有关白酒、葡萄酒的分析方法，利用内涂PEG-20M的毛细管色谱柱直接进样进行GC分析，以内标法定量测定黄酒中的部分醇、酯的组分；此外利用LLE浓缩后，采用HP-5毛细管柱进行GC-MS定性黄酒中的香气成分，初步鉴定出的香气成分有42种，其中醇类12种，酸类13种，酯类9种，其他类物质8种。2002年，栾金水[4]参照干红葡萄酒香味物质的提取方法，将黄酒中所占最大比例的水成分去除，剩余酒样直接进样进行气质分析，对黄酒中的香气成分进行了定性分析，共鉴定出了48种香气物质，其中13种醇类，12种酸类，15种酯类，5种醛类，2种酚类，1种内酯类物质。2006年，殷德荣[5]建立了毛细管气相色谱法测定绍兴黄酒中挥发性物质的方法。酒样加磷酸后蒸馏处理，采用DB-FFAP毛细管柱气相色谱分离，以保留时间定性，外标法定量测定乙醛、乙酸乙酯、乳酸乙酯、甲醇、正丙醇、异丁醇、异戊醇、β-苯乙醇、乙酸，很好地分离分析了黄酒中的挥发性物质，RSD值在3.8%~6.9%，回收率在88%~99.5%，在0~500mg/L线性关系良好，最低检出限在0.5~1.5mg/L。测定有机酸一般通过有机酸的衍生化法。

2008年，HS-SPME结合GC-MS技术首次用于黄酒微量挥发性化合物定性与定量分析，一次性检测到85种挥发性化合物，包括1种醇类、8种脂肪酸、28种酯、4种醛和酮、17种芳香族化合物、3种内酯、6种酚类、3种含硫化合物、9种呋喃和6种含氮化合物[6]。

近几十年来，黄酒中检测到的化合物如表15-1所示。

表15-1　黄酒微量成分检测结果[6-7]

种类	化合物名称	检测方法	种类	化合物名称	检测方法
醇	甲醇[d]	C, D		活性戊醇[f,j]	F, J
	酒精	C		正戊醇[j]	J
	正丙醇[a,d,f,j]	A, C, D, F, J		正己醇[j]	C, J
	丁醇[j]	C, J		3,3-二甲基-2-戊醇	C
	仲丁醇[a,f]	A, C, F		2-庚醇[j]	J
	异丁醇[a,d,f,j]	A, C, D, F, J		1,3-丁二醇	C
	异戊醇[a,c,d,f,j]	A, C, F, J		2,3-丁二醇[j]	C, J

续表

种类	化合物名称	检测方法	种类	化合物名称	检测方法
	2,3-丁二醇异构体[j]	J		2-羟基丙酸乙酯	C
	3-乙氧基-1-丙醇[j]	J		2-羟基-3-甲基丁酸乙酯[j]	J
	1-辛醇[j]	J		2-羟基己酸乙酯[j]	J
	1-壬醇[j]	J		β-羟基丁酸乙酯[a]	A
	月桂醇	C		3-乙氧基丙酸乙酯[j]	J
酯	甲酸乙酯[f]	F		乳酸-3-甲基丁酯[j]	J
	乙酸乙酯[a,b,d,f,j]	A, B, C, D, F, J		4-氧戊酸乙酯[j]	J
	丙酸乙酯	C	醛和酮	乙醛[a,d]	A,C,D
	丁酸乙酯[a,j]	A, C, J		异戊醛	C
	戊酸乙酯[a,j]	A, C, J		壬醛[j]	J
	己酸乙酯[j]	C, J		2-辛酮[j]	J
	庚酸乙酯[j]	J		2-壬酮[j]	J
	辛酸乙酯[f,j]	C, F, J		3-羟基-2-丁酮[j]	J
	癸酸乙酯[j]	C, J	内酯类	γ-丁内酯[j]	C, J
	十四酸乙酯[j]	J		γ-壬内酯[j]	J
	十六酸乙酯[f,j]	C, F, J		2-羟基-γ-丁内酯[j]	J
	十七酸乙酯[j]	J	硫化物	二甲基三硫[j]	J
	乳酸乙酯[a,c,d,f,j]	A, C, D, F, J		3-噻吩甲醛[j]	J
	乙酸异丁酯[j]	J		3-甲硫基-1-丙醇[j]	J
	乙酸异戊酯[f,j]	F, J	酸	乙酸[d,e,i,j]	C, D, E, I, J
	乙酸正戊酯[f]	F		丙酸	C
	丁酸-2-甲基丁酯[f]	F		丙烯酸	C
	2-甲基丁酸乙酯[j]	J		丁酸[j]	C, J
	3-甲基丁酸乙酯[j]	J		异丁酸[e]	C, E
	2-丁烯酸乙酯[j]	J		戊酸[e,j]	C, E, J
	琥珀酸二乙酯[a,f,j]	A, C, F, J		异戊酸[e,j]	C, E, J
	琥珀酸单乙酯[j]	J		乳酸[e,h,i]	C, E, H, I
	丁二酸二乙酯异构体[j]	J		庚酸[e]	E
	庚二酸二乙酯[j]	J		己酸[e,j]	C, E, J
	辛二酸二乙酯[j]	J		辛酸[e,j]	E, J
	2-甲基丁二酸双仲丁酯[j]	J		癸酸[j]	J
	己二酸双异丁酯[j]	J		十四酸[j]	J
	油酸乙酯	C		α-羟基苯丙酸	C

续表

种类	化合物名称	检测方法
	α-羟基异戊酸[h]	H
	α-羟基异己酸[h]	H
	草酸[h]	H
	琥珀酸[h,i]	H,I
	苹果酸[h]	H
	α-羟基戊二酸[h]	H
	酒石酸[h]	H
	柠檬酸[h]	H
芳香族	苯甲醇[j]	C, J
	β-苯乙醇[a,c,d,f,g,j]	A, C, D, F, G, J
	苯甲酸[j]	C, J
	苯乙酸	C
	苯甲酸乙酯[j]	C, J
	2-苯乙酸乙酯[j]	C, J
	乙酯-2-苯乙酯[j]	J
	2-苯丙酸乙酯[j]	J
	2-羟基苯甲酸乙酯[j]	J
	异烟酸-2-苯乙酯[j]	J
	苯甲醛[j]	C, J
	苯乙醛[j]	C, J
	(2*Z*)-2-苯-2-丁烯醛[j]	J
	5-甲基-2-苯-2-己烯醛[j]	J
	1-苯-1-丙酮[j]	J
	1,2-二甲氧基苯[j]	J
	乙酰苯[j]	J
	邻苯二甲酸丁酯	C
	萘[j]	J
酚类	苯酚[j]	C, J
	4-甲基苯酚[j]	C, J
	4-乙基苯酚[j]	J
	4-甲基愈创木酚[j]	J
	4-乙基愈创木酚[j]	J
	4-乙烯基愈创木酚[j]	J
呋喃类	糠醛[j]	C, J
	糠酸	C
	2-糠基乙基醚[j]	J
	2-乙酰基呋喃[j]	J
	5-甲基糠醛[j]	J
	2-乙酰基-5-甲基呋喃[j]	J
	2-糠酸乙酯[j]	J
	2-糠醇[j]	J
	5-乙基糠醛[j]	J
	5-羟甲基糠醛[j]	J
含氮化合物	2,6-二甲基吡嗪[j]	J
	2,3,5-三甲基吡嗪[j]	J
	2,3,5,6-四甲基吡嗪[j]	J
	3-吡啶甲酸乙酯[j]	J
	2-乙酰基吡咯[j]	J
	N-丙基苯甲酰胺[j]	J

注：A：顶空取样填充柱法；B：液液萃取浓缩-气相色谱定性定量分析；C：直接进样毛细管气相色谱法；D：蒸馏后毛细管柱分离法；E：衍生化法；F：固相微萃取气质联用法；G：液相色谱-二极管阵列检测法；H：离子交换-毛细管气相色谱法；I：反相液相色谱法；J：HS-SPME 结合 GC-MS 检测。

a：指在 A 测定方法中可以定量的物质；b：指用 B 方法可以定量的物质；

c：指用 C 方法可以定量的物质；d：指用 D 方法可以定量的物质；

e：指用 E 方法可以定量有物质；f：指用 F 方法可以定量的物质；

g：指用 G 方法可以定量的物质；h：指用 H 方法可以定量的物质；

i：指用 I 方法可以定量的物质；j：指用 J 方法可以定量的物质。

15.2 黄酒风味物质

15.2.1 黄酒风味物质 GC-O 分析

通过 GC-O 分析，从黄酒中一共鉴定了 11 个对黄酒香气有贡献的脂肪酸。其中，丁酸和 3-甲基丁酸在 JF12 和 GYQF30（黄酒厂酒名代号）中香气都较大（OAV 值>4.33），因此，对黄酒香气有比较重要的作用。乙酸、丙酸和 2-甲基丙酸在两种酒中的香气 OAV 值也都>3.5，所以对黄酒的香气也比较重要。丁酸和 3-甲基丁酸是具有腐臭气味和干酪气味的物质，而乙酸、丙酸和 2-甲基丙酸的气味主要是酸的气味。其他的脂肪酸（戊酸、己酸、庚酸、辛酸和壬酸）的香气强度都较弱（OAV 值<3），对黄酒香气的贡献比较小。黄酒中的脂肪酸产生的途径，一部分来自原料、酒母和曲，以及添加的浆水，但大部分是在发酵过程中由酵母代谢而生成[8]。

与其他饮料酒一样，黄酒中的醇类化合物也是一类主要的挥发性香气化合物。在发酵过程中，酵母能在有氧条件下把糖转化成醇，在厌氧条件下把氨基酸转化成醇，少量的醇也能由酵母通过相应的醛的化学还原反应形成[9]。由于醇类化合物在黄酒中的含量较高，虽然可以把大部分醇类化合物与中性化合物分开，但是仍然有部分醇类化合物在中性组分能被检测到。因此，我们采用对中性组分进行水洗，把醇类化合物和酸性化合物合并在一起进行 GC-O 分析。大部分的醇类化合物的香气阈值都较高，香气主要是水果香、花香和醇香。具有醇香、水果香和似指甲油气味的 2-甲基丁醇和 3-甲基丁醇的香气强度在两种酒中都较大（强度>3.5），因此是黄酒中对香气贡献最大的醇类化合物。但是，2-甲基丁醇和 3-甲基丁醇的浓度较高，不可能完全把其分离到酸性/水溶性组分中，所以 GC-O 分析时在中性组分中也能闻到 2-甲基丁醇和 3-甲基丁醇的香气，并且其香气强度都较强。此外，丙醇、2-甲基丙醇和戊醇的香气强度也在 3 左右，而其他的醇类化合物的香气强度都比较弱（强度<2.5）。黄酒中的高级醇主要是酵母在发酵过程中通过 Ehrlich 代谢途径而产生。但是由于醇类化合物的香气阈值较高，因此其对黄酒香气的贡献比较有限。

与白酒中的香气物质相比，黄酒中酯类化合物，尤其是乙酯类化合物的数量及香气强度都不及白酒。白酒中存在丰富的乙酯类香气化合物，而黄酒中的香气化合物只有乙酸乙酯和丁酸乙酯的香气强度相对较大（强度>2.67），而其他的酯类（丙酸乙酯、乙酸异戊酯、辛酸乙酯、丁二酸二乙酯）的香气强度都较弱。酯类化合物主要的香气是水果香，因此，黄酒香气中的水果香气明显不如白酒强烈，尤其是浓香型白酒。在日本清酒香气研究报道中，其酯类化合物的香气对清酒香气贡献也十分有限。黄酒中乙酯类化合物主要是在发酵和陈酿过程中酸性化合物和酒精的酯化反应产生的[10]。酵母和其他微生物在发酵过程中也会形成酯类化合物。

通过 GC-O 分析，发现黄酒中的芳香族化合物数量非常多，其中苯甲醛、苯乙醛和苯乙醇的香气是芳香族化合物中最大的（强度>3）。它们的香气基本都是花香，对黄酒的香气贡献有非常重要的作用，融合成协调细腻的香气，给人以愉悦、柔和、优雅的感觉。

日本清酒米曲的香气研究中，也发现苯乙醛对于米曲的香气贡献非常大[11]。乙酰基苯的香气是葡萄汁气味、苦杏仁气味，其在两种黄酒中的香气强度基本相同。苯丙酮的香气是花香，其在两种黄酒中的香气强度比乙酰基苯大。苯甲酸乙酯的香气是草药气味、水果香。苯乙酸乙酯的香气是花香、甜香，对两种黄酒香气贡献程度比较有限。乙酸苯乙酯的香气是玫瑰花香，在 JF12 黄酒中没有闻到乙酸苯乙酯的气味，而在 GYQF30 黄酒中其香气强度有 2.50。苯甲醇的香气是甜香、花香，对两种黄酒的香气均有不同程度的贡献。苯甲酸的香气是水果香和樱桃香，苯乙酸的香气是水果香和玫瑰花香，苯丙酸的香气是水果香、花香，除苯乙酸在 GYQF30 黄酒中强度达到 3.33 以外，其他酸的香气强度都较弱，这可能是由于其香气阈值比较高。(2*Z*)-2-苯基-2-丁烯醛的香气是青香、花香和木头气味，在 GYQF30 黄酒中其香气强度高于 JF12。

黄酒中的酚类化合物也是一类非常重要的香气化合物。通过 GC-O 分析，鉴定到了 9 个对黄酒香气有贡献的酚类化合物。其中，苯酚、4-乙烯基愈创木酚和香兰素的香气强度在两种酒中都>3，因此它们对黄酒的香气有非常重要的贡献。它们的香气主要是典型的药香，而酚类化合物的形成途径可能是发酵原料中的木质素降解。愈创木酚和 4-乙酰基愈创木酚的香气强度较弱，愈创木酚的香气是药香，4-乙酰基愈创木酚的香气是香草的香气，它们对黄酒的香气有一定的贡献。在 JF12 酒中，我们还检测到了 4-甲基愈创木酚、4-甲基苯酚、4-乙基苯酚和 2,6-二甲氧基苯酚，这些化合物在 GYQF30 酒中均未检测到，它们的香气主要是烟气味和药香。

黄酒中的呋喃类化合物主要有糠醛、2-乙酰基呋喃、5-甲基糠醛、糠酸乙酯、糠醇和 3-羟基-4,5-二甲基-2(5*H*)-呋喃酮（葫芦巴内酯），其中糠醛的香气强度最高（强度>4.50）。糠醛的香气是杏仁香和甜香，主要是由陈酿过程中产生，对黄酒的香气的贡献非常大。2-乙酰基呋喃、糠酸乙酯和糠醇在两种酒中都检测到了，但是香气强度较弱（强度<3）。但是在 GYQF30 的酒中检测到了 5-甲基糠醛和 3-羟基-4,5-二甲基-2(5*H*)呋喃酮（葫芦巴内酯），5-甲基糠醛的香气是青香和焙烤香，3-羟基-4,5-二甲基-2(5*H*) 呋喃酮（葫芦巴内酯）的香气主要是甜香，但是葫芦巴内酯的香气阈值非常低，因此其对黄酒香气有贡献。

通过 GC-O 分析，检测到了香气强度非常大的 γ-壬内酯，其香气主要是椰子和桃类的甜香，与刚发酵出的新酒香气非常类似。γ-壬内酯主要是由酵母利用原料中的糖苷类前体物质发酵产生的[12]，因此我们推测其主要是在发酵过程中产生的。

黄酒中的硫化物主要是二甲基三硫和 3-甲硫基丙醇。在 JF12 酒中检测到了 3-甲硫基丙醇（强度 3.67），而在 GYQF30 酒中检测到了二甲基三硫（强度 2.50）。黄酒中硫化物的产生可能是由于含硫氨基酸的分解而产生的。

黄酒中的含氮化合物主要是烷基吡嗪，但是香气强度都较弱。2,5-二甲基吡嗪、2,6-二甲基吡嗪、2,5-二甲基-3-乙基吡嗪的香气是坚果香和焙烤香，而 2-乙酰基吡咯的香气是药香，因此对丰富黄酒香气有作用。

黄酒中的醛和酮类香气化合物非常少，仅仅检测到了己醛和 3-羟基-2-丁酮。己醛的香气是青草香，3-羟基-2-丁酮的香气是奶油香，但是这两个化合物在两种黄酒中的香气强度都非常弱，因此对黄酒香气的贡献十分有限。

15. 2. 2　黄酒风味物质浓度

根据前阶段对黄酒 GC-O 分析的结果，选择了 20 种来自不同生产地区的黄酒进行了定量分析实验。通过定量实验一共对商品黄酒中 56 种挥发性香气化合物进行了定量分析，这 56 种物质包括 9 种醇类化合物、9 种酯类化合物、8 种脂肪酸化合物、11 种芳香族化合物、6 种酚类及其衍生物、6 种呋喃类化合物、1 种内酯化合物、1 种醛类化合物、2 种硫化物和 3 种含氮化物。

图 15-1 列出了 20 种来自不同地区黄酒的挥发性香气物质总含量情况。由图可以明显看出，来自上海和江苏地区的黄酒挥发性物质含量普遍低于绍兴地区黄酒，而上海和江苏地区黄酒挥发性物质总含量与北方黄酒（即墨老酒）含量相当。其中，挥发性香气物质总含量最高的是绍兴地区黄酒 GYQF10，达到 881. 3mg/L；而含量最低的是来自江苏地区的 HKFG8，为 354. 6mg/L，仅仅是 GYQF10 挥发性香气化合物总含量的一半。

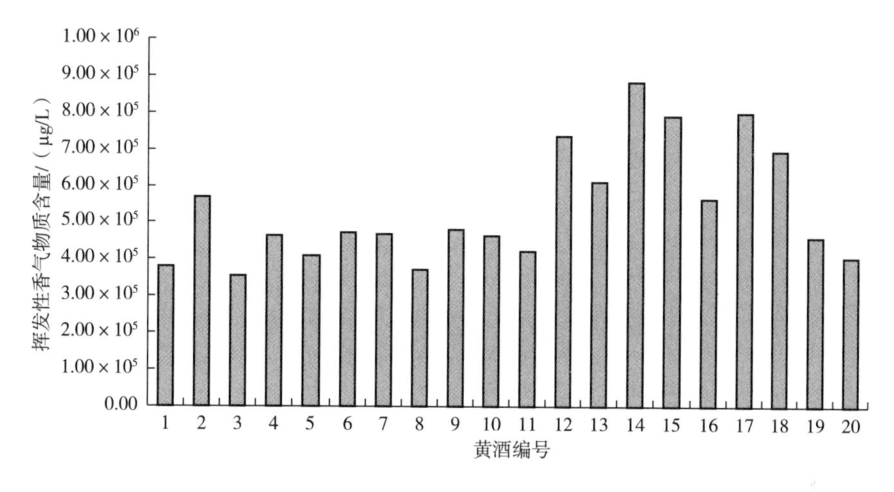

图 15-1　不同黄酒中挥发性物质的总含量

在所有定量化合物中，含量居前三位的物质是 3-甲基丁醇（176. 4～87. 07μg/L）、乙酸（307. 7～44. 72μg/L）和 2-苯乙醇（133. 5～48. 62μg/L），这三种物质对黄酒香气有比较重要的贡献。

15. 2. 3　成品黄酒重要香气成分

通过查阅文献，确定了 51 种挥发性香气化合物在 10%酒精溶液中的香气阈值，并且根据 20 种样品的定量结果和香气化合物的香气阈值计算出了 51 种香气化合物在黄酒中的香气活力值（OAV）。根据 20 种样品计算得到的 OAV 值可以看出，上海及江苏地区黄酒的挥发性香气化合物中有 17～25 种化合物的浓度高于其香气阈值，绍兴地区黄酒的挥发性香气化合物中有 22～29 种化合物的浓度高于其香气阈值，而北方黄酒（即墨老酒）中有 21 种化合物的浓度高于其香气阈值。根据得到的 OAV 值，上海及江苏地区的黄酒挥发性香气化合物中，OAV 值较高的依次是二甲基三硫、丙酸乙酯、丁酸乙酯、1-辛烯-3-醇、2-甲基丙酸乙酯和辛酸乙酯；绍兴地区黄酒挥发性香气化合物中，OAV 值较高的是二甲基三硫、愈创木酚、3-甲硫基丙醇、丙酸乙酯、丁酸乙酯、辛酸乙酯、1-辛烯-3-醇、丁酸和γ-壬内酯；北方黄酒（即墨老酒）挥发性香气化合物中，OAV值较高的是丙酸乙酯、丁酸乙酯、愈创木酚、1-辛烯-3-醇、辛酸乙酯、苯乙醛和4-甲基苯酚。由此可见，绍兴地区的黄酒香气化合物的OAV值较上海和江苏地区高，香气化合物也更为丰富，而上海和江苏地区生产的清爽型黄酒是在对传统工艺进行改进的基础上发展起来的，其香气更为淡雅，由其香气化合物OAV值也可以看出，主要是酯类化合物，赋予清爽型黄酒浓郁的水果香和花香。

每个香气化合物在不同样品中对香气的贡献程度以及对样品的感官影响也是不同的，香气化合物的这种性质现在仅仅只能依靠感官评定的方法来解决。但是，也可以通过各个香气化合物在不同样品中的香气活力值的比率来近似表示香气化合物在不同样品的区别程度。本实验比较了各个香气化合物在不同样品中最大的OAV值和最小OAV值，结果如表15-2所示。

由表15-2可以看出，γ-壬内酯、乙酰基苯、3-甲硫基丙醇和丁酸在各种黄酒样品中香气活力值变化较大，对不同黄酒的香气贡献有非常明显的区别。其他的化合物，部分酯类化合物（乙酸乙酯、丙酸乙酯、2-甲基丙酸乙酯、丁酸乙酯、乙酸异戊酯、戊酸乙酯、己酸乙酯），部分醇类化合物（丙醇、丁醇、2-甲基丙醇、1-辛烯-3-醇和3-甲基丁醇），部分酸性化合物（乙酸、2-甲基丙酸、辛酸、3-甲基丁酸、己酸），部分芳香族化合物（苯乙酸乙酯、苯甲醛、苯乙醛、苯甲醇、苯乙醇），部分呋喃类化合物（糠醛、糠醇、2-乙酰基呋喃），部分酚类化合物（4-乙基苯酚、愈创木酚）和己醛，在不同黄酒样品中的香气活力值区别也较大。

一般而言，香气强度大的物质同时也具有有效的OAV值，如3-甲基丁醇、乙酸和2-苯乙醇。但是实际结果表明一些OAV值>1的物质在闻香时并未感觉到很大的香气强度，如二甲基三硫和辛酸乙酯；而另一些物质在闻香实验中被发现具有很高的香气强度，但其OAV值却非常小，如苯甲醛和苯甲醇。分析原因可能是几种物质在同一保留时间时流出色谱柱，或某一段保留时间内许多物质紧挨着出峰，因而正确地判定这些物质的香气强度存在一定的困难。另一原因是GC-O并没有考虑到基质效应，而基质对香气物质的挥发和感知有很大影响。此外，由于在闻香前酒样经过了萃取浓缩处理使得仅凭闻香实验所得的香气强度值会高估某一物质的重要性[13]。

表15-2　挥发性香气化合物在不同黄酒样品中最大OAV值和最小OAV值比较[a]

物质名称	OAV_{max}/OAV_{min}	物质名称	OAV_{max}/OAV_{min}
γ-壬内酯	41.76	乙酰基苯	21.45
3-甲硫基丙醇	17.34	丁酸	15.22
苯乙酸乙酯	9.56	糠醛	9.10
丙酸乙酯	8.93	乙酸异戊酯	7.16
戊酸乙酯	7.05	乙酸	7.00
己酸乙酯	6.58	己酸	6.35

续表

物质名称	OAV_{max}/OAV_{min}	物质名称	OAV_{max}/OAV_{min}
苯甲醛	5.06	糠醇	4.97
丁酸乙酯	4.79	2-甲基丙醇	4.74
己醛	4.32	苯乙醛	4.29
乙酸乙酯	4.15	丙醇	4.02
4-乙基苯酚	3.95	2-甲基丙酸	3.60
苯甲醇	3.50	丁醇	3.48
2-乙酰基呋喃	3.45	2-甲基丙酸乙酯	3.30
辛酸	3.00	苯乙醇	2.75
3-甲基丁酸	2.41	愈创木酚	2.39
1-辛烯-3-醇	2.21	3-甲基丁醇	2.03

注：a：最小 OAV 值<0.2 的化合物均认为是 0.2。

15.3 麦曲添加量对黄酒风味的影响

俗语说："无曲不成酒"。以麦制曲、用曲酿酒是中国黄酒的特色，也是我国黄酒酿造工艺一项传统操作技艺。传统麦曲在黄酒中既是糖化发酵粗酶制剂，又作为少量酿酒原料和营养物质保留在黄酒中，同时麦曲作为一种集生香、增味、成色等诸多功能的复合生化酶制剂是传统浓醪液态发酵黄酒的重要物质保障。因此说麦曲融有种类繁多的微生物酶系和错综复杂的代谢产物。因此千百年来酿酒先辈们从实践中总结出"曲是酒之骨"和"好曲必好酒"的精辟论断，这无疑反映了麦曲内在品质与黄酒品质间相辅相成的密切关系[14]。

传统液态浓醪黄酒发酵始终离不开麦曲参与糖化、发酵和代谢。现代生物技术发展至今，将淀粉转化为糖，糖发酵成酒，这一生化过程，完全可以利用糖化淀粉酶、黄酒活性干酵母来替代。因而在传统麦曲的"糖化、发酵、生香"功能中，其淀粉水解和酒精代谢功能也就不是麦曲始终存在的根本，而麦曲所赋予的生香功能，特别是麦曲固有的复合曲香气以及在黄酒酿造体系中融入和演变给予黄酒酒体构成的决定性贡献，才是黄酒始终离不开麦曲的真实奥秘[15-17]。以传统生麦曲作糖化发酵剂酿造的黄酒，酒质呈现独特馥郁芳香，口味醇绵鲜爽，而以纯种培养熟麦曲作糖化发酵剂酿造的黄酒具有熟曲气味，滋味也大不一样。传统麦曲生产采用生料制曲，自然网罗制曲环境中的微生物接种，在控制工艺条件下，纷繁复杂的微生物菌系等生长繁殖和进行物质代谢。

在生麦曲制造过程中，微生物的代谢产物和原料的分解产物，直接或间接构成黄酒的风味物质，使黄酒具有独特的风味。因此，生麦曲具有生香增味的作用。用曲量的多少，对黄酒糖化、发酵、产香等具有重要作用，而且麦曲中的细菌酶与黄酒酿造中的生香物质有一定联系。采用麦曲酿造的黄酒具有特殊的曲香气，这和麦曲中的蛋白酶和细菌酶，以及曲中代谢产物有密切的关系。长期以来由于研究条件的限制，未能深入探讨加曲酿造的黄酒中麦曲对香气物质的影响[18-19]。

对原酒中 46 种挥发性香气化合物进行了定量分析，包括 9 种醇类化合物、9 种酯类化合物、7 种脂肪酸化合物、10 种芳香族化合物、3 种酚类及其衍生物、2 种呋喃类化合物、1 种内酯化合物、2 种硫化物和 3 种含氮化物。

图 15-2 列出了不同酿造方式所得原酒的挥发性香气物质总含量情况。由图 15-2 可以明显看出，不加曲酿造的原酒挥发性香气化合物的含量最高，达到 703.4mg/L，而无论是加曲酿造原酒还是加曲浸泡原酒，其挥发性香气化合物的总含量均是随着加曲量的增加而增加的。

在所有定量化合物中，含量居前三位的物质是 3-甲基丁醇（122.5~175.6μg/L）、乙酸（89.00~304.2mg/L）和 2-苯乙醇（72.76~135.4mg/L），这三种物质对原酒香气有比较重要的贡献。从不同种类化合物含量上看，醇类化合物、酸类化合物和芳香族化合物是黄酒含量较为丰富的三类化合物，尤其是芳香族化合物不仅含量丰富，并且芳香族化合物的数量也最多，达到 10 种，位居不同化合物种类之首。但是，含量大的物质对整体香气的贡献并不一定大，需要结合对应的阈值才能间接判定各物质在酒中的重要性。

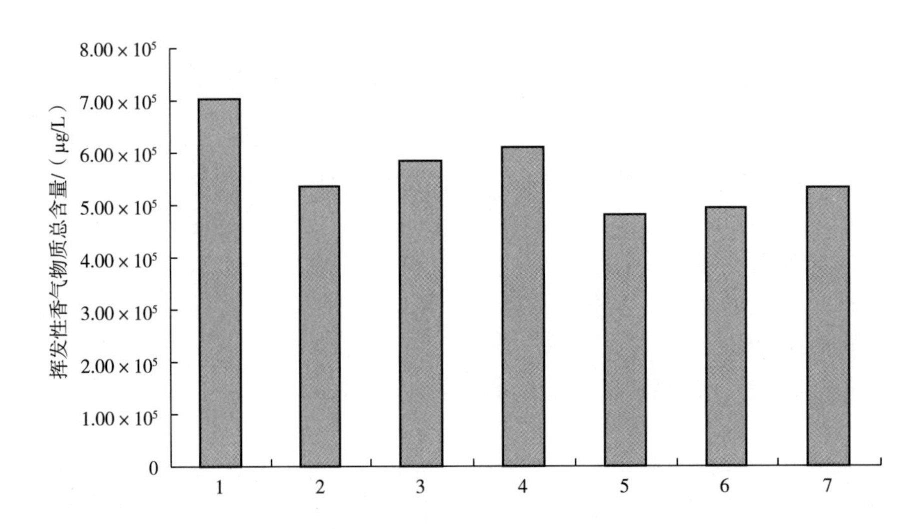

图 15-2　不同酿造方式所得原酒挥发性香气成分总含量

注：1—采用不添加麦曲酿造的原酒；2—加曲量为 11%酿造的原酒；3—加曲量为 15%酿造的原酒；4—加曲量为 25%酿造的原酒；5—不加曲酿造的原酒添加 11%麦曲浸泡 15d 的原酒；6—不加曲酿造的原酒添加 15%麦曲浸泡 15d 的原酒；7—不加曲酿造的原酒添加 25%麦曲浸泡 15d 的原酒。

根据不同酿造方式所得原酒的挥发性香气成分定量结果，本研究进行了完全随机的单因素方差分析（One-Way ANOVA），主要目的是判断采用不同的酿造方式对原酒的挥发性香气成分的含量是否存在影响。经过单因素方差分析，仅仅 3-甲基丁酸对应的概率 p 值为 0.16，其余挥发性香气成分的对应概率 p 值均小于显著性水平 0.05，所以认为除 3-甲基丁酸外的挥发性香气成分对原酒香气的影响有显著性差异。

原酒的成分也比较复杂，尽管已对其中的重要挥发性物质进行了定量分析，然而单变量分析过于笼统，无法准确地判断各酒样的特征及其间的差异，因此有必要借助多元统计学手段对得到的定量数据进行进一步的分析。

定量数据经主成分分析得到了46种成分的特征值，且前6种的特征值均大于1，表15-3显示了前6种成分的总方差分解信息。当选取4个主成分时，已能完全代替实验研究的原酒香气信息，而当选择6个主成分时，则全体信息被反映。通常取累计贡献率≥80%来确定到底取多少个成分作为研究对象的主成分，所以本研究选择的主成分数量为4。

表15-3　　不同麦曲添加量酿造黄酒总方差解释

成分	矩阵特征值			旋转前因子载荷平方和		
	特征值	方差百分比/%	方差累计百分比/%	特征值	方差百分比/%	方差累计百分比/%
1	15.41	33.50	33.50	15.41	33.50	33.50
2	10.23	22.24	55.74	10.23	22.24	55.74
3	8.08	17.56	73.30	8.08	17.56	73.30
4	6.76	14.69	87.99	6.76	14.69	87.99
5	4.28	9.30	97.29	4.28	9.30	97.29
6	1.25	2.71	100.00	1.25	2.71	100.00

在研究选取的4个主成分中，前两种主成分对黄酒香气信息总量的贡献率超过50%，有必要重点研究。为了使各成分的变量更加集中，使用Varimax最大方差法旋转，经过3次迭代收敛，旋转后做因子载荷图，分别以第一主成分和第二主成分为横、纵轴坐标，得到主成分图。

由图15-3可以看出，不加曲酿造的原酒和不加曲酿造的后添加11%曲浸泡的原酒相关性较大，加曲量为11%和25%酿造的原酒相关性较大，但是加曲量为15%酿造的原酒的成分含量与其他方式酿造的原酒差别较大，不加曲酿造后添加15%和25%的曲量浸泡后的原酒相关性较大。加曲量为15%酿造的原酒与己酸、庚酸、4-乙烯基愈创木酚、丙酸乙酯、丁酸乙酯和辛酸等香气化合物相关性较大。而加曲量为15%和25%对原酒进行浸泡实验所得原酒的香气与萘、苯酚、2,6-二甲基吡嗪、2,5-二甲基吡嗪、3-甲硫基丙醇和乙酰基苯等香气化合物相关性较大。不加曲酿造的原酒和加曲11%和25%酿造的原酒，以及加曲11%浸泡后的原酒香气与2-甲基丙酸、乙酸异戊酯、戊醇、乙酸、乙酸苯乙酯、1-辛烯-3-醇、乙酸乙酯、愈创木酚、苯甲醛和2-乙酰基呋喃等香气化合物相关性较大。

不加曲酿造的原酒醇类化合物总量明显低于加曲15%酿造的原酒，但是与加曲浸泡的原酒中醇类化合物总量相差不大。加曲酿造的原酒和加曲浸泡的原酒其酯类化合物的总含量明显高于不加曲酿造的原酒，但是其酸性化合物总量却是明显低于不加曲酿造的原酒。不加曲酿造的原酒芳香族化合物含量普遍低于加曲酿造的原酒，但是高于加曲浸

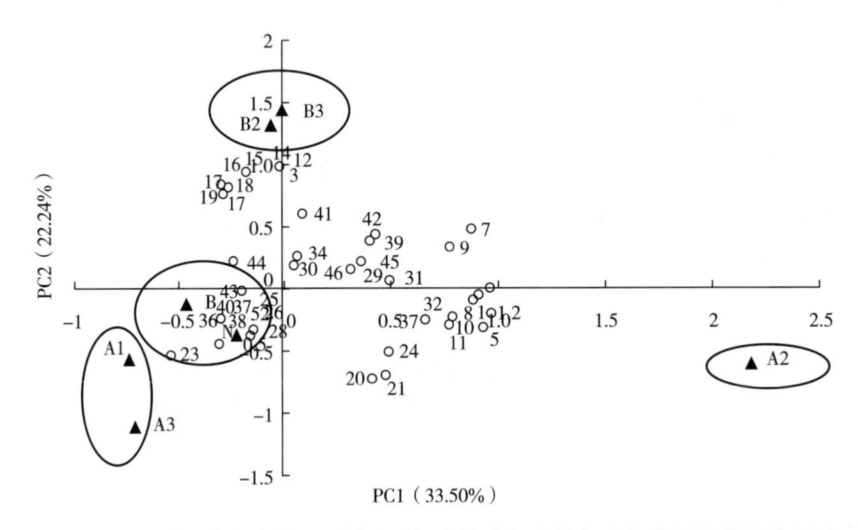

图 15-3　不同酿造方式的原酒样品及挥发性香气成分主成分分析得分的散点图

1—己酸；2—庚酸；3—4-乙烯基愈创木酚；4—丙酸乙酯；5—丁酸乙酯；6—丙醇；7—2-甲基丙酸乙酯；8—3-甲基丁醇；9—辛酸乙酯；10—辛酸；11—戊酸乙酯；12—萘；13—苯酚；14—2,6-二甲基吡嗪；15—2,5-二甲基吡嗪；16—3-甲基丁酸；17—3-甲硫基丙醇；18—乙酰基苯；19—苯甲酸乙酯；20—苯乙醇；21—苯甲醇；22—丁酸；23—2-甲基丙酸；24—γ-壬内酯；25—乙酸异戊酯；26—戊醇；27—乙酸；28—乙酸苯乙酯；29—2-甲基丙醇；30—苯乙醛；31—糠醇；32—己酸乙酯；33—1-辛烯-3-醇；34—己醇；35—乙酸乙酯；36—愈创木酚；37—苯丙酸乙酯；38—苯甲醛；39—二甲基三硫；40—丁二酸二乙酯；41—2-乙酰基吡咯；42—苯乙酸乙酯；43—2-乙酰基呋喃；44—2-甲基丁醇；45—丁醇；46—庚醇。

注：N—采用不添加麦曲酿造的原酒；A1—加曲量为 11%酿造的原酒；A2—加曲量为 15%酿造的原酒；A3—加曲量为 25%酿造的原酒；B1—不加曲酿造的原酒添加 11%麦曲浸泡 15d 的原酒；B2—不加曲酿造的原酒添加 15%麦曲浸泡 15d 的原酒；B3—不加曲酿造的原酒添加 25%麦曲浸泡 15d 的原酒。

泡的原酒。酚类化合物只是在加曲酿造的原酒和加曲浸泡的原酒中检测到，可以推测其是由曲中的微生物代谢而来的。不加曲酿造的原酒中呋喃类化合物含量明显高于其他原酒。加曲 15%和 25%酿造的原酒中内酯含量与不加曲酿造原酒相差不大，但是与其他酒差别明显。加曲浸泡的原酒中硫化物和含氮化合物含量明显高于不加曲或者加曲酿造的原酒。

为了更好地区分不同酿造工艺的原酒样品，采用了逐步判别分析（SLDA），对其挥发性香气化合物的定量数据进行了分析。由图 15-4 可以发现，不同工艺酿造的原酒可以很好地被分为四类：第一类由加曲 15%酿造的原酒构成，第二类由不加曲酿造的原酒和加曲 11%浸泡的原酒构成，第三类由加曲 11%和 25%酿造的原酒构成，第四类由加曲 15%和 25%浸泡的原酒构成。该结果与对原酒挥发性香气成分主成分分析的结果十分吻合。由此可以发现，在原酒的酿造过程中曲的添加量多少对原酒挥发性香气化合物的影响较为明显，特别是加曲酿造的原酒和加曲浸泡后的原酒，其挥发性香气成分的差别比较明显。而无论加曲酿造的原酒或者是加曲浸泡的原酒中，均能检测到微量的酚类化合物，其硫化合物的含量也明显高于不加曲酿造的原酒，因此可以推测这两类化合物主要是麦曲中的微生物代谢产物。

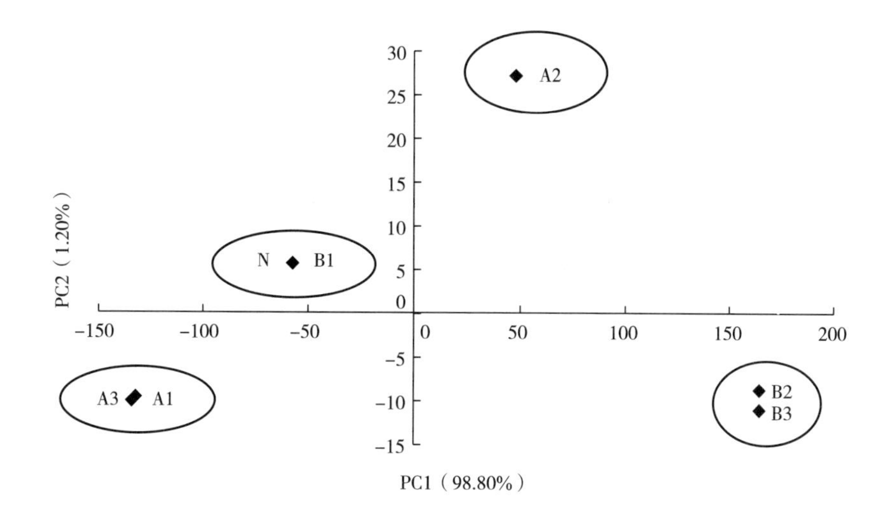

图 15-4 不同酿造工艺原酒挥发性香气成分判别分析结果

注：N—采用不添加麦曲酿造的原酒；A1—加曲量为 11%酿造的原酒；A2—加曲量为 15%酿造的原酒；A3—加曲量为 25%酿造的原酒；B1—不加曲酿造的原酒添加 11%麦曲浸泡 15d 的原酒；B2—不加曲酿造的原酒添加 15%麦曲浸泡 15d 的原酒；B3—不加曲酿造的原酒添加 25%麦曲浸泡 15d 的原酒。

15.4 老熟过程中黄酒重要指标变化

通过对不同年份产黄酒老熟时间与指标的研究发现，锌、锰、铜、铝和醇类与老熟的关系明显[20]。

参考文献

[1] 李益圩，王冀平，孙力．绍兴加饭酒的香气成分分析［J］．分析测试学报，1990，(5)：27-34.

[2] 张笑麟，沭晨．黄酒酒脚的沉出过程对酒中风味物质——乙酸乙酯含量的影响［J］．浙江工学院学报，1990，(2)：73-80.

[3] 鲍忠定，许荣年．黄酒香气成分的分析［J］．酿酒科技，1999，(5)：66-67.

[4] 栾金水．黄酒中风味物质的研究［J］．中国酿造，2002，(6)：21-24.

[5] 殷德荣．毛细管气相色谱法测定绍兴黄酒中挥发性物质［J］．中国卫生检验杂志，2006，16(8)：930-931.

[6] Luo T, Fan W, Xu Y. Characterization of volatile and semi-volatile compounds in Chinese rice wines by headspace solid phase microextraction followed by gas chromatography-mass spectrometry [J]. J Inst Brew, 2008, 114 (2): 172-179.

[7] 罗涛，范文来，徐岩．中国黄酒中挥发性和不挥发性物质的研究现状与展望［J］．酿酒，2007，34 (1)：44-48.

[8] 李家寿．黄酒色、香、味成分来源浅析［J］．酿酒科技，2001，(3)：48-50.

[9] Fan W, Qian M C. Characterization of aroma compounds of Chinese " Wuliangye" and " Jiannanchun" liquors by aroma extract dilution analysis [J]. J Agric Food Chem, 2006, 54 (7): 2695-2704.

[10] Fan W, Qian M C. Headspace solid phase microextraction and gas chromatography-olfactometry dilution analysis of young and aged Chinese " Yanghe Daqu" liquors [J]. J Agri Food Chem, 2005, 53 (20): 7931-7938.

[11] Takahashi M, Isogai A, Utsunomiya H, et al. GC-Olfactometry analysis of the aroma components in sake *koji* [J]. J Brew Soc Jpn, 2006, 101 (12): 957-963.

[12] Hernández-Orte P, Cersosimo M, Loscos N, et al. The development of varietal aroma from non-floral grapes by yeasts of different genera [J]. Food Chem, 2007, doi: 10. 1016/j. foodchem. 2007. 09. 032.

[13] Gomez-Miguez M J, Cacho J F, Ferreira V, et al. Volatile components of Zalema white wines [J]. Food Chemistry, 2007, 100 (4): 1464-1473.

[14] 傅金泉. 黄酒生产技术 [M]. 北京: 化学工业出版社, 2005.

[15] 莫新良, 徐岩, 罗涛, 等. 黄酒麦曲中挥发性香气化合物的研究 [J]. 中国酿造, 2009, 208 (7): 23-27.

[16] 罗涛, 范文来, 徐岩, 等. 我国江浙沪黄酒中特征挥发性物质香气活力研究 [J]. 中国酿造, 2009, 203 (2): 14-19.

[17] Chuenchomrat P, Assavanig A, Lertsiri S. Volatile flavour compounds analysis of solid state fermented Thai rice wine (*Ou*) [J]. ScienceAsia, 2008, 34: 199-206.

[18] 罗涛, 范文来, 郭翔, 等. 顶空固相微萃取 (HS-SPME) 和气相色谱-质谱 (GC-MS) 联用分析黄酒中挥发性和半挥发性微量成分 [J]. 酿酒科技, 2007, 156 (6): 121-124.

[19] Mo X, Fan W, Xu Y. Changes in volatile compounds of Chinese rice wine wheat qu during fermentation and storage [J]. J Inst Brew, 2009, 115 (4): 300-307.

[20] Shen F, Li F, Liu D, et al. Ageing status characterization of Chinese rice wines using chemical descriptors combined with multivariate data analysis [J]. Food Control, 2012, 25 (2): 458-463.

16 葡萄酒风味物质及风味前体物质

葡萄酒酿制已经有数千年历史，据记载大约公元7000年前出现于格鲁吉亚[1]。从公元前4000年始，近东地区（Near East）已经用葡萄来生产葡萄酒。如埃及是从公元前2500年开始生产葡萄酒。葡萄酒经由希腊帝国（Greek Empire）从黑海（Black Sea）传播到西班牙（Spain），再由罗马帝国（Roman）传播到德国（Germany），由哥伦布（Columbus）传播到新世界（New World）。葡萄酒约在公元前3000年出现在古埃及象形文字记载中，约在公元前2100年出现葡萄酒作为“药”的记载。公元前1766—公元前1122年，我国商朝开始将葡萄酒①用作奠酒仪式（libational ritual），到了公元前1122—公元前222年，周朝（Chou Dynasty）已经用于祭祀仪式（sacrificial ritual）[1]。

目前，用于葡萄酒生产的葡萄品种十分繁多，达5000种。欧洲常用葡萄品种是欧洲葡萄（*V. vinifera*），北美则是美洲葡萄（*V. labrusca*），或欧洲葡萄与美洲葡萄或其他品种的杂交品种，以法国与美国葡萄杂交品种为主[2]。

葡萄酒是世界上第一大果酒，其原料葡萄也为世界四大水果之一。1985年以前，葡萄产量和种植面积在水果生产中列世界第一。1985年至今，葡萄产量位居柑橘之后，列第二，但种植面积仍为水果之首。

在我国GB/T 17204—2021《饮料酒术语和分类》中，将葡萄酒定义为“以葡萄或葡萄汁为原料，经全部或部分酒精发酵酿制而成的，含有一定酒精度的发酵酒。”按我国标准，葡萄酒有以下几种分类方法：

一是按含糖量分类：

干葡萄酒（dry wines）：总糖小于或等于4.0g/L的葡萄糖，或者总酸与总糖的差值小于或等于2.0g/L时，总糖量最高为9.0g/L的葡萄酒。

半干葡萄酒（semi-dry wines）：总糖大于干葡萄酒，最高为12.0g/L的葡萄酒。或者总酸与总糖的差值小于或等于10.0g/L时，总糖最高为18.0g/L的葡萄酒。

半甜葡萄酒（semi-sweet wines）：总糖大于半干葡萄酒，最高为45.0g/L的葡萄酒。

甜葡萄酒（sweet wines）：总糖大于45.0g/L的葡萄酒。

二是按含二氧化碳含量（以压力表示）分类：

平静葡萄酒（still wines）：在20℃时，二氧化碳压力小于0.05MPa的葡萄酒。

起泡葡萄酒（sparkling wines）：在20℃时，二氧化碳压力大于或等于0.05MPa的葡

---

① 笔者认为，参考文献［1］的博士论文中的“wine”应该是指我国的“米酒”。但该论文提到“wine”时，一会儿加“chiu”，即酒，一会儿不加；另外，在该论文中又认为周朝时的酒是指“wine”。

萄酒。

高泡葡萄酒（high-sparkling wines）：在20℃时，二氧化碳（全部自然发酵产生）压力大于等于0.35MPa（相当于容量小于250mL的瓶子二氧化碳压力大于等于0.3 MPa）的起泡葡萄酒。

低泡葡萄酒（semi-sparkling wines）：在20℃时，二氧化碳（全部自然发酵产生）压力在0.05~0.34 MPa的起泡葡萄酒。

葡萄酒不同于其他工业产品，而是一种自然产品，它的质量和风格首先决定于葡萄产区的气候条件（如光、热、水、气，即微气候的影响）和土壤营养元素等自然生态因素，谓之“风土（terroir，法语）”[3]；其次才是与自然条件相适应的品种、栽培、酿造等人为因素。葡萄酒生产的任务就是通过合理的酿造工艺、设备将葡萄中有用成分尽量经济完美地在葡萄酒的质量和风格中体现出来，这就使葡萄酒产业资源配置受到了生态约束[4]。

葡萄中芳香物质是构成葡萄和葡萄酒品质的主要成分，在葡萄酒风格个性和质量方面起着重要作用。通常认为在工艺条件先进的前提下，葡萄品种的潜在品质对葡萄酒的质量具有决定性作用。只有在气候、土壤等适宜的生态条件下，才能使优良葡萄品种所应有的潜在品质得到充分发挥。气候因素通过葡萄浆果的品质对葡萄酒的类型和质量起到了主导作用，土壤质地等因素决定葡萄酒的特征和风格。

葡萄酒的风味（风味成分）主要来源于三个方面：一是来源于葡萄，谓之“品种香（varietal aromas）”或“一类香气（primary aromas）”。该类香气存在于葡萄中，并从葡萄直接转移到葡萄酒中，在发酵过程中依然存在，不受葡萄酒发酵过程的影响；或在发酵过程中从前驱物转化而产生；这类香气化合物主要是葡萄中的萜烯类化合物，特别是麝香葡萄[5-6]或其他芳香葡萄[7]，少量存在于如雷司令等其他葡萄品种中[6]。如在葡萄和葡萄酒中共发现了50种萜烯类化合物，其中46种存在于葡萄中，30种存在于葡萄酒中[5]。再如3-异丁基-2-甲氧基吡嗪主要存在于赤霞珠葡萄中，后迁移至葡萄酒中[6-7]。然而，更多的葡萄并没有特征香气，而是含有不挥发性的香气前驱物，如不饱和脂肪、酚酸、类胡萝卜素、*S*-半胱氨酸共轭物（*S*-cysteine conjugates）、糖共轭物（glycoconjugates）和*S*-甲基蛋氨酸[7]，它们通常是由植物基因控制的次级代谢产物，受到“风土”的影响，如环境、土壤、气候、葡萄栽培等。二是“发酵香”或“二类香气（secondary aromas），来源于发酵过程，主要是酵母作用的产物，如酒精等醇类化合物，这类化合物大量存在于葡萄酒中，也包括葡萄压榨（crushing grapes）时酶作用产生的化合物（有的文献作为另一类香气单独列出）[5]，如己醛等[6]。三是“老熟香”或“三类香气（tertiary aromas）”，来源于葡萄酒的陈酿与老熟，包括在桶中老熟和在瓶中老熟[5-6]。

16.1 葡萄和葡萄酒基本成分

葡萄的成分十分重要，它决定着葡萄酒的质量。葡萄中的许多成分被葡萄汁带到酒中，另外的一些成分在经历了一系列反应后形成有特色的成分进入酒中。

通常情况下，葡萄含汁量约80%，含果皮8%、种籽（seeds）4.5%、果肉（pulp）

4.5%和果梗（stems）3%。果皮、种子、果肉和果梗统称为“果渣（pomace）”。

葡萄和葡萄酒的化学成分如表16-1所示。表中给出的成分的浓度与它们的重要性并没有直接的关系。例如，维生素的含量极低，甚至在表中并没有给出，但它们对酵母的生长、发酵有着非常重要的影响。

表16-1　　葡萄汁和葡萄酒的基本化学成分　　单位:%

成　分	葡萄汁	干葡萄酒	成　分	葡萄汁	干葡萄酒
水	79	85	含硫的酸	0	0.02
碳水化合物总量	21	0.2	酒石酸	0.6~1.2	0.5~1.0
果糖	11	0.01	酚类	0	100~2500mg/L
葡萄糖	10	0.06	简单的酚	0	6~150mg/L
果胶质	0.06	0.2（以半乳糖醛酸计）	水溶性单宁	0	tr.（红葡萄酒和霞多丽）
戊糖	0.1	0.1	缩合单宁	0	50~800mg/L
醇类	—	—	花青素类	0	0~1000mg/L
酒精	tr.	11%~13%	含氮化合物	0.12	0.03
丙三醇	0	10mg/L（红），7mg/L（白）	氨基氮	0.07	0.1
高级醇	0	0.02~0.04	铵态氮	0.006	0.03
甲醇	0	0.01~0.02	蛋白质类氮	0.005	0.01
醛类	tr.	0.01	矿物质（灰分）	0.4	0.3
有机酸类	0.8	0.7	钙	0.015	0.004~0.01
乙酸	0.01	0.03~0.07	氯化物	0.01	0.005~0.02
氨基酸总量	0.04	0.1~0.25	镁	0.015	0.004~0.012
柠檬酸	0.02	0.02	磷	0.03	0.0025~0.085
乳酸	0	0.03~0.5	钾	0.2	0.06~0.12
苹果酸	0.1~0.8	0.0~0.6	钠	tr.	0.004
琥珀酸	0	0.1	硫酸盐	0.02	0.07~0.3

注：tr.：痕量。

葡萄酒基本风味来源于糖、酸、酚类化合物和酒精的平衡，但葡萄酒的特征风味却是由其挥发性风味化合物决定的。在葡萄酒中已经鉴定的挥发性化合物已经超过1000种，所有这些化合物都是低浓度或是痕量的（<1g/L），这些成分包括杂醇油、挥发性酸和脂肪酸酯；微量成分是指羰基化合物、挥发性酚、内酯类、萜烯类和烃类及其衍生物、挥发性硫化物和含氮化合物。它们含量虽然小，但显著贡献品种香和独特的感官特征，可以用来区分葡萄酒[8]。葡萄酒老酒香气（aged bouquet）来自于瓶贮[8]。

16.1.1 醇类

乙醇是葡萄酒中除水外，含量最高的成分，通常的含量在9%~14%［此类酒通常称为餐桌葡萄酒（table wines）］，一些德国产的人工贵腐葡萄酒（botrytized wines）酒精度会低至7.5%vol，而另外一些红葡萄酒和餐后白葡萄酒（dessert white wines）的酒精度可高达17%~22%vol[3,8]。酒精度会影响到葡萄酒中挥发性香气的挥发性程度[9]，以及酸和酚类化合物的口感强度[10]。

葡萄酒中酒精含量的高低主要与葡萄的糖含量、酵母菌株以及发酵工艺有关。

葡萄酒中含有少量的甲醇，其含量一般在0.1~0.2g/L[8]，主要来源于葡萄汁中的果胶。

其他的醇主要是高级醇（超过2个碳原子的醇），它们通常是酵母氨基酸代谢的副产物。这类醇主要是异戊醇和异丁醇，约占整个风味化合物总量的50%[8]。另外，还会存在来自于葡萄或叶己醛类（leaf hexanals）和病果（diseased fruit）的高级醇。这些醇主要包括呈蔬菜/植物气味（vegetal/herbaceous odor）的己醇类（hexanols）和霉菌代谢的呈蘑菇香的1-辛烯-3-醇。芳香类的2-苯乙醇或者来自葡萄或者来自酵母代谢，呈玫瑰花香。

多元醇（polyols）中含量最高的是甘油，通常情况下，其浓度仅次于酒精，红葡萄酒中含有约10mg/L，白葡萄酒中含量约7mg/L[8]。此含量对葡萄酒的感官风味几乎没有影响，而对黏度的影响需达到26mg/L以上[11]，极少的葡萄酒可达到此浓度。

16.1.2 碳水化合物

碳水化合物的分子通式是：$C_m(H_2O)_n$，糖属于碳水化合物。葡萄的组成中含有10种单糖。通常它们的碳原子数不会超过7。

葡萄汁中两个最重要的六碳糖是葡萄糖和果糖。它们赋予果汁甜味，并被酵母发酵成酒精。另外，少量的戊糖和果胶质（半乳糖醛酸的聚合物）也已经在果汁中检测到。研究发现，葡萄汁中可溶性固形物（soluble solids）浓度为20~26°Bx时，其相应葡萄酒的酒精度在12%~15.5%[12]。

葡萄酒中主要的糖是葡萄糖和果糖，其含量较接近。干型葡萄酒中，糖含量通常低于1.5g/L。此浓度下，不能产生可感觉到的甜味。通常在2g/L时可感觉到甜味。在干型葡萄酒中有时会感觉到甜味[8]，是嗅觉幻觉（olfactory illusion）引起的，它产生自大脑的眼窝前额皮质（orbitofrontal cortex），是由记忆中先前闻到的果香和甜香产生的幻觉[8]。典型甜葡萄酒糖含量一般要超过10%。

传统的分类中，按葡萄酒的含糖量分为：（1）干葡萄酒含糖量低于4g/L；（2）半干葡萄酒含糖量在4~12g/L；（3）半甜葡萄酒含糖量在12~45g/L；（4）甜葡萄酒含糖量>45g/L。

除葡萄糖和果糖外，葡萄酒中其他的糖包括阿拉伯糖、鼠李糖、核糖、甘露糖、半乳糖和木糖等[13]，它们对口感几乎没有影响，也不会影响到微生物的代谢。

葡萄酒中还含有葡萄糖醛酸、木糖醇等糖酸和糖醇，以及结合态的糖和大量的寡糖[13]。

研究发现，从葡萄酒中分离出的中性和酸性多糖（acidic polysaccharide，即鼠李半乳糖醛酸聚糖组分Ⅱ）能增加葡萄酒的丰满（fullness）口感；鼠李半乳糖醛酸聚糖

(rhamnogalacturonan) 组分 II 能显著降低模拟葡萄酒涩味，而中性多糖组分的影响则小得多[14]。

16.1.3 有机酸

酸类赋予葡萄汁和葡萄酒酸味；起缓冲作用，维持其 pH 在 3.2~3.6，增加葡萄酒的抗菌性能；能减少甜葡萄酒中糖的甜味感觉；有助于老熟的化学反应；增强颜色的稳定性和强度[8]。

葡萄中三种重要的有机酸是：L-(-)-苹果酸［L-(-)-malic acid］、L-(+)-酒石酸［L-(+)-tartaric acid］和柠檬酸[15-16]。在温暖气候中，葡萄成熟时会消耗比较多的苹果酸；而在寒冷的气候中，并不存在这一现象，因而葡萄酒要经历苹乳酸发酵（MLF）[8]。在此过程中，葡萄酒中残留的苹果酸转化为乳酸，从而降低酸感。酒石酸在葡萄外的其他水果中基本检测不到，而苹果酸和柠檬酸广泛存在于所有水果中。葡萄酒中的第四种酸是琥珀酸，它是酵母代谢的产物，在葡萄酒中能检测到，但未在葡萄中发现。除了这四种酸外，葡萄酒中的不挥发性酸还有富马酸、丙酮酸、α-酮戊二酸、乳酸和乙酸等[17]。

葡萄中的酸含量从小于 5g/L（过熟的）到超过 10g/L（来源于寒冷地区的早季节葡萄，通常用于生产起泡葡萄酒），干葡萄酒中酸含量通常在 6~8g/L[16]。

葡萄中的有机酸对葡萄风味有正面也有负面影响，这与酸的浓度、种类以及葡萄的类型有关。这些有机酸对葡萄酒酿造的影响主要表现为：（1）微生物的生存与生长；（2）抗氧化、抗菌化合物（antimicrobial compounds）以及酶添加的效力；（3）蛋白质与酒石酸盐（tartrate salt）的溶解性；（4）膨润土（bentonite）处理的效力；（5）色素的聚合作用；（6）氧化与褐变反应；（7）某些类型葡萄酒的新鲜度[15]。

葡萄酒的挥发性酸浓度为 500~1000mg/L，占总酸的 10%~15%。在挥发性酸中，乙酸含量最高，占 90%左右[18]，其余的挥发性有机酸主要是丙酸和己酸。乙酸是葡萄酒中特别重要的一种酸，最佳浓度以 0.2~0.7g/L 为佳[15]。酿酒酵母（*S. cerevisiae*）产乙酸，从 100mg/L 到 2g/L 不等[18]。

葡萄酒中大部分酸是无嗅的，但还有一类酸，主要是酵母和细菌代谢产生，这类酸通常是挥发性的，既有酸味的口感，也呈现一定的风味。其中最重要的是乙酸，通常情况下，乙酸浓度<300mg/L[8]，能增加葡萄酒的复杂性。≥300mg/L 时，产生不愉快的酸味并产生醋的气味。乙酸可以与酒精自发反应生成乙酸乙酯。

葡萄酒酸度与有机酸的类型、浓度、解离度（dissociation）、滴定酸度（titratable acidity）和 pH 有关。酸的平衡十分重要，不平衡时，要对酸度进行调整。

高 pH 的葡萄酒可以采用生物酸化（bio-acidification）的方法增酸。来源于干酪乳杆菌（*Lac. casei*）、米根霉（*R. oryzae*）和牛肉（bovine muscle）的乳酸脱氢酶（lactic-dehydrogenase，LDH）编码的基因分别被表达到酿酒酵母中，可以用于葡萄酒的增酸[19-20]。多达 20%的葡萄糖可以转化为乳酸[19]。

16.1.4 酚类化合物

酚类化合物是一大类含有至少一个酚基的化合物。这些化合物在葡萄和葡萄酒中多产生涩味和/或苦味，同时也赋予葡萄酒颜色与气味。红葡萄酒中通常含有 1200~

1800mg/L 总多酚（以没食子酸计），是白葡萄酒中含量的 6~9 倍[21]。

葡萄和葡萄酒中有六个主要酚类化合物：儿茶素类、原花色素多聚物、花青素（花色素苷）、黄酮醇类、羟基肉桂酸酯类和羟基苯甲酸酯类[6, 22]。

酚类是红葡萄酒与白葡萄酒的重要区别之一。简单的酚类化合物——羟基肉桂酸类化合物和羟基苯甲酸类化合物，它们是非类黄酮类（non-flavonoids）化合物，因其存在于果肉中且具有水溶性，因而在红葡萄酒和白葡萄酒中均有发现。羟基肉桂酸类是白葡萄酒中的主要酚类，呈现颜色，其他的酚类如香兰素、乙烯基苯酚和没食子酸等呈现香气。在红葡萄酒中，色素主要来源于花色素苷色素及其衍生物。单聚体色素是新产红葡萄酒的主要色素，但在葡萄酒贮存时下降，与黄烷-3-醇类（flavan-3-ols）和原花色素发生化学修饰与缩合反应，这些反应形成更加稳定的色素——多聚体色素等。红葡萄酒比白葡萄酒含有 10 倍高的黄烷-3-醇单体（儿茶素类），贡献红葡萄酒苦味，可能贡献涩味[21]。

葡萄酒中主要的类黄酮类（flavonoids）是花青素、儿茶素类（黄烷-3-醇类）以及它们的聚合物单宁。花青素广泛存在于红葡萄外皮，提供了葡萄酒独特的颜色[8]，而儿茶素类和缩合单宁（condensed tannins，或称非水解型单宁）主要存在于所有葡萄种皮（seed coats）和葡萄皮中。通常情况下，浸皮发酵（maceration）时，仅仅儿茶素类和它们的二聚体、寡聚体能够浸出。在葡萄酒老熟时，儿茶素类与它们最小的聚合物原花青素（procyanidins）发生相互聚合或与花青素聚合，这会显著减少苦味，增加涩味[23]。单宁的抗氧化形式具有防腐功能，能促进葡萄酒颜色的稳定[8]。单宁是葡萄酒中苦味与涩味的主要来源，同时具有健康效益（health benefit）[8]。

水解单宁（hydrolyzable tannins）主要存在于经橡木贮存后的红、白葡萄酒中，这些单宁也有涩味，但易分解为五倍子酸和鞣花酸，会与葡萄糖形成复杂的酯。

葡萄汁和葡萄酒中检测到的类胡萝卜素类化合物主要是紫黄素（violaxanthin）、黄体黄质（luteoxanthin）和新黄素（neoxanthin）[24]。葡萄汁中 β-胡萝卜素（β-carotene）含量 454μg/kg，新黄素含量 69μg/kg，叶黄素含量 119μg/kg；而波特葡萄酒中 β-胡萝卜素含量仅有 118μg/kg，叶黄素含量 29μg/kg，紫黄素含量 159μg/kg[24]。显然 β-胡萝卜素和叶黄素在强化葡萄酒中含量低于葡萄汁中。

挥发性的酚类会影响葡萄酒的香气。除了邻氨基苯甲酸甲酯［methyl anthranilate，北美本地葡萄的狐臭气味（foxy）］是某些美洲葡萄的品种香外[25]，其他极少产生品种香。相反地，来源于橡木桶的挥发性酚类如香兰素和丁香酚对感官香气影响相当大。香草醛的气味主要来源于香兰素和丁香醛。另外，羟基肉桂酸衍生物可以被腐败酵母代谢，产生乙基苯酚类，是不愉快气味如动物臭、牲畜臭的（barnyardy）等异嗅的主要来源。

发现于软木塞或木头产品中的卤代苯酚类（halogenated phenols）通常是葡萄酒的异嗅成分。一些霉菌可以代谢这类化合物产生高度挥发性的卤代茴香醚类（halogenated anisoles）。这些化合物溶解到葡萄酒中，含量是纳克每升（ng/L）级。2,4,6-三氯茴香醚（2,4,6-trichloroanisole）来源于氯苯酚类（chlorophenols），是葡萄酒中的主要霉味源[26]。另一个类似的恶臭物是 2,4,6-三溴茴香醚（2,4,6-tribromoanisole），它是霉菌代谢木头防腐剂 2,4,6-三溴苯酚（2,4,6-tribromophenol）而产生的，该化合物是防火环氧树脂（fire-retardant epoxy resin）的成分[27]。

葡萄中的酚酸通常以结合态存在。如羰基肉桂酸类绝大部分以与酒石酸结合的酯类存在，肉桂酸中的双键更喜欢以（*E*）-型构象存在[28]。葡萄中最丰富的羟基肉桂酸类酒石酸酯是咖啡奎尼酸（咖啡酸的酯，<800mg/kg）、香豆酰基酒石酸（香豆酸的酯，<300mg/kg）、单阿魏酰酒石酸酯（阿魏酸的酯，<60mg/kg）。这些化合物主要存在于葡萄浆果的固体部分，它们的含量随着葡萄的成熟会下降[29]。

葡萄及葡萄酒中的白藜芦醇、槲皮素和儿茶素具有生理活性，它们在赤霞珠、西拉和黑比诺中的含量如表 16-2 所示。

表 16-2　不同国家赤霞珠、西拉和黑比诺中白藜芦醇、槲皮素和儿茶素浓度

葡萄品种	国家/地区	白藜芦醇浓度/(mg/L)	槲皮素浓度/(mg/L)	儿茶素浓度/(mg/L)
赤霞珠	澳大利亚	1.9± 0.13	9.2± 1.0	32± 4.4
	匈牙利	2.8± 2.4	5.6± 4.3	81.8± 47.3
	美国加利福尼亚	3.2± 0.8	7.0± 0.6	43.0 ± 2.6
西拉	澳大利亚	2.64 ± 0.42	10.8± 1.2	22.0± 3.2
	匈牙利	1.1± 0.2	13.4± 1.8	68.2± 5.4
	美国加利福尼亚	—	5.8± 0.9	26.0± 3.2
黑比诺	澳大利亚	7.58± 1.66	1.8± 0.6	75.0± 10.2
	匈牙利	3.2± 0.5	7.5± 2.0	103.0± 46.4
	美国加利福尼亚	16.0± 1.2	5.0± 0.8	119.0± 7.6

葡萄汁和葡萄酒中白藜芦醇的含量见表 16-3 所示。

表 16-3　葡萄汁和葡萄酒中白藜芦醇的含量[30-31]

酒类或葡萄汁	总白藜芦醇浓度/(mg/L)
葡萄酒（全球）	1.98~7.13
红葡萄酒（西班牙）	1.92~12.59
红葡萄汁（西班牙）	1.14~8.69
玫瑰红葡萄酒（西班牙）	0.43~3.52
黑比诺	0.40~2.0
白葡萄酒（西班牙）	0.05~1.80

16.1.5　酯类

葡萄酒中的酯可以分为三类：乙酸酯（基于乙酸和高级醇的反应产物），如乙酸乙酯、乙酸异丁酯、乙酸-2-甲基丁酸乙酯、乙酸-3-甲基丁酸乙酯、乙酸己酯、乙酸-2-苯乙酯，酒精和挥发性脂肪酸产生的乙酯，以及酒精与非挥发性有机酸产生的乙酯。

葡萄酒中乙酸酯比乙酯感官感觉更加明显，如乙酸异戊酯、乙酸异丁酯和乙酸苄酯贡献了新鲜白葡萄酒的水果香[32]。一些乙酯，如丁酸乙酯和己酸乙酯也贡献了新鲜葡萄酒的水果香。相反地，不挥发性有机酸的乙酯积累较慢，它们是非酶、后酵产生的。但由于挥发性低、气味微弱，因而对香气的影响不大。不同酯的感官协同作用决定了整体的感官特征，酯混合的气味强度高于单个酯[32]。

来源于发酵产生的酯（fermentation-derived esters）是大量的，且与葡萄酒的水果香相关，在新产红葡萄酒和白葡萄酒感官感觉上起着重要作用[16]，这些酯主要与发酵温度和酵母菌种有关。

虽然葡萄酒的 pH 有利于老熟过程中酯的水解，但发酵来源的主要酯在老熟 1~2 年的酒中仍然以高浓度（高于其阈值）存在[33]。

葡萄酒中乙酸乙酯或许是一个质量缺陷，在气味阈值（50mg/L）以下时，乙酸乙酯可能会增加葡萄酒风味的复杂度。但当其含量超过 150mg/L 时，通常是污染乙酸菌的指示剂[8]。

16.1.6 羰基化合物

葡萄酒中最重要的羰基化合物是乙醛，它能产生氧化气味（oxidized odor），主要表现在雪利酒（sherry）中。它在餐桌葡萄酒中的显著贡献是保持颜色的稳定性。通过与花青素和原花青素反应，促进它们的聚合，结果增强了红色花青素发色团抵抗氧化褐变的能力。

己醛类和己烯醛类，主要来源于相应的醇的代谢，它们贡献葡萄酒的青草/蔬菜/植物气味（grassy/vegetal/herbaceous odors）。

酮类化合物最重要的是双乙酰，即 2,3-丁二酮。在葡萄酒中，低浓度时，贡献黄油、坚果和吐司香（toasty）；高浓度时，产生似乳酸的异嗅[34]，与苹乳酸发酵有关。在被感染的葡萄中，真菌酮即 1-辛烯-3-酮，会在葡萄酒中产生蘑菇气味。

氧气在葡萄酒生产和老熟中扮演着重要的角色，强烈影响着成品葡萄酒的颜色和风味性能。“氧化作用（oxidation）”通常是葡萄酒的一个缺陷，可以发生在葡萄酒生产的不同阶段以及葡萄酒装瓶后的货架期。另外，氧也可以有意识地应用到葡萄酒的生产和贮存过程中，如雪利葡萄酒和波特葡萄酒（Port）的生产需要氧化[35]。

通过氧化，白葡萄酒的颜色可以变成暗黄（dark yellow）甚至棕色，而红葡萄酒也会逐渐褐变。起因于葡萄酒中的酚类，如花青素类、儿茶素类和表儿茶素类反应。除了对颜色的影响，还对葡萄酒风味有影响，即“氧化”气味。其描述词的应用比较复杂，如似蜂蜜（honey-like）、煮土豆（boiled potato）、纸板（cardboard）、煮蔬菜（cooked vegetable）、苹果酒（cider）、木香（woody）和饲料干草（hay-farm feed）等[35-37]。

葡萄酒氧化破败的关键异嗅物是蛋氨醛和 2-苯乙醛[38-39]。

通过比较不同老熟程度的白葡萄酒、红葡萄酒、强化葡萄酒（如雪利葡萄酒、波特葡萄酒）的（*E*）-2-烯醛［（*E*）-2-alkenals］、斯特雷克醛（Strecker aldehydes）和支链醛类（branched chained aldehydes）发现，氧化餐桌葡萄酒（oxidized table wine）含有高浓度的（*E*）-2-烯醛，而雪利葡萄酒含有大量的支链醛类[40]。

16.1.7 萜烯类

萜烯是植物中重要的、种类繁多的一类呈香化合物，也存在于葡萄中，著名的是麝香葡萄（Muscats）、雷司令（Riesling）和格乌查曼尼（Gewürztraminer）。萜烯积累于葡萄果皮和果肉中，因此存在于葡萄汁中。

葡萄中主要的萜烯是单萜、倍半萜和降异戊二烯类。在葡萄中检测到的单萜烯类化合物主要有：柠檬油精、里哪醇、乙酸薄荷酯、4-萜品醇、α-萜品醇、香芹酮、β-香茅醇、香叶醇、香叶基丙酮、香叶酸等[41-42]。

倍半萜烯类化合物有：α-衣兰烯、α-玽玐烯（α-copaene）、β-波旁烯、β-库毕烯（β-cubebene）、桧烯（junipene）、β-石竹烯、(-)-异喇叭烯、(+)-桉树烯、α-蛇麻烯、α-紫穗槐烯（α-amorphene）、大根香叶烯 D、衣品烯、瓦伦烯、2-异丙基-5-甲基-9-甲烯基-环［4.4.0］-1-癸烯（2-isopropyl-5-methyl-9-methylene-bicyclo［4.4.0］dec-1-ene）、α-金合欢烯、γ-依兰油烯、δ-杜松烯、γ-杜松烯等[41-42]。

二萜烯类检测到泪柏醚（manoyl oxide），三萜烯类（triterpenoid）化合物检测到角鲨烯。[41-42]

葡萄中最重要的挥发性萜烯是单萜。该类化合物几乎存在于所有的芳香葡萄品种中，如雷司令中单萜浓度不超过 4mg/kg。这就使得其香气的变化从花香和水果香到树脂样香气（resinous）和溶剂的气味。在单萜中，常见的是里哪醇、香叶醇、橙花醇、α-萜品醇和脱氢里哪醇[5]。单萜以游离态和结合态两种方式存在。结合态是单萜与葡萄糖以糖苷的形式存在[43]。结合态的单萜（glycosidic terpenes，bound terpenes）是不挥发的，因此不产生香气。在葡萄酒的酸性环境中，它们可以缓慢地水解。当葡萄酒老熟时，它们释放出香气。在这一过程中，这些单萜也可以转化成其他更复杂的挥发性化合物，如 TDN 和葡萄螺烷（vitispirane）[44]；还可能被氧化，但氧化并不改变其香气质量，仅仅增加气味阈值。

更加复杂的萜烯如倍半萜烯，或许与霉腐（musty）、土腥（earthy）等异嗅相关，也可能是重要的品种香。如莎草薁酮（rotundone），呈胡椒香，是西拉（Shiraz）和隆河（Rhône）葡萄的特征香气物[45-46]。

葡萄中类胡萝卜素的主要降解产物在一些葡萄酒中具有显著的感官特征，如β-大马酮、α-紫罗兰酮、β-紫罗兰酮、葡萄螺烷和 TDN。

一些葡萄具有特征香气，但并不是每种葡萄均有特征香气，这种香气称为品种香或果香（varietal aroma），通常在葡萄中是结合态的，以糖苷形式存在[8]。

葡萄酒中分离的花青素组分能增加葡萄酒的“丰满”口感，但统计学上差异并不显著。同时，这一组分能增加葡萄酒的涩味[14]。

16.1.8 内酯类

内酯对雷司令和麝香葡萄酒的品种香有贡献，但对绝大多数的葡萄酒品种香没有影响。然而，内酯会在日晒的葡萄（sunburned grapes）中产生葡萄干特征气味。索陀酮（sotolon，葫芦巴内酯）是人工贵腐葡萄酒和雪利酒的特征香气。

对绝大多数餐桌葡萄酒而言，感官感觉到的内酯来源于老熟过程的橡木桶，最重要的是橡木内酯（oak lactones）即β-甲基-γ-辛内酯（β-methyl-γ-octalactone）的异构体[47]和γ-壬内酯，前者呈橡木香，后者呈椰子香。

16.1.9 含氮化合物

葡萄和葡萄酒中含氮化合物有多种，如 DNA、酶、无机氮、蛋白质等，普遍存在的是氨基酸。研究人员用不同的检测方法将葡萄及葡萄酒中氮源分为：总氮、蛋白质氮、氨氮、氨基氮、腐殖质氮和磷钨酸氮（phosphotungstic acid nitrogen）[48]。

葡萄中游离氨基酸是最重要的氮源，提供酵母酒精发酵氮源，苹乳酸发酵中乳酸菌的氮源，也是芳香族化合物的来源。在一定情况下，某些氨基酸能产生不需要的成分，如氨基甲酸乙酯、生物胺、赭曲霉素 A（ochratoxin A，来源于苯丙氨酸）和β-咔啉（β-carboline，来源于色氨酸）[49-50]。

马卡贝奥（Macabeo）白葡萄汁中蛋白质氮含量为 7.2mg/L；沙雷洛（Xarel-lo）白葡萄汁中总氮含量 252.0mg/L，游离氨基酸氮含量 118.9mg/L，肽氮含量 118.2mg/L，蛋白质氮含量 10.8mg/L；帕雷亚达（Parellada）白葡萄汁中总氮含量 238.0mg/L，游离氨基酸氮含量 137.5mg/L，肽氮含量 108.9mg/L，蛋白质氮含量 9.7mg/L；霞多丽白葡萄汁中总氮含量 336.0mg/L，游离氨基酸氮含量 283.3mg/L，肽氮含量 162.2mg/L，蛋白质氮含量 10.5mg/L[51]。

马卡贝奥葡萄酒基酒总氮含量 129.0mg/L，游离氨基酸氮含量 42.7mg/L，肽氮含量 20.2mg/L，蛋白质氮含量 1.3mg/L；沙雷洛葡萄酒基酒中总氮含量 100.8mg/L，游离氨基酸氮含量 58.5mg/L，肽氮含量 57.6mg/L，蛋白质氮含量 1.7mg/L；帕雷亚达葡萄酒基酒中总氮含量 126.0mg/L，游离氨基酸氮含量 57.9mg/L，肽氮含量 14.5mg/L，蛋白质氮含量 1.4mg/L；霞多丽葡萄酒基酒中总氮含量 347.0mg/L，游离氨基酸氮含量 234.3mg/L，肽氮含量 41.5mg/L，蛋白质氮含量 2.6mg/L[51]。

马卡贝奥起泡葡萄酒总氮含量 112.0~123.2mg/L，游离氨基酸氮含量 39.0~57.8mg/L，肽氮含量 24.5~65.3mg/L，蛋白质氮含量 0.4~1.3mg/L；沙雷洛起泡葡萄酒总氮含量 112.0~128.8mg/L，游离氨基酸氮含量 53.9~63.4mg/L，肽氮含量 16.0~90.2mg/L，蛋白质氮含量 0.7~1.6mg/L；帕雷亚达起泡葡萄酒总氮含量 117.6~128.8mg/L，游离氨基酸氮含量 50.8~68.6mg/L，肽氮含量 17.9~44.8mg/L，蛋白质氮含量 0.6~1.4mg/L；霞多丽起泡葡萄酒总氮含量 313.6~319.2mg/L，游离氨基酸氮含量 204.7~231.6mg/L，肽氮含量 35.8~67.7mg/L，蛋白质氮含量 1.5~2.0mg/L[51]。

葡萄汁中大约含有 20 种游离氨基酸，占总氮含量的 28%~39%[52]。在葡萄成熟时，氨基酸含量增加，最高可达餐桌葡萄酒用葡萄总氮的 90%。在葡萄酒成熟时，70%的有机氮是氨基酸，3%是蛋白质，2%是多肽。

葡萄汁中肽含量 18mg/L[53]，葡萄汁中分子质量<5000u 的肽氮含量 108.9~162.2mg/L[51]；葡萄酒中肽含量 22~144mg/L[53]，葡萄酒基酒中分子质量>700u 的肽含量 14.5~48.5mg/L[51]。福洛葡萄酒（flor wine）中，分子质量 500~5000u 的肽氮含量分别为 124.4、16.3、24.5、32.3 和 59.5mg/L，分别对应于贮存老熟 0、5、8、10 和 15d 的葡萄酒[54]。

白葡萄酒中检测到的肽有：LIPPGVPY、YYAPFDGIL、YYAPF、SWSF、WVPSVY、AWPF、YYYAPFDGIL[55]；白葡萄酒中分子质量 200~3000u 的肽有：VGNAGNTGN、

KMNAMN、FK、YK、FRR、SKTSPY、IV、VI、IR[56]；红葡萄酒中检测到的肽有：VEIPE、YPIPF①[57]；香槟酒中分子质量<1000u的肽有：YQ（nd~0.295mg/L）、IV（0.615~1.627mg/L）、VI（0.250~0.802mg/L）、YK（0.311~3.067mg/L）、IR（2.242~7.005mg/L）、KY（nd~0.179mg/L）、RI（1.042~2.138mg/L）、KF（nd~0.325mg/L）[58]。研究发现，葡萄酒肽中主要的氨基酸是Asp和/或Asn、Glu和/或Gln、Gly和Pro[59]，后来又发现Ser和Ala也是葡萄酒肽中重要的氨基酸[60]。

葡萄酒中蛋白质含量仅30~269mg/L[61]，葡萄汁和葡萄酒中蛋白质分子质量在25~35ku[62]，大部分以糖蛋白形式存在[63]。这些糖蛋白主要来源于葡萄。另外一类蛋白质是酵母自溶（autolysis）产生的如甘露糖蛋白一类化合物[64]。

葡萄汁中许多酶仍有其催化活性（catalytic activity）。有两类酶是重要的，一类是果胶质酶（pectinases），它能水解果胶质，从而阻止葡萄酒的雾状浑浊；另一类是多酚氧化酶（phenol oxidases），它能引起葡萄汁的褐变反应，除非该酶被溶解的二氧化硫所抑制。

吡嗪类（pyrazines）是葡萄中存在较多的一类挥发性含氮化合物，呈天然植物香气和焙烤香。特别著名的是2-甲氧基-3-异丁基吡嗪及其相应的化合物，它们在赤霞珠（Cabernet sauvignon）、长相思（Sauvignon blank）和梅鹿辄（Merlot）葡萄的灯笼青椒香气方面具有重要作用。其浓度在8~20ng/L时，呈现令人愉快的香气，但超过这个值，会产生过熟的蔬菜/植物香气。而2-甲氧基-3,5-二甲基吡嗪与霉腐气味相关[65]。

16.1.10 含硫化合物

绝大多数还原性的含硫化合物被认为是异嗅，即使是在痕量（trace amount）时，仍然认为是恶臭（foul odor）。最著名的是乙硫醇（ethyl mercaptan）、甲硫醇（methyl mercaptan）和二甲基硫醚，它们产生于葡萄酒中强烈的还原条件（reducing condition）下。

有些硫醇是葡萄酒的品种香。4-巯基-4-甲基-戊-2-酮（4MMP）是葡萄酒中第一个发现的挥发性硫醇，其后又发现了3-巯基-己-1-醇（3MH）、乙酸-3-巯基己酯（3MHA）、4-巯基-4-甲基-2-戊醇（4M4MPOH）等。4-巯基-4-甲基-2-戊醇（4M4MPOH）和3-巯基己-1-醇（3MH），它们的气味分别令人联想到柑橘风味（citrus zest）、猫尿（cat urine）和葡萄柚。这两种化合物是长相思的品种香[66]，而前者是施埃博（Scheurebe）白葡萄酒的重要香气成分[67]。另外，4MMP和3MHA[68]，特别是苯甲硫醇（benzenemethanethiol）[69]贡献了长相思葡萄酒的黄杨（box-tree）品种香，即烟熏气味（smoky）。3MH是一些玫瑰葡萄酒的重要香气成分[70]。

3MH、3MHA、4MMP等化合物是葡萄的品种香。这些化合物最初被鉴定在水果中，如黑醋栗（black currant）、葡萄柚、百香果（passion fruit）、番石榴（guava）中，现在已经在欧洲葡萄（*V. vinifera*）许多不同种中发现。4MMP、3MH和3MHA对鸽笼白（Colombard）、雷司令、赛来雄（Semillon）、梅鹿辄和赤霞珠葡萄和葡萄酒的风味有重要影响[66, 70]。3MH和3MHA是手性化合物，其在不同葡萄中的比例如表16-4所示。

---

① 这二种肽是脯氨酰基内切酶抑制肽（prolyl endopeptidase inhibitory peptides）。

表 16-4　　3MH 和 3MHA 的两个异构体在干白葡萄酒中的分布[71]

年份葡萄酒	葡萄品种	3MH（*R*-型：*S*-型）	3MHA（*R*-型：*S*-型）
2002 年干葡萄酒	缩味浓 1（Sauvignon）	44：56	38：72
	缩味浓 2	45：55	ND
	缩味浓 3	42：58	ND
	赛来雄 1	41：59	28：72
	赛来雄 2	42：58	ND
	赛来雄 3	44：56	ND
2004 年干葡萄酒	缩味浓 1	45：55	30：70
	缩味浓 2	44：56	32：68
	赛来雄 1	49：52	28：72
2005 年干葡萄酒	缩味浓 1	51：49	ND
	缩味浓 2	57：43	ND
	缩味浓 3	55：45	27：73
	赛来雄 1	52：48	ND
	赛来雄 2	51：49	ND
	赛来雄 3	52：48	ND
2002 年甜葡萄酒	赛来雄 1	29：71	—
	赛来雄 2	32：68	—
2004 年甜葡萄酒	赛来雄 1	24：76	—
	赛来雄 2	34：66	—
2005 年甜葡萄酒	缩味浓	34：66	—
	赛来雄 1	33：67	—
	赛来雄 2	32：68	—

4MMP 和 3MH 本身并不存在于葡萄汁中，它们以无嗅的谷胱甘肽（glutathione）结合态存在[72]。

16.1.11　芳香族化合物

葡萄酒中含有大量芳香族化合物，主要呈花香和水果香。葡萄酒中似杏仁的气味来自于苯甲醛。

16.1.12　呋喃类化合物

葡萄酒中呋喃类化合物大部分来源于橡木桶贮存，其主要的呋喃化合物有糠醛、

5-甲基糠醛。葡萄酒中似焦糖的气味来自于糠醛。

16.1.13　维生素

维生素在葡萄中的含量极低。虽然葡萄中的维生素 C 的含量并不高，但有些维生素的含量还是足够作为人类的营养，这些维生素被列在表 16-5 中。

表 16-5　　葡萄中维生素含量

维生素	含量/(g/L)
肌醇（inositol）	500000
维生素 PP（烟碱，nicotinamide）	3260
泛酸盐或酯（pantothenate）	820
维生素 B_6（pyridoxine）	420
核黄素（riboflavin）	21
维生素 B_{12}（cobalamine）	0.05

16.1.14　矿物质

葡萄中的矿物质是那些在土壤中已经发现的矿物质，它是葡萄在生长过程中从土壤中吸收的。不同的葡萄园（vineyard）中的矿物质含量差异较大。通常矿物质占整个葡萄质量的 0.4%。最重要的矿物质是镁、钾和磷酸盐，它们对酵母的生长发育以及发酵十分重要。

16.1.15　果胶质

果胶质对果汁自身并不是重要的化合物，但假如它们不被去除的话，将会使葡萄酒产生雾状浑浊。成熟葡萄中有限的果胶能促进葡萄的破碎（rupture），利于葡萄汁的释放、压榨、澄清（clarification）、下胶（fining）等[8]。低含量的果胶会产生低含量的甲醇，甲醇是果胶分解后的主要副产物[8]。

阅读材料 16-1：葡萄酒产地管理系统

AOC 的全称为 Appellation d'Origine Contrôlée（法语），译成中文是原产地命名控制或称为法定产区葡萄酒、法定产区酒。

AOC 是法国传统食品的产品地理标志，是法国原产地保护（Appellation d'Origine Réglementée，AOR）标志的一部分。原产地标志保障产品（葡萄酒、苹果酒、水果、蔬菜、乳制品等）的质量、特性、产地和生产者的制作工艺。法国人花了 30 年时间（1905—1935 年）制定、调整产区管理法律（Appellation Control laws），才形成今天的产区管理法律、法规。产区划分的依据是地理真实性（geographic authenticity）、传统特征（traditional character）以及区域葡萄酒的声望（reputation of the region's wines），其作用是禁止其他地方使用[3]。

法国的 AOC 形成于 1935 年，当时仅仅是一个简单的分类。早期法国将葡萄酒分为四类：AOC 葡萄酒，优良产区葡萄酒（VDQS，Vins Délimités de Qualité Supérieure），地区葡萄酒（VdP，Vins de Pays）和日常餐酒（VdT，Vins de Table）[3]。

2009 年为了配合欧盟 2009 年 1 月颁布的新酒法，将 AOC 改成 AOP（Appellation d′Origine Protégée，原产地命名控制系统）。法国有十大葡萄酒产区：波尔多（Bordeaux）、勃艮第（Bourgogne）、香槟（Champagne）、阿尔萨斯（Alsace）、卢瓦河谷（Vallee de la Loire）、朱拉-萨瓦（Jura et Savoir）、罗讷河谷（Valle de Rhone）、朗格多克-鲁本雍（Lanuedoc-Roussillon）、普罗旺斯-科西嘉（Provenee et Corse）、西南产区（The Southwest）。

VDQS 于 1949 年提出，与欧盟 2009 年提出的两个基本分类是一致的，即 VQPRD（Vins de Qualité produits dans les Régions Déterminées，原产地命名酒/特定产区优质酒）和 VdT[3]。从 2012 年开始 VDQS 不复存在，原来的 VDQS 依据其质量水平，绝大部分被提升为 AOP 或 AOC，但有的被降级为 VdF（Vin de France，法国葡萄酒）[3]。VdF 属于无 VsIG（Vin sans Indication Géographique，无产区提示葡萄酒）的葡萄酒，意思是酒标上没有产区标识的葡萄酒。如此，VdI 是指意大利葡萄酒（Vin de Italy）。VDQS 主要覆盖的区域是知名时间不长的葡萄酒，但生产区域与 AOC 区域类似[3]。到 2008 年时，VDQS 区域是 33 个，但 AOC 区域是 470 个[3]。AOC 又可以分为亚类，如博若莱（Beaujolais）地区①就细分为普通博若莱 AOC（general Beaujolais AOC）、加博若莱优质酒（plus Beaujolais Superiéur）、博若莱村庄（Beaujolais-Villages）和一些单博若莱村村庄 AOC（several individual Beaujolais village AOC）。后者通常只提到酒庄名，如莫尔贡（Morgon）、朱丽耶纳（Juliénas）、圣阿穆尔（Saint Amour）等[3]。

VdP（地区餐酒）于 1968 年首次提出，类似于 VdT 的概念，但必须加上地区的概念[3]。2009 年后 VdP 变成 IGP（Indication Géographique Protégée，特定地理区保护系统）。

VdT（日常餐酒）从 2009 年改名为 VdF[3]。

法国 AOC 管理通常将地理区域分得越来越小，主要是大区域中会存在不太知名的勾兑酒。这种地理区域（geographical region）的等级管理（hierarchy）甚至小到单个葡萄园（single vineyard）。然而，在绝大部分情况下，是指单个教区（parish）或乡镇（township 或 commune）。当地理区域变小后，限制就多了。如普通勃艮第 AC 管理规定，葡萄园产量是 45 hl/ha；而村庄级如尼伊·圣乔治（Nuits Saint-Georges）、波马（Pommard）则规定产量不超过 35 hl/ha；单葡萄园 AC 管理如武若（Clos Vougeot）、香贝丹（Chambertin）则要求产量不超过 30hl/ha[3]。

图 16-1 是法国在产区管理上的示意图[3]。

---

① 该地区位于法国里昂，拥有 10 个地方葡萄酒产区或村庄［布鲁伊山坡（Cote de Brouilly），布鲁伊（Brouilly），希鲁布勒（Chiroubles），朱莉耶纳（Juliénas），莫尔贡（Morgon），风磨（Moulin à Vent），雷尼耶（Régnié），圣阿穆尔（Saint Amour），弗勒里（Fleurie），谢纳（Chénas）］。

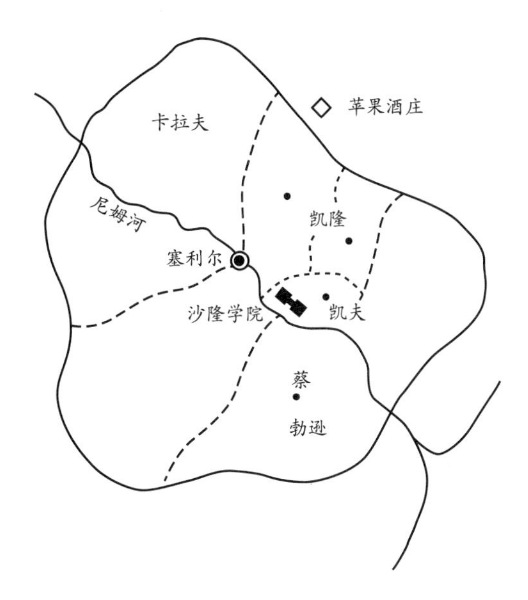

图 16-1 法国 AOC 产区管理示意图[3]

葡萄酒厂分布在图中实线内的封闭区域，可以使用塞利尔（Celliers）的称谓。但苹果酒庄（Château Cider）因坐落在实线区域外，因此不能使用此称谓，只能使用 VdP。塞利尔的 AOC 管理又分为 3 个小区域，卡拉夫（Carafe）、凯隆（Charun）和勃逊（Bouchon）。称谓区域中有一条河穿过，河名尼姆（Levure）。凯隆称谓区本身又可以划分为几个更小的区域进行 AOC 管理（图中虚线区域）。凯夫控制区（Appellation Cave Contrôlée）是最中心的称谓区，它靠近凯夫（Cave）小镇。最高级的 AOC 排名是沙隆学院（Chalon Collage）的葡萄园[3]。

另外一个早期的等级管理系统称列级酒庄（cru classé）[3]，在某些地区它与 AC 管理并存。列级酒庄管理是在 AOC 地区上增加了如葡萄园位置或葡萄酒厂信息，并导入更严格的葡萄栽培实践，而葡萄酒感官品尝质量并不是必须选择项。在一些地区，你可以选择参加此管理系统。另外，在不同地区间的名称是不同的，如波尔多地区的一级特等酒庄（Premier Grand Cru）相当于勃艮第地区的特等酒庄（Grand Cru）。在勃艮第，一级酒庄（Premier Cru）低于特等酒庄。Cru 在勃艮第是指确定的一片葡萄园（estate），而波尔多则是指酒厂（winery）。

德国的葡萄酒产地管理系统与法国并不相同，它将地区与质量分列，这可能与其葡萄酒必须是全汁发酵而不加糖有关[3]。德国从法律层面命名了所有的葡萄酒产区，产区更根据大小细分，但官方并没有暗示小区域产的葡萄酒必须优于或区别于大区域。最好的产区是优质葡萄酒产区［bestimmte anbaugebiete（德语）］，必须在规定的生产区域生产。这些产区再分为一个或多个子产区［Bereich（德语）］。再进一步可以细分为一组葡萄园称作集合葡萄园［Grosslage（德语）］或单个葡萄园［Einzellage（德语）］，后者通常与最接近的村庄或郊区［Ortsteil（德语）］的名称相关。这种分类的优点在于可以快速地辨别产地，缺点是没有一个简单的方法可以辨别集合葡萄园和单个葡萄园。

德国葡萄酒共分为 13 个产区，主产区是莱茵高（Rheingau）、法尔兹（Pfalz）、莱茵黑森（Rheinhessen）和摩塞尔－萨尔－鲁尔地区（Mosel-Saar-Ruwer）等。

德国葡萄酒中最好的称为优质葡萄酒［Qualitätswein（德语）］，相当于法国的 AOC（即 AOP），需要通过一系列的检测才能获得此标志。假如某项指标不能达到最低要求，则称为地区餐酒［Landwein（德语）］，相当于法国的 VdP。普通的葡萄酒称为日常餐酒（Tafelwein），相当于法国的 VdT[3]。在优质葡萄酒产区，采用优质葡萄酒分级系统（Qualitätswein bestimmter Anbaugebietes，QbA），规定葡萄产量比地区餐酒严格，但比特别优质葡萄酒分级系统（Qualitätswein mit Prädikat，QmP）要宽松点。QbA 葡萄汁中可以加糖，但 QmP 葡萄汁中不能加糖。

QmP 葡萄酒又可以分为六类，分类依据是收获时的葡萄成熟度[3]。每一个葡萄酒产区（anbaugebiete）均建立了与它适应的葡萄品种相关收获开始点数据库（harvest-commencement data）。数据库依据气候条件每年均在变动。珍藏级（kabinett）葡萄酒是用完全成熟葡萄酿造的。过了收获期，称为晚收葡萄，要获得许可。在葡萄破碎前需要进行检查，特别是糖分要超过一个最小限量。依据葡萄成熟情况，晚收的葡萄用来生产晚收级（spätlese）、精选级（auslese）、颗粒精选级（beerenauslese）和贵腐精选级（trockenbeerenauslese）葡萄酒。晚收级是最基本的晚收种类。精选级来源于一个个选择的葡萄果穗（clusters），果实过熟。颗粒精选级葡萄酒生产自一个个选择的过熟的、完全贵腐化的（botrytized）葡萄。贵腐精选级葡萄酒用精选葡萄生产，那些葡萄皱缩于葡萄藤上，通常也是贵腐的。特别晚收的品种称为爱思温（eiswein）。爱思温生产葡萄酒时，要保证葡萄采收的温度与破碎时的温度在冷冻状态，通常是-7～-6℃，而糖度与颗粒精选级相当。此等级的葡萄酒必须经过官方理化与感官检测，达不到要求的，降级为地区餐酒。

美国葡萄酒管理授权给酒烟税收与贸易局［Alcohol and Tobacco Tax and Trade Bureau，TTB，类似于原烟酒枪械管理局（Bureau of Alcohol，Tobacco and Firearms，BATF）］。现分为 130 个授权葡萄栽培区（Approved Viticultural Areas，AVAs），最大的是得克萨斯丘陵地带（Texas Hill Country），4 万 km^2，最小的是位于加州的科尔牧场（Cole Ranch），仅 0.607km^2[3]。

在美国要获得授权，需向 TTB 自我申请，同时附上各种支持文件，包括地区名、边界历史或现实证据，气候的、地质学的、地形学的特征，与周围地区的区别，在地形图上标注精确的边界。地块大小并不重要，但葡萄酒的感官区域特征很重要（perceptible regional character）。AVAs 并不监管葡萄品种、葡萄栽培和酿造工艺。但有一个规则，即 85%法规，即 85%的葡萄汁必须来源于指定的葡萄园，而加州的规定是 100%。还有一个 75%的法规，是指如果标注单品种葡萄名称，则至少含有 75%提到的葡萄汁。有一个例外是如果使用美洲葡萄或杂交葡萄，则只需要 51%的标注葡萄汁。因此，美国的葡萄酒管理主要侧重于原产地，突出葡萄酒地理来源的特殊性，而与质量无关[3]。这是一个比较聪明的做法，因为葡萄酒质量是由评论家、消费者来判定。

阅读材料 16-2：葡萄浆果果实剖面结构

从葡萄酒酿造的角度看，成熟葡萄浆果（ripe grape berry）主要由三部分构成，即果肉、果皮和种籽（图 16-2）。葡萄酒发酵主要使用果肉，因为它们的组成不同，因而生产的葡萄酒的成分也不一样。通常地，较小浆果含有较高比例的果皮和种籽，因而生产的葡萄酒成分更复杂[73]，种籽数量以 4 个为佳。

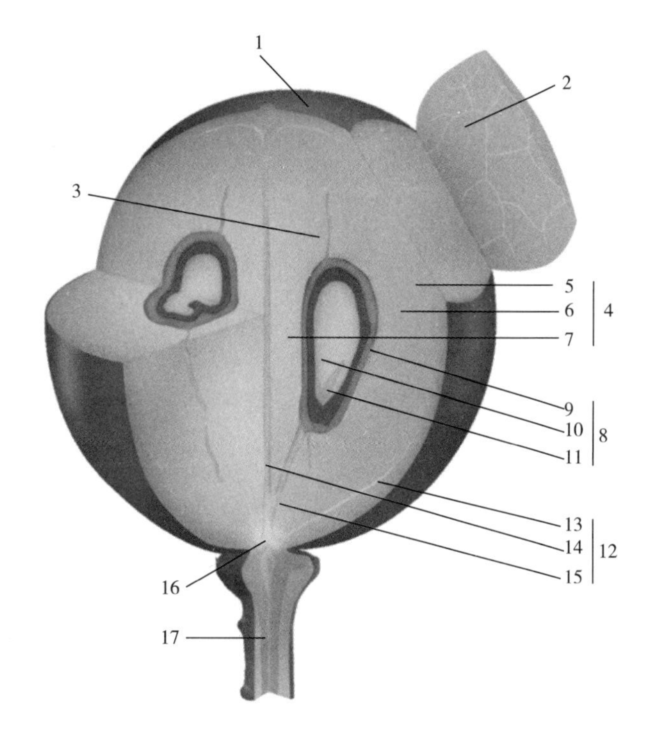

图 16-2　成熟葡萄的剖面结构图[73]

1—果皮；2—外围网眼状维管束；3—子囊腔；4—果肉；5—外层；6—内层；7—中隔的；8—种籽；9—表皮；10—胚乳；11—胚芽；12—维管束；13—外围网；14—中心；15—胚珠的；16—梢；17—浆果梗（花梗）

浆果梗或称为花梗由维管系统构成，主要成分是韧皮部（phloem）和木质部（xylem）。木质部是脉管系统（vasculature），负责水、矿物质、生长调节因子（growth trgulatorss）和营养的运输，从根部运输到葡萄的其他地方。木质部是葡萄浆果早期产生的，后来功能减弱或消退。韧皮部也是脉管系统，负责光合作用产物（photosynthate）如蔗糖的运输，从天篷（canopy）到葡萄。在葡萄早期产生，但功能弱，转色期后，功能增强。增加浆果的大小即体积与增加转色期后糖浓度相关。然而，一些葡萄品种（如西拉）浆果成熟后期糖分的增加并不伴随浆果体积的增加，反而会引起浆果收缩（shrinkage），这种收缩是由于浆果转移水分的流失造成的[73]。

阅读材料 16-3：合成葡萄汁

常用的合成葡萄汁配方（synthetic grape medium，SGM）如下：

合成葡萄汁配方一[74]：

葡萄糖 105g/L	果糖 105g/L	酒石酸钾 5g/L
苹果酸 3g/L	柠檬酸 0.2g/L	磷酸氢二钾 1.14g/L
七水硫酸镁 1.23g/L	七水氯化钙 0.44g/L	四水二氯化锰 198.2mg/L

七水硫酸锌 287.5mg/L　七水硫酸亚铁 70.1mg/L　硫酸铜 25.3mg/L
硼酸 5.7mg/L　六水碳酰氯 23.8mg/L　二水铝酸钠 24.4mg/L
碘酸钾 10.8mg/L　*myo*-肌醇 100mg/L　维生素 B_6-盐酸 2mg/L
烟酸 2mg/L　泛酸钠 1mg/L　维生素 B_1-盐酸 0.5mg/L
p-氨基苯甲酸 0.2mg/L　核黄素 0.2mg/L　维生素 H 0.125mg/L
叶酸 0.2mg/L　麦角固醇 15mg/L　吐温 80 0.5mg/L
L-丙氨酸 100mg/L　L-精氨酸-盐酸 484mg/L　L-天冬氨酸 50mg/L
L-半胱氨酸 5mg/L　L-谷氨酸 100mg/L　L-谷氨酰胺 125mg/L
L-甘氨酸 5mg/L　L-组氨酸 20mg/L　L-异亮氨酸 25mg/L
L-亮氨酸 25mg/L　L-蛋氨酸 10mg/L　L-苯丙氨酸 40mg/L
L-脯氨酸 300mg/L　L-丝氨酸 60mg/L　L-苏氨酸 75mg/L
L-色氨酸 10mg/L　L-酪氨酸 10mg/L　L-缬氨酸 30mg/L
谷胱甘肽 50mg/L　磷酸氢二铵 363mg/L

该培养基 pH 3.2。

合成葡萄汁配方二[75]：

葡萄糖 100g/L　果糖 100g/L　酒石酸氢钾 2.5g/L
L-苹果酸 3.0g/L　柠檬酸 0.2g/L　磷酸氢二钾 1.14g/L
七水硫酸镁 1.23g/L　七水氯化钙 0.44g/L　γ-氨基丁酸 69.7mg/L
氨（以氯化铵计）52mg/L　氯化锌 135mg/L
氯化亚铁 30μg/L　氯化铜 15μg/L　四水二氯化锰 200μg/L
硼酸 5.0μg/L　六水硝酸钴 30μg/L　二水钼酸钠 25mg/L
碘酸钾 10.0μg/L　*myo*-肌醇 100mg/L　维生素 B_6-盐酸 2mg/L
烟酸 2mg/L　泛酸钙 1mg/L　维生素 B_1-盐酸 0.5mg/L
PABA-K 0.2μg/L　核黄素 0.2mg/L　维生素 H 0.125mg/L
叶酸 0.2mg/L　L-丙氨酸 74.4mg/L　L-精氨酸 98.5mg/L
L-天冬氨酸 24.9mg/L　L-赖氨酸 5.2mg/L　L-鸟氨酸 1.1mg/L
L-天冬酰胺 14.9mg/L　L-酪氨酸 18.7mg/L　L-缬氨酸 18.6mg/L
L-半胱氨酸 1.4mg/L　L-谷氨酸 75.3mg/L　L-谷氨酰胺 111.9mg/L
L-甘氨酸 4.7mg/L　L-组氨酸 19.6mg/L　L-异亮氨酸 11mg/L
L-亮氨酸 11.2mg/L　L-蛋氨酸 3.7mg/L　L-苯丙氨酸 40mg/L
L-脯氨酸 764.8mg/L　L-丝氨酸 50.8mg/L　L-苏氨酸 48.6mg/L
L-色氨酸 10.9mg/L　糖苷萃取物 532μmol/L

该培养基 pH 3.2（用氢氧化钠调整）。

合成葡萄汁配方三[76]：

葡萄糖 85g　果糖 85g　酒石酸 3g
柠檬酸 0.3g　磷酸钾 2g　*meso*-肌醇 0.3g
丙氨酸 100mg　精氨酸 300mg　谷氨酰胺 100mg
丝氨酸 50mg　苏氨酸 50mg　硫酸铵 110mg

溶解于 1L 蒸馏水中，用固体氢氧化钾调整 pH 至 3.5，再加入 10mL 的维生素溶液

[4mg/L D-维生素H，100mg/L盐酸硫胺素（thiamin hydrochloride），100mg/L盐酸维生素B_6（pyridoxine hydrochloride），100mg/L烟酸，100mg/L D-泛酸半钙盐（pantothenic acid hemicalcium salt），100mg/L *p*-氨基苯甲酸][76]。

阅读材料16-4：模拟葡萄酒

配方一：12%酒精-水溶液，5g/L酒石酸，必要时，用氢氧化钠调整到pH 3.2[74]；或酒精与水12：88（体积比）混合，4g/L酒石酸，0.5mol/L氢氧化钠调pH至3.5[77]。

配方二：126mL/L酒精-水溶液，添加L-(+)-苹果酸3g/L，L-(+)-酒石酸3g/L，硫酸钾0.1g/L，硫酸镁0.025g/L。用1mol/L氢氧化钠调pH至3.5[78]。

配方三：11.76%酒精-水溶液，2g/L酒石酸氢钾，用氢氧化钠调整到pH 3.5[79]。

配方四：10%（质量分数）酒精水溶液，4g/L酒石酸，3g/L苹果酸，0.1g/L乙酸，0.1g/L硫酸钾，0.025g/L硫酸镁，依云矿泉水（pH 7.2），用1mol/L氢氧化钠调pH至3[80]。

配方五：模拟白葡萄酒，添加1g活性炭至1L霞多丽葡萄酒中，在密闭瓶中吸附48h，过滤去除活性炭；液体中再加入1g活性炭，再吸附24h，再过滤。第二步可以重复多次，直到达到满意的效果，如将β-大马酮控制在2ng/L以下[77]。整个操作在氮气环境中进行，以防止白葡萄酒氧化。此法制得的模拟白葡萄酒闻起来非常自然，没有水果香。

配方六：模拟红葡萄酒，1.5L梅鹿辄葡萄酒在20℃旋转蒸发，黏稠的残留相用25mL甲醇洗脱，再次旋转蒸发。此步骤重复2次。最后，残留相用酒精-水溶液（12：88，体积比）稀释至原葡萄酒体积[77]。

配方七：模拟红葡萄酒，1.5L梅鹿辄葡萄酒旋转蒸发至原体积1/3，加入180mL无水酒精，再添加MilliQ水至1.5L[77]。

配方八：酒精度12.5%vol，5g/L酒石酸，3.5g/L L-苹果酸，0.6g/L乙酸，2.0g/L D-葡萄糖，2.0g/L D-果糖，0.2g/L氯化钠，1.0g/L硫酸铵，2.0g/L磷酸氢二钾，0.2g/L七水硫酸镁，0.05g/L硫酸锰，2.0g/L酵母浸膏，12.3mL/L糖苷萃取物（glycoside extract）。用氢氧化钾调pH至3.2或3.4，采用0.2μm膜过滤灭菌[81]。此培养基可用于MLF发酵研究。

配方九：酒精50g/L，5.0g/L D-葡萄糖，5.0g/L D-果糖，2.5g/L酪蛋白氨基酸，2.0g/L酵母浸膏，3.0g/L L-苹果酸，1.0g/L吐温80，5.0g/L三水乙酸钠（sodium acetate tri-hydrate），2.0g/L磷酸氢二钾，1.8g/L乙酸铵，1.6g柠檬酸，0.2g/L七水硫酸镁，0.05g/L硫酸锰[82]。

16.2 葡萄风味物质

16.2.1 葡萄中挥发性化合物

葡萄挥发性成分尤其是香气成分的种类、含量、感觉阈值及其之间的相互作用决定着葡萄的感官质量，也决定着酿造出的葡萄酒的风味和典型性。葡萄果实中的挥发性成分主要有 C6 化合物、醇类、萜烯类、羰基化合物、酯类、含氮化合物[83-84]。和其他水果一样，葡萄挥发性成分多达几百种。早在 1976 年 Schreier 就已经鉴定了葡萄的 225 种挥发性成分，其中有 81 种烃类化合物、31 种醇类、48 种酸类、23 种醛类、18 种酮类、11 种酯类和 13 种杂环化合物[85]。

Gomez 等根据果实中的香气成分将欧洲葡萄品种分成 3 种类型：玫瑰香型品种、非玫瑰香的芳香型品种和非芳香型品种。玫瑰香型的代表品种有：玫瑰香、白玫瑰、昂托玫瑰等。这些品种中的芳香物主要有沉香醇、橙花醇、香叶醇、香茅醇、萜品醇、金合欢醇、柠檬油精、月桂烯、呋喃氧化物等 20 余种萜烯类化合物，单萜含量 1~3mg/L。玫瑰香型葡萄果实的总单萜含量，约为非芳香型品种的 50 倍。非玫瑰香芳香型品种有雷司令、缩味浓等，萜烯类化合物含量仅为 0.1~0.3mg/L。非芳香型品种主要有赤霞珠、霞多丽、西拉、蒙娜斯特等，主要的芳香物质是脂肪醇、醛等。

葡萄果实中芳香物质的分布为果皮>果肉>果汁。

芳香物质的浓度与果实成熟度关系密切。琼瑶浆葡萄随着糖度的增加（从 18~23°Bx），结合态挥发性萜烯和游离态挥发性萜烯含量显著增加，但 22~25 °Bx 汁中的游离态挥发萜无明显变化；各品种达到最高芳香物浓度的含糖量并不完全相同，白玫瑰最高芳香物浓度的含糖量为 22%~23%，雷司令为 17%，琼瑶浆为 23%。对美洲葡萄的芳香物质，比较多的研究认为，邻氨基苯甲酸甲酯（methyl anthranilate）是产生其“狐臭味”（foxy）的主要物质[86]。

类胡萝卜素衍生物是红、白葡萄酒的重要香气成分，包括霞多丽、白诗南（Chenin blanc）、赛来雄、赤霞珠、雷司令、长相思和西拉[87]。

在我国四种酿酒葡萄（蛇龙珠、赤霞珠、品丽珠和梅鹿辄）中共检测到 29 种萜烯类化合物，其中包括 10 种单萜烯类、17 种倍半萜烯类、1 种二萜烯类以及 1 种三萜烯类化合物[42]。具体讲，（1）单萜烯类：柠檬油精、里哪醇、乙酸薄荷酯、4-萜品醇、α-萜品醇、香芹酮、β-香茅醇、香叶醇、香叶基丙酮、香叶酸；（2）倍半萜烯类：α-依兰烯（α-ylangene）、α-胡椒烯、β-波旁烯、β-橙椒烯、刺柏烯、β-石竹烯、（-）-异喇叭烯、香橙烯、α-蛇麻烯、α-紫穗槐烯、大根香叶烯 D、衣品烯、巴伦西亚橘烯、2-异丙基-5-甲基-9-甲烯基-环［4.4.0］-1-癸烯（2-isopropyl-5-methyl-9-methylene-bicyclo［4.4.0］dec-1-ene）、α-法呢烯、γ-萘烯、δ-杜松烯、γ-杜松烯；（3）二萜烯类：泪柏醚；（4）三萜烯类：角鲨烯。

16.2.2 葡萄香气成分

葡萄酒中来源于葡萄的香气成分十分有限，主要是葡萄品种香，如单萜中的里哪醇、香叶醇和橙花醇等与特征的花香有关，主要存在于欧洲葡萄如麝香葡萄、格乌查曼尼（Gewürztraminer）和雷司令中[17]。

葡萄中风味物质十分丰富，如圆叶葡萄（Muscadine）汁的重要香气成分是 2,5-二甲基-4-羟基-3(2*H*)-呋喃酮（即呋喃扭尔）、2,3-丁二酮、丁酸乙酯、2-甲基丁酸乙酯、2-苯乙醇、*o*-氨基乙酰苯；再如长相思葡萄的最重要香气成分是甲氧基吡嗪，其中最重要的是 2-甲氧基-3-异丁基吡嗪，其他重要的香气成分还有 4-甲基-4-巯基戊-2-酮、单萜类、C_{13}-降异戊二烯类、C_6-醇类和 C_6-醛类[88]。葡萄中重要的香气成分并不多，除单萜外，大多数以结合态形式存在（包括单糖苷、二糖苷和三糖苷形式，二糖苷是主要形式），现分述如下。

16.2.2.1 甲氧基吡嗪类化合物

3-烷基-2-甲氧基吡嗪具有青椒、蔬菜气味，如3-异丁基-2-甲氧基吡嗪（IBMP）、3-仲丁基-2-甲氧基吡嗪（SBMP）和3-异丙基-2-甲氧基吡嗪（IPMP）在赤霞珠、梅鹿辄和品丽珠中检测出来[89,90]，是一类重要的香气成分。3-烷基-2-甲氧基吡嗪阈值很低，IBMP、SBMP和IPMP在蒸馏水中阈值0.5~2ng/L[91-92]，在葡萄酒中阈值10ng/L左右[93-94]。据文献报道梅鹿辄和赤霞珠等葡萄中，3-烷基-2-甲氧基吡嗪如SBMP和IPMP含量在10ng/L左右，高于其阈值，是葡萄果实中一类重要的香气成分[95-96]。IBMP在葡萄酒中的浓度通常小于40ng/L[17]。

3-烷基-2-甲氧基吡嗪是赤霞珠、品丽珠和梅鹿辄葡萄中“青椒”气味的主要来源，其含量过高会影响葡萄酒的品质，当含量适中时对高品质葡萄酒香气协调起重要作用[97-98]。因此，近年来有关3-烷基-2-甲氧基吡嗪在葡萄中形成的过程及其影响因素被广泛研究。光照、栽培方式、葡萄产量、浇灌以及土壤等因素均能影响3-烷基-2-甲氧基吡嗪在葡萄果实中的含量[90,96,99-100]。

我国赤霞珠葡萄中甲氧基吡嗪化合物含量最高，梅鹿辄葡萄中含量最低（表16-6）。3-甲基-2-甲氧基吡嗪（MEMP）在赤霞珠葡萄中含量较高；3-异丙基-2-甲氧基吡嗪（IPMP）在四种葡萄中的浓度范围为2.24~4.50ng/L，高于其阈值2ng/L[90,101]，是葡萄中重要的香气成分；3-乙基-2-甲氧基吡嗪（ETMP）阈值较高为20ng/L[102]，其在四种葡萄中的浓度为3.42~8.15ng/L低于阈值，对葡萄香气作用不大；3-异丁基-2-甲氧基吡嗪（IBMP）在水中的阈值为0.5ng/L[89-90]，蛇龙珠、品丽珠和梅鹿辄葡萄中3-异丁基-2-甲氧基吡嗪浓度高于其阈值，对三种葡萄香气具有较大贡献。

表16-6　不同葡萄品种中甲氧基吡嗪检测结果[103]

甲氧基吡嗪	含量/(ng/L)(n=3)			
	蛇龙珠（9.30）*	品丽珠（10.1）	赤霞珠（10.1）	梅鹿辄（9.15）
MOMP	<q. l. **	ND***	ND	ND
MEMP	<q. l.	<q. l.	2.59（0.62）a	<q. l.
IPMP	3.28（0.73）ab	2.79（0.42）b	4.50（0.96）c	2.24（0.36）a
ETMP	6.01（1.16）b	8.15（1.89）b	5.88（1.75）b	3.42（0.52）a
SBMP	<q. l.	<q. l.	0.91（0.23）	<q. l.
ISMP	1.46（0.51）ab	1.47（0.36）b	1.25（0.61）a	<q. l.

注：*：括号内为取样日期；

**：<q. l. 指低于检测限；

***：ND指没检测到；

在每行的不同字母表示采用Duncan's法一致性子集检测结果（$P<0.05$）。

寒冷的气候、葡萄成熟阶段在葡萄天蓬（vine canopy）中较少的日光暴露通常会产生较多的 IBMP[17]。

16.2.2.2 萜烯类与 C_{13} 降异戊二烯类化合物

游离态萜烯类化合物是酿酒葡萄中重要的香气成分，主要包括单萜烯类、倍半萜烯类以及二萜烯类化合物等[104]。

单萜烯类化合物在酿酒葡萄中比较常见[105-106]，被认为是芳香葡萄品种欧洲葡萄的关键香气成分，如马斯喀特葡萄（麝香葡萄）、雷司令和格乌查曼尼（琼瑶浆）葡萄[16]。单萜烯类化合物在葡萄果实中含量通常在 0~1000μg/L[17]，主要有里哪醇、香叶醇、橙花醇以及里哪醇氧化物。根据葡萄处理方法的不同和环境等因素的影响，还会产生香茅醇、α-萜品醇、月桂烯醇、香叶醇氧化物及其相应的醛、酸、酯等单萜烯化合物[107]。其中里哪醇、香叶醇、橙花醇、香茅醇、α-萜品醇是最重要的香气活性物质，贡献花香、水果香和柑橘香气[16]。在非芳香葡萄品种中，单萜对香气的贡献则较微弱。

倍半萜烯类和二萜烯类化合物在酿酒葡萄中报道较少。1976 年，倍半萜烯类化合物在雷司令和脱拉米糯（Traminer）等葡萄中有过报道[108]；法呢醇和橙花叔醇两种倍半萜烯类化合物在蒙娜斯特（Monastrell）[109] 等酿酒葡萄中检测出来；2006 年，Coelho 采用 HS-SPME 和 GC-MS 在欧洲葡萄（*V. vinifera* L. cv.‘Baga’）中发现了 40 种倍半萜烯类和二萜烯类化合物[104]。倍半萜烯类存在于许多药用植物中，具有抗过敏[110]、抗病毒[111] 以及抗癌症[112] 等活性。一些植物和水果中的倍半萜烯类的生物活性研究曾有过报道[113]，法呢醇和橙花叔醇能够增强细胞渗透性功能；β-石竹烯在东方楠木（*Teucrium orientale* L.）精油中具有抗氧化活性等。

在我国四种常用酿酒葡萄中共检测出 18 种倍半萜烯类化合物（表 16-7）。在蛇龙珠中检测出 16 种，在梅鹿辄、赤霞珠和品丽珠分别检测出 7、6、6 种，其中 β-波旁烯和 α-金合欢烯（法呢烯）在四种葡萄中都存在。蛇龙珠是一种富含倍半萜烯类化合物的酿酒葡萄，其倍半萜烯类化合物总含量为 237.69μg/L。α-依兰烯（41.74μg/L 和 25.53μg/L）、β-石竹烯（30.85μg/L 和 33.24μg/L）和 α-金合欢烯（20.10μg/L 和 33.24μg/L）是蛇龙珠和赤霞珠中含量较高的成分。品丽珠中 α-依兰烯（32.61μg/L）含量最高。梅鹿辄中 α-胡椒烯和 δ-杜松烯含量最高，分别为 33.22μg/L 和 33.99μg/L[42]。

在四种葡萄中还发现 1 种二萜烯类（泪柏醚）以及 1 种三萜烯类（角鲨烯）。泪柏醚曾在 *V. vinifera* L. cv.‘Baga’葡萄中检测到过，它在品丽珠葡萄中具有较高的峰，含量为 89.50μg/L，远高于其他一些萜烯类化合物；角鲨烯在赤霞珠中含量较高（96.20μg/L）。

表 16-7　我国四种酿酒葡萄中萜烯类化合物

化合物名称	含量/(μg/L) (n=3)[a]			
	CG	ML	CF	CS
单萜烯类（monoterpenoid）				
柠檬油精（limonene）	4.03	nd[b]	5.01	2.11

续表

化合物名称	含量/(μg/L) (n=3)[a]			
	CG	ML	CF	CS
里哪醇 (linalool)	28.51	21.96	15.04	27.82
乙酸薄荷酯 (menthyl aceate)	15.42	15.95	22.26	37.94
4-萜品醇 (4-terpineol)	16.39	8.28	22.26	23.00
α-萜品醇 (α-terpineol)	13.88	10.26	15.62	18.94
香芹酮 (carvone)	nd	10.63	nd	nd
β-香茅醇 (β-citronellol)	12.09	nd	8.57	9.00
香叶醇 (geraniol)	8.96	5.63	9.09	13.82
香叶基丙酮 (geranylacetone)	7.44	2.66	12.22	nd
香叶酸 (geranic acid)	10.80	nd	8.35	23.12
总和	114.52	75.37	118.42	155.75
倍半萜烯类 (sesquiterpenoid)				
α-依兰烯 (α-ylangene)	41.74	nd	32.61	25.53
α-胡椒烯 (α-copaene)	nd	33.22	nd	nd
β-波旁烯 (β-bourbonene)	17.76	8.95	10.87	3.59
β-橙椒烯 (β-cubebene)	13.88	nd	nd	nd
刺柏烯 (junipene)	4.25	13.29	2.17	8.71
β-石竹烯 (β-caryophyllene)	30.85	nd	16.69	33.24
异喇叭烯 [(-)-isoledene*]	7.71	14.62	nd	nd
香橙烯 [(+)-aromadendrene]	8.09	nd	nd	nd
α-蛇麻烯 (α-humulene)	6.17	nd	nd	nd
α-紫穗槐烯 (α-amorphene)	5.42	nd	nd	nd
大香叶烯 d (germacrene D)	10.05	ND	12.52	ND
衣品烯 (epizonarene)	16.39	6.64	nd	7.59
巴伦西亚橘烯 (valencene)	4.63	nd	nd	nd
2-异丙基-5-甲基-9-甲烯基-环[4.4.0]-1-癸烯* (2-isopropyl-5-methyl-9-methylene-bicyclo[4.4.0]dec-1-ene)	18.51	ND	ND	ND
α-金合欢烯 (α-farnesene)	20.10	12.66	18.09	33.24
γ-萘烯 (γ-muurolene)	8.96	ND	ND	ND
δ-杜松烯 (δ-cadinene)	15.42	33.99	ND	ND

续表

化合物名称	含量/(μg/L) (n=3)[a]			
	CG	ML	CF	CS
γ-杜松烯 (γ-cadinene)	12.76	ND	ND	ND
总和	237.69	123.37	92.95	111.90
二萜烯类 (diterpenoid)	—	—	—	—
泪柏醚 (manoyl oxide)	23.18	23.22	89.50	51.20
总和	23.18	23.22	89.50	51.20
三萜烯类 (triterpenoid)	—	—	—	—
角鲨烯 (squalene)	23.98	19.24	20.35	96.20
总和	23.98	19.24	20.35	96.20

注：a：CG，蛇龙珠；ML，梅鹿辄；CS，赤霞珠；CF，品丽珠；b：ND 指未检测出的成分；*，临时性鉴定成分。

不挥发的、结合态的萜烯在发酵与老熟过程中会水解（酶法或化学法）成游离态萜烯[17]。

C_{13} 降异戊二烯类化合物包括β-大马酮、β-紫罗兰酮和 TDN，在葡萄酒中呈现强烈的香气，它们对非芳香欧洲葡萄如霞多丽、白诗南、赛来雄、长相思、赤霞珠、西拉葡萄酒的香气贡献是复杂的，主要呈青草、茶、柠檬、蜂蜜和菠萝的香气；也能在如白雷司令葡萄酒瓶贮过程中贡献花香[17]。与萜烯类化合物类似，C_{13} 降异戊二烯类化合物在葡萄中也是以结合态的方式存在。这类化合物中以β-大马酮、葡萄螺烷（vitispirane）、TDN 较为重要[17]。

16.2.2.3 芳香族化合物

一些芳香族化合物是许多葡萄的品种香，包括乙烯基苯酚、苯甲醇、2-苯乙醇和覆盆子酮（raspberry ketone）。乙烯基苯酚类主要呈辛香和丁香气味，2-苯乙醇呈玫瑰花香和紫丁香香气，覆盆子酮呈覆盆子香气。虽然部分 2-苯乙醇来源于糖苷的水解，但绝大部分的 2-苯乙醇来源于苯丙氨酸的代谢[75]。

16.2.2.4 含硫化合物

长链多官能团挥发性含硫化合物如 4MMP、4M4MPOH、3MH、3MHA 是葡萄酒中最重要的香气化合物，它们的阈值都在 0.8~60ng/L[114]，这些挥发性的硫醇主要贡献长相思葡萄酒的品种香，使人联想起黄杨、黑醋栗、葡萄柚、热带水果和柑橘的风味[66, 114-116]。

16.2.2.5 其他化合物

葡萄酒内酯、C_6 化合物是葡萄中另外两类重要的香气成分[17]。

16.2.3 葡萄浆果从坐果到成熟主要成分变化

葡萄浆果生长至成熟经历了两个 S 形生长曲线（sigmoidal growth）阶段，即时滞期（lag phase）和转色期（veraison），见图 16-3 所示。第一阶段生长从开花起，大约 60 d。此阶段，浆果形成，种籽胚芽（seed embryos）产生，细胞快速分裂，浆果体积膨大，溶解物（solutes）积累。有些溶解物在此阶段积累达到最大值，如酒石酸和苹果酸[73]。

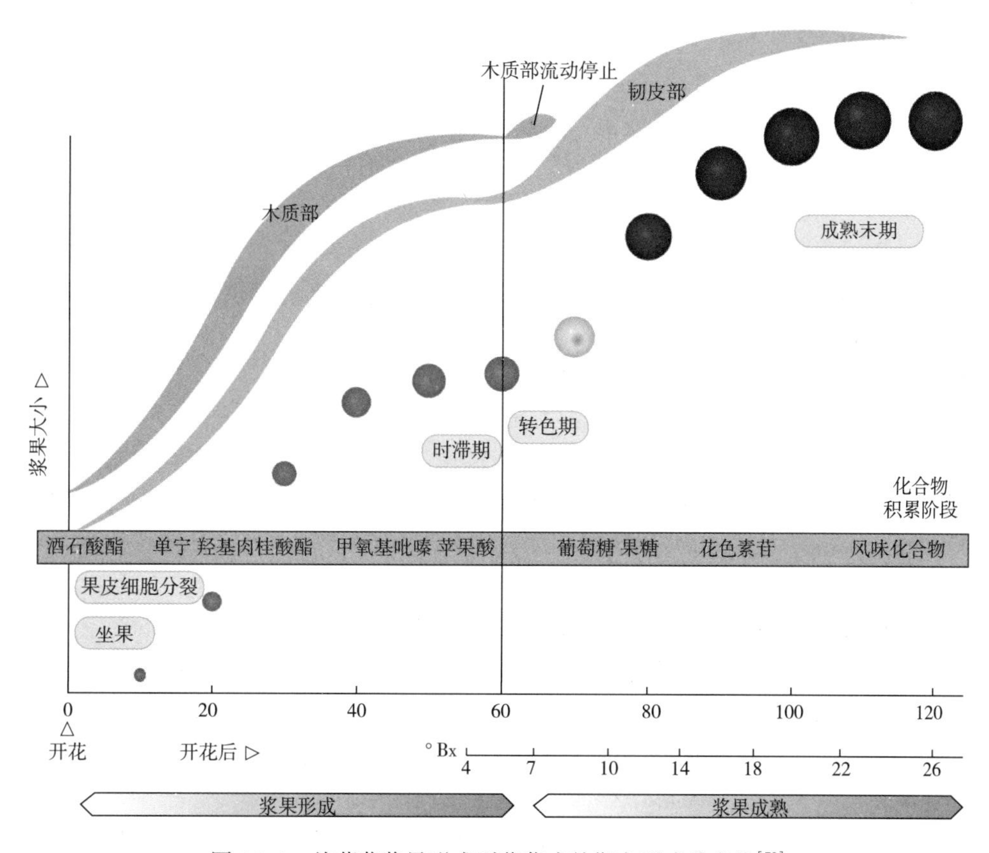

图 16-3 从葡萄浆果形成到葡萄成熟期主要成分变化[73]

这些酸在浆果中的分布是不均匀的和不同的，酒石酸存在于浆果外层，而苹果酸更多地存在于果肉中。酒石酸通常在浆果形成的最初阶段积累，而苹果酸更多地形成于转色期前，这些酸形成了葡萄酒的酸味并影响葡萄酒的质量。

与此同时，羟基肉桂酸也在初期积累。羟基肉桂酸分布于果肉和果皮中，它们与褐变反应有关，且是挥发性酚类的前体物。

单宁（包括单分子的儿茶素）也在生长的第一阶段积累。单宁存在于皮和种籽的组织中，而几乎不存在于果肉中，赋予红葡萄酒苦味与涩味，对红葡萄酒颜色稳定性具有重要作用。

其他对葡萄酒质量有影响的化合物也在第一阶段积累，包括矿物质、氨基酸、微量营养成分（micronutrients）和芳香化合物，如甲氧基吡嗪。

第二阶段是浆果成熟期或果实成熟期，即转色期。此阶段，浆果软化，颜色加深，果实体积增加两倍左右，糖分增加，酸度下降，形成它们的典型香气特征。在第一阶段形成的溶解物仍然存在于第二阶段直到成熟。从葡萄转色开始到完全成熟是一个持续 40~50d 的生理过程，这个阶段是影响葡萄和葡萄酒质量的重要时期。

有些第一阶段形成的化合物在第二阶段浓度下降并不是因浆果体积增大的简单稀释引起的，这些化合物中，最主要的是苹果酸。该酸在转色期下降，但与气候相关。生长在温暖地区的比生长在寒冷地区的倾向于含有较少苹果酸[75]。

第一阶段产生的葡萄糖与果糖在第二阶段含量保持增长[75]。

葡萄的采摘时期是影响葡萄质量的因素之一，判断葡萄最佳采摘期的传统指标主要是可溶性固体含量、可滴定酸、颜色等理化指标。在不同品种的葡萄中已发现 300 多种香气成分，这些成分的形成是一个动态的过程，在水果成熟阶段是不断变化的。在成熟过程中，新陈代谢变化的发生和挥发性成分的形成来自许多生物化学途径。在成熟阶段，葡萄中挥发性成分种类和含量均存在差异，因此，对成熟期挥发性成分变化的研究对栽培者确定最适采摘期是非常重要的。

最为显著的变化是此阶段香气化合物产生。在整个成熟过程中，总香气成分含量在第 2 周和第 6 周最高，之所以出现两个最高的点，与葡萄成熟过程的变化有关。在第 2 周时，蛇龙珠葡萄 C_6 化合物含量较高，随之成熟过程 C_6 化合物呈下降趋势。到第 6 周 C_6 化合物含量从 1082.93μg/L 降到 432.18μg/L，酸类化合物和芳香化合物分别相应从 1166.05μg/L 增加到 2218.5μg/L，166.28μg/L 增加到 220.70μg/L。萜烯类化合物含量在第 3 周最高。Gomez 等通过对赤霞珠、蒙娜斯特和添帕尼优（Tempranillo）三种酿酒葡萄中成熟期挥发性成分变化的研究发现 C6 化合物其浓度变化随成熟期变化而减小，可作为判断最适成熟期的指标[117]。Salinas 等对采用搅拌棒萃取技术（SBSE）来研究蒙娜斯特葡萄成熟期成分的变化，发现就挥发性成分而言，在成熟期第 5 周是最佳收获期，此时萜烯化合物含量较高，C_6 化合物浓度最低[118]。最近 Coelho 采用 HS-SPME 对两种白葡萄品种进行分析，发现进入成熟期后，降异戊二烯、芳香族化合物及 C_6 化合物含量等香气成分最高[119]。C_6 化合物随成熟期的变化呈递减趋势，不同葡萄品种的香气变化趋势是不同的，具体的采摘时间应根据实际品种而定。

在第二阶段，单宁含量也在下降。种子中单宁含量下降是因为氧化作用，单宁被固定到种籽外皮上。果皮单宁含量下降或保持恒定，也是因为被修饰，比较显著的修饰是浆果体积膨大而引起下降[73]。

在葡萄成熟过程中，葡萄中花青素和葡萄皮单宁浓度逐渐增加，而种子单宁浓度在下降，相应的葡萄酒中的单体花青素和葡萄单宁的含量也会上升[12]。随着葡萄成熟度的增加，葡萄酒中来源于酵母代谢产物的浓度也会增加，如挥发性酯、二甲基硫醚、甘油和甘露糖蛋白。

第一阶段产生的化合物在浆果成熟时下降，如甲氧基吡嗪，此化合物的下降还与光照相关[73]。受到葡萄成熟度影响最大的指标是异丁基甲氧基吡嗪、C_6 醇类和乙酸己酯，它们会随着葡萄成熟度增加而大幅度下降[12]。

早熟（early maturity）与晚熟（late maturity）的葡萄在风味成分上是不一样的。如研究发现，与早熟的黑比诺葡萄相比，晚熟的黑比诺含有更多的 β-大马酮、香兰素、4-乙烯基愈创木酚和4-乙烯基苯酚[120]。

16.2.4　葡萄果皮与果肉成分

16.2.4.1　果皮和果肉香气成分

通过对蛇龙珠、赤霞珠、梅鹿辄和品丽珠四种葡萄果肉和果皮中香气成分的定量和定性分析，结果表明，果皮中各香气成分的含量大约是果肉中的10倍左右，在果皮中含量较高的成分有乙酸、萘、己醛、1-己醇、苯甲醇和β-苯乙醇；在果肉中含量较高成分有乙酸、β-大马酮、己醛、1-己醇、苯甲醇和β-苯乙醇。赤霞珠果皮中醛类、芳香类、C_6 和酸类化合物含量最高；梅鹿辄果皮中酯类和降异戊二烯化合物含量最高；品丽珠果皮中萜烯类化合物含量最高。

分析果皮和果肉总香气成分含量以及除去酸类化合物后总香气成分含量的对比关系。赤霞珠葡萄果皮总香气成分含量最高，四种葡萄果皮和果肉总香气成分相差2.70~13.75倍。除去酸类化合物后总香气成分含量最高为品丽珠葡萄果皮，四种葡萄果皮和果肉香气成分相差5.67~8.83倍。

16.2.4.2　果皮与果肉中甲氧基吡嗪

表16-8中列出了蛇龙珠、赤霞珠、品丽珠和梅鹿辄四种葡萄果皮和果肉中甲氧基吡嗪的种类和含量，可看出在四种葡萄果皮中甲氧基吡嗪的含量明显高于果肉中的含量。3-甲基-2-甲氧基吡嗪只在四种葡萄果皮中没有检测出来，其中梅鹿辄葡萄含量最高（4.54ng/kg）。3-异丙基-2-甲氧基吡嗪果皮中含量是果肉含量的6倍左右，在赤霞珠果皮中含量最高（20.28ng/kg）。3-乙基-2-甲氧基吡嗪在果肉和果皮中相差1.5~3.0倍，在品丽珠和蛇龙珠果肉和果皮检测出来，梅鹿辄果肉中检测出来由于浓度低无法定量。3-仲丁基-2-甲氧基吡嗪在四种葡萄果皮中检测到，其中品丽珠中含量最高（4.98ng/kg）。3-异丁基-2-甲氧基吡嗪在四种葡萄果皮和果肉中都检测到，蛇龙珠果皮含量最高（26.13ng/kg）是果肉中13.68倍；梅鹿辄和品丽珠中果皮中3-异丁基-2-甲氧基吡嗪含量是果肉中3.95和6.40倍，赤霞珠葡萄中为7.84倍。

表16-8　　不同品种葡萄的果皮和果肉中甲氧基吡嗪　　单位：ng/kg

甲氧基吡嗪	品丽珠（10.1）		蛇龙珠（10.1）		梅鹿辄（9.15）		赤霞珠（9.15）	
	果肉	果皮	果肉	果皮	果肉	果皮	果肉	果皮
MEMP	ND	4.07	ND	2.33	ND	4.54	ND	2.78
IPMP	2.53	12.74	3.46	6.79	2.39	12.59	3.34	20.28
ETMP	3.27	4.98	3.24	9.77	<q.l.	ND	ND	ND
SBMP	ND	4.20	0.55	1.66	ND	4.52	ND	<q.l.
IBMP	2.22	22.24	1.91	26.13	1.61	10.31	0.99	7.85

注：<q.l.：低于检测限；
ND：没检测到。

16.2.4.3 果皮和果肉中结合态风味化合物

葡萄汁和葡萄酒中含有大量的单萜，主要是里哪醇、香叶醇和橙花醇，最丰富的葡萄糖苷结合态组分是单萜和多氧化萜烯（poly-oxygenated terpenes），接着是苯系物（benzene compounds）和降异戊二烯类。葡萄皮与葡萄酒 18℃接触 15~23h 将使得葡萄酒中的游离态和结合态挥发性成分显著增加。使用结合态水解酶同时皮浸渍发酵可以增加葡萄酒香气[121-123]。白葡萄果皮 7℃浸渍 10~30h 或 20℃浸渍 10~30h 也有类似现象[123-124]。

16.2.4.4 果皮和果肉中类胡萝卜素

葡萄中的叶黄素类主要是指叶黄素、新黄素、紫黄素、黄体黄质、玉米黄质（cryptoxanthin）、海胆烯酮（echinenone）。

红葡萄中最丰富的类胡萝卜素类化合物是β-胡萝卜素和叶黄素[24]。

葡萄果皮中含有 131μg/kg 的叶黄素类化合物（指新黄素、紫黄素、黄体黄质、玉米黄质和海胆烯酮之和），而果肉中是 112μg/kg；果皮中含有叶黄素 666μg/kg，果肉中含有 603μg/kg。但β-胡萝卜素的含量区别较大，果皮中含有 1692μg/kg，而果肉中却仅有 519μg/kg[24]。

16.2.5 葡萄酒中醇、酯等化合物与年份

925 个来自南非的单品种葡萄新酒的成分被检测，这些葡萄酒包括长相思、霞多丽、比诺塔吉（Pinotage）、梅鹿辄、西拉和赤霞珠葡萄酒酿造的，年份为 2005—2007 年。研究发现南非葡萄新酒的成分与其他年份以及其他国家的葡萄新酒类似。南非红葡萄酒中的 1-己醇、1-丙醇、琥珀酸二乙酯和乳酸乙酯，白葡萄酒中的 2-苯乙醇、己酸、乙酸异戊酯和 1-丙醇不受年份影响。白葡萄酒中醇类和它们相应的乙酯、脂肪酸和相应的乙酸酯与年份相关。

16.3 葡萄酒发酵过程产生的风味物质

酒中醇类包括酒精、正丙醇、正丁醇、正戊醇等直链醇，以及 2-甲基丙醇、2-甲基丁醇、3-甲基丁醇、2-苯乙醇等均来源于酵母的发酵。除 2-甲基丁醇和 2-苯乙醇外，其他醇的浓度均在其阈值以下[17]。

酒中高含量的乙酸酯和脂肪酸乙酯主要贡献葡萄酒的水果香，其中乙酸-3-甲基丁酯是葡萄酒中最重要的酯[17]。

一些葡萄酒在酵母发酵结束后，会进行苹乳酸发酵（MLF），此过程是将苹果酸转化为乳酸，将导致葡萄酒酸度下降，同时会产生黄油香风味物质，如双乙酰。

16.4 橡木片重要风味物质

橡木片酒精浸提液 GC-MS 分析检测到 85 种化合物，包括 2 种萜烯醇类、1 种醛类、

7 种有机酸类、2 种酯类、3 种内酯类、7 种芳香族类、6 种酮类、15 种呋喃类、34 种酚类，以及 8 种其他化合物。

呋喃类化合物是橡木中一类重要的化合物，共检测到 15 种，主要是糠醛及其衍生物，包括 2-糠醛缩二乙醇、糠醛、2-乙酰基呋喃、2-糠酸甲酯、5-甲基糠醛、2-糠酸乙酯、糠醇、3-甲基-2-(5*H*)-呋喃酮、5-乙氧基二氢-2(3*H*)-呋喃酮、2(5*H*)-呋喃酮[2(5*H*)-faranone]、2,5-二甲酰基呋喃、5-乙酰基二氢-2(3*H*)-呋喃酮、5-乙酰甲基糠醛、糠酸、5-羟甲基糠醛，其质量浓度在 1~999μg/g[125-126]。

呋喃类化合物在橡木中的总质量浓度最高的是法国橡木（811.4μg/g），中度烘烤的法国橡木中糠醛达 430.6μg/g[126]，另外，质量浓度高的还有 5-甲基糠醛与 5-羟甲基糠醛，其中糠醛和 5-甲基糠醛在葡萄酒中的感官阈值分别是 20mg/L 和 45mg/L[127]。糠醛由半纤维素的主要成分戊糖产生，而 5-羟甲基呋喃和 5-甲基呋喃主要是由纤维素的己糖产生。2-糠醛缩二乙醇曾经在国产东北烘烤橡木片中检测到[129]，该化合物是在浸泡液的酸性条件下，由糠醛与酒精发生缩醛反应而产生[130]。

在橡木中，共检测到 34 种挥发性酚类化合物，包括苯酚、2-甲基苯酚、4-甲基苯酚、3-甲基苯酚、愈创木酚、4-甲基愈创木酚、4-乙基愈创木酚、4-丙基愈创木酚、4-乙烯基愈创木酚、丁香酚、顺-异丁香酚、反-异丁香酚、香兰素、香兰基乙基醚[4-(ethoxymethyl)-2-methoxyphenol]、香草酸甲酯（methyl vanillate）、高香草酸甲酯（methyl homovanillate）、2,6-二甲氧基苯酚（syringol）、4-甲基-2,6-二甲氧基苯酚（4-methylsyringol）、4-乙基-2,6-二甲氧基苯酚（4-ethylsyringol）、4-丙基-2,6-二甲氧基苯酚（4-propylsyringol）、4-烯丙基-2,6-二甲氧基苯酚（4-allylsyringol）、2,6-二甲氧基-4-(1-丙烯基)苯酚[4-(1-propenyl) syringol]、丁香醛、松柏醛（coniferaldehyde）、2-(4-羟基-3-甲氧基苯基）乙醛（isoacetovanillone）、香草乙酮（acetovanillone）、4-羟基-3-甲氧基苯丙酮（isopropiovanillone）、3-甲氧基-4-羟基苯丙酮（propiovanillone）、1-(4-羟基-3-甲氧基苯基)-2-丁酮（isobutyrovanillone）、1-(4-羟基-3-甲氧基苯基)-1-丁酮（butyrovanillone）、2-(4-羟基-3,5-二甲氧基苯基）乙醛（isoacetosyringone）、乙酰丁香酮（acetosyringone）、1-(4-羟基-3,5-二甲氧基苯基)-2-丙酮（isopropiosyringone）、1-(4-羟基-3,5-二甲氧基苯基)-2-丙酮、1-(4-羟基-3,5-二甲氧基苯基)-1-丁酮（isopropiosyringone）。

酚类化合物是橡木中种类最多、最重要的挥发性化合物，中度烘烤的中国橡木中酚类化合物具有最高的总质量浓度（1126μg/g），其中香兰素质量浓度达到 455.0μg/g，包括羟基酚类、单甲氧基苯酚类、双甲氧基苯酚类以及三甲氧基苯酚类共四类酚类化合物，它们的结构式如图 16-4 所示。

羟基酚类化合物主要是苯酚及其衍生物，极其微量。

单甲氧基苯酚类化合物主要包括愈创木酚及其衍生物，丁香酚及其异构体，以及赋予橡木特有香草风味的香兰素，其中愈创木酚和 4-甲基愈创木酚具有烟熏香气，与其烘烤香气有一定相关性[131]。异丁香酚可以赋予葡萄酒橡木特征[132]。另外，4-乙基愈创木酚、4-乙烯基愈创木酚的感官阈值分别是 140、380μg/L[127]，橡木提取液中的质量浓度远低于其感官阈值。双甲氧基苯酚类包括 2,6-二甲氧基苯酚及其衍生物，以及丁香醛、松柏醛与芥子醛。2,6-二甲氧基苯酚具有烟熏香[133]。三甲氧基苯酚类只检测到 3,4,

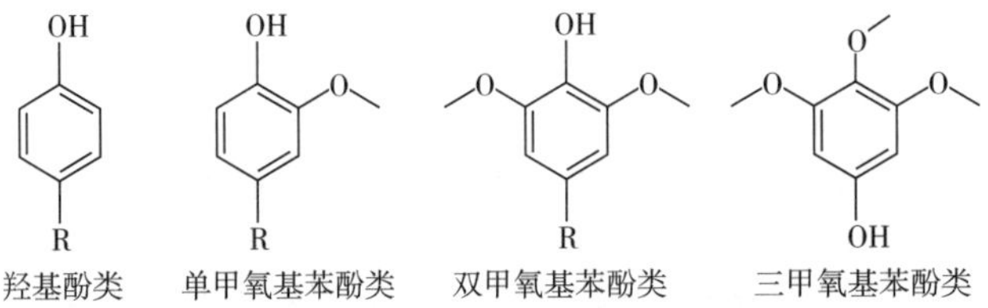

羟基酚类　单甲氧基苯酚类　双甲氧基苯酚类　三甲氧基苯酚类

图 16-4　四类挥发性酚类化合物的结构式[125]

5-三甲氧基苯酚，该化合物是一种重要的医药中间体[134-135]。

挥发性酚类化合物中的香兰素和丁香醛是橡木中重要的化合物[136]，其质量浓度较高，在中国中度烘烤的橡木中分别达到 455.0μg/g 和 300.3μg/g，换算它们在橡木提取液中的质量浓度分别为 9101μg/L 和 6005μg/L，而葡萄酒中的感官阈值分别为 320μg/L 和 50000μg/L[127]；前者香气活性值（OAV）为 28，表现出强烈的香草香；后者 OAV<1。橡木中木质素的降解主要是由于烘烤过程中的高温（>120℃）导致的[137]。

威士忌内酯是橡木中的重要香气物质，具有椰子香气和新鲜木头的气味[138]。威士忌内酯有两种异构体，在葡萄酒中的感官阈值分别是顺-威士忌内酯 67μg/L、反-威士忌内酯 790μg/L[139]。Wilkinson 等人研究了由前体 3-甲基-4-羟基辛酸产生 β-甲基-γ-辛内酯的反应过程[140]。而另一观点认为威士忌内酯是由木头中酯类化合物的热降解而产生；并随着烘烤的进行，降解反应同时发生[141]。通常认为法国橡木顺式与反式威士忌内酯之比<2，美国橡木的比例>5[142]。

橡木中检测到 7 种挥发性有机酸，总质量浓度在美国橡木中达到最高（300.61μg/g），包括乙酸、丙酸、丁酸、己酸、庚酸、辛酸、棕榈酸，其中以乙酸、丙酸质量浓度较高[125]。

7 种芳香族化合物分别是苯甲醛、苯乙酮、2-羟基苯甲醛、苯甲醇、苯乙醇、茴香醛、苯甲酸，它们是具有芳香特性的化合物，但在橡木中极其微量，低于其嗅觉阈值，而不能在橡木提取液中呈现其风味特征[125]。

橡木中的酮类化合物种类较少，质量浓度较低，如 3-羟基-2-丁酮、1-羟基-2-丁酮、2-辛酮、2-壬酮、1-乙酰氧基-2-丙酮、1-乙酰氧基-2-丁酮，其中 1-乙酰氧基-2-丙酮相对于其余酮类化合物具有较高的质量浓度（57.25μg/g），对橡木风味的贡献有待验证[125]。

其他化合物还包括 2 种萜烯醇类、1 种醛类、2 种环酮类、2 种酯类、1 种吡咯类、1 种吡喃类，以及 4 种未知化合物。其中高香茅醇、3-氧代-α-紫罗兰醇极其微量，己醛对于橡木香气是不协调的异味化合物[143]。2 种环酮类微量成分 3-乙基-2-羟基-2-环戊烯-1-酮和 2-羟基-3-甲基-2-环戊烯酮是橡木烘烤后形成的，具有烘烤香、焦香，是橡木烘烤的特征香。另外，还有己酸乙酯、棕榈酸乙酯、2-吡咯甲醛和麦芽酚[125]。

16.5　葡萄酒老熟过程中风味物质变化

葡萄酒老熟［maturation，ag(e)ing］是指葡萄酒发酵或倒桶（racking）后的贮存阶段，甚至包括装瓶后。最早研究葡萄酒老熟是在 1875 年由著名科学家巴斯德（Pasteur）开展的[145-146]。

葡萄酒老熟通常被认为能提高葡萄酒质量，特别是用优良葡萄酿造的红葡萄酒，如赤霞珠、添帕尼优（西班牙 Tempranillo）、内比奥罗（意大利 Nebbiolo），以及优良品种葡萄酿造的白葡萄酒，如霞多丽和雷司令。大部分葡萄酒的质量提高仅仅在贮存后的几个月，接着会酒质出现缓慢恶化（deteriorate），且是不可逆的。用老熟的方式提高葡萄酒的质量需要葡萄酒有较高的多酚和酸含量[6]。

葡萄酒老熟方式有两种[6]，一种是葡萄酒生产者或葡萄酒酿造者（vinifier）在小桶（cask）或大桶（vat）中老熟，如红葡萄酒在橡木桶中老熟 1~2 年甚至更长时间；一种是葡萄酒生产者和/或消费者在瓶（in-bottle）老熟。在橡木桶中老熟时，会产生氧化作用，氧会与多种成分相互作用[146]，微氧会加速葡萄酒老熟（称为微氧老熟，micro-oxygenated aging）[147-150]，此过程还会从橡木桶中浸出香味成分；而在瓶老熟并没有这些变化。专家推荐的某些红葡萄酒质量最优的老熟时间是 10~15 年，白葡萄酒是 0~10 年。名贵葡萄酒（prestige wine）如波尔多一级酒庄（Premier Cru's）的葡萄酒贮存老熟的时间会更长[6]。

老熟会引起化学成分变化，因此会影响到风味和颜色，如涩味等[145]。更重要的是影响挥发性的成分，即影响香气，葡萄酒贮存老熟后会产生陈酿香（bouquet）。

葡萄酒在橡木桶中贮存时，会从橡木桶中浸出木头成分。这些成分与橡木品种（species of oak）[151-152]、木条风干方式（seasoning of the staves）[153]、桶的烘烤程度（toasting of the barrel）[154]以及桶的年龄（age of barrel）[47]有关。

16. 5. 1 呋喃类化合物变化

在呋喃类化合物中，除糖醇外，其他的呋喃类化合物均来自于橡木烘烤过程中碳水化合物的分解。图 16-5 的结果表明，糠醛、5-甲基糠醛和 5-羟基甲基糠醛在木桶贮存的前 6~8 个月有着类似的变化，并由于梅鹿辄酒中有着较高的酒精度和较高的 pH，造成这些化合物的含量较高。也就是说，高的酒精度和高的 pH 有利于呋喃类化合物的浸出。贮存 10 个月后，梅鹿辄酒中的这三个呋喃醛化合物大量被降解，14 个月后，除 5-甲基糠醛外，其余两者含量相近。这些化合物的降解是由于微生物的作用而被还原成了相应的醇，当然化学反应也不能排除。

糠醇在两种酒中含量都比较高，但梅鹿辄酒中的含量更高。三种呋喃醛的含量均没有达到它们的感官阈值。

16. 5. 2 内酯类化合物变化

β-甲基-γ-辛内酯是葡萄酒橡木发酵或贮存时浸出的最重要的化合物[17]，该化合物有两个异构体，即顺-橡木内酯和反-橡木内酯，均是木桶烘烤时产生的，它是橡木中 2-甲基-3-(3,4-二羟基-5-甲氧基苯基)-丁酸［2-methyl-3-(3,4-dihydroxy-5-methoxybenzo)-octanoic acid］降解的产物。

γ-壬内酯存在于橡木中，而 γ-丁内酯则来源于橡木烘烤时 γ-羟基丁酸（γ-hydroxybutanoic acid）的分解，酒精发酵时也能产生 γ-丁内酯。

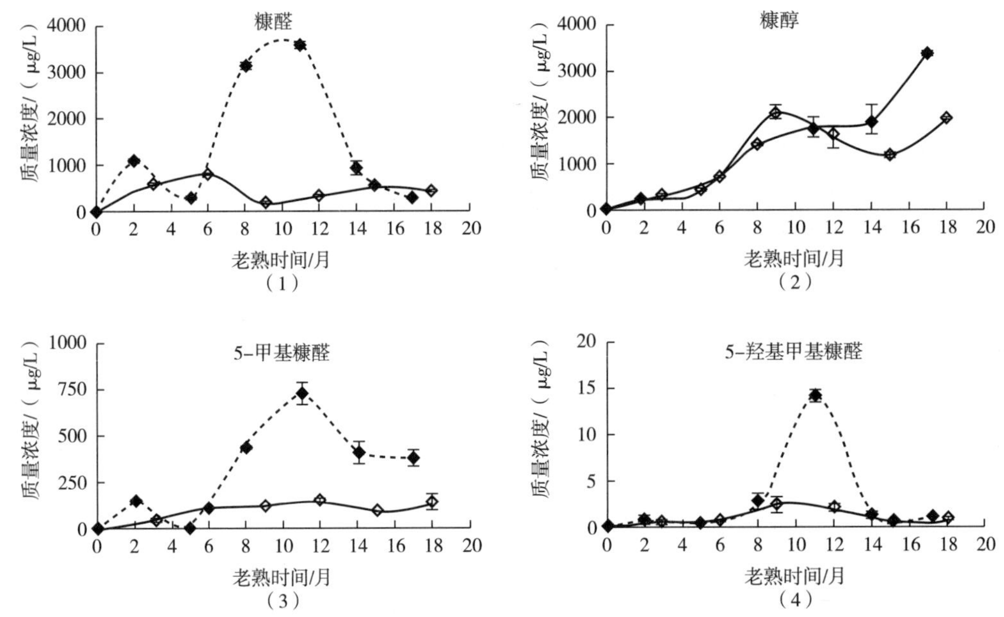

图 16-5　来源于赤霞珠和梅鹿辄葡萄酒中的糠醛、糠醇、5-甲基糠醛和 5-羟基甲基糠醛在美国橡木桶中贮存的变化[155]

赤霞珠　梅鹿辄

葡萄酒的成分影响着顺-橡木内酯和反-橡木内酯的浸出，在梅鹿辄酒中含有更多的橡木内酯（图 16-6）。在整个老熟过程中，这两种酒的顺-橡木内酯含量均高于 92μg/L，其含量已经超过其香味阈值 67μg/L[156-157]。而反-橡木内酯的含量在其阈值 790μg/L[156-157] 以下。与前面两个化合物不同，γ-壬内酯的含量并不受葡萄酒成分的影响，在整个的老熟阶段，γ-壬内酯的含量在两种酒中是类似的。该化合物主要是在一开始的两个月中浸出，然后，其含量一直保持恒定，直至第十八个月。γ-壬内酯的含量在 30μg/L 左右，而其在 10% 酒精-水溶液中的阈值也是 30μg/L[158]。因此，γ-壬内酯在酒中呈现愉快的水果香气和坚果香。γ-丁内酯在两种酒中的浓度差不多，该化合物主要是在发酵过程中产生，在贮存过程中并没有量的上升。因此，可以忽略贮存过程中橡木对 γ-丁内酯的影响。在贮存 9~11 月后，γ-丁内酯的含量在下降。这可能是由于它的开环水解而生成了相应的酸[159]。

16.5.3　酚类化合物变化

16.5.3.1　酚-醛类化合物变化

酚-醛类化合物包括香草醛、丁香醛和松柏醛，这些化合物是木质素热降解的产物，在高酸度和高酒精度的梅鹿辄酒中被大量浸出（图 16-7）。来源于木质素降解的产物可以溶解于酒精-水溶液中[160]，特别是酸性的酒精-水溶液。有研究发现，在合成葡萄酒中，酒精可以通过醇化作用增强香草醛、丁香醛和松柏醛的浸出[161]。从图 16-6 可以看出，梅鹿辄酒这些化合物在 11 个月时达到最高的浓度。然后，它们的浓度下降，这可能是微生物将它们还原成了相应的醇[162]。在这组化合物中，最重要的是香草醛。在梅鹿

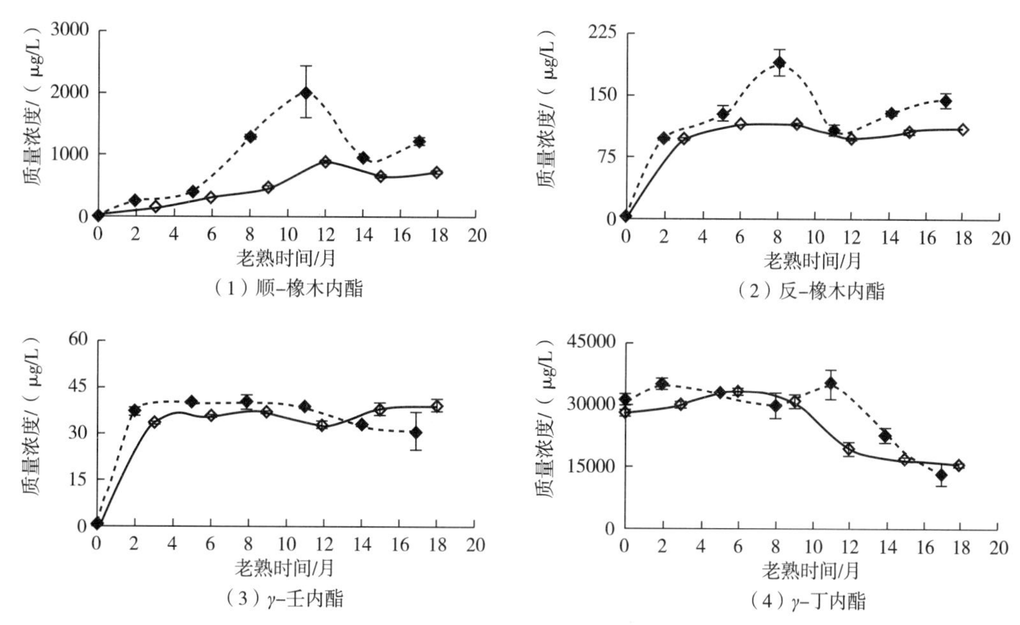

图 16-6 来源于赤霞珠和梅鹿辄葡萄酒中的顺-橡木内酯、反-橡木内酯、γ-壬内酯和γ-丁内酯在美国橡木桶贮存的变化[155]

—◇— 赤霞珠 --◆-- 梅鹿辄

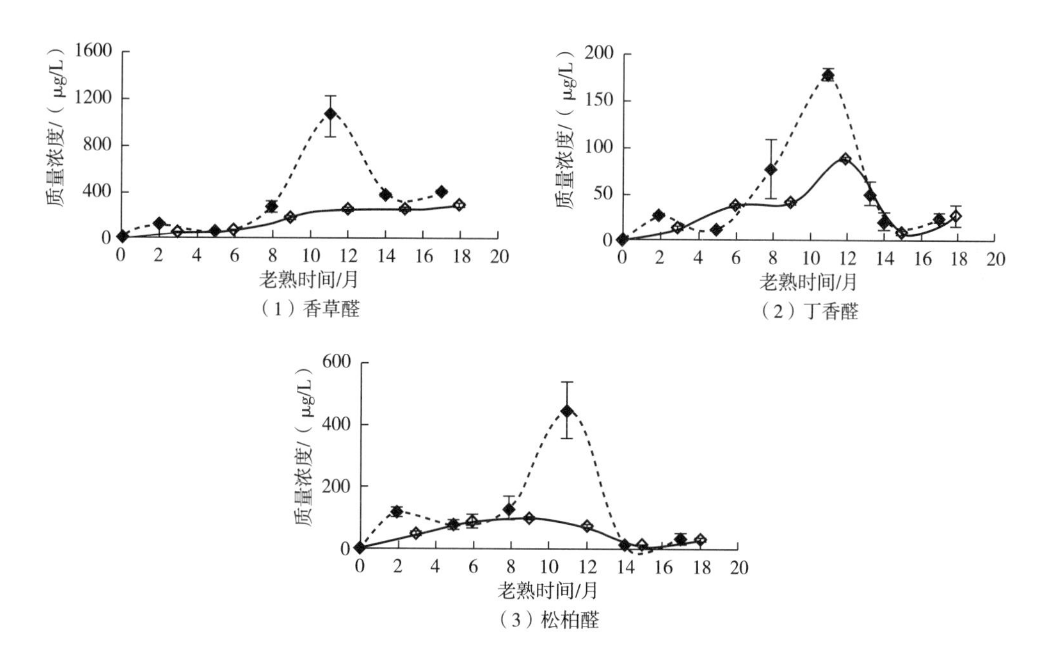

图 16-7 来源于赤霞珠和梅鹿辄葡萄酒中的香草醛、丁香醛和松柏醛在美国橡木桶贮存的变化[155]

—◇— 赤霞珠 --◆-- 梅鹿辄

辄酒中，它的含量已经超过了其在酒精-水溶液中的阈值 200μg/L[163]，也超过了其在红葡萄酒中的阈值 320μg/L[164]，贮存结束时，其含量达 401μg/L。而在赤霞珠葡萄酒中其含量较低，贮存 18 个月后，含量仅有 285μg/L。

16.5.3.2 酚醇和乙基苯酚类化合物

酚醇来源于木质素的高温热降解，而乙基苯酚类化合物则来源于橡木桶贮存时酵母的发酵［酒香酵母属（*Brettanomyces*）和德克酵母属（*Dekkera*）］。这两类化合物主要包括丁香酚（eugenol）、愈创木酚（guaiacol）、4-甲基愈创木酚、4-乙基愈创木酚和 4-乙基苯酚（4-ethylphenol）。总的来讲，高的醇浓度和高的酸度（低 pH）有利于丁香酚、愈创木酚和 4-甲基愈创木酚的浸出。丁香酚呈现丁香的气味，在红葡萄酒中的阈值是 500μg/L[164]。

4-乙基苯酚和 4-乙基愈创木酚随老熟时间的延长其含量增加，且在低醇溶液中浸出更多（图 16-8）。研究发现，高的醇浓度将降低酵母的活性，使得乙基苯酚类化合物的合成变得困难。至贮存 18 个月后，这些化合物并没有达到它们的阈值（在红葡萄酒中 4-乙基苯酚的阈值是 620μg/L，4-乙基愈创木酚的阈值是 140μg/L）[165]。因此，它们对葡萄酒并没有负面的影响。

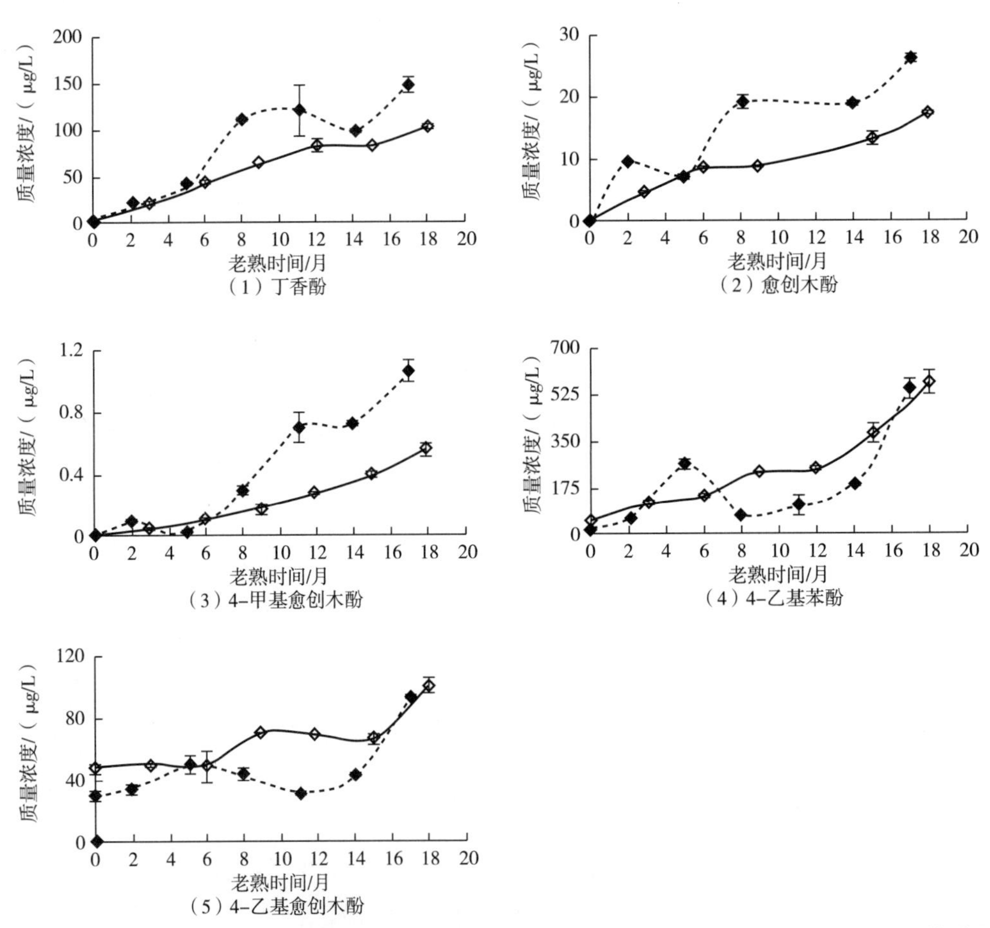

图 16-8 来源于赤霞珠和梅鹿辄葡萄酒中的丁香酚、愈创木酚、4-甲基愈创木酚、4-乙基苯酚和 4-乙基愈创木酚在美国橡木桶贮存中的变化[155]

—◇— 赤霞珠 --◆-- 梅鹿辄

16.5.4 乙酯类化合物变化

贮存开始时，丁酸乙酯在赤霞珠中的浓度高于梅鹿辄酒［图 16-9（1）］。在贮存过程中，丁酸乙酯浓度的变化较大，但到贮存结束时，其浓度是下降的，并且两种酒的浓度基本相同。己酸乙酯在贮存前 6 个月中，基本没有变化。后来，浓度上升，到 12 个月时达到最大值。一年后，其浓度又开始下降［图 16-9（2）］。辛酸乙酯在贮存的最初阶段浓度是增加的，然后基本恒定，后期开始水解。而癸酸乙酯则在老熟一年后浓度才开始上升。

在葡萄酒贮存过程中，酒精度和 pH 似乎对酯的变化没有影响[155]。在贮存过程中，酯更倾向于达到一个浓度平衡（concentration equilibrium）。有研究发现[166]，酯在模拟葡萄酒中是水解的，并保持到装瓶，且其水解与酒精度无关。

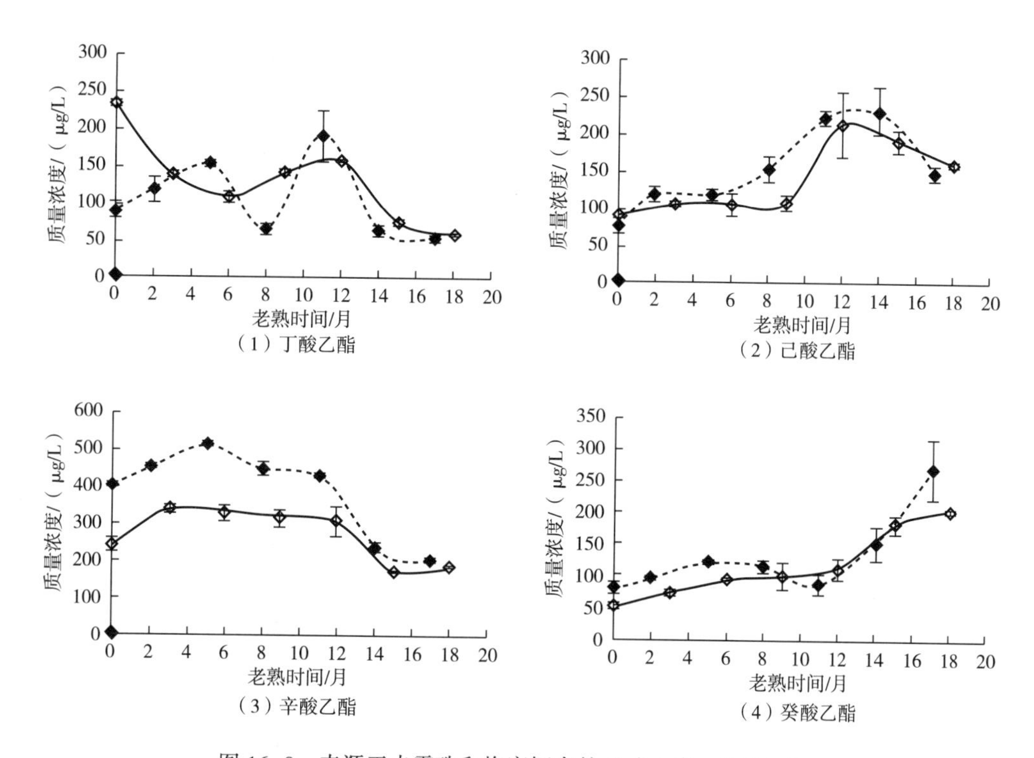

图 16-9 来源于赤霞珠和梅鹿辄中的丁酸乙酯、己酸乙酯、辛酸乙酯和癸酸乙酯在美国橡木桶贮存的变化[155]

16.6 不同葡萄酒风味物质组成

不同的葡萄酒具有不同的风味特点，其风味化合物的组成也不一样。

16.6.1 红葡萄酒风味物质

红葡萄酒中的风味物质的种类及含量如表16-9所示。

红葡萄酒中醇类物质的总量在229~393mg/L。其中3-甲基丁醇的含量最高，在200mg/L左右。其次是2-甲基丙醇，含量在60mg/L左右。顺式己烯醇主要来源于葡萄，而其他的醇类主要是酵母发酵的产物。

表16-9　红葡萄酒中风味化合物及其含量[157]

化合物名称	阈值/(μg/L)	浓度/(μg/L)					
		RD1*	RJ	RD2	RD3	C-L	SM
醇类							
2-甲基丙醇	40000	62000	82800	66800	57200	70000	98800
1-丁醇	150000	1500	1500	1500	1500	1500	1500
3-甲基丁醇	30000	249300	263400	189600	165900	241200	290700
己醇	8000	3520	2640	4960	4320	3200	2000
(Z)-3-己烯醇	400	304.0	276.0	796.0	644.0	396.0	204.0
醇类合计	—	316624	350616	263656	229564	316296	393204
醛类							
乙醛	500	42450	45650	48600	45100	44350	42750
癸醛	10	0.00	0.40	0.60	0.70	0.40	0.50
辛醛	15	0.00	0.30	0.15	0.30	0.30	0.30
壬醛	15	0.00	0.75	0.75	0.75	0.60	0.75
(E)-2-壬烯醛	0.17	0.00	0.38	0.38	0.20	0.47	0.27
醛类合计	—	42450	45651	48601	45101	44351	42751
酸类							
2-甲基丙酸	2300	1426	2645	1725	1656	2047	3864
丁酸	173	2941	1464	2595	2266	2387	1816
2-甲基丁酸	50	221.5	389.5	203.5	230.0	291.0	428.0
3-甲基丁酸	33	1416	1980	1178	1063	1620	2557
己酸	420	4166	1957	2986	3381	2831	1441
辛酸	500	3305	2080	2680	3280	2755	1095
癸酸	1000	470.0	430.0	500.0	460.0	570.0	290.0
酸类合计	—	13945	10945	11867	12336	12501	11491

续表

化合物名称	阈值/(μg/L)	浓度/(μg/L)					
		RD1*	RJ	RD2	RD3	C-L	SM
酯类							
丁酸乙酯	20	518.0	306.0	366.0	386.0	318.0	346.0
乙酸丁酯	1800	0.00	0.00	0.00	0.00	18.00	0.00
2-甲基丁酸乙酯	18	21.60	61.20	18.72	18.54	30.42	52.38
异丁酸乙酯	15	228.0	553.5	225.0	217.5	298.5	568.5
乙酸异丁酯	1600	32.00	48.00	64.00	32.00	48.00	80.00
乙酸-3-甲基丁酯	30	402.0	408.0	483.0	249.3	360.0	828.0
异戊酸乙酯	3	56.70	100.20	39.60	30.00	61.20	91.80
己酸乙酯	14	641.2	347.3	442.4	504.0	373.8	254.8
乙酸己酯	1500	30.00	45.00	15.00	45.00	30.00	45.00
辛酸乙酯	5	287.0	194.0	350.5	211.5	230.5	162.0
癸酸乙酯	200	56.00	36.00	40.00	80.00	48.00	20.00
乳酸乙酯	154636	398961	307726	603080	366487	675759	250510
3-羟基丁酸乙酯	20000	600.0	400.0	600.0	400.0	600.0	400.0
丁二酸二乙酯	200000	22000	26000	18000	16000	24000	18000
酯类合计	—	423833	336225	623724	384661	702175	271358
酮类							
2,3-丁二酮	100	340.0	980.0	0.00	728.0	690.0	1020
乙偶姻	150000	31500	28500	27000	6000	4500	15000
酮类合计	—	31840	29480	27000	6728	5190	16020
酚类化合物							
邻甲酚	31	1.86	1.86	1.86	1.55	2.48	2.17
间甲酚	68	0.68	2.72	1.36	1.36	2.04	1.36
4-乙基苯酚	440	145.20	2640	118.8	765.6	343.2	1359
4-乙烯基苯酚	180	25.20	48.60	10.80	9.00	14.40	45.00
2,6-二甲氧基苯酚	570	62.70	51.30	74.10	28.50	85.50	62.70
2-甲氧基苯酚	9.5	12.83	9.12	15.39	7.51	21.00	14.54
4-乙基-2-甲氧基苯酚	33	18.81	351.1	22.11	156.7	37.29	225.4

续表

化合物名称	阈值/(μg/L)	浓度/(μg/L)					
		RD1*	RJ	RD2	RD3	C-L	SM
4-烯丙基-2-甲氧基苯酚	6	27.42	66.96	54.18	41.40	55.56	87.60
4-乙烯基-2-甲氧基苯酚	40	28.40	22.80	14.00	17.60	24.80	28.00
4-丙基-2-甲氧基苯酚	10	0.60	2.00	0.90	3.30	6.90	16.50
反-异丁香酚	6	1.44	0.60	7.20	0.78	4.50	0.60
香草醛	60	48.00	39.60	88.20	40.80	85.20	125.4
香草酸乙酯	990	217.8	366.3	148.5	168.3	287.1	237.6
香兰基甲基酮	1000	70.00	70.00	80.00	70.00	90.00	80.00
酚类化合物合计	—	660.9	3673	637.4	1312	1060	2286
芳香族化合物							
苯乙醛	1	1.38	3.60	0.77	1.32	1.09	2.18
苯甲醇	14100	0.00	0.00	0.00	0.00	141.00	0.00
2-苯乙醇	14000	36820	83160	30100	23940	49000	58100
安息香酸（苯甲酸）	1000	10.00	30.00	20.00	0.00	20.00	20.00
苯乙酸	1000	20.00	90.00	20.00	20.00	40.00	90.00
乙酸苯乙酯	250	22.50	52.50	27.50	12.50	40.00	47.50
肉桂酸乙酯	1.1	2.35	1.24	1.71	1.39	2.01	1.19
二氢肉桂酸乙酯	1.6	0.85	0.75	1.10	0.66	1.14	0.80
芳香族化合物合计	—	36877	83338	30171	23975	49245	58261
内酯类化合物							
γ-丁内酯	35	21.00	24.15	30.10	24.50	38.85	48.30
γ-壬内酯	30	7.50	6.30	11.40	13.20	5.10	11.40
γ-癸内酯	88	5.28	7.92	7.92	6.16	4.40	7.04
γ-十一内酯	3000	0.00	30.00	0.00	0.00	30.00	30.00
δ-癸内酯	386	7.72	15.44	7.72	7.72	11.58	11.58
δ-辛内酯	400	12.00	8.00	8.00	8.00	12.00	8.00
顺-威士忌内酯	67	201.7	306.2	345.7	288.8	440.8	588.9
反-威士忌内酯	790	181.7	55.30	213.3	47.40	173.8	142.2
内酯类化合物合计	—	436.9	453.3	624.2	395.7	716.6	847.5

续表

化合物名称	阈值/(μg/L)	浓度/(μg/L)					
		RD1*	RJ	RD2	RD3	C-L	SM
硫化物							
4-巯基-4-甲基-2-戊酮	0.0008	0.00	0.01	0.01	0.01	0.01	0.01
乙酸-3-巯基已酯	0.0042	0.03	0.04	0.04	0.07	0.07	0.09
3-甲硫基-1-丙醇	1000	2400	3410	2600	2250	3300	3880
3-巯基已醇	0.06	0.28	0.21	0.16	0.31	0.20	0.33
硫化物合计	—	2400	3410	2600.	2250	3300	3880
萜烯类化合物							
β-大马酮	0.05	1.04	2.44	1.99	0.91	2.78	2.53
β-紫罗兰酮	0.09	0.31	0.31	0.27	0.39	0.22	0.31
里哪醇	25	12.25	6.50	15.25	9.50	12.00	7.75
α-萜品醇	250	15.00	7.50	12.50	5.00	15.00	10.00
β-香茅醇	100	3.00	1.00	2.00	3.00	3.00	3.00
萜烯类化合物合计	—	31.60	17.75	32.01	18.80	33.00	23.59
呋喃类化合物							
糠醇	2000	60.00	40.00	880.0	180.0	460.0	400.0
2,5-二甲基-4-羟基-3(2H)-呋喃酮	5	144.0	30.30	149.0	137.0	206.0	174.5
2,5-二甲基-4-羟基-2(5H)-呋喃酮	0.7	2.80	7.00	5.28	5.37	5.65	8.28
2-乙基-5-甲基-4-羟基-3(2H)-呋喃酮	55	20.35	7.15	16.50	23.65	19.25	22.55
3-羟基-2甲基-4-吡喃酮	5000	100.0	50.00	100.0	50.00	150.0	100.0
4-烯丙基-2,6-二甲氧基苯酚	1200	12.00	12.00	36.00	12.00	36.00	48.00
呋喃类化合物合计	—	339.1	146.4	1186	408.0	876.9	753.3

注：*：该表中酒均为西班牙葡萄酒，有三个来源于杜罗河岸（Ribera Duero）(RD1，RD2和RD3)，一个来源于里奥哈（Rioja）(RJ)，一个来源于卡斯蒂利亚-莱昂（Tierra de Castilla-León）(C-L)，还有一个来源于索蒙塔诺(Somontano)（SM）。

红葡萄酒中的醛类物质总量在42~48mg/L。含量最高的醛是乙醛，含量在44mg/L左右。

挥发性有机酸类在红葡萄酒中的总量为11~14mg/L，含量较高的酸有2-甲基丙酸、丁酸、己酸和辛酸。

酯类化合物在红葡萄酒中的总量为 271~702mg/L。含量最高的酯类是乳酸乙酯，其次是丁二酸二乙酯（琥珀酸乙酯），再次是 3-羟基丁酸乙酯。

酮类化合物主要 2,3-丁二酮和乙偶姻，其含量在 5~30mg/L。

红葡萄酒中的酚类化合物总量为 0.6~3.7mg/L。含量较高的酚类化合物有香草酸乙酯、4-乙基苯酚和 4-乙基-2-甲氧基苯酚（4-乙基愈创木酚）。

芳香族化合物在红葡萄酒中的总量为 24~83mg/L。其中 2-苯乙醇的含量极高，在 23~83mg/L，其他芳香族化合物的含量极微。

葡萄酒中的内酯类化合物含量在 0.40~0.85mg/L。含量高的内酯是顺-威士忌内酯和反-威士忌内酯。说明该酒已经经过橡木桶的贮存。

已经在红葡萄酒中检测到的硫化物含量在 2.2~3.9mg/L，其中含量最高的硫化物是 3-甲硫基-1-丙醇。

在红葡萄酒中，萜烯类化合物的总量非常低，在 17~33μg/L，其中含量最高的是 α-萜品醇和里哪醇。

红葡萄酒中的呋喃类化合物总量为 0.1~1.2mg/L。其中含量较高的有 2,5-二甲基-4-羟基-3(*2H*)-呋喃酮、糠醇和 3-羟基-2 甲基-4-吡喃酮。

16.6.1.1 赤霞珠葡萄酒香气

赤霞珠是一个世界性的葡萄品种，也是我国种植最广泛的葡萄，在世界上产生了大量的标志性葡萄酒（iconic wines）[167]。

赤霞珠葡萄酒的芳香谱（aromatic spectrum）因其产地不同而有变化，通常使用的描述词汇有黑醋栗（blackcurrant），其香气组属水果香类/浆果，香气种类是二类香气，它是所有产区赤霞珠葡萄酒共有的香气描述词汇，其他的描述词汇是：欧洲黑醋栗（cassis，水果香类/浆果，二类香气）、紫罗兰（花香类，二类香气、三类香气）、玫瑰果（rosehip，花香）、树叶（leaves）、青椒（green pepper，蔬菜气味类，一类香气，特别是智利和加州葡萄酒）、蛋糕（cake，醚类香气，二类香气/三类香气）、薄荷（mint）、雪松（cedar）/雪松木［cedar wood，木香类，三类香气（橡木）］、辛香（spice，主要是薄荷类的）、烟熏（smoke）/烟草（tobacco，通常来源于新桶）、雪茄盒［cigar box，木香类，三类香气（橡木）］气味[6, 167]，其他常用的如草的/蔬菜的［指未成熟的（unripe）］[6]。

赤霞珠葡萄如果生长的土壤太肥沃或生长在较热的地区，通常会使得葡萄酒很粗糙，以及含有更多的蔬菜类香气特征，产生更多的叶子的气味，而不是果香[168]。“丁香”气味来源于加州葡萄酒厂；“甘草”气味来源于西班牙里奥哈（Rioja）；“海藻”气味来源于法国朗格多克（Languedoc）；“工业烟（industrial fumes）”气味来源于智利圣地亚哥（Santiago）；“煤烟（soot）”气味来源于匈牙利伊加（Egar）。澳大利亚的赤霞珠葡萄酒通常使用桉树（eucalyptus）、薄荷、干树叶和干草描述[167]，桉树的特征香气来源于 1,8-桉树脑[167]。

赤霞珠葡萄酒重要香气成分是辛酸乙酯、β-大马酮、已酸乙酯、乙酸异戊酯和异戊酸[158]；波尔多地区赤霞珠葡萄酒的重要香气成分是 2-甲基丁醇、3-甲基丁醇、2-苯乙醇、乙酸、3-甲硫基丙醛、2-甲基丁酸、3-甲基丁酸、β-大马酮、呋喃扭尔、酱油酮

（homofuraneol）[169]；美国和澳大利亚地区赤霞珠葡萄酒重要香气成分包括3-甲基丁醇、3-羟基-2-丁酮、辛醛、己酸乙酯、2-甲基丁酸乙酯、β-大马酮、愈创木酚、4-乙烯基愈创木酚、3-甲基丁酸乙酯、乙酸、2-苯乙醇[170]；品种香是3-巯基-2-甲基丙醇、3-巯基-1-己醇、乙酸-3-巯基己酯[171]、2-呋喃甲硫醇[172]、2-甲基-3-巯基呋喃（波尔多地区）[169]；IBMP是赤霞珠葡萄酒的特征香气成分之一[173]。

16.6.1.2　品丽珠葡萄酒香气

品丽珠（Cabernet franc）葡萄酒是世界上也是我国生产量较大的葡萄酒，其风味谱（flavor spectrum）通常描述为：覆盆子/黑醋栗（水果香类/浆果，二类香气）、海绵状蛋糕（sponge cake）/食物碎屑（crumbs，醚类香气）、青草/绿叶（黑醋栗、蔬菜类香气，二类香气）、花坛（herbaceous border，蔬菜类，二类香气）、锋利的不锈钢刀［水果和油炸马铃薯片（crisps），化学类］，其他的描述词还有樱桃、铅笔屑[6]。

IBMP是品丽珠葡萄酒的特征香气成分之一[173]；品丽珠葡萄酒品种香关键香气成分是2-呋喃甲硫醇[172]。

16.6.1.3　梅鹿辄葡萄酒香气

梅鹿辄葡萄酒是世界上也是我国生产较多的葡萄酒，其香气特征是：李子（水果香类/果香，二类香气）、红草莓（redberry，水果香类/浆果，二类香气）、蛋糕（醚类香气，二类香气/三类香气）、太妃焦糖（toffee caramel，醚类香气，二类香气/三类香气）、铅笔屑［pencil shavings，木香类，三类香气（来源于木桶）］、薄荷香（minty，辛香，一类香气），其他的描述词如西洋李（damson）、樱桃、柔软的（velvet）、丁香、烤坚果等[6]。IBMP是梅鹿辄葡萄酒的特征香气成分之一[173]。

梅鹿辄葡萄酒的重要香气成分是辛酸乙酯、β-大马酮、己酸乙酯、乙酸异戊酯和异戊酸[158]，波尔多地区梅鹿辄葡萄酒重要香气成分是2-甲基丁醇、3-甲基丁醇、2-苯乙醇、乙酸、3-甲硫基丙醛、2-甲基丁酸、3-甲基丁酸、呋喃扭尔、酱油酮[169]；美国和澳大利亚地区梅鹿辄葡萄酒重要香气成分包括3-甲基丁醇、3-羟基-2-丁酮、辛醛、己酸乙酯、2-甲基丁酸乙酯、β-大马酮、愈创木酚、4-乙烯基愈创木酚、3-甲基丁酸乙酯、乙酸、2-苯乙醇[170]，其品种香是3-巯基-2-甲基丙醇、3-巯基-1-己醇、乙酸-3-巯基己酯[171]、2-呋喃甲硫醇[172]、2-甲基-3-巯基呋喃（波尔多地区）[169]。

16.6.1.4　黑比诺葡萄酒香气

黑比诺（Pinot noir）葡萄酒是法国的重要葡萄酒之一，其香气谱通常描述为：草莓（水果香类/浆果，二类香气）、甘蓝（蔬菜类，三类香气）、有腥气肉（gamey meat，动物臭类，三类香气）、黑樱桃（水果香类/浆果，二类香气）、生锈的金属（rusty metal，化学类）、土堆肥（earth compost，蔬菜类香气）、柔软的（velvety）和似果酱的（jammy，花香类），其他描述词还有木头烟（wood smoke）、腐烂蔬菜等[6]。

GC-O的研究结果表明，黑比诺的重要香气成分是2-苯乙醇、3-甲基丁醇、2-甲基丙酸乙酯、丁酸乙酯、乙酸-3-甲基丁酯、己酸乙酯、苯甲醛[174]。

16.6.1.5 西拉葡萄酒香气

西拉（Shiraz 或 Syrah）是澳大利亚最重要的葡萄品种，约占澳大利亚红葡萄酒年产量的 40%，也是法国重要的葡萄酒品种[6,46]。西拉的风味谱通常描述为黑莓（blackberry，水果香类/浆果，二类香气）、覆盆子（raspberry，水果香类/浆果，二类香气）、水果胶（fruit gums，水果香类/浆果，二类香气）、杂酚油（creosote，化学类，二类香气）、皮革/皮革皂（saddle soap，醚类香气，三类香气）、匈牙利菜肉汤（goulash，动物类，三类香气）、新西兰泪柏烟[tarwood smoke，焦煳香类（empyreumatic）/化学类，二类香气]、李子（plum）、桑葚（mulberry）、辛香（spicy）、似黑水果（dark fruit）、浆果（berry-like，水果香类/浆果，二类香气，辛香类，二类香气/三类香气）、欧亚甘草（licorice）/黑甘草[black liquorice，辛香类，三类香气（橡木）]、雪茄盒（cigar box）、桉树（eucalyptus）和黑胡椒（black pepper）香气[6,45-46]，依产区、酿造工艺和葡萄的不同而略有区别。其他的描述词还有燃烧的橡胶等[6]。在澳大利亚炎热、阳光充足的地区，西拉较多呈李子、辛香、黑莓和巧克力香气；在寒冷、潮湿的地区，会产出典型黑胡椒气味的西拉，这还与年份有关[45]。

经 GC-O 分析，并进行 OAV 计算，以及重构与缺失试验发现，西拉葡萄酒的关键香气主要是二甲基硫、莎草薁酮（rotundone）、脂肪酸和 β-大马酮[46]。

16.6.1.6 佳美葡萄酒香气

佳美（Gamay）葡萄酒是法国重要的葡萄酒品种，具有如下感官特征：碘的（iodine，化学类）、运动鞋（gym shoes，化学类）、煤焦油（tar，化学类）、樱桃（水果香类/浆果，二类香气）、果酱（jam，水果香类，二类香气）、水果仁（苦杏仁，水果香类，二类香气），其他常用的词有香蕉、梨形硬糖果（pear drop）、煮糖果、指甲油去除剂、胡椒气味[6]。

16.6.1.7 马卡毕欧葡萄酒香气

应用 AEDA 技术，在西班牙马卡毕欧（Maccabeo）葡萄酒中发现了 FD>50 的香气成分，包括异丁酸乙酯、丁酸乙酯、己酸乙酯、异戊酸、β-大马酮、己酸、愈创木酚、2-苯乙醇、4,5-二甲基-3-羟基-2(5*H*)-呋喃扭尔、2,6-二甲氧基苯酚、2-苯乙酸以及一个未知化合物。通过计算 OAV，发现 OAV>10 的化合物有辛酸乙酯、β-大马酮、乙酸异戊酯、己酸乙酯、4-乙烯基愈创木酚、丁酸乙酯和异戊酸。通过重构-缺失试验发现最关键的香气化合物是 2-甲基-3-呋喃硫醇（2-methyl-3-furanthiol）和 4-甲基-4-巯基-2-戊酮[175]。

16.6.1.8 内比奥罗葡萄酒香气

意大利内比奥罗（Nebbiolo）葡萄酒的风味谱可以用以下词汇描述：松露（truffles，辛香）、梅子干（prunes，水果香类，二类香气）、紫罗兰（花香类，二类香气/三类香气）、欧亚甘草[辛香类，三类香气（橡木）]、巧克力（焦煳香类/化学类），其他的描述词有煤焦油、玫瑰花香、樱桃、西洋李子、皮革等[6]。

16.6.1.9 歌海娜葡萄酒香气

法国黑歌海娜（Grenache noir）和西班牙黑歌海娜（Grenache tinto）的香气谱描述词：法国黑歌海娜是覆盆子/草莓（水果香类/浆果，二类香气）；西班牙黑歌海娜是胡椒（辛香类，一类香气）。其他描述词是焙烤坚果、皮革、蜂蜜[6]。3-巯基-1-己醇是粉红歌海娜葡萄酒（Grenache rose）葡萄柚［(*R*)-型］和热带水果［(*S*)-型］香气的特征香气成分[173, 176]，另外两个关键香气成分是呋喃扭尔和酱油酮[176]。

AEDA 和 OAV 的研究揭示，歌海娜（Grenache）红葡萄酒的重要香气成分是辛酸乙酯、β-大马酮、己酸乙酯、乙酸异戊酯和异戊酸[158]。

16.6.1.10 仙芬黛葡萄酒香气

美国加州仙芬黛（Zinfandel）葡萄酒的香气谱可以用下述词汇描述：浆果［野蔷薇（bramble），水果香类/浆果，二类香气］、黑胡椒/丁香/肉桂/牛至（oregano，辛香类）、紫罗兰/玫瑰（花香，二类香气/三类香气）。其他的描述词还有增加成熟度后，可用黑醋栗、梅子干、葡萄干；未成熟的使用青豆、洋蓟（artichoke）、桉树、薄荷气味描述[6]。

16.6.1.11 葡萄牙巴格葡萄酒香气

巴格葡萄酒（Baga wine）是葡萄牙比拉达产区（Portuguese Bairrada Appellation）的葡萄酒。该酒挥发性化合物含量 225mg/L，检测到 53 个挥发性香气成分，包括脂肪醇和芳香醇（44%）、脂肪酸（27%）、酯（15%）、内酯（6%）、胺（5%）和酚类（1%）。通过 OAV 计算比较，发现最重要的香气成分是愈创木酚、3-甲基丁酸、4-乙氧羰基-γ-丁内酯（4-ethoxycarbonyl-γ-butyrolactone）、异丁酸、2-苯乙醇、γ-壬内酯、辛酸、辛酸乙酯和 4-(1-羟基乙基)-γ-丁内酯［4-(1-hydroxyethyl)-γ-butyrolactone］。这些检测结果与该酒呈水果香是吻合的[177]。

16.6.1.12 桑娇维塞葡萄酒香气

意大利桑娇维塞（Sangiovese）葡萄酒可以用以下词汇描述其香气：樱桃［水果香类（树），二类香气］、紫罗兰（花香类，二类香气/三类香气）、甘草（辛香类，三类香气），其他描述词汇有李子（plumminess，指完全成熟的）、香子兰/辛香，是指橡木桶贮存过的[6]。

16.6.1.13 添帕尼优葡萄酒香气

西班牙添帕尼优葡萄酒香气可以用以下词汇描述：草莓（水果香类/浆果，二类香气）、橙子（水果香类，二类香气）、熏香（incense，焦煳香类，三类香气）、“橡木的”（三类香气，来源于橡木）。当酒比较年轻时，可以用草莓/李子酱味描述；过熟的，使用无花果和甜香描述；长期在橡木桶中贮存后可以用烟草、吐司/辛香描述[6]。

AEDA 和 OAV 的研究揭示，添帕尼优红葡萄酒的重要香气成分是辛酸乙酯、β-大马酮、己酸乙酯、乙酸异戊酯和异戊酸[158]。

16.6.1.14 慕合怀特葡萄酒香气

法国慕合怀特（Mourvèdre）葡萄酒香气谱描述词：浆果（覆盆子/黑莓，水果香类/浆果，二类香气）、甘草（辛香类，三类香气）、烟草辛香（香子兰、胡椒、肉桂，辛香类，三类香气）、康乃馨（carnation）/紫罗兰（花香，三类香气），其他描述词汇有农家院的（famyardy）、皮革的等与老熟相关的词汇[6]。

16.6.1.15 佳利酿葡萄酒香气

法国佳利酿（Carignan）葡萄酒在西班牙称作马士罗（Mazuelo），在西班牙某些地区称为佳丽尼加（Carineña），其香气的常用描述词汇是热浆果［树木的（rustic）］，其他描述词可以用树木的（rustic）/蔬菜的和水果香[6]。

16.6.1.16 神索葡萄酒香气

法国神索（Cinsaut）葡萄酒香气描述词汇是低浆果（low berry），属水果香类/浆果，为二类香气；当该酒年份比较短时常用芳香的来描述[6]。

16.6.1.17 马尔贝克葡萄酒香气

法国马尔贝克（Malbec）葡萄酒香气描述词是有膻味的（gamey），属动物类/树木的，为二类香气。其他的描述词汇有：与低酸度相联系、西洋李子/紫罗兰（特别是产于阿根廷的）、葡萄干、西洋李子皮、烟草［法国卡奥尔产（Cahors）的酒］[6]。

16.6.1.18 味而多与小满胜葡萄酒香气

法国味而多（Petit verdot）葡萄酒香气描述词汇主要有：胡椒（辛香类）、甘草（辛香类）、李子（水果香类，二类香气）。当酒年份比较短时，使用香蕉香；稍老一点使用紫罗兰香[6]。

小满胜（Petit manseng）葡萄酒的品种香成分是2-呋喃甲硫醇[172]。

16.6.1.19 格雷西亚葡萄酒香气

西班牙格雷西亚（Graciano）葡萄酒的香气描述词是甘蓝（辛香类，三类香气，来源于橡木），其他描述词还有辛香、芳香等[6]。

16.6.1.20 比诺塔吉葡萄酒香气

比诺塔吉（Pinotage）葡萄酒香气谱描述词汇有：桑葚（水果香类/浆果，二类香气）、黑莓（水果香类/浆果，二类香气）、甘蓝［辛香类，三类香气（橡木）］。其他的描述词是对年份比较老的酒，描述为棉花糖（marshmallow）[6]。

16.6.1.21 其他红葡萄酒的香气

西班牙里奥哈（Rioja）红葡萄酒是由添帕尼优、歌海娜、格雷西亚三种红葡萄酒勾兑在一起形成的，研究发现其重要的香气成分是4-乙基愈创木酚、（*E*）-威士忌内酯、

4-乙基苯酚、β-大马酮、杂醇油、异戊酸、己酸、丁香酚、脂肪酸乙酯、异位酸乙酸（ethyl esters of isoacids）、呋喃扭尔、2-苯乙酸、(E)-2-己烯醛[178]。

16.6.2 白葡萄酒风味物质

16.6.2.1 霞多丽葡萄酒香气

霞多丽葡萄是目前世界上产量最大、种植范围最广泛的白葡萄。最初该葡萄主要种植于勃艮第（Burgundy）。霞多丽葡萄酒特别是法国霞多丽葡萄酒的风味谱可使用以下描述词汇：黄油，其香气组是醚类香气，香气类型为三类香气，这是一种老熟的香气，其他的词汇有桃香（水果香类/树，二类香气）、金银花（honeysuckle，花香类，三类香气）、糕点（patisserie）/干酪（醚类，三类香气）、丁香（特别是澳大利亚葡萄酒，辛香类/花香类，三类香气）、菠萝（如新世界葡萄酒，水果香类/热带的，二类香气）、苹果/梨/甜瓜（特别是加州葡萄酒，水果香类/树，二类香气）、当归（angelica，辛香类）、香子兰（醚类，三类香气）。其他常用描述词：桶酵或桶中老熟的风味可使用焙烤榛子［来自于孚日山脉（Vosges）的橡木］、雪松气味（cedary）、湿草，湿石头气味（Chablis，夏布利葡萄酒）、椰子（美国橡木）[6]。

香气重组研究发现霞多丽葡萄酒的重要香气成分是丁酸乙酯、乙酸-3-甲基丁酯、2-甲基四氢噻吩-3-酮、苯乙醛、辛酸、4-乙烯基愈创木酚、癸酸、δ-癸内酯、里哪醇[179]，其他重要的香气成分还有4-乙烯基苯酚[180]；品种香是苯甲硫醇[69]。

16.6.2.2 长相思葡萄酒香气

研究发现缩味浓（Sauvignon）葡萄酒的品种香类物质是4-甲基-4-巯基-2-戊酮、4-甲基-4-巯基-2-戊醇、3-巯基-1-己醇、乙酸-3-巯基己酯、3-甲基-3-巯基-1-丁醇、苯甲硫醇、2-甲基呋喃-3-硫醇和2-糠硫醇[66, 68-69, 115, 171, 181]。

长相思葡萄酒具有强烈的、特征的香气，通常描述为灯笼椒（bell pepper，并不一定都能感觉到，来自于未成熟的葡萄）、黄杨（box tree）/金雀花（broom，蔬菜类，二类香气）、鹅莓（gooseberry，水果香类/浆果，二类香气）、芦笋（罐装的，蔬菜类，三类香气）、青苹果（二类香气）、青草/草本的（蔬菜类，一类香气/二类香气）、黑醋栗、葡萄柚、西番莲果气味，有时具有烟味（smoke）[6, 66, 182]。灯笼椒的气味来源于2-甲氧基-3-异丁基吡嗪（IBMP），最初鉴定于赤霞珠葡萄酒中，后来在葡萄和未发酵的葡萄汁中也检测到[183]，是赤霞珠的特征香气成分之一[173]。4-巯基-4-甲基-2-戊酮[115]和乙酸-3-巯基己酯[68]在长相思葡萄酒中检测到，呈黄杨或金雀花气味，前者是长相思葡萄酒的黑醋栗特征香气成分[173]；3-巯基-1-己醇是其葡萄柚［(R)-型］和热带水果［(S-)型］香气的特征香气成分[173]。进一步的研究发现长相思葡萄酒的品种香成分是4-巯基-4-甲基-2-戊酮、3-巯基-1-己醇和3-巯基-3-甲基-1-丁醇[66]和苯甲硫醇[69]。

16.6.2.3 雷司令葡萄酒香气

雷司令葡萄酒是最常见的白葡萄酒之一，雷司令葡萄种植量居世界芳香白葡萄酒葡萄第二位[184]，其风味谱可以使用以下词汇描述：汽油（化学类，三类香气）、起动的飞行器（revving up aircraft，化学类，三类香气）、荨麻（nettle，蔬菜类）、蜂蜜（花香，三类香气）、折断树枝的液体（sap in a snapped twig，即似葡萄香，花香类/水果香类，一类香气）、酸橙（水果香类，二类香气）、青苹果（水果香类/树的，二类香气）、玫瑰（花香，一类香气）、松露（truffle）。其他描述词汇有：根据产地不同可使用各种各样的花香。好的德国雷司令需要瓶贮老熟，延长时间，增加成熟度，德国珍藏级（kabinett）需要4~5年的老熟[6]。

GC-O研究发现，来自于美国的雷司令葡萄酒重要香气成分是β-大马酮、2-苯乙醇、里哪醇、脂肪酸类、2-甲基丁酸乙酯、反-2-己烯醇、顺-3-己烯醇、香叶醇、丁酸乙酯、香芹酮、己酸乙酯、乙酸异戊酯[185]；来自于克罗地亚雷司令葡萄酒的重要香气成分包括2-苯乙醇、3-甲基丁醇、3-甲硫基-1-丙醇、丙酸乙酯、丁酸乙酯、3-甲基丁酸乙酯、乙酸-2-苯乙酯、己酸、3-甲基丁酸、丁酸、β-大马酮、γ-十一内酯、4-乙烯基愈创木酚[186]。研究发现，TDN是雷司令葡萄酒瓶熟与煤油气味的特征香气[173]。

16.6.2.4 琼瑶浆白葡萄酒香气

琼瑶浆（Gewürztraminer）葡萄酒原产于德国和法国，其风味谱描述词汇如下：香皂（scented soap，醚类香气，二类香气）、热带水果（exotic fruit，如荔枝，水果香类，二类香气）、中国茶（蔬菜类）、肉桂（辛香，一类香气）、烟熏（化学类，二类香气），其他描述词是玫瑰花香[6]。研究发现顺-玫瑰氧化物是琼瑶浆的天竺葵油香气与胡萝卜叶香气的特征成分[173]，AEDA和重组-缺失试验的进一步研究发现该化合物也是琼瑶浆葡萄酒的关键香气成分[67, 187]；葡萄酒内酯是其椰子香气和木香以及甜香的特征香气成分[173]。

Guth于1997年应用液液萃取和分馏技术，并进行GC-O分析，在Scheurebe和Gewürztraminer两种白葡萄酒中共检测出44种风味物质[67]（表16-10），其中酸类（7种）有乙酸、丁酸、己酸、癸酸、异丁酸、2-甲基丁酸、3-甲基丁酸；酯类（8种）有乙酸乙酯、丁酸乙酯、己酸乙酯、辛酸乙酯、2-甲基丁酸乙酯、3-甲基丁酸乙酯（异戊酸乙酯）、异丁酸乙酯、乙酸异戊酯；醇类（4种）有异丁醇、异戊醇、己醇、顺-3-己烯醇；醛类（2种）有乙醛、辛醛；酮类（1种）有2,3-丁二酮；缩醛类（1种）有1,1-二乙氧基乙烷；萜烯类化合物（5种）有顺-玫瑰氧化物、里哪醇、香茅醇、β-大马酮、香叶醇；硫化物（4种）有二甲基硫、二甲基三硫、4-巯基-4-甲基-2-戊酮、3-甲硫基-1-丙醇；芳香族化合物（4种）有β-苯乙醇、乙酸苯乙酯、反-肉桂酸乙酯、4-羟基-3-甲氧基苯甲醛；酚类化合物（5种）有3-乙基苯酚、愈创木酚、4-乙烯基愈创木酚、丁香酚、香兰素；呋喃类化合物（3种）有4-羟基-2,5-二甲基-3(2*H*)-呋喃酮、5-乙基-4-羟基-2-甲基-3(2*H*)-呋喃酮、索陀龙；内酯类化合物（2种）有葡萄酒内酯、顺-6-十二碳烯-γ-内酯。

表16-10 白葡萄酒施埃博（Scheurebe）和格乌查曼尼（Gewürztraminer）重要风味物质[163]

风味物质	阈值/(μg/L)	浓度/(μg/L)		OAV	
		施埃博	格乌查曼尼	施埃博	格乌查曼尼
1,1-二乙氧基乙烷	50	ND	375	ND	8

续表

风味物质	阈值/(μg/L)	浓度/(μg/L)		OAV	
		施埃博	格乌查曼尼	施埃博	格乌查曼尼
异丁酸乙酯	15	480	150	32	10
2,3-丁二酮	100	180	150	2	2
丁酸乙酯	20	184	210	9	11
2-甲基丁酸乙酯	1	4.5	4.4	5	4
3-甲基丁酸乙酯	3	2.7	3.6	1	1
异丁酸	40000	108000	52000	3	1
乙酸异戊酯	30	1450	2900	48	97
异戊醇	30000	109000	127800	4	4
己酸乙酯	5	280	490	56	98
顺-玫瑰氧化物	0.2	3.0	21	15	105
己醇	8000	1890	1580	<1	<1
4-巯基-4-甲基-2-戊酮	0.0006	0.40	<0.01	667	<1
顺-3-己烯醇	400	74	74	<1	<1
辛酸乙酯	2	270	630	135	315
乙酸	200000	255000	280000	1	1
里哪醇	15	307	175	20	12
异丁酸	200000	4160	2040	<1	<1
丁酸	10000	1290	1580	<1	<1
2/3-甲基丁酸	3000	550	750	<1	<1
3-甲硫基-1-丙醇	500	1040	1415	2	3
香茅醇	100	15	42	<1	<1
β-大马酮	0.05	0.98	0.84	20	17
乙酸苯乙酯	250	262	112	1	<1
己酸	3000	2470	3230	<1	1
香叶醇	30	38	221	1	7
愈创木酚	10	2.2	3.6	<1	<1
2-苯乙醇	10000	21600	18000	2	2
4-羟基-2,5-二甲基-3(2H)-呋喃酮	500	1.8	4.2	<1	<1

续表

风味物质	阈值/(μg/L)	浓度/(μg/L)		OAV	
		施埃博	格乌查曼尼	施埃博	格乌查曼尼
5-乙基-4-羟基-2-甲基-3(2*H*)-呋喃酮	500	117	53	<1	<1
反-肉桂酸乙酯	1	2.3	2.0	2	2
丁香酚	5	0.5	5.4	<1	1
3-乙基苯酚	0.5	0.1	0.1	<1	<1
4-乙烯基愈创木酚	40	4.5	25	<1	<1
索陀龙	5	3.3	5.4	<1	1
葡萄酒内酯	0.01	0.10	0.10	10	10
癸酸	15000	930	1270	<1	<1
顺-6-十二碳烯-γ-内酯	0.1	0.14	0.27	1	3
香兰素	200	17	45	<1	<1
乙醛	500	1970	1860	4	4
二甲基硫	10	7.1	14	<1	1
乙酸乙酯	7500	22500	63500	3	8
二甲基三硫	0.2	0.09	0.25	<1	1

16.6.2.5 施埃博葡萄酒香气

施埃博葡萄酒的常用香气描述词：黑醋栗（水果香类/浆果，二类香气）、葡萄柚（水果香类/柑橘，二类香气）[6]。4-巯基-4-甲基-2-戊酮是施埃博葡萄酒黑醋栗香气的特征香气成分[173]，AEDA 和重组-缺失试验的研究表明，它是施埃博葡萄酒的关键香气成分[67, 187]。施埃博葡萄酒香气成分如表 16-10 所示。

16.6.2.6 赛来雄葡萄酒香气

赛来雄（semillon）葡萄酒（特别是法国产）其风味谱可以用以下词汇表达：黄油（醚类香气，三类香气）、蛋奶沙司（egg custard，醚类，三类香气）、稻草（蔬菜类）、吐司（特别是澳大利亚葡萄酒，焦煳类，三类香气）、芒果/甜瓜/无花果（水果香类/热带的，二类香气）、杏/桃（水果香类/树，二类香气）、蜡烛（二类香气）。另外的描述词在老熟的酒中，可用绵羊油的（lanolin）、新鲜苹果-黄油、蜂蜜和烟熏，缺乏正向的香气，桶熟的等[6]。3-巯基-1-己醇是其葡萄柚［(*R*)-型］和热带水果［(*S*)-型］香气的特征香气成分[173]。研究发现赛来雄葡萄酒的品种香是苯甲硫醇[69]。

16.6.2.7 白比诺和灰比诺葡萄酒香气

白比诺（Pino blanc）在德国称为Weisburgunder，在意大利称为Pinot bianco。白比诺的风味谱可以使用以下描述词：奶油（醚类）、圆佛手柑（citron，水果香类/柑橘，二类香气）、薰衣草（lavender，辛香类）、帕尔马紫罗兰（Parma violet，花香类，二类香气）、罐装荔枝（水果香类，一类香气/二类香气）、欧洲蕨（bracken，蔬菜类），还可以使用梨和苹果香（意大利葡萄酒）[6]。

灰比诺（Pinot gris），在德国称为鲁兰德（Rülander），意大利称为比诺格里乔（Pinot grigio）。德国和法国产的灰比诺葡萄酒常用"烟熏的"描述，属化学类香气，二类香气；土耳其产的常用"麝香"（辛香）描述；而意大利产的常用"蜂蜜"（辛香）描述。其他描述词汇还有梨/苹果（美国俄勒冈和新西兰产的）、芳香的[6]。

16.6.2.8 白诗南葡萄酒香气

法国白诗南（Chenin blanc）葡萄酒的香气可使用如下描述词汇：葡萄柚（水果香类/柑橘，二类香气）、湿草（蔬菜类）、蜂蜜（花香类，三类香气）、湿羊毛、干酪（醚类）、猕猴桃/番石榴（水果香类/热带的，二类香气）、浓缩橙汁（水果香类/柑橘的，二类香气）、山茶花（camellia blossom，花香类，一类香气）。其他常用词汇是：与高酸度联系的（在加州葡萄酒中普遍使用）、青梅（greengage）、当归、温柏（quince）[6]。

16.6.2.9 维欧涅葡萄酒香气

法国维欧涅（Viognier）葡萄酒常用香气描述词汇：过熟杏（水果香类/树，二类香气）、麝香的（musky，辛香）、桃（水果香类/树，二类香气），其他词汇为糖渍水果（glace fruit）、姜和花香等[6]。

16.6.2.10 苏特恩白葡萄酒香气

应用SPE结合AEDA的研究发现，苏特恩（Sauterne）白葡萄酒的关键香气成分是3-甲基-3-巯基丁醛和2-甲基呋喃-3-硫醇，以及它们之间强烈的协调作用；其品种香成分是α-萜品醇和索陀酮；发酵香成分是3-甲基丁醇、2-苯乙醇、丁酸乙酯、己酸乙酯、异戊酸乙酯、反-壬-2-烯醛和β-大马酮；老熟橡木香成分是愈创木酚、香兰素、丁香酚、β-甲基-γ-辛内酯和呋喃扭尔[181]。

16.6.2.11 萨雷马白葡萄酒香气

萨雷马（Zalema）白葡萄酒的重要香气成分是脂肪酸、脂肪酸乙酯、β-大马酮、β-紫罗兰酮、异戊醇、2-苯乙醇、4-巯基-4-甲基-2-戊酮、乙酸-3-巯基己酯、3-巯基-1-己醇、乙醛、2-苯乙醛[188]。

16.6.2.12 其他白葡萄酒香气

赛伯拉（Seyval blanc）白葡萄酒的重要香气成分是o-氨基乙酰苯、β-大马酮、丁酸、异丁酸、里哪醇、1-辛烯-3-醇和香兰素[185]。

威代尔（Vidal blanc）白葡萄酒的重要香气成分是β-大马酮、2-苯乙醇、邻氨基苯甲酸甲酯（methyl anthranilate）、香兰素[185]。

白卡玉佳（Cayuga white）白葡萄酒的重要香气成分是β-大马酮、香兰素、2-苯乙醇、香叶醇、己醛[185]。

法国小粒白玫瑰（Muscat blanc a petit grains）葡萄酒香气描述词是似葡萄香（水果香类/花香类，一类香气），其萜烯含量高[6]。

德国米勒（Müller Thurgau）葡萄酒的香气属于水果香类和花香类，是二类香气，另外常使用丁香（辛香类）、低酸、淡淡的芳香（dull aromatic）来描述[6]。

法国白玉霓（Ugni blanc）葡萄酒在意大利称为扎比安奴（Trebbiano），常用“中性的”描述，该酒通常用于生产白兰地[6]。

法国克莱雷特（Clairette）葡萄酒常用“中性的”描述，因其容易氧化，还使用“软弱的（flabby）”描述词[6]。

德国脱拉米糯葡萄酒使用的描述词汇是“香气小于琼瑶浆”[6]。

法国阿里歌特酒（Aligote）葡萄酒使用这些词描述：脱脂乳（buttermilk）/肥皂（醚类香气，二类香气）、胡椒（辛香）。年份短的酒会使用“稍酸的（tartish）”描述[6]。

西万尼（Silvaner）葡萄酒香气用“热带水果/石榴（pomegranate）”描述，属水果香类/热带的，二类香气。另外会用“有点酸”“有点土腥味”描述，老酒会用“马铃薯”描述[6]。

16.6.3 葡萄酒苦味与涩味物质

白葡萄酒中主要产生苦味的物质是黄烷-3-醇和黄烷-3,4-二醇，如儿茶素类和无花花青素（leucocyanidin）；二氢黄烷醇类（flavanonols）呈轻微的苦味；存在于如雷司令等葡萄中的黄烷酮类柚皮苷呈苦味，或许其浓度并没有达到呈现苦味范围；非类黄酮类的咖啡奎尼酸在4mg/L以上时，会呈现明显的苦味；酪醇的浓度达到20~30mg/L时，会呈现苦味[6]。

红葡萄酒中主要产生苦味的物质有黄烷-3-醇，更高聚合度的多酚（2~5个单分子）其涩味比苦味要强[6]。

红葡萄酒的涩味主要是由类黄酮类的酚引起的。这些化合物通常来源于葡萄，在贮存过程中涩味会有所降低，使得红葡萄酒更加醇和。红葡萄酒如果没有一定的涩味，会变得寡淡（flat）[6]。

最新研究结果表明，红葡萄酒的苦味主要是由阈值浓度下的酚酸乙酯（phenolic acid ethyl esters）和黄烷-3-醇产生[189]。柔和的涩味由3个黄烷-3-醇葡萄糖苷（flavon-3-ol glucosides）和二氢黄烷-3-醇鼠李糖苷类（dihydroflavon-3-ol rhamnosides）产生[189]。皱褶涩味由分子质量>5ku的聚合物产生，有机酸放大了这一作用[189]。

16.6.4 葡萄酒老熟标志物

老熟标志物（aged marker）是标志葡萄酒成熟的重要成分，目前是各种饮料酒的研究热点。

16.6.4.1 起泡葡萄酒

通过对221种西班牙卡瓦起泡葡萄酒（cava sparkling wine）挥发性成分的研究发现，乙酸异戊酯、乙酸己酯、癸酸乙酯、乙酸-2-苯乙酯和茶螺烷是起泡葡萄酒新酒（<9个月）的标志性产物；茶螺烷和TDN是老酒（20个月以上）的特征性化合物；而琥珀酸二乙酯是贯穿整个老熟过程的标志性产物[190]。

16.6.4.2 马德拉强化葡萄酒

马德拉强化葡萄酒（Madeira wine）的老熟标志物主要包括：（1）缩醛类：1,1-乙氧基甲烷、1,1-二乙氧基乙烷、1,1-二乙氧基-2-甲基丙烷、1-(1-乙氧基乙氧基)-戊烷、反-二噁烷（*trans*-dioxane）、2-丙基-1,3-二噁茂烷（2-propyl-1,3-dioxolane）；（2）含氧杂环类：5-甲基糠醛、顺-橡木内酯等[191]。

16.6.4.3 葡萄酒强化老熟研究方法

影响葡萄酒老熟的因素很多，但在研究葡萄酒老熟时，通常采用强化老熟的方法，此时，一般应考虑以下因素[192]：

一是pH的影响，如原葡萄酒的pH为3.2，此时可以用碳酸钾将pH调到4；

二是氧气的影响，通过通氧和不通氧的方式来老熟，如通气，使用20∶80的氧气与氮气；

三是二氧化硫的影响，使用无二氧化硫和二氧化硫含量在50mg/L的条件等。

当然，研究时必须设定对照。研究的时间通常设定为7d，温度设定如15、45和60℃[192]。

16.7 氧化导致的风味物质变化

氧在葡萄酒中通常会被还原为中间态，被还原为过氧化氢，甚至是水。分子氧在葡萄酒中作为双自由基（diradical）通常以三重基态（triplet ground state）存在[193]。这就限制了氧气的反应性，不能通过接收电子对形成化学键。但它可以接收来自于还原型过渡金属离子（reduced transitional metal）的单个电子，这就产生了一个带负电荷的超氧自由基（negatively-charged superoxide radical）和一个过氧阴离子（peroxide anion）。如此，氧就参与了葡萄酒中各种各样的化学反应[193]。

氧在葡萄酒的生产与老熟［包括瓶熟（bottle aging）］过程中扮演着重要的角色，强烈影响着成品葡萄酒的颜色和风味特征。通过氧化，白葡萄酒的颜色会变深，如暗黄甚至褐色，可能来源于葡萄酒中的多酚，如花青素、儿茶素和表儿茶素（epicatechins）等的反应[194]，即使是有限的氧，也会导致白葡萄酒颜色和香气的下降[195]；氧化可能会使葡萄酒产生氧化味，通常描述为似蜂蜜的、煮马铃薯、纸板、煮蔬菜、苹果酒、烈性酒、木香和农场饲料草等气味[36-38, 196]，同时伴随着葡萄酒花香和水果香的下降[196]。

对红葡萄酒而言，可控的氧暴露水平能增加红葡萄酒风味的复杂程度，产生稳定的色素化合物、重要的香气成分，改善了口感，减少了涩味[195]。

通常情况下，瓶贮葡萄酒的氧化是十分温和的。长期老熟的红葡萄酒（long-aged red wines）产生的特征风味，如橙子和干果香气可能与支链的醛和β-大马酮浓度有关[40, 196]。

葡萄酒氧化的程度与氧浓度、多酚化合物浓度以及是否存在抗氧化剂（如二氧化硫、抗坏血酸等）有关[195]。通常情况下，桶贮葡萄酒的氧气暴露量在20～45mg/(L·年)[193]。抗坏血酸存在于葡萄中，在葡萄酒中含量并不高，但可以通过外添加来提高其含量；酒石酸和酒精也有氧化作用。葡萄酒中主要化合物的氧化均是由羟基自由基通过芬顿反应（Fenton reaction）实现的[193]。

葡萄酒氧化破败（oxidation-spoiled）异嗅的关键化合物是蛋氨醛、苯乙醛[38-39]、TDN、索陀酮[38]。另外，斯特雷克醛和长链醛如（*E*）-2-壬烯醛、（*E*）-2-辛烯醛、(*E*)-2-己烯醛、苯甲醛、糠醛、2-甲基丙醛、3-甲基丁醛、己醛，以及一些醇如1-辛烯-3-醇，还有2,4,5-三甲基二氧杂环戊烷、γ-壬内酯、3-甲基-2,4-壬二酮、丁香酚等也是造成葡萄酒氧化味的化合物[35-36, 196]。葡萄酒暴露在氧中后，这些化合物含量会增加[35-36, 196]。

16.8 葡萄酒异嗅物质

对葡萄酒来讲，由于主要是面向市场，因此一个重要的前提条件是产品不应该有异嗅（undesirable flavor）。在绝大多数情况下，葡萄酒的缺陷（faults）十分复杂，这就使得其诊断和处理十分困难。有些缺陷是同时存在的，品尝人员要做出精确的判断更是难上加难。

葡萄酒中的异嗅按其来源不同可以分为以下几类：一是来源于葡萄品种（cultivar）的异嗅，如草莓气味、狐臭气味和黑醋栗的气味。二是来源于发酵过程和微生物腐败(microbiological spoilage）引起的异嗅，如泡菜气味（sauerkraut）和老鼠臭（mousiness）。三是在桶或瓶中老熟产生的异嗅，如软木塞的异嗅、煤油气味、非典型性老熟气味(untypical aging flavor，UTA)。四是来源于葡萄和发酵过程的异嗅，如硫化物。

在使用嗅觉闻香技术后，异嗅可以从成百上千种化合物的复杂体系中被鉴别出来。被分离的化合物从气相色谱的末端流出，同时用分析检测器（如FID）和人的鼻子（嗅觉检测器）来检测，气味被记录在色谱图上。在与GC-MS技术联用后，就可以鉴定出这些异嗅化合物。

16.8.1 来源于葡萄的异嗅

16.8.1.1 草莓气味

抗真菌（fungus-resistant）葡萄品种的培育是十分重要的，这既有经济方面的考虑，又有葡萄酿造方面的原因。这个品种是通过美国的野生葡萄与欧洲品种杂交(cross-breeding）而获得的。最初，该品种经常会有一个明显的可以感觉到的不愉快的草莓气味，而这种气味在欧洲品种中是不存在的。使用GC-MS和GC-O技术，来源于杂交葡萄品种以及酿制的葡萄酒中的类似于草莓的气味已经被鉴定出来，是2,5-二甲基-

4-羟基-2,3-二氢-3-呋喃酮，即呋喃扭尔[38, 197]。

呋喃扭尔仅仅在葡萄果实成熟的阶段累积。不同的葡萄品种、不同的气候条件，呋喃扭尔的含量不同。有研究调查了超过 10 年份的两个抗真菌杂交葡萄品种［海狸（Castor）和波吕克斯（Pollux）］，结果表明，呋喃扭尔的含量波动（fluctuation）范围十分宽。美国野生和栽培的葡萄美洲葡萄（*V. labrusca*）含有较多的呋喃扭尔，含量在 15~9480μg/L。所有的这些葡萄品种均含有明显的可以感觉到的草莓气味。

通过使用二维气相色谱分析技术[197]，已经开发出一种新方法，可以从复杂化合物中分离、鉴定和定量测定呋喃扭尔，其检测限可以达到 1μg/L。使用这一技术，首次在欧洲葡萄（*V. vinfera*）中检测到微克/升（μg/L）级的呋喃扭尔，并进行了定量分析。

16.8.1.2 马铃薯、青草和灯笼青椒气味

赤霞珠葡萄酒经常会表现出马铃薯气味（potato）、青草气味（herbaceous-grassy），有时也表现出青椒的气味。该化合物已经被鉴定出是 2-异丁基-3-甲氧基吡嗪，它也是葡萄酒中重要的香气物质。在白葡萄酒中呈现异嗅的 2-异丁基-3-甲氧基吡嗪也已经在长相思葡萄中检测到。2-乙基-3-甲氧基吡嗪、2-异丙基-3-甲氧基吡嗪和 2-异丁基-3-甲氧基吡嗪也存在于南非的长相思葡萄中[197]。正在成熟期的葡萄中 2-异丁基-3-甲氧基吡嗪的含量是已经成熟的葡萄的 10 倍。

16.8.2 来源于发酵过程和微生物腐败异嗅

16.8.2.1 老鼠臭味

老鼠臭味是葡萄酒中一种十分不愉快的、像老鼠尿（mouse urine）气味的描述，它是在葡萄酒生产过程中微生物氧化破败而产生的。这种气味物质还有令人讨厌的回味（aftertaste）。微生物中的酒香酵母属（*Brettanomyces*）和乳杆菌属（*Lactobacillus*）能产生该气味。这种乳酸菌仅在生长于含有酿酒酵母或酒精的培养基中才产生鼠臭气味。能产生这种异嗅的化合物是：2-乙基-3,4,5,6-四氢吡啶、2-乙酰基-3,4,5,6-四氢吡啶和 2-乙酰基-1,2,5,6-四氢吡啶[197]。假如酒香酵母属酵母生长在一个化学成分确定的培养基中，并用脯氨酸代替赖氨酸，那么将不会产生鼠臭气味，这就说明赖氨酸在鼠臭的形成中扮演了一个重要的角色。

另外一种产生鼠臭气味的物质是乙酰胺（acetamide）[6]。

16.8.2.2 中药、皮革、医用绷带气味或马汗臭

有时不同品种的葡萄酒会有一个不愉快的异嗅，被描述成似中药的（medicinal-like）、像皮革的（leathery-like）、像医用绷带的（elastoplast-like）和像马汗（horse-sweat-like）的气味。在使用 GC-O 和 GC-MS 技术后，鉴定出这些化合物是酚类化合物。已经有超过 40 种酚类化合物被从葡萄酒中鉴定出来。这些化合物主要有：4-乙烯基愈创木酚（5~1200μg/L）、4-乙烯基苯酚（5~1200μg/L）、4-乙基愈创木酚（0.1~400μg/L）和 4-乙基苯酚（0.1~500μg/L）。在白葡萄酒中，乙烯基类化合物占主导地位；在红葡萄酒中，乙基类化合物含量高。

白雷司令和科勒二种酒是最著名的含有较高量酚类化合物的葡萄酒，特别是那些在寒冷地区生产的酒。当科勒葡萄在热带地区用于生产葡萄酒时，其酒的质量很差，有不愉快的气味，被描述成医用绷带或中药气味。这种异嗅是由4-乙烯基愈创木酚引起的(表16-11)。乙烯基苯酚存在于所有的葡萄酒中，通常浓度都很低，很难表现出医用绷带的气味。假如葡萄酒中4-乙烯基愈创木酚和4-乙烯基苯酚的含量>800μg/L时，一种明显的令人不愉快的医用绷带气味就能被感觉到。

当使用科勒葡萄在较热的地区生产葡萄酒时，绝大多数都有一个高的4-乙烯基愈创木酚含量。从表16-11中可以发现它的含量与医用绷带气味的强弱有一个明显的相关关系。与那些在阳光照射下的葡萄所酿出的酒相比，用遮阴处葡萄酿出的酒其4-乙烯基愈创木酚的含量较低。因此，炎热气候下酿造出的科勒葡萄酒都能被感觉到不愉快的医用绷带气味。

表16-11　葡萄生长区域、成熟度、日光照射对其酒医用绷带气味强度和4-乙烯基愈创木酚浓度的影响

葡萄来源	含糖量/%	日光照射	医用绷带气味强度	4-乙烯基愈创木酚/(μg/L)
Kerner Lievland	18.8	阴凉处	3	176
Kerner Lievland	18.8	日光	5	850
Kerner Lievland	18.8	阴凉处	4	190
Kerner Lievland	23.5	日光	8	1005

由于存在不愉快的气味，有时红葡萄酒的质量也会下降。这种气味被描述为“皮革气味”或“马尿气味”。当葡萄酒中4-乙基苯酚的浓度>400μg/L时，这种不愉快的异嗅就能被感觉到[6]。

乙烯基苯酚和乙基苯酚的前驱物分别是相应的酚羰酸（phenolcarbonic acid）、阿魏酸（ferulic acid）和*p*-香豆酸（*p*-cumaric acid）[197]。在发酵过程中，乙基苯酚由酵母的代谢产生。乙烯基化合物在苹乳酸发酵过程中被酒香酵母属（*Brettanomyces*）、德克酵母属（*Dekkera*）和乳酸杆菌属（*Lactobacilli*）微生物还原成相应的乙基类化合物[17]，这种还原反应是由肉桂酸酯还原酶（cinnamate reductase）引起的。

16.8.2.3　还原臭/味

还原臭/味（reduction）通常是指葡萄酒的不愉快气味，主要包括臭鸡蛋、甘蓝、大蒜、似洋葱的、煮蔬菜和腐烂臭（putrefaction）[17, 196]。这些气味与低分子质量硫化物密切相关，主要与硫化氢、乙硫醇、二甲基硫醚、二乙基二硫醚等有关[17]，常常在发酵过程中产生。过量的硫化氢产生臭鸡蛋的气味，酵母生长时氮缺乏以及高硫含量的葡萄通常与硫化氢的形成有关[17]；过量的甲硫醇或乙硫醇会产生似洋葱的气味；过量的蛋氨醇产生煮甘蓝气味；过量的二甲基二硫醚产生似煮芦笋的气味；过量的叶醛和醛类产生似草本植物的气味[6]。叶醛的产生来源于葡萄破碎时脂肪的氧化，通常是由不成熟的葡萄产生。

还原臭/味经常在葡萄酒装瓶老熟一段时间之后出现，即使在装瓶前去除了硫化物[196]。研究发现，硫化氢和甲硫醇是装瓶后出现还原臭/味的最重要的化合物[198-199]。

Fang 和 Qian[200] 曾经测定了白葡萄酒和红葡萄酒中的硫化物含量，见表 16-12 和表 16-13 所示。

表 16-12　　白葡萄酒中的硫化物　　单位：μg/L

化合物	葡萄酒 A	葡萄酒 B	葡萄酒 C	葡萄酒 D	葡萄酒 E	葡萄酒 F	葡萄酒 G
硫化氢	4.60±1.20	1.66±0.49	7.89±1.32	9.03±1.60	1.45±0.58	2.14±0.43	3.59±0.39
甲硫醇	4.88 ±0.37	1.09 ±0.32	4.28 ±0.77	2.94 ±0.29	1.02 ±0.40	0.48 ±0.11	1.64 ±0.24
乙硫醇	ND	ND	ND	ND	ND	ND	ND
二甲基硫	17.00±1.03	35.37±2.15	18.08±0.84	12.05±0.25	27.38±1.13	52.60±1.54	31.57±1.20
二乙基硫	ND	ND	ND	0.27 ±0.05	ND	ND	ND
乙硫基甲酯	1.68±0.11	0.32±0.00	1.55±0.29	3.50±0.82	2.18±0.10	1.42±0.06	1.60±0.06
乙硫基乙酯	0.17±0.00	1.00±0.19	20.00±6.00	22.00±6.00	0.51±0.03	0.58±0.04	11.00±0.00
二甲基二硫[a]	19.00±1.00	70.00±10.00	0.34±0.02	0.64±0.20	65.00±7.00	24.00±2.00	ND
二乙基二硫	ND	ND	ND	ND	ND	ND	ND
二甲基三硫[a]	18.00±2.00	55.00±6.00	ND	ND	111.00±29.00	35.00±6.00	11.00±1.00
蛋硫醇[b]	0.41±0.14	0.22±0.06	0.75±0.02	0.83±0.04	0.43±0.11	0.47±0.13	0.67±0.10

注：a：浓度单位为 ng/L。
b：浓度单位为 mg/L。
ND：指未检测到。
葡萄酒 A、B 为“意式”灰皮诺葡萄酒。葡萄酒 C 为灰皮诺葡萄酒。葡萄酒 D 为白比诺葡萄酒。葡萄酒 E、F、G 为霞多丽葡萄酒，表 16-13 同。

表 16-13　　红葡萄酒中的硫化物　　单位：μg/L

化合物	葡萄酒 A	葡萄酒 B	葡萄酒 C	葡萄酒 D	葡萄酒 E	葡萄酒 F	葡萄酒 G
硫化氢	2.68 ±0.12	5.41 ±1.74	7.64 ±2.69	2.11±0.41	4.70±1.62	2.60±0.71	9.26±2.36
甲硫醇	0.95±0.01	1.26±0.08	2.41±0.24	1.56±0.20	2.17±0.35	1.19±0.03	2.92±0.29
乙硫醇	ND	ND	ND	ND	ND	ND	ND
二甲基硫	9.34±0.86	45.54±0.60	67.53±4.97	26.41±4.03	13.58±0.48	14.44±0.08	11.90±0.14
二乙基硫	0.28±0.04	ND	0.49 ±0.06	ND	ND	0.34±0.03	0.35±0.07
乙硫基甲酯	2.74±0.08	7.51±0.07	6.83±0.46	1.59±0.15	1.50±0.03	9.21±0.28	4.10±0.10
乙硫基乙酯	ND	0.70±0.01	0.99±0.06	10.00±1.00	0.35±0.01	13.00±1.00	0.46±0.04
二甲基二硫[a]	0.17±0.00	13.00±1.00	13.00±2.00	—	31.00±9.00	1.23±0.04	36.00±7.00
二乙基二硫	ND	ND	ND	ND	ND	ND	ND

续表

化合物	葡萄酒 A	葡萄酒 B	葡萄酒 C	葡萄酒 D	葡萄酒 E	葡萄酒 F	葡萄酒 G
二甲基三硫[a]	ND	ND	ND	ND	ND	ND	21.00±6.00
蛋硫醇[b]	1.06±0.03	1.73±0.35	2.06±0.35	1.13±0.26	1.50±0.15	1.97±0.32	1.83±0.41

注：a：浓度单位为 ng/L。
b：浓度单位为 mg/L。
ND：指未检测到。

16.8.2.4 刺激性燃烧气味

刺激性燃烧气味由二氧化硫引起，是发酵过程中过量添加造成的[6]。

16.8.2.5 似天竺葵气味

似天竺葵（geranium-like）的气味是由 2-乙基-己-3,5-二烯引起的，该化合物来源于 2,4-己二醇，是发酵过程中因存在维生素 C 且同时存在乳酸菌时发酵产生的[6]。

16.8.3 老熟时产生的异嗅

16.8.3.1 软木塞异嗅

在所有使用软木塞（cork stopper）的瓶装葡萄酒中，约有 2%的葡萄酒可以被感觉到有明显的软木塞异嗅、霉腐、土腥和霉味，常称为“软木塞污染（cork taint）”[17]，每年都造成巨大的经济损失。这个问题似乎十分复杂，因为许多化合物都能产生这类异嗅。到目前为止，已经鉴定出的有明显软木塞异嗅和霉味，且有着低感官阈值（5~20ng/L）的化合物有：2,4,6-三氯苯甲醚（2,4,6-TCA）、2,3,4,6-四氯苯酚（2,3,4,6-tetrachlorophenol）、土味素（geosmin）、2-甲基异龙脑（2-methylisoborneol）和 1-辛烯-3-酮（1-octen-3-one）[197]，其中 2,4,6-三氯苯甲醚是最常见的[6, 17]，当其浓度达到 4~10μg/L 会产生明显的软木塞气味[6]。

仅仅测定三氯苯甲醛来控制葡萄酒的软木塞异嗅是不可能的。还有一些葡萄酒有着明显的软木塞异嗅，但并不含有三氯苯甲醚。这意味着还有一些化合物也有软木塞气味。进一步的分析，又发现了一些新化合物，这些化合物具有典型的软木塞气味和霉味，它们已经被鉴定出来：6-氯香草醛（6-chlorovanillin）、4-氯愈创木酚（4-chloroguaiacol）、4,5-二氯愈创木酚（4,5-dichloroguaiacol）、2,4,6-三氯苯酚（2,4,6-trichlorophenol）、五氯苯酚（pentachlorophenol）、2,3,4,6-四氯苯甲醚（2,3,4,6-tetrachloroanisole）、2,3,6-三氯苯甲醚（2,3,6-trichloroanisole）和藜芦醇（veratrol）[197, 201-202]。

16.8.3.2 煤油或汽油味

有一些化合物是类胡萝卜素的降解产物，它们在葡萄酒老熟时有着特别的影响。1,1,6-三甲基-1,2-二氢萘（1,1,6-trimethyl-1,2-dhydronaphthalene，TDN）在装瓶后含量有一个明显的增长，且会产生煤油味或汽油味，特别是在雷司令葡萄酒中[38, 197]。该化合物的阈值是20μg/L[197]。当它在葡萄酒中的浓度高时，会对葡萄酒产生不利影响，特别是在比较热的地区生产的葡萄酒中更突出。

光照、遮阴、成熟度、生长地区与气候、老熟时间与温度都显著影响着TDN的浓度，并伴随产生一个负面的影响，在雷司令酒中产生煤油的气味。

16.8.3.3 2-氨基乙酰苯

多年来，一个明显的令人讨厌的气味一直存在于葡萄酒中，使人联想到萘（又湿又脏的内衣裤气味）的气味，或者是以前的一种杂交葡萄和花香（美国葡萄酒的狐臭气味，如尼加拉酒、康可酒和特拉华酒），这种缺陷称作非典型性老熟气味，即UTA。它在德国所有的葡萄栽培地区均已经发现。在某些区域，它是仅次于软木塞异嗅的一种异嗅，被官方的质量检测所拒绝。这种现象的出现，不分大小企业，但似乎更频繁地发生于米勒（Müller-Thurgau）、科勒和巴克斯（Bacchus）葡萄中。

随着GC-O和GC-MS技术的联用，已经鉴定出非典型性老熟气味是由2-氨基乙酰苯（2-aminoacetophenone，2-AAP）引起的。该化合物与邻氨基苯甲酸甲酯（methyl anthranilate）的结构类似，后者也已经被鉴定出是较早的杂交葡萄的狐臭气味物质[17]。随着二维气相色谱与氮检测器的联用，2-AAP的检测限可达到10ng/L。依品种和生长区域的不同，葡萄酒中2-AAP的含量为20~5000ng/L，其嗅觉阈值为0.7~1.0μg/L[203]。在葡萄酒中，若2-AAP含量超过1.2μg/L时，葡萄酒就会产生不愉快的、令人厌恶的气味[203]。

16.8.3.4 白葡萄酒氧化破败异嗅

白葡萄酒氧化破败（oxidation-spoiled）后经常会呈现似蜂蜜、饲养场（farmfeed）、干草和似木头的异嗅，这些气味的产生与苯乙醛、蛋氨醛、TDN和索陀酮有关[192]。

16.8.3.5 氧化异嗅

氧化异嗅表现为粗糙的、化学的、似樱桃的、平淡的（flat）等气味，主要是由乙醛产生的，特别是当乙醛含量超过100mg/L以上时，可能来源于发酵过程或来源于老熟时的有氧环境[6]。

16.8.3.6 酸气

酸气（acescence odor）或酸味（acescence taste）是指似醋的气味或酸味，主要是乙酸产生，当白葡萄酒挥发性酸度达0.6~0.9g/L（以硫酸计），相当于0.72~1.1g/L（以乙酸计），或红葡萄酒挥发性酸超过1.2g/L（以乙酸计）时，会表现出酸气或酸味[6]。过量的乙酸来源于乙酸菌的过度生长与繁殖，特别是葡萄酒在桶内老熟阶段产生。

16.8.3.7 苦杏仁气味

苦杏仁气味来源于苯甲醛，它是苯甲醇产生的，通常过量形成于内衬树脂的（resin-lined）大桶陈酿的葡萄酒中[6]。

16.8.4 污染产生的异嗅

森林大火（bushfire）和可控森林火灾对葡萄酒的品质会造成影响，产生烟污染气味（smoke tainted），通常描述为不愉快的“烟气（smoke）”“烧焦（burnt）”“灰烬（ash）”“烟灰缸（ashtray）”“尘土（dirty）”“泥土（earthy）”“熏肉（smoked meat）”气味，且持续时间长，后味不愉快[204-205]，此现象于2003年在澳大利亚首次发现[206]。研究发现，4-甲基苯酚是烟污染的标志物[207-208]，其他的酚类化合物丁香酚、4-甲基丁香酚、*o*-甲基苯酚、*p*-甲基苯酚、*m*-甲基苯酚[208]、4-甲基愈创木酚、4-乙基愈创木酚、4-乙基苯酚、丁子香酚和糠醛[205]等化合物在烟污染葡萄和葡萄酒中浓度上升，大部分在未遭受烟污染的葡萄酒中并没有检测到[205]。由于烟污染葡萄中存在愈创木酚前驱物，造成葡萄酒发酵过程中愈创木酚浓度增加[207, 209]，糖苷结合态的愈创木酚、丁香酚、*m*-甲基苯酚已经在烟暴露的葡萄中检测到[206, 210-211]。这些糖苷会从葡萄转移到葡萄酒中，霞多丽白葡萄酒转移了78%，赤霞珠红葡萄酒转移了67%[212]。

这些结合态的风味化合物还会在口腔唾液的作用下分解，从而游离出单体酚类化合物，而呈现后鼻嗅[204]。

16.9 葡萄酒重要味觉与口感类化合物

最新的研究结果表明，红葡萄酒的苦味主要是由阈值浓度下的酚酸乙酯（phenolic acid ethyl esters）和黄烷-3-醇产生的。柔和的涩味由3个黄烷-3-醇葡萄糖苷（flavon-3-ol glucosides）和二氢黄烷-3-醇鼠李糖苷（dihydroflavon-3-ol rhamnosides）产生。皱褶涩味由分子质量>5ku的聚合物产生，有机酸放大了这一作用[189]。

红葡萄酒的酸味主要由L-酒石酸、D-半乳糖醛酸（galacturonic acid）、乙酸、琥珀酸、L-乳酸产生，氯化钾、氯化镁和氯化铵对酸味有轻微的抑制作用[189]。

D-果糖、甘油以及低于阈值浓度的葡萄糖、1,2-丙二醇和环己六醇（*myo*-inositol）共同产生红葡萄酒的甜味[189]。

甘油、1,2-丙二醇和环己六醇共同产生酒的丰满口感[189]。

16.10 强化葡萄酒及其风味成分

16.10.1 概念与产地

强化葡萄酒（fortified wines）是指葡萄酒在酒精发酵时，在其中添加白兰地或葡萄蒸馏酒（wine spirit）后进行贮存老熟的酒。这种贮存老熟可以在橡木桶内进行，也可以在瓶内进行[191]。强化葡萄酒传统上主要的生产国家是在欧洲，但目前已经扩展到“新世界（new world）”生产区域，但通常还是遵循传统的欧洲生产原理。

葡萄牙最公认的强化葡萄酒是波特葡萄酒［port wines，产于葡萄牙北部的杜罗河谷

(Douro Valley)]、马德拉葡萄酒 [Madeira wines，产于马德拉群岛（Madeira Island）[191]] 和莫斯卡托葡萄酒 [Moscatel wines，产于塞图巴尔（Setúbal）]。西班牙最著名的强化葡萄酒是雪利葡萄酒 [产于西班牙南部的赫雷斯（Jerez）、莫利莱斯-蒙提亚（Montilla-Moriles）和曼赞尼拉（Manzanilla）]，以及马拉加（Málaga）和蒙蒂勒白葡萄酒（Montilla），这两种酒产于安达卢西亚省（Andalucía）的地中海沿岸。法国的天然甜葡萄酒（vins doux naturels）和甜葡萄酒（vins de liqueur）产于罗纳河（Rhone）、鲁西荣（Roussillon）、郎格多克（Languedoc）地区。味美思葡萄酒（vermouth，也称为苦艾酒）也是法国的强化葡萄酒，但其中添加了香料。马沙拉酒（Marsala）是意大利最著名的强化葡萄酒，产于意大利南部阳光充足的西西里岛（Sicily）。意大利也产味美思葡萄酒，可能来源于法国，最初是某些疾病的补药（tonic）。希腊的马弗罗达夫尼（Mavrodaphne）强化葡萄酒是希腊的餐后甜酒，产于伯罗奔尼撒（Peloponnese）的阿查亚（Achaia）地区[213]。

新世界的澳大利亚，波特型强化红葡萄酒（port-style wines）主要是用西拉、歌海娜和佳利酿（Carignan）葡萄生产；而雪利型强化白葡萄酒（sherry-style wines）主要是用巴罗米诺（Palomino）葡萄生产，按照索雷拉系统（Solera system）老熟。其他受欢迎的强化葡萄酒还有托尼 [Tawny，一种用西拉、歌海娜、图利加（Touriga）、玛塔罗（Mataro）和长相思葡萄生产的葡萄酒] 和马斯喀特葡萄酒（Muscat）。南非雪利型强化葡萄酒主要使用白诗南（Chenin blanc，澳大利亚种植最广泛的葡萄品种）和巴罗米诺葡萄按索雷拉系统生产。波特型强化葡萄酒采用西拉、比诺塔吉（Pinotage）葡萄，以及葡萄牙的葡萄品种巴罗卡红（Tinta barroca）和本土图丽佳（Touriga nacional）。美国加州地区，波特型强化葡萄酒采用佳利酿、小西拉（Petite Sirah）和仙芬黛（Zinfandel）葡萄酿造，这是寒冷地区使用的品种；而温暖气候区常使用红宝石红（Ruby-red）和苏斯奥（Sousão）葡萄。美国和加拿大的雪利型强化葡萄酒生产常用葡萄品种是尼亚加拉（Niagara）葡萄（北美东部地区常用）、巴罗米诺、汤姆逊无核（Thompson seedless）、托卡伊（Tokay）葡萄（美国加利福尼亚州常用）[213]。

阅读材料 16-5：福洛酵母与福洛膜

近几年来，葡萄酒生物老熟（biological aging）的热度日起，其由福洛酵母（flor yeast）完成。一旦酒精发酵完成，一些酿酒酵母仍然存在于葡萄酒中，此时，葡萄酒从发酵代谢转入氧化过程，即呼吸代谢（respiratory metabolism），同时在葡萄酒表面形成一层生物膜（biofilm），称为福洛（flor）或福洛膜（flor film）。在呼吸代谢的老熟过程中，各种成分发生转化，导致产生特殊的风味特征[214]。

菲诺葡萄酒（Fino wine）是最著名、最典型的生物老熟葡萄酒，采用赫雷斯发酵桶（criaderas）和索雷拉（solera）系统，周期性地均质化不同酒龄的葡萄酒。此过程十分复杂，且成本较高。

阅读材料 16-6：赫雷斯发酵桶-索雷拉生物老熟系统

赫雷斯发酵桶-索雷拉生物老熟系统常见于意大利撒丁岛（Sardinia）和西西里岛、法国朱拉（Jura）、匈牙利托卡衣（Tokay）、美国加利福尼亚州，以及南非和澳大利亚地区，最著名的生物老熟葡萄酒在西班牙南部，特别是赫雷斯（Jerez）和莫利莱斯-蒙提亚（Montilla-Moriles）葡萄酒[214]。

此复杂的生物老熟系统如图 16-10 所示。对于赫雷斯（Jerez）葡萄酒，生物老熟前要用葡萄酒酒精强化到酒精度 15.0%~15.5%vol，此操作称为恩卡贝扎多（encabezado，西班牙语）。在莫利莱斯-蒙提亚（Montilla-Moriles）因使用佩德罗-希梅内斯（Pedro Ximenez）葡萄（该地区的主要葡萄品种），自然酿造时酒精含量会超过 15%，因而不需要强化[214]。在生物老熟前，葡萄酒经历苹乳酸发酵，同时产生酵母膜。此种贮存方式的葡萄酒称为索布雷塔布拉斯（sobretablas，西班牙语）葡萄酒。然后葡萄酒进入后面的赫雷斯发酵桶-索雷拉生物老熟系统。

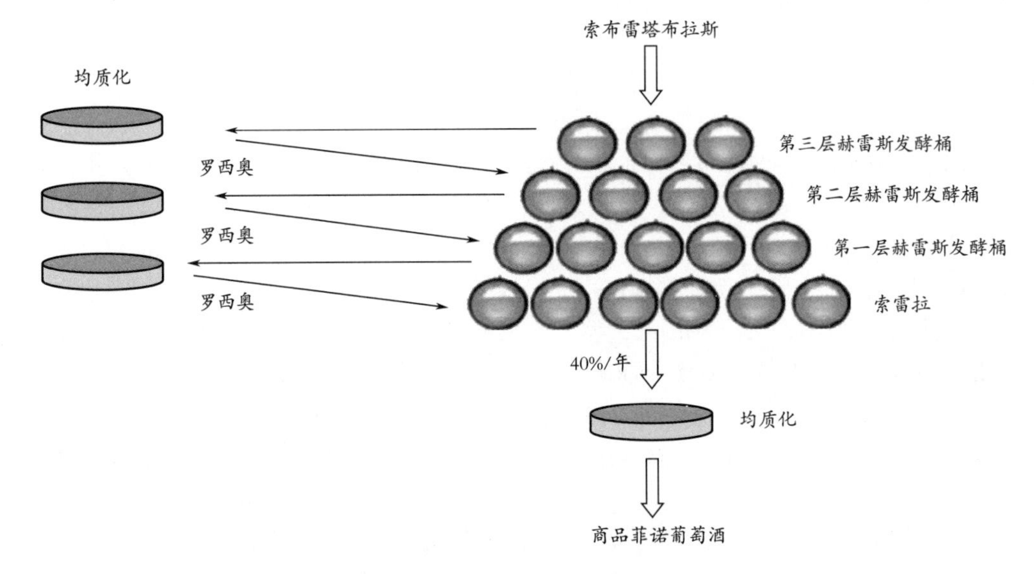

图 16-10　生物老熟示意图[214]

赫雷斯发酵桶-索雷拉生物老熟系统是指堆成一堆的 500mL 酒桶（或其他规格的），排桶内的葡萄酒类型相同，老熟时间相同，且是确定的。靠近地面的一层酒桶称为索雷拉（solera），一般是存放最老的葡萄酒。贮存过程中，通常定期从索雷拉桶中取一部分葡萄酒灌装进瓶（如不超过 40%，图 16-10），此过程一年重复 3~4 次。然后从第一层赫雷斯发酵桶（first criadera）取同样体积补充到最下层的索雷拉酒桶中。再从第二层赫雷斯发酵桶（second criadera）取同样体积补充至第一层酒桶。如此循环。最上层的酒桶称 añada 或赫雷斯发酵桶（criaderas），酒体最为年轻。该桶的酒使用 sobretablas 葡萄酒补充。酒桶通常为美国橡木桶，最上层的通常充满 4/5，主要是为了福洛酵母在葡萄酒表面产生生物膜，酒桶通常堆 4~6 层。

葡萄酒从一层转移到另一层称为罗西奥（Rocio）。这一均质化过程在酒桶中进行，然后再转移到下一层更老的酒桶中。操作需要十分小心，不能破坏葡萄酒表面的膜。

在世界上的其他地区，生物老熟过程是静态的。在法国朱拉，产生的葡萄酒称为黄葡萄酒（Jaune）。在美国加利福尼亚州或南非，为了降低成本，动态过程比较短。黄葡萄酒用萨瓦涅（Savagnin）葡萄生产，其是一种脱拉米糯型葡萄，葡萄酒酒精度 12%。接着进行苹乳酸发酵，贮存于 228 L 的旧桶中，留下 5~6 L 空间，密闭贮存于 7（冬季）~17℃（夏季）地窖中，相对湿度 60%~80%，贮存 6 年 3 个月。在此期间，产生了酵母膜，并改变了葡萄酒的感官特性。葡萄酒具有金黄色，且乙醛浓度在 600~700mg/L[215]。

16.10.2 强化葡萄酒风格与类型

根据含糖量，强化葡萄酒可以分为五种大型：(1) 特别甜型（very sweet），典型的残糖含量 130g/L 以上；(2) 甜型（sweet），残糖含量在 90~130g/L；(3) 半干型（medium dry），残糖含量在 65~90g/L；(4) 干型（dry），含糖量 40~65g/L；(5) 特别干型（extra dry），含糖量在 40g/L 以下。

通常地，波特强化葡萄酒添加葡萄蒸馏酒到发酵醪中，人为地终止发酵过程，添加的时间点是大约一半的葡萄天然糖分被发酵掉，此时酒精度是 19%~21%vol。与其他强化葡萄酒相比，添加到波特酒中的葡萄蒸馏酒并没有被精馏到 77%，因此，还含有许多香气成分，特别是高级醇[213]。马德拉强化葡萄酒（Madeira wine）终止发酵使用 95%的葡萄蒸馏酒（wine spirit），最终酒精度在 18%~22%vol，木桶地窖贮存，温度可达 30℃，相对湿度 70%~75%，然后经历一个烘焙工艺（baking process，葡萄牙语称为 estufagem），葡萄酒装入一个大桶中，温度缓慢上升 5℃/d，45~50℃至少保持 3 个月。此后，葡萄酒在橡木桶中再至少贮存 3 年，某些葡萄酒会贮存 3~20 年甚至更长的时间[191, 213]。莫斯卡托葡萄酒（Moscatel wine）在添加酒精终止发酵后，葡萄种子和皮仍然留在葡萄酒中，并浸泡数月[213]。

雪利葡萄酒分为四类，菲诺、欧洛罗索（oloroso）、阿蒙提那多（amontillado）和奶油雪利（cream）。菲诺雪利来源于生物老熟，独特的福洛酵母混合物包括贝蒂克酵母（*S. beticus*）、切氏酵母（*S. cheresiensis*）、蒙图利酵母（*S. montuliensis*）和鲁氏酵母（*S. rouxii*），它们在生产过程中生长于葡萄酒表面。这些好氧菌的代谢物产生了典型的风味并赋予雪利酒轻微的颜色——淡黄色，轻微苦味和复杂香气（complex aroma）[216-217]。用 50%的雪利酒与 50%的 95%中性精馏葡萄蒸馏酒勾兑并老熟的雪利酒称为米替多雪利（miteado）。欧洛罗索雪利是在雪利发酵过程中添加酒精度到 18%vol，以阻止菲诺酵母生长。在物理-化学的氧化老熟过程中，欧洛罗索雪利颜色变深，风味典型。阿蒙提那多雪利是上面提到的方法组合的产品。当生产开始时，葡萄酒用类似于菲诺雪利的方法生产，生物老熟后，产品中加入酒精，经历如欧洛罗索的氧化老熟。奶油雪利，也称为杜尔塞甜酒（dulce）或甜雪利，通常采用欧洛罗索式生产和强化，勾兑浓缩葡萄汁或甜的餐后甜酒增加甜味[218]。

16.10.3 强化葡萄酒关键香气成分

通过 AEDA 和香气重组试验发现强化葡萄酒的关键香气成分是 3-巯基-1-己醇、酱油酮、呋喃扭尔、索陀酮、甲硫醇、苯乙醛[219]。

16.10.3.1 降异戊二烯类和萜烯类化合物

降异戊二烯类和萜烯类化合物主要呈花香、水果香和甜香。降异戊二烯类化合物，如β-大马酮、β-紫罗兰酮、2,2,6-三甲基环己酮（2,2,6-trimethylcyclohexanone，

TCH)、TDN 和葡萄螺烷，在高氧和高温的波特强化葡萄酒中，随着氧的消耗，萜烯醇和降异戊二烯类浓度下降，但呈现异嗅的似蜂蜜香的苯乙醛、煮马铃薯气味的蛋氨醛和饲养场气味的 TDN 增加[219]。但当桶贮时，TDN、葡萄螺烷和 TCH 含量随着β-紫罗兰酮和β-大马酮的下降而显著上升。

类胡萝卜素是降异戊二烯类的前驱物，已经在波特葡萄酒中检测到[24]。研究发现降异戊二烯类来源于类胡萝卜素分子如β-胡萝卜素、叶黄素、新黄素和紫黄素的直接降解[221-223]。新酒与老酒相比，含有更多的类胡萝卜素和似叶绿素（chlorophyll）类化合物[224]。博阿尔（Boal）和华帝露（Verdelho）葡萄的特征成分是橙花醛、里哪醇、香茅醇和β-紫罗兰酮；而马尔瓦查（Malvasia）葡萄是橙花醛和里哪醇。塞尔斜（Sercial）葡萄特征香气与α-萜品醇、β-大马酮和香叶醇相关[225]。这四个葡萄是用来生产马德拉强化葡萄酒的主要品种。里哪醇是马斯喀特葡萄酒（Muscat）的花香特征香气成分，香叶醇和橙花醇是马斯喀特葡萄酒的柑橘与花香的特征香气成分[173]。

16.10.3.2 挥发性硫化物

挥发性硫化物通常与异嗅相关，但某些硫醇却是强烈的气味化合物，与愉快的果香相关。15 种波特葡萄酒新酒和 12 种老酒测定结果表明，硫化物在两类酒中显著不同。因此，氧、pH、游离二氧化硫、温度和时间等影响着二甲基硫、2-巯基乙醇（2-mercaptoethanol）、二甲亚砜和蛋氨醇含量。有氧存在时，二甲基硫和二甲亚砜形成，而蛋氨醇和 2-巯基乙醇显著下降。说明桶贮不会产生如蛋氨醇、2-巯基乙醇和蛋氨醛类的异嗅[192]。

16.10.3.3 索陀酮

索陀酮［sotolon，3-羟基-4,5-二甲基-2(5*H*)-呋喃酮，葫芦巴内酯］呈坚果、辛香或老酒香气特征，于 1976 年和 1992 年分别被 Dubois 等人和 Martin 等人鉴定出是法国雪利葡萄酒关键香气[226-227]，在葡萄酒中含量一般不超过 300μg/L。1984 年，Masuda 等人推测索陀酮是强化葡萄酒的典型甜香（5～20μg/L）[228]。通过 AEDA 结合 GC-MS 技术研究证实索陀酮是波特葡萄酒（Port wine）氧化老熟后老酒的关键香气成分[229-230]。2005 年应用 AEDA 研究发现索陀酮也是福洛雪利葡萄酒的关键香气成分[231]。同时，该化合物对其他酒也有香气贡献，包括雪利酒[217, 226-227, 232]、法国强化葡萄酒[233]、马德拉强化葡萄酒[234-235]。

16.10.3.4 脂肪酸乙酯、乙酸酯和脂肪酸

桶熟的马德拉强化葡萄酒在老熟时，脂肪酸乙酯、乙酸酯和脂肪酸浓度显著下降，而二元酸乙酯显著上升。这与索陀酮、糠醛、5-甲基-2-糠醛、5-羟甲基糠醛和 5-乙氧基甲基糠醛强相关，这些化合物可以作为老熟的标志物[234]。

16.10.3.5 杂环缩醛

马德拉强化葡萄酒的杂环缩醛（heterocyclic acetals）1,3-二氧己环类（1,3-dioxanes）和 1,3-二噁戊烷类（1,3-dioxolanes）可能是该类葡萄酒老熟的标志物。研究

发现，缩醛与老熟时间线性相关，但缩醛化反应在老熟时并不受到氧化条件的影响，且其顺式与反式的比是恒定的，顺-二氧己环/反-二氧己环为 2.35 ± 0.31，而顺-二噁戊烷/反-二噁戊烷为 1.60 ± 0.18[236]。

16.10.3.6 雪利葡萄酒关键风味

通过 GC-AEDA 的研究发现阿蒙提那多雪利葡萄酒（Amontillado sherry wine）的香气成分 37 种。FD 值较高的香气成分是 2-苯乙醇、2-甲基丙酸乙酯、（2*S*，3*S*）-2-羟基-3-甲基戊酸乙酯。OAV 最高的化合物是 1,1-二乙氧基乙烷、2-甲基丁醛、3-甲基丁醛和 2-甲基丙醛。使用 OAV>1 的 26 种化合物进行香气重组，发现它们可以模仿雪利葡萄酒的风味[237]。

16.10.4 甜型强化葡萄酒贮存老熟过程中重要风味物质及老熟标志物

甜型强化葡萄酒通常在桶中老熟，且留有较大的空隙。常用的桶有 20~80 年桶龄，大小有 225、660 和 1500~5000L。由于该型酒的酒精度在 15%~18%vol，故在老熟过程中酵母的作用并不明显。但氧却起着巨大的作用，桶有利于氧的渗入，而橡木成分的浸出反而显得并不重要。

对这类葡萄酒氧化的研究非常多。氧化后的感官描述通常是干葡萄酒使用“氧化的”，甜型强化红葡萄酒使用“老熟的”（rancio），而甜型强化白葡萄酒使用“过熟的”（maderized）词汇描述[238]。

研究发现，索陀酮是红葡萄酒和白葡萄酒中为数不多的浓度超过阈值的化合物之一，特别是白葡萄酒在加速老熟时，其浓度的增加受到氧强烈的影响。在无氧条件下，来源于 5-羟甲基糠醛的乙氧基甲基糠醛与来源于糖的糠醛也与甜型强化白葡萄酒的风味有关[238]。

甜型红葡萄酒中最具加速老熟特征的化合物是 5-羟甲基糠醛、乙酰弗曼素和羟基麦芽酚，这些物质均是通过氧化作用形成的，但二氢麦芽酚形成于无氧环境[238]。

研究发现，杂环缩醛醇（hetercyclic acetal alcohols），如 1,3-二氧己环类和 1,3-二噁戊烷类是马德拉强化葡萄酒的老熟标志物[239]。再后的研究发现，除以上这两种化合物外，1,1-二乙氧基甲烷、1,1-二甲氧基乙烷、1,1-二乙氧基-2-甲基丙烷、1-(1-乙氧基乙氧基)-戊烷，以及 5-甲基糠醛、顺-橡木内酯（*cis*-oaklactone）等均是马德拉强化葡萄酒的老熟标志物[192]。

参考文献

[1] Norrie P A. Wine and health through the ages with special reference to Australia [D]. Sydney：University of Western Sydney，2005.

[2] Jack F R. 19-Whiskies：composition，sensory properties and sensory analysis. In Alcoholic Beverages [M]. Cambridge：Woodhead Publishing，2012.

[3] Jackson，R. S. Wine Science. Principles and Applications [M]. 3rd ed. Burlington：Academic

Press, 2008.

[4] 沈严龚，杨和财．我国葡萄酒产业发展的优劣势分析 [J]. 集团经济研究, 2007, 04: 155-156.

[5] Marais J. Terpenes in the aroma of grapes and wines: A review [J]. S Afr J Enol Vitic, 1983, 4 (2): 49-58.

[6] Clarke R J, Bakker J. Wine Flavour Chemistry [M]. Oxford: Blackwell Publishing Ltd. , 2004.

[7] Baumes R. Wine aroma precursors. In Wine Chemistry and Biochemistry [M]. New York: Springer, 2008: 251-274.

[8] Jackson R S. 9-Table wines: sensory characteristics and sensory analysis. In Alcoholic Beverages [M]. Cambridge: Woodhead Publishing, 2012.

[9] Guth H. Comparison of difference white wine varieties in odor profiles by instrument analysis and sensory studies. In Chemistry of Wine Flavor [M]. Washington DC: ACS symposium Series 714, 1998.

[10] Lea A G H, Arnold G M. The phenolics of ciders: Bitterness and astringency [J]. J Sci Food Agric, 1978, 29 (5): 478-483.

[11] Noble A C, Bursick G F. The contribution of glycerol to perceived viscosity and sweetness in white wine [J]. Am J Enol Vitic, 1984, 35 (2): 110-112.

[12] Bindon K, Varela C, Kennedy J, et al. Relationships between harvest time and wine composition in Vitis *vinifera* L. cv. Cabernet Sauvignon 1. Grape and wine chemistry [J]. Food Chem, 2013, 138 (2-3): 1696-1705.

[13] Apolinar - Valiente R, Romero - Cascales I, Williams P, et al. Oligosaccharides of Cabernet sauvignon, syrah and monastrell red wines [J]. Food Chem. 2015, 179: 311-317.

[14] Vidal S, Francis L, Guyot S, et al. The mouth-feel properties of grape and apple proanthocyanidins in a wine-like medium [J]. J Sci Food Agri, 2003, 83: 564-573.

[15] Swiegers J H, Bartowsky E J, Henschke P A, et al. Yeast and bacterial modulation of wine aroma and flavour [J]. Aust J Grape Wine Res, 2005, 11: 139-173.

[16] Ugliano M, Henschke P A. Yeasts and wine flavour. In Wine Chemistry and Biochemistry [M]. New York: Springer, 2008: 314-392.

[17] Ebeler S E. Analytical chemistry: unlocking the secrets of wine flavor [J]. Food Rev Int, 2001, 17 (1): 45-64.

[18] Radler F. Yeast: Metabolism of organic acids. In Wine Microbiology and Biotechnology [M]. Chur: Harwood Academic Publishers, 1993.

[19] Dequin S, Barre P. Mixed lactic acid-alcoholic fermentation by *Saccharomyes cerevisiae* expressing the *Lactobacillus casei* L (+) -LDH [J]. Nat Biotechnol, 1994, 12: 173-177.

[20] Pretorius I S, Høj P B. Grape and wine biotechnology: Challenges, opportunities and potential benefits [J]. Aust J Grape Wine Res, 2005, 11: 83-108.

[21] Kennedy J A, Saucier C, Glories Y. Grape and wine phenolics: History and perspective [J]. Am J Enol Vitic, 2006, 57 (3): 239-248.

[22] Spanos G A, Wrolstad R E. Phenolics of apple, pear, and white grape juices and their changes with processing and storage—A review [J]. J Agri Food Chem, 1992, 40: 1478-1487.

[23] Brossaud F, Cheynier V, Noble A C. Bitterness and astringency of grape and wine polyphenols [J]. Aust J Grape Wine Res, 2001, 7 (1): 33-39.

[24] Guedes de Pinho P, Silva Ferreira A C, Mendes Pinto M, et al. Determination of carotenoid profiles in grapes, musts, and fortified wines from Douro varieties of *Vitis vinifera* [J]. J Agri Food Chem, 2001, 49 (11): 5484-5488.

[25] Moio L, Etievant P X. Ethyl anthranilate, ethyl cinnamate, 2,3-dihydrocinnamate, and methyl anthranilate: Four important odorants identified in Pinot noir wines of Burgundy [J]. Am J Enol Vitic, 1995, 46 (3): 392-398.

[26] Pollnitz A P, Pardon K H, Liacopoulos D, et al. The analysis of 2,4,6-trichloroanisole and other chloroanisoles in tainted wines and corks [J]. Aust J Grape Wine Res, 1996, 2 (3): 184-190.

[27] Chatonnet P, Bonnet S, Boutou S, et al. Identification and responsibility of 2,4,6-tribromoanisole in musty, corked odors in wine [J]. J Agri Food Chem, 2004, 52 (5): 1255-1262.

[28] Singleton V L, Timberlake C F, Lea A G H. The phenolic cinnamates of white grapes and wine [J]. J Sci Food Agri, 1978, 29 (4): 403-410.

[29] Romeyer F M, Macheix J J, Goiffon J J, et al. Browning capacity of grapes. 3. Changes and importance of hydroxycinnamic acid-tartaric acid esters during development and maturation of the fruit [J]. J Agri Food Chem, 1983, 31 (2): 346-349.

[30] LeBlanc M R. Cultivar, juice extraction, ultra violet irradiation and storage influence the stibene content of muscadine grape (*Vitis rotundifolia* Michx.) [D]. Louisiana: Louisiana State University, 2006.

[31] Roy H, Lundy, S. Resveratrol. Pennington Nutrition Series. http: //resveratrolpric-ewatch. com/PNS_ Resveratrol. pdf.

[32] van der Merwe C A, van Wyk C J. The contribution of some fermentation products to the odor of dry white wines [J]. Ame J Eno Vitic, 1981, 32 (1): 41-46.

[33] Escudero A, Campo E, Fariña L, et al. Analysis characterization of the aroma of five premium red wines. Insight into the role of odor families and the concept of fruitiness of wines [J]. J Agri Food Chem, 2007, 55 (11): 4501-4510.

[34] Sponholz W-R. Wine spoilage by microorganisms. In Wine Microbiology and Biotechnology [M]. Chur: Hardwood Academic Publishing, 1993.

[35] Mayr C M, Capone D L, Pardon K H, et al. Quantitative analysis by GC-MS/MS of 18 aroma compounds related to oxidative off-flavor in wines [J]. J Agri Food Chem, 2015.

[36] Escudero A, Asensio E, Cacho J, et al. Sensory and chemical changes of young white wines stored under oxygen. An assessment of the role played by aldehydes and some other important odorants [J]. Food Chem, 2002, 77: 325-331.

[37] Escudero A, Cacho J, Ferreira V. Isolation and identification of odorants generated in wine during its oxidation: A gas chromatography-olfactometric study [J]. Eur Food Res Technol, 2000, 211: 105-110.

[38] Ferreira A C S, Hogg T, Pinho P G d. Identification of key odorants related to the typical aroma of oxidation-spoiled white wines [J]. J Agri Food Chem, 2003, 51 (5): 1377-1381.

[39] Escudero A, Hernández-Orte P, Cacho J, et al. Clues about the role of methional as character impact odorant of some oxidized wines [J]. J Agri Food Chem, 2000, 48 (9): 4268-4272.

[40] Culleré L, Cacho J, Ferreira V. An assessment of the role played by some oxidation-related aldehydes in wine aroma [J]. J Agri Food Chem, 2007, 55 (3): 876-881.

[41] 姜文广. 烟台产区蛇龙珠葡萄游离态香气物质的研究 [D]. 无锡: 江南大学, 2008.

[42] 姜文广, 范文来, 徐岩, 等. 溶剂辅助蒸馏-气相色谱-串联质谱法分析酿酒葡萄中的游离态萜烯类化合物 [J]. 色谱, 2007, 25 (6): 881-886.

[43] Francis M J O, Allcock C. Geraniol β-D-glucoside: occurrence and synthesis in rose flowers [J]. Phytochemistry, 1969, 8 (8): 1339-1347.

[44] Flamini R. Some advances in the knowledge of grape, wine and distillates chemistry as achieved by mass spectrometry [J]. Journal of Mass Spectrometry, 2005, 40 (6): 705-713.

[45] Wood C, Siebert T E, Parker M, et al. From wine to pepper: Rotundone, an obscure sesquiterpene, is a potent spicy aroma compound [J]. J Agri Food Chem, 2008, 56 (10): 3738-3744.

[46] Mayr C M, Geue J P, Holt H E, et al. Characterization of the key aroma compounds in Shiraz wine by quantitation, aroma reconstitution, and omission studies [J]. J Agri Food Chem, 2014, 62 (20): 4528-4536.

[47] Chatonnet P, Boidron J N, Pons M. Maturation of red wines in oak barrels: Evolution of some volatile compounds and their aromatic impact [J]. Sciences des Aliments, 1990, 10: 565-587.

[48] Amerine M A. Composition of Wines. I. Organic Constituents. In Advances in Food Research [M]. New York: Academic Press, 1954.

[49] Herraiz T, Ough C S. Formation of ethyl esters of amino acids by yeasts during the alcoholic fermentation of grape juice [J]. Am J Enol Vitic, 1993, 44 (1): 41-48.

[50] Bosin T R, Krogh S, Mais D. Identification and quantitation of 1,2,3,4-tetrahydro-β-carboline-3-carboxylic acid and 1-methyl-1,2,3,4-tetrahydro-β-carboline-3-carboxylic acid in beer and wine [J]. J Agri Food Chem, 1986, 34 (5): 843-847.

[51] Moreno-Arribas V, Pueyo E, Polo M C. Peptides in musts and wines. Changes during them of cavas (sparkling wines) [J]. J Agri Food Chem, 1996, 44 (12): 3783-3788.

[52] Rapp A, Versini G. Influence of nitrogen on compounds in grapes on aroma compounds in wines [J]. J Int Sci Vigne Vin, 1996, 51: 193-203.

[53] Yokotsuka K, Aihara T, Umehara Y, et al. Free amino acids and peptides in must and wines from jspsnese grapes [J]. J Ferment Technol, 1975, 67: 380-382.

[54] Dos Santos A M, Feuillat M, Charpentier C. Flor yeast metabolism in a model system similar to cellar ageing of the French 'Vin Jaune': Evolution of some by-products, nitrogen compounds and polysaccharides [J]. Vitis, 2000, 39 (3): 129-134.

[55] Takayanagi T, Yokotsuka K. Angiotensin I converting enzyme-inhibitory peptides from wine [J]. Am J Enol Vitic, 1999, 50 (1): 65-68.

[56] Desportes C, Charpentier M, Duteurtre B, et al. Isolation, identification, and organoleptic characterization of low-molecular-weight peptides from white wine [J]. Am J Enol Vitic, 2001, 52 (4): 376-380.

[57] Yanai T, Suzuki Y, Sato, M. Prolyl endopeptidase inhibitory peptides in wine [J]. Biosci Biotechnol Biochem, 2003, 67 (2): 380-382.

[58] de Person M, Sevestre A, Chaimbault P, et al. Characterization of low-molecular weight peptides in champagne wine by liquid chromatography/tandem mass spectrometry [J]. Anal Chim Acta, 2004, 520 (1-2): 149-158.

[59] Moreno-Arribas M V, Bartolomé B, Pueyo E, et al. Isolation and characterization of individual peptides from wine [J]. J Agri Food Chem, 1998, 46 (9): 3422-3425.

[60] Acedo M I, Pueyo E, Polo M C. Preliminary studies on peptides in wine by HPLC [J]. Am J Enol Vitic, 1994, 45 (2): 167-172.

[61] Feuillat M. Yeast macromolecules: Origin, composition, and enological interest [J]. Am J Enol Vitic, 2003, 54 (3): 211-213.

[62] Pueyo E, Dizy M, Polo M C. Varietal differentiation of must and wines by means of protein fraction [J]. Am J Enol Vitic, 1993, 44 (3): 255-260.

[63] Yokotsuka K, Ebihara T, Sato T. Comparison of soluble proteins in juice and wine from Koshu grapes [J]. J Ferment Bioeng, 1991, 71 (4): 248-253.

[64] Druaux C, Lubbers S, Charpentier C, et al. Effects of physico-chemical parameters of a model wine on the binding of γ-decalactone on bovine serum albumin [J]. Food Chem, 1995, 53 (2): 203-207.

[65] Simpson R F, Capone D L, Sefton M A. Isolation and identification of 2-methoxy-3,5-dimethylpyrazine, a potent musty compound from wine corks [J]. J Agri Food Chem, 2004, 52 (17): 5425-5430.

[66] Tominaga T, Furrer A, Henry R, et al. Identification of new volatile thiols in the aroma of *Vitis vinifera* L. var. Sauvignon blanc wines [J]. Flav Fragr J, 1998, 13: 159-162.

[67] Guth H. Identification of character impact odorants of different white wine varieties [J]. J Agri Food Chem, 1997, 45 (8): 3022-3026.

[68] Tominaga T, Darriet P, Dubourdieu D. Identification of 3-mercaptohexyl acetate in Sauvignon wine, a powerful aromatic compound exhibiting box-tree odor [J]. Vitis, 1996, 35 (4): 207-210.

[69] Tominaga T, Guimbertau G, Dubourdieu D. Contribution of benzenemethanethiol to smoky aroma of certain *Vitis vinifera* L. wines [J]. J Agri Food Chem, 2003, 51 (5): 1373-1376.

[70] Murat M-L, Tominaga T, Dubourdieu D. Assessing the aromatic potential of Cabernet sauvignon and Merlot musts used to produce rose wine by assaying the cysteinylated precursor of 3-mercaptohexan-1-ol [J]. J Agri Food Chem, 2001, 49: 5412-5417.

[71] Tominaga T, Niclass Y, Frerot E, et al. Stereoisomeric distribution of 3-mercaptohexan-1-ol and 3-mercaptohexyl acetate in dry and sweet white wines made from *Vitis vinifera* (Var. Sauvignon blanc and Semillon) [J]. J Agri Food Chem, 2006, 54: 7251-7255.

[72] Block E. Challenges and artifact concerns in analysis of volatile sulfur compounds. In Volatile Sulfur Compounds in Food [M]. Washington DC: American Chemical Society, 2011.

[73] Kennedy J A. Understanding grape berry development [J]. Practical Winery & Vineyard, 2002, July/August: 1-5.

[74] Kinzurik M I, Herbst-Johnstone M, Gardner R C, et al. Evolution of volatile sulfur compounds during wine fermentation [J]. J Agri Food Chem, 2015, 63 (36): 8017-8024.

[75] Ugliano M, Bartowsky E J, McCarthy J, et al. Hydrolysis and transformation of grape glycosidically bound volatile compounds during fermentation with three *Saccharomyces* yeast strains [J]. J Agri Food Chem, 2006, 54 (17): 6322-6331.

[76] Blanchard L, Tominaga T, Dubourdieu D. Formation of furfurylthiol exhibiting a strong coffee aroma during oak barrel fermentation from furfural released by toasted staves [J]. J Agri Food Chem, 2001, 49: 4833-4835.

[77] Pineau B, Barbe J-C, Leeuwen C V, et al. Which impact for β-damascenone on red wines aroma? [J]. J Agri Food Chem, 2007, 55 (10): 4103-4108.

[78] Lubbers S, Verret C, Voilley A. The effect of glycerol on the perceived aroma of a model wine and a white wine [J]. LWT-Food Sci Technol, 2001, 34 (4): 262-265.

[79] Dufour C, Bayonove C L. Influence of wine structurally different polysaccharides on the volatility of aroma substances in a model system [J]. J Agri Food Chem, 1999, 47 (2): 671-677.

[80] Voilley A, Lamer C, Dubois P, et al. Influence of macromolecules and treatments on the behavior of aroma compounds in a model wine [J]. J Agri Food Chem, 1990, 38 (1): 248-251.

[81] Ugliano M, Genovese A, Moio L. Hydrolysis of wine aroma precursors during malolactic fermentation with four commercial starter cultures of *Oenococcus oeni* [J]. J Agri Food Chem, 2003, 51 (17): 5073-5078.

[82] Grimaldi A, McLean H, Jiranek V. Identification and partial characterization of glycosidic activities of commercial strains of the lactic acid bacterium *Oenococcus oeni* [J]. Am J Enol Vitic, 2000, 51 (4): 362-369.

[83] Sefton M A, Francis I L, Williams P J. The volatile composition of chardonnay juices-a study by flavor precursor analysis [J]. Am J Enol Vitic, 1993, 44 (4): 359-370.

[84] J M. Terpene Concentrations and Wine Quality of *Vitis vinifera* L cv. Gewurztraminer as affected by

grape maturity and cellar practices [J]. Vitis, 1987, 26 (4): 231-245.

[85] Schreier P, Drawert F, Junker A. Identification of volatile constituents from grapes [J]. J Agri Food Chem, 1976, 24 (2): 331-336.

[86] Rajagopalan N, Cheryan M. Pervaporation of grape juice aroma [J]. J Memb Sci, 1995, 104 (3): 243-250.

[87] Winterhalter P, Rouseff R. Carotenoid - derived aroma compounds: An introduction. In carotenoid-derived aroma compounds [M]. Washington DC: American Chemical Society, 2001.

[88] Marais J. Sauvignon blanc cultivar aroma-A review [J]. S Afr J Enol Vitic, 1994, 15 (2): 41-45.

[89] Sala C, Mestres M, Marti M P, et al. Headspace solid-phase microextraction method for determining 3-alkyl-2-methoxypyrazines in musts by means of polydimethylsiloxane-divinylbenzene fibres [J]. Journal of Chromatography A, 2000, 880 (1-2): 93-99.

[90] Sala C, Busto O, Guasch J, et al. Contents of 3-alkyl-2-meithoxypyrazines in musts and wines from *Vitis vinifera* variety Cabernet Sauvignon: influence of irrigation and plantation density [J]. J Sci Food Agri, 2005, 85 (7): 1131-1136.

[91] Heymann H, Noble A C, Boulton R B. Analysis of methoxypyrazines in wines . 1. development of a quantitative procedure [J]. J Agri Food Chem, 1986, 34 (2): 268-271.

[92] Allen M S, Lacey M J, Harris R L N, et al. Contribution of methoxypyrazines to Sauvignon blanc wine aroma [J]. Am J Enol Vitic, 1991, 42 (2): 109-112.

[93] Noble A C, Elliottfisk D L, Allen M S. Vegetative flavor and methoypyrazines in Cabernet-Sauvignon. In Fruit Flavors [M]. 1995.

[94] Allen M S, Lacey M J, Boyd S J. Methoxypyrazines in red wines-occurrence of 2-methoxy-3-(1-methylethyl) pyrazine [J]. J Agri Food Chem, 1995, 43 (3): 769-772.

[95] Kotseridis Y, Baumes R L, Bertrand A, et al. Quantitative determination of 2-methoxy-3-isobutylpyrazine in red wines and grapes of Bordeaux using a stable isotope dilution assay [J]. J Chromatogr A, 1999, 841 (2): 229-237.

[96] Chapman D M, Thorngate J H, Matthews M A, et al. Yield effects on 2-methoxy-3-isobutylpyrazine concentration in Cabernet Sauvignon using a solid phase microextraction gas chromatography/mass spectrometry method [J]. J Agri Food Chem, 2004, 52 (17): 5431-5435.

[97] Sala C, Mestres M, Marti M P, et al. Headspace solid-phase microextraction analysis of 3-alkyl-2-methoxypyrazines in wines [J]. J Chromatogr A, 2002, 953 (1-2): 1-6.

[98] Hartmann P J, McNair H M, Zoecklein B W. Measurement of 3-alkyl-2-methoxypyrazine by headspace solid-phase microextraction in spiked model wines [J]. Am J Enol Vitic, 2002, 53 (4): 285-288.

[99] Sala C, Busto O, Guasch J, et al. Influence of vine training and sunlight exposure on the 3-alkyl-2-methoxypyrazines content in musts and wines from the *Vitis vinifera* variety Cabernet Sauvignon [J]. J Agri Food Chem, 2004, 52 (11): 3492-3497.

[100] de Boubee D R, Van Leeuwen C, Dubourdieu D. Organoleptic impact of 2-methoxy-3-isobutylpyrazine on red Bordeaux and Loire wines. Effect of environmental conditions on concentrations in grapes during ripening [J]. J Agri Food Chem, 2000, 48 (10): 4830-4834.

[101] Allen M S. Methoxypyrazines of grapes and wines [J]. Abstracts of Papers of the American Chemical Society, 1997, 213: 112-AGFD.

[102] Pickering G J, Karthik A, Inglis D, et al. Determination of ortho-and retronasal detection thresholds for 2-isopropyl-3-methoxypyrazine in wine [J]. J Food Sci, 2007, 72 (7): S468-S472.

[103] 姜文广．蛇龙珠葡萄中游离态香气物质的研究 [D]. 无锡：江南大学，2008.

[104] Coelho E, Rocha S M, Delgadillo I, et al. Headspace-SPME applied to varietal volatile components evolution during *Vitis vinifera* L. cv. 'Baga' ripening [J]. Analytica Chimica Acta, 2006, 563 (1-2): 204-214.

[105] Rosillo L, Salinas M R, Garijo J, et al. Study of volatiles in grapes by dynamic headspace analysis-application to the differentiation of some Vitis vinifera varieties [J]. J Chromatogr A, 1999, 847 (1-2): 155-159.

[106] Sefton M A, Francis I L, Williams P J. Free and bound volatile secondary metabolites of Vitis-Vinifera grape Cv Sauvignon-Blanc [J]. J Food Sci, 1994, 59 (1): 142-147.

[107] Maicas S, Mateo J J. Hydrolysis of terpenyl glycosides in grape juice and other fruit juices: a review. [J]. Appl Microbiol Biotechnol, 2005, 67 (3): 322-335.

[108] Schreier P, Drawert F, Junker A. Identification of volatile constituents from grapes [J]. J Agric Food Chem, 1976, 24 (2): 331-336.

[109] Salinas M, Zalacain A, Pardo F, et al. Stir bar sorptive extraction applied to volatile constituents evolution during *Vitis vinifera* ripening [J]. J Agric Food Chem, 2004, 52 (15): 4821-4827.

[110] Lyß G, Knorre A, Schmidt T J, et al. The Anti-inflammatory Sesquiterpene Lactone Helenalin Inhibits the Transcription Factor NF-kB by Directly Targeting p65 [J]. J Biol Chem , 1998, 273: 33508-33516.

[111] Tamemoto K, Takaishi Y, Chen B, et al. Sesquiterpene from the fruits of Ferula kuhistanica and antibacterial activity of the constituent F. kuhistanica [J]. Phytochemistry, 2001, 58: 763-767.

[112] Xu Z, Chang F-R, Wang H-K, et al. Two New Sesquiterpenes, Leitneridanins A and B, and the Cytotoxic and Anti-HIV Principles from Leitneria floridana [J]. J Nat Prod, 2000, 63 (12): 1712-1715.

[113] Brehm-Stecher B F, Johnson E A. Sensitization of Staphylococcus aureus and Escherichia coli to antibiotics by the sesquiterpenoids nerolidol, farnesol, bisabolol, and apritone. [J]. Antimicrob Agents Chemother, 2003. , 47: 3357-3360.

[114] Dubourdieu D, Tominaga T, Masneuf I, et al. The role of yeasts in grape flavor development during fermentation: The example of Sauvignon blanc [J]. Am J Enol Vitic, 2006, 57: 81-88.

[115] Darriet P, Tominaga T, Lavigne V, et al. Identification of a powerful aromatic component of *Vitis vinifera* L. var. Sauvignon wines: 4-mercapto-4-methylpentan-2-one [J]. Flav Fragr J, 1995, 10: 385-392.

[116] Tominaga T, Masneuf I, Dubourdieu D. A *S*-cysteine conjugate, precursor of aroma of white sauvignon [J]. J Int Sci Vigne Vin, 1995, 29 (4): 227-232.

[117] Gomez E, Martinez A, Laencina J. Changes in Volatile Compounds During Maturation of Some Grape Varieties [J]. J Sci Food Agri, 1995, 67 (2): 229-233.

[118] Salinas M, Zalacain A, Pardo F, et al. Stir bar sorptive extraction applied to volatile constituents evolution during Vitis vinifera ripening [J]. J Agri Food Chem, 2004, 52 (15): 4821-4827.

[119] Rocha E, Delgadillo A, Coimbra M A. Screening of variety-and pre-fermentation-related volatile compounds during ripening of white grapes to define their evolution profile [J]. Analytica Chimica Acta, 2007, 597 (2): 257-264.

[120] Yuan F, Qian M C. Aroma potential in early-and late-maturity Pinot noir grapes evaluated by aroma extract dilution analysis [J]. J Agri Food Chem, 2016, 64 (2): 443-450.

[121] Palomo E S, Perez - Coello M S, Díaz - Maroto M C, et al. Contribution of free and glycosidically-bound volatile compounds to the aroma of muscat "a petit grains" wines and effect of skin contact [J]. Food Chem, 2006, 95: 279-289.

[122] Selli S, Canbas A, Cabaroglu T, et al. Effect of skin contact on the free and bound aroma compounds of the white wine of *Vitis vinifera* L. cv. Narince [J]. Food Control, 2006, 17: 75-82.

[123] Cabrita M J, Freitas A M C, Laureano O, et al. Glycosidic aroma compounds of some Portuguese grape cultivars [J]. J Sci Food Agri, 2006, 86 (6): 922-931.

[124] Radeka S, Herjavec S, Peršurić Đ, et al. Effect of different maceration treatments on free and bound varietal aroma compounds in wine of *Vitis vinifera* L. cv. Malvazija istarska bijela [J]. Food Tech Biot, 2008, 46 (1): 86-92.

[125] 周双, 徐岩, 范文来, 等. 应用液液萃取分析中度烘烤橡木片中挥发性化合物 [J]. 食品与发酵工业, 2012, 38 (9): 125-131.

[126] 周双. 国产橡木与欧美橡木中挥发性化合物差异研究 [D]. 无锡: 江南大学, 2013.

[127] Fernández de Simón B, Cadahía E, Sanz M, et al. Volatile compounds and sensorial characterization of wines from four Spanish Denominations of Origin, aged in Spanish rebollo (*Quercus pyrenaica* Willd.) oak wood barrels [J]. J Agri Food Chem, 2008, 56 (19): 9046-9055.

[128] Fernández de Simón B, Esteruelas E, Muñoz A M, et al. Volatile compounds in acacia, chestnut, cherry, ash, and oak woods, with a view to their use in cooperage [J]. J Agri Food Chem, 2009, 57 (8): 3217-3227.

[129] 甘望宝, 秦朗, 沈丽英. 国产东北烘烤橡木片中的挥发性香气成分分析 [J]. 香料香精化妆品, 2010, (001): 23-26.

[130] Zuo-gang G, Shu-rong W, Ying-ying Z. Catalytic esterification of model compounds of biomass pyrolysis oil [C]. IEEE: 2009: 545-547.

[131] Spillman P J, SEFTON M A, Gawel R. The contribution of volatile compounds derived during oak barrel maturation to the aroma of a Chardonnay and Cabernet Sauvignon wine [J]. Australian Journal of Grape and Wine Research, 2004, 10 (3): 227-235.

[132] Díaz-Maroto M C, Guchu E, Castro-Vázquez L, et al. Aroma-active compounds of American, French, Hungarian and Russian oak woods, studied by GC-MS and GC-O [J]. Flavour and Fragrance Journal, 2008, 23 (2): 93-98.

[133] Fernández de Simón B, Muiño I, Cadahía E. Characterization of volatile constituents in commercial oak wood chips [J]. J Agri Food Chem, 2010.

[134] 张扬, 许海燕, 谭俊杰. 南蛇藤化学成分研究 [J]. 中国医药工业杂志, 2010, 41 (11): 823-825.

[135] Varietal aroma compounds [J]. https://people.ok.ubc.ca/neggers/Chem422A/VARIETAL%20AROMA%20COMPOUNDS.pdf.

[136] 孙玉霞, 胡文效, 史红梅. GC-MS 分析橡木片中的挥发性香气成分 [J]. 中外葡萄与葡萄酒, 2008, (1): 17-19.

[137] Sarni F, Moutounet M, Puech J L, et al. Effect of heat treatment of oak wood extractable compounds [J]. Holzforschung, 1990, 44 (6): 461-466.

[138] 李艳, 梁国伟. 橡木桶与葡萄酒 [J]. 酿酒科技, 2008, (12): 40-42.

[139] Cullere L, Escudero A, Cacho J, et al. Gas chromatography-olfactometry and chemical quantitative study of the aroma of six premium quality Spanish aged red wines [J]. J Agri Food Chem, 2004, 52 (6): 1653-1660.

[140] Wilkinson K L, Elsey G M, Prager R H, et al. Rates of formation of *cis*-and *trans*-oak lactone from 3-methyl-4-hydroxyoctanoic acid [J]. J Agri Food Chem, 2004, 52 (13): 4213-4218.

[141] Cadahía E, Fernández de Simón B, Jalocha J. Volatile compounds in Spanish, French, and American oak woods after natural seasoning and toasting [J]. J Agri Food Chem, 2003, 51 (20): 5923-5932.

[142] Waterhouse A L, Towey J P. Oak lactone isomer ratio distinguishes between wine fermented in Amer-

ican and French oak barrels [J]. J Agri Food Chem, 1994, 42 (9): 1971-1974.

[143] Martínez J, Cadahía E, Fernández de Simón B, et al. Effect of the seasoning method on the chemical composition of oak heartwood to cooperage [J]. J Agri Food Chem, 2008, 56 (9): 3089-3096.

[144] Cutzach I, Chatonnet P, Henry R, et al. Identification of volatile compounds with a "toasty" aroma in heated oak used in barrelmaking [J]. J Agri Food Chem, 1997, 45 (6): 2217-2224.

[145] Pasteur M L. Etudes sur le Vin [M]. 2 nd ed, Paris: Librairie F. Savy, 1875.

[146] Peterson A L, Waterhouse A L. ^{1}H NMR: A novel approach to determining the thermodynamic properties of acetaldehyde condensation reactions with glycerol, (+) -catechin, and glutathione in model wine [J]. J Agri Food Chem, 2016, 64 (36): 6869-6878.

[147] Cano-López M, López-Roca J M, Pardo-Minguez F, et al. Oak barrel maturation vs. micro-oxygenation: Effect on the formation of anthocyanin-derived pigments and wine colour [J]. Food Chem, 2010, 119: 191-195.

[148] Cejudo-Bastante M J, Hermosín-Gutiérrez I, Pérez-Coello M S. Micro-oxygenation and oak chip treatments of red wines: Effects on colour-related phenolics, volatile composition and sensory characteristics. Part I: Petit Verdot wines [J]. Food Chem, 2011, 124: 727-737.

[149] Cejudo-Bastante M J, Hermosín-Gutiérrez I, Pérez-Coello M S. Micro-oxygenation and oak chip treatments of red wines: Effects on colour-related phenolics, volatile composition and sensory characteristics. Part II: Merlot wines [J]. Food Chem, 2011, 124: 738-748.

[150] Del Álamo M, Nevares I, Gallego L, et al. Micro-oxygenation strategy depends on origin and size of oak chips or staves during accelerated red wine aging [J]. Anal Chim Acta, 2010, 660: 92-101.

[151] Miller D P, Howell G S, Michaelis C S, et al. The content of phenolic acid and aldehyde flavor components of white oak as affected by site and species [J]. Am J Enol Vitic, 1992, 43 (4): 333-338.

[152] Chatonnet P, Dubourdieu D. Comparative study of the characteristics of American white oak (*Quercus alba*) and European oak (*Quercus petraea* and *Q. robur*) for production of barrels used in barrel aging of wines [J]. Am J Enol Vitic, 1998, 49 (1): 79-85.

[153] Sefton M A, Francis I L, Pocock K F, et al. The influence of natural seasoning on the concentration of eugenol, vanillin, and *cis*-and *trans*-β-methyl-γ-octalactone extracted from French and American oak wood [J]. Sciences des Aliments, 1993, 13: 629-643.

[154] Chatonnet P, Cutzach I, Pons M, et al. Monitoring toasting intensity of barrels by chromatographic analysis of volatile compounds from toasted oak wood [J]. J Agri Food Chem, 1999, 47 (10): 4310-4318.

[155] Cerdán T G, Goñi D T, Azpilicueta C A. Accumulation of volatile compounds during ageing of two red wines with different composition [J]. J Food Eng, 2004, 65 (3): 349-356.

[156] Otsuka K, Zenibayashi Y, Itoh M, et al. Presence and significance of two diasteroisomers of β-methyl-γ-octalactone in aged distilled liquors [J]. Agri Biol Chem, 1974, 38: 485-490.

[157] Culleré L, Escudero A, Cacho J F, et al. Gas chromatography-olfactometry and chemical quantitative study of the aroma of six premium quality Spanish aged red wines [J]. J Agri Food Chem, 2004, 52 (6): 1653-1660.

[158] Ferreira V, López R, Cacho J F. Quantitative determination of the odorants of young red wines from different grape varieties [J]. J Sci Food Agric, 2000, 80 (11): 1659-1667.

[159] Muller C J, Kepner R E, Webb A D. Lactones in wines - a reviews [J]. Am J Enol Vitic, 1973, 24: 5-9.

[160] Puech J-L. Extraction of phenolic compounds from oak wood in model solution and evolution of aromatic aldehydes in wines aged in oak barrels [J]. Am J Enol Vitic, 1987, 38 (3): 236-238.

[161] Nishimura K, Ohnishi M, Masuda M, et al. Reaction of wood components during maturation. In Flavour of distilled beverages: Origin and development [M]. Chichester: Ellis Horwood, 1983.

[162] Spillman P J, Pollnitz A P, Liacopoulos D, et al. Formation and degradation of furfuryl alcohol, 5-methylfurfuryl alcohol, vanillyl alcohol, and their ethyl ethers in barrel-aged wines [J]. J Agri Food Chem, 1998, 46 (2): 657-663.

[163] Guth H. Quantitation and sensory studies of character impact odorants of different white wine varieties [J]. J Agri Food Chem, 1997, 45 (8): 3027-3032.

[164] Boidron J N, Chatonnet P, Pons M. Effects of wood on aroma compounds of wine [J]. Connaissance de la Vigne et du Vin, 1988, 22: 275-294.

[165] Chatonnet P, Dubourdieu D, Boidron J N, et al. The origin of ethylphenols in wines [J]. J Sci Food Agric, 1992, 60: 165-178.

[166] Ramey D D, Ough C S. Volaitle ester hydrolysis or formation during storage of model solutions and wines [J]. J Agri Food Chem, 1980, 28: 928-934.

[167] Antalick G, Tempère S, Šuklje K, et al. Investigation and sensory characterization of 1,4-cineole: A potential aromatic marker of Australian Cabernet sauvignon wine [J]. J Agri Food Chem, 2015, 63 (41): 9103-9111.

[168] Peynaud E. The taste of wine [M]. London: Macdonald, 1986.

[169] Kotseridis Y, Baumes R. Identification of impact odorants in Bordeaux red grape juice, in the commercial yeast used for its fermentation, and in the produced wine [J]. J Agri Food Chem, 2000, 48 (2): 400-406.

[170] Gürbüz O, Rouseff J M, Rouseff R L. Comparison of aroma volatiles in commercial Merlot and Cabernet Sauvignon wines using gas chromatography-olfactometry and gas chromatography-mass spectrometry [J]. J Agri Food Chem, 2006, 54 (11): 3990-3996.

[171] Bouchilloux P, Darriet P, Henry R, et al. Identification of volatile and powerful odorous thiols in Bordeaux red wine varieties [J]. J Agri Food Chem, 1998, 46 (8): 3095-3099.

[172] Tominaga T, Blanchard L, Darriet P, et al. A powerful aromatic volatile thiol, 2-furanmethanethiol, exhibiting roast coffee aroma in wines made from several *Vitis vinifera* grape varieties [J]. J Agri Food Chem, 2000, 48 (5): 1799-1802.

[173] Polášková P, Herszage J, Ebeler S E. Wine flavor: Chemistry in a glass [J]. Chem. Soc. Rev, 2008, 37: 2478-2489.

[174] Fang Y, Qian M. Aroma compounds in Oregon Pinot noir wine determined by aroma extract dilution analysis (AEDA) [J]. Flav Fragr J, 2005, 20 (1): 22-29.

[175] Escudero A, Gogorza B, Melús M A, et al. Characterization of the aroma of a wine from Maccabeo. Key role played by compounds with low odor activity values [J]. J Agri Food Chem, 2004, 52: 3516-3524.

[176] Ferreira V, Ortín N, Escudero A, et al. Chemical characterization of the aroma of Grenache rosé wines: Aroma extract dilution analysis, quantitative determination, and sensory reconstitution studies [J]. J Agri Food Chem, 2002, 50 (14): 4048-4054.

[177] Rocha S M, Rodrigues F, Coutinho P, et al. Volatile composition of Baga red wine: assessment of the identification of the would-be impact odourants [J]. Anal Chim Acta, 2004, 513 (1): 257-262.

[178] Aznar M, López R, Cacho J F, et al. Identification and quantification of impact odorants of aged red wines from Rioja. GC-olfactometry, quantitative GC-MS, and odor evaluation of HPLC fractions [J]. J Agri Food Chem, 2001, 49: 2924-2929.

[179] Lorrain B, Ballester J, Thomas-Danguin T, et al. Selection of potential impact odorants and sensory

validation of their importance in typical Chardonnay wines [J]. J Agri Food Chem, 2006, 54 (11): 3973-3981.

[180] Ballester J, Dacremont C, Fur Y L, et al. The role of olfaction in the elaboration and use of the Chardonnay wine concept [J]. Food Qual Pref, 2005, 16 (4): 351-359.

[181] Bailly S, Jerkovic V, Marchand-Brynaert J, et al. Aroma extraction dilution analysis of Sauternes wines. Key role of polyfunctional thiols [J]. J Agri Food Chem, 2006, 54: 7227-7234.

[182] Tominaga T, Murat M-L, Dubourdieu D. Development of a method for analyzing the volatile thiols involved in the characteristic aroma of wines made from *Vitis vinifera* L. cv. Sauvignon blanc [J]. J Agri Food Chem, 1998, 46 (3): 1044-1048.

[183] Bazemore R, Goodner K L, Rouseff R L. Volatiles from unpasteurized and excessively heated orange juice analyzed with solid phase microextraction and GC-olfactometry [J]. J Food Sci, 1999, 64 (5): 800-803.

[184] Sacks G L, Gates M J, Ferry F X, et al. Sensory threshold of 1,1,6-trimethyl-1,2-dihydronaphthalene (TDN) and concentrations in young Riesling and non-Riesling wines [J]. J Agri Food Chem, 2012, 60 (12): 2998-3004.

[185] Chisholm M G, Guiher L A, Vonah T M, et al. Comparison of some French-American hybrid wines with white Riesling using gas chromatography-olfactometry [J]. Am J Enol Vitic, 1994, 45 (2): 201-212.

[186] Komes D, Ulrich D, Lovric T. Characterization of odor-active compounds in Croatian Rhine Riesling wine, subregion Zagorje [J]. Eur Food Res Technol, 2006, 222: 1-7.

[187] Grosch W. Evaluation of the key odorants of foods by dilution experiments, aroma models and omission [J]. Chem Senses, 2001, 26 (5): 533-545.

[188] Gómez-Míguez M J, Cacho J F, ferreira V, et al. Volatile components of Zalema white wines [J]. Food Chem, 2005, 1464-1473.

[189] Hufnagel J C, Hofmann T. Quantitative reconstruction of the nonvolatile sensometabolome of a red wine [J]. J Agri Food Chem, 2008, 56 (19): 9190-9199.

[190] Francioli S, Torrens J, Riu-Aumatell M, et al. Volatile compounds by SPME-GC as age markers of sparkling wines [J]. Am J Enol Vitic, 2003, 54 (3): 158-162.

[191] Perestrelo R, Barros A S, Câmara J S, et al. In-depth search focused on furans, lactones, volatile phenols, and acetals as potential age markers of Madeira wines by comprehensive two-dimensional gas chromatography with time-of-flight mass spectrometry combined with solid phase microextraction [J]. J Agri Food Chem, 2011, 59 (7): 3186-3204.

[192] Silva Ferreira A C, Hogg T, Guedes de Pinho P. Identification of key odorants related to the typical aroma of oxidation-spoiled white wines [J]. J Agri Food Chem, 2003, 51 (5): 1377-1381.

[193] du Toit W J, Marais J, Pretorius I S, et al. Oxygen in must and wine: a review [J]. S Afr J Enol Vitic, 2006, 27 (1): 76-94.

[194] Waterhouse A L, Laurie V F. Oxidation of wine phenolics: A critical evaluation and hypotheses [J]. Am J Enol Vitic, 2006, 57: 306-313.

[195] Peterson A L, Gambuti A, Waterhouse A L. Rapid analysis of heterocyclic acetals in wine by stable isotope dilution gas chromatography-mass spectrometry [J]. Tetrahedron, 2015, 71 (20): 3032-3038.

[196] Ugliano M. Oxygen contribution to wine aroma evolution during bottle aging [J]. J Agri Food Chem, 2013, 61 (26): 6125-6136.

[197] Rapp A. Volatile flavor of wine: Correlation between instrumental analysis and sensory perception [J]. Nahrung, 1998, 42 (6): 351-363.

[198] Lopes P, Silva M A, Pons A, et al. Impact of oxygen dissolved at bottling and transmitted through

closures on the composition and sensory properties of a Sauvignon blanc wine during bottle storage [J]. J Agri Food Chem, 2009, 57: 10261-10270.

[199] Ugliano M, Kwiatkowski M, Vidal S, et al. Evolution of 3-mercaptohexanol, hydrogen sulfide, and methyl mercaptan during bottle storage of Sauvignon blanc wines. Effect of glutathione, copper, oxygen exposure, and closure-derived oxygen [J]. J Agri Food Chem, 2011, 59: 2564-2572.

[200] Fang Y, Qian M C. Sensitive quantification of sulfur compounds in wine by headspace solid-phase microextraction technique [J]. J Chromatogr A, 2005, 1080 (2): 177-185.

[201] Rychlik M, Schieberle P, Grosch W. Compilation of odor thresholds, odor qualities and retention indices of key food odorants [M]. Garching: Deutsche Forschungsanstalt für Lebensmittelchemie and Institut für Lebensmittelchemie der Technischen Universität München, 1998.

[202] Zalacain A, Alonso G L, Lorenzo C, et al. Stir bar sorptive extraction for the analysis of wine cork taint [J]. J Chromatogr A, 2004, 1033 (1): 173-178.

[203] Fan W, Tsai I M, Qian M C. Analysis of 2-aminoacetophenone by direct-immersion solid-phase microextraction and gas chromatography-mass spectrometry and its sensory impact in Chardonnay and Pinot gris wines [J]. Food Chem, 2007, 105: 1144-1150.

[204] Mayr C M, Parker M, Baldock G A, et al. Determination of the importance of in-mouth release of volatile phenol glycoconjugates to the flavor of smoke-tainted wines [J]. J Agri Food Chem, 2014, 62 (11): 2327-2336.

[205] Kennison K R, Wilkinson K L, Williams H G, et al. Smoke-derived taint in wine: Effect of postharvest smoke exposure of grapes on the chemical composition and sensory characteristics of wine [J]. J Agri Food Chem, 2007, 55 (26): 10897-10901.

[206] Hayasaka Y, Baldock G A, Pardon K H, et al. Investigation into the formation of guaiacol conjugates in berries and leaves of grapevine *Vitis vinifera* L. Cv. Cabernet sauvignon using stable isotope tracers combined with HPLC-MS and MS/MS analysis [J]. J Agri Food Chem, 2010, 58 (4): 2076-2081.

[207] Singh D P, Chong H H, Pitt K M, et al. Guaiacol and 4-methylguaiacol accumulate in wines made from smoke-affected fruit because of hydrolysis of their conjugates [J]. Aust J Grape Wine Res, 2011, 17 (2): S13-S21.

[208] Parker M, Osidacz P, Baldock G A, et al. Contribution of several volatile phenols and their glycoconjugates to smoke-related sensory properties of red wine [J]. J Agri Food Chem, 2012, 60 (10): 2629-2637.

[209] Kennison K R, Gibberd M R, Pollnitz A P, et al. Smoke-derived taint in wine: The release of smoke-derived volatile phenols during fermentation of Merlot juice following grapevine exposure to smoke [J]. J Agri Food Chem, 2008, 56 (16): 7379-7383.

[210] Hayasaka Y, Baldock G A, Parker M, et al. Glycosylation of smoke-derived volatile phenols in grapes as a consequence of grapevine exposure to bushfire smoke [J]. J Agri Food Chem, 2010, 58 (20): 10989-10998.

[211] Hayasaka Y, Dungey K A, Baldock G A, et al. Identification of a β-D-glucopyranoside precursor to guaiacol in grape juice following grapevine exposure to smoke [J]. Anal Chim Acta, 2010, 660 (1): 143-148.

[212] Han J, Ma C, Wang B, et al. A hypothesis-free sensor array discriminates whiskies for brand, age, and taste [J]. Chem, 2017, 2 (6): 817-824.

[213] Tredoux A G J, Silva Ferreira A C. 7-Fortified wines: styles, production and flavour chemistry. In Alcoholic Beverages [M]. Cambridge: Woodhead Publishing, 2012.

[214] Peinado R A, Mauricio J C. Biologically aged wines. In Wine Chemistry and Biochemistry [M].

New York: Springer, 2008.

[215] Pham T T, Guichard E, Schlich P, et al. Optimal conditions for the formation of sotolon from α-ketobutyric acid in the French "Vin Jaune" [J]. J Agri Food Chem, 1995, 43: 2616-2619.

[216] Reader H P, Dominguez M. Fortified wines sherry, port and madeira. In Fermented Beverage Production [M]. New York: Springer, 2003.

[217] Moreno J A, Zea L, Moyano L, et al. Aroma compounds as markers of the changes in sherry wines subjected to biological ageing [J]. Food Control, 2005, 16 (4): 333-338.

[218] Pätzold R, Nieto-Rodriguez A, Brückner H. Chiral gas chromatographic analysis of amino acids in fortified wines [J]. Chromatographia, 2003, 57 (1): S207-S212.

[219] Sarrazin E, Dubourdieu D, Darriet P. Characterization of key-aroma compounds of botrytized wines, influence of grape botrytization [J]. Food Chem, 2007, 103: 536-545.

[220] Silva Ferreira A C, Guedes de Pinho P, Rodrigues P, et al. Kinetics of oxidative degradation of white wines and how they are affected by selected technological parameters [J]. J Agri Food Chem, 2002, 50 (21): 5919-5924.

[221] Kanasawud P, Crouzet J C. Mechanism of formation of volatile compounds by thermal degradation of carotenoids in aqueous medium. 1. β-Carotene degradation [J]. J Agri Food Chem, 1990, 38 (1): 237-243.

[222] Kotseridis Y, Baumes R, Skouroumounis G K. Synthesis of labelled [$^2H_4$] β-damascenone, [$^2H_2$] 2-methoxy-3-isobutylpyrazine, [$^2H_3$] α-ionone, and [$^2H_3$] β-ionone, for quantification in grapes, juices and wines [J]. J Chromatogr A, 1998, 824: 71-78.

[223] Mordi R C, Walton J C, Burton G W, et al. Exploratory study of β-carotene autoxidation [J]. Tetrahedron Lett, 1991, 32 (33): 4203-4206.

[224] Mendes-Pinto M M, Ferreira A C S, Caris-Veyrat C, et al. Carotenoid, chlorophyll, and chlorophyll-derived compounds in grapes and Port wines [J]. J Agri Food Chem, 2005, 53: 10034-10041.

[225] Câmara J S, Herbert P, Marques J C, et al. Varietal flavour compounds of four grape varieties producing Madeira wines [J]. Anal Chim Acta, 2004, 513 (1): 203-207.

[226] Dubois P, Rigaud Dekimpe J. Identification of 4,5-dimethyltetrahydrofuran-edione-2,3 in vin jaune [J]. Lebensmittel-Wissenschaft und-Technologie, 1976, 9: 366-368.

[227] Martín B, Etiévant P X, Quéré J L L, et al. More clues about sensory impact of sotolon in some flor sherry wines [J]. J Agri Food Chem, 1992, 40: 475-478.

[228] Masuda M, Okawa E C, Nishimura K I, et al. Identification of 4,5-dimethyl-3-hydroxy-2 (5*H*) -furanone (sotolon) and ethyl 9-hydroxynonanoate in botrytised wine and evalution of the roles of compounds characteristic of it [J]. Agri Biol Chem, 1984, 48 (11): 2702-2710.

[229] Ferreira A C S, Barbe J-C, Bertrand A. 3-Hydroxy-4,5-dimethyl-2 (5*H*) -furanone: A key odorant of the typical aroma of oxidative aged Port wine [J]. J Agri Food Chem, 2003, 51 (15): 4356-4363.

[230] Silva Ferreira A C, Barbe J-C, Bertrand A. 3-Hydroxy-4,5-dimethyl-2 (5*H*) -furanone: A key odorant of the typical aroma of oxidative aged port wine [J]. J Agri Food Chem, 2003, 51 (15): 4356-4363.

[231] Collin S, Nizet S, Claeys Bouuaert T, et al. Main odorants in Jura flor-sherry wines. Relative contributions of sotolon, abhexon, and theaspirane-derived compounds [J]. J Agri Food Chem, 2012, 60 (1): 380-387.

[232] Martin B, Etievant P X, Le Quere J L. More clues of the occurrence and flavor impact of solerone in wine [J]. J Agri Food Chem, 1991, 39 (8): 1501-1503.

[233] Schneider R, Baumes R, Bayonove C, et al. Volatile compounds involved in the aroma of sweet fortified wines (Vins Doux Naturels) from Grenache Noir [J]. J Agri Food Chem, 1998, 46: 3230-3237.

[234] Câmara J S, Alves M A, Marques J C. Multivariate analysis for the classification and differentiation of Madeira wines according to main grape varieties [J]. Talanta, 2006, 68 (5): 1512-1521.

[235] Câmara J S, Marques J C, Alves M A, et al. 3-Hydroxy-4,5-dimethyl-2 (5*H*) -furanone levels in fortified Madeira wines: Relationship to sugar content [J]. J Agri Food Chem, 2004, 52 (22): 6765-6769.

[236] Câmara J S, Alves M A, Marques J C. Development of headspace solid-phase microextraction-gas chromatography-mass spectrometry methodology for analysis of terpenoids in Madeira wines [J]. Anal Chim Acta, 2006, 555: 191-200.

[237] Marcq P, Schieberle P. Characterization of the key aroma compounds in a commercial Amontillado sherry wine by means of the sensomics approach [J]. J Agri Food Chem, 2015, 63 (19): 4761-4770.

[238] Cutzach I, Chatonnet P, Dubourdieu D. Study of the formation mechanisms of some volatile compounds during the aging of sweet fortified wines [J]. J Agri Food Chem, 1999, 47 (7): 2837-2846.

[239] Câmara J S, Marques J C, Alves A, et al. Heterocyclic acetals in Madeira wines [J]. Anal Bioanal Chem, 2003, 375: 1221-1224.

17 水果酒及其原料风味成分及风味前体物质

与葡萄酒风味类似，水果酒风味主要来源于四个方面，一是来源于原料，谓之“原料香”。该类风味化合物从水果原料直接转移到水果酒中，而不受水果酒发酵过程影响；或在发酵过程中从前驱物转化而产生。二是来源于水果榨汁过程中酶的作用。三是来源于发酵过程，谓之“发酵香”。四是来源于水果酒的陈酿与老熟，谓之“老熟香”。

以下按水果原料简要介绍水果酒的风味物质。

17.1 苹果酒特征香气成分

红苹果的特征香气由2-甲基丁酸乙酯、β-大马酮和已醛组合而成[1-2]。

苹果酒萃取物进行分馏后，酸性-水溶性组分经GC-O检测共鉴定出26种香气物质，其中乙酸、丁酸、2-甲基丁酸、3-甲基丁酸、3-甲硫基-1-丙醇和2-苯乙醇较重要。

中性/碱性组分通过闻香技术共鉴定了55种香气物质，其中1,1-二乙氧基乙烷、3-甲基丁醇、3-甲基丁酸乙酯、己酸乙酯、1-己醇、2-羟基异戊酸乙酯、2-苯乙醇和肉桂酸乙酯最重要。

根据得到的OAV值判断，最重要的香气物质是2-甲基丁酸乙酯和辛酸乙酯；其次是3-甲基丁醇、己酸乙酯、2-苯乙醇和肉桂酸乙酯[3]。

酸有利于新蒸馏苹果酒的老熟。采用三个单因素试验水平，即酒精和苹乳酸发酵(MLF)结束后的苹果蒸馏酒、1.0g/L挥发性酸（以乙酸计）的苹果蒸馏酒、1.5g/L挥发性酸（以乙酸计）的苹果蒸馏酒，进行老熟试验。苹果酒的老熟显著受到主要有机酸(乳酸、乙酸和琥珀酸）乙酯的影响。细菌代谢产物（2-丁醇、2-丙烯-1-醇、4-乙基愈创木酚和丁香酚）也显著影响到风味的产生。辛香和甜味同样受到老熟水平的影响。来源于1.5g/L挥发性酸（以乙酸计）的苹果蒸馏酒老熟后得分较高[4]。

17.2 番石榴酒重要风味物质

番石榴（guava，*Psidium guajava* L.），原产于中美洲和南美洲，是最受欢迎的热带水果之一，通常人们食用番石榴的果肉。番石榴也大量用于食品工业，用于生产罐头水果、果酱、浓缩果汁，也用来生产番石榴葡萄酒[5]。番石榴通常有果酱、甜香、果香（似蓝莓）、温柏-香蕉香气。

使用同时蒸汽蒸馏-溶剂萃取（Likens-Nickerson 装置）的方法预处理草莓番石榴（strawberry guava）水果，结合 GC-MS 和 GC-O 技术研究草莓番石榴水果的香气成分。204 个挥发性化合物被鉴定，其中酒精、α-蒎烯、(*Z*)-己烯醇、(*E*)-β-石竹烯和己酸是主要的香气成分。脂肪酸酯和萜烯类化合物被认为是对草莓番石榴的独特香气有贡献[6]。2009 年，应用 AEDA 的方法发现 17 个化合物是番石榴中 FD 值较高的化合物。通过计算 OAV 值发现重要的香气化合物有：(*Z*)-3-己烯醛、3-巯基-1-己醇、乙酸-3-巯基己酯、己醛、丁酸乙酯、乙醛、反-4,5-环氧-(*E*)-2-癸烯醛、4-羟基-2,5-二甲基-3(2*H*)-呋喃酮、肉桂醇、(2*S*, 3*S*)-2-羟基-3-甲基戊酸甲酯、乙酸肉桂酯、蛋氨醛、3-羟基-4,5-二甲基-2(5*H*)-呋喃酮。应用这 13 个化合物可以模拟出番石榴的香气。缺失试验的结果表明，(*Z*)-3-己烯醛、3-巯基-1-己醇、4-羟基-2,5-二甲基-3(2*H*)-呋喃酮、乙酸-3-巯基己酯、己醛、丁酸乙酯、乙酸肉桂酯和蛋氨醛是番石榴的关键香气成分[7]。3-巯基-1-己醇（葡萄柚香气）和乙酸-3-巯基己酯（黑加仑香气），与呋喃扭尔、索陀酮、麦思呋喃酮以及其他酯类混合，明显呈现强烈的和特征的新鲜番石榴水果热带芳香[7-8]。

通过连续溶剂萃取番石榴葡萄酒（guava wine）的香气成分，进行 GC-MS 分析，共检测到 123 个香气成分，包括 52 种酯、24 种醇、11 种酮、7 种脂肪酸、6 种醛、6 种萜烯、4 种酚类及其衍生物、4 种内酯、4 种硫化物以及 5 种其他化合物。通过 AEDA 和 OAV 分析，12 个成分确认为香气活性成分，分别为β-大马酮、辛酸乙酯、3-苯丙酸乙酯、己酸乙酯、乙酸-3-甲基丁酯、2-甲基四氢噻吩-3-酮（2-methyltetrahydrothiophen-3-one）、2,5-二甲基-4-甲氧基-3(2*H*)-呋喃酮、(*E*)-肉桂酸乙酸、丁酸乙酯、乙酸-(*E*)-肉桂酯、乙酸-3-苯丙酯和 2-甲基丙酸乙酯[5]。

采用环己酮萃取番石榴精油和果汁的 GC-O 结合 GC-MS 结果表明，66 种香气成分对番石榴果汁和精油有贡献。2-甲基丙醇、丙酸乙酯、丁酸乙酯、己酸乙酯、辛醇和己酸己酯是精油中浓度较高的化合物；而 3-羟基-2-丁酮、3-羟基丁酸乙酯、己酸乙酯、苯甲醇、辛酸和己酸己酯是番石榴汁中含量最丰富的化合物。AEDA 研究发现己酸-2-甲基丁酯和己酸己酯对商业性精油香气贡献最大；1,3-二甲基苯和己酸-2-甲基丁酯对新鲜番石榴果汁香气贡献最大[9]。

阿拉卡博伊（araca-boi），思帝果（*Eugenia stipitata*），俗称大果番樱桃，产于巴西，也称巴西番石榴，具柄番樱桃属，是一种黄皮、奶油白肉的圆形水果。其香气带酯香的草药香，主要香气成分由倍半萜烯（大根香叶烯 B 和大根香叶烯 D）、萜烯（α-萜品烯和β-石竹烯），和一些 C_6 酯（乙酸-顺-3-己烯酯和乙酸己酯）组成[10-11]。

17.3 芒果及芒果酒特征香气成分

芒果（*Mangifera indica* L.）是最受欢迎的热带水果之一，风味独特。芒果中含有超过 300 种游离挥发性化合物和大约 70 种糖苷结合态化合物[10, 12]。

采用同时蒸汽蒸馏-溶剂萃取（Likens-Nickerson 装置）结合 GC-MS 的方法研究 20 种芒果的香气成分，共鉴定出 372 种香气成分。新鲜芒果中挥发性成分总量在 18~

123mg/kg，其中萜烯烃（terpene hydrocarbons）是最重要的，而最重要的萜烯烃是δ-3-蒈烯、柠檬烯、萜品油烯和α-水芹烯[13]。

芒果酒采用连续溶剂萃取的方法进行样品预处理，并采用GC-MS检测微量挥发性成分，共定性、定量了102种成分。芒果酒的总挥发性成分含量9mg/L，包括40种酯、15种醇、12种萜烯、8种脂肪酸、6种醛和酮、4种内酯、2种酚类化合物、2种呋喃和13种其他化合物。异戊醇和2-苯乙醇是最主要的化合物。通过计算OAV值预测芒果酒最重要的香气化合物是丁酸乙酯和癸醛[14]。

2016年，一种应用OAV和香气重组的方法研究了先前通过AEDA发现的34种香气成分，发现OAV值>1的成分24种，其中，2-甲基丁酸乙酯、（3*E*，5*Z*）-十一碳-1,3,5-三烯、3-甲基丁酸乙酯和丁酸乙酯是最重要的香气成分，然后是（2*E*，6*Z*）-壬-2,6-二烯、2-甲基丙酸乙酯、(*E*)-β-大马酮、己酸乙酯、4-羟基-2,5-二甲基-3(2*H*)-呋喃酮、3-甲基丁-2-烯-1-硫醇、γ-癸内酯、β-月桂烯、（3*Z*）-己-3-烯醛、4-甲基-4-巯基戊-2-酮和辛酸乙酯。使用这15种化合物进行香气模仿和缺失试验，发现它们可以重组芒果的香气[15]。

17.4 柑橘属植物特征香气成分

柑橘（hallabong）[(*C. unshiu* Marcov×*C. sinensis* Osbeck）×*C. reticulata* Blanco] 冷榨油的主要成分是柠檬烯（占90.68%），接着是香桧烯（占2.15%）、月桂烯（占1.86%）和γ-萜品烯（占0.88%）。应用AEDA技术并结合对精油的闻香发现，香茅醛、反-β-法呢烯和乙酸香茅酯（citronellyl acetate）是柑橘皮精油（peer oil）的特征香气成分，香茅醛是最重要的香气活性成分[16]。

应用LLE预处理和AEDA、OAV以及香气重构技术研究发现，浓缩橙汁（Orange juice concentrate）香气的主要成分是（*R*)-柠檬烯（似橙汁香气）、里哪醇、(*S*)-2-甲基丁酸乙酯、辛醛（octanal）、(*R*)-α-蒎烯、丁酸乙酯、月桂烯、乙醛、癸醛、(*E*)-β-大马酮、二甲基二硫醚、(*R*)-香芹酮、香兰素[17]。进一步研究发现，橙汁的关键香气成分是（*R*)-柠檬烯[18]。

应用LLE以及AEDA、SHO技术，晚熟巴伦西亚橘（valencia late orange）的重要香气成分是2-甲基丙酸乙酯（水果香）、（*S*)-2-甲基丁酸乙酯（水果香）、4,5-环-(*E*)-癸-2-烯醛（AEDA结果）、(*R*)-α-蒎烯（醚，似松树气味）、(*R*)-柠檬烯（似松节油气味）、丁酸乙酯（水果香）、(*S*)-2-甲基丁酸乙酯、乙醛（SHO结果）[19]。

应用AEDA和风味缺失技术研究发现，晚熟巴伦西亚橘和脐橙（navel orange）手工榨汁（hand-squeezed）的特征香气成分是2-甲基丙酸乙酯、丁酸乙酯、(*S*)-2-甲基丁酸乙酯、3a,4,5,7a-四氢-3,6-二甲基-2(3*H*)-苯并呋喃酮 [3a,4,5,7a-tetrahydro-3,6-dimethyl-2(3*H*)-benzofuranone] 即葡萄酒内酯（wine lactone，水果香）、(*Z*)-己-3-烯醛（青草）和癸醛（似柑橘气味）[20]。

17.5 血橙酒挥发性成分

利用血橙（*Citrus sinensis* L. Osbeck）酿造血橙酒（blood orange wine），并进行了挥发性成分检测，共检测到 64 个挥发性成分，其中高级醇 20 种，酯 13 种，萜烯 11 种，脂肪酸 7 种，挥发性酚 6 种，内酯 2 种，缩醛类化合物 2 种，酮 1 种，醛 1 种以及乙偶姻类 1 种。总挥发性化合物含量 125.0mg/L，高级醇和酯类是最多的化合物，占整个挥发性化合物总量的 86%[21]。

血橙汁主要参数与成分：密度 1.048（20℃），总酸（以柠檬酸计）12.7g/L，pH3.4，维生素 C 520mg/L，花色素苷 212mg/L，总多酚（280 指数）51[21]。

血橙酒主要参数：密度 1.025（20℃），酒精度 5.1%vol，总酸（以乙酸计）11.7g/L，pH3.3，维生素 C 280mg/L，花色素苷 109mg/L，总多酚（280 指数）35，挥发性总酸 0.5g/L，游离二氧化硫 11mg/L，结合态二氧化硫 63mg/L[21]。

17.6 温柏水果特征香气成分

成熟的温柏（quince，*Cydonia oblonga* Mill.）水果呈强烈的、有特色的香气，在这些香气成分中，含有不规则异戊二烯（isoprenoid）结构的 C_{10} 系列化合物被鉴定为关键香气成分。这些化合物被命名为马赛洛内酯类（marmelo lactones）和马赛洛氧化物类（marmelo oxides）。另外，痕量的 C_{12} 醚相关的化合物温柏氧七环烯类（quince oxepines）和温柏氧七环烷类（quince oxepanes）也可从中鉴定出来[22]。

温柏挥发性化合物马赛洛内酯类、马赛洛氧化物类、温柏氧七环烯类分别来源于非挥发性前驱物（1）、（2）、（3）（图 17-1），这些化合物已经在温柏果汁中分离出来。（4*E*，6*E*）-2,7-二甲基-8-羟基-辛二烯酸β-葡萄糖酯［图 17-1 中化合物（1）］和其二醇的β-吡喃葡萄糖苷（glucopyranoside）被鉴定分别为马赛洛内酯类和马赛洛氧化物类的前驱物[22]。

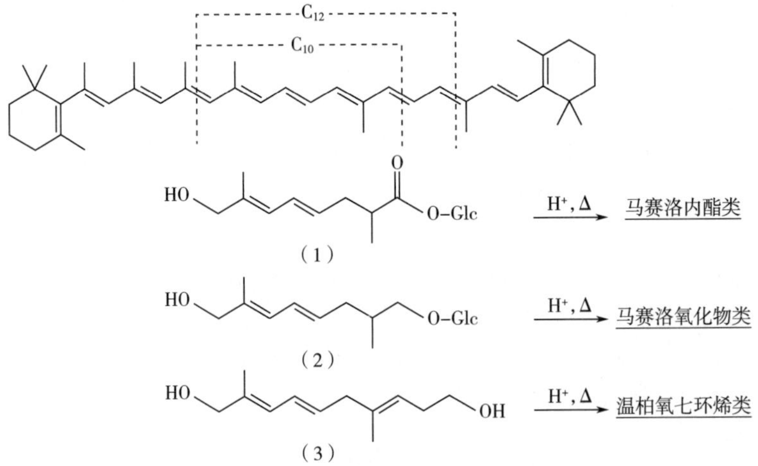

图 17-1 推测的温柏类胡萝卜素降解产物的形成[22]

17.7 杨桃和油桃特征香气成分

大量的 C_{13}-降异戊二烯类挥发性物质已经在杨桃（starfruit，*Averrhoa carambola* L.）中鉴定出来，包括β-大马酮、(*E*,*E*)-巨豆-4,6,8-三烯、巨豆-4,6,8-三烯酮和巨豆-5,8-二烯-4-酮。杨桃的降异戊二烯来源于酸不稳定的糖苷降解[22]。

白肉油桃（white-fleshed nectarine，*Prunus persica* Batsch var. *nucipersica* Schneid）来源于类胡萝卜素裂解的重要风味物β-紫罗兰酮和β-大马酮[22]。

17.8 黑莓特征香气成分

通过 AEDA 的研究发现，玛里恩黑莓（Marion blackberry）的重要香气成分包括 2-甲基丁酸乙酯、2-甲基丙酸乙酯、己醛、呋喃酮类化合物（furanones）[2,5-二甲基-4-羟基-3(2*H*)-呋喃酮，呋喃扭尔，HDMF]、2-乙基-4-羟基-5-甲基-3(2*H*)-呋喃酮（酱油酮，HEMF）、4-羟基-5-甲基-3(2*H*)-呋喃酮、4,5-二甲基-3-羟基-2(5*H*)-呋喃酮、5-乙基-3-羟基-4-甲基-2(5*H*)-呋喃酮（阿韦桑，abexon）、含硫化合物（噻吩、二甲基硫醚、二甲基二硫醚、二甲基三硫醚、2-甲基噻吩、蛋氨醛）[23]；长青黑莓（Evergreen blackberry）的重要香气成分包括 2-甲基丁酸乙酯、己醛、呋喃酮类［HDMF、HEMF、4-羟基-5-甲基-3(2*H*)-呋喃酮、4,5-二甲基-3-羟基-2(5*H*)-呋喃酮、阿韦桑］、含硫化合物（噻吩、二甲基硫醚、二甲基二硫醚、二甲基三硫醚、2-甲基噻吩、蛋氨醛）[23]。

17.9 覆盆子特征香气成分

通过 AEDA 的研究发现，红覆盆子（red raspberry）的重要香气成分包括α-水芹烯（α-phellandrene）、α-紫罗兰酮（α-ionone）、β-紫罗兰酮（β-ionone）、β-蒎烯（β-pinene）、β-月桂烯（β-myrcene）、(*E*)-β-罗勒烯［(*E*)-β-ocimene］、呋喃扭尔、酱油酮、阿韦桑（abexon）、二甲基硫醚、己醛[24]，还含有覆盆子酮（raspberry ketone）(覆盆子香气)[18]。

17.10 西番莲果特征香气成分

西番莲果（*Passiflora edulis f. flavicarpa*）是最受欢迎的热带水果之一，具有独特的果香和硫气味，香味浓烈。西番莲果有两个主要品种：黄色和紫色。黄色果比紫色果略大，但紫色果不太酸、香与味更浓、汁更多。紫色西番莲果适合用于制作新鲜果汁，而黄色西番莲果则更适合深加工。

黄色西番莲果水果香相关的物质主要为：丁酸乙酯、己酸-2-甲基丁酯、丁酸己酯、己酸己酯、3-羟基丁酸乙酯，己酸-3-(*Z*) -己烯酯、*β*-紫罗兰酮、丁酸-2-苯乙酯和呋喃扭尔[10]。

紫色西番莲果（purple passionfruit，*Passiflora edulis* Sims）的关键香气成分是依多兰（edulan）的一种异构体，但后来 Weyerstahl 和 Meisel 否定了这一说法[22]。

17.11 葡萄柚特征香气成分

手工压榨葡萄柚汁（Grapefruit juice）的香气成分经 AEDA 研究包括：(*R*)-1-*p*-孟-8-硫醇［(*R*)-1-*p*-Menthene-8-thiol，似葡萄柚香气］、4-巯基-4-甲基-戊-2-酮（似猫、黑醋栗香气）、2-甲基丙酸乙酯、丁酸乙酯、(*S*)-2-甲基丁酸乙酯、葡萄酒内酯、(*Z*)-己-3-烯醛、反-4,5-环-(*E*)-癸-2-烯醛（金属气味）[25]。

经 OAV 分析和香气重组研究，确认其关键香气是 (*R*)-1-*p*-孟-8-硫醇、4-巯基-4-甲基-戊-2-酮[25]。

17.12 月桂特征香气成分

应用 AEDA 技术研究月桂（bay）叶、花蕾、花和果实。发现叶子中，1,8-桉树脑（1,8-cineole）是主要成分，其他重要成分还有乙酸 *α*-萜品酯、香桧烯、*α*-蒎烯、*α*-榄香烯、*α*-萜品醇、里哪醇和丁香酚；花的主要成分是 *α*-桉叶油醇、*β*-榄香烯和 *β*-石竹烯；果实的主要成分是 (*E*)-*β*-罗勒烯［(*E*)-*β*-ocimene］和双环大根香叶烯；花蕾的主要香气成分是 (*E*)-*β*-罗勒烯和大根香叶烯 D。通过 FD 值评价，(*Z*)-3-己烯醛、1,8-桉树脑（黑胡椒香气）、里哪醇（花香）、丁香酚（丁香）和 (*E*)-异丁子香酚（花香）是最重要的香气化合物[26]。

17.13 榴莲特征香气成分

榴莲属（*Durio* sp. L.）的榴莲（durian），主要产于泰国、印度尼西亚、马来西亚，早期的研究发现，其重要香气成分是 3,5-二甲基-1,2,4-三硫杂环戊烷、2-甲基丁酸乙酯、己酸己酯、丁酸-2-甲基丙酯、二甲基硫[27]。

使用 AEDA 技术研究榴莲香气共检测到 44 种香气成分，在鉴定的 41 种香气化合物中，FD 值较高的化合物有：(2*S*)-2-甲基丁酸乙酯、肉桂酸乙酯、1-(乙硫基) 乙硫醇、1-(乙基二硫基)-1-(乙硫基)-乙烷、2 (5)-乙基-4-羟基-5 (2)-甲基-呋喃-3(2*H*)-酮、3-羟基-4,5-二甲基呋喃-2(5*H*)-酮、2-甲基丙酸乙酯、丁酸乙酯、3-甲基-丁-2-烯-1-硫醇、乙烷-1,1-二硫醇、1-(甲硫基)-乙硫醇、1-(乙硫基)-丙-1-硫醇和 4-羟基-2,5-二甲基呋喃-3(2*H*)-酮。静态顶空的研究发现，高挥发性化合物中，硫化氢、乙醛、甲硫醇、乙硫醇和丙-1-硫醇是重要的香气化合物。选择来源于乙醛、丙醛、硫化氢和烷基-1-硫醇（alkane-1-thiols）的烷基-1,1-二硫醇（alkane-1,1-dithiol）、1-(烷基硫)-烷基-1-硫醇［1-(alkylsulfanyl) alkane-1-thiol］、1,1-二（烷基硫）烷烃［1,1-bis（alkylsulfanyl）alkane］等化合物进行重构，可以模仿出榴莲香气[28]。

17.14　猕猴桃特征香气成分

猕猴桃（kiwi，*Actinidia deliciosa* L.），原产于中国，在中国至少有400个品种，现产于中国、新西兰、南非、美国加利福尼亚、智利等地，不同品种猕猴桃感官评定有较大差异。

猕猴桃风味可描述为青香、水果香，主要是由于（*E*）-2-己烯醛的影响，并伴随着丁酸酯类的水果香。在水果香中，丁酸酯占优势。除此之外，α-蒎烯、β-蒎烯、乙酸里哪酯、乙酸异冰片酯、乙酸α-萜品酯则与水果的过熟相关[29]。另外一些研究发现，(*E*)-2-己烯醛、3-戊烯-2-醇、己醛、（*E*，*E*）-2,6-壬二烯醛、丁酸乙酯、6-甲基-5-庚烯-2-酮、己酸己酯、苯甲酸甲酯、α-萜品醇、2-甲硫基乙酸甲酯是猕猴桃的重要香气成分[29-30]。

17.15　荔枝和番荔枝特征香气成分

荔枝（lychee，*Litchi chinensis* Sonn.），原产于中国、越南、印尼、菲律宾，果肉香气带柑橘和坚果风味的玫瑰花香，或被描述为“玫瑰花和带有樱桃/柑橘的水果花香”[10, 31]。

GC-O结合GC-MS的方法，在荔枝中检测到至少60种活性香气化合物。使用乙酸乙酯萃取的效果优于氟里昂，重要的香气化合物有香叶醇、愈创木酚、香兰素、2-乙酰基-2-噻唑啉、2-苯乙醇、(*Z*)-2-壬烯醛、β-大马酮、1-辛烯-3-醇、呋喃扭尔和里哪醇。基于OAV值计算，发现重要的香气化合物有乙酸异丁酯、香叶醇、顺-玫瑰氧化物、2-乙酰基-2-噻唑啉、β-大马酮、呋喃扭尔、里哪醇、(*Z*)-2-壬烯醛和异戊酸[31]。荔枝风味可描述为花香化合物（顺-玫瑰氧化物、2-苯乙醇）、柑橘、水果香化合物（香叶醇、里哪醇、乙酸异丁酯）和一些木香（愈创木酚和乙酰基-2-噻唑啉），以及甜香（呋喃扭尔）和异戊酸、二甲基二硫、二甲基三硫的相互作用[10, 31]。

番荔枝（cherimoya）中的刺果番荔枝（*Annona muricala* Mill.），属于番荔枝科（Annonaceae），原产于厄瓜多尔、哥伦比亚、秘鲁，现常见于地中海、南美洲。其具有红糖/奶油香的草莓/香蕉香，其特征风味成分主要为C_6或C_8的饱和及不饱和甲酯及乙酯，以及β-金合欢烯（farnesene）；其中，己酸甲酯和2-己烯酸甲酯是刺果番荔枝风味中较强的风味化合物[10]。另一项研究认为其主要香气成分是丁酸甲酯、丁酸丁酯、丁酸-3-甲基丁酯、3-甲基丁酸-3-甲基丁酯、5-羟甲基-2-糠醛[32]。

17.16 菠萝特征香气成分

菠萝（*Ananas comosus* L.）最初是在巴西种植，现主要在中国和菲律宾等国家种植。

研究发现菠萝风味主要由甲酯和乙酯（2-甲基丁酸乙酯、己酸甲酯）、硫酯［3-(甲硫基) 丙酸乙酯和3-(甲硫基) 丙酸甲酯］与一些内酯（γ-辛内酯和δ-辛内酯）组成，其典型的糖/甜香由2,5-二甲基-4-甲氧基-3（2*H*）-呋喃酮（麦思呋喃酮）和呋喃扭尔产生[10]。

另外一些研究认为，己酸烯丙酯（2-propenyl hexanoate，allyl caproate）呈典型的菠萝香，呋喃扭尔、3-甲硫基丙酸乙酯以及2-甲基丁酸乙酯是重要的辅助香气物质[33]，酯贡献菠萝香气的苹果背景香[34]。

17.17 其他水果与非水果类植物特征香气成分

樱桃的关键香气是苯甲醛[18]。红叶金虎尾（*Malpighia punicifolia* L.），俗称西印度樱桃（acerola），原产于中美洲、加勒比、亚马逊地区，现多种植于加勒比岛（古巴、巴巴多斯），风味特征似带果香和奶油的樱桃，其重要风味化合物是糠醛、棕榈酸、3-甲基-3-丁烯醇、己酸甲酯、3-甲基丁酸甲酯、己酸乙酯、柠檬烯[6]。

草莓最重要的特征香气化合物是呋喃扭尔、里哪醇和己酸乙酯，重要的香气成分是丁酸乙酯、丁酸甲酯、γ-癸内酯和2-庚酮[35]。2,5-二甲基-4-甲氧基-3(2*H*)-呋喃酮（麦思呋喃酮，mesifurane）也是香气成分之一[35]。

榔色果（langsat，楝树 *Lansium domesticum* Corr.），俗称龙宫，港台译为莲心果，多产于泰国、柬埔寨、老挝、越南等地，呈青梨味和草药味，研究发现其主要香气成分是（*E*）-2-己烯醛、乙酸、乙酸乙酯、α-毕澄茄烯、柠檬烯、2-苯乙酸酯、乙酸己酯、2-苯乙醇、乙酸苯乙酯、2-羟基-3-甲基戊酸甲酯、2-羟基-4-甲基戊酸甲酯[36]。

李子的关键香气是苯甲醛；食用香草（champignons）的关键香气是（*R*）-(-)-1-辛烯-3-醇（蘑菇香气）；黄瓜的关键香气是（*E*,*Z*）-2,6-壬二烯醛（黄瓜香气）[18]。

柠檬的关键香气是柠檬醛，它是橙花醛（neral）和香叶醛（geranial）的混合物[18, 34]。

中国柑橘和欧洲红橘，*N*-甲基邻氨基苯甲酸甲酯和麝香草酚是特征香气，β-蒎烯和γ-萜品烯也有一定的贡献[37]。金橘（kumquat，*Fortunella japonica* Swingle）是柑橘属中另外一种水果，应用GC-O在金橘皮精油中鉴定出重要香气成分是甲酸香茅酯和乙酸香茅酯，乙酸香茅酯对金橘的香气影响最为重要[34]。

酸橙（lime）的香气特征是萜品醇和柠檬醛的混合[34]。

黑加仑与许多健康相关的功能性食品和酒精类饮料（例如黑加仑利口酒）相关，其关键香气是2-甲氧基-4-甲基-4-丁硫醇（2-methoxy-4-methyl-4-butanethiol）[38]。

经AEDA分析，OAV值计算和香气重组，发现番茄关键香气是反-4,5-环-（*E*）-

2-癸烯醛、(*Z*)-3-己烯醛、*β*-紫罗兰酮、*β*-大马酮、1-辛烯-3-酮、3-甲基丁醛、1-戊烯-3-酮和 (*E*,*Z*)-2,4-癸二烯醛[39]。

甜瓜特征香气包括 (*Z*)-6-壬烯醛 (典型甜瓜香气) 和 (*Z*,*Z*)-3,6-壬二烯醇 (西瓜皮香气)[1]。香瓜的香气非常复杂，2-甲基丁酸甲酯和2-甲基丁酸乙酯产生非典型的"水果、甜香、哈密瓜"香气，3-甲硫基丙酸乙酯呈"青香、新鲜甜瓜"气味[40]。

甜菜 (beetroot) 和红甜菜关键香气是土味素 (土腥气味)[18, 41]。

通过香气重组发现马铃薯泥的关键香气成分是索陀酮[42-43]。

AEDA 研究发现，甜椒 (sweet bell pepper) 重要香气成分是*β*-紫罗兰酮 (紫罗兰香气)、呋喃扭尔、索陀酮和2-甲基丁酸、3-甲基丁酸[44]。

参考文献

[1] Berger R C. Fruits I. In volatile compounds in food and beverages [M]. New York: CRC Press, 1991.

[2] Roberts D D, Acree T E. Developments in the isolation and characterization of *β*-damascenone precursors from apples. In Fruit Flavors [M]. Washington DC: American Chemical Society, 1995.

[3] 韩业慧. 苹果酒中挥发性香气物质的研究 [D]. 无锡: 江南大学, 2007.

[4] Madrera R R, Lobo A P, Alonso J J M. Effect of cider maturation on the chemical and sensory characteristics of fresh cider spirits [J]. Food Res Int, 2010, 43: 70-80.

[5] Pino J A, Queris O. Characterization of odor-active compounds in guava wine [J]. J Agri Food Chem, 2011, 59: 4885-4890.

[6] Pino J A, Marbot R, Vázquez C. Characterization of volatiles in strawberry Guava (*Psidium cattleianum* Sabine) fruit [J]. J Agri Food Chem, 2001, 49: 5883-5887.

[7] Steinhaus M, Sinuco D, Polster J, et al. Characterization of the key aroma compounds in pink guava (*Psidium guajava* L.) by means of aroma re-engineering experiments and omission tests [J]. J Agri Food Chem, 2009, 57 (7): 2882-2888.

[8] Steinhaus M, Sinuco D, Polster J, et al. Characterization of the aroma-active compounds in pink guava (*Psidium guajava*, L.) by application of the aroma extract dilution analysis [J]. J Agri Food Chem, 2008, 56 (11): 4120-4127.

[9] Jordán M J, Goodner K L, Shaw P E. Characterization of the aromatic profile in aqueous essence and fruit juice of yellow passion fruit (*Passiflora edulis* Sims F. *Flavicarpa degner*) by GC-MS and GC/O [J]. J Agri Food Chem, 2002, 50 (6): 1523-1528.

[10] 范文来, 徐岩主译. 风味, 香气和气味分析 [M]. 北京: 中国轻工业出版社, 2013.

[11] Franco M R B, Shibamoto T. Volatile composition of some Brazilian fruits: Umbu-caja (*Spondias citherea*), camu-camu (*Myrciaria dubia*), araça-boi (*Eugenia stipitata*), and cupuaçu (*Theobroma grandiflorum*) [J]. J Agri Food Chem, 2000, 48 (4): 1263-1265.

[12] Lozano P. Characterizing aroma - active volatile compounds of tropical fruits. In Flavor, Fragrance, and Odor Analysis [M]. 2th ed. New York: CRC Press, 2011: 111-134.

[13] Pino J A, Mesa J, Muñoz Y, et al. Volatile components from mango (*Mangifera indica* L.) cultivars [J]. J Agri Food Chem, 2005, 53 (6): 2213-2223.

[14] Pino J A, Queris O. Analysis of volatile compounds of mango wine [J]. Food Chem, 2011, 125 (4): 1141-1146.

[15] Munafo J P, Didzbalis J, Schnell R J, et al. Insights into the key aroma compounds in Mango (*Mangifera indica* L. "Haden") fruits by stable isotope dilution quantitation and aroma simulation experiments [J]. J Agri Food Chem, 2016, 64 (21): 4312-4318.

[16] Choi H-S. Character impact odorants of *Citrus* hallabong [(*C. unshiu* Marcov×*C. sinensis* Osbeck) × *C. reticulate* Blanco] cold-pressed peel oil [J]. J Agri Food Chem, 2003, 51: 2687-2692.

[17] Averbeck M, Schieberle P H. Characterisation of the key aroma compounds in a freshly reconstituted organe juice from concentrate [J]. Eur Food Res Technol, 2009, 229: 611-622.

[18] Belitz H-D, Grosch W, Schieberle P. Food Chemistry [M]. Verlag Berlin Heidelberg: Springer, 2009.

[19] Semmelroch P, Grosch W. Analysis of roasted coffee powers and brews by gas chromatography-olfactometry of headspace samples [J]. Lebensm Wiss Technol, 1995, 28: 310-313.

[20] Buettner A, Schieberle P. Evaluation of aroma differences between hand-squeezed juices from Valencia Late and Navel oranges by quantitation of key odorants and flavor reconstitution experiments [J]. J Agri Food Chem, 2001, 49 (5): 2387-2394.

[21] Selli S. Volatile constituents of orange wine obtained from Moro oranges (*Citrus sinensis* L. Osbeck) [J]. J Food Qual, 2007, 30: 330-341.

[22] Winterhalter P, Rouseff R. Carotenoid - derived aroma compounds: An introduction. In Carotenoid-Derived Aroma Compounds [M]. Washington DC: American Chemical Society, 2001.

[23] Klesk K, Qian M. Aroma extraction dilution analysis of cv. Marion (*Rubus* spp. *hyb*) and cv. Evergreen (*R. laciniatus* L.) blackberries [J]. J Agri Food Chem, 2003, 51 (11): 3436-3441.

[24] Klesk K, Qian M, Martin R R. Aroma extract dilution analysis of cv. Meeker (*Rubus idaeus* L.) red raspberries from Oregon and Washington [J]. J Agric Food Chem, 2004, 52 (16): 5155-5161.

[25] Buettner A, Schieberle P. Evaluation of key aroma compounds in hand-squeezed grapefruit juice (*Citrus paradisi Macfayden*) by quantitation and flavor reconstitution experiments [J]. J Agri Food Chem, 2001, 49 (3): 1358-1363.

[26] Kilic A, Hafizoglu H, Kollmannsberger H, et al. Volatile constituents and key odorants in leaves, buds, flowers and fruits of *Laurus nobilis* L. [J]. J Agric Food Chem, 2004, 52: 1601-1606.

[27] Weenen H, Koolhaas W E, Apriyantono A. Sulfur-containing volatiles of durian fruits (*Durio zibethinus* Murr.) [J]. J Agri Food Chem, 1996, 44 (10): 3291-3293.

[28] Li J-X, Schieberle P, Steinhaus M. Characterization of the major odor-active compounds in Thai durian (*Durio zibethinus* L. "Monthong") by aroma extract dilution analysis and headspace gas chromatography-olfactometry [J]. J Agri Food Chem, 2012, 60 (45): 11253-11262.

[29] Jordán M J, Margaria C A, Shaw P E, et al. Aroma active components in aqueous kiwi fruit essence and kiwi fruit puree by GC-MS and multidimensional GC/GC-O [J]. J Agri Food Chem, 2002, 50 (19): 5386-5390.

[30] Paterson V J, Macrae E A, Young H. Relationships between sensory properties and chemical composition of kiwifruit (*Actinidia deliciosa*) [J]. J Sci Food Agri, 2010, 57 (2): 235-251.

[31] Ong P K C, Acree T E. Gas chromatography/olfactory analysis of lychee (*Litchi chinesis* Sonn.) [J]. J Agri Food Chem, 1998, 46 (6): 2282-2286.

[32] Ferreira L, Perestrelo R, Câmara J S. Comparative analysis of the volatile fraction from Annona cherimola Mill. cultivars by solid-phase microextraction and gas chromatography-quadrupole mass spectrometry detec-

tion [J]. Talanta, 2009, 77 (3): 1087-1096.

[33] Buttery R G. Quantitative and sensory aspects of flavor of tomato and other vegetables and fruits. In Flavor Science. Sensible Principles and Techniques [M]. Washington DC: American Chemical Society, 1993.

[34] McGorrin R J. Character-impact flavor and off-flavor compounds in foods. In Flavor, Fragrance, and Odor Analysis [M]. New York: CRC Press, 2012.

[35] Larsen M, Poll L, Olsen C E. Evaluation of the aroma composition of some strawberry (*Fragaria ananassa* Duch) cultivars by use of odour threshold values [J]. Z Lebensm Unters Forsch, 1992, 195: 536-539.

[36] Wong K C, Wong S W, Siew S S, et al. Volatile constituents of the fruits of*lansium domesticum* correa (Duku and Langsat) and *baccaurea motleyana* (Muell. Arg.) Muell. Arg. (Rambai) [J]. Flav Fragr J, 1994, 9 (6): 319-324.

[37] Shaw P E. Fruits II. In volatile compounds in foods and beverages [M]. New York: CRC Press, 1991.

[38] Boelens M H, Gemert L J V. Volatile character-impact sulfur compounds and their sensory properties [J]. Perfumer and Flavorist, 1993, 18: 29-39.

[39] Mayer F, Takeoka G R, Buttery R G, et al. Studies on the aroma of five fresh tomato cultivars and the precursors of *cis*-and *trans*-4,5-epoxy-(*E*) -2-decenals and methional [J]. J Agri Food Chem, 2008, 56: 3749-3757.

[40] Jordán M J, Shaw P E, Goodner K L. Volatile components in aqueous essence and fresh fruit of *Cucumis melo* cv. Athena (muskmelon) by GC-MS and GC-O [J]. J Agri Food Chem, 2001, 49 (12): 5929-5933.

[41] Lu G P, Fellman J K, Edwards C G, et al. Quantitative determination of geosmin in red beets (*Beta vulgaris* L.) using headspace solid-phase microextraction [J]. J Agri Food Chem, 2003, 51 (4): 1021-1025.

[42] Guth H, Grosch W. Evaluation of important odorants in foods by dilution techniques. In Flavor Chemistry. Thirty Years of Progress [M]. New York: Kluwer Academic/Plenum Publishers, 1999.

[43] Grosch W. Evaluation of the key odorants of foods by dilution experiments, aroma models and omission [J]. Chem Senses, 2001, 26 (5): 533-545.

[44] Zimmermann M, Schieberle P. Important odorants of sweet bell pepper powder (*Capsicum annuum* cv. annuum): Differences bewtween samples of Hungarian and Morrocan origin [J]. Eur Food Res Technol, 2000, 211: 175-180.

18　啤酒及其原料风味物质

啤酒是一种世界性的酒精饮料，是以大麦为主料，经发芽制成麦芽，再经糖化、添加啤酒花、啤酒酵母发酵酿制而成的，含有二氧化碳的、低酒精度的酿造酒。啤酒是目前酒精度最低的酒种之一，但营养丰富。

啤酒的主要成分是水、麦芽、酒花和酵母。麦芽来源于发芽的大麦，含有大量的水解酶类。啤酒花能赋予啤酒柔和的芳香、爽口的微苦味，能加速麦汁中高分子蛋白质的絮凝，能提高啤酒的起泡性和持泡性，也能增加麦汁与啤酒的生物稳定性。大米、玉米、小麦、糖和相应的制品等是大多数国家使用的啤酒生产的辅料。

啤酒含酒精约为4%，水94%，1%~2%的残余糖分和0.1%的风味化合物。含量很少，但种类过1000种的风味化合物赋予了啤酒独特的风味[1]。

18.1　啤酒花挥发性成分

18.1.1　挥发性成分

啤酒花（hop，*Humulus lupulus* L.）是啤酒生产的辅料，也是啤酒苦味的主要来源[2]。啤酒花还具有一定的香气，这些香气在啤酒发酵过程中将转移到啤酒中[3]。依据啤酒花品种、类型的不同（图18-1），其精油（hop essential oil）含量在0.1%~2.0%

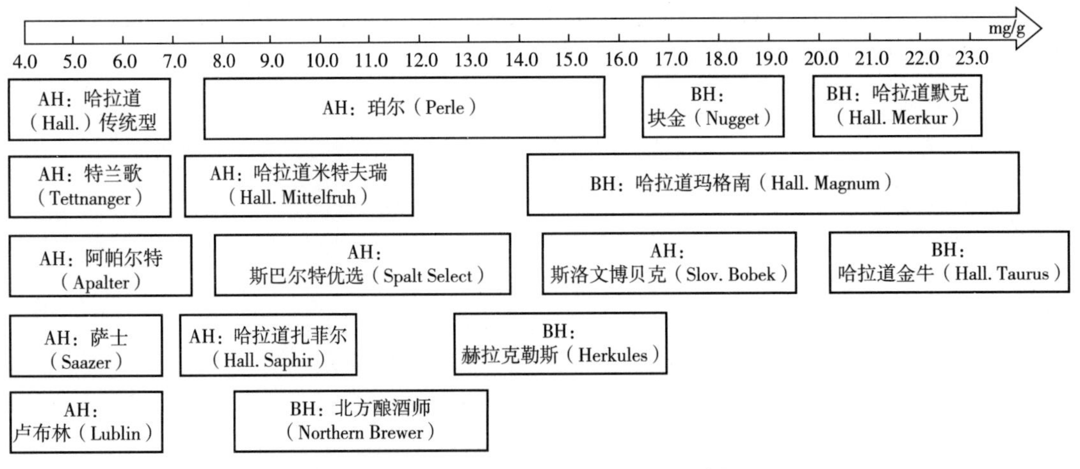

图18-1　根据精油含量的酒花分类[3]

AH：香花（aroma hop）；BH：苦花（bitter hop）；Hall.：哈拉道（Hallertauer）。

(干重)[3]。酒花中已经鉴定出的风味化合物超过400种[3-4]，它们可以被分成两大类，一类是碳氢类化合物（萜烯类），占精油总质量的40%~80%；另一类是含氧化合物（氧化萜烯类）。哈拉道麦格能啤酒花主要挥发性化合物检测结果如图18-2所示。

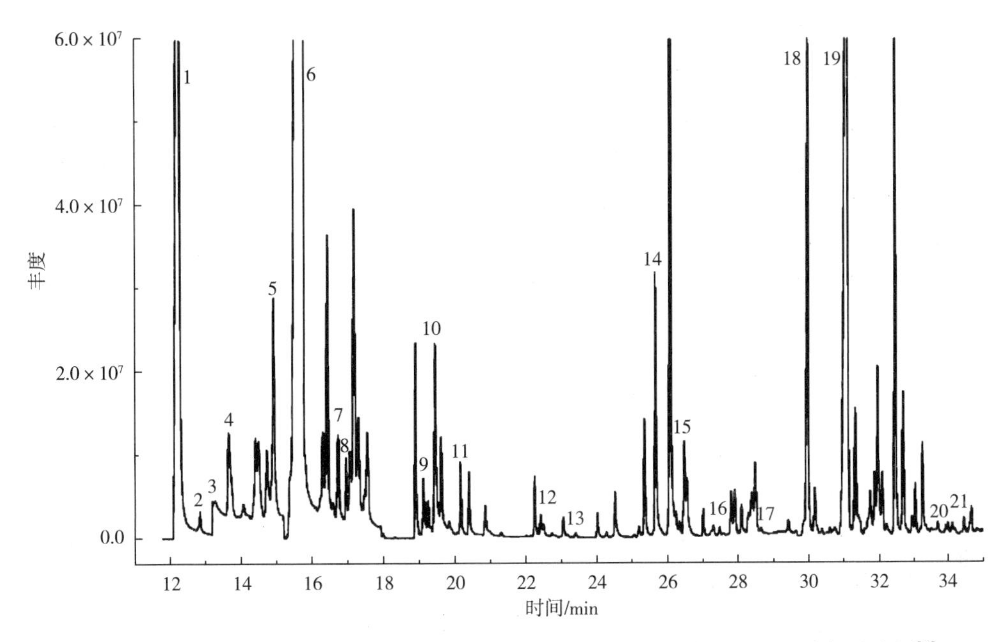

图18-2 哈拉道麦格能（Hallertauer Magnum）啤酒花顶空捕集GC-MS总离子流图[3]

1—正壬烷（内标）；2—异丁酸异丁酯；3—己酸甲酯；4—α-蒎烯；5—β-蒎烯；6—月桂烯；7—庚酸甲酯；8—柠檬烯（limonene）；9—2-壬酮；10—里哪醇+里哪醇D3；11—辛酸甲酯；12—2-癸酮；13—壬酸甲酯；14—2-十一酮；15—癸酸甲酯；16—β-大马酮；17—2-十二酮；18—β-石竹烯；19—α-蛇麻烯；20—十二酸乙酯；21—石竹烯氧化物（caryophyllene oxide）。

啤酒花精油中约有30种萜烯类化合物和倍半萜烯类化合物[5]，这些物质包括2,2,7,7-四甲基-1,6-二氧螺［4.4］壬-3-烯（2,2,7,7-tetramethyl-1,6-dioxaspiro［4.4］nona-3-ene）、2,2,7,7-四甲基-1,6-二氧螺［4.4］壬-3，8-二烯（2,2,7,7-tetramethyl-1,6-dioxaspiro［4.4］nona-3，8-diene）、7,7-二甲基-6,8-二氧二环［3.2.1］辛烷（7.7-dimethyl-6,8-dioxa-bicyclo［3.2.1］octane）、蛇麻醚（hop ether）、卡拉哈拉醚（karahana ether）、反-里哪醇氧化物（*trans*-linalool oxide）、蛇麻二烯酮（humuladienone）、石竹烯环氧化物（caryophyllene epoxide）、蛇麻烯环氧化物Ⅰ（humulene epoxide Ⅰ）、蛇麻烯氧化物Ⅱ（humulene epoxide Ⅱ）、里哪醇、β-葑醇（β-fenchyl alcohol）、4-萜品醇、α-萜品醇、香茅醇、香叶醇、石竹烯-1-醇（caryolan-1-ol）、γ-杜松醇、蛇麻醇、δ-杜松醇、蛇麻烯醇Ⅱ、β-紫罗兰酮、卡拉哈拉烯酮（karahanaenone）、α-蛇麻烯、β-蛇麻烯、蛇麻烯二氧化合物（humulene dioxide）、β-大马酮、蛇麻烯醇Ⅰ、顺-茉莉酮（*cis*-jasmone）等。这些化合物也已经在啤酒中检测到。

酒花中最丰富的倍半萜烯是α-蛇麻烯（占酒花精油的15%~42%）和β-石竹烯（占酒花精油的2.8%~18.2%）。研究发现，里哪醇是酒花精油中最重要的香气活性物质之一，被认为是啤酒花香的主要物质[6]。里哪醇约占酒花精油质量的 1.1%。月桂烯和里哪醇被认为是所有酒花品种中最重要的香气活性化合物。月桂烯通常对啤酒的香气没有贡献，因其浓度常常远低于其气味阈值，主要原因是月桂烯在麦汁煮沸时更易挥发[3]。

文献曾经推测许多化合物是啤酒花的香气，如里哪醇、氧化里哪醇、3-甲基-2-丁烯-1-硫醇、香茅醇、乙酸香叶酯、α-萜品醇、α-桉叶油醇、γ-杜松醇、蛇麻烯环氧化物Ⅰ、蛇麻烯醇和蛇麻二烯酮[6]。除了里哪醇，还没有一个化合物能够应用 GC-O 在啤酒中检测到[6]。AEDA 研究发现，在所有的啤酒花中，里哪醇、月桂烯、2-异丙基-3-甲氧基吡嗪、3-甲基丁酸和香叶醇是最重要的风味化合物[7]。

Lermusieau 等人应用 GC-O 的方法研究了两种啤酒花［挑战者（Challenger）和萨兹（Saaz）］小球的风味成分，共检测到 57 种风味，但仅仅鉴定出 21 种，其余的为未知化合物[8]。这 21 种风味成分包括：乙酸-*S*-甲硫酯（*S*-methylthio acetate）、二甲基二硫、己醛、2-甲基和 3-甲基丁酸、蛋氨醛、丁酸-*S*-甲硫酯（*S*-methylthio butanoate）、4-甲氧基-2-甲基-丁-2-硫醇、二乙基二硫、戊酸-*S*-甲硫酯（*S*-methylthio valerate）、二甲基三硫、月桂烯、异丁酸异戊酯、异丁酸-2-甲基戊酯、双甲硫基甲烷［bis-(methylthio)-methane］、桃金娘烯醛（myrtenal）、二甲基四硫、壬酸甲酯、β-大马酮、癸酸-*S*-甲硫酯（*S*-methylthio decanoate）、α-蛇床烯（α-selinene）和β-蛇床烯。研究结果表明，啤酒花中含有大量的硫化物[8]。

Steinhaus 等人应用 GC-O 技术研究了 5 种不同的酒花，包括哈拉道珍珠（Hallertau Perle）、哈拉道赫斯布鲁克（Hallertau Hersbrucker Spät）、斯洛韦尼亚葛丁（Slowenian Golding）、哈拉道祖母绿（Hallertau Smaragd）、美国卡斯开德（US Cascade），发现里哪醇和月桂烯具有最高 FD 值，其次是 2-异丙基-3-甲氧基吡嗪、3-甲基丁酸和香叶醇。个性香气成分中，(*Z*)-5-辛-1，5-二烯-3-酮和大根香叶烯 B 主要存在于哈拉道赫斯布鲁克酒花；(*E*，*Z*)-3,5-十一碳-1,3,5-三烯存在于哈拉道赫斯布鲁克酒花，(*E*，*Z*)-3,5-十一碳-1,3,5-三烯和壬醛存在于卡斯开德酒花。卡斯开德酒花与其他酒花风味明显不同，有一种很强的黑醋栗香气，鉴定该化合物是 4-甲基-4-巯基-2-戊酮，且为其特征香气。另外，在哈拉道珍珠和卡斯开德酒花中发现了（*E*）-3-十一碳-1,3,5,9-四烯具有重要香气作用[7]。

18.1.2 啤酒花中多酚化合物

啤酒花在啤酒酿造中用量虽然很少（大概为麦芽量的 1%），但啤酒中 30% 的多酚来源于啤酒花。啤酒花的类黄酮浓度越高，其苦味越小。

酒花干花（dried cones or pellets）中，(+)-儿茶素和（-)-表儿茶素单体含量最高可分别达 2821 和 1483mg/kg[9]，而麦芽仅含有 10~100mg/kg（+)-儿茶素，且根本没有检测到（-)-表儿茶素。而在啤酒中检测到的（+)-儿茶素是 0.5~6.9mg/kg，(-)-表儿茶素 0.8~1.9mg/kg，没食子儿茶素、倍表儿茶酚、(-)-儿茶素没食子酸酯、(-)-表儿茶素没食子酸酯等也已经在啤酒中检测到[9]。

酒花是类黄酮低聚物［flavonoid oligomers，酿酒领域通常称为原花色素（proanthocyanidins）或花青素元（anthocyanogens）］的良好来源。例如原花青素二聚体

B3 和原花青素二聚体 B4 在酒花中检测到，浓度可达 1000mg/kg[9]。麦芽含有两种 B3 二聚体原花翠素（prodelphinidin）和原花青素（procyanidin），但浓度低于酒花。许多三聚体也已经在麦芽和酒花中检测到[9]。

超过 20 种异戊二烯查尔酮类及其黄烷酮类衍生物（derived flavanones）已经在酒花中检测到[10]，黄腐酚（xanthohumol）和去甲基黄腐酚（desmethylxanthohumol）占优势浓度[11]。黄烷酮类中的异黄腐酚和酒花素（hopein）的浓度在 80~90mg/kg。酒花中 α-酸含量越高，黄腐酚的浓度也越高[12]。

黄腐酚在啤酒酿造过程中易于异构化为异黄腐酚，仅有 15%~50%的黄腐酚仍然残留在啤酒中，通常浓度在 1mg/L 以下[9]。

18.2 老化啤酒花成分变化

老化啤酒花（aging hop）的成分变化如表 18-1 和表 18-2 所示。

表 18-1　老化与新鲜啤酒花化学成分比较[13]

品种	老化水平	HSI[a]	油含量/(mL/100g)	α-酸/%[b]	β-酸/%[b]	酿造时酒花用量/g
喀斯喀特	新鲜[c]	0.33	0.60	5.3	5.1	7194
	老化Ⅰ	0.53	0.38	4.5	3.6	7432
	老化Ⅱ	1.04	0.13	1.9	1.2	9806
哈拉道	新鲜[c]	0.33	1.08	6.1	5.4	6831
	老化Ⅰ	0.68	0.74	3.6	3.1	7432
	老化Ⅱ	1.21	0.44	1.3	1.2	11000

注：a：酒花老化指数（hot storage index）。

b：酒花苦味成分，使用美国酿造化学家协会 1976 年 UV 分光溶解度法检测。

c：二次分析的平均值。

新鲜酒花是指酒花收获后贮藏于 27℉①（相当于-2.78℃）的冰箱中；老化Ⅰ是指酒花贮藏在 32.2℃ 19d；老化Ⅱ是指酒花贮藏在 32.2℃ 60d。

表 18-2　老化与新鲜啤酒花萜烯类化合物比较[13]

化合物名称	喀斯喀特			哈拉道		
	新鲜[a]	老化Ⅰ	老化Ⅱ	新鲜	老化Ⅰ	老化Ⅱ
月桂烯（myrcene）	1754[b]	471.0	3.0	1807	507.0	37.0
里哪醇（linalool）	40.9	46.7	1.4	61.9	279.3	85.1

① ℉指华氏温度，摄氏温度=（华氏温度-32）×5÷9。华氏温度=摄氏温度×9÷5+32。

续表

化合物名称	喀斯喀特			哈拉道		
	新鲜[a]	老化Ⅰ	老化Ⅱ	新鲜	老化Ⅰ	老化Ⅱ
香叶醛（geranial）	7.3	39.5	2.5	12.8	—	28.1
橙花醛（neral）	0.7	2.1	—	—	—	1.0
香叶酸甲酯（methyl geranate）	30.4	53.6	4.7	18.3	101.8	34.1
乙酸香叶酯（geranyl acetate）	110.1	173.3	9.2	—	—	—
异丁酸香叶酯（geranyl isobutanoate）	67.5	132.9	5.4	1.6	18.7	8.1
香叶醇（geraniol）	8.2	20.8	0.2	6.4	23.3	8.9
α-萜品醇（α-terpineol）	2.7	1.8	0.1	—	10.8	4.2
α-石竹烯（α-caryophyllene）	296.9	342.8	1.9	384.0	915.3	175.7
α-蛇麻烯（α-humulene）	623.1	665.7	10.2	1515	2537	539.5
石竹烯环氧化物（caryophyllene epoxide）	44.8	119.6	6.4	209.0	611.9	112.3
蛇麻烯单环氧化物Ⅰ（humulene monoepoxide Ⅰ）	39.6	198.9	9.4	171.9	951.2	488.1
蛇麻烯单环氧化物Ⅱ（humulene monoepoxide Ⅱ）	187.1	579.4	34.5	1699	4062	668.0
蛇麻烯单环氧化物Ⅲ（humulene monoepoxide Ⅲ）	26.6	120.3	6.6	126.9	354.1	346.5
蛇麻烯醇Ⅱ（humulenol Ⅱ）	21.3	603.0	44.6	166.4	2985	1435
蛇麻烯二环氧化物 A（humulene diepoxide A）	—	2.3	2.7	—	80.6	5.6
蛇麻烯二环氧化物 B（humulene diepoxide B）	—	—	0.2	—	0.5	10.8
蛇麻烯二环氧化物 C（humulene diepoxide C）	—	—	—	—	5.2	—
蛇麻烯二环氧化物 D（humulene diepoxide D）	—	—	0.4	—	23.7	—
蛇麻烯二环氧化物 E（humulene diepoxide E）	—	—	0.1	—	9.1	—
总 OP[c]	322.0	1615	105.0	2374	9094	3071
总 FC[d]	265.4	468.9	23.4	101.0	423.1	165.3
总 OP/总 FC	1.2	3.4	4.5	23.5	21.5	18.6

注：a：二次检测平均值。

b：添加到酿造锅内的浓度（μg/L），总量（mg）×1000μg/mg×1/3534 L。

c：草药/辛香化合物总量，包括石竹烯氧化物、蛇麻烯单环氧化物Ⅰ、蛇麻烯单环氧化物Ⅱ、蛇麻烯单环氧化物Ⅲ、蛇麻烯醇Ⅱ、蛇麻烯二环氧化物 A~E 和 α-萜品醇。

d：花香/柑橘香化合物总量，包括里哪醇、香叶醛、橙花醛、香叶酸甲酯、乙酸香叶酯、异丁酸香叶酯和香叶醇。

18.3 大麦、麦芽、啤酒花和啤酒中羟基肉桂酸类化合物

一些羟基肉桂酸类化合物以十分高的浓度存在于大麦、麦芽、酒花和啤酒中。*p*-香豆酸、咖啡酸、阿魏酸、芥子酸和绿原酸在麦芽中的含量是毫克/升（mg/L）级；*p*-香豆酸、咖啡酸和阿魏酸在酒花中的含量通常会超过10mg/L。阿魏酸的二聚体（共6个异构体）也已经在大麦中检测到，所有这些化合物或多或少会存在于啤酒中。在麦芽中，*p*-香豆酸和阿魏酸会与阿拉伯糖基木聚糖（arabinoxylan）形成酯。它们均能被水浸出，被肉桂酰酯酶（cinnamoyl esterase）酶法水解。糖化后，阿魏酸的释放可能发生在发酵阶段，主要是酵母肉桂酰酯酶的作用[9]。

羟基肉桂酸类对啤酒的感官风味基本没有影响，但它们是一些重要风味物的前驱物。这些化合物会在麦芽干燥和麦汁煮沸阶段的热降解中脱羰基或发酵阶段脱羰基。发酵阶段的脱羰基由酿酒酵母的苯丙烯酸脱羧酶（phenylacrylic acid decarboxylase）催化。在此情况下，阿魏酸产生4-乙烯基愈创木酚，*p*-香豆酸产生4-乙烯基苯酚。如在比利时白啤酒生产过程中，阿魏酸的酶法脱羰基在整个发酵过程中可能是线性的，接近140μg/(L·d)；在后酵时（secondary fermentation），分解速率下降，降为20μg/(L·d)。与*p*-香豆酸相比，酵母更倾向于优先降解阿魏酸。通常是在阿魏酸的浓度达到2mg/L前，*p*-香豆酸仍然没有变化。小麦啤酒中4-乙烯基愈创木酚的浓度会高达6.2mg/L，而4-乙烯基苯酚达3.2mg/L。这些乙烯基的化合物通过化学反应或野生酵母作用，进一步氧化或还原成更小分子的香兰素、4-乙基愈创木酚、愈创木酚和4-乙基苯酚等化合物[9]。

18.4 麦芽香气

绿麦芽（green malt）呈青香、青草、绿茶香气；拉格麦芽（large malt）呈青香、麦芽、坚果和甜香；爱尔麦芽（ale malt）呈麦芽、坚果、甜香和吐司香；焦糖化的（caramelized）焦麦芽（caramalt）呈甜香、焦糖香；焦糖化的晶状麦芽呈甜、焦糖、炖水果（stewed fruit）、太妃糖、糖浆（black treacle）和焦煳（burnt）气味；烤干的（roasted，dry）琥珀式焦麦芽（Amber malt）呈饼干、烘烤、麦芽和苦味；烤干的巧克力麦芽（chocolate malt）呈黑巧克力、焦煳气味；烤干的黑麦芽（black malt）呈焦煳、黑咖啡，带有一些辛辣的（acrid）气味；烤干的烤大麦（roasted barley）呈焦煳、辛辣、干和黑咖啡的气味[1]。

贝利麦芽（Barley malt）是一种焦麦芽，通过AEDA和SHO研究发现其重要香气成分主要是3-甲基丁醛（麦芽香）、1-辛烯-3-酮（似蘑菇香）、甲硫醇（煮马铃薯气味）、(*E*,*E*)-2,4-癸二烯醛（脂肪、蜡气味）、香兰素、2-甲基丁酸、3-甲基丁酸和呋喃扭尔(似焦糖香气)[14]。

18.5 麦汁煮沸过程中微量成分变化

麦汁煮沸过程中化合物的变化主要有二类，第一类是浓度上升的，第二类是浓度下降的，现分述如下。

18.5.1 浓度上升化合物

在麦汁煮沸过程中，大部分化合物浓度是上升的，如图 18-3 所示。

从图中清楚看出，这些化合物浓度的上升大概可以分为三类：

第一类是图 18-3 中的（1）类，即该类化合物是恒定速率增加，这类化合物包括 2-甲基呋喃、糠醛、2-乙酰基呋喃、5-甲基糠醛[15]，以及β-大马酮（图 18-4）[16]。

第二类是图 18-3 中的（2）类，即该化合物在麦汁煮沸开始时增长速度十分平衡，但煮沸后期速率减弱，这类化合物包括乙酸乙酯、2-甲基丙醛、乙醛、二甲基硫、4-甲基-2-戊酮、2,3-戊二酮、1-戊醇、3-甲基丁醇、2-乙基-5-甲基吡嗪、2-乙基-6-甲基吡嗪、2-乙基-3-甲基吡嗪、2,3,5-三甲基吡嗪、苯乙醛和糠醇[15]。

第三类是图 18-3 中的（3）类，即该化合物一开始是大量存在，或产生速率极快，后产生速度大幅度下降，这类化合物包括 3-甲基丁醛、戊醛、二甲基二硫、己醛、十一烷、2,5-二甲基吡嗪、2,6-二甲基吡嗪、2-乙基吡嗪、2,3-二甲基吡嗪、1-己醇、1-辛烯-3-醇、苯甲醛、2-丙基呋喃[15]。

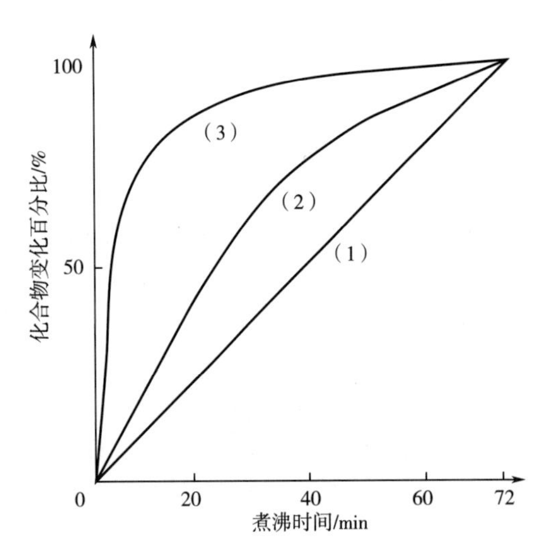

图 18-3 麦汁煮沸过程中挥发性化合物变化情况[15]

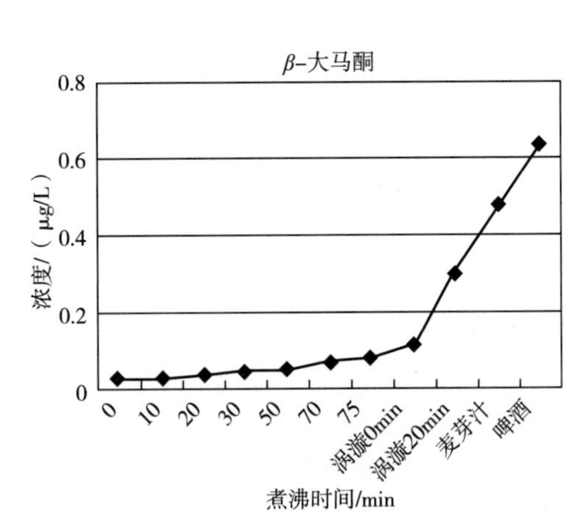

图 18-4 麦汁煮沸时来源于啤酒花中β-大马酮变化[16]

18.5.2 浓度下降化合物

研究发现，麦汁煮沸过程中，萜烯类化合物不少呈现下降趋势，可以分为两类：第一类是β-月桂烯和里哪醇，在麦汁煮沸时浓度快速下降，符合二次方曲线的变化规律；第二类是香叶醇、α-蛇麻烯、β-石竹烯、蛇麻烯环氧化物Ⅰ、β-桉叶油醇、蛇麻烯醇Ⅱ和β-法呢烯，在麦汁煮沸时，浓度缓慢下降（图 18-5）[16]。

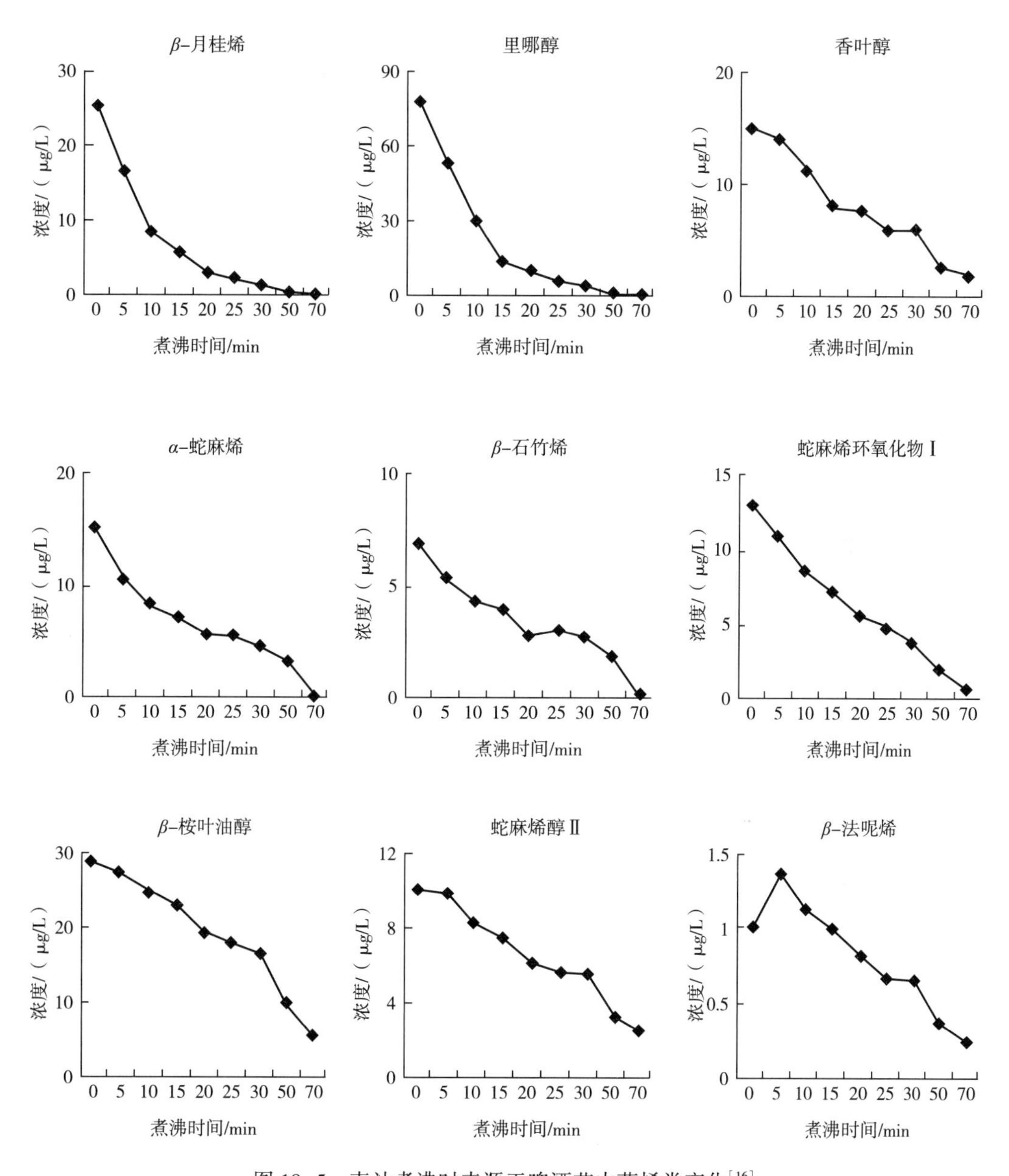

图 18-5　麦汁煮沸时来源于啤酒花中萜烯类变化[16]

研究发现，里哪醇和香叶醇在啤酒发酵过程中，呈现浓度下降趋势，而香茅醇在此期间整个浓度是上升的（图 18-6）[17]。

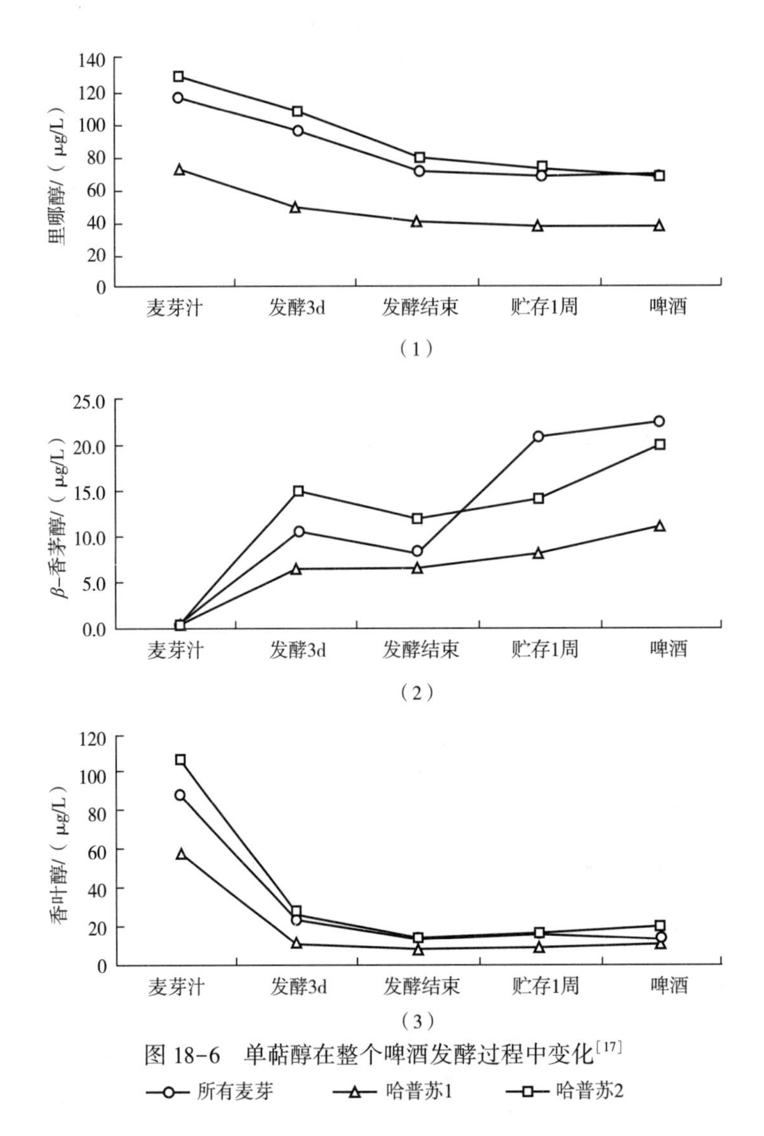

图 18-6 单萜醇在整个啤酒发酵过程中变化[17]

注：酒花在煮沸结束前 5min 添加，全麦芽啤酒用量 0.8g/L，哈普苏① 1 用量 0.4g/L，哈普苏 2 用量 0.8g/L。

18.6 啤酒风味物质

众多学者曾研究啤酒中微量成分。经统计，已经在啤酒中检测到的风味化合物超过 620 种[4]，但并不是每个挥发性成分对风味都有贡献，啤酒中已经测定出阈值的化合物 200 多种。Tressl 等人研究了啤酒中的成分[2]，共检测出约 105 种化合物，其中酯类 39 种，酮类 10 种，醇类 15 种，酚类 2 种，内酯类 9 种，以及约 30 种萜烯类和倍半萜烯类。

① 哈普苏（Happoshu）是一种低麦芽啤酒，主要产于日本，使用 24%的麦芽、20%大麦和 56%糖浆酿造而成。

酯类化合物包括乙酸乙酯、乙酸己酯、乙酸庚酯、乙酸异戊酯、乙酸辛酯、乙酸壬酯、丙酸乙酯、丙酸异戊酯、异丁酸乙酯、异丁酸异戊酯、异戊酸异戊酯、己酸乙酯、己酸异丁酯、己酸异戊酯、庚酸异戊酯、辛酸乙酯、辛酸-2-甲基丁酯、辛酸异戊酯、癸酸乙酯、癸酸-2-甲基丁酯、癸酸异戊酯、十二酸乙酯、十二酸异戊酯、乙酸蛋氨酯（methionol acetate）、4-癸烯酸乙酯、4-癸烯酸异戊酯、4，8-癸二烯酸乙酯和4-甲基-己-2-烯酸甲酯。

芳香族化合物包括：苯甲酸乙酯、乙酸-2-苯乙酯、丙酸-2-苯乙酯、异丁酸-2-苯乙酯、异戊酸-2-苯乙酯、己酸-2-苯乙酯、辛酸-2-苯乙酯、肉桂酸乙酯、烟酸乙酯（ethyl nicotinoate）。

呋喃类化合物包括：乙酸糠酯。

酮类化合物包括：2-戊酮、2-庚酮、2-辛酮、2-壬酮、2-十一酮、4-甲基-2-戊酮、3-甲基-2-戊酮、6-甲基-5-庚烯-2-酮、3-羟基-2-丁酮和3-羟基-2-戊酮。

醇类化合物包括：异丁醇、异戊醇、2-甲基丁醇、戊醇、己醇、2-己醇、2-庚醇、2-辛醇、2-壬醇、2-癸醇、3-己醇、1-辛烯-3-醇、糠醇、蛋氨醇和2-苯乙醇。

酚类化合物包括：4-乙烯基愈创木酚和4-乙烯基苯酚。

内酯类化合物包括：γ-丁内酯、γ-己内酯、γ-庚内酯、γ-辛内酯、γ-壬内酯、γ-癸内酯、4,4-二甲基-γ-丁内酯、4,4-二甲基-2-烯-γ-丁内酯和二氢猕猴桃内酯（dihydroactindiolide）。

1975年，Meilgaard等人依据定量结果与在啤酒中测定的阈值计算了239种啤酒成分的OAV值[18]。结果表明，除酒精和二氧化碳外，一些酯（如乙酸-3-甲基丁酯和己酸乙酯）、高级醇（如3-甲基丁醇）、二烷基硫醚（如二甲基醚）和短链脂肪酸（如丁酸）对美国贮藏啤酒（lager beer）的风味是必需的。

后来，人们应用GC-O技术研究啤酒。Schieberle等人[19]在巴伐利亚淡味贮藏啤酒（Bavarian pale lager beer）中鉴定出22种风味活性成分，β-大马酮具有最高的香气活性。进一步发现丁酸乙酯、3-甲基丁醇、己酸乙酯和2-苯乙醇的OAV值较高，表明这些化合物对香气具有重要贡献。Gijs等人[20]通过AEDA分析，确认了2-苯乙醇是淡味啤酒的重要香气，特别是3-甲基-2-丁烯-1-硫醇、二甲基三硫和o-氨基乙酰苯是另外的关键香气。

1992年，Sanchez等人[21]应用GC-O技术比较了添加与不添加啤酒花啤酒的活性香气成分。发现添加啤酒花的啤酒中，以下这些香气成分香气强度较大：里哪醇、香茅醇、乙酸-2-苯乙酯和2-苯乙醇。2001年，Lermusieu等人[8]应用AEDA技术研究了两种不同酒花配制啤酒的香气活性成分。与不使用啤酒花的啤酒相比，发现使用萨士酒花（Saazer hop）的啤酒中2-甲基-3-呋喃硫醇、二甲基三硫、里哪醇、γ-壬内酯、β-大马酮、肉桂酸乙酯、蛇麻二烯酮（humuladienone）和一些未知物具有更高的FD值。

Lermusieau等人应用GC-O方法研究了三种啤酒的风味成分[8]。一种啤酒中未添加啤酒花，另外两种啤酒添加了不同品种的啤酒花。该研究在啤酒中共发现了50种风味成分，其中未添加啤酒花的啤酒中共检测出27种风味成分，添加挑战者（Challenger）啤酒花球的啤酒中检出了44种风味成分，而添加萨兹（Saaz）啤酒花球的啤酒中检出43种风味成分。在50种成分中，已经检测出的成分有：异戊醇、二甲基二硫、丁酸乙酯、2-甲基和3-甲基丁酸、乙酸异戊酯、2-甲基-3-呋喃硫醇、蛋氨醛、二甲基二硫、异戊酸-

S-甲硫酯、*N*-甲基巯基乙酰胺［*N*-(methyl) mercaptoacetamide］、二甲基三硫、己酸乙酯、苯乙醛、呋喃扭尔、2-乙酰基吡嗪、二氢麦芽酚（dihydromaltol）、愈创木酚、里哪醇、2-苯乙醇、辛酸甲酯、乙酸-2-苯乙酯、2-苯乙酸、2-氨基乙酰苯、4-乙烯基愈创木酚、γ-壬内酯、乙酸香叶酯、β-大马酮、肉桂酸乙酯和蛇麻二烯酮。

2005年，Fritsch等人[6]应用AEDA技术，发现巴伐利亚比尔森型啤酒（Bavarian Pilsner-type beer）的40种香气活性成分，其中辛酸乙酯、(*E*)-β-大马酮、2-甲基丁酸、3-甲基丁酸和呋喃扭尔的FD值更高。通过计算OAV值发现，酒精、(*E*)-β-大马酮、(*R*)-里哪醇、乙醛和丁酸乙酯OAV值最高，接下来是2-甲基丙酸乙酯和4-甲基戊酸乙酯，最后使用22种香气化合物进行香气重组。

与淡味啤酒相比，黑啤中具有焦糖香的呋喃扭尔和小麦啤酒中具有丁香的4-乙烯基愈创木酚具有更高的OAV值[19]。进一步的研究发现，黑啤酒的关键香气成分是呋喃扭尔[22-23]。

小麦啤酒是一种特种啤酒，至少添加了50%的小麦酿造而成。它的显著特点是风味独特，主要描述为似丁香以及轻微酚的气味（phenolic aroma），其是由4-乙烯基愈创木酚和4-乙烯基苯酚引起的[24]。在其他啤酒中，当它们的浓度分别高于其气味阈值时，会产生不愉快的气味，即酚异嗅（phenolic off-flavor）。

18.7 啤酒贮存过程中风味物质变化

啤酒在货架期的感官变化如图18-7所示[25-26]。在贮存过程中，啤酒的苦味下降，而甜味上升。甜味的上升，也会对苦味产生掩盖作用，且与焦糖香、糖烧焦后气味（burnt-sugar）和像太妃糖的香气的产生是同步的。进一步会感觉到似醋栗香气（ribes flavour）的产生，然后，醋栗香气再下降。在醋栗香气产生后，纸板的气味出现。纸板的气味逐渐增加，并达到一个最大值[27]。除了这些之外，贮存过程中，后苦味与涩味将变得粗糙[26]。良好的风味如果香、酯香和花香的风味强度会下降，而老化的风味将出现。

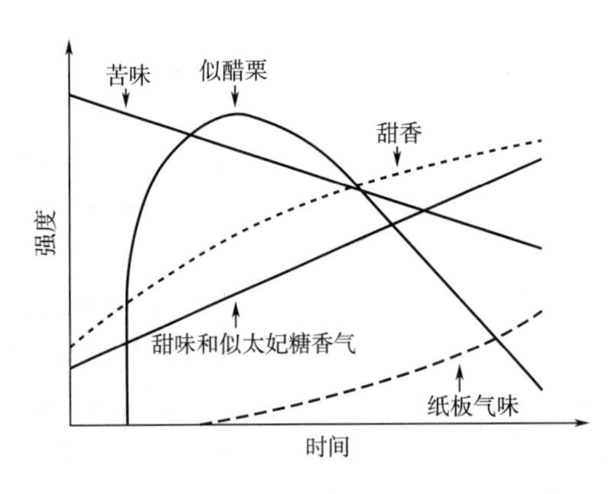

图18-7 啤酒在贮存过程中感官变化[25]

啤酒在贮存过程中一些单体风味化合物的变化见表18-3和表18-4所示，结果表明：

（1）乙酸酯类化合物在贮存过程中呈下降的趋势，且每一个乙酸酯的浓度均呈现下降的趋势。贮存的温度越高，水解越明显，而贮存过程中充二氧化碳可以减缓水解的趋势。

（2）乙酯类化合物在贮存过程中总体上呈下降的趋势，但乙酯类化合物有的呈现水解的趋势，有的呈上升趋势。即一部分乙酯类化合物在贮存过程中由于酸和酒精的作用，浓度上升。这种上升的趋势与贮存温度的升高呈正相关，与是否厌氧关系不大。另外一部分乙酯类在贮存过程中被水解，随着贮存温度的上升，水解加快；而厌氧环境可以阻止水解速度。呈上升趋势的酯有：丙酸乙酯、异丁酸乙酯、异戊酸乙酯、2-甲基丁酸乙酯、苯乙酸乙酯、丁二酸二乙酯、乳酸乙酯、丙酮酸乙酯、烟酸乙酯。呈下降趋势的酯有：丁酸乙酯、戊酸乙酯、己酸乙酯、庚酸乙酯、辛酸乙酯、壬酸乙酯和癸酸乙酯。

表 18-3　啤酒贮存过程中形成的风味化合物[26]

化合物分类	化合物名称
线状的醛类	乙醛 (*E*)-2-辛烯醛/(*E*)-2-壬烯醛/(*E*, *E*)-2,6-壬二烯醛/(*E*, *E*)-2,4-癸二烯醛
Strecker 醛	2-甲基丁醛/3-甲基丁醛/苯乙醛/苯甲醛/3-甲硫基丙醛
酮	(*E*)-β-大马酮 3-甲基-2-丁酮/4-甲基-2-丁酮/4-甲基-2-戊酮 双乙酰/2,3-戊二酮
环状缩醛 (cyclic acetals)	2,4,5-三甲基-1,3-二氧杂环戊烷（2,4,5-trimethyl-1,3-dioxolane）/2-异丙基-4,5-二甲基-1,3-二氧杂环戊烷（2-isopropyl-4,5-dimethyl-1,3-dioxolane）/2-异丁基-4,5-二甲基-1,3-二氧杂环戊烷（2-isobutyl-4,5-dimethyl-1,3-dioxolane）/2-仲丁基-4,5-二甲基-1,3-二氧杂环戊烷（2-sec-butyl-4,5-dimethyl-1,3-dioxolane）
杂环化合物 (heterocyclic compounds)	糠醛/5-羟甲基糠醛/5-甲基糠醛/2-乙酰基呋喃/2-乙酰基-5-甲基呋喃/2-丙基呋喃/呋喃/糠醇 糠基乙基醚（furfuryl ethyl ether）/2-乙氧甲基-5-糠醛/2-乙氧基-2,5-二氢呋喃 麦芽酚 二氢-5,5-二甲基-2(3*H*)-呋喃酮/5,5-二甲基-2(5*H*)-呋喃酮 2-乙酰基吡嗪/2-甲氧基吡嗪/2,6-二甲基吡嗪/三甲基吡嗪/四甲基吡嗪
乙酯类	3-甲基丁酸乙酯/2-甲基丁酸乙酯/2-甲基丙酸乙酯/烟酸乙酯/琥珀酸乙酯/乳酸乙酯/2-苯乙酸乙酯/甲酸乙酯/肉桂酸乙酯
内酯类	γ-壬内酯/γ-己内酯
硫化物	二甲基三硫 甲酸-3-甲基-3-巯基丁酯（3-methyl-3-mercaptobutyl formate）

（3）在贮存过程中，羰基化合物的总量在上升。如乙醛的含量在贮存过程中不仅没有下降，反而上升，在有空气的情况下，随着贮存温度的上升，乙醛有较大幅度的增长。

(4) 美拉德反应随着贮存时间的延长而呈现大幅度上升趋势，且温度上升，生成速度加快，而与是否厌氧无关。

(5) 二氧戊环类化合物随着贮存时间的延长在上升，厌氧环境有利于延缓上升的趋势。

(6) 呋喃基醚类化合物随着贮存时间的延长大幅度上升，但与是否厌氧关系不大。

表 18-4　上面发酵啤酒在贮存过程中风味物质变化[28]

挥发性化合物	新鲜啤酒/(μg/L)	贮存6个月/(μg/L)				
		0℃	20℃		40℃	
		二氧化碳	二氧化碳	空气	二氧化碳	空气
乙酸酯类	30197	29671	279558	28466	23165	23497
乙酸乙酯	28099	27578	277747	26711	22340	22650
乙酸丙酯	12.2	12.7	11.2	10.9	9.3	9.7
乙酸丁酯	17.4	17.8	14.9	14.3	9.0	9.5
乙酸戊酯	14.6	15.0	13.0	11.5	8.5	6.3
乙酸己酯	7.5	6.8	4.9	4.7	2.3	1.5
乙酸庚酯	15.7	10.4	6.7	7.0	1.3	0.8
乙酸辛酯	23.0	15.8	9.3	8.9	0.7	0.7
乙酸异丁酯	41.2	42.5	39.0	38.6	34.2	30.5
乙酸异戊酯	1967	1972	1712	1659	760.2	788.6
乙酯类	1238	1133	1110	1155	905.1	772.8
丙酸乙酯	58.7	60.4	66.4	68.4	99.5	86.7
异丁酸乙酯	5.5	5.6	13.8	14.8	24.5	29.1
异戊酸乙酯	2.8	2.9	5.0	6.1	12.3	14.3
2-甲基丁酸乙酯	2.7	2.7	6.8	7.1	10.7	12.1
苯乙酸乙酯	2.7	2.9	12.3	12.7	19.8	18.5
丁二酸二乙酯	9.8	10.2	36.8	38.9	65.5	60.8
乳酸乙酯	10.7	12.2	84.0	83.5	157.5	126.7
丙酮酸乙酯	7.2	8.3	27.6	31.0	60.3	51.4
烟酸乙酯	6.5	6.5	40.3	42.3	72.0	68.6
丁酸乙酯	199.4	180.4	165.9	173.0	149.1	127.3
戊酸乙酯	10.1	9.9	9.0	8.8	7.8	7.4
己酸乙酯	264.7	266.2	239.3	214.5	125.9	100.0
庚酸乙酯	29.3	21.3	14.5	16.1	5.7	4.3
辛酸乙酯	498.7	443.9	333.7	378.4	84.4	55.4

续表

挥发性化合物	新鲜啤酒/(μg/L)	贮存6个月/(μg/L)				
		0℃	20℃		40℃	
		二氧化碳	二氧化碳	空气	二氧化碳	空气
壬酸乙酯	10.5	8.3	3.3	2.2	1.0	0.6
癸酸乙酯	118.8	91.6	51.5	57.9	9.1	9.6
羰基化合物	1130	1339	1491	3432	2169	4242
乙醛	1052	1258	1371	3211	1943	3916
苯甲醛	5.7	5.7	5.1	11.2	6.7	12.4
异戊醛	7.2	7.3	7.9	37.8	14.1	43.2
2-甲基丁醛	3.4	3.2	4.6	10.4	6.5	14.2
苯乙醛	19.2	20.0	29.5	49.9	53.5	67.0
双乙酰	2.0	6.4	24.8	58.6	72.0	109.7
2,3-戊二酮	2.0	2.6	4.9	11.3	10.6	15.5
4-甲基-2-戊酮	7.3	7.5	8.5	10.5	22.3	25.0
3-甲基-3-丁烯基-2-酮	1.0	1.0	1.1	1.4	1.9	2.4
5,5-二甲基-2(5*H*)-呋喃酮	1.0	1.0	1.1	1.2	1.9	2.2
β-大马酮	1.0	1.0	2.0	2.6	6.8	6.4
己醛	22.4	18.8	24.0	20.1	23.9	21.7
辛醛	1.1	1.3	1.1	1.2	1.0	1.2
壬醛	4.7	4.9	5.1	4.2	4.4	4.7
反-2-壬烯醛	0.08	0.07	0.10	0.10	0.10	0.10
美拉德反应的产物	2409	2438	3100	3225	6760	6882
糠醛	48.1	65.0	258.5	361.0	2329	2535
5-甲基糠醛	6.8	7.6	7.3	6.1	34.7	27.3
2-乙酰基呋喃	8.4	9.1	14.0	16.1	69.5	59.0
呋喃扭尔	2342	2353	2816	2837	4321	4254
噻唑	3.5	3.4	4.5	4.9	6.2	6.6
二氧戊环类	2.0	2.1	2.1	11.3	4.1	10.8
2,4,5-三甲基-1,3-二氧戊烷	1.0	1.1	1.0	5.0	1.6	4.8
2-异丙基-4,5-二甲基-1,3-二氧戊烷	1.0	1.0	1.1	6.3	2.5	6.0
呋喃基醚类	4.7	6	33.5	37.6	386.9	392.2
2-糠基乙基醚	2.7	3.3	16.1	18.0	187.2	178.7
5-(乙氧基甲基)-2-糠醛	1.0	1.2	5.4	7.1	61.7	82.7
2-乙氧基-2,5-二氢呋喃	1.0	1.5	12.0	12.5	138.0	130.8

进一步的研究表明，乙酸异戊酯随着贮存时间的延长而水解。乙酸异戊酯水解的速度与温度有关，而与是否厌氧无关。温度越高，水解越快（图 18-8）。乙酸乙酯、乙酸丙酯、乙酯丁酯、乙酸戊酯、乙酸己酯和乙酸庚酯随着贮存时间的延长而水解，且随着碳链的增加水解速度加快。异戊酸乙酯随着贮存时间的延长而增加，生成的速度与温度和是否厌氧有关。贮存温度越高，生成的异戊酸乙酯越多，空气的存在有利于异戊酸乙酯的生成。丁酸乙酯、戊酸丙酯、己酸乙酯、庚酸乙酯、辛酸乙酯和癸酸乙酯随着贮存时间的延长逐步水解，且水解的速度与碳链长度有关。碳链越长，水解速度越快。

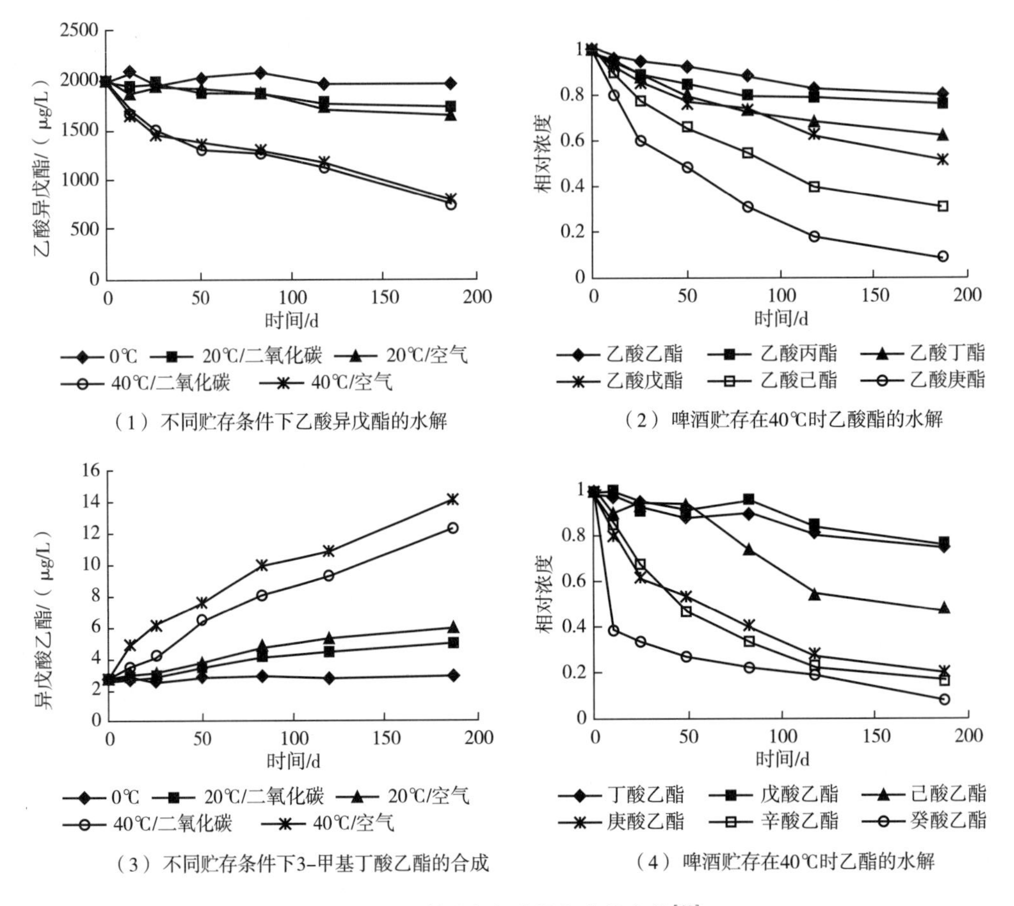

（1）不同贮存条件下乙酸异戊酯的水解

（2）啤酒贮存在40℃时乙酸酯的水解

（3）不同贮存条件下3-甲基丁酸乙酯的合成

（4）啤酒贮存在40℃时乙酯的水解

图 18-8　啤酒贮存过程中酯的变化[28]

更详细的羰基化合物在贮存过程的变化如图 18-9 所示。乙醛在贮存过程中处于一种上升趋势，其增长速度与空气的存在密切相关。当有空气存在，且贮存温度较高时，乙醛增加很快。但这种增长似乎是在贮存的初期。贮存超过 100d 后，乙醛的含量处于较为稳定的状态。乙醛在无氧状态下贮存时数量略有增加，但这种增长与温度无关。双乙酰在贮存时，随着温度的升高及空气增加，浓度增加。4-甲基-2-戊酮的变化与乙醛类似，随着贮存时间的延长而增加，但增加的幅度与温度相关而与是否有空气无关。温度越高，增加量越大。β-大马酮的变化主要与有无空气有关，与贮存温度无关。有氧状态有利于β-大马酮的生成。

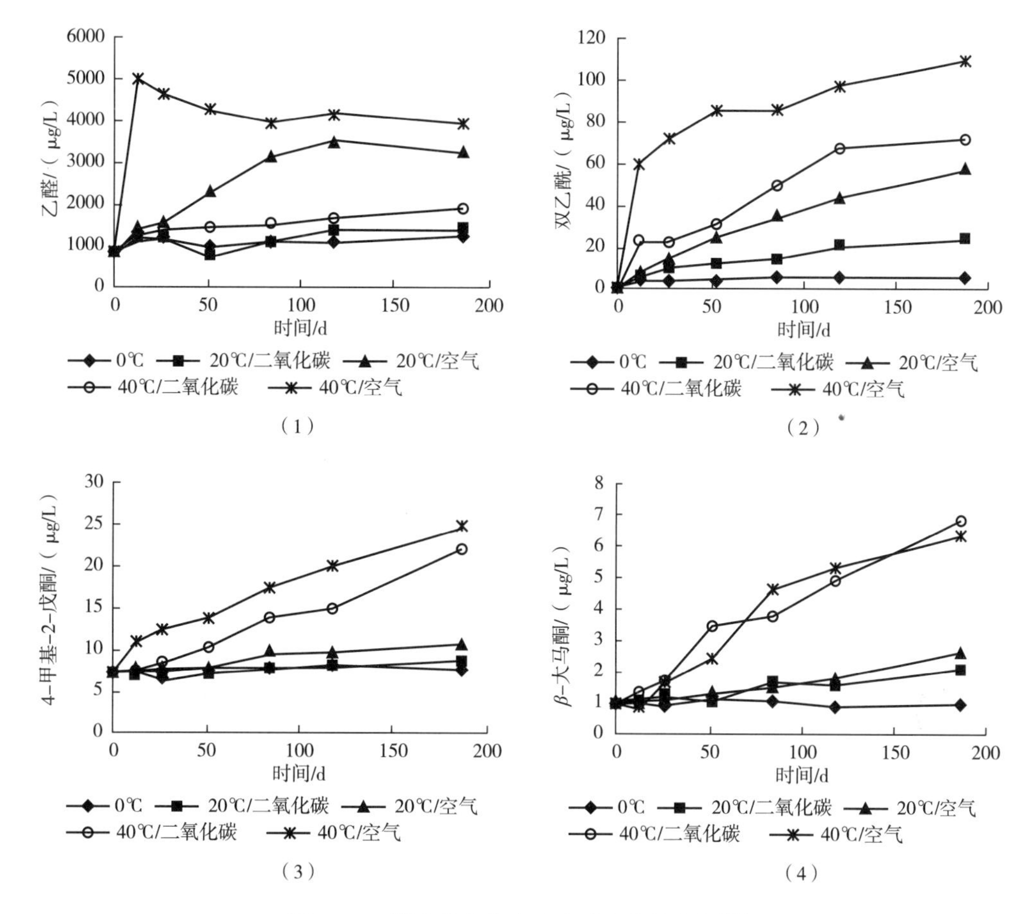

图 18-9 羰基化合物在贮存过程中的变化[28]

糠醛与糠醇有类似的变化规律，即随着贮存时间的延长而增加（图 18-10）。而温度对它们的影响较大，是否存在空气的影响不大。2,4,5-三甲基-1,3-二氧戊烷在贮存过程

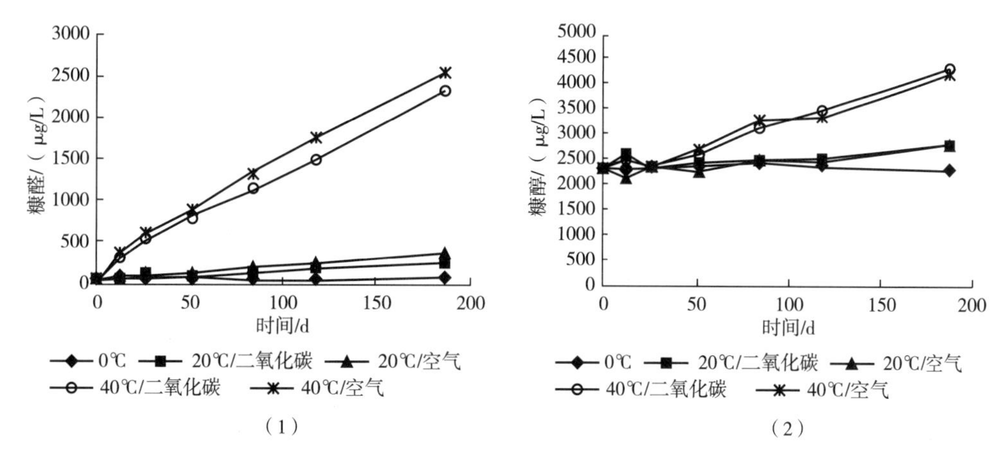

图 18-10 糠醛（1）和糠醇（2）在贮存过程中变化[28]

中的变化与乙醛极其相似（图 18-11）。该化合物在贮存过程中处于一种上升趋势。其增长速度与空气的存在密切相关。当有空气存在，且贮存温度较高时，增加很快。但这种增长似乎是在贮存的初期。贮存超过 100d 后，该化合物的含量处于较为稳定的状态。2,4,5-三甲基-1,3-二氧戊烷在无氧状态下贮存时数量略有增加，但这种增长与温度无关。2-糠基乙基醚在贮存过程中的变化与糠醛相似。

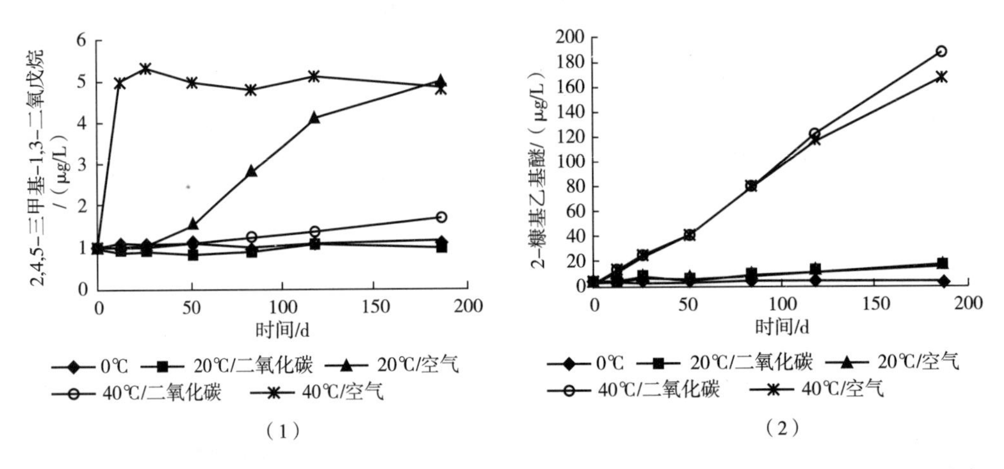

图 18-11　2,4,5-三甲基-1,3-二氧戊烷（1）和 2-糠基乙基醚（2）在贮存过程中的变化[28]

18.8 啤酒异嗅/异味

啤酒的风味稳定性与啤酒贮存的温度、pH、啤酒中的氧气浓度以及紫外线的照射息息相关。通过氧化作用产生的不饱和羰基化合物是啤酒产生老化风味（stale-flavor）的主要原因[26, 29]。如反-2-壬烯醛在啤酒中呈纸板和/或纸的气味。反-2-壬烯醛、反-2-顺-6-壬二烯醛和反，反-2,4-癸二烯醛也会引起啤酒的老化气味。这些化合物都有一个较低的阈值。

18.8.1 老化气味

老化的风味主要表现为纸板、醋栗、甜焦糖（sweet caramel）-太妃糖和似葡萄酒的气味，同时正向风味（position flavor notes）如苦味和酒花香下降（图 18-12）。

Palamand 和 Hardwick 首次提出了反-2-壬烯醛是啤酒老化气味和纸板气味的重要化合物[26]。20 世纪 80 年代研究发现，反-2-壬烯醛易产生于贮存在 40℃ 的啤酒中，此时，仅需几天会产生大量的反-2-壬烯醛；而在 20℃ 时，甚至贮存 4 个月也不会产生反-2-壬烯醛。后来的研究发现，反-2-壬烯醛的产生与上述条件无关，而与装瓶后瓶中的氧有关[26]。除了反-2-壬烯醛外，反，顺-2,6-壬二烯醛、反,反-2,4-癸二烯醛也与老化风味有关[30]。最近几年，老化啤酒（aged beer）的 AEDA 研究结果表明[20, 31-32]，蛋氨醛、苯乙醛、β-大马酮与啤酒老化风味有关。另一项研究表明，二甲基三硫是引起啤酒老化的主要原因，该化合物的前驱物是 3-甲硫基丙醛[31]。

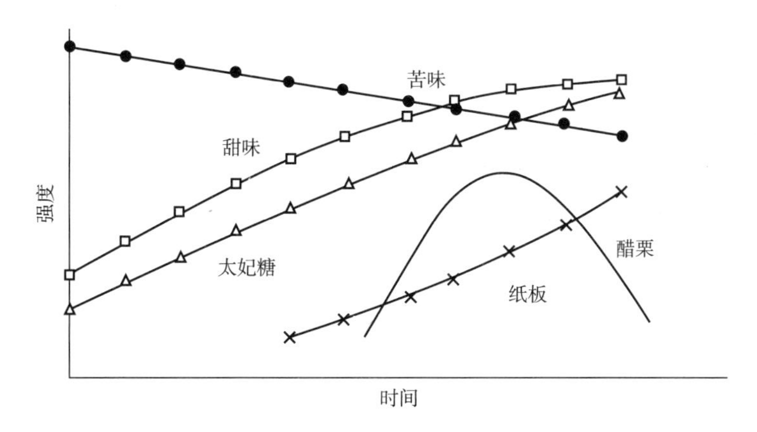

图 18-12 啤酒老化时的感官变化[1]

醋栗气味常与小包装啤酒（small pack beers）相关，经常描述为似猫的（catty）或公猫（tom-cat）气味。这个气味是瞬间的，通常使人联想到黑醋栗叶和番茄气味，是化合物 *p*-孟烷-8-硫醇-3-酮（*p*-menthane-8-thiol-3-one）产生的[1]。

啤酒的老化气味常与啤酒的成分、pH、氧、抗氧化剂、前驱物浓度、巴斯德灭菌条件，以及贮存条件（包括包装、贮存温度、光等）相关[33]。

18.8.2 臭鼬臭

研究发现引起臭鼬臭（skunky）的重要化合物是 3-甲基-2-丁烯-1-硫醇（3MBT）[8, 33]。

18.8.3 酚臭

有些酚类呈辛香和丁香，可能指示着是某一类型的啤酒，如小麦啤酒，但也有可能说明啤酒受到野生酵母污染[1]。

在啤酒中占优势地位的乙基苯酚类化合物是 4-乙基苯酚和 4-乙基愈创木酚，乙烯基苯酚类化合物是 4-乙烯基苯酚和 4-乙烯基愈创木酚[34]。

啤酒中，最简单的酚类化合物来源于酿造过程中使用的原料。仅有一些酚类物质来源于酵母发酵，主要是 4-乙烯基苯酚和 4-乙烯基愈创木酚。在下面发酵的比尔森啤酒中，这些酚类化合物过量存在时，会产生不愉快的气味。因此，啤酒中的酚臭带有强烈的草药、药材、溶剂、调味品、丁香、烟熏或烧烤气味。尽管一直将其划分为异嗅，但这些化合物又是比利时白啤酒（Belgian white beer，用未发芽小麦生产）、德国 ranch 和 Weizen 啤酒（用发芽的小麦生产）的基本风味和特征香气。同样地，在一些上面发酵的淡黄色（blond）和黑色特种啤酒中，酚类化合物是总体香气中必不可少的[34]。

18.8.4 硫化物气味

硫化物是大部分食品中的异嗅或异味物质，也是啤酒中的主要异嗅或异嗅物质。硫化氢是酵母和细菌生长繁殖的典型副产物，产生臭鸡蛋气味。桶装啤酒（cask beer）中硫化物气味可能是特定酵母和特定品牌的一种特征，而其他的桶装啤酒中硫化物气味表明其是新鲜的生啤（green beer），需要进一步的老熟。如果有其他产物同时存在，则表明受到了细菌污染[1]。

Vermeulen 等人曾经用 *p*-羟基汞苯甲酸盐（*p*-HMB）与硫醇反应，在新鲜淡味啤酒（fresh lager beer）中鉴定出 12 种硫醇，包括 3-甲基-2-丁烯-1-硫醇、3-巯基-3-甲基丁醇、2-巯基-3-甲基丁醇、4-巯基-4-甲基-3-戊酮、1-巯基-3-戊酮、1-巯基-3-戊醇、3-巯基-1-己醇、2-甲基-3-呋喃硫醇、2-巯基乙醇、3-巯基丙醇、乙酸-2-巯基乙酯、乙酸-3-巯基丙酯等[35]。

Hill 等人曾经用 HS-SPME-PFPD 的方法测定了啤酒中的硫化物[36]，如图 18-13 所示，表 18-5 中列出了啤酒中硫化物的浓度。

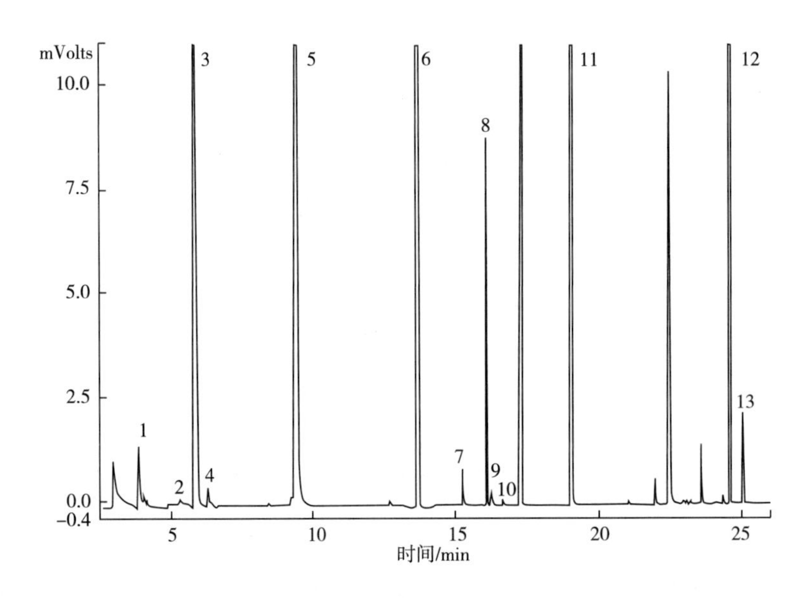

图 18-13 HS-SPME-PFPD 测定的啤酒中的硫化物气相色谱图

1—甲硫醇；2—乙硫醇；3—二甲基硫；4—二硫化碳；5—乙基甲基硫（内标）；6—乙硫甲酯（methyl thioacetate）；7—二甲基二硫；8—乙硫乙酯（ethyl thioacetate）；9—2-甲基丁硫醇；10—3-甲基噻吩；11—乙硫丙酯（propyl thioacetate）(内标)；12—丙硫醇（methionol）；13—乙酸-3-甲硫基丙酯。

表 18-5 啤酒中的硫化物浓度 单位：μg/L

样品	甲硫醇	乙硫醇	二甲基硫	二硫化碳	乙硫甲酯	二甲基二硫
比尔森啤酒 A（Pilsener beer Brewery A）	3.074	0.560	70.52	0.167	11.93	0.306
拉格啤酒 B（Lager beer Brewery B）	3.019	0.581	59.18	0.398	11.88	0.247
无醇啤酒 A（Alcohol-free beer Brewery A）	1.633	0.099	5.112	0.068	0.055	0.081
博克啤酒 B（Bock beer Brewery B）	3.537	0.634	64.49	0.187	11.10	0.176
小麦啤酒 C（Wheat beer Brewery C）	3.589	0.184	47.78	0.267	4.288	0.170

续表

样品	乙硫乙酯	2-甲基丁基硫醇	3-甲基噻吩	3-甲基-2-丁烯-1-硫醇	甲硫基丙醇	乙酸-3-甲硫基丙酯
比尔森啤酒 A (Pilsener beer Brewery A)	0.688	0.049	0.026	0.000	356.0	4.286
拉格啤酒 B (Lager beer Brewery B)	1.085	0.042	0.021	0.000	454.8	9.427
无醇啤酒 A (Alcohol-free beer Brewery A)	0.000	0.000	0.000	0.000	206.2	1.163
博克啤酒 B (Bock beer Brewery B)	1.402	0.043	0.011	0.000	576.7	18.51
小麦啤酒 C (Wheat beer Brewery C)	0.289	0.066	0.031	0.000	2621.0	136.9

最新的 AEDA 的结果表明，甲酸-3-甲基-3-巯基丁酯、4-巯基-4-甲基-2-戊酮可能与啤酒的老化气味有关[37-38]。

18.8.5 卤代化合物霉腐气味

水载体污染物（water-borne contaminants）主要是三氯茴香醚（trichloroanisole），呈霉腐臭、潮湿地窖及霉味[1]。

通常描述的药的气味，如防腐剂（antiseptic）和医院气味，主要来源于含酚类的水氯化反应后的产物——三氯苯酚（TCP）。生啤酒（draught beer）中的药味是污染 TCP 产生的，来源于塑料管和含次氯酸盐清洁剂的反应产物[1]。

18.8.6 酸气和酸味

啤酒典型的 pH 是 3.5～4.5。酸气（acidic）和酸味（sour）来源于乙酸菌（acetobacteria）和乳酸菌（lactic acid bacteria）的污染。乙酸产生醋的气味，而乳酸产生酸乳气味[1]。

参考文献

[1] Parker D K. 6-Beer: production, sensory characteristics and sensory analysis. In alcoholic beverages [M]. Duxford: Woodhead Publishing, 2012.

[2] Tressl R, Friese L, Fendesack F, et al. Gas chromatographic-mass spectrometric investigation of hop aroma constituents in beer [J]. J Agri Food Chem, 1978, 26 (6): 1422-1426.

[3] Aberl A, Coelhan M. Determination of volatile compounds in different hop varieties by headspace-trap GC/MS—In comparison with conventional hop essential oil analysis [J]. J Agri Food Chem, 2012, 60: 2785-2792.

[4] Volatile compounds in foods. qualitative and quantitative data [M]. 7th ed. Zeist, The Netherlands, TNO Nutrition and Food Research Institute, 1996.

[5] Tressl R, Friese L. Fifth international ferm [M]. Berlin: Symposium, 1976.

[6] Fritsch H T, Schieberle P. Identification based on quantitative measurements and aroma recombination of the character impact odorants in a Bavarian Pilsner-type beer [J]. J Agri Food Chem, 2005, 53: 7544-7551.

[7] Steinhaus M, Wilhelm W, Schieberle P. Comparision of the most odour-active volatiles in different hop varieties by application of a comparative aroma extract dilution analysis [J]. Eur Food Res Technol, 2007, 226: 45-55.

[8] Lermusieau G, Bulens M, Collin S. Use of GC-olfactometry to identify the hop aromatic compounds in beer [J]. J Agri Food Chem, 2001, 49 (8): 3867-3874.

[9] Callemien D, Collin S. Structure, organoleptic properties, quantification methods, and stability of phenolic compounds in beer—a review [J]. Food Rev Int, 2010, 26: 1-84.

[10] Stevens J F, Taylor A W, Nickerson G B, et al. Prenylflavonoid variation in *Humulus lupulus*: distribution and taxonomic significance of xanthogalenol and 4′-*O*-methylxanthohumol [J]. Phytochemistry, 2000, 53 (7): 759-775.

[11] Stevens J F, Taylor A W, Deinzer M L. Quantitative analysis of xanthohumol and related prenylflavonoids in hops and beer by liquid chromatography-tandem mass spectrometry [J]. J Chromatogr A, 1999, 832 (1-2): 97-107.

[12] De Keukeleire J, Ooms G, Heyerick A, et al. Formation and accumulation of α-acids, β-acids, desmethylxanthohumol, and xanthohumol during flowering of hops (*Humulus lupulus* L.) [J]. J Agri Food Chem, 2003, 51 (15): 4436-4441.

[13] Lam K C, Foster R T, Deinzer M L. Aging of hops and their contribution to beer flavor [J]. J Agri Food Chem, 1986, 34 (4): 763-770.

[14] Fickert B, Schieberle P. Identification of the key odorants in barley malt (caramalt) using GC/MS techniques and odour dilution analyses [J]. Nahrung, 1998, 42 (6): 371-375.

[15] Buckee G K, Malcolm P T, Peppard T L. Evolution of volatile compounds during wort-boiling [J]. J Inst Brew, 1982, 88 (3): 175-181.

[16] Kishimoto T, Wanikawa A, Kagami N, et al. Analysis of hop-derived terpenoids in beer and evaluation of their behavior using the stir bar-sorptive extraction method with GC-MS [J]. J Agri Food Chem, 2005, 53 (12): 4701-4707.

[17] Takoi K, Itoga Y, Koie K, et al. The contribution of geraniol metabolism to the citrus flavour of beer: Synergy of geraniol and β-citronellol under coexistence with excess linalool [J]. J Inst Brew, 2010, 116 (3): 251-260.

[18] Meilgaard M C. Prediction of flavor differences between beers from their chemical composition [J]. J Agri Food Chem, 1982, 30 (6): 1009-1017.

[19] Schieberle P. Primary odorants of pale lager beer. Differences to other beers and changes during storage [J]. Z Lebensm Unters Forsch, 1991, 193: 558-565.

[20] Gijs L, Chevance F, Jerkovic V, et al. How low pH can intensify β-damascenone and dimethyl trisulfide production through beer aging [J]. J Agri Food Chem, 2002, 50 (20): 5612-5616.

[21] Sanchez N B, Lederer C L, Nickerson G B, et al. Sensory and analytical evaluation of beers brewed with three varieties of hops and unhopped beer [J]. Food Sci Hum Nutr, 1992, 29: 403-406.

[22] Belitz H D, Grosch W, Schieberle P. Food chemistry [M]. Heidelberg: Springer, 2009.

[23] Schieberle P. Primary odorants of pale lager beer. Differences to other beers and changes during storage [J]. Z Lebensm Unters Forsch A, 1991, 193: 558-565.

[24] Langos D, Granvogl M. Studies on the simultaneous formation of aroma-active and toxicologically relevant vinyl aromatics from free phenolic acids during wheat beer brewing [J]. J Agri Food Chem, 2016, 64 (11): 2325-2332.

[25] Dalgliesh C E. Flavour stability [M]. In Proceedings of the European Brewery Convention Congress [Online] 1977.

[26] Vanderhaegen B, Neven H, Verachtert H, et al. The chemistry of beer aging-a critical review [J]. Food Chem, 2006, 95: 357-381.

[27] Meilgaard M. Stale flavor carbonyls in brewing [J]. Brewers Digest, 1972, 47: 48-57.

[28] Vanderhaegen B, Neven H, Coghe S, et al. Evolution of chemical and sensory properties during aging of top-fermented beer [J]. J Agri Food Chem, 2003, 51 (23): 6782-6790.

[29] Ochiai N, Sasamoto K, Daishima S, et al. Determination of stale-flavor carbonyl compounds in beer by stir bar sorptive extraction with in-situ derivatization and thermal desorption-gas chromatography-mass spectrometry [J]. J Chromatogr A, 2003, 986 (1): 101-110.

[30] Harayama K, Hayase F, Kato H. Evaluation by a multivariate-analysis of the stale flavor formed while storing beer [J]. Bioscience Biotechnology and Biochemistry, 1994, 58: 1595-1598.

[31] Gijs L, Perpète P, Timmermans A, et al. 3-Methylthiopropionaldehyde as precursor of dimethyl trisulfide in aged beers [J]. J Agri Food Chem, 2000, 48 (12): 6196-6199.

[32] Soares da Costa M, Gonçalves C, Ferreira A, et al. Further insights into the role of methional and phenylacetaldehyde in lager beer flavor stability [J]. J Agri Food Chem, 2004, 52 (26): 7911-7917.

[33] Callemien D, Dasnoy S, Collin, S. Identification of a stale-beer-like odorant in extracts of naturally aged beer [J]. J Agri Food Chem, 2006, 54: 1409-1413.

[34] Swiegers J H, Saerens S M G, Pretorius I S. The development of yeast strains as tools for adjusting the flavor of fermented beverages to market specifications. In biotechnology in flavor production [M]. Oxford: Blackwell Publishing Ltd, 2008.

[35] Vermeulen C, Lejeune I, Tran T T H, et al. Occurrence of polyfunctional thiols in fresh lager beers [J]. J Agri Food Chem, 2006, 54: 5061-5068.

[36] Hill P G, Smith R M. Determination of sulphur compounds in beer using headspace solid-phase microextraction and gas chromatographic analysis with pulsed flame photometric detection [J]. J Chrom A, 2000, 872 (1-2): 203-213.

[37] Schieberle P, Komarek D. Changes in key aroma compounds during natural beer aging. In freshness and shelf life of foods [M]. Washington DC: ACS, 2002.

[38] Tressl R, Bahri D, Kossa M. The analysis and control of less desirable flavors in food and beverages [M]. New York: Academic Press, 1980.

19 其他酒风味物质

19.1 日本清酒风味物质

日本清酒（sake）约有2000年历史，在日本人文化与生活中承载着重要角色。2009年，日本清酒生产企业达1302家[1]。虽然日本各地均生产清酒，但以兵库（Hyogo）的纳达（Nada）、京都（Kyoto）的伏见区（Fushimi）和广岛（Hiroshima）的西条市（Saijo）因其拥有良好的水质和大米最为著名。

清酒的生产与啤酒和葡萄酒类似，但比它们复杂。清酒生产时，精米（polished rice）浸泡后蒸熟，大米淀粉被米曲（koji）中的酶糖化，释放出的葡萄糖被酵母发酵为酒精。米曲的糖化与酵母的发酵同时进行，称为双边发酵（multiple parallel fermentation）。

清酒按生产工艺分为两大类，一类为特制清酒［*tokutei meisho-shu*（日语）］；另一类为普通清酒［*ippan-shu*，*futsu-shu*（日语），regular type of sake］。特制清酒属于指定的清酒（special designation sake），是优质酿造的清酒，主要包括[1]：（1）吟酿酒［吟醸酒，*Ginjo-shu*（日语），特别酿造的］，大米外层高度磨光的（polished），仅仅使用大米内层（通常<60%）酿酒，低温发酵1个月[2]；（2）大吟酿酒［大吟醸酒，*Daiginjo-shu*（日语），非常特别酿造的］；（3）纯米酒［*Junmai-shu*（日语），纯米酿造的］，仅仅是用米和米曲生产（rice-koji，使用传统方法培养的霉菌），没有任何其他的添加剂[2]；（4）纯米吟酿酒［纯米吟醸酒，*Junmai Ginjo-shu*（日语）］，纯米特别酿造的，使用米曲和水[2]；（5）纯米大吟酿酒［纯米大吟醸酒，*Junmai Daiginjo-shu*（日语），纯米非常特别酿造的］；（6）特制纯米酒［*Tokubetsu Junmai-shu*（日语）］；（7）本酿造酒［*Honjozo-shu*（日语）］；（8）特制本酿造酒［*Tokubetsu Honjozo-shu*，*Honjozou*（日语）］，来自于传统工艺（orthodox procedure）[2]。普通清酒是最受欢迎的，用大米酿造，使用米曲、水和外加的乙醇[2]。

人造清酒（artificial sake）并不是发酵产生的，而是将一些成分添加到酒精-水溶液中生产的[2]。严格地讲，人造清酒不应该分类进入清酒［*seishu*（日语）］类。

清酒按风味特征可以分为四类：（1）浓香清酒（flavorful sake），如*kun-shu*（日语），酒有迷人的香气，如花香和水果香。这类清酒口味淡，酸度低，从干型到甜均有。因为其果香，在日本以外国家很受欢迎。（2）淡爽圆润型清酒（light smooth sake），如*so-shu*（日语），干型带有温和的酸度，香气柔和。（3）丰满型清酒（rich sake），如*jun-shu*（日语），有淡爽的、温和的香气，口感丰满、圆润。这种类型的风味来源于大米和丰富的鲜味，是经典传统的清酒风味。(4) 老酒型清酒 (aged sake)，如 *juku-shu* (日语)，酒带有淡金黄色，辛香、坚果口感，似雪利的香气，酸和丰满的鲜味构成了强烈的味觉，专业饮酒者 (dedicated drinker) 喜欢这种类型的清酒[1]。

19.1.1 原料成分

生产优质清酒通常选用称为 *Shuzo-kotekimai* (日语) 的大米，它与食用大米 (table rice) 不同，米粒更长，拥有更多白色的核心部分 [white-core structure，*shinpaku* (日语)] 以及较少的蛋白质。酿酒用米又可以分为两种，一种是用来制作米曲的，称为 *kojimai* (日语)；另一种是用于发酵的，称为 *kakemai* (日语)[1]。

大米的主要成分是淀粉，约占 78% (14%水分) 或 90% (以绝干重计)。第二个主要的成分是蛋白质，占干重的 4%~11%。脂肪、矿物质和维生素通常是在米粒的外层。脂肪会产生一种异味，称为 *zatsumi* (日语)。由于清酒生产时精米量少，故大部分脂肪被去除，因此发酵后不会产生异味。通常食用大米的精米度在 90%，酿酒用米通常在 70%，但优质大吟酿酒精米度在 35%。大米的高磨削率 (milling rate) 会造成促进酵母生长和良好发酵的矿物质和维生素的大量损失。

19.1.2 清酒成分

2009 年产清酒主要成分如表 19-1 所示。

表 19-1　　2009 年产清酒主要成分[1]

项目	普通清酒 (*ippan-shu*)	吟酿酒 (*Ginjo-shu*)	纯米吟酿酒 (*Junmai Ginjo-shu*)	本酿造酒 (*Honjozo-shu*)
样本量	543	489	462	462
酒精度/%vol	15.41±0.76	15.94±0.89	15.52±0.80	15.54±0.74
清酒甜度 (*Nihonshu-do*)	3.8±3.0	4.6±2.7	4.1±4.3	5.0±3.0
酸度/(mL/10mL 清酒)[a]	1.18±0.20	1.30±0.25	1.47±0.24	1.25±0.19
氨基酸/(mL/10mL 清酒)[b]	1.31±0.43	1.28±0.35	1.59±0.41	1.41±0.37

注：a：酸度为 0.1mol/L 氢氧化钠的滴定体积；
b：氨基酸为用甲醛滴定后再滴定的 0.1mol/L 氢氧化钠的体积。

19.1.2.1 醇类

清酒中的醇类主要有乙醇、正丙醇、正丁醇、异丁醇、异戊醇、活性戊醇、正己醇、β-苯乙醇、蛋氨醇、2,3-丁二醇、酪醇 (tyrosol)、甘油等。

清酒中的高级醇来源于三个途径：埃尔利希途径 (Ehrlich pathway)、来源于氨基酸生物合成的途径和乙酸的途径。

清酒中的乙醇不仅影响清酒的香气，还影响其口感。高浓度的乙醇会掩盖香气。乙醇和异戊醇是低沸点的化合物，构成了清酒的头香 [top note，*uwadachi-ka* (日语)]；

β-苯乙醇是高沸点的化合物，构成了清酒基香（basic note）；酪醇和甘油影响着清酒的味觉强度，分别呈苦味和甜味。

19.1.2.2 酯类

清酒中酯类主要有乙酸乙酯、乙酸丙酯、乙酸异丁酯、丁酸乙酯、乙酸异戊酯、己酸乙酯、辛酸乙酯、癸酸乙酯、壬酸乙酯、月桂酸乙酯、乙酸-2-苯乙酯、乳酸乙酯、4-羟基丁酸乙酯和亮氨酸乙酯（leucine acid ethyl ester）等。清酒中的酯主要来源于酵母发酵。

甜的、水果香似的吟酿香［*ginjo* bouquet，*ginjo-ka*（日语）］似香蕉香，来源于乙酸异戊酯，该化合物是酵母内醇乙酰转移酶（alcohol acetyltransferase，AATase，EC 2.3.1.84.）催化乙酰辅酶 A 与异戊醇反应而产生的[3]，低温可以增加乙酸异戊酯的产量。

己酸乙酯也是吟酿香的主要成分，呈苹果香气。醇乙酰转移酶和酯酶（EC 3.1.1.1.）能形成短链脂肪酸的乙酯，如己酸乙酯。醇乙酰转移酶催化酒精和酰基辅酶 A 的反应；而酯酶催化乙醇和短链脂肪酸的反应。

乙酸乙酯、乙酸异丁酯、乙酸异戊酯和己酸乙酯由于沸点低，形成清酒的头香；乙酸-β-苯乙酯和辛酸乙酯沸点比较高，形成基香。

酯还会影响味觉。乙酸异戊酯和乙酸-β-苯乙酯分别可以增强甜味和酸味[1]。

19.1.2.3 有机酸

清酒中大约 70%的有机酸主要由酵母产生，主要包括苹果酸、乳酸和琥珀酸。苹果酸赋予清酒清新（fresh）的酸感；乳酸呈温和的、似单宁的酸感；琥珀酸呈丰满和厚重（heavy）的酸感。

19.1.2.4 氨基酸

清酒中的氨基酸来源于大米蛋白，主要是清酒曲中酸性蛋白酶（acid protease）和酸性羧肽酶（acid carboxypeptidase）作用的结果。清酒主醪中通常含有大量的精氨酸、丙氨酸、苏氨酸、甘氨酸、脯氨酸、谷氨酸和亮氨酸[1]。精氨酸、苏氨酸、丙氨酸、甘氨酸、脯氨酸、亮氨酸通常呈甜味，但精氨酸和苏氨酸呈温和甜味，丙氨酸非常甜，甘氨酸呈新鲜的甜味，脯氨酸呈甜酸味，而亮氨酸呈微弱的甜味，谷氨酸呈强烈的鲜味和酸味。

19.1.2.5 多肽

清酒中绝大多数的多肽来源于大米蛋白。谷胱甘肽是酵母产生的，但在清酒中含量较少。肽给酒带来圆润和醇厚的味感。但目前单个肽的味感贡献并不清楚。

19.2 日本烧酒挥发性成分

烧酎［*shochu*（日语）］，即烧酒，是日本传统蒸馏酒。通常用曲霉（*Aspergillus*）制曲（*koji*）生产传统日本烧酒。制曲方式包括固态培养（solid-state culture）与深层培养

(submerged culture) 两种方式。固态培养产生各种酶，且产量高；深层培养曲的酶得率较低，但生产过程易于控制，且生产效率高[4]。蒸馏也有两种方式[5]，一种是连续蒸馏，日语称“*kou*”(日语)，此种方式用于蒸馏由谷物（如玉米、马铃薯等）或糖蜜发酵而成的酒；一种是间隙蒸馏，日语称“*otsu*”(日语)，用于蒸馏单个谷物生产的酒（如大麦、大米、甜土豆和其他原料)，其他原料的烧酎通常是用多种谷物混合酿造的。大麦烧酒通常在木桶中老熟，而泡盛酒（awamori，一种产于日本冲绳的、用泰国大米生产的烧酒）通常在陶坛（clay pots）中老熟[5]。

烧酎总酸：大麦烧酎 0.04~0.08 单位（1 单位等于 0.001mol/L 乙酸)，老熟大麦烧酎 0.62~1.42 单位；米烧酎 0.05~0.62 单位；甜马铃薯烧酎 0.70~1.04 单位；其他烧酎 0.05~0.70 单位；泡盛酒 0.05~0.30 单位，老熟泡盛酒 1.26 单位；连续蒸馏的烧酎 0.07~0.10 单位[5]。

烧酎总酚：大麦烧酎 0.0~0.1mg/L 单宁酸，老熟大麦烧酎 23.7~60.9mg/L 单宁酸；米烧酎 0.1~18.1mg/L 单宁酸；甜马铃薯烧酎 1.4~2.9mg/L 单宁酸；其他烧酎 0.0~0.5mg/L 单宁酸；泡盛酒 0.8~1.7mg/L 单宁酸，老熟泡盛酒 39.1mg/L 单宁酸；连续蒸馏的烧酎 0.0~1.0mg/L 单宁酸[5]。

应用 HS-SPME 结合 GC-MS 等方法，研究固态曲烧酒与深层曲烧酒挥发性成分的区别。结果表明，乳酸乙酯、苯甲酸苄酯、3-甲基戊醇、丁二酸二乙酯、香茅醇和乙酸-2-苯乙酯可以用来区分这两种酒[4]。

19.3 马格利酒风味物质

马格利酒（makgeolli）是一种韩国产的米酒，用米曲 [*nuruk*（韩语）或 *koji*] 作糖化剂，再加入酵母和水发酵。米曲是用谷物制作的，含有水解煮熟大米中大分子淀粉或蛋白质的酶。混合后 25℃培养 2d，此时称为酵母醪（yeast mash)。接着酵母醪加入煮熟的大米和水的混合物中，进入主发酵阶段，这一阶段决定了马格利酒的风味。与啤酒在糖化醪过滤后发酵以及酵母直接发酵葡萄中的糖不同，马格利酒是一种半固态半液态发酵（solid-liquid fermentation）产物，糖化、液化、发酵同时进行。米曲中高浓度的 α-淀粉酶和糖化酶作用于大米淀粉释放出葡萄糖，并被酵母利用。这一过程称作多重双边发酵（multiple parallel fermentation)，能够避免酵母细胞暴露在高浓度的糖液中，从而产生高浓度的乙醇[6]。

对马格利酒风味有贡献的化合物是大米成分转化后的代谢物，包括酵母发酵的产物和/或如淀粉酶和蛋白酶等各种水解酶形成的低分子质量的成分。马格利酒中重要的挥发性与半挥发性成分是高级醇、乙酸酯、乙酯、含硫和羰基化合物，它们通常由酵母发酵产生，赋予马格利酒的特征香气；而产生味觉（taste）的化合物或者是非挥发性的代谢物或者是水溶性的成分，包括有机酸、糖、氨基酸和多肽[6]。

19.4 朗姆酒风味物质

19.4.1 简介

朗姆酒（rum）产于多国，是传统的甘蔗酒之一。按照相关法规[7]，朗姆酒是一种酒精度 38%～54%vol 的蒸馏酒，通过蒸馏发酵糖蜜（molasses）或糖蜜与甘蔗汁（sugar cane juice，*Saccharum officinarum*）混合液，并在橡木或其他木桶中老熟而获得。

卡莎萨酒（cachaça）也是一种甘蔗酒。按照巴西法规，卡莎萨酒是指专门用新鲜甘蔗（sugar cane）在巴西境内发酵蒸馏而获得的蒸馏酒，酒精度 38%～48%vol（20℃）。从 16 世纪中期以来，卡莎萨酒是巴西最传统和最受欢迎的饮料酒。

朗姆酒的主要原料是糖蜜，是生产糖的副产物；而卡莎萨酒的主要原料是来自甘蔗茎（sugar cane stalk）压榨后的甘蔗汁。用于生产卡莎萨酒的甘蔗汁可以加热浓缩以获得浓缩汁，类似于工业上生产糖蜜的方式，使用此法生产的称作农业朗姆酒（agricultural rum）[7]。

用于生产朗姆酒的糖蜜最重要的成分是糖，占 55%～56%，其他成分如硫酸灰分（sulphated ash）、含氮化合物、果胶以及不可发酵性糖均会影响糖蜜的质量[8]。通常情况下，糖蜜加水稀释到 45 °Bx，并加热到 70℃，加入硫酸降低 pH，促进沉淀。稀的、酸化后的糖蜜转移到沉降槽，移出上清液，再加水稀释到 16～20 °Bx，泵入发酵罐，添加营养物和酵母进行发酵。

压榨后的甘蔗汁先行在沉降槽（settling tank）中沉淀，通过相对密度的不同，分离去除稠密的不纯的杂质。然后加水稀释，以调整糖度。将糖液温度调整到 30℃，并用硫酸将 pH 调整到 4.5～5.5。必要时，消毒剂（disinfectant）和抗生素（antibiotics）可以用于甘蔗汁制备，以减少杂菌感染。

小型卡莎萨酒厂的发酵采用面包酵母（baker′s yeast）或所谓的“乡巴佬酵母（fermento caipira）”，一种由酒厂自己开发的天然或野生酵母混合物[9]。朗姆酒发酵使用酿酒酵母（*S. cerevisae*）、贝酵母（*S. bayanus*）、粟酒裂殖酵母（*Schizosaccharomyces pombe*）[7]。

发酵罐通常是圆锥形带有圆顶或圆柱形开顶但带有倾斜的底座。发酵结束时，会产生许多来源于原料的悬浮物和酵母细胞，这些在蒸馏前要进行分离。卡莎萨酒的发酵根据原料不同需要 20～30h，而朗姆酒的发酵大约是 24h，产生 5%～7%的酒精。发酵罐材质通常是不锈钢，传统的木材或低碳钢或其他材料制作的发酵容器仍然在使用。

卡莎萨酒通常使用壶式（pot，alembic）或立式蒸馏器（alambique）蒸馏，材质是铜或不锈钢和铜。酒身占整个蒸馏总体积的 80%～85%。酒头和酒尾熏蒸，有些使用二次蒸馏的方式，但其香气与口味会变淡。朗姆酒使用壶式二次蒸馏方式生产，获得的酒精度约 65%。卡莎萨酒和朗姆酒还可以使用柱式蒸馏器进行蒸馏。

蒸馏后的酒在橡木桶（180～700L）中老熟，但早期的甘蔗朗姆酒是不需要老熟的。

19.4.2 朗姆酒微量成分

朗姆酒的成分十分复杂。应用 HS-SPME 技术测定不同老熟程度的朗姆酒，共检测到184 种挥发性成分，其中醇类 14 种，缩醛类 10 种，醛类 9 种，酮类 6 种，脂肪酸 3 种，酯类 64 种，芳香族化合物 47 种，酚类 6 种，萜烯 16 种，呋喃类 6 种，苯并吡喃类（benzopyrans）化合物 3 种[10]，详细如表 19-2 所示。

表 19-2　　朗姆酒挥发性成分[10]　　单位:%

成分	A 酒	3B 酒	3C 酒	3D 酒	7E 酒	7F 酒	7G 酒
乙醛	<0.1	0.1	0.1	0.1	<0.1	0.1	<0.1
乙醇	11.8	11.9	12.1	12.1	11.8	12.1	12.0
1-丙醇	<0.1	<0.1	<0.1	<0.1	<0.1	<0.1	<0.1
乙酸乙酯	0.3	1.1	1.0	1.0	3.4	3.6	4.4
乙酸	<0.1	ND	ND	ND	<0.1	<0.1	<0.1
异丁醇	0.5	<0.1	0.1	0.1	<0.1	<0.1	<0.1
异戊醛	<0.1	<0.1	<0.1	ND	<0.1	<0.1	<0.1
1,1-二乙氧基甲烷	ND	ND	ND	ND	<0.1	<0.1	<0.1
2-戊酮	<0.1	<0.1	ND	<0.1	<0.1	<0.1	<0.1
丙酸乙酯	ND	ND	ND	ND	ND	ND	<0.1
乙酸丙酯	<0.1	ND	ND	ND	ND	ND	ND
乙醛	<0.1	<0.1	<0.1	<0.1	<0.1	<0.1	<0.1
异戊醇+2-甲基丁醇	5.2	5.4	5.4	5.6	5.4	5.7	4.2
异丁酸乙酯	0.1	0.9	0.8	0.9	0.9	0.9	0.9
甲苯	<0.1	<0.1	ND	<0.1	ND	<0.1	<0.1
乙酸异丁酯	<0.1	ND	<0.1	<0.1	<0.1	<0.1	0.1
丙酸	<0.1	ND	<0.1	ND	ND	<0.1	ND
丁酸乙酯	0.1	0.2	0.2	0.2	0.2	0.3	0.3
呋喃扭尔	<0.1	<0.1	<0.1	<0.1	<0.1	<0.1	ND
3-甲基苯	<0.1	ND	ND	ND	ND	ND	ND
糠醛	ND	<0.1	<0.1	<0.1	<0.1	<0.1	<0.1
2-甲基丁酸乙酯	<0.1	<0.1	<0.1	<0.1	<0.1	<0.1	ND
异戊酸乙酯	<0.1	0.1	0.2	0.1	0.2	0.2	0.1
(*Z*)-3-己醇	<0.1	ND	ND	ND	ND	ND	ND

续表

成分	A 酒	3B 酒	3C 酒	3D 酒	7E 酒	7F 酒	7G 酒
1,1-二乙氧基-2-甲基丙烷	0. 1	0. 1	<0. 1	0. 1	<0. 1	<0. 1	0. 1
乙基苯	0. 1	<0. 1	ND	ND	ND	ND	ND
1-己醇	ND	<0. 1	ND	<0. 1	<0. 1	ND	ND
间二甲苯（*m*-xylene）	0. 2	<0. 1	0. 1	0. 1	<0. 1	<0. 1	0. 1
乙酸异戊酯	0. 2	0. 1	0. 4	0. 4	0. 3	0. 4	0. 4
乙酸-2-甲基丁酯	0. 1	0. 1	0. 2	0. 2	0. 2	0. 1	ND
2-庚酮	<0. 1	ND	ND	<0. 1	<0. 1	ND	ND
苯乙烯	<0. 1	0. 1	ND	0. 1	<0. 1	0. 1	0. 6
邻二甲苯（*o*-xylene）	0. 1	ND	ND	ND	ND	ND	ND
戊酸乙酯	0. 1	0. 2	0. 4	0. 2	0. 2	0. 2	0. 1
异丁酸丁酯	ND	ND	<0. 1	ND	<0. 1	<0. 1	ND
2,4-己二烯酸甲酯（ethyl sorbate）	<0. 1	ND	ND	ND	<0. 1	ND	ND
α-蒎烯	ND	ND	<0. 1	<0. 1	ND	<0. 1	<0. 1
1,1-二乙氧基-3-甲基丁烷	0. 2	<0. 1	0. 2	0. 1	0. 1	<0. 1	0. 2
1-乙基-3-甲基苯	<0. 1	ND	ND	ND	ND	ND	0. 2
苯甲醛	ND	0. 1	0. 1	0. 1	0. 4	0. 8	0. 5
异己酸乙酯	<0. 1	0. 1	<0. 1	<0. 1	ND	<0. 1	<0. 1
1,3,5-三甲基苯	<0. 1	ND	ND	ND	ND	ND	<0. 1
1-(1-乙氧基乙氧基)-戊烷	0. 1	<0. 1	0. 1	ND	ND	<0. 1	<0. 1
1-辛烯-3-醇	<0. 1	<0. 1	0. 1	0. 1	ND	<0. 1	<0. 1
月桂烯	ND	ND	ND	<0. 1	<0. 1	ND	ND
丁酸丁酯	<0. 1	ND	ND	ND	ND	ND	ND
己酸乙酯	1. 0	0. 8	1. 2	1. 8	1. 0	1. 2	0. 6
异丁酸异戊酯	0. 1	ND	0. 1	ND	0. 1	<0. 1	ND
乙酸己酯	<0. 1	ND	ND	0. 1	ND	ND	ND
p-伞花烃（*p*-cymene）	<0. 1	<0. 1	<0. 1	<0. 1	<0. 1	<0. 1	<0. 1
柠檬烯	0. 1	<0. 1	0. 1	0. 1	0. 3	0. 3	0. 2
2,3-二氢茚（indane）	<0. 1	<0. 1	<0. 1	ND	<0. 1	ND	<0. 1
1-乙基-3-异丙基苯	<0. 1	ND	ND	ND	ND	ND	ND
丁酸-3-甲基丁酯	<0. 1	<0. 1	<0. 1	0. 1	ND	<0. 1	<0. 1

续表

成分	A 酒	3B 酒	3C 酒	3D 酒	7E 酒	7F 酒	7G 酒
γ-萜品烯（γ-terpinene）	ND	ND	ND	<0.1	<0.1	ND	ND
1-辛醇	0.1	ND	0.1	0.1	<0.1	<0.1	ND
1,1,3-三乙氧基丙烷	0.1	<0.1	0.4	ND	0.2	0.1	<0.1
己酸烯丙基酯	ND	ND	ND	0.1	ND	ND	ND
萜品油烯（terpinolene）	ND	ND	ND	<0.1	ND	ND	ND
p-甲基异丙烯苯（p-cymenene）	ND	ND	ND	<0.1	ND	ND	ND
2-壬酮	ND	<0.1	<0.1	<0.1	<0.1	<0.1	<0.1
1,1-二乙氧基己烷	0.1	<0.1	0.1	<0.1	<0.1	<0.1	<0.1
己酸丙酯	<0.1	ND	ND	ND	ND	ND	ND
庚酸乙酯	0.2	0.2	0.1	0.1	0.2	0.3	0.1
2-壬醇	ND	<0.1	0.1	0.2	<0.1	<0.1	0.1
壬醛	<0.1	0.1	0.3	0.1	0.1	0.4	0.1
2-甲基苯并呋喃	<0.1	ND	ND	ND	ND	ND	ND
2-苯乙醇	<0.1	ND	ND	<0.1	ND	ND	ND
辛酸甲酯	ND	ND	<0.1	<0.1	ND	ND	ND
环己羰酸乙酯	<0.1	<0.1	ND	ND	<0.1	<0.1	ND
1-甲基-2,3-二氢茚（1-methylindane）	ND	ND	ND	ND	<0.1	ND	<0.1
1,2,3,4-四甲基苯	ND	ND	ND	ND	<0.1	<0.1	ND
4-乙烯基茴香醚	0.1	ND	ND	ND	ND	ND	ND
己酸异丁酯	0.1	ND	ND	ND	ND	ND	<0.1
薄荷酮	ND	ND	ND	0.1	ND	0.1	ND
新薄荷醇	<0.1	<0.1	0.1	<0.1	<0.1	<0.1	<0.1
乙酸-p-甲酚酯	<0.1	ND	ND	ND	ND	ND	ND
1,1,6-三甲基-1,2,3,5-四氢化萘	0.2	<0.1	<0.1	<0.1	<0.1	<0.1	<0.1
苯甲酸乙酯	<0.1	<0.1	<0.1	<0.1	<0.1	<0.1	0.1
薄荷脑（mentol）	0.2	0.2	0.3	0.2	0.2	0.1	0.1
4-乙基苯酚	<0.1	ND	ND	ND	ND	ND	ND
2-糠基-5-甲基呋喃	0.1	ND	0.1	ND	ND	ND	ND
萘	ND	<0.1	<0.1	<0.1	<0.1	<0.1	<0.1
辛酸	<0.1	ND	ND	ND	ND	ND	ND

续表

成分	A 酒	3B 酒	3C 酒	3D 酒	7E 酒	7F 酒	7G 酒
丁酸-顺-3-己烯酯	ND	ND	ND	<0.1	ND	ND	ND
1-亚甲基-4,4,7a-三甲基-3a,4,5,7a-四氢茚	0.1	0.2	0.1	<0.1	0.1	0.1	<0.1
水杨酸甲酯	0.5	0.1	<0.1	0.1	0.1	0.1	0.1
辛酸乙酯	15.2	18.5	24.4	23.9	20.0	21.1	17.4
癸醛	<0.1	0.1	0.5	0.2	0.2	0.2	0.1
1,6,6-三甲基-1,2,3,4-四氢萘	0.1	0.4	0.2	0.1	0.3	0.3	0.1
乙酸辛酯	ND	ND	ND	<0.1	ND	ND	<0.1
3-丁基-3-甲基环己酮	0.1	<0.1	0.1	ND	ND	<0.1	ND
3-叔丁基-4-羟基茴香醚	0.1	0.1	0.1	0.1	<0.1	<0.1	<0.1
苯乙酸乙酯	<0.1	<0.1	ND	<0.1	<0.1	<0.1	<0.1
1,6,8-三甲基-1,2,3,4-四氢萘	<0.1	<0.1	<0.1	<0.1	<0.1	<0.1	<0.1
己酸-3-甲基丁酯	<0.1	<0.1	0.1	0.1	0.1	<0.1	<0.1
反-3,5,6,8a-四氢-2,5,5,8a-四甲基-2*H*-1-苯并呋喃（edulan I）	0.6	<0.1	ND	ND	<0.1	0.1	ND
乙酸苯乙酯	<0.1	ND	<0.1	<0.1	<0.1	<0.1	ND
水杨酸乙酯	<0.1	<0.1	<0.1	<0.1	ND	<0.1	<0.1
1-癸醇	0.2	ND	0.1	0.2	ND	ND	ND
2,2′-亚甲基-双（5-甲基呋喃）	0.6	ND	ND	ND	ND	ND	ND
4-乙基愈创木酚	<0.1	ND	ND	ND	ND	ND	ND
反-茴香脑	ND	ND	ND	<0.1	ND	ND	ND
1,1,6-三甲基-1,2,3,4-四氢萘	0.9	0.2	0.2	<0.1	0.2	0.1	<0.1
2-甲基萘	ND	<0.1	<0.1	<0.1	<0.1	<0.1	<0.1
顺-橡木内酯	ND	<0.1	<0.1	<0.1	0.1	0.1	0.1
1,1-二乙氧基辛烷	<0.1	ND	<0.1	<0.1	ND	ND	ND
(2.α, 4a.β, 8a.β)-3,4,4a, 5, 6, 8a-六氢-2,5,5,8a-四甲基-(2*H*)-1-苯并呋喃（dihydroedulan I）	0.1	ND	ND	ND	ND	ND	ND
辛酸丙酯	0.2	<0.1	0.1	ND	0.1	0.1	0.1
乙酸薄荷酯	ND	ND	ND	<0.1	ND	ND	ND
2-十一酮	ND	<0.1	0.1	ND	ND	<0.1	ND
壬酸乙酯	0.5	0.5	0.4	0.5	0.4	0.5	0.2
2-十二醇	ND	<0.1	<0.1	<0.1	ND	ND	ND

续表

成分	A酒	3B酒	3C酒	3D酒	7E酒	7F酒	7G酒
十一醛	<0.1	<0.1	0.1	<0.1	<0.1	<0.1	<0.1
反-3,5,6,8a-四氢-2,5,5,8a-四甲基-(2*H*)-1-苯并呋喃(edulan II)	0.9	0.1	0.1	0.1	0.1	0.1	0.1
十二酸甲酯	ND	<0.1	<0.1	<0.1	<0.1	<0.1	<0.1
2,2-二乙氧基乙基苯	<0.1	ND	ND	ND	ND	ND	ND
1,2-二氢-1,1,6-三甲基萘	1.0	0.5	0.2	0.1	0.3	0.2	0.2
丁子香酚	ND	ND	ND	<0.1	ND	ND	0.1
反-2-十一醛	ND	ND	ND	ND	ND	<0.1	<0.1
十二酸乙酯	<0.1	<0.1	<0.1	<0.1	<0.1	<0.1	<0.1
4-丙基愈创木酚	0.2	<0.1	ND	0.1	<0.1	<0.1	ND
顺-β-大马士酮	0.7	0.3	0.3	0.3	0.2	0.2	0.2
9-癸烯酸乙酯	0.9	1.1	0.6	0.4	0.7	0.5	1.1
异戊酸苯甲酯	ND	ND	ND	0.1	ND	ND	ND
癸酸乙酯	40.5	40.8	38.8	35.3	38.4	37.3	37.6
十二醛	<0.1	0.7	0.5	0.4	0.2	0.1	0.1
1,2-二甲基萘	<0.1	<0.1	<0.1	<0.1	0.1	<0.1	<0.1
二氢紫罗兰烯(dihydroionene)	0.3	ND	ND	ND	ND	ND	ND
1,4-二甲基萘	ND	<0.1	<0.1	ND	<0.1	<0.1	<0.1
辛酸-3-甲基丁酯	0.7	0.4	0.4	0.4	0.6	0.2	0.6
辛酸-2-甲基丁酯	0.2	0.1	0.1	0.1	0.2	0.1	0.2
香叶基丙酮	ND	ND	<0.1	ND	ND	<0.1	ND
反-β-法呢烯	ND	ND	ND	ND	<0.1	ND	<0.1
1-十二醇	ND	ND	ND	<0.1	ND	ND	ND
1,1-二乙氧基癸烷	ND	ND	<0.1	ND	ND	ND	ND
癸酸丙酯	0.2	0.1	<0.1	0.1	<0.1	<0.1	0.1
十一酸乙酯	0.1	0.2	0.1	0.1	0.1	0.1	0.1
2,3,5-三甲基萘	ND	<0.1	<0.1	ND	ND	<0.1	<0.1
1,3,6-三甲基萘	ND	<0.1	<0.1	ND	ND	<0.1	<0.1
十二酸甲酯	ND	ND	<0.1	<0.1	ND	ND	<0.1
(1-丁基已基)苯	<0.1	<0.1	<0.1	ND	ND	<0.1	0.3

续表

成分	A 酒	3B 酒	3C 酒	3D 酒	7E 酒	7F 酒	7G 酒
α-白葛考烯（α-calacorene）	0.1	ND	ND	<0.1	ND	ND	ND
(1-丙基庚基)苯	<0.1	<0.1	<0.1	0.3	ND	<0.1	0.2
癸酸丁酯	0.4	0.2	0.1	0.1	0.2	0.1	0.2
(1-乙基辛基)苯	<0.1	<0.1	<0.1	ND	ND	ND	<0.1
反-橙花叔醇［(*E*)-nerolidol］	0.3	0.1	0.1	<0.1	<0.1	0.1	<0.1
9-十二烯酸乙酯	ND	0.1	<0.1	ND	<0.1	<0.1	ND
十二酸乙酯	11.9	10.7	6.8	10.5	10.2	9.5	9.6
1,2-二氢-1,5,8-三甲基萘	0.2	0.7	0.1	0.1	0.2	0.2	0.4
十四醛	ND	ND	0.1	<0.1	<0.1	<0.1	<0.1
十二酸异丙酯	ND	ND	0.1	ND	ND	<0.1	<0.1
(1-戊基已基)苯	ND	ND	ND	<0.1	ND	ND	<0.1
双-对-甲苯基甲烷	ND	ND	ND	ND	<0.1	ND	<0.1
(1-丁基庚基)苯	0.1	<0.1	<0.1	ND	ND	<0.1	<0.1
已酸苯乙酯	<0.1	<0.1	ND	ND	<0.1	<0.1	0.5
(1-丙基辛基)苯	<0.1	ND	ND	ND	ND	<0.1	<0.1
癸酸-3-甲基丁酯	0.7	0.4	0.3	0.1	0.6	0.2	0.8
癸酸-2-甲基丁酯	0.2	0.2	0.1	<0.1	0.2	0.1	0.2
(1-乙基壬基)苯	<0.1	<0.1	<0.1	ND	ND	ND	ND
卡达烯（cadalene）	ND	ND	<0.1	<0.1	<0.1	<0.1	0.2
十二酸丙酯	<0.1	ND	ND	ND	<0.1	ND	0.3
(1-甲基癸基)苯	<0.1	<0.1	ND	ND	ND	ND	0.7
(1-戊基庚基)苯	0.1	<0.1	<0.1	<0.1	ND	<0.1	0.7
(1-丁基辛基)苯	<0.1	<0.1	<0.1	<0.1	ND	<0.1	<0.1
反，反-法呢醇	<0.1	0.1	ND	ND	ND	0.1	0.3
(1-丙基壬基)苯	ND	ND	ND	0.3	ND	ND	<0.1
十二酸丁酯	0.1	<0.1	ND	ND	<0.1	ND	0.2
(1-乙基癸基)苯	<0.1	<0.1	<0.1	0.2	ND	ND	0.1
十四酸乙酯	0.3	0.1	0.1	0.2	0.2	0.1	0.5
(1-戊基辛基)苯	ND	<0.1	ND	0.2	ND	<0.1	<0.1

续表

成分	A 酒	3B 酒	3C 酒	3D 酒	7E 酒	7F 酒	7G 酒
十四酸丙酯	ND	<0.1	ND	ND	<0.1	<0.1	0.3
(1-丁基壬基)苯	ND	<0.1	ND	0.1	ND	ND	<0.1
乙酸-顺，反-法呢酯	<0.1	ND	<0.1	ND	ND	<0.1	<0.1
辛酸-2-苯乙酯	<0.1	ND	<0.1	ND	<0.1	<0.1	0.2
(1-丙基癸基)苯	ND	<0.1	ND	0.1	ND	ND	ND
十五酸乙酯	<0.1	ND	<0.1	<0.1	<0.1	ND	ND
十六酸甲酯	ND	ND	ND	ND	ND	ND	<0.1
顺-9-十六烯酸乙酯	<0.1	<0.1	<0.1	<0.1	ND	ND	ND
十六酸乙酯	0.1	ND	<0.1	<0.1	<0.1	<0.1	0.1
十六酸异丙酯	<0.1	ND	<0.1	ND	<0.1	<0.1	ND
癸酸-2-苯乙酯	ND	ND	<0.1	ND	<0.1	ND	<0.1
亚油酸乙酯	<0.1	ND	ND	ND	ND	ND	ND
十六酸丁酯	<0.1	ND	<0.1	<0.1	<0.1	<0.1	<0.1

注：A 酒：白甘蔗蒸馏酒；3B、3C 和 3D 酒：3 年陈的三种商业品牌酒；7E、7F 和 7G 酒：7 年陈的三种商业品牌酒。ND：未检测到。

卡莎萨酒最重要的酯是乙酸乙酯，136 个样品的平均值是 440mg/L p. a.，范围 15.6~4330mg/L p. a.；其次是乳酸乙酯，平均值是 255mg/L p. a.，范围 0.77~2440mg/L p. a.；居第三位的是癸酸乙酯，平均值是 13.7mg/L p. a.，范围 1.3~73.3mg/L p. a.。其他的酯如丁酸乙酯、已酸乙酯、辛酸乙酯、壬酸乙酯、壬酸异戊酯和十二酸乙酯其含量平均值均小于 10mg/L p. a.[11]。

在铜和混合蒸馏器（不是一种材质生产的）中蒸馏的酒比不锈钢柱式蒸馏器中蒸馏出来的酒含有较高的乙酸乙酯和乳酸乙酯，而不锈钢柱式蒸馏器蒸馏出来的甘蔗朗姆酒含有较高的辛酸乙酯、癸酸乙酯和十二酸乙酯[11]。

乙酸乙酯是朗姆酒和威士忌中主要的酯，10 种威士忌酒中乙酸乙酯的平均值是 319mg/L p. a.，范围 141~869mg/L p. a.；10 种朗姆酒中乙酸乙酯的平均值是 413mg/L p. a.，范围 25.7~1240mg/L p. a.。朗姆酒中居第二位的酯是乳酸乙酯，平均值是 63.9mg/L p. a.，范围 28.6~112mg/L p. a.；威士忌酒中的乳酸乙酯含量较低，平均值仅 20.2mg/L p. a.，范围 10.4~30.0mg/L p. a.[11]。

19.4.3　朗姆酒重要香气成分

2006 年，应用 GC-O 技术发现 β-大马酮、丁酸乙酯、异丁酸乙酯是卡莎萨酒和朗姆酒的重要香气成分[12]。

2012 年，应用 AEDA 的方法，检测到 18 种活性香气成分（FD 值 32~1024）。通过计算 OAV 值发现 19 种物质的 OAV 值≥1，包括酒精、(*E*)-*β*-大马酮、丁酸乙酯、己酸乙酯、香兰素、(*Z*)-橡木内酯、2-甲基丙酸乙酯、乙缩醛、2-甲基丁酸乙酯、乙酸-3-甲基丁酯、辛酸乙酯、癸酸乙酯、乙酸-2-苯乙酯、2-苯乙醇、愈创木酚、4-乙基愈创木酚、4-丙基愈创木酚、*γ*-壬内酯、丁香酚等[13]。

2016 年，应用 AEDA 的方法，在朗姆酒中发现了 40 个 FD 值 8~2048 的活性香气成分。其中顺-威士忌内酯、香兰素、癸酸以及 2-甲基丁醇、3-甲基丁醇具有最高的 FD 值。通过阈值测定，计算 OAV 值发现酒精、香兰素、(*S*)-2-甲基丁酸乙酯、(*E*)-*β*-大马酮、2,3-丁二酮、3-甲基丁醛和丁酸乙酯含量最高。其余 OAV 值>1 的化合物还有乙缩醛、顺-威士忌内酯、3-甲基丁酸乙酯、4-烯丙基-2-愈创木酚、戊酸乙酯、己酸乙酯、愈创木酚、2-甲基丁醛、4-丙基愈创木酚。使用 OAV 值≥1 的活性香气物质进行重构，可以获得朗姆酒的类似香气[14]。

19.4.4 卡莎萨酒老熟成分

研究发现，橡木桶贮存的卡莎萨酒的老熟标志物包括五倍子酸、糠醛、5-羟甲基糠醛、香兰酸、丁香酸、香兰素、丁香醛、芥子醛和松柏醛[15]。

19.4.5 化学计量学方法鉴别朗姆酒的原产地

对 44 种古巴朗姆酒和 15 种不同国家的非古巴朗姆酒，采用化学计量学技术 (chemometric techniques) 进行区分。检测的成分包括矿物质、酚类化合物、焦糖、醇类、乙酸、乙酸乙酯、酮类和醛类[16]。

采用主成分分析 (principal component analysis，PCA) 技术时，23 个成分可以将两类酒区分开。第一主成分占比 70.4%，这些成分包括异戊醇、正丙醇、铜、铁、糠醛、苯甲醛、表儿茶酚和香兰素。

采用偏最小二乘-判别分析 (partial least square-discriminate analysis，PLS-DA) 时，这些成分可以作为判别依据：丙酮、仲丁醇、异丁醇、乙酸乙酯、甲醇、异戊醇、镁、钠、铅、铁、锰、铜、锌、4-羟基-3,5-二甲氧基苯甲醛 (即丁香醛)、甲醛、5-羟甲基糠醛、乙醛、糠醛、2-丁烯醛 (即巴豆醛)、戊醛、异戊醛、苯甲醛、2,3-丁二酮单肟 (2,3-butanodione monoxime)、乙酰丙酮、表儿茶酚和香兰素。

采用线性判别分析 (linear discriminate analysis，LDA) 时，两类酒区分的准确度达 88.2%，这些化合物可以进行区分：乙酸乙酯、仲丁醇、正丙醇、正丁醇、异戊醇、异丁醇、焦糖、儿茶素、香兰素、表儿茶酚、锰、乙醛、4-羟基-3-甲氧基苯甲酸、2-丁烯醛、4-羟基-3,5-二甲氧基苯甲酸、环戊酮、丙酮、铅、锌、钙、钡、锶和钠。

19.5 蜂蜜酒及其蜂蜜风味物质

曾经有人研究了澳大利亚蓝桉 (blue gum) 和黄盒桉树 (yellow box) 蜂蜜的成分[17]，这些成分有 55 种，主要包括降异戊二烯类、单萜、苯衍生物 (benzene derivatives)、脂肪族化合物 (aliphatic compounds) 和美拉德反应的产物。一些更加复杂的化合物被检测出来，如3,4-二氢-3-氧猕猴桃醇（3,4-dihydro-3-oxoactinidol）的4个异构体、8,9-脱氢茶香螺酮（8,9-dehydro theaspirone）、3-氧-反-α-紫罗兰醇（3-oxoretro-α-ionol）的2个异构体、巨豆-4-烯-3，9-二酮（megastigm-4-ene-3，9-dione）、1-苯丁基-2,3-二醇（1-phenylbutane-2,3-diol）、1-苯丁基-2,3-二酮（1-phenylbutane-2,3-dione）、18-羟基油酸内酯（18-hydroxyoleic acid lactone）、3,5-二羟基-2-甲基-(4*H*)-吡喃-4-酮，以及2,5-二甲基-2,4-二羟基-3(2*H*)-呋喃酮[17]。

19.6 特基拉酒风味物质

19.6.1 简介

龙舌兰是一种植物，在美洲有超过300种龙舌兰。除了用于盆栽和景观美化外，一些主要培植其植物纤维，而另外一些则产汁。其汁富含糖分，可以用于发酵[18]。

特基拉酒（tequila，有时译为龙舌兰酒）和麦斯卡尔酒（mezcal）是墨西哥蒸馏酒，来源于发酵龙舌兰汁（agave juice）的蒸馏。特基拉酒主要产于墨西哥的哈利斯科州（Jalisco），而生产于其他地区的称为麦斯卡尔酒。最近，调香型特基拉酒（flavored tequila），通常是含有柑橘精油（citrus essences）的产品已经进入市场，被消费者接受。麦斯卡尔酒通常是橡木桶老熟的银麦斯卡尔酒，或调香酒，或含有其他成分的酒，这些成分在蒸馏后或蒸馏时添加。调香通常是添加草药浸出液或一些区域性的材料，如蠕虫（worms）。近20年来，特基拉酒获得大规模生产，产品遍及全球；而麦斯卡尔酒产量仍然很小，通常是小企业或地方生产。

特基拉酒最早产于墨西哥哈利斯科州的特基拉镇。目前在哈利斯科全州产的麦斯卡尔酒均可称为特基拉酒，其他地方产但称特基拉酒的仅限于四个区域，米却肯州（Michoacan）、纳亚里特州（Nayarit）、瓜纳华托州（Guanajuato）、塔毛利帕斯州（Tamaulipas）。除这4个州以外，蒸馏发酵后的龙舌兰汁而生产的酒只能称为麦斯卡尔酒。特基拉酒闻名于世主要是因其风味独特。它只用一种龙舌兰品种，即狐尾龙舌兰（*Agave tequilana* Weber var. blue），一种蓝色品种来生产特基拉酒；而麦斯卡尔酒可以使用其他的龙舌兰品种[18-20]。

按照现在的特基拉酒（NOM-006-SCFI-2005）和麦斯卡尔酒（NOM-070-SCFI-1994）标准定义：二者均是用龙舌兰头浸出液、蒸煮或水解，使用酵母发酵（自培或非自培）后蒸馏和精馏而获得的区域性酒精饮料[20]。这个定义为每一个该种蒸馏酒均规定了龙舌兰的允许使用品种、相应的原产地。也规定了龙舌兰汁中糖的最小含量，以及禁止使用其他来源的蒸馏酒勾兑龙舌兰蒸馏酒，即所谓禁止使用冷配合料（cold mixtures）。特基拉酒酒精度通常在35%~55%vol。

按照老熟情况可分为：（1）银特基拉酒（Silver），非橡木桶老熟；（2）金特基拉酒（Gold），非橡木桶老熟，可勾兑或调香，通常是在银特基拉酒中勾兑老酒或至尊特基拉酒，可以添加焦糖色素、糖浆、天然橡木浸出物，和/或不超过1%的甘油以增加口感爽滑程度[19]；（3）淡色特基拉（Reposado），银特基拉酒在橡木桶中至少老熟2个月；（4）特基拉老酒（Añejo），银特基拉酒在橡木桶中至少老熟 1 年以上；（5）至尊特基拉酒（Extra Añejo），银特基拉酒在橡木桶中至少老熟 3 年。另外，特基拉酒还可以根据龙舌兰汁使用多少分为全汁特基拉酒和半汁特基拉酒。全汁特基拉酒（tequila 100% agave）是指发酵的糖全部来源于龙舌兰；半汁特基拉酒是指可发酵的糖至少 51%来源于龙舌兰汁[19-20]。

特基拉酒和麦斯卡尔酒的生产工艺类似，均是收获并切断龙舌兰，蒸煮，打浆（mashing）或粉碎（milling）以获得富含糖分的龙舌兰汁，发酵，第一次蒸馏，第二次蒸馏，桶老熟（假如老熟的话），下胶（fining），装瓶。

龙舌兰中主要的贮备糖（reserve carbohydrate）是支链的果聚糖多糖（fructan polysaccharide）。假如必要的话，这些糖能在植物中水解成低聚果糖和果糖。蒸煮的主要目的是水解果聚糖，释放出果糖，同时实现龙舌兰组织的转化，如纤维素的软化，便于压榨（crushing）以及果汁的浸出，但蒸煮（通常是 100℃，至少 32h[21]）会产生褐变反应。龙舌兰汁的压榨与浸出通常在压榨机（mill）中进行。切割后的龙舌兰块被压榨，用热水分几步从纤维材料（fibrous material）上洗出糖汁。龙舌兰汁通常是自然发酵的，其微生物来源于龙舌兰植物和工厂的环境，主要是酵母的发酵。另外，通常也使用面包酵母或葡萄酒酵母作为发酵剂。一旦发酵完成（通常 24h）[21]，进行蒸馏，或者是用铜或不锈钢制的壶式蒸馏器（pot still），或者柱式蒸馏。从第一次蒸馏获得的酒称为粗原酒（ordinary），第二次蒸馏也在壶或柱中蒸馏，获得的酒称为精馏酒（rectification），酒精度大约在 50%vol。老熟在橡木桶内进行，可以是新桶，也可以是生产美国波旁威士忌用过的旧桶。白特基拉酒（不老熟的）或老熟的酒使用纤维素酶或活性炭澄清[9, 21-22]。

19.6.2 特基拉酒微量成分

特基拉酒中微量风味组分包括酯类、醇类、醛类、缩醛类、呋喃类、内酯类、酮类、萜烯等，含量高的成分主要是高级醇、甲醇、酯、乙酸和糠醛等。应用液液萃取技术，结合 GC-FID、GC-SCD（硫化学发光检测器），以及 GC-MS 技术，在特基拉酒中检测到 175 种微量成分，其中风味活性物质 60 种以上，其中香气最强烈的化合物为异戊醛、异戊醇、β-大马酮、2-苯乙醇和香兰素[18]。应用 CHAM 分析的结果表明，特基拉酒中最重要的香气成分是苯乙醇、乙酸-2-苯乙酯、香兰素[21]。

19.7 加香酒及其风味物质

使用芳香植物（aromatic plants）或香辛料（spices）生产饮料酒可以追溯到古代地中海地区（Mediterranean）。首次生产此类酒的人之一是希波克拉底（Hippocrates），传说其是加香葡萄酒（aromatized wine）的发明人，因此加香葡萄酒也称为希波克拉底葡萄酒（Hippocratic wine），是味美思酒（vermouth）的先驱酒[23]。

希波克拉底使用了两味滋补和助消化的药材即白藓（dittany）和苦艾（wormwood）生产加香酒，这两味药材在希腊特别著名，而罗马人使用了百里香（thyme）、迷迭香（rosemary）、桃金娘（myrtle）和芹菜（celery）[23]。

在中世纪（Middle Ages）的威尼斯，香辛料实行专卖（monopoly），一些原先不知道的芳香植物进入意大利，这些草药如小豆蔻、肉桂、没药、丁香、大黄、姜和檀香（sandalwood）等来自东非、中国、印度和印度尼西亚。18世纪后期，意大利的主要城市大量使用这些材料生产希波克拉底葡萄酒和利口酒（liqueur），最著名的是味美思[23]。古埃及及希腊在蒸馏技术发现后，使用蒸馏技术蒸馏各种各样的芳香植物，用蒸馏液生产加香葡萄酒和其他饮料。

14世纪，蒸馏后的酒称为"eau ardente"或"燃烧的水（burning water）"，通常用来治病（包括流行病），特别是1348年的黑死病（black plague）。由此，人们将蒸馏后的酒误认为是灵丹妙药（panacea），并称为生命之水（aqua vitae）[23]。1590年，我国医学家李时珍在《本草纲目》记载了大量的药酒和滋补酒，可以用来治病。

芳香植物的处理方法有：浸泡法（maceration）、渗漉法（percolation）、消化法（digestion）和蒸馏法（distillation）。蒸馏法生产的最著名的酒是金酒（gin）。

19.7.1 芳香植物简介

欧洲委员会香料专家委员会（Committee of Experts on Flavouring Substances of the Council of Europe，CEFSCE）对天然调香料（natural sources of flavourings）的定义是：植物或动物来源的材料，不论是否是通常作为食物。

CEFSCE蓝皮书将天然香料分为三类，前两类是特殊天然香料，或者来源于它们的加工物，因人类正常消费它们，因此其安全性是可接受的；而第三类是临时可接受的，因传统上一直在使用，但毒性毒理评价的有效信息不存在[24]。

按照调香料的感官特性，将其分为以下几类：

苦味：芦荟脂（aloe resin）、苦木（quassia wood）、蒿属（*Artemisia* species）、龙胆根（gentian root）、金鸡纳属的皮（*Cinchona* species）、洋蓟（artichoke）等。

芳香和苦味：西洋蓍草（yarrow）、蒲公英、洋飞廉（blessed thistle）、安古斯图腊树皮（angostura）、大黄、克利特岛白藓（dittany of Crete）、罗马甘菊（Roman chamomile）、苦橙（bitter orange）等。

强烈芳香：当归（angelica）、西印度苦香树（cascarilla）、八角（star aniseed）、鼠尾草（clary sage）、胡椒薄荷（peppermint）等。

辛香：丁香、桂皮、肉豆蔻等。

通常调香酒生产时是将这些单个的草药（herbal medication）混合在一起形成一个配方（我国称为复方）。这个配方可能是古人的发明，可能是来源于民间。现代的配方已经修改以适应现代人对香气和口感的需求。如味美思酒，其苦味已经下降了几倍，但香气和甜味在增强[23]。

在现代调香酒生产中，人们更加关注草药的毒性和生物活性物质（biologically-active substances），以及对人体健康的影响。特别是需要进行风险管理评估（risk management measure），这类草药称为"限制性物质（restricted substances）"，已经有一个清单，并随时间以及分析技术和毒物学知识的发展而更新。如含有草药贯叶连翘（*Hypericum perforatum*）的圣约翰麦汁（St. John's wort），通常能够缓解压力，辅助治疗抑郁症（treat depression），含有很多的活性成分，如蒽衍生物（anthracene derivatives）、黄酮类（flavonoids）和氧杂蒽酮（xanthones），它们是单胺氧化酶抑制剂（monoamine-oxidase inhibitors)。在食品中使用时，人们已经开始怀疑是否会因含有金丝桃素（hypericin）而造成肝损伤。最近的研究认为，它可用于蒸馏酒中，蒸馏时，不挥发的金丝桃素并不能被蒸馏出来[23]。

精油（essential oil，essence）的萃取：芳香植物的挥发性化合物一般是憎水的（hydrophobic），通常产生于植物的花、叶、皮等部位，含量很少，生物学生成途径复杂。精油一般比较贵，如10t玫瑰花瓣只能生产1kg玫瑰精油。精油的成分十分复杂，主要成分是萜烯。精油的生产方式有水蒸气蒸馏、冷压榨（cold pressing，如柑橘类的皮）等。

调香酒生产时，通常采用以下方式[23]：

浸泡法（infusion）：最传统的方法，不常用于工业规模的生产，通常是将草药浸泡（steeping）于热水中。

浸渍法（maceration）：也是最古老的方法之一，但通常用于工业化的生产。将草药放入一个大罐，加入酒，周期性地搅拌。常使用旋转罐（rotating tank），并持续浸渍数周，根部需要更长的时间。

渗漉法（percolation）：也是一种古老的萃取技术，其原理是扩散（diffusion）和渗透（osmosis）。草药放入竖直的罐中，酒作为溶剂从罐顶部加入，酒从罐底部经过滤后，再回流到罐顶部，这是一种动态萃取技术，比浸渍法萃取速度要快。

其他的萃取技术还有超声波萃取（ultrasonic extraction）、蒸馏、真空微波水蒸气蒸馏（vacuum microwave hydro-distillation，VMHD）、超临界液体萃取（supercritical fluid extraction，SFE）等。

常见的调香酒主要有：（1）调香葡萄酒和味美思，主要包括味美思、必打士（bitters）、利口酒（liqueurs）、查特酒（chartreuse）、汤姆利乔酒（benedictine）；（2）八角调香酒（aniseed-flavoured alcoholic beverages），如苦艾酒（absinthe）、帕蒂斯（pastis）、金酒（gin）；（3）其他调香酒，主要包括单草药酒（single-botanical spirits）和调香白酒（flavoured white spirits）。单草药酒品种十分繁多，如杏酒（abricotine）、威廉明尼酒（williamine）、樱桃力娇（maraschino）、龙胆蒸馏酒（gentian distillates）等。

研究发现肉桂［*Cinnamomum malabatrum*（Burman f.）Bercht & Presl.］叶精油含有39种化合物，主要成分是（*E*）-石竹烯（28.6%）、（*E*）-乙酸肉桂酯（15.1%）、双环大根香叶烯（bicyclogermacrene）（14.4%）和苯甲酸苯甲酯（8.5%）。在肉桂叶柄（petiole）和芽（shoot）精油中检测到28种成分，顶梢（terminal shoot）中检测到34种化合物。在叶柄、芽和顶梢精油中占优势的化合物是里哪醇（77.8%~79.4%）[25]。

另一项研究发现，在少花桂（*Cinnamomum pauciflorum*）叶精油中检测到25种化合物，主要成分是（*E*）-肉桂醛（89.8%），其次是里哪醇（2.6%）、（*Z*）-肉醛（1.2%）和α-蒎烯（1.0%）[26]。

19.7.2 金酒风味物质

19.7.2.1 概念

用杜松子（juniper）调香的蒸馏酒中最著名的是金酒（gin）。最早是在1650年由荷兰莱顿大学（University of Leiden）的医师Franciscus de la Boe生产，当时的主要目的是用便宜的药物治疗肾病[23,27]。到目前为止，金酒的生产不仅仅使用杜松子，还添加了其他芳香植物，如芫荽（coriander）、当归（angelica）、柠檬皮（lemon peel）、荜澄茄（cubeb）等[23]。

按照欧盟2008年规定[28]，用杜松子作为主要调香物的蒸馏酒按其酒精度、配方和生产方式分为四种，杜松子调香蒸馏酒（juniper-flavoured spirit drinks）、金酒（gin）、蒸馏金酒（distilled gin）和伦敦金酒（London gin）。在美国蒸馏金酒和伦敦金酒要求酒精度至少40%vol以上，而在欧洲仅为37.5%。杜松子调香蒸馏酒最低酒精度是30%vol[27]。

金酒的生产是在酒精中加入天然或人工调香料或在添加杜松子和其他草药后再蒸馏。前者的方式生产的通常称为某物质的金酒，而后者生产的为蒸馏金酒。按照欧盟2008年的规定[28]，蒸馏金酒和伦敦金酒是唯一使用农产品生产酒精并通过再蒸馏的方式生产，其酒精度不得低于96%vol，使用传统蒸馏方式生产。再蒸馏时，添加杜松子浆果，其他草药也可以添加，但杜松子的口感占优势地位。伦敦金酒，被看作是特别高质量的酒精饮料，酒精含量高于蒸馏金酒的酒精含量，甲醇最高是5g/HL p.a.，蒸馏后不得添加调香料[27]。

另外一方面，在酒精中添加天然和/或天然等同调香料（nature-identical flavouring）和调香制品（flavouring preparations）进行调香是法规允许的。在欧盟，杜松子调香蒸馏酒可以使用杜松子浆果调香农产品酒精和/或谷物酒精（grain spirit）和/或谷物蒸馏酒（grain distillate），但销售时只能称作瓦乔尔德［*Wacholder*（德语）］或热内布拉（genebra），不能称作金酒（gin）[27]。

19.7.2.2 金酒风味物质

伦敦干金（London dry gin）和金酒的主要成分有70种（包括临时鉴定的，指仅仅根据质谱比对以及保留时间鉴定的，而没有使用样品鉴定），主要是单萜与倍半萜烯类化合物[29-30]，包括（1）单萜：α-蒎烯、α-侧柏烯、α-小茴香烯、莰烯、β-蒎烯、香桧烯、马鞭草烯（verbenene）、δ-3-蒈烯、α-水芹烯、β-月桂烯、α-萜品烯、DL-柠檬油精、β-水芹烯、1,3,8-*p*-孟三烯（1,3,8-*p*-menthatriene）、γ-萜品烯、γ-罗勒烯、*p*-伞花烃、α-异松油烯、*o*-伞花烃、*p*-甲基异丙烯苯；（2）氧化单萜：玫瑰醚、顺-里哪醇氧化物、反-里哪醇氧化物、樟脑、马鞭草烯醇、顺-水合桧烯、乙酸龙脑酯、4-萜品醇、桃金娘烯醛、松香芹醇（花香）、蒈烯醇（carenol）、马鞭草烯酮、乙酸α-萜品酯、α-萜品醇、香芹酮、枯茗醛、β-香茅醇、桃金娘烯醇、反-香芹醇、*p*-伞花基-8-醇、顺-香芹醇、紫苏醇；（3）倍半萜烯类：α-橙椒烯、胡椒烯、β-橙椒烯、β-石竹烯、γ-榄香烯、α-蛇麻烯、β-法呢烯、γ-萘烯、大根香叶烯D、α-蛇床烯、α-萘烯、δ-杜松烯、γ-杜松烯、杜松-1,4-二烯（cadina-1,4-diene）、卡拉烯、大根香叶烯B、α-白菖考烯；（4）氧化倍半萜烯：石竹烯氧化物、香榧醇（torreyol）、榄香醇、斯巴醇、γ-杜松醇、γ-依兰油醇、β-桉叶油醇、α-杜松醇；（5）其他化合物：6-甲基-5-庚烯-2-酮、苯甲醛、肉桂醛、泪杉醇。

19.7.3 茴香酒风味物质

19.7.3.1 简介

法国人喜欢茴香酒（anise spirits）从来也没有停止过，无论是新鲜生产的，还是加水的。第二次世界大战期间，酒精度超过16%vol的酒仍然禁止生产，但1951年法国帕蒂斯（pastis）大茴香酒重新允许生产，并将其生产的茴香酒称做“51”，即马赛茴香酒（pastis de Marseille）[31]。

茴香酒比较著名的有法国帕蒂斯大茴香酒（pastis）、希腊乌佐茴香酒（ouzo）、希腊齐普罗茴香酒（tsipouro）等。

乌佐茴香酒通常是在酒精蒸馏的同时蒸馏茴香种子（*Pimpinella anisum* L.）或者茴香精油（Illiciumverum Hook f.）和地方草药如小豆蔻（cardamon，*Elettaria cardamomum*）、肉桂（cinnamon，*Cinnamomum verum*）、芫荽（*Coriandrum sativum*）等。根据希腊法规规定，产品可以来源于蒸馏种子，也可以是用酒精浸泡种子。酒精含量550~800mL/L。可以添加糖，含量<50g/L。中间馏分用水稀释到400mL/L但不少于375mL/L（装瓶）[32-33]。

齐普罗茴香酒是蒸馏发酵后的葡萄皮渣制作的。皮渣用水稀释，然后进行酒精发酵，发酵产品蒸馏二次，蒸馏时添加草药或种子，主要是八角（aniseed）[32]。

茴香酒通常呈大茴香（anise）、乳香（mastic）、甜香（sweet）、醇香（alcoholic）、草药（herbal）、香兰素（vanilla）、薄荷醇（menthol）香气；口感上呈甜味、酒精味、丰满的（rich）、辛香味（spicy）、人造的（artificial）、芳香的（aromatic）、薄荷醇的（menthol）和苛性碱的（caustic）味感；后味呈甜味、酒精味、人造的、辛香味和苦味[32]。

19.7.3.2 茴香酒重要风味成分

三个主要茴香酒帕蒂斯大茴香酒、乌佐茴香酒、齐普罗茴香酒的芳香成分主要是反-茴香脑（*trans*-anethole），占41.22%~98%，它来源于绿茴香（green anise）、大茴香（star anise）和小茴香（fennel）。其他的主要挥发性成分还有顺-茴香脑（*cis*-anethole，占0.77%~18.65%）、草蒿脑（estragole，占0.1%~17.96%）、γ-雪松烯（占0~28.07%）、α-雪松烯（占0~4.8%）、异戊醇、柠檬烯、里哪醇以及其他萜烯烃类[32-34]。

参考文献

[1] Furukawa S. 8-Sake: quality characteristics, flavour chemistry and sensory analysis. In Alcoholic Beverages [M]. Duxford: Woodhead Publishing, 2012.

[2] Nose A, Hojo M. Hydrogen bonding of water-ethanol in alcoholic beverages [J]. J Biosci Bioeng, 2006, 102 (4): 269-280.

[3] Yoshioka K, Hashimoto N. Ester formation by alcohol acetyltransferase from brewer's yeast [J]. Agri

Biol Chem, 1987, 45: 2183-2190.

[4] Masuda S, Ozaki K, Kuriyama H, et al. Classification of barley *shochu* samples produced using submerged culture and solid-state culture of *koji* mold by solid-phase microextraction and gas chromatography-mass spectrometry [J]. J Inst Brew, 2010, 116 (2): 170-176.

[5] Nose A, Hamasaki T, Hojo M, et al. Hydrogen bonding in alcoholic beverages (distilled spirits) and water-ethanol mixtures [J]. J Agri Food Chem, 2005, 53 (18): 7074-7081.

[6] Kang B-S, Lee J-E, Park H-J. Electronic tongue-based discrimination of Korean rice wines (makgeolli) including prediction of sensory evaluation and instrumental measurements [J]. Food Chem, 2014, 151 (0): 317-323.

[7] Faria J B. 17-Sugar cane spirits: cachaça and rum production and sensory properties. In Alcoholic Beverages [M]. Duxford: Woodhead Publishing, 2012.

[8] Nicol D A. Rum. In fermented beverage production, 2th ed. New York: Kluwer Academid/Plenum Publishers, 2003: 263-287.

[9] Faria J B, Loyola E, Lopes M G. , et al. Cachaça, pisco and tequila. In fermented beverage production, 2nd ed. New York: Kluwer Academic/Plenium Publishers, 2003.

[10] Pino J A. Characterization of rum using solid-phase microextraction with gas chromatography-mass spectrometry [J]. Food Chem, 2007, 104 (1): 421-428.

[11] Nascimento E S P, Cardoso D R, Franco D W. Quantitative ester analysis in cachaça and distilled spirits by gas chromatography-mass spectrometry (GC-MS) [J]. J Agri Food Chem, 2008, 56 (14): 5488-5493.

[12] de Souza M D C A, Vásquez P, de Mastro N L, et al. Characterization of cachaça and rum aroma [J]. J Agri Food Chem, 2006, 54: 485-488.

[13] Pino J A, Tolle S, Gök R, et al. Characterisation of odour-active compounds in aged rum [J]. Food Chem, 2012, 132 (3): 1436-1441.

[14] Franitza L, Granvogl M, Schieberle P. Characterization of the key aroma compounds in two commercial rums by means of the sensomics approach [J]. J Agri Food Chem, 2016, 64 (3): 637-645.

[15] Alcarde A R, Souza L M, Bortoletto A M. Formation of volatile and maturation-related congeners during the aging of sugarcane spirit in oak barrels [J]. J Inst Brew, 2014, 120 (4): 529-536.

[16] Sampaio O M, Reche R V, Franco D W. Chemical profile of rums as a function of their origin. The use of chemometric techniques for their identification [J]. J Agri Food Chem, 2008, 56 (5): 1661-1668.

[17] D'Arcy B R, Rintoul G B, Rowland C Y, et al. Composition of Australian honey extractives. 1. Norisoprenoids, monoterpenes, and other natural volatiles from blue gum (*Eucalyptus leucoxylon*) and yellow box (*Eucalyptus melliodora*) honeys [J]. J Agri Food Chem, 1997, 45 (5): 1834-1843.

[18] Benn S M, Peppard T L. Characterization of tequila flavor by instrumental and sensory analysis [J]. J Agri Food Chem, 1996, 44: 557-566.

[19] Vallejo-Cordoba B, González-Córdova A F, Estrada-Montoya M d C. Tequila volatile characterization and ethyl ester determination by solid phase microextraction gas chromatography/mass spectrometry analysis [J]. J Agri Food Chem, 2004, 52 (18): 5567-5571.

[20] Villanueva-Rodriguez S, Escalona-Buendia H. 18-Tequila and mezcal: sensory attributes and sensory evaluation. In Alcoholic Beverages [M]. Duxford: Woodhead Publishing, 2012.

[21] López M G, Dufour J P. Tequila: Charm analysis of blanco, reposado, and añejo tequilas. In *Gas Chromatography-Olfactometry: The State of Art*, Leland, J. V. ; Schieberle P. ; Buettner A. ; Acree T E, Eds. Washington D. C. : American Chemical Society, 2001.

[22] Cedeño M. Tequila production [J]. Critical Reviews in Biotechnology, 1995, 15 (1): 1-11.

[23] Tonutti I, Liddle P. Aromatic plants in alcoholic beverages. A review [J]. Flav Fragr J, 2010, 25 (5): 341-350.

[24] Flavouring substances and natural sources of flavourings: 3rd Edition. Partial Agreement in the Social and Public Health Field. Council of Europe, Strasbourg. Maisonneuve S. A., Moulins-lès-Metz, 1981, pp. 376. 270 F. Fr [J]. Food Chem Toxicol, 1982, 20 (6): 961-962.

[25] Leela N K, Vipin T M, Shafeekh K M, et al. Chemical composition of essential oils from aerial parts of *Cinnamomum malabatrum* (Burman f.) Bercht & Presl [J]. Flav Fragr J, 2009, 24 (1): 13-16.

[26] Nath S C, Baruah A, Kanjilal P B. Chemical composition of the leaf essential oil of *Cinnamomum pauciflorum* Nees [J]. Flav Fragr J, 2006, 21 (3): 531-533.

[27] Riu Aumatell M. 12-Gin: production and sensory properties. In Alcoholic Beverages [M]. Duxford: Woodhead Publishing, 2012.

[28] EU. Regulation (EC) No 110/2008 of the European parliament and of the council of 15 January 2008 on the definition, description, presentation, labelling and the protection of geographical indications of spirit drinks. In *Regulation (EC) No* 110/2008, Union E, Ed. Official Journal of the European Union, 2008: L39/16-L39/54.

[29] Vichi S, Riu-Aumatell M, Mora-Pons M, et al. Characterization of volatiles in different dry gins [J]. J Agri Food Chem, 2005, 53: 10154-10160.

[30] Vichi S, Riu-Aumatell M, Mora-Pons M, et al. HS-SPME coupled to GC/MS for quality control of *Juniperus communis* L. berries used for gin aromatization [J]. Food Chem, 2007, 105 (4): 1748-1754.

[31] Zabetakis I. 10-Anise spirits: types, sensory properties and sensory analysis. In Alcoholic Beverages [M]. Duxford: Woodhead Publishing, 2012.

[32] Tsachaki M, Arnaoutopoulou A P, Margomenou L, et al. Development of a suitable lexicon for sensory studies of the anise-flavoured spirits ouzo and tsipouro [J]. Flav Fragr J, 2010, 25 (6): 468-474.

[33] Kontominas M G. Volatile constituents of Greek ouzo [J]. J Agri Food Chem, 1986, 34 (5): 847-849.

[34] Jurado J M, Ballesteros O, Alcázar A, et al. Characterization of aniseed-flavoured spirit drinks by headspace solid-phase microextraction gas chromatography-mass spectrometry and chemometrics [J]. Talanta, 2007, 72 (2): 506-511.

缩略词表

2-AAP	2-氨基乙酰苯（2-aminoacetophenone）
AATase	醇乙酰转移酶（alcohol acetyltransferase）
AECA	香气萃取浓缩分析法（aroma extract concentration analysis）
AED	原子发射光谱检测器（atomic emission detector）
AEDA	香气萃取稀释分析技术（aroma extract dilution analysis）
AFID	碱火焰离子化检测器（alkali flame ionization detector）
AGPs	阿拉伯半乳聚糖-蛋白质（arabinogalactan-proteins）
AOAC	分析化学协会（Association of Official Analytical Chemist）
AOC	（法国）原产地命名控制（Appellation d'origine contrôlée），法定产区葡萄酒
AOP	原产地命名控制系统（Appellation d'Origine Protégée）
AOR	（法国）原产地保护（Appellation d'Origine Réglementée）
APCI	大气压电离源（atmospheric pressure chemical ionization ）
API	大气压离子化（atmospheric pressure ionization）
AR	分析纯（analytical purity）
ASE	加速溶剂萃取（accelerated solvent extraction）
AVAs	（美国）授权葡萄栽培区（Approved Viticultural Areas）
A/W	酸性/水溶性组分（acid-water soluble fraction）
BATF	（美国）烟酒枪械管理局（Bureau of Alcohol，Tobacco and Firearms）
BOSS	口腔气味筛选系统（Buccal Odor Screening System）
BSTFA	*N*,*O*-双（三甲基硅烷）三氟乙酰胺［*N*,*O*-bis（trimethylsilyl）trifluoroacetamide］
CAR/DVB/PDMS	碳分子筛/二乙烯基苯/聚二甲基硅氧烷（Carboxen/Divinylbenzene/Polydimethylsiloxane）
CAR/PDMS	碳分子筛/聚二甲基硅氧烷（Carboxen/Polydimethylsiloxane）
CDA	颜色稀释分析技术（color dilution analysis）
CEFSCE	欧洲委员会香料专家委员会（Committee of Experts on Flavouring Substances of the Council of Europe）
CI	化学电离（chemical ionization）
CIS	冷进样系统（cooled injection system）

CoA	辅酶 A（coenzyme A）
CR	化学纯（chemical purity）
CV	变异系数（coefficient of variation）
CW/DVB	聚乙二醇/二乙烯基苯（Carbowax/Divinylbenzene）
DAD	光电二极管阵列器（photodiode array detection，PAD）
DART-MS	实时直接分析-质谱技术（direct analysis in real time mass spectrometry）
DC	直流电（direct current potential）
2D-GC	二维气相色谱（two-dimensional gas chromatography，GC×GC）
DHHD	3,4-二羟基-3-己烯-2,5-二酮（3,4-dihydroxy-3-hexen-2,5-dione）
DHS	动态顶空（dynamic headspace）
DI-SPME	浸入式固相微萃取（direct immersion-headspace solid phase microextraction）
2D-LC	二维液相色谱（liquid chromatography×liquid chromatography，LC×LC）
DMDS	二甲基二硫（dimethyl disulfide）
DMF	二甲基甲酰胺（dimethyl-formamide）
DMS	二甲基硫（醚）[dimethyl sulphide（英），dimethyl sulfide（美）]
DMSO	二甲亚砜（dimethyl sulfoxide）
2,4-DNPH	2,4-二硝基苯肼（2,4-dinitrophenylhydrazine）
DoT	剂量阈值比（dose-over-threshold）
DP	聚合度（degree of polymerization）
dRG-Ⅱ	二聚鼠李半乳糖醛酸聚糖Ⅱ（dimeric rhamnogalacturonan Ⅱ）
DRW	脱香红葡萄酒（dearomatized red wine）
DTD	直接热脱附（direct thermal desorption）
EAD	电触角检测器（electroantennographic detection）
EC	氨基甲酸乙酯（ethyl carbamate）
ECD	电子捕获检测器（electron capture detector）
4-EG	4-乙基愈创木酚（4-ehtylguaiacol）
EI	电子轰击电离（electron impact ionization）
ELCD	电解电导检测器（electrolytic conductivity detector）
ELSD	蒸发光散射检测器（evaporative light scattering detector）
EOW	橡木乙醇萃取物（ethanolic oak wood）
EPA	（美国）环境保护署（Environmental Protection Agency）
ESI	电喷雾离子化（electrospray ionisation）
ESI-MS	电喷雾离子化质谱
ETMP	3-乙基-2-甲氧基吡嗪（3-ethyl-2-methoxypyrazin）
FAB	快速原子轰击离子源（fast atom bombardment）
FD	香气稀释因子（flavor dilution factor）
FID	氢火焰离子化检测器（flame ionization detector）
FLD	荧光检测器（fluorescence detector）
FPD	火焰光度检测器（flame photometric detector）

FPLC	快速蛋白质液相色谱（fast protein liquid chromatography）
FTD	火焰热离子化检测器（flame thermionic detector）
FTICR-MS	傅里叶变换离子回旋共振质谱（Fourier transform ion cyclotron resonance-mass spectrometry）
GC	气相色谱（gas chromatography）
GC-MS	气相色谱-质谱（gas chromatography-mass spectrometry）
GC-O	气相色谱-闻香法（gas chromatography-olfactometry）
GC×GC	二维气相色谱（two-dimensional gas chromatography，2D-GC）
GLC	气液色谱（gas-liquid chromatography）
GPC	凝胶渗透色谱（gel permeation chromatography）
GSC	气固色谱（gas-solid chromatography）
EtSAc	乙硫乙酯（ethyl thioacetate）
EtSH	乙硫醇（ethylmercaptan）
HC	中心切割（heart-cut）
HDMF	呋喃扭尔［2,5-二甲基-4-羟基-3(2*H*)-呋喃酮，2,5-dimethyl-4-hydroxy-3(2*H*)-furanone］
HEMF	酱油酮（homofuraneol），2-乙基-4-羟基-5-甲基-3(2*H*)-呋喃酮(2-ethyl-4-hydroxy-5-methyl-3(2*H*)-furanone)
HID	氦离子化检测器（helium ionization detector）
p-HMB	*p*-羟基汞苯甲酸盐（*p*-hydroxymercuribenzoate）
HMDS	六甲基二硅氮烷（hexamethyldisilazane）
HMW	高分子质量（high-molecular weight）
HPLC	高效液相色谱（high performance liquid chromatography）
HRGC	高分辨率气相色谱（high resolution gas chromatography）
HS-MS	顶空-质谱法（headspace-mass spectrometry）
HSSE	搅拌子顶空吸附萃取技术（headspace sorptive extraction）
HS-SPME	顶空固相微萃取（headspace-solid phase microextraction）
HTLC	高温液相色谱（high temperature liquid chromatography）
HVT	高真空转移技术（high vacuum transfer）
IBMP	3-异丁基-2-甲氧基吡嗪（3-siobutyl-2-methoxypyrazine）
IC	离子色谱（ion chromatography）
ICP-AES	感应耦合等离子体-原子发射光谱检测器（inductively coupled plasma atomic emission spectrometry）
ICP-MS	感应耦合等离子体-质谱（inductively coupled plasma mass spectrometry）
IE	离子交换（ionic exchange）
IGP	特定地理区保护系统（Indication Géographique Protégée）
IPMP	3-异丙基-2-甲氧基吡嗪（3-isopropyl-2-methoxypyrazine）
IR	红外光谱（infra-red spectrum）
IS	内标（internal standard）

IUPAC	国际纯粹与应用化学联合会（International Union of Pure and Applied Chemistry）
K_{aw}	空气-水（或液体）分配系数（air-water partition coefficient）
K_{ow}	分配系数（partition coefficient），或指化合物在辛醇与水中的分配系数
KD	康德尔纳-戴立喜（Kuderna-Danish）
KE	等动能（kinetic energy）
LDA	线性判别分析（linear discriminate analysis）
lg P	油-水相分配系数的对数
LC	液相色谱（liquid chromatography）
LC×GC	液相色谱-气相色谱二维技术
LC×LC	二维液相色谱（liquid chromatography × liquid chromatography，2D-LC）
LC-MS	液相色谱-质谱（liquid chromatography-mass spectrometry）
LC-MS-MS	液相色谱-质谱（liquid chromatography-tandem mass spectrometry）
LC-SE-LC-UV	液相色谱-溶剂蒸发-液相色谱-紫外检测器（LC-solvent evaporation-LC-UV）
LC-SH	液体校正静态顶空方法（liquid calibration static headspace）
LLCE	连续液液萃取（liquid-liquid continuous extraction）
LLE	液液萃取（liquid-liquid extraction）
LLME	液液微萃取（liquid-liquid microextraction，或 MLLE）
LMCS	纵向调制冷聚焦系统（longitudinally modulated cryogenic system）
LMW	低分子质量（low-molecular weight）
LOD	检测限（limit of detection）
LOQ	定量限（limit of quantitation）
LU	LC 检测器的发光单位（luminescence units）
MALDI	基体辅助激光解吸离子化（matrix-assisted laser desorption ionisation）
3MBT	3-甲基-2-丁烯-1-硫醇（3-methyl-2-butene-1-thiol）
MDGC	多维气相色谱（multidimensional GC）
MDLC	多维液相色谱（multidimensional LC）
2MeBuSH	2-甲基丁基硫醇（2-methylbutanethiol）
MEMP	3-甲基-2-甲氧基吡嗪（3-methyl-2-methoxypyrazine）
MeSAc	乙硫甲酯（methyl thioacetate）
MeSH	甲硫醇（methylmercaptane）
3MeSPrAc	乙酸-3-甲硫基丙酯（3-(methylthio) propyl acetate）
3MeThPh	3-甲基噻吩（3-methylthiophene）
3MH	3-巯基-1-己醇（3-mercapto-1-hexanol，3-sulfanyhexan-1-ol）
3MHA	乙酸-3-巯基己酯（3-mercaptohexyl acetate，3-thiohexyl acetate）
MLF	苹果酸-乳酸发酵（苹乳酸发酵，malolactic fermentation）
4MMP	4-巯基-4-甲基戊-2-酮（4-mercapto-4-methylpentan-2-one）
4M4MPOH	4-巯基-4-甲基-2-戊醇（4-mercapto-4-methylpentan-2-ol）

MOMP	2-甲氧基吡嗪（2-methoxypyrazine）
MPs	甘露糖蛋白（mannoproteins）
mRG-Ⅱ	单聚鼠李半乳糖醛酸聚糖Ⅱ（monomeric rhamnogalacturonan Ⅱ）
MRM	多重反应监控（multiple reaction monitoring）
MS	质谱（mass spectrometry）
MSD	质谱检测器（mass spectrometry detector）
MTBE	甲基叔丁基醚（methyl t-butyl ether）
MW	分子质量（molecular weight）
MWCO	分子质量截留（molecular weight cut-off）
N/B	中性/碱性组分（neutral-base fraction）
NCD	氮化学发光检测器（nitrogen chemiluminescence detector）
NCI	负化学电离（negative chemical inoization）
NFPA	九氟戊酸（nonafluoropentanoic acid）
NIF	嗅觉影响频次法（nasal impact frequency）
NIR	傅里叶变换近红外光谱检测器（Fourier transform near-infrared spectroscopy）
NMR	核磁共振（nuclear magnetic resonance）
NP	正相（normal phase）
NPC	正相色谱法（normal phase chromatography）
NPD	氮磷检测器（nitrogen-phosphorus detector）
OAV	气味活力值（odor activity value）
ODP	嗅觉探测器
OGA	香气全面分析法（odor global analysis）
OPA	邻苯二甲醛（*O*-phthalaldehyde）
OTC	开管柱（open tubular column）
p. a.	纯酒精（pure alcohol）；或每年，按年计算（per annum）
PA	聚丙烯酸酯（Polyacrylate）
PAD	光电二极管阵列器（photodiode array detection，DAD）
PCA	主成分分析（principal component analysis）
PCBs	多氯联苯类（polychlorinated biphenyls）
PDMS	聚二甲基硅氧烷（Polydimethylsiloxane）
PDMS/DVB	聚二甲基硅氧烷/二乙烯基苯（Polydimethylsiloxane/Divinylbenzene）
PFBBr	五氟苄基溴（pentafluorobenzyl bromide）
PFBHA	*O*-(2,3,4,5,6)-五氟苄羟胺，五氟苄羟胺［*O*-(2,3,4,5,6-pentafluorobenzyl) hydroxylamine］
PFPD	脉冲火焰光度检测器（pulse flame photometric detector）
PID	光电离化检测器（photoionization detector）
PLOT	多孔层开管柱（porous-layer open tubular column）
PLS-DA	偏最小二乘-判别分析（partial least square-discriminate analysis）

PRV	相比变化法（phase ratio variation method）
PSE	加压溶剂萃取（pressurized solvent extraction）
P&T	吹扫-捕集（purge-and-trap）
PTGC	线性升温程序气相色谱（Programmed Temperature GC）
PTV	程序升温进样口（Programmed Temperature Vaporizer）
QbA	（德国）优质葡萄酒分级系统之一（Qualitätswein bestimmter Anbaugebietes）
QmP	（德国）优质葡萄酒分级系统之一（Qualitätswein mit Prädikat）
Q-MS	四极杆质谱（quadrupole mass spectrometry）
Q-TOF-MS	四极杆飞行时间串联质谱（quadrupole time-of-flight tandem mass spectrometry）
RI	保留指数（retention index），也称 Kovats 指数（Kovats index）
RID	示差折光检测器，折光指数检测器（defractive index detector）
RP	反相（reversed phase）
RPC	反相色谱法（reverse phase chromatography）
RSD	相对平均偏差（relative standard deviation）
RT	保留时间（retention time）
SAFE	溶剂辅助风味物萃取法（solvent-assisted flavor extraction）
SAX	强阴离子交换树脂
SBSE	搅拌子吸附萃取技术（stir bar sorptive extraction）
SBWC	亚临界水色谱（subcritical water chromatography）
SCD	硫化学发光检测器（sulfur chemiluminescence detection）
SCOT	担体涂渍开管柱（support-coated open tubular column）
SCX	强阳离子交换树脂
SDE	同时蒸馏萃取（simultaneous distillation extraction）
SDME	单滴微萃取（single-drop micro-extraction）
SEC	体积排阻色谱（size exclusion chromatography）
SEMP	3-仲丁基-2-甲氧基吡嗪（3-*sec*-butyl-2-methoxypyrazine）
SFE	超临界液体萃取（supercritical fluid extraction）
SGM	合成葡萄汁培养基（synthetic grape medium）
SHO	静态顶空闻香法（static headspace olfactometry）
SHS	静态顶空（static headspace）
SIDA	稳定同位素稀释分析法（stable isotope dilution assay）
SIM	选择离子监测（selected ion monitoring）
SNIF	表面嗅觉影响频次法（surface of nasal impact frequency）
SPE	固相萃取（solid phase extraction）
SPME	固相微萃取（solid-phase microextraction）
SRM	选择反应监测（selected reaction monitoring）
SWE	亚临界水萃取技术（subcritical water extraction）

TCA 2,4,6-三氯茴香醚（2,4,6-trichloroanisole）
TCAs 三氯茴香醚类（richloroanisoles）
TCD 热导检测器（thermal conductivity detector ）
TCH 2,2,6-三甲基环己酮（2,2,6-trimethylcyclohexanone）
TCP 2,4,6-三氯苯酚（2,4,6-trichlorophenol）
TDA 味觉稀释分析技术（taste dilution analysis）
TDGC 全二维 GC（comprehensive two-dimensional gas chromatography）
TDN 1,1,6-三甲基-1,2-二氢萘（1,1,6-trimethyl-1,2-dhydronaphthalene）
TDU 搅拌子解析单元（Twister desorption unit）
TFA 三氟乙酰基（的）(trifluoracetyl)；三氟乙酸（trifluoroacetic acid）
THF 四氢呋喃（tetrahydrofuran）
TID 热离子离子化检测器（thermionic ionization detector）
TLPs 似奇异果甜蛋白（Thaumatin-Like Proteins）
TMCS 三甲基氯硅烷（trimethylchlorosilane）
TOF 飞行时间质谱（time of flight）
TPB 反-1-(2,3,6-三甲基苯)-丁-1,3-二烯［(*E*)-1-(2,3,6-trimethylphenyl) buta-1,3-diene］
TSD 热离子化专用检测器（thermionic specific detector）
TSP 热喷雾接口（thermal spraying）
TTB 酒烟税收与贸易局（Alcohol and Tobacco Tax and Trade Bureau）
UF 超滤（ultrafiltration）
UPLC 超高压液相色谱（ultra-high pressure liquid chromatography）；超高效液相色谱（ultraperformance liquid chromatography）
UTA 非典型性老熟气味（untypical aging flavor）
UV 紫外光（ultraviolet）
UVD 紫外检测器（UV detector）
UV/Vis 紫外可见光
VdP 地区葡萄酒（Vins de Pays）
VDQS 优良产区葡萄酒（Vins Délimités de Qualité Supérieure）
VdF 法国葡萄酒（Vin de France）
VdI 意大利葡萄酒（Vin de Italy）
VdT 日常餐酒（Vins de Table）
VMHD 真空微波水蒸气蒸馏（vacuum microwave hydro-distillation）
VO 非常老的酒（very old，白兰地质量等级表达方式）
VPC 蒸汽相校正方法（vapour phase calibration method）
VQPRD 原产地命名酒/特定产区优质酒（Vins de Qualité produits dans les Régions Déterminées）
VsIG 无产区提示葡萄酒（Vin sans Indication Géographique）
VSOP 高级白兰地（very superior old pale，白兰地等级表示方式，通常在橡木

	桶中老熟不少于 4 年)
VVTL	欧洲葡萄似奇异果甜蛋白（*Vitis vinifera* Thaumatin-Like protein）
WCOT	涂壁开管柱（wall-coated open tubular column）
WCX	弱阳离子交换树脂